凝聚态物理学丛书·典藏版

液晶物理学

谢毓章 编著

科学出版社

北京

内 容 简 介

本书系统地介绍了液晶物理学，特别是目前比较成熟的关于热致液晶的基础理论及其应用. 全书共十二章，主要论述单轴液晶连续体弹性形变理论，弹性形变理论的应用，丝状和螺旋状液晶中的缺陷、流体动力学、电磁流体动力学、流动以及不稳定性，丝状液晶分子场理论，丝状液晶和螺旋状液晶的光散射，层状液晶和盘形分子液晶等.

本书可作大专院校有关专业的教科书，也可供有关专业的研究人员、工程技术人员参考.

图书在版编目(CIP)数据

液晶物理学/谢毓章编著. —北京：科学出版社，1988.2 (2017.1 重印)
（凝聚态物理学丛书：典藏版）
ISBN 978-7-03-000075-0
Ⅰ. ①液… Ⅱ. ①谢… Ⅲ. ①液晶－物理学 Ⅳ. ①O573
中国版本图书馆 CIP 数据核字(2017)第 002219 号

科学出版社 出版
北京东黄城根北街 16 号
邮政编码：100717
http://www.sciencep.com
北京厚诚则铭印刷科技有限公司印刷
科学出版社发行 各地新华书店经销
*
1988 年 2 月第 一 版 开本：850×1168 1/32
2017 年 1 月印 刷 印张：21 1/2
字数：566 000
定价：168.00 元
(如有印装质量问题，我社负责调换)

《凝聚态物理学丛书》出版说明

以固体物理学为主干的凝聚态物理学，通过半个世纪以来的迅速发展，已经成为当今物理学中内容最丰富、应用最广泛、集中人力最多的分支学科．从历史的发展来看，凝聚态物理学无非是固体物理学的向外延拓．由于近年来固体物理学的基本概念和实验技术在许多非固体材料中的应用也卓有成效，所以人们乐于采用范围更加广泛的"凝聚态物理学"这一名称．

凝聚态物理学是研究凝聚态物质的微观结构、运动状态、物理性质及其相互关系的科学．诸如晶体学、金属物理学、半导体物理学、磁学、电介质物理学、低温物理学、高压物理学、发光学以及近期发展起来的表面物理学、非晶态物理学、液晶物理学、高分子物理学及低维固体物理学等都是属于它的分支学科，而且新的分支尚在不断迸发．还有，凝聚态物理学的概念、方法和技术还在向相邻的学科渗透，有力地促进了材料科学、化学物理学、生物物理学和地求物理学等学科的发展．

研究凝聚态物质本身的性质和它在各种外界条件(如力、热、光、气、电、磁、各种微观粒子束的辐照乃至各种极端条件)下发生的变化，常常可以发现多种多样的物理现象和效应，揭示出新的规律，形成新的概念，彼此层出不穷，内容丰富多彩，这些既体现了多粒子体系的复杂性，又反映了物质结构概念上的统一性．所有这一切不仅对人们的智力提出了强有力的挑战，更重要的是，这些规律往往和生产实践有着密切的联系，在应用、开发上富有潜力，有可能开辟出新的技术领域，为新材料、元件、器件的研制和发展，提供牢固的物理基础．凝聚态物理学的发展，导致了一系列重要的技术突破和变革，对社会和科学技术的发展将发生深远的影响．

为了适应世界正在兴起的新技术革命的需要，促进凝聚态物理学的发展，并为这一领域的科技人员提供必要的参考书，我们特组织了这套《凝聚态物理学丛书》,希望它的出版将有助于推动我国凝聚态物理学的发展,为我国的四化建设做出贡献.

主　编　葛庭燧

副主编　冯　端

序

1978年清华大学基础部物理教研组（现归属现代应用物理系）与中国科学院物理研究所开始招收液晶物理专业研究生，从而提出了液晶物理教材问题．无疑，P. G. de Gennes 的“The Physics of Liquid Crystals”和 S. Chandrasekhar 的“Liquid Crystals”以及1974年 Review of Modern Physics 第46卷中 M. J. 斯蒂芬（M. J. Stephen）和 J. P. 斯特利（J. P. Straley）写的总结性文章“液晶物理”，都是系统介绍液晶物理的经典著作．然而，这些名著的起步较高，初学者不易掌握．为适应教学需要，在边学习边消化过程中，作者编写了液晶物理讲义 I 和 II，作为清华大学液晶物理课程的主要教材．讲义引起各方面极大的兴趣，纷纷提出能否正式成书．作者对于液晶物理本属一知半解，加以年老体衰杂务又多，而且所有材料全需从原始文献中吸取，是以迟迟未能完成．有负众望殊感歉仄．今幸告段落，然挂一漏万难以令人满意，聊以塞责而已．

本书既为液晶物理入门教材又盼能有助于研究工作，因此一切均从最基本原理开始，数学处理的关键之处基本上都已指出，以便读者能在不借助大量参考书条件下顺利阅读而不感困难．本书系以理论为主，并说明一些实验结果，实验具体情形则未作介绍．液晶物理内容广泛，且发展迅速，本书重点在于介绍热致液晶中目前认识较为成熟的丝状相和螺旋状相．由于时间等关系，诸如液晶中波的传播、铁电性液晶等等重要内容均未涉及．读者不难发现斯蒂芬和斯特利的总结性文章对本书的写作具有相当重要影响．本书内容全系文献上已发表的材料，只不过使用了前后一贯的处理方法．限于水平，错误和不足之处在所难免，尚希读者批评指正．

本书前八章基本上是原液晶物理讲义 I 和 II 的内容，曾经作为教材在清华大学试用过一次．当时参加该课程的同志曾提出过宝贵意见，阮丽真和欧阳钟灿两位同学更曾指出讲义中的一些错误，作者特此致谢．中国科学院物理研究所林磊博士和舒昌清博士阅读了本书初稿并提出有益意见．对各方友好的鼓励和支持在此一并致谢．

谢毓章

1986 年 3 月于清华大学

目　　录

第一章 绪 论

液晶的发现可以追溯到1888年. 那时奥地利植物学家埃尼采儿(F. Reinitzer)[1]注意到,把胆甾醇苯酸酯(cholesteryl benzoate, $C_6H_5CO_2C_{27}H_{45}$, 简称CB)晶体加热到145.5℃会熔融成为混浊的液体,145.5℃就是该物的熔点. 继续加热到178.5℃,混浊的液体会突然变成清亮的液体. 开始他以为这是由于所用晶体含有杂质引起的现象. 但是,经过多次的提纯工作,这种现象仍然不变;而且这种由混浊到清亮的过程是可逆的. 这种变化表明,液态的胆甾醇苯酸酯可以发生某种相变. 这个由混浊液体变成清亮各向同性液体的温度称为物体的清亮点(clearing point). 在熔点到清亮点的温度范围内物质处于不同于各向同性液体的中介相. 埃尼采儿把他所观察到的现象告知了德国物理学家雷曼(O Lehmann). 经过系统研究,雷曼发现许多有机化合物都可以出现中介相. 雷曼指出,在熔点到清亮点的温度范围内,这些物质的机械性能与各向同性液体相似;但是它们的光学性质却和晶体相似,是各向异性的. 这就是说,物质在中介相具有强烈的各向异性物理特征,同时又象普通流体那样具有流动性. 因此,这种中介相被称为液晶相. 那些可以出现液晶相的物质就被笼统地称为液晶. 被称为液晶的物质并不总是处于液晶相. 只有在一定的物理条件下液晶才显示出液晶相的物理特征.

液晶的发现虽然已经有一百年的历史,但在未曾找到实际用途之前,长期地只是停留在少数科学家的实验室里,被当作珍品做一些探索性的实验研究. 到三十年代中期科学家们对液晶的合成以及液晶的重要物理特性才积累到一定的系统知识. 其后又经过了二十年的冷落阶段,直到五十年代末期才建立了关于液晶的比较正确的理论. 这一液晶理论的初步建立,前后经历了大约三十年之久才获得成功．五十年代末期人们了解到，一些液晶材料在物体热图象方面有应用的价值，于是激发起了人们进一步探索液晶在技术方面可能有的用途．六十年代末期，动态散射现象的发现才使液晶在显示器件方面显现出光明的前景．与其它类型的显示器件不同，液晶显示器件本身并不发光，而是借助于周围的入射光来达到显示目的，因此可以在明亮的环境中使用．液晶显示器件消耗的功率极小，一般只在 10～100 $\mu W/cm^2$ 的数量级，因此不需要庞大的电源．用适当材料和原理制成的液晶显示器件还可以把信息储存在器件上，但不需要能量来维持这种储存过程．液晶显示器件比较容易达到显示面积大而占有体积小的要求，相对说来也不难达到彩色显示的目的，而且可以用于多路驱动操作．这些优点使得液晶显示器件进入了一个蓬勃发展的阶段．

目前已知的液晶大多数是由长形有机化合物分子构成．七十年代后期发现了由盘形有机分子构成的液晶．能否制造出由无机分子构成的液晶尚属有待研究的课题．一般无机分子比有机分子稳定，加上无机分子的其它一些特点，如果能够制成无机分子液晶，那么液晶工业必将会产生再一次的飞跃．近年来人们对高强度纺织纤维的需求日益增加．人们早已知道，晶体结构中的缺陷是造成固体强度大幅度降低的主要原因． 对于纺织纤维同样如此．纺织纤维是聚合物，如果能使聚合物分子更好地沿同一方向排列，那么纤维的强度将会大大提高．液晶的特点正是分子具有定向排列的倾向．因此，近年来对聚合物液晶的研究也蒸蒸日上．另外，从纯学术的角度来看，液晶的宏观特性还有许多需要进行探索或者目前还没有被彻底了解．液晶的微观理论，由于是多体问题，更远远没有得到完善的答案．相变正是目前物理学中的重要课题．至于新液晶材料的开发、已知合成方法的改进等等课题，都有许多工作需要进行．因此，不论从纯学术观点还是从应用观点来看，液晶这一门既古老又新兴的学科，都正处于方兴未艾、前途无量的阶段，有待人们进一步去探讨、研究、开发．

§1 什么是液晶

在不同的温度和压强条件下物体可以处于气体、液体或固体三种不同的状态，这是人们非常熟悉的现象．这三种状态一般称为气相、液相和固相．在适当外加条件下处于某一相的物体可以变换到另一种不同的相．水变成冰，冰变成水，水变成水蒸气，水蒸气变成水，冰变成水蒸气或是水蒸气变成冰，就是三种相之间互相转变的最常见的例子．这种转变称为相变．处在不同相的物体具有不同的物理特征．一般，液体具有高的流动性，不能承受切变力(切胁强)，可以形成液滴．高的流动性说明构成液体的分子能够在整个体积中自由地移动，而不是固定在一定的位置．所以液体中某一局域小区域中分子的堆积状态与远处另一局域小区域中分子的堆积状态可以完全不同．我们说，在液相分子的位置不具有长程有序．不过由于分子之间的相互作用，在局域范围内相邻小区域中分子的堆积状态仍然有一定的相似性．这就是说，液相中分子的位置虽然不具有长程有序，但是可以具有短程有序．一般液体的物理性质是各向同性的，没有方向上的差别．

固体则不然，它具有固定的形状．构成固体的分子或原子在固体中具有规则排列的特征，形成所谓晶体点阵．整块晶体可以由晶体点阵沿空间三个不同方向重复堆积而成．因此，组成晶体的分子或原子具有位置长程有序．晶体最显著的一个特点就是各向异性．由于晶体点阵的结构在不同的方向并不相同，因此晶体内不同方向上的物理性质也就不同．这种各向异性是固相与液相之间的一个很大的差别．显然，各向同性液相的对称性要高于各向异性的固相．物体的液相总是处在高于固相的温度范围，只有在物体的熔点温度，固相和液相才能共存．当然，这里所说的物体不包括玻璃、石蜡、沥青之类的非晶态物质．非晶态物质不存在固定的熔点，随着温度的上升逐渐多的物质形成具有流动性的液体．非晶态物质在固体状态下它的分子并不形成点阵，甚至可以具有微弱的流动性.

如果构成物体的分子的几何形状具有明显的各向异性，例如长棒状或扁平的盘状，那么除去分子的位置外，分子相互之间的排列方向也将会影响到物体的物理性质. 在低温下，由这种几何结构具有明显各向异性的分子构成的固相物质，不但分子要具备位置有序以形成晶体点阵，而且分子的排列取向也必然要有一定的有序性. 这是因为固体中分子间的距离比较近，一般只有分子采取相同的排列取向时，在一定的体积内才能容纳更多的分子，从而使系统的势能处于最低值. 我们把处于固相的这类物质逐渐加热以增加分子的动能，那么当到达一定的温度时，分子的位置有序或取向有序之一就必然开始被破坏. 这里可能出现两种不同的情形：一种是物体先失去位置有序形成液体，但是保留着取向有序，直到更高的温度才进一步破坏取向有序而形成具有各向同性的液体；另一种情形是，物体保持着固态但是分子的取向有序先遭到破坏，到更高的温度才破坏位置有序而形成各向同性液体. 后面这一类物质在固相阶段称为塑性晶体（plastic crystal）. 前面一类物质在位置有序遭到破坏进入液态时，由于分子的排列取向还存在着规律性，因此它的物理性质仍然是各向异性的. 这时物质是各向异性的液体，也就是所谓的液晶. 在液晶中一个小的局域范围内，分子都倾向于沿同一方向排列；在较大范围内分子的排列取向

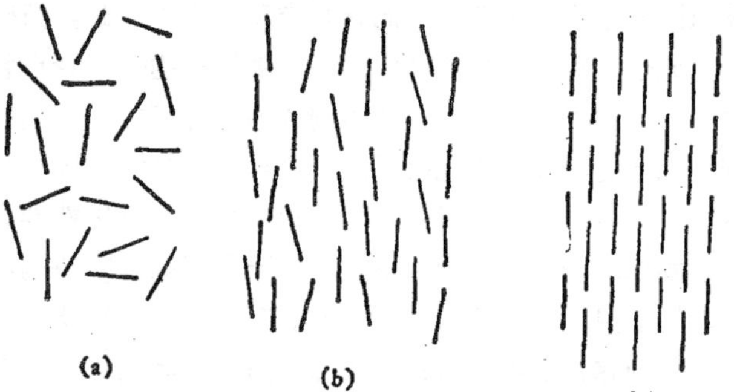

(a) (b) (c)

图 1.1 长棒状分子在(a)各向同性流体、(b)液晶(丝状液晶)和(c)晶体中的排列示意图.

可以是不同的．液晶是处于液体状态的物质，因此构成液晶的分子的质量中心可以作长程移动，使物质保留着一般流体的一些特征．以长棒状分子为例，图 1.1 给出了各向同性流体、液晶和晶体中分子排列的大致情形．液晶中分子的取向有序可以有不同的程度和不同的形式，因此可以存在有不同的液晶相．当温度高到一定的程度使得液晶分子进一步失去取向有序时，物质才成为各向同性液体，我们称之为各向同性液相．这个温度就是物质的清亮点．由于液晶相是处于固相和各向同性液相之间，因此液晶相又称为中介相（mesophase）而液晶也被称为中介物（mesogen）。

§2 液晶相的类别

从成分和出现中介相的物理条件来看，液晶大体可以分为热致液晶（thermotropic liquid crystal）和溶致液晶（lyotropic liquid crystal）两大类．热致液晶是指单成分的纯化合物或均匀混合物在温度变化下出现的液晶相．典型的长棒状有机化合物热致液晶的分子量一般在 200～500 g/mol 左右，分子的轴比（长宽比）约在 4～8 之间．实验室里最常用的热致液晶有氧化偶氮茴香醚［PAA, para-azoxyanisole, $CH_3O(C_6H_4)N_2O(C_6H_4)OCH_3$］和对甲氧基苄叉对氨基丁苯［MBBA, N-(p-methoxybenzylidene)-p′-n-butylaniline, $CH_3O(C_6H_4)CHN(C_6H_4)C_4H_9$］．前者的熔点和清亮点分别

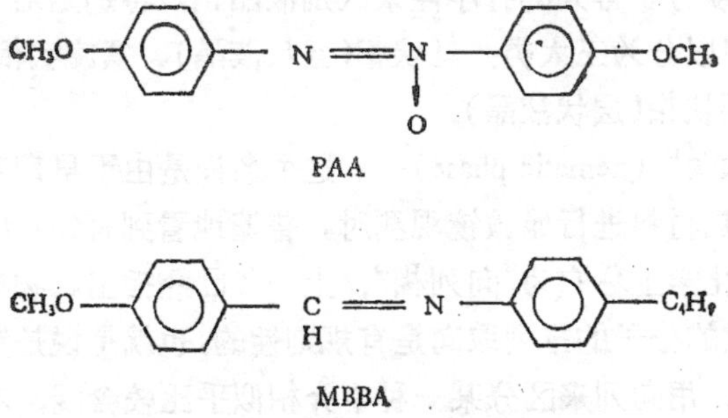

图 1.2 PAA 和 MBBA 分子结构图．

为 118.2℃ 和 135.5℃，后者是 21℃ 和 48℃. 它们的分子结构见图 1.2. 热致液晶中所有的分子对长程有序都具有同等的作用.

溶致液晶是两种或两种以上组分形成的液晶，其中一种是水或其它的极性溶剂. 在一定浓度溶液出现液晶相. 溶致液晶中的溶质在温度变化下常常是不稳定的，因此可以忽略温度引起相变的问题. 溶致液晶中的长棒状溶质分子一般要比构成热致液晶的长棒状分子大得多，分子的轴比约在 15 左右. 最常见的溶致液晶有肥皂水、洗衣粉溶液、表面活化剂溶液等. 溶致液晶中引起长程有序的主要是溶质与溶剂之间的相互作用，溶质与溶质之间的相互作用是次要的. 溶致液晶在生物系统中大量存在，生物膜就具有液晶特征. 因此，溶致液晶的研究对生物物理学颇为重要.

聚合物液晶最早是在溶致液晶相发现的，现在已有了热致聚合物液晶. 由于聚合物的分子要比一般有机分子大很多，在性质上也有所不同，因此目前把聚合物液晶也常单独加以考虑.

当然，这种热致液晶和溶致液晶的区分也不能加以绝对化. 有一些具有一定浓度的溶液只是在一定温度范围内才显示液晶相，这种特例就难以简单地按照上面所说的那样归类了. 由于单组分系统比较简单，目前对热致液晶的了解已经比较全面. 关于热致液晶的许多认识也可以用来说明溶致液晶和聚合物液晶；当然能否完全说明还有待深入研究. 本书将以热致液晶为对象进行各项有关的讨论.

如果从分子排列的有序性来区别液晶相，特别是对于热致液晶，那么可以分为三大类：丝状相(丝状液晶)、螺旋状相(螺旋状液晶)和层状相(层状液晶).

“丝状相”(nematic phase)　这个名词是由于早期对处在这种相的液晶材料进行显微镜观测时，普遍地看到有线状的条纹而提出的. 化学上称它为“向列相”. 上一节已经指出，物质处于液晶相时，它的分子的排列取向是有规则性的，也就是说是定向排列的. 因此，用向列来区分某一种中介相似乎比较含混. 本书将使用丝状相和丝状液晶这样的名称. 丝状相的特点是分子具有长程取向有序，局部地区的分子趋向于沿同一方向排列．两个不同排列取向区的交界处，在偏光显微镜下显示为丝状条纹．这就是丝状这个名词的来源．对于长棒状分子构成的丝状相液晶，在同一排列取向区，分子的排列很象丝线中纤维的顺丝排列．图1.1(b)就是丝状相中分子排列示意图．

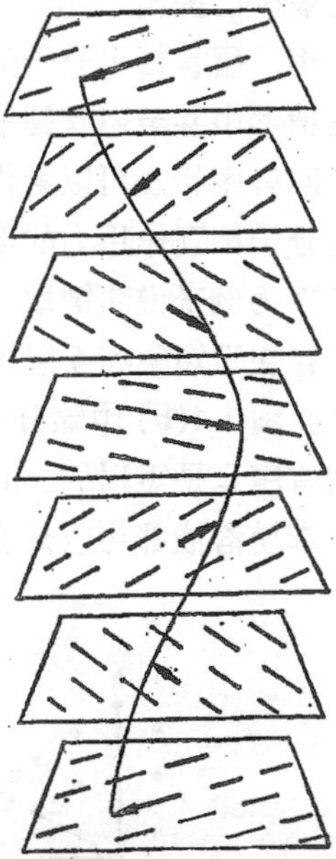

图1.3　螺旋状相中分子排列示意图．

“螺旋状相”(cholesteric phase)　螺旋状相与丝状相的差别在于分子的排列取向沿着一条螺旋轴螺旋式地变换方向，因此我们取螺旋状相和螺旋状液晶这样的名词．螺旋状相中分子排列取向示意图见图1.3．出现螺旋状相的材料许多都是胆甾醇的衍生物，因此化学上称它为“胆甾相”．在丝状液晶中添加少量具有旋光性的分子(手征性分子)也同样可以获得具有螺旋状相的材料．这种材料常被称为“扭曲丝状液晶”(twisted nematic)．为了避免胆甾相的局限性，同时迴避使用甾这一个比较偏僻的字，本书把胆甾相液晶和扭曲丝状液晶统称为螺旋状液晶．虽然螺旋状相中分子的排列取向螺旋式地改变方向，但在局域地区分子的排列仍然同丝状相一样是沿着同一的方向排列．丝状相可以说是螺旋状相的一个特例，就是沿螺旋轴方向要经过无限远的距离，分子排列取向才转动有限角的螺旋状相．不过由于丝状相系统比较简单，螺旋状相比丝状相只多了取向旋转的因素，因此人们常反过来说螺旋状相是丝状相的一个支类．从热力学角度来看二者是相当的，螺旋状相中分子也是具有长程取向有序．近年来在螺旋状相中又分出了一个“蓝相”(blue phase)．蓝相是具有稳定点阵缺陷的螺旋状相．

“层状相”(smectic phase)　一般把不属于丝状相和螺旋状

相的热致中介相都归为层状相，因此它不是一个很确切的相．目前最少已提出了九种不同的层状相，分别称为层状A相、B相、…I相．层状相中分子除具有取向有序外还有一些位置有序，在一些情形中甚至还有键取向有序（bond-orientational order）．长程键取向有序状态可以看作是失去了晶体点阵的平移有序，但是保留着分子相互作用力的取向各向异性的状态．图1.4以三角形二维点阵为例来说明键取向有序的情形．图1.4(a)中分子位置有序只存在于短距离 ξ 以内，但是点阵矢量 **a** 和 **b** 都具有长程取向有序．图1.4(b)中除分子位置有序存在于短程 ξ 以外，晶体轴的取向有序也是短程的．Smectic 来源于希腊文，意思是肥皂；肥皂水和洗衣粉溶液都可以处在这个相．Smectic 可以译作脂状，化学上称

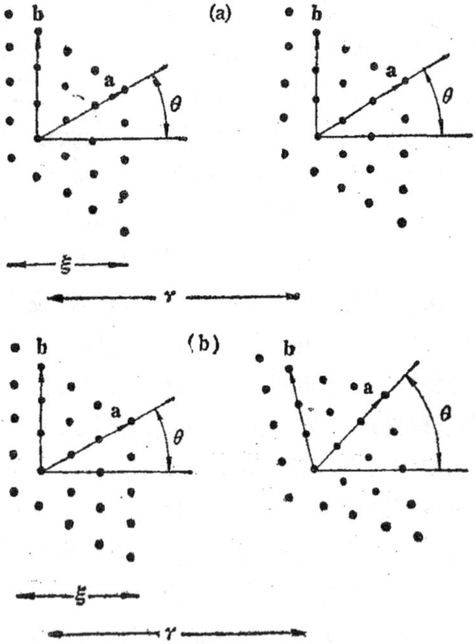

图1.4　键取向有序示意图．(a)长程键取向有序；(b)短程键取向有序．

为碟状．许多人称之为近晶相，取其接近于晶体的意思．正如前面所说，所有处在液晶相的物质都具有晶体各向异性的特点，因此同向列相的名称一样，近晶相的名称也比较含混．脂状虽说明了这种相的滑腻感，但是缺乏对分子排列形象的描述．本书采用层状相和层状液晶的名称，用以说明层状相中分子的排列呈现层状结构，表示它是由分子层组成．

习惯上常用字母 *I*，*C* 或 *X*，*N*，*Ch* 和 *S* 或 *Sm* 来代表各向同性、晶体、丝状、螺旋状 和层状；S_A 或 SmA 等就表示层状 A 相等。

§3　溶致液晶和生物膜[2,3,4,5,6,7]

溶致液晶大都是由双亲分子（amphiphilic molecules）化合物或称表面活化剂（sulfactant）和极性溶剂两种组分合成，最常遇到的溶剂是水．双亲分子的结构可以看作是由一个亲水（hydrophilic）或亲其它极性溶剂的头部，和一条疏水（hydrophobic）或亲非极性溶剂的尾部组成． 头部对水(极性溶剂)有高的可溶性，而亲脂（lipophilic）的尾部对烃（碳氢化合物）或其它非极性溶剂有高的可溶性．典型的头部有—OH，—CO_2H，—CO_2Na，—SO_3K，—O(CH_2—CH_2—O)$_n$H，—N(CH_3)$_3$Br，—PO_4—CH_2CH_2—NH_2 等等． 典型的尾部有—C_nH_{2n+1}，—C_6H_4—C_nH_{2n+1}，以及其它含有长的烃链的基团． 最常见的双亲分子月桂酸钠(钾)[肥皂，$CH_3(CH_2)_8(COO)^-Na^+(K^+)$] 的结构见图 1.5． 在图上一般用圆点或圆圈代表头部，而用弯曲线段表示尾链．双亲分子的可溶性不但取决于亲水基的亲水程度，同时还取决于疏水基的疏水程度，变化幅度可以很大．象 $C_nH_{2n+1}CO_2K$，$n = 1,2,3$ 这样的分子是溶于水不溶于烃的，而 $C_nH_{2n+1}OH$，$n > 12$ 这样的分子却是溶于烃而不溶于水的．只有亲水程度和疏水程度都很强，而且二者能比较相平衡的分子，例如 C_nH_{2n+1}—CO_2Na，$n = 8,\cdots,20$，才具有明显的增溶溶解（solubilization），形成分子组缨（micelle 或称

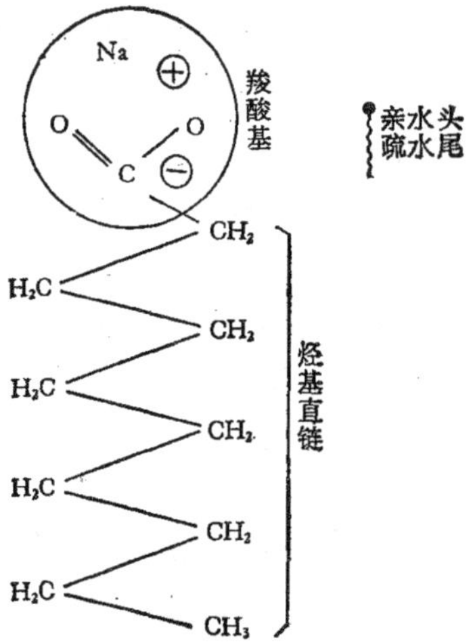

图 1.5　月桂酸钠分子结构图.

胶束或微胞)，以及形成液晶相等等双亲性质. 双亲分子可以说是水和烃的潜溶剂 (cosolvent)，因为它既有溶于水的极性基又有溶于烃的烃基. 例如，在中等浓度的肥皂水中可以溶解许多不溶于水的油脂. 有些双亲化合物溶于烃后可以增溶一些水或不溶于烃的极性化合物. 所以双亲化合物的溶液可以有许多重要的用途.

在稀薄的各向同性溶液中双亲分子呈无规分布状态. 双亲分子在溶液中的化学势 μ 与它在溶液中的浓度有关. 具体可以写作

$$\mu = \mu_0 + kT\ln x,$$

μ_0 是双亲分子的单元势 (unitary potential)，x 是与溶液中双亲分子浓度成正比的分子化学活性 (chemical activity). 对于具有能够卷曲的长烃链的双亲分子，μ_0 随分子的烃链所能接触到的水的表面面积的增加而增加，但是极性的头部又容易溶解于水而使 μ_0 降低. 这两种效应的相对强度决定了双亲分子对水和对烃的亲合性. 在水与水蒸气的界面上，双亲分子可以调节自己的取向和形状以降低链烷 (C_nH_{2n+2}) 与水之间的相互作用，从而导致界面上的 μ_0

值低于溶液内部的 μ_0 值。这样，化学平衡要求溶液中在水与水蒸气界面上的双亲分子浓度大于溶液主体中的双亲分子浓度．因此，当溶液中双亲分子浓度达到某一中肯值时，溶液中的双亲分子将聚集成由数十个到上百个分子组成的、直径可达几百埃的分子组缨．分子组缨可以说是能用亲水的头部极性基有效地把疏水尾链包围起来，使之与周围水相隔离的最小的双亲分子集团．溶液主体中单体双亲分子的化学势 μ 要高于分子组缨中单个双亲分子的化学势．分子组缨可以是球状的也可以是柱状的．处于分子组缨内层的双亲分子疏水尾链呈流体状态．溶液主体中的单体双亲分子和分子组缨中的双亲分子处于动平衡状态，因此分子组缨的形状、大小及所包含的双亲分子数目随着温度的改变都可以有起伏涨落．如果把双亲分子溶解在辛烷之类的液体烃溶剂之中就可以形成倒分子组缨，这时双亲分子的极性头部向里而疏水的尾链却伸向外部．倒分子组缨可以起到把水溶进石油当中的作用．

只有分子组缨的形成还不足以使溶液成为液晶相．提高溶液中双亲分子的浓度可以出现很长的柱状分子组缨．这些柱状分子组缨在溶液中排列成六角形．这就是所谓的六角形溶致液晶相．与六角相相关的还有以具有长方形截面的长柱形分子组缨为基元，排列成长方形的液晶相．六角相具有二维的周期结构．再增加溶液中双亲分子的浓度，可以出现立方形结构的立方形溶致液晶相．这种相是以球形分子组缨为基元，按面心立方或体心立方排列而成．虽则形成了点阵结构，但是由于分子组缨间存在有溶剂，因此还保持着足够的流动性，点阵结构不是刚性的．立方形液晶相具有三维周期结构，是各向同性的．双亲分子在溶液中的浓度再增加时，可以出现片状相 (laminar phase)．在溶致液晶各相中片状相最引人注目，因为生物膜就属于片状相．在片状相中两层双亲分子构成一片“双层”．双层中双亲分子的亲水头部在外，疏水尾链向内．图 1.6 是双层的结构示意图．这些二维的片层，层层重迭，形成具有一维周期性结构的片状相．片层之间充满了液体溶剂．每一片双层的厚度略小于两个分子的长度，大约在 30～

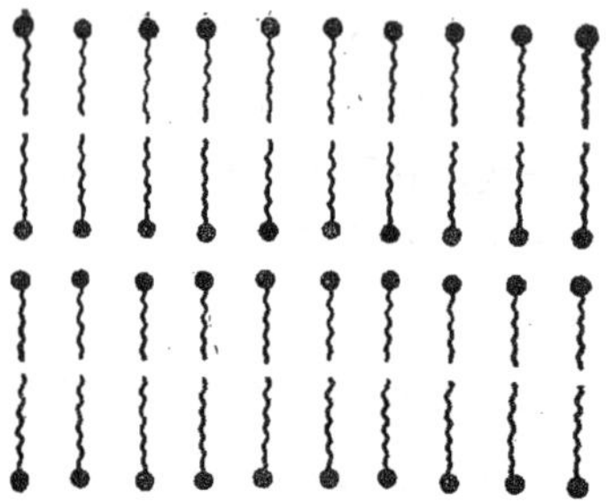

图 1.6　片状相中双层的结构示意图.

40 Å左右. 片层与片层之间的溶剂厚度约在 20 Å的数量级. 每一片双层当中的烃链区基本上处于流体状态. 片状溶致液晶相和热致液晶中的层状相很相似.

图 1.7 是典型的肥皂水相图. 图中下方有一条 T_K 温度曲线. T_K 称为克拉夫特温度 (Krafft temperature), 它是固相与液相或液晶相之间的相变温度. 温度高于 T_K 时, 如果溶液中水的成分很高, 那么就只有单体的双亲分子存在. 当双亲分子在溶液中的浓度达到一定程度时, 溶液中的单体双亲分子可以和分子组缨共存. 分子组缨对入射光有散射作用, 因此溶液呈乳白色. 分子组

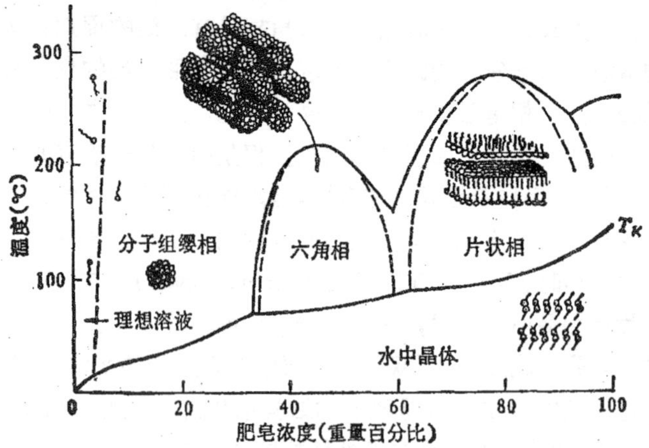

图 1.7　肥皂水的相图.

缨的体积越大，溶液显得越混浊．这时如果把溶液温度降低到 T_K 以下，溶液就会突然清亮起来．很明显，当双亲分子组成分子组缨的时候，它的长烃链必然要弯曲折迭．纯粹的碳氢化合物只有在熔融状态才可能弯曲折迭．因此，克拉夫特温度看来同分子组缨内部的碳氢部分从固态到熔体的相变有关．在低于 T_K 温度的条件下，由于缺乏足够的能量使双亲分子的烃链弯曲折迭，因此双亲分子将更容易以直链的形式堆积起来，并以晶体悬浮物的形式存在于溶液之中．不过在低于 T_K 温度条件下也有可能形成液晶相．

生物膜中除水以外主要成分之一是类脂化合物，象磷脂酰胆碱、磷脂酰乙醇胺、神经鞘磷脂、类脂甘醇、胆甾醇等等．以磷脂酰胆碱为例，它的结构如图 1.8 所示．亲水的头部在生物膜的水溶液中成为由带负电的磷酸盐基和带正电的三甲胺基组成的两性离

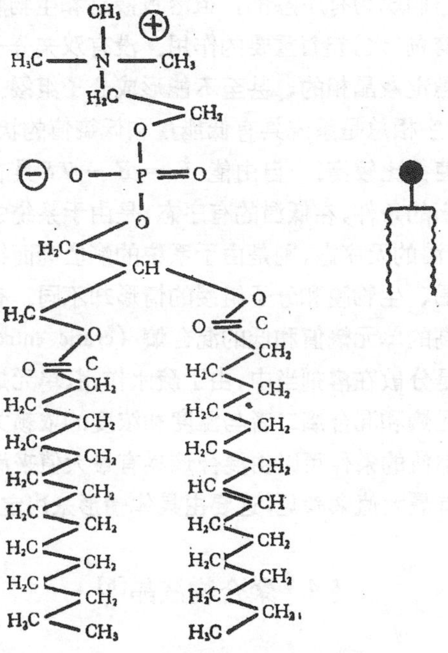

图 1.8　磷脂酰胆碱分子结构图．

子．有些类脂化合物的亲水头部是电中性的基．亲水头部下面是丙三醇基（$CH_2OH \cdot CHOH \cdot CH_2OH$）的链节，链节下面是两条孪生的长烃链，烃链可以有不同的长度和不同的饱和度，也就是说不同的碳碳双键．生物膜中的类脂化合物在生物系统的水环境中大都聚结成为类似于溶致液晶片状相的结构．相邻的类脂分子形成大片的双层，疏水的孪生尾链处于双层内部，亲水的头部在外与水相接触．双层的厚度约为两个类脂化合物分子的长度（40～50 Å）．双层不是刚性结构，内部的烃链具有流动性、迁移性，因此可以把烃链看作是在双层中能够作无规运动． 对于比较短的烃链，或者含有较多不饱和烃键的烃链，或者温度比较高，这种迁移性就更为显著．烃链在双层中的流动性对生物膜的功能是非常重要的．

热致液晶或其它有序凝聚态的稳定态，都是依靠分子间的相互作用来使它们成为有序态的，但溶致液晶和生物膜就不是那样简单，其中溶剂(水)起着重要的作用．没有双亲分子的疏水作用是不能形成稳定液晶相的，甚至不能形成分子组缨．对于一般的有序结构，有序相总是系统具有低能量和低熵值的状态；而无序相的能量和熵值都比较高． 自由能 $F=E-TS$ 具有最小值这一系统达到平衡的条件，在低温的有序态，是由于系统的能量低而得到满足；在高温的无序态，则是由于系统的熵值高而得到满足．但是，溶致液晶、生物膜和分子组缨的情形却不同．有序相的特征是系统具有高的单元熵值和低的混合熵（cratic entropy）值．在无序相分子是分散在溶剂当中，由于疏水作用，单元熵值低而混合熵值高．单元熵和混合熵二者与温度和浓度的依赖关系不同，因此自由能最小值的条件可以由混合熵具有最大值来满足，也可以由单元熵具有最大值来满足，这要由具体情形来决定．

§4 聚合物液晶[8]

聚合物与低分子量化合物不同，它是大分子化合物．因此，聚合物液晶，也就是具有自发有序性的聚合物溶液或熔体，与低分子量液晶有不同的性质．聚合物液晶的单体（monomer）可以是双亲性的也可以是非双亲性的．聚合物的结构有线状主链型（main chain polymer）的也有梳状侧链型（side chain polymer）的，不论那一种都是由某一基元重复排列形成．按照引起相变的主要物理因素，同低分子量液晶一样，可以把聚合物液晶分为溶致和热致两种．当然，由双亲单体构成的聚合物液晶是溶致液晶．表 1.1 总结了聚合物液晶的类别．

目前对聚合物液晶的理解主要还是通过对单体中介物的研究．当然，把单体连接成聚合物不可避免地要对单体施加许多限制．单体的平移运动和取向排列都不可能象在单体液晶中那样独立自由．因此，聚合物液晶与单体液晶之间必然还会有内在的差别． 在聚合物中单体所受到的约束程度表现在聚合物链的挠性上，而聚合物链的挠性又与单体的化学组合成分有关．单体所以

表 1.1 聚合物液晶的分类

单体	 双亲性		 非双亲性	
聚合物	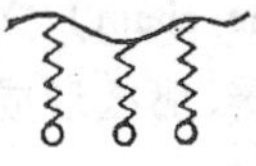 梳状 侧链型	 线状 主链型	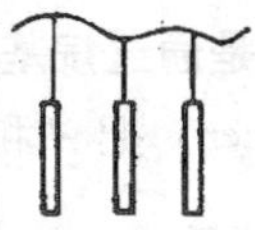 梳状 侧链型	 线　状 主 链 型
相变条件	溶致		热致	热致 溶致

能够形成液晶相，当然是由于单体是长状刚性的，因而可以出现各向异性的单体间相互作用力．从这一点来看，人们也许会认为刚性的聚合物链必然能形成液晶相．然而，实际上却很少出现自发有序的处于液态的聚合物液晶相．这是由于把单体连接成为具有一定劲度的聚合物链后，得到的经常是难以加工的、具有很强热稳

定性(高熔点)和很低可溶性的材料，因而难于出现液晶相. 正是由于这种强热稳定性和低可溶性，才使人们早期对聚合物液晶的研究局限于溶致性的生物聚合物液晶. 60年代末期人们从以硫酸为溶剂的溶致液晶中获得了超强度的聚合物纤维，但是，硫酸的强腐蚀性非常不利于生产，这才引起人们对热致聚合物液晶发生了很大的兴趣.

系统研究溶致中介物单体聚合物液晶的报导目前还不多. 典型的这类液晶是合成多肽的浓溶液，例如聚苯基谷氨酸（polybenzyl glutamate, PBG）在不同有机溶剂中的溶液. 用不同的溶剂和在不同的物理条件下，这类溶液可以出现丝状相和左旋或右旋的螺旋状相. 这类溶致聚合物液晶，由于比较容易控制和改变它的分子量、溶剂的种类、溶液的浓度以及其它物理条件，因此比较适用于进行系统研究工作.

非双亲性单体的主链型聚合物液晶，可以通过把中介物单体两端的官能团（functional group）通过缩合反应（condensation reaction）连接起来，形成如图 1.9(a) 的结构. 如果官能团 A、官能团 B 和中介物单体三者可以直接连接，那么形成的聚合物可以具有刚性的链节. 刚性主链型聚合物液晶的单体本身并不一定需要是刚性的. 如果是通过烷基烯烃链（alkylene chain）之类具有挠性的间隔团（spacer）把 A 和 B 与单体相连接，那么形成的聚合

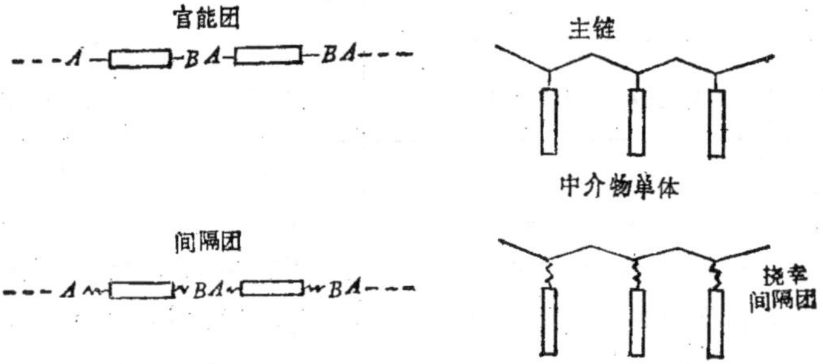

(a) 主链型　　(b) 侧链型

图 1.9　聚合物的结构示意图.

物将由刚性的中介物链段和挠性的链段交替连接形成．刚性结构使得主链型聚合物具有形成各向异性有序相的条件，但是低可熔性又有碍于液晶相的形成．提高聚合物链节的挠性有助于降低热稳定性，从而有利于形成液晶相．主链型聚合物液晶也可以是溶致液晶，上面提到的合成多肽溶液就是一个例子．

如果官能团 A 可以进一步完成聚合反应，那么就可以得到以 A 为链节，以中介物单体为侧链，固定在链节主链上的侧链型聚合物液晶[图 1.9(b)]．固定在主链上的侧链由于主链的运动而具有统计性质．我们可以把单体直接联接到主链上，也可以通过挠性的间隔团把单体联接到链节上．与主链型聚合物液晶不同，侧链型聚合物液晶的有序性来源于作为侧链的中介物单体，而与聚合物的主链关系不大．如果单体是直接固定在主链上，那么由于侧链的形态具有统计性质而可以有各种取向，而且聚合物分子的庞大体积也增加了侧链取向的空间无规性，因而不利于出现液晶相所要求的取向有序． 如果单体是通过挠性间隔团联接到主链上，那么主链的运动就不致于过分影响单体的有序取向排列，因而有利于形成液晶相．当然，单体、间隔团、以及主链的化学性质也都对单体的取向有序有影响．侧链型聚合物液晶，有丝状的也有层状的．使用较长的间隔团或增加烷基链（alkyl chain）的长度，都会增加形成层状相的趋势． 如果用手征性共聚用单体（chiral comonomer），也可以得到螺旋状聚合物液晶．

聚合物液晶是否能有许多实际的工业用途，还是一个有待探索的问题．目前主链型聚合物液晶的主要用途，仍是合成超强度纤维．侧链型聚合物液晶在外电场作用下，改变分子排列取向的响应时间和低分子量液晶的响应时间相差不多；这是由于所涉及的只是侧链的取向改变而不是主链的取向改变．因此，合成适用于显示器件的侧链型聚合物液晶是人们正在研究的课题．螺旋状侧链型聚合物薄膜，可以在很窄的波段内反射光．控制链中手征性共聚用单体的数量，就可以控制这个波段的位置．显然，这样的聚合物薄膜可以用作光的滤波器或反射器．另外，聚合物液晶与生物膜直接相关．因此，对聚合物液晶的研究，有助于增进我们对遗传信息的传递的了解．当然，聚合物本身就是一种特殊的物质状态，对它的研究无疑可以增进我们对大分子有序性的了解．

§5 热致液晶

热致液晶是单一成分的材料或是均匀的混合物．许多长形分子构成的热致液晶都是含有两个或多个苯环的芳族化合物．胆甾醇衍生物是另一种重要的热致液晶材料．决定热致液晶发生相变的主要参数是材料的温度．

热致液晶相变的大致情形可以用长形分子材料加以描述．从高温的各向同性相开始，当材料被冷却到清亮点时材料发生相变，液体材料从清亮透明的状态突然变为混浊而进入丝状相．丝状相液晶的分子排列取向具有长程相关性，倾向于沿同一方向互相平行排列．当然，这种互相平行排列不可能是完全的，必然有涨落．在丝状相，液晶分子具有一定的平移无序性．象在各向同性液体里那样，分子的位置仍然可以有一定的短程有序．实验指出，从光学上来看丝状液晶是单轴的．因此，在与光轴相垂直的平面上丝状相的物理性质是各向同性的，但是不同于沿光轴方向的物理性质．从理论上讲并不排除双轴的丝状相．

在丝状相液晶中添加一些手征性分子，或者是胆甾醇衍生物液晶，那么出现的将是螺旋状液晶．螺旋状相与丝状相具有相同的取向有序性，只不过在平衡结构方面和在织构上二者有些差别．分子相互平行排列是丝状相的平衡结构状态．由于螺旋状相具有旋光性，因此光轴具有从优的方向，而分子的互相平行排列不再能成为平衡状态．虽然螺旋状相的局域有序性与丝状相相同，但是光轴却具有宏观的螺旋式变化．螺旋状相的平衡状态相当于一个发生了扭曲的平面结构．在某一平面当中，分子都沿平面方向互相平行着排列，但排列的方向却随着一条与该平面相垂直的轴（螺旋轴）在均匀旋转，形成一种均匀扭曲的结构．扭曲的程度可以用螺旋的螺距，也就是方向旋转 2π 角时在螺旋轴上的距离，作为标识．当然，旋转方向可以是左旋的也可以是右旋的．例如，上一节中提到的聚苯基谷氨酸 PBG 是螺旋状液晶，PBLG 就是指左旋的聚苯基谷氨酸．显然，具有无限大螺距的螺旋状相就是丝状相．

有一些处于丝状相的液晶在被冷却的时候可以出现层状 A 相．这时在空间某一方向上分子的移动对称性地发生断裂，分子排列成一层一层的平面结构．在每一层中分子的取向都和平面相垂直，因此保持着单轴的性质．在每一层内部分子具有长程平移无序，只能保持有一般液体的短程有序．层与层之间的分子交换比一层当中分子的位置交换要困难．由于是层状结构，因此层状 A 相可以呈现焦点二次曲线织构．螺旋状相虽然不具备严格的层状结构，但是有近似的层状性质，因为在与螺旋轴相垂直的平面上分子基本上是在同一方向排列，所以螺旋状相也可以出现焦点二次曲线织构．

把层状 A 相液晶略为冷却就有可能获得层状 C 相．在层状 C 相中分子仍然形成分子层，只是分子的排列方向不再与层平面相垂直，而是有一个不等于直角的夹角．所以，层状 C 相具有双轴性质．层状 C 相中每一层里面的分子仍然具有类似于一般液体的有序性．再降温的话，可能出现倾斜排列的层状 B 相（也被称作层状 H 相）．在层状 B 相的每一分子层内，分子将具有晶体的有序性；它与晶体的差别在于相邻层间的相关性比晶体弱，也就是说相邻两层比较容易相对滑动．也有可能直接从层状 A 相得到分子取向与层平面相垂直的单轴层状 B 相．正象本章 § 2 中所说的那样，层状相并不是一个很确切的相．我们将在第十二章再比较详细地讨论它．层状 A 相和 C 相中的分子排列示意图见图 1.10．

通常高温相的有序程度总是低于低温相，不过这并不是一条热力学定律． 分子排列的有序程度在层状 A 相要比在丝状相高，所以一般丝状相是高温相而层状相是低温相．然而，有一些纯化合物液晶，特别是一些氰基化合物液晶和一些混合物液晶，在降温过程中从丝状相变为层状 A 相以后，随着温度的降低还可以第二

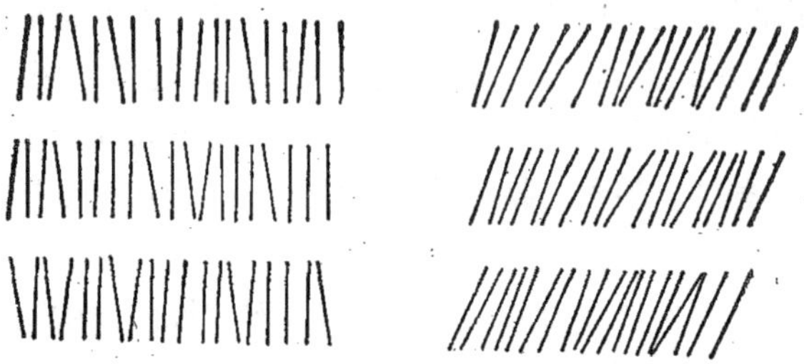

(a) S_A　　(b) S_C

图 1.10　层状A相和C相中分子排列示意图.

次出现丝状相，甚至在第二次出现丝状相以后又第二次出现层状A相．这些在低温下第二次出现的丝状相和层状A相称为重入(reentrant)丝状相和重入层状A相．从可以出现重入N相的材料80 CB (octyloxycyanobiphenyle，对辛氧基对氰基联苯) 的压强与温度相图上可以看到，在适当压强范围内，稳定的丝状相不但可以出现在高于 S_A 相的温度范围内，而且也可以出现在低于 S_A 相的温度范围内．出现重入现象，可能是由于层状A相并不是简单的单分子层结构而是以分子层对的形式出现．这样在低温的重入丝状相中，分子的密度就可以大于高温的层状A相的分子密度而成为稳定状态.

§6　指向矢 (director)

液晶一般都是由大的、近乎刚性的分子构成的，在某一方向上分子的线度要比其余两个方向上的线度大许多或者小许多．前一种情形呈现长形的分子，后一种情形呈现扁平的分子．对于长形分子，最简单的模型是把它看作刚性长棒，或者比较更近乎实际一些，看作是长的刚性椭球．由于目前盘形分子构成的液晶还比较少，对它们的研究也还不很深入，因此本书除在最后一章里讨论盘形分子液晶之外，都以长棒状分子作为讨论的对象．在一定的温度范围内，或一定的浓度范围内，这些分子趋向于沿分子长轴方向多少是互相平行地排列着．同时，在保持平行的状态下，分子又可以象在一般流体中那样作平移运动．这种规则排列性究竟完整到什么程度，是液晶分子统计理论的内容．

抛开液晶分子结构的问题，如果在一个宏观尺度的小范围内对液晶进行观察，我们就会发现单轴液晶的光学性质在横向是各向同性的，而它的各向异性轴在样品当中经常是按着一定的规律在变化．因此，在宏观上把液晶当作连续体来处理的液晶连续体理论中，经常引用一个平滑的矢量场 $\mathbf{n}$，来描述液晶中分子的排列状态，进而讨论液晶的各种各向异性的物理特征．我们可以把与 $\mathbf{n}$ 相切的曲线想象为液晶分子的排列图案．更松散一些，就可以把 $\mathbf{n}$ 看作是描述液晶分子的长轴取向．当然，在唯象的宏观连续体理论中，我们已经不再考虑单个液晶分子的运动，因此这里所想象的液晶分子长轴取向，最多只能说是在一个无限小范围内大量液晶分子的平均长轴取向而已．

习惯上一般把矢量场 $\mathbf{n}$ 的大小取作一，也就是说 $\mathbf{n}$ 满足关系式

$$\mathbf{n}\cdot\mathbf{n}=1. \tag{1.1}$$

从数学上讲，现在 $\mathbf{n}$ 是一个没有量纲的单位矢量．把 $\mathbf{n}$ 取作单位矢量的优点是计算简单．由于从某种意义上讲，$\mathbf{n}$ 描述的是液晶分子在空间的排列方向，因此 $\mathbf{n}$ 被称为指向矢．当然，并没有任何理由必须把 $\mathbf{n}$ 取作单位矢量．从另外的观点来看，也许把 $\mathbf{n}$ 取作变量还可以有更优越的地方．譬如说，我们可以用变量 $\mathbf{n}$ 来描述分子排列的整齐程度，取 $|\mathbf{n}|=1$ 表示完全整齐排列，而 $|\mathbf{n}|=0$ 表示完全无规排列．再譬如说，我们也可以用变量 $\mathbf{n}$ 来讨论实际上是非完全刚性的液晶分子．虽然引用变量 $\mathbf{n}$ 有可能具有某些优点，但是至今还未能这样提出一套比较完整的液晶理论．因此，在本书中我们把指向矢取作单位矢量，并满足(1.1)式的条件．

液晶的指向矢是可以用外界条件来控制的，这一点也正是为什么液晶可以用于显示器件的主要原因．在显示应用中我们总是把一薄层液晶注入两片玻璃片(称为基片)之间．这样的装置称为

液晶盒 (liquid crystal cell). 在实际应用当中,总是要求液晶盒中液晶的指向矢作定向排列. 有时要求指向矢与基片相平行排列,有时要求与基片相垂直排列. 要想达到这样的目的,就需要事先对基片与液晶相接触的那一面进行一定的处理. 用布或其它纤维在基片上作定向的打磨,可以使液晶指向矢顺着打磨的方向平行于基片表面排列. 如果在基片表面涂一层近乎单分子层的卵磷脂或二甲基聚硅氧烷,就可以使液晶的指向矢垂直于基片排列.基片表面上涂 MgF_2,ZnS 或 Al_2O_3,也同样可以获得垂直排列的效果。在基片表面斜蒸氧化硅,在不同的操作方式下,可以得到指向矢与基片成不同角度排列的效果. 如何使液晶盒中液晶的指向矢按照需要的角度(预倾角)排列,是显示器件中的一项重要工艺. 另外,对液晶施加静电场或几百高斯的磁场,也都可以使液晶的指向矢作定向排列.

指向矢 **n** 的引用,使我们对液晶的物理特征具有了定量描述的手段.无疑这是非常重要、非常有用的. 然而,我们必须指出,指向矢 **n** 本身至今仍然还不是一个非常明确肯定的物理量[9]. 我们说 **n** 的方向可以看作是描述长形液晶分子的长轴方向(或者是盘形液晶分子的短轴方向). 这里,我们首先引用了分子长轴或短轴的概念,也就是说液晶分子具有对称轴. 然而,液晶分子一般并不是具有轴对称性的分子,甚至也不是完全刚性的分子. 这样,分子轴本身就失去了严格的物理定义.那么,由分子轴引出的指向矢当然也就没有明确的物理意义了. 我们要注意的是,人们对自然的认识总是由浅入深,由含混而比较明确逐步地深入的. 液晶这门学科虽然已经有了 100 年的历史,但是系统地得到发展,到目前还为时不久. 指向矢 **n** 这一物理量在液晶理论中的引用无疑使得液晶学前进了一大步,达到了可以作出某些定量预言的阶段. 然而,终究液晶还是一门新兴的学科,仍然存在着大量的问题有待进一步去理解、去研究. 指向矢 **n** 的严格具体物理意义也正是这样一个有待进一步深入研究的基本问题.

参考文献

[1] F. Reinitzer, *Montash Chem.*, 9(1888), 421.

[2] E. B. Priestley, P. J. Wojtowicz, P. Sheng, Introduction to Liquid Crystals, Plenum Press (1974), Ch. 18.

[3] S. Friberg, Lyotropic Liquid Crystals and the Structure of Biomembrane, American Chemical Society (1976).

[4] G. H. Brown, J. J. Wolken, Liquid Crystals and Biological Structures, Academic Press (1979).

[5] J. Charvolin, A. Tardieu, Solid State Physics Suppl. 14(1978), p. 209.

[6] Y. Bouligand, Solid State Physics Suppl. 14(1978), p. 259.

[7] P. S. Pershan, *Physic Today*, **35**, No. 5(1982), p. 34.

[8] A. Ciferri, W. R. Krigbaum, R. B. Meyer, Polymer Liquid Crystals, Academic Press (1982).

[9] S. Chandrasekhar ed., Liquid Crystals, Heyden & Son (1980), p. 1.

第二章　单轴液晶连续体弹性形变理论

象一般的固体问题和流体问题那样，有关液晶的许多重要物理现象都可以在忽视单个组成分子的存在的情况下，把液晶当作连续介质来进行处理．这种连续体模型最早是由欧欣（C. W. Oseen）[1] 和祖歇（H. Zöcher）[2] 在 20 年代后期提出的．他们的静态理论获得了相当的成功．过了 30 年，到 50 年代后期夫兰克（F. C. Frank）[3] 重新研究了欧欣的处理方法，并加以整理而提出了曲率弹性理论（curvature elasticity theory）．这个理论基本上仍然是一个静态理论．由于它在一定程度上与固体弹性理论相似，因此我们称之为连续体弹性形变理论．当然，液晶是液态的物质，不可能产生象固体那样的形变．但是，描述液晶分子排列取向的指向矢，在外场作用之下可以改变方向；而在取消外场后，通过分子之间的相互作用，又有恢复到原有取向的趋势．这种指向矢取向的变化和固体的弹性形变有类似之处，因而借用固体弹性理论的名称，同样称之为弹性形变，并且引用相应的弹性常数．本章就是从唯象的观点介绍这种静态的液晶连续体弹性形变理论．

§1　形变的描述[4]

在第一章里我们已经指出，对于宏观体积的液晶，可以用一个指向矢 **n** 来表示分子的从优取向．指向矢 **n** 满足式(1.1)．一般，液晶中各处的指向矢 **n** 并不相同，即使是在平衡状态下 **n** 也可以有变化．特别是在外场作用下或者是由于边界条件的存在，**n** 可以随着在液晶中的位置而发生改变．对于大的样品，我们甚至可以用磁场或电场使液晶中的指向矢取一定的取向．这种场致排列取向的效应在液晶中是一种强的效应，不象在一般普通液体中只不过是一种弱的效应．在液晶连续体弹性理论中，我们假设除去在液晶中的一些奇异点或奇异线之外，指向矢 **n** 是位置 **r** 的连续函数．当液晶中各处的指向矢偏离了它们在平衡状态时所指的方向时，我们称液晶发生了形变．发生形变的液晶的内部将产生反抗形变的回复力，或者更确切一些说是回复转矩，就象弹性固体那样．在小的形变条件下，我们可以借助一般的固体弹性理论而得出液晶的连续体弹性形变理论．

液晶中的形变可以分为三种类型：展曲（splay）、扭曲(twist)和弯曲(bend)．它们的几何形象可以参考图 2.1，图中的小线段代表各处的指向矢．这些形变的产生可以用下面的例子来加以说

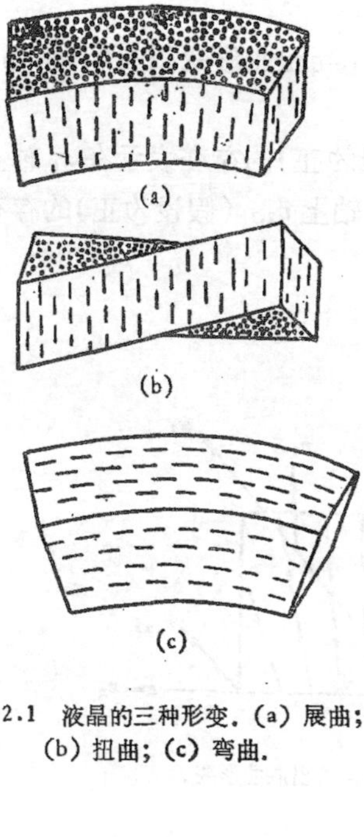

图 2.1　液晶的三种形变．(a) 展曲；(b) 扭曲；(c) 弯曲．

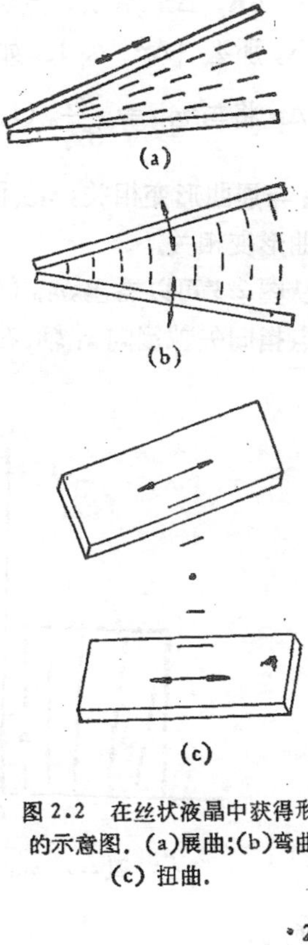

图 2.2　在丝状液晶中获得形变的示意图．(a)展曲;(b)弯曲;(c) 扭曲．

明．我们用两片经过处理的玻璃片作成尖劈形的液晶盒，当中充以丝状液晶．如果沿玻璃片附近液晶指向矢与玻璃片相平行，那么液晶内部就出现了图 2.2(a) 的展曲形变． 如果沿玻璃片附近指向矢与之相垂直，那么液晶内部就出现了图 2.2(b)的弯曲形变．如果这两片玻璃片是互相平行放置，而液晶的指向矢在玻璃片附近是与玻璃片相平行排列，但是沿两片玻璃片处的液晶指向矢之间有一个不等于 π 的夹角，那么液晶内部就产生了图 2.2(c) 的扭曲形变．图 2.2 中的短线段和双向箭头表示指向矢的方向．

三种形变的解析形式可以这样来看．我们在液晶中所要考虑的 P 点上选取一个右手笛卡儿坐标系 (x_1, x_2, x_3)． 假定 P 点的指向矢 $\mathbf{n}$ 与正 x_3 轴相重合，那么在 P 点附近的 Q 点处的指向矢将成为 $\mathbf{n}+\Delta\mathbf{n}$，$\Delta\mathbf{n}$ 是从 P 点到 Q 点指向矢的改变量．我们假设形变很小，那么 $|\Delta\mathbf{n}| \ll 1$． 如果 $\mathbf{n}$ 的三个分量被称为 (n_1, n_2, n_3)，那么 $\Delta\mathbf{n}$ 将与 $n_{i,j} \equiv \dfrac{\partial n_i}{\partial x_j}$，$(i, j = 1,2,3)$ 有关． 我们将看到 $n_{1,1}$ 和 $n_{2,2}$ 与展曲形变相关；$n_{1,2}$ 和 $n_{2,1}$ 与扭曲形变相关；而 $n_{1,3}$ 和 $n_{2,3}$ 与弯曲形变相关．

从图 2.3 可以看出，$n_{1,1}$（假设为正）的存在表示在 x_1 轴上越远离 P 点指向矢越倒向 x_1 轴．在 x_2 轴上 $n_{2,2}$（假设为正）的存在表示

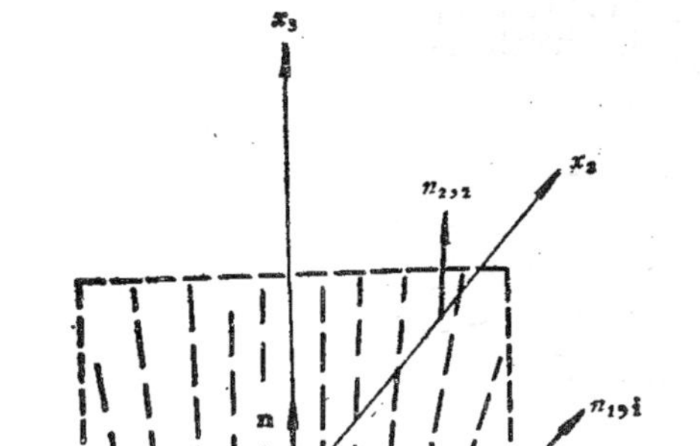

图 2.3 $n_{1,1}$ 和 $n_{2,2}$ 给出展曲形变．

越远离 P 点指向矢越倒向 x_2 轴。因此，在一个平面内，指向矢将向外逐渐扩展开去，故而这种形变称为展曲，图中画出了在 x_1x_3 平面内指向矢的组态。$n_{1,1}$ 或 $n_{2,2}$ 的存在说明指向矢存在散度，因此展曲的特点是 $\nabla\cdot\mathbf{n}\neq 0$。

从图 2.4 可以看出，$n_{2,1}$（假设为正）的存在表示在正 x_1 轴上越远离 P 点指向矢将越在正向倒向 x_1x_2 平面。同样，$n_{1,2}$ 的存在（假设为正）表示在正 x_2 轴上越远离 P 点指向矢越在正向倒向 x_1x_2 平面。图中画出了在不同 x_1 位置的 x_2x_3 平面上指向矢取向改变的情形。可以看出，各个平面上的指向矢发生了方向的转动，就象平面发生了扭转一样，因此这种形变称为扭曲。$n_{1,2}$ 和 $n_{2,1}$ 与 $\mathbf{n}$ 的旋度 $\nabla\times\mathbf{n}$ 在 x_3 轴方向的分量相关。原点处 $\mathbf{n}$ 的方向也是在 x_3 轴方向，因此扭曲的特点是 $\nabla\times\mathbf{n}$ 与 $\mathbf{n}$ 相平行。

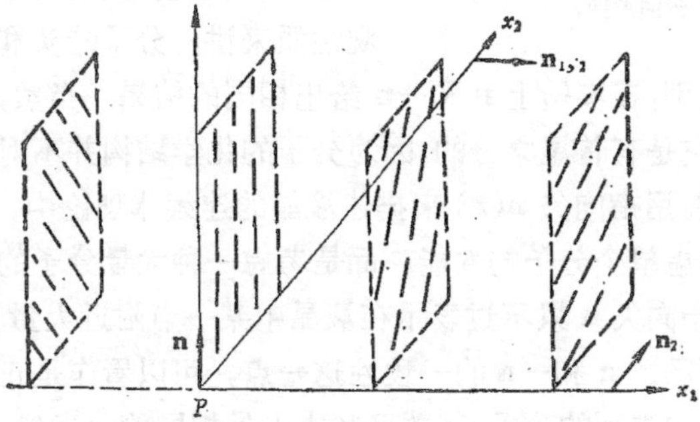

图 2.4　$n_{2,1}$ 和 $n_{1,2}$ 给出扭曲形变．

从图 2.5 可以看出，$n_{1,3}$（假设为正）的存在表示在正 x_3 轴上越远离 P 点指向矢越倒向正 x_1 轴。同样，$n_{2,3}$（假设为正）的存在表示在正 x_3 轴上越远离 P 点指向矢越倒向正 x_2 轴。图中画出了在正 x_1x_3 平面上指向矢的方向改变情形。这里竖直的指向矢形成了逐渐弯曲的状态，因此相当于弯曲形变。$n_{1,3}$ 和 $n_{2,3}$ 是与指向矢 $\mathbf{n}$ 的旋度 $\nabla\times\mathbf{n}$ 的 x_2 轴和 x_3 轴方向的分量相关的。原点处的指向矢 $\mathbf{n}$ 却是与 x_3 轴方向相合，因此弯曲的特点是 $\nabla\times\mathbf{n}$ 与 $\mathbf{n}$ 相垂直，展曲、扭曲和弯曲是三种基本的形变形式．液晶中实际产生的形变可能相当复杂，但是无论如何都只能是这三种基本形变的某种组合．

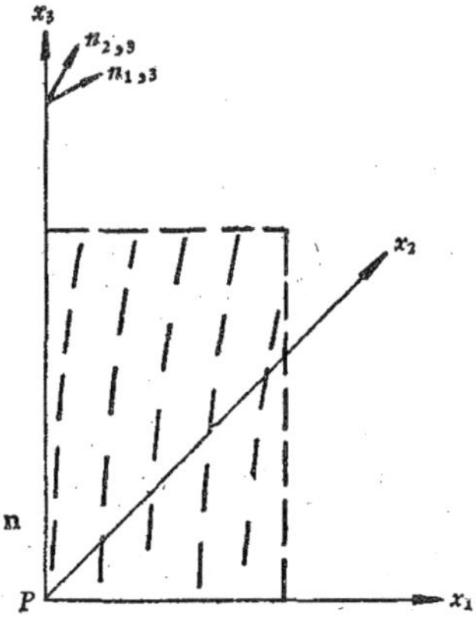

图 2.5　$n_{1,3}$ 和 $n_{2,3}$ 给出弯曲形变．

对于单轴液晶来讲，指向矢 $\mathbf{n}$ 是位置坐标 $\mathbf{r}$ 的函数，即

$$\mathbf{n}=\mathbf{n}(\mathbf{r}).$$

$\mathbf{n}(\mathbf{r})$给出了在 $\mathbf{r}$ 处液晶分子的从优取向．按照式(1.1)，我们取 $\mathbf{n}$ 为单位矢量，它的方向可以说就代表液晶分子的方向．不过对于大多数的液晶来讲，$\mathbf{n}$ 的符号并没有多大的物理意义．这就是说，对于液晶的宏观性质来讲，分子的头和尾并没有多大的区别，在实验上 $\mathbf{n}$ 和 $-\mathbf{n}$ 给出相同的结果．当然，从单个分子来看，它是有首尾之分的，因为分子的化学结构并不对称．这里可以说，在用指向矢 $\mathbf{n}(\mathbf{r})$ 来描述液晶的连续体理论中，我们已经不是在考虑单个分子的性能，而是考虑一种大量分子的统计平均性能． 指向矢 $\mathbf{n}$ 只不过表示在液晶中某一点附近大量分子的平均取向而已． $\mathbf{n}$ 和 $-\mathbf{n}$ 的一致性这一点，可以看作是正向排列的分子与反向排列的分子，其数目基本上是相同的．当然，象具有永久性偶极矩之类的分子，$\mathbf{n}$ 的符号也许在一定条件之下会成为重要的问题．在本书的讨论中我们将认为 $\mathbf{n}$ 和 $-\mathbf{n}$ 没有区别．

§2　自由能密度与弹性常数

在液晶连续体弹性形变理论中，我们假定指向矢 $\mathbf{n}(\mathbf{r})$ 是 $\mathbf{r}$ 的缓慢变化的连续函数，并且 $\mathbf{n}(\mathbf{r})$ 与 $-\mathbf{n}(\mathbf{r})$ 是相当的．在液晶中某一点 $\mathbf{r}_0$ 处，我们引用一个局域右手笛卡儿坐标系 (x_1, x_2, x_3)，使正 x_3 轴与 $\mathbf{n}(\mathbf{r}_0)$ 的方向重合．对于单轴液晶来讲，x_1 和 x_2 的选

择可以是任意的．我们要讨论的是在 $\mathbf{r}_0$ 点附近指向矢 $\mathbf{n}(\mathbf{r})$ 的变化情形．象上节那样，我们令液晶中各点的指向矢 $\mathbf{n}(\mathbf{r})$ 在 (x_1, x_2, x_3) 坐标系中的分量为 $[n_1(\mathbf{r}), n_2(\mathbf{r}), n_3(\mathbf{r})]$，而用 $n_{i,j} \equiv \dfrac{\partial n_i}{\partial x_j}$ $(i,j = 1,2,3)$ 来描述该点的形变．我们要讨论的是，在 $\mathbf{r}_0$ 点附近指向矢 $\mathbf{n}(\mathbf{r})$ 的变化，因此所讨论的 x_1, x_2, x_3 本身都是微量．当我们把 $\mathbf{n}(\mathbf{r})$ 围绕 $\mathbf{r}_0$ 点用泰勒级数展开时，可以有

$$
\begin{aligned}
n_1(\mathbf{r}) &= n_{1,1}x_1 + n_{1,2}x_2 + n_{1,3}x_3 + \text{高阶项}, \\
n_2(\mathbf{r}) &= n_{2,1}x_1 + n_{2,2}x_2 + n_{2,3}x_3 + \text{高阶项}, \\
n_3(\mathbf{r}) &= 1 + \text{高阶项}.
\end{aligned}
\tag{2.1}
$$

这里我们使用了 $\mathbf{n}$ 是单位矢量的条件．高阶项在计算中是可以忽略不计的．

连续体弹性形变理论讨论的是，在受到外力作用之下液晶发生了小形变时，力与形变的关系问题．这是一个静态问题，也就是说讨论的是在受力前液晶的状态与受力后又达到平衡状态时，两种状态之间的关系问题．从经典力学的角度来看，物体处于平衡状态时应该是能量处于最低的状态．所以，从能量角度出发来进行讨论是最适宜的办法． 我们取一个体积为 V_0 的液晶样品来讨论它的自由能 G．假设单位体积液晶的自由能，也就是自由能密度为 g．习惯上称 g 为夫兰克自由能密度．在没有外场作用之下，g 当然与指向矢的变化有关．借助于固体弹性理论的胡克定律，在小形变条件下，我们可以设想自由能密度 g 是指向矢 $\mathbf{n}(\mathbf{r})$ 的变化量 $\Delta\mathbf{n}$ 的一阶和二阶函数，而忽略高阶项．关于自由能密度 g 的具体形式，我们可以从不同的角度，用不同的方法加以推导．在本章，我们将从宏观唯象的观点，利用液晶的对称性，来寻找自由能密度的具体表达式．关于从分子相互作用的观点，以及从分子场的观点推导自由能密度的方法，将留到第九章再进行讨论．

我们首先从最简单的丝状液晶着手，用一个比较特殊的情形来得到一个自由能密度的表达式，然后推广到螺旋状液晶．最后再用更普遍的形式重新推导出液晶的自由能密度表示式．首先让

我们列举一下丝状液晶的对称性，它们有[5,6]：

(1) $\mathbf{n}$ 和 $-\mathbf{n}$ 的等价性，就是说把 $\mathbf{n}$ 用 $-\mathbf{n}$ 代换时系统的一切不变. 这个对称性是目前液晶理论都承认的基本观点. 由于液晶分子本身结构的复杂性，人们也常常对这个对称性提出疑问，我们这里承认它的正确性.

(2) 以 $\mathbf{n}$ 为轴的转动不变性，也就是说有 C_∞ 对称性，转动轴称为 C_∞ 轴. 把整个液晶系统绕 $\mathbf{n}$ 转动任意 θ 角(θ 为实数)系统的一切性质不变.

(3) 对包含 $\mathbf{n}$ 在内的平面的镜面反射不变性；就是说对于任意包含 $\mathbf{n}$ 在内的平面，平面两边的系统是对称的。这种对称性一般称为 $C_{\infty v}$ 对称性.

(4) 对垂直于 $\mathbf{n}$ 的平面的反射不变性. 相对于任意垂直于 $\mathbf{n}$ 的平面，平面两边的系统是对称的. 这就是说，在与 C_∞ 轴相垂直的方向上系统有二重对称性，一般称为 D_∞ 对称性. 这一对称性当然也反映了第一条 $\mathbf{n}$ 与 $-\mathbf{n}$ 等价的对称性.

对于温度为 T、体积为 V_0 的液晶系统，当系统内部发生弹性形变时，与形变相关的系统自由能 G 具有

$$G(T,V_0,\Delta\mathbf{n}) = \int_{V_0} g(T,\tau,\Delta\mathbf{n})d\tau \tag{2.2}$$

的形式. 这里 $\Delta\mathbf{n}$ 是液晶中一点的指向矢相对于坐标原点处指向矢的改变量. 式(2.1)指出，$\Delta\mathbf{n}$ 是各种形变 $n_{i,j}$ 的函数，因此弹性形变自由能密度 $g(T,\tau,\Delta\mathbf{n})$ 是 $n_{i,j}$ 的函数. 在小形变条件下，我们可以把 g 用 $n_{i,j}$ 的幂级数加以展开. 在具体问题中一般需要的是自由能密度的改变量而不是 g 的绝对值，因此在展开式中可以忽略常数项. 在保留到 $n_{i,j}$ 的二阶项条件下，展开式可以写作

$$\begin{aligned} &g = a_{ij}n_{i,j} + a_{ijkl}n_{i,j}n_{k,l}, \\ &i,j,k,l = 1,2,3 \end{aligned} \tag{2.3$_1$}$$

的形式，a_{ij} 和 a_{ijkl} 是展开式中的比例系数. 在本书中除特别指出以外，都使用习惯的求和约定法则：凡是一项当中有两个相同指标时（称为哑标或傀标）就要把这个指标对 1,2 和 3 作连加的计

算。例如

$$
\begin{aligned}
a_{ij}n_{i,j} &= a_{1j}n_{1,j} + a_{2j}n_{2,j} + a_{3j}n_{3,j} \\
&= a_{11}n_{1,1} + a_{12}n_{1,2} + a_{13}n_{1,3} \\
&\quad + a_{21}n_{2,1} + a_{22}n_{2,2} + a_{23}n_{2,3} \\
&\quad + a_{31}n_{3,1} + a_{32}n_{3,2} + a_{33}n_{3,3}。
\end{aligned}
$$

当然，液晶处于自由平衡状态时，指向矢 **n** 在液晶中各点具有同一的方向，而 $n_{i,j}=0$，因此在自由能密度的展开式中不存在 $n_{i,j}$ 的线性项(否则将不能满足第一条对称性)而成为

$$g = a_{ijkl}n_{i,j}n_{k,l}。 \tag{2.3$_2$}$$

让我们取液晶中的一点作为原点，同时选择一个局域笛卡儿坐标系 (x_1,x_2,x_3)，令这个局域坐标系的 x_3 轴与原点处液晶的指向矢 **n** 的方向相重合，那么原点处的指向矢成为

$$\mathbf{n} \equiv (0,0,1)。$$

由于 **n** 是一个单位矢量，因此

$$
\begin{aligned}
&n_i n_i = 1, \\
&n_i n_{i,j} = n_{3,j} = 0,\ \ i,j = 1,2,3。
\end{aligned} \tag{2.4$_1$}
$$

这样，在 81 个系数 a_{ijkl} 中有 36 个为零，

$$a_{3jkl} = a_{ij3l} = 0,\quad i,j,k,l = 1,2,3, \tag{2.4$_2$}$$

而余下 45 个为非零的系数． 让我们在原点选择另一个新的 ξ 坐标系 (ξ_1,ξ_2,ξ_3)，令 ξ 坐标系与 x 坐标系之间满足关系式

$$
\begin{aligned}
&\xi_\alpha = S_{\alpha i}x_i,\ \ x_i = S^*_{i\alpha}\xi_\alpha, \\
&\xi^*_\alpha = S^*_{i\alpha}x_i,\ \ x_i = S_{\alpha i}\xi^*_\alpha,\ \ \alpha, i = 1,2,3; \\
&S_{11} = S_{21} = \frac{1}{\sqrt{2}},\ \ S_{12} = -S_{22} = \frac{i}{\sqrt{2}},\ \ S_{33} = 1, \\
&S_{13} = S_{23} = S_{31} = S_{32} = S^*_{31} = S^*_{32} = S^*_{13} = S^*_{23} = 0.
\end{aligned} \tag{2.5$_1$}
$$

其中 $S^*_{i\alpha}$ 是 $S_{\alpha i}$ 的共轭复数，ξ^*_α 是 ξ_α 的共轭复数．显然

$$S^*_{i\alpha}S_{\beta i} = \delta_{\alpha\beta},\ \ S^*_{i\alpha}S_{\alpha j} = \delta_{ij}, \tag{2.5$_2$}$$

$\delta_{\alpha\beta}$ 或 δ_{ij} 是狄喇克 δ 函数． 所以式(2.5)的 S 变换是一个么正变换．在 ξ 坐标系中，指向矢 **n** 的三个分量是

$$\mathbf{n} \equiv (n_{\xi_1}, n_{\xi_2}, n_{\xi_3}).$$

由于 **n** 的变换与坐标的变换相同，所以从式(2.5_1)有

$$\begin{aligned} n_{\xi_\alpha} &= S_{\alpha i} n_i, \\ n^*_{\xi\alpha} &= S^*_{i\alpha} n^*_i = S^*_{i\alpha} n_i, \\ n_i &= S^*_{i\alpha} n_{\xi_\alpha} = S_{\alpha i} n^*_{\xi\alpha}, \\ i,\alpha &= 1,2,3. \end{aligned} \qquad (2.6_1)$$

这里应用了 n_i 是实数的条件．另外还有

$$\begin{aligned} \frac{\partial}{\partial \xi_\beta} &= \frac{\partial x_j}{\partial \xi_\beta}\frac{\partial}{\partial x_j} = S^*_{j\beta}\frac{\partial}{\partial x_j}, \\ \frac{\partial}{\partial \xi^*_\beta} &= \frac{\partial x_j}{\partial \xi^*_\beta}\frac{\partial}{\partial x_j} = S_{\beta j}\frac{\partial}{\partial x_j}, \\ \frac{\partial}{\partial x_j} &= S_{\beta j}\frac{\partial}{\partial \xi_\beta} = S^*_{j\beta}\frac{\partial}{\partial \xi^*_\beta}, \\ \beta, j &= 1,2,3. \end{aligned} \qquad (2.6_2)$$

由于 n_i 可以用 n_{ξ_α} 或者用 $n^*_{\xi\alpha}$ 表示，同时 $\frac{\partial}{\partial x_j}$ 又可以用 $\frac{\partial}{\partial \xi_\beta}$或者用 $\frac{\partial}{\partial \xi^*_\beta}$ 表示，因此 $n_{i,j}$ 可以有四种不同的表示方法：

$$\begin{aligned} n_{i,j} &\equiv \frac{\partial n_i}{\partial x_j} \\ &= S^*_{i\alpha} S_{\beta j}\frac{\partial}{\partial \xi_\beta} n_{\xi_\alpha} \\ &= S_{\alpha i} S^*_{j\beta}\frac{\partial}{\partial \xi^*_\beta} n^*_{\xi_\alpha} \\ &= S_{\alpha i} S_{\beta j}\frac{\partial}{\partial \xi_\beta} n^*_{\xi_\alpha} \\ &= S^*_{i\alpha} S^*_{j\beta}\frac{\partial}{\partial \xi^*_\beta} n_{\beta\alpha}. \end{aligned}$$

式(2.5)告诉我们

$$\xi_\alpha \xi_\beta = S_{\alpha i} S_{\beta j} x_i x_j,$$

$$\xi_\alpha \xi^*_\beta = S_{\alpha i} S^*_{j\beta} x_i x_j.$$

因此如果我们取

$$n_{\xi_\alpha \xi_\beta} = \frac{\partial}{\partial \xi_\beta} n_{\xi_\alpha}$$
$$= S_{\alpha i} S^*_{j\beta} n_{i,j},$$

那么 $n_{\xi_\alpha\xi_\beta}$ 的变换将同 $\xi_\alpha\xi^*_\beta$ 的变换相同;如果我们取

$$n_{\xi_\alpha \xi_\beta} = \frac{\partial}{\partial \xi^*_\beta} n_{\xi_\alpha}$$
$$= S_{\alpha i} S_{\beta j} n_{i,j}, \tag{2.7}$$

那么 $n_{\xi_\alpha\xi_\beta}$ 的变换将同 $\xi_\alpha\xi_\beta$ 的变换相同. 两种不同的 $n_{\xi_\alpha\xi_\beta}$ 的定义都会给出同一的结果. 现在为了方便起见，让我们具体取式(2.7)的 $n_{\xi_\alpha\xi_\beta}$ 的定义. 这样，在从 x 坐标系变换到 ξ 坐标系后，自由能密度 g 的式(2.3_2)表示式将取

$$g = a_{\alpha\beta\gamma\delta} n_{\xi_\alpha\xi_\beta} n_{\xi_\gamma\xi_\delta} \tag{2.8_1}$$

的形式;同时 $n_{\xi_\alpha\xi_\beta}$ 是由式(2.7)定义的，它的变换同 $\xi_\alpha\xi_\beta$ 的变换相同. 由于式(2.4_2)的关系，显然

$$a_{3\beta\gamma\delta} = a_{\alpha\beta3\delta} = 0,$$
$$\alpha,\beta,\gamma,\delta = 1,2,3. \tag{2.8_2}$$

把式(2.6)和(2.7)代入式(2.8)后再与式(2.3_2)相比较，就可以看到

$$a_{ijkl} = S_{\alpha i} S_{\beta j} S_{\gamma k} S_{\delta l} a_{\alpha\beta\gamma\delta},$$
$$a_{\alpha\beta\gamma\delta} = S^*_{i\alpha} S^*_{j\beta} S^*_{k\gamma} S^*_{l\delta} a_{ijkl}. \tag{2.9}$$

丝状液晶的第四条对称性要求，当 $x_3(\xi_3)$ 变换成为 $-x_3(-\xi_3)$ 时自由能密度表示式不变.因此，系数 a_{ijkl} 的下标 i,j,k,l 中只能有偶数个 3，否则当我们把 x_3 用 $-x_3$ 代换时 $n_{i,j}n_{k,l}$ 中有一些项将改变符号而引起自由能密度的改变. 同样，系数 $a_{\alpha\beta\gamma\delta}$ 的下标中也只能有偶数个 3;不符合这个条件的 $a_{\alpha\beta\gamma\delta}$ 都等于零. 结合式(2.4_1)的 $n_{3,j}=0$ 和式(2.8_2)，可以看到，下标含 3 的不为零的 $a_{\alpha\beta\gamma\delta}$ 只余下四个，$a_{\alpha3\gamma3}(\alpha,\gamma=1,2)$. 第三条对称性要求在 x_1 和 x_3 (或 x_2 和 x_3)不变的条件下，把 x_2(或 x_1)用 $-x_2$ (或 $-x_1$)代换时，自由能密度表示式不变. 式(2.5)的 S 变换指出，如果把 x_2 用 $-x_2$ 代

换，那么ξ_1和ξ_2将发生互换． 所以第三条对称性要求两个下标ξ_1和ξ_2互换位置的系数$a_{\alpha\beta\gamma\delta}$相等． 对于下标含 3 的不为零的$a_{\alpha\beta\gamma\delta}$，将只余下

$$a_{1313}=a_{2323},$$
$$a_{1323}=a_{2313}.$$

丝状液晶的第二条对称性要求：把系统绕**n**轴旋转任意实数θ角后，自由能密度表示式不变．现在令旋转θ角后的坐标系为x'坐标系（x'_1,x'_2,x'_3）和ξ'坐标系（ξ'_1,ξ'_2,ξ'_3），同时在这些坐标系中的各个量都用相应的量上加撇号"′"来表示，那么转动变换给出

$$\begin{aligned}
&x'_i=\theta_{ij}x_j,\ \ x_i=\theta_{ji}x'_j,\\
&\theta_{11}=\theta_{22}=\cos\theta,\ \theta_{12}=-\theta_{21}=\sin\theta,\ \theta_{33}=1,\\
&\theta_{13}=\theta_{23}=\theta_{31}=\theta_{32}=0,\\
&\theta_{ik}\theta_{jk}=\theta_{ki}\theta_{kj}=\delta_{ij}.
\end{aligned}\tag{2.10}$$

按照式(2.5)的变换，现在有

$$\begin{aligned}
&\xi'_\alpha=S_{\alpha i}x'_i=S_{\alpha i}\theta_{ij}x_j\\
&\qquad\equiv T_{\alpha j}\ x_j,\\
&\xi^{*\prime}_\alpha=S^*_{i\alpha}x'_i=S^*_{i\alpha}\theta_{ij}x_j\\
&\qquad\equiv T^*_{j\alpha}x_j,\\
&\alpha,i,j=1,2,3;\\
&T_{11}=\frac{1}{\sqrt{2}}\ e^{-i\theta},\ T_{22}=-\frac{i}{\sqrt{2}}e^{i\theta},\ T_{33}=1,\\
&T_{12}=\frac{i}{\sqrt{2}}\ e^{-i\theta},\qquad T_{21}=\frac{1}{\sqrt{2}}e^{i\theta},\\
&T_{13}=T_{23}=T_{31}=T_{32}=0,\\
&T_{\alpha j}T^*_{i\alpha}=\delta_{ij},\ T_{\alpha j}T^*_{j\beta}=\delta_{\alpha\beta},
\end{aligned}\tag{2.11}$$

其中$T^*_{j\alpha}$是$T_{\alpha j}$的共轭复数． 把式(2.11)同式(2.5)相比较，可以看到

$$\begin{aligned}
&\xi'_\alpha=e^{-im_\alpha\theta}\xi_\alpha,\ \xi^{*\prime}_\beta=e^{im_\beta\theta}\xi^*_\beta,\\
&\alpha,\beta=1,2,3,
\end{aligned}$$

$$m_1 = 1,\ m_2 = -1,\ m_3 = 0. \tag{2.12}$$

上式中的右方对 α 和对 β 并不进行连加运算．结合式(2.11)和式(2.12)就可以看到

$$\xi'_\alpha = e^{-im_\alpha\theta}\xi_\alpha = S_{\alpha i}\theta_{ij}x_j = S_{\alpha i}\theta_{ij}S^*_{j\beta}\xi_\beta.$$

后面的等式是应用式(2.5$_1$)的结果．于是有

$$e^{-im_\alpha\theta}\delta_{\alpha\beta} = S_{\alpha i}\theta_{ij}S^*_{j\beta},$$

或者写作[应用式(2.5$_2$)]

$$S_{\alpha i}\theta_{ij} = S_{\alpha j}e^{-im_\alpha\theta},$$
$$S^*_{i\alpha}\theta_{ij} = S^*_{j\alpha}e^{im_\alpha\theta}. \tag{2.13}$$

在式(2.10)的 θ 变换下还有

$$n'_i = \theta_{ij}n_j,\quad n_i = \theta_{ji}n'_j,$$
$$n_{i,j} = \theta_{qj}\frac{\partial}{\partial x'_q}(\theta_{pi}n'_p) = \theta_{pi}\theta_{qj}n'_{p,q},$$
$$n'_{i,j} = \theta_{ip}\theta_{jq}n_{p,q},$$
$$i,j,p,q = 1,2,3.$$

在 x 坐标系和 x' 坐标系中自由能密度相等：

$$g = a_{ijkl}n_{i,j}n_{k,l} = a'_{pqst}n'_{p,q}n'_{s,t},$$
$$i,j,k,l,p,q,s,t = 1,2,3.$$

因此 a_{ijkl} 和 a'_{pqst} 之间的关系是

$$a_{ijkl} = \theta_{pi}\theta_{qj}\theta_{sk}\theta_{tl}a'_{pqst},$$
$$a'_{ijkl} = \theta_{ip}\theta_{jq}\theta_{ks}\theta_{lt}a_{pqst},$$
$$i,j,k,l,p,q,s,t = 1,2,3. \tag{2.14}$$

式(2.9)的关系在转动后的坐标系中当然还是满足的，这就是说

$$a'_{\alpha\beta\gamma\delta} = S^*_{i\alpha}S^*_{j\beta}S^*_{k\gamma}S^*_{l\delta}a'_{ijkl}.$$

应用式(2.14)，它成为

$$a'_{\alpha\beta\gamma\delta} = S^*_{i\alpha}S^*_{j\beta}S^*_{k\gamma}S^*_{l\delta}\theta_{ip}\theta_{jq}\theta_{ks}\theta_{lt}a_{pqst} = S^*_{p\alpha}S^*_{q\beta}S^*_{s\gamma}S^*_{t\delta}e^{i(m_\alpha+m_\beta+m_\gamma+m_\delta)\theta}a_{pqst}$$

$$= e^{i(m_\alpha+m_\beta+m_\gamma+m_\delta)\theta} a_{\alpha\beta\gamma\delta},$$

$$\alpha,\beta,\gamma,\delta = 1,2,3,$$

$$m_1 = 1,\ m_2 = -1,\ m_3 = 0. \tag{2.15}$$

上面第二个等式是应用式(2.13)的结果，而第三个等式是应用式(2.9)的结果.

既然在转动θ角后自由能密度的形式不变，这就要求$a'_{\alpha\beta\gamma\delta} = a_{\alpha\beta\gamma\delta}$，也就是说要求对任意$\theta$角

$$m_\alpha + m_\beta + m_\gamma + m_\delta = 0.$$

前面已经指出，下标中含3的不为零的$a_{\alpha\beta\gamma\delta}$只有$a_{1313} = a_{2323}$和$a_{1323} = a_{2313}$这些系数，同时下标中1和2互换的系数相等，各个$m$又只能取1，−1和零三个数值，因此$a_{\alpha\beta\gamma\delta}$只能有下列四个独立数值：

$$a_{1212} = a_{2121},\quad a_{1122} = a_{2211},$$

$$a_{1221} = a_{2112},\quad a_{1323} = a_{2313}.$$

于是自由能密度g可以写成

$$g = a_{1122} n_{\xi_1\xi_1} n_{\xi_2\xi_2} + a_{1212}(n^2_{\xi_1\xi_2} + n^2_{\xi_2\xi_1}),$$

$$+ a_{1221} n_{\xi_1\xi_2} n_{\xi_2\xi_1} + a_{1323} n_{\xi_1\xi_3} n_{\xi_2\xi_3}$$

的形式. 前面已经指出$n_{\xi_\alpha\xi_\beta}$的变换同$\xi_\alpha\xi_\beta$的变换相同. 现在

$$\xi_1\xi_1 = \frac{1}{2}(x_1 + ix_2)(x_1 + ix_2) = \frac{1}{2}[(x_1x_1 - x_2x_2) + i(x_2x_1 + x_1x_2)],$$

$$\xi_1\xi_2 = \frac{1}{2}(x_1 + ix_2)(x_1 - ix_2) = \frac{1}{2}[(x_1x_1 + x_2x_2) + i(x_2x_1 - x_1x_2)],$$

$$\xi_2\xi_1 = \frac{1}{2}(x_1 - ix_2)(x_1 + ix_2) = \frac{1}{2}[(x_1x_1 + x_2x_2) - i(x_2x_1 - x_1x_2)],$$

$$\xi_2\xi_2 = \frac{1}{2}(x_1 - ix_2)(x_1 - ix_2) = \frac{1}{2}[(x_1x_1 - x_2x_2) - i(x_2x_1 + x_1x_2)],$$

$$\xi_1\xi_3 = \frac{1}{\sqrt{2}}(x_1x_3 + ix_2x_3),$$

$$\xi_2\xi_3 = \frac{1}{\sqrt{2}}(x_1x_3 - ix_2x_3).$$

所以有

$$n_{\xi_1\xi_1} = \frac{1}{2}[(n_{1,1} - n_{2,2}) + i(n_{2,1} + n_{1,2})],$$

$$n_{\xi_1\xi_2} = \frac{1}{2}[(n_{1,1} + n_{2,2}) + i(n_{2,1} - n_{1,2})],$$

$$n_{\xi_2\xi_1} = \frac{1}{2}[(n_{1,1} + n_{2,2}) - i(n_{2,1} - n_{1,2})],$$

$$n_{\xi_2\xi_2} = \frac{1}{2}[(n_{1,1} - n_{2,2}) - i(n_{2,1} + n_{1,2})],$$

$$n_{\xi_1\xi_3} = \frac{1}{\sqrt{2}}(n_{1,3} + in_{2,3}),$$

$$n_{\xi_2\xi_3} = \frac{1}{\sqrt{2}}(n_{1,3} - in_{2,3}).$$

这样,自由能密度 g 的形式便成为

$$\begin{aligned} g = &\frac{1}{4}a_{1122}[(n_{1,1} - n_{2,2})^2 + (n_{2,1} + n_{1,2})^2] \\ &+ \frac{1}{4}a_{1212}[2(n_{1,1} + n_{2,2})^2 - 2(n_{2,1} - n_{1,2})^2] \\ &+ \frac{1}{4}a_{1221}[(n_{1,1} + n_{2,2})^2 + (n_{2,1} - n_{1,2})^2] \\ &+ \frac{1}{2}a_{1323}(n_{1,3}^2 + n_{2,3}^2) \\ = &\frac{1}{2}[k_{11}(n_{1,1} + n_{2,2})^2 + k_{22}(n_{2,1} - n_{1,2})^2 + k_{33}(n_{1,3}^2 \\ &+ n_{2,3}^2)] + k(n_{1,2}n_{2,1} - n_{1,1}n_{2,2}), \end{aligned}$$

$$k_{11} = \frac{1}{2}(a_{1122} + 2a_{1212} + a_{1221}),$$

$$k_{22}=\frac{1}{2}(a_{1122}-2a_{1212}+a_{1221}),$$

$$k_{33}=a_{1323},\quad k=a_{1122}. \tag{2.16}$$

式(2.16)中右方最后一项可以改写成为

$$n_{1,2}n_{2,1}-n_{1,1}n_{2,2}=\frac{1}{2}(n_{i,j}n_{j,i}-n_{i,i}n_{j,j})$$

$$=\frac{1}{2}(n_{i,j}n_j-n_{j,j}n_i)_{,i}.$$

在系统自由能 G 中，这一项的体积分可以通过高斯定理[7]变换成为对体积外表面的面积分. 在适当的边界条件下这一面积分可以等于零，所以可以不必加以考虑. 变换成为矢量形式后，可以有

$$g=\frac{1}{2}[k_{11}(\nabla\cdot\mathbf{n})^2+k_{22}(\mathbf{n}\cdot\nabla\times\mathbf{n})^2+k_{33}(\mathbf{n}\cdot\nabla\mathbf{n})^2]. \tag{2.17}$$

这就是丝状液晶的形变自由能密度表达式.

螺旋状液晶不同于丝状液晶之处，在于它不满足丝状液晶的第三条对称性；在自由平衡状态下，螺旋状液晶的指向矢是位置的函数，虽然在局域地区螺旋状液晶的结构与丝状液晶相同. 由于指向矢是位置的函数，因此在螺旋状液晶的自由能密度表达式中就可以存在有形变的一阶项 $a_{ij}n_{i,j}$，也就是说 g 需要采取式(2.3_1)的形式. 对于自由能密度中的 $a_{ijk}n_{i,j}n_{k,l}$ 项，由于在局域地区螺旋状液晶与丝状液晶没有区别，因此它的形式仍然是式(2.16)或(2.17)的形式. 对于 $a_{ij}n_{i,j}$ 项，类似于二阶项的讨论，可以得出系数 $a_{\alpha\beta}$ 只存在两个非零项 a_{12} 和 a_{21}. 因此

$$\begin{aligned}
g_1&=a_{ij}n_{i,j}=a_{\alpha\beta}n_{\xi_\alpha\xi_\beta}\\
&=a_{12}[(n_{1,1}+n_{2,2})+i(n_{2,1}-n_{1,2})]+a_{21}[(n_{1,1}+n_{2,2})\\
&\quad-i(n_{2,1}-n_{1,2})]\\
&=(a_{12}+a_{21})(n_{1,1}+n_{2,2})+i(a_{12}-a_{21})(n_{2,1}-n_{1,2})\\
&=(a_{12}+a_{21})(\nabla\cdot\mathbf{n})+i(a_{12}-a_{21})(\mathbf{n}\cdot\nabla\times\mathbf{n}).
\end{aligned}$$

$(\nabla\cdot\mathbf{n})$ 项不满足 $\mathbf{n}$ 与 $-\mathbf{n}$ 等价这一对称性，因此要求 $a_{12}+a_{21}$

$=0$，而

$$g_1=-k_2(\mathbf{n}\cdot\nabla\times\mathbf{n})。$$

所以螺旋状液晶的自由能密度表示式成为

$$g=-k_2(\mathbf{n}\cdot\nabla\times\mathbf{n})+\frac{1}{2}[k_{11}(\nabla\cdot\mathbf{n})^2+k_{22}(\mathbf{n}\cdot\nabla\times\mathbf{n})^2+k_{33}(\mathbf{n}\cdot\nabla\mathbf{n})^2]。\tag{2.18}$$

上面这种简单的推导假设了液晶的自由能密度具有式(2.3_1)的形式，或者说自由能密度只展开到形变的二阶项．但是，二阶项可能不仅仅是由$n_{i,j}n_{k,l}$项组成．指向矢对坐标的二阶导数也可能是形变的二阶项[8]．考虑到二阶导数项，按照前面所选取的局域坐标系，我们可以把液晶的自由能密度g用泰勒级数展开成为

$$g=k_l^in_{i,l}+\frac{1}{2}k_{mn}^{ij}n_{i,m}n_{j,n}+k_{lm}^in_{i,lm}+\cdots,$$

$$k_l^i=\left(\frac{\partial g}{\partial n_{i,l}}\right)_0,\quad k_{mn}^{ij}=\left(\frac{\partial^2 g}{\partial n_{i,m}\partial n_{j,n}}\right)_0,\quad k_{lm}^i=\left(\frac{\partial g}{\partial n_{i,lm}}\right)_0,\tag{2.19_1}$$

下标"0"表示是在形变为零时的数值．在所有$\mathbf{n}$都是处于平行的状态下，当然对所有$i,l,m\cdots$来讲，

$$n_{i,l}=n_{i,lm}=\cdots=0.$$

式(2.4_1)告诉我们，n_3的各一阶导数等于零，所以我们只需要考虑n_1和n_2的各阶导数，而n_3的各高阶导数都可以用$n_{1,l}$，$n_{1,lm}\cdots$和$n_{2,l}$，$n_{2,lm}\cdots$等等来表示．这样在式(2.19)的展开式中，i和j就只取1和2两个数值，而l、m和n则取1,2和3三个数值．显然

$$k_{mn}^{ij}=k_{nm}^{ij},\quad k_{lm}^i=k_{ml}^i.\tag{2.19_2}$$

于是k_{mn}^{ij}共有21个独立数值，k_{lm}^i共有12个独立数值，而k_l^i有六个独立数值．总和在一起，到二阶项为止；一共有39个独立的系数．但是，由于液晶的对称性，将使独立系数远远少于39个．另外，从式(2.4_1)我们可以有

$$n_{i,k}n_{i,j}+n_in_{i,jk}=n_{i,k}n_{i,j}+n_{3,jk}=0,$$

所以 n_3 的二阶导数 $n_{3,jk}$ 可以用 $n_{1,j}$ 和 $n_{2,j}$ 来表示:

$$n_{3,jk} = -(n_{1,j}n_{1,k} + n_{2,j}n_{2,k}). \tag{2.20}$$

考虑到液晶的对称性，我们首先注意到液晶相对于 x_3 的 C_∞ 对称性. 自由能密度 g 只能是 $\mathbf{n}$ 各个导数的转动不变性组合的函数. 凡是不满足转动不变性的那些 $\mathbf{n}$ 的各个导数的组合，都不能存在于 g 的表示式中. 为了寻求这些不变性的组合，我们引用下列的复数算符 d 和复数量 a:

$$d_1 = \frac{\partial}{\partial x_1} + i\frac{\partial}{\partial x_2},\quad d_{-1} = \frac{\partial}{\partial x_1} - i\frac{\partial}{\partial x_2},\quad d_0 = \frac{\partial}{\partial x_3}; \tag{2.21$_1$}$$

$$a_1 = n_1 + in_2,\quad a_{-1} = n_1 - in_2. \tag{2.21$_2$}$$

同时我们引用一个缩写的符号

$$A_{j_0j_1j_2\cdots j_n} = d_{j_1}d_{j_2}\cdots d_{j_n}a_{j_0}, \tag{2.21$_3$}$$

其中 j_0 可以取 1 或 -1 两个数值，其余下标 μ 大于零的各个 j_μ 则可以取 1、零和 -1 这三个数值中的任意一个. 这一 A 的形式给我们提供了讨论 C_∞ 对称性的基础. 很容易看出，如果我们把坐标轴绕 x_3 轴转动 ϕ 角，那么 A 的表示式就相应地增加一个因子 $e^{-im\phi}$,其中

$$m = \sum_{\nu=0}^{n} j_\nu. \tag{2.22}$$

我们称 m 为 $A_{j_0j_1\cdots j_n}$ 的阶. 几个 A 的乘积的阶就等于各个 A 的阶的总和. 只有在 C_∞ 的运算下总的阶中的 m 值为零时，该 A 值或 A 的乘积值才能保持具有绕 x_3 轴的转动不变性. 在 C_∞ 运算下，如果某一 A 值或某一 A 的乘积值具有不变性，那么它的复共轭值(也就是把所有下标都改变一个符号，$+1$ 变为 -1 而 -1 变为 $+1$)也必然具有不变性. 从而使得它的实数部分和虚数部分本身也都具有了不变性. 当然，在组成乘积当中如果 a 的个数与 d 的个数都是偶数时，乘积 A 本身就可能是一个实数.

很容易看出，一阶只有一对复共轭不变量

$$A_{1-1} \text{ 和 } A_{-1\ 1}. \tag{2.23}$$

二阶的不变量共有七个，它们是

$$(A_{1-1})^2,\ (A_{-11})^2,$$
$$A_{1-1}A_{-11},\ A_{11}A_{-1-1},\ A_{10}A_{-10},$$
$$A_{1-10},\ A_{-110}。\tag{2.24}$$

这里$(A_{1-1})^2$和$(A_{-11})^2$是复共轭对，A_{1-10}和A_{-110}是复共轭对，而$A_{1-1}A_{-11}$，$A_{11}A_{-1-1}$，和$A_{10}A_{-10}$本身都是实数。高阶的不变量也可以用同样的方法把它们列出来. 这样，在C_∞对称条件下，我们可以列出下列九个一阶和二阶的$n_{i,j}$不变量，以及它们的相应矢量形式:

(1) $\frac{1}{2}(A_{1-1}+A_{-11})=n_{1,1}+n_{2,2}=\nabla\cdot\mathbf{n}$,

(2) $\frac{1}{2i}(A_{1-1}-A_{-11})=n_{2,1}-n_{1,2}=\mathbf{n}\cdot\nabla\times\mathbf{n}$,

(3) $$\frac{1}{2}[(A_{1-1})^2+(A_{-11})^2]=(n_{1,1}+n_{2,2})^2-(n_{2,1}-n_{1,2})^2=(\nabla\cdot\mathbf{n})^2-(\mathbf{n}\cdot\nabla\times\mathbf{n})^2,$$

(4) $$\frac{1}{4i}[(A_{1-1})^2-(A_{-11})^2]=(n_{1,1}+n_{2,2})(n_{2,1}-n_{1,2})=(\nabla\cdot\mathbf{n})(\mathbf{n}\cdot\nabla\times\mathbf{n}),$$

(5) $$A_{1-1}A_{-11}=(n_{1,1}+n_{2,2})^2+(n_{2,1}-n_{1,2})^2=(\nabla\cdot\mathbf{n})^2+(\mathbf{n}\cdot\nabla\times\mathbf{n})^2,$$

(6) $$A_{11}A_{-1-1}=(n_{1,1}-n_{2,2})^2+(n_{2,1}+n_{1,2})^2=(\nabla\cdot\mathbf{n})^2+(\mathbf{n}\cdot\nabla\times\mathbf{n})^2-4\sum_{i<j}^{3}(n_{i,i}n_{j,j}-n_{i,j}n_{j,i})=(\nabla\cdot\mathbf{n})^2+(\mathbf{n}\cdot\nabla\times\mathbf{n})^2-2\nabla\cdot(\mathbf{n}\nabla\cdot\mathbf{n}-\mathbf{n}\cdot\nabla\mathbf{n}),$$

(7) $A_{10}A_{-10}=n_{1,3}^2+n_{2,3}^2=(\mathbf{n}\cdot\nabla\mathbf{n})^2$,

(8) $$\frac{1}{2}(A_{1-10}+A_{-110})=n_{1,13}+n_{2,23}=\mathbf{n}\cdot\nabla(\nabla\cdot\mathbf{n})-n_{3,33}$$

$$= \mathbf{n}\cdot\nabla(\nabla\cdot\mathbf{n}) + (\mathbf{n}\cdot\nabla\mathbf{n})^2,$$

(9) $$\frac{1}{2i}(A_{1-10} - A_{-110}) = n_{2,13} - n_{1,23}$$

$$= \mathbf{n}\cdot\nabla(\mathbf{n}\cdot\nabla\times\mathbf{n}). \qquad (2.25)$$

从矢量表示式来看，在 C_∞ 对称下到二阶为止，我们需要考虑的是下列 9 个不变量:

$$\nabla\cdot\mathbf{n}, \qquad \mathbf{n}\cdot\nabla\times\mathbf{n}, \qquad (\nabla\cdot\mathbf{n})^2,$$
$$(\mathbf{n}\cdot\nabla\times\mathbf{n})^2, \qquad (\mathbf{n}\cdot\nabla\mathbf{n})^2, \qquad (\nabla\cdot\mathbf{n})(\mathbf{n}\cdot\nabla\times\mathbf{n}),$$
$$\mathbf{n}\cdot\nabla(\nabla\cdot\mathbf{n}), \quad \mathbf{n}\cdot\nabla(\mathbf{n}\cdot\nabla\times\mathbf{n}), \quad \nabla\cdot(\mathbf{n}\nabla\cdot\mathbf{n} - \mathbf{n}\cdot\nabla\mathbf{n}).$$

因此，自由能密度 g 的形式可以写作

$$\begin{aligned} g = {} & k_1(\nabla\cdot\mathbf{n}) - k_2(\mathbf{n}\cdot\nabla\times\mathbf{n}) + \frac{1}{2}[k_{11}(\nabla\cdot\mathbf{n})^2 \\ & + k_{22}(\mathbf{n}\cdot\nabla\times\mathbf{n})^2 + k_{33}(\mathbf{n}\cdot\nabla\mathbf{n})^2] \\ & - k_{12}(\nabla\cdot\mathbf{n})(\mathbf{n}\cdot\nabla\times\mathbf{n}) + k_{13}\mathbf{n}\cdot\nabla(\nabla\cdot\mathbf{n}) \\ & - k_{23}\mathbf{n}\cdot\nabla(\mathbf{n}\cdot\nabla\times\mathbf{n}) \\ & - \frac{1}{2}(k_{22} + k_{24})\nabla\cdot(\mathbf{n}\nabla\cdot\mathbf{n} - \mathbf{n}\cdot\nabla\mathbf{n}). \end{aligned} \qquad (2.26)$$

这里我们所用的系数以及系数前面的符号，是为了与第九章中从分子相互作用观点得到的结果相对比而引入的. 式(2.26)就是单轴液晶(包括丝状液晶和螺旋状液晶)的自由能密度表达式的普遍形式. 显然，式(2.18)是它的一个特例.

§3 对自由能密度 g 表示式的讨论

应用矢量关系式

$$\mathbf{n}\cdot\nabla(\nabla\cdot\mathbf{n}) = \nabla\cdot(\mathbf{n}\nabla\cdot\mathbf{n}) - (\nabla\cdot\mathbf{n})^2,$$

我们可以把式(2.26)中 k_{13} 项的一部分归并到 k_{11} 项而成为

$$\begin{aligned} g = {} & k_1(\nabla\cdot\mathbf{n}) - k_2(\mathbf{n}\cdot\nabla\times\mathbf{n}) \\ & + \frac{1}{2}[(k_{11} - 2k_{13})(\nabla\cdot\mathbf{n})^2 \end{aligned}$$

$$+ k_{22}(\mathbf{n}\cdot\nabla\times\mathbf{n})^2 + k_{33}(\mathbf{n}\cdot\nabla\mathbf{n})^2]$$
$$- k_{12}(\nabla\cdot\mathbf{n})(\mathbf{n}\cdot\nabla\times\mathbf{n})$$
$$+ k_{13}\nabla\cdot(\mathbf{n}\nabla\cdot\mathbf{n}) - k_{23}n\cdot\nabla(\mathbf{n}\cdot\nabla\times\mathbf{n})$$
$$- \frac{1}{2}(k_{22}+k_{24})\nabla\cdot(\mathbf{n}\nabla\cdot\mathbf{n} - \mathbf{n}\cdot\nabla\mathbf{n}).$$

再把 $\nabla\cdot\mathbf{n}$ 项与 $(\nabla\cdot\mathbf{n})^2$ 项合并成一个二阶项，同时把 $\mathbf{n}\cdot\nabla\times\mathbf{n}$ 项与 $(\mathbf{n}\cdot\nabla\times\mathbf{n})^2$ 项也合并成一个二阶项，而忽略掉在合并中多出的与 $\mathbf{n}$ 无关的常数项，那么自由能密度 g 将可写成

$$g = \frac{1}{2}\left[(k_{11}-2k_{13})\left(\nabla\cdot\mathbf{n} + \frac{k_1}{k_{11}-2k_{13}}\right)^2\right.$$
$$+ k_{22}\left(\mathbf{n}\cdot\nabla\times\mathbf{n} - \frac{k_2}{k_{22}}\right)^2$$
$$\left.+ k_{33}(\mathbf{n}\cdot\nabla\mathbf{n})^2\right] - k_{12}(\nabla\cdot\mathbf{n})(\mathbf{n}\cdot\nabla\times\mathbf{n})$$
$$+ k_{13}\nabla\cdot(\mathbf{n}\nabla\cdot\mathbf{n}) - k_{23}\mathbf{n}\cdot\nabla(\mathbf{n}\cdot\nabla\times\mathbf{n})$$
$$- \frac{1}{2}(k_{22}+k_{24})\nabla\cdot(\mathbf{n}\nabla\cdot\mathbf{n} - \mathbf{n}\cdot\nabla\mathbf{n})$$

的形式。忽略与 $\mathbf{n}$ 无关的常数项是由于我们可以改变计算能量的零点.

当我们考虑一定体积液晶的总能量时，需要把 g 对整个液晶体积积分，这时 k_{13} 项和 $(k_{22}+k_{24})$ 项对总能量的贡献将是

$$\int_{V_0} k_{13}\nabla\cdot(\mathbf{n}\nabla\cdot\mathbf{n})d\tau - \int_{V_0}\frac{1}{2}(k_{22}+k_{24})\nabla\cdot(\mathbf{n}\nabla\cdot\mathbf{n} - \mathbf{n}\cdot\nabla\mathbf{n})d\tau.$$

应用高斯定理，这两个积分都可以变换成 $\mathbf{n}\nabla\cdot\mathbf{n}$ 和 $\mathbf{n}\nabla\cdot\mathbf{n}-\mathbf{n}\cdot\nabla\mathbf{n}$ 在液晶体积外表面上垂直分量对整个外表面的面积分，也就是说这两部分的贡献是液晶表面能量的贡献. 在讨论液晶的平衡状态时总是需要求出能量的最小值，从而应用到欧勒-拉格朗日方程式，这时面积分的部分并不起作用，因而我们可以把这两项在自由能密度表示式中删去不作考虑. 当然，在一般情形之下，面积

分也会与 $\mathbf{n}$ 的方向有关，因此在处理过程中必须小心从事．这样，自由能密度 g 可以简化成

$$g=\frac{1}{2}\left[(k_{11}-2k_{13})\left(\nabla\cdot\mathbf{n}+\frac{k_1}{k_{11}-2k_{13}}\right)^2\right.$$

$$+k_{22}\left(\mathbf{n}\cdot\nabla\times\mathbf{n}-\frac{k_2}{k_{22}}\right)^2$$

$$\left.+k_{33}(\mathbf{n}\cdot\nabla\mathbf{n})^2\right]-k_{12}(\nabla\cdot\mathbf{n})(\mathbf{n}\cdot\nabla\times\mathbf{n})$$

$$-k_{23}\mathbf{n}\cdot\nabla(\mathbf{n}\cdot\nabla\times\mathbf{n}) \tag{2.27}$$

的形式．

单轴液晶除具有 C_∞ 对称性外还具有 D_∞ 对称性． 在我们所选择的右手坐标系中，$\mathbf{n}$ 原定是与正 x_3 轴方向一致．现在如果把 $\mathbf{n}$ 用 $-\mathbf{n}$ 代换，那么这个坐标系将变成左手系了．要想保持为右手系，我们就得把坐标系 (x_1,x_2,x_3) 换成新的坐标系 (x_1',x_2',x_3')，二者之间的变换是

$$x_1\to x_1=x_1',\ x_2\to -x_2=x_2',\ x_3\to -x_3=x_3'.$$

在新坐标系中指向矢的三个分量成为 $(n_{1'},n_{2'},n_{3'})$，指向矢分量的变换是：

$$n_1\to n_1=n_{1'},n_2\to -n_2=n_{2'},\ n_3\to -n_3=n_{3'}.$$

这样，在从坐标系 (x_1,x_2,x_3) 变换为 (x_1',x_2',x_3') 时就有

$$\begin{aligned}\nabla\cdot\mathbf{n}&=n_{1,1}+n_{2,2}+n_{3,3}\\&\to n_{1',1'}+n_{2',2'}+n_{3',3'}\\&=n_{1,1}+n_{2,2}+n_{3,3}=\nabla\cdot\mathbf{n}.\end{aligned}$$

当然把 $\mathbf{n}$ 用 $-\mathbf{n}=\mathbf{n}'$ 代换时就得出

$$\nabla\mathbf{n}'=-\nabla\cdot\mathbf{n},$$

也就是说变了符号．对于 $\mathbf{n}\cdot\nabla\times\mathbf{n}$ 来讲，坐标的变换使得

$$\begin{aligned}&n_1(n_{3,2}-n_{2,3})\to n_1(n_{3,2}-n_{2,3})=n_{1'}(n_{3',2'}-n_{2',3'}),\\&n_2(n_{1,3}-n_{3,1})\to n_2(n_{1,3}-n_{3,1})=n_{2'}(n_{1',3'}-n_{3',1'}),\\&n_3(n_{2,1}-n_{1,2})\to n_3(n_{2,1}-n_{1,2})=n_{3'}(n_{2',1'}-n_{1',2'}).\end{aligned}$$

再用 $\mathbf{n}'=-\mathbf{n}$ 代替时我们得出

$$\mathbf{n}'\cdot\nabla\times\mathbf{n}'=(-\mathbf{n})\cdot\nabla\times(-\mathbf{n})=\mathbf{n}\cdot\nabla\times\mathbf{n},$$

保持不变．另外，对于算符 $\mathbf{n}\cdot\nabla$，在代换成新坐标系时有

$$n_1\frac{\partial}{\partial x_1}+n_2\frac{\partial}{\partial x_2}+n_3\frac{\partial}{\partial x_3}\rightarrow n_1\frac{\partial}{\partial x_1}+n_2\frac{\partial}{\partial x_2}+n_3\frac{\partial}{\partial x_3}$$

$$=n_1'\frac{\partial}{\partial x_1'}+n_{2'}\frac{\partial}{\partial x_2'}+n_{3'}\frac{\partial}{\partial x_3'}.$$

再用 $\mathbf{n}'=-\mathbf{n}$ 代换时就得出

$$\mathbf{n}\cdot\nabla\rightarrow-\mathbf{n}\cdot\nabla,$$

也改变了符号．

这样，我们看到 D_∞ 对称运算的结果将引起 $\nabla\cdot\mathbf{n}$，$(\mathbf{n}\cdot\nabla\times\mathbf{n})(\nabla\cdot\mathbf{n})$ 和 $\mathbf{n}\cdot\nabla(\mathbf{n}\cdot\nabla\times\mathbf{n})$ 改变符号，但是 $(\nabla\cdot\mathbf{n})^2$，$(\mathbf{n}\cdot\nabla\times\mathbf{n})^2$，$(\mathbf{n}\cdot\nabla\mathbf{n})^2$，$\mathbf{n}\cdot\nabla(\nabla\cdot\mathbf{n})$ 和 $\mathbf{n}\cdot\nabla\times\mathbf{n}$ 以及

$$\sum_{\substack{i<j\\1}}^{3}(n_{i,i}n_{j,j}-n_{i,j}n_{j,i})$$

都保持不变．在没有极性的液晶中，$\mathbf{n}$ 和 $-\mathbf{n}$ 是没有区别的，那么它的自由能密度在 D_∞ 对称运算下应该是一个不变量．现在在 D_∞ 对称运算之下 $(\nabla\cdot\mathbf{n})$，$(\mathbf{n}\cdot\nabla\times\mathbf{n})(\nabla\cdot\mathbf{n})$ 和 $\mathbf{n}\cdot\nabla(\mathbf{n}\cdot\nabla\times\mathbf{n})$ 都改变了符号，不能保持为不变量，所以这些项不能存在于自由能密度表示式中，也就是说必然要有

$$k_1=k_{12}=k_{23}=0 \tag{2.28}$$

这些条件的存在．其余五个弹性常数 k_2，k_{11}，k_{22}，k_{33} 和 k_{13} 不受影响．

上面这个结果也可以简单地应用前面所引用的算符 d、复数量 a 和 $A_{j_0j_1\cdots j_n}$ 来得到．D_∞ 对称运算要求作

$$x_1\rightarrow x_1,\ x_2\rightarrow -x_2,\ x_3\rightarrow -x_3,$$
$$n_1\rightarrow(n_1\rightarrow)-n_1,\ n_2\rightarrow(-n_2\rightarrow)n_2,$$
$$n_3\rightarrow(-n_3\rightarrow)n_3$$

的代换．与这种代换相对应所引起的 d 和 a 的变换为

$$d_1\rightarrow d_{-1},\ d_{-1}\rightarrow d_1,\ d_0\rightarrow -d_0,$$
$$a_1\rightarrow -a_{-1},\ a_{-1}\rightarrow -a_1,$$

一方面是下标 1 和 −1 要相互换，另一方面有一个 d_0 就要改变一次符号，同时有一个 a 也要改变一次符号．这也就是说，在 A 中，D_∞ 对称运算一方面要把它变换成共轭复函数，另一方面由于 A 中含有一个 a 所以要改变一次符号；另外，如果 A 中含有奇数个 d_0 时也要改变一次符号，如果 A 中含有偶数个 d_0 就不引起符号的改变．这样，在 A 中如果有奇数个 d_0，那么在 D_∞ 对称运算下，由于 d_0 和 a 的两次改变符号，A 将变换成为它的共轭复值，也就是说 A 的虚数部分对 D_∞ 对称运算不是一个不变量．反过来，如果 A 中含有偶数个 d_0，那么在 D_∞ 对称运算下，由于 a 的改变符号，A 将变换成它的共轭复值的负数．这样 A 的实数部分对 D_∞ 对称运算就不是一个不变量了．应用这些结果，我们看到，在 D_∞ 对称运算之下 A_{1-1} 和 A_{-11} 的实数部分都不是不变量，但是它们的虚数部分保持为不变量．同样，在 D_∞ 对称运算下，A_{1-10} 和 A_{-110} 的虚数部分不是不变量而实数部分保持为不变量．所以式(2.25)中的(1)项和(9)项都不是不变量，于是在自由能密度表示式中不能存在．(4)项实际上是(1)项和(2)项的乘积，所以在能量密度表示式中也不能存在．

这样，我们看到，对于没有极性（$\mathbf{n}$ 和 $-\mathbf{n}$ 没有区别）的液晶来讲，它们的自由能密度可以写成

$$g=\frac{1}{2}\left[(k_{11}-2k_{13})(\nabla\cdot\mathbf{n})^2+k_{22}\left(\mathbf{n}\cdot\nabla\times\mathbf{n}-\frac{k_2}{k_{22}}\right)^2+k_{33}(\mathbf{n}\cdot\nabla\mathbf{n})^2\right]$$

的形式．既然 k_{11} 和 k_{13} 都是常数，我们可以把 $k_{11}-2k_{13}$ 简称为新的 k_{11}，从而使自由能密度表示式简化为

$$g=\frac{1}{2}\left[k_{11}(\nabla\cdot\mathbf{n})^2+k_{22}\left(\mathbf{n}\cdot\nabla\times\mathbf{n}-\frac{k_2}{k_{22}}\right)^2+k_{33}(\mathbf{n}\cdot\nabla\mathbf{n})^2\right]. \tag{2.29}$$

这正是式(2.17)和(2.18)的形式．所以，考虑不考虑指向矢的二阶

导数都给出同一的单轴液晶夫兰克自由能密度表示式．在这个表示式中含有三个不同的形变项：第一个与 $\nabla\cdot\mathbf{n}$ 有关；第二个与 $\mathbf{n}\cdot\nabla\times\mathbf{n}$ 有关；第三个与 $\mathbf{n}\cdot\nabla\mathbf{n}$ 有关．从式(2.25)的(1)项可以看出，$\nabla\cdot\mathbf{n}$ 来自 $n_{1,1}$ 和 $n_{2,2}$．在本章§1中已经指出，$n_{1,1}$ 和 $n_{2,2}$ 表示展曲形变．式(2.25)的(2)项告诉我们 $\mathbf{n}\cdot\nabla\times\mathbf{n}$ 来自 $n_{2,1}$ 和 $n_{1,2}$，而§1指出它们表示扭曲形变．式(2.25)的(7)项指出，$\mathbf{n}\cdot\nabla\mathbf{n}$ 来自 $n_{1,3}$ 和 $n_{2,3}$，而§1指出它们表示弯曲形变．所以，我们看到，式(2.29)中的三个项分别描述了展曲形变能量密度、扭曲形变能量密度和弯曲形变能量密度．这样，我们可以把 k_{11} 称为展曲弹性常数，k_{22} 称为扭曲弹性常数，k_{33} 称为弯曲弹性常数．这就是自由能密度表示式中三项的物理意义．弹性形变能量密度是正值，因为需要外力对它作功才能产生形变，所以三个弹性常数当然都是正值．

在这里需要提出一点：式(2.29)的自由能密度表示式是在仅仅考虑到第二阶的项的条件下得到的，所有高阶项都被忽略掉，因此是一个小形变的理论．式(2.29)中的三个项都是以平方项的形式出现的，也就是说每一项都是与相应的形变的平方成正比．在这一点上和固体弹性理论作比较就可以看到，实质上是把液晶的弹性形变与弹性应力之间的关系看作是满足胡克定律来处理的．也就是说，在保留到形变二阶项的条件下我们用的是线性理论．当然，线性理论一般只有在小形变条件下才能适用．在应用式(2.29)的自由能密度时必须考虑到它的适用范围．

对于螺旋状液晶来讲，它的平衡状态，也就是能量最低状态，是液晶中相邻两平面中的指向矢 $\mathbf{n}$ 具有螺旋式转动的状态．抛开展曲和弯曲，只讨论扭曲，那么相应的自由能密度表示式是

$$g_t=\frac{1}{2}k_{22}\left(\mathbf{n}\cdot\nabla\times\mathbf{n}-\frac{k_2}{k_{22}}\right)^2.$$

自由能密度最小值在

$$\frac{\partial g_t}{\partial(\mathbf{n}\cdot\nabla\times\mathbf{n})}=0$$

的条件下出现，也就是说在

$$\mathbf{n}\cdot\nabla\times\mathbf{n}=\frac{k_2}{k_{22}}$$

的条件下出现．由于 $k_{22}>0$，所以平衡状态的 $\mathbf{n}\cdot\nabla\times\mathbf{n}$ 的符号由 k_2 的符号来决定．$\mathbf{n}\cdot\nabla\times\mathbf{n}$ 表现的是扭转的状况，不同符号的 $\mathbf{n}\cdot\nabla\times\mathbf{n}$ 值说明了两种不同方向的旋转．式(2.25)的(2)项告诉我们 $\mathbf{n}\cdot\nabla\times\mathbf{n}$ 是从 $n_{2,1}-n_{1,2}$ 来的．从图 2.4 我们看出，当 $n_{2,1}>0$ 时各 x_2x_3 层平面上的指向矢随着正 x_1 的增加而逐渐倒向 x_1x_2 平面的第一象限．应用右手定则，以正 x_1 轴为正向，那么这个旋转是左旋的，或者说是负螺旋．反过来，如果 $n_{2,1}<0$，那么旋转将是右旋或者是正螺旋．所以我们看到，$k_2<0$ 时是正螺旋而 $k_2>0$ 时是负螺旋．这就说明了 k_2 的物理意义．

对于丝状液晶来讲还具有 $C_{\infty v}$ 对称性．具有 $C_{\infty v}$ 对称性的系统没有从优的螺旋性，也就是说没有螺旋差别．与 $C_{\infty v}$ 对称相对应的变换是

$$x_1\rightarrow x_1,\quad x_2\rightarrow -x_2,\quad x_3\rightarrow x_3;$$

$$n_1\rightarrow n_1,\quad n_2\rightarrow -n_2,\quad n_3\rightarrow n_3.$$

这种变换将使 d 算符和复数量 a 按下面的方式变换：

$$d_1\rightarrow d_{-1},\quad d_{-1}\rightarrow d_1,\quad d_0\rightarrow d_0;$$

$$a_1\rightarrow a_{-1},\quad a_{-1}\rightarrow a_1.$$

换句话说就是把所有 $A_{i_0i_1\cdots i_n}$ 变换成它们的共轭复值．这就使得那些对 C_∞ 为不变量的 A(或 A 的乘积)的虚数部分改变符号．在这种情形之下，那些对 C_∞ 为复数不变量的虚数部分对 $C_{\infty v}$ 来讲就不再是不变量了．式(2.25)的(2)项、(4)项和(9)项就是这些量．所以对具有 $C_{\infty v}$ 对称性的丝状液晶，在自由能密度式中

$$k_2=k_{12}=k_{23}=0. \tag{2.30}$$

从 $C_{\infty v}$ 对称性变换的条件也可以直接看到，

$$\begin{aligned}\mathbf{n}\cdot\nabla\times\mathbf{n}&=n_1(n_{3,2}-n_{2,3})+n_2(n_{1,3}-n_{3,1})+n_3(n_{2,1}-n_{1,2})\\&\rightarrow -n_1(n_{3,2}-n_{2,3})-n_2(n_{1,3}-n_{3,1})\\&\quad -n_3(n_{2,1}-n_{1,2})=-\mathbf{n}\cdot\nabla\times\mathbf{n},\end{aligned}$$

因此要求

$$k_2 = 0。$$

于是，对丝状液晶来讲，它的自由能密度表示式将是

$$g = \frac{1}{2}[k_{11}(\nabla\cdot\mathbf{n})^2 + k_{22}(\mathbf{n}\cdot\nabla\times\mathbf{n})^2 + k_{33}(\mathbf{n}\cdot\nabla\mathbf{n})^2]。 \tag{2.31}$$

关于螺旋状液晶自由能密度表示式(2.29)和丝状液晶自由能密度表示式(2.31)中的弯曲项 $\frac{1}{2}k_{33}(\mathbf{n}\cdot\nabla\mathbf{n})^2$，还可以用另外的形式来表达．由于我们假定了指向矢 $\mathbf{n}$ 为单位矢量满足式(1.1)，因此可以有

$$\nabla(\mathbf{n}\cdot\mathbf{n}) = 2\mathbf{n}\cdot\nabla\mathbf{n} + 2\mathbf{n}\times(\nabla\times\mathbf{n}) = 0,$$

也就是说

$$\mathbf{n}\cdot\nabla\mathbf{n} = -\mathbf{n}\times(\nabla\times\mathbf{n})。$$

所以弯曲项又可以写作 $\frac{1}{2}k_{33}(\mathbf{n}\times\nabla\times\mathbf{n})^2$ 的形式． 这样我们就有：

螺旋状液晶自由能密度

$$g = \frac{1}{2}\left[k_{11}(\nabla\cdot\mathbf{n})^2 + k_{22}\left(\mathbf{n}\cdot\nabla\times\mathbf{n} - \frac{k_2}{k_{22}}\right)^2 + k_{33}(\mathbf{n}\cdot\nabla\mathbf{n})^2\right] \tag{2.29$_1$}$$

$$= \frac{1}{2}\left[k_{11}(\nabla\cdot\mathbf{n})^2 + k_{22}\left(\mathbf{n}\cdot\nabla\times\mathbf{n} - \frac{k_2}{k_{22}}\right)^2 + k_{33}(\mathbf{n}\times\nabla\times\mathbf{n})^2\right]; \tag{2.29$_2$}$$

丝状液晶自由能密度

$$g = \frac{1}{2}[k_{11}(\nabla\cdot\mathbf{n})^2 + k_{22}(\mathbf{n}\cdot\nabla\times\mathbf{n})^2 + k_{33}(\mathbf{n}\cdot\nabla\mathbf{n})^2] \tag{2.31$_1$}$$

$$= \frac{1}{2}[k_{11}(\nabla\cdot\mathbf{n})^2 + k_{22}(\mathbf{n}\cdot\nabla\times\mathbf{n})^2 + k_{33}(\mathbf{n}\times\nabla\times\mathbf{n})^2]. \tag{2.31$_2$}$$

自由能密度的单位是尔格每立方厘米，$\mathbf{n}$ 是没有量纲的量，因此弹性常数 k 的单位是达因. 实验测得 PAA 和 MBBA 的弹性常数的数量级约为 10^{-7} 到 10^{-6} 达因左右，k_{33} 最大而 k_{22} 最小。对于一般液体来讲，体积弹性模量的数量级约在 10^{10} 达因每平方厘米. 因此在液晶弹性形变处于重要地位的问题中，液晶的密度可以看作是各处均匀的，这就是说我们完全可以把液晶当作不可压缩的流体来进行处理.

为了定性分析起见，时常可以简单地考虑一个非极性、非手征性、各个弹性常数相等的丝状液晶系统. 对于这样的理想材料，它的自由能密度 g 的形式可以简化. 由于

$$(\mathbf{n}\times\nabla\times\mathbf{n})^2=(\mathbf{n}\cdot\mathbf{n})(\nabla\times\mathbf{n})^2-(\mathbf{n}\cdot\nabla\times\mathbf{n})^2,$$

因此

$$\begin{aligned}g&=\frac{1}{2}k[(\nabla\cdot\mathbf{n})^2+(\mathbf{n}\cdot\nabla\times\mathbf{n})^2+(\mathbf{n}\times\nabla\times\mathbf{n})^2]\\&=\frac{1}{2}k[(\nabla\cdot\mathbf{n})^2+(\nabla\times\mathbf{n})^2].\end{aligned}\qquad(2.32_1)$$

如果用分量展开的话可以有

$$\begin{aligned}g&=\frac{1}{2}k(\nabla_i n_j)(\nabla_i n_j)+k[(n_{1,1}n_{2,2}-n_{2,1}n_{1,2})\\&\quad+(n_{2,2}n_{3,3}-n_{2,3}n_{3,2})+(n_{3,3}n_{1,1}-n_{1,3}n_{3,1})]\\&=\frac{1}{2}k(\nabla_i n_j)(\nabla_i n_j)+\frac{1}{2}k\nabla\cdot(\mathbf{n}\nabla\cdot\mathbf{n}-\mathbf{n}\cdot\nabla\mathbf{n}).\end{aligned}\qquad(2.32_2)$$

后面这一项只提供表面能量部分，所以可以不作考虑，从而有

$$g=\frac{1}{2}k(\nabla_i n_j)(\nabla_i n_j).\qquad(2.32_3)$$

层状 A 相液晶的分子排列成与指向矢相垂直的分子层. 如果假定各层厚度相同，那么沿任意路线 $d\mathbf{l}$ 计算液晶中两点 A 和 B 之间的层数应该都相等，也就是说 $(1/l)\int_A^B\mathbf{n}\cdot d\mathbf{l}$ 为常量. 取闭合路线，那么积分为零. 根据斯托克斯定理[9]

$$\oint_C \mathbf{n}\cdot d\mathbf{l}=\int(\nabla\times\mathbf{n})\cdot d\mathbf{S},$$

就应该有

$$\nabla\times\mathbf{n}=0.$$

所以层状 A 相液晶只能产生展曲形变，而不能发生扭曲形变和弯曲形变. 从物理角度来看，可以说层状液晶的扭曲弹性常数和弯曲弹性常数很大，因此难以获得足够的能量使它产生这两种形变. 对于层状 A 相液晶来讲，除去展曲、扭曲和弯曲这三种指向矢的形变之外，分子层本身还可能发生形变. 关于分子层形变所涉及的自由能密度，我们将留待第十二章再进行讨论.

§4 弹性转矩密度

当液晶的指向矢偏离了平衡位置发生转动的时候，液晶内部就受有力矩的作用. 指向矢从 $\mathbf{n}$ 改变成 $\mathbf{n}+\delta\mathbf{n}$ 的时候，液晶的自由能密度 g 相应地也要有一个改变量 δg 而成为 $g+\delta g$. 由于 $\mathbf{n}$ 是单位矢量，因此指向矢 $\mathbf{n}$ 所转动的角度 $\delta\boldsymbol{\theta}$ 可以写作

$$\delta\boldsymbol{\theta}=\mathbf{n}\times\delta\mathbf{n},\tag{2.33$_1$}$$

或者写作

$$\begin{aligned}\delta\boldsymbol{\theta}\times\mathbf{n}&=(\mathbf{n}\times\delta\mathbf{n})\times\mathbf{n}\\&=\delta\mathbf{n}.\end{aligned}\tag{2.33$_2$}$$

设液晶的总体积为 V_0，那么它的总自由能 $G=\int_{V_0}g d\tau$，而总自由能的改变量 δG 将是

$$\begin{aligned}\delta G&=\int_{V_0}\delta g d\tau\\&=\int_{V_0}\left(\frac{\partial g}{\partial n_i}\delta n_i+\frac{\partial g}{\partial n_{i,j}}\delta n_{i,j}\right)d\tau.\end{aligned}\tag{2.34}$$

注意，这里我们使用了求和约定. 由于

$$\delta n_{i,j}=\delta\left(\frac{\partial n_i}{\partial x_j}\right)=\frac{\partial}{\partial x_j}(\delta n_i),$$

所以

$$\delta G=\int_{V_0}\left[\frac{\partial g}{\partial n_i}\delta n_i+\frac{\partial g}{\partial n_{i,j}}\frac{\partial}{\partial x_j}(\delta n_i)\right]d\tau$$

$$=\int_{V_0}\left[\frac{\partial g}{\partial n_i}\delta n_i+\frac{\partial}{\partial x_j}\left(\frac{\partial g}{\partial n_{i,j}}\delta n_i\right)-\delta n_i\frac{\partial}{\partial x_j}\left(\frac{\partial g}{\partial n_{i,j}}\right)\right]d\tau$$

$$=\int_{V_0}\left[\frac{\partial g}{\partial n_i}-\frac{\partial}{\partial x_j}\left(\frac{\partial g}{\partial n_{i,j}}\right)\right]\delta n_i d\tau+\int_S\left(\frac{\partial g}{\partial n_{i,j}}\delta n_i\right)dS_j.$$

末一项面积分是应用高斯定理得到的结果，dS_j 是与 x_j 轴相垂直的液晶表面面积元．一般，在外场作用下，由于边界已经过处理，外表面处的指向矢是固定不动按预定方向排列的，所以在外表面上 $\delta n_i=0$。这样我们就得到

$$\delta G=\int_{V_0}\left[\frac{\partial g}{\partial n_i}-\frac{\partial}{\partial x_j}\left(\frac{\partial g}{\partial n_{i,j}}\right)\right]\delta n_i d\tau.$$

于是自由能密度的改变量 δg 等于

$$\delta g=\left[\frac{\partial g}{\partial n_i}-\frac{\partial}{\partial x_j}\left(\frac{\partial g}{\partial n_{i,j}}\right)\right]\delta n_i.$$

让我们引用一个矢量符号 $[\mathbf{g}]$，令它的三个分量分别为 $[g]_1$、$[g]_2$ 和 $[g]_3$：

$$[\mathbf{g}]=([g]_1,[g]_2,[g]_3),$$

$$[g]_i=\frac{\partial g}{\partial n_i}-\frac{\partial}{\partial x_j}\left(\frac{\partial g}{\partial n_{i,j}}\right), \tag{2.35}$$

那么由于式(2.33)的关系就有

$$\begin{aligned}\delta g&=[\mathbf{g}]\cdot\delta\mathbf{n}=[\mathbf{g}]\cdot\delta\boldsymbol{\theta}\times\mathbf{n}\\&=-[\mathbf{g}]\times\mathbf{n}\cdot\delta\boldsymbol{\theta}\\&\equiv-\boldsymbol{\tau}_{el}\cdot\delta\boldsymbol{\theta},\end{aligned} \tag{2.36}$$

这里

$$\boldsymbol{\tau}_{el}=[\mathbf{g}]\times\mathbf{n}. \tag{2.37}$$

当一个系统在转矩 $\boldsymbol{\tau}$ 作用之下转动了一个角度 $\delta\boldsymbol{\theta}$，那么这个转矩对系统所作的功将是 $\boldsymbol{\tau}\cdot\delta\boldsymbol{\theta}$．现在式(2.36)给出液晶自由能密度的改变量 δg 等于 $-\boldsymbol{\tau}_{el}\cdot\delta\boldsymbol{\theta}$，所以式(2.37)的 $\boldsymbol{\tau}_{el}$ 正是在指向矢具

有了偏转之后单位体积液晶所受到的转矩．我们可以说：

弹性转矩密度 $\boldsymbol{\tau}_{el}$ = 液晶中一个分子所受到的平均转矩乘以单位体积中液晶的分子数．处于外场作用下的液晶，当它处于平衡状态时，它所受到的转矩总和应该等于零．如果外转矩密度（单位体积的外转矩）为 $\boldsymbol{\tau}_{外}$，那么液晶的平衡条件将是

$$\boldsymbol{\tau}_{el} + \boldsymbol{\tau}_{外} = 0。\tag{2.38}$$

弹性转矩密度 $\boldsymbol{\tau}_{el}$ 的具体表示式要由式(2.35)和(2.37)从自由能密度 g 的表示式求得．自由能密度 g 的表示式是式(2.29)或(2.31)．两个式子实际上只差一个 $k_2(\mathbf{n}\cdot\nabla\times\mathbf{n})$ 项，当 $k_2=0$ 时式(2.29)自然简化成为式(2.31)．让我们用式(2.29$_2$)作为一般的自由能密度表示式．由于弹性转矩表示式须要用到 g 的各个导数，为了简洁便于计算起见，我们把 g 分成四项，令

$$\begin{aligned}
&g = g(k_2) + g(k_{11}) + g(k_{22}) + g(k_{33}),\\
&g(k_2) = -k_2(\mathbf{n}\cdot\nabla\times\mathbf{n}),\\
&g(k_{11}) = \frac{1}{2}k_{11}(\nabla\cdot\mathbf{n})^2,\\
&g(k_{22}) = \frac{1}{2}k_{22}(\mathbf{n}\cdot\nabla\times\mathbf{n})^2,\\
&g(k_{33}) = \frac{1}{2}k_{33}(\mathbf{n}\times\nabla\times\mathbf{n})^2\\
&\qquad\quad = \frac{1}{2}k_{33}[(\nabla\times\mathbf{n})\cdot(\nabla\times\mathbf{n}) - (\mathbf{n}\cdot\nabla\times\mathbf{n})^2],
\end{aligned}\tag{2.39}$$

于是

$$[\mathbf{g}] = [\mathbf{g}(k_2)] + [\mathbf{g}(k_{11})] + [\mathbf{g}(k_{22})] + [\mathbf{g}(k_{33})]. \tag{2.40}$$

先看 $g(k_2)$ 项．用 $\mathbf{n}$ 的分量表示时我们有

$$\begin{aligned}
g(k_2) &= -k_2(\mathbf{n}\cdot\nabla\times\mathbf{n})\\
&= -k_2\varepsilon_{ijk}n_i n_{kj},
\end{aligned}$$

其中置换张量 ε_{ijk} 的定义是

$\varepsilon_{ijk}=+1$，如果 i、j、k 是按 1、2、3 的顺序循环排列（2, 3, 1;

3,1,2),

$\varepsilon_{ijk}=-1$，如果 i、j、k 是按 1、2、3 的顺序反循环排列（1,3,2;2,1,3;3,2,1),

$\varepsilon_{ijk}=0$，如果 i、j、k 是 1、2、3 的非循环排列（1,1,2; 2,2,3;…等等). (2.41)

于是我们得到

$$\frac{\partial g(k_2)}{\partial n_i}=-k_2\varepsilon_{ijk}n_{k,j}$$

$$=-k_2(\nabla\times\mathbf{n})_i, \tag{2.42}$$

$$\frac{\partial}{\partial x_j}\left(\frac{\partial g(k_2)}{\partial n_{i,j}}\right)=\frac{\partial}{\partial x_j}(-k_2\varepsilon_{lji}n_l)$$

$$=-k_2\varepsilon_{lji}n_{l,j}$$

$$=k_2\varepsilon_{ijl}n_{l,j}$$

$$=k_2(\nabla\times\mathbf{n})_i, \tag{2.43}$$

因此

$$[\mathbf{g}(k_2)]_i=-2k_2(\nabla\times\mathbf{n})_i,$$

$$[\mathbf{g}(k_2)]=-2k_2(\nabla\times\mathbf{n}). \tag{2.44}$$

对于 $g(k_{11})$ 我们有

$$g(k_{11})=\frac{1}{2}k_{11}(\nabla\cdot\mathbf{n})^2$$

$$=\frac{1}{2}k_{11}n_{l,l}n_{m,m},$$

$$\frac{\partial g(k_{11})}{\partial n_i}=0, \tag{2.45}$$

$$\frac{\partial}{\partial x_j}\left(\frac{\partial g(k_{11})}{\partial n_{i,j}}\right)=\frac{\partial}{\partial x_j}(k_{11}n_{l,l}\delta_{ij})$$

$$=k_{11}n_{l,lj}\delta_{ij}, \tag{2.46}$$

其中狄喇克 δ 函数是

$$\delta_{ij}=1,\ 当\ i=j,$$

$$\delta_{ij}=0,\ 当\ i\neq j,$$

所以，

$$[\mathbf{g}(k_{11})]_i = -k_{11}n_{l,lj}\delta_{ij}$$
$$= -k_{11}n_{l,li}$$
$$= -k_{11}(\nabla\nabla\cdot\mathbf{n})_i,$$
$$[\mathbf{g}(k_{11})] = -k_{11}\nabla(\nabla\cdot\mathbf{n}). \tag{2.47}$$

对于 $g(k_{22})$ 我们有

$$g(k_{22}) = \frac{1}{2}k_{22}(\mathbf{n}\cdot\nabla\times\mathbf{n})^2$$
$$= \frac{1}{2}k_{22}\varepsilon_{ijk}\varepsilon_{pqr}n_in_pn_{k,j}n_{r,q},$$

$$\frac{\partial g(k_{22})}{\partial n_i} = k_{22}\varepsilon_{ijk}\varepsilon_{pqr}n_pn_{k,j}n_{r,q}$$
$$= k_{22}(\mathbf{n}\cdot\nabla\times\mathbf{n})(\nabla\times\mathbf{n})_i, \tag{2.48}$$

$$\frac{\partial}{\partial x_j}\left(\frac{\partial g(k_{22})}{\partial n_{i,j}}\right) = \frac{\partial}{\partial x_j}(k_{22}\varepsilon_{lji}\varepsilon_{pqr}n_ln_pn_{r,q})$$
$$= \frac{\partial}{\partial x_j}[k_{22}\varepsilon_{lji}n_l(\mathbf{n}\cdot\nabla\times\mathbf{n})]$$
$$= k_{22}\varepsilon_{lji}n_{l,j}(\mathbf{n}\cdot\nabla\times\mathbf{n})$$
$$+ k_{22}\varepsilon_{lji}n_l(\mathbf{n}\cdot\nabla\times\mathbf{n})_{,j}$$
$$= -k_{22}(\mathbf{n}\cdot\nabla\times\mathbf{n})(\nabla\times\mathbf{n})_i + k_{22}[\mathbf{n}\times\nabla(\mathbf{n}\cdot\nabla\times\mathbf{n})]_i$$
$$= -k_{22}[\nabla\times(\mathbf{n}\cdot\nabla\times\mathbf{n})\mathbf{n}]_i. \tag{2.49}$$

因此

$$[g(k_{22})]_i = k_{22}(\mathbf{n}\cdot\nabla\times\mathbf{n})(\nabla\times\mathbf{n})_i + k_{22}[\nabla\times(\mathbf{n}\cdot\nabla\times\mathbf{n})\mathbf{n}]_i,$$
$$[\mathbf{g}(k_{22})] = k_{22}[(\mathbf{n}\cdot\nabla\times\mathbf{n})(\nabla\times\mathbf{n}) + \nabla\times(\mathbf{n}\cdot\nabla\times\mathbf{n})\mathbf{n}]. \tag{2.50$_1$}$$

我们也可以把上式右方第二项展开而写成

$$[\mathbf{g}(k_{22})] = k_{22}[2(\mathbf{n}\cdot\nabla\times\mathbf{n})(\nabla\times\mathbf{n}) - \mathbf{n}\times\nabla(\mathbf{n}\cdot\nabla\times\mathbf{n})]. \tag{2.50$_2$}$$

对于 $g(k_{33})$ 我们有

$$g(k_{33}) = \frac{1}{2} k_{33}(\mathbf{n} \times \nabla \times \mathbf{n})^2$$

$$= \frac{1}{2} k_{33}[(\mathbf{n} \cdot \mathbf{n})(\nabla \times \mathbf{n})^2 - (\mathbf{n} \cdot \nabla \times \mathbf{n})^2]$$

$$= \frac{1}{2} k_{33}(\varepsilon_{ijk}\varepsilon_{imn}n_{k,j}n_{n,m} - \varepsilon_{lmn}\varepsilon_{pqr}n_l n_p n_{n,m} n_{r,q})$$

$$= \frac{1}{2} k_{33}(n_{k,j}n_{k,j} - n_{k,j}n_{j,k} - \varepsilon_{lmn}\varepsilon_{pqr}n_l n_p n_{n,m} n_{r,q}).$$

从矢量表示形式可以得到

$$\frac{\partial g(k_{33})}{\partial n_i} = k_{33}[(\nabla \times \mathbf{n})^2 n_i - (\mathbf{n} \cdot \nabla \times \mathbf{n})(\nabla \times \mathbf{n})_i]$$

$$= k_{33}[(\nabla \times \mathbf{n}) \times (\mathbf{n} \times \nabla \times \mathbf{n})]_i. \qquad (2.51_1)$$

从用各个分量的展开式可以得到

$$\frac{\partial}{\partial x_j}\left(\frac{\partial g(k_{33})}{\partial n_{i,j}}\right) = \frac{\partial}{\partial x_j} k_{33}(n_{i,j} - n_{j,i} - \varepsilon_{lji}\varepsilon_{pqr}n_l n_p n_{r,q})$$

$$= \frac{\partial}{\partial x_j} k_{33}[n_{i,j} - n_{j,i} - (\mathbf{n} \cdot \nabla \times \mathbf{n})\varepsilon_{lji}n_l]$$

$$= k_{33}[n_{i,jj} - n_{j,ij} - (\mathbf{n} \cdot \nabla \times \mathbf{n})_{,j}\varepsilon_{lji}n_l - (\mathbf{n} \cdot \nabla \times \mathbf{n})\varepsilon_{lji}n_{l,j}]$$

$$= k_{33}[\nabla^2\mathbf{n} - \nabla(\nabla \cdot \mathbf{n}) + \nabla(\mathbf{n} \cdot \nabla \times \mathbf{n}) \times \mathbf{n} + (\mathbf{n} \cdot \nabla \times \mathbf{n})(\nabla \times \mathbf{n})]_i$$

$$= k_{33}\{-\nabla \times \nabla \times \mathbf{n} + \nabla \times [(\mathbf{n} \cdot \nabla \times \mathbf{n})\mathbf{n}]\}_i, \qquad (2.51_2)$$

因此我们有

$$[\mathbf{g}(k_{33})]_i = k_{33}\{(\nabla \times \mathbf{n}) \times (\mathbf{n} \times \nabla \times \mathbf{n}) + \nabla \times \nabla \times \mathbf{n} - \nabla \times [(\mathbf{n} \cdot \nabla \times \mathbf{n})\mathbf{n}]\}_i,$$

$$[\mathbf{g}(k_{33})] = k_{33}\{(\nabla \times \mathbf{n}) \times (\mathbf{n} \times \nabla \times \mathbf{n}) + \nabla \times [(\nabla \times \mathbf{n}) - (\mathbf{n} \cdot \nabla \times \mathbf{n})\mathbf{n}]\}$$

$$= k_{33}(\nabla \times \mathbf{n}) \times (\mathbf{n} \times \nabla \times \mathbf{n}) + k_{33}\nabla \times \{\mathbf{n} \times [(\nabla \times \mathbf{n}) \times \mathbf{n}]\}. \qquad (2.52_1)$$

如果把右方展开一部分的话，也可以写作

$$[\mathbf{g}(k_{33})] = k_{33}[(\nabla\times\mathbf{n})^2\mathbf{n} - 2(\mathbf{n}\cdot\nabla\times\mathbf{n})(\nabla\times\mathbf{n}) + \mathbf{n}\times\nabla(\mathbf{n}\cdot\nabla\times\mathbf{n}) - \nabla^2\mathbf{n} + \nabla(\nabla\cdot\mathbf{n})]。 \tag{2.52$_2$}$$

把式 (2.44)、(2.47)、(2.50)、(2.52)代入式(2.40) 和(2.37)，就可以得到弹性转矩密度 $\boldsymbol{\tau}_{el}$ 的几种表达形式:

$$\begin{aligned}\boldsymbol{\tau}_{el} = & -2k_2(\nabla\times\mathbf{n})\times\mathbf{n} - k_{33}(\nabla^2\mathbf{n})\times\mathbf{n} \\ & + (k_{11}-k_{33})\mathbf{n}\times\nabla(\nabla\cdot\mathbf{n}) \\ & + (k_{33}-k_{22})[-2(\mathbf{n}\cdot\nabla\times\mathbf{n})(\nabla\times\mathbf{n}) + \mathbf{n} \\ & \times\nabla(\mathbf{n}\cdot\nabla\times\mathbf{n})]\times\mathbf{n},\end{aligned} \tag{2.53$_1$}$$

$$\begin{aligned}\boldsymbol{\tau}_{el} = & -2k_2(\nabla\times\mathbf{n})\times\mathbf{n} + k_{11}\mathbf{n}\times\nabla(\nabla\cdot\mathbf{n}) \\ & + k_{22}[(\mathbf{n}\cdot\nabla\times\mathbf{n})(\nabla\times\mathbf{n}) + \nabla \\ & \times(\mathbf{n}\cdot\nabla\times\mathbf{n})\mathbf{n}]\times\mathbf{n} + k_{33}\{(\nabla\times\mathbf{n}) \\ & \times(\mathbf{n}\times\nabla\times\mathbf{n}) + \nabla\times[\mathbf{n}\times\overline{(\nabla\times\mathbf{n})\times\mathbf{n}}]\}\times\mathbf{n},\end{aligned} \tag{2.53$_2$}$$

$$\begin{aligned}\boldsymbol{\tau}_{el} = & k_{11}\mathbf{n}\times\nabla(\nabla\cdot\mathbf{n}) + k_{22}\left[\left(\mathbf{n}\cdot\nabla\times\mathbf{n} - \frac{k_2}{k_{22}}\right)(\nabla\times\mathbf{n})\right. \\ & \left. + \nabla\times\left(\mathbf{n}\cdot\nabla\times\mathbf{n} - \frac{k_2}{k_{22}}\right)\mathbf{n}\right]\times\mathbf{n} \\ & + k_{33}\{(\nabla\times\mathbf{n})\times(\mathbf{n}\times\nabla\times\mathbf{n}) + \nabla \\ & \times[\mathbf{n}\times\overline{(\nabla\times\mathbf{n})\times\mathbf{n}}]\}\times\mathbf{n}。\end{aligned} \tag{2.53$_3$}$$

当 $k_2=0$ 时，式(2.53)的 $\boldsymbol{\tau}_{el}$ 就是对丝状液晶的弹性转矩密度表示式。

在没有外场作用的条件下，液晶的平衡条件当然就是

$$\boldsymbol{\tau}_{el} = 0。 \tag{2.54}$$

显然，这时对丝状液晶来讲 $\mathbf{n}$ 为常量是它的特解，也就是说指向矢各处互相平行排列的状态是丝状液晶的平衡状态。

参 考 文 献

[1] C. W. Oseen, *Trans. Faraday Soc.*, 29(1933), 883.

[2] H. Zöcher, *Trans. Faraday Soc.*, **29**(1933), 945.
[3] F. C. Frank, *Disc. Faraday Soc.*, **25**(1958), 19.
[4] 谢毓章，物理，**9**(1980)，51.
[5] 林磊，物理，**9**(1980)，8.
[6] Xie Yu-zhang, Ou-Yang Zhong-can, Lin Lei, *Mol. Cryst. Liq. Cryst.*, **101** (1983), 19.
[7] P. M. Morse, H. Feshbach, Methods of Theoretical Physics, McGraw-Hill (1953), p. 37.
[8] J. Nehring, A. Saupe, *J. Chem. Phys.*, **54**(1971), 337.
[9] P. M. Morse, H. Feshbach, Methods of Theoretical Physics, McGraw-Hill (1953), p. 43.

第三章　弹性形变理论的应用

液晶指向矢的取向可以由边界条件加以控制，也可以用外加磁场或电场的办法使它发生改变。液晶分子本身是各向异性的，所以它的磁性质和电性质也都是各向异性的。对于单轴液晶来讲，在与光轴相垂直的平面上的物理性质是各向同性的，因此那些各向异性的物理量都具有两个独立的分量：一个是沿轴向的平行分量；另一个是与轴向相垂直的垂直分量。以单位体积液晶的磁化率 χ 为例：一般，各向异性材料的磁化率要用一个二阶张量 χ_{ij} 来描述。如果我们取指向矢 $\mathbf{n}$ 的方向与 x_3 轴相一致，那么单轴液晶的磁化率就具有两个不同的数值，即一个是沿 x_3 轴方向的平行分量 $\chi_{\parallel}$，另一个是沿 x_1x_2 平面内的垂直分量 $\chi_{\perp}$。既然 x_3 轴与指向矢 $\mathbf{n}$ 的方向一致，同时在 x_1x_2 平面内材料是各向同性的，那么 x_1 轴、x_2 轴和 x_3 轴就是单轴液晶的三条主轴。所以磁化率张量的各个分量分别为

$$\chi_{11} = \chi_{22} = \chi_{\perp},$$
$$\chi_3 = \chi_{\parallel},$$
$$\chi_{ij} = 0,\quad i \neq j.$$

用一个普遍的表示式就是

$$\begin{aligned}\chi_{ij} &= \chi_{\perp}\delta_{ij} + (\chi_{\parallel} - \chi_{\perp})n_in_j \\ &= \chi_{\perp}\delta_{ij} + \chi_a n_i n_j,\end{aligned} \tag{3.1}$$

χ_a 称为单位体积的磁化率各向异性。一般，有机分子大都是抗磁性的，所以 $\chi_{\parallel}$ 和 $\chi_{\perp}$ 都是负值。不过常用丝状液晶的磁化率各向异性 χ_a 是正值。实验给出，在 125℃ 时，PAA 的 $\chi_a = 1.18 \times 10^{-7}$cgs 电磁单位；在 25℃ 时，MBBA 的 $\chi_a = 0.97 \times 10^{-7}$cgs 电磁单位。长棒状抗磁体在外磁场中将处于与外磁场相垂直的方向。对于 $\chi_{\parallel} < 0$，$\chi_{\perp} < 0$ 而 $\chi_a > 0$ 的丝状液晶，由于 $|\chi_{\parallel}| <$

$|\chi_\perp|$，所以在磁场 **H** 中指向矢（分子长轴）将平行于 **H** 方向排列，而 $\chi_a<0$ 的丝状液晶的指向矢将垂直于 **H** 方向排列。

与磁化率张量相对应，单轴液晶的磁导率张量 μ_{ij} 可以写作

$$\begin{aligned}\mu_{ij} &= \delta_{ij} + 4\pi\chi_{ij}\\ &= \mu_\perp\delta_{ij} + \mu_a n_i n_j,\\ \mu_\perp &= 1 + 4\pi\chi_\perp,\\ \mu_a &= \mu_{/\!/} - \mu_\perp\\ &= 4\pi(\chi_{/\!/} - \chi_\perp).\end{aligned} \tag{3.2}$$

由于液晶的磁化率一般都很小，所以磁导率基本上等于一，只不过有一个很微弱的各向异性值而已。

单轴液晶的导电率 σ 也是各向异性的，可以写作

$$\begin{aligned}\sigma_{ij} &= \sigma_\perp\delta_{ij} + \sigma_a n_i n_j,\\ \sigma_a &= \sigma_{/\!/} - \sigma_\perp.\end{aligned} \tag{3.3}$$

一般导电率大约在 10^{-9} 到 10^{-8} 欧每厘米的数量级。对大部分已经进行过测量的材料来讲，通常 $\sigma_a>0$，例如 MBBA 的 $\sigma_{/\!/}/\sigma_\perp\approx 1.5$。不过需要注意的是，液晶的导电率与材料中杂质关系很大，改变杂质的品种和多寡是可以改变 $\sigma_{/\!/}/\sigma_\perp$ 的比值的，甚至有可能使它小于一。与导电率 σ 相关的是离子在液晶中的迁移率 κ，它可以写作

$$\begin{aligned}\kappa_{ij} &= \kappa_\perp\delta_{ij} + \kappa_a n_i n_j,\\ \kappa_a &= \kappa_{/\!/} - \kappa_\perp.\end{aligned} \tag{3.4}$$

单轴液晶的介电常数张量 ε_{ij} 可以写作

$$\begin{aligned}\varepsilon_{ij} &= \varepsilon_\perp\delta_{ij} + \varepsilon_a n_i n_j,\\ \varepsilon_a &= \varepsilon_{/\!/} - \varepsilon_\perp.\end{aligned} \tag{3.5}$$

在电场 **E** 作用下，液晶的电位移或电感应 **D** 由

$$D_i = \varepsilon_{ij}E_j \tag{3.6$_1$}$$

给出。应用式(3.5)可以得到

$$D_i = \varepsilon_\perp E_i + \varepsilon_a(\mathbf{n}\cdot\mathbf{E})n_i, \tag{3.6$_2$}$$

或者写作

$$\mathbf{D} = \varepsilon_\perp\mathbf{E} + \varepsilon_a(\mathbf{n}\cdot\mathbf{E})\mathbf{n}. \tag{3.6$_3$}$$

介电常数各向异性 ε_a 的数值随材料不同有正有负，要看液晶分子的化学结构而定。如果液晶分子具有一个与长轴相平行或近乎平行的永久性偶极矩，那么当外电场 **E** 与指向矢 **n** 相平行时，就很容易使这些偶极矩沿电场方向排列起来。于是，液晶中沿分子长轴方向的极化度增大而电位移也增大。但是，垂直于液晶中沿分子长轴方向的极化度并不增大，而且电位移也不增大。所以，这时的 $\varepsilon_{/\!/} > \varepsilon_{\perp}$，也就是说 $\varepsilon_a > 0$。这类液晶在外电场 **E** 作用下，它的分子将趋向于与 **E** 相平行排列，我们称它们为正性液晶。另一方面，如果液晶分子的永久偶极矩基本上与分子长轴相垂直，那么在外电场 **E** 作用下，分子将趋向于与 **E** 相垂直排列。这种液晶的 $\varepsilon_{/\!/} < \varepsilon_{\perp}$，也就是说 $\varepsilon_a < 0$，我们称之为负性液晶。

在外电场作用下，液晶的运动不但与它的介电常数各向异性 ε_a 有关，而且在很多情形中还与它的导电率各向异性 σ_a 有关。这是因为外电场一般会使液晶中产生离子，而离子的运动是与导电率各向异性 σ_a 有关的。因此，有时我们又按它的 ε_a 值和 σ_a 值把液晶分为(++)、(+−)、(−+)、和(−−)等四种类型，这里括号内的第一个正负号表示 ε_a 的正或负，而第二个正负号则表示 σ_a 的正或负。在这四类不同的液晶中，(−+)类的液晶具有很强烈的电光效应，因此在显示器件中占有重要地位。

§1 丝状液晶的弗雷德里克兹（V. Freedericksz）转变 I——沿面校列（planar alignment）状态到垂直排列

测定丝状液晶三个弹性常数的最简单的方法，是测定在外磁场中液晶的形变。在两片经过表面处理的玻璃片之间装入一薄层丝状液晶，这样的装置一般称为液晶盒。由于玻璃表面是经过处理的，所以沿玻璃表面液晶的指向矢有确定的排列取向。如果对液晶施加一个与指向矢取向相垂直的磁场，那么液晶内部将受到两个转矩的影响：一个是外磁场对液晶分子施加的转矩；另一个是由于受到边界条件限制而引起的形变转矩。在平衡状态下，两个转矩的作用互相抵消。一旦磁场强度超过一定的阈值，那么从能量上来看，液晶内部的分子将更适合于转向外磁场方向排列。这就是所谓的弗雷德里克兹转变[1]。

在外磁场作用下液晶将感生磁矩。单位体积的感生磁矩，也就是磁化强度 $\mathbf{M}$，与所加磁场 $\mathbf{H}$ 的关系是

$$\mathbf{M}=\chi_{\perp}\mathbf{H}+\chi_a(\mathbf{n}\cdot\mathbf{H})\mathbf{n},$$
$$M_i=\chi_{\perp}H_i+\chi_a(\mathbf{n}\cdot\mathbf{H})n_i. \tag{3.7$_1$}$$

一般，丝状液晶磁化率各向异性的数量级在 10^{-7} 到 10^{-6} cgs 单位。在磁场 $\mathbf{H}$ 中液晶的磁感应强度 $\mathbf{B}=\tilde{\boldsymbol{\mu}}\cdot\mathbf{H}$ 等于

$$\begin{aligned}\mathbf{B}&=\mu_{\perp}\mathbf{H}+\mu_a(\mathbf{n}\cdot\mathbf{H})\mathbf{n}\\&=\mu_{\perp}\mathbf{H}+4\pi\chi_a(\mathbf{n}\cdot\mathbf{H})\mathbf{n},\end{aligned}$$
$$B_i=\mu_{\perp}H_i+4\pi\chi_a(\mathbf{n}\cdot\mathbf{H})n_i, \tag{3.7$_2$}$$

这里应用了式(3.2)。磁化强度 $\mathbf{M}$ 在磁场 $\mathbf{H}$ 中的能量等于

$$\begin{aligned}\int_0^H\mathbf{M}\cdot d\mathbf{H}&=\int_0^H[\chi_{\perp}\mathbf{H}+\chi_a(\mathbf{n}\cdot\mathbf{H})\mathbf{n}]\cdot d\mathbf{H}\\&=\frac{1}{2}\chi_{\perp}H^2+\frac{1}{2}\chi_a(\mathbf{n}\cdot\mathbf{H})^2.\end{aligned} \tag{3.8$_1$}$$

在磁场强度 H 为常量的条件下，上式右方的第一项与指向矢 $\mathbf{n}$ 无关，因此在讨论指向矢在磁场中的作用时可以忽略不加考虑。

在磁介质中单位体积的磁能[2](磁场自由能密度)为

$$g_m=\frac{1}{8\pi}\mathbf{H}\cdot\mathbf{B}.$$

为了计算丝状液晶在外磁场 $\mathbf{H}$ 中的平衡状态，我们可以把液晶看作是一个总能量不变的恒温闭合热力学系统中的一部分。现在设想液晶的指向矢发生了虚形变[3]，能量守恒定律将要求

$$\delta G_{el}+\delta G_m=\delta G_s;$$

其中液晶的弹性形变能 G_{el} 为

$$G_{el}=\int g_{el}d\tau$$

$$-\frac{1}{2}\int [k_{11}(\nabla\cdot\mathbf{n})^2+k_{22}(\mathbf{n}\cdot\nabla\times\mathbf{n})^2$$

$$+k_{33}(\mathbf{n}\times\nabla\times\mathbf{n})^2]d\tau,$$

液晶的磁能(磁场自由能)G_m 为

$$G_m=\int g_m d\tau$$

$$=\frac{1}{8\pi}\int \mathbf{H}\cdot\mathbf{B}d\tau,$$

δG_s 是为了产生液晶的指向矢形变，外界能源需要对系统提供的能量。上式中各个积分都是对整个液晶体积进行的。如果磁场是用具有稳恒电流的电磁铁提供，那么磁场强度 $\mathbf{H}$ 是一个不变量。指向矢的变化将使液晶中的磁感应强度 $\mathbf{B}$ 变为 $\mathbf{B}+\delta\mathbf{B}$。为了产生这一 $\delta\mathbf{B}$ 的变化，外界能源就需要提供能量[2]

$$\delta G_s=\frac{1}{4\pi}\int \mathbf{H}\cdot\delta\mathbf{B}d\tau.$$

由于 $\mathbf{H}$ 是常量，所以

$$\delta G_m=\frac{1}{8\pi}\int \mathbf{H}\cdot\delta\mathbf{B}d\tau,$$

这样，能量守恒定律成为

$$\delta(G_{el}-G_m)=0,$$

换句话说就是要求 $G_{el}-G_m$ 具有最小值。应用式(3.7_2)可以有

$$g_m=\frac{1}{8\pi}\mathbf{H}\cdot\mathbf{B}$$

$$=\frac{1}{8\pi}\mu_\perp H^2+\frac{1}{2}\chi_a(\mathbf{n}\cdot\mathbf{H})^2. \qquad (3.8_2)$$

在 $\mathbf{H}$ 为常量的情形下，上式右方第一项与指向矢无关而可以不加考虑。这样式(3.8_2)同式(3.8_1)就完全相同了，也就是说我们需要考虑的磁场自由能密度就是磁化强度$\mathbf{M}$在磁场中的能量。现在的问题就成为对

$$G=G_{el}-G_m$$

$$
=\frac{1}{2}\int[k_{11}(\nabla\cdot\mathbf{n})^2+k_{22}(\mathbf{n}\cdot\nabla\times\mathbf{n})^2+k_{33}(\mathbf{n}\times\nabla\times\mathbf{n})^2-\chi_a(\mathbf{n}\cdot\mathbf{H})^2]d\tau \tag{3.9}
$$

求极值的问题. 注意到这里是要求 $G_{el}-G_m$ 的极值而不是要求 $G_{el}+G_m$ 的极值. 从物理上讲,这是由于外磁场要促进指向矢定向排列,而形变是要破坏指向矢的定向排列. 所以,外磁场要降低液晶的自由能. 我们也可以说在外磁场 $\mathbf{H}$ 中, 液晶的磁场自由能密度是 $-\frac{1}{2}\chi_a(\mathbf{n}\cdot\mathbf{H})^2$.

假定液晶盒两片基片之间的距离是 d. 对基片的表面处理是使液晶指向矢将沿玻璃平面平行排列, 并且在两片基片上指向矢的排列取向互相平行; 这种情形称为沿面校列液晶盒. 我们把坐标原点取在两基片的中央, 同时取 x_3 轴与玻璃片表面相垂直, 而在玻璃片上液晶指向矢的方向与 x_1 轴相平行, 如图 3.1 所示. 现在在垂直于玻璃片的 x_3 轴方向施加磁场 $\mathbf{H}$. 磁场将使指向矢的排列不再平行于玻璃片[4]。这时有

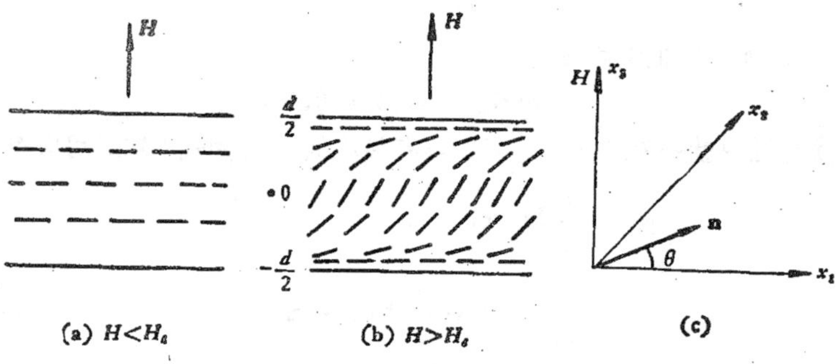

图 3.1 沿面校列下的弗雷德里克兹转变(展曲加弯曲).

$$
n_1=\cos\theta(x_3),\quad n_2=0,\quad n_3=\sin\theta(x_3);
$$
$$
H_1=0,\qquad H_2=0,\quad H_3=H. \tag{3.10}
$$

把式 (3.10) 代入式 (3.9) 就得到单位面积玻璃片之间液晶的自由能 g_A 为

$$g_A = \frac{1}{2}\int_{-\frac{d}{2}}^{\frac{d}{2}}\left[(k_{11}\cos^2\theta + k_{33}\sin^2\theta)\left(\frac{d\theta}{dx_3}\right)^2 - \chi_a H^2\sin^2\theta\right]dx_3. \tag{3.11}$$

在这个自由能 g_A 的表示式中不存在 k_{22} 的项，这就是说在液晶中产生的形变只有展曲和弯曲而没有扭曲。 在平衡状态时自由能 g_A 应该具有最小值，因此现在的问题是寻找式(3.11)具有最小值的条件。

我们看到式(3.11)中被积函数是 x_3、θ 和 $\frac{d\theta}{dx_3}$ 的函数，也就是说积分是

$$J = \int_a^b F\left[z,\theta(z),\frac{d\theta}{dz}\right]dz \tag{3.12}$$

的形式。这个定积分的值与所取从 a 到 b 的积分路线有关。我们的目的是寻找一条曲线 $\theta = \theta(z)$，在这条曲线上积分 J 将具有最小值。 假设现在已经找到了这条自 a 到 b 使 J 具有最小值 J_0 的曲线 $\theta = \theta(z)$，那么在一条相邻的自 a 到 b 的曲线 $\theta + \delta\theta$ 上的定积分

$$J' = \int_a^b F\left[z,\theta + \delta\theta,\frac{d\theta}{dz} + \delta\left(\frac{d\theta}{dz}\right)\right]dz$$

必然要大于 J_0 值。同样，在任意一条自 a 到 b 的曲线 $\theta + \alpha\delta\theta$ 上的定积分

$$J(\alpha) = \int_a^b F\left[z,\theta + \alpha\delta\theta,\frac{d\theta}{dz} + \alpha\delta\left(\frac{d\theta}{dz}\right)\right]dz$$

也将要大于或等于 J_0 值，其中 α 是一个从 -1 到 $+1$ 的连续变量。当然，

$$J(0) = J_0$$

是一个最小值，也就是说

$$\left[\frac{d}{d\alpha}J(\alpha)\right]_{\alpha=0} = 0.$$

把 $J(\alpha)$ 对 α 微分就得到

$$\frac{d}{d\alpha}J(\alpha)=\int_a^b\left[\frac{\partial F}{\partial\theta}\delta\theta+\frac{\partial F}{\partial\left(\frac{d\theta}{dz}\right)}\delta\left(\frac{d\theta}{dz}\right)\right]dz$$

$$=\int_a^b\left[\frac{\partial F}{\partial\theta}\delta\theta+\frac{d}{dz}\left(\frac{\partial F}{\partial\left(\frac{d\theta}{dz}\right)}\delta\theta\right)-\frac{d}{dz}\left(\frac{\partial F}{\partial\left(\frac{d\theta}{dz}\right)}\right)\cdot\delta\theta\right]dz$$

$$=\int_a^b\left[\frac{\partial F}{\partial\theta}-\frac{d}{dz}\left(\frac{\partial F}{\partial\left(\frac{d\theta}{dz}\right)}\right)\right]\delta\theta dz+\left[\frac{\partial F}{\partial\left(\frac{d\theta}{dz}\right)}\delta\theta\right]_a^b.$$

由于在 a 和 b 处 $\delta\theta=0$,所以

$$\frac{d}{d\alpha}J(\alpha)=\int_a^b\left[\frac{\partial F}{\partial\theta}-\frac{d}{dz}\left(\frac{\partial F}{\partial\left(\frac{d\theta}{dz}\right)}\right)\right]\delta\vartheta dz=0.$$

对于任何 $\delta\theta$ 这个关系式都应该得到满足,因此要求

$$\frac{\partial F}{\partial\theta}-\frac{d}{dz}\left(\frac{\partial F}{\partial\left(\frac{d\theta}{dz}\right)}\right)=0. \tag{3.13}$$

这就是使定积分式(3.12)具有最小值的欧勒-拉格朗日方程式。

把式(3.13)应用到式(3.11),这时可以得到自由能 g_A 具有最小值的欧勒-拉格朗日方程式为

$$\frac{d}{dx_3}\left[(k_{11}\cos^2\theta+k_{33}\sin^2\theta)\left(\frac{d\theta}{dx_3}\right)^2+\chi_aH^2\sin^2\theta\right]=0. \quad (3.14_1)$$

从装置的对称性来看,在 $x_3=0$ 处液晶应该有最大的形变转角 θ_M。因此,边界条件是

在 $x_3=0$ 处, $\theta=\theta_M$, $\left(\frac{d\theta}{dx_3}\right)_{x_3=0}=0$;

$$\text{在 } x_3 = \pm\frac{d}{2} \text{ 处}, \ \theta = 0。 \tag{3.14$_2$}$$

于是式(3.14)的第一次积分给出

$$(k_{11}\cos^2\theta + k_{33}\sin^2\theta)\left(\frac{d\theta}{dx_3}\right)^2 = \chi_a H^2(\sin^2\theta_M - \sin^2\theta)。 \tag{3.15}$$

进一步的积分给出

$$\sqrt{\chi_a H^2}\int_{-\frac{d}{2}}^{0} dx_3 = \int_0^{\theta_M}\sqrt{\frac{k_{11}\cos^2\theta + k_{33}\sin^2\theta}{\sin^2\theta_M - \sin^2\theta}}\,d\theta。$$

引用新变量 λ:

$$\sin\theta = \sin\theta_M \sin\lambda,$$

那么 λ 的积分上下限将成为 $\frac{\pi}{2}$ 和零。于是有

$$\sqrt{\chi_a H^2}\,\frac{d}{2} = \int_0^{\frac{\pi}{2}}\sqrt{\frac{k_{11} - (k_{11} - k_{33})\sin^2\theta_M\sin^2\lambda}{1 - \sin^2\theta_M\sin^2\lambda}}\,d\lambda。 \tag{3.16}$$

取极限情形下的 $\theta_M = 0$,就得到一个磁场阈值 H_c:

$$H_c d = \pi\left(\frac{k_{11}}{\chi_a}\right)^{1/2}. \tag{3.17}$$

$\theta_M = 0$ 是说液晶指向矢根本不发生偏转。因此,当磁场强度小于 H_c 的时候液晶不会发生形变。只有当磁场强度超过 H_c 后才会发生形变。由于这个磁场阈值与 k_{11} 直接相关,因此只要通过实验测定出这个阈值以及液晶的磁化率各向异性 χ_a 的数值,就可以定出液晶的展曲弹性常数 k_{11}。

把式(3.16)的两边分别用式(3.17)的两边相除,就可以得出

$$\frac{H}{H_c} = \frac{2}{\pi}\int_0^{\frac{\pi}{2}}\sqrt{\frac{1 + \left(\frac{k_{33} - k_{11}}{k_{11}}\right)\sin^2\theta_M\sin^2\lambda}{1 - \sin^2\theta_M\sin^2\lambda}}\,d\lambda.$$

当 $H > H_c$ 时,由于 $\frac{k_{33} - k_{11}}{k_{11}}$ 是一个小的数量,同时 $\sin\theta_M < 1$,所以我们可以把被积函数中的分子用二项式定理加以展开,取两项,

从而得到

$$\frac{H}{H_c}=\frac{2}{\pi}\int_0^{\frac{\pi}{2}}\frac{d\lambda}{\sqrt{1-\sin^2\theta_M\sin^2\lambda}}+\frac{1}{\pi}\int_0^{\frac{\pi}{2}}\frac{\left(\frac{k_{33}-k_{11}}{k_{11}}\right)\sin^2\theta_M\sin^2\lambda}{\sqrt{1-\sin^2\theta_M\sin^2\lambda}}d\lambda.$$

第一个积分正是第一类完全椭圆积分 $K(\sin\theta_M)$，用级数展开后[5]取两项就近似地成为 $1+\left(\frac{1}{2}\right)^2\sin^2\theta_M$。第二个积分本身就是一个小的项。我们把 $(1-\sin^2\theta_M\sin^2\lambda)^{-\frac{1}{2}}$ 用二项式定理展开后就可以对它进行积分．在保留到 $\sin^2\theta_M$ 项的情形下，第二个积分的结果将是 $\frac{1}{4}\left(\frac{k_{33}-k_{11}}{k_{11}}\right)\sin^2\theta_M$。这样我们就得到

$$\frac{H}{H_c}=1+\frac{1}{4}\frac{k_{33}}{k_{11}}\sin^2\theta_M+\cdots. \tag{3.18}$$

当 $H\gtrsim H_c$ 时，θ_M 是一个小的角度，而 $\sin^2\theta_M\approx\theta_M^2$，所以这时的最大偏转角等于

$$\theta_M\approx 2\sqrt{\frac{k_{11}}{k_{33}}}\sqrt{\frac{H}{H_c}-1}. \tag{3.19}$$

把式(3.15)从 $x_3=-\frac{d}{2}$ 积分到 $x_3=x_3$，我们就可以得出在 x_3 处指向矢的转角将由

$$\sqrt{\frac{\chi_a H^2}{k_{11}}}\left(x_3+\frac{d}{2}\right)=\int_0^{\theta}\sqrt{\frac{1+\frac{k_{33}-k_{11}}{k_{11}}\sin^2\theta}{\sin^2\theta_M-\sin^2\theta}}\,d\theta \tag{3.20}$$

决定．把式(3.20)和式(3.17)相比，令

$$\eta=\frac{k_{33}-k_{11}}{k_{11}},$$

并且引用新变量 λ，

$$\sin\theta=\sin\theta_M\sin\lambda,$$

就得到

$$\frac{x_s + \frac{d}{2}}{d} = \frac{H_c}{\pi H}\int_0^\theta \sqrt{\frac{1 + \eta\sin^2\theta}{\sin^2\theta_M - \sin^2\theta}}\, d\theta$$

$$= \frac{H_c}{\pi H}\int_0^\lambda \sqrt{\frac{1 + \eta\sin^2\theta_M\sin^2\lambda}{1 - \sin^2\theta_M\sin^2\lambda}}\, d\lambda$$

$$= \frac{H_c}{\pi H}\frac{1}{\sqrt{1 + \eta\sin^2\theta_M}}\,\Pi(\phi, \alpha^2, k),$$

其中 $\Pi(\phi, \alpha^2, k)$ 是第三类椭圆积分[6]而

$$\phi = \sin^{-1}\left(\frac{\sqrt{1 + \eta\sin^2\theta_M}\,\sin\lambda}{\sqrt{1 + \eta\sin^2\theta_M\sin^2\lambda}}\right),$$

$$\alpha^2 = \frac{\eta\sin^2\theta_M}{1 + \eta\sin^2\theta_M},$$

$$k = \sqrt{\frac{(1 + \eta)\sin^2\theta_M}{1 + \eta\sin^2\theta_M}}.$$

不过第三类椭圆积分是不便于进行数字计算的。为了便于进行数字计算起见，可以作如下的近似：如果我们把被积函数中的 $\sin\theta$ 和 $\sin\theta_M$ 分别用 θ 和 θ_M 来近似，那么就可以有

$$\int_0^\theta \sqrt{\frac{1 + \eta\sin^2\theta}{\sin^2\theta_M - \sin^2\theta}}\, d\theta \approx \int_0^\theta \sqrt{\frac{1 + \eta\theta^2}{\theta_M^2 - \theta^2}}\, d\theta$$

$$\approx \int_0^\theta \frac{1 + \frac{1}{2}\eta\theta^2}{\sqrt{\theta_M^2 - \theta^2}}\, d\theta$$

$$= \left(1 + \frac{1}{4}\eta\theta_M^2\right)\sin^{-1}\left(\frac{\theta}{\theta_M}\right)$$

$$- \frac{1}{4}\eta\theta\sqrt{\theta_M^2 - \theta^2}.$$

因此，在引用式(3.18)后就有

$$
\frac{x_3+\frac{d}{2}}{d}=\frac{1}{\pi}\frac{1}{\left[1+\frac{1}{4}(\eta+1)\theta_M^2+\cdots\right]}
$$

$$
\times\left[\left(1+\frac{1}{4}\eta\theta_M^2\right)\sin^{-1}\left(\frac{\theta}{\theta_M}\right)-\frac{1}{4}\eta\theta(\theta_M^2-\theta^2)^{\frac{1}{2}}\right]
$$

$$
\approx\frac{1}{\pi}\sin^{-1}\left(\frac{\theta}{\theta_M}\right)-\frac{\theta\sqrt{\theta_M^2-\theta^2}}{4\pi\left[1+\frac{1}{4}(\eta+1)\theta_M^2+\cdots\right]}. \tag{3.21}
$$

§2 丝状液晶的弗雷德里克兹转变 II ——沿面校列状态(扭曲)

第二种情形仍然是用沿面校列液晶盒。由于一般丝状液晶的磁化率各向异性 χ_a 为正值，这时可以在两片基片之间施加一个平行于基片，但又与指向矢取向相垂直的磁场（对于 $\chi_a<0$ 的丝状液晶，这时需要施加一个平行于基片且又平行于指向矢的磁场）。如图 3.2 所示，沿玻璃片平面指向矢顺着 x_1 轴方向排列，外磁场 $\mathbf{H}$ 是沿 x_2 轴方向。在施加磁场之后，除在玻璃片上由于指向矢是沿

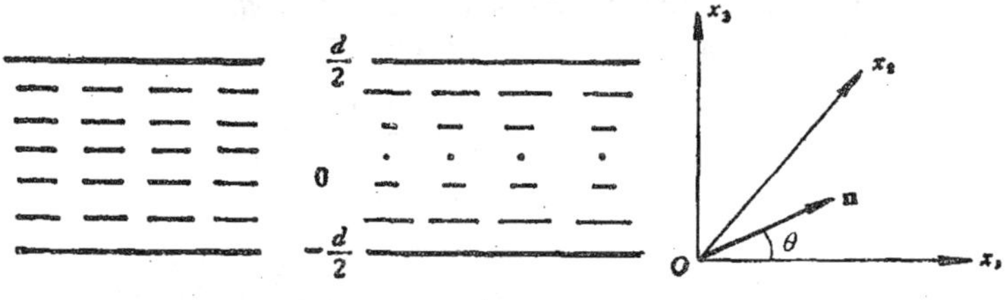

图 3.2 沿面校列状态下的弗雷德里克兹转变(扭曲).

面锚泊在该处不能改变取向之外，其余各处的指向矢将发生偏转。设距离原点 x_3 处的液晶指向矢将沿 x_1x_2 平面内转动 θ 角，而 $\theta=$

$\theta(x_3)$。在这种情形下

$$n_1 = \cos\theta(x_3),\quad n_2 = \sin\theta(x_3),\quad n_3 = 0;$$
$$H_1 = 0,\qquad H_2 = H,\qquad H_3 = 0. \tag{3.22}$$

把式(3.22)代入式(3.9)就可以得到单位面积玻璃片之间的液晶自由能 g_A:

$$g_A = \frac{1}{2}\int_{-\frac{d}{2}}^{\frac{d}{2}}\left[k_{22}\left(\frac{d\theta}{dx_3}\right)^2 - \chi_a H^2 \sin^2\theta\right]dx_3. \tag{3.23}$$

这里只有 k_{22} 的存在而没有 k_{11} 项和 k_{33} 项,液晶中产生的是纯粹扭曲形变.

按照式(3.13),平衡条件的欧勒-拉格朗日方程式是

$$k_{22}\frac{d^2\theta}{dx_3^2} + \chi_a H^2 \sin\theta\cos\theta = 0.$$

现在令

$$\xi_2 = \left(\frac{k_{22}}{\chi_a H^2}\right)^{\frac{1}{2}}, \tag{3.24}$$

上式就成为

$$\xi_2^2\frac{d^2\theta}{dx_3^2} + \sin\theta\cos\theta = 0 \tag{3.25}$$

的形式. 对式(3.25)积分一次就得到

$$\xi_2^2\left(\frac{d\theta}{dx_3}\right)^2 + \sin^2\theta = \sin^2\theta_M. \tag{3.26}$$

这里使用了边界条件:

$$\text{在 } x_3 = \frac{d}{2} \text{ 处}\qquad \theta = 0;$$
$$\text{在 } x_3 = 0 \text{ 处}\qquad \theta = \theta_M,\quad \frac{d\theta}{dx_3} = 0; \tag{3.27}$$

θ_M 是在 $x_3 = 0$ 处指向矢发生的最大转角. 对式(3.26)的进一步积分给出

$$\frac{d}{2} - x_3 = \xi_2\int_0^{\theta}\frac{d\theta}{(\sin^2\theta_M - \sin^2\theta)^{\frac{1}{2}}}.$$

现在令

$$\sin\theta = \sin\theta_M \sin\lambda,$$
$$k = \sin\theta_M,$$

那么上式便成为

$$\frac{d}{2} - x_3 = \xi_2 \int_0^{\lambda} \frac{d\lambda}{\sqrt{1-k^2\sin^2\lambda}}$$
$$= \xi_2 F(\lambda, k). \tag{3.28}$$

$F(\lambda, k)$ 是第一类椭圆积分。由于在 $x_3 = 0$ 处 $\theta = \theta_M$，因此该处的 $\lambda = \frac{\pi}{2}$，所以最大偏转角 θ_M 由

$$\frac{d}{2} = \xi_2 F\left(\frac{\pi}{2}, \sin\theta_M\right)$$
$$= \xi_2 K(\sin\theta_M)$$
$$= \frac{1}{H}\left(\frac{k_{22}}{\chi_a}\right)^{\frac{1}{2}} K(\sin\theta_M) \tag{3.29}$$

决定。取 $\theta_M = 0$ 的极限情形，那么磁场阈值 H_c 就由

$$d = \xi_2 \pi$$

来决定，也就是说

$$H_c = \frac{\pi}{d}\left(\frac{k_{22}}{\chi_a}\right)^{1/2}. \tag{3.30}$$

这个关系式给我们提供了测量扭曲弹性常数 k_{22} 的基础。

把式(3.29)和(3.30)相除，就得到

$$\frac{\pi}{2}\frac{H}{H_c} = K(\sin\theta_M). \tag{3.31}$$

这就是决定 θ_M 值的关系式。 当 H 略高于阈值 H_c 时，转角 θ_M 很小，根据第一类完全椭圆积分的展开式[5]取前两项，那么就可以近似地有

$$\frac{\pi}{2}\frac{H}{H_c} = \frac{\pi}{2}\left(1 + \frac{1}{4}\sin^2\theta_M\right)$$
$$\approx \frac{\pi}{2}\left(1 + \frac{1}{4}\theta_M^2\right),$$

或者写作

$$\theta_M \approx 2\left(\frac{H}{H_c}-1\right)^{\frac{1}{2}}。\qquad (3.32_1)$$

如果所加磁场比阈值大许多，那么 $\frac{H}{H_c}$ 比较大，从而转角 θ_M 也比较大。这时 $\sin\theta_M$ 接近于一，而 $K(\sin\theta_M)$ 的近似值为[7]

$$K(\sin\theta_M) \approx \ln\left(\frac{4}{\cos\theta_M}\right),$$

也就是

$$\cos\theta_M \approx 4\exp[-K(\sin\theta_M)],$$

或者写作

$$\sin^2\theta_M \approx 1-16\exp[-2K(\sin\theta_M)].$$

把式(3.31)代入就可以得出在强磁场作用下指向矢所发生的最大偏转角 θ_M 和磁场强度 H 之间的关系式：

$$\sin^2\theta_M \approx 1-16\exp\left(-\frac{\pi H}{H_c}\right)。\qquad (3.32_2)$$

§3 丝状液晶的弗雷德里克兹转变 III——垂面校列 (homeotropic alignment) 状态到平行排列

第三种情形是使液晶指向矢与玻璃片平面相垂直排列，使用所谓垂面校列液晶盒；并且令所加磁场 $\mathbf{H}$ 与指向矢的取向相垂直，如图 3.3 所示。在磁场 $\mathbf{H}=(H,0,0)$ 的作用下，距离原点为 x_3 处的指向矢将与 x_3 轴成 θ 角，而 θ 是 x_3 的函数，$\theta=\theta(x_3)$。这样就有

$$n_1=\sin\theta(x_3),\ n_2=0,\ n_3=\cos\theta(x_3)。\qquad (3.33)$$

从式(3.9)现在可以得到单位面积玻璃片之间液晶的自由能 g_A 为

$$g_A=\frac{1}{2}\int_{-\frac{d}{2}}^{\frac{d}{2}}\left[\left(k_{11}\sin^2\theta+k_{33}\cos^2\theta\right)\left(\frac{d\theta}{dx_3}\right)^2-\chi_a H^2\sin^2\theta\right]dx_3。\qquad (3.34)$$

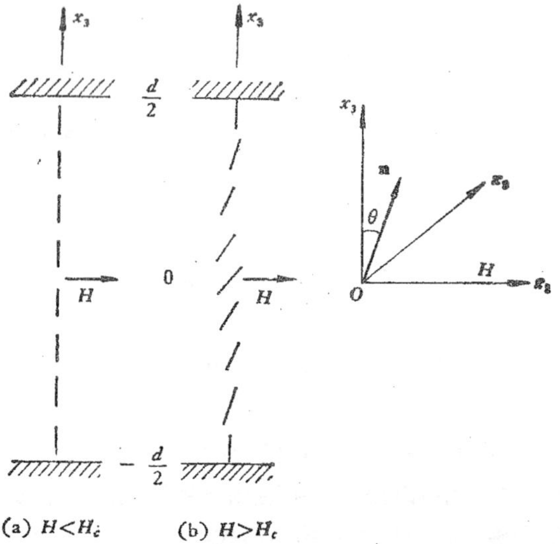

图 3.3 垂面校列状态下的弗雷德里克兹转变（展曲加弯曲）.

这时的形变仍然只有展曲和弯曲形变，而不存在扭曲形变。

应用式(3.13)，这时可以得出平衡条件下的欧勒-拉格朗日方程式为

$$(k_{11}\sin^2\theta + k_{33}\cos^2\theta)\frac{d^2\theta}{dx_3^2} + (k_{11} - k_{33})\sin\theta\cos\theta\left(\frac{d\theta}{dx_3}\right)^2$$
$$+ \chi_a H^2\sin\theta\cos\theta = 0。\qquad (3.35)$$

把式(3.35)乘以 $2\frac{d\theta}{dx_3}$，就可以写成

$$(k_{11}\sin^2\theta + k_{33}\cos^2\theta)\frac{d}{dx_3}\left(\frac{d\theta}{dx_3}\right)^2 + \frac{d}{dx_3}(k_{11}\sin^2\theta + k_{33}\cos^2\theta)$$
$$\times\left(\frac{d\theta}{dx_3}\right)^2 + \chi_a H^2\frac{d}{dx_3}(\sin^2\theta) = 0$$

的形式。把这个式子从 $x_3 = 0$ 积分到 $x_3 = \frac{d}{2}$，同时注意到在 $x_3 = \frac{d}{2}$ 处 $\theta = 0$，而在 $x_3 = 0$ 处由于装置的对称性 θ 具有最大

值 θ_M，并且 $\left(\frac{d\theta}{dx_3}\right)_{x_3=0}=0$。这样就可以有

$$(k_{11}\sin^2\theta+k_{33}\cos^2\theta)\left(\frac{d\theta}{dx_3}\right)^2+\chi_a H^2\sin^2\theta=\chi_a H^2\sin^2\theta_M,$$

也就是说

$$\left(\frac{d\theta}{dx_3}\right)^2=\frac{\chi_a H^2(\sin^2\theta_M-\sin^2\theta)}{k_{33}+(k_{11}-k_{33})\sin^2\theta}.$$

从图 3.3 来看，当 $x_3>0$ 时随着 x_3 的增加而 θ 逐渐减小，因此我们取

$$-\frac{d\theta}{dx_3}=\left[\frac{\chi_a H^2(\sin^2\theta_M-\sin^2\theta)}{k_{33}+(k_{11}-k_{33})\sin^2\theta}\right]^{\frac{1}{2}}.$$

现在令

$$\xi_3=\left(\frac{k_{33}}{\chi_a H^2}\right)^{\frac{1}{2}},\quad \eta=\frac{k_{11}-k_{33}}{k_{33}},\quad k=\sin\theta_M, \qquad (3.36)$$

上式就将采取下面的形式:

$$-\xi_3\frac{d\theta}{dx_3}=\left(\frac{k^2-\sin^2\theta}{1+\eta\sin^2\theta}\right)^{\frac{1}{2}}. \qquad (3.37)$$

为了把式(3.37)积分,现在令

$$\sin\theta=k\sin\lambda, \qquad (3.38)$$

那么

$$\cos\theta\frac{d\theta}{dx_3}=(k^2-\sin^2\theta)^{\frac{1}{2}}\frac{d\lambda}{dx_3},$$

并同时有

$$\cos\theta=(1-k^2\sin^2\lambda)^{\frac{1}{2}},$$
$$(1+\eta\sin^2\theta)^{\frac{1}{2}}=(1+\eta k^2\sin^2\lambda)^{\frac{1}{2}}.$$

于是式(3.37)变换成为

$$-\xi_3\frac{d\lambda}{dx_3}=\left(\frac{1-k^2\sin^2\lambda}{1+\eta k^2\sin^2\lambda}\right)^{\frac{1}{2}},$$

或者写作

$$\sqrt{\frac{1+\eta k^2\sin^2\lambda}{1-k^2\sin^2\lambda}}\,d\lambda=-\frac{dx_3}{\xi_3}. \qquad (3.39)$$

我们注意到，在一般情形下

$$\eta < 1。$$

同时，由于

$$k < 1,$$

因此如果把式 (3.39) 左方的分子用二项式定理展开，那么近似地可以有

$$\frac{1+\frac{1}{2}\eta k^2\sin^2\lambda}{\sqrt{1-k^2\sin^2\lambda}}d\lambda=-\frac{dx_3}{\xi_3}。$$

但是，由于

$$\frac{k^2\sin^2\lambda}{\sqrt{1-k^2\sin^2\lambda}}=\frac{1}{\sqrt{1-k^2\sin^2\lambda}}-\sqrt{1-k^2\sin^2\lambda},$$

这就给出了

$$\left(\frac{1+\frac{\eta}{2}}{\sqrt{1-k^2\sin^2\lambda}}-\frac{\eta}{2}\sqrt{1-k^2\sin^2\lambda}\right)d\lambda=-\frac{dx_3}{\xi_3}。\quad(3.40)$$

式(3.36)和(3.38)告诉我们：

在 $x_3=0$ 处 $\theta=\theta_M$, $\lambda=\frac{\pi}{2}$;

在 $x_3=x_3$ 处 $\theta=\theta$, $\lambda=\lambda$;

在 $x_3=\frac{d}{2}$ 处 $\theta=0$, $\lambda=0$。

因此，把式(3.40)两边从 $x_3=\frac{d}{2}$ 积分到 $x_3=x_3$ 时，就得出

$$\left(1+\frac{\eta}{2}\right)\int_0^\lambda\frac{d\lambda}{\sqrt{1-k^2\sin^2\lambda}}-\frac{\eta}{2}\int_0^\lambda\sqrt{1-k^2\sin^2\lambda}\,d\lambda$$

$$=\frac{1}{\xi_3}\left(\frac{d}{2}-x_3\right)。$$

左方第一个积分是第一类椭圆积分 $F(\lambda, k)$，第二个积分是第二类椭圆积分 $E(\lambda,k)$。这样我们得到，在 x_3 处指向矢与 x_3 轴间的

夹角 θ 由

$$\left(1+\frac{\eta}{2}\right)F(\lambda,k)-\frac{\eta}{2}E(\lambda,k)=\frac{1}{\xi_3}\left(\frac{d}{2}-x_3\right) \quad (3.41)$$

决定,而 λ 与 θ 的关系则由式(3.38)规定。

如果把式(3.40)两边从 $x_3=\frac{d}{2}$ 积分到 $x_3=0$, 就得到

$$\left(1+\frac{\eta}{2}\right)K(k)-\frac{\eta}{2}E(k)=\frac{d}{2\xi_3}; \quad (3.42)$$

这里 $K(k)$ 是第一类完全椭圆积分, $E(k)$ 是第二类完全椭圆积分。在极限情形下,如果 $\theta_M=0$,那么 $k=0$,而

$$K(0)=E(0)=\frac{\pi}{2},$$ [8]

于是式(3.42)给出

$$\pi=\frac{d}{\xi_3}。$$

也就是说相当于这种情形下的磁场强度 H_c 由

$$H_cd=\pi\sqrt{\frac{k_{33}}{\chi_a}} \quad (3.43)$$

给出。 因此,只有当磁场强度达到阈值 H_c 之后液晶才会发生形变. 由于这个阈值与 k_{33} 直接有关,因此可以用来确定液晶的弯曲弹性常数 k_{33}。 式(3.43)的结果也可以简单地从式(3.39)得出。当我们令 $k=0$ 时,式(3.39)的左方就简化成为 $d\lambda$,对它积分就直接给出了式(3.43)的结果。

§4 磁相干长度

在上面讨论的三种指向矢排列取向情况中, 我们引用了参量

$$\xi_i=\sqrt{\frac{k_{ii}}{\chi_aH^2}},\ i=1,2,3, \quad (3.44)$$

其中 k_{ii} 是指三个弹性常数之一。德燃纳 (P. G. de Gennes) 把

这些个参量称为磁相干长度[9]. 磁相干长度的物理意义可以通过下面的例子来说明。

类似于图 3.2 所表示的那样，沿着下面的玻璃片液晶指向矢以与之平行的排列状态锚泊在玻璃片上. 磁场 **H** 仍然与玻璃片相平行，而且与指向矢方向相垂直. 现在假设样品很厚 ($d \to \infty$)，而不是薄层状态；同时，上面一片玻璃片是未经过处理的，因而也不影响指向矢的排列取向. 现在把 $x_3 = 0$ 取在下面的玻璃片上. 在这样的条件下，式(3.22)、(3.23)、(3.24)和(3.25)仍然都能适用，只不过边界条件有了改变。现在边界条件是:

$$\text{在 } x_3 = 0 \text{ 处} \qquad \theta = 0;$$

$$\text{在 } x_3 = d \to \infty \text{ 处} \quad \theta = \frac{\pi}{2}, \quad \frac{d\theta}{dx_3} = 0. \tag{3.45}$$

第二个边界条件是，由于在磁场作用下，远离下面玻璃片处的液晶指向矢将沿磁场方向排列。应用式(3.45)的边界条件，对式(3.25)的第一次积分将给出

$$\xi_2 \frac{d\theta}{dx_3} = \pm \cos\theta \tag{3.46}$$

的结果。 这里正负两个解分别对应于右旋和左旋两种扭曲情形. 对于式(3.46)的积分可以用

$$t = \operatorname{tg}\left(\frac{\pi}{4} - \frac{\theta}{2}\right)$$

的变换来进行。这个变换给出

$$d\theta = \frac{2dt}{1 + t^2},$$

$$\cos\theta = -\frac{2t}{1 + t^2};$$

从而使式(3.46)的正号项变换成为

$$\xi_2 \frac{dt}{dx_3} = -t.$$

所以，满足边界条件式(3.45)的解是

$$\mathrm{tg}\left(\frac{\pi}{4}-\frac{\theta}{2}\right)=\exp\left(-\frac{x_3}{\xi_2}\right). \tag{3.47}$$

式(3.46)的负号项也可以是式(3.47)的解，只不过θ要取负值而已。

式(3.47)告诉我们：指向矢发生扭曲的转变层可以用一个厚度ξ_2来标识。在10^4高斯的场强作用下，实验得出ξ_2的数值在微米的数量级。随着磁场的减弱，ξ_2将变长。因此，当液晶的厚度远远超过ξ_2的时候，绝大部分液晶的指向矢将都沿磁场方向排列。只有在距离经过处理的玻璃片约ξ_2数量级的薄层内，由于指向矢被锚泊在玻璃片上，液晶指向矢的排列取向才与外磁场所要求的方向有显著的差别。

如果磁场的方向是象图3.1所给出的那样与基片相垂直，也同样可以有类似的结果。象上面那样，让我们把$x_3=0$取在下面的玻璃片上。这时的边界条件仍然是式(3.45)的形式，只不过现在θ是在x_1x_3平面上指向矢与x_1轴间的夹角而已。第一次的积分将不再是式(3.15)，而成为

$$(k_{11}\cos^2\theta+k_{33}\sin^2\theta)\left(\frac{d\theta}{dx_3}\right)^2=\chi_a H^2\cos\theta,$$

也就是说

$$\frac{\sqrt{1+\eta\sin^2\theta}}{\cos\theta}\,d\theta=\pm\frac{dx_3}{\xi_1},\quad \eta=\frac{k_{33}-k_{11}}{k_{11}}. \tag{3.48}$$

把式(3.48)从$x_3=0$积分到$x_3=x_3$（θ从$\theta=0$到$\theta=\theta$积分），当右方取正号的时候就有

$$\int_0^\theta\frac{\sqrt{1+\eta\sin^2\theta}}{\cos\theta}\,d\theta=-\frac{x_3}{\xi_1}.$$

左方的积分可以用$\sin\theta=x$来变换成

$$\int\frac{\sqrt{1+\eta x^2}}{1-x^2}dx=\frac{\sqrt{\eta}}{2}\int\left(\frac{\sqrt{\frac{1}{\eta}+x^2}}{1-x}+\frac{\sqrt{\frac{1}{\eta}+x^2}}{1+x}\right)dx.$$

两个对x的积分又可以分别用$1\mp x=y$来变换成为

$$\mp\int\frac{\sqrt{\left(1+\frac{1}{\eta}\right)-2y+y^2}}{y}\,dy$$

的形式；积分前的负号对应于 $1-x=y$ 的变换，正号对应于 $1+x=y$ 的变换. 对 y 的积分又可以用

$$z=y+\sqrt{\left(1+\frac{1}{\eta}\right)-2y+y^2}$$

来变换成为

$$\frac{1}{2}\int\frac{\left(z^2-2z+1+\frac{1}{\eta}\right)^2}{\left(z^2-1-\frac{1}{\eta}\right)(z-1)^2}\,dz$$

$$=\int\Bigg[\frac{1}{2}-\frac{1}{2\eta(z-1)^2}-\frac{1}{z-1}+\frac{\sqrt{1+\frac{1}{\eta}}}{z-\sqrt{1+\frac{1}{\eta}}}-\frac{\sqrt{1+\frac{1}{\eta}}}{z+\sqrt{1+\frac{1}{\eta}}}\Bigg]dz.$$

这样经过繁杂的整理简化后，对式(3.48)从 $x_3=0$ 到 $x_3=x_3$ 的积分就给出了

$$-\frac{x_3}{\xi_1}=\sqrt{1+\eta}\ln\left[\left(\sqrt{1+\eta\sin^2\theta}+\sqrt{\eta}\sin\theta\right)^{\sqrt{\frac{\eta}{1+\eta}}}\right]$$
$$+\sqrt{1+\eta}\ln\left(\sqrt{1+\eta\sin^2\theta}-\sqrt{1+\eta}\sin\theta\right)$$
$$-\sqrt{1+\eta}\ln(\cos\theta),$$

或者写作

$$\exp\left(-\frac{x_3}{\sqrt{1+\eta}\,\xi_1}\right)$$
$$=\left(\sqrt{1+\eta\sin^2\theta}+\sqrt{\eta}\sin\theta\right)^{\sqrt{\frac{\eta}{1+\eta}}}$$
$$\times\left(\frac{\sqrt{1+\eta\sin^2\theta}-\sqrt{1+\eta}\sin\theta}{\cos\theta}\right). \qquad (3.49_1)$$

由于 η 是一个很小的数值，所以

$$\sqrt{1+\eta} \approx 1+\frac{1}{2}\eta$$

$$=\frac{k_{11}+k_{33}}{2k_{11}}. \qquad (3.49_2)$$

式(3.49_1)右方第一个因子近似地等于一，而第二个因子近似地等于

$$\frac{1-\sin\theta}{\cos\theta}=\frac{1-\cos\left(\frac{\pi}{2}-\theta\right)}{\sin\left(\frac{\pi}{2}-\theta\right)}$$

$$=\operatorname{tg}\left(\frac{\pi}{2}-\frac{\theta}{2}\right),$$

所以式(3.49_1)近似地可以写成

$$\operatorname{tg}\left(\frac{\pi}{4}-\frac{\theta}{2}\right)=\exp\left[-\frac{x_3}{\left(\frac{k_{11}+k_{33}}{2k_{11}}\right)\xi_1}\right]$$

$$=\exp\left(\frac{-x_3}{\frac{\xi_1}{2}+\frac{1}{2}\sqrt{\frac{k_{33}}{k_{11}}}\,\xi_3}\right).$$

这就是说转变层的厚度是 $\frac{1}{2}\left(\xi_1+\sqrt{\frac{k_{33}}{k_{11}}}\,\xi_3\right)$，即是 ξ_1 和 ξ_3 的某种加权平均长度．由于 k_{11}，k_{22} 和 k_{33} 具有同一的数量级，所以三个相干长度也具有同样的数量级．

上面两个例子说明，在外磁场作用下，由于边界对指向矢的锚泊作用，在边界附近一个等于磁相干长度的厚度内，液晶的指向矢将与外磁场所要求的取向有较大的偏差，而在这个厚度以外，液晶指向矢将按照外磁场的要求进行排列．所以可以说，磁相干长度就是在外磁场作用下，由于边界的影响而外磁场对液晶的指向矢不能直接起到作用的液晶厚度．在距离液晶边界一个磁相干长度厚度以外的区域内，边界对外磁场的干扰将可以忽略不计．

§5 扭曲排列丝状液晶盒

在用经过处理的玻璃片制成的液晶盒中充以丝状液晶。玻璃片的处理是使液晶指向矢锚泊其上成沿面校列状态. 现在把两片玻璃片绕与它们相垂直的轴相对转一个小于 π 的角度. 这样丝状液晶的内部就发生了扭曲，于是形成一个具有扭曲排列的丝状液晶的液晶盒[10]. 对这样排列的液晶盒我们施加一个与玻璃平面相垂直的磁场. 如图 3.4 那样，取两玻璃片之间的中点作为原点. 令 x_1x_2 平面与玻璃片平面相平行，而磁场 $\mathbf{H}$ 则与 x_3 轴方向相合.

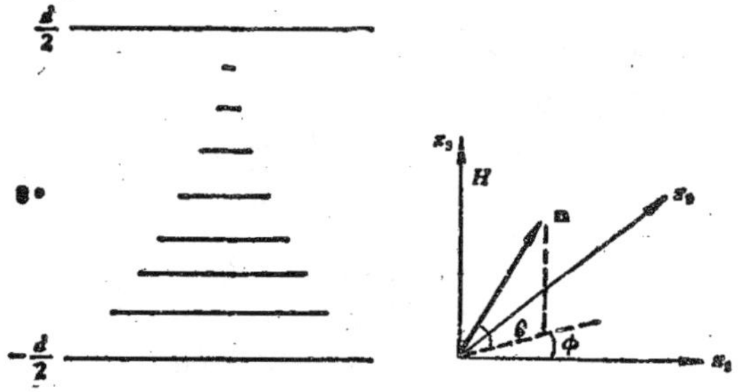

图 3.4 扭曲排列丝状液晶盒.

在未加磁场时，液晶中各处的指向矢是沿 x_1x_2 平面排列的. 但是，由于具有扭曲，因此在不同的 x_3 位置处，指向矢 $\mathbf{n}$ 与 x_1 轴间的角度 ϕ 也不同，也就是说:

$$\mathbf{n} = [\cos\phi(x_3), \sin\phi(x_3), 0]; \tag{3.50$_1$}$$

同时，边界条件是:

$$\begin{aligned}
&\text{在 } x_3 = -\frac{d}{2} \text{ 处} \quad && \phi = -\phi_0; \\
&\text{在 } x_3 = 0 \text{ 处} && \phi = 0; \\
&\text{在 } x_3 = \frac{d}{2} \text{ 处} && \phi = +\phi_0.
\end{aligned} \tag{3.50$_2$}$$

在施加磁场后，指向矢又将偏离 x_1x_2 平面而与 x_3 轴成一非 $\frac{\pi}{2}$ 的角度，液晶不再具有沿面结构．我们令指向矢 $\mathbf{n}$ 与 x_1x_2 平面间的夹角为 $\theta=\theta(x_3)$．这样在具有磁场

$$\mathbf{H}=(0,0,H) \tag{3.50$_3$}$$

的情形下，指向矢的分量成为

$$\begin{aligned} n_1 &= \cos\theta(x_3)\cos\phi(x_3), \\ n_2 &= \cos\theta(x_3)\sin\phi(x_3), \\ n_3 &= \sin\theta(x_3). \end{aligned} \tag{3.51$_1$}$$

当然，由于玻璃片是经过处理的，所以 $\theta(x_3)$ 满足边界条件

$$\text{在 } x_3=\pm\frac{d}{2} \text{ 处} \quad \theta=0,$$

$$\text{在 } x_3=0 \text{ 处} \qquad \theta=\theta_M\ (\text{最大值}),\ \frac{d\theta}{dx_3}=0. \tag{3.51$_2$}$$

在这种状态下，单位面积玻璃片之间液晶的自由能 g_A 成为

$$\begin{aligned} g_A=\frac{1}{2}\int_{-\frac{d}{2}}^{\frac{d}{2}}\Big[&(k_{11}\cos^2\theta+k_{33}\sin^2\theta)\left(\frac{d\theta}{dx_3}\right)^2 \\ &+(k_{22}\cos^4\theta+k_{33}\sin^2\theta\cos^2\theta)\left(\frac{d\phi}{dx_3}\right)^2-\chi_a H^2\sin^2\theta\Big]dx_3. \end{aligned} \tag{3.52}$$

液晶中现在具有了三种形变，展曲、扭曲和弯曲．对丝状液晶来讲，一般 $\chi_a>0$．式(3.52)的积分具有

$$g_A=\int_A^B g\left(z,\theta,\phi,\frac{d\theta}{dz},\frac{d\phi}{dz}\right)dz \tag{3.53}$$

的形式．用推导式(3.13)相同的方法可以证明，积分具有最小值条件的欧勒-拉格朗日方程式共有两个，它们分别为

$$\frac{\partial g}{\partial\theta}-\frac{d}{dz}\left[\frac{\partial g}{\partial\left(\frac{d\theta}{dz}\right)}\right]=0,$$

$$\frac{\partial g}{\partial \phi}-\frac{d}{dz}\left(\frac{\partial g}{\partial\left(\frac{d\phi}{dz}\right)}\right)=0. \tag{3.54}$$

应用到式 (3.52) 就可以得出下列两个关于 $\theta(x_3)$ 和 $\phi(x_3)$ 所需要满足的联立微分方程式：

$$f(\theta)\frac{d^2\theta}{dx_3^2}+\frac{1}{2}\frac{d}{d\theta}f(\theta)\left(\frac{d\theta}{dx_3}\right)^2$$

$$-\frac{1}{2}\frac{d}{d\theta}h(\theta)\left(\frac{d\phi}{dx_3}\right)^2+\chi_a H^2\sin\theta\cos\theta=0, \tag{3.55}$$

$$h(\theta)\frac{d^2\phi}{dx_3^2}+\frac{d}{d\theta}h(\theta)\frac{d\theta}{dx_3}\frac{d\phi}{dx_3}=0, \tag{3.56}$$

其中函数 $f(\theta)$ 和 $h(\theta)$ 分别为

$$f(\theta)=k_{11}\cos^2\theta+k_{33}\sin^2\theta,$$

$$h(\theta)=k_{22}\cos^4\theta+k_{33}\sin^2\theta\cos^2\theta. \tag{3.57}$$

式(3.56)实际上就是

$$\frac{d}{dx_3}\left[h(\theta)\frac{d\phi}{dx_3}\right]=0,$$

因此可以直接积分成为

$$h(\theta)\frac{d\phi}{dx_3}=c_1, \tag{3.58}$$

c_1 是一个与 x_3 无关的积分常数. 把式(3.58)的 $\frac{d\phi}{dx_3}$ 代入式(3.55)，就得到

$$f(\theta)\frac{d^2\theta}{dx_3^2}+\frac{1}{2}\frac{d}{d\theta}f(\theta)\left(\frac{d\theta}{dx_3}\right)^2$$

$$-\frac{1}{2}\frac{d}{d\theta}h(\theta)\left[\frac{c_1}{h(\theta)}\right]^2+\chi_a H^2\sin\theta\cos\theta=0.$$

把它乘以 $2\frac{d\theta}{dx_3}$ 后就可以积分一次而得到

$$f(\theta)\left(\frac{d\theta}{dx_3}\right)^2+\frac{c_1^2}{h(\theta)}+\chi_a H^2\sin^2\theta=c_2, \tag{3.59}$$

c_2是另一个与x_3无关的积分常数. 应用边界条件式(3.51_2)可以得出

$$c_2 = -\frac{c_1^2}{h(\theta_M)} + \chi_a H^2 \sin^2\theta_M.$$

因此,式(3.59)给出

$$dx_3 = \left\{\frac{f(\theta)}{c_1^2\left[\frac{1}{h(\theta_M)} - \frac{1}{h(\theta)}\right] + \chi_a H^2(\sin^2\theta_M - \sin^2\theta)}\right\}^{\frac{1}{2}} d\theta$$

$$\equiv N^{\frac{1}{2}}(\theta)d\theta. \tag{3.60}$$

这里我们取了根号前的正值;如果取负值,实际上不过是把转动倒一个方向,并没有物理本质上的区别. 由于

$$\frac{d\phi}{dx_3} = \frac{d\phi}{d\theta}\frac{d\theta}{dx_3},$$

因此在把式(3.58)与(3.60)相合并后可以得出

$$d\phi = \frac{c_1}{h(\theta)} N^{\frac{1}{2}}(\theta)d\theta. \tag{3.61}$$

现在对式(3.60)和(3.61)进行积分. 如果我们从$x_3 = -\frac{d}{2}$积分到$x_3 = x_3$,那么根据式(3.50)和(3.51)的边界条件,就可以得到

$$x_3 + \frac{d}{2} = \int_0^\theta N^{\frac{1}{2}}(\theta)d\theta, \tag{3.62}$$

$$\phi = -\phi_0 + \int_0^\theta \left[\frac{c_1 N^{\frac{1}{2}}(\theta)}{h(\theta)}\right] d\theta. \tag{3.63}$$

在$x_3 = 0$的上限情形下,式(3.62)和(3.63)分别给出

$$d = 2\int_0^{\theta_M} N^{\frac{1}{2}}(\theta)d\theta,$$

$$\phi_0 = \int_0^{\theta_M} \left[\frac{c_1 N^{\frac{1}{2}}(\theta)}{h(\theta)}\right] d\theta.$$

这两个式子分别决定了θ_M和c_1的数值. 为了进行积分可以作一个变量变换,用

$$\sin\theta = \sin\theta_M \sin\lambda$$

把变量从 θ 变换到 λ. 这时

$$d\theta = \frac{\sin\theta_M \cos\lambda d\lambda}{\sqrt{1 - \sin^2\theta_M \sin^2\lambda}},$$

而当 $\theta = 0$ 时 $\lambda = 0$, 当 $\theta = \theta_M$ 时 $\lambda = \frac{\pi}{2}$. 引用变量 λ 之后式(3.57)给出

$$\begin{aligned} f(\theta) &= k_{11}\left[1 + \left(\frac{k_{33} - k_{11}}{k_{11}}\right)\sin^2\theta_M \sin^2\lambda\right] \\ &\equiv k_{11}(1 + \eta \sin^2\theta_M \sin^2\lambda), \end{aligned}$$

$$\begin{aligned} h(\theta) - h(\theta_M) &= k_{22}(\cos^4\theta - \cos^4\theta_M) \\ &\quad + k_{33}(\sin^2\theta\cos^2\theta - \sin^2\theta_M\cos^2\theta_M) \\ &= (\sin^2\theta_M - \sin^2\theta)[k_{22}(\cos^2\theta + \cos^2\theta_M) \\ &\quad + k_{33}(-1 + \sin^2\theta_M + \sin^2\theta)] \\ &= (\sin^2\theta_M - \sin^2\theta)[(2k_{22} - k_{33}) \\ &\quad + (k_{33} - k_{22})(\sin^2\theta_M + \sin^2\theta)], \end{aligned}$$

因此有

$$d = 2\int_0^{\frac{\pi}{2}}\left\{\frac{f(\theta)}{\chi_a H^2 + \frac{c_1^2}{h(\theta)h(\theta_M)}[(2k_{22} - k_{33}) + (k_{33} - k_{22})(\sin^2\theta_M + \sin^2\theta)]}\right\}^{\frac{1}{2}} \times \frac{d\lambda}{\sqrt{1 - \sin^2\theta_M \sin^2\lambda}}, \tag{3.64}$$

$$\phi_0 = \int_0^{\frac{\pi}{2}}\left\{\frac{f(\theta)}{\chi_a H^2 + \frac{c_1^2}{h(\theta)h(\theta_M)}[(2k_{22} - k_{33}) + (k_{33} - k_{22})(\sin^2\theta_M + \sin^2\theta)]}\right\}^{\frac{1}{2}} \times \frac{c_1 d\lambda}{h(\theta)\sqrt{1 - \sin^2\theta_M \sin^2\lambda}}. \tag{3.65}$$

当然，在两个被积函数中的变量 θ 都需要变换成为变量 λ 之后才

能进行积分。

式(3.64)和(3.65)的积分很难进行计算. 现在看一看在 $\theta_M\to 0$ 时的极限条件下的结果. 当然,当 $\theta_M\to 0$ 时 $\theta\to 0$, 因此这两个积分分别给出

$$d=2\int_0^{\frac{\pi}{2}}\left[\frac{k_{11}}{\chi_a H^2+\frac{c_1^2}{k_{22}^2}(2k_{22}-k_{33})}\right]^{\frac{1}{2}}d\lambda$$

$$=\pi\left[\frac{k_{11}}{\chi_a H^2+\frac{c_1^2}{k_{22}^2}(2k_{22}-k_{33})}\right]^{\frac{1}{2}},$$

$$\phi_0=\int_0^{\frac{\pi}{2}}\left[\frac{k_{11}}{\chi_a H^2+\frac{c_1^2}{k_{22}^2}(2k_{22}-k_{33})}\right]^{\frac{1}{2}}\frac{c_1}{k_{22}}d\lambda$$

$$=\frac{\pi}{2}\frac{c_1}{k_{22}}\left[\frac{k_{11}}{\chi_a H^2+\frac{c_1^2}{k_{22}^2}(2k_{22}-k_{33})}\right]^{\frac{1}{2}}.$$

两式相除就得到

$$\lim_{\theta_M\to 0}\frac{c_1}{k_{22}}=\frac{2\phi_0}{d}.$$

我们称 $\theta_M\to 0$ 时的磁场强度为阈值 H_c,那么

$$d=\pi\left[\frac{k_{11}}{\chi_a H_c^2+\frac{4\phi_0^2}{d^2}(2k_{22}-k_{33})}\right]^{\frac{1}{2}},$$

因此磁场阈值 H_c 为:

$$H_c=\left[\frac{k_{11}\pi^2-4\phi_0^2(2k_{22}-k_{33})}{\chi_a d^2}\right]^{\frac{1}{2}}. \tag{3.66}$$

也就是说,只有当磁场强度达到或超过这个阈值时指向矢才会发生转动,从而使液晶不再具有沿面结构. 由于阈值 H_c 只能是正值,所以上式要求

$$k_{33}>2k_{22}, \tag{3.67$_1$}$$

或者

$$\phi_0^2 \leqslant \frac{k_{11}\pi^2}{4(2k_{22}-k_{33})}. \tag{3.67$_2$}$$

如果液晶的弹性常数或者扭曲的转角不能满足式(3.67)的要求，那么就不存在使指向矢发生转动的磁场阈值.

§6 磁场对螺旋状液晶的影响 I

螺旋状液晶的自由能密度由式(2.29)给出:

$$g = \frac{1}{2}\left[k_{11}(\nabla\cdot\mathbf{n})^2 + k_{22}\left(\mathbf{n}\cdot\nabla\times\mathbf{n} - \frac{k_2}{k_{22}}\right)^2 + k_{33}(\mathbf{n}\cdot\nabla\mathbf{n})^2\right]. \tag{2.29}$$

在平衡状态下螺旋状液晶的指向矢具有一定的均匀扭曲排列，形成螺旋结构. 当 $k_2<0$ 时是正螺旋，反之是负螺旋. 如果我们令螺旋轴与 x_3 轴相重合，那么指向矢 $\mathbf{n}$ 将与 x_1x_2 平面相平行，因而指向矢的三个分量成为

$$n_1 = \cos\theta(x_3),\quad n_2 = \sin\theta(x_3),\quad n_3 = 0. \tag{3.68$_1$}$$

这时液晶的自由能密度 g 成为

$$g = \frac{1}{2}k_{22}\left(-\frac{d\theta}{dx_3} - \frac{k_2}{k_{22}}\right)^2$$

的形式. 因此，在平衡状态时(取 $x_3=0$ 处 $\theta=0$)

$$\theta = -\frac{k_2}{k_{22}}x_3, \tag{3.68$_2$}$$

也就是说螺旋状液晶的正常螺距

$$p_0 = -2\pi\frac{k_{22}}{k_2}. \tag{3.69}$$

这里我们取 $p_0>0$ 为正螺旋(右旋)，$p_0<0$ 为负螺旋(左旋). 由于 $\mathbf{n}$ 和 $-\mathbf{n}$ 是相当的，所以螺旋结构的重复性周期等于 $\pi\dfrac{k_{22}}{|k_2|}$.

许多螺旋状液晶的螺距长短是在可见光波长的数量级，并且对温度相当敏感，因此它具有重要的光学性质. 在每一个 x_1x_2 平面上

指向矢 **n** 的方向虽然相同，但是螺旋状液晶的分子并不象层状液晶的分子那样排列成分子层的层状结构．螺旋状液晶的弹性常数也可以通过施加外磁场时的效应来加以测定．

首先我们看看在 x_2 轴方向对磁化率各向异性 $\chi_a>0$ 的螺旋状液晶施加磁场 H 的效果，这时

$$H_1=0,\ H_2=H,\ H_3=0.$$

由于 $\chi_a>0$，所以磁场的作用是使液晶的指向矢趋向于沿 x_2 轴方向平行排列．对于体积为 V_0 的液晶，自由能 G 现在成为

$$G=\frac{1}{2}\int_{V_0}\left[k_{22}\left(\frac{d\theta}{dx_3}+\frac{k_2}{k_{22}}\right)^2-\chi_a H^2\sin^2\theta\right]d\tau.$$

相当于这个自由能表示式的平衡状态欧勒-拉格朗日方程式是

$$k_{22}\frac{d^2\theta}{dx_3^2}+\chi_a H^2\sin\theta\cos\theta=0.$$

引用磁相干长度 $\xi_2=\left(\frac{k_{22}}{\chi_a H^2}\right)^{\frac{1}{2}}$，就可以写成

$$\xi_2^2\frac{d^2\theta}{dx_3^2}+\sin\theta\cos\theta=0$$

的形式。这个式子和式(3.25)完全相同，它的第一次积分给出

$$\left(\xi_2\frac{d\theta}{dx_3}\right)^2+\sin^2\theta=\frac{1}{k^2},\tag{3.70}$$

其中 $\frac{1}{k^2}$ 是积分常数，将在后面加以确定．由于 θ 是 x_3 的周期性函数，因此与丝状液晶的情形不同，不存在有最大偏转角 θ_M，这是它和式 (3.26) 的区别． 在丝状液晶情形里积分常数是小于一的 $\sin^2\theta_M$，于是这里的 k^2 将是一个小于一的积分常数，否则它将与式(3.26)没有区别了．对式(3.70)的积分将给出 θ 与 x_3 的关系

$$\pm\frac{x_3}{k\xi_2}=\int_0^\theta\frac{d\theta}{\sqrt{1-k^2\sin^2\theta}}=F(\theta,k),\tag{3.71}$$

$F(\theta,k)$ 是第一类椭圆积分．由于对所有的 θ 和 $k^2<1$，$F(\theta,k)$

都是正值，所以当 $\frac{x_3}{k}>0$ 时要取正号而，当 $\frac{x_3}{k}<0$ 时要取负号. $F(\theta,k)$ 的周期是 $4K(k)=4F\left(\frac{\pi}{2},k\right)$，[11] 因此在外磁场 H 中液晶的螺距

$$p=4k\xi_2K(k). \tag{3.72}$$

这样，$p>0(k>0)$ 是正螺旋，而 $p<0(k<0)$ 是负螺旋.

积分常数 k 可以由自由能密度 g 具有最小值的条件来决定. 在 x_1x_2 平面上取一个单位面积，同时在 x_3 轴方向取一个螺距的长度 $|p|$，那么这样一个体积元的体积将等于 $|p|$. 在这个体积元中单位体积的自由能 g 将等于

$$g=\frac{\chi_aH^2}{2p}\int_0^p\left[\xi_2^2\left(\frac{d\theta}{dx_3}+\frac{k_2}{k_{22}}\right)^2-\sin^2\theta\right]dx_3$$

$$=\frac{2\chi_aH^2}{p}\int_0^{\frac{\pi}{2}}\frac{\left[\xi_2^2\left(\frac{d\theta}{dx_3}+\frac{k_2}{k_{22}}\right)^2-\sin^2\theta\right]d\theta}{\left(\frac{d\theta}{dx_3}\right)}.$$

把式(3.70)的 $\frac{d\theta}{dx_3}$ 代入被积函数，同时注意到式(3.72)，就得到

$$g=\frac{\chi_aH^2}{2k\xi_2K(k)}\int_0^{\frac{\pi}{2}}\left[\frac{\xi_2}{k}\sqrt{1-k^2\sin^2\theta}+2\frac{k_2}{k_{22}}\xi_2^2\right.$$

$$\left.+\frac{k\xi_2^3\left(\frac{k_2}{k_{22}}\right)^2}{\sqrt{1-k^2\sin^2\theta}}-\frac{k\xi_2\sin^2\theta}{\sqrt{1-k^2\sin^2\theta}}\right]d\theta.$$

被积函数的最后一项可以改写为

$$-\frac{k\xi_2\sin^2\theta}{\sqrt{1-k^2\sin^2\theta}}=-k\xi_2\left[\frac{\frac{1}{k^2}-\frac{1}{k^2}(1-k^2\sin^2\theta)}{\sqrt{1-k^2\sin^2\theta}}\right]$$

$$=-\frac{\xi_2}{k}\frac{1}{\sqrt{1-k^2\sin^2\theta}}$$

$$+\frac{\xi_2}{k}\sqrt{1-k^2\sin^2\theta},$$

因此我们有

$$g=\frac{\chi_a H^2}{2k\xi_2 K(k)}\int_0^{\frac{\pi}{2}}\left[\frac{2\xi_2}{k}\sqrt{1-k^2\sin^2\theta}+2\frac{k_2}{k_{22}}\xi_2^2\right.$$

$$\left.+\frac{k\xi_2^3\left(\dfrac{k_2}{k_{22}}\right)^2-\dfrac{\xi_2}{k}}{\sqrt{1-k^2\sin^2\theta}}\right]d\theta$$

$$=\frac{\chi_a H^2}{2kK(k)}\left\{\frac{2}{k}E(k_1)+\frac{k_2}{k_{22}}\xi_2\pi\right.$$

$$\left.+\left[k\xi_2^2\left(\frac{k_2}{k_{22}}\right)^2-\frac{1}{k}\right]K(k)\right\}$$

$$=\frac{1}{2}\chi_a H^2\left[\xi_2^2\left(\frac{k_2}{k_{22}}\right)^2-\frac{1}{k^2}+\frac{k_2}{k_{22}}\xi_2\frac{\pi}{kK(k)}\right.$$

$$\left.+\frac{2}{k^2}\frac{E(k)}{K(k)}\right],$$

其中 $E(k)$ 是第二类完全椭圆积分。现在令 $\dfrac{\partial g}{\partial k}=0$ 就可以得出 k 的数值．我们注意到，由于

$$\frac{E(k)}{k}=\int_0^{\frac{\pi}{2}}\frac{1}{k}\sqrt{1-k^2\sin^2\theta}\,d\theta,$$

因此把此式对 k 微分时有

$$\frac{\partial}{\partial k}\left[\frac{E(k)}{k}\right]=\int_0^{\frac{\pi}{2}}\frac{-d\theta}{k^2\sqrt{1-k^2\sin^2\theta}},$$

$$=-\frac{K(k)}{k^2}.$$

这样就得出

$$\frac{\partial g}{\partial k}=\frac{1}{2}\chi_a H^2\left\{\frac{2}{k^3}+\xi_2\pi\left(\frac{k_2}{k_{22}}\right)\frac{d}{dk}\left[\frac{1}{kK(k)}\right]\right.$$

$$\left.+2\frac{d}{dk}\left[\frac{\left(\dfrac{E(k)}{k}\right)}{kK(k)}\right]\right\}$$

$$= \frac{1}{2}\chi_a H^2\left\{\frac{2}{k^3} + \left[\xi_2\left(\frac{k_2}{k_{22}}\right)\pi \right.\right.$$

$$\left.\left. + \frac{2E(k)}{k}\right]\frac{d}{dk}\left[\frac{1}{kK(k)}\right] - \frac{2}{k^3}\right\}$$

$$= \frac{1}{2}\chi_a H^2\left[\xi_2\left(\frac{k_2}{k_{22}}\right)\pi + \frac{2E(k)}{k}\right]\frac{d}{dk}\left[\frac{1}{kK(k)}\right].$$

所以，k 与 ξ_2 的关系是

$$\frac{E(k)}{k} = -\left(\frac{\pi}{2}\right)\xi_2\frac{k_2}{k_{22}}. \tag{3.73$_1$}$$

对于正螺旋 $k_2 < 0, k > 0$，而对于负螺旋 $k_2 > 0,\ k < 0$. 但是，式(3.69)指出，在无外磁场作用下液晶的正常螺距 p_0 是

$$p_0 = -2\pi\frac{k_{22}}{k_2},$$

所以式(3.73$_1$)又可以写作

$$p_0 = \pi^2\xi_2\frac{k}{E(k)}. \tag{3.73$_2$}$$

把式(3.72)和(3.73$_2$)相比就得出

$$\frac{p}{p_0} = \left(\frac{2}{\pi}\right)^2 K(k)E(k). \tag{3.74}$$

在弱磁场作用下 k 是一个小的数值，这时[12]

$$E(k) \approx \frac{\pi}{2}\left[1 - \frac{1}{4}k^2 - \frac{3}{64}k^4 - \cdots\right],$$

$$K(k) \approx \frac{\pi}{2}\left[1 + \frac{1}{4}k^2 + \frac{9}{64}k^4 + \cdots\right],$$

而式(3.73$_1$)和式(3.74)给出

$$k \approx -\frac{k_{22}}{k_2\xi_2},$$

$$\frac{p}{p_0} \approx 1 + \frac{1}{32}\left(\frac{k_{22}}{k_2\xi_2}\right)^4. \tag{3.75}$$

上面曾提到过式 (3.75) 中的 k^2 将是一个小于一的积分常数. 显然，当 $k^2 > 1$ 时式(3.70)完全变成了式(3.26)，也就是说变成了

对丝状液晶的解．因此，这里有一个临界值 $k^2=1$，它是丝状液晶和螺旋状液晶的分界线．当 $k^2=1$ 时

$$E(\pm 1)=\int_0^{\frac{\pi}{2}}\cos\theta d\theta=1,$$

因此式 (3.73_1) 给出的相应的磁场阈值将由

$$1=\frac{\pi}{2}\xi_2\frac{|k_2|}{k_{22}}$$

决定，也就是说

$$H_c=\frac{\pi}{2}\frac{|k_2|}{k_{22}}\sqrt{\frac{k_{22}}{\chi_2}}. \tag{3.76}$$

当磁场强度超过 H_c 时液晶将呈现丝状有序性．这一点从式(3.74)也可以看到．当 $k^2\to 1$ 时[13]，

$$K(k)\approx \Lambda-\frac{\Lambda-1}{4}k'^2+\cdots,$$

$$E(k)\approx 1+\frac{1}{2}\left(\Lambda-\frac{1}{2}\right)k'^2+\cdots,$$

$$k'^2=1-k^2,$$

$$\Lambda=\ln\frac{4}{|k'|}.$$

因此，$K(k)E(k)$ 趋向于无限大，也就是说这时的螺距趋向于无限大，液晶接近于丝状．

如果液晶的磁化率各向异性是负值，即 $\chi_a<0$，那么磁场将使液晶指向矢沿与磁场方向相垂直而排列．所以，对于 $\chi_a<0$ 的螺旋状液晶，如果把外磁场的方向改为 x_1 轴方向，那么磁场的影响将同上面所讨论的 $\chi_a>0$ 的情形相同．这时我们可以令

$$n_1=\sin\theta(x_3),\quad n_2=\cos\theta(x_3),\quad n_3=0,$$

$$H_1=H,\qquad H_2=0,\qquad H_3=0,$$

而自由能 G 成为

$$G=\frac{1}{2}\int_{V_c}\left[k_{22}\left(\frac{d\theta}{dx_3}-\frac{k_2}{k_{22}}\right)^2-\chi_a H^2\sin\theta\right]d\tau.$$

与它相对应的欧勒-拉格朗日方程式仍然是

$$k_{22}\frac{d^2\theta}{dx_3^2}+\chi_a H^2\sin\theta\cos\theta=0,$$

而上面对于 $\chi_a>0$ 的情形所作的分析在这里也完全适用.

从式(3.76)可以看出,如果我们已知螺旋状液晶的磁化率各向异性 χ_a 和它的正常螺距 $p_0=-2\pi\frac{k_{22}}{k_2}$, 那么对于从螺旋状到丝状转变所需要的磁场阈值 H_c 的测定,就可以给出螺旋状液晶的扭曲弹性常数 k_{22} 的数值. k_{22} 的数值约在 10^{-6} 达因的数量级. 取 $|\chi_a|\approx 10^{-6}$ cgs 电磁单位, $\frac{k_{22}}{|k_2|}\approx 10^{-4}$ 厘米,那么磁场阈值 H_c 大约为 50 千奥斯特.

§7 磁场对螺旋状液晶的影响 II

当外加磁场方向与螺旋轴方向相同时，情形就和前面所讨论过的扭曲排列丝状液晶盒非常相似.所不同的是,丝状液晶盒中的扭曲排列是由外力引起的，而现在液晶本身就具有螺旋结构. 另外,在这里着重提出一点，胆甾醇酯不含苯环，它们的 $\chi_{/\!/}$ 值和 $\chi_\perp$ 值要比常用丝状液晶的小得多,它们的 $|\chi_a|$ 值在 10^{-9} 单位的数量级. 通常螺旋状液晶的磁化率各向异性 χ_a 是负值. 这些液晶在外磁场作用下指向矢将与磁场方向相垂直排列，所以当外磁场方向与螺旋轴方向一致时，不会引起指向矢转向磁场方向的转动. 这时液晶将是处于稳定状态.

对于正值 χ_a 的螺旋状液晶，这时将会出现指向矢转动的情形.要想得到 $\chi_a>0$ 的螺旋状液晶,最简单的方法是在 MBBA 之类的常用丝状液晶中溶进一些手征性分子(左右不对称的分子). 如果螺旋状液晶的指向矢沿液晶盒上下基片都是在沿面校列状态，那么式(3.50)和(3.51)的边界条件仍然适用[10].在没有外磁场的作用下

$$\phi = -\frac{k_2}{k_{22}} x_3,$$

因此ϕ的更具体的边界条件是

$$\phi_0 = \frac{d}{2}\frac{k_2}{k_{22}},$$

$$\frac{d}{dx_3}\phi\bigg|_{x_3=\pm\frac{d}{2}} = -\frac{k_2}{k_{22}}. \tag{3.77}$$

单位面积玻璃片间液晶的自由能g_A现在是

$$g_A = \frac{1}{2}\int_{-\frac{d}{2}}^{\frac{d}{2}}\Big[(k_{11}\cos^2\theta + k_{33}\sin^2\theta)\left(\frac{d\theta}{dx_3}\right)^2 + (k_{22}\cos^4\theta + k_{33}\sin^2\theta\cos^2\theta)\left(\frac{d\phi}{dx_3}\right)^2 + 2k_2\cos^2\theta\,\frac{d\phi}{dx_3} + \frac{k_2^2}{k_{22}^2} - \chi_a H^2\sin^2\theta\Big]dx_3. \tag{3.78}$$

根据式(3.54),与之相对应的欧勒-拉格朗日方程组现在成为

$$(k_{11}\cos^2\theta + k_{33}\sin^2\theta)\frac{d^2\theta}{dx_3^2} + \frac{1}{2}\left(\frac{d\theta}{dx_3}\right)^2\frac{d}{d\theta}(k_{11}\cos^2\theta + k_{33}\sin^2\theta) - k_2\frac{d\phi}{dx_3}\frac{d}{d\theta}\cos^2\theta - \frac{1}{2}\left(\frac{d\phi}{dx_3}\right)^2\frac{d}{d\theta}[\cos^2\theta(k_{22}\cos^2\theta + k_{33}\sin^2\theta)] + \chi_a H^2\sin\theta\cos\theta = 0, \tag{3.79}$$

$$\frac{d}{dx_3}\left[(k_{22}\cos^2\theta + k_{33}\sin^2\theta)\cos^2\theta\,\frac{d\phi}{dx_3} + k_2\cos^2\theta\right] = 0. \tag{3.80}$$

应用式(3.51_2)和(3.77)的边界条件,对(3.80)式的积分给出

$$(k_{22}\cos^2\theta + k_{33}\sin^2\theta)\frac{d\phi}{dx_3} = -k_2. \tag{3.81}$$

把式(3.81)的$\frac{d\phi}{dx_3}$代入式(3.79),然后乘以$2\frac{d\theta}{dx_3}$就可以进行积分,并且得出

$$f(\theta)\left(\frac{d\theta}{dx_3}\right)^2 = k_2^2\left[\frac{\cos^2\theta_M}{p(\theta_M)} - \frac{\cos^2\theta}{p(\theta)}\right] + \chi_a H^2(\sin^2\theta_M - \sin^2\theta), \tag{3.82$_1$}$$

其中

$$f(\theta)=k_{11}\cos^2\theta+k_{33}\sin^2\theta,$$
$$p(\theta)=k_{22}\cos^2\theta+k_{33}\sin^2\theta, \tag{3.82$_2$}$$

当然在积分中我们应用了式(3.51$_2$)的边界条件．式(3.82$_1$)的积分给出了θ随x_3的变化关系

$$x_3+\frac{d}{2}=\int_0^\theta\left\{\frac{f(\theta)}{\chi_aH^2(\sin^2\theta_M-\sin^2\theta)+k_2^2\left[\frac{\cos^2\theta_M}{p(\theta_M)}-\frac{\cos^2\theta}{p(\theta)}\right]}\right\}^{\frac{1}{2}}d\theta,$$
$$-\frac{d}{2}\leqslant x_3\leqslant\frac{d}{2}; \tag{3.83}$$

而最大转角θ_M则由

$$\frac{d}{2}=\int_0^{\theta_M}\left\{\frac{f(\theta)}{\chi_aH^2(\sin^2\theta_M-\sin^2\theta)+k_2^2\left[\frac{\cos^2\theta_M}{p(\theta_M)}-\frac{\cos^2\theta}{p(\theta)}\right]}\right\}^{\frac{1}{2}}d\theta. \tag{3.84}$$

决定．式(3.84)决定了最大转角θ_M与磁场强度H的关系．

我们注意到，式(3.82$_2$)给出

$$\frac{\cos^2\theta_M}{p(\theta_M)}-\frac{\cos^2\theta}{p(\theta)}=\frac{k_{33}}{p(\theta_M)p(\theta)}(\sin^2\theta-\sin^2\theta_M).$$

因此在进行变量变换

$$\sin\theta=\sin\theta_M\sin\lambda$$

后，式(3.84)将成为

$$\frac{d}{2}=\int_0^{\frac{\pi}{2}}\left[\frac{f(\theta)}{\chi_aH^2-\frac{k_2^2k_{33}}{p(\theta_M)p(\theta)}}\right]^{\frac{1}{2}}\frac{d\lambda}{\cos\theta}. \tag{3.85}$$

当我们令$\theta_M\to0$时，$\theta\to0$；我们称这时的磁场强度为H_F，那么上式就给出了

$$\lim_{\theta_M\to0}\chi_aH_F^2=k_{11}\left(\frac{\pi}{d}\right)^2+k_{33}\left(\frac{k_2}{k_{22}}\right)^2. \tag{3.86}$$

也就是说，在磁场强度还没有达到阈值H_F以前，磁场并不能影响螺旋状液晶的螺旋结构．只有在磁场强度高于阈值H_F的情形下

才会发生畸变，指向矢发生倾斜而形成锥状结构。

如果我们令

$$\beta = \sin^2\theta_M,$$

而把式(3.85)对 β 微分就可以得到

$$2\chi_a\left[\frac{d(H^2)}{d\beta}\right]_{\beta=0} = k_{33}\left[\left(\frac{\pi}{d}\right)^2 + 3\left(\frac{k_2}{k_{22}}\right)^2\left(\frac{k_{22}-k_{33}}{k_{22}}\right)\right].$$

这说明最大转角 θ_M $\left(\text{在零到 } \frac{\pi}{2} \text{ 之间}\right)$随磁场单调增长的条件

$$\frac{d}{d\beta}(H^2) > 0$$

要求

$$k_{22} \geqslant k_{33}$$

或者

$$d^2 < \frac{k_{22}\pi^2}{3(k_{33}-k_{22})\left(\frac{k_2}{k_{22}}\right)^2}. \tag{3.87}$$

§8 磁场对螺旋状液晶的影响 III——方格栅图案

上一节指出，当沿螺旋轴方向所加磁场强度达到并超过式(3.86)所给出的阈值 H_F 时，对于 $\chi_a > 0$ 的螺旋状液晶可以发生指向矢倒向磁场方向的锥形畸变．但是，在低于这一阈值 H_F 的另一个磁场阈值 H_H 时，也有可能产生另一种层次折皱的畸变，在液晶中出现方格栅图案．亥尔福利奚（W. Helfrich）[14] 首先提出了这种畸变，后来休奥尔特（J. P. Hurault）[15] 进行了分析．图 3.5 描述了在液晶中沿一个方向上的畸变情形，各层液晶的指向矢呈现波纹状的变化．当然，这种周期性变化的幅度很小，并且是缓慢地变化的．在两个互相垂直方向上的周期性变化的迭加就导致了方格栅图案的出现．

畸变来源于微扰．象前面一样，在没有微扰的情形下指向矢 $\mathbf{n}$ 的三个分量是

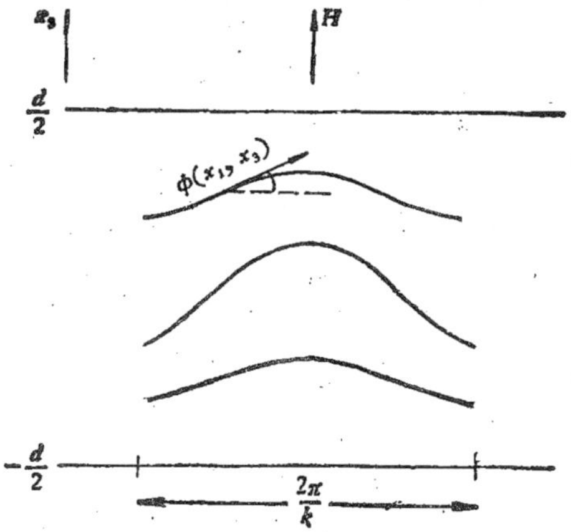

图 3.5　沿螺旋轴方向的磁场导致沿面结构发生周期性畸变.

$$n_1 = \cos\theta_0 = \cos\left(-\frac{k_2}{k_{22}}x_3\right),$$

$$n_2 = \sin\theta_0 = \sin\left(-\frac{k_2}{k_{22}}x_3\right),$$

$$n_3 = 0.$$

这里我们应用了式(3.68_2). 微扰使 $\theta_0(x_3)$ 角发生小小的改变成为 $\theta_0(x_3)+\alpha(x_1,x_3)$,同时也使螺旋平面发生了倾斜. 我们可以把在微扰下的指向矢分量写成

$$\begin{aligned} n_1 &= \cos(\theta_0+\alpha) \approx \cos\theta_0 - \alpha\sin\theta_0, \\ n_2 &= \sin(\theta_0+\alpha) \approx \sin\theta_0 + \alpha\cos\theta_0, \\ n_3 &= \phi(x_1,x_3)\cos\theta_0 \end{aligned} \tag{3.88}$$

的形式. α 和 ϕ 都是微量,同时 $\frac{\partial\alpha}{\partial x_1}$, $\frac{\partial\alpha}{\partial x_3}$, $\frac{\partial\phi}{\partial x_1}$, $\frac{\partial\phi}{\partial x_3}$ 也都是微量;换句话说,α 和 ϕ 都是 x_1 和 x_3 的缓慢变化函数. 这里 α 描述的是扭曲形变而 ϕ 描述的是弯曲形变.

有了指向矢各分量的表达式,按照式(2.29)就可以有形变能量密度 g_{el} 的表示式. 在保留到各微量的二阶项而忽略高阶项的情形下我们有

$$g_{el}=\frac{1}{2}k_{11}\left[\frac{1}{2}\left(\frac{d\phi}{dx_3}\right)^2(1+\cos 2\theta_0)+\frac{1}{2}\left(\frac{k_2}{k_{22}}\phi\right.\right.$$

$$\left.-\frac{\partial\alpha}{\partial x_1}\right)^2(1-\cos 2\theta_0)+\left(\frac{k_2}{k_{22}}\phi-\frac{\partial\alpha}{\partial x_1}\right)\frac{\partial\phi}{\partial x_3}\sin 2\theta_0\Bigg]$$

$$+\frac{1}{2}k_{22}\left(\frac{\partial\alpha}{\partial x_3}+\frac{1}{2}\frac{\partial\phi}{\partial x_1}\sin 2\theta_0\right)^2$$

$$+\frac{1}{2}k_{33}\left[\frac{1}{2}\left(\frac{k_2}{k_{22}}\phi-\frac{\partial\alpha}{\partial x_1}\right)^2(1+\cos 2\theta_0)\right.$$

$$\left.+\left(\frac{\partial\phi}{\partial x_1}\right)^2\left(\frac{3}{8}+\frac{1}{2}\cos 2\theta_0+\frac{1}{8}\cos 4\theta_0\right)\right]。\tag{3.89}$$

对于体积为 V_0 的液晶，总形变能量现在是

$$G_{el}=\int_{V_0}g_{el}dV。$$

关于具有普遍形式的函数是

$$G_{el}=\int_{V_0}g_{el}dx_1dx_2\cdots dx_m,$$

$$g_{el}=g_{el}\left(\phi_1,\phi_2,\cdots\phi_n,\frac{\partial\phi_1}{\partial x_1},\cdots,\frac{\partial\phi}{\partial x_m},x_1,\cdots x_m\right),\tag{3.90$_1$}$$

G_{el} 具有极值条件的欧勒-拉格朗日方程式是[16]

$$\frac{\partial}{\partial x_k}\left(\frac{\partial g_{el}}{\partial\phi_{i,k}}\right)=\frac{\partial g_{el}}{\partial\phi_i},$$

$$\phi_{i,k}\equiv\frac{\partial\phi_i}{\partial x_k},$$

$$i=1,2,\cdots n,\quad k=1,2,3,\cdots m。\tag{3.90$_2$}$$

因此，对于一定的 ϕ 值，具有式(3.89)的 g_{el} 的 G_{el} 具有最小值条件的欧勒-拉格朗日方程式成为

$$\left[\frac{1}{2}(k_{11}+k_{33})+\frac{1}{2}(k_{33}-k_{11})\cos 2\theta_0\right]\left(\frac{k_2}{k_{22}}\frac{\partial\phi}{\partial x_1}-\frac{\partial^2\alpha}{\partial x_1^2}\right)$$

$$-k_{22}\left(\frac{\partial^2\alpha}{\partial x_3^2}-\frac{k_2}{k_{22}}\frac{\partial\alpha}{\partial x_1}\cos 2\theta_0\right)+\frac{1}{2}(k_{11}-k_{22})\frac{\partial^2\phi}{\partial x_1\partial x_3}$$

$$\times\sin 2\theta_0=0。\tag{3.91}$$

假设在边界 $x_3=\pm\dfrac{d}{2}$ 处指向矢在盒壁成沿面校列状态，这样就可以把 ϕ 的一个傅里叶分量写成

$$\phi=\phi_0\cos\left(\frac{\pi}{d}x_3\right)\sin(kx_1) \tag{3.92}$$

的形式．在实际情形中是

$$\frac{\pi}{d}\ll k\ll\frac{|k_2|}{k_{22}}. \tag{3.93}$$

如果把式(3.92)代入式(3.91)的话，可以看出 α 的解可以是 $2\theta_0$ 的调和函数．因此，我们取 α 的形式为

$$\alpha=(\alpha_0+\alpha_1\cos 2\theta_0)\cos\left(\frac{\pi}{d}x_3\right)\cos(kx_1). \tag{3.94}$$

在这个 α 的傅里叶展开式中，我们只取缓慢变化的项目而忽略那些高阶项，可以称之为粗粒近似． 把式 (3.92) 和(3.94)代入式(3.91)就得到

$$\begin{aligned}&\left[\frac{1}{2}(k_{11}+k_{33})\left(\frac{k_2}{k_{22}}k\phi_0+k^2\alpha_0\right)+k_{22}\left(\frac{\pi}{d}\right)^2\alpha_0\right.\\&\left.\quad+\frac{1}{4}(k_{33}-k_{11})k^2\alpha_1\right]\cos\left(\frac{\pi}{d}x_3\right)\cos(kx_1)\\&\quad+\left\{\frac{1}{2}(k_{33}-k_{11})\left(\frac{k_2}{k_{22}}k\phi_0+k^2\alpha_0\right)+\frac{1}{2}(k_{11}+k_{33})k^2\alpha_1\right.\\&\left.\quad+k_{22}\left[4\left(\frac{k_2}{k_{22}}\right)^2\alpha_1+\left(\frac{\pi}{d}\right)^2\alpha_1+\frac{k_2}{k_{22}}k\phi_0\right]\right\}\cos 2\theta_0\\&\quad\times\cos\left(\frac{\pi}{d}x_3\right)\cos kx_1+\left[4k_{22}\left(\frac{k_2}{k_{22}}\right)\left(\frac{\pi}{d}\right)\alpha_1\right.\\&\left.\quad-\frac{1}{2}(k_{11}-k_{22})\frac{\pi}{d}k\phi_0\right]\sin 2\theta_0\sin\left(\frac{\pi}{d}x_3\right)\cos(kx_1)\\&\quad+\frac{1}{4}(k_{33}-k_{11})k^2\alpha_1\cos 4\theta_0\cos\left(\frac{\pi}{d}x_3\right)\cos(kx_1)=0.\end{aligned} \tag{3.95}$$

当我们只取缓慢变化项时，可以忽略式(3.95)中的最后一项，因为它是高阶傅里叶项．第三项也是一个小的项，也可以不加考

虑;这一点在后面还要进行论证．这样,上式就只剩下

$$\cos\left(\frac{\pi}{d}x_3\right)\cos(kx_1)$$

项和

$$\cos 2\theta_0 \cos\left(\frac{\pi}{d}x_3\right)\cos(kx_1)$$

项，它们的系数应该分别等于零．于是我们得到联系 α_0, α_1 和 ϕ_0 的两个关系式:

$$\frac{1}{2}(k_{11}+k_{33})\left(\frac{k_2}{k_{22}}k\phi_0+k^2\alpha_0\right)+k_{22}\left(\frac{\pi}{d}\right)^2\alpha_0$$

$$+\frac{1}{4}(k_{33}-k_{11})k^2\alpha_1=0,$$

$$\frac{1}{2}(k_{33}-k_{11})\left(\frac{k_2}{k_{22}}k\phi_0+k^2\alpha_0\right)+\frac{1}{2}(k_{11}+k_{33})k^2\alpha_1$$

$$+k_{22}\left[4\left(\frac{k_2}{k_{22}}\right)^2\alpha_1+\frac{k_2}{k_{22}}k\phi_0\right]=0.$$

在第二个式子里，由于式 (3.93) 的关系我们忽略了最后一项中的 $\left(\frac{\pi}{d}\right)^2\alpha_1$ 项。

把两个式子中的 α_1 约去，就可以得到

$$\frac{\left(-\frac{k_2}{k_{22}}\phi_0\right)}{k\alpha_0}=\left\{4k_{22}\frac{\left(\frac{k_2}{k_{22}}\right)^2}{k^2}\left[\frac{1}{2}(k_{11}+k_{33})+k_{22}\frac{\left(\frac{\pi}{d}\right)^2}{k^2}\right]\right.$$

$$+\frac{1}{2}k_{22}(k_{11}+k_{33})\frac{\left(\frac{\pi}{d}\right)^2}{k^2}$$

$$\left.+\frac{1}{8}(k_{11}^2+k_{33}^2+6k_{11}k_{33})\right\}\left\{4k_{22}\frac{\left(\frac{k_2}{k_{22}}\right)^2}{k^2}\right.$$

$$\times\left[\frac{1}{2}(k_{11}+k_{33})-\frac{1}{16}(k_{33}-k_{11})\frac{k^2}{\left(\frac{k_2}{k_{22}}\right)^2}\right]$$

$$+\frac{1}{8}(k_{11}^2+k_{33}^2+6k_{11}k_{33})\Big\}^{-1}$$

$$\approx\frac{\frac{1}{2}(k_{11}+k_{33})+k_{22}\frac{\left(\frac{\pi}{d}\right)^2}{k^2}}{\frac{1}{2}(k_{11}+k_{33})-\frac{1}{16}(k_{33}-k_{11})\left[\frac{k^2}{\left(\frac{k_2}{k_{22}}\right)^2}\right]}$$

$$\approx 1.$$

后面这两个关系是应用式(3.93)的结果. 如果约去 α_0，就可以得到

$$\alpha_1=-\Big\{\frac{1}{2}k_{22}(k_{11}+k_{33})+k_{22}\Big[\frac{1}{2}(k_{33}-k_{11})$$

$$+k_{22}\Big]\frac{\left(\frac{\pi}{d}\right)^2}{k^2}\Big\}\frac{\left(\frac{k_2}{k_{22}}\right)}{k}\phi_0\cdot\Big\{4k_{22}\Big[\frac{1}{2}(k_{11}+k_{33})$$

$$+k_{22}\frac{\left(\frac{\pi}{d}\right)^2}{k^2}\Big]\frac{\left(\frac{k_2}{k_{22}}\right)^2}{k^2}+\frac{1}{8}(k_{11}^2+k_{33}^2+6k_{11}k_{33})$$

$$+\frac{1}{2}k_{22}(k_{11}+k_{33})\frac{\left(\frac{\pi}{d}\right)^2}{k^2}\Big\}^{-1}$$

$$\approx-\frac{\frac{1}{2}(k_{11}+k_{33})k_{22}\phi_0}{4\left[\frac{1}{2}(k_{11}+k_{33})k_{22}+k_{22}^2\frac{\left(\frac{\pi}{d}\right)^2}{k^2}\right]\frac{\left(\frac{k_2}{k_{22}}\right)}{k}}$$

$$\approx-\frac{k\phi_0}{4\left(\frac{k_2}{k_{22}}\right)}.$$

这里我们看到

$$\alpha_0 \approx -\frac{\left(\frac{k_2}{k_{22}}\right)}{k}\phi_0,\tag{3.96}$$

另外还有

$$\phi_1 \approx -\frac{1}{4}\frac{k}{\left(\frac{k_2}{k_{22}}\right)}\phi_0.\tag{3.97}$$

所以 $|\alpha_1| \ll |\alpha_0|$. 另外，$|\alpha_0| \gg |\phi_0|$ 说明扭曲的幅度要远比弯曲的幅度大. 由于 $\left|\frac{k_2}{k_{22}}\alpha_1\right| \approx \frac{1}{4}k|\phi_0|$,所以式(3.95)中第三项

$$\sin 2\theta_0 \sin\left(\frac{\pi}{d}x_3\right)\cos(kx_1)$$

的系数的数量级为 $k_{22}\left(\frac{\pi}{d}\right)k\phi_0$,但是式(3.95)中的

$$\cos\left(\frac{\pi}{d}x_3\right)\cos(kx_1)$$

和

$$\cos 2\theta_0 \cos\left(\frac{\pi}{d}x_3\right)\cos(kx_1)$$

两项中系数的数量级都是 $k_{22}\left(\frac{k_2}{k_{22}}\right)k\phi_0$,所以

$$\sin 2\theta_0 \sin\left(\frac{\pi}{d}x_3\right)\cos(kx_1)$$

项的系数要小得多. 这就说明了为什么可以不考虑式(3.95)中的第三项.

在粗粒近似下我们看到,在式(3.96)的条件下

$$\frac{k_2}{k_{22}}\phi - \frac{\partial\alpha}{\partial x_1} = \left(\frac{k_2}{k_{22}}\right)\phi_0 \cos\left(\frac{\pi}{d}x_3\right)\sin(kx_1) + \alpha_0 k\cos\left(\frac{\pi}{d}x_3\right)\sin(kx_1) = 0,\tag{3.98}$$

同时对 x_1 的微分相当于把原函数乘以 k. 因此，在粗粒近似下弹性形变自由能密度可以写成

$$g_{el}=\frac{1}{2}\left[k_{22}\frac{\left(\frac{k_2}{k_{22}}\right)^2\left(\frac{\pi}{d}\right)^2}{k^2}+\frac{3}{8}k_{33}k^2\right]\phi^2$$

的形式．在外磁场H中，磁化强度的能量密度按照式(3.8)是

$$-\frac{1}{2}\chi_a H^2\phi^2\cos^2\theta_0.$$

如果在一个螺距长度内求平均值，那么$\overline{\cos^2\theta_0}=\frac{1}{2}$，因此磁能量密度是$-\frac{1}{4}\chi_a H^2\phi^2$．这样总的自由能密度可以写成

$$g=\frac{1}{2}\left[k_{22}\frac{\left(\frac{k_2}{k_{22}}\right)^2\left(\frac{\pi}{d}\right)^2}{k^2}+\frac{3}{8}k_{33}k^2-\frac{1}{2}\chi_a H^2\right]\phi^2. \tag{3.99}$$

所以，对于一个给定k分量的式(3.92)来讲，自由能具有最小值的条件是

$$\left[k_{22}\frac{\left(\frac{k_2}{k_{22}}\right)^2\left(\frac{\pi}{d}\right)^2}{k^2}+\frac{3}{8}k_{33}k^2-\frac{1}{2}\chi_a H^2\right]\phi=0.$$

这个条件指出，当$k\to\infty$时或当$k\to 0$时，$H\to\infty$．这是因为微扰ϕ实际来自两种不同的形变方式．从式(3.88)和式(3.92)来看，$k=0$时$\phi=0$，$n_3=0$，也就是没有弯曲形变．因此，$k\to 0$激发的是扭曲形变方式，而$k\to\infty$激发弯曲形变方式．从能量上讲，最有利的激发应当是两种方式的某种组合．一种组合的方式可以用

$$k_{22}\frac{\left(\frac{k_2}{k_{22}}\right)^2\left(\frac{\pi}{d}\right)^2}{k_0^2}=\frac{3}{8}k_{33}k_0^2.$$

来表示，也就是这时的k值，称为k_0，满足

$$k_0^2=\left(\frac{8}{3}\frac{k_{22}}{k_{33}}\right)^{\frac{1}{2}}\left(\frac{k_2}{k_{22}}\right)\left(\frac{\pi}{d}\right) \tag{3.100}$$

的关系，而与之相对应的磁场阈值H_H是

$$\chi_a H_H^2=\sqrt{6k_{22}k_{33}}\left(\frac{k_2}{k_{22}}\right)\left(\frac{\pi}{d}\right). \tag{3.101}$$

当磁场强度增强到 $H \geqslant H_H$ 时，沿面结构将成为不稳定的而出现方格栅图案．在阈值 H_H 时，方格栅图案的空间周期的大小由 k_0 来决定．

与前面 § 6 和 § 7 所讨论的两种情形相比较，当磁场是与螺旋轴相垂直的时候，产生螺旋状相到丝状相相变的磁场阈值 H_c 是

$$H_c^2 = \left(\frac{\pi}{2}\right)^2 \left(\frac{k_2}{k_{22}}\right)^2 \frac{k_{22}}{\chi_a}. \tag{3.76}$$

在磁场方向与螺旋轴相平行时，产生指向矢倾斜形成锥状结构的阈值 H_F 是

$$H_F^2 = \frac{1}{\chi_a}\left[k_{11}\left(\frac{\pi}{d}\right)^2 + k_{33}\left(\frac{k_2}{k_{22}}\right)^2\right]. \tag{3.86}$$

在这里磁场方向与螺旋轴相平行，产生方格栅图案的磁场阈值 H_H 是

$$H_H^2 = \frac{1}{\chi_a}\sqrt{6k_{22}k_{33}}\left(\frac{k_2}{k_{22}}\right)\left(\frac{\pi}{d}\right). \tag{3.101}$$

由于式(3.93)的关系，很明显，三个阈值当中 H_H 是最低的一个．

§ 9　静电场对绝缘丝状和螺旋状液晶的影响

液晶的介电常数具有各向异性，介电常数张量 ε_{ij} 的形式由式(3.5)给出．在外电场作用下液晶可以产生极化，正象在外磁场中液晶可以产生磁化一样．在电介质中单位体积的电能是

$$g_e = \frac{1}{8\pi}\mathbf{E}\cdot\mathbf{D}.$$ [2]

应用式(3.6)就有

$$g_e = \frac{1}{8\pi}[\varepsilon_\perp \mathbf{E}^2 + \varepsilon_a(\mathbf{n}\cdot\mathbf{E})^2]. \tag{3.102}$$

为了寻求液晶系统在外电场中的平衡条件，我们可以使用前面讨论在外磁场中液晶系统的相似方法，把在外电场作用下的液晶系统看作是一个总能量不变的恒温热力学系统的一部分，而设想液晶的指向矢发生了虚形变．不过电场的情形与磁场的情形不完全

相同．除去与磁场情形相对应的保持电场 $\mathbf{E}$（也就是说保持对液晶系统所加的电压）不变而使指向矢发生虚形变外，还可以采用保持整个系统中的电荷不变而使指向矢发生虚形变的办法．在保持电压不变，也就是保持电场 $\mathbf{E}$ 不变，的方式中一切论证和前面讨论磁场的情形是完全类似的，只要把磁场情形中的 $\mathbf{H}$ 用电场 $\mathbf{E}$ 代换而把 $\mathbf{B}$ 用 $\mathbf{D}$ 代换，G_m 用 G_e 代换即可。平衡条件是

$$G = G_{el} - G_e$$

具有最小值的条件．忽略与指向矢无关的 $\varepsilon_{\perp}E^2$ 项，那么问题就成为对

$$G = \frac{1}{2}\int_{V_0}\Big[k_{11}(\nabla\cdot\mathbf{n})^2 + k_{22}(\mathbf{n}\cdot\nabla\times\mathbf{n})^2 + k_{33}(\mathbf{n}\times\nabla\times\mathbf{n})^2 - \frac{1}{4\pi}\varepsilon_a(\mathbf{n}\cdot\mathbf{E})^2\Big]d\tau \qquad (3.103)$$

求极值的问题．

如果采用保持整个系统中电荷不变而使指向矢发生虚位移的方式[3]，那么这时就不需要外界能源，因而能量守恒定律要求

$$\delta G_{el} + \delta G_e = 0.$$

由于系统中的电荷不变（ρ 不变），所以麦克斯韦方程式

$$\nabla\cdot\mathbf{D} = 4\pi\rho$$

指出液晶中各处的电位移 $\mathbf{D}$ 相同，是一个常量。于是我们有

$$\delta\mathbf{D} = 0,$$

从而给出

$$\delta G_e = \frac{1}{8\pi}\int_{V_0}\mathbf{D}\cdot\delta\mathbf{E}d\tau.$$

当系统中能量密度固定时，$\frac{1}{8\pi}\mathbf{E}\cdot\mathbf{D}$ 为常量，因此

$$\mathbf{D}\cdot\delta\mathbf{E} = -\mathbf{E}\cdot\delta\mathbf{D},$$

而

$$\delta G_e = -\frac{1}{8\pi}\int\mathbf{E}\cdot\delta\mathbf{D}d\tau.$$

$\frac{1}{8\pi}\mathbf{E}\cdot\delta\mathbf{D}$ 正是在电场 $\mathbf{E}$ 作用之下改变指向矢而引起的电场自由

能密度的变化．所以，这时的问题仍然是对式（3.103）求极值的问题．两种方式给出同一的结果是必然的，因为液晶的形变取决于最后在液晶上所加的电压，而不取决于如何得到这个电压．这样，在考虑到电场能量时，液晶的自由能密度除弹性自由能密度之外，还要增加一项电场自由能密度$-\frac{\varepsilon_a}{8\pi}(\mathbf{n}\cdot\mathbf{E})^2$．需要注意的是，如果液晶中的电场不是常量，那么就不能忽略$-\frac{\varepsilon_\perp}{8\pi}\mathbf{E}^2$项．与此类似，在磁场情形中也必须考虑$-\frac{\mu_\perp}{8\pi}\mathbf{H}^2$项．

如果同磁场作用下液晶自由能密度表示式作比较，那么可以看到，两种情形的差别只不过是把磁场情形中的$\frac{1}{2}\chi_a H^2$项在电场情形中用$\frac{1}{8\pi}\varepsilon_a E^2$项代替而已；从数学上来看二者基本相同．所以与磁场中弗雷德里克兹转变相类似的电场中弗雷德里克兹转变，在数学结果上也将完全类似，只要把前者中的$\frac{1}{2}\chi_a H^2$项用$\frac{1}{8\pi}\varepsilon_a E^2$项来代替就可以得到所要的相应电场阈值．把二者对比一下，就可以看出相应场强之间的关系是

$$E=\sqrt{\frac{4\pi\chi_a}{\varepsilon_a}}H.$$

如果取 $\chi_a=10^{-7}$，$\varepsilon_a=0.1$，那么相当于$H=1$高斯的电场强度E将是

$$E\approx 3\times 10^{-3}\text{ 静电单位}$$
$$=1\text{ 伏}\cdot\text{每厘米}.$$

换句话说，一伏·每厘米的电场作用大约相当于一高斯的磁场作用．

在电场作用下，由于介质内部产生极化，因而内部的电场将不同于外加电场．内电场的计算是一个复杂的问题，至今还缺少完善的处理方法．介质内部的电磁场当然要满足麦克斯韦方程式

组．对于用外电场引起弗雷德里克兹转变时，内部电场不同于外加电场的问题已经有人进行了研究[3,17,18,19,20]．严格说来，在磁场作用下也有类似的问题存在．不过由于液晶的磁化率只有 10^{-7} 的数量级，因此导磁率基本上等于一，所以可以忽略液晶内部的磁化问题，而简单地认为液晶内部的磁场与外加磁场相同．

§10 挠曲电效应 (flexoelectric effect)

液晶与电场之间的相互作用，除上面所谈到的由于介电常数各向异性引起的效应之外，还有另一种重要的效应．在液晶中展曲或弯曲形变有可能引起液晶的极化，反过来电场也可能使液晶发生形变．这种效应称为挠曲电效应．

梅叶 (R. B. Meyer)[21] 首先提出了一个解释产生挠曲电效

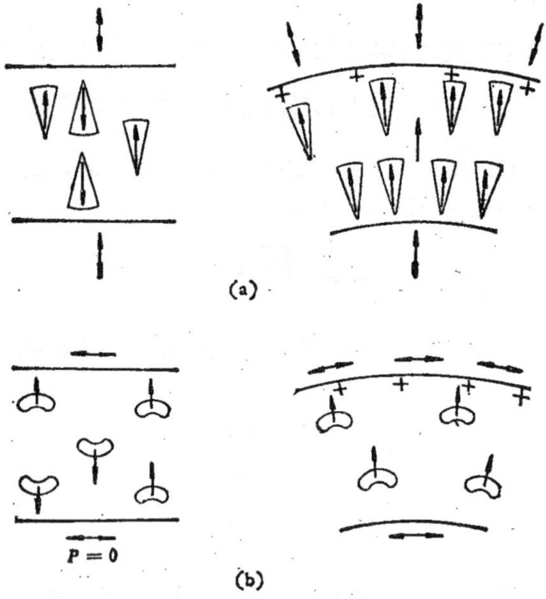

图 3.6 两种挠曲电效应的来源．
(a) 具有永久偶极矩尖劈形分子在展曲形变下给出 $\mathbf{P}\neq 0$；(b) 具有垂直于长轴方向的永久偶极矩香蕉形分子在弯曲形变下给出 $\mathbf{P}\neq 0$．

应的模型．他提出，具有永久性偶极矩的丝状液晶分子，如果在几何形状上也具有极性，那么展曲或弯曲形变就可以引起极化现象．图 3.6(a) 给出了尖劈形液晶分子在展曲形变中引起极化的模型，图 3.6(b)给出了香蕉形液晶分子在弯曲形变中引起极化的模型．

作为一阶近似理论，可以设想极化强度 $\mathbf{P}$ 与指向矢的一阶空间微分成正比，也就是说与形变成正比．由于 $\mathbf{n}$ 和 $-\mathbf{n}$ 是不可区分的，因此 $\mathbf{P}$ 必须是指向矢 $\mathbf{n}$ 的偶函数，同时 $\mathbf{P}$ 还必须满足矢量变换性质．这样，最普遍的表达式便成为

$$\begin{aligned}\mathbf{P} &= e_1(\nabla\cdot\mathbf{n})\mathbf{n} + e_3(\nabla\times\mathbf{n})\times\mathbf{n}\\ &= e_1(\nabla\cdot\mathbf{n})\mathbf{n} + e_3(\mathbf{n}\cdot\nabla\mathbf{n}).\end{aligned} \tag{3.104}$$

这就是梅叶对挠曲电效应提出的定量描述形式． 这里 e_1 和 e_3 是对应于展曲和弯曲的挠曲电系数．

挠曲电系数 e_1 和 e_3 可以是正值也可以是负值．习惯上，在展曲情形中，指向矢在局部地区总是象由一点向外发射的图案，如果感应电场是从该点外指，那么 e_1 取作正值，反之为负值．在弯曲情形中，指向矢在局部地区总是与一圆弧相切，如果感应电场是指向圆弧的中心，那么称 e_3 为正值，反之为负值．

从理论上讲，e_1 和 e_3 的数值可以从具有形变的液晶中测量感应电荷来获得；但是，由于它们的数值很小，杂质的导电性很容易掩盖这种挠曲电效应，所以极难测得．实际的测量可以从它们的逆效应来进行．施密德特 (D.Schmidt)[22] 等人把负性液晶 ($\varepsilon_{\parallel}<\varepsilon_{\perp}$) MBBA 装入两片平行玻璃片之间，使液晶的指向矢在两片玻璃片上只是微弱地锚泊在垂面校列的状态．然后在与玻璃片相平行的 x_1 轴方向上施加电场 E．由于 MBBA 是负性液晶，从介电效应来看，电场将使指向矢垂直于玻璃片的 x_3 轴方向稳定排列． 然而，观测到的结果却是它产生了形变，形成弓形，如图 3.7 所示．这就证明这是由于挠曲电效应产生的结果．由于需要看到指向矢偏离与玻璃片成垂直方向的排列，所以玻璃片的处理必须是使指向矢只是微弱地锚泊在垂直校列的位置，而不能是强固锚泊的状态．

如果令在 x_3 处的指向矢与 x_3 轴成 θ 角，那么 $\theta=\theta(x_3)$ 是一

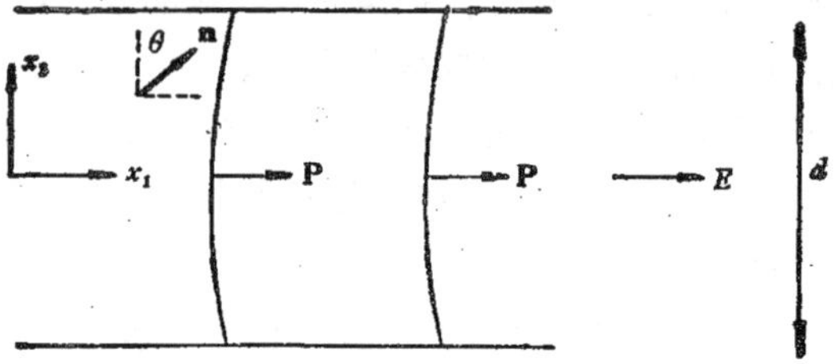

图 3.7 挠曲电系数 e_3 的测量. ($e_3>0$).

个很小的角度,这样我们就有

$$n_1 = \sin\theta(x_3) \approx \theta(x_3),\ n_2 = 0,\ n_3 = \cos\theta(x_3) \approx 1. \tag{3.105}$$

从式(3.104)可以得出极化矢量只有在 x_1 轴方向的分量:

$$P_{x_1} = e_3 \frac{\partial\theta}{\partial x_3}. \tag{3.106}$$

单位体积液晶由于极化而引起的极化能量与式(3.8)相类似,将是

$$-P_{x_1}E = -e_3 E \frac{\partial\theta}{\partial x_3}.$$

单位体积液晶的弹性自由能是 $\frac{1}{2} k_{33}\left(\frac{\partial\theta}{\partial x_3}\right)^2$. 因此,相对于 $\frac{\partial\theta}{\partial x_3}$ 来讲,自由能具有最小值的条件相当于

$$\frac{\partial}{\partial\left(\frac{\partial\theta}{\partial x_3}\right)}\left[-e_3 E \frac{\partial\theta}{\partial x_3} + \frac{1}{2} k_{33}\left(\frac{\partial\theta}{\partial x_3}\right)^2\right] = 0,$$

或者写作

$$e_3 E = k_{33} \frac{\partial\theta}{\partial x_3}.$$

也就是说,稳定状态的出现是在

$$\frac{\partial\theta}{\partial x_3} = \frac{e_3}{k_{33}} E,$$

或者说是相当于

$$\theta = \frac{e_3}{k_{33}} E x_3 \tag{3.107}$$

的情形，这里把玻璃片间的中点取作原点．显然，在玻璃片位置 θ 不等于零，因此只有当指向矢在玻璃片处只是微弱地锚泊在垂面校列的状态时才能发生。当 E 是在 300 伏·每厘米的数量级时，$\frac{\partial\theta}{\partial x_3}$ 的数量级约为 10/厘米．

观测挠曲电效应产生的形变的方法和观测弗雷德里克兹转变的方法相似． 可以在垂直于玻璃片的方向用光学方法进行测量．光束射入单轴各向异性材料后，将有寻常光束和非常光束两条光束的传播．这时非常光束的波阵面是椭圆，因此在单轴各向异性材料中各点的折射率 n 也满足椭圆规律[23]

$$\frac{\sin^2\theta}{n_e^2} + \frac{\cos^2\theta}{n_0^2} = \frac{1}{n^2},$$

其中 n_0 是寻常折射率 $(n_0^2 = \varepsilon_\perp)$，$n_e$ 是非常折射率 $(n_e^2 = \varepsilon_{/\!/})$，而 θ 就是寻常光线和非常光线的传播方向与光轴之间的夹角．在 θ 很小的情形下可以有

$$n - n_0 = n_0\left[\left(1 + \frac{n_0^2 - n_e^2}{n_e^2}\sin^2\theta\right)^{-\frac{1}{2}} - 1\right]$$

$$\approx \frac{1}{2} n_0\left(1 - \frac{n_0^2}{n_e^2}\right)\theta^2. \tag{3.108}$$

光束透射过液晶层后，与电场平行的偏振光和与电场相垂直的偏振光之间将出现光程差 δ：

$$\delta = \int_{-\frac{d}{2}}^{\frac{d}{2}} (n - n_0)\,dx_3$$

$$= \frac{1}{2} n_0\left(\frac{n_e^2 - n_0^2}{n_e^2}\right)\int_{-\frac{d}{2}}^{\frac{d}{2}} \theta^2 dx_3$$

$$= \frac{1}{2} n_0\left(\frac{n_e^2 - n_0^2}{n_e^2}\right)\left(\frac{e_3 E}{k_{33}}\right)^2\int_{-\frac{d}{2}}^{\frac{d}{2}} x_3^2 dx_3$$

$$= \frac{1}{24} n_0 \left(\frac{n_e^2 - n_0^2}{n_e^2}\right) \left(\frac{e_3 E}{k_{33}}\right)^2 d^3$$

$$\approx \frac{1}{12} (n_e - n_0) \left(\frac{e_3 E}{k_{33}}\right)^2 d^3. \tag{3.109}$$

因此光程差 δ 与场强的平方和液晶层厚度的立方成正比．对不同厚度的液晶 MBBA 进行的测量[22]证实了这个结果；并且从而得到在 22℃ 时 MBBA 的 e_3 值为

$$e_3 = 3.7 \times 10^{-5} \text{ 达因}^{\frac{1}{2}}$$

由于挠曲电效应很微弱，因此测量比较困难．关于挠曲电系数的数值目前实验数据还比较缺乏．近来对于 MBBA 在 20℃ 时进行的测量给出[24]

$$e_1 - e_3 \approx 1.0 \times 10^{-4} \text{ 达因}^{\frac{1}{2}}.$$

虽然挠曲电效应最早是梅叶考虑几何形状上不对称的分子形成的液晶而提出来的，但是对于具有对称性的分子，可以证明分子四极矩的作用也有可能引起挠曲电效应[25]． 如图 3.8(a)所示，各层的分子四极矩由于对称排列，因此在液晶体内不显现有极化现象．但是，如果一旦发生弯曲，如图 3.8(b) 所示，那么上一层四极矩的正电荷将深入到中心层，而下一层四极矩的正电荷将被推离中心层，从而在中心层引起一个向上的偶极矩．因此，不论构成液

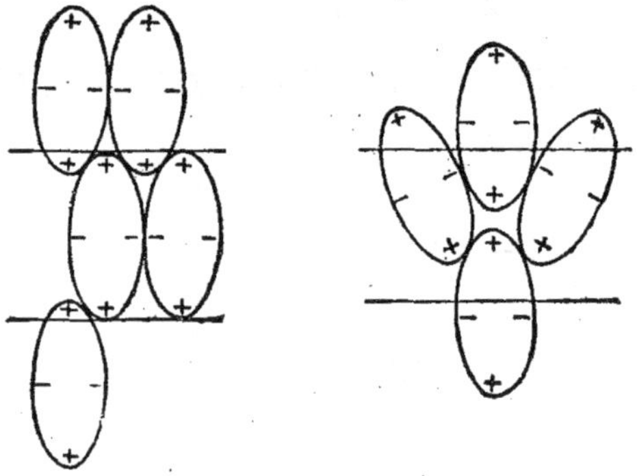

(a) 对称排列无极化　　(b) 不对称排列引起极化

图 3.8　四极矩的堆积．

晶的分子的几何形状是否具有对称性，都有可能出现挠曲电效应。

电场对于液晶的作用，除上述弗雷德里克兹转变和挠曲电效应之外，通常由于总要从电极对液晶注入带电的离子，而离子在电场作用下要发生运动，这就引起了液晶本身的流动。另外，液晶本身的导电率又是各向异性的，这就使流动的情形变得更为复杂。所以，电场对液晶的作用一般都比较复杂，经常伴随着有电流的出现。于是，这时就是一个动力学的问题，而不再是简单的静力学问题。

参 考 文 献

[1] V. Freedericksz, V. Zolina, *Z. Kristallogr.*, 79(1931), 225.

[2] M. Born, E. Wolf, Principles of Optics, Pergamon Press (1980), p. 7.

[3] H. Gruler, T. J. Scheffer, G. Meier, *Z. Naturforsch.*, 27a(1972), 966.

[4] A. Saupe, *Z. Naturforsch.*, 15a(1960), 815.

[5] P. F. Byrd, M. D. Friedman, Handbook of Elliptic Integrals for Engineers and Physicists, Springer (1954), 公式 900.00.

[6] P. F. Byrd, M. D. Friedman, Handbook of Elliptic Integrals for Engineers and Physicists, Springer (1954), 公式 284.02.

[7] Jahnke-Emde-Lösch, Tables of Higher Functions 6th ed., McGraw-Hill (1960). p. 62.

[8] P. F. Byrd, M. D. Friedman, Handbook of Elliptic Integrals for Engineers and Physicists, Springer (1954), 公式 111.02.

[9] P. G. de Gennes, *Mol. Cryst. Liq. Cryst.*, 12(1971), 193.

[10] F. M. Leslie, *Mol. Cryst. Liq. Cryst.*, 12(1970), 57.

[11] Bateman Manuscript Project, Higher Transcendental Functions Vol. III, McGraw-Hill (1953), p. 314.

[12] P. F. Byrd, M. D. Friedman, Handbook of Elliptic Integrals for Engineers and Physicists, Springer (1954), 公式 900.00 和 900.07.

[13] P. F. Byrd, M. D. Friedman, Handbook of Elliptic Integrals for Engineers and Physicists, Springer (1954), 公式 900.05 和 900.10.

[14] W. Helfrich, *J. Chem. Phys.*, 55(1971), 839.

[15] J. P. Hurault, *J. Chem. Phys.*, 59(1973), 2068.

[16] P. M. Morse, H. Feshbach, Methods of Theoretical Physics, McGraw-Hill (1953), p. 277.

[17] H. Gruler, G. Meier, *Mol. Cryst. Liq. Cryst.*, 16(1972), 299.

[18] H. J. Deuling, *Mol. Cryst. Liq. Cryst.*, 19(1972), 123.

[19] Xie Yu-zhang, Ou-Yang Zhong-can, Lin Lei, *Mol. Cryst. Liq. Cryst.*, 101 (1983), 19.

[20] Xie Yu-zhang, Ou-Yang Zhong-can, *Commun. Theor. Phys.*, 2(1983), 1489.

[21] R. B. Meyer, *Phys. Rev. Lett.*, 22(1969), 918.

[22] D. Schmidt, M. Schadt, W. Helfrich, Z. *Naturforsch*, 27a(1972), 277.
[23] M. Born, E. Wolf, Principles of Optics 6th ed., Pergamon Press (1980), p. 680.
B. Rossi, Optics, Addison-Wesley (1957), p. 296.
[24] I. Dozov, Ph. Martinot-Lagarde, G. Durand, *J. Phys. Lett.* (*Paris*), 43(1982), L365.
[25] J. Prost, J. P. Marcerou, *J. Phys.* (*Paris*), 38(1977), 315.

第四章 丝状和螺旋状液晶中的缺陷

前面的那些讨论中，我们一直假定了在整个液晶样品中指向矢 $\mathbf{n}(\mathbf{r})$ 是空间位置坐标 $\mathbf{r}$ 的连续函数. 但是，实际的情形并非如此. 丝状液晶在偏光显微镜的观测下出现有丝状条纹，从而得名. 早在 20 年代初期付瑞代耳 (G. Friedel)[1] 就认识到这些线状条纹并非由杂质所引起，而是由于分子排列上的不连续性(奇异性)引起的. 在这些奇异线上指向矢的方向具有不连续性的变化，也就是说在奇异线上指向矢的方向是不确定的. 这种情形与晶体中的位错有类似之处. 在晶体中，如果某处阵点上的原子因故失去，或者阵点之间某处多了一个原子，那么原子之间的相互作用力将迫使附近的原子调整它们的位置，从而出现了与正常点阵有差别的位错缺陷. 如果液晶中某一处的指向矢由于某种外力的作用偏离了正常的方向，那么在该处附近的一个有限范围之内的各处指向矢，也都将连续地进行一定的调整. 从这个意义上讲，两种情形是类似的. 因此夫兰克在 1958 年提出了斜错 (disclination) 这个名词；由于它是排列方向上的不连续变化，因此也常称之为向错. 但是，液晶中不存在点阵结构，因此向错不象晶体中的位错那样会出现位错面，把晶体分成不同的畴区. 在液晶中只是在一点上，或是在一条曲线上可以出现指向矢排列取向的不连续性，从而形成点向错或线向错，但是不会出现面向错.

§1 构成向错的伏尔特拉 (V. Volterra) 过程

从形貌上看，在晶体中形成位错可以用将晶体切除一块，然后把切面拼接在一起，或者在晶体中作一切口在切口中嵌镶一块正常晶体，这种称为伏尔特拉过程[2]的办法来产生. 对于液晶中的向错，让我们在一个完全没有被扰动的液晶中取一曲面 Σ，令这个曲面的边界线为 L. 在没有被扰动之前，液晶的指向矢 $\mathbf{n}_0$ 在各处当然是连续的. 设想如图 4.1 那样，把液晶从曲面 Σ 处分开，使曲面成为两个互相分开但形状和大小却完全相同的曲面 Σ_1 和 Σ_2， 在 Σ_1 和 Σ_2 上液晶的指向矢保持分别牢固地锚泊在 Σ_1 和 Σ_2 上. 现在把 Σ_1 和 Σ_2 两边的液晶绕一条旋转轴 $\boldsymbol{\Omega}$ 作一个大小为 Ω 的相对转角. 在这种相对转动过程中，可能出现一些地区的液晶会被排走而出现真空，也可能出现某些地区液晶被叠加拥挤在一起，出现多余的液晶. 在前一种情形下，我们在真空部位填满原来未被扰动的液晶，如果是后一种情形就把多余的液晶取走. 然后，让液晶自身由指向矢的相互作用自由张弛到平衡状态.

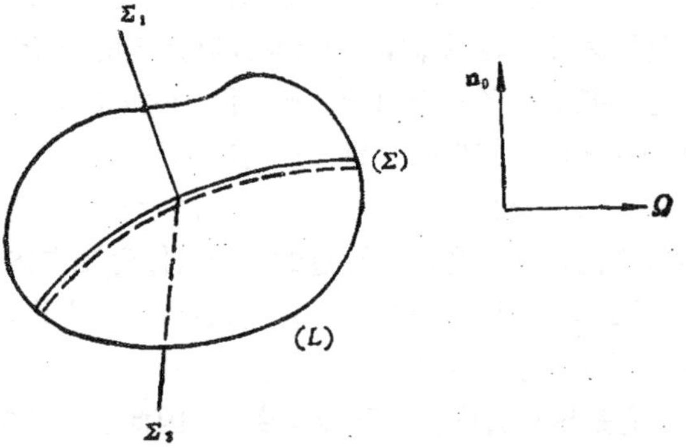

图 4.1 产生向错的伏尔特拉过程.

在作相对转动 $\boldsymbol{\Omega}$ 的过程中，在 Σ 面以外有限距离范围内，液晶的指向矢会进行连续的调整以适应这种转动；而在 Σ 面上指向矢的取向却出现了不连续性. 一般情况下，这种不连续性的排列取向的存在只有在外力作用下才能得以保持. 但是，如果相对转角 Ω 满足

$$\Omega = 2\pi m, \quad m = \pm\frac{1}{2}, \pm 1, \pm\frac{3}{2}, \pm 2, \cdots \tag{4.1}$$

的条件，那么 Σ_1 面和 Σ_2 面上液晶指向矢的方向就又恰好处在一条直线上. 当 m 为半整数时，一边的方向是 $\mathbf{n}$，另一边的方向是 $-\mathbf{n}$；

而当 m 为整数时两边就具有相同的方向 **n**. 这时即使没有外力的作用,液晶也仍然能够由于指向矢的弹性形变力而保持平衡状态. 经过了这样的过程以后,除曲线 L 以外,液晶各处指向矢的排列取向又恢复了连续性;但是,在曲线 L 上却出现了奇导性. 在曲线 L 上指向矢的排列取向无法确定,那里是不连续的位置,是一条奇异线. 曲线 L 就是向错线,它的强度规定为 m（也有一些作者把 $2m$ 规定为强度). 关于 m 的正负符号,习惯上是这样规定的: 如果在相对转动后需要取走那一部分叠加在一起多余出来的液晶, 那么 m 规定为正值. 反之, 如果在相对转动之后需要添进一部分失去的液晶,那么 m 就规定为负值.

在向错线上指向矢的排列取向有不连续的改变, 那么能否从液晶中一条闭合路程上指向矢的排列取向, 来判断这条闭合路程内部是否包含有向错呢（当然我们假定这条闭合路程本身并不与向错线相交)? 答案是: 如果包含有半整数强度的向错线,那是可以看出来的; 但是, 如果包含有整数强度的向错线就判断不出来了. 理由是这样: 假定我们从闭合路程上的某一点出发,沿着路程来观察指向矢的取向, 那么指向矢的方向将是连续地在改变. 当走完全程又回到原来出发点的时候, 指向矢应该又回到原来出发前的那一条直线的方向. 这时可能有两种情形出现. 一种情形是 m 等于整数,在返回原出发点后,指向矢的取向同出发前的取向完全一致. 由于这时没有发生任何变化所以我们也无法判断在闭合路程的内部是否包含有向错. 由于液晶中的指向矢 **n** 和 $-$**n** 是相当的,于是可以出现另一种 m 等于半整数的情形. 在返回原出发点后, 我们发现指向矢的取向与出发前发生了 180° 的倒转。这样, 在取向倒转的位置就需要引进一个分支面. 只有在这个分支面上再继续沿闭合路程前进一圈时, 才能看出指向矢的全部变化. 这一分支面的引进, 就可以使我们断定在闭合路程的内部有向错的存在. 向错就在分支面的边缘.

对于丝状液晶, 转动轴 $\boldsymbol{\Omega}$ 可以取在与指向矢 **n** 相垂直的方向. 按照转动轴 $\boldsymbol{\Omega}$ 所取的方向,可以把向错分为轴向向错（radial, wedge disclination）或称劈形向错和垂向向错（perpendicular, twist disclination）或称扭曲向错两种．前者的转动轴 $\boldsymbol{\Omega}$ 的方向与向错线相平行，而后者的转动轴 $\boldsymbol{\Omega}$ 的方向与向错线相垂直．从图 4.1 不难看出，沿着一条弯曲的向错线 L，轴向向错和垂向向错可以是交替地存在着；但是，在一条向错线 L 上，向错的强度 m 各处相同是不变的．图 4.2 给出了 $m=\pm\frac{1}{2}$ 的轴向向错的例子，向错线 L 与纸面相垂直．

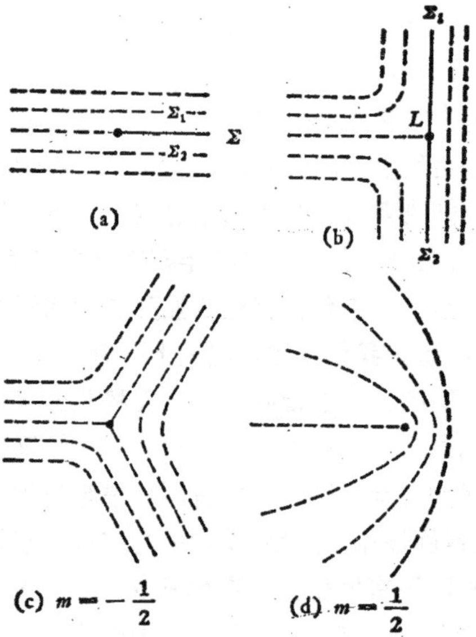

图 4.2　产生 $m=\pm\frac{1}{2}$ 向错线的伏尔特拉过程．折线表示指向矢的取向．

图 4.2(a) 给出了正常液晶中的一个曲面 Σ，它的边界线 L 与纸面相垂直． Σ 曲面的上下两面分别为 Σ_1 和 Σ_2． 图 4.2(b) 给出了 Σ_1 反时针方向转动 $\frac{\pi}{2}$ 角 $\left(-\frac{\pi}{2}\right)$，$\Sigma_2$ 顺时针方向转动 $\frac{\pi}{2}$ 角 $\left(+\frac{\pi}{2}\right)$，然后将空白区填以正常液晶的情形．图 4.2(c) 给出了

在液晶经过自由张弛之后形成的在 $m=-\frac{1}{2}$ 向错线周围液晶指向矢的排列情形. 图 4.2(d) 给出了 Σ_1 转动 $+\frac{\pi}{2}$, Σ_2 转动 $-\frac{\pi}{2}$ 后取走迭加在一起的多余液晶，然后令其自由张弛达到平衡后的 $m=\frac{1}{2}$ 向错线周围液晶指向矢的排列情形.

如果把液晶置于交叉偏振片当中而观察透射光，那么凡是在指向矢方向与起偏器或检偏器的偏振方向相同的位置，光都不能透过而呈现黑色. 图 4.3 绘出了 $m=\pm\frac{1}{2}$ 和 $m=\pm 1$ 向错线情形中出现黑色条纹的位置同指向矢排列取向的关系. 可以看出，在

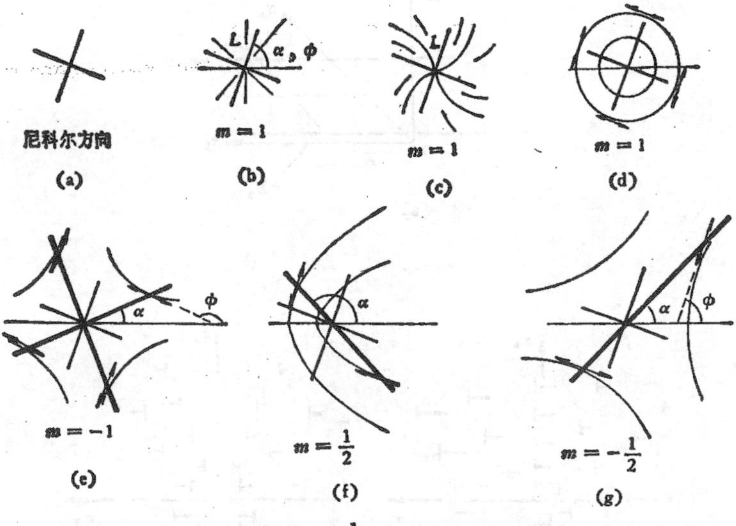

图 4.3 在交叉偏振光下观测 $m=\pm\frac{1}{2}$, ± 1的向错. 向错在中心黑点处，细线为指向矢，粗线为黑色条纹位置.

$m=\pm\frac{1}{2}$ 向错的周围有两条黑色条纹，而在 $m=\pm 1$ 向错的周围有四条黑色条纹. 图 4.3(b) 的辐射式指向矢排列可以用初始时

指向矢与 Σ 平面相平行的伏尔特拉过程得到；而对于图 4.3(c) 的圆形，指向矢排列可以用初始时指向矢与 Σ 平面相垂直的伏尔特拉过程得到．

对于垂向向错线我们可以看图 4.4 的例子．图 4.4(a) 绘出了正常液晶中的曲面 $\Sigma(x_1ox_2$ 平面)，$x_3>0$ 处为 Σ_1，$x_3<0$ 处为 Σ_2．正常液晶的指向矢是沿 x_1 轴方向排列．把 Σ_1 曲面绕 $+x_3$ 轴旋转 $+\frac{\pi}{2}$ 角，Σ_2 曲面绕 x_3 轴旋转 $-\frac{\pi}{2}$ 角，然后在 $x_1>0$ 的区域填入正常液晶并令其自由张弛后，就可以得到图 4.4(b) 所给出的在 x_1x_3 平面上各个高度平面上液晶指向矢的投影情形．在 x_1ox_2 平面上，$x_1>0$ 区的指向矢与 x_1 轴相平行，而在 $x_1<0$ 区指向矢却

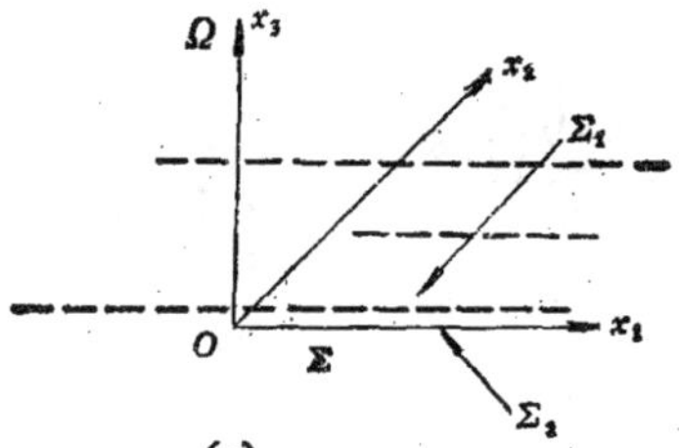

(a)

(b) $m=\frac{1}{2}$　　(c) $m=1$

图 4.4　垂向向错．

与 x_2 轴相平行. 这里 ox_2 轴是垂向向错线. 在 $x_3>0$ 的各个平面上，由于弹性力的影响指向矢的取向是从垂直于 x_1 轴方向连续变向平行于 x_1 轴方向. 因此在 $x_3\neq 0$ 的平面上，指向矢的方向与 x_1ox_3 平面成一个角度. 图中所画的钉子形代表倾斜着的指向矢，钉子的尖头指向纸面外，钉子的尾部在纸面内部，钉子的长度表现了指向矢与 ox_1 轴之间的倾斜程度. 当倾斜角为零时，指向矢与 ox_1 轴相平行；这时钉子与指向矢等长而无头尾之分. 当倾斜角为 $\frac{\pi}{2}$ 时，指向矢与 ox_2 轴相平行，在图上成为一点. 由于 Σ_1 和 Σ_2 相对转动了 π 角，因此图 4.4(b) 给出的是 $m=\frac{1}{2}$ 的垂向向错. 如果 Σ_1 和 Σ_2 每一面都旋转 π 角，那么将出现一条 $m=1$ 的垂向向错线. 在 $m=1$ 的垂向向错线周围，指向矢的排列将如图 4.4(c) 所示. 这时 ox_1 轴是向错线，因为在 ox_1 轴上方指向矢的方向与在 ox_1 轴下方指向矢的方向相差 180°.

螺旋状液晶中的向错类型要多一些. 除去由于指向矢的奇异性(不连续性)引起的向错外，还可以由于螺旋轴的奇异性(不连续性)而引起向错. 螺旋状液晶中轴向向错的转动轴 $\boldsymbol{\Omega}$ 可以与螺旋轴平行，这种轴向向错称为 $\chi^{(m)}$ 型. 转动轴 $\boldsymbol{\Omega}$ 与螺旋轴相垂直的轴向向错又可以分为转动轴 $\boldsymbol{\Omega}$ 与指向矢 $\mathbf{n}$ 平行的 $\lambda^{(m)}$ 型向错，和转动轴 $\boldsymbol{\Omega}$ 与指向矢 $\mathbf{n}$ 相垂直的 $\tau^{(m)}$ 型向错. 由于转动轴 $\boldsymbol{\Omega}$ 与螺旋轴相平行，所以 χ 型向错纯粹是指向矢的奇异点或奇异线，它与丝状液晶中的轴向向错相类似. λ 型向错线是由螺旋轴的奇异性引起的，而不是由指向矢的奇异性所引起，因为转动轴 $\boldsymbol{\Omega}$ 与指向矢 $\mathbf{n}$ 相平行. τ 型向错是螺旋轴与指向矢二者的奇异线. χ 型向错线可以是任意形状的，但是单个的 λ 向错线或 τ 向错线却必然是直线.

§2 丝状液晶中的轴向向错线——纹影织构

用显微镜观测厚层的丝状液晶时，一般不论用不用交叉偏振片都可以看到一些丝状的黑条纹. 有些丝纹就漂浮在液晶当中，有些丝纹的两端附着在容器的壁上. 用交叉偏振片来观测薄的液晶盒时，经常可以看到在玻璃片表面上有一些奇异点，在奇异点之间有刷子式的黑色条纹相联接. 黑刷条纹说明：在这些区域液晶的光轴（指向矢）正好与交叉偏振片之一的光轴相平行，因此光不能透过另一片偏振片. 这种结构一般称为"核心结构"(structure à noyax)，或者称为"纹影织构"(schlieren structure). "核心"是玻璃表面处的点向错或者是与玻璃表面相垂直的线向错.

一个"核心"周围有时出现两条黑刷，有时出现四条黑刷. 具有两条黑刷的核心是线向错，而具有四条黑刷的核心一般是点向错. 如果转动交叉偏振片，可以看到核心的位置不变，但是黑刷却随着交叉偏振片的转动而转动，有的转动方向相同，有的转动方向相反. 黑刷的转动说明围绕核心，液晶的指向矢是在连续地改变着. 黑刷条纹转动方向和交叉偏振片转动方向相同的向错是正向错，相反的是负向错. 黑刷条纹数目的四分之一是向错的强度 m：

$$m=\frac{1}{4}\times \text{黑刷条纹的条数}. \qquad (4.2)$$

已观测到的有 $m=\pm\frac{1}{2}, \pm 1$ 等四种强度的向错. 黑刷条纹所联接的相邻两个核心是具有不同符号的向错，即一个正向错和另一个负向错. 在整个样品中，所有向错强度的总代数和趋近于零. 经常还可以看到不同符号的向错互相吸引而趋于合并，这在接近于各向同性相与丝状相间的转变温度时更为显著. 在合并后，两个奇异点(核心)可能同时消失，也可能形成一个强度等于原来两个向错强度的代数和的新向错.

如果液晶盒的玻璃表面是经过定向处理的，那么液晶指向矢将沿玻璃片表面作沿面校列. 这时会出现另一种黑刷条纹，形成一对一对接近平行的纹影织构. 每一对黑刷中的一条要比另一条锐利一些. 在某些交叉偏振片的取向位置下，向错间被明确的黑线

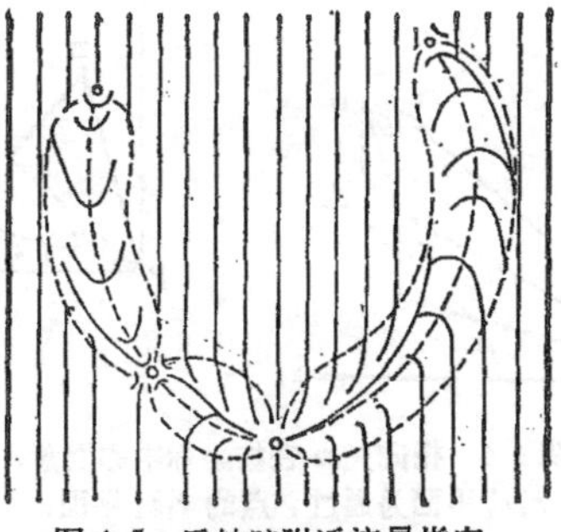

图 4.5 反转壁附近液晶指向矢排列取向示意图.

联贯在一起，同时样品的大部分呈黑色．这样的织构是由于液晶中的反转壁引起的．反转壁与液晶盒表面相垂直，向错就在反转壁当中．图 4.5 是反转壁附近指向矢排列取向的示意图[3]． 图中的实线给出指向矢的排列取向，虚线给出反转壁的边缘．在反转壁的两侧，液晶指向矢都是沿玻璃片表面作沿面校列．在反转壁内部，指向矢的排列取向是连续地在逐渐改变方向．到达壁中心处，排列取向转了 90°，因而在壁中心出现一条 90° 线． 在反转壁的两侧，指向矢的排列取向发生了 180° 的改变．在交叉偏振片的观测下，一般显示出两条分别处于 90° 线两侧的黑刷．因此，这两条黑刷近乎平行，而且粗细不同，具有不同的锐利程度．当交叉偏振片与壁外的指向矢排列取向成平行位置或成垂直位置时，在 90° 线处将出现单条黑刷条纹，同时大面积的样品呈现黑色．

关于丝状液晶中的纹影织构，奈尔应和邵普[3] 在理论上作了分析．假定坐标系的 x_3 轴与液晶盒平面相垂直，那么指向矢的三个分量将可写成

$$n_1 = \sin\theta\cos\phi, \quad n_2 = \sin\theta\sin\phi, \quad n_3 = \cos\theta, \tag{4.3}$$

其中 θ 是极角，ϕ 是方位角．现在假设液晶只是一薄层，同时在液晶盒表面各处指向矢都具有相同的极角 θ．当然，在向错附近极角 θ 是有变化的；在离向错稍远的地方，由于指向矢间的相互作用，相同极角 θ 的假设是可以满足的．这样，除去在向错线附近之外，

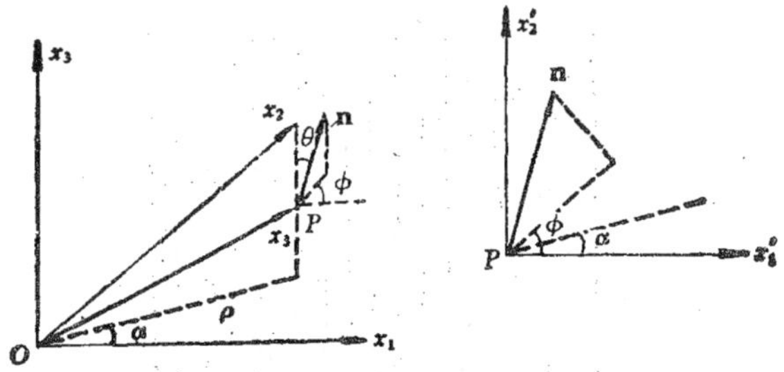

图 4.6 指向矢 n 在柱坐标中的位置.
$x_1'x_2'$ 平面为通过 P 点的 x_1x_2 平面.

液晶中各点指向矢的极角将是一个相同的常数。让我们选一个空间柱坐标系 (ρ, α, x_3) 如图 4.6 所示，那么液晶中一点 $P(x_1, x_2, x_3)$ 的坐标为

$$x_1 = \rho\cos\alpha,\quad x_2 = \rho\sin\alpha,\quad x_3 = x_3.$$

同时可以有

$$\frac{\partial}{\partial x_1} = \cos\alpha\frac{\partial}{\partial\rho} - \frac{1}{\rho}\sin\alpha\frac{\partial}{\partial\alpha},$$

$$\frac{\partial}{\partial x_2} = \sin\alpha\frac{\partial}{\partial\rho} + \frac{1}{\rho}\cos\alpha\frac{\partial}{\partial\alpha},$$

$$\frac{\partial}{\partial x_3} = \frac{\partial}{\partial x_3}.$$

除向错线外，各处液晶指向矢的方位角 ϕ 将是 ρ, α 和 x_3 的连续函数。这样我们可以得出

$$\nabla\cdot\mathbf{n} = -\sin\theta\sin(\phi-\alpha)\phi_{,\rho} + \frac{1}{\rho}\sin\theta\cos(\phi-\alpha)\phi_{,\alpha},$$

$$\mathbf{n}\cdot\nabla\times\mathbf{n} = \sin\theta\cos\theta\cos(\phi-\alpha)\phi_{,\rho} + \frac{1}{\rho}\sin\theta\cos\theta\sin(\phi-\alpha)\phi_{,\alpha} - \sin^2\theta\phi_{,3},$$

$$(\mathbf{n}\cdot\nabla\mathbf{n})^2 = \frac{1}{2}\sin^4\theta[1+\cos 2(\phi-\alpha)]\phi_{,\rho}^2$$

$$+\frac{1}{2\rho^2}\sin^4\theta[1-\cos 2(\phi-\alpha)]\phi_{,\alpha}^2$$

$$+\sin^2\theta\cos^2\theta\phi_{,3}^2+\frac{1}{\rho}\sin^4\theta\sin 2(\phi-\alpha)\phi_{,\rho}\phi_{,\alpha}$$

$$+\sin^2\theta\sin 2\theta\cos(\phi-\alpha)\phi_{,\rho}\phi_{,3}$$

$$+\frac{1}{\rho}\sin^2\theta\sin 2\theta\sin(\phi-\alpha)\phi_{,\alpha}\phi_{,3},$$

其中 $\phi_{,\rho}$, $\phi_{,\alpha}$ 和 $\phi_{,3}$ 分别为

$$\phi_{,\rho}\equiv\frac{\partial\phi}{\partial\rho},\quad \phi_{,\alpha}\equiv\frac{\partial\phi}{\partial\alpha},\quad \phi_{,3}\equiv\frac{\partial\phi}{\partial x_3}.$$

于是,按照式(2.31),液晶的自由能密度 g 为

$$g=\frac{1}{4}k_{11}\sin^2\theta\Big\{[1-\cos 2(\phi-\alpha)]\phi_{,\rho}^2$$

$$+\frac{1}{\rho^2}[1+\cos 2(\phi-\alpha)]\phi_{,\alpha}^2$$

$$-\frac{2}{\rho}\sin 2(\phi-\alpha)\phi_{,\rho}\phi_{,\alpha}\Big\}+\frac{1}{4}k_{22}\sin^2\theta\Big\{\cos^2\theta[1$$

$$+\cos 2(\phi-\alpha)]\phi_{,\rho}^2+\frac{1}{\rho^2}\cos^2\theta[1-\cos 2(\phi-\alpha)]\phi_{,\alpha}^2$$

$$+2\sin^2\theta\,\phi_{,3}^2+\frac{2}{\rho}\cos^2\theta\sin 2(\phi-\alpha)\phi_{,\rho}\phi_{,\alpha}$$

$$-2\sin 2\theta\cos(\phi-\alpha)\,\phi_{,\rho}\phi_{,3}-\frac{2}{\rho}\sin 2\theta\sin(\phi$$

$$-\alpha)\phi_{,\alpha}\phi_{,3}+\frac{1}{4}k_{33}\sin^2\theta$$

$$\times\Big\{\sin^2\theta[1+\cos 2(\phi-\alpha)]\phi_{,\rho}^2+\frac{1}{\rho^2}\sin^2\theta[1$$

$$-\cos 2(\phi-\alpha)]\phi_{,\alpha}^2+2\cos^2\theta\phi_{,3}^2$$

$$+\frac{2}{\rho}\sin^2\theta\sin 2(\phi-\alpha)\phi_{,\rho}\phi_{,\alpha}$$

$$+2\sin 2\theta\cos(\phi-\alpha)\phi_{,\rho}\phi_{,3}$$

$$+\frac{2}{\rho}\sin 2\theta\sin(\phi-\alpha)\phi_{,\alpha}\phi_{,3}\Big\}. \tag{4.4}$$

对应于式(4.4)，平衡条件的欧勒-拉格朗日方程在空间柱坐标表示中取

$$\frac{\partial g}{\partial\phi}-\frac{\partial}{\partial\rho}\frac{\partial g}{\partial\phi_{,\rho}}-\frac{1}{\rho}\frac{\partial g}{\partial\phi_{,\rho}}-\frac{\partial}{\partial\alpha}\frac{\partial g}{\partial\phi_{,\alpha}}-\frac{\partial}{\partial x_3}\frac{\partial g}{\partial\phi_{,3}}=0$$

的形式. 把式(4.4)的 g 表示式代入后就得到

$$\begin{aligned}
&(k_{11}+k_{22}\cos^2\theta+k_{33}\sin^2\theta)\sin^2\theta\left(\phi_{,\rho\rho}+\frac{1}{\rho^2}\phi_{,\alpha\alpha}+\frac{1}{\rho}\phi_{,\rho}\right)\\
&-(k_{11}-k_{22}\cos^2\theta-k_{33}\sin^2\theta)\sin^2\theta\Big\{\Big[\phi_{,\rho\rho}-\frac{1}{\rho^2}\phi_{,\alpha\alpha}\\
&+\frac{1}{\rho}\phi_{,\rho}(2\phi_{,\rho}-1)\Big]\cos 2(\phi-\alpha)+\Big(\frac{2}{\rho}\phi_{,\rho\alpha}-\phi_{,\rho}^2\\
&+\frac{1}{\rho^2}\phi_{,\alpha}^2-\frac{2}{\rho^2}\phi_{,\alpha}\Big)\sin 2(\phi-\alpha)\Big\}\\
&-(k_{22}-k_{33})\sin 2\theta\sin^2\theta\Big[\Big(2\phi_{,\rho 3}+\frac{1}{\rho}\phi_{,\alpha}\phi_{,3}\Big)\cos(\phi-\alpha)\\
&+\Big(\frac{2}{\rho}\phi_{,\alpha 3}-\phi_{,\rho}\phi_{,3}\Big)\sin(\phi-\alpha)\Big]+2(k_{22}\sin^2\theta\\
&+k_{33}\cos^2\theta)\sin^2\theta\phi_{,33}=0,
\end{aligned} \tag{4.5}$$

其中各二阶导数为

$$\phi_{,\rho\rho}\equiv\frac{\partial^2\phi}{\partial\rho^2},\quad \phi_{,\alpha\alpha}\equiv\frac{\partial^2\phi}{\partial\alpha^2},\ \phi_{,\rho\alpha}\equiv\frac{\partial^2\phi}{\partial\rho\partial\alpha},$$

$$\phi_{,\rho 3}\equiv\frac{\partial^2\phi}{\partial\rho\partial x_3},\ \phi_{,\alpha 3}\equiv\frac{\partial^2\phi}{\partial\alpha\partial x_3},\quad \phi_{,33}\equiv\frac{\partial^2\phi}{\partial x_3^2}.$$

在交叉偏振光观测下看到的黑色条纹，说明在一条条纹上液晶的指向矢具有相同的排列方向；换句话说就是，在一条条纹上 ϕ 具有同一的数值. 因此，在这里我们所求的解是一个与 ρ 无关的解，也就要求

$$\frac{\partial\phi}{\partial\rho}=\frac{\partial^2\phi}{\partial\rho^2}=\frac{\partial^2\phi}{\partial\rho\partial\alpha}=\frac{\partial^2\phi}{\partial\rho\partial x_3}=0.$$

在这样的条件下，式(4.5)简化成为

$$(k_{11}+k_{22}\cos^2\theta+k_{33}\sin^2\theta)\sin^2\theta\frac{1}{\rho^2}\phi_{,\alpha\alpha}-(k_{11}-k_{22}\cos^2\theta$$

$$-k_{33}\sin^2\theta)\sin^2\theta\Big[-\frac{1}{\rho^2}\phi_{,\alpha\alpha}\cos 2(\phi-\alpha)$$

$$+\frac{1}{\rho^2}\phi_{,\alpha}(\phi_{,\alpha}-2)\sin 2(\phi-\alpha)\Big]$$

$$-(k_{22}-k_{33})\sin 2\theta\sin^2\theta\Big[\frac{1}{\rho}\phi_{,3}\phi_{,\alpha}\cos(\phi-\alpha)$$

$$+\frac{2}{\rho}\phi_{,\alpha 3}\sin(\phi-\alpha)\Big]+2(k_{22}\sin^2\theta$$

$$+k_{33}\cos^2\theta)\sin^2\theta\phi_{,33}=0. \tag{4.6}$$

在式(4.6)中有三种类型的项：第一类是与 $\frac{1}{\rho^2}$ 成正比的项；第二类是与 $\frac{1}{\rho}$ 成正比的项；第三类是与 ρ 无关的项．既然现在所求的是与 ρ 无关的解，那么这三类项就必然分别都等于零．于是得到三个方程式：

$$(k_{11}+k_{22}\cos^2\theta+k_{33}\sin^2\theta)\sin^2\theta\phi_{,\alpha\alpha}-(k_{11}-k_{22}\cos^2\theta$$

$$-k_{33}\sin^2\theta)\sin^2\theta[-\phi_{,\alpha\alpha}\cos 2(\phi-\alpha)$$

$$+\phi_{,\alpha}(\phi_{,\alpha}-2)\sin 2(\phi-\alpha)]=0; \tag{4.7}$$

$$(k_{22}-k_{33})\sin 2\theta\sin^2\theta[\phi_{,\alpha}\phi_{,3}\cos(\phi-\alpha)$$

$$+2\phi_{,\alpha 3}\sin(\phi-\alpha)]=0, \tag{4.8}$$

$$(k_{22}\sin^2\theta+k_{33}\cos^2\theta)\sin^2\theta\phi_{,33}=0. \tag{4.9}$$

三个方程式的共同解 $\theta=0$ 不需考虑，因为它是简单的垂面校列状态解．现在先看式(4.9)．由于它的系数总是正值，因此

$$\phi_{,33}=0.$$

它的解很简单，就是

$$\phi=qx_3+\psi, \tag{4.10}$$

其中 q 和 ψ 都只是 α 的函数． q 和 ψ 这两个函数还必须满足式(4.7)和(4.8)．如果 $q=0$，$\psi=0$，那么式(4.10)的解就是均匀排列丝状液晶的解．如果 $\psi=0$ 而 $q=$ 非零的常量，那么式(4.10)就

是均匀扭曲排列液晶的解．我们对上述两种解并不感兴趣．

现在看

$$q=0,\ \phi\neq 0$$

的解．这时

$$\phi_{,3}=0,$$

因此式(4.8)自然得到了满足．关于式(4.7)，如果现在假设

$$k_{11}=k_{22}=k_{33}, \tag{4.11}$$

或者假设 θ 满足

$$k_{11}-k_{22}\cos^2\theta-k_{33}\sin^2\theta=0 \tag{4.12}$$

的条件，那么在这两种假设条件之下式(4.7)将简化成

$$\phi_{,\alpha\alpha}=\psi_{,\alpha\alpha}=0.$$

这个方程式的解是

$$\phi=\psi=m\alpha+\psi_0, \tag{4.13}$$

其中 m 和 ψ_0 都是常数。如果 $\theta\neq\frac{\pi}{2}$，那么当 α 角绕 x_3 轴改变 2π 时，ϕ 角应当回到原来的位置．要想满足这个条件，只有 m 是正的或负的整数时才能达到，并且同时 $0\leqslant\psi_0<2\pi$。如果 $\theta=\frac{\pi}{2}$，那么 m 是正、负整数或半整数都可以满足要求，同时 $0\leqslant\psi_0<\pi$。因此，对于式(4.13)的解我们有

$$\begin{aligned}&\text{当 }\theta\neq\frac{\pi}{2}\text{ 时，}m=\pm1,\pm2,\pm3,\cdots,0\leqslant\psi_0<2\pi,\\&\text{当 }\theta=\frac{\pi}{2}\text{ 时，}m=\pm\frac{1}{2},\pm1,\pm\frac{3}{2},\pm2,\cdots,0\leqslant\psi_0<\pi.\end{aligned} \tag{4.14}$$

对于式(4.13)的解来讲，原点当然是一个奇异点，也就是一个点向错．半整数的奇异解出现在 $\theta=\frac{\pi}{2}$ 的条件之下，也就是说指向矢的取向是同液晶盒表面相平行，同时分子没有极性（$\mathbf{n}$ 和 $-\mathbf{n}$ 没有区别）．在 $\theta=\frac{\pi}{2}$ 的情形中，在整个液晶厚度中各层都

相同,因之向错是与表面相垂直的线向错;同时指向矢的转动是以向错线为轴而转动,所以是轴向向错. 式(4.13)的解正好给出了图 4.3 中各种不同强度向错线周围的指向矢图案. 图 4.3 中各条向错线都相当于 $\theta=\frac{\pi}{2}$ 的情形;α 角是从向错线 L 到各条指向矢图案上任意一点的联线与横轴间的夹角,而 ϕ 角是该点指向矢(指向矢图案的切线)与横轴间的夹角. 不难看出,与图 4.3 中各种情形相对应的式(4.13)为

$$(b)\ \phi=\alpha,\quad (c)\ \phi=\alpha+\frac{\pi}{4},\quad (d)\ \phi=\alpha+\frac{\pi}{2},$$

$$(e)\ \phi=-\alpha+\pi,\quad (f)\ \phi=\frac{\alpha}{2},\quad (g)\ \phi=-\frac{1}{2}\alpha+\frac{\pi}{2}.$$

这里我们注意到,除 $m=1$ 外,其余的情形中如果所有的分子都以通过它们各自质量中心并与向错线相平行的线为转动轴而转动相同的角 ϕ_0 时,整个的图案就同样转 ϕ_0 角. 但是,对于 $m=1$ 的情形,分子转的 ϕ_0 角不同时,所得到的图案也将不同,可以从图 4.3(b)变到图 4.3(d).

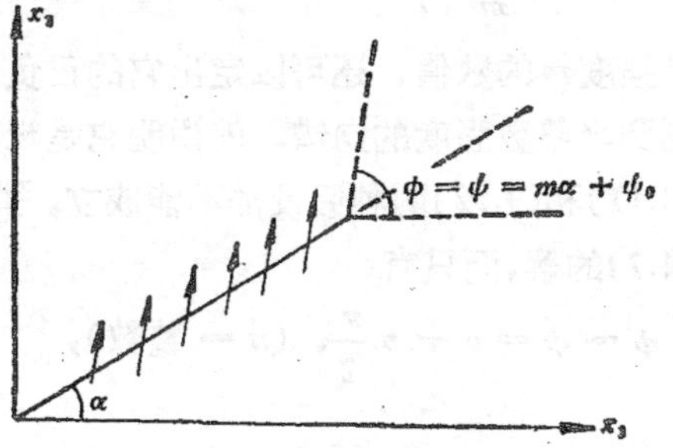

图 4.7 沿 α 角极线上指向矢的排列取向.

图 4.7 画出了在 $\theta=\frac{\pi}{2}$ 的情形下沿 α 角的极线上指向矢排列取向的情形,向错线是 x_3 轴. 如果入射光是与 x_1 轴成 ϕ 角方向的偏振光,那么在整条 α 角极线上光线都不能透过交叉偏振片,从而在 α 角极线上出现一条黑刷条纹. 如果把入射光的偏振方向改变

$\frac{\pi}{2}$，也将同样得到一条黑刷条纹．所以，相邻两条黑刷条纹之间的夹角 $\Delta\alpha$ 按照式(4.13)应当等于

$$\Delta\alpha=\frac{\Delta\phi}{m}=\frac{\pi}{2m}.$$

因此，与向错相关联的黑刷条纹数目等于

$$\frac{2\pi}{\Delta\alpha}=4|m|,$$

这也正是式(4.2)所提出的结果．把液晶盒保持不动而将交叉偏振片绕 x_3 轴转动一个 β 角，那么相应地黑刷条纹就要转动 $\frac{\beta}{m}$ 角．因此，当交叉偏振片转动一周时，$m=\pm\frac{1}{2}$ 向错的两条黑刷条纹要转动两圈，而 $m=\pm1$ 向错的四条黑刷条纹就只转动一圈．换句话说，$m=\pm1$ 向错的条纹转速和交叉偏振片的转速相同，而 $m=\pm\frac{1}{2}$ 向错黑刷条纹的转速比偏振片转速快一倍．另外，如果保持交叉偏振片不动，而将液晶盒绕 x_3 轴转一个 β 角，那么黑刷条纹就将转动角$\left(\frac{m-1}{m}\right)\beta$．这样通过交叉偏振片的观测，不但可以定出向错强度 m 的数值，还可以定出它的正负号．在丝状液晶中可以观测到半整数强度的向错，就说明它是没有极性的．

如果式(4.11)和(4.12)两种假设都不能成立，那么式(4.13)一般将不是式(4.7)的解，而只有

$$\phi=\psi=\alpha+n\frac{\pi}{2},\ (n=\text{整数}),\tag{4.15$_1$}$$

和

$$\phi=\psi=2\alpha+\psi_0\tag{4.15$_2$}$$

这两个解可以成立．这是因为式(4.15$_1$)可以使 $\sin2(\psi-\alpha)$ 等于零而式(4.15$_2$)可以使 $\phi_{,\alpha}^2-2\phi_{,\alpha}$ 等于零，从而使式(4.7)得到满足．

与指向矢相切的那些曲线称为通量线．在 $\theta=\frac{\pi}{2}$ 情形中通

量线应该是方程

$$\frac{dx_2}{dx_1}=\frac{n_2}{n_2}=\operatorname{tg}\phi \tag{4.16$_1$}$$

的解．引用极坐标的话，这个式子便成为

$$\frac{d}{d\alpha}\ln\rho=\operatorname{ctg}(\phi-\alpha). \tag{4.16$_2$}$$

显然，当

$$\phi-\alpha=k\pi\ (k=\text{整数}) \tag{4.17$_1$}$$

时，这个方程具有奇异性，它给出径向的奇异通量线．把式(4.13)代入式(4.17$_1$)就得出奇异通量线的方向由

$$\alpha=\frac{k\pi-\phi_0}{m-1},\quad m\neq 1 \tag{4.17$_2$}$$

给出．由于 $0\leqslant\alpha\leqslant\pi$，所以这个结果指出存在有 $2|m-1|$ 条这样的奇异通量线．当 $m=1$ 的时候，式(4.16$_2$)成为

$$\frac{d}{d\alpha}\lg\rho=\operatorname{ctg}\phi_0,$$

它的解是

$$\rho=c\exp(\alpha\operatorname{ctg}\phi_0),\quad m=1. \tag{4.18}$$

因此，向错的图案与 ϕ_0 有关．

在式(4.13)解的情形中，自由能密度式(4.4)成为

$$g=\frac{m^2\sin^2\theta}{4\rho^2}[(k_{11}+k_{22}\cos^2\theta+k_{33}\sin^2\theta)+(k_{11}-k_{22}\cos^2\theta-k_{33}\sin^2\theta)\cos 2(\phi-\alpha)]. \tag{4.19}$$

在接近向错线附近 $\rho\to 0$，这个自由能密度将趋于无限大．所以，理论不适用于向错附近的情况，这在前面已经指出过．因此，我们假定式(4.19)只适用于在距离向错线一个“核心半径”r_0 之外的区域，同时假定在核心半径以内液晶具有有限的形变能量密度．这样我们可以围绕向错线作一个半径为 R 的单位厚度的圆柱体．假定在这个半径 R 范围以内不受其它向错的影响，同时向错线的影

响也只是在这个半径 R 的范围以内。那么，与这条向错线相关的形变自由能 g_l 就成为

$$g_l = \int_{x_3=0}^{1}\int_{\alpha=0}^{2\pi}\int_{\rho=r_0}^{R}\frac{m^2\sin^2\theta}{4\rho^2}[(k_{11}+k_{22}\cos^2\theta+k_{33}\sin^2\theta)$$

$$+(k_{11}-k_{22}\cos^2\theta-k_{33}\sin^2\theta)\cos 2(\phi-\alpha)]\rho d\rho d\alpha dx_3$$

$$+g_{l_0}(m),$$

其中 $g_{l_0}(m)$ 是核心的单位长度形变自由能。应用式(4.13)，$\phi = m\alpha+\phi_0$，就可以得到

$$g_l = g_{l_0}(m)+\frac{\pi m^2}{2}\sin^2\theta(k_{11}+k_{22}\cos^2\theta+k_{33}\sin^2\theta)\lg\left(\frac{R}{r_0}\right),$$

$$m \neq 1,$$

$$g_l = g_{l_0}(1)+\frac{\pi}{2}\sin^2\theta[(k_{11}+k_{22}\cos^2\theta+k_{33}\sin^2\theta)$$

$$+(k_{11}-k_{22}\cos^2\theta-k_{33}\sin^2\theta)\cos 2\phi_0]\lg\left(\frac{R}{r_0}\right),\ m=1.$$

(4.20)

式(4.20)告诉我们，与向错相关的形变自由能和 m^2 成正比，因此很难出现大 $|m|$ 值的向错，它们需要较高的能量。这就是为什么一般只看到 $|m| = \frac{1}{2}$ 和 $|m| = 1$ 的向错的原因。

§3 丝状液晶中的垂向向错线

在垂直型（或称扭曲型）向错中分子的相对转动轴 $\boldsymbol{\Omega}$ 与向错线相垂直。我们假定转动轴 $\boldsymbol{\Omega}$ 与 x_3 轴相重合，而向错线是 x_2 轴，如图4.8所示。指向矢 **n** 与 x_1x_2 平面相平行可以写作

$$n_1 = \cos\phi(x_1,x_3),\quad n_2 = \sin\phi(x_1,x_3),\quad n_3 = 0. \qquad (4.21)$$

于是自由能密度 g 成为

$$g = \frac{1}{2}(k_{11}\sin^2\phi+k_{33}\cos^2\phi)\left(\frac{\partial\phi}{\partial x_1}\right)^2+\frac{1}{2}k_{22}\left(\frac{\partial\phi}{\partial x_3}\right)^2. \qquad (4.22)$$

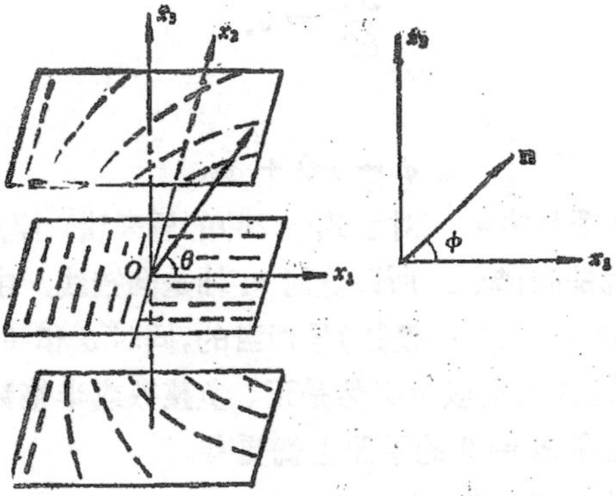

图 4.8 丝状液晶中的垂向向错线.

与式(4.22)相对应的欧勒-拉格朗日方程成为

$$(k_{11}\sin^2\theta + k_{33}\cos^2\theta)\left(\frac{\partial^2\phi}{\partial x_1^2}\right) + (k_{11} - k_{33})\sin\phi\cos\phi\left(\frac{\partial\phi}{\partial x_1}\right)^2 + k_{22}\left(\frac{\partial^2\phi}{\partial x_3^2}\right) = 0. \tag{4.23}$$

这是一个比较复杂的方程. 为了简化,我们假设

$$k_{11} = k_{22} = k_{33} = k. \tag{4.24}$$

这样一方面容易计算, 另一方面也可以得出基本的物理特性. 在这种假设条件下,式(4.23)简化成为

$$\frac{\partial^2\phi}{\partial x_1^2} + \frac{\partial^2\phi}{\partial x_3^2} = 0. \tag{4.25}$$

现在ϕ是x_1和x_3的函数, $\phi = \phi(x_1, x_3)$. 在x_1x_3平面内引用极坐标

$$x_1 = \rho\cos\theta, \quad x_3 = \rho\sin\theta, \tag{4.26}$$

其中θ是从原点到P点联线与x_1轴之间的夹角. 在极坐标下式(4.25)成为

$$\frac{1}{\rho}\frac{\partial}{\partial\rho}\left(\rho\frac{\partial\phi}{\partial\rho}\right) + \frac{1}{\rho^2}\frac{\partial^2\phi}{\partial\theta^2} = 0. \tag{4.27$_1$}$$

如果我们现在寻求一个与ρ无关的解,那么就有

$$\frac{\partial^2\phi}{\partial\theta^2}=0. \tag{4.27$_2$}$$

它的解是

$$\phi=m\theta+\phi_0, \tag{4.28}$$

其中m和ϕ_0都是常数. 对于式(4.28)的解来讲，原点当然是一个奇异点，也就是向错点. 所以这时x_3轴是向错线. 由于x_3轴是向错线，ϕ和$\phi+l\pi(l=$整数)是相当的，同时θ和$\theta+2n\pi(n=$整数)也是相当的，所以m必然是正、负整数或半整数. 如果取ϕ_0等于零，那么在$x_3=0$的平面上就要有

$x_1>0$处，$\theta=0$, $\phi=0$,

$x_1<0$处，$\theta=\pi$, $\phi=\dfrac{\pi}{2}$, $m=$半整数,

$\theta=\pi$, $\phi=0$, $m=$整数.

图 4.8 中的折线就是$m=\dfrac{1}{2}$情形中的指向矢分布情形. 这里我们注意到，式(4.28)同轴向向错情形中的式(4.13)具有完全相同的形式. 所以，可以说这个关系式对轴向向错和垂向向错都同样适用.

与单位长度垂向向错线相关的形变能量，可以按照类似于轴向向错线中所用的方法来进行计算. 围绕向错线取一个半径为R的单位长度圆柱体，假设向错线的影响只限于在这个圆柱体的内部，同时假设其它的向错线也不影响到半径R以内的区域. 用极坐标(ρ,θ)表示的话，这个单位长度圆柱体内的弹性形变自由能就成为

$$g_l=g_{l_0}+\int_{x_3=0}^{1}\int_{\theta=0}^{2\pi}\int_{\rho=r_0}^{R}\left\{\frac{1}{2}\left(k_{11}\sin^2\phi+k_{33}\cos^2\phi\right)\right.$$
$$\times\left[\cos^2\theta\left(\frac{\partial\phi}{\partial\rho}\right)^2-\frac{1}{\rho}\sin 2\theta\,\frac{\partial\phi}{\partial\rho}\,\frac{\partial\phi}{\partial\theta}+\frac{1}{\rho^2}\sin^2\theta\left(\frac{\partial\phi}{\partial\theta}\right)^2\right]$$
$$+\frac{1}{2}k_{22}\left[\sin^2\theta\left(\frac{\partial\phi}{\partial\rho}\right)^2+\frac{1}{\rho}\sin 2\theta\,\frac{\partial\phi}{\partial\rho}\,\frac{\partial\phi}{\partial\theta}\right.$$

$$+\frac{1}{\rho^2}\cos^2\theta\left(\frac{\partial\phi}{\partial\theta}\right)^2\Big]\Big\}\rho d\rho d\theta dx_3,$$

其中 r_0 是向错线的核心半径，而 g_{l_0} 是向错线核心的单位长度形变能．应用式(4.28)的结果可以得到

$$\begin{aligned} g_l &= g_{l_0}+\frac{1}{2}m^2\lg\left(\frac{R}{r_0}\right)\int_{\theta=0}^{2\pi}\{[k_{33}+(k_{11}-k_{33})\sin^2(m\theta\\ &\quad+\phi_0)]\sin^2\theta+k_{22}\cos^2\theta\}d\theta\\ &= g_{l_0}+\frac{m^2}{2}\lg\left(\frac{R}{r_0}\right)\begin{cases}(k_{33}+k_{22})\pi+\dfrac{1}{2}(k_{11}-k_{33})\pi, \\ \qquad m\neq\pm1,\\ (k_{33}+k_{22})\pi+\dfrac{1}{2}(k_{11}-k_{33})(1\\ \qquad +\cos 2\phi_0)\pi,\ m=\pm1.\end{cases} \end{aligned} \tag{4.29}$$

与单位长度轴向向错线和与单位长度垂向向错线相关的形变能量都具有 $m^2Kl\pi$ 的形式，其中 K 是一个与各弹性常数成正比的有关系数，而 l 是一个对数项．对于不是直线形的向错线，单位长度形变能量的计算当然要复杂得多；但是，可以估计它也将是 $m^2Kl\pi$ 的形式，其中 l 是一个大体上与向错线长度和形状无关的对数项．因此可以说，一条闭合的向错线的形变能量将与闭合向错线的长度成正比．这就使得在没有其它外力作用下，闭合的向错线将逐渐缩短而迅速趋于消失，以便减少它的能量．

§4　丝状液晶中的向错迴线

如图 4.9 所示，在两片经过沿面校列处理的平行玻璃片中注入丝状液晶，初始时液晶指向矢全部沿 ox_1 轴方向排列． 现在象扭曲丝状液晶盒那样把上下玻璃片相对扭转角度 ωd，d 是液晶的厚度．如果 ω 足够大，那么经过张驰以后在液晶中很容易形成一条向错迴线 L[4]．从装置的对称性来看，液晶的指向矢将仍然是沿 x_1ox_2 平面排列，因此指向矢 $\mathbf{n}$ 的三个分量是

$$\mathbf{n} = [\cos\phi(x_1, x_2, x_3), \sin\phi(x_1, x_2, x_3), 0]. \tag{4.30}$$

于是,液晶的自由能密度 g 为

$$g = \frac{1}{2}\Big[(k_{11}\sin^2\phi + k_{33}\cos^2\phi)\left(\frac{\partial\phi}{\partial x_1}\right)^2 + (k_{11}\cos^2\phi + k_{33}\sin^2\phi)\left(\frac{\partial\phi}{\partial x_2}\right)^2 + k_{22}\left(\frac{\partial\phi}{\partial x_3}\right)^2 - (k_{11} - k_{33})\sin 2\phi\left(\frac{\partial\phi}{\partial x_1}\right)\left(\frac{\partial\phi}{\partial x_2}\right)\Big]. \tag{4.31}$$

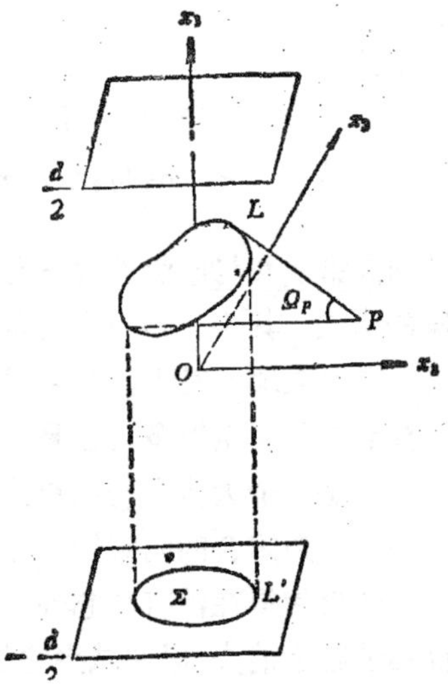

图 4.9 向错迴线.

平衡条件的欧勒-拉格朗日方程这时是

$$(k_{11}\sin^2\phi + k_{33}\cos^2\phi)\frac{\partial^2\phi}{\partial x_1^2} + (k_{11}\cos^2\phi + k_{33}\sin^2\phi)\frac{\partial^2\phi}{\partial x_2^2} + k_{33}\frac{\partial^2\phi}{\partial x_3^2} - (k_{11} - k_{33})\Big\{\sin 2\phi\Big[\frac{\partial^2\phi}{\partial x_1\partial x_2} - \frac{1}{2}\left(\frac{\partial\phi}{\partial x_1}\right)^2 - \frac{1}{2}\left(\frac{\partial\phi}{\partial x_2}\right)^2\Big] + \cos 2\phi\left(\frac{\partial\phi}{\partial x_1}\right)\left(\frac{\partial\phi}{\partial x_2}\right)\Big\} = 0. \tag{4.32$_1$}$$

在 $k_{11}=k_{22}=k_{33}=k$ 的近似下，式(4.32₁)成为

$$\nabla^2\phi=0。\tag{4.32$_2$}$$

所以在向错线以外的区域，指向矢与 x_1 轴间的夹角 ϕ 满足拉普拉斯方程．

为了求 ϕ 的解，让我们把向错迴线比作一条具有恒定电流 I（静电单位）的迴线．在电流迴线外部将产生静磁场 $\mathbf{H}$． 按照麦克斯韦方程(所有磁量都用电磁单位)

$$\nabla\times\mathbf{H}=\frac{4\pi}{c}\mathbf{j},\ \nabla\cdot\mathbf{B}=0,$$

现在在电流导线外部的电流密度 $\mathbf{j}$ 等于零，因此我们有

$$\nabla\times\mathbf{H}=0,$$

因而可以引用磁标势 ϕ_M:

$$\mathbf{H}=-\nabla\phi_M.$$

于是得到

$$\nabla\cdot(\mu\nabla\phi_M)=0.$$

在磁导率 μ 为常量的介质里，上式成为

$$\nabla^2\phi_M=0.$$

所以，在恒定电流迴线外部任意一点的磁标势 ϕ_M 同样满足拉普拉斯方程式．按照安培定律，电流圈 ABC(图 4.10)在 P 点所产生的磁场等于

$$\mathbf{H}=\frac{I}{c}\oint_{ABC}\frac{d\mathbf{l}\times\boldsymbol{\rho}}{\rho^3}.$$

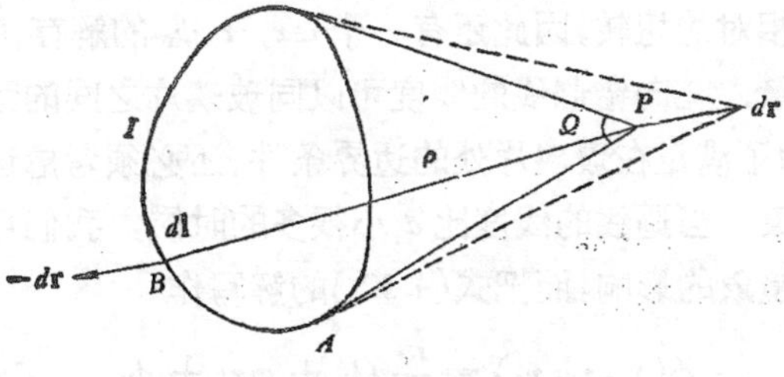

图 4.10 电流迴线产生的磁场．

按照磁标势 ϕ_M 的定义，在距离 P 点 $d\mathbf{r}$ 处的磁标势将与 P 点的磁标势相差 $d\phi_M$，而

$$d\phi_M = -\mathbf{H}\cdot d\mathbf{r}$$
$$= -\frac{I}{c}\oint\frac{d\mathbf{l}\times\boldsymbol{\rho}}{\rho^3}\cdot d\mathbf{r}$$
$$= -\frac{I}{c}\oint\frac{d\mathbf{r}\times d\mathbf{l}}{\rho^3}\cdot\boldsymbol{\rho}.$$

显然，把 P 点移动 $d\mathbf{r}$ 和把电流圈移动 $-d\mathbf{r}$ 是完全等价的． 现在 $\frac{d\mathbf{r}\times d\mathbf{l}}{\rho}\cdot\rho$ 正好是由于线圈的移动，在 B 点线圈所增加的面积在垂直于 $\boldsymbol{\rho}$ 方向的分量．因此，$\oint\frac{d\mathbf{r}\times d\mathbf{l}\cdot\boldsymbol{\rho}}{\rho^3}$ 是由于线圈的移动，在 P 点的立体角 Ω 的增加量 $d\Omega$．于是，我们有

$$d\phi_M = -\frac{I}{c}\,d\Omega,$$

或者写作

$$\phi_M = -\frac{I}{c}\,\Omega_P,\ \mathbf{H} = \frac{I}{c}\,\nabla\Omega_P.$$

这里立体角 Ω_P 是以 P 点为顶点，以迴线为周缘所作锥体的顶角．按照电流的方向，用右手定则可以确定一个迴线面积的法线方向．如果这个法线方向是指离 P 点，我们定这个立体角为正值．反之，如果法线方向是指向 P 点，那么这个立体角定为负值．把向错迴线与恒定电流迴线相对比，我们就可以把立体角 Ω_P 作为向错迴线中式(4.32_2)的解 ϕ．当然，除去这个立体角 Ω 的解之外，由于玻璃片作了相对的扭转，因此还有一个 $\omega x_3+\phi_0$ 的解存在，这里 ϕ_0 是一个常量．在向错迴线的线度可以同玻璃片之间的距离 d 相比的时候，为了满足在玻璃片处的边界条件，还必须考虑迴线在玻璃片中的镜象．当迴线的线度比 d 小很多的时候，我们可以不必考虑迴线的镜象的影响，而把式(4.32_2)的解写作

$$\phi(x_1,x_2,x_3) = \frac{m}{2}\,\Omega_P + \omega x_3 + \phi_0. \qquad (4.33)$$

由于当 P 点穿过向错迴线的时候立体角 Ω_P 要改变 4π，而向错线两边的指向矢的 ϕ 角相差整数倍 π，所以式(4.33)中的 m 是正、负整数或半整数.

把式(4.33)代入式(4.31)，就得到由于向错迴线的存在而在液晶中引起的弹性能量

$$G_L=\frac{k}{8}\int_{V_0}\left[m^2(\nabla\Omega_P)^2+4m\omega\frac{\partial\Omega_P}{\partial x_3}\right]d\tau, \qquad (4.34)$$

这里忽略了常数项 $\frac{1}{2}k\omega^2$. 式(4.34)的第二个积分很简单，等于 $-2\pi km\omega\Sigma$，Σ 是向错迴线在垂直于 x_3 轴平面上的投影. 第一个积分比较复杂，不过仍然可以同恒定电流迴线所产生的磁场来类比. 假定向错迴线和电流迴线都是在一个平面上，同时假定迴线本身的半径 r_0 远小于迴线作成的闭合曲线的半径 R_0（假定闭合曲线可以是一个半径为 R_0 的圆环）. 由于 $r_0\ll R_0$，所以我们可以忽略电流导线内部的磁能. 这样，由导线内电流 I 引起的磁能为

$$\frac{1}{8\pi}\int_{V_0}\mathbf{H}\cdot\mathbf{B}d\tau=\frac{\mu}{8\pi}\int_{V_0}\mathbf{H}\cdot\mathbf{H}d\tau$$
$$=\frac{\mu}{8\pi}\int_{V_0}\frac{I^2}{c^2}(\nabla\Omega_P)^2d\tau,$$

μ 是电流迴线周围介质的磁导率. 这正是式(4.34)中第一个积分的形式. 由于 $\nabla\cdot\mathbf{B}=0$，我们引用矢势 $\mathbf{A}$，

$$\mathbf{B}=\nabla\times\mathbf{A},$$

那么磁能就是

$$\frac{1}{8\pi}\int_{V_0}\mathbf{H}\cdot\mathbf{B}d\tau=\frac{1}{8\pi}\int_{V_0}\mathbf{H}\cdot\nabla\times\mathbf{A}d\tau$$
$$=-\frac{1}{8\pi}\int_{V_0}\nabla\cdot(\mathbf{H}\times\mathbf{A})$$
$$+\frac{1}{8\pi}\int_{V_0}\mathbf{A}\cdot\nabla\times\mathbf{H}d\tau.$$

右方第一个积分可以应用高斯定理把它变换成面积分，在适当边界条件下等于零．应用麦克斯韦方程，于是得到

$$\frac{1}{8\pi}\int_{V_0}\mathbf{H}\cdot\mathbf{B}d\tau=\frac{1}{2c}\int_{V_0}\mathbf{j}\cdot\mathbf{A}d\tau,$$

同时在库仑规范 $\nabla\cdot\mathbf{A}=0$ 条件下有

$$\nabla^2\mathbf{A}=-\frac{4\pi\mu}{c}\mathbf{j}.$$

这个泊松方程的解是[5]

$$\mathbf{A}=\frac{\mu}{c}\int_{V_0}\frac{\mathbf{j}}{R}d\tau,$$

式中 R 是从体积元 $d\tau$ 到所讨论点之间的距离。于是磁能等于

$$\frac{\mu}{8\pi}\int_{V_0}\frac{I^2}{c^2}(\nabla\Omega_P)^2d\tau=\frac{1}{2c}\int_{V_0}\mathbf{j}\cdot\mathbf{A}d\tau$$

$$=\frac{\mu}{2c^2}\iint_{V_0}\frac{\mathbf{j}(\mathbf{r})\cdot\mathbf{j}(\mathbf{r}')}{R}d\tau d\tau'.$$

这里 R 是 $\mathbf{r}$ 和 $\mathbf{r}'$ 之间的距离，$d\tau$ 和 $d\tau'$ 分别为在 $\mathbf{r}$ 点和在 $\mathbf{r}'$ 点周围的体积元． 当导线很细而忽略导线内部的磁能时，$\mathbf{j}(\mathbf{r})d\tau$ 和 $\mathbf{j}(\mathbf{r}')d\tau'$ 可以分别用 $Id\mathbf{l}$ 和 $Id\mathbf{l}'$ 代替，这里 $d\mathbf{l}$ 和 $d\mathbf{l}'$ 分别为在 $\mathbf{r}$ 点和 $\mathbf{r}'$ 点沿导线上的线素．由于 $R\to 0$ 时积分将是发散的，因此在积分中对 R 需要提出一个下限，这个下限可以取作 $\frac{r_0}{2}$[6]．这样就有

$$\frac{1}{4\pi}\int(\nabla\Omega_P)^2d\tau=\oint\oint_{R>\frac{r_0}{2}}\frac{d\mathbf{l}\cdot d\mathbf{l}'}{R}.$$

对于半径为 R_0 的圆环，如果 $d\mathbf{l}$ 和 $d\mathbf{l}'$ 之间的弦在圆环中心的夹角为 α，那么将有

$$R=2R_0\sin\frac{\alpha}{2},\quad d\mathbf{l}\cdot d\mathbf{l}'=dl\,dl'\cos\alpha.$$

α 的下限 α_0 将由

$$2R_0\sin\frac{\alpha_0}{2}=\frac{r_0}{2}\quad \text{或}\quad \alpha_0\approx\frac{r_0}{2R_0}$$

决定．对 dl 的积分将给出圆环的长度 $2\pi R_0$．对 dl' 积分时有 $dl' = R_0 d\alpha$，所以

$$\frac{1}{4\pi}\int_{V_0}(\nabla\Omega_P)^2 d\tau = 2\int_{\alpha_0}^{\pi}\frac{2\pi R_0\cdot R_0 d\alpha\cdot\cos\alpha}{2R_0\sin\frac{\alpha}{2}}$$

$$= 4\pi R_0\left[-\ln\operatorname{tg}\left(\frac{\alpha_0}{4}\right)-2\cos\left(\frac{\alpha_0}{2}\right)\right]$$

$$\approx 4\pi R_0\left[\lg\left(\frac{8R_0}{r_0}\right)-2\right].$$

当 $\frac{8R_0}{r_0}$ 足够大时，就可以有

$$\frac{1}{4\pi}\int_{V_0}(\nabla\Omega_P)^2 d\tau\approx 4\pi R_0\lg\left(\frac{8R_0}{r_0}\right).$$

把这个关系应用到式(4.34)的向错迴线情形，并且注意到

$$\Sigma=\pi R_0^2,$$

就得到向错迴线的弹性能量 G_L 为

$$G_L = 2\pi^2 km\left[mR_0\ln\left(\frac{8R_0}{r_0}\right)-\omega R_0^2\right]. \tag{4.35}$$

令 $\frac{\partial G_L}{\partial R_0}=0$ 时，可以得到一个临界半径 R_{0c}．由于 $\ln R_0$ 的增长小于 R_0 的增长，因此当 $R_0 > R_{0c}$ 时，随着半径 R_0 的增长弹性能 G_L 将减小，也就是说这时迴线将扩大．这个 R_{0c} 的数值由

$$R_{0c}=\frac{m}{2\omega}\left[1+\ln\left(\frac{8R_{0c}}{r_0}\right)\right]$$

$$\approx\frac{m}{2\omega}\ln\left(\frac{8R_{0c}}{r_0}\right) \tag{4.36$_1$}$$

给出．于是

$$\ln\left(\frac{8R_{0c}}{r_c}\right)=\ln\left(\frac{4m}{\omega r_0}\right)+\ln\ln\left(\frac{8R_{0c}}{r_0}\right).$$

忽略 ln ln 项，把它代回式(4.36$_1$)就得到

$$R_{0c} \approx \frac{m}{2\omega} \ln\left(\frac{4m}{\omega r_0}\right). \tag{4.36$_2$}$$

因此

$$G_L(R = R_{0c}) \doteq \frac{\pi^2 k m^3}{2\omega}\left[\ln\left(\frac{4m}{\omega r_0}\right)\right]^2. \tag{4.37}$$

如果取

$$m = \frac{1}{2},\ k = 10^{-6}\,\text{达因},\ \frac{1}{\omega} \approx d \approx 1\,\text{厘米},$$

那么 $G_L(R = R_{0c})$ 的数量级为 10^{-6} 尔格，比起热能（$\sim 10^{-14}$ 尔格）要大很多，因此一般向错迴线不大会自发地收缩消失。从式(4.35)可以看到，如果

$$\omega R_0 > m \ln\left(\frac{8R_0}{r_0}\right)$$

的话，G_L 将是负值。这个关系决定了形成迴线所需要的扭曲程度。关于丝状液晶中的向错迴线奈尔应曾作了详细的讨论[7]。

§5 丝状液晶中的点向错

在讨论纹影织构的时候曾经提到，在薄的液晶盒中观察到的核心是玻璃表面上的点向错，或者是与玻璃表面相垂直的线向错。如果核心周围有两条黑刷条纹，它将是线向错，而有四条黑刷条纹的将是点向错。换句话说，$|m| = \frac{1}{2}$ 的核心是线向错，而 $|m| = 1$ 的核心是点向错。在这里我们将首先指出，$|m| = \frac{1}{2}$ 的线向错是稳定的；但是，$|m| = 1$ 的线向错可能是不稳定的，足以缩成点向错，因此才有上面的核心周围有四条黑刷条纹的向错是点向错的结论。如果在 $|m| = \frac{1}{2}$ 的向错线周围取一条闭合围道，那么从围道上一点 A 出发沿着围道走一圈，在回到 A 点时将看到指向矢从

开始时的 $\mathbf{n}$ 改变为 $-\mathbf{n}$．无论这条围道用什么方式缩小到中心，这种指向矢的不连续性将始终存在而无法逃避，因此这一条向错线始终存在而不可能消失．但是，对于 $|m| = 1$ 的向错线情形就不完全相同．例如图 4.11(a)，在一条半径为 R 的圆柱形管中，如果指向矢与管壁相垂直，那么液晶具有展曲形变．这时圆管中心轴是一条 $m = 1$ 的向错线[参考图 4.3(b)]．指向矢现在成为

$$\mathbf{n} = \left(\frac{x_1}{r},\ \frac{x_2}{r},\ 0\right), r^2 = x_1^2 + x_2^2. \tag{4.38}$$

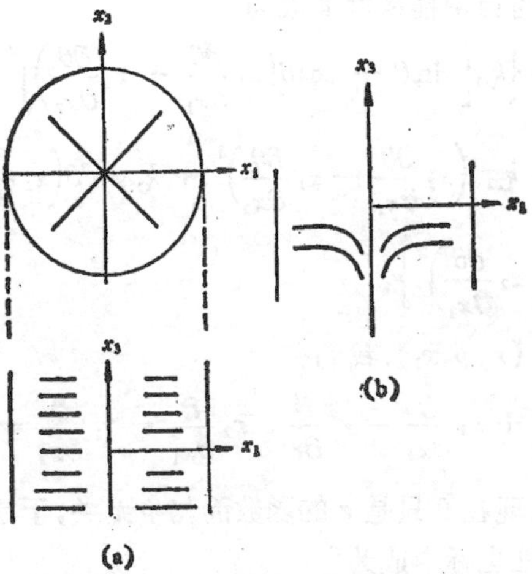

图 4.11 (a) $m = 1$ 的轴向向错截面图；
(b) 线向错收缩成为点向错．

于是，自由能密度 g 成为

$$g = \frac{1}{2}\frac{k_{11}}{r^2},$$

而单位长度圆柱中液晶的弹性形变自由能 G 等于

$$G = \int_{r_0}^{R} \frac{k_{11}}{2r^2} \cdot 2\pi r dr$$

$$= \pi k_{11} \ln\left(\frac{R}{r_0}\right), \tag{4.39}$$

r_0 是向错线的核心半径．很明显，当 r_0 趋于零时 G 趋于无限大，因此向错线不可能消失，因为那将需要很高的能量．

但是，如果在圆柱中心处指向矢略微有一些偏离平面而形成如图 4.11(b) 的形式[8]，那么指向矢将可以是

$$\mathbf{n} = (\cos\phi\sin\theta,\quad \sin\phi\sin\theta,\quad \cos\theta)$$
$$= \left(\frac{x_1}{r}\sin\theta,\qquad \frac{x_2}{r}\sin\theta,\qquad \cos\theta\right),$$

$$\theta = \theta(r),\qquad \theta(0) = 0,\quad \theta(R) = \frac{\pi}{2} \tag{4.40}$$

的形式．这时自由能密度 g 成为

$$g = \frac{1}{2r^2}\left\{k_{11}\left[\sin\theta + \cos\theta\left(x_1\frac{\partial\theta}{\partial x_1} + x_2\frac{\partial\theta}{\partial x_2}\right)\right]^2\right.$$
$$+ k_{22}\left(x_2\frac{\partial\theta}{\partial x_1} - x_1\frac{\partial\theta}{\partial x_2}\right)^2 + k_{33}\sin^2\theta\left(x_1\frac{\partial\theta}{\partial x_1}\right.$$
$$\left.\left.+ x_2\frac{\partial\theta}{\partial x_2}\right)^2\right\}. \tag{4.41$_1$}$$

引用柱坐标 (r, ϕ, x_3)，我们有

$$x_1\frac{\partial}{\partial x_1} + x_2\frac{\partial}{\partial x_2} = r\frac{\partial}{\partial r},\quad x_2\frac{\partial}{\partial x_1} - x_1\frac{\partial}{\partial x_2} = -\frac{\partial}{\partial\phi}.$$

我们注意到，现在 θ 只是 r 的函数而与 ϕ 无关，于是式(4.41$_1$)的自由能密度在柱坐标中成为

$$g = \frac{1}{2}\left[\frac{k_{11}}{r^2}\left(\sin\theta + r\cos\theta\frac{d\theta}{dr}\right)^2 + k_{33}\sin^2\theta\left(\frac{d\theta}{dr}\right)^2\right]. \tag{4.41$_2$}$$

因此，单位长度圆柱中液晶的弹性自由能 G 等于

$$G = \int 2\pi r g\,dr,$$

而与之相对应的欧勒-拉格朗日方程式成为

$$(k_{11}\cos^2\theta + k_{33}\sin^2\theta)r\frac{d}{dr}\left(r\frac{d\theta}{dr}\right)$$
$$+ (k_{33} - k_{11})\sin\theta\cos\theta\left(r\frac{d\theta}{dr}\right)^2$$

$$-k_{11}\sin\theta\cos\theta=0。$$

应用式(4.40)的边界条件就可以得到上式的第一次积分为

$$r\frac{d\theta}{dr}=\frac{\sqrt{k_{11}}\sin\theta}{\sqrt{k_{11}\cos^2\theta+k_{33}\sin^2\theta}}. \tag{4.42$_1$}$$

因此，有

$$\frac{dr}{r}=\sqrt{\frac{k_{33}}{k_{11}}}\frac{\sqrt{1-\eta^2\cos^2\theta}}{\sin\theta}d\theta$$

$$=-\sqrt{\frac{k_{33}}{k_{11}}}\frac{\sqrt{1-\eta^2\cos^2\theta}}{1-\cos^2\theta}d(\cos\theta). \tag{4.42$_2$}$$

这里我们假设 $k_{33}>k_{11}$，而且

$$\eta^2=\frac{k_{33}-k_{11}}{k_{33}}. \tag{4.42$_3$}$$

对于式（4.42$_2$）的积分，左方很简单而右方却比较复杂．式(4.42$_2$)右方的积分可以写作

$$-\sqrt{\frac{k_{33}}{k_{11}}}\int\frac{\sqrt{1-\eta^2x^2}}{1-x^2}dx=-\frac{1}{2}\sqrt{\frac{k_{33}}{k_{11}}}\left[\int\frac{\sqrt{1-\eta^2x^2}}{1-x}dx\right.$$

$$\left.+\int\frac{\sqrt{1-\eta^2x^2}}{1+x}dx\right] \tag{4.42$_4$}$$

的形式，其中 $x=\cos\theta$．在分别用 $1\mp x=y$ 代换后，两个积分都成为

$$\eta\int\frac{\sqrt{\left(\frac{1-\eta^2}{\eta^2}\right)+2y-y^2}}{y}dy$$

的形式。再应用

$$z=\frac{\sqrt{\left(\frac{1-\eta^2}{\eta^2}\right)+2y-y^2}-\sqrt{\frac{1-\eta^2}{\eta^2}}}{y}$$

的代换，就可以有

$$\int \frac{\sqrt{\left(\frac{1-\eta^2}{\eta^2}\right)+2y-y^2}}{y}\,dy=\int\left[-\frac{\left(\frac{1-\eta^2}{\eta^2}\right)}{1-z\sqrt{\frac{1-\eta^2}{\eta^2}}}\right.$$

$$\left.-\frac{2}{1+z^2}+\frac{2(1+z^2)-4z\left(\sqrt{\frac{1-\eta^2}{\eta^2}}+z\right)}{(1+z^2)^2}\right]dz$$

$$=\sqrt{\frac{1-\eta^2}{\eta^2}}\ln\left(1-z\sqrt{\frac{1-\eta^2}{\eta^2}}\right)-2\,\mathrm{tg}^{-1}z$$

$$+\frac{2\left(z+\sqrt{\frac{1-\eta^2}{\eta^2}}\right)}{1+z^2}.$$

因此，式(4.42_4)的积分给出

$$\sqrt{\frac{k_{11}}{k_{33}}}\ln C_r=\frac{1}{2}\sqrt{1-\eta^2}$$

$$\times\ln\left[\frac{(1+\cos\theta)\left(\frac{1}{\eta^2}-\sqrt{\frac{1-\eta^2}{\eta^2}}\sqrt{\frac{1}{\eta^2}-\cos^2\theta}-\cos\theta\right)}{(1-\cos\theta)\left(\frac{1}{\eta^2}-\sqrt{\frac{1-\eta^2}{\eta^2}}\sqrt{\frac{1}{\eta^2}-\cos^2\theta}+\cos\theta\right)}\right]$$

$$+\eta\,\mathrm{tg}^{-1}\left(\frac{\sqrt{\frac{1}{\eta^2}-\cos^2\theta}-\sqrt{\frac{1-\eta^2}{\eta^2}}}{1+\cos\theta}\right)$$

$$-\eta\,\mathrm{tg}^{-1}\left(\frac{\sqrt{\frac{1}{\eta^2}-\cos^2\theta}-\sqrt{\frac{1-\eta^2}{\eta^2}}}{1-\cos\theta}\right)$$

$$+\frac{1}{2}\eta\left[\frac{(1-\cos\theta)\left(\sqrt{\frac{1}{\eta^2}-\cos^2\theta}-\sqrt{\frac{1-\eta^2}{\eta^2}}\cos\theta\right)}{\frac{1}{\eta^2}-\sqrt{\frac{1-\eta^2}{\eta^2}}\sqrt{\frac{1}{\eta^2}-\cos^2\theta}-\cos\theta}\right]$$

$$-\frac{1}{2}\eta\left[\frac{(1+\cos\theta)\left(\sqrt{\frac{1}{\eta^2}-\cos^2\theta}+\sqrt{\frac{1-\eta^2}{\eta^2}}\cos\theta\right)}{\frac{1}{\eta^2}-\sqrt{\frac{1-\eta^2}{\eta^2}}\sqrt{\frac{1}{\eta^2}-\cos^2\theta}+\cos\theta}\right]$$

不难证明，上式右方最后两项之和为零. 利用

$$\operatorname{tg}(A-B)=\frac{\operatorname{tg}A-\operatorname{tg}B}{1+\operatorname{tg}A\operatorname{tg}B}$$

的关系，也不难证明上式右方第二项和第三项之和等于

$$-\eta\operatorname{tg}^{-1}\frac{\cos\theta}{\sqrt{\frac{1}{\eta^2}-\cos^2\theta}}=-\eta\sin^{-1}(\eta\cos\theta).$$

上式右方第一项也可以简化成为

$$\frac{1}{2}\sqrt{1-\eta^2}\ln\left(\frac{\sqrt{\frac{1}{\eta^2}-\cos^2\theta}-\sqrt{\frac{1-\eta^2}{\eta^2}}\cos\theta}{\sqrt{\frac{1}{\eta^2}-\cos^2\theta}+\sqrt{\frac{1-\eta^2}{\eta^2}}\cos\theta}\right).$$

应用式(4.40)的边界条件可以证明积分常数

$$C=\frac{1}{R}.$$

因此，式(4.42)的解是

$$\frac{r}{R}=\left[\frac{(k_{33}\sin^2\theta+k_{11}\cos^2\theta)^{\frac{1}{2}}-k_{11}^{\frac{1}{2}}\cos\theta}{(k_{33}\sin^2\theta+k_{11}\cos^2\theta)^{\frac{1}{2}}+k_{11}^{\frac{1}{2}}\cos\theta}\right]^{\frac{1}{2}}$$

$$\times\exp\left[-\left(\frac{k_{33}-k_{11}}{k_{11}}\right)^{\frac{1}{2}}\sin^{-1}\left(\sqrt{\frac{k_{33}-k_{11}}{k_{33}}}\cos\theta\right)\right]. \qquad (4.43)$$

显然，当 θ 趋于零时 r 趋于零，因此在 $r=0$ 处不存在奇异性，因而也不再有向错线的存在.

如果把式(4.42_1)代入式(4.41_2)就可以得到自由能密度 g 等于

$$g=\frac{k_{11}}{r^2}\sin^2\theta\left[1+\frac{k_{11}^{\frac{1}{2}}\cos\theta}{(k_{11}\cos^2\theta+k_{33}\sin^2\theta)^{\frac{1}{2}}}\right]. \qquad (4.44_1)$$

把式(4.44_1)代入式(4.41_3)，同时应用式(4.42_1)就可以得到单位长度圆柱中液晶的弹性自由能 G 等于

$$G = \int_0^{\frac{\pi}{2}} 2\pi k_{11}^{\frac{1}{2}} \sin\theta \left[1 + \frac{k_{11}^{\frac{1}{2}} \cos\theta}{(k_{11}\cos^2\theta + k_{33}\sin^2\theta)^{\frac{1}{2}}}\right] (k_{11}\cos^2\theta + k_{33}\sin^2\theta)^{\frac{1}{2}} d\theta = -\pi\left[k_{11}^{\frac{1}{2}}(k_{11}\cos^2\theta + k_{33}\sin^2\theta)^{\frac{1}{2}}\cos\theta + k_{33}\left(\frac{k_{11}}{k_{33}-k_{11}}\right)^{\frac{1}{2}} \sin^{-1}\left(\sqrt{\frac{k_{33}-k_{11}}{k_{33}}}\cos\theta\right) + k_{11}\cos^2\theta\right]_0^{\frac{\pi}{2}}$$

$$= \pi\left[2k_{11} + k_{33}\left(\frac{k_{11}}{k_{33}-k_{11}}\right)^{\frac{1}{2}} \sin^{-1}\left(\sqrt{\frac{k_{33}-k_{11}}{k_{33}}}\right)\right]. \qquad (4.44_2)$$

通常 $k_{33} \approx k_{11}$ 而 $G \approx 3k_{11}\pi$。与式(4.39)相比较，可以看出，如果 $\ln\frac{R}{r_0} > 3$，也就是 $R > 20r_0$，那么具有向错线的液晶弹性自由能将大于不具有向错线的液晶的自由能．假定可以观测到的 r_0 约为 0.2 微米，那么上述的条件就成为 $R > 4$ 微米．因此，对于所有实际的 R 值来讲，$|m| = 1$ 的向错线都是不稳定的．实验也证实了这一点[9]．当三个弹性常数近乎相等时，这个结论对所有 $|m|$ 等于整数的向错线都可以适用．既然 $|m|$ 等于整数的向错线都不稳定，所以在讨论纹影织构时提到的具有四条黑刷条纹的核心是点向错．

点向错也可以出现在液晶的自由表面[10]，例如对具有自由表面的厚层液晶施加垂直于液面的磁场如图 4.12 所示．假定在未加磁场之前液晶的指向矢与自由表面的 x_1 轴相平行排列，同时自由表面为 $x_3 = 0$ 平面．施加磁场后，液晶深处 $(x_3 \ll 0)$ 的指向矢将与磁场方向 x_3 轴相平行，而液晶发生了小的畸变，在畸变点自由液面升高了 ζ，ζ 是 x_1 和 x_2 的函数．由于磁场的影响，在液晶的一个厚度为磁相干长度 ξ 的深度内，液晶指向矢将从与液面相平行的排列方向逐渐改变成为与 x_3 轴相平行的方向．为了简单起见，我们假设三个弹性常数相等，$k = k_{11} = k_{22} = k_{33}$，同时系统对 x_3 轴方向有柱对称性．令指向矢与 x_3 轴之间的夹角为 θ，那么 θ

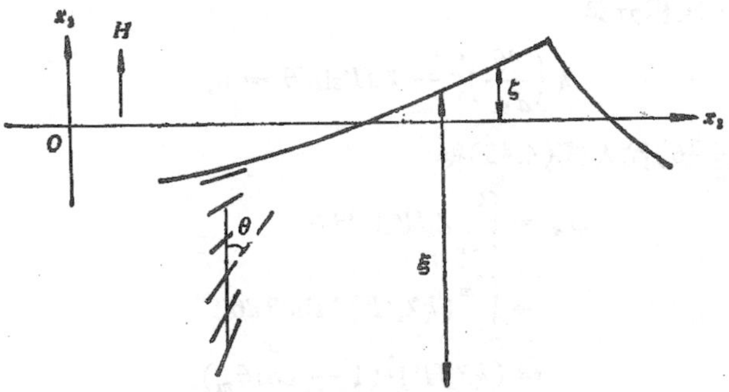

图 4.12　液晶自由表面上的点向错.

将是 x_3 的函数，$\theta=\theta(x_3)$，而指向矢沿 x_3 轴方向的分量 n_3 与沿 x_1x_2 平面方向的分量 $n_\perp$ 分别为

$$n_\perp=\sin\theta,\quad n_3=\cos\theta。$$

现在磁场 $\mathbf{H}$ 是

$$\mathbf{H}=(0,0,H)。$$

于是,自由能密度 g 成为

$$\begin{aligned} g &= \frac{1}{2}\left[k\left(\frac{d\theta}{dx_3}\right)^2-\chi_a H^2\cos^2\theta\right] \\ &= \frac{1}{2}\left[k\left(\frac{d\theta}{dx_3}\right)^2+\chi_a H^2\sin^2\theta\right]-\frac{1}{2}\chi_a H^2. \end{aligned}$$

忽略常数项 $\frac{1}{2}\chi_a H^2$，那么单位面积液面中液晶的弹性自由能 G_A 成为

$$G_A=\frac{1}{2}\int_{-\infty}^{\zeta}\left[k\left(\frac{d\theta}{dx_3}\right)^2+\chi_a H^2\sin^2\theta\right]dx_3。\tag{4.45}$$

自由能 G_A 具有最小值的条件现在为

$$k\frac{d^2\theta}{dx_3^2}-\chi_a H^2\sin\theta\cos\theta=0。$$

上式满足边界条件

$$x_3=-\infty,\quad \theta=0,\quad \frac{d\theta}{dx_3}=0$$

的第一次积分是

$$k\left(\frac{d\theta}{dx_3}\right)^2-\chi_a H^2\sin^2\theta=0. \tag{4.46}$$

把式(4.46)代入式(4.45)得

$$\begin{aligned}G_A&=\int_{-\infty}^{\zeta}\chi_a H^2\sin^2\theta dx_3\\&=\int_0^{\theta_m}(k\chi_a H^2)^{\frac{1}{2}}\sin\theta\, d\theta\\&=(k\chi_a H^2)^{\frac{1}{2}}(1-\cos\theta_m).\end{aligned} \tag{4.47}$$

这里应用了式(4.46)，把对 x_3 的积分变换成为对 θ 的积分，θ_m 是在液面处指向矢与 x_3 轴之间的夹角．式(4.47)右方的第一项与表面的倾斜无关，它给出了与平坦液面相关的弹性自由能，在下面的讨论中将加以忽略．在上面的计算中由于假设了柱对称性，所以可以用二维方法来处理问题．

式(4.47)右方的第二项与液晶表面的形状有关，因为 θ_m 是液面突起处指向矢与 x_3 轴之间的夹角，也就是液面与 x_3 轴间的夹角．由于液面突起的高度 ζ 是一个小量，因此 θ_m 的余角 $\phi_m=\frac{\pi}{2}-\theta_m$ 是一个小的角度，而且总是正值．因此，

$$\cos\theta_m=\sin\phi_m\approx \operatorname{tg}\phi_m=\left|\frac{\partial\zeta}{\partial r}\right|,\quad r^2=x_1^2+x_2^2.$$

于是单位面积液面由于液面的改变而引起的弹性形变自由能等于 $-(k\chi_a H^2)^{\frac{1}{2}}\left|\frac{\partial\zeta}{\partial r}\right|$．另外，由于液面的改变单位面积液面的重力势能也将增加 $\frac{1}{2}\rho g\zeta^2$，ρ 是液晶的密度．再者，液面发生改变后，由于表面张力 σ 的影响还要增加表面能 $\sigma\Delta A$，ΔA 是面积的增加量．如果我们考虑 个面积为 $(\delta r)^2$ 的水平液面，如果这个小液面的一边升高了高度 $\delta\zeta$，那么这个倾斜了的小面积将成为 $\delta r(\delta r^2+\delta\zeta^2)^{\frac{1}{2}}$，也就是说单位面积将增加

$$\frac{\delta r(\delta r^2+\delta\zeta^2)^{\frac{1}{2}}-\delta r^2}{\delta r^2}=\frac{1}{2}\left(\frac{\partial\zeta}{\partial r}\right)^2.$$

所以单位液面将增加表面能 $\frac{1}{2}\sigma\left(\frac{\partial\zeta}{\partial r}\right)^2$. 这样，由于液面的改变，液晶的自由能 G 等于

$$G=-\int(k\chi_a H^2)^{\frac{1}{2}}\left|\frac{\partial\zeta}{\partial r}\right|dx_1dx_2+\frac{1}{2}\int\rho g\zeta^2dx_1dx_2$$
$$+\frac{1}{2}\int\sigma\left(\frac{\partial\zeta}{\partial r}\right)^2dx_1dx_2.$$

引用柱坐标，于是有

$$G=\pi\int\left[\sigma\left(\frac{\partial\zeta}{\partial r}\right)^2+\rho g\zeta^2-2(k\chi_a H^2)^{\frac{1}{2}}\left|\frac{\partial\zeta}{\partial r}\right|\right]rdr. \tag{4.48}$$

显然，G 对 ζ 和 $-\zeta$ 具有相同的数值. 所以，凸起小峰式和凹陷小窝式的点向错都可以出现，对于前者 $\frac{\partial\zeta}{\partial r}<0$，对于后者 $\frac{\partial\zeta}{\partial r}>0$.

与式(4.48)相对应的欧勒-拉格朗日方程式是

$$\frac{\partial^2\zeta}{\partial r^2}+\frac{1}{r}\frac{\partial\zeta}{\partial r}-\frac{\rho g}{\sigma}\zeta\pm\frac{\sqrt{k\chi_a H^2}}{\sigma}\frac{1}{r}=0, \tag{4.49$_1$}$$

"+"号对应于凸起小峰，"−"号对应于凹陷小窝　在 $r=0$ 的位置式(4.49$_1$)给出

$$\left(\frac{\partial\zeta}{\partial r}\right)_{r=0}=\mp\frac{\sqrt{k\chi_a H^2}}{\sigma}$$
$$=\mp\phi_m, \tag{4.49$_2$}$$

ϕ_m 正是点向错位置的液面与水平方向的夹角. 如果令

$$r=\sqrt{\frac{\sigma}{\rho g}}\lambda,\quad \lambda=\sqrt{\frac{\rho g}{\sigma}}r, \tag{4.50$_1$}$$

那么式(4.49$_1$)成为

$$\lambda^2\frac{\partial^2\zeta}{\partial\lambda^2}+\lambda\frac{\partial\zeta}{\partial\lambda}-\lambda^2\zeta=\mp\sqrt{\frac{k\chi_a H^2}{\sigma\rho g}}\lambda. \tag{4.50$_2$}$$

当(4.50$_2$)式右方等于零时，这个方程式成为零阶修正贝塞耳函数 $I_0(\lambda)$ 所满足的方程式[11]

$$I_0(\lambda)=J_0(i\lambda)$$

$$= J_0\left(i\sqrt{\frac{\rho g}{\sigma}}r\right)$$

$$= \int_0^{\frac{\pi}{2}} \cos\left(i\sqrt{\frac{\rho g}{\sigma}} r\cos t\right) dt$$

$$= \int_0^{\frac{\pi}{2}} \frac{1}{2}\left[\exp\left(\sqrt{\frac{\rho g}{\sigma}} r\cos t\right)\right.$$

$$\left. + \exp\left(-\sqrt{\frac{\rho g}{\sigma}} r\cos t\right)\right] dt.$$

从 $I_0(\lambda)$ 的形式来看，现在试令

$$\zeta = f(r)\int_0^{\frac{\pi}{2}} \exp\left(-\sqrt{\frac{\rho g}{\sigma}} r\cos t\right) dt$$

为式(4.49$_1$)的解，其中 $f(r)$ 是一个待定的 r 的函数. 这里我们取负指数项而不取正指数项，是因为式(4.49$_1$)的解要求当 $r\to\infty$ 时 $\zeta\to 0$. 把它代入式(4.49$_1$)就得到

$$\left(\frac{d^2 f}{dr^2} + \frac{1}{r}\frac{df}{dr}\right)\int_0^{\frac{\pi}{2}} \exp\left(-\sqrt{\frac{\rho g}{\sigma}} r\cos t\right) dt$$

$$- \sqrt{\frac{\rho g}{r}}\left(2\frac{df}{dr} + \frac{1}{r}f\right)\int_0^{\frac{\pi}{2}} \cos t \exp\left(-\sqrt{\frac{\rho g}{\sigma}} r\cos t\right) dt$$

$$- \frac{\rho g}{\sigma} f\int_0^{\frac{\pi}{2}} \sin^2 t \exp\left(-\sqrt{\frac{\rho g}{\sigma}} r\cos t\right) dt = \mp \frac{\sqrt{k\chi_a H^2}}{\sigma}\frac{1}{r}.$$

注意到

$$\int_0^{\frac{\pi}{2}} \cos t \exp\left(-\sqrt{\frac{\rho g}{\sigma}} r\cos t\right) dt$$

$$= 1 - \sqrt{\frac{\rho g}{\sigma}} r\int_0^{\frac{\pi}{2}} \sin^2 t \exp\left(-\sqrt{\frac{\rho g}{\sigma}} r\cos t\right) dt,$$

那么上式就成为

$$\left(\frac{d^2 f}{dr^2} + \frac{1}{r}\frac{df}{dr}\right)\int_0^{\frac{\pi}{2}} \exp\left(-\sqrt{\frac{\rho g}{\sigma}} r\cos t\right) dt - \sqrt{\frac{\rho g}{\sigma}}\left(2\frac{df}{dr} + \frac{f}{r}\right)$$

$$+\frac{2\rho g}{\sigma}r\frac{df}{dr}\int_0^{\frac{\pi}{2}}\sin^2 t\exp\left(-\sqrt{\frac{\rho g}{\sigma}}r\cos t\right)dt=\mp\frac{\sqrt{k\chi_a H^2}}{\sigma}\frac{1}{r}.$$

显然，

$$f=\pm\sqrt{\frac{k\chi_a H^2}{\sigma\rho g}}$$

可以使上式得到满足．这样我们得到式(4.49_1)的解是

$$\zeta=\pm\sqrt{\frac{k\chi_a H^2}{\sigma\rho g}}\int_0^{\frac{\pi}{2}}\exp\left(-\sqrt{\frac{\rho g}{\sigma}}r\cos t\right)dt,\qquad(4.51_1)$$

“+”号对应于凸起小峰式的点向错，而“−”号对应于凹陷小窝式的点向错．在 $r=0$ 处

$$\zeta=\pm\frac{\pi}{2}\sqrt{\frac{k\chi_a H^2}{\sigma\rho g}}.\qquad(4.51_2)$$

在 $r\gg\sqrt{\frac{\rho g}{\sigma}}$ 处，由于 $\frac{\partial\zeta}{\partial r}$ 和 $\frac{\partial^2\zeta}{\partial r^2}$ 都等于零，因此式(4.49_1)给出

$$\zeta=\pm\frac{\sqrt{k\chi_a H^2}}{\rho g}\frac{1}{r}.\qquad(4.51_3)$$

假定向错能深入液晶约等于磁相干长度

$$\xi=\sqrt{\frac{k}{\chi_a H^2}}$$

的深度，同时在 $r=\sqrt{\frac{\rho g}{\sigma}}$ 以外向错本身已经不起作用，那么类比于式(4.20)或(4.29)，向错的能量将等于 $ck\xi$，c 是一个数量级在 $\pi\ln\left(\frac{R}{r_0}\right)$的常数，$R$ 是两个点向错之间的距离．另外，在远离向错位置处，由于液晶表面的改变也具有形变能量．根据式(4.48)，把式(4.51_3)的 $\zeta(r)$ 代入同时忽略 $\sigma\left(\frac{\partial\zeta}{\partial r}\right)^2$ 项，就得到这部分能量的数值等于

$$-\frac{\pi k\chi_a H^2}{\rho g}\ln\left(\sqrt{\frac{\sigma}{\rho g}}R\right).$$

因此，与一个点向错相关的能量 G_P 等于

$$G_P = ck\sqrt{\frac{k}{\chi_a H^2}} - \pi\frac{k\chi_a H^2}{\rho g}\ln\left(\sqrt{\frac{\sigma}{\rho g}}R\right). \tag{4.52}$$

从式(4.52)可以看出，当

$$H > H_P = \left[\sqrt{\frac{k}{\chi_a}}\frac{c\rho g}{\pi\chi_a \ln\left(\sqrt{\frac{\sigma}{\rho g}}R\right)}\right]^{\frac{1}{3}} \tag{4.53}$$

时 G_P 变为负值，也就是说当磁场强度超过 H_P 时，从能量上看，形成点向错是有利的.

§6 螺旋状液晶中的向错——液晶劈

螺旋状液晶的螺距可以用一个劈形的液晶盒来加以测定. 液晶盒的玻璃片经过定向处理，使液晶指向矢沿上下玻璃片具有互相平行的沿面校列取向. 这时用偏光显微镜观测，可以看到有规则的条纹，称为伽诺条纹. 这就是格兰德燃-伽诺劈 (Grandjean-Cano wedge)[12,13]. 这些明暗的条纹区称为格兰德燃平面. 由于在上、下两端液晶指向矢的排列取向固定，互相平行并且和玻璃片平行，因此在两片玻璃片之间液晶的半螺距数必然是整数，也就是说半螺距数是量子化的. 在那些劈的厚度刚好等于正常半螺距的整数倍的位置处，液晶是处在正常的平衡状态. 但是，在其它位置，液晶的螺距就不得不有所改变，以适应边界条件的要求. 这就发生了形变. 由于沿劈的长度方向螺距发生形变，于是产生了向错. 图 4.13 示意地画出了这种情形. 图中在 A，B，C 三处液晶都处在正常状态. 在 A 处劈的间隔是一个正常螺距，在 B 处是一个半正常螺距，而在 C 处是两个半正常螺距的厚度. 在 AB 之间和在 BC 之间，液晶的螺距都发生了变化. 由于从 B 到 A 液晶指向矢

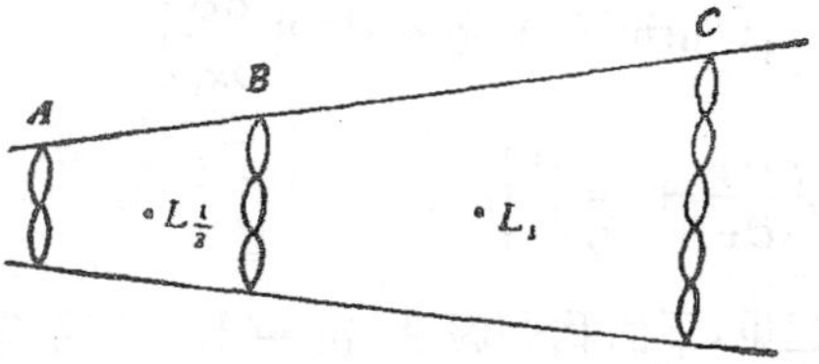

图 4.13 格兰德燃-伽诺劈.

有一次方向的倒转,因此 AB 当中有一条强度为 $m=\frac{1}{2}$的向错线 $L_{\frac{1}{2}}$. 从 C 到 B 指向矢有 360° 的倒转,因此 BC 之间有一条 $m=1$ 的向错线 L_1。

通过测量液晶的旋光本领,伽诺证实了上述看法的正确性,并且指出,当地的螺距 p 与当地劈的厚度 d 之间满足关系式

$$\frac{|p|}{2}=\frac{d}{n},\ n=1,2,3,\cdots. \tag{4.54}$$

这里,当地发生了改变的螺距 p 要尽量接近正常螺距 p_0,而不是与之有很大的差别. 用偏光显微镜的观测,在 n 个半螺距区与 $n+1$ 个半螺距区之间将可观测到条纹. 不过 $L_{\frac{1}{2}}$ 向错引起的条纹要比 L_1 向错引起的条纹细. 此外,如果在与条纹相垂直的方向施加磁场的话,那么对应于 $L_{\frac{1}{2}}$ 的条纹并不发生变化,而对应于 L_1 的条纹将形成锯齿形. 因此,测量条纹间的间距就可以得出螺旋状液晶的正常螺距 p_0 的数值.

关于格兰德燃-伽诺劈,德燃纳[14]和雪佛(T. J. Scheffer)[15]都作了简单的处理. 现在概述如下:首先选一个右手坐标系,令 x_3 轴与液晶膜相垂直. 设向错线是在 x_2 轴方向,因此指向矢 $\mathbf{n}$ 与 x_2 无关,而 $\mathbf{n}=\mathbf{n}(x_1,x_3)$. 在与 x_3 轴相垂直的平面上任意一点 P 处,液晶指向矢的三个分量为

$$n_1=\cos\phi(x_1,x_3),\ n_2=\sin\phi(x_1,x_3),\ n_3=0, \tag{4.55}$$

其中 $\phi(x_1,x_3)$ 是指向矢 $\mathbf{n}$ 与 x_1 轴之间的夹角. 按照式(2.29),液晶的弹性形变能量为

$$G=\frac{1}{2}\int_{V_0}\left[(k_{11}\sin^2\phi+k_{33}\cos^2\phi)\left(\frac{\partial\phi}{\partial x_1}\right)^2\right.$$

$$\left.+k_{22}\left(\frac{\partial\phi}{\partial x}+\frac{k_2}{k_{22}}\right)^2\right]d\tau. \qquad (4.56_1)$$

为了简化计算起见，下面我们假设 $k_{11}=k_{33}$. 于是得出

$$G=\frac{1}{2}\int_{V_0}\left[k_{11}\left(\frac{\partial\phi}{\partial x_1}\right)^2+k_{22}\left(\frac{\partial\phi}{\partial x_3}+\frac{k_2}{k_{22}}\right)^2\right]d\tau, \qquad (4.56_2)$$

而 $p_0=2\pi\frac{k_{22}}{|k_2|}$ 正是液晶正常螺距的大小。现在作一个坐标变换

$$y=\left(\frac{k_{22}}{k_{11}}\right)^{\frac{1}{2}}x_1, \qquad (4.57)$$

那么式(4.56_2)将成为

$$G=\frac{1}{2}k_{22}\int_{V_0}\left[\left(\frac{\partial\phi}{\partial y}\right)^2+\left(\frac{\partial\phi}{\partial x_3}+\frac{k_2}{k_{33}}\right)^2\right]d\tau. \qquad (4.56_3)$$

与它相对应的能量最小值的欧勒-拉格朗日方程是熟知的二维拉普拉斯方程式

$$\frac{\partial^2\phi}{\partial y^2}+\frac{\partial^2\phi}{\partial x_3^2}=0. \qquad (4.58)$$

这样，在 $x_2=0$ 平面上一点 $P(x_1, x_3)$ 处，指向矢 $\mathbf{n}$ 与 x_1 轴间的夹角 ϕ 可以和静电学里二维问题中的没有自由电荷区域中的电势相类比；二者同样都满足二维拉普拉斯方程式. 在静电学的势论中，各种问题的二维拉普拉斯方程式的解已经是人们所熟悉的了. 那里的各种解法都可以借鉴应用到这里来.

劈的夹角很小，作为很好的近似，可以把它简化为由两片平行平板组成. 现在考虑在劈的厚度为 d 处一个弧立的 $L_{\frac{1}{2}}$ 向错. 假设这个向错 $L_{\frac{1}{2}}$ 位于两板中心位置. 这种情形就和静电学里两片平行导体平面间中心处有一个点电荷的情形相类似. 于是，德燃纳提出用源象法来解这个问题. 如图 4.14 所示，把弧立向错选作原点 O，而两片平面的位置为 $x_3=\pm\frac{d}{2}$. 向错 O 在 $x_3=\pm\frac{d}{2}$ 平

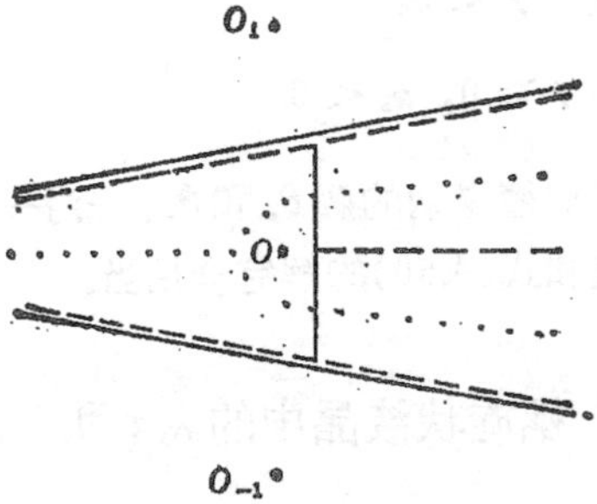

图 4.14 螺旋状液晶劈.

面中有一系列的镜象 $O_{\pm1}$、$O_{\pm2}$、···等等。于是，式(4.58)的解也就是所有这些 O 和 $O_{\pm i}$ 的解的代数和．O_iP 与 x_1 轴之间的夹角 θ_i 和 P 点处指向矢 $\mathbf{n}$ 与 x_1 轴之间的夹角 ϕ_i 之间满足

$$\phi_i=\frac{1}{2}\theta_i$$

的关系，因为向错的强度为 $\frac{1}{2}$．所以，式(4.58)的解为

$$\phi(y,x_3)=\frac{1}{2}\sum_{i=-\infty}^{\infty}\theta_i.$$

另外，由于指向矢具有螺旋式的转动，所以在 $P(y,x_3)$ 点的通解为

$$\phi(y,x_3)=\frac{k_2}{k_{22}}x_3+\frac{1}{2}\sum_{i=-\infty}^{\infty}\theta_i+\text{常量}, \qquad (4.59)$$

其中 θ_i 是 O_iP 与 y 轴间的夹角.

对这个问题，雪佛使用了保形表示法[15]，得出 $\phi(y,x_3)$ 的解是

$$\phi(y,x_3)=\frac{1}{2}\mathrm{tg}^{-1}\left[\frac{\mathrm{tg}\left(\quad\right)}{\mathrm{tgh}\left(\frac{\pi y}{d}\right)}\right]+\frac{k_2}{k_{22}}x_3+\phi_0, \qquad (4.60_1)$$

其中常数 ϕ_0 为

$$\phi_0=-\frac{1}{2}\pi,\ y>0,\ x_3>0,$$

$$\phi_0 = 0, \qquad y < 0,$$

$$\phi_0 = \frac{1}{2}\pi, \ y > 0, \ x_3 < 0. \tag{4.60$_2$}$$

雪佛还证明，如果把德燃纳的解 θ_i 和 θ_{-i} 一对一对地加起来成为 $\theta_i + \theta_{-i}$ 的话，就和式(4.60)的解完全相当.

§7 螺旋状液晶中的 λ, τ 和 χ 向错

螺旋状液晶可以近似地看作是由一层一层的丝状液晶（螺旋层)形成，相邻螺旋层的液晶指向矢的取向按照螺旋的形式连续地变化. 如图 4.15(a) 所示，液晶中的一个切割面 Σ 与一个螺旋层相平行，Σ 的边界线 L（与纸面相垂直)与该层指向矢相平行.液晶的

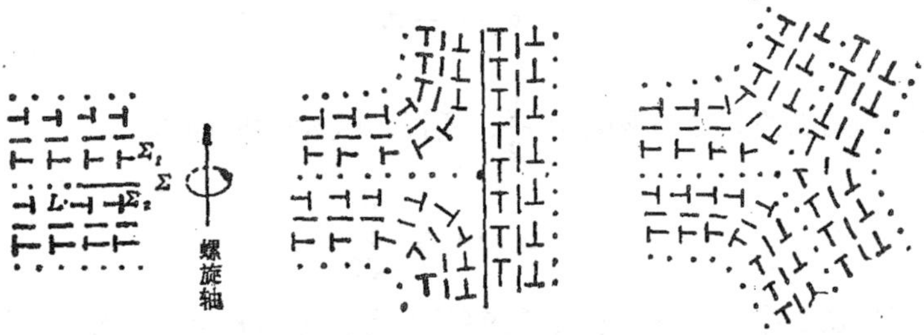

(a) (b) (c) $\lambda\left(-\frac{1}{2}\right)$

图 4.15 产生 $\lambda\left(-\frac{1}{2}\right)$的伏尔特拉过程. 折线表示指向矢取向与纸面平行，点表示指向矢取向与纸面相垂直，钉子形表示指向矢取向与纸面斜交，钉头指向读者.

螺旋轴与 L 相垂直. 对于轴向向错，转动轴与向错线相平行，因此 Ω与 L 线相平行.按照 §1 中提出的伏尔特拉过程，把 Σ_1 面绕 L 转 $-\frac{\pi}{2}$ 角，Σ_2 面绕 L 转$+\frac{\pi}{2}$ 角，并将空出的空间填以正常状态的螺旋状液晶[图 4.15(b)]，然后令液晶自由张弛到平衡状态[图 4.15(c)]，那么就出现了$\lambda\left(-\frac{1}{2}\right)$向错线 L. 如果把 Σ_1 面绕 L 转$+\frac{\pi}{2}$

角而把 Σ_2 面绕L转 $-\frac{\pi}{2}$ 角，并取走堆积在一起的液晶，那么所得到的将是图 4.16(a) 给出的 $\lambda\left(+\frac{1}{2}\right)$向错线 L． 如果切割面Σ的边界线与局域指向矢的取向相垂直，那么所得到的向错线将是 τ 向错线 L。图 4.16(b) 和图 4.16(c) 分别绘出了 $\tau\left(-\frac{1}{2}\right)$ 向错线和 $\tau\left(+\frac{1}{2}\right)$向错线周围指向矢的图案． 从图 4.15 和图 4.16 可以看出，由于 λ 向错线与局域指向矢相平行，因此不存在一个奇异性的核心．但是 τ 向错线与局域指向矢相垂直，因此具有一个奇异核心而需要较高的能量．

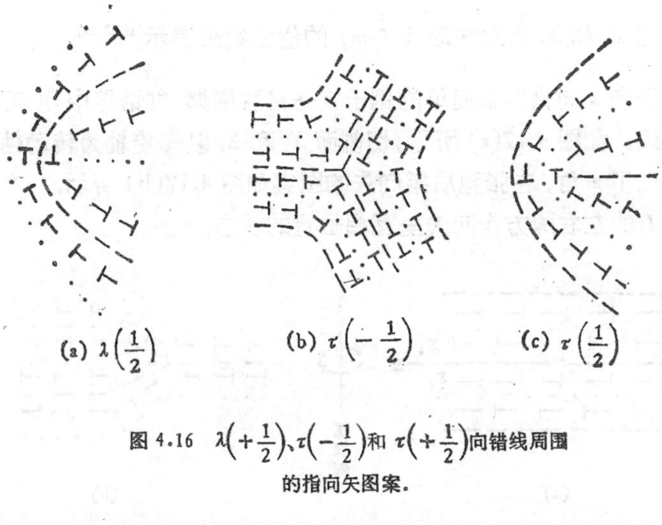

(a) $\lambda\left(\frac{1}{2}\right)$　　(b) $\tau\left(-\frac{1}{2}\right)$　　(c) $\tau\left(\frac{1}{2}\right)$

图 4.16　$\lambda\left(+\frac{1}{2}\right)$、$\tau\left(-\frac{1}{2}\right)$和 $\tau\left(+\frac{1}{2}\right)$向错线周围的指向矢图案．

如果切割面Σ和边界线L都与螺旋层相垂直，也就是说L与螺旋轴相平行，那么由伏尔特拉过程可以得到轴向 χ 向错线．从每一层螺旋层来看，轴向 χ 向错线的伏尔特拉形成过程同丝状液晶中轴向向错的伏尔特拉形成过程并没有多少不同之处． 因此，在 χ 向错线周围的指向矢图案就是图 4.2 和图 4.3 中的图案，只不过随着螺旋轴上的位置而以半螺距 $\frac{p}{2}$ 的周期转动而已。当然，$\chi(+1)$ 向错线周围的指向矢图案在 $\frac{p}{4}$ 螺距的周期内将由圆环形变为辐射形，这一点可以从图 4.3(b)、(c)、(d) 看出．螺旋状液晶的对称性表明，如果把切割面 Σ 上的液晶分子都以平行于边界线 L 的轴为转动轴而转动 α 角($\alpha>0$ 为右旋，$\alpha<0$ 为左旋)，那么切割面上液晶指向矢的分布将与整个切割面提高 $\frac{p\alpha}{2\pi}$ ($p>0$ 为右旋螺旋，$p<0$ 为左旋螺旋)的情形完全相同．因此，把切割面上的分子旋转 α 角和把切割面沿边界线平移 $-\frac{p\alpha}{2\pi}$ 是等价的．所以，一条由切割面 Σ_1 和 Σ_2 相对转动 $\pm m\pi$ 而产生的轴向向错线，同样可以用 Σ_1 和 Σ_2 相对移动 $\pm\frac{1}{2}mp$ 的位错线来表示[16,17,18]。

垂向 χ 向错的最简单的例子就是格兰德燃-伽诺劈中出现的向错线．如图 4.17(a) 所示，切割面 Σ_1 和 Σ_2 以螺旋轴为转动轴相对转动了 π 角，在张弛后指向矢的图案如图 4.17(b) 所示．在向错线 L 的左右两方指向矢呈互相垂直的状态。

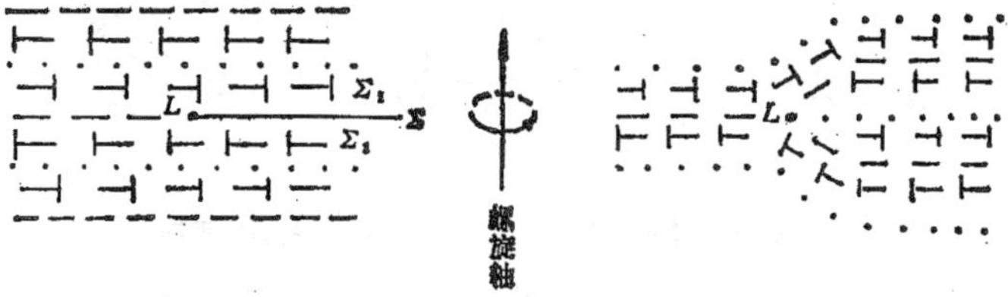

(a) (b)

图 4.17 格兰德燃-伽诺劈中的垂向 $\chi\left(\frac{1}{2}\right)$ 向错线．从向错线 L 的左方到右方指向矢相对转动了 $\frac{\pi}{2}$ 角．

为了降低能量，一般 χ 向错会分裂成为两个具有不同符号的 λ 或 τ 的向错对．垂向 χ 向错比较容易分裂，而轴向 χ 向错如果

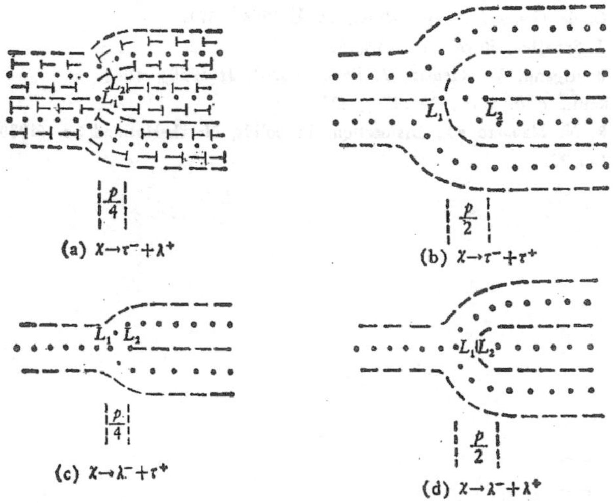

图 4.18 向错对.

具有螺旋形式也就具有了垂向的特征. 图 4.18 绘出了几种垂向向错分裂为相反符号向错对的例子.

参 考 文 献

[1] G. Friedel, *Ann. Physique,* 18(1922), 273.

[2] M. Kléman, J. Friedel, *J. Phys. (Paris),* 30(1969), C4-43. J. Friedel, M. Kléman, NBS Special Publication 317(1969), p. 607.

[3] J. Nehring, A. Saupe, *J. Chem. Soc. Faraday Trans.* 2, 68(1972), 1.

[4] J. Friedel, P. G. de Gennes, *C. R. Acad. Sci.,* B268(1969), 257.

[5] J. D. Jackson, Classical Electrodynamics 2nd ed., John Wiley (1975), p. 39.

[6] L. D. Landau, E. M. Lifshitz, Electrodynamics of Continuum Media, Pergamon Press (1960), p. 138.

[7] J. Nehring, *Phys. Rev.,* A7(1973), 1737.

[8] P. E. Cladis, M. Kléman, *J. Phys. (Paris),* 33(1972), 591.

[9] R. B. Meyer, *Phil. Mag.,* 27(1973), 405.

[10] P. G. de Gennes, *Solid State Commun.,* 8(1970), 213.

[11] Jahnke-Emde-Lösch, Tables of Higher Functions 6th ed., McGraw-Hill (1960) pp. 145, 156, 207.

[12] F. Grandjean, *C. R. Acad. Sci.,* 172(1921), 71.

[13] R. Cano, *Bull. Soc. Franc. Miner. Crist.*, **91**(1968), 20.
[14] P. G. de Gennes, *Compt. Rend.*, 266B(1968), 571.
[15] T. J. Scheffer, *Phys. Rev.*, A5(1972), 1327.
[16] Y. Bouligand, M. Kléman, *J. Phys. (Paris)*, **31**(1970), 1041.
[17] J. Rault, *Phil. Mag.*, **30**(1974), 621.
[18] F. R. N. Nabarro ed., Dislocations in Solids, North-Holland Co. (1980), Vol. 5, Ch. 22.

第五章 丝状与螺旋状液晶的流体动力学方程

液晶本身是液体，具有流动性，它的运动当然要符合一般各向同性流体的运动规律。但是，液晶本身又具有各向异性，因此它的运动又具有一般各向同性流体所不具有的运动方式，这就是由于指向矢的运动而出现的一些特点。

在液晶连续体弹性形变理论中，我们已经把液晶的单个分子抛开，而用一个指向矢 **n** 来描述在空间某处液晶分子排列取向的统计平均值。用不严格的术语来说，指向矢 **n** 的方向就是该处液晶分子排列的从优取向。这种描述方法和一般的流体力学中描述流体运动的方法是一致的。这就是说，我们可以取一个固定的空间右手直角坐标系 (x_1, x_2, x_3)，讨论在这个坐标系中某一固定点处流体的运动情形，赋予这一点以流体的密度、流体的速度、流体的压强、流体的能量密度等等物理量。另外，我们也可以在流体中取一个随流体一起运动的小体积元，讨论在这个小体积元中所包含的流体的运动。当我们把这个小体积元向极限趋近时，它将趋近于一个质点。这样的质点当然只是一个物理质点而不是一个数学意义的点，它仍然可以包含大量的流体分子。对于这个流体质点，我们也可以赋予它以密度、压强、速度、能量等等的物理量。不论用哪种描述方法，这些物理量以及指向矢 **n** 当然都是空间坐标和时间的函数。用这种方法来讨论运动液晶的液晶流体动力学，就是液晶连续体弹性理论的动力学部分，而前几章所讨论的则是弹性理论的静力学部分。

液晶流体动力学有几种不同的理论，目前一般液晶工作者所使用的理论的奠基人是艾瑞克孙 (J. L. Ericksen)[1] 和莱斯利 (F. M. Leslie)[2]。由于艾瑞克孙和莱斯利原来的理论在处理方法上比较抽象，因此我们采用斯蒂分 (M. J. Stephen)[3] 的处理方法．这个方法在步骤上较繁，但是在数学上比较易于掌握．在计算中我们将采用右手笛卡儿坐标系 (x_1, x_2, x_3)，使用张量符号和求和约定，在任何一项中如果有两个相同符号下标时都是指对 1、2 和 3 的连加．由于是笛卡儿坐标系所以不必区分协变量和反变量．关于运动方程在广泛的三维坐标系中的普遍张量形式，我们将留待第七章再作简略的介绍．

为了使读者对液晶流体动力学方程的来源易于掌握，我们将先从普通各向同性流体的流体动力学方程式开始，进而引出无耗散条件下的液晶流体动力学方程，最后再推广到具有耗散的液晶流体动力学方程．为了免除读者另外参阅流体动力学书籍的麻烦，我们将对各向同性流体的有关流体动力学方程作一定的推导．动力学方程当然可以用积分形式表示，也可以用微分形式表示．由于在解具体问题过程中最后一般总要归诸于微分方程，因此我们将用微分形式．

§1 各向同性流体的无耗散流体动力学方程

流体当然是一个多体系统，它包含着大量的流体分子．在多体系统中，一般如果系统的局部受到扰动，这个扰动在不长的时间内将衰减消失．但是，也有一些例外，就是那些对满足守恒定律的物理量的扰动．由于守恒的要求，当这些量在多体系统中受到局部扰动时，这种微扰将能持续相当长的时间而不弥散．流体动力学方程所描述的就是这些守恒量的扰动的传播形式．各向同性流体的守恒量有质量、动量、能量和角动量等等．假定流体的运动是可逆的，那么热力学要求流体系统的熵也是守恒量．下面我们将分别给出这些守恒定律的形式．

1.1 质量守恒定律——连续性方程

让我们讨论一个没有源与壑的流体系统．在这个流体中选择一个固定的空间坐标系 (x_1, x_2, x_3)。令 $\rho(\mathbf{r}_i, t)$ 为在时刻 t、空间 i 点处流体的密度。 这里我们用 $\mathbf{r}_i$ 表示空间 i 点的坐标 (x_{1i}, x_{2i}, x_{3i})。我们用 $\mathbf{v}(\mathbf{r}_i, t)$ 表示在时刻 t，i 点处流体的速度矢量，而 $v_j(\mathbf{r}_i, t)$，$j=1,2,3$ 表示 v 点处流体速度的三个分量。这里要注意的是，$\rho(\mathbf{r}_i, t)$ 和 $\mathbf{v}(\mathbf{r}_i, t)$ 表示的是在空间 i 点处时刻 t 的流体密度和流速，而不是流体质点的密度和速度。 在流体中取体积 V_0，令 S 为这一流体体积的外表面，$d\tau$ 为体积元，那么 $\int_{V_0} \rho d\tau$ 就是在体积 V_0 中所包含的流体质量。如果 $d\mathbf{s}$ 是在外表面 S 上外法线方向的面积元，那么单位时间内流出 S 的流体质量将是 $\oint_S \rho \mathbf{v} \cdot d\mathbf{s}$。但是，单位时间内体积 V_0 中流体质量的减少量是

$$-\frac{\partial}{\partial t}\int_{V_0} \rho d\tau.$$

现在我们所讨论的流体中既无源又无壑，那么流体的质量应该是守恒的，因此我们有

$$-\frac{\partial}{\partial t}\int_{V_0} \rho d\tau = \oint_S \rho \mathbf{v} \cdot d\mathbf{s}$$

$$= \int_{V_0} \nabla \cdot (\rho \mathbf{v}) \tau,$$

后面这一步是应用高斯定理的结果. 这样我们就得到

$$\int_{V_0} \left[\frac{\partial \rho}{\partial t} + \nabla \cdot (\rho \mathbf{v})\right] d\tau = 0.$$

由于体积 V_0 是随意选取的，而这个关系式对于任何体积 V_0 都必须适用，因此我们得到流体的质量守恒方程，也就是连续性方程为

$$\frac{\partial \rho}{\partial t} + \nabla \cdot (\rho \mathbf{v}) = 0,$$

$$\frac{\partial \rho}{\partial t} + \frac{\partial}{\partial x_k}(\rho v_k) = 0. \tag{5.1}$$

引用质量通量密度矢量 $\mathbf{J}$，

$$\mathbf{J} = \rho \mathbf{v}, \quad J_i = \rho v_i, \tag{5.2}$$

那么连续性方程又可以写作

$$\frac{\partial \rho}{\partial t} + \nabla \cdot \mathbf{J} = 0 \tag{5.3}$$

的形式。

1.2 动量守恒定律

假设流体中各点的压强为 p. 现在在流体中取任意的体积 V_0. 如果 $d\mathbf{s}$ 是该体积外表面 S 上的外向面积元，那么在体积 V_0 中的流体所受到的力将是 $-\oint_S p d\mathbf{s}$. 高斯定理指出，

$$\oint_S \mathbf{A} \cdot d\mathbf{s} = \int_{V_0} \nabla \cdot \mathbf{A} d\tau.$$

如果我们取 $\mathbf{A} = A\mathbf{a}$,其中 $\mathbf{a}$ 是一个具有任意方向但是不变长度的矢量,那么 $\nabla \cdot \mathbf{a} = 0$,而上式可以写成

$$\mathbf{a} \cdot \oint_S A d\mathbf{s} = \mathbf{a} \cdot \int_{V_0} \nabla A d\tau$$

的形式. 由于 $|\mathbf{a}| \neq 0$,而且 $\mathbf{a}$ 的方向是任意的,因此得出

$$\oint_S A d\mathbf{s} = \int_{V_0} \nabla A d\tau.$$

取 $A = p$,于是我们有

$$-\oint_S p d\mathbf{s} = -\int_{V_0} \nabla p d\tau,$$

也就是说流体中单位体积所受到的力等于$-\nabla p$. 牛顿第二定律给出单位体积流体的运动方程式是

$$\rho \frac{d\mathbf{v}}{dt} = -\nabla p.$$

在这里 $\frac{d\mathbf{v}}{dt}$ 是流体质点在空间运动时的速度改变率，而不是空间某一点处流体速度的时间改变率. $\frac{d\mathbf{v}}{dt}$ 必须用空间固定点处的量来表示,因为压强梯度是空间位置的物理量. 我们注意到,在时间 dt 内某一流体质点的速度改变量 $d\mathbf{v}$ 是由两部分组成: 一部分是

在空间固定点、在时间 dt 内速度发生的改变；另一部分是由于在 dt 时间内流体质点将移动位置 $d\mathbf{r}$，而在同一时刻相距 $d\mathbf{r}$ 的两点处流体质点的速度文具有差别．前一部分引起了速度改变 $\frac{\partial \mathbf{v}}{\partial t}dt$，后一部分引起了速度改变

$$\frac{\partial \mathbf{v}}{\partial x_1}dx_1+\frac{\partial \mathbf{v}}{\partial x_2}dx_2+\frac{\partial \mathbf{v}}{\partial x_3}dx_3=(d\mathbf{r}\cdot\nabla)\mathbf{v}.$$

因此

$$\begin{aligned}d\mathbf{v}&=\frac{\partial \mathbf{v}}{\partial t}dt+\frac{\partial \mathbf{v}}{dx_i}dx_i\\&=\frac{\partial \mathbf{v}}{dt}dt+d\mathbf{r}\cdot\nabla\mathbf{v}.\end{aligned}$$

所以，单位体积流体的运动方程式为

$$\frac{\partial \mathbf{v}}{\partial t}+(\mathbf{v}\cdot\nabla)\mathbf{v}=-\frac{1}{\rho}\nabla p,$$

$$\frac{\partial v_i}{\partial t}+v_j\frac{\partial v_i}{\partial x_j}=-\frac{1}{\rho}\frac{\partial p}{\partial x_i}. \tag{5.4}$$

算符 $\frac{d}{dt}=\frac{\partial}{\partial t}+\mathbf{v}\cdot\nabla$ 称为实质导数（material derivative）算符或运流导数（convective derivative）算符．式(5.4)就是通常所说的流体运动的欧勒方程．从牛顿第二定律的角度来看，如果除压强 p 外还有其它的力作用于流体，例如重力，那么 $-\nabla p$ 这一项就需要加以推广，把这些外力也包括在内．

从流体的动量来看，单位体积流体的动量为 $\rho\mathbf{v}$，它的时间变化率 $\frac{\partial}{\partial t}(\rho\mathbf{v})$ 可以写成

$$\frac{\partial}{\partial t}(\rho v_i)=\rho\frac{\partial v_i}{\partial t}+\frac{\partial \rho}{\partial t}v_i.$$

应用式(5.1)，把 $\frac{\partial \rho}{\partial t}$ 用 $-\frac{\partial}{\partial x_j}(\rho v_j)$ 代替，同时应用式(5.4)，把 $\frac{\partial v_i}{\partial t}$ 用

$$-v_j \frac{\partial v_i}{\partial x_j} - \frac{1}{\rho}\frac{\partial p}{\partial x_i} = -v_j \frac{\partial v_i}{\partial x_j} - \frac{1}{\rho}\frac{\partial p}{\partial x_j}\delta_{ij}$$

代替,那么上式就可以写成

$$\frac{\partial}{\partial t}(\rho v_i) = -\delta_{ij}\frac{\partial p}{\partial x_j} - \frac{\partial}{\partial x_j}(\rho v_i v_j).$$

现在令动量通量密度张量 $T_{ij}(\tilde{\mathbf{T}})$ 为

$$T_{ij} = p\delta_{ij} + \rho v_i v_j,$$
$$\tilde{\mathbf{T}} = p\tilde{\mathbf{I}} + \rho\mathbf{v}\mathbf{v}, \tag{5.5}$$

其中 $\tilde{\mathbf{I}}$ 是单位矩阵. 于是上式成为

$$\frac{\partial}{\partial t}(\rho v_i) = -\frac{\partial T_{ij}}{\partial x_j}. \tag{5.6}$$

这就是动量守恒方程. $\frac{\partial}{\partial t}(\rho v_i)$ 既然是单位体积流体 i 向动量的时间改变率,那么 $-\frac{\partial T_{ij}}{\partial x_j}$ 就可以看成是单位体积流体所受到的 i 向的体积力了.

张量 T_{ij} 的意义还可以从下面的讨论来理解. 把式(5.6)对某一定体积 V_0 积分就得到

$$\frac{\partial}{\partial t}\int_{V_0} \rho v_i d\tau = -\int_{V_0} \frac{\partial T_{ij}}{\partial x_j} d\tau.$$

应用格临定理[4]

$$\int_{V_0} (\phi\nabla^2\psi - \psi\nabla^2\phi)d\tau = \oint_S (\phi\nabla\psi - \psi\nabla\phi)\cdot d\mathbf{s};$$

现在令

$$\phi = 1,\ \nabla\psi = T_{ij},\ \nabla^2\psi = \frac{\partial}{\partial x_j}T_{ij},$$

就可以得到

$$-\int_{V_0} \frac{\partial T_{ij}}{\partial x_j} d\tau = -\oint_S T_{ij} ds_j,$$

其中 ds_j 是体积 V_0 的外表面 S 上的面积元与 x_j 轴相垂直的分量,

因此，我们得出

$$\frac{\partial}{\partial t}\int_{V_0}\rho v_i d\tau = -\oint_S T_{ij} ds_j。$$

这个式子的左方表示在体积 V_0 内所含流体的 i 向动量改变率。因此，式子右方的积分就表示在单位时间内从体积 V_0 的外表面 S 所外流的动量的 i 向分量. 如果 $\mathbf{e}$ 代表在外表面 S 上沿外法线方向的单位矢量，ds 是面积元的大小，那么就有 $ds_j = e_j ds$，从而告诉我们 $-T_{ij}e_j$ 是单位时间内通过单位表面积外流的流体动量的 i 向分量. 应用式(5.5)的 T_{ij} 形式，可以有

$$\begin{aligned} T_{ij}e_j &= p\delta_{ij}e_j + \rho v_i v_j e_j \\ &= [p\mathbf{e} + \rho(\mathbf{v}\cdot\mathbf{e})\mathbf{v}]_i. \end{aligned} \tag{5.7}$$

所以，$-T_{ij}$ 是单位时间内流过与 x_j 轴相垂直的单位面积上的流体动量的 i 向分量，或者说是与 x_j 相垂直的单位面积上流体所受到的 i 向的力. 我们称 T_{ij} 为胁强张量. 这个表面力对单位面积的流体将引起一个表面力矩 $\boldsymbol{\tau}_s$:

$$\boldsymbol{\tau}_s = -\mathbf{r}\times\tilde{\mathbf{T}}\cdot\mathbf{e}, \tag{5.8}$$

$\mathbf{r}$ 是面积的位置.

1.3 熵守恒定律

假定流体是绝热的，或者流体的运动是可逆的，那么热力学第二定律告诉我们系统的熵是守恒的. 设流体单位质量的熵为 s，那么在流体中 s 将是位置和时间的函数:

$$s = s(x_1, x_2, x_3, t).$$

对于流体质点，熵守恒定理要求

$$ds = 0. \tag{5.9}$$

因此，我们有

$$\begin{aligned} ds &= \frac{\partial s}{\partial t}dt + \frac{\partial s}{\partial x_i}dx_i \\ &= \frac{\partial s}{\partial t}dt + d\mathbf{r}\cdot\nabla s = 0, \end{aligned}$$

这里

$$d\mathbf{r}=(dx_1,dx_2,dx_3).$$

这也就是说

$$\frac{\partial s}{\partial t}+\mathbf{v}\cdot\nabla s=0. \tag{5.10}$$

把式(5.10)乘以流体密度 ρ，另外把式(5.1)乘以 s，然后两式相加就得出

$$\frac{\partial}{\partial t}(\rho s)+\nabla\cdot(\rho s\mathbf{v})=0,$$

$$\frac{\partial}{\partial t}(\rho s)+\frac{\partial}{\partial x_i}(\rho s v_i)=0. \tag{5.11}$$

这就是熵守恒方程。

1.4 能量守恒定律

设 ε 为单位质量流体的内能，它当然是时间和空间位置的函数。在空间某一固定点周围，单位体积流体的能量 E 是单位体积流体的动能与内能的总和：

$$E=\frac{1}{2}\rho\mathbf{v}^2+\rho\varepsilon. \tag{5.12}$$

这样，在某一处单位体积流体的能量随时间的变化率就是

$$\begin{aligned}\frac{\partial E}{\partial t}&=\frac{\partial}{\partial t}\left(\frac{1}{2}\rho\mathbf{v}^2+\rho\varepsilon\right)\\&=\frac{1}{2}\mathbf{v}^2\frac{\partial\rho}{\partial t}+\rho\mathbf{v}\cdot\frac{\partial\mathbf{v}}{\partial t}+\frac{\partial}{\partial t}(\rho\varepsilon).\end{aligned}$$

应用式(5.1)把 $\frac{\partial\rho}{\partial t}$ 用 $-\nabla\cdot(\rho\mathbf{v})$ 代换，同时应用欧勒方程(5.4)把 $\frac{\partial\mathbf{v}}{\partial t}$ 用 $-(\mathbf{v}\cdot\nabla)\mathbf{v}-\frac{1}{\rho}\nabla p$ 代换，上式就可以写作

$$\begin{aligned}\frac{\partial E}{\partial t}=&-\frac{1}{2}\mathbf{v}^2\nabla\cdot(\rho\mathbf{v})-\frac{1}{2}\rho(\mathbf{v}\cdot\nabla)\mathbf{v}^2-\mathbf{v}\cdot\nabla p\\&+\frac{\partial}{\partial t}(\rho\varepsilon).\end{aligned}$$

让我们引进流体单位质量的焓 h：

$$h = \varepsilon + pV$$
$$= \varepsilon + \frac{p}{\rho}. \qquad (5.13)$$

根据热力学关系式[5]

$$dh = Tds + Vdp$$
$$= Tds + \frac{1}{\rho}dp,$$

可以有

$$\nabla p = \rho\nabla h - \rho T\nabla s.$$

于是

$$\mathbf{v}\cdot\nabla p = \rho\mathbf{v}\cdot\nabla h - \rho T\mathbf{v}\cdot\nabla s.$$

另外，从热力学关系式[6]

$$d\varepsilon = Tds - pdV,$$

可以看到

$$\frac{\partial}{\partial t}(\rho\varepsilon) = \varepsilon\frac{\partial\rho}{\partial t} + \rho\frac{\partial\varepsilon}{\partial t}$$
$$= \left(\varepsilon + \frac{p}{\rho}\right)\frac{\partial\rho}{\partial t} + \rho T\frac{\partial s}{\partial t}$$
$$= h\frac{\partial\rho}{\partial t} + \rho T\frac{\partial s}{\partial t}.$$

再应用连续性方程(5.1)和熵守恒关系式(5.10)，就可以得到

$$\frac{\partial}{\partial t}(\rho\varepsilon) = -h\nabla\cdot(\rho\mathbf{v}) - \rho T\mathbf{v}\cdot\nabla s.$$

现在把 $\mathbf{v}\cdot\nabla p$ 和 $\frac{\partial}{\partial t}(\rho\varepsilon)$ 的形式代入 $\frac{\partial E}{\partial t}$ 的表示式，就得到

$$\frac{\partial E}{\partial t} = -\frac{1}{2}\mathbf{v}^2\nabla\cdot(\rho\mathbf{v}) - \frac{1}{2}\rho(\mathbf{v}\cdot\nabla)\mathbf{v}^2 - \rho\mathbf{v}\cdot\nabla h$$
$$+ \rho T\mathbf{v}\cdot\nabla s - h\nabla\cdot(\rho\mathbf{v}) - \rho T\mathbf{v}\cdot\nabla s$$
$$= -\left(\frac{1}{2}\mathbf{v}^2 + h\right)\nabla\cdot(\rho\mathbf{v}) - \rho\mathbf{v}\cdot\nabla\left(\frac{1}{2}\mathbf{v}^2 + h\right)$$

$$= -\nabla \cdot \left[\left(\frac{1}{2}\mathbf{v}^2 + h\right)\rho\mathbf{v}\right]. \tag{5.14}$$

令矢量 $\mathbf{Q}$ 为

$$\mathbf{Q} = \left(\frac{1}{2}\mathbf{v}^2 + h\right)\rho\mathbf{v}, \tag{5.15}$$

那么式(5.14)就可以写成

$$\frac{\partial E}{\partial t} + \nabla \cdot \mathbf{Q} = 0 \tag{5.16}$$

的形式．这就是能量方程．如果把式(5.16)对一个固定的体积积分，在应用高斯定理之后就可以看出，$\mathbf{Q}$ 正是单位时间内、在垂直于速度 $\mathbf{v}$ 的方向、从该体积外表面上单位面积所流出的能量．因此 $\mathbf{Q}$ 可以称为能量通量密度矢量．

对于各向同性流体，主要的守恒定律就是质量守恒、动量守恒、熵守恒和能量守恒这四条守恒定律．它们的代表方程就是式(5.1)、(5.6)、(5.11)和(5.16)．这四个方程可以称为各向同性流体的动力学方程．当然，各向同性流体的运动还要满足角动量守恒定律．不过角动量守恒方程完全可以从动量守恒方程得到，所以不必另行作为独立方程加以提出．对于液晶的流动，上述四条定律仍然要得到满足．然而，由于液晶不同于各向同性流体，它具有分子排列的规则性，所以对描述这四条定律的方程还须要作一定的补充．

§2　无耗散条件下的指向矢运动方程

液晶不同于各向同性流体，它的分子具有一定规律性的排列取向．这个排列取向是用液晶中各点的指向矢 $\mathbf{n}$ 来描述的．在液晶连续体弹性形变理论那一章中已经指出过，当液晶中的指向矢偏离了平衡状态下的取向时，液晶中将产生一个恢复力或恢复力矩，以促使指向矢返回平衡状态下的取向．由于液晶中的指向矢具有这种弹性性质，因此在描述液晶的流体动力学中就必须考虑到这种恢复力或恢复力矩的影响。这就要求我们首先要讨论指向矢的运动方程。

我们已经有了液晶自由能密度 g 的表示式：

$$g = \frac{1}{2}\left[k_{11}(\nabla\cdot\mathbf{n})^2 + k_{22}\left(\mathbf{n}\cdot\nabla\times\mathbf{n} - \frac{k_2}{k_{22}}\right)^2 + k_{33}(\mathbf{n}\cdot\nabla\mathbf{n})^2\right] = \frac{1}{2}\left[k_{11}(\nabla\cdot\mathbf{n})^2 + k_{22}\left(\mathbf{n}\cdot\nabla\times\mathbf{n} - \frac{k_2}{k_{22}}\right)^2 + k_{33}(\mathbf{n}\times\nabla\times\mathbf{n})^2\right]. \qquad (2.29)$$

这个表示式对丝状液晶和螺旋状液晶都适用，只不过对于丝状液晶 $k_2=0$ 而已。这个表示式指出，自由能密度是指向矢 $\mathbf{n}$ 和指向矢形变各分量，也就是指向矢的曲率 $n_{i,j}$ 的函数，即

$$g = g(n_i, n_{i,j}). \qquad (5.17)$$

如果我们把 dn_i 看作是指向矢的一个位移，而 f_i 是产生这一位移时液晶单位体积所受到的力，那么

$$dg = f_i dn_i$$

将是由于这个力 f_i 对液晶作功而使液晶发生的能量增加量。因此，我们定义在无外磁场和无外电场作用下，单位体积液晶所受到的彻体力 $\mathbf{f}$ 为

$$f_i = \frac{\partial g}{\partial n_i}$$

$$= k_{22}\left(\mathbf{n}\cdot\nabla\times\mathbf{n} - \frac{k_2}{k_{22}}\right)\varepsilon_{ijk}n_{k,j} + k_{33}(\mathbf{n}\cdot\nabla n_j)n_{j,i} \qquad (5.18_1)$$

$$= k_{22}\left(\mathbf{n}\cdot\nabla\times\mathbf{n} - \frac{k_2}{k_{22}}\right)\varepsilon_{ijk}n_{k,j} + k_{33}[(\nabla\times\mathbf{n})^2 n_i - (\mathbf{n}\cdot\nabla\times\mathbf{n})(\nabla\times\mathbf{n})_i]. \qquad (5.18_2)$$

式(5.18_1)是从式(2.29_1)的自由能密度表达式得出的，而式(5.18_2)是从式(2.29_2)的自由能密度表达式得到的，也就是式(2.51_1)的结

果. $\mathbf{n}$ 是一个无量纲的量，因此彻体力 $\mathbf{f}$ 的单位和自由能密度 g 的单位相同，都是尔格·每立方厘米或达因·每平方厘米. 这个彻体力将使单位体积的液晶受到一个彻体转矩 $\boldsymbol{\tau}_b$:

$$\boldsymbol{\tau}_b = \mathbf{n} \times \mathbf{f}. \tag{5.19}$$

另外，从自由能密度 g 我们还可以定义一个单位体积液晶所受到的曲率胁强张量 $\tilde{\boldsymbol{\Pi}}$:

$$\begin{aligned}\Pi_{ij} &= -\frac{\partial g}{\partial n_{i,j}} \\ &= -k_{11}(\nabla\cdot\mathbf{n})\delta_{ij} + k_{22}\left(\mathbf{n}\cdot\nabla\times\mathbf{n} - \frac{k_2}{k_{22}}\right)\varepsilon_{ijk}n_k \\ &\quad - k_{33}(\mathbf{n}\cdot\nabla n_i)n_j \qquad (5.20_1) \\ &= -k_{11}(\nabla\cdot\mathbf{n})\delta_{ij} + k_{22}\left(\mathbf{n}\cdot\nabla\times\mathbf{n} - \frac{k_2}{k_{22}}\right)\varepsilon_{ijk}n_k \\ &\quad - k_{33}[n_{i,j} - n_{j,i} - (\mathbf{n}\cdot\nabla\times\mathbf{n})\varepsilon_{lij}n_l]. \qquad (5.20_2)\end{aligned}$$

式(5.20_2)中最后一项 k_{33} 的系数用的是式(2.51_2)的形式. 胁强张量 Π_{ij} 的物理意义可以同动量通量密度张量 T_{ij} 的物理意义相类比. 如果我们考虑那些躺在法线方向单位矢量为 $\mathbf{e}$ 的平面上的分子，那么这些分子将受到使它们转动的力矩的作用. 单位面积上分子受到的 i 向表面力可以看作是 $\Pi_{ij}e_j$. 于是液晶中单位面积受到的表面转矩 $\boldsymbol{\tau}_s$ 就是

$$\boldsymbol{\tau}_s = -\mathbf{n} \times \tilde{\boldsymbol{\Pi}} \cdot \mathbf{e}, \tag{5.21}$$

$\tilde{\boldsymbol{\Pi}}$ 是分量为 Π_{ij} 的胁强矩阵(胁强张量).

液晶的平衡状态是它的总能量为最小值的状态. 设液晶的总体积为 V_0,它的外表面为 S,那么平衡状态要求

$$G = \int_{V_0} g(n_i, n_{i,j})d\tau$$

为最小值. 现在假设在平衡状态下令 n_i 和 $n_{i,j}$ 发生小小的改变量 δn_i 和 $\delta n_{i,j}$,那么液晶的能量将改变 δG,而

$$\delta G = \int_{V_0}\left(\frac{\partial g}{\partial n_i}\delta n_i + \frac{\partial g}{\partial n_{i,j}}\delta n_{i,j}\right)d\tau$$

$$= \int_{V_0} \left[\frac{\partial g}{\partial n_i} \delta n_i - \frac{\partial}{\partial x_j}\left(\frac{\partial g}{\partial n_{i,j}}\right) \delta n_i + \frac{\partial}{\partial x_j}\left(\frac{\partial g}{\partial n_{i,j}} \delta n_i\right)\right] d\tau$$

$$= \int_{V_0} \left[\frac{\partial g}{\partial n_i} - \frac{\partial}{\partial x_j}\left(\frac{\partial g}{\partial n_{i,j}}\right)\right] \delta n_i d\tau + \oint_S \frac{\partial g}{\partial n_{i,j}} \delta n_i ds_j.$$

末一项的面积分可以由适当的边界条件使之为零。这样能量改变量就是

$$\delta G = \int_{V_0} \left[\frac{\partial g}{\partial n_i} - \frac{\partial}{\partial x_j}\left(\frac{\partial g}{\partial n_{i,j}}\right)\right] \delta n_i d\tau.$$

这个改变量当然要大于零，因为平衡状态是能量为最小值的状态。同样的结论也适用于 n_i 和 $n_{i,j}$ 的改变量为 $\alpha\delta n_i$ 和 $\alpha\delta n_{i,j}$ 的情形，其中 α 是从 -1 到 $+1$ 的连续变量。这时的能量改变量

$$\delta G = \int_{V_0} \left[\frac{\partial g}{\partial n_i} - \frac{\partial}{\partial x_j}\left(\frac{\partial g}{\partial n_{i,j}}\right)\right] (\alpha\delta n_i) d\tau,$$

是 α 的连续函数。由于当 $\alpha = 0$ 时，δG 具有最小值零，而 $\alpha \neq 0$ 时 $\delta G > 0$，所以有

$$\left[\frac{\partial}{\partial \alpha}(\delta G)\right]_{\alpha=0} = 0.$$

这样我们就得到平衡条件为

$$\int_{V_0} \left[\frac{\partial g}{\partial n_i} - \frac{\partial}{\partial x_j}\left(\frac{\partial g}{\partial n_{i,j}}\right)\right] \delta n_i d\tau = 0.$$

液晶的总体积 V_0 是可以任意选取的，因此有

$$\left[\frac{\partial g}{\partial n_i} - \frac{\partial}{\partial x_j}\left(\frac{\partial g}{\partial n_{i,j}}\right)\right] \delta n_i = 0.$$

另外，指向矢 $\mathbf{n}$ 满足式(1.1)的约束条件

$$n_i n_i = 1, \tag{1.1}$$

因此又有

$$n_i \delta n_i = 0.$$

这样我们就可以有

$$\left[\frac{\partial g}{\partial n_i} - \frac{\partial}{\partial x_j}\left(\frac{\partial g}{\partial n_{i,j}}\right)\right] \delta n_i - \gamma n_i \delta n_i = 0,$$

γ 是一个常数．由于指向矢 n_i 的改变量 δn_i 可以任意选取，所以我们得出平衡条件

$$-\frac{\partial}{\partial x_j}\left(\frac{\partial g}{\partial n_{i,j}}\right)+\frac{\partial g}{\partial n_i}=\gamma n_i, \tag{5.22$_1$}$$

或者写作

$$\frac{\partial}{\partial x_j}\Pi_{ij}+f_i=\gamma n_i. \tag{5.22$_2$}$$

式中待定常数 γ 称为拉格朗日未定乘子[7]，它的数值由式(1.1)的约束条件 $n_in_i=1$ 来决定． 如果各个 n_i 可以独立变化而不需要满足式(1.1)，那么拉格朗日未定乘子 γ 就等于零，这种情形也就是式(3.90)所给出的求 G 具有极值的欧勒-拉格朗日方程的结果．这里要提出一点，就是如果我们假定了初始的 n_i 形式而使 G 极小化的话，我们并不一定能得出一个稳定的解，因为 n_i 的形式是可以变化的．

式 (5.22) 是液晶弹性形变受力部分的平衡方程式，也就是说是液晶处于静态时的平衡方程式．如果把液晶指向矢的惯性运动考虑进去，那么式(5.22)应该被推广成

$$I\frac{d\dot{n}_i}{dt}+\frac{\partial}{\partial x_j}\Pi_{ij}+f_i=\frac{\partial}{\partial t}(I\dot{n}_i)+\frac{\partial}{\partial x_j}(I\dot{n}_iv_j)$$

$$+\frac{\partial}{\partial x_j}\Pi_{ij}+f_i=\gamma n_i, \tag{5.23}$$

式中

$$I=\rho a^2 \tag{5.24}$$

是单位体积液晶的转动惯量，a 是分子的一个本征线度．式(5.23)的第一个等式是由于

$$I\frac{d\dot{n}_i}{dt}=I\frac{\partial\dot{n}_i}{\partial t}+I\boldsymbol{v}\cdot\nabla\dot{n}_i,$$

而连续性方程(5.1)在乘以 $\dot{n}_ia^2$ 后成为

$$\dot{n}_i\frac{\partial I}{\partial t}+\dot{n}_i\nabla\cdot(I\boldsymbol{v})=0,$$

因此可以有

$$l\frac{d\dot{n}_i}{dt}=l\frac{\partial\dot{n}_i}{\partial t}+l\mathbf{v}\cdot\nabla\dot{n}_i+\dot{n}_i\frac{\partial l}{\partial t}+\dot{n}_i\nabla\cdot(l\mathbf{v})$$

$$=\frac{\partial}{\partial t}(l\dot{n}_i)+\frac{\partial}{\partial x_j}(l\dot{n}_iv_j).$$

式(5.23)中的 $l\frac{d\dot{n}_i}{dt}=l\frac{d^2n_i}{dt^2}$ 项是指向矢运动的时间改变率. 这个惯性项对于各种低频的现象来讲可以忽略不计. 在较高频率的条件下它可能具有一定的重要性. 然而，在较高频率条件下另外的影响将起重要的作用，这时式(5.23)本身是否还很正确尚有待进一步研究. 目前对于高频下的指向矢运动方程式还没有具体可靠的结论.

式(5.22)左方的两项实际上就是连续体弹性形变理论中式(2.35)所引用的矢量[g]的各个分量. 这些分量的具体形式也已经由式(2.44)、(2.47)、(2.50)和(2.52)给出. 由于在丝状液晶中如果近似地把三个弹性常数认为相等，那么自由能密度的表示式，就和对于铁磁体磁化畸变时的自由能密度表示式具有相同的形式，因此德燃纳[8]把

$$h_i=-[\mathbf{g}]_i=-\frac{\partial}{\partial x_j}\Pi_{ij}-f_i \tag{5.25}$$

称为分子场 $\mathbf{h}$ 的各个分量. 式(5.22)说明，在平衡状态下[g]或分子场 $\mathbf{h}$，在液晶中各点与该处的指向矢的取向相平行. 用数学形式来表达的话就是

$$\mathbf{n}\times[\mathbf{g}]=\mathbf{n}\times\mathbf{h}=0. \tag{5.26}$$

这样我们就可以把式(5.22)中的拉格朗日未定乘子 γ 处理掉了.

§3 指向矢的彻体力与胁强张量之间的关系

液晶的自由能密度 $g(n_i,\ n_{i,j})$ 是液晶内部的物理量，它与液晶整体的运动无关. 也就是说，如果给整个液晶以一个刚体转动，

那时 $g(n_i, n_{i,j})$ 将保持为一个不变量. 这一点对液晶指向矢的彻体力 f_i 与胁强张量 Π_{ij} 之间提供了一个恒等关系式. 这个恒等关系式对液晶的流体动力学方程提供了额外的关系条件.

为了讨论在给液晶一个刚体转动时指向矢的变化问题, 我们先从一般的矢量变化来讨论. 在 P 点的坐标系 (x_1, x_2, x_3) 中我们讨论一个矢量 $\mathbf{X} = (x_1, x_2, x_3)$. 如图 5.1 所示, 把这个矢量 $\mathbf{X}$ 绕固定方向 $\mathbf{l}(\mathbf{l}\cdot\mathbf{l} = 1)$ 转一个微小的角度 $\delta\theta$ 而成为矢量

$$\mathbf{X}' = (x_1', x_2', x_3').$$

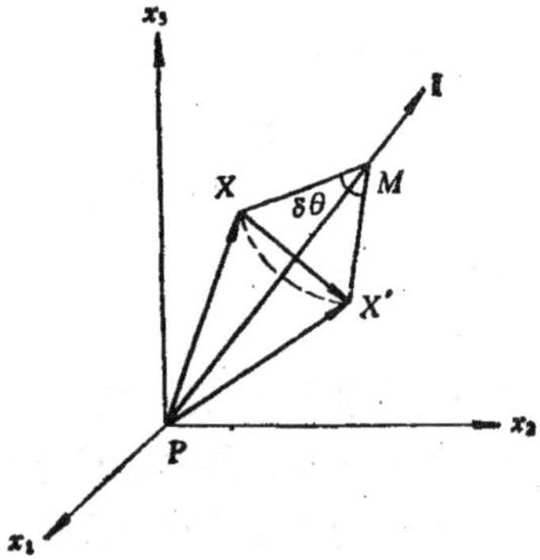

图 5.1　在作微小刚体转动前后矢量的关系.

现在的问题是找出 $\mathbf{X}$ 与 $\mathbf{X}'$ 之间的关系. 如图所示, 设 M 点为 X 点在 $\mathbf{l}$ 方向上的投影点, 那么 M 当然也是 X' 点在 $\mathbf{l}$ 方向上的投影点. 角 XMX' 就是矢量所转动的角度 $\delta\theta$. 当 $\delta\theta$ 很小的时候, 弧 $\widehat{XX'}$ 近似地与弦 $\overline{XX'}$ 相等, 同时矢量 $\overrightarrow{XX'}$ 也近似地与 MPX 平面相垂直; 换句话说就是, $\overrightarrow{XX'}$ 的方向与 $\mathbf{l} \times \mathbf{X}$ 的方向相同, 而 $\widehat{XX'}$ 的长度为 $\delta\theta \cdot \overline{MX}$, 同时也近似地等于 $\overline{XX'}$ 的长度. 由于 $\mathbf{l}$ 为单位矢量, 所以 $\overline{XM}$ 的长度也就等于 $|\mathbf{l} \times \mathbf{X}|$. 这样我们就得到

$$\mathbf{X}' = \mathbf{X} + \delta\theta \mathbf{l} \times \mathbf{X}. \tag{5.27$_1$}$$

写成分量形式就是

$$\begin{aligned} x_i' &= x_i + \delta\theta \varepsilon_{ijk} l_j x_k \\ &= (\delta_{ik} + \Omega_{ik}) x_k, \end{aligned} \tag{5.27$_2$}$$

这里

$$\Omega_{ik} = \delta\theta \varepsilon_{ijk} l_j,$$

它的大小正是矢量 $\mathbf{X}$ 绕 x_j 轴所转动的无限小的转角. 很明显,

Ω_{ik} 是一个反对称张量，因为

$$\begin{aligned}\Omega_{ki} &= \delta\theta\varepsilon_{kji}l_j \\ &= -\delta\theta\varepsilon_{ijk}l_j = -\Omega_{ik}.\end{aligned} \tag{5.28}$$

反过来，我们也可以把 $\mathbf{X}$ 用 $\mathbf{X}'$ 来表示。显然

$$\mathbf{X} = \mathbf{X}' - \delta\theta\mathbf{l} \times \mathbf{X}', \tag{5.29$_1$}$$

或者写作

$$\begin{aligned}x_i &= x_i' - \Omega_{ik}x_k' \\ &= x_i' + \Omega_{ki}x_k' \\ &= (\delta_{ik} + \Omega_{ki})x_k'.\end{aligned} \tag{5.29$_2$}$$

式(5.27)和(5.29)说明，无限小的转动是可加性的。但是，对于有限角的转动，由于不能用弦 $\overline{XX'}$ 来代替弧 $\widehat{XX'}$，因而式(5.27)和(5.29)也就都不能成立。

把式(5.27)应用到指向矢的情形，如果给液晶一个微小的刚体转动 $\delta\theta$，那么转动后的指向矢 $\mathbf{n}'$ 与转动前的指向矢 $\mathbf{n}$ 之间就存在着

$$n_i' = (\delta_{ik} + \Omega_{ik})n_k \tag{5.30}$$

的关系。 转动张量 Ω_{ik} 与转角 $\delta\theta$ 成正比。 转动后的指向矢的曲率 $(n_{i,j})'$ 与转动前的曲率 $n_{i,j}$ 之间的关系是

$$\begin{aligned}(n_{i,j})' &= \frac{\partial n_i'}{\partial x_j'} \\ &= \frac{\partial n_i'}{\partial x_k}\frac{\partial x_k}{\partial x_j'}.\end{aligned}$$

从式(5.29)可以得出

$$\frac{\partial x_k}{\partial x_j'} = \delta_{kj} + \Omega_{jk}.$$

把它代入上式，并引用式(5.30)，就可以得到

$$\begin{aligned}(n_{ij})' &= (\delta_{kj} + \Omega_{jk})\frac{\partial}{\partial x_k}(n_i + \Omega_{ip}n_p) \\ &= (\delta_{jk} + \Omega_{jk})(n_{i,k} + \Omega_{ip}n_{p,k})\end{aligned}$$

$$= n_{i,j} + \Omega_{ip} n_{p,j} + \Omega_{jk} n_{i,k} + \Omega_{jk} \Omega_{ip} n_{p,k}.$$

由于 $\Omega_{jk}\Omega_{ip}$ 与 $(\delta\theta)^2$ 成正比，是一个二阶微量，可以加以忽略，因此

$$(n_{i,j})' = n_{i,j} + \Omega_{ik} n_{k,j} + \Omega_{jk} n_{i,k}. \tag{5.31}$$

式(5.30)和(5.31)就是指向矢和指向矢曲率在液晶作微小刚体转动前后的关系.

微小转动后的液晶能量密度与转动前的能量密度之差，在一阶近似下可以写作

$$g[n_i', (n_{i,j})'] - g(n_i, n_{i,j}) = \frac{\partial g}{\partial n_i}(n_i' - n_i) + \frac{\partial g}{\partial n_{i,j}}[(n_{i,j})' - n_{i,j}]$$

的形式. 但是，$\frac{\partial g}{\partial n_i} = f_i$ 是指向矢的彻体力，而 $\frac{\partial g}{\partial n_{i,j}} = -\Pi_{ij}$ 是指向矢的胁强张量. 把式(5.30)和(5.31)应用到这个能量密度差就有

$$\begin{aligned} g[n_i', (n_{i,j})'] - g(n_i, n_{i,j}) &= f_i \Omega_{ik} n_k - \Pi_{ij}(\Omega_{ik} n_{k,j} + \Omega_{jk} n_{i,k}) \\ &= (f_i n_j - \Pi_{ik} n_{j,k} - \Pi_{ki} n_{k,j})\Omega_{ij}. \end{aligned}$$

然而，液晶的能量密度并不应由于液晶作了刚体转动而发生改变，因此这个能量密度差应该等于零. 可是，式(5.28)告诉我们 Ω_{ij} 是一个反对称张量，所以上式右方括号内的项目对于 i 和 j 来讲必须是对称的. 于是，我们得出了指向矢的彻体力与胁强张量之间所需要满足的恒等条件为

$$f_i n_j - \Pi_{ik} n_{j,k} - \Pi_{ki} n_{k,j} = f_j n_i - \Pi_{jk} n_{i,k} - \Pi_{kj} n_{k,i}. \tag{5.32}$$

这是液晶流体动力学中所需要满足的一个方程.

§4 丝状与螺旋状液晶的可逆流体动力学方程

液晶流体动力学方程是联系液晶密度 ρ、流速 $\mathbf{v}$、指向矢 $\mathbf{n}$、

以及它们对时间和对空间的导数和温度 T 以及温度梯度 $T_{,i}$ 之间的关系的方程。在可逆的条件下，综合第一节关于各向同性流体的动力学方程以及第二节的指向矢运动方程，我们可以列出可逆液晶流体动力学方程式如下：

$$\frac{\partial \rho}{\partial t}+\frac{\partial}{\partial x_k}(\rho v_k)=0, \tag{5.33}$$

$$\frac{\partial}{\partial t}(\rho s)+\frac{\partial}{\partial x_k}(\rho s v_k)=0, \tag{5.34}$$

$$\frac{\partial}{\partial t}(\rho v_i)+\frac{\partial}{\partial x_k}T_{ik}=0, \tag{5.35}$$

$$\frac{\partial}{\partial t}(I\dot{n}_i)+\frac{\partial}{\partial x_k}(I\dot{n}_i v_k)+\frac{\partial}{\partial x_k}\Pi_{ik}+f_i=0. \tag{5.36}$$

这四个方程组成了完整的可逆液晶流体动力学方程组。式(5.33)是质量守恒或连续性方程，式(5.34)是熵守恒方程，式(5.35)是动量守恒方程，式(5.36)是指向矢运动方程。

这里一共有八个方程，包含八个变量 $\rho, s, \mathbf{v}, \mathbf{n}$. 然而，与各向同性流体动力学方程不同的是：在各向同性流体运动中，动量通量密度张量 T_{ij} 是由式(5.5)定义的，而对于液晶的运动，式(5.35)中的 T_{ij} 应该是什么样的表示式还没有加以确定。此外，如果我们用 $T_{ij}+\frac{\partial}{\partial x_k}\Lambda_{ijk}$ 来代替 T_{ij} 的话，只要三阶张量 Λ_{ijk} 对 i 和 k 是反对称的，那么式(5.35)就仍然能够得到满足。为了确定 T_{ij} 的形式，我们引用能量守恒定律。令 E 为单位体积液晶的能量，$\mathbf{Q}$ 为能量通量密度矢量，象各向同性流体的情形一样，把能量守恒方程写成

$$\frac{\partial E}{\partial t}+\nabla\cdot\mathbf{Q}=0 \tag{5.37}$$

的形式，并且要求 T_{ij} 的形式能够使式(5.37)得到满足。但是，即使作了这样的要求我们仍然还不能确定出 T_{ij} 的形式，因为在式(5.37)中能量 E 和能量通量密度矢量 $\mathbf{Q}$ 的形式也同样还没有得

到确定.

为了解决确定这些量随流速 $\mathbf{v}$ 变化的形式问题，我们应用朗道 (L. D. Landau) 和栗夫西兹 (E. M. Lifshitz)[9] 在解决超流问题中所提出的，应用伽里略相对性原理的办法. 把固定坐标系中液晶的运动变换到另一个随液晶分子一起运动的坐标系中去. 这个运动的坐标系在固定坐标系中的平移速度就是流速 $\mathbf{v}$，另外这个运动系统还有一个角速度 $\boldsymbol{\omega}$. 在这个运动坐标系中，液晶分子的运动将是纯粹的转动而不再有平移运动.

为了弄清楚 $\boldsymbol{\omega}$ 与 $\mathbf{v}$ 之间的关系，让我们以刚体的运动为例. 如图 5.2 所示，假设一个刚体绕刚体中一点 O 以角速度 $\boldsymbol{\omega}$ 转动，同时 o 点在固定坐标系中以速度 $\mathbf{v}_0$ 移动. 考虑刚体中一点 P，如果 $\mathbf{r}$ 为矢量 $\overrightarrow{OP}$，那么相对于 O 点来讲，P 点的线速度为 $\boldsymbol{\omega}\times\mathbf{r}$. 因此，在固定坐标系中 P 点的速度 $\mathbf{v}$ 为

$$\mathbf{v}=\mathbf{v}_0+\boldsymbol{\omega}\times\mathbf{r}. \tag{5.38}$$

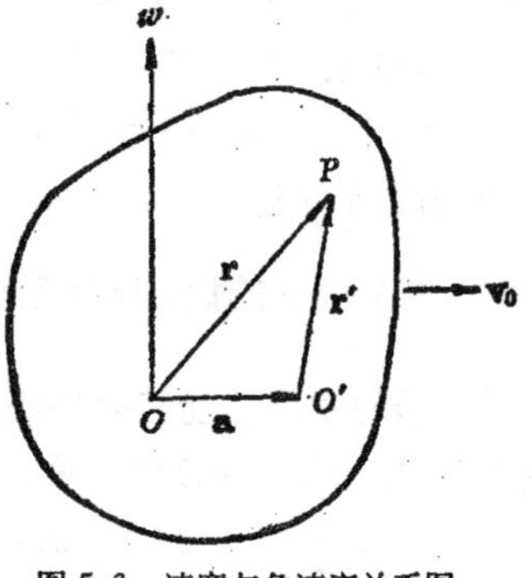

图 5.2 速度与角速度关系图.

相对于 O 点来讲，P 点的角速度 $\boldsymbol{\omega}$ 与 $\mathbf{r}$ 无关，同时 O 点在固定坐标系中的速度 $\mathbf{v}_0$ 也与 $\mathbf{r}$ 无关. 对式 (5.38) 进行旋度运算可以有

$$\begin{aligned}\nabla\times\mathbf{v}&=\nabla\times\mathbf{v}_0+\nabla\times(\boldsymbol{\omega}\times\mathbf{r})\\&=0+\mathbf{r}\cdot\nabla\boldsymbol{\omega}-\mathbf{r}\nabla\cdot\boldsymbol{\omega}+\boldsymbol{\omega}\nabla\cdot\mathbf{r}-\boldsymbol{\omega}\cdot\nabla\mathbf{r}\end{aligned}$$

$$= \omega\nabla\cdot\mathbf{r} - \omega\cdot\nabla\mathbf{r}。$$

但是，由于

$$\nabla\cdot\mathbf{r} = 3,$$

$$\omega\cdot\nabla\mathbf{r} = \omega,$$

因此有

$$\nabla\times\mathbf{v} = 2\omega。$$

所以P点在固定坐标系中的速度$\mathbf{v}$与它相对于旋转点O的角速度ω之间存在着

$$\omega = \frac{1}{2}\nabla\times\mathbf{v},$$

$$\omega_i = \frac{1}{2}e_{ijk}v_{k,j} \tag{5.39}$$

的关系．显然，在ω_i的表示式中对下标j和k是反对称的．这就是说ω是一个赝矢量或者称为轴矢量[10]．在右手坐标系中为右旋的角速度，当变换到左手坐标系时就成为一个左旋的角速度．因此，更确切地说，角速度是一个反对称二阶张量．所以，更方便的办法是把角速度用二阶张量

$$\omega_{ij} = \frac{1}{2}(v_{i,j} - v_{j,i}) \tag{5.40}$$

来表示。

如果我们把运动坐标系选在刚体中的另一点O'而矢量$\overrightarrow{OO'}$为$\mathbf{a}$，矢量$\overrightarrow{O'P}$为$\mathbf{r}'$，同时令P点绕o'转动的角速度为ω'，那么P点在固定坐标系中的速度$\mathbf{v}$按照式(5.38)将成为

$$\mathbf{v} = \mathbf{v}' + \omega'\times\mathbf{r}',$$

$\mathbf{v}'$是O'在固定坐标系中的速度．由于现在

$$\mathbf{r} = \mathbf{a} + \mathbf{r}',$$

因此式(5.38)给出

$$\mathbf{v} = \mathbf{v}_0 + \omega\times\mathbf{a} + \omega\times\mathbf{r}'.$$

这样我们就有

$$\mathbf{v}' + \boldsymbol{\omega}' \times \mathbf{r}' = \mathbf{v}_0 + \boldsymbol{\omega} \times \mathbf{a} + \boldsymbol{\omega} \times \mathbf{r}'.$$

这个等式的左右两侧都是由两类项组成，一类是与 $\mathbf{r}'$ 无关的 $\mathbf{v}'$ 和 $\mathbf{v}_0 + \boldsymbol{\omega} \times \mathbf{a}$，另一类是与 $\mathbf{r}'$ 相关的 $\boldsymbol{\omega}' \times \mathbf{r}'$ 和 $\boldsymbol{\omega} \times \mathbf{r}'$. 由于这个关系式对于任何 O' 点都需要能够满足，也就是说对于任何 $\mathbf{r}'$ 都应满足，因此要求

$$\mathbf{v}' = \mathbf{v}_0 + \boldsymbol{\omega} \times \mathbf{a},$$

$$\boldsymbol{\omega}' = \boldsymbol{\omega}.$$

很明显，第一个关系式就是 O' 点在固定坐标系中的速度. 第二个关系式说明在运动中刚体的角速度与我们在刚体中选择的坐标系无关；对于所有的坐标系，刚体都是以同一的角速度（方向相同，大小相同）在转动.

在某一个称之为初始的时刻，我们在处于固定的空间坐标系原点的液晶分子上，给它一个与固定空间坐标系相重合的坐标系. 随着时间的改变，这个在液晶分子上的坐标系将随着分子的运动而运动，我们称这个坐标系为运动坐标系. 这个运动坐标系在固定坐标系中有一个速度 $\mathbf{v}$. 根据式 (5.39)，这个运动坐标系相对于它所附着的液晶分子（也就是它自己的原点）具有一个角速度 $\boldsymbol{\omega} = \frac{1}{2}\nabla \times \mathbf{v}$. 在运动坐标系中，指向矢 $\mathbf{n}$ 的时间改变率 $\dot{\mathbf{n}}$（或分量 $\dot{n}_i$）是由两部分组成. 一部分 $\frac{\partial \mathbf{n}}{\partial t}\left(\frac{\partial n_i}{\partial t}\right)$ 是由于在固定位置处指向矢 $\mathbf{n}$ 本身随时间而发生的变化率. 另一部分 $\mathbf{v}\cdot\nabla\mathbf{n}$ 是由于液晶本身在流动，随着时间的改变，原来在空间某一处的流体将流到指向矢具有不同取向的另一处而引起的改变. 因此，

$$\dot{\mathbf{n}} = \frac{\partial \mathbf{n}}{\partial t} + \mathbf{v}\cdot\nabla\mathbf{n},$$

$$\dot{n}_i = \frac{\partial n_i}{\partial t} + v_j n_{i,j}. \tag{5.41}$$

现在我们定义一个矢量 $\mathbf{N}$ 为

$$\mathbf{N} = \dot{\mathbf{n}} - \boldsymbol{\omega} \times \mathbf{n},$$

$$N_i = \dot{n}_i - \omega_{ij} n_j. \tag{5.42}$$

由于 $\dot{\mathbf{n}}$ 是指向矢在运动坐标系中的时间改变率，而 $\boldsymbol{\omega} \times \mathbf{n}$ 是由于运动坐标系的转动而引起的指向矢的改变，因此 $\mathbf{N}$ 是相对于运动流体的指向矢的时间改变率，也就是相对于运动流体的指向矢的角速度.

有了固定坐标系和随液晶分子一起运动的运动坐标系，以及两个坐标系统中的一些关系之后，我们再回过来讨论动量通量密度张量 T_{ij}、能量密度 E 和能量通量密度矢量 $\mathbf{Q}$ 的问题. 我们要寻找的是在固定坐标系中这些物理量和它们在运动坐标系中相对应的量之间的关系. 我们将把在运动坐标系中的这些量的符号下加一个下标"0"以示区别.

各向同性流体的动量通量密度张量是由式(5.5)定义的. 为了在数学上处理起来比较明显起见，我们暂时用 $\mathbf{V}(V_i)$ 来代替式(5.5)中的流速 $\mathbf{v}(v_i)$. 在这个新符号下 T_{ij} 将是

$$T_{ij} = p\delta_{ij} + \rho V_i V_j.$$

对于一个静止处于具有速度 $\mathbf{u}$ 的运动坐标系中的观察者，他所看到的物体的速度将是 $\mathbf{V} - \mathbf{u}(V_i - u_i)$. 所以，在运动坐标系统中的动量通量密度张量 T_{0ij} 的表示式，按照伽里略相对性原理应该是

$$\begin{aligned} T_{0ij} &= p\delta_{ij} + \rho(V_i - u_i)(V_j - u_j) \\ &= T_{ij} - \rho V_i u_j - \rho V_j u_i + \rho u_i u_j. \end{aligned}$$

如果运动坐标系的速度 $\mathbf{u}$ 就是流速 $\mathbf{V} = \mathbf{v}$，那么上式就成为

$$T_{0ij} = T_{ij} - \rho v_i v_j,$$

或者写作

$$T_{ij} = \rho v_i v_j + T_{0ij}. \tag{5.43}$$

这就是在固定坐标系中动量通量密度张量 T_{ij}，与在运动坐标系中动量通量密度张量 T_{0ij} 之间的关系. 由于在运动坐标系中液晶分子只有转动运动，因此 T_{0ij} 是角速度 $\mathbf{N}$ 以及其它热力学变量的函数，而与流速 $\mathbf{v}$ 无关.

对于能量密度E和能量通量密度矢量 $\mathbf{Q}$ 的变换关系，我们将取一个刚性哑铃式的双原子分子作为模型进行讨论，然后再在这个讨论结果的基础上加以推广．假设组成液晶分子的两个原子的质量分别为 m_1 和 m_2．在空间坐标系中两个原子的位置分别为 $\mathbf{r}_1$ 和 $\mathbf{r}_2$，那么分子质量中心的位置 $\mathbf{R}$ 和分子的取向，也就是分子的指向矢 $\mathbf{n}$，将分别为

$$\mathbf{R}=\frac{m_1\mathbf{r}_1+m_2r_2}{m},\ m=m_1+m_2,$$

$$\mathbf{n}=\frac{\mathbf{r}_1-\mathbf{r}_2}{a},\ a=|\mathbf{r}_1-\mathbf{r}_2|.$$

设分子的势能为 w，那么分子的总能量 e 等于

$$e=\frac{1}{2}m\dot{\mathbf{R}}^2+\frac{1}{2}I_0\dot{\mathbf{n}}^2+w,$$

$$I_0=\left(\frac{m_1m_2}{m}\right)a^2. \tag{5.44}$$

I_0 是分子相对于质量中心的转动惯量．在速度为 $\mathbf{v}$、角速度为 $\boldsymbol{\omega}$ 的运动系统中，分子的能量 e_0 是

$$e_0=\frac{1}{2}m(\dot{\mathbf{R}}-\mathbf{v})^2+\frac{1}{2}I_0(\dot{\mathbf{n}}-\boldsymbol{\omega}\times\mathbf{n})^2+w,$$

因为在速度为 $\mathbf{v}$、角速度为 $\boldsymbol{\omega}$ 的运动坐标系中指向矢 $\mathbf{n}$ 只有角速度为N的转动运动而没有移动运动．如果运动坐标系是固定在分子身上，那么

$$\dot{\mathbf{R}}=\mathbf{v},$$

$$\boldsymbol{\omega}=\frac{1}{2}\nabla\times\mathbf{v}.$$

这时分子的能量 e_0 成为

$$e_0=\frac{1}{2}I_0(\dot{\mathbf{n}}-\boldsymbol{\omega}\times\mathbf{n})^2+w, \tag{5.45}$$

只具有转动动能和势能而没有平移移动动能．从式(5.44)和(5.45)可以得出

$$
\begin{aligned}
e - e_0 &= \frac{1}{2} m\dot{\mathbf{R}}^2 + I_0 \dot{\mathbf{n}} \cdot (\boldsymbol{\omega} \times \mathbf{n}) - \frac{1}{2} I_0 (\boldsymbol{\omega} \times \mathbf{n})^2 \\
&= \frac{1}{2} m\dot{\mathbf{R}}^2 + I_0 (\dot{\mathbf{n}} - \boldsymbol{\omega} \times \mathbf{n}) \cdot (\boldsymbol{\omega} \times \mathbf{n}) \\
&\quad + \frac{1}{2} I_0 (\boldsymbol{\omega} \times \mathbf{n})^2 \\
&= \frac{1}{2} m\dot{\mathbf{R}}^2 + I_0 \mathbf{N} \cdot (\boldsymbol{\omega} \times \mathbf{n}) + \frac{1}{2} I_0 (\boldsymbol{\omega} \times \mathbf{n})^2.
\end{aligned}
\tag{5.46}
$$

我们把从双原子分子得到的式(5.46)推广应用到单位体积液晶的能量E时，就可以得到

$$
E = \frac{1}{2} \rho \mathbf{v}^2 + I\mathbf{N} \cdot (\boldsymbol{\omega} \times \mathbf{n}) + \frac{1}{2} I (\boldsymbol{\omega} \times \mathbf{n})^2 + E_0.
\tag{5.47}
$$

在运动坐标系统中的能量密度E_0，由于分子在运动坐标系统中只有转动运动而没有平移运动，所以是角速度$\mathbf{N}$和其它热力学变量的函数，而与流速$\mathbf{v}$无关．另外，E_0还须要满足热力学关系式

$$
dE_0 = \mu d\rho + T d(\rho s) + f_i dn_i - \Pi_{ij} dn_{i,j} + N_i d(IN_i), \tag{5.48}
$$

这里μ是单位质量液晶的化学势．在式(5.48)中$f_i dn_i$项和$-\Pi_{ij} \cdot dn_{i,j}$项的出现，是根据彻体力f_i和胁强张量Π_{ij}的定义式(5.18)和(5.20)来的．式(5.48)的最后一项表明，相对角速度$\mathbf{N}$是能量相对于角动量的导数，这同一般的角速度与能量之间的关系是一致的．式(5.47)和(5.48)给出了在固定坐标系中和在运动坐标系中能量密度之间的关系，以及在运动坐标系中能量密度的微分表达式。

再看能量通量密度矢量的变换关系．式(5.12)、(5.15)和(5.16)告诉我们，与能量密度$E = \frac{1}{2} \rho \mathbf{v}^2 + \rho \varepsilon$相对应的能量通量密度矢量是$\mathbf{Q} = \rho \mathbf{v}\left(\frac{1}{2} \mathbf{v}^2 + h\right)$，而$\rho h = \rho \varepsilon + p$．同时，式

(5.5) 给出的 $T_{ij}=p\delta_{ij}+\rho v_i v_j$ 是与它们相对应的动量通量密度．仍然象先前的作法那样，我们先用符号 $\mathbf{V}$ 代替 $\mathbf{v}$ 来写在固定坐标系中的能量通量密度矢量：

$$Q_j=\rho V_j\left(\frac{1}{2}V_iV_i+\varepsilon+\frac{p}{\rho}\right).$$

变换到以速度 $\mathbf{u}$ 在固定坐标系中运动的坐标系时，要有

$$V_i=u_i+V_{0i}$$

的关系存在，V_{0i} 是物体在运动坐标系中的速度分量．于是，我们有

$$\begin{aligned}Q_j&=\rho(V_{0j}+u_j)\left[\frac{1}{2}(V_{0i}+u_i)(V_{0i}+u_i)+\varepsilon+\frac{p}{\rho}\right]\\&=\rho V_{0j}\left(\frac{1}{2}V_{0i}V_{0i}+h\right)+\rho V_{0j}\left(\frac{1}{2}u_iu_i+V_{0i}u_i\right)\\&\quad+\rho u_j\left(\frac{1}{2}V_{0i}V_{0i}+\frac{1}{2}u_iu_i+V_{0i}u_i+\varepsilon+\frac{p}{\rho}\right),\end{aligned}$$

h 是式(5.13)的单位质量的焓．根据伽里略相对性原理，

$$\rho V_{0j}\left(\frac{1}{2}V_{0i}V_{0i}+h\right)$$

正是在运动坐标系中能量通量密度矢量分量 Q_{0j} 的表示式．因此，我们有

$$\begin{aligned}Q_j=Q_{0j}+\rho V_{0j}\left(\frac{1}{2}u_iu_i+V_{0i}u_i\right)+u_j\Big(\frac{1}{2}\rho V_{0i}V_{0i}\\+\rho\varepsilon+\frac{1}{2}\rho u_iu_i\Big)+\rho u_jV_{0i}u_i+u_jp.\end{aligned}$$

式(5.12)告诉我们，$E_0=\dfrac{1}{2}\rho V_{0i}V_{0i}+\rho\varepsilon$ 正是在运动坐标系中单位体积液晶的能量．所以，上式又可以写作

$$\begin{aligned}Q_j=Q_{0j}+u_j\left(E_0+\frac{1}{2}\rho\mathbf{u}^2\right)+pu_i\delta_{ij}+\rho V_{0i}u_iu_j\\+\frac{1}{2}\rho V_{0j}u_iu_i+\rho u_iV_{0i}V_{0j}\end{aligned}$$

$$= Q_{0j} + u_j\left(E_0 + \frac{1}{2}\rho \mathbf{u}^2\right) + u_i(p\delta_{ij} + \rho V_{0i}V_{0j})$$

$$+ \rho u_i\left(V_{0i}u_j + \frac{1}{2}V_{0j}u_i\right).$$

根据伽里略相对性原理，上式第三项括号内的部分正是在运动坐标系中的动量通量密度张量 T_{0ij}。因此，我们得到

$$Q_j = Q_{0j} + u_j\left(E_0 + \frac{1}{2}\rho \mathbf{u}^2\right)$$

$$+ u_i T_{0ij} + \rho u_i\left(V_{0i}u_j + \frac{1}{2}V_{0j}u_i\right).$$

当运动坐标系是固定在流体分子身上随之而运动的时，$\mathbf{u}$ 就等于流体的速度 $\mathbf{v}$，而 $\mathbf{V}_0$ 等于零．于是我们有

$$Q_j = \left(\frac{1}{2}\rho \mathbf{v}^2 + E_0\right)v_j + v_i T_{0ij} + Q_{0j}. \qquad (5.49)$$

在这个关于固定坐标系中能量通量密度矢量，与运动坐标系中能量通量密度矢量的关系式中，我们仅仅考虑了流体本身的运动，还未曾考虑指向矢 $\mathbf{n}$ 的运动．把第一项括号内的项与式(5.47)相比较，我们看到它正是忽略了指向矢运动的能量表达式．另外，第二项 T_{0ij} 的出现是从动量守恒方程(5.6)引出来的，那里流体的速度，也就是运动坐标系的运动速度，是 $\mathbf{v}$．如果考虑到指向矢 $\mathbf{n}$ 的运动，那么就应该有一个相应的胁强张量 Π_{ij} 的出现．在运动坐标系中指向矢只有转动运动，与流体坐标系运动速度 $\mathbf{v}$ 相对应的是指向矢的速度 $\boldsymbol{\omega} \times \mathbf{n}$．因此，在考虑到指向矢的能量时，式(5.49)应该推广成为

$$Q_j = \left[\frac{1}{2}\rho \mathbf{v}^2 + I(\boldsymbol{\omega} \times \mathbf{n}) \cdot \mathbf{N} + \frac{1}{2} I(\boldsymbol{\omega} \times \mathbf{n})^2 + E_0\right]v_j$$

$$+ v_i T_{0ij} + (\boldsymbol{\omega} \times \mathbf{n})_i \Pi_{ij} + Q_{0j}. \qquad (5.50)$$

这就是我们所要的在固定坐标系和在运动坐标系中能量通量密度矢量之间的关系．

式(5.43)中的 T_{0ij}，式(5.47)中的 E_0 以及式(5.50)中的 Q_{0j} 都

与流速 $\mathbf{v}$ 无关，它们都只是指向矢角速度 $\mathbf{N}$ 和其它热力学变量的函数. 它们将由可逆液晶流体动力学方程(5.33)、(5.34)、(5.35)、(5.36)和能量守恒方程(5.37)的一致性来决定. 当我们把式(5.47)的 E 表示式和式(5.50)的 Q 表示式代入式(5.37)后，根据这个式子在任何情形都必须得到满足的条件就可以确定 T_{0ij} 和 Q_{0j} 的形式，当然 E_0 本身是由热力学恒等式(5.48)决定的.

在进行代入之前，从式(5.40)的 $\mathbf{N}$ 表示式我们注意到

$$\dot{\mathbf{n}}^2 = \mathbf{N}^2 + 2(\boldsymbol{\omega} \times \mathbf{n}) \cdot \mathbf{N} + (\boldsymbol{\omega} \times \mathbf{n})^2,$$

因此有

$$(\boldsymbol{\omega} \times \mathbf{n}) \cdot \mathbf{N} + \frac{1}{2}(\boldsymbol{\omega} \times \mathbf{n})^2 = \frac{1}{2}\dot{\mathbf{n}}^2 - \frac{1}{2}\mathbf{N}^2.$$

于是式(5.47)和(5.50)可以分别改写成

$$E = \frac{1}{2}\rho v_i v_i + \frac{1}{2} I \dot{\mathbf{n}}^2 - \frac{1}{2} I \mathbf{N}^2 + E_0, \tag{5.47}$$

$$Q_j = \left(\frac{1}{2}\rho v_i v_i + \frac{1}{2} I \dot{\mathbf{n}}^2 - \frac{1}{2} I \mathbf{N}^2 + E_0\right) v_j + v_i T_{0ij} + (\boldsymbol{\omega} \times \mathbf{n})_i \Pi_{ij} + Q_{0j}. \tag{5.50}$$

将它们代入式(5.37)后就得到

$$\begin{aligned}
\frac{\partial E}{\partial t} + \nabla \cdot \mathbf{Q} = {} & \rho v_i \frac{\partial v_i}{\partial t} + \frac{1}{2}\mathbf{v}^2 \frac{\partial \rho}{\partial t} + \frac{\partial}{\partial t}\left(\frac{1}{2} I \dot{\mathbf{n}}^2\right) \\
& - \frac{\partial}{\partial t}\left(\frac{1}{2} I \mathbf{N}^2\right) + \frac{\partial E_0}{\partial t} + v_j\left(\rho v_i \frac{\partial v_i}{\partial x_j}\right. \\
& \left. + \frac{1}{2}\mathbf{v}^2 \frac{\partial \rho}{\partial x_j}\right) + v_j \frac{\partial}{\partial x_j}\left(\frac{1}{2} I \dot{\mathbf{n}}^2\right) \\
& - v_j \frac{\partial}{\partial x_j}\left(\frac{1}{2} I \mathbf{N}^2\right) + v_j \frac{\partial E_0}{\partial x_j} + \left(\frac{1}{2}\rho \mathbf{v}^2\right. \\
& \left. + \frac{1}{2} I \dot{\mathbf{n}}^2 - \frac{1}{2} I \mathbf{N}^2 + E_0\right) v_{j,j} + v_{i,j} T_{0ij} \\
& + v_i \frac{\partial T_{0ij}}{\partial x_j} + \frac{\partial}{\partial x_j}[(\boldsymbol{\omega} \times \mathbf{n})_i \Pi_{ij}] + \frac{\partial}{\partial x_j} Q_{0j} \\
= {} & \rho v_i \left(\frac{\partial v_i}{\partial t} + v_j \frac{\partial v_i}{\partial x_j}\right) + \frac{1}{2}\mathbf{v}^2 \left(\frac{\partial \rho}{\partial t} + v_j \frac{\partial \rho}{\partial x_j}\right)
\end{aligned}$$

$$+\left[\frac{\partial}{\partial t}\left(\frac{1}{2}I\dot{\mathbf{n}}^2\right)+v_j\frac{\partial}{\partial x_j}\left(\frac{1}{2}\dot{\mathbf{n}}^2\right)\right]$$

$$-\left[\frac{\partial}{\partial t}\left(\frac{1}{2}I\mathbf{N}^2\right)+v_j\frac{\partial}{\partial x_j}\left(\frac{1}{2}I\mathbf{N}^2\right)\right]$$

$$+\left(\frac{\partial E_0}{\partial t}+v_j\frac{\partial E_0}{\partial x_j}\right)+\left(\frac{1}{2}\rho\mathbf{v}^2+\frac{1}{2}I\dot{\mathbf{n}}^2\right.$$

$$\left.-\frac{1}{2}I\mathbf{N}^2+E_0\right)v_{j,j}+v_{i,j}T_{0ij}+v_i\frac{\partial}{\partial x_j}T_{0ij}$$

$$+\frac{\partial}{\partial x_j}[(\boldsymbol{\omega}\times\mathbf{n})_i\Pi_{ij}]+\frac{\partial}{\partial x_j}Q_{0j}\text{。}\tag{a}$$

但是，当我们把式(5.43)代入式(5.35)后将得到

$$\frac{\partial}{\partial t}(\rho v_i)+v_j\frac{\partial}{\partial x_j}(\rho v_i)+\rho v_i v_{j,j}+\frac{\partial}{\partial x_j}T_{0ij}=0\text{。}$$

把它减去用 v_i 乘连续性方程式(5.33)的结果：

$$v_i\frac{\partial\rho}{\partial t}+v_i\frac{\partial}{\partial x_j}(\rho v_j)=0,$$

就得到

$$\rho\frac{\partial v_i}{\partial t}+\rho v_j\frac{\partial v_i}{\partial x_j}+\frac{\partial}{\partial x_j}T_{0ij}=0;$$

也就是说

$$\rho v_i\left(\frac{\partial v_i}{\partial t}+v_j\frac{\partial v_i}{\partial x_j}\right)=-v_i\frac{\partial}{\partial x_j}T_{0ij}\text{。}\tag{b}$$

连续性方程(5.33)还告诉我们

$$\frac{1}{2}\mathbf{v}^2\left(\frac{\partial\rho}{\partial t}+v_j\frac{\partial\rho}{\partial x_j}\right)=-\frac{1}{2}\rho\mathbf{v}^2v_{j,j}\text{。}\tag{c}$$

另外，由于 $I=\rho a^2$，而 a 是一个常数，所以从连续性方程(5.33)又可以得到

$$\frac{\partial I}{\partial t}+v_j\frac{\partial I}{\partial x_j}+Iv_{j,j}=0.\tag{d}$$

从指向矢运动方程(5.36)中减去以 $\dot{n}_i$ 乘(d)式的结果，就可以得到

$$I\frac{\partial \dot{n}_i}{\partial t}+Iv_j\frac{\partial \dot{n}_i}{\partial x_j}+\frac{\partial}{\partial x_j}\Pi_{ij}+f_i=0。$$

把它乘以 $\dot{n}_i$ 再与以 $\frac{1}{2}\dot{\mathbf{n}}^2$ 乘(d)式的结果相加，就可以得到

$$\frac{\partial}{\partial t}\left(\frac{1}{2}I\dot{\mathbf{n}}^2\right)+v_j\frac{\partial}{\partial x_j}\left(\frac{1}{2}I\dot{\mathbf{n}}^2\right)$$

$$=-\frac{1}{2}I\dot{\mathbf{n}}^2v_{j,j}-\dot{n}_i\frac{\partial}{\partial x_j}\Pi_{ij}-\dot{n}_if_i。\qquad (e)$$

应用式(b)、(c)、(e)后，(a)式就简化为

$$\frac{\partial E}{\partial t}+\nabla\cdot\mathbf{Q}=-\left[\frac{\partial}{\partial t}\left(\frac{1}{2}I\mathbf{N}^2\right)+v_j\frac{\partial}{\partial x_j}\left(\frac{1}{2}I\mathbf{N}^2\right)\right]$$

$$+\left(\frac{\partial E_0}{\partial t}+v_j\frac{\partial E_0}{\partial x_j}\right)+\left(-\frac{1}{2}I\mathbf{N}^2+E_0\right)v_{j,j}$$

$$-\dot{n}_i\frac{\partial}{\partial x_j}\Pi_{ij}-\dot{n}_if_i+v_{i,j}T_{0ij}$$

$$+\frac{\partial}{\partial x_j}[(\boldsymbol{\omega}\times\mathbf{n})_i\Pi_{ij}]+\frac{\partial}{\partial x_j}Q_{0j}。\qquad (f)$$

关于 $\frac{\partial E_0}{\partial t}+v_j\frac{\partial E_0}{\partial x_j}$ 这一项，我们应用热力学恒等式(5.48)，就可以得到

$$\frac{\partial E_0}{\partial t}+v_j\frac{\partial E_0}{\partial x_j}=\mu\left(\frac{\partial \rho}{\partial t}+v_j\frac{\partial \rho}{\partial x_j}\right)+T\left[\frac{\partial}{\partial t}(\rho s)\right.$$

$$\left.+v_j\frac{\partial}{\partial x_j}(\rho s)\right]+f_i\left(\frac{\partial n_i}{\partial t}+v_jn_{i,j}\right)$$

$$-\Pi_{il}\left(\frac{\partial n_{il}}{\partial t}+v_j\frac{\partial n_{il}}{\partial x_j}\right)$$

$$+N_i\left[\frac{\partial}{\partial t}(IN_i)+v_j\frac{\partial}{\partial x_j}(IN_i)\right].$$

应用连续性方程(5.33)、熵守恒方程(5.34)、和式(5.41)，可以把上式写成

$$\frac{\partial E_0}{\partial t}+v_j\frac{\partial E_0}{\partial x_j}=-\mu\rho v_{j,j}-T\rho s v_{j,j}+f_i\dot{n}_i-\Pi_{il}(\dot{n}_{i,l}$$

$$- v_{j,l} n_{i,j}) + N_i \left[\frac{\partial}{\partial t}(IN_i) + v_j \frac{\partial}{\partial x_j}(IN_i) \right]$$

的形式．最后一项在应用(d)式后可以改写成

$$N_i \left[\frac{\partial}{\partial t}(IN_i) + v_j \frac{\partial}{\partial x_j}(IN_i) \right] = N_i \left(I \frac{\partial N_i}{\partial t} + I v_j \frac{\partial N_i}{\partial x_j} - IN_i v_{j,j} \right) = I \frac{\partial}{\partial t}\left(\frac{1}{2} \mathbf{N}^2 \right) + I v_j \frac{\partial}{\partial x_j}\left(\frac{1}{2} I \mathbf{N}^2 \right) - I \mathbf{N}^2 v_{j,j}.$$

把它和用 $\frac{1}{2}\mathbf{N}^2$ 乘过的式(d)相加就得到

$$N_i \left[\frac{\partial}{\partial t}(IN_i) + v_j \frac{\partial}{\partial x_j}(IN_i) \right] = \frac{\partial}{\partial t}\left(\frac{1}{2} I \mathbf{N}^2 \right) + v_j \frac{\partial}{\partial x_j}\left(\frac{1}{2} I \mathbf{N}^2 \right) - \frac{1}{2} I \mathbf{N}^2 v_{j,j}.$$

因此，可以得出

$$\frac{\partial E_0}{\partial t} + v_j \frac{\partial E_0}{\partial x_j} = \left(-\mu\rho - T\rho s - \frac{1}{2} I \mathbf{N}^2 \right) v_{j,j} + f_i \dot{n}_i - \Pi_{il}(\dot{n}_{i,l} - v_{j,l} n_{i,j}) + \left[\frac{\partial}{\partial t}\left(\frac{1}{2} I \mathbf{N}^2 \right) + v_j \frac{\partial}{\partial x_j}\left(\frac{1}{2} I \mathbf{N}^2 \right) \right]. \tag{g}$$

把式 (g) 代入式 (f) 就得到

$$\frac{\partial E}{\partial t} + \nabla \cdot \mathbf{Q} = (E_0 - \mu\rho - T\rho s - I \mathbf{N}^2) v_{j,j} - \dot{n}_i \frac{\partial}{\partial x_j} \Pi_{ij} - \Pi_{ij} \dot{n}_{i,j} + \Pi_{il} v_{j,l} n_{i,j} + v_{i,j} T_{0ij} + \frac{\partial}{\partial x_j}[(\omega \times \mathbf{n})_i \Pi_{ij}] + \frac{\partial}{\partial x} Q_{0j}$$

$$= \frac{\partial}{\partial x_j}(Q_{0j} - N_i \Pi_{ij}) + (E_0 - \mu\rho - T\rho s - I \mathbf{N}^2) v_{j,j} + T_{0ij} v_{i,j} + \Pi_{kj} n_{k,i} v_{i,j}.$$

因此，能量守恒方程式要求

$$\frac{\partial}{\partial x_j}(Q_{0j}-N_i\Pi_{ij})+(E_0-\mu\rho-T\rho s-I\mathbf{N}^2)v_{j,j}$$

$$+T_{0ij}v_{i,j}+\Pi_{kj}n_{k,i}v_{i,j}=0.$$

这个式子中第一项与流速 $\mathbf{v}$ 无关，而后三项都和流速 $\mathbf{v}$ 的一阶导数 $v_{i,j}$ 有关．但是，流速 $\mathbf{v}$ 是任意的，所以这个式子中的第一项和后面三项是互相独立的．只有在第一项和后面三项之和分别等于零时，这个能量守恒方程式才能得到满足．这就确定了 T_{0ij} 和 Q_{0j} 的形式分别为

$$T_{0ij}=(-E_0+\mu\rho+T\rho s+I\mathbf{N}^2)\delta_{ij}-\Pi_{kj}n_{k,i}, \quad (5.51)$$

$$Q_{0j}=N_i\Pi_{ij}. \quad (5.52)$$

有了 T_{0ij} 的确定形式，那么式(5.43)的 T_{ij} 也就确定了．这就使得式(5.33)、(5.34)、(5.35)和(5.36)成为完整的可逆液晶流体动力学方程式组．

对于由全同分子组成的系统，系统的化学势就是单个分子的热力学势 ϕ[11]：

$$\phi=e_0-Ts'+pv_0,$$

式中 e_0 是单个分子的能量、s' 是单个分子的熵、v_0 是单个分子的体积．所以，系统中单位质量物质的化学势 μ 为

$$\mu=n_0\phi$$

$$=n_0e_0-n_0Ts'+n_0pv_0,$$

n_0 是单位质量物质中所含的分子数，而 n_0e_0，$s=n_0s'$，和 n_0v_0，分别等于单位质量物质的能量、熵和所占的体积．由于 $\rho n_0v_0=1$，$\rho n_0e_0=E_0$，于是单位体积物质的化学势 $\rho\mu$ 等于

$$\rho\mu=E_0-T\rho s+p.$$

这样，在静态情形下，流体的压强 p 等于

$$p=-E_0+\rho\mu+T\rho s.$$

式(5.51) 中右方 δ_{ij} 项的系数，在静态情形下正是 $-E_0+\rho\mu+T\rho s$．所以，可以说 $-E_0+\rho\mu+T\rho s+I\mathbf{N}^2$ 就是运动流体的压强 p，于是式(5.51)成为

$$T_{\omega j} = p\delta_{ij} - \Pi_{kj} n_{k,i}.$$

从式(5.43)我们得到动量通量密度张量 T_{ij} 的形式为

$$T_{ij} = \rho v_i v_j + p\delta_{ij} - \Pi_{kj} n_{k,i}. \tag{5.53}$$

于是，动量守恒方程(5.35)成为

$$\frac{\partial}{\partial t}(\rho v_i) + \frac{\partial}{\partial x_k}(\rho v_i v_k + p\delta_{ik} - \Pi_{lk} n_{l,i}) = 0. \tag{5.54}$$

这样，完整的可逆液晶流体动力学方程式组是

$$\frac{\partial \rho}{\partial t} + \frac{\partial}{\partial x_k}(\rho v_k) = 0, \tag{5.33}$$

$$\frac{\partial}{\partial t}(\rho s) + \frac{\partial}{\partial x_k}(\rho s v_k) = 0, \tag{5.34}$$

$$\frac{\partial}{\partial t}(\rho v_i) + \frac{\partial}{\partial x_k}(\rho v_i v_k + p\delta_{ik} - \Pi_{lk} n_{l,i}) = 0, \tag{5.54}$$

$$\frac{\partial}{\partial t}(I\dot{n}_i) + \frac{\partial}{\partial x_k}(I\dot{n}_i v_k) + \frac{\partial}{\partial x_k}\Pi_{ik} + f_i = 0. \tag{5.36}$$

§5 角动量守恒定律

在连续体力学中除去质量守恒、动量守恒和能量守恒之外还有角动量守恒定律．液晶不同于各向同性流体的地方在于，它还具有指向矢的运动．因此，在讨论角动量问题时除去一般流体的角动量外，还需要考虑由于指向矢的运动而出现的内禀角动量．一般讲，连续体运动中的角动量密度是用 $\mathbf{r} \times \rho\mathbf{v}$ 来计算的． 与它相类比，艾瑞克孙提出用 $\mathbf{n} \times \rho\dot{\mathbf{n}}$ 作为指向矢运动的角动量密度[1]．这样我们就可以定义液晶的角动量密度张量 M_{ij} 为

$$\rho M_{ij} = \frac{1}{2}\rho(x_i v_j - x_j v_i) + \frac{1}{2} I(n_i \dot{n}_j - n_j \dot{n}_i). \tag{5.55}$$

按照角动量守恒定律，角动量的时间改变率应该等于系统所受到的外力矩的总和．这条定律对于固定坐标系和运动坐标系都同样适用．对于体积 V_0 中的液晶，在固定坐标系中，我们把角动

量守恒定律写成

$$\frac{d}{dt}\int_{V_0}\mathbf{r}\times\rho\mathbf{v}d\tau+\frac{d}{dt}\int_{V_0}\mathbf{n}\times I\dot{\mathbf{n}}d\tau$$

$$=-\oint_S\mathbf{r}\times\tilde{\mathbf{T}}_0\cdot d\mathbf{S}-\oint_S\mathbf{n}\times\tilde{\boldsymbol{\Pi}}\cdot d\mathbf{S}\qquad(5.56_1)$$

的形式，式中右方的两项就是式(5.8)和(5.21)所提供的对应于液晶整体流动和液晶指向矢运动的表面力矩．应用格临定理把上式右方的两个面积分变换成为体积分(参考本章§1-2)，就得到

$$\int_{V_0}\left\{\frac{d}{dt}[(\mathbf{r}\times\rho\mathbf{v})_i+(\mathbf{n}\times I\dot{\mathbf{n}})_i]+\frac{\partial}{\partial x_j}[(\mathbf{r}\times\tilde{\mathbf{T}}_0)_{ij}\right.$$

$$\left.+(\mathbf{n}\times\tilde{\boldsymbol{\Pi}})_{ij}]\right\}d\tau=0.\qquad(5.56_2)$$

与式(5.55)相对应，于是我们有

$$\frac{d}{dt}(\rho M_{ij})+\frac{1}{2}\frac{\partial}{\partial x_k}[(x_iT_{0jk}-x_jT_{0ik})$$

$$+(n_i\Pi_{jk}-n_j\Pi_{ik})]=0.\qquad(5.56_3)$$

在承认液晶是不可压缩的条件下(参考本章§7)

$$v_{k,k}=0,$$

于是式(5.56_3)还可以写作

$$\frac{\partial}{\partial t}(\rho M_{ij})+\frac{\partial}{\partial x_k}(\rho M_{ij}v_k)+\frac{1}{2}\frac{\partial}{\partial x_k}[(x_iT_{0jk}-x_jT_{0ik})$$

$$+(n_i\Pi_{jk}-n_j\Pi_{ik})]=0\qquad(5.56_4)$$

的形式．式中最后一项的第一部分对应于流体运动的力矩，它的第二部分与第一部分相类比，可以说是对应于指向矢运动的力矩．

如果我们把式(5.55)代入式(5.56)，然后应用式(5.33)、(5.35)、(5.36)和(5.43)将各个对时间的导数项消除，就可以得到一个T_{0ij}须要满足的对称关系式

$$T_{0ij}-T_{0ji}+\Pi_{ik}n_{j,k}-\Pi_{jk}n_{i,k}+n_if_j-n_jf_i=0.\qquad(5.57)$$

这个关系式也正是式(5.32)的结果，因为从式(5.56)可以看出

$$T_{0ij}-T_{0ji}=\Pi_{ki}n_{k,j}-\Pi_{kj}n_{k,i}.$$

所以，角动量守恒定律的应用并没有给出任何新的结果．这也反过来说明式（5.55）关于角动量密度张量 M_{ij} 的假设，和式(5.56)的角动量守恒方程的表达形式是正确的．

§6 具有耗散的丝状与螺旋状液晶流体动力学方程

在液晶的运动是不可逆的情形下，也就是具有耗散的情形下，对于可逆液晶流体动力学方程（5.34)、(5.35)或（5.54)、(5.36）和(5.37)，必须引进耗散项目来加以修正．我们推广这些式子，把没有源与壑而具有耗散的液晶流体动力学方程式写作下列形式：

$$\frac{\partial}{\partial t}(\rho s)+\nabla\cdot\left(\rho s\mathbf{v}+\frac{\mathbf{q}}{T}\right)=R, \tag{5.58}$$

$$\frac{\partial}{\partial t}(\rho v_i)+\frac{\partial}{\partial x_j}(T_{ij}+t_{ij})$$

$$=\frac{\partial}{\partial t}(\rho v_i)+\frac{\partial}{\partial x_j}(\rho v_i v_j+p\delta_{ij}-\Pi_{kj}n_{k,i})+\frac{\partial t_{ij}}{\partial x_j}=0, \tag{5.59}$$

$$\frac{\partial}{\partial t}(I\dot{n}_i)+\frac{\partial}{\partial x_k}(I\dot{n}_i v_k)+\frac{\partial}{\partial x_k}(\Pi_{ik}+\pi_{ik})$$

$$+f_i+f'_i=\gamma n_i, \tag{5.60}$$

$$\frac{\partial E}{\partial t}+\nabla\cdot(\mathbf{Q}+\mathbf{Q}')=0. \tag{5.61}$$

当然，质量守恒定律或连续性方程(5.33)仍然保持不变．在上列各式中，t_{ij} 是由于耗散引起的动量通量密度张量的分量，π_{ij} 是由于耗散引起的单位体积液晶胁强张量的分量，$\mathbf{f}'$ 是由于耗散引起的单位体积液晶彻体力，$\mathbf{q}$ 是单位体积的热流矢量，$\mathbf{Q}'$ 是由于耗散引起的能量通量密度矢量，R 是单位时间、单位体积熵的增加量，γ 仍然是须要由约束条件 $\mathbf{n}\cdot\mathbf{n}=1$ 来决定的拉格朗日未定乘子．类比于式(5.21)，我们看到液晶中法线方向单位矢量为 $\mathbf{e}$

的分子平面上，单位面积要受到耗散表面转矩 $\boldsymbol{\tau}'_s$：

$$\boldsymbol{\tau}'_s = -\mathbf{n} \times \tilde{\mathbf{t}} \cdot \mathbf{e},$$

$$\tau'_{si} = -e_{ijk} n_j t_{kl} e_l. \tag{5.62$_1$}$$

另外，单位体积液晶耗散彻体力 $\mathbf{f}'$ 将使单位体积液晶受到一个耗散转矩 $\boldsymbol{\tau}'_v$：

$$\boldsymbol{\tau}'_v = -\mathbf{n} \times \mathbf{f}'. \tag{5.62$_2$}$$

对于这些由于耗散引起的各个量，我们规定它们要满足下列三个条件：

（1）当液晶的流动处于稳恒态时这些量都等于零．这是显而易见的，因为稳恒态的流体不发生任何变化，运动是可逆的．

（2）这些耗散力和耗散张量之间满足一个类似于式(5.57)的关系式：

$$t_{ij} - t_{ji} + \pi_{ik} n_{j,k} - \pi_{jk} n_{i,k} + n_i f'_j - n_j f'_i = 0. \tag{5.63}$$

这是关于指向矢彻体力与胁强张量间对称关系的一个推广．

（3）熵增 R 永远是正值．这当然是热力学定律的基本要求．

关于 $\mathbf{Q}'$ 和 R 的表示式，我们可以应用类似于推导式(5.51)的 T_{0ij} 和式(5.52)的 Q_{0i} 的同样方法来求取．把式 (5.47) 的 E、式(5.48)的 dE_0、式(5.50)的 Q_j 代入式(5.61)，然后把各个对时间求导数的项用式(5.33)、(5.58)、(5.59)和(5.60)进行消除，经过一些繁杂的数学运算之后，就可以得到

$$\frac{\partial E}{\partial t} + \nabla \cdot (\mathbf{Q} + \mathbf{Q}') - \frac{\partial}{\partial x_j}(Q'_j - v_i t_{ij} - \dot{n}_i \pi_{ij} - q_j) + TR$$

$$+ t_{ij} v_{i,j} + \pi_{ij} \dot{n}_{i,j} - f'_i \dot{n}_i + \frac{q_j T_{,j}}{T}$$

$$= 0,$$

式中

$$T_{,j} = \frac{\partial T}{\partial x_j}.$$

象可逆液晶流体动力学方程中那样，我们可以分别令第一项括号内的部分等于零，同时令其余部分也等于零而使上式第二个等式

得到满足．这样就可以分别得出 Q'_i 和 R 的形式：

$$Q'_i = q_i + v_j t_{ij} + \dot{n}_j \pi_{ij}, \tag{5.64}$$

$$TR = -t_{ij} v_{i,j} - \pi_{ij} \dot{n}_{i,j} + f'_i \dot{n}_i - \frac{q_i T_{,i}}{T}. \tag{5.65}$$

在这里必须指出一点：在式(5.51)和(5.52)的 T_{0ij} 和 Q_{0j} 的推导过程中，由于散度项与流速无关而另外的项与速度有关，因此可以分别令它们等于零，从而得出了 T_{0ij} 和 Q_{0j} 的表达形式．但是，在式(5.64)和(5.65)的推导过程中，散度项与其余项都含有流速 $\mathbf{v}$ 和指向矢的导数项，因此从物理角度不能论证它们应该分别等于零．这里我们只是应用了数学形式上的类比而给出了一定的结果．式(5.64)和(5.65)同时得到满足，当然能够使能量守恒方程(5.61)也得到满足．

式(5.65)的 TR 表示式还可以写成另外一种比较更为方便的形式．让我们引用速度梯度张量 d_{ij} 和角速度张量 ω_{ij}，

$$d_{ij} = \frac{1}{2}(v_{i,j} + v_{j,i}),$$

$$\omega_{ij} = \frac{1}{2}(v_{i,j} - v_{j,i}) = -\omega_{ji}, \tag{5.66}$$

这样一对对称的和反对称的量．于是 $t_{ij}v_{ij}$ 可以写成

$$\begin{aligned} t_{ij}v_{i,j} &= t_{ij}d_{ij} + t_{ij}\omega_{ij} \\ &= t_{ij}d_{ij} + \frac{1}{2}(t_{ij} - t_{ji})\omega_{ij} \end{aligned}$$

的形式，后面这一步是利用了 ω_{ij} 的反对称性和哑标的对换而得到的．把式(5.63)的 $t_{ij} - t_{ji}$ 代入这个式子的右方，就得到

$$\begin{aligned} t_{ij}v_{i,j} &= t_{ij}d_{ij} - \frac{1}{2}(\pi_{ik}n_{j,k} - \pi_{j,k}n_{i,k} + n_i f'_j - n_j f'_i)\omega_{ij} \\ &= t_{ij}d_{ij} - \frac{1}{2}\omega_{ij}\pi_{ik}n_{j,k} + \frac{1}{2}\omega_{ji}\pi_{ik}n_{j,k} - \frac{1}{2}\omega_{ji}n_j f'_i \end{aligned}$$

$$+\frac{1}{2}\omega_{ij}n_j f'_i = t_{ij}d_{ij} - \omega_{ij}\pi_{ik}n_{j,k} + \omega_{ij}n_j f'_i.$$

在这里第二步曾利用了把下标 i 和 j 对调的结果，而第三步则是利用了 ω_{ij} 的反对称性．把这个结果代入式(5.65)就得到

$$TR = -t_{ij}d_{ij} - \pi_{ik}(\dot{n}_{i,k} - \omega_{ij}n_{j,k})$$
$$+ f'_i(\dot{n}_i - \omega_{ij}n_j) - T^{-1}q_jT_{,j}.$$

引用符号 N_{ij}：

$$N_{ij} = \dot{n}_{i,j} - \omega_{ik}n_{k,j}, \qquad (5.67)$$

就可以把 TR 写成

$$TR = -t_{ij}d_{ij} - \pi_{ik}N_{ik} + f'_iN_i - T^{-1}q_jT_{,j} \qquad (5.68)$$

的形式，N_{ij} 正是指向矢梯度 $n_{i,j}$ 相对于运动流体的时间改变率．

§7 丝状和螺旋状液晶的本构方程——粘滞系数

用唯象理论来分析从实验测得的物理现象的数据时，我们总是忽略掉组成物质的单个粒子而引用连续场的观点．所谓场也就是如同运动、能量、熵、电磁以及胁强等等物理量所存在的场所．我们用一些守恒定律把一些物理量联系在一起，这就是场方程．在不连续的界面上存在着一些边界条件把两个场区联接起来．然而，只靠这些场方程加上边界条件并不足以确定具体问题的解．具体问题总要涉及到一定的具体物质．不同物质有不同的特性，从而使方程的解有所不同．因此，对于具体问题还必须附加一些条件，用来规定一个所谓的理想物质．这些用来规定理想物质的额外条件称为物质的本构方程．最常见的本构方程的例子有：刚体两点之间距离不变的条件；完全弹性物体的胁强只与胁变相关的条件；经典线性热传导的能量通量与温度梯度成线性关系的条件；经典线性电磁学的电位移与电场强度成正比的条件；磁感强度与磁场强度成正比的条件等等．

这些本构方程是从实验中总结出来的规律，也有的是从假设

出发然后又通过实验检验了它们的正确性的．在不断改进实验准确性的基础之上，这些本构方程也将会有不断的修正改进．在这里我们对于液晶中的具体问题也不例外．除了前面已经得出的流体动力学方程以外，对于 t_{ij}，π_{ij}，f'_i 和 q_i 也还必须作出适用于液晶的本构方程．目前适用于丝状液晶和螺旋状液晶的本构方程是莱斯利提出来的[2]．在现有的实验水平上，这些本构方程看来是正确的．当然，随着技术的进步，液晶学科的发展，这些本构方程也将会有进一步的发展．

液晶具有 D_∞ 对称性，也就是具有 $\mathbf{n}$ 和 $-\mathbf{n}$ 不可区别的特征．指向矢耗散彻体力 $\mathbf{f}'$ 和耗散胁强张量 π_{ik}，是对应于彻体力 $\mathbf{f}$ 和胁强张量 $\tilde{\boldsymbol{\Pi}}$ 而引进的．从彻体力 $\mathbf{f}$ 的定义和胁强张量 $\tilde{\boldsymbol{\Pi}}$ 的定义不难看出，如果我们把 $\mathbf{n}$ 用 $-\mathbf{n}$ 代换，它们都将改变符号成为原来数值的负值．既然 f'_i 和 π_{ij} 是对应于 f_i 和 Π_{ij} 而引进的，那么与 $\mathbf{f}$ 和 $\tilde{\boldsymbol{\Pi}}$ 相类似，在把 $\mathbf{n}$ 用 $-\mathbf{n}$ 代换时 $\mathbf{f}'$ 和 π_{ik} 也应该改变符号成为原来数值的负值．另一方面，在把 $\mathbf{n}$ 用 $-\mathbf{n}$ 代换时，虽然式(5.42)定义的 $\mathbf{N}$ 要改变符号，然而式(5.51)的 T_{0ij} 和式(5.52)的 Q_{0j} 却都保持不变，随之而式(5.43)的 T_{ij} 和式(5.50)的 Q_j 也都保持不变．耗散动量通量密度张量 t_{ij} 和耗散能量通量密度矢量 $\mathbf{Q}'$ 是对应于 T_{ij} 和 $\mathbf{Q}$ 而引入的．所以，在把 $\mathbf{n}$ 用 $-\mathbf{n}$ 代换时 t_{ij} 和 $\mathbf{Q}'$ 都应该保持不变．热流 $\mathbf{q}$ 是能量的一种形式，把 $\mathbf{n}$ 用 $-\mathbf{n}$ 代换时当然不应该对它产生影响．所以关于 t_{ij}，π_{ij}，f'_i 和 q_i 的本构方程必须满足这样的条件：当把 $\mathbf{n}$ 用 $-\mathbf{n}$ 代换时，f'_i 和 π_{ij} 需要改变成为原来数值的负值，而 t_{ij} 和 q_i 则保持不变．

在满足上述条件的要求之下，莱斯利对这些耗散量的本构方程又作了如下的假设：假定 t_{ij}，π_{ij}，f'_i 和 q_i 都是指向矢的速度 N_i，流体的速度梯度 d_{ij} 和温度梯度 $T_{,i}$ 的函数，并且假定它们都只是这些量的一阶函数而忽略高阶项，同时还忽略指向矢本身的梯度的影响，也就是说忽略指向矢的形变．莱斯利的这些假设说明，他的本构方程式是一阶线性理论．在这些假设之下，由于指向矢 $\mathbf{n}$ 满足式(1.1) $n_i n_i = 1$ 的关系，因此

$$\mathbf{n}\cdot\mathbf{N}=\mathbf{n}\cdot\dot{\mathbf{n}}-\mathbf{n}\cdot(\boldsymbol{\omega}\times\mathbf{n})=0. \tag{5.69}$$

所以，在这些本构方程式中不会有含有 n_iN_i 的项．上面已经指出，在把 $\mathbf{n}$ 用 $-\mathbf{n}$ 代换时 π_{ij} 必须改变符号．对于丝状液晶，π_{ij} 还必须满足对包含指向矢 $\mathbf{n}$ 的平面的反射对称性．但是，π_{ij} 是一个二阶张量，因此在莱斯利的假设条件之下，要想满足这种条件，对丝状液晶来讲就只能是它本身为零．对于螺旋状液晶来讲，似乎在 π_{ij} 中含有 $n_iT_{,j}$ 类的项是可能的．但是，这类温度梯度项在式(5.60)的指向矢运动方程中将引入高阶的 $T_{,jk}$ 项．在一阶线性理论中，我们可以忽略不加考虑．这样，最普遍形式的本构方程式将是

$$\begin{aligned}t_{ij}=&-(\mu_1d_{kk}+\mu_2n_kn_pd_{kp})\delta_{ij}-(\mu_3d_{kk}+\mu_4n_kn_pd_{kp})n_in_j\\&-\mu_5N_in_j-\mu_6n_iN_j-\mu_7d_{ij}-\mu_8d_{ik}n_kn_j-\mu_9n_in_kd_{kj}\\&-\mu_{10}\varepsilon_{ikl}n_kT_{,l}n_j-\mu_{11}n_i\varepsilon_{jkl}n_kT_{,l},\end{aligned} \tag{5.70}$$

$$f'_i=(\lambda_1d_{kk}+\lambda_2n_kn_pd_{kp})n_i+\lambda_3N_i+\lambda_4d_{ij}n_j+\lambda_5\varepsilon_{ijk}n_jT_{,k}, \tag{5.71}$$

$$q_i=-\beta_1n_in_jT_{,j}-\beta_2T_{,i}-\beta_3\varepsilon_{ijk}n_jN_k-\beta_4\varepsilon_{ijk}n_jd_{kl}n_l, \tag{5.72}$$

$$\pi_{ij}=0, \tag{5.73}$$

其中各个独立常数 μ，λ 和 β 都可以是温度 T 的函数．当我们把式(5.70)、(5.71)、(5.72)和(5.73)代入耗散力与耗散张量之间关系式(5.63)后，就得到

$$\begin{aligned}&-(\mu_5-\mu_6+\lambda_3)(n_jN_i-n_iN_j)-(\mu_8-\mu_9+\lambda_4)(d_{ik}n_j\\&\quad-d_{jk}n_i)n_k-(\mu_{10}-\mu_{11}+\lambda_5)(\varepsilon_{ikl}n_j-\varepsilon_{jkl}n_i)n_kT_{,l}\\&=0.\end{aligned}$$

由于 n_i，N_i 和 $T_{,l}$ 可以互相独立变化，因此上式的成立使我们得出结论

$$\begin{aligned}\lambda_3&=\mu_6-\mu_5,\\\lambda_4&=\mu_9-\mu_8,\\\lambda_5&=\mu_{11}-\mu_{10}.\end{aligned} \tag{5.74}$$

一般，液晶的体积弹性模量要比指向矢的曲率弹性模量大得

多，因此液晶的密度可以认为基本上是均匀的．这样，我们就可以把液晶当作不可压缩的流体来进行处理． 对于不可压缩的流体，流体密度 ρ 是一个不变的常数，这时连续性方程(5.33)简化为

$$v_{k,k}=0。 \tag{5.75$_1$}$$

按照式(5.66)速度梯度 d_{ij} 的定义，对于不可压缩的液晶就有

$$d_{kk}=0 \tag{5.75$_2$}$$

的条件存在．这时式(5.70)和(5.71)将简化为

$$\begin{aligned} t_{ij}= & -\mu_2 n_k n_p d_{kp}\delta_{ij}-\mu_4 n_k n_p d_{kp} n_i n_j-\mu_5 N_i n_j-\mu_6 n_i N_j \\ & -\mu_7 d_{ij}-\mu_8 d_{ik} n_k n_j-\mu_9 n_i n_k d_{kj}-\mu_{10}\varepsilon_{ikl} n_k n_j T_{,l} \\ & -\mu_{11}\varepsilon_{jkl} n_k n_i T_{,l}, \\ f_i'= & \lambda_2 n_k n_p d_{kp} n_i+\lambda_3 N_i+\lambda_4 d_{ij} n_j+\lambda_5\varepsilon_{ijk} n_j T_{,k}。 \end{aligned}$$

在 t_{ij} 的表达式中 μ_2 项是一个与 i 和 j 无关的常数项． 由于动量守恒方程(5.59)中 t_{ij} 是以 $t_{ij,j}$ 的形式出现，因此可以忽略这个与 i 无关的常数项． 在 f_i' 表达式中 λ_2 项是一个与指向矢 $\mathbf{n}$ 成正比的项． 由于指向矢运动方程 (5.60) 中右方是一个与 $\mathbf{n}$ 成正比的项，因此 λ_2 可以吸收到拉格朗日未定乘子 γ 中去，而不必再另行设项．这样我们就可以不再考虑 μ_2 项和 λ_2 项． 当我们用另外的系数 α 来代替这些 μ，用另外的系数 γ 来代替这些 λ 时，就可以把式(5.70)和(5.71)写成

$$\begin{aligned} t_{ij}= & -\alpha_1 n_k n_p d_{kp} n_i n_j-\alpha_2 N_i n_j-\alpha_3 n_i N_j-\alpha_4 d_{ij}-\alpha_5 d_{ik} n_k n_j \\ & -\alpha_6 n_i n_k d_{kj}-\alpha_7\varepsilon_{ikl} n_k n_j T_{,l}-\alpha_8 n_i\varepsilon_{jkl} n_k T_{,l}, \end{aligned} \tag{5.76}$$

$$f_i'=\gamma_1 N_i+\gamma_2 d_{ij} n_j+\gamma_3\varepsilon_{ijk} n_j T_{,k}。 \tag{5.77}$$

这时式(5.74)将取

$$\begin{aligned} \gamma_1 &= \alpha_3-\alpha_2, \\ \gamma_2 &= \alpha_6-\alpha_5, \\ \gamma_3 &= \alpha_8-\alpha_7, \end{aligned} \tag{5.78}$$

的形式．显然，式(5.73)、(5.76)、(5.77)和(5.78)与式(5.63)的要求是一致的．

这里式 (5.78) 指出，f'_i 表达式中的三个 γ 系数都可以用 t_{ij} 表达式中的各个 α 系数来表示. 另外，从量纲上来看，系数 $\alpha_1,\alpha_2,\alpha_3,\alpha_4,\alpha_5$ 和 α_6 的单位都是达因·秒·每平方厘米，也就是通常粘滞系数的单位泊. 所以，这六个 α 系数称为粘滞系数，通常称作莱斯利系数. $\mathbf{q}$ 是单位体积液晶的热流矢量，因此系数 β_1 和 β_2 是液晶的热导系数. 这一点从量纲上也可以看出来. 式(5.58)指出，$\mathbf{q}$ 的量纲与 $\rho s\nabla T$ 的量纲相同. 如果我们用 $[M],[L],[T]$ 和$[\Theta]$ 分别表示质量、长度、时间和温度的量纲，那么密度的量纲是$[\rho]=[M][L]^{-3}$，单位质量液晶的熵的量纲是

$$[s]=[M][L]^2[T]^{-2}[M]^{-1}[\Theta]^{-1}=[L]^2[T]^{-2}[\Theta]^{-1},$$

速度的量纲是 $[v]=[L][T]^{-1}$，于是 $\rho s\nabla T$ 的量纲是 $[M][T]^{-3}$ 而 β_1 和 β_2 的量纲为 $[M][L][T]^{-3}[\Theta]^{-1}$. 介质的热导系数的定义是单位厚度、两面温差为 1℃ 的介质中，由高温面向低温面、单位时间、单位面积流过的热量. 因此，热导系数的量纲为

$$[M][L]^2[T]^{-2}[L]^{-2}[T]^{-1}[\Theta]^{-1}[L]=[M][L][T]^{-3}[\Theta]^{-1},$$

与 β_1 和 β_2 的量纲完全相同. 式(5.72)、(5.76)和(5.77)，当然都能满足第二章中所提出的关于液晶的对称性的要求. 这些耗散量分别为矢量和二阶张量. 用矢量 $\mathbf{n}$, $\mathbf{N}$ 和张量 $\tilde{\mathbf{d}}$ 来表示的话，$\tilde{\mathbf{t}},\mathbf{f}'$ 和 $\mathbf{q}$ 的形式是

$$\tilde{\mathbf{t}}=-\alpha_1(\mathbf{n}\cdot\tilde{\mathbf{d}}\cdot\mathbf{n})\mathbf{nn}-\alpha_2\mathbf{Nn}-\alpha_3\mathbf{nN}-\alpha_4\tilde{\mathbf{d}}-\alpha_5(\tilde{\mathbf{d}}\cdot\mathbf{n})\mathbf{n}$$
$$-\alpha_6\mathbf{n}(\mathbf{n}\cdot\tilde{\mathbf{d}})-\alpha_7(\mathbf{n}\times\nabla T)\mathbf{n}-\alpha_8\mathbf{n}(\mathbf{n}\times\nabla T), \quad (5.79)$$

$$\mathbf{f}'=\gamma_1\mathbf{N}+\gamma_2\tilde{\mathbf{d}}\cdot\mathbf{n}+\gamma_3\mathbf{n}\times\nabla T, \quad (5.80)$$

$$\mathbf{q}=-\beta_1(\mathbf{n}\cdot\nabla T)\mathbf{n}-\beta_2\nabla T-\beta_3\mathbf{n}\times\mathbf{N}-\beta_4\mathbf{n}\times(\tilde{\mathbf{d}}\cdot\mathbf{n}). \quad (5.81)$$

当然，还有式(5.73)的

$$\pi_{ij}=0. \quad (5.73)$$

在式(5.73)$\pi_{ij}=0$ 的条件下，式(5.63)简化成为

$$n_if'_j-n_jf'_i=t_{ji}-t_{ij}.$$

式(5.62_2)指出，上式左方正是单位体积液晶受到的耗散转矩，也就

是粘滞转矩．所以，我们可以说，由于流动，单位体积内的液晶分子将受到一个粘滞转矩 $\boldsymbol{\tau}'_v$：

$$\tau'_{vi} = \varepsilon_{ijk} t_{jk}. \tag{5.82}$$

从这个粘滞转矩的表达式我们可以分析一下 t_{ij} 表示式中各个 α 系数项的物理意义．为简单起见，让我们讨论二维的情形．设指向矢 $\mathbf{n}$ 和流速 $\mathbf{v}$ 分别为

$$\mathbf{n} = (n_1, n_2, 0),\quad \mathbf{v} = (v_1, 0, 0).$$

设流动在 x_2 轴方向存在有流速梯度：

$$s = v_{1,2} > 0.$$

对于稳恒态，我们有下列各个有关的非零项：

$$d_{12} = d_{21} = \frac{1}{2} s,\quad \omega_{12} = -\omega_{21} = \frac{1}{2} s,$$

$$N_1 = -\frac{1}{2} s n_2,\qquad N_2 = \frac{1}{2} s n_1.$$

首先看 t_{ij} 中的 α_1 项．这时有

$$t_{11} = -\alpha_1 s n_1^3 n_2,\quad t_{12} = t_{21} = -\alpha_1 s n_1^2 n_2^2,\quad t_{22} = -\alpha_1 s n_1 n_2^3.$$

显然，式(5.82)的 $\tau'_{vi} = 0$，因此这一项不会引起粘滞转矩．这里 t_{11} 和 t_{22} 只能给予液晶以拉伸胁强．当然，如果指向矢的取向使 $n_k n_p d_{kp} = 0$ 的话，这种拉伸胁强也等于零．对于 t_{ij} 中的 α_2 项我们有

$$t_{12} = \frac{1}{2} \alpha_2 s n_2^2,\quad t_{21} = -\frac{1}{2} \alpha_2 s n_1^2,$$

因此这一项可以引起粘滞转矩

$$\tau'_{v3} = \frac{1}{2} \alpha_2 s.$$

由于 s 为正值，所以对于 $\alpha_2 > 0$ 的液晶这个转矩是正值，而对于 $\alpha_2 < 0$ 的液晶这个转矩是负值．对于 t_{ij} 中的 α_3 项我们有

$$t_{12} = -\frac{1}{2} \alpha_3 s n_1^2,\quad t_{21} = \frac{1}{2} \alpha_3 s n_2^2,$$

因此这一项可以引起粘滞转矩

$$\tau'_{v_3} = -\frac{1}{2}\alpha_3 s.$$

对于 $\alpha_3 > 0$ 的液晶这个转矩是负值，而对于 $\alpha_3 < 0$ 的液晶转矩是正值．如果我们从

$$\tau'_{v_3} = f'_1 n_2 - f'_2 n_1$$

的角度来考虑粘滞转矩的话，从式(5.77)我们可以得到

$$\tau'_{v_3} = \frac{1}{2} s[(\gamma_2 - \gamma_1)n_2^2 - (\gamma_1 + \gamma_2)n_1^2].$$

在下一节里我们将看到关于 γ_1 和 γ_2 与 α 之间的帕柔弟关系式．在承认帕柔弟关系式的条件下，τ'_{v_3} 将成为

$$\tau'_{v_3} = s(\alpha_2 n_2^2 - \alpha_3 n_1^2).$$

如果液晶指向矢是接近于与流速方向平行排列，那么 n_2 将是一个微量．这时液晶受到的粘滞转矩主要是 $-\alpha_3 s$．反过来，如果液晶指向矢接近于与流速方向相垂直排列，那么 n_1 将是一个微量，而液晶受到的粘滞转矩将主要是 $\alpha_2 s$．t_{ij} 中的 $-\alpha_4 d_{ij}$ 项与指向矢无关，因此 α_4 对应于各向同性液体的粘滞系数．这一项并不引起粘滞转矩．对于 $-\alpha_5 d_{ik} n_k n_j$ 项我们有

$$t_{12} = -\frac{1}{2}\alpha_5 s n_2^2, \quad t_{21} = -\frac{1}{2}\alpha_5 s n_1^2,$$

因此粘滞转矩是

$$\tau'_{v_3} = \frac{1}{2}\alpha_5 s(n_1^2 - n_2^2).$$

这个粘滞转矩在指向矢取向与流速平行时（$n_1 = 1, n_2 = 0$）和在指向矢取向与流速相垂直时（$n_1 = 0$，$n_2 = 1$）具有相反的方向．类似，$-\alpha_6 n_i n_k d_{kj}$ 项引起的粘滞转矩将是

$$\tau'_{v_3} = -\frac{1}{2}\alpha_6 s(n_1^2 - n_2^2).$$

它与 α_5 项的情形刚好相反．总之，我们可以说，如果液晶的流动是有旋的（$v_{i,j} \neq v_{j,i}$），那么 α_2 项和 α_3 项可以给出由于液晶的流动（$\mathbf{N} \neq 0$）引起的粘滞转矩，而且如果指向矢的取向接近于与流

速相平行，那么转矩将是 $\alpha_2 s$，而当指向矢取向接近于与流速相垂直时，转矩将是 $-\alpha_3 s$。如果液晶的流动是无旋的 $(v_{i,j}=v_{j,i})$，那么 $n_k d_{ik}\neq 0$，因而 α_5 和 α_6 项可以引起粘滞转矩。

液晶的本构方程和各向同性流体的本构方程有一些不同．在各向同性流体的情形中，耗散力和耗散动量通量只是速度梯度、温度梯度等等的函数．在液晶中还必须考虑到相对于流体运动的指向矢的转动，也就是 $\mathbf{N}$ 的影响．在转动的流体中，指向矢随着流体一起转动的状态是平衡的状态；也就是说在平衡状态时 $\mathbf{N}=0$。所以，γ_1 那一项决定着指向矢相对于流体运动的张弛速度．由于速度梯度 d_{ij} 描述的是切变流动，所以 γ_2 那一项描述的是指向矢的取向与切变流动的耦合关系．

有了这些本构方程，式(5.68)的熵增加量就成为

$$\begin{aligned}TR=&\alpha_1(n_i d_{ij} n_j)^2+(\alpha_2+\alpha_3+\gamma_2)n_i d_{ij} N_j+\alpha_4 d_{ij} d_{ij}\\&+(\alpha_5+\alpha_6)n_i d_{ik} d_{kj} n_j+\gamma_1(\mathbf{N})^2+\frac{\beta_1}{T}(\mathbf{n}\cdot\nabla T)^2\\&+\frac{\beta_2}{T}(\nabla T)^2+\left(\alpha_7+\alpha_8-\frac{\beta_4}{T}\right)n_i\varepsilon_{jkl}n_k d_{ij}T_{,l}\\&+\left(\gamma_3-\frac{\beta_3}{T}\right)\varepsilon_{ijk}n_j N_i T_{,k}.\end{aligned}\tag{5.83}$$

由于有式(5.73)的关系，所以 TR 表示式中不再有 $\pi_{ik}N_{ik}$ 的项．

丝状液晶具有对包含指向矢 $\mathbf{n}$ 的平面的镜面对称性，也就是说具有 $C_{\infty v}$ 对称．这就要求

$$\alpha_7=\alpha_8=\gamma_3=\beta_3=\beta_4=0.\tag{5.84}$$

这是因为，如果我们取 $\mathbf{n}$ 的方向为 x_3 轴方向，那么把 x_1 用 $-x_1$ 代换时，相当于把右手坐标系变换为左手坐标系．这时 $T_{,1}, n_1, d_{12}$ 和 d_{13} 都要改变符号；但是，TR 与坐标系的选择无关，应该不变，而且各个系数又是互相独立的，所以要求式(5.84)成立．这样，对于不可压缩的丝状液晶共有六个 α 粘滞系数，而由于式(5.78)的结果，两个 γ 系数可以由六个 α 系数导出．另外，对于丝状液晶，如果我们取指向矢 $\mathbf{n}$ 为 $\mathbf{n}=(0,0,1)$，那么式(5.81)和(5.84)指出

$$q_1 = -\beta_2 \frac{\partial T}{\partial x_1}, \quad q_2 = -\beta_2 \frac{\partial T}{\partial x_2}, \quad q_3 = -(\beta_1 + \beta_2) \frac{\partial T}{\partial x_3}.$$

如果我们称沿指向矢方向的热导系数为 $\beta_{/\!/}$，垂直于指向矢方向的热导系数为 $\beta_\perp$，那么显然就有

$$\beta_2 = \beta_\perp, \quad \beta_1 = \beta_{/\!/} - \beta_\perp \equiv \beta_a, \tag{5.85}$$

β_a 是热导各向异性.

§8 帕柔弟 (O. Parodi) 关系式[12]

如果应用翁萨克 (L. Onsager) 倒易关系[13]，那么在这些粘滞系数之间还可以找到一些关系式. 为了应用翁萨克倒易关系，我们引用一个指向矢的角速度矢量 $\boldsymbol{\Omega}$，令

$$\dot{\mathbf{n}} = \boldsymbol{\Omega} \times \mathbf{n}.$$

相对于流体运动的指向矢角速度 $\mathbf{N}$ 就可以写成

$$\mathbf{N} = (\boldsymbol{\Omega} - \boldsymbol{\omega}) \times \mathbf{n}$$

的形式. 再把 $\boldsymbol{\Omega}$ 和 $\boldsymbol{\omega}$ 分别用反对称张量

$$\Omega_{ij} = -\Omega_k, \quad \omega_{ij} = -\omega_k$$

来表示，式中 (i, j, k) 是 $(1, 2, 3)$ 的循环排列，那么就有

$$\begin{aligned} N_i &= (\Omega_{ij} - \omega_{ij}) n_j \\ &\equiv \bar{\Omega}_{ij} n_j, \end{aligned} \tag{a}$$

$\bar{\Omega}_{ij} \equiv \Omega_{ij} - \omega_{ij}$ 也是一个反对称张量. t_{ij} 也可以写作一个对称张量 $t_{ij}^{(s)}$ 和一个反对称张量 $t_{ij}^{(a)}$ 之和:

$$\begin{aligned} t_{ij} &= \frac{1}{2}(t_{ij} + t_{ji}) + \frac{1}{2}(t_{ij} - t_{ji}) \\ &\equiv t_{ij}^{(s)} + t_{ij}^{(a)}. \end{aligned}$$

由于 $d_{ij} = d_{ji}$，所以

$$\begin{aligned} t_{ij} d_{ij} &= \frac{1}{2} t_{ij} d_{ij} + \frac{1}{2} t_{ji} d_{ji} \\ &= t_{ij}^{(s)} d_{ij}. \end{aligned} \tag{b}$$

另外，由于 Ω_{ij} 是反对称的，所以在引用式(a)之后有

$$f'_i N_i = f'_i \bar{\Omega}_{ij} n_j$$

$$= \frac{1}{2} f'_i \bar{\Omega}_{ij} n_j + \frac{1}{2} f'_i \bar{\Omega}_{ji} n_j$$

$$= \frac{1}{2} (n_j f'_i - n_i f'_j) \bar{\Omega}_{ij}.$$

式(5.63)和(5.73)又给出

$$t_{ij} - t_{ji} = n_j f'_i - n_i f'_j,$$

所以我们有

$$f'_i N_i = t_{ij}^{(a)} \bar{\Omega}_{ij}. \tag{c}$$

把式(b)和(c)式代入式(5.68)，并注意到式(5.73)，就可以有

$$TR = -t_{ij}^{(s)} d_{ij} + t_{ij}^{(a)} \bar{\Omega}_{ij} - T^{-1} q_i T_{,i}. \tag{5.86}$$

根据式（5.86）的形式，让我们把三个独立的热力学力规定为

$$X_{ij}^{(1)} = d_{ij}, \quad X_{ij}^{(2)} = \bar{\Omega}_{ij}, \quad X_i^{(3)} = T^{-1} T_{,i}. \tag{5.87}$$

与这三个热力学力相对应的热力学通量为

$$J_{ij}^{(1)} = -t_{ij}^{(s)}, \quad J_{ij}^{(2)} = t_{ij}^{(a)}, \quad J_i^{(3)} = -q_i. \tag{5.88}$$

于是本构方程可以写成

$$J_{ij}^{(1)} = L_{ij}^{kl(11)} d_{kl} + L_{ij}^{kl(12)} \bar{\Omega}_{kl} + L_{ij}^{k(13)} T(T^{-1} T_{,k}),$$

$$J_{ij}^{(2)} = L_{ij}^{kl(21)} d_{kl} + L_{ij}^{kl(22)} \bar{\Omega}_{kl} + L_{ij}^{k(23)} T(T^{-1} T_{,k}),$$

$$J_i^{(3)} = L_{ij}^{jk(31)} d_{jk} + L_i^{jk(32)} \bar{\Omega}_{jk} + L_i^{j(33)} T(T^{-1} T_{,k}) \tag{5.89}$$

的形式。翁萨克倒易关系指出，这些系数 L 之间应该满足关系式

$$L_{ij}^{kl(12)} = L_{kl}^{ij(21)}, \quad L_{ij}^{k(13)} = L_k^{ij(31)}, \quad L_{ij}^{k(23)} = L_k^{ij(32)}. \tag{5.90}$$

当我们把式(a)的 N_i 表示式代入式(5.76)时，就可以得出

$$t_{ij} = -(\alpha_1 n_i n_j n_k n_l + \alpha_4 \delta_{ik} \delta_{jl} + \alpha_5 \delta_{il} n_k n_j + \alpha_6 \delta_{jl} n_i n_k) d_{kl}$$

$$- (\alpha_2 \delta_{ik} n_j n_l \bar{\Omega}_{kl} + \alpha_3 \delta_{jl} n_i n_k \bar{\Omega}_{lk}) - (\alpha_7 \varepsilon_{ikl} n_k n_j$$

$$+ \alpha_8 \varepsilon_{jkl} n_i n_k) T_{,l},$$

$$t_{ji} = -(\alpha_1 n_j n_i n_k n_l) + \alpha_4 \delta_{jk} \delta_{il} + \alpha_5 \delta_{jl} n_k n_i + \alpha_6 \delta_{il} n_j n_k) d_{kl}$$

$$- (\alpha_2 \delta_{ik} n_i n_l \bar{\Omega}_{kl} + \alpha_3 \delta_{il} n_j n_k \bar{\Omega}_{lk}) - (\alpha_7 \varepsilon_{jkl} n_k n_i$$

$$+ \alpha_8 \varepsilon_{ikl} n_j n_k) T_{,l}.$$

所以

$$J_{ij}^{(1)} = -t_{ij}^{(s)} = \Big[\alpha_1 n_i n_j n_k n_l + \alpha_4 \delta_{ik} \delta_{jl} + \frac{1}{2} (\alpha_5$$

$$+ \alpha_6)(\delta_{il} n_j n_k + \delta_{jl} n_i n_k) \Big] d_{kl} + \frac{1}{2} (\alpha_2 + \alpha_3)(\delta_{ik} n_j n_l$$

$$- \delta_{jl} n_i n_k) \bar{\Omega}_{kl} + \frac{1}{2} (\alpha_7 + \alpha_8)(\varepsilon_{ilk} n_j n_l + \varepsilon_{jlk} n_i n_l) T_{,k},$$

$$J_{ij}^{(2)} = t_{ij}^{(a)} = -\frac{1}{2} (\alpha_5 - \alpha_6)(\delta_{ik} n_l n_j - \delta_{jl} n_i n_k) d_{kl}$$

$$- \frac{1}{2} (\alpha_2 - \alpha_3)(\delta_{ik} n_j n_l - \delta_{jl} n_i n_k) \bar{\Omega}_{kl}$$

$$- \frac{1}{2} (\alpha_7 - \alpha_8)(\varepsilon_{ilk} n_l n_j - \varepsilon_{jlk} n_i n_l) T_{,k}. \qquad (5.91)$$

再者，把式(a)的 N_i 表示式代入式(5.72)，就可以得出

$$J_i^{(3)} = -q_i = \beta_4 \varepsilon_{ijk} n_j n_l d_{kl} + \beta_3 \varepsilon_{ijk} n_j N_k + (\beta_1 n_i n_j + \beta_2 \delta_{ij}) T_{,j}$$

$$= \frac{1}{2} \beta_4 (\varepsilon_{ijk} n_j n_l + \varepsilon_{ijl} n_j n_k) d_{kl} + \frac{1}{2} \beta_3 (\varepsilon_{ijk} n_j n_l \bar{\Omega}_{kl}$$

$$+ \varepsilon_{ijk} n_k n_l \bar{\Omega}_{jl}) + (\beta_1 n_i n_j + \beta_2 \delta_{ij}) T_{,j}$$

$$= \frac{1}{2} \beta_4 (\varepsilon_{ilj} n_l n_k + \varepsilon_{ilk} n_l n_j) d_{jk}$$

$$+ \frac{1}{2} \beta_3 (\varepsilon_{ilj} n_l n_k - \varepsilon_{ilk} n_l n_j) \bar{\Omega}_{jk}$$

$$+ (\beta_1 n_i n_j + \beta_2 \delta_{ij}) T_{,j}. \qquad (5.92)$$

把式(5.89)和(5.91)及(5.92)相比较，就可以得出

$$L_{ij}^{kl(12)} = \frac{1}{2} (\alpha_2 + \alpha_3)(\delta_{ik} n_j n_l - \delta_{jl} n_i n_k),$$

$$L_{ij}^{k(13)} = \frac{1}{2} (\alpha_7 + \alpha_8)(\varepsilon_{ilk} n_j n_l + \varepsilon_{jlk} n_i n_l),$$

$$L_{ij}^{kl(21)} = -\frac{1}{2} (\alpha_5 - \alpha_6)(\delta_{ik} n_l n_j - \delta_{jl} n_i n_k),$$

$$L_{ij}^{kl(23)} = -\frac{1}{2}(\alpha_7 - \alpha_8)(\varepsilon_{ilk}n_jn_l - \varepsilon_{jlk}n_in_l),$$

$$L_i^{jk(31)} = \frac{1}{2}\beta_4(\varepsilon_{ilj}n_ln_k + \varepsilon_{ilk}n_ln_j),$$

$$L_i^{jk(32)} = \frac{1}{2}\beta_3(\varepsilon_{ilj}n_ln_k - \varepsilon_{ilk}n_ln_j)。$$

现在从 $L_{ij}^{kl(21)}$, $L_i^{jk(31)}$ 和 $L_i^{jk(32)}$ 的表示式可以得出

$$L_{kl}^{ij(21)} = -\frac{1}{2}(\alpha_5 - \alpha_6)(\delta_{ki}n_jn_l - \delta_{lj}n_kn_i),$$

$$L_k^{ij(31)} = \frac{1}{2}\beta_4(\varepsilon_{kli}n_ln_j + \varepsilon_{klj}n_ln_i),$$

$$L_k^{ij(32)} = \frac{1}{2}\beta_3(\varepsilon_{kli}n_ln_j - \varepsilon_{klj}n_ln_i)。$$

把这些表示式代人翁萨克倒易关系式 (5.90)，就可以看到这些 α 和 β 之间存在着

$$\alpha_2 + \alpha_3 = \alpha_6 - \alpha_5,$$
$$\alpha_7 + \alpha_8 = -\beta_4,$$
$$\alpha_7 - \alpha_8 = \beta_3$$

的关系。结合式(5.78)，这些 α, β, 和 γ 系数之间就存在着下列的关系：

$$\gamma_1 = \alpha_3 - \alpha_2, \tag{5.93$_1$}$$

$$\gamma_2 = \alpha_6 - \alpha_5 = \alpha_2 + \alpha_3, \tag{5.93$_2$}$$

$$\gamma_3 = \alpha_8 - \alpha_7 = -\beta_3, \tag{5.93$_3$}$$

$$\alpha_7 + \alpha_8 = -\beta_4。 \tag{5.93$_4$}$$

一般把式 (5.93$_2$) 称为帕柔弟关系式． 由于这个关系式的存在，所以对于不可压缩的丝状液晶就只有五个独立的粘滞系数了．不过也有人对帕柔弟关系式提出了异议．理由是翁萨克倒易关系对于粘滞现象、热传导现象和扩散现象并不适用，因为这里没有确定的选择热力学力和热力学通量的根据．当用不同办法选择热力学力和与之相对应的热力学通量时会引出矛盾的结果．不过实验的结果表明，帕柔弟关系式看来是可以满足的．

螺旋状液晶没有 $C_{\infty v}$ 对称性．在对包含指向矢 $\mathbf{n}$ 的平面作反射运算时，本构方程式没有不变性的要求．从式(5.72)、(5.76)和(5.77) 可以看出，不可压缩的螺旋状液晶共有八个独立的 α 系数．如果承认帕柔弟关系式(5.93_2)，那么就有七个独立的 α 系数．从式(5.76)和(5.77)可以看出，当螺旋状液晶中存在温度梯度的时候，流体和指向矢都会受到转矩的作用．反过来，从式(5.72)可以看出，如果指向矢相对于流体发生转动，将能感生热流．雷曼 (O. Lehmann) 曾观测到[14]，在玻璃平面上滴几滴螺旋状液晶，如果从底面加热，可以产生剧烈的转动．这种结果与式(5.72)、(5.76)和(5.77)中存在着 $\alpha_7,\alpha_8,\gamma_3,\beta_3$ 和 β_4 项是一致的．

§9 对粘滞系数数值的限制

在一切实际物理过程中熵的增加量 R 都必然是正值．这就对这些粘滞系数加上了一定的限制．我们注意到，d_{ij} 对 i 和 j 必须是对称的，同时在液晶是不可压缩的条件下还必须满足式 (5.75)．在式(5.83)的 TR 表示式中，$\mathbf{n},\mathbf{N},\nabla T$ 和 d_{ij} 都可以独立地进行变化，因此对这些量选择不同的数值时就可以得出各个 α,β 和 γ 之间所要满足的一些限制条件．

我们可以不失一般性地取

$$\mathbf{n}=(0,0,1).$$

这时式(5.83)成为

$$\begin{aligned}TR=&\alpha_4d_{11}^2+2\alpha_4d_{12}^2+(2\alpha_4+\alpha_5+\alpha_6)d_{13}^2+\alpha_4d_{22}^2\\&+(2\alpha_4+\alpha_5+\alpha_6)d_{23}^2+(\alpha_1+\alpha_4+\alpha_5+\alpha_6)d_{33}^2\\&+\gamma_1(N_1^2+N_2^2+N_3^2)+\frac{\beta_2}{T}(T_{,1}^2+T_{,2}^2)\\&+\left(\frac{\beta_1+\beta_2}{T}\right)T_{,3}^2+(\alpha_2+\alpha_3+\gamma_2)(d_{13}N_1+d_{23}N_2\\&+d_{33}N_3)+\left(\gamma_3-\frac{\beta_3}{T}\right)(-N_1T_{,2}+N_2T_{,1})\end{aligned}$$

$$+\left(\alpha_7+\alpha_8-\frac{\beta_4}{T}\right)(-d_{13}T_{,2}+d_{23}T_{,1})。\tag{5.94}$$

对于 d_{ij},N_i 和 $T_{,i}$ 的数值,现在可以作如下的各种选择:

(1) 取 $d_{11}=d_{22}=d_{33}=0$,并且取 $d_{ij}(i\neq j)$, N_i 和 $T_{,i}$ 中的一个不为零外,其余都等于零. 这时式(5.94)右方将只余下该不为零项的平方项. 由于 TR 必须为正值,因此该平方项的系数必然为正值. 这就得出了下列的限制条件:

$$\alpha_4>0;\tag{5.95}$$

$$2\alpha_4+\alpha_5+\alpha_6>0;\tag{5.96}$$

$$\gamma_1>0;\tag{5.97}$$

$$\frac{\beta_2}{T}>0,\ 或\ \beta_2>0;\tag{5.98}$$

$$\frac{\beta_1+\beta_2}{T}>0,\ 或\ \beta_1+\beta_2>0。\tag{5.99}$$

(2) 取 $d_{ij}(i\neq j)$,N_i 和 $T_{,i}$ 为零,那么式(5.94)成为

$$TR=\alpha_4(d_{11}^2+d_{22}^2)+(\alpha_1+\alpha_4+\alpha_5+\alpha_6)d_{33}^2。$$

由于式 (5.75_2) 的不可压缩条件,我们可以取 $d_{11}=d_{22}$,$d_{33}=-2d_{11}$。这时上式右方成为 $2(2\alpha_1+3\alpha_4+2\alpha_5+2\alpha_6)d_{11}^2$,于是有限制条件

$$2\alpha_1+3\alpha_4+2\alpha_5+2\alpha_6>0。\tag{5.100}$$

(3) 对于式(5.94)右方的 $d_{13}^2(d_{23}^2)$ 项、$d_{13}N_1(d_{23}N_2)$ 项和 $N_1^2(N_2^2)$ 项可以合并写成

$$\begin{aligned}&(2\alpha_4+\alpha_5+\alpha_6)d_{13}^2+\gamma_1N_1^2+(\alpha_2+\alpha_3+\gamma_2)d_{13}N_1\\&=\gamma_1\left[N_1+(\alpha_2+\alpha_3+\gamma_2)\frac{d_{13}}{2\gamma_1}\right]^2+\left[(2\alpha_4+\alpha_5+\alpha_6)\right.\\&\quad\left.-\frac{(\alpha_2+\alpha_3+\gamma_2)^2}{4\gamma_1}\right]d_{13}^2\end{aligned}\tag{5.101}$$

的形式. 现在如果取

$$d_{13}\neq 0,$$

$$N_1 = -\frac{(\alpha_2 + \alpha_3 + \gamma_2)d_{13}}{2\gamma_1},$$

$$d_{11} = d_{12} = d_{22} = d_{23} = d_{33} = N_2 = N_3 = T_{,i} = 0,$$

那么式(5.94)将简化成为

$$TR = \left[(2\alpha_4 + \alpha_5 + \alpha_6) - \frac{(\alpha_2 + \alpha_3 + \gamma_2)^2}{4\gamma_1} \right] d_{13}^2 > 0.$$

因此，可以有限制条件

$$4\gamma_1(2\alpha_4 + \alpha_5 + \alpha_6) > (\alpha_2 + \alpha_3 + \gamma_2)^2. \tag{5.102}$$

另一方面，如果我们取

$$d_{13} = \pm N_1$$

[从式(5.42)和(5.66)来看，只要取 $v_{1,3} = 0$ 或 $v_{3,1} = 0$ 就可以作到这一要求]，那么式(5.101)将成为

$$\begin{aligned}&(2\alpha_4 + \alpha_5 + \alpha_6)d_{13}^2 + \gamma_1 N_1^2 + (\alpha_2 + \alpha_3 + \gamma_2)d_{13}N_1 \\ &= (\gamma_1 + 2\alpha_4 + \alpha_5 + \alpha_6 \pm \alpha_2 \pm \alpha_3 \pm \gamma_2)N_1^2.\end{aligned}$$

所以又可以有限制条件

$$\gamma_1 + 2\alpha_4 + \alpha_5 + \alpha_6 > \pm(\alpha_2 + \alpha_3 + \gamma_2). \tag{5.103}$$

(4) 关于式(5.94)右方的 d_{11}^2 项、d_{22}^2 项、d_{33}^2 项、N_3^2 项和 $d_{33}N_3$ 项，如果取 $d_{11} = d_{22} = -\frac{1}{2}d_{33}$，那么就可以写成

$$\begin{aligned}&\alpha_4(d_{11}^2 + d_{22}^2) + (\alpha_1 + \alpha_4 + \alpha_5 + \alpha_6)d_{33}^2 + \gamma_1 N_3^2 \\ &\quad + (\alpha_2 + \alpha_3 + \gamma_2)d_{33}N_3 \\ &= \gamma_1\left[N_3 + \frac{(\alpha_2 + \alpha_3 + \gamma_2)d_{33}}{2\gamma_1}\right]^2 + \left[\left(\alpha_1 + \frac{3}{2}\alpha_4\right.\right. \\ &\quad \left.\left. + \alpha_5 + \alpha_6\right) - \frac{(\alpha_2 + \alpha_3 + \gamma_2)^2}{4\gamma_1}\right]d_{33}^2\end{aligned}$$

的形式．这时选取

$$d_{33} \neq 0, \quad N_3 = -\frac{(\alpha_2 + \alpha_3 + \gamma_2)d_{33}}{2\gamma_1},$$

同时令其余的 $d_{ij}(i \neq j)$，N_i 和 $T_{,i}$ 都等于零，那么就可以有

$$TR = \left[\left(\alpha_1 + \frac{3}{2}\alpha_4 + \alpha_5 + \alpha_6\right) - \frac{(\alpha_2 + \alpha_3 + \gamma_2)^2}{4\gamma_1}\right]d_{33}^2 > 0.$$

这就给出了限制条件

$$2\gamma_1(2\alpha_1 + 3\alpha_4 + 2\alpha_5 + 2\alpha_6) > (\alpha_2 + \alpha_3 + \gamma_2)^2. \quad (5.104)$$

(5) 对于式 (5.94) 右方的 $N_1^2(N_2^2)$ 项、$T_{,2}^2(T_{,1}^2)$ 项和 $N_1T_{,2}(N_2T_{,1})$ 项，可以写成

$$\gamma_1 N_1^2 + \frac{\beta_2}{T}T_{,2}^2 - \left(\gamma_3 - \frac{\beta_3}{T}\right)N_1T_{,2}$$

$$= \gamma_1\left[N_1 - \left(\gamma_3 - \frac{\beta_3}{T}\right)\frac{T_{,2}}{2\gamma_1}\right]^2$$

$$+ \left[\frac{\beta_2}{T} - \frac{\left(\gamma_3 - \frac{\beta_3}{T}\right)^2}{4\gamma_1}\right]T_{,2}^2$$

的形式，从而得到限制条件

$$\frac{4\gamma_1\beta_2}{T} > \left(\gamma_3 - \frac{\beta_3}{T}\right)^2. \quad (5.105)$$

(6) 对式(5.94)右方的 $d_{13}^2(d_{23}^2)$项、$T_{,2}^2(T_{,1})^2$项和 $d_{13}T_{,2}(d_{23}T_{,1})$ 项进行类似的处理，就可以得出限制条件

$$\frac{4\beta_2}{T}(2\alpha_4 + \alpha_5 + \alpha_6) > \left(\alpha_7 + \alpha_8 - \frac{\beta_4}{T}\right)^2. \quad (5.106)$$

式(5.95)到式(5.100)和式(5.102)到式(5.106)这十一个关系式，就是这些粘滞系数 α, γ 和热导系数 β 的数值所需要受到的限制。如果我们承认帕柔弟关系式(5.93)能够得到满足，那么式(5.102)到式(5.106)还可以简化成为

$$\gamma_1(2\alpha_4 + \alpha_5 + \alpha_6) > \gamma_2^2, \quad (5.107)$$

$$\gamma_1 + 2\alpha_4 + \alpha_5 + \alpha_6 > \pm 2\gamma_2, \quad (5.108)$$

$$\gamma_1(2\alpha_1 + 3\alpha_4 + 2\alpha_5 + 2\alpha_6) > 2\gamma_2^2, \quad (5.109)$$

$$4\gamma_1\beta_2 T > \beta_3^2(T+1)^2, \quad (5.110)$$

$$4\beta_2(2\alpha_4 + \alpha_5 + \alpha_6)T > \beta_4^2(T+1)^2. \quad (5.111)$$

§10 丝状液晶的切变粘滞系数

不可压缩的丝状液晶具有六个粘滞系数 $\alpha_1,\alpha_2,\alpha_3,\alpha_4$, α_5 和 α_6。如果承认帕柔弟关系式，那么就有五个独立的 α 粘滞系数．我们可以用通常的流体切变流动实验来测定液晶的通常粘滞系数 η。不过即使在切变流动中，由于指向矢所取的方向不同，得到的粘滞系数也将有所不同．现在我们看看在切变流动实验下得到的粘滞系数与莱斯利粘滞系数 α 之间的关系如何．

让我们用一个足够强的磁场使液晶指向矢在某一方向定向排列起来．假设现在让液晶沿 x_2 轴方向作稳定流动，并同时在 x_1 轴方向具有固定的速度梯度 u'．这样就可以使

$$v_1=v_3=0,\ v_2=u'x_1. \tag{5.112}$$

于是我们有

$$d_{12}=d_{21}=\frac{1}{2}u',\ N_1=\frac{1}{2}u'n_2,\ N_2=-\frac{1}{2}u'n_1.$$

这时沿 x_2 轴方向对与 x_1 轴相垂直的平面上的切胁强将是 $-t_{21}$。从式(5.79)可以有

$$-t_{21}=\left[\alpha_1n_1^2n_2^2+\frac{1}{2}(\alpha_5-\alpha_2)n_1^2+\frac{1}{2}(\alpha_3+\alpha_6)n_2^2+\frac{1}{2}\alpha_4\right]u'. \tag{5.113}$$

通常流体的粘滞系数 η 是由

$$\eta=-\frac{t_{21}}{u'} \tag{5.114}$$

规定的，也就是说

$$\eta=\alpha_1n_1^2n_2^2+\frac{1}{2}(\alpha_5-\alpha_2)n_1^2+\frac{1}{2}(\alpha_3+\alpha_6)n_2^2+\frac{1}{2}\alpha_4. \tag{5.115}$$

按照液晶指向矢所取的方向，梅索维克兹 (M. Miesowicz)[15]

定义了三个主粘滞系数 η_1,η_2 和 η_3,它们分别为

(1) 当指向矢取向与流向相平行时 ($\mathbf{n}/\!/x_2$),粘滞系数为 η_1。这时

$$n_1 = n_3 = 0,\ n_2 = 1,$$

所以

$$\eta_1 = \frac{1}{2}(\alpha_3 + \alpha_4 + \alpha_6)。\tag{5.116}$$

(2) 当指向矢取向与速度梯度方向相平行时 ($\mathbf{n}/\!/x_1$),粘滞系数为 η_2. 这时

$$n_1 = 1,\ n_2 = n_3 = 0,$$

所以

$$\eta_2 = \frac{1}{2}(\alpha_4 + \alpha_5 - \alpha_2)。\tag{5.117}$$

(3) 当指向矢取向与流向和速度梯度方向都垂直时 ($\mathbf{n}/\!/x_3$),粘滞系数为 η_3. 这时

$$n_1 = n_2 = 0,\ n_3 = 1,$$

所以

$$\eta_3 = \frac{1}{2}\alpha_4。\tag{5.118}$$

除去这三个主粘滞系数外,我们还可以有更普遍的情形.

(4) 指向矢的方向为

$$n_1 = \cos\phi,\ n_2 = \sin\phi,\ n_3 = 0$$

时,我们称这时的粘滞系数为 η_ϕ. 从式(5.115)、(5.116)和(5.117)可以得出

$$\eta_\phi = \alpha_1\sin^2\phi\cos^2\phi + \eta_2\cos^2\phi + \eta_1\sin^2\phi.\tag{5.119}$$

如果从实验测出 η_1, η_2, η_3 和 η_ϕ 的数值,那么就可以解出 α_1, α_4, $\alpha_3+\alpha_6$ 和 $\alpha_5-\alpha_2$ 的数值. 三个主粘滞系数 η_1, η_2 和 η_3 都是正值. 这一点可以从各粘滞系数 α 与 γ 之间所受到的限制条件得到证明. 首先式(5.95)确定了 $\eta_3>0$. 其次式(5.108)(取正号)指出 $2\alpha_4+\alpha_5+\alpha_6+\gamma_1>2\gamma_2$. 应用帕柔弟关系式 ($5.93_2$),可以把

$2\gamma_2$ 改写成为 $\alpha_6-\alpha_5+\alpha_2+\alpha_3$ 的形式，同时注意到 $\gamma_1=\alpha_3-\alpha_2$，那么上面的不等式就成为 $\alpha_4+\alpha_5-\alpha_2>0$ 的形式，也就是说 $\eta_2>0$。另外，式(5.108)取负号时指出 $2\alpha_4+\alpha_5+\alpha_6+\gamma_1>-2\gamma_2$. 用同样的方法可以得出 $\alpha_4+\alpha_6+\alpha_3>0$，也就是说 $\eta_1>0$。所以三个主粘滞系数 η_1，η_2 和 η_3 都是正值． 实验对 PAA 测得的 η 值在 10^{-2} 泊的数量级，对 MBBA 测得的 η 值在 10^{-1} 泊的数量级。

在切变流动的情形下也不会得出更多的新结果来．当然，四个数据仍然不足以定出全部五个 α 系数．要想得出所有的 α 数值还得依靠另外的实验数据．

§11 丝状液晶动量守恒与指向矢运动方程的另外形式

质量守恒方程 (5.33)、熵守恒方程 (5.58)、动量守恒方程 (5.59)、指向矢运动方程 (5.60) 和各个耗散函数表示式 (5.72)、(5.73)、(5.76)、(5.77)以及耗散系数间关系式(5.78)、(5.84)，耗散力与耗散张量之间的关系式 (5.63)，组成了完整的具有耗散的丝状液晶流体动力学方程组．在特殊条件下，指向矢运动方程还可以用另外的形式加以表述，而动量守恒方程和指向矢运动方程也可以合并成为一个方程[16,17]．本节就是讨论这些特殊条件下的方程的表达形式．

如果我们承认液晶是不可压缩的，那么在艾瑞克孙-莱斯利理论中的式(5.59)和(5.60)，可以分别写作

$$\rho\frac{dv_i}{dt}+\frac{\partial p}{\partial x_i}+n_{k,i}\frac{\partial}{\partial x_j}\left(\frac{\partial g}{\partial n_{k,j}}\right)+n_{k,ij}\frac{\partial g}{\partial n_{k,j}}+t_{ik,k}=0, \tag{5.120}$$

$$I\frac{d^2n_k}{dt^2}-\frac{\partial}{\partial x_p}\left(\frac{\partial g}{\partial n_{k,p}}\right)+\frac{\partial g}{\partial n_k}+f'_k=\gamma n_k \tag{5.121}$$

的形式。这里我们引用了实质导数算符

$$\frac{d}{dt}=\frac{\partial}{\partial t}+\mathbf{v}\cdot\nabla. \tag{5.122}$$

由于式(5.73)的存在，耗散力与耗散张量之间的关系式(5.63)简化成为

$$t_{qp}-t_{pq}=n_p f'_q-n_q f'_p,$$
$$\varepsilon_{rpq}(t_{qp}-n_p f'_q)=0. \tag{5.123}$$

因此，我们可以有

$$n_q(t_{qp}-t_{pq})=n_p n_q f'_q-f'_p.$$

对于丝状液晶，应用 $\mathbf{n}\cdot\mathbf{N}=0$ 的关系，式(5.77)给出

$$n_p n_q f'_q=\gamma_2(n_q d_{qk} n_k)n_q.$$

于是，我们有

$$f'_k=-n_p(t_{pk}-t_{kp})+\gamma_2(n_p d_{pq} n_q)n_k. \tag{5.124}$$

由于 $\gamma_2 n_p d_{pq} n_q$ 是一个与 n_k 无关的量，因此把式(5.124)代入式(5.121)后，我们可以将 $(\gamma_2 n_p d_{pq} n_q)n_k$ 项吸收到 γn_k 项中去，从而得到指向矢运动方程式的另一种形式

$$I\frac{d^2 n_k}{dt^2}-\frac{\partial}{\partial x_p}\left(\frac{\partial g}{\partial n_{k,p}}\right)+\frac{\partial g}{\partial n_k}-n_p(t_{pk}-t_{kp})=\gamma n_k. \tag{5.125}$$

在第三章中已经指出，液晶的磁场自由能密度和电场自由能密度都是指向矢 $\mathbf{n}$ 的函数．结合夫兰克形变自由能密度，我们可以说在外电磁场中与形变相关的液晶自由能密度是 n_i 和 $n_{i,j}$ 的函数：

$$g=g(n_i, n_{j,k}).$$

当然，n_i 和 $n_{j,k}$ 都是位置 $\mathbf{r}$ 的函数，因此我们有

$$\frac{\partial g}{\partial x_i}=\frac{\partial g}{\partial n_k}n_{k,i}+\frac{\partial g}{\partial n_{k,j}}n_{k,ji}$$
$$=f_k n_{k,i}-\Pi_{kj} n_{k,ij}. \tag{5.126}$$

现在把式(5.120)和乘以 $n_{k,i}$ 的式(5.121)相加，那么由于

$$n_k n_{k,i}=0$$

而得到

$$\rho\frac{dv_i}{dt}+I\frac{d^2n_k}{dt^2}n_{k,i}+\frac{\partial p}{\partial x_i}+\frac{\partial g}{\partial n_{k,j}}n_{k,ij}+\frac{\partial g}{\partial n_k}n_{k,i}$$
$$+t_{ik,k}+n_{k,i}f'_k=0.$$

引用式(5.126)，上式成为

$$\rho\frac{dv_i}{dt}+I\frac{d^2n_k}{dt^2}n_{k,i}+(p+g)_{,i}+t_{ik,k}+n_{k,i}f'_k=0. \tag{5.127$_1$}$$

如果除外加电磁场外，液晶还受有重力之类可以用

$$-\frac{\partial}{\partial x_i}\phi(\mathbf{r},\mathbf{n})$$

表示的力，那么上式可以推广成为

$$\rho\frac{dv_i}{dt}+I\frac{d^2n_k}{dt^2}n_{k,i}+(p+g+\phi)_{,i}+t_{ik,k}+n_{k,i}f'_k=0. \tag{5.127$_2$}$$

自由能密度是系统本身的一种能量形式，在相对静止的不同坐标系中具有同一的数值．假定在 (x_1,x_2,x_3) 坐标系中系统的自由能密度是 $g(n_i,n_{i,j})$，而在一个相对于 (x_1,x_2,x_3) 坐标系沿单位矢量 $\mathbf{l}$ 方向转动了无限小角度 $\delta\theta$ 的 (x'_1,x'_2,x'_3) 坐标系中是 $g(n'_i,n'_{i,j})$，那么能量的不变性要求

$$g(n'_i,n'_{i,j})=g(n_i,n_{i,j}). \tag{5.128}$$

把 $g(n'_i,n'_{i,j})$ 用级数展开，在只取到一阶项的近似下，式(5.128)成为

$$\frac{\partial g}{\partial n_i}(n'_i-n_i)+\frac{\partial g}{\partial n_{i,j}}(n'_{i,j}-n_{i,j})=0. \tag{5.129}$$

在 (x'_1,x'_2,x'_3) 坐标系中的 n'_i 和 $n'_{i,j}$ 与在 (x_1,x_2,x_3) 坐标系中的 n_i 和 $n_{i,j}$ 之间满足式(5.30)和(5.31)的关系：

$$n'_i=n_i+\delta\theta\varepsilon_{ijk}l_jn_k, \tag{5.30}$$

$$n'_{i,j}=n_{i,j}+\delta\theta\varepsilon_{ipk}l_pn_{k,j}+\delta\theta\varepsilon_{jpk}l_pn_{i,k}. \tag{5.31}$$

把式(5.30)和(5.31)代入式(5.129)，然后适当地更换各项的哑标

就得到

$$\delta\theta\varepsilon_{kij}l_i\left(n_j\frac{\partial g}{\partial n_k}+n_{j,p}\frac{\partial g}{\partial n_{k,p}}+n_{p,i}\frac{\partial g}{\partial n_{p,k}}\right)=0。$$

由于$\mathbf{l}$和$\delta\theta$都可以任意选择，于是要求

$$\varepsilon_{ijk}\left(n_j\frac{\partial g}{\partial n_k}+n_{j,p}\frac{\partial g}{\partial n_{k,p}}+n_{p,j}\frac{\partial g}{\partial n_{p,k}}\right)=0。\quad(5.130)$$

现在把指向矢运动方程(5.121)的各项乘以$\varepsilon_{ijk}n_j$，以消除该式右方的含有拉格朗日未定乘子γ的γn_k项，那么得到的将是

$$I\varepsilon_{ijk}n_j\frac{d^2n_k}{dt^2}-\varepsilon_{ijk}n_j\frac{\partial}{\partial x_p}\left(\frac{\partial g}{\partial n_{k,p}}\right)$$

$$+\varepsilon_{ijk}n_j\frac{\partial g}{\partial n_k}+\varepsilon_{ijk}n_jf'_k=0。\quad(5.131_1)$$

应用式(5.123)和(5.130)，指向矢运动方程就成为

$$\varepsilon_{ijk}\left[In_j\frac{d^2n_k}{dt^2}-\frac{\partial}{\partial x_p}\left(n_j\frac{\partial g}{\partial n_{k,p}}\right)-n_{p,j}\frac{\partial g}{\partial n_{p,k}}+t_{kj}\right]=0.$$

$$(5.131_2)$$

如果指向矢还要受到可以用$-\dfrac{\partial}{\partial n_i}\phi(\mathbf{r},\mathbf{n})$表示的力，那么式$(5.131_2)$可以推广成为

$$\varepsilon_{ijk}\left[In_j\frac{d^2n_k}{dt^2}-\frac{\partial}{\partial x_p}\left(n_j\frac{\partial g}{\partial n_{k,p}}\right)-n_{p,j}\frac{\partial g}{\partial n_{p,k}}\right.$$

$$\left.+n_j\frac{\partial\phi}{\partial n_k}+t_{kj}\right]=0。\quad(5.131_3)$$

在处理某些问题时式(5.127)和(5.131)可能更方便一些。艾瑞克孙还将这些方程进一步写成了不同的形式[18]，用来研究非平凡解的问题.

参 考 文 献

[1] J. L. Ericksen, *Arch. Ration. Mech. Anal.*, 4(1960), 231. *Trans. Soc. Rheol.*, 5(1961), 23.

[2] F. M. Leslie, *Quart. J. Mech. Appl. Math.*, 19(1966), 357.
Arch. Ration. Mech. Anal., 28(1968), 265.

[3] M. J. Stephen, *Phys. Rev.*, A2(1970), 1558.
M. J. Stephen, J. P. Straley, *Rev. Mod. Phys.*, 46(1974), 617.

[4] P. M. Morse, H. Feshbach, Mathods of Theoretical Physics, McGraw-Hill (1953), p. 804.

[5] M. W. Zemansky, Heat and Thermodynamics 5th ed., McGraw-Hill (1968), p. 275.

[6] M. W. Zemansky, Heat and Thermodynamics 5th ed., McGraw-Hill (1968), p. 278.

[7] H. Goldstein, Classical Mechanics 2nd ed., Addison-Wesley (1980), p. 46.

[8] P. G. de Gennes, *Mol. Cryst. Liq. Cryst.*, 12(1971), 193.

[9] L. D. Landau, *J. Phys. USSR*, 5(1941), 71.
L. D. Landau, E. M. Lifshitz, Fluid Mechanics, Pergamon (1959), p. 512.

[10] H. Goldstein, Classical Mechanics 2nd ed., Addison-Wesley (1980), p. 171.

[11] E. M. Lifshitz, L. P. Pitaevskii, Statistical Physics 3rd ed. Part I, Pergamon (1980), p. 72.

[12] O. Parodi, *J. Phys. (Paris)*, 31(1970), 581.

[13] L. Onsager, *Phys. Rev.*, 37(1931), 405.
Phys. Rev., 38(1932), 2265.

[14] O. Lehmann, *Ann. Physik*, 4(1900), 649.

[15] M. Miesowicz, *Nature*, 17(1935), 261. *Bull. Int. Acad. Polon. Sci.*, A228(1936).
Nature, 158(1946), 27.

[16] F. M. Leslie, Advances in Liquid Crystals Vol. 4, G. H. Brown ed., Academic (1979), p. 1.

[17] P. K. Currie, *Arch. Ration. Mech. Anal.*, 37(1970), 222.

[18] J. L. Ericksen, *Quart. J. Mech. Appl. Math.*, 29(1976), 203.

第六章　丝状和螺旋状液晶电磁流体动力学

电磁场对液晶的影响在液晶显示器件中具有重要的作用．磁场对丝状和螺旋状液晶的作用在第三章中已经作了讨论．在第三章中曾经提到，静电场对绝缘丝状和螺旋状液晶的作用与磁场的作用非常相似，同样可以产生各种弗雷德里克兹转变．但是，如果电极是直接与液晶相接触的话，一般从电极总会有带电离子注入液晶，于是产生电流，从而引起液晶本身的流动．另外测量液晶粘滞系数的时候也常用电磁场来控制指向矢的排列取向，因此有必要更具体地写出普遍的在电磁场中液晶所满足的运动方程、液晶电磁流体动力学方程．一般讲，液晶可以看作是不可压缩的液体．因此，本章将着重讨论不可压缩液晶的一般电磁流体动力学方程．

§1　电磁场对流体介质的有质动力 (ponderomotive force)

液晶是各向异性的流体介质，在电场 $\mathbf{E}$ 作用下它的电感应强度 $\mathbf{D}$ 与 $\mathbf{E}$ 的关系由式 (3.6) 给出：

$$D_i = \varepsilon_{ij} E_j, \tag{3.6}$$

ε_{ij} 是液晶的介电常数张量．与电场作用相类似，在磁场 $\mathbf{H}$ 作用下，液晶的磁感强度 $\mathbf{B}$ 由

$$B_i = \mu_{ik} H_k \tag{6.1}$$

给出，μ_{ik} 是液晶的磁导率张量．磁导率 μ_{ik} 与磁化率 χ_{ik} 之间满足式 (3.2) 的关系：

$$\mu_{ik} = \delta_{ik} + 4\pi\chi_{ik}. \tag{3.2}$$

式 (3.6) 和 (6.1) 分别为电场中和磁场中液晶的本构方程．当然，

液晶中的电场强度 **E**、电感应强度 **D**、磁场强度 **H** 和磁感应强度 **B** 还要满足一般的麦克斯韦方程式组：

$$\nabla\cdot\mathbf{D}=4\pi q, \tag{6.2$_1$}$$

$$\nabla\cdot\mathbf{B}=0, \tag{6.2$_2$}$$

$$\nabla\times\mathbf{E}=-\frac{1}{c}\frac{\partial\mathbf{B}}{\partial t}, \tag{6.2$_3$}$$

$$\nabla\times\mathbf{H}=\frac{4\pi}{c}\mathbf{j}+\frac{1}{c}\frac{\partial\mathbf{D}}{\partial t}, \tag{6.2$_4$}$$

式中 q 是液晶中的自由电荷密度、$\mathbf{j}$ 是电流密度。式(6.2)中各个电量用的是静电单位、各个磁量用的是电磁单位。在非均匀电场或磁场中流体介质要受到电场或磁场对它的作用力，这种作用力称为有质动力。朗道和栗夫西兹对各向同性流体介质在电场中受到的有质动力作了计算[1]。他们的计算结果很容易推广到各向异性流体介质的情形。下面我们就按照朗道和栗夫西兹的处理方法，对各向异性流体介质在电场中受到的有质动力进行计算。磁场的情形只要作相应的代换就可以得到。

按照动量守恒定律，一个有限体积 V_0 的流体介质所受到的力应该等于它的动量的时间改变率。这个动量改变率也就是单位时间从流体体积外表面 S 流进流体的动量。如果 $\mathbf{e}$ 是外表面 S 上外向法线方向的单位矢量，而 T_{ij} 是单位时间从与 x_j 轴相垂直的平面上单位面积所流入的流体动量的 i 向分量，那么 $T_{ij}e_j$ 就是单位时间通过流体外表面上单位面积所流入的流体动量的 i 向分量。因此，单位体积流体所受到的彻体力 f_i 满足关系式

$$\begin{aligned}\int_{V_0} f_i d\tau &= \oint_S T_{ij}e_j ds\\ &=\int_{V_0}\frac{\partial T_{ij}}{\partial x_j}d\tau.\end{aligned}$$

后面的等式是应用格临定理的结果(参考第五章§1)。由于体积 V_0 是任意选取的，所以

$$f_i=\frac{\partial T_{ij}}{\partial x_j}, \tag{6.3}$$

也就是说有限介质所受到的彻体力，总可以用作用在该体积外表面上的表面力来表示。T_{ij} 称为胁强张量. 这个结果在第五章讨论各向同性流体的动量守恒定律时已经提到过。把这个结果应用于计算流体介质在电场中所受到的有质动力 $\mathbf{f}^{(e)}$ 的问题时，关键就在于设法找出一个与 $\mathbf{f}^{(e)}$ 相关联的胁强张量 $T_{ij}^{(e)}$ 的形式。

由于曲面上任何一个很小的区域都可以近似地看成是一个平面，同时在该区域附近介质的各种性质以及电场都可以近似地看作是均匀的，因此我们可以简单地用平行平面间的流体介质来进行计算. 设平面间的距离为 h. 平面间的电场可以设想是由附着于流体介质层表面的导体平面上带有适当的电荷分布产生的，电场是均匀的，不过电场方向可以任意. 现在保持导体平面上各点的电势不变而把上面一片导体平面作一个任意的虚位移 $\boldsymbol{\xi}$，$\boldsymbol{\xi}$ 的方向不一定与平面法线 $\mathbf{e}$ 的方向相同. 在这个可逆的等温虚位移过程中流体介质发生了均匀形变. 流体介质以减少自己的自由能来供给对这个虚位移所作的功. 按照热力学规律，在等温可逆过程中，系统对外所作的功等于系统亥姆霍兹自由能 $G=U-TS$ (U, T 和 S 分别为系统的内能、温度和熵)的减少量[2]. 这就提供了寻求胁强张量 $T_{ij}^{(e)}$ 表示式的办法.

现在看一看电场对介质的热力学参量的影响. 让我们先计算一下当电场发生无限小变化时电场对热绝缘介质所作的功；这个功也正是在熵不变条件下热绝缘介质的能量改变量. 电场可以设想是由介质外面的一些带电导体产生的，而电场的改变则是由导体上电荷数量的改变所引起. 为了简单起见，假设导体只有一个电荷为 e，电势为 ϕ. 要使导体的电荷增加 δe，就必须对它作功 δR:

$$\delta R=\phi\delta e. \tag{6.4}$$

如果 D_e 是沿导体表面内向法线方向（从介质指向导体内部）的电感应分量，那么导体表面的电荷面密度就是 $-\frac{1}{4\pi}D_e$，而导体的电荷 e 为

$$e = -\frac{1}{4\pi}\oint D_n ds = -\frac{1}{4\pi}\oint \mathbf{D}\cdot d\mathbf{s},$$

式中 $d\mathbf{s}$ 是导体表面的面积元. 由于导体的电势 ϕ 是常量,于是

$$\delta R = \phi\delta e = -\frac{1}{4\pi}\oint \phi\,\delta\mathbf{D}\cdot d\mathbf{s}$$

$$= -\frac{1}{4\pi}\int \nabla\cdot(\phi\delta\mathbf{D})d\tau。 \qquad (6.5)$$

体积分是对导体外的全部空间的积分。在导体外并没有自由电荷存在,因此电感应强度 $\mathbf{D}$ 必然满足场方程式

$$\nabla\cdot\mathbf{D} = 0,$$

因而 $\delta\mathbf{D}$ 也满足场方程式

$$\nabla\cdot(\delta\mathbf{D}) = 0。$$

由于

$$\nabla\cdot(\phi\delta\mathbf{D}) = \phi\nabla\cdot\delta\mathbf{D} + \delta\mathbf{D}\cdot\nabla\phi$$

而

$$\nabla\phi = -\mathbf{E},$$

所以

$$\delta R = \frac{1}{4\pi}\int \mathbf{E}\cdot\delta\mathbf{D}d\tau。$$

需要注意的是,这个积分是对导体以外的全部空间的积分;如果介质没有充满所有的空间,那就必须把介质以外的真空部分也计算进去。

作用于热绝缘物体的功就是等熵过程中物体能量的改变量,在计算热力学关系时也必须把这一部分的能量变化量考虑进去。因此,在介质的自由能

$$G = \int g d\tau$$

中要添加这一项的作用. 这就是说介质自由能密度的变化量将是

$$dg = dg_0 + \frac{1}{4\pi}\mathbf{E}\cdot d\mathbf{D}, \qquad (6.6)$$

这里 dg_0 是没有电场时自由能密度的改变量. 在这个关系式中 g

和 g_0 是以温度 T、密度 ρ 和电感应强度 $\mathbf{D}$ 作为独立变量的，因为 g_0 是 T 和 ρ 的函数．这就是说，热力学函数 g 是对应于导体的电荷 e 的物理量，因为式 (6.4) 的 δR 是由电荷的改变 δe 而来的．但是，把电感应强度 $\mathbf{D}$ 作为独立变量很不方便，因为 $\mathbf{D}$ 一般是随着电场 $\mathbf{E}$ 的改变而改变的．要想用电场 $\mathbf{E}$ 作为独立变量，我们可以引用另一个热力学函数自由能密度 $\tilde{g}$，$\tilde{g}$ 的定义是

$$\tilde{g}=g-\frac{1}{4\pi}\mathbf{E}\cdot\mathbf{D}.$$

这样就有

$$d\tilde{g}=dg_0-\frac{1}{4\pi}\mathbf{D}\cdot d\mathbf{E}. \tag{6.7$_1$}$$

从式 (6.7$_1$) 我们可以得出

$$D_i=-4\pi\left(\frac{\partial\tilde{g}}{\partial E_i}\right)_{T,\rho}. \tag{6.7$_2$}$$

如果计算导体以外的总自由能 $\tilde{G}=\int\tilde{g}d\tau$，那么它将比 $G=\int g d\tau$ 多一项 $\frac{1}{4\pi}\int\mathbf{E}\cdot\mathbf{D}d\tau$．现在

$$\begin{aligned}\frac{1}{4\pi}\int\mathbf{E}\cdot\mathbf{D}d\tau&=-\frac{1}{4\pi}\int(\nabla\phi)\cdot\mathbf{D}d\tau\\&=-\frac{1}{4\pi}\int\nabla\cdot(\phi\mathbf{D})d\tau+\frac{1}{4\pi}\int\phi\nabla\cdot\mathbf{D}d\tau.\end{aligned}$$

由于在介质中 $\nabla\cdot\mathbf{D}=0$，所以右方第二个积分等于零．第一个积分可以变换成为产生电场的各个导体表面的面积分．由于在导体表面上

$$D_e=4\pi\sigma,$$

σ 是导体表面的电荷面密度，同时 D_e 是沿导体的外法线方向，它正好与第一个积分中介质体积表面的外法线方向相反，因此我们有

$$\frac{1}{4\pi}\int\mathbf{E}\cdot\mathbf{D}d\tau=-\frac{1}{4\pi}\int\nabla\cdot(\phi\mathbf{D})d\tau$$

$$= \frac{1}{4\pi}\sum_a \oint \phi_a D_e ds$$

$$= \sum_a \phi_a e_a,$$

ϕ_a 和 e_a 分别为第 a 个导体的电势和在它上面的电荷. 在确定的温度 T 条件下,介质自由能的改变量 $(\delta G)_T$ 等于

$$(\delta G)_T = \delta R = \sum_a \phi \delta e_a,$$

因此

$$(\delta \tilde{G})_T = (\delta G)_T - \delta\left(\sum_a \phi_a e_a\right)$$

$$= -\sum_a e_a \delta \phi_a. \tag{6.8}$$

这就是说 $\tilde{G}$ 或 $\tilde{g}$ 是对应于导体电势的物理量. 应用式(3.6), 对式 (6.7_1) 的积分将给出

$$\tilde{g} = g_0 - \frac{1}{8\pi}\varepsilon_{ik}E_iE_k. \tag{6.9}$$

在可逆等温过程中,系统对外作的功等于系统自由能 G 的减少量. 自由能 G 是系统的温度 T、密度 ρ 和电感应强度 $\mathbf{D}$ 的函数, 或者说是对应于导体上的电荷 e 的函数. 但是, 导体总是保持为等电势的,因此在计算中使用热力学函数 $\tilde{G}$ 要更方便一些. 这就是说在导体电势保持不变(也就是在一定的电场 $\mathbf{E}$ 中)的可逆等温过程中,系统对外作的功等于系统自由能 $\tilde{G}$ 的减少量.

有了流体介质作功与它的热力学函数 $\tilde{G}$ 的变化之间的关系, 我们再返回来看看两片平行平面间流体介质的问题. 如果我们给上面一片导体平面以一个任意的虚位移 $\boldsymbol{\xi}$, 在进行这一虚位移过程中假定导体平面的电势保持不变, 同时假定流体介质所发生的均匀形变是在恒温下进行的,那么对单位面积的导体平面来讲,单位时间流出流体的动量 i 向分量将是 $-T_{ij}^{(e)}e_j$, 也就是说介质层作用于导体平面单位面积的 i 向力是 $-T_{ij}^{(e)}e_j$. 这个力在进行虚位移 $\boldsymbol{\xi}$ 的过程中所作的功等于 $-T_{ij}^{(e)}e_j\xi_i$. 但是, 在电势不变的等

温形变过程中，系统对外作的功等于系统热力学函数

$$\tilde{G}=\int\tilde{g}d\tau$$

的减少量. 现在单位面积下的体积等于 h，因此

$$T_{ij}^{(e)}e_j\xi_i=\delta(h\tilde{g})=h\delta\tilde{g}+\tilde{g}\delta h. \tag{6.10}$$

自由能密度 $\tilde{g}$ 是系统温度 T、密度 ρ 和电场强度 $\mathbf{E}$ 的函数，因此

$$\delta\tilde{g}=\left(\frac{\partial\tilde{g}}{\partial E_i}\right)_{T,\rho}\delta E_i+\left(\frac{\partial\tilde{g}}{\partial\rho}\right)_{\mathbf{E},T}\delta\rho.$$

流体介质密度 ρ 的改变量 $\delta\rho$ 来源于体积的改变，也就是来源于厚度 h 的改变，即

$$\delta\rho=-\frac{\rho\delta h}{h},$$

同时

$$\delta h=\boldsymbol{\xi}\cdot\mathbf{e}.$$

$\left(\frac{\partial\tilde{g}}{\partial E_i}\right)_{T,\rho}$ 的形式已经由式 (6.7_2) 给出，因此式 (6.10) 成为

$$T_{ij}^{(e)}e_j\xi_i=-\frac{1}{4\pi}h\mathbf{D}\cdot\delta\mathbf{E}-\rho\left(\frac{\partial\tilde{g}}{\partial\rho}\right)_{\mathbf{E},T}\boldsymbol{\xi}\cdot\mathbf{e}$$
$$+\tilde{g}\boldsymbol{\xi}\cdot\mathbf{e}. \tag{6.11}$$

现在看看电场 $\mathbf{E}$ 的变化 $\delta\mathbf{E}$. 空间一点 $\mathbf{r}$ 处的介质，由于形变产生位移 $\mathbf{u}$ 而到达 $\mathbf{r}+\mathbf{u}$ 点. 形变是均匀的，导体平面上的电势又保持不变，因此在发生位移的过程中各点是带着自己的电势移动的. 所以，在 $\mathbf{r}$ 点的电势改变量 $\delta\phi$ 是

$$\delta\phi=\phi(\mathbf{r})-\phi(\mathbf{r}+u)$$
$$=-\mathbf{u}\cdot\nabla\phi=\mathbf{u}\cdot\mathbf{E},$$

式中 $\mathbf{E}$ 是未发生形变时介质层的电场强度. 既然形变是均匀的，那么在距离下面的平面为 z 处的位移 $\mathbf{u}$ 就是

$$\mathbf{u}=\frac{z}{h}\boldsymbol{\xi}.$$

这样，电势改变量为

$$\delta\phi=\frac{\boldsymbol{\xi}\cdot\mathbf{E}}{h}z.$$

电场强度的改变量 $\delta\mathbf{E}$ 是这个电势改变量的梯度的负值，同时 z 正是沿平面法线 $\mathbf{e}$ 的方向，因此有

$$\delta\mathbf{E}=-\left[\frac{\partial}{\partial z}(\delta\phi)\right]\mathbf{e}=-\left(\frac{\mathbf{E}\cdot\boldsymbol{\xi}}{h}\right)\mathbf{e}.$$

把这个结果代入式 (6.11) 就得到

$$\begin{aligned}T_{ij}^{(e)}e_j\xi_i&=\frac{1}{4\pi}(\mathbf{e}\cdot\mathbf{D})(\boldsymbol{\xi}\cdot\mathbf{E})-(\boldsymbol{\xi}\cdot\mathbf{e})\rho\left(\frac{\partial\tilde{g}}{\partial\rho}\right)_{\mathbf{E},T}\\&\quad+(\boldsymbol{\xi}\cdot\mathbf{e})\tilde{g}=\left[\frac{1}{4\pi}E_iD_j-\rho\left(\frac{\partial\tilde{g}}{\partial\rho}\right)_{\mathbf{E},T}\delta_{ij}\right.\\&\quad\left.+\tilde{g}\delta_{ij}\right]\xi_ie_j,\end{aligned}$$

所以有

$$T_{ij}^{(e)}=\left[\tilde{g}-\rho\left(\frac{\partial\tilde{g}}{\partial\rho}\right)_{\mathbf{E},T}\right]\delta_{ij}+\frac{1}{4\pi}E_iD_j.\tag{6.12}$$

把式 (6.9) 的 $\tilde{g}$ 表示式代入式 (6.12)，忽略没有外电场时自由能密度 g_0 项，就可得出在非均匀电场中流体介质所受到的胁强张量 $T_{ij}^{(e)}$ 的形式：

$$T_{ij}^{(e)}=\frac{1}{4\pi}E_iD_j-\frac{1}{8\pi}\left(E_kD_k-\rho E_kE_l\frac{\partial\varepsilon_{kl}}{\partial\rho}\right)\delta_{ij}.$$

和电场的情形相类似，只要把相应的 $\mathbf{E}$ 用 $\mathbf{H}$ 代换，$\mathbf{D}$ 用 $\mathbf{B}$ 代换，ε_{ij} 用 μ_{ij} 代换，就可以得到在非均匀磁场中流体介质所受到的胁强张量 $T_{ij}^{(m)}$ 的表示式：

$$T_{ij}^{(m)}=\frac{1}{4\pi}H_iB_j-\frac{1}{8\pi}\left(H_kB_k-\rho H_kH_l\frac{\partial\mu_{kl}}{\partial\rho}\right)\delta_{ij}.$$

把电场和磁场的作用力一齐考虑，就可以得到在电磁场中单位体积流体介质所受到的有质动力 $\mathbf{f}^{em}$ 和胁强张量 T_{ij}^{em} 的表示式分别为

$$f_i^{em}=\frac{\partial}{\partial x_j}T_{ij}^{em},\tag{6.13}$$

$$\begin{aligned}T_{ij}^{em}&=\frac{1}{4\pi}(E_iD_j+H_iB_j)-\frac{1}{8\pi}\left(E_kD_k+H_kB_k\right.\\&\quad\left.-\rho E_kE_l\frac{\partial\varepsilon_{kl}}{\partial\rho}-\rho H_kH_l\frac{\partial\mu_{kl}}{\partial\rho}\right)\delta_{ij}.\end{aligned}\tag{6.14}$$

§2 丝状和螺旋状液晶电磁流体动力学方程

第五章已经详细地讨论了在无外场作用下液晶的流体动力学方程.在可逆过程中质量守恒方程、熵守恒方程、动量守恒方程、指向矢运动方程和能量守恒方程分别为式(5.33)、(5.34)、(5.35)、(5.36)和(5.37). 考虑到耗散的时候,除质量守恒的式(5.33)不变外,其余各个方程都需要增加耗散项. 原来的动量通量密度张量 T_{ij} 要用 $T_{ij}+t_{ij}$ 来代替,胁强张量 Π_{ij} 要用 $\Pi_{ij}+\pi_{ij}$ 来代替,彻体力 f_i 要用 f_i+f_i' 来代替,能量通量密度矢量 Q_i 要用 Q_i+Q_i' 来代替,另外还要引进热流矢量 q_i 和熵增量 R. 这些方程成为

$$\frac{\partial\rho}{\partial t}+\frac{\partial}{\partial x_k}(\rho v_k)=0, \tag{5.33}$$

$$\frac{\partial}{\partial t}(\rho s)+\frac{\partial}{\partial x_k}\left(\rho s v_k+\frac{q_k}{T}\right)=R, \tag{5.58}$$

$$\frac{\partial}{\partial t}(\rho v_i)+\frac{\partial}{\partial x_k}(\rho v_i v_j+p\delta_{ik}-\Pi_{lk}n_{l,i}+t_{ik})=0, \tag{5.59}$$

$$\frac{\partial}{\partial t}(I\dot{n}_i)+\frac{\partial}{\partial x_k}(I\dot{n}_i v_k)+\frac{\partial}{\partial x_k}(\Pi_{ik}+\pi_{ik})+f_i+f_i'=\gamma n_i, \tag{5.60}$$

$$\frac{\partial E}{\partial t}+\frac{\partial}{\partial x_k}(Q_k+Q_k')=0, \tag{5.61}$$

其中 Q_k' 和 R 分别满足方程

$$Q_k'=q_k+v_i t_{ik}+\dot{n}_i\pi_{ik}, \tag{5.64}$$

$$TR=-t_{ij}v_{i,j}-\pi_{ij}n_{i,j}+f_i'\dot{n}_i-\frac{q_j T_{,j}}{T}. \tag{5.65}$$

采用艾瑞克孙-莱斯利-帕柔弟理论,那么这些耗散项的表达式将分别为

$$q_i=-\beta_1 n_i n_j T_{,j}-\beta_2 T_{,i}-\beta_3\varepsilon_{ijk}n_j N_k-\beta_4\varepsilon_{ijk}n_j d_{kl}n_l, \tag{5.72}$$

$$\pi_{ij}=0, \tag{5.73}$$

$$t_{ij} = -\alpha_1 n_k n_p d_{kp} n_i n_j - \alpha_2 N_i n_j - \alpha_3 n_i N_j - \alpha_4 d_{ij}$$
$$- \alpha_5 d_{ik} n_k n_j - \alpha_6 n_i n_k d_{kj} - \alpha_7 \varepsilon_{ikl} n_k n_j T_{,l}$$
$$- \alpha_8 n_i \varepsilon_{jkl} n_k T_{,l}, \tag{5.76}$$
$$f'_i = \gamma_1 N_i + \gamma_2 d_{ij} n_j + \gamma_3 \varepsilon_{ijk} n_j T_{,k}, \tag{5.77}$$
$$\gamma_1 = \alpha_3 - \alpha_2, \tag{5.93$_1$}$$
$$\gamma_2 = \alpha_6 - \alpha_5 = \alpha_2 + \alpha_3, \tag{5.93$_2$}$$
$$\gamma_3 = \alpha_8 - \alpha_7 = -\beta_3, \tag{5.93$_3$}$$
$$\alpha_7 + \alpha_8 = -\beta_4. \tag{5.93$_4$}$$

另外，在这个理论中 TR 的形式是

$$TR = \alpha_1(n_i d_{ij} n_j)^2 + (\alpha_2 + \alpha_3 + \gamma_2) n_i d_{ij} N_j$$
$$+ \alpha_4 d_{ij} d_{ij} + (\alpha_5 + \alpha_6) n_i d_{ik} d_{kj} n_j + \gamma_1 (\mathbf{N})^2$$
$$+ \frac{\beta_1}{T} (\mathbf{n} \cdot \nabla T)^2 + \frac{\beta_2}{T} (\nabla T)^2$$
$$+ \left(\alpha_7 + \alpha_8 - \frac{\beta_4}{T}\right) n_i \varepsilon_{jkl} n_k d_{ij} T_{,l}$$
$$+ \left(\gamma_3 - \frac{\beta_3}{T}\right) \varepsilon_{ijk} n_j N_i T_{,k}. \tag{5.83}$$

丝状液晶由于具有 $C_{\infty v}$ 对称，所以这些 α, β 和 γ 系数中

$$\alpha_7 = \alpha_8 = \gamma_3 = \beta_3 = \beta_4 = 0. \tag{5.84}$$

在可逆的条件下，角动量守恒定律由式 (5.56$_4$) 给出：

$$\frac{\partial}{\partial t}(\rho M_{ij}) + \frac{\partial}{\partial x_k}(\rho M_{ij} v_k) + \frac{1}{2}\frac{\partial}{\partial x_k}[(x_i T_{ojk}$$
$$- x_j T_{oik}) + (n_i \Pi_{jk} - n_j \Pi_{ik})] = 0. \tag{5.56$_4$}$$

在这个式子里并没有式 (2.53) 的弹性转矩 $\boldsymbol{\tau}_{el}$ 项的存在. 这是因为在无耗散条件下，如果忽略指向矢的惯性运动，那么式 (5.26) 给出 $\mathbf{n} \times [\mathbf{g}] = \mathbf{n} \times \mathbf{h} = 0$, 而式 (2.37) 告诉我们 $\boldsymbol{\tau}_{el} = [\mathbf{g}] \times \mathbf{n}$, 因此在可逆过程中如果忽略指向矢的惯性运动，那么弹性转矩 $\boldsymbol{\tau}_{el}$ 为零. 但是，在考虑到耗散的作用时就需要把弹性转矩 $\boldsymbol{\tau}_{el}$ 项考虑进去，因为从式 (5.60) 可以看出，即使忽略指向矢的惯性运动，由于有

$$\varepsilon_{ijk}n_j\left(\frac{\partial}{\partial x_l}\pi_{kl}+f'_k\right)$$

项的存在，τ_{el} 仍然不等于零。在莱斯利理论中，由于假设了 π_{ij} 为零，所以耗散力矩部分成为 $\varepsilon_{ijk}n_jf'_k$。弹性转矩 τ_{el} 的表达式由式(2.53)给出。

当液晶是处在外电场和外磁场作用之下时，上面这些守恒方程式还需要得到满足，不过守恒方程式中的 T_{ij}，Π_{ij} 和 f_i 增加了新的内容，即增加了由于外电磁场引起的相应部分。同样，弹性转矩 τ_{el} 的表达式也不再是简单的式(2.53)，而要增加由于外电磁场引起的相应部分。我们首先讨论一下动量守恒定律式(5.59)中的动量通量密度张量 T_{ij}。在外电磁场中液晶所受到的外力中的一部分是有质动力 $\mathbf{f}^{em}$。与有质动力 $\mathbf{f}^{em}$ 相对应的胁强张量是 T_{ij}^{em}。有质动力 $\mathbf{f}^{em}$ 和胁强张量 T_{ij}^{em} 的形式由式(6.13)和(6.14)给出。在这些式子里，电磁场还要满足麦克斯韦方程组式(6.2)。于是我们看到，动量守恒定律式(5.59)的具体形式现在是

$$\frac{\partial}{\partial t}(\rho v_i)+\frac{\partial}{\partial x_j}\Big[p\delta_{ij}+\rho v_iv_j-\Pi_{kj}n_{k,i}$$

$$-\frac{1}{4\pi}(E_iD_j+H_iB_j)+\frac{1}{8\pi}\Big(E_kD_k+H_kB_k$$

$$-\rho E_kE_l\frac{\partial\varepsilon_{kl}}{\partial\rho}-\rho H_kH_l\frac{\partial\mu_{kl}}{\partial\rho}\Big)\delta_{ij}+t_{ij}\Big]=0。\quad(6.15_1)$$

如果外加磁场是一个恒定磁场，那么 H_i 为常量，而

$$\frac{\partial}{\partial x_j}(H_iB_j)=H_iB_{j,j}。$$

这时由于麦克斯韦方程(6.2₂)的关系而使这一项等于零。这时式(6.15₁)简化为

$$\frac{\partial}{\partial t}(\rho v_i)+\frac{\partial}{\partial x_j}\Big[p\delta_{ij}+\rho v_iv_j-\Pi_{kj}n_{k,i}-\frac{1}{4\pi}E_iD_j$$

$$+\frac{1}{8\pi}\Big(E_kD_k+H_kB_k-\rho E_kE_l\frac{\partial\varepsilon_{kl}}{\partial\rho}$$

$$-\rho H_k H_l \frac{\partial \mu_{kl}}{\partial \rho}\Big)\delta_{ij} + t_{ij}\Big] = 0. \tag{6.15$_2$}$$

在液晶是不可压缩的条件之下，如果我们进一步忽略液晶的介电常数 ε_{ij} 和磁导率常数 μ_{kl} 随液晶密度的变化关系，那么在恒定外磁场作用之下，应用实质导数算符 $\frac{d}{dt}$，动量守恒定律将更进一步简化成为

$$\frac{d}{dt}(\rho v_i) + p_{,i} + (-\Pi_{k,j} n_{k,i} + t_{ij})_{,j}$$
$$+ \frac{1}{8\pi}(-2E_i D_j + E_k D_k)_{,j} = 0. \tag{6.15$_3$}$$

上式中由于 $H_k B_k$ 现在是常数，所以不再存在这一项。

单位体积液晶受到的彻体力 f_i 和胁强张量 Π_{ij}，仍然按照式 (5.18) 和 (5.20) 定义为

$$f_i = \frac{\partial g}{\partial n_i},$$

$$\Pi_{ij} = -\frac{\partial g}{\partial n_{i,j}},$$

只是现在 g 是包含电磁能量在内的液晶自由能密度。在无外场作用下，f_i 和 Π_{ij} 的具体表达式已经由式 (5.18) 和 (5.20) 分别给出。在外电磁场作用下的液晶自由能密度 g，除了式 (2.29) 中的三项外，还需要增加电场能量密度和磁场能量密度项，而成为

$$g = \frac{1}{2}\left[k_{11}(\nabla\cdot\mathbf{n})^2 + k_{22}\left(\mathbf{n}\cdot\nabla\times n - \frac{k_2}{k_{22}}\right)^2\right.$$
$$\left. + k_{33}(\mathbf{n}\cdot\nabla\mathbf{n})^2 - \chi_a(\mathbf{n}\cdot\mathbf{H})^2 - \frac{1}{4\pi}\varepsilon_a(\mathbf{n}\cdot\mathbf{E})^2\right]$$
$$= g_0 - \frac{1}{2}\left[\chi_a(\mathbf{n}\cdot\mathbf{H})^2 + \frac{1}{4\pi}\varepsilon_a(\mathbf{n}\cdot\mathbf{E})^2\right], \tag{6.16}$$

其中 g_0 是无外场作用下的自由能密度式 (2.29)。如果液晶是处在恒温状态，那么 k_2，k_{11}，k_{22}，k_{33}，χ_a 和 ε_a 都是常量。从式 (6.16) 的自由能密度表达式可以看出

$$f_i = \frac{\partial g_0}{\partial n_i} - \chi_a(\mathbf{n}\cdot\mathbf{H})H_i - \frac{1}{4\pi}\varepsilon_a(\mathbf{n}\cdot\mathbf{E})E_i,$$

$$\Pi_{ij} = -\frac{\partial g_0}{\partial n_{i,j}}.$$

把相应的式 (5.18_2) 和 (5.20_2) 的 $\frac{\partial g_0}{\partial n_i}$ 和 $-\frac{\partial g_0}{\partial n_{i,j}}$ 表示式代入，就可以有

$$\begin{aligned} f_i = & k_{22}\left(\mathbf{n}\cdot\nabla\times n - \frac{k_2}{k_{22}}\right)\varepsilon_{ijk}n_{k,j} \\ & + k_{33}[(\nabla\times\mathbf{n})^2 n_i - (\mathbf{n}\cdot\nabla\times\mathbf{n})(\nabla\times\mathbf{n})_i] \\ & - \chi_a(\mathbf{n}\cdot\mathbf{H})H_i - \frac{1}{4\pi}\varepsilon_a(\mathbf{n}\cdot\mathbf{E})E_i, \end{aligned} \tag{6.17$_1$}$$

$$\begin{aligned} \Pi_{ij} = & -k_{11}(\nabla\cdot\mathbf{n})\delta_{ij} + k_{22}\left(\mathbf{n}\cdot\nabla\times\mathbf{n} - \frac{k_2}{k_{22}}\right)\varepsilon_{ijk}n_k \\ & - k_{33}[n_{i,j} - n_{j,i} + (\mathbf{n}\cdot\nabla\times\mathbf{n})\varepsilon_{ijk}n_k], \end{aligned} \tag{6.17$_2$}$$

$$\begin{aligned} \frac{\partial}{\partial x_j}\Pi_{ij} = & -k_{11}n_{l,lj}\delta_{ij} + k_{22}\left(\mathbf{n}\cdot\nabla\times\mathbf{n} - \frac{k_2}{k_{22}}\right)\varepsilon_{ijk}n_{k,j} \\ & + k_{22}\varepsilon_{ijk}n_k(\mathbf{n}\cdot\nabla\times\mathbf{n})_{,j} - k_{33}[\nabla^2\mathbf{n} - \nabla(\nabla\cdot\mathbf{n}) \\ & + \nabla(\mathbf{n}\cdot\nabla\times\mathbf{n})\times\mathbf{n} + (\mathbf{n}\cdot\nabla\times\mathbf{n}) \\ & \cdot(\nabla\times\mathbf{n})]_i. \end{aligned} \tag{6.17$_3$}$$

式 (6.17_3) 中 k_{33} 项的系数是式 (2.51_2) 的结果。当然式 (6.17_3) 是当液晶各处都处在同一温度条件之下时的结果，因为它假定了 k_{11}，k_2，k_{22} 和 k_{33} 都是常数。如果我们称无外场作用下的 $[\mathbf{g}]$ 为 $[\mathbf{g}_0]$，那么很明显，

$$f_i + \frac{\partial}{\partial x_j}\Pi_{ij} = [\mathbf{g}_0]_i - \left[\chi_a(\mathbf{n}\cdot\mathbf{H})H_i + \frac{1}{4\pi}\varepsilon_a(\mathbf{n}\cdot\mathbf{E})E_i\right],$$

其中

$$[\mathbf{g}_0]_i = \frac{\partial g_0}{\partial n_i} - \frac{\partial}{\partial x_j}\frac{\partial g_0}{\partial n_{i,j}}$$

正是式 (5.25) 的无外场作用下分子场 $\mathbf{h}$ 的各个分量的负值，它的

表达式已经由式(2.44)、(2.47)、(2.50)和(2.52)给出. 把这些结果代入上式,就可以得到

$$
\begin{aligned}
f_i + \frac{\partial}{\partial x_j} \Pi_{ji} = \{ & -2k_2(\nabla \times \mathbf{n}) - k_{11}\nabla(\nabla \cdot \mathbf{n}) \\
& + k_{22}[(\mathbf{n} \cdot \nabla \times \mathbf{n})(\nabla \times \mathbf{n}) + \nabla \times (\mathbf{n} \cdot \nabla \times \mathbf{n})\mathbf{n}] \\
& + k_{33}[(\nabla \times \mathbf{n})^2\mathbf{n} - 2(\mathbf{n} \cdot \nabla \times \mathbf{n})(\nabla \times \mathbf{n}) \\
& + \mathbf{n} \times \nabla(\mathbf{n} \cdot \nabla \times \mathbf{n}) - \nabla^2\mathbf{n} + \nabla(\nabla \cdot \mathbf{n})]\}_i \\
& - \left[\chi_a(\mathbf{n} \cdot \mathbf{H})H_i + \frac{1}{4\pi}\varepsilon_a(\mathbf{n} \cdot \mathbf{E})E_i\right] \\
= \Big\{ & -k_{11}\nabla(\nabla \cdot \mathbf{n}) + k_{22}\left[\left(\mathbf{n} \cdot \nabla \times \mathbf{n} - \frac{k_2}{k_{22}}\right)(\nabla \times \mathbf{n})\right. \\
& \left. + \nabla \times \left(\mathbf{n} \cdot \nabla \times \mathbf{n} - \frac{k_2}{k_{22}}\right)\mathbf{n}\right] + k_{33}(\nabla \times \mathbf{n}) \\
& \times (\mathbf{n} \times \nabla \times \mathbf{n}) - k_{33}\nabla \times [\mathbf{n} \times (\mathbf{n} \times \nabla \\
& \times \mathbf{n})]\Big\}_i - \left[\chi_a(\mathbf{n} \cdot \mathbf{H})H_i + \frac{1}{4\pi}\varepsilon_a(\mathbf{n} \cdot \mathbf{E})E_i\right]. \quad (6.18)
\end{aligned}
$$

当然,这个结果只适用于液晶各处是处于同一温度或各个弹性常数为不变量的情形. 把式(6.18)代入式(5.60),就可以得到艾瑞克孙-莱斯利-帕柔弟理论的电磁场中不可压缩的液晶指向矢运动方程:

$$
\begin{aligned}
\frac{d^2}{dt^2}(In_i) + \{ & -2k_2(\nabla \times \mathbf{n}) - k_{11}\nabla(\nabla \cdot \mathbf{n}) \\
& + k_{22}[(\mathbf{n} \cdot \nabla \times \mathbf{n})(\nabla \times \mathbf{n}) + \nabla \times (\mathbf{n} \cdot \nabla \times \mathbf{n})\mathbf{n}] \\
& + k_{33}[(\nabla \times \mathbf{n})^2\mathbf{n} - 2(\mathbf{n} \cdot \nabla \times \mathbf{n})(\nabla \times \mathbf{n}) \\
& + \mathbf{n} \times \nabla(\mathbf{n} \cdot \nabla \times \mathbf{n}) - \nabla^2\mathbf{n} + \nabla(\nabla \cdot \mathbf{n})]\}_i \\
& - \left[\chi_a(\mathbf{n} \cdot \mathbf{H})H_i + \frac{1}{4\pi}\varepsilon_a(\mathbf{n} \cdot \mathbf{E})E_i\right] + f_i' = \gamma n_i,
\end{aligned}
$$

$$(6.19_1)$$

或者写作

$$
\frac{d^2}{dt^2}(In_i) + \left\{-k_{11}\nabla(\nabla \cdot \mathbf{n}) + k_{22}\left[\left(\mathbf{n} \cdot \nabla \times \mathbf{n} - \frac{k_2}{k_{22}}\right)\right.\right.
$$

$$\times(\nabla\times\mathbf{n})+\nabla\times\left(\mathbf{n}\cdot\nabla\times\mathbf{n}-\frac{k_2}{k_{22}}\right)\mathbf{n}\Big]$$

$$+k_{33}(\nabla\times\mathbf{n})\times(\mathbf{n}\times\nabla\times\mathbf{n})-k_{33}\nabla\times[\mathbf{n}$$

$$\times(\mathbf{n}\times\nabla\times\mathbf{n})]\Big\}_i-\Big[\chi_a(\mathbf{n}\cdot\mathbf{H})H_i$$

$$+\frac{1}{4\pi}\varepsilon_a(\mathbf{n}\cdot\mathbf{E})E_i\Big]+f_i'=\gamma n_i. \tag{6.19$_2$}$$

参 考 文 献

[1] L. D. Landau, E. M. Lifshitz, Electrodynamics of Continuum Media, Addison Wesley (1960).

[2] M. W. Zemansky, Heat and Thermodynamics 5th ed., McGraw-Hill (1968), p. 279.

第七章　丝状和螺旋状液晶的流动

在第五章里我们已经指出：液晶是流体，它的流动和各向同性流体的流动有许多相似之处；但是，由于它的分子排列有一定的规律性，因此又与各向同性流体的流动有差别．考虑到指向矢的运动，在液晶的流体动力学方程中需要引进由于指向矢而引起的彻体力 f_i 和胁强张量 Π_{ji}．在具有耗散的流动情形中还必须考虑到阻力的影响，从而引入耗散彻体力 f'_i、耗散胁强张量 π_{ji}、耗散动量通量密度张量 t_{ji} 以及热流矢量 q_i 和熵增量 R．莱斯利的一阶理论假定这些耗散量都是指向矢速度 N_i、流体流速梯度 d_{ji} 和温度梯度 $T_{,i}$ 的一阶函数，从而引入了各个粘滞系数 α, β 和 γ，同时论证了在一阶理论中 $\pi_{ij}=0$．指向矢的运动当然要影响到液晶的整体流动．反过来液晶本身的流动也要影响到指向矢的排列取向，因为液晶分子一般是细长的(或扁平的)，所以在流动过程中分子会受到力矩的作用，从而促使指向矢趋向于与流动的方向相平行．指向矢的排列状态在流动中当然要与它所受到的阻力有关，也就是与各个粘滞系数有关．这样，影响液晶流动的一个重要因素将是液晶的粘滞系数．所以，对于液晶流动的测量可以给出粘滞系数的信息．

丝状液晶的切变流动在第五章 §10 中曾经作过一些讨论．梅索维克兹对切变流动定义了三个主粘滞系数 η_1, η_2 和 η_3．这三个主粘滞系数都可以直接用实验加以测量．这三个主粘滞系数与莱斯利系数之间的关系在第五章 §10 中也已经求出．由于莱斯利理论中引用了六个 α 系数，即使承认帕柔弟关系式的成立也还有五个独立的 α 系数，因此三个主粘滞系数的测定仍然不足以解出五个 α 粘滞系数．另外，由于上面提到的液晶的流动具有改变原始指向矢排列取向的作用，这对如何从理论上解释各种不同实验的结果也造成了相当的困难．所以，液晶粘滞系数 α 的测定并不象测定各向同性流体粘滞系数那样简单，是一个比较复杂的问题．本章将对几种简单的流动状态进行一些讨论，找出在这些简单流动状态下测得的表观粘滞系数与莱斯利系数之间的关系．

螺旋状液晶的指向矢在静止状态下已经排列成螺旋结构，在流动状态下问题就更为复杂．本章将只讨论在平行平板间由于压强差而引起的沿螺旋轴方向的流动和垂直于螺旋轴方向的切变流动，这两种最简单的情形．

§1　流速梯度对丝状液晶指向矢排列取向的影响

我们首先讨论流动对指向矢排列的影响．为了简单起见，我们考虑一个二维问题．为了使指向矢在一定的方向排列，我们对恒温丝状液晶施加一个磁场．假定液晶是沿 x_1 轴方向流动，磁场 $\mathbf{H}$ 是沿与 x_2 轴相垂直的方向，从而使液晶指向矢的取向与 x_1x_3 平面相平行．假定液晶在 x_2 轴方向没有边界限制，因而不必考虑坐标 x_2．另外，假设流速在 x_3 轴方向具有梯度 v'，磁场与 x_1 轴间的夹角为 θ，指向矢 $\mathbf{n}$ 与 x_1 轴间的夹角为 ϕ．由于流速在 x_3 轴方向具有梯度，因此流速 v 是 x_3 的函数，$v=v(x_3)$；同时，$\phi=\phi(x_3)$．这样就有

$$n_1=\cos\phi(x_3),\ n_2=0,\ n_3=\sin\phi(x_3);\tag{7.1$_1$}$$

$$H_1=H\cos\theta,\ H_2=0,\ H_3=H\sin\theta;\tag{7.1$_2$}$$

$$v_1=v(x_3),\ v_2=0,\ v_3=0.\tag{7.1$_3$}$$

自由能密度 g 现在成为

$$g=\frac{1}{2}\left[k_{11}\cos^2\phi\left(\frac{\partial\phi}{\partial x_3}\right)^2+k_{33}\sin^2\phi\left(\frac{\partial\phi}{\partial x_3}\right)^2-\chi_aH^2\cos^2(\theta-\phi)\right].\tag{7.2}$$

由于现在是一个二维问题，所以只需要考虑沿 x_1 轴方向和沿 x_3 轴方向的指向矢运动．忽略指向矢的惯性运动项、采用莱斯利

理论并承认帕柔弟关系式，那么式 (6.19$_1$) 给出两个相当于 $i=1$ 和 $i=3$ 的指向矢运动方程：

$$k_{33}\left[\left(\frac{\partial}{\partial x_3}\cos\phi\right)^2-\frac{\partial^2}{\partial x^2}\right]\cos\phi-\chi_a H^2\cos\theta(\cos\phi\cos\theta$$

$$+\sin\phi\sin\theta)+(\alpha_3-\alpha_2)\frac{\partial}{\partial t}\cos\phi$$

$$+\alpha_2 v'\sin\phi=\gamma\cos\phi,\quad(i=1); \tag{7.3$_1$}$$

$$\left[-k_{11}\frac{\partial^2}{\partial x_3^2}+k_{33}\left(\frac{\partial}{\partial x_3}\cos\phi\right)^2\right]\sin\phi-\chi_a H^2\sin\theta$$

$$\times(\cos\phi\cos\theta+\sin\phi\sin\theta)+(\alpha_3-\alpha_2)$$

$$\times\frac{\partial}{\partial t}\sin\phi+\alpha_3 v'\cos\phi=\gamma\sin\phi,\quad(i=3). \tag{7.3$_2$}$$

拉格朗日未定乘子 γ 由 $n_1^2+n_2^2+n_3^2=1$ 决定。把式 (7.3$_1$) 乘以 $\sin\phi$，式 (7.3$_2$) 乘以 $\cos\theta$，然后两式相减就可以消去 γ 而得到

$$k_{33}\sin\phi\frac{\partial^2}{\partial x_3^2}\cos\phi-k_{11}\cos\phi\frac{\partial^2}{\partial x_3^2}\sin\phi$$

$$-\frac{1}{2}\chi_a H^2\sin 2(\theta-\phi)+(\alpha_3-\alpha_2)\left(\cos\phi\frac{\partial}{\partial t}\sin\phi\right.$$

$$\left.-\sin\phi\frac{\partial}{\partial t}\cos\phi\right)+v'\alpha_3\cos^2\phi$$

$$-v'\alpha_2\sin^2\phi=0, \tag{7.4$_1$}$$

或者写作

$$-(k_{33}\sin^2\phi+k_{11}\cos^2\phi)\frac{\partial^2\phi}{\partial x_3^2}-(k_{33}-k_{11})\sin\phi\cos\phi$$

$$\times\left(\frac{\partial\phi}{\partial x_3}\right)^2-\frac{1}{2}\chi_a H^2\sin 2(\theta-\phi)$$

$$+(\alpha_3-\alpha_2)\frac{\partial\phi}{\partial t}+v'\alpha_3\cos^2\phi-v'\alpha_2\sin^2\phi$$

$$=0. \tag{7.4$_2$}$$

首先让我们求一个均匀而且不随时间、空间变化的解，也就是一个 ϕ 为常数的解。这时

$$\frac{\partial \phi}{\partial t}=\frac{\partial \phi}{\partial x_3}=\frac{\partial^2 \phi}{\partial x_3^2}=0,$$

于是式(7.4)成为

$$v'\alpha_3\cos^2\phi - v'\alpha_2\sin^2\phi - \frac{1}{2}\chi_a H^2 \sin 2(\theta-\phi) = 0. \quad (7.5_1)$$

如果速度梯度 $v'=0$，那么这个方程的解就只能是 (1) $H=0$，(2) $\phi=0$，或者 (3) $\phi=\theta\pm\frac{\pi}{2}$。第一种是不施加磁场的情形。第二种说明指向矢与磁场相平行排列。对于 $\chi_a>0$ 的丝状液晶将是如此。第三种情形说明指向矢沿与磁场相垂直的方向排列。对于 $\chi_a<0$ 的丝状液晶将是这样。当 $H=0$ 时式 (7.5_1) 成为

$$\alpha_3\cos^2\phi - \alpha_2\sin^2\phi = 0. \quad (7.5_2)$$

如果 α_3 和 α_2 具有不同的符号，式 (7.5_2) 就没有实数解。只有当 α_3 和 α_2 具有相同的符号时式 (7.5_2) 才有解：

$$\phi=\phi_{0\pm}=\pm \mathrm{tg}^{-1}\sqrt{\frac{\alpha_3}{\alpha_2}}\equiv\pm\theta_0.$$

当 $v'>0$ 时取正号解，而当 $v'<0$ 时取负号解。所以，在不加磁场 $(H=0)$ 的情形下，如果液晶的粘滞系数 α_3 和 α_2 具有相同的符号，那么流速梯度 v' 的存在将使液晶指向矢沿着流速方向成 θ_0 或 $-\theta_0$ 角的方向排列。实验指出，对于液晶 MBBA，θ_0 大约在 18° 左右[1,2,3,4]。从测得的 α_3 值和 α_2 值[5]计算出的 θ_0 值为 11.7°。

式 (7.5_1) 又可以写成

$$\left(v'\alpha_2-\frac{1}{2}\chi_a H^2\sin 2\theta\right)\mathrm{tg}^2\phi-\chi_a H^2\cos 2\theta\,\mathrm{tg}\,\phi - \left(v'\alpha_3-\frac{1}{2}\chi_a H^2\sin 2\theta\right)=0$$

的形式。这是 $\mathrm{tg}\,\phi$ 的二次方程式，它的解 $\mathrm{tg}\,\phi_0$ 是：

$$\mathrm{tg}\,\phi_{0\pm}=\{\chi_a H^2\cos 2\theta\pm[\chi_a^2 H^4-2(\alpha_3+\alpha_2)v'\chi_a H^2\sin 2\theta + 4\alpha_2\alpha_3 v'^2]^{\frac{1}{2}}\}\Big/\left\{2\left(v'\alpha_2-\frac{1}{2}\chi_a H^2\sin 2\theta\right)\right\}. \quad (7.5_3)$$

这里有正号和负号两个不同的解。现在看看 $H\to\infty$ 的极限情形。

对于负号解，

$$\operatorname{tg}\phi_{0-}(H\to\infty)\to-\frac{2\cos2\theta-1}{\sin2\theta}=\operatorname{tg}\theta,$$

也就是说在很强磁场作用下，指向矢将沿磁场方向排列．对于 $\chi_a>0$ 的丝状液晶这是稳定的解．对于 $\chi_a<0$ 的丝状液晶这是一个不稳定的解，可以不作考虑．反过来，对于正号解，

$$\operatorname{tg}\phi_{0+}(H\to\infty)\to-\operatorname{ctg}\theta=\operatorname{tg}\left(\frac{1}{2}\pi+\theta\right).$$

这说明在很强磁场下指向矢将沿与磁场相垂直的方向排列．对于 $\chi_a<0$ 的丝状液晶这是一个稳定的解，而对于 $\chi_a>0$ 的液晶将是一个不稳定的解．

如果液晶能够处于稳定状态的话，那么指向矢的指向角 ϕ 应该是一个实际存在的角度．这时式(7.5$_3$)根号内的数值必须为正值．由于外磁场 H 的强度可以是任意的，这就要求 α_2 和 α_3 具有相同的符号．式(5.97)指出粘滞系数 $\gamma_1=\alpha_3-\alpha_2>0$．这样，要想使 α_3 和 α_2 具有相同的符号就只有两种可能性：(1) $\alpha_3>\alpha_2>0$，或者 (2) $\alpha_2<\alpha_3<0$．如果 $\alpha_3>\alpha_2>0$，那么对于 $\chi_a>0$ 的丝状液晶，式(7.5$_3$)的分母可以接近于零而使 ϕ_0 接近于 90°．这就是说，指向矢将接近于与流速方向成垂直的排列取向．如果 $\alpha_2<\alpha_3<0$，那么对于 $\chi_a>0$ 的材料，指向矢的排列取向基本上将与流速方向相平行，只不过有一个小的与 v' 方向相平行的分量．对于长棒状的分子，后者当然是与实际的观测相符合的情形，这时粘滞系数 α_2 和 α_3 都应是负值．有一些丝状液晶，例如 HBAB 和 CBOOA，它们的 α_3 是正值而 α_2 是负值．对于这些液晶式(7.5$_2$)将不可能得到满足，换句话说，对这些液晶不存在一个稳定的指向角 ϕ_0．在具有流速梯度的流动中，它们将会出现流体动力不稳定性．关于流体动力不稳定性我们将在第八章再进行讨论．

对于 $\chi_a>0$ 的丝状液晶，当 $H\to\infty$ 时 ϕ_{0-} 趋近于磁场的方向角 θ，而当 $H=0$ 时 $\phi_{0-}=\theta_0$；因此，当 $\chi_a^2H^4$ 和 $4\alpha_2\alpha_3v'^2$ 两个数值相接近的时候，指向矢的取向将从接近于磁场方向转向接近于与

流速成 θ_0 角的方向．一般前者所需要的磁场强度大约在 10^3 高斯，后者所需要的流速梯度大约在 1 厘米·每秒·每厘米，也就是 1 秒$^{-1}$的数量级．

如果对均匀解 ϕ_0 给予一个小小的扰动 $\delta\phi$，那么 $\phi=\phi_0+\delta\phi$ 应该满足式 (7.4_2)：

$$
\begin{aligned}
&-[k_{33}\,\mathrm{tg}^2(\phi_0+\delta\phi)+k_{11}]\frac{\partial^2}{\partial x_3^2}(\phi_0+\delta\phi)\\
&\quad-(k_{33}-k_{11})\,\mathrm{tg}(\phi_0+\delta\phi)\left[\frac{\partial}{\partial x_3}(\phi_0+\delta\phi)\right]^2\\
&\quad+\left[\frac{\alpha_3-\alpha_2}{\cos^2(\phi_0+\delta\phi)}\right]\frac{\partial}{\partial t}(\phi_0+\delta\phi)\\
&\quad-\left(v'\alpha_2-\frac{1}{2}\chi_a H^2\sin 2\theta\right)\mathrm{tg}^2(\phi_0+\delta\phi)\\
&\quad+\chi_a H^2\cos 2\theta\,\mathrm{tg}(\phi_0+\delta\phi)\\
&\quad+\left(v'\alpha_3-\frac{1}{2}\chi_a H^2\sin 2\theta\right)=0.
\end{aligned}
$$

把它展开，保留到 $\delta\phi$ 的一阶项，同时注意到 ϕ_0 满足式 (7.5_1)，就可以得到

$$
\begin{aligned}
&-(k_{33}\sin^2\phi_0+k_{11}\cos^2\phi_0)\frac{\partial^2}{\partial x_3^2}\delta\phi+(\alpha_3-\alpha_2)\frac{\partial}{\partial t}\delta\phi\\
&=\left[2\left(v'\alpha_2-\frac{1}{2}\chi_a H^2\sin 2\theta\right)\mathrm{tg}\,\phi_0-\chi_a H^2\cos 2\theta\right]\delta\phi\\
&=\pm[\chi_a H^4-2(\alpha_3+\alpha_2)v'\chi_a H^2\sin 2\theta\\
&\qquad+4\alpha_2\alpha_3 v'^2]^{\frac{1}{2}}\delta\phi,
\end{aligned}
\tag{7.6}
$$

后面的等式是应用式 (7.5_2) 的结果．这里可以看到，$\delta\phi$ 随时间的变化是按

$$
\exp\pm\left\{\frac{[\chi_a^2H^4-2(\alpha_3+\alpha_2)v'\chi_a H^2\sin 2\theta+4\alpha_2\alpha_3 v'^2]^{\frac{1}{2}}}{(\alpha_3-\alpha_2)}\right\}t
$$

的指数规律变化的．只有当括号前取负号时，才能使扰动衰减而流动趋于稳定状态（注意现在 $\alpha_3-\alpha_2>0$）；正的根号是一个不稳定的解．这同前面的结论一致．所以，对于式 (7.5_2) 应该取负号

的解。

在取负号解的时候还可以看到，$\delta\phi$ 随 x_3 的变化满足一个负指数

$$\exp -\left\{\left[\frac{[\chi_a^2H^4-2(\alpha_3+\alpha_2)v'\chi_aH^2\sin 2\theta+4\alpha_2\alpha_3v'^2]^{1/4}}{(k_{33}\sin^2\phi_0+k_{11}\cos^2\phi_0)^{1/2}}\right]x_3\right\}$$

的规律，也就是说受扰动影响的液晶厚度 ξ 为

$$\xi^2=\frac{k_{33}\sin^2\phi_0+k_{11}\cos^2\phi_0}{[\chi_a^2H^4-2(\alpha_3+\alpha_2)v'\chi_aH^2\sin 2\theta+4\alpha_2\alpha_3v'^2]^{1/2}}.$$

当磁场很强时，它与磁相干长度具有同一的数量级。α 的数量级大约在 10^{-1}—1 泊，k 的数量级大约在 10^{-6} 达因。如果 v' 大约为 1 厘米·每秒·每厘米，H 为 10^3 高斯，那么 ξ 的数量级约为 10^{-3} 厘米. χ_a 的数量级大约是 10^{-7}，如果取 H 为 10^3 高斯，那么磁相干长度的数量级也是在 10^{-3} 厘米. 所以，只要不是很薄的样品，由于表面引起的扰动或者是由于边界向错引起的扰动，对液晶内部的流动都不会有多大的影响。

§2 丝状液晶的切变流动

现在看看两片平行平板间恒温丝状液晶的稳恒片流情形．如图 7.1 所示，液晶沿 x_1 轴方向流动，流动的速度梯度是沿 x_2 轴方

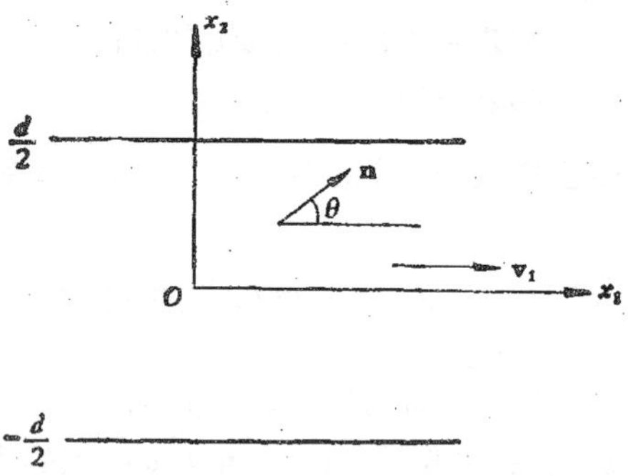

图 7.1 平行平板间丝状液晶的稳恒片流

向，因此指向矢和流速的各个分量为

$$n_1 = \cos\theta(x_2),\ n_2 = \sin\theta(x_2),\ n_3 = 0;$$
$$v_1 = v(x_2),\quad v_2 = 0,\quad v_3 = 0; \tag{7.7$_1$}$$

θ 是指向矢与 x_1 轴间的夹角。另外，假定恒定磁场是

$$H_1 = H_1,\ H_2 = H_2,\ H_3 = 0. \tag{7.7$_2$}$$

这里可以有两种不同的诱导流动的方法：一种方法是两片平板不动而在 x_1 轴方向对液晶施加压强梯度

$$\frac{dp}{dx_1} = -a,\ (a > 0 \text{ 为常量}),$$

从而引起流动。另一种方法是不施加压强差，但是令（例如）下面一片平板不动而上面一片平板沿自己的平面匀速滑动。对于这两种不同的诱发情形运动方程是完全相同的，只不过边界条件不同而已。

对于稳流情形，考虑沿 x_1 轴方向的运动方程，那么动量守恒方程(6.15)式给出

$$\frac{dp}{dx_1} - \frac{\partial}{\partial x_2}\left\{\left[\alpha_1 \sin^2\theta\cos^2\theta + \frac{1}{2}(\alpha_5 - \alpha_2)\sin^2\theta + \frac{1}{2}(\alpha_3 + \alpha_6)\cos^2\theta + \frac{1}{2}\alpha_4\right]\frac{dv}{dx_2}\right\} = 0.$$

对它积分一次就得到

$$g(\theta)\frac{dv}{dx_2} = -ax_2 + b, \tag{7.8}$$

其中 $-a = \dfrac{dp}{dx_1}$ 是压强梯度，b 是积分常数，而

$$2g(\theta) = 2\alpha_1\sin^2\theta\cos^2\theta + (\alpha_5 - \alpha_2)\sin^2\theta + (\alpha_3 + \alpha_6)\cos^2\theta + \alpha_4. \tag{7.9}$$

如果实验装置是两片平板不动、液晶在沿 x_1 轴方向的压强差作用下流动，那么 $a \neq 0$. 这时装置的对称性说明在两板中心 $x_2 = 0$ 处流速应具有最大值，因此在 $x_2 = 0$ 处 $\dfrac{dv}{dx_2} = 0$，从而积分常数 $b = 0$。如果是下面平板不动，液晶由于上板沿 x_1 轴方向匀速滑

动而引起流动，那么 $a=0$ 而 $b\neq 0$。

关于指向矢运动方程(6.19)，在稳流条件下它将给出

$$k_{33}\left[\sin\theta\frac{d^2\theta}{dx_2^2}+\cos\theta(1+\sin^2\theta)\left(\frac{d\theta}{dx_2}\right)^2\right]$$
$$-\chi_a(H_1\cos\theta+H_2\sin\theta)H_1$$
$$-\frac{1}{2}(\gamma_1-\gamma_2)\sin\theta\frac{dv}{dx_2}=\gamma\cos\theta,$$

$$-k_{11}\left[\cos\theta\frac{d^2\theta}{dx_2^2}-\sin\theta\left(\frac{d\theta}{dx_2}\right)^2\right]+k_{33}\sin^3\theta\left(\frac{d\theta}{dx_2}\right)^2$$
$$-\chi_a(H_1\cos\theta+H_2\sin\theta)H_2$$
$$+\frac{1}{2}(\gamma_1+\gamma_2)\cos\theta\frac{dv}{dx_2}=\gamma\sin\theta,$$

γ 是拉格朗日未定乘子。把第一个式子乘以 $\sin\theta$，第二个式子乘以 $\cos\theta$，然后两式相减以约去未定乘子 γ，就得到一个 θ 所满足的方程

$$2f(\theta)\frac{d^2\theta}{dx_2^2}+\frac{d}{d\theta}f(\theta)\left(\frac{d\theta}{dx_2}\right)^2-(\gamma_1+\gamma_2\cos 2\theta)\frac{dv}{dx_2}$$
$$+2\chi_a(H_1\cos\theta+H_2\sin\theta)(H_2\cos\theta-H_1\sin\theta)=0, \tag{7.10}$$

其中 $f(\theta)$ 是

$$f(\theta)=k_{11}\cos^2\theta+k_{33}\sin^2\theta. \tag{7.11}$$

如果把式(7.8)的 $\frac{dv}{dx_2}$ 代入式(7.10)，那么它将成为

$$2f(\theta)\frac{d^2\theta}{dx_2^2}+\frac{d}{d\theta}f(\theta)\left(\frac{d\theta}{dx_2}\right)^2-(\gamma_1+\gamma_2\cos 2\theta)\left[\frac{-ax_2+b}{g(\theta)}\right]$$
$$+2\chi_a(H_1\cos\theta+H_2\sin\theta)(H_2\cos\theta-H_1\sin\theta)=0. \tag{7.12}$$

式(7.8)和(7.12)就是决定 θ 和 v 的一对方程。当然，它们并没有简单的解析解，只能在考虑两板上 θ 和 v 的边界条件下进行数字计算。

如果两平板之间的距离相当大，那么边界效应和式(7.10)中

包含弹性系数的项都可以忽略不计，因为这时 $\frac{d\theta}{dx_2}$ 很小。在没有外磁场作用下，如果切变率 $\frac{dv}{dx_2}$ 足够快，那么式(7.10)指出指向矢的取向将趋近于一个 θ_0 角：

$$\cos 2\theta_0 = -\frac{\gamma_1}{\gamma_2}, \tag{7.13$_1$}$$

或者写作

$$\mathrm{tg}^2\theta_0 = \frac{\alpha_3}{\alpha_2}, \tag{7.13$_2$}$$

这里应用了帕柔弟关系式(5.93$_2$)。但是，在一个中等强度的磁场作用下，指向矢取向的轮廓将有所改变。这时垂直入射的光束在透过液晶层后，其寻常光束与非常光束之间要产生相位差 δ：

$$\delta = \frac{2\pi}{\lambda}\int_{-\frac{d}{2}}^{\frac{d}{2}} [n(\theta) - n_0]dx_2,$$

$$\frac{1}{n^2} = \frac{\sin^2\theta}{n_0^2} + \frac{\cos^2\theta}{n_e^2}, \tag{7.14}$$

其中 λ 是所用光的波长，n_0 和 n_e 分别为液晶中寻常光束与非常光束的折射率。测量这个相位差 δ，将可以得出粘滞系数和磁化率各向异性 χ_a 之比的数值。盖贺维莱尔[6]使用了截面为4毫米×0.3毫米的长方形及长为5厘米的毛细管，对在压强差下产生的流动进行了测量。按照式(7.10)，如果磁场是沿流动的方向，那么 $H_2 = 0$，而

$$-(\gamma_1 + \gamma_2\cos 2\theta)\frac{dv}{dx_2} = 2\chi_a H_1^2 \sin\theta\cos\theta. \tag{7.15}$$

对于流速的轮廓，盖贺维莱尔又作了通常的抛物线式近似的假设：

$$v(x_2) = v_0\left(1 - \frac{4x_2^2}{d^2}\right), \tag{7.16}$$

v_0 是在 $x_2 = 0$ 处的流速。另外，式(7.15)可以写成

$$(\alpha_2\sin^2\theta - \alpha_3\cos^2\theta)\frac{dv}{dx_2} = \chi_a H_1^2 \sin\theta\cos\theta \tag{7.17}$$

的形式。当磁场强度足够强而又不太强时 θ 将接近于零度，因此

$$\operatorname{tg}\theta \approx \frac{8\alpha_3 v_0 x_2}{\chi_a H_1^2 d^2}. \tag{7.18}$$

从这个 θ 值可以计算出式(7.14)的相差 $\delta_{/\!/}$，这个相差当然是 $\frac{\alpha_3}{\chi_a}$ 的函数。如果磁场是沿速度梯度方向，那么 $H_1 = 0$，而 θ 接近于 $\frac{\pi}{2}$，因此

$$\operatorname{ctg}\theta \approx \frac{8\alpha_2 v_0 x_2}{\chi_a H_2^2 d^2}. \tag{7.19}$$

这时的相差 $\delta_\perp$ 将是 $\frac{\alpha_2}{\chi_a}$ 的函数。如果不加磁场，那么

$$\delta_0 = \frac{2\pi}{\lambda}[n(\theta_0) - n_0]d, \tag{7.20}$$

相差 δ_0 将是 $\frac{\alpha_3}{\alpha_2}$ 的函数。因此，测量 δ_0，$\delta_\perp$ 和 $\delta_{/\!/}$ 的数值就可以得出 $\frac{\alpha_3}{\alpha_2}$，$\frac{\alpha_2}{\chi_a}$ 和 $\frac{\alpha_3}{\chi_a}$ 的数值。当然，从这三个数值还不足以解出 χ_a，α_2 和 α_3 的数值。

如果磁场很强，那么指向矢将作定向排列，这时的实验条件和梅索维克兹所定义的三个主粘滞系数 η_1，η_2，η_3 和粘滞系数 η_ϕ 的情形完全相同。在这种条件下四个粘滞系数的测量可以解出 α_1，α_4，$\alpha_3 + \alpha_6$ 和 $\alpha_5 - \alpha_2$ 的数值。应用帕柔弟关系式(5.93_2)又可以得出 $\alpha_2 + \alpha_3$ 的数值。再结合上面测量所得出的 α_3/α_2，α_2/χ_a 和 α_3/χ_a 的数值，那么全部五个独立的 α 粘滞系数以及磁化率各向异性 χ_a 就都可以决定了。

艾瑞克孙对作相对运动两平板间液晶的流动进行了标度分析(scaling analysis)[7]。所谓标度分析就是对问题中的一些参量或变量采取适当的测量单位，使得这些量能用一些无量纲的参量或变量来表示。在标度分析中对所讨论的问题可能引出一些有用的无量纲的数量。典型的无量纲数有流体力学中的雷诺数(Reynold's number) $R = \frac{\rho v l}{\eta}$，其中 ρ 是流体的密度，v 是流速，η 是粘滞系

数，l 是问题中的一个本征长度。对于同一类型的流动只要雷诺数相同，流动就相似，例如雷诺数达到某一数值时流动就出现湍流。这就是各向同性流体力学中的相似定律 (law of similarity)[8]。雷诺数可以看作是流动中速度扩散时间尺度与对流输运时间尺度的比率。对于两板间液晶的切变流动，让我们选择新的位置坐标 $\mathbf{r}^* \equiv (x_1^*, x_2^*, x_3^*)$ 和新的时间坐标 t^*，而令

$$\mathbf{r} = l\mathbf{r}^*, \quad t = kt^*. \tag{7.21}$$

这里为了避免书写混乱起见，我们暂时用 l 来表示两板之间的间距。k 是一个待定的正值常数。下面我们把新坐标中的量都用原来该量符号的右上方加一个 * 号来表示。在这一标度下，x_1^* 和 x_2^* 都成为无量纲量，同时任意间距的两板都变换成为同一个具有单位间隔的两板了。指向矢是一个无量纲的单位矢量，无须再进行标度。现在

$$\begin{aligned}
&\mathbf{n} = \mathbf{n}^*,\\
&v_1 = \frac{dx_1}{dt} = \frac{l}{k}\frac{dx_1^*}{dt^*} = \frac{l}{k}\left(\frac{dx_1}{dt}\right)^* = \frac{l}{k}v_1^*,\\
&\frac{dv_1}{dx_2} = \frac{dv}{dx_2} = \frac{1}{k}\left(\frac{dv}{dx_2}\right)^*,\\
&d_{ij} = \frac{1}{k}d_{ij}^*,\\
&\omega_{ij} = \frac{1}{k}\omega_{ij}^*,\\
&n_{i,j} = \frac{1}{l}n_{i,j}^*,\\
&N_i = \frac{1}{k}N_i^*.
\end{aligned} \tag{7.22}$$

在进行这样的标度变换中，我们希望动量守恒方程 (5.59) 或 (6.15) 和指向矢运动方程 (5.60) 在新旧两个坐标系中保持同一的形式。从式 (5.76) 和 (5.77) 可以看出，t_{ij} 和 f_i 的变换分别为

$$t_{ij} = \frac{1}{k}t_{ij}^*,$$

$$f_i' = \frac{1}{k} f_i'^{*}. \tag{7.23}$$

如果要求式 (5.60) 的形式在两个坐标系中保持不变，那就要求 $f_i + \Pi_{ji,j}$ 和 f_i' 具有相同的变换规律:

$$f_i + \Pi_{ji,j} = \frac{1}{k} f_i^{*} + \frac{1}{k} \Pi_{ji,j}^{*}. \tag{7.24}$$

但是，式 (6.18) 告诉我们

$$f_i + \Pi_{ji,j} = \frac{1}{l^2} f_i^{*} + \frac{1}{l^2} \Pi_{ji,j}^{*}, \tag{7.25}$$

因为它们中的每一项都与 $n_{i,j} n_{k,l}$ 或 $n_{i,jk}$ 成比例．比较式 (7.24) 和 (7.25) 就可以定出

$$k = l^2. \tag{7.26}$$

这样式 (7.22) 和 (7.23) 就告诉我们，两板间的液晶流速 $\mathbf{v}$ 和耗散胁强张量 $\tilde{\mathbf{t}}$ 的变换关系分别为

$$\mathbf{v} = \frac{1}{l} \mathbf{v}^{*},$$

$$\tilde{\mathbf{t}} = \frac{1}{l^2} \tilde{\mathbf{t}}^{*}. \tag{7.27}$$

在这种运动中，由于唯一可以改变的参量是两板间的相对滑速 V，也就是说 V^* 是唯一的可变参量，因此液晶各处的指向矢只能是位置 $\mathbf{r}$ 和相对滑速 V 的函数，

$$\mathbf{n} = \mathbf{n}^{*}(\mathbf{r}^{*}, V^{*}) = \mathbf{n}^{*}\left(\frac{\mathbf{r}}{l}, Vl\right). \tag{7.28}$$

切变流动中的光学性质当然是由指向矢的取向决定，因此光学性质与两板间相对滑速 V 之间的关系，不是简单地由 V 决定而是由相对滑速 V 与板间间距 l 的乘积 Vl 决定．这一点已经得到了一些实验的验证[9]．设想相对滑速 V 的产生是由于我们对系统的上板施加了切胁强 τ 得到的，那么在标度变换中 τ 应该与耗散胁强张量 t_{ij} 具有同样的变换性质:

$$\tau = \frac{1}{l^2} \tau^{*}.$$

从这个切胁强的作用我们可以得到一个表观粘滞系数 η：

$$\eta = \frac{\tau}{\left(\frac{V}{l}\right)}.$$

应用上面的标度变换，我们看到

$$\eta = \frac{\tau^*}{V^*} = \eta^* \tag{7.29}$$

后面的等式是由于在新坐标中两板间的距离是单位长度. 在同一实验条件下，只要材料相同，那么不论用什么系统来描述都应该得出同一的粘滞系数. 所以，式 (7.29) 的结果是必然应该有的. 式 (7.29) 指出，表观粘滞系数是 $V^* = Vl$ 的函数. 所以，相对滑动两平板间流动液晶的表观粘滞系数是两板相对速度与板间距离的乘积的函数，$\eta = f\left(\frac{1}{Vl}\right)$，或者说是流速梯度 s 与板间距离平方的乘积的函数，$\eta = f\left(\frac{1}{sl^2}\right)$. 可惜目前还没有实验数据来验证这一结论.

现在让我们对两板间具有速度梯度 s 的液晶流动问题作一下进一步分析. 类似于各向同性液体的流动，我们可以设想在两板附近各自存在一个边界层，在边界层中由于边界(板)对液晶指向矢的锚泊作用，使得层中的液晶不受流动的影响，指向矢的取向不发生变化. 如果 η 是在这种流动情形之下液晶的平均粘滞系数，那么边界层的表面就受有粘滞力的作用. 这个边界层单位面积所受到的粘滞力将等于 ηs. 如果边界层的厚度(一种相干长度) 是 ξ，那么在边界层中液晶的自由能密度可以估计为 $\frac{k}{\xi^2}$，k 就是液晶的弹性常数. 自由能密度也就是单位面积上所受到的弹性力的大小. 在边界上这个弹性力和粘滞力互相平衡. 所以，这个边界层的厚度可以估计为

$$\xi = \sqrt{\frac{k}{\eta s}}.$$

上面的标度分析指出，表观粘滞系数是液晶层厚度 l 的函数。我们可以近似地把边界层中的流速梯度看作等于零，而两板间的流速梯度就等于 s。于是就有

$$\frac{\eta_{表观}(s)}{\eta_{表观}(0)}=f\left(\frac{l}{\xi}\right)=f\left(l\sqrt{\frac{\eta s}{k}}\right).$$

这个无量纲的数

$$E_r=\frac{\eta s l^2}{k} \tag{7.30}$$

称为艾瑞克孙数[10]。艾瑞克孙数描述了在流动与分子之间的耦合中指向矢的扩散与运流之间的相对比值，因为运流的时间常数可以用 $\frac{1}{s}$ 来描述，而指向矢取向的扩散常数可以用 $\frac{\eta l^2}{k}$ 来描述（参考第十一章 § 3 丝状液晶散射频谱）。与雷诺数 $R=\frac{\rho v l}{\eta}$ 相比较，可以看到（流速 $v=sl$）

$$E_r=\frac{\eta^2}{k\rho}R.$$

取 k 为 10^{-6} 达因、ρ 为 1 克·每立方厘米、η 为 10^{-1} 泊，那么 $\eta^2/k\rho$ 约为 10^4。所以，即使是要求在各向同性的液体中不发生流体动力不稳定性的低雷诺数流动条件下，也仍然可以出现 $E_r\gtrsim 1$ 的流动状态。

§ 3 丝状液晶的泊肃叶流动

泊肃叶流动（Poiseuille flow）指的是，恒温不可压缩液体在一个或多个同心圆截面管道中由于管道两端压强差而产生的稳恒片流。当然，两个同心圆的半径都趋于无限大的平行平板间，由于两端压强差而产生的稳恒片流是泊肃叶流动的一个特例。艾特金对丝状液晶的泊肃叶流动作了理论分析[11]。他假定圆管很长从而可以忽略末端效应，管道中流体的压强梯度是一个不变常量 a。如图 7.2 所示，取柱坐标 r，θ，x_3，令 x_3 轴与圆管中心线相重合。在

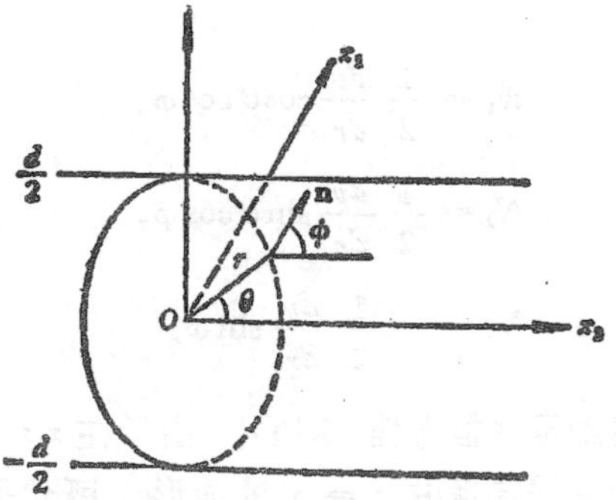

图 7.2 丝状液晶的泊肃叶流动.

稳流条件下，流速梯度只有沿 r 轴方向的分量 $v_{3,r}=\frac{dv}{dr}$. 显然，指向矢是在 rx_3 平面当中，与 x_3 轴成 $\phi=\phi(r)$ 角. 这样，我们有

$$n_r=\sin\phi(r),\ n_\theta=0,\ n_3=\cos\phi(r);$$
$$v_r=0,\qquad v_\theta=0,\ v_3=v(r). \tag{7.31}$$

假设压强梯度和外磁场在 r，θ 和 x_3 三个方向的分量分别为

$$\frac{\partial p}{\partial r}=0,\qquad \frac{\partial p}{\partial\theta}=0,\ \frac{\partial p}{\partial x_3}=-a,\ (a>0);$$
$$H_r=H_r(\text{常量}),\ H_\theta=0,\ H_3=H_3(\text{常量}). \tag{7.32}$$

如果变换成直角坐标 (x_1, x_2, x_3):

$$x_1=r\cos\theta,\ x_2=r\sin\theta,\ x_3=x_3, \tag{7.33}$$

那么就可以有

$$n_1=\cos\theta\sin\phi,\ n_2=\sin\theta\sin\phi,\ n_3=\cos\phi;$$
$$v_1=0,\qquad v_2=0,\qquad v_3=v(r);$$
$$H_1=H_r\cos\theta,\quad H_2=H_r\sin\theta,\quad H_3=H_3. \tag{7.34}$$

同时，除

$$v_{3,1}=\left(\cos\theta\frac{\partial}{\partial r}-\frac{\sin\theta}{r}\frac{\partial}{\partial\theta}\right)v(r)=\frac{dv}{dr}\cos\theta,$$
$$v_{3,2}=\left(\sin\theta\frac{\partial}{\partial r}+\frac{\cos\theta}{r}\frac{\partial}{\partial\theta}\right)v(r)=\frac{dv}{dr}\sin\theta \tag{7.35}$$

外，其余的 $v_{i,j}$ 都等于零. 在稳流条件下运动不随时间变化，因此

可以得出

$$N_1 = \frac{1}{2}\frac{dv}{dr}\cos\theta\cos\phi,$$

$$N_2 = \frac{1}{2}\frac{dv}{dr}\sin\theta\cos\phi,$$

$$N_3 = -\frac{1}{2}\frac{dv}{dr}\sin\phi. \tag{7.36}$$

流动满足动量守恒方程(6.15)。由于在 x_1x_2 平面上一切不变，因此我们只需要考虑 $i=3$ 的情形。既然是稳流，那么式(6.15)中的第一项等于零。流速是沿 x_3 轴方向，同时又只是 r 的函数，因此 $\rho(v_iv_i)_{,i}$ 项也等于零。磁场是固定不变的，因此磁场项也等于零。于是，式(6.15)简化成为

$$\frac{\partial p}{\partial x_3} + t_{3j,j} = 0.$$

应用式(5.76)的 t_{ij} 表达式和式(7.34)、(7.35)以及(7.36)后，就得到

$$\frac{dp}{dx_3} - \frac{1}{r}\frac{d}{dr}\left\{\frac{1}{2}r\frac{dv}{dr}[2\alpha_1\sin^2\phi\cos^2\phi + (\alpha_5-\alpha_2)\sin^2\phi + (\alpha_3+\alpha_6)\cos^2\phi + \alpha_4]\right\} = 0. \tag{7.37}$$

它的第一次积分给出

$$\frac{dv}{dr} = \left[\frac{1}{g(\phi)}\right]\left(-\frac{1}{2}ar + \frac{b}{r}\right), \tag{7.38}$$

其中 $a = -\frac{dp}{dx_3}$，b 是积分常数，粘滞系数 $g(\phi)$ 为：

$$g(\phi) = \frac{1}{2}[2\alpha_1\sin^2\phi\cos^2\phi + (\alpha_5-\alpha_2)\sin^2\phi + (\alpha_3+\alpha_6)\cos^2\phi + \alpha_4]. \tag{7.39}$$

$g(\phi)$ 是各个 α 粘滞系数的组合。式(7.38)的解既可应用于同心圆管中的流动，也可以应用于单孔毛细管中的流动。对于同心圆管中的流动，积分常数 b 要由在内管壁或外管壁上的边界条件来

决定。对于在毛细管中的流动，内管半径为零，因此为了使 $r=0$ 处不成为奇异点，式 (7.38) 中的积分常数 b 必须为零。

指向矢运动满足式 (6.19)。忽略惯性部分，应用式 (5.77) 的 f_i 表示式，就可以得到下列三个方程式：

$$
\begin{aligned}
&-k_{11}\cos\theta\frac{\partial}{\partial r}\left(\cos\phi\frac{\partial\phi}{\partial r}+\frac{1}{r}\sin\phi\right)\\
&\quad+k_{33}\left[\cos\theta\sin^3\phi\left(\frac{\partial\phi}{\partial r}\right)^2-\left(\frac{\partial^2}{\partial r^2}+\frac{1}{r}\frac{\partial}{\partial r}\right.\right.\\
&\quad\left.+\frac{1}{r^2}\frac{\partial^2}{\partial\theta^2}\right)\cos\theta\sin\phi+\cos\theta\frac{\partial}{\partial r}\left(\cos\phi\frac{\partial\phi}{\partial r}\right.\\
&\quad\left.\left.+\frac{1}{r}\sin\phi\right)\right]-\chi_a(H_r\sin\phi+H_3\cos\phi)H_r\cos\theta\\
&\quad+\frac{1}{2}(\gamma_1+\gamma_2)\cos\theta\cos\phi\frac{dv}{dr}=\gamma\cos\theta\sin\phi,
\end{aligned}
\tag{7.40$_1$}
$$

$$
\begin{aligned}
&-k_{11}\sin\theta\frac{\partial}{\partial r}\left(\cos\phi\frac{\partial\phi}{\partial r}+\frac{1}{r}\sin\phi\right)\\
&\quad+k_{33}\left[\sin\theta\sin^3\phi\left(\frac{\partial\phi}{\partial r}\right)^2-\left(\frac{\partial^2}{\partial r^2}+\frac{1}{r}\frac{\partial}{\partial r}\right.\right.\\
&\quad\left.+\frac{1}{r^2}\frac{\partial^2}{\partial\theta^2}\right)\sin\theta\sin\phi+\sin\theta\frac{\partial}{\partial r}\left(\cos\phi\frac{\partial\phi}{\partial r}\right.\\
&\quad\left.\left.+\frac{1}{r}\sin\phi\right)\right]-\chi_a(H_r\sin\phi+H_3\cos\phi)H_r\sin\theta\\
&\quad+\frac{1}{2}(\gamma_1+\gamma_2)\sin\theta\cos\phi\frac{dv}{dr}=\gamma\sin\theta\sin\phi,
\end{aligned}
\tag{7.40$_2$}
$$

$$
\begin{aligned}
&k_{33}\left[\cos\phi\sin^2\phi\left(\frac{\partial\phi}{\partial r}\right)^2-\left(\frac{\partial^2}{\partial r^2}+\frac{1}{r}\frac{\partial}{\partial r}\right)\cos\phi\right]\\
&\quad-\chi_a(H_r\sin\phi+H_3\cos\phi)H_3\\
&\quad+\frac{1}{2}(\gamma_2-\gamma_1)\sin\phi\frac{dv}{dr}=\gamma\cos\phi.
\end{aligned}
\tag{7.40$_3$}
$$

把式 (7.40$_1$) 乘以 $\cos\theta$，式 (7.40$_2$) 乘以 $\sin\theta$，两式相加，然后再与式 (7.40$_3$) 合并以消除拉格朗日未定乘子 γ 就得到

$$
\begin{aligned}
2f(\phi)\frac{d^2\phi}{dr^2} &+ \frac{d}{d\phi}f(\phi)\left(\frac{d\phi}{dr}\right)^2 + \frac{2}{r}f(\phi)\frac{d\phi}{dr} \\
&- \frac{2k_{11}}{r^2}\sin\phi\cos\phi + 2\chi_a(H_r\sin\phi + H_3\cos\phi) \\
&\times(H_r\cos\phi - H_3\sin\phi) - (\gamma_1 + \gamma_2\cos 2\phi) \\
&\times\frac{dv}{dr} = 0,
\end{aligned}
\tag{7.41}
$$

其中 $f(\phi)$ 是

$$
f(\phi) = k_{11}\cos^2\phi + k_{33}\sin^2\phi. \tag{7.42}
$$

式(7.38)和(7.41)是一对 v 和 ϕ 需要满足的微分方程。它们的解给出指向矢的取向角 ϕ 和流速 v 的轮廓。不过式(7.41)是一个很复杂的方程，难于求得简单的解析解。即使在无外场作用的条件下也只能求数字解. 不过在流速较快的条件下，可以想象，式中的弹性部分，也就是含有 $f(\phi)$ 的部分和 k_{11} 项，将不起主要的作用。因此这时在无外场作用下将有

$$
\gamma_1 + \gamma_2\cos 2\phi = 0.
$$

也就是说这时指向矢的取向将趋近于一个渐近值 ϕ_0：

$$
\cos 2\phi_0 = -\frac{\gamma_1}{\gamma_2}, \tag{7.43$_1$}
$$

或者写作(在承认帕柔弟关系式的条件下)

$$
\mathrm{tg}^2\phi_0 = \frac{\alpha_3}{\alpha_2}. \tag{7.43$_2$}
$$

对于在毛细管中的流动来讲，这时式(7.38)成为

$$
\frac{dv}{dr} = -\frac{ar}{2g(\phi_0)}. \tag{7.44}
$$

应用管壁流速为零的边界条件，对式(7.44)的积分可以得

$$
v(r) = \frac{a(R^2 - r^2)}{4g(\phi_0)}, \tag{7.45}
$$

R 是毛细管的截面半径. 因此，单位时间从毛细管截面流过的液晶流量 Q 为

$$Q = \int_0^R 2\pi r v(r) dr = \frac{\pi a R^4}{8g(\phi_0)}. \tag{7.46}$$

与各向同性流体泊肃叶流动中的流量表示式泊肃叶公式[13]相比较，我们看到表观粘滞系数 η 现在是

$$\eta = g(\phi_0) = \frac{\pi a R^4}{8Q}, \tag{7.47}$$

并且 $g(\phi_0)$ 等于

$$g(\phi_0) = \frac{\alpha_1\alpha_2\alpha_3}{(\alpha_2+\alpha_3)^2} + \frac{\alpha_3\alpha_5+\alpha_2\alpha_6}{2(\alpha_2+\alpha_3)} + \frac{1}{2}\alpha_4. \tag{7.47$_1$}$$

所以，流量的测量可以给出表观粘滞系数 $g(\phi_0)$ 的数值，也就是某种 α 系数组合的数值.

类似于切变流动的情形，对毛细管中的液晶泊肃叶流动我们也可以进行标度分析. 这里我们选择新坐标 r^*, ϕ^*, x_3^* 和 t^*，令

$$r = Rr^*,\ \phi = \phi^*,\ x_3 = Rx_3^*,\ t = kt^*, \tag{7.48}$$

R 是毛细管的截面半径，k 是待定正值常数. 在这种标度下，任意半径的毛细管都被变换成为同一的单位半径毛细管. 同切变流动情形相类似，现在有

$$n_i = n_i^*,$$

$$v = \frac{dx_3}{dt} = \frac{R}{k} v^*,$$

$$n_{i,j} = \frac{1}{R} n_{i,j^*},$$

$$t_{ij} = \frac{1}{k} t_{ij}^*,$$

$$f_i' = \frac{1}{k} f_i'^*,$$

$$p = \frac{1}{k} p^*,$$

$$f_i + \Pi_{ij,j} = \frac{1}{k}(f_i^* + \Pi_{ij,j}^*) = \frac{1}{R^2}(f_i^* + \Pi_{ij,j}^*). \tag{7.49}$$

因此，待定常数

$$k = R^2. \tag{7.50}$$

这样就给出了

$$p_{,i} = \frac{1}{R^3} p^*_{,i}. \tag{7.51}$$

现在从式 (7.46) 得出

$$Q = \int_0^R 2\pi r v(r) dr = R \int_0^1 2\pi r^* v^* dr^* = RQ^*,$$

或者写作

$$Q^* = \frac{Q}{R} = -\frac{\pi R^3 p_{,3}}{8g(\phi_0)} = -\frac{\pi p^*_{,3}}{8g(\phi_0)} \tag{7.52}$$

的形式. 这就是说,在没有外磁场作用的条件下,对于各种不同粗细的毛细管中的液晶流动, $\frac{Q}{R}$ 是 $aR^3 = -p_{,3}R^3$ 的一个线性函数.反过来也可以说 aR^3 是 $\frac{Q}{R}$ 的线性函数. 式 (7.47) 指出,表观粘滞系数 η 为

$$\eta = g(\phi_0) = \frac{\pi a R^3}{8\left(\frac{Q}{R}\right)}.$$

既然 aR^3 是 $\frac{Q}{R}$ 的线性函数,因此 η 成为 $\frac{Q}{R}$ 的函数. 这样,如果我们作 η 与 $\frac{Q}{R}$ 的关系图,那么对于各种管径和各种流速的液晶泊肃叶流动都应该得到同一条曲线. 实验结果证实了这一个结论.

实验证实了标度分析的结果这一事实,有力地支持了莱斯利理论中关于 t_{ij}, f'_i 和 q_i 等耗散项都是 N_i 和 d_{ij} 的线性函数的假设[13]. 如果这些耗散项不是 N_i 和 d_{ij} 的线性函数,甚至这些耗散项要与指向矢的梯度 $n_{i,j}$ 有关,那么上面的标度分析结果将不能成立. 所以,可以说毛细管中的液晶泊肃叶流动的实验与标度分析的一致性,是对莱斯利理论的强有力的支持.

§4 丝状液晶的库埃特流动 I

库埃特流动 (Couette flow) 是指同轴相对转动圆筒间液体的流动. 我们令圆筒的同心轴为 x_3 轴, 内筒半径为 r_1, 外筒半径为 r_2, 并且假定圆筒的长度比它们的半径要长得多. 如果讨论液晶指向矢 $\mathbf{n}$ 的取向保持在圆筒截面平面之内的情形, 那么问题就简化为二维的问题. 当然, 液晶指向矢也可以是沿 x_3 轴方向排列的情形. 这种情形下的液晶流动实际上同各向同性液体的库埃特流动相同, 因为指向矢在这种情形中已经不起作用了. 当然, 这两种情形都具有轴对称性. 在实际实验中, 一般内筒和外筒是分别以不同的不变角速度 Ω_1 和 Ω_2 在转动。莱斯利[14]、艾特金[15]和柯里[16]对这个问题都作过讨论.

既然问题具有轴对称性, 那么除去用直角坐标系 (x_1, x_2, x_3) 外, 我们还可以选用柱坐标系 (r, θ, x_3):

$$x_1 = r\cos\theta,\ \ x_2 = r\sin\theta,\ \ x_3 = x_3.$$

对于液晶指向矢 $\mathbf{n}$ 的取向保持在与 x_3 轴相垂直的平面内的情形, 由于轴对称性, 液晶中各点的角速度 ω 将只是该点向径 r 的函数:

$$\omega = \omega(r), \tag{7.53$_1$}$$

而该点的液晶速度 $\mathbf{v}$ 成为

$$\frac{dr}{dt} = 0,\ \ \frac{d\theta}{dt} = \omega(r); \tag{7.53$_2$}$$

$$v_1 = \frac{dx_1}{dt} = -\omega x_2,\ \ \ v_2 = \frac{dx_2}{dt} = \omega x_1. \tag{7.53$_3$}$$

这时液晶指向矢 $\mathbf{n}(\mathbf{r})$ 与向径 $\mathbf{r}$ 之间的夹角 ϕ 将也只是 r 的函数:

$$\phi = \phi(r), \tag{7.54$_1$}$$

而指向矢的分量为

$$n_1 = \cos(\phi + \theta),\ \ n_2 = \sin(\phi + \theta),\ \ n_3 = 0. \tag{7.54$_2$}$$

于是, 我们有

$$n_{1,1}=\left(\cos\theta\frac{\partial}{\partial r}-\frac{\sin\theta}{r}\frac{\partial}{\partial\theta}\right)\cos(\phi+\theta)$$

$$=-\sin(\phi+\theta)\left(\cos\theta\frac{d\phi}{dr}-\frac{\sin\theta}{r}\right),$$

$$n_{1,2}=\left(\sin\theta\frac{\partial}{\partial r}+\frac{\cos\theta}{r}\frac{\partial}{\partial\theta}\right)\cos(\phi+\theta)$$

$$=-\sin(\phi+\theta)\left(\sin\theta\frac{d\phi}{dr}+\frac{\cos\theta}{r}\right),$$

$$n_{2,1}=\cos(\phi+\theta)\left(\cos\theta\frac{d\phi}{dr}-\frac{\sin\theta}{r}\right),$$

$$n_{2,2}=\cos(\phi+\theta)\left(\sin\theta\frac{d\phi}{dr}+\frac{\cos\theta}{r}\right),$$

$$\dot{n}_1=\frac{\partial n_1}{\partial t}+\mathbf{v}\cdot\nabla n_1=-\omega\sin(\phi+\theta),$$

$$\dot{n}_2=\omega\cos(\phi+\theta),$$

$$\frac{d\dot{n}_1}{dt}=-\omega^2\cos(\phi+\theta),$$

$$\frac{d\dot{n}_2}{dt}=-\omega^2\sin(\phi+\theta)。\tag{7.55}$$

从式 (7.53) 我们可以得到

$$v_{1,1}=-x_2\frac{d\omega}{dr}\frac{\partial r}{\partial x_1}=-\frac{1}{2}r\frac{d\omega}{dr}\sin 2\theta,$$

$$v_{1,2}=-\left(\omega+r\frac{d\omega}{dr}\sin^2\theta\right),$$

$$v_{2,1}=\omega+r\frac{d\omega}{dr}\cos^2\theta,$$

$$v_{2,2}=\frac{1}{2}r\frac{d\omega}{dr}\sin 2\theta,$$

$$d_{11}=-\frac{1}{2}r\frac{d\omega}{dr}\sin 2\theta,$$

$$d_{12}=d_{21}=\frac{1}{2}r\frac{d\omega}{dr}\cos 2\theta,$$

$$d_{22}=\frac{1}{2}r\frac{d\omega}{dr}\sin 2\theta,$$

$$\omega_{12}=-\omega_{21}=-\omega-\frac{1}{2}r\frac{d\omega}{dr},$$

$$\frac{dv_1}{dt}=\frac{\partial v_1}{\partial t}+\mathbf{v}\cdot\nabla v_1=-\omega^2 r\cos\theta,$$

$$\frac{dv_2}{dt}=-\omega^2 r\sin\theta. \tag{7.56}$$

结合式(7.55)和(7.56)可以得到

$$N_1=\frac{1}{2}r\frac{d\omega}{dr}\sin(\psi+\theta),$$

$$N_2=-\frac{1}{2}r\frac{d\omega}{dr}\cos(\psi+\theta). \tag{7.57}$$

自由能密度 g 的表示式(2.31)有两种不同的形式：一种是 k_{33} 项取 $\frac{1}{2}k_{33}(\mathbf{n}\cdot\nabla\mathbf{n})^2$ 的式(2.31_1)；另一种是取 $\frac{1}{2}k_{33}(\mathbf{n}\times\nabla\times\mathbf{n})^2=\frac{1}{2}k_{33}[(\mathbf{n}\cdot\mathbf{n})(\nabla\times\mathbf{n})^2-(\mathbf{n}\cdot\nabla\times\mathbf{n})^2]$ 的式(2.31_2)。由于自由能密度所采取的形式不同，随之而来的单位体积液晶所受到的彻体力 $f_i=\frac{\partial g}{\partial n_i}$ 和受到的曲率胁强张量 $\Pi_{ij}=-\frac{\partial g}{\partial n_{i,j}}$ 也就有不同的形式. 彻体力 f_i 和胁强张量 Π_{ij} 各自的两种不同表示式已经由式(5.18)和式(5.20)分别给出，它们是

$$f_i=k_{22}(\mathbf{n}\cdot\nabla\times\mathbf{n})(\nabla\times\mathbf{n})_i+k_{33}(\mathbf{n}\cdot\nabla n_j)n_{j,i}, \tag{5.18$_1$}$$

$$f_i=(k_{22}-k_{33})(\mathbf{n}\cdot\nabla\times\mathbf{n})(\nabla\times\mathbf{n})_i+k_{33}(\nabla\times\mathbf{n})^2 n_i, \tag{5.18$_2$}$$

$$\Pi_{ij}=-k_{11}(\nabla\cdot\mathbf{n})\delta_{ij}+k_{22}(\mathbf{n}\cdot\nabla\times\mathbf{n})\varepsilon_{ijk}n_k-k_{33}(\mathbf{n}\cdot\nabla n_i)n_j, \tag{5.20$_1$}$$

$$\Pi_{ij}=-k_{11}(\nabla\cdot\mathbf{n})\delta_{ij}-(k_{33}-k_{22})(\mathbf{n}\cdot\nabla\times\mathbf{n})\varepsilon_{ijk}n_k-k_{33}(n_{i,j}-n_{j,i}). \tag{5.20$_2$}$$

这里需要注意的是，在讨论液晶运动时必须系统地采用一种 g 的表示形式，而不能混用，以免引起混乱. 因此，在计算中我们可以

使用式(5.18$_1$)和(5.20$_1$)这一对 f_i 和 Π_{ij} 的表达式，也可以使用式(5.18$_2$)和(5.20$_2$)这一对 f_i 和 Π_{ij}；但是，不能混用式(5.18$_1$)和(5.20$_2$)或是混用式(5.18$_2$)和(5.20$_1$)。

在使用式(5.18$_1$)和(5.20$_1$)的情形下，对于液晶库埃特流动我们现在有

$$f_1 = k_{33}\left(\cos\theta\frac{d\phi}{dr} - \frac{\sin\theta}{r}\right)\left(\cos\phi\frac{d\phi}{dr} + \frac{\sin\phi}{r}\right),$$

$$f_2 = k_{33}\left(\sin\theta\frac{d\phi}{dr} + \frac{\cos\theta}{r}\right)\left(\cos\phi\frac{d\phi}{dr} + \frac{\sin\phi}{r}\right),$$

$$\Pi_{11} = k_{11}\left(\sin\phi\frac{d\phi}{dr} - \frac{\cos\phi}{r}\right) + k_{33}\sin(\phi+\theta)$$
$$\times\cos(\phi+\theta)\left(\cos\phi\frac{d\phi}{dr} + \frac{\sin\phi}{r}\right),$$

$$\Pi_{12} = k_{33}\sin^2(\phi+\theta)\left(\cos\phi\frac{d\phi}{dr} + \frac{\sin\phi}{r}\right),$$

$$\Pi_{21} = -k_{33}\cos^2(\phi+\theta)\left(\cos\phi\frac{d\phi}{dr} + \frac{\sin\phi}{r}\right),$$

$$\Pi_{22} = k_{11}\left(\sin\phi\frac{d\phi}{dr} - \frac{\cos\phi}{r}\right) - k_{33}\sin(\phi+\theta)$$
$$\times\cos(\phi+\theta)\left(\cos\phi\frac{d\phi}{dr} + \frac{\sin\phi}{r}\right),$$

$$\Pi_{1k,k} = k_{11}\cos\theta\frac{d}{dr}\left(\sin\phi\frac{d\phi}{dr} - \frac{\cos\phi}{r}\right)$$
$$+ k_{33}\frac{\partial}{\partial r}\left[\sin(\phi+\theta)\cos\phi\left(\cos\phi\frac{d\phi}{dr} + \frac{\sin\phi}{r}\right)\right]$$
$$+ \frac{k_{33}}{r}\sin(2\phi+\theta)\left(\cos\phi\frac{d\phi}{dr} + \frac{\sin\phi}{r}\right),$$

$$\Pi_{2k,k} = k_{11}\sin\theta\frac{d}{dr}\left(\sin\phi\frac{d\phi}{dr} - \frac{\cos\phi}{r}\right)$$
$$- k_{33}\frac{\partial}{\partial r}\left[\cos(\phi+\theta)\cos\phi\left(\cos\phi\frac{d\phi}{dr} + \frac{\sin\phi}{r}\right)\right]$$

$$-\frac{k_{33}}{r}\cos(2\phi+\theta)\left(\cos\phi\frac{d\phi}{dr}+\frac{\sin\phi}{r}\right)。\qquad(7.58)$$

在使用式 (5.18_2) 和 (5.20_2) 的情形下，对于液晶库埃特流动将有

$$f_1=k_{33}\cos(\phi+\theta)\left(\cos\phi\frac{d\phi}{dr}+\frac{\sin\phi}{r}\right)^2,$$

$$f_2=k_{33}\sin(\phi+\theta)\left(\cos\phi\frac{d\phi}{dr}+\frac{\sin\phi}{r}\right)^2,$$

$$\Pi_{11}=k_{11}\left(\sin\phi\frac{d\phi}{dr}-\frac{\cos\phi}{r}\right),$$

$$\Pi_{12}=k_{33}\left(\cos\phi\frac{d\phi}{dr}+\frac{\sin\phi}{r}\right),$$

$$\Pi_{21}=-k_{33}\left(\cos\phi\frac{d\phi}{dr}+\frac{\sin\phi}{r}\right),$$

$$\Pi_{22}=k_{11}\left(\sin\phi\frac{d\phi}{dr}-\frac{\cos\phi}{r}\right),$$

$$\Pi_{1k,k}=k_{11}\cos\theta\frac{\partial}{\partial r}\left(\sin\phi\frac{d\phi}{dr}-\frac{\cos\phi}{r}\right)$$
$$+k_{33}\sin\theta\frac{\partial}{\partial r}\left(\cos\phi\frac{d\phi}{dr}+\frac{\sin\phi}{r}\right),$$

$$\Pi_{2k,k}=k_{11}\sin\theta\frac{\partial}{\partial r}\left(\sin\phi\frac{d\phi}{dr}-\frac{\cos\phi}{r}\right)$$
$$-k_{33}\cos\theta\frac{\partial}{\partial r}\left(\cos\phi\frac{d\phi}{dr}+\frac{\sin\phi}{r}\right).\qquad(7.59)$$

虽然这两种表示式的形式不同，但是我们可以看到，它们都给出了下面一些相同的结果：

$$(\Pi_{kj}n_{k,1})_{ij}=-\frac{1}{r}\frac{\partial}{\partial r}\left\{r\left(\cos\theta\frac{d\phi}{dr}-\frac{\sin\theta}{r}\right)\left[(k_{11}\sin^2\phi\right.\right.$$
$$\left.\left.+k_{33}\cos^2\phi)\frac{d\phi}{dr}-\left(\frac{k_{11}-k_{33}}{r}\right)\sin\phi\cos\phi\right]\right\}$$
$$-\frac{1}{r}\left(\sin\theta\frac{d\phi}{dr}+\frac{\cos\theta}{r}\right)\left[(k_{11}-k_{33})\sin\phi\cos\phi\frac{d\phi}{dr}\right.$$

$$- \frac{1}{r}(k_{11}\cos^2\phi + k_{33}\sin^2\phi)\Big],$$

$$(\Pi_{kj}n_{k,2})_{,j} = -\frac{1}{r}\frac{\partial}{\partial r}\left\{r\left(\sin\theta\frac{d\phi}{dr} + \frac{\cos\theta}{r}\right)\Big[(k_{11}\sin^2\phi\right.$$

$$\left. + k_{33}\cos^2\phi)\frac{d\phi}{dr} - \left(\frac{k_{11}-k_{33}}{r}\right)\sin\phi\cos\phi\Big]\right\}$$

$$+ \frac{1}{r}\left(\cos\theta\frac{d\phi}{dr} - \frac{\sin\theta}{r}\right)\Big[(k_{11}-k_{33})\sin\phi\cos\phi\frac{d\phi}{dr}$$

$$- \frac{1}{r}(k_{11}\cos^2\phi + k_{33}\sin^2\phi)\Big],$$

$$(\Pi_{kj}n_{k,1})_{,j}\cos\theta + (\Pi_{kj}n_{k,2})_{,j}\sin\theta = -\frac{1}{r}\frac{\partial}{\partial r}\left\{r\frac{d\phi}{dr}\right.$$

$$\times\Big[(k_{11}\sin^2\phi + k_{33}\cos^2\phi)\frac{d\phi}{dr} - \left(\frac{k_{11}-k_{33}}{r}\right)$$

$$\left.\times\sin\phi\cos\phi\Big]\right\} - \frac{1}{r^2}\Big[(k_{11}-k_{33})\sin\phi\cos\phi\frac{d\phi}{dr}$$

$$- \frac{1}{r}(k_{11}\cos^2\phi + k_{33}\sin^2\phi)\Big],$$

$$(\Pi_{kj}n_{k,1})_{,j}\sin\theta - (\Pi_{kj}n_{k,2})_{,j}\cos\theta = \frac{1}{r}\frac{\partial}{\partial r}\Big[(k_{11}\sin^2\phi$$

$$+ k_{33}\cos^2\phi)\frac{d\phi}{dr} - \left(\frac{k_{11}-k_{33}}{r}\right)\sin\phi\cos\phi\Big]$$

$$- \frac{1}{r}\frac{d\phi}{dr}\Big[(k_{11}-k_{33})\sin\phi\cos\phi\frac{d\phi}{dr}$$

$$- \frac{1}{r}(k_{11}\cos^2\phi + k_{33}\sin^2\phi)\Big],$$

$$(\Pi_{1k,k} + f_i)\sin(\phi+\theta) - (\Pi_{2k,k} + f_2)\cos(\phi+\theta)$$

$$= (k_{11}\sin^2\phi + k_{33}\cos^2\phi)\left(\frac{d^2\phi}{dr^2} + \frac{1}{r}\frac{d\phi}{dr}\right)$$

$$+ (k_{11}-k_{33})\sin\phi\cos\phi\left[\left(\frac{d\phi}{dr}\right)^2 + \frac{1}{r^2}\right]. \tag{7.60}$$

关于耗散彻体力 f_i' 和耗散动量通量密度张量 t_{ij}，应用式

(7.55) 和 (7.56) 可以得到

$$f_1' = \frac{1}{2} r \frac{d\omega}{dr} [\gamma_1 \sin(\phi + \theta) + \gamma_2 \sin(\phi - \theta)],$$

$$f_2' = \frac{1}{2} r \frac{d\omega}{dr} [-\gamma_1 \cos(\phi + \theta) + \gamma_2 \cos(\phi - \theta)],$$

$$\begin{aligned} t_{11} = & -\frac{1}{4} r \frac{d\omega}{dr} [\alpha_1 \sin 2\phi + \alpha_1 \sin 2\phi \cos 2(\phi + \theta) \\ & + (\alpha_2 + \alpha_3) \sin 2(\phi + \theta) - 2\alpha_4 \sin 2\theta \\ & - (\alpha_5 + \alpha_6)(\sin 2\theta - \sin 2\phi), \end{aligned}$$

$$\begin{aligned} t_{12} = & -\frac{1}{4} r \frac{d\omega}{dr} [\alpha_1 \sin 2\phi \sin 2(\phi + \theta) + (\alpha_2 - \alpha_3) \\ & - (\alpha_2 + \alpha_3) \cos 2(\phi + \theta) + 2\alpha_4 \cos 2\theta \\ & + (\alpha_5 + \alpha_6) \cos 2\theta - (\alpha_5 - \alpha_6) \cos 2\phi], \end{aligned}$$

$$\begin{aligned} t_{21} = & -\frac{1}{4} r \frac{d\omega}{dr} [\alpha_1 \sin 2\phi \sin 2(\phi + \theta) - (\alpha_2 - \alpha_3) \\ & - (\alpha_2 + \alpha_3) \cos 2(\phi + \theta) + 2\alpha_4 \cos 2\theta \\ & + (\alpha_5 + \alpha_6) \cos 2\theta + (\alpha_5 - \alpha_6) \cos 2\phi], \end{aligned}$$

$$\begin{aligned} t_{22} = & -\frac{1}{4} r \frac{d\omega}{dr} [\alpha_1 \sin 2\phi - \alpha_1 \sin 2\phi \cos 2(\phi + \theta) \\ & - (\alpha_2 + \alpha_3) \sin 2(\phi + \theta) + 2\alpha_4 \sin 2\theta \\ & + (\alpha_5 + \alpha_6)(\sin 2\theta + \sin 2\phi)]. \end{aligned} \tag{7.61}$$

于是我们可以得出

$$f_1' \sin(\phi + \theta) - f_2' \cos(\phi + \theta) = \frac{1}{2} (\gamma_1 - \gamma_2 \cos 2\phi) r \frac{d\omega}{dr},$$

$$\begin{aligned} t_{1j,j} = & -\frac{1}{4r} \frac{\partial}{\partial r} \Big\{ r^2 \frac{d\omega}{dr} [\alpha_1 \cos\theta \sin 2\phi \\ & + \alpha_1 \sin 2\phi \cos(2\phi + \theta) + (\alpha_2 - \alpha_3) \sin\theta \\ & + (\alpha_2 + \alpha_3) \sin(2\phi + \theta) - 2\alpha_4 \sin\theta \\ & - (\alpha_5 + \alpha_6) \sin\theta + \alpha_5 \sin(2\phi - \theta) \\ & + \alpha_6 \sin(2\phi + \theta)] \Big\} + \frac{1}{4} \frac{d\omega}{dr} \frac{\partial}{\partial\theta} [\alpha_1 \sin\theta \sin 2\phi \end{aligned}$$

$$- \alpha_1 \sin 2\psi \sin(2\psi + \theta) - (\alpha_2 - \alpha_3)\cos\theta$$
$$+ (\alpha_2 + \alpha_3)\cos(2\psi + \theta) - 2\alpha_4 \cos\theta$$
$$- (\alpha_5 + \alpha_6)\cos\theta + \alpha_5 \cos(2\psi - \theta)$$
$$- \alpha_6 \cos(2\psi + \theta)],$$

$$t_{2j,j} = -\frac{1}{4r}\frac{\partial}{\partial r}\left\{r^2 \frac{d\omega}{dr}[\alpha_1 \sin\theta \sin 2\psi\right.$$
$$+ \alpha_1 \sin 2\psi \sin(2\psi + \theta) - (\alpha_2 - \alpha_3)\cos\theta$$
$$- (\alpha_2 + \alpha_3)\cos(2\psi + \theta) + 2\alpha_4 \cos\theta$$
$$+ (\alpha_5 + \alpha_6)\cos\theta + \alpha_5 \cos(2\psi - \theta)$$
$$\left.- \alpha_6 \cos(2\psi + \theta)]\right\} + \frac{1}{4}\frac{d\omega}{dr}\frac{\partial}{\partial\theta}[-\alpha_1 \cos\theta \sin 2\psi$$
$$+ \alpha_1 \sin 2\psi \cos(2\psi + \theta) - (\alpha_2 - \alpha_3)\sin\theta$$
$$+ (\alpha_2 + \alpha_3)\sin(2\psi + \theta) - 2\alpha_4 \sin\theta$$
$$- (\alpha_5 + \alpha_6)\sin\theta - \alpha_5 \sin(2\psi - \theta)$$
$$- \alpha_6 \sin(2\psi + \theta)],$$

$$t_{1j,j}\cos\theta + t_{2j,j}\sin\theta = -\frac{1}{4r}\frac{d}{dr}\left[r^2 \frac{d\omega}{dr}(2\alpha_1 \cos^2\psi\right.$$
$$\left.+ \alpha_2 + \alpha_3 + \alpha_5 + \alpha_6)\sin 2\psi\right] + \frac{1}{4}\frac{d\omega}{dr}(2\alpha_1 \sin^2\psi$$
$$- \alpha_2 - \alpha_3 + \alpha_5 + \alpha_6)\sin 2\psi,$$

$$t_{1j,j}\sin\theta - t_{2j,j}\cos\theta = \frac{1}{2r}\frac{d}{dr}\left\{r^2 \frac{d\omega}{dr}[2\alpha_1 \sin^2\psi \cos^2\psi\right.$$
$$\left.- (\alpha_2 - \alpha_5)\cos^2\psi + (\alpha_3 + \alpha_6)\sin^2\psi + \alpha_4]\right\}$$
$$+ \frac{1}{2}\frac{d\omega}{dr}[2\alpha_1 \sin^2\psi \cos^2\psi + (\alpha_2 + \alpha_5)\sin^2\psi$$
$$- (\alpha_3 - \alpha_6)\cos^2\psi + \alpha_4]. \qquad (7.62)$$

有了上面这些表达式之后，我们就可以写出动量守恒方程和指向矢运动方程，它们分别为

$$- \rho\omega^2 r\cos\theta - (\Pi_{kj} n_{k,1})_{,j} + \left(\cos\theta \frac{\partial}{\partial r} - \frac{\sin\theta}{r}\frac{\partial}{\partial\theta}\right)p$$
$$+ t_{1j,j} = 0,$$

$$-\rho\omega^2 r\sin\theta-(\Pi_{kj}n_{k,2})_{,j}$$

$$+\left(\sin\theta\frac{\partial}{\partial r}+\frac{\cos\theta}{r}\frac{\partial}{\partial\theta}\right)p+t_{2j,j}=0; \qquad (7.63)$$

$$-I\omega^2\cos(\phi+\theta)+\Pi_{1k,k}+f_1+f_1'=\gamma\cos(\phi+\theta),$$

$$-I\omega^2\sin(\phi+\theta)+\Pi_{2k,k}+f_2+f_2'=\gamma\sin(\phi+\theta). \qquad (7.64)$$

把式(7.63)的第一式乘以 $\cos\theta$、第二式乘以 $\sin\theta$，然后两式相加;把第一式乘以 $\sin\theta$、第二式乘以 $\cos\theta$，然后两式相减;在应用式(7.60)和(7.62)后就可以分别得到

$$-\rho r^2\omega+\frac{\partial p}{\partial r}+\frac{1}{r}\frac{d}{dr}\left\{r\frac{d\phi}{dr}\left[(k_{11}\sin^2\phi\right.\right.$$

$$\left.\left.+k_{33}\cos^2\phi)\frac{d\phi}{dr}-(k_{11}-k_{33})\frac{\sin\phi\cos\phi}{r}\right]\right\}$$

$$+\frac{1}{r^2}\left[(k_{11}-k_{33})\sin\phi\cos\phi\frac{d\phi}{dr}-\frac{1}{r}(k_{11}\cos^2\phi\right.$$

$$\left.+k_{33}\sin^2\phi)\right]-\frac{1}{4r}\frac{d}{dr}\left[r^2\frac{d\omega}{dr}(2\alpha_1\cos^2\phi+\alpha_2\right.$$

$$\left.+\alpha_3+\alpha_5+\alpha_6)\sin 2\phi\right]+\frac{1}{4}\frac{d\omega}{dr}(2\alpha_1\sin^2\phi$$

$$-\alpha_2-\alpha_3+\alpha_5+\alpha_6)\sin 2\phi=0,$$

$$-\frac{1}{r}\frac{\partial p}{\partial\theta}-\frac{1}{r}\frac{d}{dr}\left[(k_{11}\sin^2\phi+k_{33}\cos^2\phi)\frac{d\phi}{dr}\right.$$

$$\left.-\frac{(k_{11}-k_{33})}{r}\sin\phi\cos\phi\right]+\frac{1}{r}\frac{a\phi}{dr}\left[(k_{11}\right.$$

$$\left.-k_{33})\sin\phi\cos\phi\frac{d\phi}{dr}-\frac{1}{r}(k_{11}\cos^2\phi+k_{33}\sin^2\phi)\right]$$

$$+\frac{1}{2r}\frac{d}{dr}\left\{r^2\frac{d\omega}{dr}[2\alpha_1\sin^2\phi\cos^2\phi-(\alpha_2-\alpha_5)\cos^2\phi\right.$$

$$\left.+(\alpha_3+\alpha_6)\sin^2\phi+\alpha_4]\right\}+\frac{1}{2}\frac{d\omega}{dr}[2\alpha_1\sin^2\phi\cos^2\phi$$

$$+(\alpha_2+\alpha_5)\sin^2\phi-(\alpha_3-\alpha_6)\cos^2\phi+\alpha_4]$$

$$=0. \qquad (7.65)$$

对于式(7.64)，当我们消去拉格朗日未定乘子 γ 后，应用式(7.60)

和 (7.62) 就可以得到

$$(k_{11}\sin^2\psi+k_{33}\cos^2\psi)\left(\frac{d^2\psi}{dr^2}+\frac{1}{r}\frac{d\psi}{dr}\right)$$
$$+(k_{11}-k_{33})\sin\psi\cos\psi\left[\left(\frac{d\psi}{dr}\right)^2+\frac{1}{r^2}\right]$$
$$+\frac{1}{2}r\frac{d\omega}{dr}(\gamma_1-\gamma_2\cos2\psi)=0。\qquad(7.66)$$

这里我们顺便指出，式 (7.64) 的另一种组合可以给出拉格朗日未定乘子 γ 的表达形式，而对应于两种不同的自由能密度表达式将有不同的 γ 值. 现在令

$$f(\psi)=k_{11}\sin^2\psi+k_{33}\cos^2\psi,$$
$$g(\psi)=2\alpha_1\sin^2\psi\cos^2\psi-(\alpha_2-\alpha_5)\cos^2\psi$$
$$+(\alpha_3+\alpha_6)\sin^2\psi+\alpha_4,\qquad(7.67)$$

那么

$$\frac{df}{d\psi}=2(k_{11}-k_{33})\sin\psi\cos\psi,$$
$$\frac{1}{2}\frac{d^2f}{d\psi^2}+f(\psi)=k_{11}\cos^2\psi+k_{33}\sin^2\psi,$$
$$2\alpha_1\sin^2\psi\cos^2\psi+(\alpha_2+\alpha_5)\sin^2\psi-(\alpha_3-\alpha_6)\cos^2\psi$$
$$+\alpha_4=g(\psi)-(\gamma_1-\gamma_2\cos2\psi)。\qquad(7.68)$$

式 (7.68) 的第三个式子是应用式 (5.78)

$$\gamma_1=\alpha_3-\alpha_2,\ \gamma_2=\alpha_6-\alpha_5\qquad(5.78)$$

的结果. 这样式 (7.65) 和 (7.66) 就可以写作下列的形式:

$$-\rho r^2\omega+\frac{\partial p}{\partial r}+\frac{1}{r}\frac{a}{dr}\left\{r\frac{d\psi}{dr}\left[f(\psi)\frac{d\psi}{dr}-\frac{1}{2r}\frac{df}{d\psi}\right]\right\}$$
$$+\frac{1}{r^2}\left[\frac{1}{2}\frac{df}{d\psi}\frac{d\psi}{dr}-\frac{1}{2r}\frac{d^2f}{d\psi^2}-\frac{1}{r}f(\psi)\right]$$
$$-\frac{1}{4r}\frac{d}{dr}\left[r^2\frac{d\omega}{dr}(2\alpha_1\cos^2\psi+\alpha_2+\alpha_3+\alpha_5\right.$$
$$\left.+\alpha_6)\sin2\psi\right]+\frac{1}{4}\frac{d\omega}{dr}(2\alpha_1\sin^2\psi-\alpha_2-\alpha_3+\alpha_5$$

$$+\alpha_6)\sin 2\phi = 0, \tag{7.69$_1$}$$

$$-\frac{1}{r}\frac{\partial p}{\partial \theta} - \frac{1}{r}\left\{f(\phi)\left(\frac{d^2\phi}{dr^2} + \frac{1}{r}\frac{d\phi}{dr}\right) + \frac{1}{2}\frac{df}{d\phi}\left[\left(\frac{d\phi}{dr}\right)^2\right.\right.$$

$$\left.\left. + \frac{1}{r^2}\right]\right\} + \frac{1}{2r}\frac{d}{dr}\left[r^2\frac{d\omega}{dr}g(\phi)\right] + \frac{1}{2}\frac{d\omega}{dr}$$

$$\times[g(\phi) - (\gamma_1 - \gamma_2\cos 2\phi)] = 0, \tag{7.69$_2$}$$

$$(\phi)\left(\frac{d^2\phi}{dr^2} + \frac{1}{r}\frac{d\phi}{dr}\right) + \frac{1}{2}\frac{df}{d\phi}\left[\left(\frac{d\phi}{dr}\right)^2 + \frac{1}{r^2}\right]$$

$$+\frac{1}{2}r\frac{d\omega}{dr}(\gamma_1 - \gamma_2\cos 2\phi) = 0。 \tag{7.69$_3$}$$

式(7.69)的三个联立方程式决定了 p, ϕ 和 ω 三个函数. 从式(7.69$_2$)来看,除了 $-\frac{1}{r}\frac{\partial p}{\partial \theta}$ 与 θ 有关外,其余各项都只是 r 的函数。因此,p 的解为

$$p = a\theta + H(r),$$

其中 a 是一个积分常数,而 $H(r)$ 是一个 r 的函数. 由于 (r,θ) 和 $(r, \theta + 2n\pi)$ 是同一空间点(n 为正、负整数),而 p 应该是一个单值函数,因而 a 只能等于零,而

$$p = H(r)。 \tag{7.70}$$

这样式(7.69$_1$)就是决定压强 $p(r)$ 的方程。应用式(7.70)后,式(7.69$_2$)和(7.69$_3$)给出

$$\frac{1}{r}\frac{d}{dr}\left[r^3\frac{d\omega}{dr}g(\phi)\right] = 0,$$

也就是说

$$r^3\frac{d\omega}{dr}g(\phi) = C, \tag{7.71}$$

C 是一个积分常数。把式(7.71)代入式(7.69$_3$)就得到 ϕ 需要满足的微分方程

$$f(\phi)\left(\frac{d^2\phi}{dr^2} + \frac{1}{r}\frac{d\phi}{dr}\right) + \frac{1}{2}\frac{df}{d\phi}\left[\left(\frac{d\phi}{dr}\right)^2 + \frac{1}{r^2}\right]$$

$$+\frac{C}{2r^2g(\phi)}(\gamma_1 - \gamma_2\cos 2\phi) = 0, \tag{7.72$_1$}$$

而 $\omega(r)$ 则由式 (7.71) 决定．注意到

$$\frac{d}{dr}\left[r^2 f(\phi)\left(\frac{d\phi}{dr}\right)^2\right]=\left[2r^2 f(\phi)\frac{d^2\phi}{dr^2}+2rf(\phi)\frac{d\phi}{dr}\right.$$

$$\left.+r^2\frac{df}{d\phi}\left(\frac{d\phi}{dr}\right)^2\right]\frac{d\phi}{dr},$$

那么式 (7.72_1) 可以写成

$$\frac{d}{dr}\left[r^2 f(\phi)\left(\frac{d\phi}{dr}\right)^2\right]+\left[\frac{df}{d\phi}\right.$$

$$\left.+\frac{C}{g(\phi)}(\gamma_1-\gamma_2\cos 2\phi)\right]\frac{d\phi}{dr}=0 \qquad (7.72_2)$$

的形式．假定圆筒的表面是经过处理的，液晶指向矢在圆筒表面将与之相平行排列或相垂直排列，那么边界条件成为：

平行排列，$\phi_1=\phi(r_1)=\phi_2=\phi(r_2)=\frac{\pi}{2}$；

垂直排列，$\phi_1=\phi(r_1)=\phi_2=\phi(r_2)=0$.

我们可以设想在两个圆筒当中某一处 $r=r_M$ 的位置，指向矢与径矢之间的夹角 $\phi(r_M)=\phi_M$ 具有最小值(或最大值)，那么在 r_1 到 r_M 之间 $\frac{d\phi}{dr}$ 将是一个单调递减函数（或单调递增函数），而在 r_M 到 r_2 之间 $\frac{d\phi}{dr}$ 是一个单调递增函数（或单调递减函数）．用数学表示的话就是

$$r_M\geqslant r\geqslant r_1,\quad \frac{d\phi}{dr}<0\quad (\text{或}>0),$$

$$r_2\geqslant r\geqslant r_M,\quad \frac{d\phi}{dr}>0\quad (\text{或}<0). \qquad (7.73)$$

这样式 (7.72_2) 的一次积分成为

$$r^2 f(\phi)\left(\frac{d\phi}{dr}\right)^2=\int_\phi^{\phi_M}\left[\frac{df(\phi)}{d\phi}\right.$$

$$\left.+\frac{C}{g(\phi)}(\gamma_1-\gamma_2\cos 2\phi)\right]d\phi, \qquad (7.74_1)$$

或者写作

$$f(\phi)\left(\frac{d\phi}{d\rho}\right)^2 = C\gamma_2\int_{\phi}^{\phi_M}\left[\frac{(k_{11}-k_{33})\sin 2\phi}{C\gamma_2} + \frac{1}{g(\phi)}(\cos 2\theta_0 - \cos 2\phi)\right]d\phi \tag{7.74$_2$}$$

的形式，其中

$$\rho = \ln r, \quad \cos 2\theta_0 = \frac{\gamma_1}{\gamma_2}. \tag{7.74$_3$}$$

对于丝状液晶，一般 $|\gamma_2| > |\gamma_1|$，因此 θ_0 是一个实数。当然，如果式 (7.74$_2$) 存在实数解的话，式中右方必须为正值。这个积分并无简单的解析解，艾特金和莱斯利对它进行了比较详细的分析[15]，这里就不准备作具体的讨论了。

假设式 (7.74$_2$) 解的形式是

$$\frac{d\phi}{d\rho} = h(\phi, \phi_M), \tag{7.75$_1$}$$

那么按照式 (7.73)，在 $r_M \geqslant r \geqslant r_1$ 和在 $r_2 \geqslant r \geqslant r_M$ 两个区域里 $h(\phi, \phi_M)$ 具有相反的符号。对式 (7.75$_1$) 的积分给出

$$\rho_M - \rho_1 = \int_{\phi_1}^{\phi_M}\frac{d\phi}{h(\phi, \phi_M)},$$

$$\rho_2 - \rho_M = \int_{\phi_2}^{\phi_M}\frac{d\phi}{h(\phi, \phi_M)}, \tag{7.75$_2$}$$

其中

$$\rho_1 = \ln r_1, \quad \rho_2 = \ln r_2,$$
$$\phi_1 = \phi(r_1), \quad \phi_2 = \phi(r_2). \tag{7.75$_3$}$$

在式 (7.75$_2$) 的解中我们已经把两个不同 r 区域中的 h 函数具有不同符号这一点考虑进去了。不论是在沿面边界条件还是在垂面边界条件，由于 $\phi_1 = \phi_2$，所以

$$\ln\left(\frac{r_2}{r_1}\right) = \pm\int_{\phi_1}^{\phi_M}\frac{d\phi}{h(\phi, \phi_M)}, \tag{7.76$_1$}$$

$$r_M^2 = r_1 r_2. \tag{7.76$_2$}$$

式 (7.76$_1$) 的符号要由 $h(\phi, \phi_M)$ 是正值还是负值以及 ϕ_1 是零还

是 $\frac{\pi}{2}$ 来确定.

对式(7.71)的积分，它给出了在两个圆筒之间各处液晶的角速度表达形式:

$$\omega=\Omega_1+C\int_{r_1}^{r}\frac{dt}{t^3g[\psi(t)]}. \qquad (7.77_1)$$

显然这里有

$$\Omega_2-\Omega_1=C\int_{r_1}^{r_2}\frac{dt}{t^3g[\psi(t)]}. \qquad (7.77_2)$$

但是，式(7.75)和(7.76)指出

$$\psi=\psi\left(\frac{r}{r_1},\frac{r_2}{r_1},C\right),$$

因此式(7.77_2)可以写作

$$r_1^2(\Omega_2-\Omega_1)=C\int_1^{\frac{r_2}{r_1}}\frac{dt}{t^3g[\psi(t)]}=F\left(\frac{r_2}{r_1},C\right) \qquad (7.77_3)$$

的形式. 现在我们看看积分常数 C 的物理意义. 与式(5.7)相类比，在液晶中法线方向为 $\mathbf{e}$ 的平面上，单位面积液晶受到的 i 方向耗散力等于 $t_{ij}e_j$. 如果我们讨论内圆筒的外表面或外圆筒的内表面，或是在两个圆筒之间半径为 r 的圆柱表面所受到的在圆筒截面内的耗散力，那么这个单位面积的力在 x_1 轴和在 x_2 轴方向的分量将分别等于 $t_{11}e_1+t_{12}e_2$ 和 $t_{21}e_1+t_{22}e_2$. 显然，$e_1=\cos\theta$，$e_2=\sin\theta$. 这个单位面积的耗散力也可以分解成为沿径向 r 方向的力和沿 θ 方向的力. 沿 θ 方向的力当然等于

$$(t_{11}e_1+t_{12}e_2)\sin\theta-(t_{21}e_1+t_{22}e_2)\cos\theta.$$

应用式(7.61)给出的各个 t_{ij} 表示式，很容易得出这个沿 θ 方向的耗散力刚好等于

$$-\frac{1}{2}g(\psi)r\frac{d\omega}{dr}.$$

因此，圆筒单位面积受到一个沿圆筒轴方向的耗散力矩

$$-\frac{1}{2}g(\psi)r^2\frac{d\omega}{dr}.$$

于是，单位长度圆筒所受到的耗散力矩的大小等于

$$2\pi r\left[\frac{1}{2}g(\psi)r^2\frac{d\omega}{dr}\right]=\pi g(\psi)r^3\frac{d\omega}{dr}。$$

式(7.71)指出它刚好等于πC. 显然，式(7.71)对从r_1到r_2的各个r值都适用. 因此，单位同心圆筒各处受到的耗散力矩都等于πC。这就是积分常数C的物理意义.

§5 丝状液晶的库埃特流动 II
——运动方程的普遍张量形式

上一节讨论库埃特流动时我们是用笛卡儿坐标系进行计算的. 由于库埃特流动具有轴对称性，因此直接从轴坐标出发应该更为直接一些. 现在的问题是在柱坐标，或者其它更为普遍的坐标中，各个液晶运动方程、动量守恒方程和指向矢运动方程要取什么样的形式. 显然，从一开始我们对自由能密度的表示式是用矢量形式写出的. 其后，对于各个运动方程我们都是用笛卡儿坐标系中的张量写出的. 现在的问题成为，如何把矢量和笛卡儿张量用更为普遍的、适用于各种坐标系的张量进行描述的问题. 为了方便起见，我们将简单地对普遍形式的张量分析作一个初步的介绍. 读者如果对张量分析有兴趣的话，可以阅读有关的专著[17,18,19].

首先让我们把坐标系的各个坐标称为x^1, x^2, $\cdots$, x^N；对三维空间来讲$N=3$（在三维情形中x^i可以是直角坐标x_1, x_2, x_3，柱坐标ρ, θ, x_3，球面坐标r, θ, ϕ等等）. 如果$\phi^\alpha(x^1, x^2, \cdots, x^N)$，$\alpha=1, 2, \cdots, N$是$N$个单值、连续、可微的独立函数，那么

$$\bar{x}^\alpha=\phi^\alpha(x^1, x^2, \cdots, x^N),\ \alpha=1, 2, \cdots, N, \qquad (7.78_1)$$

就可以用来定义一个新的坐标系$(\bar{x}^1, \bar{x}^2, \cdots, \bar{x}^N)$. 由于$N$个$\phi^\alpha$函数是互相独立的，所以由$\dfrac{\partial \bar{x}^\alpha}{\partial x^i}$形成的雅可比行列式不等于零. 这样我们就可以从式$(7.78_1)$解出各个$x^i$而得到反变换

$$x^i=\psi^i(\bar{x}^1, \bar{x}^2, \cdots, \bar{x}^N),\ i=1, 2, \cdots, N. \qquad (7.78_2)$$

显然，我们有

$$d\bar{x}^\alpha = \frac{\partial \bar{x}^\alpha}{\partial x^i} dx^i, \quad dx^i = \frac{\partial x^i}{\partial \bar{x}^\alpha} d\bar{x}^\alpha, \tag{7.79$_1$}$$

并且

$$\frac{\partial \bar{x}^\alpha}{\partial x^i} \frac{\partial x^i}{\partial \bar{x}^\beta} = \delta^\alpha_\beta, \quad \frac{\partial x^i}{\partial \bar{x}^\alpha} \frac{\partial \bar{x}^\alpha}{\partial x^j} = \delta^i_j. \tag{7.79$_2$}$$

任何N个 x^i 的函数 A^i，在把 x^i 用式(7.78$_2$)变换成为 $\bar{x}^\alpha$之后所形成的 $\bar{A}^\alpha$，在满足

$$\bar{A}^\alpha = \frac{\partial \bar{x}^\alpha}{\partial x^i} A^i, \quad (\alpha, i = 1, 2, \cdots, N) \tag{7.80$_1$}$$

的时候，$\bar{A}^\alpha$ ($\alpha = 1, 2, \cdots, N$) 或 A^i ($i = 1, 2, \cdots, N$) 称为一个反变矢量或一阶反变张量. 显然，

$$\frac{\partial x^j}{\partial \bar{x}^\alpha} \bar{A}^\alpha = \frac{\partial x^j}{\partial \bar{x}^\alpha} \frac{\partial \bar{x}^\alpha}{\partial x^i} A^i = \delta^j_i A^i = A^j,$$

$$(\alpha, i, j = 1, 2, \cdots, N). \tag{7.80$_2$}$$

由两个反变矢量 B^i, C^j, ($i, j = 1, 2, \cdots, N$) 或更多的反变矢量形成的 A^{ij}, A^{ijk}, $\cdots$ 等，

$$A^{ij} = B^i C^j, \quad (i, j = 1, 2, \cdots, N),$$

$$A^{ijk} = B^i C^j D^k, \quad (i, j, k = 1, 2, \cdots, N),$$

$$\cdots\cdots\cdots\cdots\cdots\cdots,$$

当然，可以满足

$$\bar{A}^{\alpha\beta} = \frac{\partial \bar{x}^\alpha}{\partial x^i} \frac{\partial \bar{x}^\beta}{\partial x^j} A^{ij},$$

$$\bar{A}^{\alpha\beta\gamma} = \frac{\partial \bar{x}^\alpha}{\partial x^i} \frac{\partial \bar{x}^\beta}{\partial x^j} \frac{\partial \bar{x}^\gamma}{\partial x^k} A^{ijk},$$

$$\cdots\cdots\cdots\cdots\cdots\cdots \tag{7.81}$$

的关系. 把两个张量的各个分量互相相乘而得出的张量称为原来两个张量的外积. 任何 $\bar{A}^{\alpha\beta}$, $\bar{A}^{\alpha\beta\gamma}$, $\cdots$，如果满足(7.81)式的条件，都被称为二阶，三阶，…的反变张量.

对于任何一个 x^i 的标量函数 $f(x^1, x^2, \cdots, x^N)$，在把 x^i 变换成 $\bar{x}^\alpha$ 时都可以满足

$$\frac{\partial f}{\partial \bar{x}^{\alpha}}=\frac{\partial x^{i}}{\partial \bar{x}^{\alpha}}\frac{\partial f}{\partial x^{i}},\quad \frac{\partial f}{\partial x^{i}}=\frac{\partial \bar{x}^{\alpha}}{\partial x^{i}}\frac{\partial f}{\partial \bar{x}^{\alpha}} \tag{7.82$_1$}$$

的关系．任何N个x^i的函数$A_i(x^1, x^2, \cdots, x^N)$，$i=1,2,\cdots,N$，在把$x^i$变换成$\bar{x}^\alpha$后得到的函数$\bar{A}_\alpha(\bar{x}^1, \bar{x}^2, \cdots, \bar{x}^N)$，如果满足

$$\bar{A}_{\alpha}=\frac{\partial x^{i}}{\partial \bar{x}^{\alpha}}A_{i},\quad A_{i}=\frac{\partial \bar{x}^{\alpha}}{\partial x^{i}}\bar{A}_{\alpha} \tag{7.82$_2$}$$

的条件，A_i和$\bar{A}_\alpha$称为协变矢量或一阶协变张量。高阶协变张量$\bar{A}_{\alpha\beta}$，$\bar{A}_{\alpha\beta\gamma}$，$\cdots$的定义是

$$\begin{aligned}
\bar{A}_{\alpha\beta}&=\frac{\partial x^{i}}{\partial \bar{x}^{\alpha}}\frac{\partial x^{j}}{\partial \bar{x}^{\beta}}A_{ij},\\
\bar{A}_{\alpha\beta\gamma}&=\frac{\partial x^{i}}{\partial \bar{x}^{\alpha}}\frac{\partial x^{j}}{\partial \bar{x}^{\beta}}\frac{\partial x^{k}}{\partial \bar{x}^{\gamma}}A_{ijk},\\
&\cdots\cdots\cdots\cdots;\\
A_{ij}&=\frac{\partial \bar{x}^{\alpha}}{\partial x^{i}}\frac{\partial \bar{x}^{\beta}}{\partial x^{j}}\bar{A}_{\alpha\beta},\\
A_{ijk}&=\frac{\partial \bar{x}^{\alpha}}{\partial x^{i}}\frac{\partial \bar{x}^{\beta}}{\partial x^{j}}\frac{\partial \bar{x}^{\gamma}}{\partial x^{k}}\bar{A}_{\alpha\beta\gamma},\\
&\cdots\cdots\cdots\cdots。
\end{aligned} \tag{7.82$_3$}$$

如果N^{s+p}个坐标$x^1, x^2, \cdots, x^N$的函数$A^{t_1t_2\cdots t_s}_{q_1q_2\cdots q_p}$在坐标变换后满足

$$\begin{aligned}
\bar{A}^{\alpha_1\alpha_2\cdots\alpha_s}_{\beta_1\beta_2\cdots\beta_p}&=\frac{\partial \bar{x}^{\alpha_1}}{\partial x^{t_1}}\frac{\partial \bar{x}^{\alpha_2}}{\partial x^{t_2}}\cdots\frac{\partial \bar{x}^{\alpha_s}}{\partial x^{t_s}}\frac{\partial x^{q_1}}{\partial \bar{x}^{\beta_1}}\frac{\partial x^{q_2}}{\partial \bar{x}^{\beta_2}}\cdots\frac{\partial x^{q_p}}{\partial \bar{x}^{\beta_p}}A^{t_1t_2\cdots t_s}_{q_1q_2\cdots q_p},\\
A^{t_1t_2\cdots t_s}_{q_1q_2\cdots q_p}&=\frac{\partial x^{t_1}}{\partial \bar{x}^{\alpha_1}}\cdots\frac{\partial x^{t_s}}{\partial \bar{x}^{\alpha_s}}\frac{\partial \bar{x}^{\beta_1}}{\partial x^{q_1}}\cdots\frac{\partial \bar{x}^{\beta_p}}{\partial x^{q_p}}\bar{A}^{\alpha_1\alpha_2\cdots\alpha_s}_{\beta_1\beta_2\cdots\beta_p},
\end{aligned} \tag{7.83}$$

的关系，那么$A^{t_1t_2\cdots t_s}_{q_1q_2\cdots q_p}$和$\bar{A}^{\alpha_1\alpha_2\cdots\alpha_s}_{\beta_1\beta_2\cdots\beta_s}$称为$(s+p)$阶混合张量，它是$s$阶反变、$p$阶协变的张量．只有同阶（同协变阶和同反变阶）的张量才能相加，不同阶的张量是不能相加的。因此，在一个张量方程中每一项都必然是同协变阶和同反变阶的．

从一个$x^1, x^2, \cdots, x^N$的反变矢量A^i和一个$x^1, x^2, \cdots, x^N$的协变矢量B_i，我们可以构成一个总和量A^iB_i。在坐标变换后，我

们可以构成一个新的总和 $\bar{A}^\alpha \bar{B}_\alpha$. 由于

$$\bar{A}^\alpha \bar{B}_\alpha = \frac{\partial \bar{x}^\alpha}{\partial x^i} A^i \frac{\partial x^j}{\partial \bar{x}^\alpha} B_j = A^i B_i,$$

所以 $A^i B_i$ 是一个标量或不变量或零阶张量. 把两个张量相乘同时令一个张量的一个反变上标与另一个张量的一个协变下标相等同,那么这个乘积称为这两个张量的内积. 从一个混合张量 $A^{ij\cdots}_{lmn\cdots}$ 我们可以使它的某一个上标和某一个下标相同而求出一个总和,例如 $A^{ij\cdots}_{lmj\cdots}$。假如我们从反变二阶、协变三阶的张量 A^{ij}_{lmn} 的变换出发:

$$\bar{A}^{\alpha\beta}_{\gamma\delta\varepsilon} = \frac{\partial \bar{x}^\alpha}{\partial x^i} \frac{\partial \bar{x}^\beta}{\partial x^j} \frac{\partial x^l}{\partial \bar{x}^\gamma} \frac{\partial x^m}{\partial \bar{x}^\delta} \frac{\partial x^n}{\partial \bar{x}^\varepsilon} A^{ij}_{lmn},$$

令下标 ε 与上标 β 相等同,那么就可以得到

$$\begin{aligned}\bar{A}^{\alpha\beta}_{\gamma\delta\beta} &= \frac{\partial \bar{x}^\alpha}{\partial x^i} \frac{\partial \bar{x}^\beta}{\partial x^j} \frac{\partial x^l}{\partial \bar{x}^\gamma} \frac{\partial x^m}{\partial \bar{x}^\delta} \frac{\partial x^n}{\partial \bar{x}^\beta} A^{ij}_{lmn} \\ &= \frac{\partial \bar{x}^\alpha}{\partial x^i} \frac{\partial x^l}{\partial \bar{x}^\gamma} \frac{\partial x^m}{\partial \bar{x}^\delta} \delta^n_j A^{ij}_{lmn} \\ &= \frac{\partial \bar{x}^\alpha}{\partial x^i} \frac{\partial x^l}{\partial \bar{x}^\gamma} \frac{\partial x^m}{\partial \bar{x}^\delta} A^{ij}_{lmj}.\end{aligned}$$

这时 $\bar{A}^{\alpha\beta}_{\gamma\delta\beta}$ 是一个反变一阶、协变二阶的三阶混合张量. 这里我们看到混合张量被降低了两阶(一阶反变和一阶协变). 这种过程称为张量的缩并.两个张量的内积也就是两个张量的外积加上缩并.

在一般的空间中,点 x^i 和点 $x^i + dx^i$ 之间的距离 ds(线素)可以写作

$$ds^2 = g_{ij} dx^i dx^j \tag{7.84}$$

的形式。协变二阶张量 g_{ij} 是 x^i 的函数,并且满足

$$g = |g_{ij}| \neq 0$$

的条件. 这样的空间称为黎曼空间.

$$g_{ij} = g_{ji}$$

称为基本度规张量 (fundamental metric tensor). 我们假定线素 ds 的长短与所用的坐标系无关,也就是说假定 ds 是一个不变量. 如果在所选择的坐标系中

$$g_{ij} = 0, \quad i \neq j,$$

那么这个坐标系称为正交坐标系（orthogonal coordinate system)，对于笛卡儿坐标系，进一步还有

$$g_{11} = g_{22} = g_{33} = 1.$$

所以，笛卡儿坐标系是一个特殊的正交坐标系．从 g_{ij} 我们可以定义一个与之相对应的共轭反变张量 g^{ij}：

$$g^{ij} = \frac{g_{ij}\text{的余因子}}{g}, \tag{7.85$_1$}$$

g 是矩阵 g_{ij} 的行列式的值．这样我们有

$$g_{ij}g^{ik} = \delta_j^k. \tag{7.85$_2$}$$

应用 g_{ij} 和 g^{ij} 我们就可以把一个反变张量的反变上标，变换成为一个协变张量的协变下标，或者是把一个协变张量的协变下标变换成一个反变张量的反变上标，例如

$$g_{ij}A^{ik} = A_j^k,$$
$$g^{ij}A_{ik} = A_k^j. \tag{7.86}$$

这里要注意一点，为了分清究竟变换的是哪一个上标或是哪一个下标，在书写时必须把上下标的位置分清．在笛卡儿坐标系中由于 $g_{11} = g_{22} = g_{33} = 1$，$g_{ij} = 0$，$i \neq j$，因此反变量和协变量没有任何区别．但是，在一般的正交坐标系中，由于 g_{ij} 是坐标的函数，所以我们必须分清反变量和协变量．

在笛卡儿坐标系中，从式 (7.82) 可以看出，如果对一个量求它对某一个坐标的导数，这时就增加了该量的协变阶一次．但是，在一般的正交坐标系中，对一个量进行一次对某一坐标的微分时，所得到的量一般并不能满足协变张量的定义式 (7.82)，除非原来的量是一个标量，而不是一阶或一阶以上的张量．要想满足增加一阶协变张量的要求，需要把通常的对坐标的微分用对该坐标的协变导数来代替．一个混合张量 $A^{u_1u_2\cdots u_s}_{r_1r_2\cdots r_p}$ 对坐标 x^n 的协变导数 $A^{u_1u_2\cdots u_s}_{r_1r_2\cdots r_p;n}$ 为

$$A^{u_1u_2\cdots u_s}_{r_1r_2\cdots r_p;n} = \frac{\partial}{\partial x^n} A^{u_1u_2\cdots u_s}_{r_1r_2\cdots r_p} + \sum_{\alpha=1}^{s} \begin{Bmatrix} u_\alpha \\ kn \end{Bmatrix} A^{u_1\cdots u_{\alpha-1}ku_{\alpha+1}\cdots u_s}_{r_1r_2\cdots r_p}$$

$$-\sum_{\beta=1}^{p}\begin{Bmatrix} l \\ r_\beta n \end{Bmatrix} A^{u_1u_2\cdots u_s}_{r_1\cdots r_{\beta-1}lr_{\beta+1}\cdots r_p}, \tag{7.87$_1$}$$

式中克里斯多福符号 (Christoffel symbol) $\begin{Bmatrix} l \\ ij \end{Bmatrix}$的定义是

$$\begin{Bmatrix} i \\ jk \end{Bmatrix} = \begin{Bmatrix} i \\ kj \end{Bmatrix} = \frac{1}{2}\, g^{vl}\left(\frac{\partial g_{jl}}{\partial x^k} + \frac{\partial g_{kl}}{\partial x^j} - \frac{\partial g_{jk}}{\partial x^l}\right). \tag{7.87$_2$}$$

只要作一次坐标变换就可以证明式 (7.87$_1$) 满足协变张量的定义。另外，两个张量之和的协变导数等于每个张量协变导数之和，而两个张量相乘的外积(或内积)的导数，等于把一个张量与另一个张量的协变导数相乘后的外积(或内积)之和．例如

$$(A_{ij}B^l)_{,m} = A_{ij,m}B^l + A_{ij}B^l{}_{,m},$$

$$(A_{ij}B^j)_{,m} = A_{ij,m}B^j + A_{ij}B^j{}_{,m}. \tag{7.88}$$

这些都可以通过协变导数定义直接加以证明． 如果沿曲线 $x^i = x^i(t)$ 上张量 $A^{u_1\cdots u_s}_{r_1\cdots r_p}$ 的各个分量是参量 t 的函数，那么张量 $A^{u_1\cdots u_s}_{r_1\cdots r_p}$ 对参量 t 的微分也需要用张量对 t 的内禀导数 (intrinsic derivative 或称绝对导数 absolute derivative) $\frac{\delta}{\delta t} A^{u_1\cdots u_s}_{r_1\cdots r_p}$ 来代替，才能保持为一个与原来张量同阶的张量．内禀导数的定义是

$$\frac{\delta}{\delta t} A^{u_1\cdots u_2\cdots u_s}_{r_1r_2\cdots r_p} = A^{u_1u_2\cdots u_s}_{r_1r_2\cdots r_p;k}\frac{dx^k}{dt}. \tag{7.89$_1$}$$

显然，对于标量 I 和一阶张量 A^k 和 A_k 有

$$\frac{\delta I}{\delta t} = \frac{dI}{dt},$$

$$\frac{\delta A^k}{\delta t} = \frac{dA^k}{dt} + \begin{Bmatrix} k \\ jl \end{Bmatrix} A^l \frac{dx^j}{dt},$$

$$\frac{\delta A_k}{\delta t} = \frac{dA_k}{dt} - \begin{Bmatrix} l \\ kj \end{Bmatrix} A_l \frac{dx^j}{dt}. \tag{7.89$_2$}$$

有了上面这些关于普遍张量的结果，我们就可以把液晶中有关的方程逐个用普遍的张量形式写出． 首先，由于指向矢 $\mathbf{n}$ 的变换和位置坐标的变换相同，因此它本身是一个反变一阶张量． 速

度 $\mathbf{v}$ 也同样是一个反变一阶张量，不过需要用 $\frac{\delta x^{r}}{\delta t}$ 来代替。电场强度 $\mathbf{E}$ 和磁场强度 $\mathbf{H}$ 同样都是反变一阶张量。由于形变引起的自由能密度式(2.31)中的指向矢 $\mathbf{n}$ 的旋度 $\nabla\times\mathbf{n}$，在笛卡儿坐标系中具有 $\varepsilon_{ijk}n_{k,j}$ 的形式，置换张量在笛卡儿坐标系中由式(2.41)给出。现在在普遍正交坐标系中置换张量需要推广成为

$\varepsilon_{ijk}=+\sqrt{g}$，如果 i, j, k 是 1, 2, 3 的顺序循环排列，

$\varepsilon_{ijk}=-\sqrt{g}$，如果 i, j, k 是 1, 2, 3 的反循环排列，

$\varepsilon_{ijk}=0$，如果 i, j, k 是 1, 2, 3 的非循环排列，

$$\varepsilon^{ijk}=\frac{\varepsilon^{ijk}}{g}. \tag{7.90}$$

这样我们可以有

$$(\nabla\times\mathbf{n})^{i}=\varepsilon^{ijk}n_{k,j}.$$

当然，$n_{k,j}$ 是指指向矢协变分量 n_k 对 x^j 的协变导数，而 $(\nabla\times\mathbf{n})^i$ 是指 $(\nabla\times\mathbf{n})$ 的 i 向反变分量。于是，丝状液晶的形变自由能密度 g 现在可以写成下列两种形式：

$$g=\frac{1}{2}[k_{11}n^{l}{}_{,l}n^{m}{}_{,m}+k_{22}n_{i}\varepsilon^{ijk}n_{k,j}n^{p}\varepsilon_{pqr}n^{r,q}$$
$$+k_{33}n^{l}n_{i,l}n_{m}n^{i,m}], \tag{7.91$_1$}$$

$$g=\frac{1}{2}[k_{11}n^{l}{}_{,l}n^{m}{}_{,m}+(k_{22}-k_{33})n_{i}\varepsilon^{ijk}n_{k,j}n^{p}\varepsilon_{pqr}n^{r,q}$$
$$+k_{33}\varepsilon^{ijk}\varepsilon_{ilm}n_{k,j}n^{m,l}]. \tag{7.91$_2$}$$

式(7.91$_1$)对应于 $\frac{1}{2}k_{33}(\mathbf{n}\cdot\nabla\mathbf{n})^2$ 的表达式，而式(7.91$_2$)对应于 $\frac{1}{2}k_{33}(\mathbf{n}\times\nabla\times\mathbf{n})^2$ 的表达式。液晶中单位体积受到的彻体力 f^i 和胁强张量 Π^{ij} 的定义现在分别成为

$$f^{i}=\frac{\partial g}{\partial n_{i}},\quad \Pi^{ij}=-\frac{\partial g}{\partial n_{i,j}}. \tag{7.92}$$

不可压缩条件下的动量守恒方程(6.15$_1$)现在成为

$$\rho\frac{\delta}{\delta t}v^{i}+p^{,i}-(\Pi^{ki}n_{k}{}^{,i})_{,j}-\frac{1}{4\pi}(E^{i}D_{j}+H^{i}B_{j})_{,j}$$

$$+\frac{1}{8\pi}\left[\left(E^kD_k+H^kB_k-\rho E^kE^l\frac{\delta\varepsilon_{kl}}{\delta\rho}\right.\right.$$

$$\left.\left.-\rho H^kH^l\frac{\delta\mu_{kl}}{\delta\rho}\right)\delta^{ij}\right]_{,j}+t^{ij}{}_{,j}=0, \tag{7.93}$$

其中

$$t^{ij}=-\alpha_1(n_kn_pd^{kp})n^in^j-\alpha_2N^in^j-\alpha_3n^iN^j$$
$$-\alpha_4d^{ij}-\alpha_5d^{ik}n_kn^j-\alpha_6n^in_kd^{kj},$$

$$d^{ij}=\frac{1}{2}(v^{i,j}+v^{j,i}),$$

$$w^{ij}=\frac{1}{2}(v^{i,j}-v^{j,i}),$$

$$N^i=\frac{\delta n^i}{\delta t}-w^{ij}n_j. \tag{7.94}$$

在液晶不可压缩条件下指向矢运动方程 (5.60) 成为

$$I\frac{\delta}{\delta t}\left(\frac{\delta n^i}{\delta t}\right)+\Pi^{ik}{}_{,k}+f^i+f'^i=\gamma n^i, \tag{7.95}$$

其中

$$f'^i=\gamma_1N^i+\gamma_2d^{ij}n_j. \tag{7.96}$$

有了自由能密度、动量守恒方程和指向矢运动方程的普遍张量形式，作为比较，我们现在把它们应用到上一节所讨论的库埃特流动问题. 我们采用式 (7.91_1) 的自由能密度表示式，对库埃特流动就可以有

$$f^i=k_{33}(n_mn_s{}^{,m})n^{s,i},$$
$$\Pi^{ij}=-k_{11}(\nabla\cdot\mathbf{n})g^{ij}-k_{33}(n_mn^{i,m})n^j. \tag{7.97}$$

现在在柱坐标情形中

$$g_{rr}=g^{rr}=1,\quad g_{\theta\theta}=r^2,\quad g^{\theta\theta}=\frac{1}{r^2},$$

$$\begin{Bmatrix} r\\ \theta\theta\end{Bmatrix}=-r,\quad \begin{Bmatrix} \theta\\ r\theta\end{Bmatrix}=\begin{Bmatrix} \theta\\ \theta r\end{Bmatrix}=\frac{1}{r},$$

$$\begin{Bmatrix} r\\ rr\end{Bmatrix}=\begin{Bmatrix} r\\ r\theta\end{Bmatrix}=\begin{Bmatrix} r\\ \theta r\end{Bmatrix}=\begin{Bmatrix} \theta\\ \theta\theta\end{Bmatrix}=0,\quad \begin{Bmatrix} j\\ jr\end{Bmatrix}=\frac{1}{r}.$$

指向矢的分量是

$$n^r=\cos\phi(r),\quad n^\theta=\frac{\sin\phi(r)}{r},$$

$$n_r=\cos\phi(r),\quad n_\theta=r\sin\phi(r).$$

速度 $\mathbf{v}$ 的分量是

$$v^r=\frac{dr}{dt}=0,\quad v^\theta=\frac{d\theta}{dt}=\omega(r).$$

于是 n^r, n^θ, v^r 和 v^θ 对时间 t 的导数都等于零，从而得到

$$\frac{\delta n^r}{\delta t}=-\omega\sin\phi,\quad \frac{\delta n^\theta}{\delta t}=\frac{\cos\phi}{r},$$

$$\frac{\delta}{\delta t}\left(\frac{\delta n^r}{\delta t}\right)=-\omega^2\cos\phi,\quad \frac{\delta}{\delta t}\left(\frac{\delta n^\theta}{\delta t}\right)=-\frac{\omega^2\sin\phi}{r},$$

$$\frac{\delta v^r}{\delta t}=-r\omega^2,\quad \frac{\delta v^\theta}{\delta t}=0.$$

指向矢的各个协变微分现在是

$$n^r_{,r}=-\sin\phi\frac{d\phi}{dr},\quad n^r_{,\theta}=-\sin\phi,$$

$$n^\theta_{,r}=\frac{\cos\phi}{r}\frac{d\phi}{dr},\quad n^\theta_{,\theta}=\frac{\cos\phi}{r},$$

$$n^{r,r}=-\sin\phi\frac{d\phi}{dr},\quad n^{r,\theta}=-\frac{\sin\phi}{r^2},$$

$$n^{\theta,r}=\frac{\cos\phi}{r}\frac{d\phi}{dr},\quad n^{\theta,\theta}=\frac{\cos\phi}{r^3},$$

$$n_r^{,r}=-\sin\phi\frac{d\phi}{dr},\quad n_r^{,\theta}=-\frac{\sin\phi}{r^2},$$

$$n_\theta^{,r}=r\cos\phi\frac{d\phi}{dr},\quad n_\theta^{,\theta}=\frac{\cos\phi}{r},$$

$$n_{r,r}=-\sin\phi\frac{d\phi}{dr},\quad n_{r,\theta}=-\sin\phi,$$

$$n_{\theta,r}=r\cos\phi\frac{d\phi}{dr},\quad n_{\theta,\theta}=r\cos\phi.$$

速度 $\mathbf{v}$ 的各个协变导数现在是

$$v^{r,r} = 0, \quad v^{r,\theta} = -\frac{\omega}{r}, \quad v^{\theta,r} = \frac{d\omega}{dr} + \frac{\omega}{r}, \quad v^{\theta,\theta} = 0.$$

因此，我们得到

$$d^{r\theta} = d^{\theta\theta} = 0, \qquad d^{r\theta} = d^{\theta r} = \frac{1}{2}\frac{d\omega}{dr},$$

$$\omega^{rr} = \omega^{\theta\theta} = 0, \quad \omega^{r\theta} = -\omega^{\theta r} = -\frac{1}{2}\left(\frac{d\omega}{dr} + \frac{2\omega}{r}\right),$$

$$N^r = \frac{1}{2} r \frac{d\omega}{dr} \sin\phi, \quad N^\theta = -\frac{1}{2}\frac{d\omega}{dr}\cos\phi.$$

于是，各个 t^{ij} 成为

$$t^{rr} = -\frac{1}{4} r \frac{d\omega}{dr}(2\alpha_1 \cos^2\phi + \alpha_2 + \alpha_3 + \alpha_5 + \alpha_6)\sin 2\phi,$$

$$\begin{aligned} t^{r\theta} &= -\frac{1}{2}\frac{d\omega}{dr}[2\alpha_1 \sin^2\phi \cos^2\phi + (\alpha_2 + \alpha_5)\sin^2\phi + \alpha_4 \\ &\quad - (\alpha_3 - \alpha_6)\cos^2\phi] \\ &= -\frac{1}{2}\frac{d\omega}{dr}[g(\phi) - (\gamma_1 - \gamma_2 \cos 2\phi)], \end{aligned}$$

$$\begin{aligned} t^{\theta r} &= -\frac{1}{2}\frac{d\omega}{dr}[2\alpha_1 \sin^2\phi \cos^2\phi - (\alpha_2 - \alpha_5)\cos^2\phi + \alpha_4 \\ &\quad + (\alpha_3 + \alpha_6)\sin^2\phi] \\ &= -\frac{1}{2}\frac{d\omega}{dr} g(\phi), \end{aligned}$$

$$t^{\theta\theta} = -\frac{1}{4r}\frac{d\omega}{dr}(2\alpha_1 \sin^2\phi - \alpha_2 - \alpha_3 + \alpha_5 + \alpha_6)\sin 2\phi;$$

同时还有

$$\begin{aligned} t^{rj}_{,j} &= \frac{\partial}{\partial r} t^{rr} - r t^{\theta\theta} + \frac{1}{r} t^{rr} \\ &= \frac{1}{r}\frac{\partial}{\partial r}(r t^{rr}) - r t^{\theta\theta}, \end{aligned}$$

$$t^{\theta j}_{,j} = \frac{1}{r}\frac{\partial}{\partial r}(r t^{\theta r}) + \frac{1}{r}(t^{\theta r} + t^{r\theta}).$$

胁强张量 Π^{ij} 的各个分量现在成为

$$\Pi^{rr} = k_{11}\left(\sin\psi\,\frac{d\psi}{dr} - \frac{\cos\psi}{r}\right) + k_{33}\sin\psi\cos\psi\left(\cos\psi\,\frac{d\psi}{dr} + \frac{\sin\psi}{r}\right),$$

$$\Pi^{r\theta} = k_{33}\frac{\sin^2\psi}{r}\left(\cos\psi\,\frac{d\psi}{dr} + \frac{\sin\psi}{r}\right),$$

$$\Pi^{\theta r} = -k_{33}\frac{\cos^2\psi}{r}\left(\cos\psi\,\frac{d\psi}{dr} + \frac{\sin\psi}{r}\right),$$

$$\Pi^{\theta\theta} = \frac{k_{11}}{r^2}\left(\sin\psi\,\frac{d\psi}{dr} - \frac{\cos\psi}{r}\right) - \frac{k_{33}}{r^2}\sin\psi\cos\psi \times\left(\cos\psi\,\frac{d\psi}{dr} + \frac{\sin\psi}{r}\right),$$

$$\Pi^{rr}_{,r} = \frac{\partial\Pi^{rr}}{\partial r} = k_{11}\frac{\partial}{\partial r}\left(\sin\psi\,\frac{d\psi}{dr} - \frac{\cos\psi}{r}\right) + k_{33}\frac{\partial}{\partial r}\left[\sin\psi\cos\psi\left(\cos\psi\,\frac{d\psi}{dr} + \frac{\sin\psi}{r}\right)\right],$$

$$\Pi^{r\theta}_{,\theta} = \begin{Bmatrix} r \\ \theta\theta \end{Bmatrix}\Pi^{\theta\theta} + \begin{Bmatrix} \theta \\ \theta r \end{Bmatrix}\Pi^{rr} = \frac{k_{33}}{r}\sin 2\psi\left(\cos\psi\,\frac{d\psi}{dr} + \frac{\sin\psi}{r}\right),$$

$$\Pi^{\theta r}_{,r} = \frac{1}{r}\frac{\partial}{\partial r}(r\Pi^{\theta r}) = -\frac{k_{33}}{r}\frac{\partial}{\partial r}\left[\cos^2\psi\left(\cos\psi\,\frac{d\psi}{dr} + \frac{\sin\psi}{r}\right)\right],$$

$$\Pi^{\theta\theta}_{,\theta} = \begin{Bmatrix} \theta \\ \theta r \end{Bmatrix}\Pi^{r\theta} + \begin{Bmatrix} \theta \\ \theta r \end{Bmatrix}\Pi^{\theta r} = -\frac{k_{33}}{r^2}\cos 2\psi\left(\cos\psi\,\frac{d\psi}{dr} + \frac{\sin\psi}{r}\right).$$

$$(\Pi^{kj}n^{,r}_{k})_{,j} = \frac{\partial}{\partial r}(\Pi^{kr}n^{,r}_{k}) + \begin{Bmatrix} j \\ jl \end{Bmatrix}(\Pi^{kl}n^{,r}_{k}) + \begin{Bmatrix} r \\ \theta\theta \end{Bmatrix}(\Pi^{k\theta}n^{,\theta}_{k}) = \frac{1}{r}\frac{\partial}{\partial r}[r(\Pi^{rr}n^{,r}_{r} + \Pi^{\theta r}n^{,r}_{\theta})]$$

$$
\begin{aligned}
&- r(\Pi^{r\theta} n_{r}^{;\theta} + \Pi^{\theta\theta} n_{\theta}^{;\theta}) \\
&= -\frac{1}{r}\frac{\partial}{\partial r}\left\{r\frac{d\psi}{dr}\left[(k_{11}\sin^2\psi + k_{33}\cos^2\psi)\frac{d\psi}{dr}\right.\right. \\
&\quad \left.\left. - \left(\frac{k_{11}-k_{33}}{r}\right)\sin\psi\cos\psi\right]\right\} \\
&\quad - \frac{1}{r^2}\left[(k_{11}-k_{33})\sin\psi\cos\psi\frac{d\psi}{dr}\right. \\
&\quad \left. - \frac{1}{r}(k_{11}\cos^2\psi + k_{33}\sin^2\psi)\right],
\end{aligned}
$$

$$
\begin{aligned}
(\Pi^{kj} n_{k}^{;\theta})_{;j} &= \frac{\partial}{\partial r}(\Pi^{kr} n_{k}^{;\theta}) + \left\{\begin{matrix} j \\ jl \end{matrix}\right\}(\Pi^{kl} n_{k}^{;\theta}) \\
&\quad + \left\{\begin{matrix} \theta \\ r\theta \end{matrix}\right\}(\Pi^{kr} n_{k}^{;\theta} + \Pi^{k\theta} n_{k}^{;r}) \\
&= \frac{1}{r}\frac{\partial}{\partial r}[r(\Pi^{kr} n_{k}^{;\theta})] + \frac{1}{r}(\Pi^{kr} n_{k}^{;\theta}) \\
&\quad + \frac{1}{r}(\Pi^{k\theta} n_{k}^{;r}) \\
&= \frac{1}{r^2}\frac{\partial}{\partial r}[r^2(\Pi^{rr} n_{r}^{;\theta} + \Pi^{\theta r} n_{\theta}^{;\theta})] \\
&\quad + \frac{1}{r}(\Pi^{r\theta} n_{r}^{;r} + \Pi^{\theta\theta} n_{\theta}^{;r}) \\
&= -\frac{1}{r^2}\frac{\partial}{\partial r}\left[(k_{11}\sin^2\psi + k_{33}\cos^2\psi)\frac{d\psi}{dr}\right. \\
&\quad \left. - \left(\frac{k_{11}-k_{33}}{r}\right)\sin\psi\cos\psi\right] \\
&\quad + \frac{1}{r^2}\frac{d\psi}{dr}\left[(k_{11}-k_{33})\sin\psi\cos\psi\frac{d\psi}{dr}\right. \\
&\quad \left. - \frac{1}{r}(k_{11}\cos^2\psi + k_{33}\sin^2\psi)\right].
\end{aligned}
$$

把这些有关的项代入动量守恒方程 (7.93) 和指向矢运动方程 (7.95) 后，所得到的正是式 (7.65) 和 (7.66)。因此，两种方法的计算结果是完全相同的。

§6 丝状液晶弗雷德里克兹转变的瞬变效应——扭曲形变

第三章 §1、§2 和 §3 中讨论了静态的丝状液晶弗雷德里克兹转变. §1 讨论的是沿面校列到垂直排列的转变，§2 讨论的是磁场在指向矢平面内的沿面校列发生扭曲形变的转变，而 §3 讨论的是垂面校列到平行排列的转变. 那么在突然施加磁场或突然切断磁场时，这些转变的瞬变过程又是如何呢[20]？首先看扭曲形变转变的瞬变过程，也就是对应于第三章 §2 的转变的瞬变过程. 这时的问题比较简单，因为磁场对指向矢所引起的扭矩并不引起液晶分子质量中心的平动，而只引起液晶分子的转动. 仍然采用第三章 §2 的装置和符号，只不过现在 θ 也是时间的函数而已. 我们有

$$n_1 = \cos\theta(x_3, t), \quad n_2 = \sin\theta(x_3, t), \quad n_3 = 0;$$
$$H_1 = 0, \qquad H_2 = H, \qquad H_3 = 0; \tag{3.22}$$

在忽略惯性项后，指向矢运动方程 (5.60) 成为

$$k_{22}\left[2\cos\theta\left(\frac{\partial\theta}{\partial x_3}\right)^2 + \sin\theta\frac{\partial^2\theta}{\partial x_3^2}\right] - \gamma_1\sin\theta\frac{\partial\theta}{\partial t} = \gamma\cos\theta,$$

$$k_{22}\left[2\sin\theta\left(\frac{\partial\theta}{\partial x_3}\right)^2 - \cos\theta\frac{\partial^2\theta}{\partial x_3^2}\right] - \chi_a H^2\sin\theta + \gamma_1\cos\theta\frac{\partial\theta}{\partial t} = \gamma\sin\theta.$$

消除拉格朗日未定乘子 γ 后得到

$$k_{22}\frac{\partial^2\theta}{\partial x_3^2} + \chi_a H^2\sin\theta\cos\theta = \gamma_1\frac{\partial\theta}{\partial t}. \tag{7.98}$$

在小的 θ 角条件下，式 (7.98) 成为

$$\xi_2^2\frac{\partial^2\theta}{\partial x_3^2} + \theta - \frac{2}{3}\theta^3 = \left(\frac{\gamma_1}{\chi_a H^2}\right)\frac{\partial\theta}{\partial t}, \tag{7.99}$$

式中磁相干长度 ξ_2 由式 (3.24) 给出：

$$\xi_2^2 = \frac{k_{22}}{\chi_a H^2}. \tag{3.24}$$

在解式 (7.99) 之前先看一看 θ 所满足的边界条件．首先，由于沿玻璃平面指向矢是与之平行排列的，所以

$$\theta\left(x_3=\pm\frac{d}{2}\right)=0。$$

其次，由于装置的对称性，在 $x_3=0$ 处，θ 具有最大值 θ_M．因此，式 (7.99) 的通解具有

$$\theta=\sum_n \theta_n(t)\cos\left[(2n+1)\pi\left(\frac{x_3}{d}\right)\right]$$

的形式．在缓慢变化的情形中我们可以忽略高阶调和函数项，而取

$$\theta=\theta_M(t)\cos\left(\frac{\pi x_3}{d}\right) \tag{7.100}$$

的形式．把式 (7.100) 代入式 (7.99)，在忽略 $\cos\left(\frac{3\pi x_3}{d}\right)$ 和更高阶项后就得到 $\theta_M(t)$ 所应满足的方程

$$\frac{\partial\theta_M}{\partial t}=-\frac{1}{2}\left(\frac{\chi_a H^2}{\gamma_1}\right)\theta_M^3+\left(\frac{\chi_a}{\gamma_1}\right)(H^2-H_c^2)\theta_M, \tag{7.101}$$

式中引用了第三章 §2 中式 (3.30) 所定义的磁场阈值 H_c:

$$H_c^2=\left(\frac{k_{22}}{\chi_a}\right)\left(\frac{\pi}{d}\right)^2. \tag{3.30}$$

式 (7.101) 可以改写成

$$\frac{\partial}{\partial t}\left(\frac{1}{\theta_M^2}\right)+\frac{2\chi_a}{\gamma_1}(H^2-H_c^2)\frac{1}{\theta_M^2}=\frac{\chi_a H^2}{\gamma_1}.$$

它的解是

$$\frac{1}{\theta_M^2}\exp\left[\frac{2\chi_a}{\gamma_1}(H^2-H_c^2)t\right]$$
$$=K+\frac{1}{2}\left(\frac{H^2}{H^2-H_c^2}\right)\exp\left[\frac{2\chi_a}{\gamma_1}(H^2-H_c^2)t\right],$$

K 是积分常数，由边界条件决定．假定边界条件是 θ_M 的初始值为 $\theta_M(0)$，现在令

$$\theta_M^2(\infty)=\frac{2(H^2-H_c^2)}{H^2}, \tag{7.102}$$

那么就有

$$K=\frac{1}{\theta_M^2(0)}-\frac{1}{\theta_M^2(\infty)},$$

而式 (7.101) 的解为

$$\theta_M^2(t)=\frac{\theta_M^2(\infty)}{1+\left[\frac{\theta_M^2(\infty)}{\theta_M^2(0)}-1\right]\exp\left[-\frac{2\chi_a}{\gamma_1}(H^2-H_c^2)t\right]}. \tag{7.103}$$

显然，在 $H>H_c$ 的情况下，随着时间的增长 $\theta_M(t)$ 将趋近于 $\theta_M(\infty)$；时间常数 $\tau(H)$ 是

$$\tau(H)=\frac{\gamma_1}{\chi_a(H^2-H_c^2)}. \tag{7.104}$$

如果在 $\theta_M(t)$ 达到 $\theta_M(\infty)$ 值之后把磁场 H 降低到 H_c 以下，那么 $\theta_M(t)$ 的衰变常数仍然是式 (7.104) 的形式，不过要加一个负号而已。

在施加磁场 $H>H_c$、转角已经达到 $\theta_M(\infty)$ 之后，如果我们突然把磁场撤消，那么式 (7.98) 告诉我们，转角 θ 应该满足方程

$$k_{22}\frac{\partial^2\theta}{\partial x_3^2}=\gamma_1\frac{\partial\theta}{\partial t}.$$

把式 (7.100) 代入后就得到 $\theta_M(t)$ 应该满足的方程为

$$\frac{\partial\theta_M(t)}{\partial t}+\frac{k_{22}}{\gamma_1}\left(\frac{\pi}{d}\right)^2\theta_M(t)=0. \tag{7.105}$$

所以衰变常数 $\tau(0)$ 为

$$\tau(0)=\frac{\gamma_1}{k_{22}}\left(\frac{d}{\pi}\right)^2. \tag{7.106}$$

从式 (7.104) 和 (7.106) 可以看出，测量 $\tau(H)$ 或者 $\tau(0)$ 的数值就可以得出扭曲粘滞系数 $\gamma_1=\alpha_3-\alpha_2$. 对于厚 25 微米的丝状液晶盒，$\tau(0)$ 的数量级约为 10^{-1} 秒. 这说明对大多数丝状液晶来讲，扭曲形变的张弛时间是比较长的. 例外的情形是电流体动力不稳定性中的“速失方式”，那里人字形图案的空间周期约为 1 微米，从而使张弛时间只有毫秒的数量级. 关于电流体动力不稳定性的问题将在第八章再进行讨论。

§7 丝状液晶从垂面校列到平行排列的瞬变效应——引流效应

液晶的流动要影响指向矢的排列取向．流动对液晶分子施加了转矩使指向矢发生转动．但是，反过来指向矢的转动又将导致液晶的流动．这种伴随着指向矢取向发生改变而引起的流动效应称为引流效应(backflow effect)．在许多实验中引流效应对表观粘滞系数都会产生重大的影响．

现在讨论第三章§3的垂面校列状态下弗雷德里克兹转变的动态过程．象以前一样令

$$\begin{aligned} &n_1 = \sin\theta(x_3, t), \quad n_2 = 0, \quad n_3 = \cos\theta(x_3, t); \\ &H_1 = H, \qquad\qquad H_2 = 0, \quad H_3 = 0; \\ &v_1 = v(x_3, t), \qquad v_2 = 0, \quad v_3 = 0. \end{aligned} \tag{7.107}$$

忽略惯性运动项，指向矢运动方程(6.19)给出

$$k_{33}\left[-\cos\theta\frac{\partial^2\theta}{\partial x_3^2} + \sin\theta(1+\cos^2\theta)\left(\frac{\partial\theta}{\partial x_3}\right)^2\right] - \chi_a H^2\sin\theta$$

$$+ (\alpha_3 - \alpha_2)\cos\theta\frac{\partial\theta}{\partial t} + \alpha_2\cos\theta\frac{\partial v}{\partial x_3} = \gamma\sin\theta,$$

$$k_{11}\left[\sin\theta\frac{\partial^2\theta}{\partial x_3^2} + \cos\theta\left(\frac{\partial\theta}{\partial x_3}\right)^2\right] + k_{33}\cos^3\theta\left(\frac{\partial\theta}{\partial x_3}\right)^2$$

$$- (\alpha_3 - \alpha_2)\sin\theta\frac{\partial\theta}{\partial t} + \alpha_3\sin\theta\frac{\partial v}{\partial x_3} = \gamma\cos\theta.$$

约去两式中的拉格朗日未定乘子γ，就得到

$$(k_{11}\sin^2\theta + k_{33}\cos^2\theta)\frac{\partial^2\theta}{\partial x_3^2} + (k_{11} - k_{33})\sin\theta\cos\theta\left(\frac{\partial\theta}{\partial x_3}\right)^2$$

$$+ \chi_a H^2\sin\theta\cos\theta - (\alpha_3 - \alpha_2)\frac{\partial\theta}{\partial t}$$

$$+ (\alpha_3\sin^2\theta - \alpha_2\cos^2\theta)\frac{\partial v}{\partial x_3} = 0. \tag{7.108}$$

对于小的转角θ，式(7.108)近似成为

$$k_{33}\frac{\partial^2\theta}{\partial x_3^2}+\chi_a H^2\theta-(\alpha_3-\alpha_2)\frac{\partial\theta}{\partial t}-\alpha_2\frac{\partial v}{\partial x_3}=0。$$

引用第三章 §3 的磁场阈值 H_c，那么上式可以写成

$$\left(\frac{d}{\pi}\frac{H_c}{H}\right)^2\frac{\partial^2\theta}{\partial x_3^2}+\theta=\left(\frac{\alpha_3-\alpha_2}{\chi_a H^2}\right)\frac{\partial\theta}{\partial t}+\left(\frac{\alpha_2}{\chi_a H^2}\right)\frac{\partial v}{\partial x_3}。\tag{7.109}$$

在式 (7.109) 中我们忽略了 $\theta^2\frac{\partial^2\theta}{\partial x_3^2}$，$\theta\left(\frac{\partial\theta}{\partial x_3}\right)^2$ 和 $\theta^2\frac{\partial v}{\partial x_3}$ 这些高阶项。

沿 x_1 轴方向的动量守恒方程 (6.15)，在忽略惯性项后（这一点将在第八章再进行论证）成为

$$\frac{\partial}{\partial x_3}\Big[\alpha_1\sin^2\theta\cos^2\theta\frac{\partial v}{\partial x_3}+(\alpha_2\cos^2\theta-\alpha_3\sin^2\theta)\Big(\frac{\partial\theta}{\partial t}-\frac{1}{2}\frac{\partial v}{\partial x_3}\Big)+\frac{1}{2}\alpha_4\frac{\partial v}{\partial x_3}+\frac{1}{2}(\alpha_5\cos^2\theta+\alpha_6\sin^2\theta)\frac{\partial v}{\partial x_3}\Big]=0。\tag{7.110}$$

在小的 θ 角情形中，忽略高阶项，式 (7.110) 成为

$$\frac{\partial}{\partial x_3}\left(\alpha_2\frac{\partial\theta}{\partial t}+\eta_2\frac{\partial v}{\partial x_3}\right)=0,\tag{7.111}$$

其中 η_2 是式 (5.117) 的梅索维克兹主粘滞系数：

$$\eta_2=\frac{1}{2}(\alpha_4+\alpha_5-\alpha_2)。\tag{5.117}$$

式 (7.109) 和 (7.111) 是在小 θ 角条件下 θ 与 v 所满足的一对联立微分方程。要想求它们的解，当然还需要给出 θ 和 v 所应满足的边界条件。这些边界条件是

$$\theta\left(x_3=\pm\frac{d}{2}\right)=0,$$

$$v\left(x_3=\pm\frac{d}{2}\right)=0。\tag{7.112}$$

假设我们设想象静态解那样令

$$\theta=\theta_M(t)\cos\left(\frac{\pi x_3}{d}\right),$$

那么式 (7.111) 提示 $v(x_3, t)$ 将是

$$v_M(t)\sin\left(\frac{\pi x_3}{d}\right)$$

的形式。但是，这样就不可能满足式 (7.112) 的边界条件．这说明系统的发展并不能用一系列的准静态来描述．所以，动态的问题比较复杂．通解可以考虑为[20]

$$\theta(x_3, t) = \theta_0\left(\cos kx_3 - \cos\frac{kd}{2}\right)\exp\left(\frac{t}{\tau}\right), \qquad (7.113_1)$$

$$v(x_3, t) = v_0\left(\sin kx_3 - \frac{2x_3}{d}\sin\frac{kd}{2}\right)\exp\left(\frac{t}{\tau}\right) \qquad (7.113_2)$$

的形式．这样就可以保证边界条件式 (7.112) 能够得到满足．式中波矢 k 和张弛时间 τ 是待定值．式 (7.113_2) 中的第二项表现了引流效应．

把式 (7.113) 代入式 (7.111) 后就得到

$$\left(\frac{\alpha_2}{\tau}k\theta_0 + \eta_2 k^2 v_0\right)\exp\left(\frac{t}{\tau}\right)\sin kx_3 = 0。$$

因此，v_0 和 θ_0 之间的关系是

$$v_0 = -\left(\frac{\alpha_2}{\eta_2}\right)\left(\frac{1}{k\tau}\right)\theta_0。 \qquad (7.114)$$

把式 (7.113) 代入式 (7.109) 就得到

$$\left[1 - \frac{4}{\pi^2}\left(\frac{kdH_c}{2\,H}\right)^2 - \left(\frac{\alpha_3 - \alpha_2}{\chi_a H^2}\right)\frac{1}{\tau}\right]\theta_0\exp\left(\frac{t}{\tau}\right)\cos kx_3$$

$$-\left[1 - \left(\frac{\alpha_3 - \alpha_2}{\chi_a H^2}\right)\frac{1}{\tau}\right]\theta_0\exp\left(\frac{t}{\tau}\right)\cos\frac{kd}{2}$$

$$= \left(\frac{\alpha_2}{\chi_a H^2}\right)kv_0\left(\cos kx_3 - \frac{2}{kd}\sin\frac{kd}{2}\right)\exp\left(\frac{t}{\tau}\right).$$

把式子右方的 v_0 用式 (7.114) 的 v_0 和 θ_0 关系式代入后，上式成为

$$\left[1 - \frac{4}{\pi^2}\left(\frac{kd}{2}\,\frac{H_c}{H}\right)^2\left(\frac{\alpha_3 - \alpha_2}{\chi_a H^2}\right)\frac{1}{\tau} + \frac{\alpha_2^2}{\eta_2}\,\frac{1}{\chi_a H^2\tau}\right]\theta_0$$

$$\times\exp\left(\frac{t}{\tau}\right)\cos kx_3 = \left[1 - \left(\frac{\alpha_3 - \alpha_2}{\chi_a H^2}\right)\frac{1}{\tau}\right]\theta_0\exp\left(\frac{t}{\tau}\right)\cos\frac{kd}{2}$$

$$+\frac{\alpha_2^2}{\eta_2}\frac{1}{\chi_a H^2\tau}\frac{2}{kd}\theta_0\exp\left(\frac{t}{\tau}\right)\sin\frac{kd}{2}。\tag{7.115}$$

这个式子对于任何 x_3 值和 t 值都应该得到满足，因此右方项目和左方项目应该分别等于零．式 (7.115) 左方项等于零时给出

$$\frac{1}{\tau}=\frac{\chi_a H^2}{\alpha_3-\alpha_2-\dfrac{\alpha_2^2}{\eta_2}}\left[1-\frac{4}{\pi^2}\left(\frac{kdH_c}{2\,H}\right)^2\right]。\tag{7.116}$$

式 (7.115) 右方项等于零时给出

$$\frac{1}{\tau}=\frac{\dfrac{kd}{2}\chi_a H^2}{(\alpha_3-\alpha_2)\dfrac{kd}{2}-\dfrac{\alpha_2^2}{\eta_2}\operatorname{tg}\dfrac{kd}{2}}。\tag{7.117}$$

从式 (7.116) 和 (7.117) 可以得出

$$\left(\frac{H}{H_c}\right)^2=\frac{4}{\pi^2}\left(\frac{kd}{2}\right)^2\frac{\operatorname{tg}\dfrac{kd}{2}-\dfrac{\left(\dfrac{kd}{2}\right)}{\left[\dfrac{\alpha_2^2}{\eta_2(\alpha_3-\alpha_2)}\right]}}{\operatorname{tg}\dfrac{kd}{2}-\dfrac{kd}{2}}。\tag{7.118}$$

式 (7.116) 右方的分母是 $\alpha_3-\alpha_2-\dfrac{\alpha_2^2}{\eta_2}$。从式 (5.107) 的粘滞系数值的限制条件可以看到，在把式 (5.93_1) 的 γ_1 和式 (5.93_2) 的 γ_2 代入式 (5.107) 来消去 α_6 后，就得到

$$(\alpha_3-\alpha_2)(\alpha_2+\alpha_3+2\alpha_4+2\alpha_5)>(\alpha_3+\alpha_2)^2,$$

或者写作

$$(\alpha_3-\alpha_2)(\alpha_4+\alpha_5)>\alpha_2(\alpha_2+\alpha_3)。$$

将上式两边减去同一的 $\alpha_2(\alpha_3-\alpha_2)$ 后就得到

$$(\alpha_3-\alpha_2)\eta_2>\alpha_2^2$$

的结果．因此

$$\eta''=\alpha_3-\alpha_2-\frac{\alpha_2^2}{\eta_2}>0。\tag{7.119}$$

所以式 (7.116) 右方的分母是一个正值，因而张弛时间 τ 的正负

取决于 $\frac{H_c}{H}$ 的大小:

$$\left(\frac{2}{\pi}\frac{kd}{2}\frac{H_c}{H}\right)^2 \leqslant 1, \quad \tau \gtrless 0。 \tag{7.120}$$

式 (7.116) 指出，张弛时间是H的函数，而k和H是由式 (7.118) 互相联系的. 在静态状态下，$k=\frac{\pi}{d}$. 类比于扭曲形变下的时间常数式 (7.104)，我们令 $\tau_0\left(\frac{H}{H_c}\right)$ 为

$$\frac{1}{\tau_0\left(\frac{H}{H_c}\right)}=\frac{\chi_a}{(\alpha_3-\alpha_2)}(H^2-H_c^2)=\frac{\chi_a H_c^2}{\gamma_1}\left[\left(\frac{H}{H_c}\right)^2-1\right]. \tag{7.121}$$

式 (7.118) 是 $\left(\frac{H}{H_c}\right)^2$ 与 $\frac{kd}{2}$ 的关系式. 在取 $\frac{\alpha_3-\alpha_2}{\left(\frac{\alpha_2^2}{\eta_2}\right)}=\frac{4}{3}$ 的情形下,式 (7.118) 的图解见图 7.3. [20] 当

$$\operatorname{tg}\left(\frac{k_1 d}{2}\right)=\frac{k_1 d}{2}\text{时,}\quad \frac{H}{H_c}\to\infty;$$

而当

$$\operatorname{tg}\frac{k_0 d}{2}=\frac{\left(\frac{k_0 d}{2}\right)}{\left[\frac{\alpha_2^2}{\eta_2(\alpha_3-\alpha_2)}\right]}\text{时,}\quad \frac{H}{H_c}=0。$$

$\left(\frac{H}{H_c}\right)^2$ 随 $\frac{kd}{2}$ 的增加而迅速上升。

式 (7.116) 的张弛时间随场强变化的关系可以写成

$$\frac{1}{\tau\left(\frac{H}{H_c}\right)}=\frac{\chi_a(H-H_c^2)}{\gamma_1^*\left(\frac{H}{H_c}\right)}=\frac{\chi_a H_c^2\left[\left(\frac{H}{H_c}\right)^2-1\right]}{\gamma_1^*\left(\frac{H}{H_c}\right)}$$

的形式,这样有效表观粘滞系数 γ_1^* 与 γ_1 的关系是

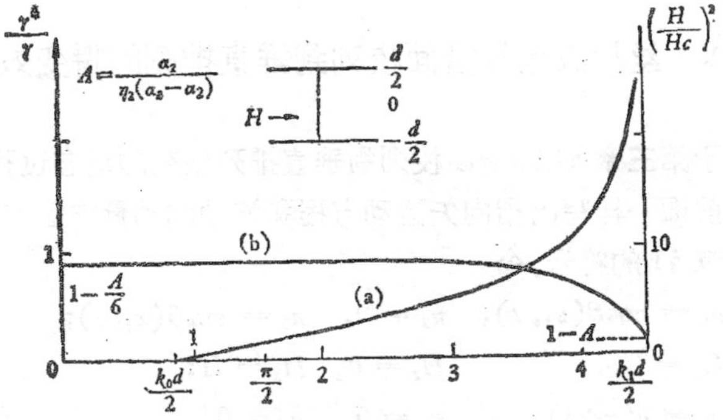

图 7.3 垂面校列到平行排列转变中(a)波矢与场强关系图,(b)有效表观粘滞系数与波矢关系图.

$$\frac{\gamma_1^*\left(\dfrac{H}{H_c}\right)}{\gamma_1}=\frac{\tau\left(\dfrac{H}{H_c}\right)}{\tau_0\left(\dfrac{H}{H_c}\right)}. \tag{7.122}$$

图 7.3 中还画出了 $\dfrac{\gamma_1^*}{\gamma_1}$ 与 $\dfrac{kd}{2}$ 的关系图. 由图可以看到,当 $\dfrac{H}{H_c}$ 增加时 $\dfrac{\gamma_1^*}{\gamma_1}$ 将降低. 即使在没有磁场的条件下,$H=0$,有效表观粘滞系数 γ_1^* 也要低于 γ_1 值.

式 (7.113_2) 的速度解 $v(x_3, t)$ 包含两部分. 其中一部分与 x_3 成线性关系,另一部分是正弦式的. 正弦式分量的波长随着所加最强磁场强度H的增加而减小. 瞬时的速度轮廓图如图 7.4 所示. 引流效应使得表观粘滞系数的数值降低到它的有效值.

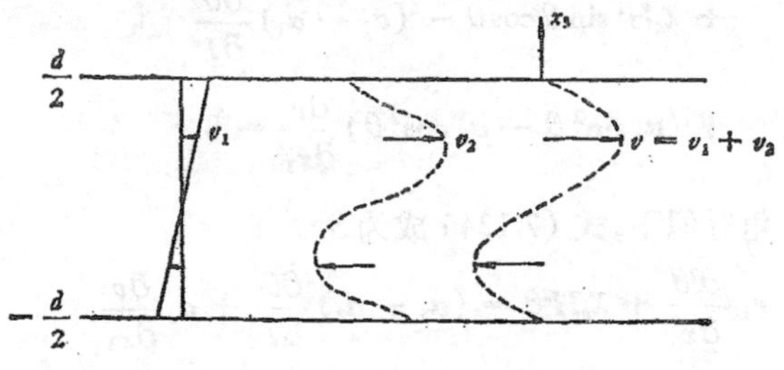

图 7.4 垂面校列到平行排列转变中的瞬时速度轮廓图.

§8 丝状液晶从沿面校列到垂直排列的瞬变效应

关于第三章 §1 的沿面校列到垂直排列转变的动态过程，我们可以同前面一样写出指向矢运动方程和流动的动量守恒方程．采用第三章 §1 的符号，令

$$
\begin{aligned}
&n_1 = \cos\theta(x_3, t), \quad && n_2 = 0, \quad n_3 = \sin\theta(x_3, t);\\
&H_1 = 0, && H_2 = 0, \quad H_3 = H;\\
&v_1 = v(x_3, t), && v_2 = 0, \quad v_3 = 0。
\end{aligned}
\tag{7.123}
$$

指向矢运动方程 (6.19) 在忽略惯性项的条件下是

$$
\begin{aligned}
&k_{33}\left[\sin\theta\frac{\partial^2\theta}{\partial x_3^2} + \cos\theta(1 + \sin^2\theta)\left(\frac{\partial\theta}{\partial x_3}\right)^2\right]\\
&\qquad - (\alpha_3 - \alpha_2)\sin\theta\frac{\partial\theta}{\partial t} + \alpha_2\sin\theta\frac{\partial v}{\partial x_3} = \gamma\cos\theta,\\
&-k_{11}\left[\cos\theta\frac{\partial^2\theta}{\partial x_3^2} - \sin\theta\left(\frac{\partial\theta}{\partial x_3}\right)^2\right] + k_{33}\sin^3\theta\left(\frac{\partial\theta}{\partial x_3}\right)^2\\
&\qquad - \chi_a H^2\sin\theta + (\alpha_3 - \alpha_2)\cos\theta\frac{\partial\theta}{\partial t}\\
&\qquad + \alpha_3\cos\theta\frac{\partial v}{\partial x_3} = \gamma\sin\theta.
\end{aligned}
$$

这两个方程式在消去拉格朗日未定乘子 γ 后成为

$$
\begin{aligned}
&(k_{11}\cos^2\theta + k_{33}\sin^2\theta)\frac{\partial^2\theta}{\partial x_3^2} + (k_{33} - k_{11})\sin\theta\cos\theta\left(\frac{\partial\theta}{\partial x_3}\right)^2\\
&\qquad + \chi_a H^2\sin\theta\cos\theta - (\alpha_3 - \alpha_2)\frac{\partial\theta}{\partial t}\\
&\qquad + (\alpha_2\sin^2\theta - \alpha_3\cos^2\theta)\frac{\partial v}{\partial x_3} = 0。
\end{aligned}
\tag{7.124}
$$

在小 θ 角近似下，式 (7.124) 成为

$$
k_{11}\frac{\partial^2\theta}{\partial x_3^2} + \chi_a H^2\theta = (\alpha_3 - \alpha_2)\frac{\partial\theta}{\partial t} + \alpha_3\frac{\partial v}{\partial x_3}. \tag{7.125}
$$

在 x_1 轴方向的动量守恒方程 (6.15)，在忽略惯性项后成为

$$\frac{\partial}{\partial x_3}\left[\alpha_1 \sin^2\theta\cos^2\theta\frac{\partial v}{\partial x_3}+(\alpha_3\cos^2\theta-\alpha_2\sin^2\theta)\left(\frac{\partial\theta}{\partial t}\right.\right.$$

$$\left.+\frac{1}{2}\frac{\partial v}{\partial x_3}\right)+\frac{1}{2}\alpha_4\frac{\partial v}{\partial x_3}+\frac{1}{2}(\alpha_5\sin^2\theta$$

$$\left.+\alpha_6\cos^2\theta)\frac{\partial v}{\partial x_3}\right]=0。\tag{7.126}$$

在小的 θ 角近似下它成为

$$\frac{\partial}{\partial x_3}\left(\alpha_3\frac{\partial\theta}{\partial t}+\eta_1\frac{\partial v}{\partial x_3}\right)=0,\tag{7.127}$$

其中 η_1 是梅索维克兹的主粘滞系数，

$$\eta_1=\frac{1}{2}(\alpha_3+\alpha_4+\alpha_6)。\tag{5.116}$$

式 (7.125) 和 (7.127) 这一对 θ 和 v 所满足的联立微分方程，当然还要满足边界条件

$$\theta\left(x_3=\pm\frac{d}{2}\right)=0,$$

$$v\left(x_3=\pm\frac{d}{2}\right)=0。\tag{7.128}$$

如果我们把式 (7.125) 和 (7.109) 相比较，把式 (7.127) 和(7.111) 相比较，就可以看到除去系数方面需要作相应的改变外，这两对方程基本上是相同的. 所以，它们的解也完全类似，同样可以用式 (7.117) 的形式来表示，只是在这里

$$H_c=\left(\frac{\pi}{d}\right)^2\frac{k_{11}}{\chi_a},\tag{3.17}$$

$$v_0=-\frac{\alpha_3}{\eta_1}\frac{1}{k\tau}\theta_0,\tag{7.129}$$

$$\frac{1}{\tau}=\frac{\chi_a H^2}{\alpha_3-\alpha_2-\frac{\alpha_3^2}{\eta_1}}\left[1-\frac{4}{\pi^2}\left(\frac{kdH_c}{2H}\right)^2\right],\tag{7.130}$$

$$\frac{1}{\tau}=\frac{\left(\frac{kd}{2}\right)\chi_a H^2}{(\alpha_3-\alpha_2)\frac{kd}{2}-\frac{\alpha_3^2}{\eta_1}\operatorname{tg}\frac{kd}{2}},\tag{7.131}$$

$$\left(\frac{H}{H_c}\right)^2=\frac{4}{\pi^2}\left(\frac{kd}{2}\right)^2\frac{\operatorname{tg}\frac{kd}{2}-\frac{\left(\frac{kd}{2}\right)}{\left[\frac{\alpha_3^2}{\eta_1(\alpha_3-\alpha_2)}\right]}}{\operatorname{tg}\frac{kd}{2}-\frac{kd}{2}}。\tag{7.132}$$

同时也有

$$\alpha_3-\alpha_2>\frac{\alpha_3^2}{\eta_1}\tag{7.133}$$

的关系存在。把式 (5.93_1) 和 (5.93_2) 代入式 (5.107) 同样可以得到式 (7.133) 的结果，只不过这时是消除式 (5.107) 中的 α_5 而已。

从沿面校列到垂直排列转变中，引流效应不象从垂面校列到平行排列转变中那样显著. 从含有转动着的指向矢的静止的液晶中，液晶体积元表面上所受到的力的大小即可看出这一点。如图 7.5，在静止的液晶中，令指向矢 $\mathbf{n}$ 绕 x_2 轴以角速度 $\omega=\dot{\theta}$ 转动。这时

$$n_1=\sin\theta,\quad n_2=0,\quad n_3=\cos\theta;$$
$$N_1=\dot{\theta}\cos\theta,\quad N_2=0,\quad N_3=-\dot{\theta}\sin\theta.$$

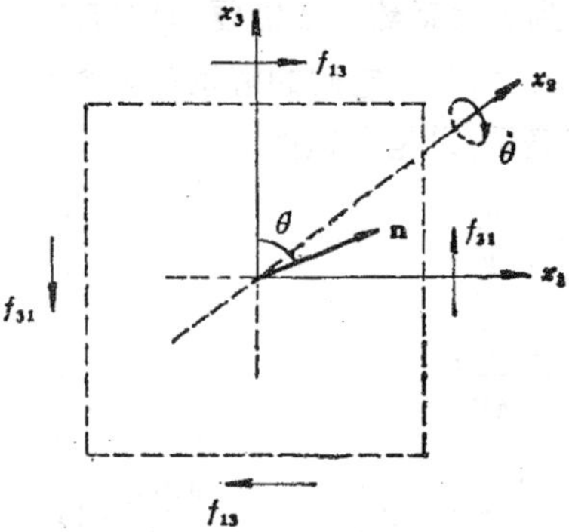

图 7.5 在静止液晶中转动的指向矢对周围液晶的表面作用力.

类比于式 (5.7) T_{ij} 的情形，$-t_{ij}$ 是与 x_j 轴相垂直的单位面积上液晶所受到的 i 向耗散力．因此，作用在液晶体积元表面上的力 f_{13} 和 f_{31} 分别为

$$f_{13} = -t_{13} = (\alpha_2 \cos^2\theta - \alpha_3 \sin^2\theta)\dot{\theta},$$
$$f_{31} = -t_{31} = (-\alpha_2 \sin^2\theta + \alpha_3 \cos^2\theta)\dot{\theta}.$$

如果现在指向矢 **n** 是沿 x_3 轴方向排列，那么 $\theta = 0$ 而

$$f_{13} = \alpha_2\dot{\theta}, \quad f_{31} = \alpha_3\dot{\theta}.$$

对于丝状液晶，一般 $|\alpha_3| < |\alpha_2|$．因此，$|f_{31}| < |f_{13}|$．在 $\theta = 0$ 的状态下，f_{13} 对应于使液晶从垂面校列到平行排列的转变，而 f_{31} 对应于使液晶从沿面校列到垂直排列的转变．因此，引流效应对于前者要比对于后者显著．

式 (7.130) 和 (7.131) 都是从一个与式 (7.115) 相类似的方程得出来的，只是把式 (7.115) 中左右两方最后一项的系数 $\frac{\alpha_2^2}{\eta_2}$ 改为 $\frac{\alpha_3^2}{\eta_1}$ 而已．一般讲，丝状液晶的 $\frac{\alpha_3^2}{\eta_1(\alpha_3 - \alpha_2)}$ 值在 10^{-3} 的数量级而 $\frac{\alpha_2^2}{\eta_2(\alpha_3 - \alpha_2)}$ 值则在 $\frac{3}{4}$ 左右．这也显示出了两种转变的显著区别．如果 $\frac{\alpha_3^2}{\eta_1(\alpha_3 - \alpha_2)} \ll 1$，那么相当于式 (7.115) 右方为零的要求就近似地成为要求

$$\left[1 - \left(\frac{\alpha_3 - \alpha_2}{\chi_a H^2}\right)\frac{1}{\tau}\right]\theta_0 \exp\left(\frac{t}{\tau}\right)\cos\frac{kd}{2} = 0,$$

也就是说 $\frac{kd}{2}$ 近似地等于 $\frac{\pi}{2}$．所以，从沿面校列到垂直排列转变的时间常数近似地等于

$$\frac{1}{\tau} = \frac{\chi_a}{\alpha_3 - \alpha_2}(H^2 - H_c^2).$$

这个时间常数同扭曲形变转变中的时间常数式 (7.104) 相同．换句话说就是引流效应不明显．

§9 螺旋状液晶沿螺旋轴方向的流动——平行平板间的流动

与丝状液晶不同，螺旋状液晶的流动有它的一些特点．在低的切变流速下，表现出粘滞系数会增大约 10^6 倍．为了解释这一现象亥尔福利奚提出了渗透机理[21]．在沿螺旋轴方向流动时，螺旋结构本身由于指向矢沿管壁的锚泊作用并不随之运动．流速的轮廓仍然是平直的而不是抛物线形状．于是，液晶沿螺旋轴方向的流动就直接同指向矢的转动发生了联系．只有指向矢随着流动作相应的转动才能保持螺旋结构静止不变．使液晶流动的外力(例如压强差)对液晶所作的功当中的一大部分就用来使指向矢转动，从表面上来看就象有更大的流动阻力一样．应用这样的机理就可以说明为什么在低速下表观粘滞系数会增大五、六个数量级．

现在看看在压强差作用下平行平板间恒温螺旋状液晶的流动．基尼等人应用艾瑞克孙-莱斯利理论对这个问题和泊肃叶流动都作了处理[22]．如图 7.6 所示，设两平面的位置为 $x_1 = \pm \frac{d}{2}$．指向矢与 x_1x_2 平面间的夹角为 $\theta(x_1, x_3)$，指向矢在 x_1x_2 平面上的投影与 x_1 轴间的夹角为 $\phi(x_1, x_3)$．流动是沿 x_3 轴方向．流速的

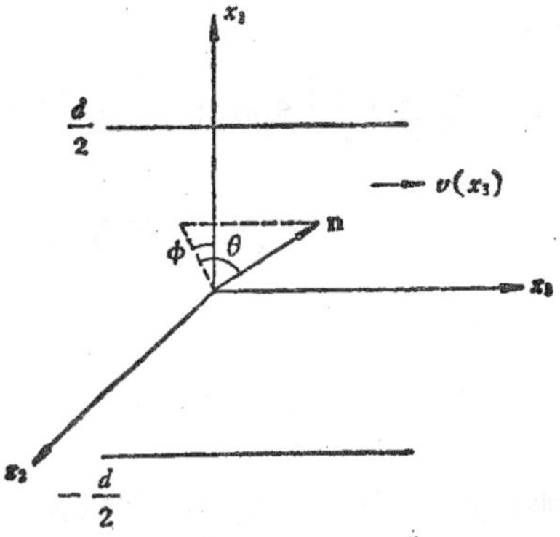

图 7.6 平行平板间螺旋状液晶的流动．

三个分量为

$$\mathbf{v} = [0, 0, v(x_1)].$$

指向矢的三个分量现在是

$$n_1 = \cos\left(-\frac{k_2}{k_{22}}x_3 + \phi\right)\cos\theta,$$

$$n_2 = \sin\left(-\frac{k_2}{k_{22}}x_3 + \phi\right)\cos\theta,$$

$$n_3 = \sin\theta, \tag{7.134}$$

式中 $\frac{2\pi k_{22}}{|k_2|}$ 是螺距的长度．在很低的压强差作用下 θ, ϕ 和 $v(x_1)$ 都是微量．在保留到 θ, ϕ 和 $v(x_1)$ 的一阶项条件下可以有

$$n_1 = \cos\left(-\frac{k_2}{k_{22}}x_3\right) - \phi\sin\left(-\frac{k_2}{k_{22}}x_3\right) \equiv C - \phi S,$$

$$n_2 = \sin\left(-\frac{k_2}{k_{22}}x_3\right) + \phi\cos\left(-\frac{k_2}{k_{22}}x_3\right) \equiv S + \phi C,$$

$$n_3 = \theta. \tag{7.135}$$

注意到

$$\frac{\partial C}{\partial t} = \frac{k_2}{k_{22}} S v,$$

$$\frac{\partial S}{\partial t} = -\frac{k_2}{k_{22}} C v,$$

那么在一阶近似下就可以有

$$N_1 = \frac{k_2}{k_{22}} S v, \quad N_2 = -\frac{k_2}{k_{22}} C v, \quad N_3 = -\frac{1}{2} C \frac{\partial v}{\partial x_1}. \tag{7.136}$$

忽略惯性项，在一阶近似下，指向矢运动方程 (6.19) 和动量守恒方程 (6.15) 分别成为

$$(-k_{11} + k_{22}S^2 + k_{33}C^2)\frac{\partial^2\theta}{\partial x_1\partial x_3} + k_{11}S\frac{\partial^2\phi}{\partial x_1^2} + k_{22}S\frac{\partial^2\phi}{\partial x_3^2}$$
$$+ (k_{33} - 3k_{22})\left(\frac{k_2}{k_{22}}\right)CS\frac{\partial\theta}{\partial x_1} - 2k_{22}\left(\frac{k_2}{k_{22}}\right)C\frac{\partial\phi}{\partial x_3}$$
$$+ (\alpha_3 - \alpha_2)\left(\frac{k_2}{k_{22}}\right)Sv = \gamma(C - S\phi), \tag{7.137$_1$}$$

$$
\begin{aligned}
&(k_{33}-k_{22})CS\frac{\partial^2\theta}{\partial x_1\partial x_3}-k_{33}C\frac{\partial^2\phi}{\partial x_1^2}-k_{22}C\frac{\partial^2\phi}{\partial x_3^2}\\
&\quad+[k_{33}(1+S^2)+k_{22}(1-3S^2)]\left(\frac{k_2}{k_{22}}\right)\frac{\partial\theta}{\partial x_1}\\
&\quad-2k_{22}\left(\frac{k_2}{k_{22}}\right)S\frac{\partial\phi}{\partial x_3}-(\alpha_3-\alpha_2)\left(\frac{k_2}{k_{22}}\right)Cv\\
&=\gamma(S+C\phi),
\end{aligned}\tag{7.137$_2$}
$$

$$
\begin{aligned}
&(k_{11}-k_{22})S\frac{\partial^2\phi}{\partial x_1\partial x_3}-(k_{22}S^2+k_{33}C^2)\frac{\partial^2\theta}{\partial x_1^2}-k_{11}\frac{\partial^2\theta}{\partial x_3^2}\\
&\quad-(k_{11}+k_{33})\left(\frac{k_2}{k_{22}}\right)C\frac{\partial\phi}{\partial x_1}+k_{33}\left(\frac{k_2}{k_{22}}\right)^2\theta\\
&\quad+\alpha_2C\frac{\partial v}{\partial x_1}=\gamma\theta;
\end{aligned}\tag{7.137$_3$}
$$

$$
\frac{\partial p}{\partial x_1}=(\alpha_2+\alpha_6)\left(\frac{k_2}{k_{22}}\right)CS\frac{\partial v}{\partial x_1},\tag{7.138$_1$}
$$

$$
\frac{\partial p}{\partial x_2}=\left[\frac{1}{2}\alpha_3+\frac{1}{2}\alpha_6(S^2-C^2)-\alpha_2C^2\right]\left(\frac{k_2}{k_{22}}\right)\frac{\partial v}{\partial x_1},\tag{7.138$_2$}
$$

$$
\begin{aligned}
\frac{\partial p}{\partial x_3}&=-(k_{11}-k_{22})\left(\frac{k_2}{k_{22}}\right)S\frac{\partial^2\theta}{\partial x_1\partial x_3}+(k_{11}S^2+k_{33}C^2)\\
&\times\left(\frac{k_2}{k_{22}}\right)\frac{\partial^2\phi}{\partial x_1^2}+k_{22}\left(\frac{k_2}{k_{22}}\right)\frac{\partial^2\phi}{\partial x_3^2}+(k_{22}+k_{33})\left(\frac{k_2}{k_{22}}\right)^2C\frac{\partial\theta}{\partial x_1}\\
&+\frac{1}{2}[\alpha_4+(\alpha_5-\alpha_2)C^2]\frac{\partial^2v}{\partial x_1^2}.
\end{aligned}\tag{7.138$_3$}
$$

把式 (7.137$_1$) 乘以 $(S+C\phi)$，式 (7.137$_2$) 乘以 $(C-S\phi)$ 后，两式相减并忽略高阶项，就得到

$$
\begin{aligned}
&(k_{22}-k_{11})S\frac{\partial^2\theta}{\partial x_1\partial x_3}+(k_{11}S^2+k_{33}C^2)\frac{\partial^2\phi}{\partial x_1^2}+k_{22}\frac{\partial^2\phi}{\partial x_3^2}\\
&\quad-(k_{33}+k_{22})\left(\frac{k_2}{k_{22}}\right)C\frac{\partial\theta}{\partial x_1}+(\alpha_3-\alpha_2)\left(\frac{k_2}{k_{22}}\right)v=0.
\end{aligned}\tag{7.139}
$$

从式 (7.138$_3$) 和 (7.139) 可以得出

$$\eta \frac{\partial^2 v}{\partial x_1^2} - k^2 v - \frac{\partial p}{\partial x_3} = 0, \tag{7.140$_1$}$$

其中 η 和 k^2 分别为

$$\eta = \frac{1}{2}[\alpha_4 + (\alpha_5 - \alpha_2)C^2], \tag{7.140$_2$}$$

$$k^2 = (\alpha_3 - \alpha_2)\left(\frac{k_2}{k_{22}}\right)^2. \tag{7.140$_3$}$$

很明显，对于式 (7.140)，能满足边界条件

$$v\left(\pm \frac{d}{2}\right) = 0$$

的解是

$$v(x_1) = \frac{1}{k^2}\frac{\partial p}{\partial x_3}\left[\frac{\cosh\left(\frac{k}{\sqrt{\eta}}x_1\right)}{\cosh\left(\frac{k}{\sqrt{\eta}}\frac{d}{2}\right)} - 1\right]. \tag{7.141}$$

因此相对于 $x_1 = 0$，$v(x_1)$ 是对称的.

有了流速 $v(x_1)$ 的表示式就可以计算单位宽度 ($x_2 = 1$) 平行平板间每秒液晶的流量 Q:

$$Q = \int_{-\frac{d}{2}}^{\frac{d}{2}} v(x_1)dx_1$$

$$= \frac{1}{k^2}\frac{\partial p}{\partial x_3} d\left[\frac{\operatorname{tgh}\left(\frac{k}{\sqrt{\eta}}\frac{d}{2}\right)}{\frac{k}{\sqrt{\eta}}\left(\frac{d}{2}\right)} - 1\right]. \tag{7.142}$$

把这个结果同各向同性流体在单位宽度平行平板间每秒的流量表示式[23]相比较，就可以看出，在这种装置下液晶的表观粘滞系数 η_{app} 为

$$\eta_{app} = \frac{-\frac{\partial p}{\partial x_3}d^3}{12Q}$$

$$= \frac{k^2 d^2}{12\left[1 - \frac{\operatorname{tgh}\left(\frac{k}{\sqrt{\eta}} \frac{d}{2}\right)}{\frac{k}{\sqrt{\eta}}\left(\frac{d}{2}\right)}\right]}. \tag{7.143}$$

如果取 d 为 10^2 微米，螺距长度为 1 微米，那么在距离平板约 0.5 微米处流速就达到了最大值的 99%. 因此，可以说平板间的流速轮廓基本上是平直的，而

$$\eta_{app} \approx \frac{1}{12} k^2 d^2$$
$$= \frac{1}{12}\left(\frac{k_2}{k_{22}}\right)^2 d^2(\alpha_3 - \alpha_2).$$

由于 $\frac{1}{12}\left(\frac{k_2}{k_{22}}\right)^2 d^2$ 是一个很大的数值，约在 10^4 以上，所以表观粘滞系数增大了很多. 这就同亥尔福利奚所提出的渗透机理的结果一致了。

§10 螺旋状液晶垂直于螺旋轴方向的切变流动

莱斯利对垂直于螺旋轴方向的切变流动作了一般性的理论分析[24]. 基尼进一步作了数字分析[25]. 这里我们假定液晶中各处温度相同，因而不必考虑热机械耦合效应.

现在看处在两片无限大平行平面间的螺旋状液晶层. 液晶指向矢沿面锚泊在两平面上。在图 7.7 的直角坐标系 (x_1, x_2, x_3) 中，令两平面的位置分别为 $x_3 = \pm \frac{d}{2}$. 现在保持 $x_3 = -\frac{d}{2}$ 的平面静止不动，而令 $x_3 = \frac{d}{2}$ 的平面沿 x_1 轴方向以不变速度 V 滑动。在这种几何装置下，显然我们希望找的解具有下列的性质：

$$n_1 = \cos\theta(x_3)\cos\phi(x_3), \quad n_2 = \cos\theta(x_3)\sin\phi(x_3),$$
$$n_3 = \sin\theta(x_3);$$

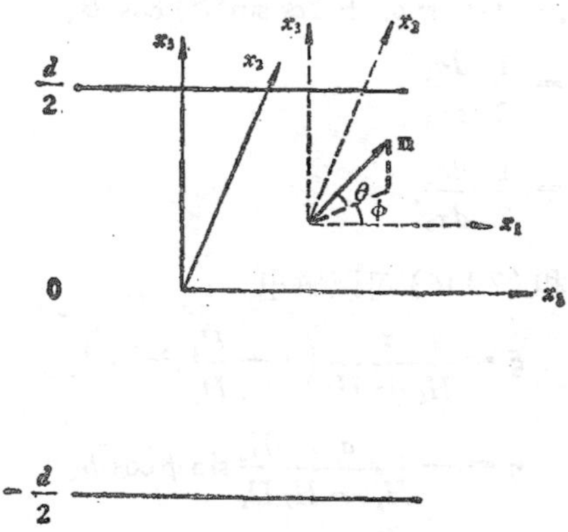

图 7.7 垂直于螺旋轴方向的切变流动。

$$v_1 = v_1(x_3), \qquad v_2 = v_2(x_3),$$

$$v_3 = 0; \tag{7.144}$$

$\theta(x_3)$ 是指向矢与 x_1x_2 平面间的极角，$\phi(x_3)$ 是指向矢在 x_1x_2 平面上的投影与 x_1 轴间的方向角。

由于这些量都只是 x_3 的函数，因此动量守恒方程 (6.15)，在忽略惯性项后只余下对 x_3 微分的项。这样我们就得到

$$\frac{\partial}{\partial x_3} t_{13} = 0,$$

$$\frac{\partial}{\partial x_3} t_{23} = 0,$$

或者说 t_{13} 和 t_{23} 都是常量。由于 $-t_{13}$ 是液晶在垂直于 x_3 轴的平面上单位面积沿 x_1 轴方向所受到的力，而 $-t_{23}$ 是沿 x_2 轴方向所受到的力，现在 $x_3 = \frac{d}{2}$ 平面是沿 x_1 轴方向作匀速运动，所以 t_{13} 是一个常量 $-a$ 而 t_{23} 等于零。应用式 (5.76) 的 t_{ij} 表示式就得到

$$(H_1 + H_2\cos^2\phi)\xi + H_2\eta\sin\phi\cos\phi = a, \tag{7.145}$$

$$H_2\xi\sin\phi\cos\phi + (H_1 + H_2\sin^2\phi)\eta = 0, \tag{7.146}$$

其中 H_1, H_2, ξ 和 η 分别为

$$H_1 = \alpha_4 + (\alpha_5 - \alpha_2)\sin^2\theta, \tag{7.147}$$

$$H_2 = (\alpha_3 + \alpha_6 + 2\alpha_1 \sin^2\theta)\cos^2\theta, \tag{7.148}$$

$$\xi = \frac{1}{2}\frac{dv_1}{dx_3}, \tag{7.149$_1$}$$

$$\eta = \frac{1}{2}\frac{dv_2}{dx_3}. \tag{7.149$_2$}$$

从式 (7.145) 和 (7.146) 可以解出

$$\xi = \frac{a}{H_1 + H_2}\left(1 + \frac{H_2}{H_1}\sin^2\phi\right),$$

$$\eta = -\frac{a}{H_1 + H_2}\frac{H_2}{H_1}\sin\phi\cos\phi. \tag{7.150}$$

把式 (7.150) 代入式 (7.149) 就得到

$$v_1(x_3) = 2\int_{-\frac{d}{2}}^{x_3}\frac{a}{H_1 + H_2}\left(1 + \frac{H_2}{H_1}\sin^2\phi\right)dx_3,$$

$$v_2(x_3) = -2\int_{-\frac{d}{2}}^{x_3}\frac{a}{H_1 + H_2}\frac{H_2}{H_1}\sin\phi\cos\phi\, dx_3. \tag{7.151}$$

从几何的对称性可以看出，v_2 必然是 x_3 的偶函数，而 $v_1 - \frac{1}{2}V$ 必然是 x_3 的奇函数．式 (7.151) 指出，虽然切变仅仅发生在 x_1x_3 平面内，但是 $v_2(x_3) \neq 0$，换句话说存在有次级流动．从原则上讲，沿螺旋轴方向的流动也存在次级流动，只不过这种次级流动只出现在边界附近流速轮廓图不是平直的那一很薄层的液晶层内而已．

在忽略惯性项后指向矢运动方程成为

$$k_{33}\sin\theta\cos\phi\frac{d^2\theta}{dx_3^2} + (k_{22}\cos^2\theta + k_{33}\sin^2\theta)\cos\theta\sin\phi\frac{d^2\phi}{dx_3^2}$$

$$+ k_{33}\cos\theta\cos\phi(1 + \sin^2\theta)\left(\frac{d\theta}{dx_3}\right)^2$$

$$+ (2k_{22}\cos^2\theta + k_{33}\sin^2\theta)\cos\theta\cos\phi\left(\frac{d\phi}{dx_3}\right)^2$$

$$- 2[2k_{22}\cos^2\theta + k_{33}(1 - 2\cos^2\theta)]\sin\theta\sin\phi$$

$$\times \frac{d\theta}{dx_3}\frac{d\phi}{dx_3} - 2k_{22}\left(\frac{k_2}{k_{22}}\right)\sin\theta\sin\phi\,\frac{d\theta}{dx_3}$$

$$+ 2k_{22}\left(\frac{k_2}{k_{22}}\right)\cos\theta\cos\phi\,\frac{d\phi}{dx_3} + 2\alpha_2\xi\sin\theta$$

$$= \gamma\cos\theta\cos\phi, \qquad (7.152_1)$$

$$k_{33}\sin\theta\sin\phi\,\frac{d^2\theta}{dx_3^2} - (k_{22}\cos^2\theta + k_{33}\sin^2\theta)\cos\theta\cos\phi\,\frac{d^2\phi}{dx_3^2}$$

$$+ k_{33}\cos\theta\sin\phi(1 + \sin^2\theta)\left(\frac{d\theta}{dx_3}\right)^2 + (2k_{22}\cos^2\theta$$

$$+ k_{33}\sin^2\theta)\cos\theta\sin\phi\left(\frac{d\phi}{dx_3}\right)^2 + 2[2k_{22}\cos^2\theta$$

$$+ k_{33}(1 - 2\cos^2\theta)]\sin\theta\cos\phi\,\frac{d\theta}{dx_3}\frac{d\phi}{dx_3}$$

$$+ 2k_{22}\left(\frac{k_2}{k_{22}}\right)\sin\theta\cos\phi\,\frac{d\theta}{dx_3} + 2k_{22}\left(\frac{k_2}{k_{22}}\right)\cos\theta\sin\phi\,\frac{d\phi}{dx_3}$$

$$+ 2\alpha_2\eta\sin\theta = \gamma\cos\theta\sin\phi, \qquad (7.152_2)$$

$$-k_{11}\cos\theta\,\frac{d^2\theta}{dx_3^2} + (k_{11} + k_{33}\sin^2\theta)\sin\theta\left(\frac{d\theta}{dx_3}\right)^2$$

$$+ k_{33}\sin\theta\cos^2\theta\left(\frac{d\phi}{dx_3}\right)^2 + 2\alpha_3\cos\theta(\xi\cos\phi$$

$$+ \eta\sin\phi) = \gamma\sin\theta. \qquad (7.152_3)$$

把式 (7.152_1) 乘以 $\sin\phi$，把式 (7.152_2) 乘以 $\cos\phi$，然后两式相减，就得到

$$(k_{22}\cos^2\theta + k_{33}\sin^2\theta)\cos\theta\,\frac{d^2\phi}{dx_3^2} - 2[2k_{22}\cos^2\theta + k_{33}(1$$

$$- 2\cos^2\theta)]\sin\theta\,\frac{d\theta}{dx_3}\frac{d\phi}{dx_3} + 2k_{22}\left(\frac{k_2}{k_{22}}\right)\sin\theta\,\frac{d\theta}{dx_3}$$

$$+ 2\alpha_2\sin\theta(\xi\sin\phi - \eta\cos\phi) = 0. \qquad (7.153)$$

把式 (7.152_1) 乘以 $\cos\phi$，把式 (7.152_2) 乘以 $\sin\phi$，然后两式相加，再与式 (7.152_3) 合并以消除拉格朗日未定乘子 γ，就得到

$$(k_{11}\cos^2\theta + k_{33}\sin^2\theta)\,\frac{d^2\theta}{dx_3^2} + (k_{33} - k_{11})\sin\theta\cos\theta\left(\frac{d\theta}{dx_3}\right)^2$$

$$+ [2k_{22}\cos^2\theta + k_{33}(1 - 2\cos^2\theta)]\sin\theta\cos\theta$$

$$\times\left(\frac{d\phi}{dx_3}\right)^2 + 2k_{22}\left(\frac{k_2}{k_{22}}\right)\sin\theta\cos\theta\,\frac{d\phi}{dx_3} + 2(\alpha_2\sin^2\theta$$

$$- \alpha_3\cos^2\theta)(\xi\cos\phi + \eta\sin\phi) = 0. \qquad (7.154)$$

现在令

$$F_1 = k_{11}\cos^2\theta + k_{33}\sin^2\theta,$$

$$F_2 = (k_{22}\cos^2\theta + k_{33}\sin^2\theta)\cos^2\theta, \qquad (7.155)$$

那么式(7.154)和以 $\cos\theta$ 乘后的式(7.153)就可以简写成为下列形式:

$$F_1(\theta)\frac{d^2\theta}{dx_3^2} + \frac{1}{2}\frac{dF_1}{d\theta}\left(\frac{d\theta}{dx_3}\right)^2 - \frac{1}{2}\frac{dF_2}{d\theta}\left(\frac{d\phi}{dx_3}\right)^2$$

$$+ 2k_2\sin\theta\cos\theta\,\frac{d\phi}{dx_3} + 2(\alpha_2\sin^2\theta - \alpha_3\cos^2\theta)$$

$$\times(\xi\cos\phi + \eta\sin\phi) = 0, \qquad (7.156)$$

$$F_2(\theta)\frac{d^2\phi}{dx_3^4} + \frac{dF_2}{d\theta}\frac{d\theta}{dx_3}\frac{d\phi}{dx_3} - 2k_2\sin\theta\cos\theta\,\frac{d\theta}{dx_3}$$

$$+ 2\alpha_2\sin\theta\cos\theta(\xi\sin\phi - \eta\cos\phi) = 0. \qquad (7.157)$$

应用式(7.150)的 ξ 和 η 表示式,式(7.156)和(7.157)就成为

$$F_1(\theta)\frac{d^2\theta}{dx_3^2} + \frac{1}{2}\frac{dF_1}{d\theta}\left(\frac{d\theta}{dx_3}\right)^2 - \frac{1}{2}\frac{dF_2}{d\theta}\left(\frac{d\phi}{dx_3}\right)^2$$

$$+ 2k_2\sin\theta\cos\theta\,\frac{d\phi}{dx_3} + aQ(\theta)\cos\phi = 0, \qquad (7.158)$$

$$F_2(\theta)\frac{d^2\phi}{dx_3^2} + \frac{dF_2}{d\theta}\frac{d\theta}{dx_3}\frac{d\phi}{dx_3} - 2k_2\sin\theta\cos\theta\,\frac{d\theta}{dx_3}$$

$$- aP(\theta)\sin\phi = 0, \qquad (7.159)$$

其中 $Q(\theta)$ 和 $P(\theta)$ 分别为

$$Q(\theta) = \left(\frac{2}{H_1 + H_2}\right)(\alpha_2\sin^2\theta - \alpha_3\cos^2\theta),$$

$$P(\theta) = \left(\frac{2}{H_1}\right)\alpha_2\sin\theta\cos\theta. \qquad (7.160)$$

我们曾经假定指向矢是沿面锚泊在两个平面上的,因此根据

对称性，边界条件是

$$\theta\left(\pm\frac{d}{2}\right)=0,$$

$$\left(\frac{d\theta}{dx_3}\right)_{x_3=0}=0, \qquad (7.161_1)$$

$$\left(\frac{d\phi}{dx_3}\right)_{x_3=\pm\frac{d}{2}}=-\frac{k_2}{k_{22}}. \qquad (7.161_2)$$

边界条件式 (7.161_2) 只不过说明液晶的正常螺距是 $-2\pi\frac{k_{22}}{k_2}$ 而已［参考式 (3.68_2)］。把式 (7.158) 乘以 $\frac{d\theta}{dx_3}$，把式 (7.159) 乘以 $\frac{d\phi}{dx_3}$，然后两式相加就得到

$$\frac{d}{dx_3}\left[F_1(\theta)\left(\frac{d\theta}{dx_3}\right)^2+F_2(\theta)\left(\frac{d\phi}{dx_3}\right)^2\right]=2aP(\theta)\sin\phi\frac{d\phi}{dx_3}$$

$$-2aQ(\theta)\cos\phi\frac{d\theta}{dx_3}. \qquad (7.162)$$

另外，式 (7.159) 又可以改写成

$$\frac{d}{dx_3}\left[F_2(\theta)\frac{d\phi}{dx_3}+k_2\cos^2\theta\right]=aP(\theta)\sin\phi. \qquad (7.163)$$

把式 (7.162) 和式 (7.163) 从 $x_3=0$ 到 $x_3=x_3$ 进行积分，将得到

$$F_1(\theta)\left(\frac{d\theta}{dx_3}\right)^2+F_2(\theta)\left(\frac{d\phi}{dx_3}\right)^2=F_2(\theta_1)\beta_1^2$$

$$+2a\int_0^{\phi}P(\theta)\sin\phi d\phi+2a\int_0^{\theta_1}Q(\theta)\cos\phi d\theta,$$

$$F_2(\theta)\frac{d\phi}{dx_3}=F_2(\theta_1)\beta_1-k_2\cos^2\theta+k_2\cos^2\theta_1$$

$$+a\int_0^{x_3}P(\theta)\sin\phi dx_3, \qquad (7.164)$$

其中

$$\theta_1=\theta(0), \quad \beta_1=\left(\frac{d\phi}{dx_3}\right)_{x_3=0}.$$

我们也可以把式 (7.162) 和 (7.163) 从 $x_3=x_3$ 到 $x_3=\frac{d}{2}$ 进行积

分，那样就得到

$$F_1(\theta)\left(\frac{d\theta}{dx_3}\right)^2+F_2(\theta)\left(\frac{d\phi}{dx_3}\right)^2=k_{11}\beta_2^2+k_{22}\left(\frac{k_2}{k_{22}}\right)^2$$

$$-2a\int_0^\theta Q(\theta)\cos\phi d\theta$$

$$-2a\int_\phi^{\phi_1} P(\theta)\sin\phi d\phi,$$

$$F_2(\theta)\frac{d\phi}{dx_3}=-k_{22}\left(\frac{k_2}{k_{22}}\right)\cos^2\theta-a\int_{x_3}^{\frac{d}{2}} P(\theta)\sin\phi dx_3, \tag{7.165}$$

其中

$$\phi_1=\phi\left(\frac{d}{2}\right),\quad \beta_2=\left(\frac{d\phi}{dx_3}\right)_{x_3=\frac{d}{2}}.$$

只要对 θ_1，β_1 或是对 ϕ_1，β_2 给予各种固定的数值，那么式 (7.164) 或 (7.165) 都可以逐步地加以积分.

由于 $x_3=\frac{d}{2}$ 平面相对于 $x_3=-\frac{d}{2}$ 平面的速度是 V，所以从式 (7.151) 可以得到

$$V=4\int_0^{\frac{d}{2}}\xi dx_3.$$

这样表观粘滞系数 η_{app} 成为

$$\eta_{app}=\frac{a}{\left(\frac{V}{d}\right)}=\left[\frac{4}{d}\int_0^{\frac{d}{2}}\left(\frac{1+\frac{H_2}{H_1}\sin^2\phi}{H_1+H_2}\right)dx_3\right]^{-1}. \tag{7.166}$$

如果速度 V 很小（切胁强 a 很小），那么极角 θ 就很小，因此式 (7.147) 和 (7.148) 的 H_1 和 H_2 可以近似成为

$$H_1\approx\alpha_4,\quad H_2\approx\alpha_3+\alpha_6.$$

按照式 (3.68_2)，

$$\phi=-\frac{k_2}{k_{22}}x_3,$$

因此

$$\eta_{app}=\left\{\frac{4}{d}\int_0^{\frac{d}{2}}\left[\frac{1+\frac{\alpha_3+\alpha_6}{\alpha_4}\sin^2\left(-\frac{k_2}{k_{22}}x_3\right)}{\alpha_3+\alpha_4+\alpha_6}\right]dx_3\right\}^{-1}$$

$$=\frac{\alpha_4(\alpha_3+\alpha_4+\alpha_6)}{\alpha_3+2\alpha_4+\alpha_6-(\alpha_3+\alpha_6)\left[\frac{\sin\left(-\frac{k_2}{k_{22}}d\right)}{\left(-\frac{k_2 d}{k_{22}}\right)}\right]}. \quad (7.167)$$

一般$\left(-\frac{k_2}{k_{22}}d\right)$是一个相当大的数值,因此分母中的末一项可以忽略不计. 这样表观粘滞系数就基本上与液晶的螺距无关,与平板间距离也无关. 它的数量级与丝状液晶的 α 粘滞系数的数量级相同,比起沿螺旋轴方向流动时的表观粘滞系数要小很多. 如果切胁强 a 足够大,速度梯度变得很大,那么螺旋结构将解体而 $\phi=0$. 这时式(7.154)中将可忽略各微分项而只剩下末一项,于是 θ 角将趋向于一个 θ_0 角:

$$\alpha_2\sin^2\theta_0-\alpha_3\cos^2\theta_0=0,$$

或者写作

$$\theta_0=\frac{1}{2}\cos^{-1}\left(\frac{\alpha_2-\alpha_3}{\alpha_2+\alpha_3}\right).$$

在这种情形下,式(7.166)给出表观粘滞系数趋近于

$$\eta_{app}=\frac{1}{2}[H_1(\theta_0)+H_2(\theta_0)]. \quad (7.168)$$

它仍然与螺距和平板间的间距无关.

参考文献

[1] R. S. Porter, J. F. Johnson, *J. Phys. Chem.*, 66(1962), 1826.
[2] R. S. Porter, J. F. Johnson, *J. Appl. Phys.*, 34(1963), 51, 55.
[3] R. S. Porter, E. M. Barrall, J. F. Johnson, *J. Chem. Phys.*, 45(1966), 1452.
[4] S. Meiboom, R. C. Hewitt, *Phys. Rev. Lett.*, 30(1973), 261.
[5] K. Skarp, T. Carlsson, *Mol. Cryst. Liq. Cryst. Lett.*, 49(1978), 75.
[6] Ch. Gähwiller, *Mol. Cryst. Liq. Cryst.*, 20(1973), 301.
[7] J. L. Ericksen, *Trans. Soc. Rheol.*, 13(1969), 9.

[8] L. D. Landau, E. M. Lifshitz, Fluid Mechanics, Pergamon (1959), p. 62.
[9] J. Wahl, F. Fischer, *Mol. Cryst. Liq. Cryst.*, 22(1973), 359.
[10] P. G. de Gennes, Molecular Fluids, R. Balian, G. Weill ed., Gordon Breach (1976), p. 386.
[11] R. J. Atkin, *Arch. Ration. Mech. Anal.*, 38(1970), 224.
[12] L. D. Landau, E. M. Lifshitz, Fluid Mechanics, Pergamon (1959), p. 57.
[13] F. M. Leslie, Advances in Liquid Crystals Vol. 4, G. H. Brown ed., Academic (1979), p. 1.
[14] F. M. Leslie, *Quart. J. Mech. Appl. Math.*, 19(1966), 357.
[15] R. J. Atkin, F. M. Leslie, *Quart. J. Mech. Appl. Math.*, 23(1970), 3.
[16] P. K. Currie, *Arch. Ration. Mech. Anal.*, 37(1970), 222.
[17] B. Spain, Tensor Calculus, Oliver and Boyd, London (1953).
[18] A. W. Joshi, Matrices and Tensors in Physics, Wiley Eastern Limited, New Delhi (1975).
[19] W. Flügge, Tensor Analysis and Continuum Mechanics, Springer (1972).
[20] P. Pieranski, F. Brochard, E. Guyon, *J. Phys. (Paris)*, 34(1973), 35.
[21] W. Helfrich, *Phys. Rev. Lett.*, 23(1969), 372.
[22] U. D. Kini, G. S. Ranganath, S. Chandrasekhar, *Pramana*, 5(1975), 101.
[23] H. Lamb, Hydrodynamics, Cambridge University (1932), p. 583.
[24] F. M. Leslie, *Mol. Cryst. Liq. Cryst.* 7(1969), 407.
[25] U. D. Kini, *J. Phys. (Paris)*, 40(1979), C3-62.

第八章　丝状和螺旋状液晶中的不稳定性

具有各向异性的液晶分子由于分子间的相互作用，使得液晶分子具有定向排列的趋势，因而我们能够在液晶宏观理论中引用指向矢这一概念．液晶分子的取向可以受外场的作用而发生改变，因此指向矢具有一定取向的液晶在外场作用下可以发生畸变．由于曲率弹性力的作用，一般只有当外场达到一定阈值时，这种畸变才开始产生．正象第三章中所指出的，当沿螺旋轴方向施加的磁场达到阈值时，$\chi_a > 0$ 的螺旋状液晶中会出现方格栅图案．新图案的出现就是不稳定性的表现．在外场引起的丝状液晶不稳定性当中，研究得最多的是电流体动力不稳定性、热运流不稳定性和流体动力不稳定性．后面两种不稳定性的理论解释，目前实际上是在第一种电流体动力不稳定性的理论基础上取得的．本章将对这些不稳定性作一些初步的介绍．

在电场作用下如果电场是使液晶分子定向排列的主要因素，那么正性（$\varepsilon_a > 0$）液晶的分子应该是沿电场方向平行排列，而负性（$\varepsilon_a < 0$）液晶的分子应该是垂直于电场方向排列．在频率足够高的交变电场作用下实验已证实了这种结论．但是，象 PAA, MBBA 和一些其它的负性丝状液晶，在直流或低频交流电场作用下却显示出分子平行于电场方向排列，而不是象介电理论所预期的那样垂直于电场方向排列．卡尔等人的实验[1]证明，这种反常排列现象是由于这些丝状液晶的导电率各向异性而引起的．这种观点在 1938 年兹维特考夫和米克黑洛夫[2]就已经设想过了．

由于液晶中存在有杂质离子或者由于离子的注入，在电场作用下液晶内部将产生电流，从而引起液晶的宏观流动．正是这种宏观流动引起了上述的反常排列现象．当外加电场或电压达到一定的阈值时，液晶的流动将出现不稳定性．正是这种不稳定性引起了液晶中的特殊电光效应，使得液晶在显示器件中具有了特殊的用途。

如果液晶盒中装的是恒温负性丝状液晶，那么当所加电压达到某一阈值时就会出现条纹状图案。这种畴状图案称为威廉斯畴方式[3]（Williams domain mode）。继续增高电压，这种规则性的图案将被破坏，液晶发生湍流，对入射光具有强烈的散射性，这种散射称为动态散射（dynamic scattering)[4]。在威廉斯畴和动态散射两种方式下液晶失去了光学的均匀性。特别是在动态散射方式下，丝状相的分子取向有序性只存在于直径数量级为微米的小范围以内。这些微小体积成为入射光的各个散射中心。沿透射光的传播路程上液晶的有效折射率在急剧变化，因而发生强烈的散射。人们可以利用这种动态散射效应制作显示器件。

介电各向异性为负值的螺旋状液晶，在电场作用下可以产生织构的改变，从而形成所谓记忆效应或称存贮方式。表面导电的液晶盒中装入恒温负性螺旋状液晶，如果表面处理使得盒中的液晶具有沿面织构，那么这个液晶盒将是透明的。在直流或低频电压作用下样品的织构可以转变成为焦点二次曲线织构（focal conic texture)，这时液晶分裂成为直径在微米数量级的无规排列微小畴区。这些畴区成为透射光的散射中心，于是在可见光照射下液晶呈乳白色。即使取消外加电压，这些散射中心仍然能够存在相当长的时间。如果再施加较高频的电压，就可以使这些散射中心消失。这种效应可以在光学记忆器件中加以利用。

本章将先介绍恒温丝状和螺旋状液晶的电流体动力不稳定性，然后在电流体动力不稳定性的理论基础上，介绍热运流不稳定性和流体动力不稳定性。

§1 丝状液晶电流体动力不稳定性的定性描述

上面已经指出，PAA 和 MBBA 这些负性丝状液晶在高频电场作用下，它们的指向矢确实如简单理论所说的那样要垂直于电场方向排列．这里所需要的频率取决于液晶中空间电荷的张弛时间．在这种高频电场中，用液晶的介电性质就可以说明这种垂直于电场方向排列的原因．然而，在直流或低频电场作用下，这些液晶的指向矢却是平行于电场方向排列．简单地用介电负性就无法解释这种现象．为了解释这种反常排列现象，亥尔福利奚提出了一个理论模型[5]，在该模型中不但考虑到了液晶的介电各向异性，而且考虑了液晶中的离子电流和液晶的导电率各向异性．一般情况下，沿指向矢方向的导电率要大于垂直于指向矢方向的导电率．他指出，离子电流对液晶分子所起的转矩作用，有可能超过电场转矩的影响，从而解释了低频电场下丝状液晶分子的反常排列取向现象．杜伯阿、维欧莱特等人又把这个理论引深到高频的情形[6]．

在外电场作用下，负性丝状液晶不但会发生指向矢反常排列现象，而且还会出现一些不稳定现象，液晶处于扰动状态，一般称之为电流体动力不稳定性．液晶盒中盛入恒温负性丝状液晶，表面处理使液晶指向矢的锚泊呈沿面校列状态．在直流或低频交流电场作用下，当电压超过一定的临阈值时，就可以看到一组与未受扰动时指向矢排列取向相垂直的平行条纹．条纹之间的间隔约等于液晶层的厚度．如果在液晶中存在有一些小尘粒的话，还可以看到小尘粒在条纹之间作周期性的运动．小尘粒的运动说明，这种畴的产生是由于液体的流动造成的．液体的流动使指向矢的排列取向发生畸变［图 8.1(b)］，从而对与指向矢取向相平行的偏振光具有聚焦作用．液晶的流动是缓慢的，指向矢的畸变周期和流动的周期相同．把显微镜聚焦在液晶盒的上基片时，可以看到一组间隔与液晶厚度相近的条纹；如果聚焦在下底片上，条纹位置将移动半个间隔；如果光的偏振与指向矢取向相垂直就不会出现条纹．这种条纹状的图案就是威廉斯畴方式（WDM）图案[47]．

出现威廉斯畴方式的临阈电压一般与样品的厚度无关，大约是几伏的数量级．虽然它与样品厚度无关，但是却与所用电压的频率有关．当频率超过一个截频 ω_c 时，就不会出现畴状图案．截

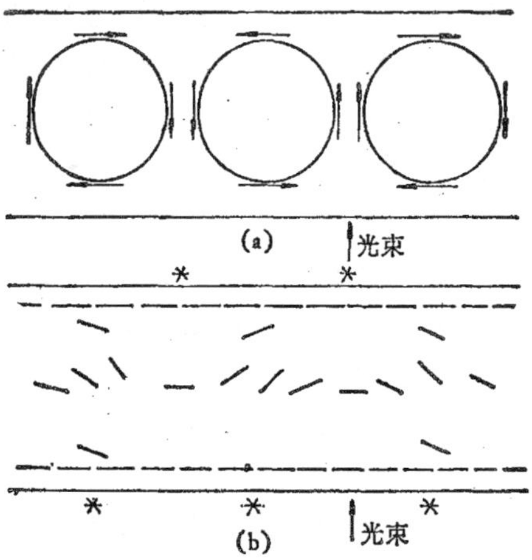

图 8.1 (a) 威廉斯畴方式中的液晶流动图案；(b) 威廉斯畴方式中液晶指向矢图案. * 是条纹的位置.

频 ω_c 的数值随样品导电率的增高而增高. 截频 ω_c 以下称为导电方式区(conduction regime, conduction mode)。在导电方式区内，如果电压增高到大约两倍阈值时，威廉斯畴图案将呈现不稳定性，液晶进入动态散射方式. 高于截频 ω_c 的区域称为介电方式区 (dielectric regime, dielectric mode)。在介电方式区内可以出现另一种畴状图案. 这种图案仍然是与未受扰动时指向矢取向相垂直的平行条纹. 这些条纹出现在样品的中心平面层，条纹间的间距只有微米数量级. 当电场略高于阈值时，这些条纹弯曲成人字形波浪式的运动图案，称为人字形图案 (chevron pattern). 在这个介电方式区内，阈值不再是临阈电压而是临阈电场. 图案的空间周期性和临阈电场值都和频率有关. 前者反比于 $\omega^{\frac{1}{2}}$，后者正比于 $\omega^{\frac{1}{2}}$. 威廉斯畴图案比较稳定，在厚约 25 微米的样品中它的张弛时间约为 10^{-1} 秒. 人字形图案的张弛时间只有几毫秒，因此人字形图案又被称为速失方式 (fast turn-off mode) 图案. 电场强度增加到大约两倍临阈电场值时，人字形图案又呈不稳定，液晶内部这时出现湍流. 如果沿未受扰动的指向矢取向方向施加磁场，那么导电方式区的临阈电压值将增高，但介电方式区的阈值却没有多大影响，只不过能使条纹之间的间距增大而已.

电流体动力不稳定性现象在直流或很低频的交流电压下，即使液晶温度升高到清亮点以上也同样可以产生. 各向同性液体中的电流体动力不稳定性，是由注入液体中的离子产生的，这种不稳定性称为费立西不稳定性（Felici instability）[7]. 如果把频率升高到大约 10 赫左右，就可以使这种不稳定性消失. 如果用绝缘片把电极和液晶隔开的话，也可以抑制这种不稳定性. 因此，在丝状液晶中电场引起电流体动力不稳定性的主要机理，是由于液晶中的空间电荷的影响，而不是由于电极处的离子注入的作用. 所以在下面的讨论中我们将忽略离子注入问题而只考虑空间电荷的影响.

德燃纳根据亥尔福利奚的理论，考虑到空间电荷的存在和导电率各向异性，对直流电场作用下的电流体动力不稳定性作了如下的定性解释[8]. 如图 8.2 所示，在 x_3 轴方向对液晶施加电场 $\mathbf{E}$. 如果液晶是负性的，那么在未发生扰动时，指向矢将沿垂直于电场的 x_1 轴方向排列. 假定在 A 点由于离子的涨落多了一些正电荷 δq，电场的作用将使电荷沿 x_3 轴方向向上运动. 在 A 点附近的 B 点，由于 A 点出现了正电荷 δq，使 B 点的电场除去外加电场 $\mathbf{E}$ 之外多了一个由 δq 引起的沿 x_1 轴方向的附加电场 $\delta\mathbf{E}$. B 点处液晶

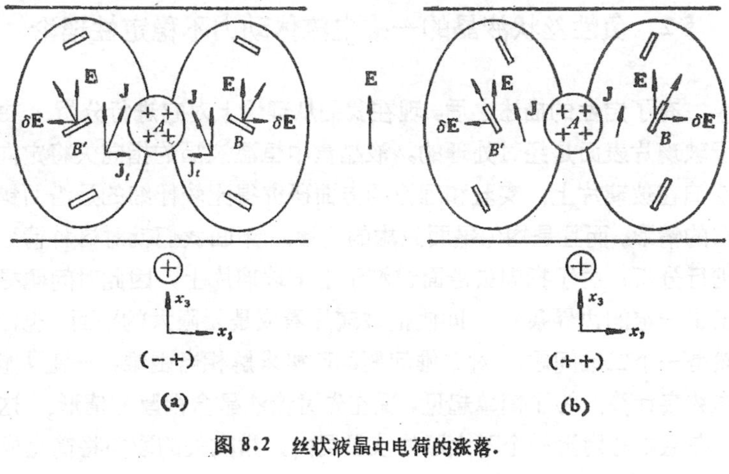

图 8.2　丝状液晶中电荷的涨落.

指向矢的取向将是沿着与 $\mathbf{E}+\delta\mathbf{E}$ 方向相垂直的方向排列．由于导电率 $\sigma_{\parallel}>\sigma_{\perp}$，所以 B 处的电流将偏向于与 B 处的指向矢相平行而向上流动．换句话说，就是有一个指向 A 点的电流分量 $\mathbf{J}_t$．这个电流分量 $\mathbf{J}_t$ 将使 A 处的正电荷 δq 增加．这就是说，液晶将由于离子的分离而形成空间电荷．这样，由于离子的涨落将引起指向矢发生弯曲涨落，弯曲涨落反过来又引起正负离子的分离而形成空间电荷．弯曲涨落形成空间电荷的示意图见图 8.3．周期性的空间电荷以及伴随着它们的流动，就形成了图 8.1 中的威廉斯畴和与之相对应的周期性指向矢取向图案．

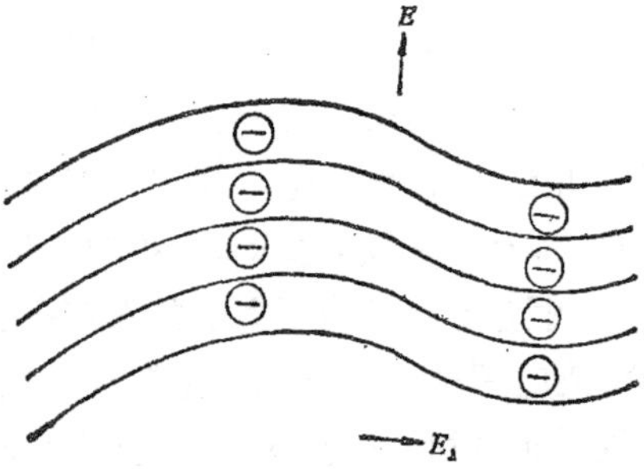

图 8.3 弯曲涨落引起空间电荷的分离示意图．

§2 负性丝状液晶的一维电流体动力不稳定性理论

有了定性的描述之后，现在我们从理论上对它进行分析．由于玻璃片表面是经过处理的，液晶盒中恒温液晶的指向矢将定向锚泊在玻璃片上．实验和理论两方面研究得比较仔细的是沿面锚泊的情形，而且是均匀平面织构的情形．下面我们就对这种情形进行分析．由于指向矢沿面锚泊于上下玻璃片上，因此对问题提出了一定的边界条件．即使把玻璃片看成是无限大的平面，也仍然是一个二维问题．对二维问题的严格求解相当困难，一般只能作数字计算．为了简单起见，现在先讨论液晶盒很厚的情形．这时在盒中心附近一个不太厚的液晶层内，指向矢的取向将简化成为一个一维的问题．亥尔福利奚和杜伯阿、维欧莱特等的工作都是处理这样的一维问题．顾孙斯对他们的工作进行了综合整理[9]．下面我们大体上按照顾孙斯的步骤来进行讨论．

首先如图 8.4 所示，在液晶中选择一个右手笛卡儿坐标系 (x_1, x_2, x_3)．液晶盒的基片与 x_1x_2 平面相平行．在没有外场作用时液晶的指向矢 $\mathbf{n}$ 的分量是 $(1, 0, 0)$，液晶处于稳定平面织构状态．外加电场 $\mathbf{E}_0$ 和外加磁场 $\mathbf{H}$ 分别为：

$$\mathbf{E}_0 = (0, 0, E), \quad \mathbf{H} = (H, 0, 0).$$

这里磁场是为了保证均匀平面织构而施加的．由于分子热运动中的涨落现象，液晶中可能出现空间电荷．在外电场作用下空间电荷将发生运动，使指向矢的取向偏离 x_1 轴方向而成为

$$n_1 = \cos\theta, \quad n_2 = 0, \quad n_3 = \sin\theta. \tag{8.1}$$

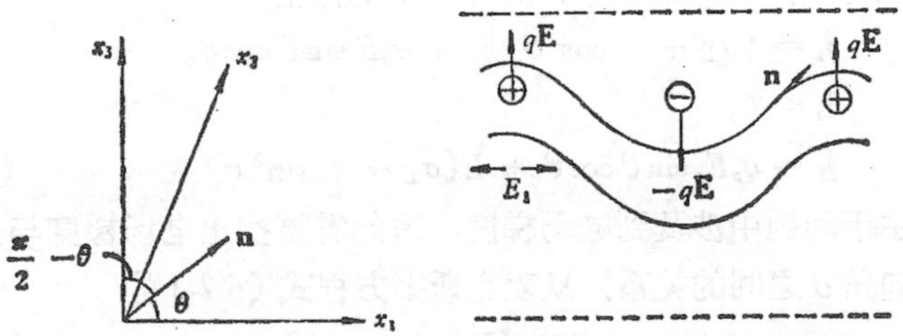

图 8.4 卡尔-亥尔福利奚型不稳定性中由于电荷分离而引起的指向矢周期性取向图案 $\mathbf{n}=\mathbf{n}(x_1)$，$\sigma_a>0$，$\varepsilon_a<0$．

忽略边界影响，那么 θ 将只是 x_1 和时间 t 的函数，$\theta=\theta(x_1, t)$．这里假设 θ 只是一个微小的角度，从而在计算中可以只保留 θ 的一阶项．另外，假定 θ 是 x_1 的周期性函数，周期长度为 $\lambda_1=\frac{2\pi}{k_1}$．令周期性的空间电荷密度为 q，q 当然是一个微量．由于 q 的存在，液晶中将产生一个附加的微量电场 $E_1=E_1(x_1)$，从而使液晶中的电场 $\mathbf{E}$ 成为

$$\mathbf{E} = [E_1(x_1), 0, E]. \tag{8.2}$$

电场 $\mathbf{E}$ 当然要满足恒定磁场下的麦克斯韦方程式 (6.2_1)，同时

$$\nabla \times \mathbf{E} = 0.$$

空间电荷的运动主要是由于受外加电场 $\mathbf{E}_0$ 的作用而产生的，所以空间电荷运动速度 $\mathbf{v}$ 的各个分量为

$$\mathbf{v} = [v_1, 0, v_3(x_1)], \tag{8.3}$$

其中 v_1 与 x_1 无关.

液晶中的电流密度矢量 $\mathbf{j}$ 按照定义是

$$j_i = \sigma_{ij}E_j + qv_i, \quad i = 1, 2, 3.$$

由于空间电荷 q 和速度 $\mathbf{v}$ 都是微量，所以我们忽略二阶微量 qv_i 项，而成为

$$j_i = \sigma_{ij}E_j, \quad i = 1, 2, 3. \tag{8.4}$$

液晶的导电率张量 σ_{ij}，按照式(3.3)和式(8.1)是

$$\sigma_{11} = \sigma_\perp + \sigma_a\cos^2\theta, \ \sigma_{22} = \sigma_\perp, \ \sigma_{33} = \sigma_\perp + \sigma_a\sin^2\theta,$$

$$\sigma_{13} = \sigma_{31} = \sigma_a\sin\theta\cos\theta, \ \sigma_{12} = \sigma_{21} = \sigma_{23} = \sigma_{32} = 0. \tag{8.5}$$

结合式(8.2)、(8.3)、(8.4)和(8.5)，就得出

$$\begin{aligned} j_1 &= (\sigma_\perp + \sigma_a\cos^2\theta)E_1 + \sigma_a E\sin\theta\cos\theta, \\ j_2 &= 0, \\ j_3 &= \sigma_a E_1\sin\theta\cos\theta + E(\sigma_\perp + \sigma_a\sin^2\theta). \end{aligned} \tag{8.6}$$

由于问题中涉及到电场梯度，因此需要找出电场梯度与指向矢取向角 θ 之间的关系. 从麦克斯韦方程式(6.2₁)的

$$\nabla\cdot\mathbf{D} = 4\pi q \tag{6.2_1}$$

着手，由于

$$D_i = \varepsilon_{ij}E_j,$$

因此可以写成

$$\varepsilon_{ij}E_{j,i} + \varepsilon_{ij,i}E_j = 4\pi q$$

的形式。把式(3.5)的 ε_{ij} 表达式、式(8.1)的 n_i 表达式和式(8.2)的 E_j 表达式代入后，可以得到

$$(\varepsilon_\perp + \varepsilon_a\cos^2\theta)\frac{\partial E_1}{\partial x_1} - 2\varepsilon_a E_1\sin\theta\cos\theta\frac{\partial\theta}{\partial x_1}$$
$$+ \varepsilon_a E(\cos^2\theta - \sin^2\theta)\frac{\partial\theta}{\partial x_1} = 4\pi q.$$

于是在小 θ 角近似下有

$$\frac{\partial E_1}{\partial x_1}=\frac{4\pi q}{\varepsilon_{/\!/}}-\frac{\varepsilon_a E}{\varepsilon_{/\!/}}\frac{\partial\theta}{\partial x_1}. \tag{8.7}$$

2.1 空间电荷及指向矢曲率方程

要想知道液晶中空间电荷随着时间的增长，究竟是逐渐衰减以致消灭而使液晶恢复到稳定状态，还是逐渐增长从而引起流体动力不稳定性，就必须先求出空间电荷密度 q 所满足的方程。这个方程式就是一般的电荷守恒方程

$$\frac{\partial q}{\partial t}+j_{i,i}=0. \tag{8.8$_1$}$$

由于假设了各个物理量都只是 x_1 的函数而与 x_2 和 x_3 无关，因此

$$j_{i,i}=j_{1,1}=(\sigma_\perp+\sigma_a\cos^2\theta)\frac{\partial E_1}{\partial x_1}-2\sigma_a E\sin\theta\cos\theta\frac{\partial\theta}{\partial x_1}$$
$$+\sigma_a E(\cos^2\theta-\sin^2\theta)\frac{\partial\theta}{\partial x_1}.$$

在小角度 θ 的条件下上式可以近似为

$$j_{i,i}=(\sigma_\perp+\sigma_a)\frac{\partial E_1}{\partial x_1}-2\sigma_a E\theta\frac{\partial\theta}{\partial x_1}$$
$$+\sigma_a E(1-\theta^2)\frac{\partial\theta}{\partial x_1}.$$

如果只保留到 θ 的一阶项，并且注意到 $\sigma_a=\sigma_{/\!/}-\sigma_\perp$，那么就有

$$j_{i,i}=\sigma_{/\!/}\frac{\partial E_1}{\partial x_1}+\sigma_a E\frac{\partial\theta}{\partial x_1}.$$

因此，电荷守恒方程 (8.8$_1$) 成为

$$\frac{\partial q}{\partial t}+\sigma_{/\!/}\frac{\partial E_1}{\partial x_1}+\sigma_a E\frac{\partial\theta}{\partial x_1}=0 \tag{8.8$_2$}$$

的形式. 现在应用式 (8.7) 消去式中的 $\frac{\partial E_1}{\partial x_1}$，就得到

$$\frac{\partial q}{\partial t}+\frac{4\pi\sigma_{/\!/}}{\varepsilon_{/\!/}}q+\sigma_{/\!/}\left(\frac{\sigma_a}{\sigma_{/\!/}}-\frac{\varepsilon_a}{\varepsilon_{/\!/}}\right)E\frac{\partial\theta}{\partial x_1}=0,$$

$$\frac{\partial q}{\partial t}+\frac{4\pi\sigma_{/\!/}}{\varepsilon_{/\!/}}q+\sigma_{/\!/}\left(\frac{\varepsilon_\perp}{\varepsilon_{/\!/}}-\frac{\sigma_\perp}{\sigma_{/\!/}}\right)E\frac{\partial\theta}{\partial x_1}=0. \tag{8.8$_3$}$$

对于负性液晶 $\varepsilon_a < 0$，然而 $\sigma_a > 0$，因此

$$\sigma_{\parallel}\left(\frac{\sigma_a}{\sigma_{\parallel}} - \frac{\varepsilon_a}{\varepsilon_{\parallel}}\right) = \sigma_{\parallel}\left(\frac{\varepsilon_{\perp}}{\varepsilon_{\parallel}} - \frac{\sigma_{\perp}}{\sigma_{\parallel}}\right) > 0.$$

在没有外电场作用下（即 $E = 0$），式 (8.8_3) 给出空间电荷 q 的解是

$$q = q_0 \exp\left(-\frac{t}{\tau}\right) \tag{8.9_1}$$

$$\tau = \frac{\varepsilon_{\parallel}}{4\pi\sigma_{\parallel}}. \tag{8.9_2}$$

所以经过时间 τ 空间电荷将衰减消失。在外电场作用下，式 (8.8_3) 表明空间电荷随时间的变化与指向矢的曲率 $\frac{\partial\theta}{\partial x_1}$ 直接相关，因此必须找出 θ 所满足的方程。

θ 所满足的方程来自指向矢运动方程 (6.19)。忽略指向矢的惯性运动项，应用式 (5.77) 的 f_i' 表达式，那么对应于 $i=1$ 和 $i=3$ 的指向矢运动方程为

$$\begin{aligned}
&k_{11}\left[\sin\theta\frac{\partial^2\theta}{\partial x_1^2} + \cos\theta\left(\frac{\partial\theta}{\partial x_1}\right)^2\right] + k_{33}\cos^3\theta\left(\frac{\partial\theta}{\partial x_1}\right)^2 \\
&\quad - \left[\chi_a H^2\cos\theta + \frac{\varepsilon_a}{4\pi}(E_1^2\cos\theta + E_1E\sin\theta)\right] \\
&\quad - (\alpha_3 - \alpha_2)\sin\theta\frac{\partial\theta}{\partial t} + \alpha_3\sin\theta\frac{\partial v_3}{\partial x_1} = \gamma\cos\theta,
\end{aligned} \tag{8.10_1}$$

$$\begin{aligned}
&k_{33}\left[-\cos\theta\frac{\partial^2\theta}{\partial x_1^2} + \sin\theta(1+\cos^2\theta)\left(\frac{\partial\theta}{\partial x_1}\right)^2\right] \\
&\quad - \frac{\varepsilon_a}{4\pi}(E_1E\cos\theta + E^2\sin\theta) + (\alpha_3 - \alpha_2)\cos\theta\frac{\partial\theta}{\partial t} \\
&\quad + \alpha_2\cos\theta\frac{\partial v_3}{\partial x_1} = \gamma\sin\theta.
\end{aligned} \tag{8.10_2}$$

在这里我们应用了帕柔弟关系式 (5.93_2)。消除两个式子中的拉格朗日未定乘子 γ 后就得到

$$k_{11}\left[\sin^2\theta\frac{\partial^2\theta}{\partial x_1^2} + \sin\theta\cos\theta\left(\frac{\partial\theta}{\partial x_1}\right)^2\right] + k_{33}\left[\cos^2\theta\frac{\partial^2\theta}{\partial x_1^2}\right.$$

$$- \sin\theta\cos\theta\left(\frac{\partial\theta}{\partial x_1}\right)^2\Big] - \chi_a H^2 \sin\theta\cos\theta - \frac{\varepsilon_a}{4\pi}(E_1\cos\theta$$

$$+ E\sin\theta)(E_1\sin\theta - E\cos\theta) - (\alpha_3 - \alpha_2)\frac{\partial\theta}{\partial t}$$

$$+ (\alpha_3\sin^2\theta - \alpha_2\cos^2\theta)\frac{\partial v_3}{\partial x_1} = 0。$$

由于假设了 θ 的周期长度为 $\lambda_1 = \frac{2\pi}{k_1}$，因此

$$\frac{\partial^2\theta}{\partial x_1^2} = -k_1^2\theta。$$

把它代入上式，于是有

$$k_{11}\left[\sin\theta\cos\theta\left(\frac{\partial\theta}{\partial x_1}\right)^2 - k_1^2\theta\sin^2\theta\right] - k_{33}\Big[k_1^2\theta\cos^2\theta$$

$$+ \sin\theta\cos\theta\left(\frac{\partial\theta}{\partial x_1}\right)^2\Big] - \chi_a H^2\sin\theta\cos\theta$$

$$- \frac{\varepsilon_a}{4\pi}(E_1\cos\theta + E\sin\theta)(E_1\sin\theta - E\cos\theta)$$

$$- (\alpha_3 - \alpha_2)\frac{\partial\theta}{\partial t} + (\alpha_3\sin^2\theta - \alpha_2\cos^2\theta)\frac{\partial v_3}{\partial x_1} = 0, \tag{8.11$_1$}$$

对于小的 θ 角，在保留到 θ 的一阶项条件下，上式简化成为：

$$k_{33}k_1^2\theta + \chi_a H^2\theta - \frac{\varepsilon_a}{4\pi}(EE_1 + E^2\theta)$$

$$+ (\alpha_3 - \alpha_2)\frac{\partial\theta}{\partial t} + \alpha_2\frac{\partial v_3}{\partial x_1} = 0。 \tag{8.11$_2$}$$

由于 $E_1 \ll E$，所以在式中忽略了高阶微量 $\frac{\varepsilon_a}{4\pi}E_1^2\theta$ 项．式 (8.11$_2$) 就是 θ 所满足的方程．不过式 (8.11$_2$) 中还存在着 $\frac{\partial v_3}{\partial x_1}$ 这一未曾确定的项．消除 $\frac{\partial v_3}{\partial x_1}$ 项需要用到动量守恒定律式 (6.15)。

动量守恒定律式 (6.15) 的第一项 $\frac{\partial}{\partial t}(\rho v_i)$ 是惯性项，最后

一项 $t_{ij,j}$ 是阻力项．阻力项的数量级是 $\frac{\alpha v}{l^2}$，α 是粘滞系数，l 是液晶厚度。一般 α 在 10^{-1} 泊的数量级，l 在 10 到 10^2 微米的数量级，因此阻力项的数量级在 $10^7 v$ 到 $10^9 v$．如果 ω 是外电场的频率，那么 $\frac{\partial v}{\partial t} \approx \omega v$，而 $\frac{\partial}{\partial t}(\rho v) \approx \omega \rho v$．液晶密度 ρ 的数量级是 1，因此即使频率高到 10^6 赫，惯性项仍然比阻力项小很多而可以忽略不计．另外，v_i 是一个微量，因此 $\rho v_i v_j$ 是二阶微量而可以忽略不计．这就是我们时常忽略动量守恒方程式中惯性项的理由．这样式(6.15) 可以简化成为

$$
\begin{aligned}
& p_{,i} - n_{k,i}\Pi_{kj,j} - n_{k,ij}\Pi_{kj} - \frac{1}{4\pi}(E_{i,j}D_j + E_i D_{j,j} \\
& \quad + H_{i,j}B_j + H_i B_{j,j}) + \frac{1}{8\pi}\frac{\partial}{\partial x_i}(\varepsilon_{kl}E_k E_l + \mu_{kl}H_k H_l) \\
& \quad - \frac{1}{8\pi}\frac{\partial}{\partial x_i}\left(\rho E_k E_l \frac{\partial \varepsilon_{kl}}{\partial \rho} + \rho H_k H_l \frac{\partial \mu_{kl}}{\partial \rho}\right) + t_{ij,j} = 0.
\end{aligned}
$$

在目前的问题中，H，ε_{ij} 和 μ_{ij} 都是常量，在应用麦克斯韦方程 (6.2_1) 和 (6.2_2) 后，上式简化成为

$$
\begin{aligned}
& p_{,i} - n_{k,i}\Pi_{kj,j} - n_{k,ij}\Pi_{kj} - \frac{\varepsilon_{jl}}{4\pi}E_{i,j}E_l - qE_i \\
& \quad + \frac{1}{8\pi}\varepsilon_{kl}\frac{\partial}{\partial x_i}(E_k E_l) + t_{ij,j} = 0. \qquad (8.12)
\end{aligned}
$$

现在各个物理量都只是 x_1 的函数，因此所有对 x_2 和对 x_3 的微分都等于零．在沿 x_1 轴方向没有压强差的条件下，忽略二阶以上项时，对于 $i=1$ 和 $i=2$ 上式都是零的恒等式．对于 $i=3$，上式给出

$$
-qE + t_{31,1} = 0.
$$

应用式 (5.76) 的 t_{ij} 后就得到

$$
\begin{aligned}
& -qE - \alpha_1\left[\sin^2\theta\cos^2\theta\frac{\partial^2 v_3}{\partial x_1^2} + \sin 2\theta\cos 2\theta\frac{\partial\theta}{\partial x_1}\frac{\partial v_3}{\partial x_1}\right] \\
& \quad - (\alpha_2\cos^2\theta - \alpha_3\sin^2\theta)\left(\frac{\partial^2\theta}{\partial x_1\partial t} - \frac{1}{2}\frac{\partial^2 v_3}{\partial x_1^2}\right)
\end{aligned}
$$

$$+ (\alpha_2 + \alpha_3) \sin 2\theta \frac{\partial\theta}{\partial x_1}\left(\frac{\partial\theta}{\partial t} - \frac{1}{2}\frac{\partial v_3}{\partial x_1}\right) - \frac{1}{2}\alpha_4 \frac{\partial^2 v_3}{\partial x_1^2}$$

$$- \frac{1}{2}(\alpha_5 \cos^2\theta + \alpha_6 \sin^2\theta)\frac{\partial^2 v_3}{\partial x_1^2}$$

$$+ \frac{1}{2}(\alpha_5 - \alpha_6)\sin 2\theta \frac{\partial\theta}{\partial x_1}\frac{\partial v_3}{\partial x_1} = 0。$$

在小 θ 角的情形下，保留到 θ 的一阶项并且忽略高阶微量 $\frac{\partial\theta}{\partial x_1}\frac{\partial v_3}{\partial x_1}$ 项，上式就成为

$$-qE - \alpha_2 \frac{\partial^2\theta}{\partial x_1 \partial t} + \frac{1}{2}(\alpha_2 - \alpha_4 - \alpha_5)\frac{\partial^2 v_3}{\partial x_1^2} = 0。 \quad (8.13_1)$$

最后一项 $\frac{\partial^2 v_3}{\partial x_1^2}$ 的系数正是式(5.117)梅索维克兹主粘滞系数 η_2 的负值。因此，式 (8.13_1) 又可以写成

$$\eta_2 \frac{\partial^2 v_3}{\partial x_1^2} = -qE - \alpha_2 \frac{\partial^2\theta}{\partial x_1 \partial t}。 \quad (8.13_2)$$

这就是 v_3 和 θ 之间的关系式。

现在把式 (8.11_2) 对 x_1 微分，然后应用式 (8.13_2) 以消除 $\frac{\partial^2 v_3}{\partial x_1^2}$ 项，并且应用式 (8.7) 以消除 $\frac{\partial E_1}{\partial x_1}$ 项，就可以得出 θ 需要满足的方程为

$$\left(\alpha_3 - \alpha_2 - \frac{\alpha_2^2}{\eta_2}\right)\frac{\partial^2\theta}{\partial x_1 \partial t} + \left(k_{33}k_1^2 + \chi_a H^2 - \frac{\varepsilon_a \varepsilon_\perp}{4\pi\varepsilon_\parallel}E^2\right)\frac{\partial\theta}{\partial x_1} - \left(\frac{\varepsilon_a}{\varepsilon_\parallel} + \frac{\alpha_2}{\eta_2}\right)qE = 0。 \quad (8.14)$$

式 (7.119) 指出

$$\alpha_3 - \alpha_2 > \frac{\alpha_2^2}{\eta_2},$$

因此式 (8.14) 中第一项 $\frac{\partial^2\theta}{\partial x_1 \partial t}$ 的系数 η'' 是正值，

$$\eta'' = \alpha_3 - \alpha_2 - \frac{\alpha_2^2}{\eta^2}。 \quad (8.15)$$

在无外电场作用的情形下，式 (8.14) 简化成为

$$\eta'' \frac{\partial^2\theta}{\partial x_1 \partial t} + (k_{33}k_1^2 + \chi_a H^2) \frac{\partial\theta}{\partial x_1} = 0。$$

它的解是

$$\frac{\partial\theta}{\partial x_1} = \left(\frac{\partial\theta}{\partial x_1}\right)_0 \exp\left(-\frac{t}{T_0}\right), \tag{8.16$_1$}$$

$$T_0 = \frac{\eta''}{k_{33}k_1^2 + \chi_a H^2}。 \tag{8.16$_2$}$$

所以在时间 T_0 内指向矢的曲率 $\frac{\partial\theta}{\partial x_1}$ 将衰减消失。

从式 (8.9) 和 (8.16) 的结果可以看出，在无外电场作用的情形下，空间电荷 q 和指向矢的曲率 $\frac{\partial\theta}{\partial x_1}$ 随着时间的增长都将衰减消失．换句话说，整个系统对热运动引起的涨落是稳定的．但是，在外电场 E 的作用下，空间电荷 q 和指向矢曲率 $\frac{\partial\theta}{\partial x_1}$ 是互相关联的．它们之间由两个联立方程联系在一起．这两个方程是

$$\frac{\partial q}{\partial t} + \frac{4\pi\sigma_{\parallel}}{\varepsilon_{\parallel}} q + \sigma_{\parallel}\left(\frac{\varepsilon_{\perp}}{\varepsilon_{\parallel}} - \frac{\sigma_{\perp}}{\sigma_{\parallel}}\right) E \frac{\partial\theta}{\partial x_1} = 0, \tag{8.8$_3$}$$

$$\eta'' \frac{\partial^2\theta}{\partial x_1 \partial t} + \left(k_{33}k_1^2 + \chi_a H^2 - \frac{\varepsilon_a \varepsilon_{\perp}}{4\pi\varepsilon_{\parallel}} E^2\right) \frac{\partial\theta}{\partial x_1} - \left(\frac{\varepsilon_a}{\varepsilon_{\parallel}} + \frac{\alpha_2}{\eta_2}\right) \times qE = 0. \tag{8.14}$$

这两个方程指出，q 和 $\frac{\partial\theta}{\partial x_1}$ 之间的关系与外加电场 E 直接相关。因此，q 和 $\frac{\partial\theta}{\partial x_1}$ 的涨落究竟如何影响系统的稳定性，将与所施加的外电场 E 有直接的关系．下面我们分别讨论直流电场和交流电场的情形。

2.2 直流电场的激发

在 §1 中已经指出，当直流电压超过一定的临阈值时，液晶盒中的负性丝状液晶可以产生威廉斯畴方式的运动．在临阈值以下

直流电压并不引起液晶的振荡. 也就是说，在临阈电压值以下

$$\frac{\partial q}{\partial t}=0, \quad \frac{\partial^2\theta}{\partial x_1 \partial t}=0.$$

把这两个条件应用到式 (8.7_3) 和 (8.14)，就可以得到

$$\frac{4\pi}{\varepsilon_{\parallel}}q+\left(\frac{\varepsilon_{\perp}}{\varepsilon_{\parallel}}-\frac{\sigma_{\perp}}{\sigma_{\parallel}}\right)E\frac{\partial\theta}{\partial x_1}=0, \tag{8.17$_1$}$$

$$\left(k_{33}k_1^2+\chi_a H^2-\frac{\varepsilon_a\varepsilon_{\perp}}{4\pi\varepsilon_{\parallel}}E^2\right)\frac{\partial\theta}{\partial x_1}-\left(\frac{\varepsilon_a}{\varepsilon_{\parallel}}+\frac{\alpha_2}{\eta_2}\right)qE=0. \tag{8.17$_2$}$$

这是一对 q 与 $\frac{\partial\theta}{\partial x_1}$ 的联立方程. 它的一对平凡解 $q=0$, $\frac{\partial\theta}{\partial x_1}=0$ 描述液晶处于稳定状态的情形. 如果这一对方程存在 $q\neq 0$, $\frac{\partial\theta}{\partial x_1}\neq 0$ 的不稳定解的话，那么下面的方程就需要得到满足:

$$\frac{4\pi}{\varepsilon_{\parallel}}\left(k_{33}k_1^2+\chi_a H^2-\frac{\varepsilon_a\varepsilon_{\perp}}{4\pi\varepsilon_{\parallel}}E^2\right)+\left(\frac{\varepsilon_{\perp}}{\varepsilon_{\parallel}}-\frac{\sigma_{\perp}}{\sigma_{\parallel}}\right)\left(\frac{\varepsilon_a}{\varepsilon_{\parallel}}+\frac{\alpha_2}{\eta_2}\right)E^2=0.$$

也就是说要求

$$E^2=4\pi(k_{33}k_1^2+\chi_a H^2)\frac{\left(\frac{\varepsilon_{\parallel}}{\varepsilon_{\perp}}\right)}{\varepsilon_a(1-\zeta^2)}, \tag{8.18$_1$}$$

其中 ζ^2 为

$$\begin{aligned}\zeta^2&=\left(1-\frac{\sigma_{\perp}\varepsilon_{\parallel}}{\sigma_{\parallel}\varepsilon_{\perp}}\right)\left(1+\frac{\varepsilon_{\parallel}\alpha_2}{\varepsilon_a\eta_2}\right)\\&=\left(\frac{\varepsilon_a}{\varepsilon_{\parallel}}+\frac{\alpha_2}{\eta_2}\right)\frac{\varepsilon_{\parallel}}{\varepsilon_a}\frac{\varepsilon_{\parallel}}{\varepsilon_{\perp}}\left(\frac{\varepsilon_{\perp}}{\varepsilon_{\parallel}}-\frac{\sigma_{\perp}}{\sigma_{\parallel}}\right).\end{aligned} \tag{8.18$_2$}$$

由于

$$\frac{\varepsilon_{\parallel}}{\varepsilon_{\perp}}>0, \quad \varepsilon_a<0,$$

因此只有当 ζ^2 满足

$$\zeta^2>1 \tag{8.19}$$

的条件时 E^2 才能是正值，也就是 E 才有实数值. 如果液晶层的厚度为 d，那么 k_1 的最小值为 $\frac{\pi}{d}$. 因此，在弱磁场条件下 ($\chi_a H^2 \ll k_{33}k_1^2$) 式 (8.18_1) 给出了一个与样品厚度基本无关的临阈电压 V_{th}:

$$V_{th}=Ed$$
$$=2\pi\sqrt{\frac{-\pi k_{33}\varepsilon_{/\!/}}{\varepsilon_{\perp}\varepsilon_a(\zeta^2-1)}}.$$

低于这个临阈电压时将不会出现不稳定性.

让我们再分析一下式 (8.17$_2$) 中的各项. 第一项与 $\frac{\partial\theta}{\partial x_1}$ 相关，可以看作是一个使指向矢趋于平衡状态的恢复转矩，是一个令液晶趋于稳定的转矩. 这个转矩由三部分组成：一部分来源于弹性形变;一部分来源于外加磁场;还有一部分来源于介电场. 第二项与 qE 相关,可以看作是一个由于空间电荷 q 引起的失稳转矩. 这里要注意的是，ε_a 和 α_2 都被认为是负值而 η'' 和

$$\frac{\varepsilon_{/\!/}}{4\pi}\left(\frac{\varepsilon_{\perp}}{\varepsilon_{/\!/}}-\frac{\sigma_{\perp}}{\sigma_{/\!/}}\right)=\frac{\varepsilon_{/\!/}}{4\pi}\left(\frac{\sigma_a}{\sigma_{/\!/}}-\frac{\varepsilon_a}{\varepsilon_{/\!/}}\right)$$

都是正值. 第二项中包含两部分：第一部分实际上是一个介电转矩,第二部分 $-\frac{\alpha_2 qE}{\eta_2}$ 是一个由于感生切变流动而引起的转矩 (η_2 是切变粘滞系数). 如果把第一项中的介电转矩与第二项中的介电转矩合并在一起,那么它将是

$$-\frac{\varepsilon_a\varepsilon_{\perp}}{4\pi\varepsilon_{/\!/}}E^2\frac{\partial\theta}{\partial x_1}-\frac{\varepsilon_a}{\varepsilon_{/\!/}}qE=\left[-\frac{\varepsilon_a\varepsilon_{\perp}}{4\pi\varepsilon_{/\!/}}+\frac{\varepsilon_a}{\varepsilon_{/\!/}}\frac{\varepsilon_{/\!/}}{4\pi}\left(\frac{\varepsilon_{\perp}}{\varepsilon_{/\!/}}-\frac{\sigma_{\perp}}{\sigma_{/\!/}}\right)\right]$$
$$\times E^2\frac{\partial\theta}{\partial x_1}=-\frac{\varepsilon_a\sigma_{\perp}}{4\pi\sigma_{/\!/}}E^2\frac{\partial\theta}{\partial x_1}.$$

第一个等式是应用式 (8.17$_1$) 的结果. 由于 $\varepsilon_a<0$，因此上式中右方 $\frac{\partial\theta}{\partial x_1}$ 的系数是正值. 所以，由于介电来源而引起的总的转矩总是起到稳定的作用。第二项的第二部分在应用式 (8.17$_1$) 后成为

$$-\frac{\alpha_2}{\eta_2}qE=\frac{\alpha_2\varepsilon_{/\!/}}{4\pi\eta_2}\left(\frac{\varepsilon_{\perp}}{\varepsilon_{/\!/}}-\frac{\sigma_{\perp}}{\sigma_{/\!/}}\right)E^2\frac{\partial\theta}{\partial x_1}.$$

由于 $\alpha_2<0$, 所以它是一个引起失稳的转矩. 从式 (8.17$_2$) 的力矩平衡方程式我们看到，引起失稳的只有由于感生切变流动而引起的转矩. 因此,这种不稳定性本质上是流体动力性质的.

2.3 交流电场激发——导电方式区

现在讨论由于交变电场

$$E(t)=E_0\cos\omega t$$

的激发而引起的电流体动力不稳定性．我们仍然从空间电荷 q 和指向矢曲率 $\frac{\partial\theta}{\partial x_1}$ 所满足的方程 (8.7_3) 和 (8.14) 出发：

$$\frac{\partial q}{\partial t}+\frac{4\pi\sigma_{\parallel}}{\varepsilon_{\parallel}}q+\sigma_{\parallel}\left(\frac{\varepsilon_{\perp}}{\varepsilon_{\parallel}}-\frac{\sigma_{\perp}}{\sigma_{\parallel}}\right)E\frac{\partial\theta}{\partial x_1}=0, \tag{8.7_3}$$

$$\eta''\frac{\partial^2\theta}{\partial x_1\partial t}+\left(k_{33}k_1^2+\chi_aH^2-\frac{\varepsilon_a\varepsilon_{\perp}}{4\pi\varepsilon_{\parallel}}E^2\right)\frac{\partial\theta}{\partial x_1}$$
$$-\left(\frac{\varepsilon_a}{\varepsilon_{\parallel}}+\frac{\alpha_2}{\eta_2}\right)qE=0。 \tag{8.14}$$

如果令

$$\frac{1}{\eta''}(k_{33}k_1^2+\chi_aH^2)=e^2(0), \tag{8.20_1}$$

$$-\frac{\varepsilon_a\varepsilon_{\perp}}{4\pi\varepsilon_{\parallel}\eta''}E^2(t)=e^2(t)=e_0^2\cos^2\omega t, \tag{8.20_2}$$

那么根据式 (8.9_2) 定义的 τ，式 (8.7_3) 和 (8.19) 可以改写成

$$\frac{\partial q}{\partial t}+\frac{q}{\tau}+\sigma_{\parallel}\left(\frac{\varepsilon_{\perp}}{\varepsilon_{\parallel}}-\frac{\sigma_{\perp}}{\sigma_{\parallel}}\right)\sqrt{-\frac{4\pi\varepsilon_{\parallel}\eta''}{\varepsilon_a\varepsilon_{\perp}}}\,e(t)\frac{\partial\theta}{\partial x_1}=0, \tag{8.21}$$

$$\frac{\partial^2\theta}{\partial x_1\partial t}+[e^2(0)+e^2(t)]\frac{\partial\theta}{\partial x_1}-\frac{1}{\eta''}\left(\frac{\varepsilon_a}{\varepsilon_{\parallel}}+\frac{\alpha_2}{\eta_2}\right)$$
$$\times\sqrt{-\frac{4\pi\varepsilon_{\parallel}\eta''}{\varepsilon_a\varepsilon_{\perp}}}\,e(t)q=0。 \tag{8.22}$$

现在采用符号 ψ 和 z，令

$$A\frac{\partial\theta}{\partial x_1}=\psi, \tag{8.23_1}$$

$$\sigma_{\parallel}\left(\frac{\varepsilon_{\perp}}{\varepsilon_{\parallel}}-\frac{\sigma_{\perp}}{\sigma_{\parallel}}\right)\sqrt{-\frac{4\pi\varepsilon_{\parallel}\eta''}{\varepsilon_a\varepsilon_{\perp}}}\frac{\partial\theta}{\partial x_1}=z\psi, \tag{8.23_2}$$

$$-\frac{1}{\eta''}\left(\frac{\varepsilon_a}{\varepsilon_{\parallel}}+\frac{\alpha_2}{\eta_2}\right)\sqrt{-\frac{4\pi\varepsilon_{\parallel}\eta''}{\varepsilon_a\varepsilon_{\perp}}}A=z; \tag{8.23_3}$$

那么 z 和 A 分别为

$$z^2 = \frac{4\pi\varepsilon_{\parallel}\sigma_{\parallel}}{\varepsilon_a\varepsilon_{\perp}}\left(\frac{\varepsilon_a}{\varepsilon_{\parallel}}+\frac{\alpha_2}{\eta_2}\right)\left(\frac{\varepsilon_{\perp}}{\varepsilon_{\parallel}}-\frac{\sigma_{\perp}}{\sigma_{\parallel}}\right)=\frac{\zeta^2}{\tau}, \tag{8.24$_1$}$$

$$A^2 = -\frac{\sigma_{\parallel}\left(\dfrac{\varepsilon_{\perp}}{\varepsilon_{\parallel}}-\dfrac{\sigma_{\perp}}{\sigma_{\parallel}}\right)\eta''}{\dfrac{\varepsilon_a}{\varepsilon_{\parallel}}+\dfrac{\alpha_2}{\eta_2}}, \tag{8.24$_2$}$$

而式 (8.21) 和 (8.22) 分别成为

$$\frac{\partial q}{\partial t}+\frac{q}{\tau}+ze(t)\psi=0, \tag{8.25}$$

$$\frac{\partial \psi}{\partial t}+[e^2(0)+e^2(t)]\psi+ze(t)q=0. \tag{8.26}$$

式 (8.25) 是在外加交变电场中空间电荷密度 q 所满足的方程；而式 (8.26) 是 ψ，也就是 $\dfrac{\partial\theta}{\partial x_1}$ 所满足的方程式．两个方程中各自的第三项是一个 q 和 ψ 互相耦合的项．这两个耦合项具有相同的耦合系数 $ze(t)$，因此参量 z 决定了耦合的强弱程度．如果不考虑耦合作用，那么式 (8.25) 的解是一个张弛时间为 τ 的稳定解

$$q_0\exp\left(-\frac{t}{\tau}\right).$$

取 $\varepsilon_{\parallel}\approx 6$，$\sigma_{\parallel}\approx 2\times10^{-8}$ 每欧·每厘米，那么张弛时间 τ 的数量级将为

$$\tau\approx 10^8\,欧·厘米 = 10^8\times\frac{1}{9}\times10^{-11}\,秒\approx10^{-3}\,秒.$$

与空间电荷 q 相类似，式 (8.26) 说明在不考虑耦合作用时，指向矢曲率的张弛时间为 $[e^2(0)+e^2(t)]^{-1}$．这是一个由外电场引起的张弛时间，因为它通过 $e(t)$ 与外加电场直接相关．显然，在取消外加电场后指向矢曲率的衰减时间正是 $[e(0)]^{-2}$．

外加电场 $e(t)$ 是一个周期为 $\dfrac{2\pi}{\omega}$ 的周期性函数，因此可以设想 q 和 ψ 的解必然也有一个周期性函数的部分．另外，在无外电场作用下，q 和 ψ 必然都是时间的负指数函数．现在耦合项又具有

相同的耦合系数，因此又可以设想 q 和 ψ 的解还可以有一个相同的指数因子 $\exp(\Lambda t)$. 在稳定情形下 $\Lambda < 0$, 因为只有这样才可以使 q 和 ψ 都随时间的增长而指数衰减,从而使液晶趋向于稳定. 如果存在不稳定的解，那么对于不稳定解，Λ 必然是一个正值的量，因为只有 $\Lambda > 0$ 才能使 q 和 ψ 随着时间的增长而增大. 稳定解的条件是 $\Lambda < 0$, 不稳定解的条件是 $\Lambda > 0$, 所以开始发生不稳定的条件是 $\Lambda = 0$. 这就是通常所说的稳定性交换原理 (principle of exchange of stability)[10,11]. 如果 q 和 ψ 的解具有 $q_p(t)\times\exp(\Lambda t)$ 和 $\psi_p(t)\exp(\Lambda t)$ 的形式，$q_p(t)$ 和 $\psi_p(t)$ 分别为 q 和 ψ 的周期性部分,那么

$$\frac{\partial q}{\partial t} = \Lambda q_p(t)\exp(\Lambda t) + \frac{\partial q_p(t)}{\partial t}\exp(\Lambda t),$$

$$\frac{\partial \psi}{\partial t} = \Lambda \psi_p(t)\exp(\Lambda t) + \frac{\partial \psi_p(t)}{\partial t}\exp(\Lambda t).$$

这样,发生不稳定性的条件就是

$$\frac{\partial q}{\partial t} = \frac{\partial q_p(t)}{\partial t}\exp(\Lambda t),$$

$$\frac{\partial \psi}{\partial t} = \frac{\partial \psi_p(t)}{\partial t}\exp(\Lambda t). \tag{8.27}$$

现在 $q_p(t)$ 和 $\psi_p(t)$ 可以用傅里叶级数加以展开. 设

$$q_p(t) = \sum_{n=0}^{\infty}(q'_n\cos n\omega t + q''_n\sin n\omega t), \tag{8.28}$$

$$\psi_p(t) = \sum_{n=0}^{\infty}(\psi'_n\cos n\omega t + \psi''_n\sin n\omega t), \tag{8.29}$$

这里 q'_n, q''_n, ψ'_n 和 ψ''_n 都与时间 t 无关. 把它们代入式 (8.25) 和 (8.26), 同时注意到

$$e^2(t) = e_0^2\cos^2\omega t = \frac{1}{2}e_0^2(1+\cos 2\omega t),$$

$$\sin mx\cos nx = \frac{1}{2}[\sin(m-n)x + \sin(m+n)x],$$

$$\cos mx \cos nx = \frac{1}{2}[\cos(m-n)x + \cos(m+n)x],$$

就可以得到

$$\sum_{n=0}^{\infty}\left\{\left(n\omega q_n'' + \frac{q_n'}{\tau}\right)\cos n\omega t + \frac{1}{2}ze_0\psi_n'[\cos(n-1)\omega t + \cos(n+1)\omega t]\right\} + \sum_{n=0}^{\infty}\left\{\left(-n\omega q_n' + \frac{q_n''}{\tau}\right)\sin n\omega t + \frac{1}{2}ze_0\psi_n''[\sin(n-1)\omega t + \sin(n+1)\omega t]\right\} = 0, \tag{8.30}$$

$$\sum_{n=0}^{\infty}\left\{\left[n\omega\psi_n'' + \left(e^2(0) + \frac{1}{2}e_0^2\right)\psi_n'\right]\cos n\omega t + \frac{1}{4}e_0^2\psi_n'[\cos(n-2)\omega t + \cos(n+2)t] + \frac{1}{2}ze_0q_n'[\cos(n-1)\omega t + \cos(n+1)\omega t]\right\} + \sum_{n=0}^{\infty}\left\{\left[-n\omega\psi_n' + \left(e^2(0) + \frac{1}{2}e_0^2\right)\psi_n''\right]\sin n\omega t + \frac{1}{4}e_0^2\psi_n''[\sin(n-2)\omega t + \sin(n+2)\omega t] + \frac{1}{2}ze_0q_n''[\sin(n-1)\omega t + \sin(n+1)\omega t]\right\} = 0. \tag{8.31}$$

由于 $\cos n\omega t$ 和 $\sin n\omega t$ 是正交函数，因此各个 $\cos n\omega t$ 项和 $\sin n\omega t$ 项的系数都应该分别等于零．对于不同的 n 值，可以得出下列各个方程：

$$\frac{q_0'}{\tau} + \frac{1}{2}ze_0\psi_1' = 0, \tag{8.32$_1$}$$

$$\omega q_1'' + \frac{q_1'}{\tau} + \frac{1}{2}ze_0(2\psi_0' + \psi_2') = 0, \tag{8.32$_2$}$$

$$n\omega q_n'' + \frac{q_n'}{\tau} + \frac{1}{2}ze_0(\psi_{n-1}' + \psi_{n+1}') = 0, \quad (n \geqslant 2), \tag{8.32$_3$}$$

$$-\omega q_1' + \frac{q_1''}{\tau} + \frac{1}{2} z e_0 \psi_2'' = 0, \tag{8.32$_4$}$$

$$-n\omega q_n' + \frac{q_n''}{\tau} + \frac{1}{2} z e_0 (\psi_{n-1}'' + \psi_{n+1}'') = 0, \ (n \geqslant 2), \tag{8.32$_5$}$$

$$\left[e^2(0) + \frac{1}{2} e_0^2\right] \psi_0' + \frac{1}{4} e_0^2 \psi_2' + \frac{1}{2} z e_0 q_1' = 0, \tag{8.32$_6$}$$

$$\omega \psi_1'' + \left[e^2(0) + \frac{1}{2} e_0^2\right] \psi_1' + \frac{1}{4} e_0^2 (\psi_1' + \psi_3')$$
$$+ \frac{1}{2} z e_0 (2q_0' + q_2') = 0, \tag{8.32$_7$}$$

$$n\omega \psi_n'' + \left[e^2(0) + \frac{1}{2} e_0^2\right] \psi_n' + \frac{1}{4} e_0^2 (\psi_{n-2}' + \psi_{n+2}')$$
$$+ \frac{1}{2} z e_0 (q_{n-1}' + q_{n+1}') = 0, \ (n \geqslant 2), \tag{8.32$_8$}$$

$$-\omega \psi_1 + \left[e^2(0) + \frac{1}{2} e_0^2\right] \psi_1'' + \frac{1}{4} e_0^2 (-\psi_1'' + \psi_3'')$$
$$+ \frac{1}{2} z e_0 q_2'' = 0, \tag{8.32$_9$}$$

$$-n\omega \psi_n' + \left[e^2(0) + \frac{1}{2} e_0^2\right] \psi_n'' + \frac{1}{4} e_0^2 (\psi_{n-2}'' + \psi_{n+2}'')$$
$$+ \frac{1}{2} z e_0 (q_{n-1}'' + q_{n+1}'') = 0, \ (n \geqslant 2). \tag{8.32$_{10}$}$$

先看式 (8.32$_3$)、(8.32$_5$)、(8.32$_8$) 和 (8.32$_{10}$) 这四个 $n \geqslant 2$ 的方程。式 (8.32$_3$) 和 (8.32$_5$) 是一对 q_n' 和 q_n'' 的联立方程. 解出后可以得到

$$q_n' = \frac{\frac{1}{2} z e_0 \tau}{1 + n^2\omega^2\tau^2} \left[-(\psi_{n-1}' + \psi_{n+1}') + n\omega\tau(\psi_{n-1}'' + \psi_{n+1}'')\right],$$

$$q_n'' = -\frac{\frac{1}{2} z e_0 \tau}{1 + n^2\omega^2\tau^2} \left[n\omega\tau(\psi_{n-1}' + \psi_{n+1}') + (\psi_{n-1}''\right.$$
$$\left. + \psi_{n+1}'')\right].$$

式 (8.32_8) 和 (8.32_{10}) 可以写成

$$\psi_n'' + \frac{\left[e^2(0) + \frac{1}{2} e_0^2\right]}{n\omega} \psi_n' + \frac{1}{4} \frac{e_0^2}{n\omega} (\psi_{n-2}' + \psi_{n+2}') + \frac{1}{2} \frac{z e_0}{n\omega} (q_{n-1}' + q_{n+1}') = 0, \tag{8.32$'_8$}$$

$$-\psi_n' + \frac{\left[e^2(0) + \frac{1}{2} e_0^2\right]}{n\omega} \psi_n'' + \frac{1}{4} \frac{e_0^2}{n\omega} (\psi_{n-2}'' + \psi_{n+2}'') + \frac{1}{2} \frac{z e_0}{n\omega} (q_{n-1}'' + q_{n+1}'') = 0 \tag{8.32$'_{10}$}$$

的形式。 如果把上面 q_n' 和 q_n'' 的形式代入这两个方程，那么在 $n\omega\tau \approx 1$ 的条件下，除 ψ_n' 和 ψ_n'' 项外其余各项的系数都是在 $\frac{e^2(0)}{n\omega}$，$\frac{e_0^2}{n\omega}$ 和 $e_0^2\tau$ 的数量级。假定这些都是微量：

$$\frac{e^2(0)}{n\omega} \ll 1, \quad \frac{e_0^2}{n\omega} \ll 1, \quad e^2\tau \ll 1,$$

那么式 $(8.32'_8)$ 和 $(8.32'_{10})$ 说明在 $n \geqslant 2$ 时 ψ_n' 和 ψ_n'' 项都可以忽略不计。 在这种情形下式 (8.32_1)、(8.32_2)、(8.32_4)、(8.32_7) 和 (8.32_9) 分别成为

$$\frac{q_0'}{\tau} + \frac{1}{2} z e_0 \psi_1' = 0, \tag{8.33$_1$}$$

$$\omega q_1'' + \frac{q_1'}{\tau} + z e_0 \psi_0' = 0, \tag{8.33$_2$}$$

$$-\omega q_1' + \frac{q_1''}{\tau} = 0, \tag{8.33$_3$}$$

$$\left[e^2(0) + \frac{1}{2} e_0^2\right] \psi_0' + \frac{1}{2} z e_0 q_1' = 0, \tag{8.33$_4$}$$

$$\omega \psi_1'' + \left[e^2(0) + \frac{1}{2} e_0^2\right] \psi_1' + \frac{1}{4} e_0^2 \psi_1' + z e_0 q_0' = 0, \tag{8.33$_5$}$$

$$-\omega\psi_1' + \left[e^2(0) + \frac{1}{2}e_0^2\right]\psi_1'' - \frac{1}{4}e_0^2\psi_1'' = 0. \quad (8.33_6)$$

象忽略 $n \geqslant 2$ 的各个 ψ_n' 和 ψ_n'' 一样，在式 (8.33_5) 和 (8.33_6) 中我们忽略了各个 $n \geqslant 2$ 的 q_n' 和 q_n'' 项.

式 (8.33_2) 和 (8.33_4) 是 ψ_0' 所满足的方程. 从式 (8.33_2) 和 (8.33_3) 中消去 q_1'' 项，就得到

$$z e_0 \tau \psi_0' + (1 + \omega \tau^2) q_1' = 0. \quad (8.34)$$

它和式 (8.33_4) 成为一对 ψ_0' 和 q_1' 之间的关系式. 因此，如果存在一对非零的 ψ_0' 和 q_1' 解的话，就必须满足关系式

$$\left[e^2(0) + \frac{1}{2}e_0^2\right](1 + \omega^2\tau^2) - \frac{1}{2}z^2 e_0^2 \tau = 0,$$

也就是说必须使 $e^2(0)$ 满足关系式

$$e_0^2 = -\frac{2(1+\omega^2\tau^2)}{1 - z^2\tau + \omega^2\tau^2}e^2(0)$$

$$= -\frac{2(1+\omega^2\tau^2)}{1 - \zeta^2 + \omega^2\tau^2}e^2(0). \quad (8.35)$$

把式 (8.20) 中的 $e^2(0)$ 和 e_0^2 代入式 (8.35) 之后就可以得出，存在指向矢曲率直流部分和空间电荷基波部分所需要满足的条件是

$$\frac{E_0^2}{2k_1^2} = \left(k_{33} + \frac{\chi_a H^2}{k_1^2}\right)\left(\frac{\varepsilon_{/\!/}}{\varepsilon_\perp}\right)\left[\frac{4\pi(1+\omega^2\tau^2)}{-\varepsilon_a(\zeta^2-1) + \varepsilon_a\omega^2\tau^2}\right]. \quad (8.36)$$

对于 PAA 来讲，$\varepsilon_{/\!/} \approx 5.62$，$\varepsilon_\perp \approx 5.85$，$\alpha_2 \approx -5 \times 10^{-2}$ 泊，$\eta_2 \approx 9 \times 10^{-2}$ 泊；对于 MBBA 来讲，$\varepsilon_{/\!/} \approx 4.72$，$\varepsilon_\perp \approx 5.25$，$\alpha_2 \approx -7 \times 10^{-1}$ 泊，$\eta_2 \approx 1$ 泊；二者的 $\dfrac{\sigma_{/\!/}}{\sigma_\perp} \approx 1.5$，因此 $-\varepsilon_a(\zeta^2-1)$ 都是正值而且它的数量级为 1. 当 $\omega \to 0$ 时，式 (8.36) 的条件正好是式 (8.18_1) 的直流临阈值的条件. 由于 $\varepsilon_a < 0$，因此增加 ω 时式 (8.36) 的分母减小；当 $\omega^2\tau^2 \approx \zeta^2 - 1$ 时分母将趋于零. 因此，存在一个频率的极限值 ω_c':

$$\omega_c' = \frac{\sqrt{\zeta^2-1}}{\tau} = \frac{4\pi\sigma_{/\!/}}{\varepsilon_{/\!/}}\sqrt{\zeta^2-1}, \quad (8.37)$$

只有 $\omega < \omega_c'$ 时才存在实数的 E_0 值. 当然，式 (8.36) 所能适用的

频率范围要有一个低于 ω_c' 的截频 ω_c. 在弱磁场条件下（$\chi_a H^2 \ll k_{33}k_1^2$），由于 k_1 的最小值为 $\frac{\pi}{d}$，因此式 (8.36) 指出，正象直流激发的情形一样，产生不稳定性需要有一个与频率有关的临阈电压 V_{th} 而不是临阈电场. 低于这个临阈电压时将不会出现不稳定性. 在低于截频 ω_c 的条件下忽略磁场作用，取 $k_1 = \frac{\pi}{d}$，$d \approx 20$ 微米，$k_{33} \approx 10^{-6}$ 达因，$\eta'' \approx 10^{-1}$ 泊，那么式 (8.20_1) 给出 $e^2(0)$ 约等于 25 每秒. 假设在液晶层上施加的电压峰值为 6 伏，取 $|\varepsilon_a| \approx 0.3$，$\frac{\varepsilon_\perp}{\varepsilon_{/\!/}} \approx 1$，那么式 ($8.20_2$) 给出 $e_0^2 \approx \frac{0.3}{4\pi \times 10^{-1}}\left(\frac{6}{300 \times 2 \times 10^{-3}}\right)^2$ 也是大约 25 每秒. 所以 $e_0^2(0)$ 和 e_0^2 在同一数量级. 这样在不考虑空间电荷 q 与指向矢曲率 $\frac{\partial\theta}{\partial x_1}$ 之间的耦合时，空间电荷的张弛时间 τ 在 10^{-3} 秒的数量级，要小于指向矢曲率的张弛时间 $[e^2(0) + e^2(t)]^{-1}$。因此，

$$\tau \ll [e^2(0) + e^2(t)]^{-1},$$

$$e_0^2\tau \ll 1。$$

前面提到能忽略谐波的另外两个条件是

$$\frac{e^2(0)}{\omega_c} \ll 1, \quad \frac{e_0^2}{\omega_c} \ll 1.$$

既然 e_0^2 和 $e^2(0)$ 在同一数量级，这两个条件就相当于要求

$$\frac{k_1^2 k_{33}}{\eta''} \ll \omega < \omega_c \approx \frac{1}{\tau}.$$

这就是说，要求液晶层的厚度 d 必须超过一个临阈厚度 d_c:

$$d > d_c = \pi\left(\frac{k_{33}\tau}{\eta''}\right)^{\frac{1}{2}}.$$

从上面的数字可以看到，只要液晶层的厚度大约超过 10 微米，这个忽略谐波的条件就总是可以得到满足的。

低于 ω_c 的频率范围称为导电方式区。在这个区域内式 (8.34) 指出 ϕ_0' 与时间无关，因此出现的指向矢畸变图案是静止的，而且临阈值是临阈电压，只有几伏的数量级. 从式 (8.36) 可以看出，

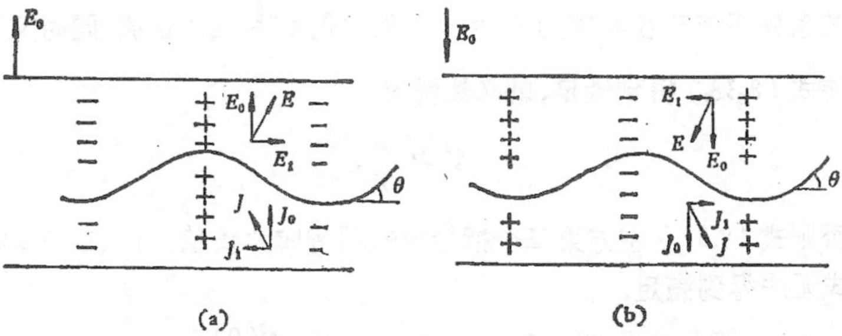

图 8.5　导电方式区中的指向矢图案和空间电荷图案.

增加磁场强度将增加临阈电压的数值. 当 $\chi_a H^2 \gg k_{33} k_1^2$ 时，磁场强度将是决定临阈电压的主要因素，甚至临阈值将是临阈电场而不再是临阈电压. 实验证实了这种情形[12]. 在导电方式区中指向矢和空间电荷的分布示意图见图 8.5. 指向矢图案基本上是驻立的，在一个周期的任何时刻，指向矢的取向总是同电场合量的方向相垂直.

2.4 交流电场激发——介电方式区

频率 $\omega > \omega_c \approx \dfrac{1}{\tau}$ 的范围称为介电方式区. 这时空间电荷的运动将跟不上交变电场的变化. 所以，在到达阈值以上的时候，相对于交变电场，空间电荷分布将与时间无关，也就是说空间电荷分布是静止的. 与这种情形相对应的方程将是式 (8.33_1)、(8.33_5) 和 (8.33_6). 把式 (8.33_1) 的 q_0' 值代入式 (8.33_5) 后，就得到

$$\phi_1'' + \left[\frac{e^2(0)}{\omega} - (2\zeta^2 - 3)\frac{e_0^2}{4\omega}\right]\phi_1' = 0.$$

同时式 (8.33_6) 可以写成

$$\left(\frac{e^2(0)}{\omega} + \frac{e_0^2}{4\omega}\right)\phi_1'' - \phi_1' = 0$$

的形式. 这一对 ϕ_1 和 ϕ_1' 的联立方程只有在

$$\left(\frac{e^2(0)}{\omega} + \frac{e_0^2}{4\omega}\right)\left[(2\zeta^2 - 3)\frac{e_0^2}{4\omega} - \frac{e^2(0)}{\omega}\right] = 1 \quad (8.38_1)$$

的条件下才存在非零的 ψ_1' 和 ψ_1'' 解。要使 $\frac{e_0^2}{\omega}$ 成为正值，同时又能使式 (8.38_1) 得到满足，就必然要求

$$\zeta^2 > \frac{3}{2}.$$

否则式 (8.38_1) 左方第二个括号内的项将成为负值，而使 (8.38_1) 式无法得到满足.

式 (8.38_1) 给出了 $\frac{e_0^2}{4\omega}$ 的解，当然它是 $\frac{e^2(0)}{\omega}$ 的函数，不同的 $\frac{e^2(0)}{\omega}$ 值给出不同的 $\frac{e_0^2}{4\omega}$ 值. 这些 $\frac{e_0^2}{4\omega}$ 值中的最小值就给出了临阈电场. 令 $\frac{e_0^2}{4\omega}=x$, $\frac{e^2(0)}{\omega}=\alpha$, 那么式 ($8.38_1$) 可以写成

$$(x+\alpha)[(2\zeta^2-3)x-\alpha]=1 \tag{8.38_2}$$

的形式. x 具有最小值的条件是 $\frac{\partial x}{\partial \alpha}=0$. 所以，$x$ 具有最小值的条件现在是

$$[(2\zeta^2-3)x+(\zeta^2-2)]\frac{\partial x}{\partial \alpha}=\alpha-(\zeta^2-2)x.$$

只要 $\zeta^2>2$, 那么式中左方 $\frac{\partial x}{\partial \alpha}$ 的系数就不会变为零，因而 $\frac{\partial x}{\partial \alpha}=0$ 的条件变为

$$\alpha=(\zeta^2-2)x.$$

把它代入式 (8.38_2)，就可以得出最小值的 x 满足

$$x=\frac{e_0^2}{4\omega}=\frac{1}{\zeta^2-1}$$

的条件. 同时，与它相对应的 α 值为

$$\alpha=\frac{e^2(0)}{\omega}=\frac{\zeta^2-2}{\zeta^2-1}.$$

这样我们就得到，在 $\zeta^2>2$ 的条件下临阈电场 E_{0th} 满足

$$-\frac{\varepsilon_a\varepsilon_\perp}{4\pi\varepsilon_{/\!/}\eta''}\frac{E_{0th}^2}{4\omega}=\frac{1}{\zeta^2-1} \tag{8.39}$$

的条件，同时

$$\frac{k_{33}k_1^2+\chi_a H^2}{\eta''\omega}=\frac{\zeta^2-2}{\zeta^2-1}。\qquad (8.40)$$

由于 ζ^2 的数量级是 1，因此 $\frac{e_0^2}{\omega}$ 的数量级也是 1。从式 (8.39) 可以看出，在介电方式区内出现人字形图案的临阈电场与 $\omega^{\frac{1}{2}}$ 成正比而与 k_1 无关．在导电方式区内临阈电场(或临阈电压）是由 $e_0^2/\omega\ll 1$ 的条件决定而在介电方式区内则是由 $e_0^2/\omega\approx 1$ 决定，因此介电方式区的临阈电场要比导电方式区的高得多．从式 (8.40) 可以看出，介电方式区中人字形图案的波矢 k_1，也就是图案的空间周期性，与液晶盒的厚度无关，但却与频率 ω 和外加磁场强度 H 有关．在无外磁场条件下 k_1 与 $\omega^{\frac{1}{2}}$ 成正比．由于这时 $e^2(0)$ 与 ω 成正比，因此介电方式区中，在取消电场后指向矢曲率的张弛时间 $\frac{1}{e^2(0)}$ 的数量级为 $\frac{1}{\omega}$，比起导电方式区的张弛时间要短得多．所以，这种方式又被称为速失方式．图 8.6 是介电方式区中指向矢和空间电荷分布的示意图．电荷分布基本上是驻立的，在一个周期内指向矢的取向总是与电场合量的方向相垂直．

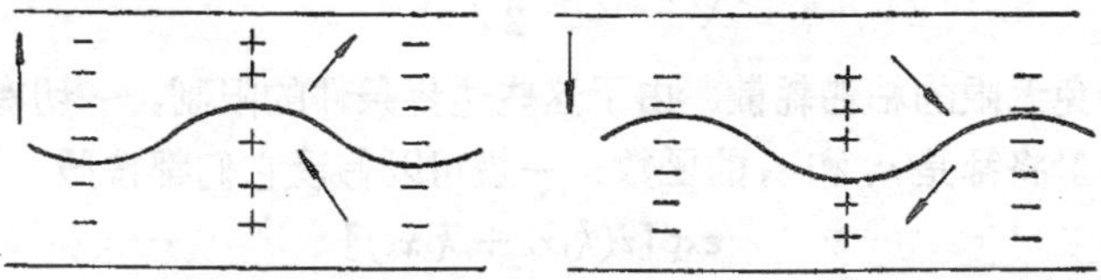

图 8.6　介电方式区中的指向矢图案和空间电荷图案．

3　丝状液晶的二维电流体动力不稳定性理论

现在把 §2 的一维理论引深一步，将液晶盒玻璃片的边界作用考虑进去．和 §2 一样，仍然讨论指向矢沿面排列的情形．现在令玻璃片的位置为 $x_3=\pm\frac{d}{2}$（图 8.4）．指向矢的偏转角仍然是 θ，所以式(8.1)的指向矢分量表示式仍然适用. 不过现在由于边界条件限制了$\theta\left(x_3=\pm\frac{d}{2}\right)=0$，因此$\theta$就不只是$x_1$的函数，同时它也是$x_3$的函数，$\theta=\theta(x_1, x_3)$. 假定玻璃片是完全导电的，那么，在外电场作用下、在$x_1=\pm\frac{d}{2}$处的电场分量$E_1=0$. 这样E_1也必然是x_1和x_3的函数，$E_1=E_1(x_1, x_3)$。在沿x_3轴方向所加固定外电场的用作下，由于电场$\mathbf{E}$需要满足恒定外磁场中麦克斯韦方程(6.2$_3$)，$\nabla\times\mathbf{E}=0$，所以还要感生一个沿x_3轴方向的附加电场$E_3(x_1, x_3)$，而

$$E_{3,1}=E_{1,3}。$$

这样电场$\mathbf{E}$的三个分量为

$$\mathbf{E}=[E_1(x_1, x_3), 0, E+E_3(x_1, x_3)]。$$

液晶不可能流出液晶盒，因此液晶的流速$\mathbf{v}=(v_1, v_2, v_3)$要满足边界条件

$$v_3\left(x_3=\pm\frac{d}{2}\right)=0。$$

另外，由于粘滞性，又要求

$$v_1\left(x_3=\pm\frac{d}{2}\right)=0，$$

以避免无限的粘滞耗散. 由于这些边界条件的限制，一切有关的物理量将都是x_1和x_3的函数. 一般可以假设它们都按照

$$\exp[i(k_1x_1+k_3x_3)]$$

的规律变化. 在§2—2的一维理论中，从实验现象出发，我们假设了$k_1=\frac{\pi}{d}$，从而得出了临阈电压. 但是，在x_1轴方向并没有任何边界条件存在，因此在事先并没有任何理由认为在x_1轴方向的周期性与d有任何关系，只能从实验现象提出$k_1=\frac{\pi}{d}$而已. 在二维理论中，实际上$k_1=\frac{\pi}{d}$的出现是可以从问题的边界条件得出的. 当然，二维理论无法求得解析解，这个$k_1=\frac{\pi}{d}$的出现是符合

数字计算的结果的.

由于假定了各个有关物理量都是按照 $\exp[i(k_1x_1+k_3x_3)]$ 的规律变化，所以很明显

$$\frac{\partial}{\partial x_3}=\frac{k_3}{k_1}\frac{\partial}{\partial x_1}\equiv S\frac{\partial}{\partial x_1}.$$

这样 $E_{3,1}=E_{1,3}$ 的关系就可以写成

$$E_3=SE_1$$

的关系，同时

$$E_{3,3}=S^2E_{1,1}.$$

电流密度矢量 $\mathbf{j}$ 现在成为

$$\begin{aligned}j_1&=E_1(\sigma_\perp+\sigma_a\cos^2\theta)+\sigma_a(E+E_3)\sin\theta\cos\theta,\\ j_2&=0,\\ j_3&=\sigma_aE_1\sin\theta\cos\theta+(E+E_3)(\sigma_\perp+\sigma_a\sin^2\theta).\end{aligned}$$

由于 $E_1\ll E$ 和 $E_3\ll E$，因此在小角度 θ 的条件下电流密度矢量成为

$$\begin{aligned}j_1&=\sigma_{\parallel}E_1+\sigma_aE\theta,\\ j_2&=0,\\ j_3&=\sigma_\perp(E+E_3).\end{aligned}\tag{8.41}$$

应用上面对 x_3 微分的关系，就可以得到电荷守恒方程为

$$\frac{\partial q}{\partial t}+(\sigma_{\parallel}+S^2\sigma_\perp)E_{1,1}+\sigma_aE\frac{\partial\theta}{\partial x_1}=0.\tag{8.42}$$

麦克斯韦方程 (6.2₁) 现在成为

$$(\varepsilon_{\parallel}+S^2\varepsilon_\perp)E_{1,1}+\varepsilon_aE\frac{\partial\theta}{\partial x_1}=4\pi q.\tag{8.43}$$

消去式 (8.42) 和 (8.43) 中的 $E_{1,1}$，就得到

$$\begin{aligned}&\frac{\partial q}{\partial t}+\frac{\sigma_{\parallel}+S^2\sigma_\perp}{\varepsilon_{\parallel}+S^2\varepsilon_\perp}4\pi q+\frac{(\sigma_{\parallel}\varepsilon_\perp-\sigma_\perp\varepsilon_{\parallel})(1+S^2)}{\varepsilon_{\parallel}+S^2\varepsilon_\perp}\\ &\qquad\times E\frac{\partial\theta}{\partial x_1}=0.\end{aligned}\tag{8.44}$$

如果从式 (8.42) 和 (8.43) 中消去 q，那么就可以有 E_1 所满足的方程

$$(\varepsilon_{\parallel} + S^2\varepsilon_{\perp})\dot{E}_{1,1} + 4\pi(\sigma_{\parallel} + S^2\sigma_{\perp})E_{1,1}$$

$$+ \left(\varepsilon_a \frac{\partial\theta}{\partial x_1} + 4\pi\sigma_a \frac{\partial\theta}{\partial x_1}\right) E + \varepsilon_a \frac{\partial\theta}{\partial x_1} \dot{E} = 0,$$

$$\dot{E} = \frac{\partial E}{\partial t}, \quad \dot{E}_1 = \frac{\partial E_1}{\partial t}, \quad \dot{\theta} = \frac{\partial\theta}{\partial t}. \qquad (8.45)$$

关于 θ 所满足的方程，仍然是来自指向矢运动方程(6.19)。和一维情形相同，忽略惯性运动项，应用式(5.77)，在小 θ 角条件下保留到 θ 的一阶项，指向矢运动方程就成为

$$(-k_{11} + k_{33}) \frac{\partial^2\theta}{\partial x_1 \partial x_3} - \chi_a H^2 + (\alpha_2 + \alpha_3) v_{1,1} = \gamma, \qquad (8.46_1)$$

$$-k_{11} \frac{\partial^2\theta}{\partial x_3^2} - k_{33} \frac{\partial^2\theta}{\partial x_1^2} - \frac{1}{4\pi} \varepsilon_a E(E_1 + E\theta) + (\alpha_3 - \alpha_2)\dot{\theta}$$

$$+ \alpha_2 v_{3,1} + \alpha_3 v_{1,3} = \gamma\theta, \qquad (8.46_2)$$

其中 γ 是拉格朗日未定乘子．前面已经指出，对 x_3 的微分等于对 x_1 的微分再乘以 S，因此式(8.46)又可以写作

$$(-k_{11} + k_{33}) S \frac{\partial^2\theta}{\partial x_1^2} - \chi_a H^2 + (\alpha_2 + \alpha_3) v_{1,1} = \gamma, \qquad (8.47_1)$$

$$-(k_{11}S^2 + k_{33}) \frac{\partial^2\theta}{\partial x_1^2} - \frac{1}{4\pi} \varepsilon_a E(E_1 + E\theta) + (\alpha_3 - \alpha_2)\dot{\theta}$$

$$+ \alpha_2 v_{3,1} + \alpha_3 v_{1,3} = \gamma\theta. \qquad (8.47_2)$$

假设液晶是不可压缩的，那么式(5.75)指出

$$v_{i,i} = 0, \qquad (5.75_1)$$

因此

$$v_{1,1} = -v_{3,3} = -S v_{3,1}.$$

这样就有

$$v_{1,3} = S v_{1,1} = -S^2 v_{3,1}.$$

另外，由于假设了 θ 是按照 $\exp[i(k_1 x_1 + k_3 x_3)]$ 的规律变化的，于是有

$$\frac{\partial^2\theta}{\partial x_1^2} = k_1^2\theta.$$

把这些条件应用到式(8.47)就得到

$$(k_{11}-k_{33})Sk_1^2\theta-\chi_a H^2+(\alpha_2+\alpha_3)v_{1,1}=\gamma, \qquad (8.48_1)$$

$$(k_{11}S^2+k_{33})k_1^2\theta-\frac{\varepsilon_a}{4\pi}E(E_1+E\theta)+(\alpha_3-\alpha_2)\theta$$

$$+(\alpha_2-S^2\alpha_3)v_{3,1}=\gamma\theta。 \qquad (8.48_2)$$

把式 (8.48_1) 乘以 θ，然后与式 (8.48_2) 相减，就可以消去拉格朗日未定乘子 γ. 忽略 θ 的二阶项，并且考虑到 $\theta v_{1,1}$ 也是一个二阶微量而可以忽略，那么结果成为

$$(\alpha_3-\alpha_2)\dot{\theta}+\left[k_1^2(S^2k_{11}+k_{33})+\chi_a H^2-\frac{\varepsilon_a}{4\pi}E^2\right]\theta$$

$$-\frac{\varepsilon_a}{4\pi}E_1E+(\alpha_2-S^2\alpha_3)v_{3,1}=0。 \qquad (8.49)$$

$v_{3,1}$ 所满足的方程要从动量守恒定律来寻求. 注意到 E_1, E_3 和 q 都是微量，它们的乘积都是可以忽略的二阶微量，同时注意到 $\nabla\times\mathbf{E}=0$，那么动量守恒定律式 (8.12) 给出

$$\frac{\partial p}{\partial x_1}+t_{1j,j}=0 \qquad (8.50_1)$$

$$\frac{\partial p}{\partial x_3}-qE+t_{3j,j}=0。 \qquad (8.50_2)$$

引用式 (5.76) 的 t_{ij} 表达式，忽略各个二阶项，那么式 (8.50) 成为

$$\frac{\partial p}{\partial x_1}-\alpha_3\frac{\partial^2\theta}{\partial x_3\partial t}-(\alpha_1+\alpha_4+\alpha_5+\alpha_6)v_{1,11}$$

$$-\frac{1}{2}(\alpha_3+\alpha_4+\alpha_6)v_{1,33}+\frac{1}{2}(\alpha_3-\alpha_4$$

$$-\alpha_6)v_{3,13}=0, \qquad (8.51_1)$$

$$\frac{\partial p}{\partial x_3}-qE-\alpha_2\frac{\partial^2\theta}{\partial x_1\partial t}-\frac{1}{2}(\alpha_2+\alpha_4+\alpha_5)v_{1,31}$$

$$+\frac{1}{2}(\alpha_2-\alpha_4-\alpha_5)v_{3,11}-\alpha_4 v_{3,33}=0。 \qquad (8.51_2)$$

引用式 (5.116)、(5.117) 和 (5.118) 的三个梅索维克兹主粘滞系数 η_1, η_2 和 η_3 以及新的粘滞系数 η_0:

$$\eta_0=\alpha_1+\alpha_4+\alpha_5+\alpha_6, \qquad (8.52)$$

这时式(8.51)的两个方程就分别成为

$$\frac{\partial p}{\partial x_1}-\alpha_3\frac{\partial^2\theta}{\partial x_3\partial t}-\eta_0 v_{1,11}-\eta_1 v_{1,33}$$

$$-(\eta_1-\alpha_3)v_{3,13}=0, \tag{8.53$_1$}$$

$$\frac{\partial p}{\partial x_3}-\alpha_2\frac{\partial^2\theta}{\partial x_1\partial t}-\eta_2 v_{3,11}-2\eta_3 v_{3,33}$$

$$-(\eta_2+\alpha_2)v_{1,13}-qE=0. \tag{8.53$_2$}$$

我们注意到,由于 $v_{1,1}=-v_{3,3}=-Sv_{3,1}$, 从而有

$$v_1=-Sv_3.$$

再应用 $\frac{\partial}{\partial x_3}=S\frac{\partial}{\partial x_1}$ 的关系, 把式(8.53$_1$)和(8.53$_2$)的压强 p 约去后就可以有

$$v_{3,11}=-\frac{(\alpha_2-\alpha_3S^2)\dfrac{\partial^2\theta}{\partial x_1\partial t}+qE}{(\eta_2+\eta_1S^2)(1+S^2)+\alpha_1S^2}. \tag{8.54}$$

把式(8.49)对 x_1 微分后, 应用式(8.43)消去其中的 $E_{1,1}$ 项, 再应用式(8.54)消去 $v_{3,11}$ 项,就得到

$$\left[(\alpha_3-\alpha_2)-\frac{(\alpha_2-\alpha_3S^2)^2}{(\eta_2+\eta_1S^2)(1+S^2)+\alpha_1S^2}\right]\frac{\partial^2\theta}{\partial x_1\partial t}$$

$$+\left[k_1^2(k_{11}S^2+k_{33})+\chi_aH^2-\frac{\varepsilon_a\varepsilon_\perp(1+S^2)E^2}{4\pi(\varepsilon_\parallel+S^2\varepsilon_\perp)}\right]\frac{\partial\theta}{\partial x_1}$$

$$-\left[\frac{\varepsilon_a}{\varepsilon_\parallel+\varepsilon_\perp S^2}+\frac{\alpha_2-\alpha_3S^2}{(\eta_2+\eta_1S^2)(1+S^2)+\alpha_1S^2}\right]$$

$$\times qE=0. \tag{8.55}$$

当 $S=0$ 时它正是一维情形中的式(8.14). 式(8.44)和(8.55)是一对 q 与 θ 所满足的联立方程.

如果用直流电场激发, 那么正象 §2.2 中所说的那样, 发生不稳定的条件由 $\frac{\partial q}{\partial t}=0$ 和 $\frac{\partial\theta}{\partial t}=0$ 来决定. 这样,临阈电压就由

$$\left[k_1^2(k_{11}S^2+k_{33})+\chi_aH^2-\frac{\varepsilon_a\varepsilon_\perp E^2(1+S^2)}{4\pi(\varepsilon_\parallel+\varepsilon_\perp S^2)}\right]\frac{\partial\theta}{\partial x_1}$$

$$-\left[\frac{\varepsilon_a}{\varepsilon_{/\!/}+\varepsilon_{\perp}S^2}+\frac{\alpha_2-\alpha_3S^2}{(\eta_2+\eta_1S^2)(1+S^2)+\alpha_1S^2}\right]$$
$$\times qE=0,$$
$$\frac{(\sigma_{/\!/}\varepsilon_{\perp}-\sigma_{\perp}\varepsilon_{/\!/})(1+S^2)}{\varepsilon_{/\!/}+\varepsilon_{\perp}S^2}E\frac{\partial\theta}{\partial x_1}+\frac{\sigma_{/\!/}+\sigma_{\perp}S^2}{\varepsilon_{/\!/}+\varepsilon_{\perp}S^2}4\pi q=0,$$

这一对联立方程决定，要想得到非平凡的不稳定解，就需要满足关系式

$$\frac{E^2}{k_1^2}=\left[\frac{4\pi(\sigma_{/\!/}+\sigma_{\perp}S^2)}{1+S^2}\right]\left[\frac{k_{11}S^2+k_{33}+\dfrac{\chi_aH^2}{k_1^2}}{\varepsilon_a\sigma_{\perp}-\dfrac{(\sigma_{/\!/}\varepsilon_{\perp}-\sigma_{\perp}\varepsilon_{/\!/})(\alpha_2+\alpha_3S^2)}{(\eta_2+\eta_1S^2)(1+S^2)+\alpha_1S^2}}\right]. \tag{8.56}$$

式(8.56)就是确定临阈电场（电压）的关系式．当 $S=0$ 时，式(8.56)成为一维情形中的式(8.18_1)．不过这里要重申一点，为了确定临阈电压，在一维情形中我们假定了 $k_1=\frac{\pi}{d}$．式(8.56)本身是一个 S 的八阶方程．如果把临阈电场 E 和 k_1 当作参量看待的话，那么式(8.56)就是 k_3 的八阶方程．对于每一个 $\frac{E}{k_1}$ 值将有八个不同的 $S=\frac{k_3}{k_1}$ 解．边界条件要求

$$\theta\left(x_3=\pm\frac{d}{2}\right)=E_1\left(x_3=\pm\frac{d}{2}\right)$$
$$=v_1\left(x_3=\pm\frac{d}{2}\right)=v_3\left(x_3=\pm\frac{d}{2}\right)=0.$$

但是，θ, E_1, v_1 和 v_3 之间是由式(8.43)、(8.45)、(8.49)、(8.54)和(5.75)相联系在一起的（在临阈条件下这些方程中对时间微分的各项当然都等于零），所以它们都是 S 的函数．因此，只有一定的 S 值才能满足边界条件，这就限制了可能的 $\frac{E}{k_1}$ 的数值．由于方程相当复杂，所以本茨和福特使用尝试法，应用计算机进行了数字求解来讨论临阈电压[13]．他们的计算结果与实验数据符合得比较

好，从而说明了 $k_1 = \frac{\pi}{d}$ 的正确性.

在低频交变电场激发下，导电方式区的解由于边界条件而变得更为复杂. 本茨的实验指出，在威廉斯畴临阈电压以上，指向矢的畸变可以用

$$\theta = \theta_0 \sin k_1 x_1 \cos k_3 x_3 \tag{8.57}$$

来描述，其中

$$k_1 = \frac{2\pi}{\Lambda}, \quad k_3 = \frac{\pi}{d},$$

Λ 是威廉斯畴的间隔周期[14]. 迈尔荷福指出，如果对 v_1 的边界条件的要求放松一些，容许它在边界处具有有限的数值而不一定等于零，那么就可以求出一个简单的解[15]. 这时可以试令

$$\begin{aligned} E_1 &= E_{10} \sin k_1 x_1 \cos k_3 x_3, \\ E_3 &= S E_{10} \cos k_1 x_1 \sin k_3 x_3, \\ v_1 &= S v_{30} \sin k_1 x_1 \sin k_3 x_3, \\ v_3 &= v_{30} \cos k_1 x_1 \cos k_3 x_3. \end{aligned} \tag{8.58}$$

这里应用了前面 $E_3 = SE_1$，$v_1 = -Sv_3$ 的关系，同时在 $x_3 = \pm\frac{d}{2}$ 处只要求 v_1 具有有限的数值而不要求它等于零. 在一维情形的讨论中已经指出，在导电方式区内 $\frac{\partial\theta}{\partial x_1}$ 与时间无关. 设交变电场为

$$E = E_0 \cos \omega t. \tag{8.59}$$

把式 (8.57) 的 θ 表示式代入式 (8.44) 就得到

$$\frac{\partial q}{\partial t} + \frac{\sigma_{/\!/} + \sigma_\perp S^2}{\varepsilon_{/\!/} + \varepsilon_\perp S^2} 4\pi q + \frac{(\sigma_{/\!/}\varepsilon_\perp - \sigma_\perp \varepsilon_{/\!/})(1 + S^2)}{\varepsilon_{/\!/} + \varepsilon_\perp S^2} \times E_0 k_1 \theta_0 \cos k_1 x_1 \cos k_3 x_3 \cos \omega t = 0.$$

上式的解在忽略随时间指数衰减的部分后成为

$$q = -\frac{\tilde{\sigma}_H \tilde{\tau}}{1 + \omega^2 \tilde{\tau}^2} (\cos \omega t + \omega \tilde{\tau} \sin \omega t) k_1 E_0 \theta_0 \cos k_1 x_1 \cos k_3 x_3,$$

$$\tilde{\tau} = \frac{\varepsilon_{/\!/} + \varepsilon_\perp S^2}{4\pi(\sigma_{/\!/} + \sigma_\perp S^2)},$$

$$\tilde{\sigma}_H = \frac{(\sigma_{\parallel}\varepsilon_{\perp} - \sigma_{\perp}\varepsilon_{\parallel})(1+S^2)}{(\varepsilon_{\parallel} + \varepsilon_{\perp}S^2)}. \tag{8.60}$$

把式(8.57)的θ、式(8.59)的E和式(8.60)的q代入式(8.55)，同时应用$\frac{\partial^2\theta}{\partial x_1\partial t}=0$的条件，就可以得出临阈电场$E_0$将由下式决定：

$$k_1^2(k_{11}S^2 + k_{33}) + \chi_a H^2 = \frac{\varepsilon_a\varepsilon_{\perp}(1+S^2)}{4\pi(\varepsilon_{\parallel}+\varepsilon_{\perp}S^2)}E_0^2\cos^2\omega t$$
$$-\left[\frac{\varepsilon_a}{\varepsilon_{\parallel}+\varepsilon_{\perp}S^2} + \frac{\alpha_2-\alpha_3S^2}{(\eta_2+\eta_1S^2)(1+S^2)+\alpha_1S^2}\right]$$
$$\times\left(\frac{\tilde{\sigma}_H\tilde{\tau}}{1+\omega^2\tilde{\tau}^2}\right)E_0^2\cos\omega t(\cos\omega t + \omega\tilde{\tau}\sin\omega t).$$

把整个式子对时间求平均值，那么由于$\overline{\cos^2\omega t}=\frac{1}{2}$，$\overline{\cos\omega t\sin\omega t}=0$，就可以得出

$$\frac{E_0^2}{2k_1^2} = \left(k_{11}S^2 + k_{33} + \frac{\chi_a H^2}{k_1^2}\right)\cdot 4\pi(1+\omega^2\tilde{\tau}^2)$$
$$\times\left[-\frac{(\alpha_2-\alpha_3S^2)(1+S^2)}{(\eta_2+\eta_1S^2)(1+S^2)+\alpha_1S^2}\left(\frac{\sigma_{\parallel}\varepsilon_{\perp}-\varepsilon_{\parallel}\sigma_{\perp}}{\sigma_{\parallel}+\sigma_{\perp}S^2}\right)\right.$$
$$\left.+\frac{\varepsilon_a\sigma_{\perp}(1+S^2)}{\sigma_{\parallel}+\sigma_{\perp}S^2} + \frac{\varepsilon_a\varepsilon_{\perp}\omega^2\tilde{\tau}^2(1+S^2)}{\varepsilon_{\parallel}+\varepsilon_{\perp}S^2}\right]^{-1}. \tag{8.61}$$

当$S=0$的时候式(8.61)与(8.36)相同，当$\omega\tilde{\tau}=0$时式(8.61)成为式(8.56)．如果S和$\omega\tilde{\tau}$同时等于零，那么式(8.61)就还原成为式(8.18₁)了．由于$k_3=\frac{\pi}{d}$而$k_1=\frac{k_3}{S}=\frac{\pi}{dS}$，所以式(8.61)又可以写作

$$\frac{1}{2}E_0^2d^2 = \frac{\pi^2}{S^2}\left(k_{11}S^2 + k_{33} + \frac{\chi_a H^2}{k_1^2}\right)\cdot 4\pi(1+\omega^2\tilde{\tau}^2)$$
$$\times\left[-\frac{(\alpha_2-\alpha_3S^2)(1+S^2)}{(\eta_2+\eta_1S^2)(1+S^2)+\alpha_1S^2}\left(\frac{\sigma_{\parallel}\varepsilon_{\perp}-\sigma_{\perp}\varepsilon_{\parallel}}{\sigma_{\parallel}+\sigma_{\perp}S^2}\right)\right.$$
$$\left.+\frac{\varepsilon_a\sigma_{\perp}(1+S^2)}{\sigma_{\parallel}+\sigma_{\perp}S^2} + \frac{\varepsilon_a\varepsilon_{\perp}\omega^2\tilde{\tau}^2(1+S^2)}{\varepsilon_{\parallel}+\varepsilon_{\perp}S^2}\right]^{-1}. \tag{8.62}$$

当 S 值使上式右方具有最小值时，所得出的就是临阈电压 V_{th} 的平方。

§4 螺旋状液晶的电流体动力不稳定性

液晶盒中盛有恒温螺旋状液晶，表面处理使指向矢沿面锚泊在玻璃片上，于是螺旋轴与盒表面相垂直. 这就是第三章§7和§8所讨论的装置的情形. 第三章中讨论的是沿螺旋轴方向施加磁场的问题，这里我们将讨论沿螺旋轴方向施加电场的情形，特别是低频交变电场的情形. 丝状液晶是螺距为无限长的螺旋状液晶. 在外电场中丝状液晶会产生电流体动力不稳定性，因此可以预期螺旋状液晶在外电场作用下也会产生不稳定性. 对于 $\varepsilon_a<0$ 的负性螺旋状液晶，实验确实观察到了在低于电流张弛频率以下的导电方式区和较高频的介电方式区；对于 $\varepsilon_a>0$ 的正性样品却只看到导电方式区[16]. 这种静态的畸变和用磁场进行的观测结果相似，都可以出现方格栅图案. 休奥尔特不但对磁场的情形进行了计算，对交变电场的问题也作了处理[17]. 理论的处理基本上采用了亥尔福利奚首先提出的机理. 由于热涨落，液晶指向矢的取向出现了周期式的弯曲畸变. 在外电场作用下，由于材料的导电各向异性，与指向矢的弯曲相对应引起了周期式的空间电荷. 这样，液晶受到由电力引起的周期式的运动，产生了速度梯度，从而使液晶分子受到破坏稳定的转矩. 这些都和丝状液晶的情形非常相似. 不过螺旋状液晶的问题要复杂一些，因为对于螺旋状液晶不会简单地只有弯曲形变，伴随着弯曲形变还将出现扭曲形变. 另外，如果螺旋状结构保持静止不随流体一起运动，那么液晶分子就得沿螺旋轴方向发生运动. 这就是亥尔福利奚首先提出的渗透效应.

为了计算产生不稳定性的临阈电场，必须先写出在无限小的指向矢弯曲方式下的液晶运动方程. 与这些方程能相协调的最低电场值就是临阈电场. 按照第三章§8所用的方法，令无微扰时指

向矢的三个分量分别为

$$n_1 = \cos\theta_0, \quad n_2 = \sin\theta_0, \quad n_3 = 0, \quad \theta_0 = -\frac{k_2}{k_{22}}x_3.$$

微扰使指向矢的三个分量改变成

$$\begin{aligned} n_1 &= \cos(\theta_0 + \alpha) \approx \cos\theta_0 - \alpha\sin\theta_0, \\ n_2 &= \sin(\theta_0 + \alpha) \approx \sin\theta_0 + \alpha\cos\theta_0, \\ n_3 &= \phi(x_1, x_3)\cos\theta_0, \end{aligned} \tag{3.88}$$

$\phi(x_1, x_3)$ 是指向矢平面的弯曲倾斜角，$\alpha(x_1, x_3)$ 是扭曲角. 象第三章 §8 一样，在粗粒近似下可以有

$$\phi = \phi_0\cos\left(\frac{\pi}{d}x_3\right)\sin kx_1, \tag{3.92}$$

$$\alpha = (\alpha_0 + \alpha_1\cos 2\theta_0)\cos\left(\frac{\pi}{d}x_3\right)\cos kx_1. \tag{3.94}$$

这样可以保证在 $x_3 = \pm\frac{d}{2}$ 处 $\phi = 0$ 的边界条件. 假设液晶盒的厚度 d 远远大于螺距的长度 $\frac{2\pi k_{22}}{|k_2|}$，那么

$$\frac{\pi}{d} \ll k \ll \frac{|k_2|}{k_{22}}. \tag{3.93}$$

在畸变的变化比起螺距要缓慢得多的粗粒近似下，第三章 §8 已经证明 $|\alpha_0| \gg |\phi_0| \gg |\alpha_1|$. 从式 (3.92) 和 (3.94) 可以看出，对 x_1 的微分相当于对原函数乘以 k，而对 x_3 的微分相当于对原函数乘以 $\frac{\pi}{d}$。

如果我们讨论液晶盒中心层附近液晶的运动，那么由于沿 x_1 轴方向的运动速度 v_1 要比沿 x_3 轴方向的运动速度 v_3 小很多，因而可以忽略 v_1 项. 这样液晶流动速度 $\mathbf{v}$ 成为

$$\mathbf{v} = (0, 0, v_3).$$

把液晶看作不可压缩的流体，那么连续性方程 (5.75_1) 给出

$$\frac{\partial v_3}{\partial x_3} = 0,$$

从而使 v_3 只是 x_1 的函数，$v_3 = v_3(x_1)$。当然，v_3 本身也是一个微量．在 ϕ，α_1 和 v_3 都是微量的条件下，我们可以有

$$
\begin{aligned}
&n_{1,1} = -\frac{\partial\alpha}{\partial x_1}\sin\theta_0,\quad n_{2,1} = \frac{\partial\alpha}{\partial x_1}\cos\theta_0,\quad n_{3,1} = \frac{\partial\phi}{\partial x_1}\cos\theta_0,\\
&n_{1,3} = \frac{k_2}{k_{11}}n_2,\quad n_{2,3} = -\frac{k_2}{k_{22}}n_1,\quad n_{3,3} = \frac{k_2}{k_{22}}\phi\sin\theta_0,\\
&\dot{n}_1 = \frac{k_2}{k_{22}}v_3\sin\theta_0,\quad \dot{n}_2 = -\frac{k_2}{k_{22}}v_3\cos\theta_0,\quad \dot{n}_3 = \frac{\partial\phi}{\partial t}\cos\theta_0,
\end{aligned}
\tag{8.63}
$$

这里我们应用了 $\frac{\partial\alpha}{\partial t}$ 相当于对 α 乘以 $\frac{\pi}{d}v_3$ 的因子这一结果，而在式(3.93)的条件下被忽略不计了．

第三章§8已经给出螺旋状液晶的弹性形变自由能密度 g_e 的表示式为：

$$
\begin{aligned}
g_e = &\frac{1}{2}k_{11}\left[\frac{1}{2}\left(\frac{\partial\phi}{\partial x_3}\right)^2(1+\cos 2\theta_0) + \frac{1}{2}\left(\frac{k_2}{k_{22}}\phi\right.\right.\\
&\left.-\frac{\partial\alpha}{\partial x_1}\right)^2(1-\cos 2\theta_0) + \left.\left(\frac{k_2}{k_{22}}\phi - \frac{\partial\alpha}{\partial x_1}\right)\frac{\partial\phi}{\partial x_3}\sin 2\theta_0\right]\\
&+\frac{1}{2}k_{22}\left(\frac{\partial\alpha}{\partial x_3} + \frac{1}{2}\frac{\partial\phi}{\partial x_1}\sin 2\theta_0\right)^2 + \frac{1}{2}k_{33}\left[\frac{1}{2}\left(\frac{k_2}{k_{22}}\phi\right.\right.\\
&\left.-\frac{\partial\alpha}{\partial x_1}\right)^2(1+\cos 2\theta_0) + \left(\frac{\partial\phi}{\partial x_1}\right)^2\left(\frac{3}{8}+\frac{1}{2}\cos 2\theta_0\right.\\
&\left.\left.+\frac{1}{8}\cos 4\theta_0\right)\right],
\end{aligned}
\tag{3.89}
$$

它是扭曲角 α、弯曲角 ϕ 以及它们的畸变的函数：

$$
g_e = g_e\left(\alpha, \phi, \frac{\partial\alpha}{\partial x_1}, \frac{\partial\alpha}{\partial x_3}, \frac{\partial\phi}{\partial x_1}, \frac{\partial\phi}{\partial x_3}\right).
$$

现在看看如果使扭曲角 α 改变 $\delta\alpha$，那么单位体积液晶要受到多少外转矩 τ_α 的作用．由于 α 是沿 x_1x_2 平面方向的，所以 τ_α 是沿 x_3 轴的方向．在外转矩 τ_α 作用之下液晶的弹性自由能

$$
G_e = \int_{V_0} g_e d\tau
$$

改变了 δG_e:

$$\delta G_e=\int_{V_0}\delta g_e d\tau$$

$$=\int_{V_0}\left[\frac{\partial g_e}{\partial \alpha}\delta\alpha+\frac{\partial g_e}{\partial\left(\frac{\partial \alpha}{\partial x_i}\right)}\delta\left(\frac{\partial \alpha}{\partial x_i}\right)\right]d\tau$$

$$=\int_{V_0}\left[\frac{\partial g_e}{\partial \alpha}-\frac{\partial}{\partial x_i}\frac{\partial g_e}{\partial\left(\frac{\partial \alpha}{\partial x_i}\right)}\right]\delta\alpha\cdot d\tau$$

$$+\oint_S\frac{\partial g_e}{\partial\left(\frac{\partial \alpha}{\partial x_i}\right)}\delta\alpha dS_i.$$

最后一项面积分是在包含液晶体积的外表面上的积分。但是，在体积外表面上 $\delta\alpha=0$，因此面积分等于零，而

$$\delta g_e=\left[\frac{\partial g_e}{\partial \alpha}-\frac{\partial}{\partial x_i}\frac{\partial g_e}{\partial\left(\frac{\partial \alpha}{\partial x_i}\right)}\right]\delta\alpha.$$

但是，δg_e 正是外转矩 τ_α 对液晶所作的功 $\tau_\alpha\delta\alpha$，所以

$$\tau_\alpha=\frac{\partial g_e}{\partial \alpha}-\frac{\partial}{\partial x_i}\frac{\partial g_e}{\partial\left(\frac{\partial \alpha}{\partial x_i}\right)}.\tag{8.64}$$

因此，由于扭曲畸变的存在，单位体积液晶受有扭曲转矩 $-\tau_\alpha$。同样的论证可以证明，由于弯曲畸变的存在，单位体积液晶受到的弹性弯曲转矩为 $-\tau_\phi$，而

$$\tau_\phi=\frac{\partial g_e}{\partial \phi}-\frac{\partial}{\partial x_i}\frac{\partial g_e}{\partial\left(\frac{\partial \phi}{\partial x_i}\right)}.\tag{8.65}$$

由于 ϕ 角是沿 x_1x_3 平面的方向，所以 τ_ϕ 是沿 x_2 轴方向。应用式(3.89)的弹性形变自由能密度 g_e 的表示式，式(8.64)和(8.65)给出

$$\tau_\alpha=\left[\frac{1}{2}(k_{11}+k_{33})+\frac{1}{2}(k_{33}-k_{11})\cos 2\theta_0\right]\left(\frac{k_2}{k_{22}}\frac{\partial\phi}{\partial x_1}\right.$$

$$- \frac{\partial^2 \alpha}{\partial x_1^2}\Big) - k_{22}\left(\frac{\partial^2 \alpha}{\partial x_3^2} - \frac{k_2}{k_{22}}\frac{\partial \phi}{\partial x_1}\cos 2\theta_0\right)$$

$$+ \frac{1}{2}(k_{11} - k_{22})\frac{\partial^2 \phi}{\partial x_1 \partial x_3}\sin 2\theta_0, \tag{8.66}$$

$$\tau_\phi = \frac{1}{2}(k_{11} + k_{33})\frac{k_2}{k_{22}}\left(\frac{k_2}{k_{22}}\phi - \frac{\partial \alpha}{\partial x_1}\right)(1 + \cos 2\theta_0)$$

$$- k_{33}\frac{\partial^2 \phi}{\partial x_1^2}\left(\frac{3}{8} + \frac{1}{2}\cos 2\theta_0 + \frac{1}{4}\cos 4\theta_0\right)$$

$$- \frac{1}{8}k_{22}\frac{\partial^2 \phi}{\partial x_1^2}(1 - \cos 4\theta_0) - \frac{1}{2}(k_{22} - k_{11})$$

$$\times \frac{\partial^2 \alpha}{\partial x_1 \partial x_3}\sin 2\theta_0 - k_{11}\left(\frac{k_2}{k_{22}}\right)\frac{\partial \phi}{\partial x_3}\sin 2\theta_0$$

$$- \frac{1}{2}k_{11}\frac{\partial^2 \phi}{\partial x_3^2}(1 + \cos 2\theta_0). \tag{8.67}$$

式(2.38)指出，当处于平衡状态时，液晶所受到的总转矩等于零．弹性扭曲转矩和弹性弯曲转矩是在两个互相垂直的方向，因此对于这两种转矩的平衡可以分别加以考虑．扭曲转矩和液晶流动时的阻力转矩 $\boldsymbol{\tau}_v$ 相平衡，而与弯曲转矩相平衡的除阻力转矩 $\boldsymbol{\tau}_v$ 外还有外电场引起的转矩 $\boldsymbol{\tau}_d$．阻力转矩 $\boldsymbol{\tau}_v$ 来自耗散彻体力 $\mathbf{f}'$，等于 $\mathbf{n} \times \mathbf{f}'$．应用式(5.77)的 $\mathbf{f}'$ 表达式，就可以有

$$\tau_{v_i} = \varepsilon_{ijk} n_j (\gamma_1 N_k + \gamma_2 d_{kl} n_l). \tag{8.68}$$

胁变变化率张量 d_{ij} 现在有两个非零的分量 d_{13} 和 d_{31}：

$$d_{13} = d_{31} = \frac{1}{2}\frac{\partial v_3}{\partial x_1}.$$

相对于运动流体的指向矢改变率 N_k 由

$$N_k = \dot{n}_k - \frac{1}{2}(v_{k,j} - v_{j,k})n_j$$

给出．把式(8.63)的 $\dot{n}_k$ 表示式代入后，在一阶近似下有

$$N_1 = \left(\frac{k_2}{k_{22}}\right)v_3 \sin\theta_0, \quad N_2 = -\left(\frac{k_2}{k_{22}}\right)v_3 \cos\theta_0,$$

$$N_3 = \frac{\partial \phi}{\partial t}\cos\theta_0 - \frac{1}{2}\frac{\partial v_3}{\partial x_1}\cos\theta_0. \tag{8.69}$$

为了满足 $v_3\left(x_3=\pm\frac{d}{2}\right)=0$ 的边界条件起见，v_3 可以取作

$$v_3=v\cos\left(\frac{\pi}{d}x_3\right)\cos kx_1 \tag{8.70}$$

的形式。于是 $\frac{\partial v_3}{\partial x_1}$ 相当于对 v_3 乘以一个 k 的因子。这样，由于式(3.93)的关系，N_3 比起 N_1 和 N_2 要小很多，因而可以忽略不计。所以 $\mathbf{N}$ 的绝对值是

$$\mathbf{N}^2=\left(\frac{k_2}{k_{22}}\right)^2 v_3^2. \tag{8.71}$$

把式(8.69)的 $\mathbf{N}$ 和相应的 $d_{kl}m_l$ 代入 τ_{v_i} 的表示式，就得到

$$\tau_{v_2}=\frac{1}{2}(\gamma_1-\gamma_2)\frac{\partial v_3}{\partial x_1}\cos^2\theta_0-\gamma_1\frac{\partial\phi}{\partial t}\cos^2\theta_0, \tag{8.72}$$

$$\tau_{v_3}=-\gamma_1\left(\frac{k_2}{k_{22}}\right)v_3. \tag{8.73}$$

由于 $\frac{\partial\phi}{\partial t}$ 相当于对 ϕ 乘以一个 $\frac{\pi}{d}v_3$ 的因子，因此根据式(3.93)的关系在式(8.72)中可以忽略 $\frac{\partial\phi}{\partial t}$ 项。把式(8.72)的 τ_{v_2} 在一个螺距的长度内求平均值后，就得到

$$\bar{\tau}_{v_2}=\frac{1}{2}\overline{(\gamma_1-\gamma_2)}\frac{\partial v_3}{\partial x_1}, \tag{8.74}$$

其中 $\overline{(\gamma_1-\gamma_2)}=\frac{1}{2}(\gamma_1-\gamma_2)$ 是宏观唯象的粘滞系数。这样，单位体积液晶在 x_2 轴方向和在 x_3 轴方向所受到的转矩分别为 $-\bar{\tau}_{v_2}$ 和 $-\bar{\tau}_{v_3}$。

在 x_3 轴方向施加外电场 E 时，由于有空间电荷的存在，在 x_1 轴方向具有一个附加的微量电场 E_1，因此空间各点的电场成为 $(E_1, 0, E)$。按照麦克斯韦方程 (6.2_3) 的关系，$\nabla\times\mathbf{E}=0$，因而 $\frac{\partial E_1}{\partial x_3}=0$，也就是说 E_1 只是 x_1 的函数，$E_1=E_1(x_1)$。电场的存在使液晶具有了电场自由能密度 g_d:

$$g_d = -\frac{\varepsilon_a}{4\pi}(\mathbf{n}\cdot\mathbf{E})^2$$

$$= -\frac{\varepsilon_a}{8\pi}(E_1 + E\phi)^2\cos^2\theta_0, \tag{8.75}$$

这里我们忽略了二阶项 $\alpha E_1\sin\theta$,所以外电场引起的转矩 τ_d 为

$$\tau_d = \frac{\partial g_d}{\partial\phi} = -\frac{\varepsilon_a}{4\pi}(E_1 + E\phi)E\cos^2\theta_0.$$

在一个螺距的长度内求平均值,就得到

$$\bar{\tau}_d = -\frac{\varepsilon_a}{8\pi}(E_1E + \phi E^2). \tag{8.76}$$

这样,由于弯曲畸变,单位体积液晶所受到的介电转矩为 $-\tau_d$.

有了这些转矩的表示式,我们就可以写出转矩平衡方程式

$$\frac{1}{2}\overline{(\gamma_1 - \gamma_2)}\frac{\partial v_3}{\partial x_1} - \frac{\varepsilon_a}{8\pi}(E_1E + E^2\phi) + \tau_\phi = 0, \tag{8.77}$$

$$-\gamma_1\left(\frac{k_2}{k_{22}}\right)v_3 + \tau_a = 0, \tag{8.78}$$

其中 τ_a 和 τ_ϕ 分别由式(8.66)和(8.67)给出.式(8.77)和(8.78)包含有 v_3, ϕ, E_1 和 α 四个变量,因此两个方程还不足以求解. 要想求解还需要找出另外两个方程. 这两个方程式可以由动量守恒定律和电荷守恒定律提供.

电荷守恒方程是式(8.8₁):

$$\frac{\partial q}{\partial t} + j_{i,i} = 0. \tag{8.8$_1$}$$

在一阶近似条件下,电流密度 j_i 由式(8.4)

$$j_i = \sigma_{ij}E_j \tag{8.4}$$

给出,其中导电率张量 σ_{ij} 由式(3.3)给出:

$$\sigma_{ij} = \sigma_\perp\delta_{ij} + \sigma_a n_i n_j. \tag{3.3}$$

因此我们有

$$j_1 = \sigma_\perp E_1 + \sigma_a(E_1 + E\phi)\cos^2\theta_0,$$

$$j_2 = \sigma_a(E_1 + E\phi)\sin\theta_0\cos\theta_0,$$

$$j_3 = \sigma_\perp E,$$

在一个螺距的长度内求平均值，就得到

$$j_1=\frac{1}{2}(\sigma_{/\!/}+\sigma_\perp)E_\perp+\frac{1}{2}(\sigma_{/\!/}-\sigma_\perp)E\phi,$$

$$j_2=0,$$

$$j_3=\sigma_\perp E。\tag{8.79}$$

把式(8.79)代入电荷守恒方程(8.8_1)后，就有

$$\frac{\partial q}{\partial t}+\frac{1}{2}(\sigma_{/\!/}+\sigma_\perp)\frac{\partial E_1}{\partial x_1}+\frac{1}{2}(\sigma_{/\!/}-\sigma_\perp)E\frac{\partial\phi}{\partial x_1}=0。\tag{8.80}$$

$\frac{\partial E_1}{\partial x_1}$ 的表示式可以从麦克斯韦方程(6.2_1)

$$D_{i,i}=4\pi q\tag{6.2$_1$}$$

得出．由于

$$D_i=\varepsilon_{ij}E_j,\tag{3.6$_1$}$$

$$\varepsilon_{ij}=\varepsilon_\perp\delta_{ij}+\varepsilon_a n_i n_j,\tag{3.5}$$

所以有

$$\frac{1}{2}(\varepsilon_{/\!/}+\varepsilon_\perp)\frac{\partial E_1}{\partial x_1}+\frac{1}{2}(\varepsilon_{/\!/}-\varepsilon_\perp)E\frac{\partial\phi}{\partial x_1}=4\pi q.\tag{8.81}$$

把式(8.81)的 $\frac{\partial E_1}{\partial x_1}$ 代入式(8.80)后，就得到

$$\frac{\partial q}{\partial t}+\frac{q}{\tau}+\sigma_H E\frac{\partial\phi}{\partial x_1}=0,\tag{8.82}$$

其中 τ 和 σ_H 分别为

$$\frac{1}{\tau}=4\pi\frac{\sigma_{/\!/}+\sigma_\perp}{\varepsilon_{/\!/}+\varepsilon_\perp},$$

$$\sigma_H=\frac{1}{2}(\sigma_{/\!/}+\sigma_\perp)\left(\frac{\sigma_{/\!/}-\sigma_\perp}{\sigma_{/\!/}+\sigma_\perp}-\frac{\varepsilon_{/\!/}-\varepsilon_\perp}{\varepsilon_{/\!/}+\varepsilon_\perp}\right).\tag{8.83}$$

式(8.82)指出，当外电场被取消后，空间电荷密度的衰减时间是 $\tau=\frac{\varepsilon_{/\!/}+\varepsilon_\perp}{4\pi(\sigma_{/\!/}+\sigma_\perp)}$。

关于动量守恒定律式(6.15)，它是在没有渗透效应的条件下

才适用的方程．现在液晶分子要沿螺旋轴方向运动才能保持螺旋结构静止不变．要想产生这种分子运动就必然需要有力的作用．假如单位体积内液晶分子沿螺旋轴方向受到一个力 f_v 的作用而以速度 v_3 运动，那么单位时间内这个力 f_v 对单位体积液晶作的功将是 $f_v v_3$．这部分功将成为液晶中单位时间内单位体积增加的热量，也就是熵增加量方程 (5.83) 中的 TR 项．所以 f_v 可以从式 (5.83) 求得．在式 (5.83) 中 $(n_i d_{ij} n_j)^2$，$n_i d_{ij} N_j$，$d_{ij} d_{ij}$ 和 $n_i d_{ik} d_{jk} n_j$ 各项至少是在 $\left(\frac{\partial v_3}{\partial x_1}\right)^2$ 或 $\left(\frac{\partial v_3}{\partial x_1}\right)\left(\frac{\partial \phi}{\partial t}\right)$ 的数量级，比起 $\mathbf{N}^2$ 项可以忽略不计．所以，我们有

$$f_v v_3 = TR = \gamma_1 \left(\frac{k_2}{k_{22}}\right)^2 v_3^2,$$

也就是说

$$f_v = \gamma_1 \left(\frac{k_2}{k_{22}}\right)^2 v_3. \tag{8.84}$$

式 (6.15) 中的第一项惯性运动项和前面的一些讨论一样可以忽略不计．电磁项正好等于 $-qE$．如果把式 (6.17_2) 的 $\dot{\Pi}_{ij}$ 表示式和式 (8.63) 的 $n_{k,3}$ 表示式代入 $(\Pi_{kj} n_{k,i})_{,j}$，在保留到一阶项的条件下可以有

$$(\Pi_{kj} n_{k,i})_{,j} = [(k_{33} - k_{11}) \sin^2\theta_0 - 2k_{33}\cos^2\theta_0] \left(\frac{k_2}{k_{22}}\right)^2 \frac{\partial \phi}{\partial x_1}$$
$$+ (k_{11}\sin^2\theta_0 + k_{33}\cos^2\theta_0)\left(\frac{k_2}{k_{22}}\right)\frac{\partial^2 \alpha}{\partial x_1^2}.$$

把它和式 (8.84) 的 f_v 项相比，它是一个可以忽略的微量．关于 $t_{3j,j}$ 项，应用式 (5.76) 的 t_{ij}，式 (8.63) 的 $n_{i,j}$ 和式 (8.69) 的 N_i，就可以有它的一阶表示式

$$t_{3j,j} = -\alpha_2 \frac{\partial^2 \phi}{\partial x_1 \partial t}\cos^2\theta_0 - \eta_2 \frac{\partial^2 v_3}{\partial x_1^2}\cos^2\theta_0,$$

其中 $\eta_2 = \frac{1}{2}(\alpha_4 + \alpha_5 - \alpha_2)$ 是式 (5.117) 的梅索维克兹主粘滞系数．在一个螺距的长度内取平均值，就有

$$\bar{t}_{3j,j}=-\bar{\alpha}_2\frac{\partial^2\phi}{\partial x_1\partial t}-\eta_2\frac{\partial^2 v_3}{\partial x_1^2},\tag{8.85}$$

其中 $\bar{\alpha}_2=\frac{1}{2}\alpha_2$, $\eta_2=\frac{1}{2}\eta_2$。

结合式(8.84)、(8.85)以及电磁力项 $-qE$，就可得出动量守恒方程为

$$\gamma_1\left(\frac{k_2}{k_{22}}\right)^2 v_3-qE-\bar{\alpha}_2\frac{\partial^2\phi}{\partial x_1\partial t}-\eta_2\frac{\partial^2 v_3}{\partial x_1^2}=0。$$

由于 $\frac{\partial^2\phi}{\partial x_1\partial t}$ 等于对 ϕ 乘以 $\left(\frac{\pi}{d}kv_3\right)$，而 $\frac{\partial^2 v_3}{\partial x_1^2}$ 等于对 v_3 乘以 k^2，它们比起 $\left(\frac{k_2}{k_{22}}\right)^2 v_3$ 项都可以忽略不计。所以，上式近似成为

$$\gamma_1\left(\frac{k_2}{k_{22}}\right)^2 v_3=qE。\tag{8.86}$$

这样我们就得出了一组四个方程:

$$\frac{1}{2}\overline{(\gamma_1-\gamma_2)}\frac{\partial v_3}{\partial x_1}-\frac{\varepsilon_a}{8\pi}(EE_1+E^2\phi)+\tau_\phi=0,\tag{8.77}$$

$$-\gamma_1\left(\frac{k_2}{k_{22}}\right)v_3+\tau_\alpha=0,\tag{8.78}$$

$$\frac{\partial q}{\partial t}+\frac{q}{\tau}+\sigma_H E\frac{\partial\phi}{\partial x_1}=0,\tag{8.82}$$

$$\gamma_1\left(\frac{k_2}{k_{22}}\right)^2 v_3=qE。\tag{8.86}$$

如果把式(8.77)对 x_1 求微分，然后应用式(8.81)，就可以得出

$$\frac{1}{2}\overline{(\gamma_1-\gamma_2)}\frac{\partial^2 v_3}{\partial x_1^2}-\left(\frac{\varepsilon_a}{\varepsilon_{/\!/}+\varepsilon_\perp}\right)\left(\frac{\varepsilon_\perp}{4\pi}E^2\frac{\partial\phi}{\partial x_1}+qE\right)+\frac{\partial}{\partial x_1}\tau_\phi=0。\tag{8.87}$$

现在看看式(8.78)。当我们把式(3.92)的 ϕ 表示式、式(3.94)的 α 表示式和式(8.70)的 v_3 表示式代入式(8.66)的 τ_α 表示式后，在粗粒近似的条件下，式(8.78)便成为

$$-\gamma_1\left(\frac{k_2}{k_{22}}\right)v+\frac{1}{2}(k_{11}+k_{33})\left(\frac{k_2}{k_{22}}k\phi_0+k^2\alpha_0\right)$$

$$+k_{22}\left(\frac{\pi}{d}\right)^2\alpha_0+\frac{1}{4}(k_{33}-k_{11})k^2\alpha_1=0.$$

在粗粒近似下，式(3.97)指出

$$\alpha_1=-\frac{k\phi_0}{4\left(\frac{k_2}{k_{22}}\right)}.$$

把它代入上式就得到

$$-\gamma_1\left(\frac{k_2}{k_{22}}\right)^2v+\frac{1}{2}(k_{11}+k_{33})\left(\frac{k_2}{k_{22}}k\phi_0+k^2\alpha_0\right)\left(\frac{k_2}{k_{22}}\right)$$

$$+k_{22}\left(\frac{k_2}{k_{22}}\right)\left(\frac{\pi}{d}\right)^2\alpha_0-\frac{1}{16}(k_{33}-k_{11})k^2k\phi_0=0. \quad (8.88)$$

式(8.82)内含有外电场 E，对于交变电场可以令

$$E=E_0\cos\omega t. \quad (8.89)$$

从 ϕ, α 和 v_3 的表示式来看，取

$$q=Q(t)\cos\left(\frac{\pi}{d}x_3\right)\cos kx_1 \quad (8.90)$$

将是一个可以相容的形式. 把它代入式(8.82)，将得出一个关于 $Q(t)$ 的方程

$$\frac{\partial Q(t)}{\partial t}+\frac{Q(t)}{\tau}+k\phi_0\sigma_HE_0\cos\omega t=0.$$

它的特解是

$$Q(t)=-\left(\frac{\sigma_H\tau E_0}{1+\omega^2\tau^2}\right)k\phi_0(\cos\omega t+\omega\tau\sin\omega t).$$

在式(8.86)和(8.87)中，空间电荷 q 都是以 qE 的形式出现的，也就是说以 $Q(t)E$ 的形式出现. 如果在交变电场的一个周期内进行平均，那么就将以 $\overline{Q(t)E}$ 的形式出现；另外，E^2 项将以 $\overline{E^2}$ 的形式出现. 这些平均值将是

$$\overline{Q(t)E}=-\frac{1}{2}E_0^2\left(\frac{\sigma_H\tau}{1+\omega^2\tau^2}\right)k\phi_0, \quad (8.91)$$

$$E^2 = \frac{1}{2} E_0^2. \tag{8.92}$$

式(8.87)含有 $\frac{\partial \phi_\phi}{\partial x_1}$ 项. 把式(3.92)的 ϕ、式(3.94)的 α 代入式(8.87)，在忽略二阶项后就得到

$$\begin{aligned}\tau_\phi = \Big[& \frac{1}{2}(k_{11} + k_{33}) \left(\frac{k_2}{k_{22}}\right) \left(\frac{k_2}{k_{22}} \phi_0 + k\alpha_0\right) \\ & + \frac{1}{8}(3k_{33} + k_{22}) k^2 \phi_0 + \frac{1}{4}(k_{33} \\ & + 2k_{22} - k_{11}) \left(\frac{k_2}{k_{22}}\right) k\alpha_1 \Big] \cos\left(\frac{\pi}{d} x_3\right) \sin kx_1.\end{aligned}$$

这里由于 $\frac{\pi}{d} \ll k$ 而忽略了 $\frac{1}{2} k_{11} \left(\frac{\pi}{d}\right)^2 \phi_0$ 项. 把上式对 x_1 进行微分后，代入在一个周期内进行过平均的式(8.87)，并且引用式(8.70)的 v_3 和式(3.92)的 ϕ，就得到

$$\begin{aligned}& -\frac{1}{2} \overline{(\gamma_1 - \gamma_2)} k^2 v - \left(\frac{\varepsilon_a}{\varepsilon_\parallel + \varepsilon_\perp}\right) \frac{E_0^2}{2} \left(\frac{\varepsilon_\perp}{4\pi} - \frac{\sigma_H \tau}{1 + \omega^2\tau^2}\right) k\phi_0 \\ & \quad + \frac{1}{2}(k_\parallel + k_{33}) \left(\frac{k_2}{k_{22}}\right) k \left(\frac{k_2}{k_{22}} \phi_0 + k\alpha_0\right) \\ & \quad + \frac{1}{8}(3k_{33} + k_{22}) k^2 k\phi_0 + \frac{1}{4}(k_{33} \\ & \quad + 2k_{22} - k_{11}) \left(\frac{k_2}{k_{22}}\right) k^2 \alpha_1 = 0.\end{aligned}$$

应用式(3.97)的 α_1 表示式，同时注意到

$$\frac{\varepsilon_\perp}{4\pi} - \frac{\sigma_H \tau}{1 + \omega^2\tau^2} = \frac{1}{4\pi(1 + \omega^2\tau^2)} \left[\frac{\sigma_\perp(\varepsilon_\parallel + \varepsilon_\perp)}{\sigma_\parallel + \sigma_\perp} + \varepsilon_\perp \omega^2\tau^2\right],$$

上式就成为

$$\begin{aligned}& -\frac{1}{2} \overline{(\gamma_1 - \gamma_2)} k^2 v - \frac{E_0^2}{8\pi(1 + \omega^2\tau^2)} \left[\frac{\sigma_\perp(\varepsilon_\parallel - \varepsilon_\perp)}{\sigma_\parallel + \sigma_\perp} \right. \\ & \quad \left. + \frac{\varepsilon_\perp(\varepsilon_\parallel - \varepsilon_\perp)}{\varepsilon_\parallel + \varepsilon_\perp} \omega^2\tau^2\right] k\phi_0 + \frac{1}{2}(k_{11} + k_{33}) \left(\frac{k_2}{k_{22}}\right)\end{aligned}$$

$$\times k\left(\frac{k_2}{k_{22}}\phi_0+k\alpha_0\right)+\frac{1}{16}(5k_{33}+k_{11})k^2k\phi_0=0。$$

把式(8.88)的 $\frac{1}{2}(k_{11}+k_{33})\left(\frac{k_2}{k_{22}}\right)k\left(\frac{k_2}{k_{22}}\phi_0+k\alpha\right)$ 代入上式，就可以得出

$$-\frac{1}{2}\overline{(\gamma_1-\gamma_2)}k^2v+\gamma_1\left(\frac{k_2}{k_{22}}\right)^2v+\frac{3}{8}k_{33}k^2k\phi_0$$
$$-\frac{E_0^2}{8\pi(1+\omega^2\tau^2)}\left[\frac{\sigma_\perp(\varepsilon_{/\!/}-\varepsilon_\perp)}{\sigma_{/\!/}+\sigma_\perp}+\frac{\varepsilon_\perp(\varepsilon_{/\!/}-\varepsilon_\perp)}{\varepsilon_{/\!/}+\varepsilon_\perp}\right.$$
$$\left.\times\,\omega^2\tau^2\right]k\phi_0-k_{22}\left(\frac{k_2}{k_{22}}\right)\left(\frac{\pi}{d}\right)^2\alpha_0=0。$$

式(3.96)指出，在粗粒近似条件下

$$\alpha_0=-\left(\frac{k_2}{k_{22}}\right)\left(\frac{1}{k}\right)\phi_0,\tag{3.96}$$

把它代入上式，于是有

$$\left[-\frac{1}{2}\overline{(\gamma_1-\gamma_2)}k^2+\gamma_1\left(\frac{k_2}{k_{22}}\right)^2\right]v+\left[\frac{8}{3}k_{33}k^2\right.$$
$$+k_{22}\left(\frac{1}{k}\frac{k_2}{k_{22}}\frac{\pi}{d}\right)^2-\frac{E_0^2}{8\pi(1+\omega^2\tau^2)}\left(\frac{\sigma_\perp\varepsilon_a}{\sigma_{/\!/}+\sigma_\perp}\right.$$
$$\left.\left.+\frac{\varepsilon_\perp\varepsilon_a}{\varepsilon_{/\!/}+\varepsilon_\perp}\omega^2\tau^2\right)\right]k\phi_0=0.$$

由于 $\left|\frac{k_2}{k_{22}}\right|\gg k$，所以可以忽略第一项中的 $-\frac{1}{2}\overline{(\gamma_1-\gamma_2)}k^2v$，而使上式简化为

$$\gamma_1\left(\frac{k_2}{k_{22}}\right)^2v+\left[\frac{8}{3}k_{33}k^2+k_{22}\left(\frac{1}{k}\frac{k_2}{k_{22}}\frac{\pi}{d}\right)^2\right.$$
$$-\frac{E_0^2}{8\pi(1+\omega^2\tau^2)}\left(\frac{\sigma_\perp\varepsilon_a}{\sigma_{/\!/}+\sigma_\perp}+\frac{\varepsilon_\perp\varepsilon_a}{\varepsilon_{/\!/}+\varepsilon_\perp}\right.$$
$$\left.\left.\times\,\omega^2\tau^2\right)\right]k\phi_0=0。\tag{8.93}$$

式(8.93)是一个 v 与 $k\phi_0$ 之间的关系式.

把式(8.70)的 v_3、式(8.90)的 q 和式(8.91)的 $\overline{Q(t)E}$ 代入

在一个周期内进行过平均的式(8.86)，就可以得到

$$\gamma_1\left(\frac{k_2}{k_{22}}\right)^2 v = -\left[\frac{E_0^2}{16\pi(1+\omega^2\tau^2)}\right](\varepsilon_{\parallel}+\varepsilon_{\perp})$$
$$\times\left(\frac{\sigma_a}{\sigma_{\parallel}+\sigma_{\perp}}-\frac{\varepsilon_a}{\varepsilon_{\parallel}+\varepsilon_{\perp}}\right)k\phi_0。\quad (8.94)$$

这是另一个 v 和 $k\phi_0$ 之间的关系式. 式(8.93)和(8.94)这一对 v 和 $k\phi_0$ 之间的联立方程，只有在满足一定的条件下才存在非零的解，这个条件也就决定了外加电场 $\frac{1}{2}\overline{E}_0^2$ 的大小为

$$\frac{1}{2}\overline{E}_0^2=\frac{4\pi}{\varepsilon_{\perp}}\left(\frac{\varepsilon_{\parallel}+\varepsilon_{\perp}}{\varepsilon_a}\right)\left(\frac{1+\omega^2\tau^2}{1-\zeta+\omega^2\tau^2}\right)\left[k_{22}\left(\frac{1}{k}\frac{k_2}{k_{22}}\frac{\pi}{d}\right)^2\right.$$
$$\left.+\frac{3}{8}k_{33}k^2\right], \quad (8.95)$$

其中 ζ 是:

$$\zeta=1-\left(\frac{\sigma_a}{\sigma_{\parallel}+\sigma_{\perp}}\right)\left(\frac{\varepsilon_{\parallel}+\varepsilon_{\perp}}{\varepsilon_a}\right). \quad (8.96)$$

第三章§8已经指出，当 $k\to\infty$ 时将激发弯曲形变方式，当 $k\to 0$ 时将激发扭曲形变方式，而最有利的一组激发方式是

$$k^2=k_0^2=\sqrt{\frac{8k_{22}}{3k_{33}}}\left|\frac{k_2}{k_{22}}\right|\left(\frac{\pi}{d}\right). \quad (3.100)$$

如果存在与这一组激发方式相对应的临阈电场的话，将由

$$\frac{1}{2}E_{0\mathrm{th}}^2=\frac{4\pi}{\varepsilon_{\perp}}\left(\frac{\varepsilon_{\parallel}+\varepsilon_{\perp}}{\varepsilon_a}\right)\left(\frac{1+\omega^2\tau^2}{1-\zeta+\omega^2\tau^2}\right)$$
$$\times\sqrt{\frac{3}{2}k_{22}k_{33}}\left|\frac{k_2}{k_{22}}\right|\left(\frac{\pi}{d}\right) \quad (8.97)$$

决定. 这里存在两种情形：如果是正性螺旋状液晶，那么 $\varepsilon_a>0$，于是 $\zeta<1$. 在这种情形下总存在一个临阈电场值 $\frac{1}{2}E_{0\mathrm{th}}^2$. 对于负性螺旋状液晶，现在 $\varepsilon_a<0$，式(8.97)可以改写成为

$$\frac{1}{2}E_{0\mathrm{th}}^2=\frac{4\pi}{\varepsilon_{\perp}}\left(\frac{\varepsilon_{\parallel}+\varepsilon_{\perp}}{-\varepsilon_a}\right)\left(\frac{1+\omega^2\tau^2}{\zeta-1-\omega^2\tau^2}\right)$$

$$\times \sqrt{\frac{3}{2} k_{22}k_{33}} \left|\frac{k_2}{k_{22}}\right| \left(\frac{\pi}{d}\right). \tag{8.98}$$

如果存在临阈电场的话，那么$\zeta - 1$必须为正值；这只有在$\sigma_a > 0$的条件下才能成立．另外，式(8.98)还指出，存在一个截频ω_c：

$$\omega_c = \sqrt{\frac{\zeta - 1}{\tau}} = \sqrt{4\pi \frac{\sigma_a}{(-\varepsilon_a)}}, \tag{8.99}$$

只有在$\omega < \omega_c$的频率范围内才可以观察到导电方式的不稳定性．

§5 丝状液晶的热运流不稳定性

早在1936年斯图尔特就观察到了温度会影响丝状液晶分子的取向这一事实[18]．只是到了丝状液晶电流体动力不稳定性有了解释之后，人们才对丝状液晶的热运流不稳定性（thermal convective instability）发生兴趣，进而作了比较细致的工作．在这方面开始进行研究工作的主要是杜伯阿、维欧莱特等人[19,20,21,22]．他们提出，在机理上，丝状液晶的电流体动力不稳定性、热运流不稳定性，甚至流体动力不稳定性，都是很类似的．人们早已知道在平行平板间注入各向同性液体后，如果加热下板，那么当温度梯度超过某一阈值时，在液体内会出现滚动流动图案．这种图案的空间周期约为液体层厚度的两倍．这种滚动不稳定性在各向同性液体中通常被称为本纳德-瑞利不稳定性（Bénard-Rayleigh instability）．对本纳德-瑞利不稳定性的详细讨论可以参考文献[10]．杜伯阿、维欧莱特等人的实验指出，丝状液晶盒中的热运流不稳定性，也同样会出现大约两倍于盒厚的空间周期性滚动流动图案，滚动轴与未加温度梯度时的指向矢的取向相垂直[19-22]．下面我们先定性地看一下沿面校列丝状液晶盒在垂直于盒面方向具有温度梯度时的情形，然后再进行具体的分析．

丝状液晶的热导各向异性一般是正值，目前还很少发现有$\beta_a < 0$的材料．现在我们看图8.7(a)的沿面校列液晶盒，液晶的$\beta_a > 0$．我们在盒的底面加温，于是上盒面的温度为T，下盒面的

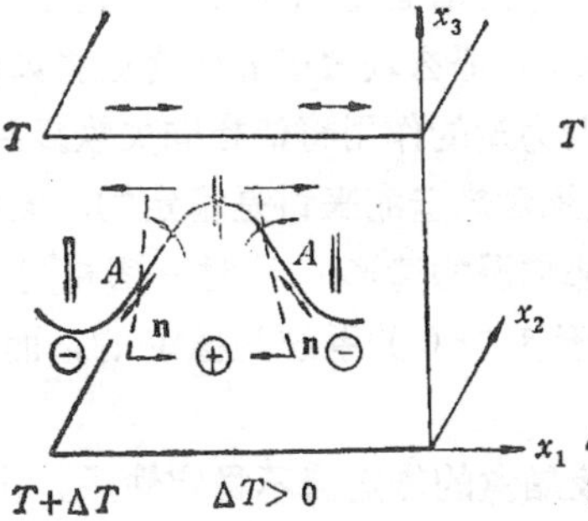

(a) $\beta_a>0$（不稳定） (b) $\beta_a<0$（稳定）

图 8.7 沿面校列丝状液晶盒底部被加温时的热运流情形. ↔ 为指向矢取向; …… 为热流方向; ⊕和⊖为温度涨落引起的较暖区和较冷区; ⇒ 为重力引起的流速方向。↶ 为粘滞力矩方向.

在 (a) 中粘滞力矩引起不稳定,而在 (b) 中粘滞力矩引起稳定.

温度为 $T+\Delta T$，而 $\Delta T>0$. 假设在盒中 A 点处的液晶指向矢发生了弯曲型涨落，偏离了原来的 x_1x_2 平面方向的取向. 由于材料的 $\beta_a>0$,因此沿指向矢方向的热流通量较大,从而产生了较暖区⊕和较冷区⊖. 在较暖区，重力使液晶向上流动，而在较冷区则液晶向下流动. 由于液晶的不可压缩性，于是在 x_1 轴方向也将产生流动.相反方向的液晶流速对指向矢产生了粘滞力矩的作用，

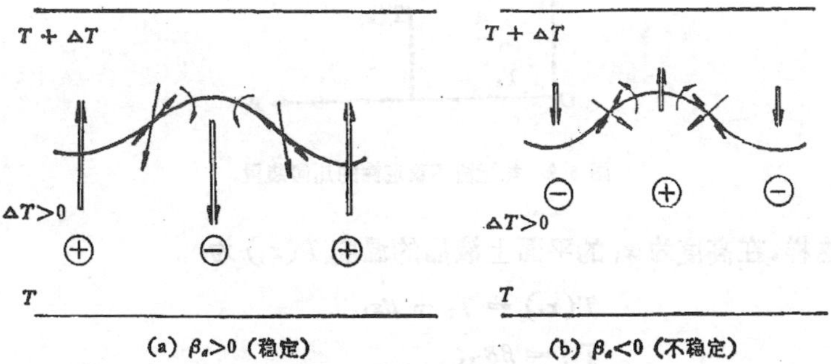

(a) $\beta_a>0$ (稳定) (b) $\beta_a<0$ (不稳定)

图 8.8 沿面校列丝状液晶盒顶部被加温时的热运流情形. (a) 粘滞力矩引起稳定; (b) 粘滞力矩引起不稳定.

进一步使得指向矢更加偏离原来的沿面排列状态，于是出现了不稳定现象．如果材料的 $\beta_a<0$，那么较暖区和较冷区将如图 8.7 (b) 所表示的那样．这时粘滞力矩的作用将使指向矢恢复到沿面排列的状态．因此，这样的系统对热运流来讲是稳定的．图 8.8 是沿面校列丝状液晶盒在盒顶部加温的情形．这时一切和图 8.7 的盒底加温情形正好相反．对于 $\beta_a>0$ 的系统是稳定的，而对于 $\beta_a<0$ 的系统则是不稳定的．

定性地理解了沿面校列液晶盒的热运流不稳定性后，让我们对沿面校列丝状液晶盒及垂面校列丝状液晶盒，在垂直于盒面方向施加温度梯度时的热运流不稳定性进行一些具体的分析。如图 8.9 所示，令丝状液晶层的上下面分别位于 $x_3=0$ 和 $x_3=d$．在 $x_3=0$ 处保持温度为 T_0，在 $x_3=d$ 处保持温度为 $T_0+\Delta T$．我们假设温度梯度 β 为

$$\beta=\frac{\partial T}{\partial x_3}=\frac{\Delta T}{d}=\text{常数。} \tag{8.100}$$

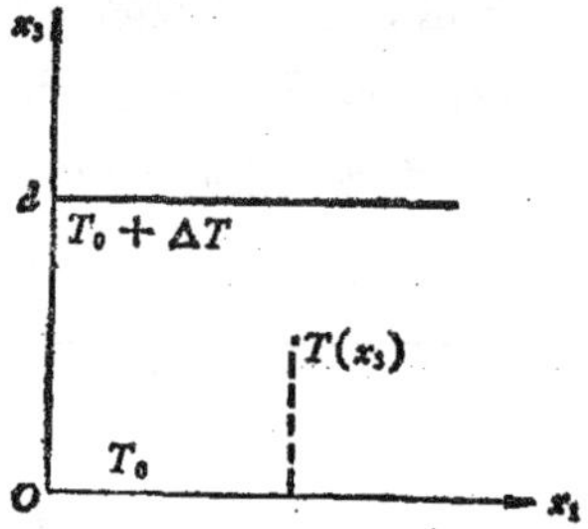

图 8.9 热运流不稳定性的几何装置．

这样，在高度为 x_3 的平面上液晶的温度 $T(x_3)$ 为

$$\begin{aligned}
&T(x_3)=T_0+\beta x_3,\\
&T_{,i}=\beta\delta_{i3},\\
&T_{,ij}=0.
\end{aligned} \tag{8.101}$$

式中

$$T_{,i}=\frac{\partial T}{\partial x_i},\ T_{,ij}=\frac{\partial^2 T}{\partial x_i\partial x_j}.$$

另外，我们假设温度为 T_0 时液晶的密度为 ρ_0，同时液晶密度的温度系数为 α。这样在温度为 T 时，液晶的密度 $\rho(T)$ 将满足关系式

$$\rho(T)=\rho_0[1-\alpha(T-T_0)],$$

$$\delta\rho=\rho(T+\delta T)-\rho(T)$$

$$=-\alpha\rho(T)\delta T. \quad (8.102_1)$$

流体密度 ρ 的温度系数 α，也就是材料的体膨胀系数，一般在 10^{-3}—10^{-4} 每摄氏度的数量级。布辛内斯克指出，在流体力学中如果包括密度在内的各个参量的变化都是由于温度的变化而引起的，那么在温度变化不大的条件下，这些变化一般都可以忽略不计；只是在流体动力学的动量守恒定律中，外力项 ρX_i 的变化量 $\delta\rho X_i=\alpha\Delta T\cdot X_i$ 还需要加以考虑，因为这一项所引起的流体加速度可能会相当大[2]。这就是所谓的布辛内斯克近似。在下面的计算中，我们采用布辛内斯克近似：除去动量守恒方程中要引进密度变化引起的重力外，所有的物质常数，包括密度在内，都被当作常数来处理。这样式 (8.102_1) 中的密度改变量 $\delta\rho$ 就可以写作

$$\delta\rho=-\alpha\rho_0\delta T. \quad (8.102_2)$$

我们用线性化的办法来处理问题，也就是说先考虑一个不加温度梯度的静态系统；温度梯度的引入使得各个物理量都在静态值上添加一个小小的涨落项。在计算中我们只考虑涨落项的一阶项，而忽略所有的高阶项。

在静态条件下，系统的指向矢 $\mathbf{n}$ 是一个各处相同的常数。设指向矢的涨落为 $\delta\mathbf{n}$，那么由于指向矢的长度是单位长度，因此 $(\mathbf{n}+\delta\mathbf{n})^2=1$。在忽略二阶项的条件下，我们有

$$\mathbf{n}\cdot\delta\mathbf{n}=0. \quad (8.103)$$

在静态条件下液晶的流速 $\mathbf{v}$ 为零。引用布辛内斯克近似，对于不可压缩的液晶，连续性方程式取式 (5.75) 的形式，

$$\nabla\cdot\mathbf{v}=0. \quad (5.75)$$

设流速的涨落为 $\delta\mathbf{v}$，那么将有 $\nabla\cdot(\mathbf{v}+\delta\mathbf{v})=0$。由于 $\mathbf{v}=0$，

因此

$$\delta v_{k,k}=\frac{\partial \delta v_k}{\partial x_k}=0. \tag{8.104}$$

液晶的自由能密度 g_0 可以写成

$$g_0=\frac{1}{2}[k_{11}(\nabla\cdot\mathbf{n})^2+k_{22}(\nabla\times\mathbf{n})^2$$

$$+(k_{33}-k_{22})(\mathbf{n}\cdot\nabla\mathbf{n})^2]=\frac{1}{2}[k_{11}n_{l,l}n_{m,m}$$

$$+k_{22}(n_{p,q}n_{p,q}-n_{p,q}n_{q,p})+(k_{33}-k_{22})n_pn_rn_{q,p}n_{q,r}]$$

的形式，从而得出

$$\frac{\partial g_0}{\partial n_i}=(k_{33}-k_{22})n_pn_{q,p}n_{q,i},$$

$$\frac{\partial}{\partial x_k}\frac{\partial g_0}{\partial n_{i,k}}=(k_{11}-k_{22})n_{l,li}+k_{22}n_{i,kk}+(k_{33}-k_{22})$$

$$\times(n_{k,k}n_jn_{i,j}+n_kn_{j,k}n_{i,j}+n_kn_jn_{i,jk}),$$

$$\frac{\partial}{\partial x_j}\left(\frac{\partial g_0}{\partial n_{k,j}}n_{k,i}\right)=k_{11}(n_{l,l}n_{j,ji}+n_{l,lj}n_{j,i})+k_{22}(n_{k,ij}n_{k,j}$$

$$+n_{k,i}n_{k,jj}-n_{k,ij}n_{j,k}-n_{k,i}n_{j,kj})$$

$$+(k_{33}-k_{22})(n_{j,j}n_ln_{k,l}n_{k,i}+n_jn_{l,j}n_{k,i}n_{k,l}$$

$$+n_jn_ln_{k,ij}n_{k,l}+n_jn_ln_{k,i}n_{k,jl}). \tag{8.105}$$

另外，从式 (5.76) 和 (5.77) 还可以有

$$t_{ik,k}=-\alpha_1[(n_pn_qd_{pq})_{,k}n_in_k+(n_pn_qd_{pq})n_{i,k}n_k$$

$$+(n_pn_qd_{pq})n_in_{k,k}]-\alpha_2\left(\frac{\partial n_{i,k}}{\partial t}n_k-n_{k,k}\frac{\partial n_i}{\partial t}\right.$$

$$\left.-\omega_{il,k}n_ln_k-\omega_{il}n_{l,k}n_k-\omega_{il}n_ln_{k,k}\right)$$

$$-\alpha_3\left[n_{i,k}\left(\frac{\partial n_k}{\partial t}-\omega_{kl}n_l\right)+n_i\left(\frac{\partial n_{k,k}}{\partial t}-\omega_{kl,k}n_l\right.\right.$$

$$\left.\left.-\omega_{kl}n_{l,k}\right)\right]-\alpha_4d_{ik,k}-\alpha_5(d_{ip,k}n_pn_k+d_{ip}n_{p,k}n_k$$

$$+d_{ip}n_pn_{k,k})-\alpha_6(n_{i,k}n_pd_{pk}+n_in_{p,k}d_{pk}+n_in_pd_{pk,k}),$$

$$f_i' = \gamma_1\left[\frac{\partial n_i}{\partial t} - \frac{1}{2}(v_{i,j} - v_{j,i})n_j\right] + \frac{1}{2}\gamma_2(v_{i,j} + v_{j,i})n_j.$$

(8.106)

显然，在静态条件下式 (8.105) 和 (8.106) 给出

$$\frac{\partial g_0}{\partial n_i} - \frac{\partial}{\partial x_k}\left(\frac{\partial g_0}{\partial n_{i,k}}\right) - \frac{\partial}{\partial x_j}\left(\frac{\partial g_0}{\partial n_{k,j}} n_{k,i}\right)$$

$$= t_{ik,k} = f_i' = 0. \quad (8.107)$$

由于 $\mathbf{n}$ 和 $\mathbf{v}$ 的涨落为 $\delta\mathbf{n}$ 和 $\delta\mathbf{v}$，在忽略涨落的二阶项条件下，$\frac{\partial g_0}{\partial n_i}$，$\frac{\partial}{\partial x_k}\left(\frac{\partial g_0}{\partial n_{i,k}}\right)$，$\frac{\partial}{\partial x_j}\left(\frac{\partial g_0}{\partial n_{k,j}} n_{k,i}\right)$，$t_{ik,k}$，$f_i'$ 这五个函数的涨落分别成为[24]

$$\delta\left(\frac{\partial g_0}{\partial n_i}\right) = 0,$$

$$\delta\left(\frac{\partial}{\partial x_k}\frac{\partial g_0}{\partial n_{i,k}}\right) = A_{ijkm}\delta n_{j,km},$$

$$\delta\left[\frac{\partial}{\partial x_j}\left(\frac{\partial g_0}{\partial n_{k,j}} n_{k,i}\right)\right] = 0,$$

$$\delta t_{ik,k} = B_{ijkm}\delta v_{j,km} + C_{ijk}\frac{\partial \delta n_{j,k}}{\partial t},$$

$$\delta f_i' = \gamma_1 \frac{\partial \delta n_i}{\partial t} + D_{ijk}\delta v_{j,k},$$

$$A_{ijkm} = (k_{11} - k_{22})\delta_{im}\delta_{jk} + k_{22}\delta_{ij}\delta_{km} + (k_{33} - k_{22})n_m n_k \delta_{ij},$$

$$B_{ijkm} = -\alpha_1 n_i n_j n_k n_m - \frac{1}{2}(\alpha_2 + \alpha_5)n_j n_m \delta_{ik}$$

$$- \frac{1}{2}(\alpha_3 + \alpha_6)n_i n_j \delta_{km} - \frac{1}{2}\alpha_4 \delta_{ij}\delta_{km}$$

$$- \frac{1}{2}(\alpha_5 - \alpha_2)n_k n_m \delta_{ij},$$

$$C_{ijk} = -\alpha_2 n_k \delta_{ij} - \alpha_3 n_i \delta_{jk},$$

$$D_{ijk} = \frac{1}{2}(\gamma_2 - \gamma_1)n_k \delta_{ij} + \frac{1}{2}(\gamma_1 + \gamma_2)n_j \delta_{ik}. \quad (8.108)$$

这里 $\delta n_{j,km}$，$\delta v_{j,km}$，$\delta n_{j,k}$ 和 $\delta v_{j,k}$ 分别为 $n_{j,km}$，$v_{j,km}$，$n_{j,k}$ 和 $v_{j,k}$

的涨落.

考虑到重力的作用,动量守恒方程 (5.59) 成为

$$\rho_0 \frac{\partial v_i}{\partial t} + \rho v_j \frac{\partial v_i}{\partial x_j} + \frac{\partial p}{\partial x_i} + \frac{\partial}{\partial x_j}\left(\frac{\partial g_0}{\partial n_{k,j}} n_{k,i}\right)$$
$$+ t_{ik,k} = -\rho g \delta_{i3}. \tag{8.109$_1$}$$

这里我们使用了布辛内斯克近似, 用 ρ_0 代替了左方第一项中的密度 ρ, 同时对右方的密度保留了 ρ 的形式,以便考虑密度涨落的影响. 当然,我们利用了不可压缩的条件. 在静态, 由于式 (8.107) 的存在,式 (8.109) 给出

$$\frac{\partial p}{\partial x_i} = -\rho g \delta_{i3},$$
$$p = p_0 - \int_0^{x_3} \rho g dx_3. \tag{8.109$_2$}$$

这就是液晶盒中各个高度的压强表示式. 令压强的涨落为 δp, 那么考虑到涨落,应用式 (8.108), 式 (8.109$_1$) 给出

$$\rho_0 \frac{\partial \delta v_i}{\partial t} + \frac{\partial \delta p}{\partial x_i} + B_{ijkm} \delta v_{j,km}$$
$$+ C_{ijk} \frac{\partial \delta n_{j,k}}{\partial t} = \alpha \rho_0 g \delta T \delta_{i3}, \tag{8.109$_3$}$$

这里我们应用了式 (8.102$_2$) 和 (8.109$_2$).

对于不可压缩的丝状液晶, 指向矢运动方程 (5.60) 的形式是

$$I \frac{\partial^2 n_i}{\partial t^2} + I v_k \frac{\partial n_{i,k}}{\partial t} - \frac{\partial}{\partial x_k}\left(\frac{\partial g_0}{\partial n_{i,k}}\right) + \frac{\partial g_0}{\partial n_i} + f_i' = \gamma n_i. \tag{8.110$_1$}$$

在静态 n_i 为常量,因此式 (8.110$_1$)给出拉格朗日未定乘子 γ 为零. 在有涨落的时候, 拉格朗日未定乘子也将有涨落 γ'. 这时应用式 (8.108), 式 (8.110$_1$) 就成为

$$I \frac{\partial^2 \delta n_i}{\partial t^2} + \gamma_1 \frac{\partial \delta n_i}{\partial t} - A_{ijkm} \delta n_{j,km} + D_{ijk} \delta v_{j,k} = \gamma' n_i. \tag{8.110$_2$}$$

式 (5.58) 的熵方程, 在把式 (5.83) 的 TR 表示式代人后成为

$$T\rho\frac{ds}{dt}+\nabla\cdot\mathbf{q}=\alpha_1(n_id_{ij}n_j)^2+(\alpha_2+\alpha_3+\gamma_2)n_id_{ij}N_j$$

$$+\alpha_4d_{ij}d_{ij}+(\alpha_5+\alpha_6)n_id_{ik}d_{kj}n_j+\gamma_1(\mathbf{N})^2。\qquad(8.111_1)$$

对于静态 s 为常数,式 (8.111_1) 成为

$$\nabla\cdot\mathbf{q}=0,$$

$$q_i=-\beta_an_in_jT_{,j}-\beta_\perp T_{,i}=\text{常量},$$

$$q_{i,i}=-\beta_a(n_{i,i}n_jT_{,j}+n_in_{j,i}T_{,j}+n_in_jT_{,ij})$$

$$-\beta_\perp T_{,ii}.\qquad(8.111_2)$$

这里我们应用了式(5.72)的 q_i 表示式和式(5.85). 应用式(8.101),在静态我们有

$$q_i=-\beta(\beta_an_in_3+\beta_\perp\delta_{i3})。\qquad(8.111_3)$$

考虑涨落时,式 (8.111_2) 的第三式给出

$$\delta q_{i,i}=-\beta\beta_a(n_3\delta n_{i,i}+n_i\delta n_{3,i})$$

$$-\beta_an_in_j\delta T_{,ij}-\beta_\perp\delta T_{,ii}。\qquad(8.111_4)$$

如果液晶的定容比热为 c_v,那么热力学告诉我们

$$Tds=c_vdT.$$

这样 (8.111_1) 式左方的第一项可以写成

$$T\rho\frac{ds}{dt}=\rho c_v\frac{dT}{dt}=\rho c_v\left(\frac{\partial T}{\partial t}+\mathbf{v}\cdot\nabla T\right)$$

的形式. 因此,在温度涨落为 δT 时,式 (8.111_1) 给出

$$\rho_0c_v\left(\frac{\partial\delta T}{\partial t}+\beta\delta v_3\right)-\beta\beta_a(n_3\delta n_{i,i}+n_i\delta n_{3,i})$$

$$-\beta_an_in_j\delta T_{,ij}-\beta_\perp\delta T_{,ii}=0,\qquad(8.111_5)$$

$\delta T_{,ij}$ 是 $T_{,ij}$ 的涨落. 这里我们应用了式(8.101),并且忽略了二阶以上各项. 引用热扩散率

$$\kappa_a=\frac{\beta_a}{\rho_0c_v},\quad\kappa_{//}=\frac{\beta_{//}}{\rho_0c_v},\quad\kappa_\perp=\frac{\beta_\perp}{\rho_0c_v},\qquad(8.112)$$

式 (8.111_5) 就成为

$$\frac{\partial\delta T}{\partial t}+\beta\delta v_3-\beta\kappa_a(n_3\delta n_{i,i}+n_i\delta n_{3,i})$$

$$-\kappa_an_in_j\delta T_{,ij}-\kappa_\perp\delta T_{,ii}=0。\qquad(8.113)$$

对于 MBBA，实验测得的热扩散率值为

$\kappa_{/\!/} = 1.54 \times 10^{-3}$，$\kappa_{\perp} = 0.93 \times 10^{-3}$ 厘米平方·每秒.

这样，

$$\mathbf{n} \cdot \delta\mathbf{n} = 0, \tag{8.103}$$

$$\delta v_{k,k} = 0, \tag{8.104}$$

$$\rho_0 \frac{\partial \delta v_i}{\partial t} + \frac{\partial \delta p}{\partial x_i} + B_{ijkm}\delta v_{j,km} + C_{ijk}\frac{\partial \delta n_{j,k}}{\partial t} = \alpha\rho_0 g \delta T \delta_{i3}, \tag{8.109$_3$}$$

$$I\frac{\partial^2 \delta n_i}{\partial t^2} + \gamma_1 \frac{\partial \delta n_i}{\partial t} - A_{ijkm}\delta n_{j,km} + D_{ijk}\delta v_{j,k} = \gamma' n_i, \tag{8.110$_2$}$$

$$\frac{\partial \delta T}{\partial t} + \beta\delta v_3 - \beta\kappa_a(n_3\delta n_{i,i} + n_i\delta n_{3,i}) - \kappa_a n_i n_j \delta T_{,ij} - \kappa_{\perp}\delta T_{,ii} = 0, \tag{8.113}$$

组成了关于 $\delta\mathbf{n}$，$\delta\mathbf{v}$，δp，δT 和 γ' 的联立方程．下面我们分别对沿面校列液晶盒和垂面校列液晶盒进行讨论.

5.1 沿面校列液晶盒中的热运流不稳定性

如图 8.7 所示，对于沿面校列液晶盒，静态下的指向矢 $\mathbf{n}$ 是

$$\mathbf{n} = (1, 0, 0). \tag{8.114}$$

实验指出，对于 $\gamma_1 > 0$ 的丝状液晶，只有在液晶盒底部加温，并且温度梯度 $|\beta|$ 达到或超过某一临阈值 $|\beta_{\rm th}|$ 时，液晶中才可以出现波长约为两倍盒厚的滚动流动图案．因此，我们可以设想各个涨落项都具有 $\exp(ik_1x_1)$ 的形式．为了应用稳定性交换原理，我们可以设想涨落项对于时间的依赖关系都是 $\exp(\Lambda t)$ 的形式．于是我们令

$$\begin{aligned}
\delta\mathbf{n} &= [0,\ 0,\ \delta n_0(x_3)]\exp(ik_1x_1 + \Lambda t),\\
\delta\mathbf{v} &= [\delta v_{10}(x_3),\ 0,\ \delta v_{30}(x_3)]\exp(ik_1x_1 + \Lambda t),\\
\delta T &= \delta T_0(x_3)\exp(ik_1x_1 + \Lambda t),\\
\delta p &= \delta p_0(x_3)\exp(ik_1x_1 + \Lambda t).
\end{aligned} \tag{8.115}$$

显然，这时式(8.103)可以得到满足．式(8.104)现在成为

$$ik_1\delta v_{10}+\frac{\partial\delta v_{30}}{\partial x_3}=0。\tag{8.116}$$

动量守恒方程(8.109$_3$)给出两个方程:

$$\left[\rho_0\Lambda+k_1^2(\alpha_1+\alpha_5+\eta_1)-\eta_1\frac{\partial^2}{\partial x_3^2}\right]\delta v_{10}+ik_1\delta p_0$$
$$-\alpha_3\Lambda\frac{\partial}{\partial x_3}\delta n_0=0,\tag{8.117}$$

$$\left(\rho_0\Lambda+k_1^2\eta_2-\frac{1}{2}\alpha_4\frac{\partial^2}{\partial x_3^2}\right)\delta v_{30}-\frac{1}{2}ik_1(\alpha_2+\alpha_5)\frac{\partial}{\partial x_3}\delta v_{10}$$
$$+\frac{\partial}{\partial x_3}\delta p_0-ik_1\alpha_2\Lambda\delta n_0=\alpha\rho_0 g\delta T,\tag{8.118}$$

式中 η_1 和 η_2 是梅索维克兹的两个主粘滞系数．指向矢运动方程(8.110$_2$)现在给出

$$ik_1(k_{11}-k_{22})\frac{\partial}{\partial x_3}\delta n_0+ik_1\gamma_2\delta v_{10}=\gamma',\tag{8.119}$$

$$\left[(I\Lambda^2+\gamma_1\Lambda+k_1^2k_{33})-k_{11}\frac{\partial^2}{\partial x_3^2}\right]\delta n_0+\frac{1}{2}(\gamma_1$$
$$+\gamma_2)\frac{\partial}{\partial x_3}\delta v_{10}+\frac{1}{2}ik_1(\gamma_2-\gamma_1)\delta v_{30}=0。\tag{8.120}$$

式(8.119)决定了拉格朗日未定乘子的涨落 γ'．最后熵方程(8.113)给出

$$\left[(\Lambda+k_1^2\kappa_{\parallel})-\kappa_{\perp}\frac{\partial^2}{\partial x_3^2}\right]\delta T_0+\beta\delta v_{30}-ik_1\beta\kappa_a\delta n_0$$
$$=0。\tag{8.121}$$

现在 δn_0，δv_{10}，δv_{30}，δp_0 和 δT_0 之间满足五个联立的方程:

$$ik_1\delta v_{10}+\frac{\partial}{\partial x_3}\delta v_{30}=0,\tag{8.116}$$

$$ik_1\delta p_0-\alpha_3\Lambda\frac{\partial}{\partial x_3}\delta n_0+\left[\rho_0\Lambda+k_1^2(\alpha_1+\alpha_5+\eta_1)\right.$$
$$\left.-\eta_1\frac{\partial^2}{\partial x_3^2}\right]\delta v_{10}=0,\tag{8.117}$$

$$-\alpha\rho_0 g\delta T_0+\frac{\partial}{\partial x_3}\delta p_0-ik_1\alpha_2\Lambda\delta n_0-ik_1\left(\frac{\alpha_2+\alpha_5}{2}\right)$$

$$\times\frac{\partial}{\partial x_3}\delta v_{10}+\left(\rho_0\Lambda+k_1^2\eta_2-\frac{1}{2}\alpha_4\frac{\partial^2}{\partial x_3^2}\right)\delta v_{30}=0, \tag{8.118}$$

$$\left(I\Lambda^2+\gamma_1\Lambda+k_1^2k_{33}-k_{11}\frac{\partial^2}{\partial x_3^2}\right)\delta n_0+\left(\frac{\gamma_1+\gamma_2}{2}\right)\frac{\partial}{\partial x_3}\delta v_{10}$$

$$+ik_1\left(\frac{\gamma_2-\gamma_1}{2}\right)\delta v_{30}=0, \tag{8.120}$$

$$\left(\Lambda+k_1^2\kappa_{/\!/}-\kappa_\perp\frac{\partial^2}{\partial x_3^2}\right)\delta T_0+\beta\delta v_{30}-ik_1\beta\kappa_a\delta n_0=0. \tag{8.121}$$

把式 (8.116) 的 δv_{10} 代入式 (8.120)，就可以得到一个 δn_0 和 δv_{30} 之间的关系式:

$$\left(I\Lambda^2+\gamma_1\Lambda+k_{33}k_1^2-k_{11}\frac{\partial^2}{\partial x_3^2}\right)\delta n_0+\frac{i}{k_1}\left[\left(\frac{\gamma_2-\gamma_1}{2}\right)k_1^2\right.$$

$$\left.+\left(\frac{\gamma_1+\gamma_2}{2}\right)\frac{\partial^2}{\partial x_3^2}\right]\delta v_{30}=0. \tag{8.122}$$

另外，把式 (8.116) 的 δv_{10} 代入式 (8.117) 和 (8.118) 后，可以解出一个 δT_0 作为 δn_0 和 δv_{30} 的函数的微分方程:

$$\delta T_0=-\frac{i\Lambda}{\alpha\rho_0 g}\left(\alpha_2k_1+\frac{\alpha_3}{k_1}\frac{\partial^2}{\partial x_3^2}\right)\delta n_0+\frac{1}{\alpha\rho_0 g}\left[(\rho_0\Lambda+k_1^2\eta_2)\right.$$

$$\left.-\left(\frac{\rho_0\Lambda}{k_1^2}+\alpha_1+\eta_1+\eta_2\right)\frac{\partial^2}{\partial x_3^2}+\frac{\eta_1}{k_1^2}\frac{\partial^4}{\partial x_3^4}\right]\delta v_{30}. \tag{8.123}$$

再把式 (8.123) 代入式 (8.121)，就可以得到另一个 δn_0 与 δv_{30} 之间的关系式:

$$i\left[\beta\kappa_a k_1+\frac{\Lambda}{\alpha\rho_0 g}\left(\alpha_2k_1+\frac{\alpha_3}{k_1}\frac{\partial^2}{\partial x_3^2}\right)\left(\Lambda+\kappa_{/\!/}k_1^2\right.\right.$$

$$\left.\left.-\kappa_\perp\frac{\partial^2}{\partial x_3^2}\right)\right]\delta n_0=\left\{\beta+\frac{1}{\alpha\rho_0 g}\left[\rho_0\Lambda+\eta_2k_1^2\right.\right.$$

$$\left.-\left(\frac{\rho_0\Lambda}{k_1^2}+\alpha_1+\eta_1+\eta_2\right)\frac{\partial^2}{\partial x_3^2}+\frac{\eta_1}{k_1^2}\frac{\partial^4}{\partial x_3^4}\right]\left(\Lambda+\kappa_{/\!/}k_1^2\right.$$

$$-\kappa_\perp \frac{\partial^2}{\partial x_3^2}\Big)\Big\}\delta v_{30}. \tag{8.124}$$

把式 (8.122) 和 (8.124) 中的 δn_0 约去，于是有一个 δv_{30} 所满足的 8 阶微分方程：

$$\left(I\Lambda^2+\gamma_1\Lambda+k_{33}k_1^2-k_{11}\frac{\partial^2}{\partial x_3^2}\right)\Big\{\beta+\frac{1}{\alpha\rho_0 g}\Big[\rho_0\Lambda+\eta_2k_1^2$$

$$-\left(\frac{\rho_0\Lambda}{k_1^2}+\alpha_1+\eta_1+\eta_2\right)\frac{\partial^2}{\partial x_3^2}+\frac{\eta_1}{k_1^2}\frac{\partial^4}{\partial x_3^4}\Big]\Big(\Lambda+\kappa_{/\!/}k_1^2$$

$$-\kappa_\perp\frac{\partial^2}{\partial x_3^2}\Big)\Big\}\beta v_{30}-\Big[\beta\kappa_a+\frac{\Lambda}{\alpha\rho_0 g k_1^2}\Big(\alpha_2k_1^2+\alpha_3\frac{\partial^2}{\partial x_3^2}\Big)$$

$$\times\Big(\Lambda+\kappa_{/\!/}k_1^2-k_\perp\frac{\partial^2}{\partial x_3^2}\Big)\Big]\Big[\left(\frac{\gamma_2-\gamma_1}{2}\right)k_1^2$$

$$+\left(\frac{\gamma_1+\gamma_2}{2}\right)\frac{\partial^2}{\partial x_3^2}\Big]\delta v_{30}=0. \tag{8.125}$$

现在假设 δv_{30} 随 x_3 的变化满足

$$\delta v_{30}=\delta v_0\exp(ik_3x_3) \tag{8.126}$$

的关系，那么式 (8.125) 就成为

$$(I\Lambda^2+\gamma_1\Lambda+k_{33}k_1^2+k_{11}k_3^2)\Big\{\beta+\frac{1}{\alpha\rho_0 g k_1^2}[\rho_0k^2\Lambda+\eta_2k_1^4$$

$$+(\alpha_1+\eta_1+\eta_2)k_1^2k_3^2+\eta_1k_3^4](\Lambda+\kappa_{/\!/}k_1^2+\kappa_\perp k_3^2)\Big\}$$

$$\times\delta v_0-\Big[\left(\frac{\gamma_2-\gamma_1}{2}\right)k_1^2-\left(\frac{\gamma_1+\gamma_2}{2}\right)k_3^2\Big]\Big[\beta\kappa_a$$

$$+\frac{\Lambda}{\alpha\rho_0 g k_1^2}(\alpha_2k_1^2-\alpha_3k_3^2)(\Lambda+\kappa_{/\!/}k_1^2+\kappa_\perp k_3^2)\Big]\delta v_0=0,$$

$$k^2=k_1^2+k_3^2. \tag{8.127}$$

在低频条件下我们忽略 $I\Lambda^2$ 项，于是对于非平凡解的 δv_{30}，式 (8.127) 给出一个 Λ 的三次方程：

$$\Lambda^3-\frac{1}{\rho_0\gamma_1k^2}\Big\{\Big[\left(\frac{\gamma_2-\gamma_1}{2}\right)k_1^2-\left(\frac{\gamma_1+\gamma_2}{2}\right)k_3^2\Big](\alpha_2k_1^2-\alpha_3k_3^2)$$

$$-\gamma_1[\eta_2k_1^4+(\alpha_1+\eta_1+\eta_2)k_1^2k_3^2+\eta_1k_3^4]$$

$$
\begin{aligned}
&- \rho_0 k^2 [\gamma_1(\kappa_{/\!/} k_1^2 + \kappa_\perp k_3^2) + (k_{33} k_1^2 + k_{11} k_3^2)]\Big\} \Lambda^2 \\
&+ \frac{1}{\rho \gamma_1 k^2} \Big\{ \beta \alpha \rho_0 g \gamma_1 k_1^2 + \rho_0 k^2 (k_{33} k_1^2 + k_{11} k_3^2)(\kappa_{/\!/} k_1^2 + \kappa_\perp k_3^2) \\
&+ [\gamma_1(\kappa_{/\!/} k_1^2 + \kappa_\perp k_3^2) + (k_{33} k_1^2 + k_{11} k_3^2)][\eta_2 k_1^4 + (\alpha_1 \\
&+ \eta_1 + \eta_2) k_1^2 k_3^2 + \eta_1 k_3^4] - \left[\left(\frac{\gamma_2 - \gamma_1}{2}\right) k_1^2 - \left(\frac{\gamma_1 + \gamma_2}{2}\right) \right. \\
&\left. \times k_3^2 \right] (\alpha_2 k_1^2 - \alpha_3 k_3^2)(\kappa_{/\!/} k_1^2 + \kappa_\perp k_3^2) \Big\} \Lambda - \frac{1}{\rho_0 \gamma_1 k^2} \\
&\times \Big\{ \kappa_a \left[\left(\frac{\gamma_2 - \gamma_1}{2}\right) k_1^2 - \left(\frac{\gamma_1 + \gamma_2}{2}\right) k_3^2\right] \alpha \rho_0 g \beta k_1^2 \\
&- (k_{33} k_1^2 + k_{11} k_3^2) \alpha \rho_0 g \beta k_1^2 - (k_{33} k_1^2 + k_{11} k_3^2)(\kappa_{/\!/} k_1^2 \\
&+ \kappa_\perp k_3^2)[\eta_2 k_1^4 + (\alpha_1 + \eta_1 + \eta_2) k_1^2 k_3^2 + \eta_1 k_3^4] \Big\} = 0. \quad (8.128)
\end{aligned}
$$

如果系统能出现不稳定性，那么 Λ 必须有实数部分为正值的解，而且 $\Lambda=0$ 是出现不稳定性的条件．因此，对于 $\gamma_1>0$ 的丝状液晶，只有温度梯度的代数值小于临阈值 β_{th} 时才能出现滚动流动图案：

$$
\begin{aligned}
\beta \leqslant \beta_{th} = &-\{(k_{33} k_1^2 + k_{11} k_3^2)(\kappa_{/\!/} k_1^2 + \kappa_\perp k_3^2)[\eta_1 k_1^4 \\
&+ (\alpha_1 + \eta_1 + \eta_2) k_1^2 k_3^2 + \eta_1 k_3^4]\} \Big/ \Big\{ \alpha \rho_0 g k_1^2 \Big\{ \Big[k_{33} \\
&- \kappa_a \left(\frac{\gamma_2 - \gamma_1}{2}\right)\Big] k_1^2 + \Big[k_{11} + \kappa_a \left(\frac{\gamma_1 + \gamma_2}{2}\right)\Big] k_3^2 \Big\}\Big\}.
\end{aligned}
\quad (8.129)
$$

对于 MBBA 和 PAA 之类的丝状液晶，

$$
-\alpha_2 > \alpha_3 - \alpha_2 \gg -\alpha_3 > 0, \quad -\gamma_2 > \gamma_1 > 0.
$$

对于这些液晶，式 (8.129) 的右方是一个负值．这就是说，只有在从液晶盒底部加热时才能出现不稳定性，如果从液晶盒上盒面加热是不会出现不稳定性的．这正是实验所观察到的结果．杜伯阿、维欧莱特等人的实验给出，对于 0.5 毫米厚的 MBBA 液晶盒，需要的临阈温差为 -15.5℃；对于 1 毫米厚的 MBBA 液晶盒，需要的临阈温差为 -2.3℃[19,20]．实验表明，滚动运动图案的周期约为盒厚的两倍．在式(8.129)中，如果取 $k_1 = k_3 = \frac{2\pi}{d}$，那么 β_{th} 将与 d^4 成反比．上述的实验数据也符合这一规律．值得提出的是，对于各向同性液体，本纳德-瑞利不稳定性产生时，需要的温差阈值与液体厚度的立方成反比[10]．对于1厘米厚、热扩散率 κ 约为 10^{-3} 厘米平方·每秒、粘滞系数约为1泊的各向同性液体，产生本纳德-瑞利不稳定性所需要的温差临阈值大约在 -2℃左右．这样，如果各向同性液体的厚度为1毫米，那么所需临阈温差将在 -2000℃左右．所以，在丝状液晶中引起热运流不稳定性所需要的温差，远比在同样厚度的各向同性液体中引起不稳定性所需的温差要低得多．

对于给定的 k 和 β 值，式(8.129)是 k_3^2 的四次方程，因此 k 具有8个解．这就是说，对于给定的 (k, β) 模式，式(8.126)应该是8项的线性迭加．在实际条件下，具体出现那一种 k_1 的模式，需要由盒上下表面处的边界条件

$$\delta v_{10} = \delta v_{30} = \delta n_0 = \delta T_0 = 0, \quad (x_3 = 0, d) \tag{8.130}$$

来决定．关于这个问题，只有进行数字解才能得到答案．杜伯阿·维欧莱特对 MBBA 进行的数字计算给出，在盒厚为0.5毫米的条件下，温差临阈值为 -21℃[21]．如果盒厚为1毫米，临阈温差将为 -2.6℃．因此，理论结果同上面给出的实验观测值是相符合的．我们也可以用另外一种计算方法来同实验相比较．从式(8.116)、(8.123)、(8.124)和(8.125)出发[25]，由于 $\Lambda = 0$ 是产生不稳定性的条件，这时式(8.125)给出了 δv_{30} 需要满足的微分方程为

$$\left[\frac{\partial^4}{\partial x_3^4} - \left(\frac{\alpha_1 + \eta_1 + \eta_2}{\eta_1}\right) k_1^2 \frac{\partial^2}{\partial x_3^2} + \frac{\eta_2}{\eta_1} k_1^4\right]$$
$$\times \left(\frac{\partial^2}{\partial x_3^2} - \frac{k_{33}}{k_{11}} k_1^2\right)\left(\frac{\partial^2}{\partial x_3^2} - \frac{\kappa_{/\!/}}{\kappa_\perp} k_1^2\right) \delta v_{30} = \frac{\alpha \rho_0 g \kappa_a \beta}{k_{11} \kappa_\perp \eta_1} k_1^2$$
$$\times \left(\frac{\gamma_1 + \gamma_2}{2} + \frac{k_{11}}{\kappa_a}\right)\left[\frac{\partial^2}{\partial x_3^2} + \left(\frac{\frac{\gamma_2 - \gamma_1}{2} - \frac{k_{33}}{\kappa_a}}{\frac{\gamma_1 + \gamma_2}{2} + \frac{k_{11}}{\kappa_a}}\right) k_1^2\right] \delta v_{30}. \tag{8.131$_1$}$$

同时，式(8.116)、(8.123)、(8.124)和(8.130)给出 δv_{30} 需要满足的边界条件为

$$\delta v_{30} = \frac{\partial}{\partial x_3}\delta v_{30}$$
$$= \left[\frac{\partial^4}{\partial x_3^4} - \left(\frac{\alpha_1+\eta_1+\eta_2}{\eta_1}\right)k_1^2\frac{\partial^2}{\partial x_3^2}\right]\delta v_{30}$$
$$= \left\{\frac{\partial^6}{\partial x_3^6} - \left(\frac{\kappa_{\parallel}}{\kappa_{\perp}} + \frac{\alpha_1+\eta_1+\eta_2}{\eta_1}\right)k_1^2\frac{\partial^4}{\partial x_3^4}\right.$$
$$\left. + \left[\frac{\eta_2}{\eta_1} + \left(\frac{\alpha_1+\eta_1+\eta_2}{\eta_1}\right)\frac{\kappa_{\parallel}}{\kappa_{\perp}}\right]k_1^4\frac{\partial^2}{\partial x_3^2}\right\}\delta v_{30} = 0,$$
$$(x_3 = 0,\ d). \tag{8.131$_2$}$$

当然，对满足式(8.131)的 δv_{30} 仍然只能用数字法求解．巴拉特等人对 MBBA 进行的计算结果是[25]，液晶厚度为1毫米时临阈温差为 -2.7℃．这个结果同杜伯阿、维欧莱特的计算结果相一致．

5.2 垂面校列液晶盒中的热运流不稳定性

在这种液晶盒中静态的指向矢将是

$$\mathbf{n} = (0,\ 0,\ 1). \tag{8.132}$$

实验指出，对于 MBBA 之类的丝状液晶只有在对液晶盒的顶面加温，使盒中温度梯度 β 达到或超过某一临阈值 β_{th} 时才会出现热运流不稳定性[22]．对于这种情形，我们可以用与上一节相同的处理方法来进行研究．由于式(8.103)的要求，我们可以令各个涨落项的形式为

$$\delta\mathbf{n} = [\delta n_0(x_3),\ 0,\ 0]\exp(ik_1x_1 + \Lambda t),$$
$$\delta\mathbf{v} = [\delta v_{10}(x_3),\ 0,\ \delta v_{30}(x_3)]\exp(ik_1x_1 + \Lambda t),$$
$$\delta T = \delta T_0(x_3)\exp(ik_1x_1 + \Lambda t),$$
$$\delta p = \delta p_0(x_3)\exp(ikx_1 + \Lambda t). \tag{8.133}$$

这时式(8.109)、(8.110)和(8.113)给出

$$\delta v_{10} = \frac{i}{k_1}\frac{\partial}{\partial x_3}\delta v_{30}, \tag{8.134}$$

$$\left(\rho_0 \Lambda + \frac{1}{2}\alpha_4 k_1^2\right)\delta v_{10} - \eta_2 \frac{\partial^2}{\partial x_3^2}\delta v_{10} - i\left(\frac{\alpha_2+\alpha_5}{2}\right)k_1 \frac{\partial}{\partial x_3}\delta v_{30}$$

$$+ ik_1 \delta p_0 - \alpha_2 \Lambda \frac{\partial}{\partial x_3}\delta n_0 = 0, \tag{8.135}$$

$$(\rho_0 \Lambda + \eta_1 k_1^2)\delta v_{30} - (\alpha_1 + \alpha_5 + \eta_1)\frac{\partial^2}{\partial x_3^2}\delta v_{30} - i\alpha_3 \Lambda k_1 \delta n_0$$

$$+ \frac{\partial}{\partial x_3}\delta p_0 = \alpha \rho_0 g \delta T_0, \tag{8.136}$$

$$(I\Lambda^2 + \gamma_1 \Lambda + k_{11}k_1^2)\delta n_0 - k_{33}\frac{\partial^2}{\partial x_3^2}\delta n_0 + \left(\frac{\gamma_2 - \gamma_1}{2}\right)$$

$$\times \frac{\partial}{\partial x_3}\delta v_{10} + i\left(\frac{\gamma_1+\gamma_2}{2}\right)k_1 \delta v_{30} = 0, \tag{8.137}$$

$$-i(k_{11}-k_{22})k_1 \frac{\partial}{\partial x_3}\delta n_0 + \gamma_2 \frac{\partial}{\partial x_3}\delta v_{30} = \gamma', \tag{8.138}$$

$$(\Lambda + \kappa_\perp k_1^2)\delta T_0 - \kappa_{/\!/}\frac{\partial^2}{\partial x_3^2}\delta T_0 + \beta \delta v_{30} - i\beta \kappa_a k_1 \delta n_0 = 0. \tag{8.139}$$

式 (8.138) 决定了拉格朗日未定乘子的涨落 γ'.

用与上一节相同的方法,我们可以得出与式(8.122)、(8.123)、(8.124) 和 (8.125) 相对应的各个方程:

$$\left[(I\Lambda^2 + \gamma_1\Lambda + k_{11}k_1^2) - k_{33}\frac{\partial^2}{\partial x_3^2}\right]\delta n_0 + \frac{i}{k_1}\left[\left(\frac{\gamma_1+\gamma_2}{2}\right)k_1^2\right.$$

$$\left. + \left(\frac{\gamma_2-\gamma_1}{2}\right)\frac{\partial^2}{\partial x_3^2}\right]\delta v_{30} = 0, \tag{8.140}$$

$$\delta T_0 = \frac{1}{\alpha\rho_0 g}\left[(\rho_0\Lambda + \eta_1 k_1^2) - \left(\frac{\rho_0\Lambda}{k_1^2} + \alpha_1 + \eta_1 + \eta_2\right)\frac{\partial^2}{\partial x_3^2}\right.$$

$$\left. + \frac{\eta_2}{k_1^2}\frac{\partial^4}{\partial x_3^4}\right]\delta v_{30} - \frac{i\Lambda}{\alpha\rho_0 g k_1}\left(\alpha_3 k_1^2 + \alpha_2\frac{\partial^2}{\partial x_3^2}\right)\delta n_0, \tag{8.141}$$

$$\left\{\alpha\rho_0 g\beta + \left[(\Lambda + \kappa_\perp k_1^2) - \kappa_{/\!/}\frac{\partial^2}{\partial x_3^2}\right]\left[(\rho_0\Lambda + \eta_1 k_1^2)\right.\right.$$

$$\left.\left. - \left(\frac{\rho_0\Lambda}{k_1^2} + \alpha_1 + \eta_1 + \eta_2\right)\frac{\partial^2}{\partial x_3^2} + \frac{\eta_2}{k_1^2}\frac{\partial^4}{\partial x_3^4}\right]\right\}\delta v_{30}$$

$$-\frac{i}{k_1}\left[\alpha\rho_0 g\kappa_a k_1^2+\Lambda\left(\Lambda+\kappa_\perp k_1^2-\kappa_{/\!/}\frac{\partial^2}{\partial x_3^2}\right)\right.$$

$$\left.\times\left(\alpha_3 k_1^2+\alpha_2\frac{\partial^2}{\partial x_3^2}\right)\right]\delta n_0=0, \tag{8.142}$$

$$\left(I\Lambda^2+\gamma_1\Lambda+k_{11}k_1^2-k_{33}\frac{\partial^2}{\partial x_3^2}\right)\left\{\alpha\rho_0 g\beta k_1^2+\left(\Lambda+\kappa_\perp k_1^2\right.\right.$$

$$\left.-\kappa_{/\!/}\frac{\partial^2}{\partial x_3^2}\right)\left[(\rho_0\Lambda+\eta_1 k_1^2)k_1^2-\rho_0\Lambda\frac{\partial^2}{\partial x_3^2}-(\alpha_1\right.$$

$$\left.\left.+\eta_1+\eta_2)k_1^2\frac{\partial^2}{\partial x_3^2}+\eta_2\frac{\partial^4}{\partial x_3^4}\right]\right\}\delta v_{30}-\left[\left(\frac{\gamma_1+\gamma_2}{2}\right)k_1^2\right.$$

$$\left.+\left(\frac{\gamma_2-\gamma_1}{2}\right)\frac{\partial^2}{\partial x_3^2}\right]\left[\alpha\rho_0 g\kappa_a\beta k_1^2+\Lambda\left(\Lambda+\kappa_\perp k_1^2\right.\right.$$

$$\left.\left.-\kappa_{/\!/}\frac{\partial^2}{\partial x_3^2}\right)\left(\alpha_3 k_1^2+\alpha_2\frac{\partial^2}{\partial x_3^2}\right)\right]\delta v_{30}=0. \tag{8.143}$$

现在仍然假设

$$\delta v_{30}=\delta v_0\exp(ik_3x_3), \tag{8.126}$$

于是式 (8.143) 在忽略 $I\Lambda^2$ 项的情形下成为

$$(\gamma_1\Lambda+k_{11}k_1^2+k_{33}k_3^2)\{\alpha\rho_0 g\beta k_1^2+(\Lambda+\kappa_\perp k_1^2$$

$$+\kappa_{/\!/}k_3^2)[(\rho_0\Lambda+\eta_1k_1^2)k_1^2+\rho_0\Lambda k_3^2+(\alpha_1+\eta_1$$

$$+\eta_2)k_1^2k_3^2+\eta_2k_3^4]\}-\left[\left(\frac{\gamma_1+\gamma_2}{2}\right)k_1^2\right.$$

$$\left.-\left(\frac{\gamma_2-\gamma_1}{2}\right)k_3^2\right][\alpha\rho_0 g\kappa_a\beta k_1^2+\Lambda(\Lambda+\kappa_\perp k_1^2$$

$$+\kappa_{/\!/}k_3^2)(\alpha_3k_1^2-\alpha_2k_3^2)]=0. \tag{8.144}$$

这样,不稳定性出现的条件便成为

$$\beta\geqslant\beta_{\rm th}=\{(k_{11}k_1^2+k_{33}k_3^2)(\kappa_\perp k_1^2+\kappa_{/\!/}k_3^2)[\eta_1k_1^4$$

$$+(\alpha_1+\eta_1+\eta_2)k_1^2k_3^2+\eta_2k_3^4]\}\Big/\left\{\alpha\rho_0 gk_1^2\left\{\left[k_{11}\right.\right.\right.$$

$$\left.\left.\left.-\kappa_a\left(\frac{\gamma_1+\gamma_2}{2}\right)\right]k_1^2+\left[k_{33}+\kappa_a\left(\frac{\gamma_2-\gamma_1}{2}\right)\right]k_3^2\right\}\right\}. \tag{8.145}$$

实验数据指出,对于 MBBA, $\beta_{\rm th}$ 是正值,也就是说当液晶盒底面温度高于顶面温度时不会出现热运流不稳定性，与实验结果相符合[22]。

如果用另一种方法处理时，不稳定性是在 δv_{30} 满足下列方程和边界条件的情形下出现：

$$
\begin{aligned}
&\left[\frac{\partial^4}{\partial x_3^4}-\left(\frac{\alpha_1+\eta_1+\eta_2}{\eta_2}\right)k_1^2\frac{\partial^2}{\partial x_3^2}+\frac{\eta_1}{\eta_2}k_1^4\right]\left(\frac{\partial^2}{\partial x_3^2}\right.\\
&\qquad\left.-\frac{\kappa_\perp}{\kappa_{/\!/}}k_1^2\right)\left(\frac{\partial^2}{\partial x_3^2}-\frac{k_{11}}{k_{33}}k_1^2\right)\delta v_{30}=\frac{\alpha_0\rho_0 g\beta\kappa_a}{\eta_2\kappa_{/\!/}k_{33}}k_1^2\left(\frac{\gamma_2-\gamma_1}{2}\right.\\
&\qquad\left.+\frac{k_{33}}{\kappa_a}\right)\left[\frac{\partial^2}{\partial x_3^2}+\left(\frac{\dfrac{\gamma_1+\gamma_2}{2}-\dfrac{k_{11}}{\kappa_a}}{\dfrac{\gamma_2-\gamma_1}{2}+\dfrac{k_{33}}{\kappa_a}}\right)k_1^2\right]\delta v_{30},
\end{aligned}
$$

$$
\begin{aligned}
\delta v_{30}&=\frac{\partial}{\partial x_3}\delta v_{30}\\
&=\left[\frac{\partial^4}{\partial x_3^4}-\left(\frac{\alpha_1+\eta_1+\eta_2}{\eta_2}\right)\frac{\partial^2}{\partial x_3^2}\right]\delta v_{30}\\
&=\left\{\frac{\partial^6}{\partial x_3^6}-\left[\frac{\eta_2\kappa_\perp+(\alpha_1+\eta_1+\eta_2)\kappa_{/\!/}}{\kappa_{/\!/}\eta_2}\right]\frac{\partial^4}{\partial x_3^4}\right.\\
&\qquad\left.+\left[\frac{\eta_1}{\eta_2}+\frac{\kappa_\perp(\alpha_1+\eta_1+\eta_2)}{\kappa_{/\!/}\eta_2}\right]k_1^4\frac{\partial^2}{\partial x_3^2}\right\}\delta v_{30}\\
&=0,\quad (x_3=0,\ d).
\end{aligned}
\tag{8.146}
$$

实验结果[22]指出，对于 1 毫米的 MBBA 垂面校列液晶盒，产生热运流不稳定性时需要从盒顶部加热，且临阈温差是 5.6℃；对于 0.5 毫米厚的 MBBA，温差需要大于 35℃．杜伯阿、维欧莱特的数值计算值[21]是 1 毫米为 5 ℃，而 0.5毫米时为 39.8℃．巴拉特等人的数值计算[25]给出 1 毫米时为 4.9℃．可以说理论与实验相符得很好．关于垂面校列液晶盒，接近出现热运流不稳定性时，液晶的流体动力模式问题也有人作过讨论[26]．

§6 螺旋状液晶中的热机械耦合——雷曼转动现象

第五章 3.2 中已经谈到，当螺旋状液晶中存在温度梯度时，流体和指向矢都会受到转矩作用．雷曼观察到两片平板玻璃片中夹着的螺旋状液晶液滴，当底片被加热时液滴将出现剧烈的转动[27]．在仔细的观察下，他断言并不是液滴本身在转动，而是液晶的结构在转动．对于这一现象莱斯利作了简单的理论解释[28]．除去这种现象外，到目前为止还不曾有人进行过关于其它螺旋状液晶中的热运流不稳定性的实验．但是，在这方面的理论研究已经有人进行过一些计算．莱斯利讨论过在垂直于螺旋轴方向施加温度梯度将会引起流动这一热机械耦合的问题[29]．杜伯阿、维欧莱特讨论过螺距很短(厚液晶盒)的螺旋状液晶沿螺旋轴方向施加温度梯度时的热运流不稳定性问题[30]．在她的计算中，液晶指向矢在液晶盒的底面是强沿面锚泊的，而在盒顶面是自由的，并且忽略了莱斯利提出的热机械耦合问题．也有人讨论过接近出现热运流不稳定性时的流体动力模式问题[31]．巴拉特等人应用与处理丝状液晶相似的方法讨论了扭曲丝状液晶盒中的热运流不稳定性[32]．对于长螺距(薄液晶盒)的螺旋状液晶热运流不稳定性问题也有人作过理论上的计算[33]．不过，由于在这方面缺乏实验结果难于进行比较，因此除雷曼转动现象外，我们将不讨论其它的螺旋状液晶中热运流不稳定性问题．

假设液晶是在 $x_3=0$ 和 $x_3=d$ 的两片玻璃片之间，液晶的温度 T 是 x_3 的函数，$T=T(x_3)$．液晶的螺旋轴与 x_3 轴相平行．玻璃片的温度分别为 $T(0)$ 和 $T(d)$，因此在 x_3 轴方向有温度梯度 $\frac{\partial T}{\partial x_3}$ 的存在。液晶指向矢的三个分量现在可以写作

$$n_1=\cos\theta(x_3,t),\quad n_2=\sin\theta(x_3,t),\quad n_3=0. \tag{8.147}$$

由于液晶的物理性质与温度有关，现在又存在温度梯度，所以一般讲不能再把各个弹性常数和粘滞系数作为常量来处理，而需要看作是 x_3 的函数．同时，我们现在要讨论的问题又是动态问题，因此指向矢运动方程中的惯性项也不能再加以忽略．另外，液晶本身并不流动，因此流速 $\mathbf{v}$ 等于零，从而使 $d_{ij}=\omega_{ij}=0$．这样，指向矢运动方程式现在成为

$$-I\sin\theta\frac{\partial^2\theta}{\partial t^2}-I\cos\theta\left(\frac{\partial\theta}{\partial t}\right)^2+k_{22}\cos\theta\left(\frac{\partial\theta}{\partial x_3}\right.$$
$$\left.+\frac{k_2}{k_{22}}\right)\frac{\partial\theta}{\partial x_3}+\frac{\partial}{\partial x_3}\left(k_2\sin\theta+k_{22}\sin\theta\frac{\partial\theta}{\partial x_3}\right)$$
$$-\sin\theta\left(\gamma_1\frac{\partial\theta}{\partial t}-\gamma_3\frac{\partial T}{\partial x_3}\right)=\gamma\cos\theta, \tag{8.148$_1$}$$

$$I\cos\theta\frac{\partial^2\theta}{\partial t^2}-I\sin\theta\left(\frac{\partial\theta}{\partial t}\right)^2+k_{22}\sin\theta\left(\frac{\partial\theta}{\partial x_3}+\frac{k_2}{k_{22}}\right)\frac{\partial\theta}{\partial x_3}$$
$$-\frac{\partial}{\partial x_3}\left(k_2\cos\theta+k_{22}\cos\theta\frac{\partial\theta}{\partial x_3}\right)+\cos\theta\left(\gamma_1\frac{\partial\theta}{\partial t}\right.$$
$$\left.-\gamma_3\frac{\partial T}{\partial x_3}\right)=\gamma\sin\theta。 \tag{8.148$_2$}$$

消去拉格朗日未定乘子 γ 后，就得到

$$-I\frac{\partial^2\theta}{\partial t^2}+\frac{\partial}{\partial x_3}\left(k_2+k_{22}\frac{\partial\theta}{\partial x_3}\right)-\left(\gamma_1\frac{\partial\theta}{\partial t}-\gamma_3\frac{\partial T}{\partial x_3}\right)$$
$$=0。 \tag{8.149}$$

现在由于有外界能量的供应以保持液晶中温度梯度的存在，因此有必要考虑熵方程 (5.58). 把式 (5.58) 乘以温度 T，应用式 (5.72) 的 q_i 表示式和式 (5.83) 的 TR 表示式，就可以得到

$$T\frac{\partial}{\partial t}(\rho s)-\frac{\partial}{\partial x_3}\left(\beta_2\frac{\partial T}{\partial x_3}+\beta_3\frac{\partial\theta}{\partial t}\right)$$
$$=\left(\gamma_1\frac{\partial\theta}{\partial t}-\gamma_3\frac{\partial T}{\partial x_3}\right)\frac{\partial\theta}{\partial t}. \tag{8.150}$$

如果我们考虑一下系统自由能的定义：自由能等于系统的内能减去系统温度与系统熵的乘积，即 Ts；那么很明显，系统的熵就等于系统自由能对温度的微分的负值. 现在系统的自由能密度等于 $g_0+k_2\frac{\partial\theta}{\partial x_3}+\frac{1}{2}k_{22}\left(\frac{\partial\theta}{\partial x_3}\right)^2$，$g_0$ 是形变 $\frac{\partial\theta}{\partial x_3}$ 为零时的液晶自由能密度，所以

$$\rho s=-\frac{\partial}{\partial T}\left[g_0+k_2\frac{\partial\theta}{\partial x_3}+\frac{1}{2}k_{22}\left(\frac{\partial\theta}{\partial x_3}\right)^2\right]. \tag{8.151}$$

式 (8.149)、(8,150) 和 (8.151) 就是问题的基本方程.

在静态条件下，各个对时间的微分项都等于零，这时式(8.149)和(8.150)分别成为

$$\frac{\partial}{\partial x_3}\left(k_2+k_{22}\frac{\partial\theta}{\partial x_3}\right)=-\gamma_3\frac{\partial T}{\partial x_3}, \tag{8.152}$$

$$\frac{\partial}{\partial x_3}\left(\beta_2\frac{\partial T}{\partial x_3}\right)=0. \tag{8.153}$$

式(8.153)的积分给出

$$\int_{T_0}^{T}\beta_2 d\xi=c_1x_3+c_2, \tag{8.154}$$

c_1 和 c_2 是积分常数．对式(8.152)积分一次得

$$k_2+k_{22}\frac{\partial\theta}{\partial x_3}=-\int_{T_0}^{\xi}\gamma_3 d\eta+c_1c_3,$$

c_1c_3 是积分常数，ξ 是温度．这个结果也可以写成

$$\frac{\partial\theta}{\partial x_3}=-\frac{1}{k_{22}}\int_{T_0}^{\xi}\gamma_3 d\eta-\frac{k_2}{k_{22}}+\frac{c_1c_3}{k_{22}}$$

的形式．式(8.154)给出

$$dx_3=\frac{\beta_2}{c_1}d\xi,$$

从而使上式的积分成为

$$\theta=-\frac{1}{c_1}\int_{T_0}^{T}\frac{\beta_2}{k_{22}}\left(\int_{T_0}^{\xi}\gamma_3 d\eta+k_2\right)d\xi +c_3\int_{T_0}^{T}\frac{\beta_2}{k_{22}}d\xi+c_4, \tag{8.155}$$

c_4 是积分常数．

现在假定玻璃片对液晶指向矢没有多大影响，这就可以把边界条件定为在玻璃片上液晶受到的转矩为零．式(5.21)指出，在法线方向单位矢量分量为 e_i 的平面上，单位面积所受到的表面转矩为 $-\varepsilon_{ijk}n_j\Pi_{kl}e_l$．现在玻璃平面的法线方向为 x_3 轴方向，因此在单位面积玻璃片上液晶所受到的转矩为 $\varepsilon_{ijk}n_k\Pi_{j3}$．把相应的 n_k 和 Π_{j3} 代入后就可以得出这个转矩等于 $k_2+k_{22}\frac{\partial\theta}{\partial x_3}$．这样，边界条件成为

$$\theta(0,0)=\theta_0, \tag{8.156$_1$}$$

$$\left(k_2+k_{22}\frac{\partial\theta}{\partial x_3}\right)_{x_3=0}=\left(k_2+k_{22}\frac{\partial\theta}{\partial x_3}\right)_{x_3=d}=0. \tag{8.156$_2$}$$

当然,两片玻璃片的温度分别为

$$T(0)=T_0,\quad T(d)=T_1. \tag{8.156$_3$}$$

要想满足式(8.156)的边界条件,式(8.152)就需要满足

$$\int_{T_0}^{T_1}-\gamma_3 d\eta=0 \tag{8.157}$$

的条件。在一般情形下只有 $T_1=T_0$ 时式(8.157)才能得到满足,也就是说上下玻璃片必须在同一温度. 这时式(8.152)的解就是正常螺旋状液晶螺距所要满足的关系式

$$\theta=\theta_0-\frac{k_2}{k_{22}}x_3.$$

所以,如果玻璃片对指向矢的取向没有影响,那么静态就只能是液晶处于恒温状态.

为了解释雷曼所观测到的结果,莱斯利提出考虑一个动态解

$$\begin{aligned}&\theta=\omega t+f(x_3),\\&T=h(x_3),\end{aligned} \tag{8.158}$$

其中 ω 是一个常数. 把式(8.158)代入式(8.149)、(8.150)和(8.151)后,就得到

$$\frac{\partial}{\partial x_3}\left(k_2+k_{22}\frac{\partial f}{\partial x_3}\right)+\gamma_3\frac{\partial h}{\partial x_3}-\gamma_1\omega=0,$$

$$\begin{aligned}&-T\frac{\partial^2}{\partial t\partial T}\left[g_0+k_2\frac{\partial\theta}{\partial x_3}+\frac{1}{2}k_{22}\left(\frac{\partial\theta}{\partial x_3}\right)^2\right]\\&-\frac{\partial}{\partial x_3}\left(\beta_2\frac{\partial h}{\partial x_3}+\beta_3\omega\right)=\gamma_1\omega^2-\gamma_3\omega\frac{\partial h}{\partial x_3}.\end{aligned}$$

为了简单起见,现在假设液晶的各个系数都近似为常数,那么上面两个式子就简化成为

$$k_{22}\frac{\partial^2 f}{\partial x_3^2}+\gamma_3\frac{\partial h}{\partial x_3}-\gamma_1\omega=0, \tag{8.159}$$

$$\beta_2 \frac{\partial^2 h}{\partial x_3^2} - \gamma_3 \omega \frac{\partial h}{\partial x_3} + \gamma_1 \omega^2 = 0. \tag{8.160}$$

式 (8.160) 的解是

$$h = \frac{\gamma_1}{\gamma_3} \omega x_3 + A \exp\left(\frac{\gamma_3}{\beta_2} \omega x_3\right) + B, \tag{8.161}$$

A 和 B 是积分常数. 把式 (8.161) 代入式 (8.159) 就有

$$\frac{\partial^2 f}{\partial x_3^2} + \frac{\gamma_3^2}{k_{22}\beta_2} A\omega \exp\left(\frac{\gamma_3}{\beta_2} \omega x_3\right) = 0.$$

它的解是

$$f = -\left(\frac{\beta_2 A}{\omega k_{22}}\right) \exp\left(\frac{\gamma_3}{\beta_2} \omega x_3\right) + D x_3 + E, \tag{8.162}$$

其中 D 和 E 是积分常数. 这样,我们有

$$\theta(x_3, t) = \omega t + D x_3 + E - \left(\frac{\beta_2 A}{\omega k_{22}}\right) \exp\left(\frac{\gamma_3}{\beta_2} \omega x_3\right), \tag{8.163$_1$}$$

$$T(x_3) = \frac{\gamma_1}{\gamma_3} \omega x_3 + A \exp\left(\frac{\gamma_3}{\beta_2} \omega x_3\right) + B. \tag{8.163$_2$}$$

从式 (8.163$_1$) 可以得出

$$k_2 + k_{22} \frac{\partial \theta}{\partial x_3} = k_2 + k_{22} D - \gamma_3 A \exp\left(\frac{\gamma_3}{\beta_2} \omega x_3\right).$$

应用式 (8.156) 的边界条件, 可以解出积分常数 A, D 和 E 分别为

$$A = 0, \quad D = -\frac{k_2}{k_{22}}, \quad E = \theta_0. \tag{8.164}$$

把它们应用到式 (8.163$_2$), 再应用式 (8.156$_3$) 的边界条件,就可以解出 B 和 ω 的数值分别为

$$B = T_0, \quad \omega = \left(\frac{\gamma_3}{\gamma_1}\right)\left(\frac{T_1 - T_0}{d}\right). \tag{8.165}$$

因此, θ 和 T 的解分别为

$$\theta(x_3, t) = \theta_0 + \omega t - \frac{k_2}{k_{22}} x_3,$$

$$T(x_3) = T_0 + \left(\frac{T_1 - T_0}{d}\right) x_3. \tag{8.166}$$

式 (8.166) 的解说明指向矢以角速度 $\omega = \left(\frac{\gamma_3}{\gamma_1}\right)\left(\frac{T_1 - T_0}{d}\right)$ 绕 x_3 轴转动。这就解释了雷曼所观测到的现象。式 (8.165) 表明，如果没有温度梯度，$T_1 = T_0$，那么 $\omega = 0$。这时 $\theta(x_3, t) = \theta_0 - \frac{k_2}{k_{22}} x_3$，也就是在正常螺距情形中指向矢的排列取向。

上面讨论的是稳恒状态，也就是说上下玻璃片的温度不随时间变化而保持在 T_1 和 T_0。现在讨论一下瞬变的情形，也就是说温度是时间函数的情形。这时

$$T = T(x_3, t),\ T(0, t) = T_0(t),\ T(d, t) = T_1(t).\quad (8.167)$$

按照上面的讨论，按照式 (8.156) 的边界条件，静态仍然只有当液晶全体处于同一温度 T_{00} 时才能出现。这时

$$\begin{aligned} &T = T_{00}, \\ &\theta(x_3, 0) = \theta_0 - \frac{k_2(T)}{k_{22}(T)} x_3, \end{aligned} \quad (8.168)$$

而螺距 $2\pi \frac{k_{22}(T)}{k_2(T)}$ 是温度的函数。现在我们取式 (8.168) 作为 $t = 0$ 时的初始条件。如果液晶层足够薄，我们就可以假设盒中各点的温度与该点的高度 x_3 成正比关系[34]：

$$T(x_3, t) = f(t) x_3 + g(t), \quad (8.169)$$

其中 $f(t)$ 和 $g(t)$ 将满足关系式[应用式 (8.167)]

$$\begin{aligned} &g(t) = T(0, t) = T_0(t), \\ &g(0) = T_0(0) = T_{00}, \\ &f(t) = \frac{1}{d}\left[T(d, t) - g(t)\right] = \frac{T_1(t) - T_0(t)}{d}, \\ &f(0) = 0. \end{aligned} \quad (8.170)$$

指向矢运动方程 (8.149) 现在成为

$$\begin{aligned} &I \frac{\partial^2}{\partial t^2} \theta(x_3, t) + \gamma_1 \frac{\partial}{\partial t} \theta(x_3, t) - \gamma_3 f(t) \\ &\quad - \frac{\partial}{\partial x_3}\left[k_2(T) + k_{22}(T) \frac{\partial}{\partial x_3} \theta(x_3, t)\right] = 0, \end{aligned} \quad (8.171_1)$$

这里我们应用了式 (8.169) 的

$$\frac{\partial T}{\partial x_3}=f(t).$$

如果两片玻璃片的温差 T_0-T_1 不大，那么在这个温度范围内我们可以把 γ_1, γ_3, k_2 和 k_{22} 都近似地作为常数来处理．这时式 (8.171_1) 就简化成为

$$I\frac{\partial^2}{\partial t^2}\theta(x_3,t)+\gamma_1\frac{\partial}{\partial t}\theta(x_3,t)-\gamma_3 f(t)$$
$$-k_{22}(T)\frac{\partial^2}{\partial x_3^2}\theta(x_3,t)=0. \qquad (8.171_2)$$

显然，如果这个方程有一个变量 x_3 和 t 互相分离的解 $\theta_1(t)+\theta_2(x_3)$，那么 $\theta_2(x_3)$ 必然是 x_3 的线性函数，而 $\theta_1(t)$ 将满足方程

$$I\frac{\partial^2\theta_1}{\partial t^2}+\gamma_1\frac{\partial\theta_1}{\partial t}-\gamma_3 f(t)=0. \qquad (8.171_3)$$

把这个方程直接对时间 t 积分两次，应用式 (8.168) 的初始条件，同时假设

$$\frac{\partial}{\partial t}\theta(x_3,t)|_{t=0}=\frac{\partial}{\partial t}\theta_1(t)|_{t=0}$$

与 x_3 无关，就可以有

$$\theta(x_3,t)=\frac{I}{\gamma_1}\left[\frac{\partial}{\partial t}\theta(x_3,t)\right]_{t=0}\left[1-\exp\left(-\frac{\gamma_1 t}{I}\right)\right]$$
$$+\frac{\gamma_3}{I}\left[\exp\left(-\frac{\gamma_1}{I}t\right)\right]\int_0^t\left[\int_0^\tau f(s)ds\right]\exp\left(\frac{\gamma_1\tau}{I}\right)d\tau$$
$$+\theta_0-\left(\frac{k_2}{k_{22}}\right)x_3 \qquad (8.172_1)$$

这个 $\theta(x_3,t)$ 解．如果我们先把式 (8.171_3) 乘以 $\exp\left(\frac{\gamma_1 t}{I}\right)$ 再进行积分，那就可以得到另一个形式的解

$$\theta(x_3,t)=\frac{I}{\gamma_1}\left[\frac{\partial}{\partial t}\theta(x_3,t)\right]_{t=0}\left[1-\exp\left(-\frac{\gamma_1 t}{I}\right)\right]$$
$$+\frac{\gamma_3}{I}\int_0^t\left[\int_0^\tau f(s)\exp\left(\frac{\gamma_1 s}{I}\right)ds\right]\exp\left(-\frac{\gamma_1\tau}{I}\right)d\tau$$

$$+\theta_0-\frac{k_2}{k_{22}}x_3. \tag{8.172$_2$}$$

液晶内部的转动角速度 ω 现在成为

$$\omega=\frac{\partial}{\partial t}\theta(x_3,t)$$

$$=\begin{cases}\left[\frac{\partial}{\partial t}\theta(x_3,t)\right]_{t=0}\exp\left(-\frac{\gamma_1 t}{I}\right)-\frac{\gamma_1\gamma_3}{I^2}\exp\left(-\frac{\gamma_1 t}{I}\right)\\ \qquad\cdot\int_0^t\left[\int_0^\tau f(s)ds\right]\exp\left(\frac{\gamma_1\tau}{I}\right)d\tau,\\ \left[\frac{\partial}{\partial t}\theta(x_3,t)\right]_{t=0}\exp\left(-\frac{\gamma_1 t}{I}\right)+\frac{\gamma_3}{I}\exp\left(-\frac{\gamma_1 t}{I}\right)\\ \qquad\cdot\int_0^t f(s)\exp\left(\frac{\gamma_1 s}{I}\right)ds,\end{cases} \tag{8.173}$$

它不是 x_3 的函数. 显然,这个转动对系统熵的增加是有作用的,因为这时式 (8.150) 给出

$$T\frac{\partial}{\partial t}(\rho s)=\gamma_1\omega^2-\gamma_3 f(t)\omega$$

$$-\beta_2 f(t)\frac{\partial\beta_2}{\partial x_3}-\omega\frac{\partial\beta_3}{\partial x_3}. \tag{8.174}$$

§7 丝状液晶的流体动力不稳定性

关于丝状液晶中流体动力不稳定性 (hydrodynamic instability),最早是在平行平板间的切变流动中观察到的[35,36]. 如图 8.10 所示,液晶 MBBA 的指向矢是沿着 x_2 轴方向与两板平面(平行于 x_1x_2 平面)相平行. 上板沿 x_1 轴方向移动, 引起 x_3 轴方向的流速梯度. 在低流速梯度情形下, 液晶的指向矢保持着沿面校列的组态. 一旦流速梯度达到或超过某一阈值时, 指向矢将向 x_2 轴的流速方向偏转, 进而引起向 x_3 转方向的偏转. 这种指向矢偏转的不断加剧引起了均匀不稳定性 (homogeneous instability, HI). 称之为均匀, 是因为这种不稳定性并不引起畴状结构. 在实验中可以

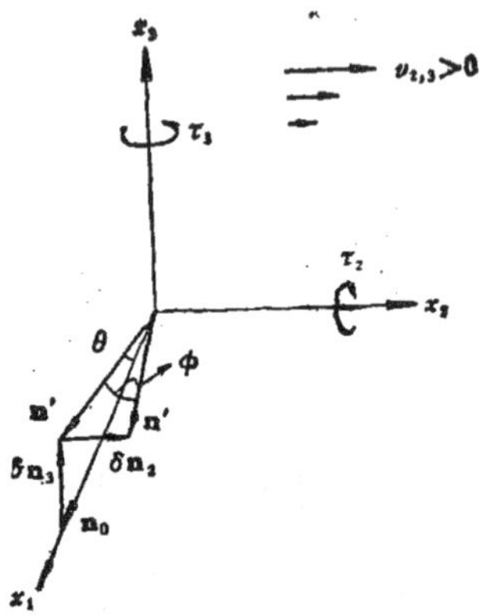

图 8.10 均匀不稳定性的机理.

沿 x_1 轴方向施加磁场 H_x 作为使指向矢沿 x_1 轴方向排列的稳定磁场. 外加磁场 H_x 对均匀不稳定性的产生当然会起到扼制的作用. 不过,只要磁场强度不很高,均匀不稳定性仍然会出现在较高的流速梯度阈值. 但是,如果磁场足够强的话,可能不出现均匀不稳定性,而出现另外一种明暗相间、与流速方向 x_2 轴相平行、具有规则性的线条式滚动流动不稳定性(roll instability, RI).线条间的间距与液晶厚度大致相等. 这种图案和电流体动力不稳定性中的威廉斯畴结构很相象.在不加磁场的条件下,如果使用交变切变流动也可以产生这种滚动不稳定性,当然交变的频率不能太低.在交变切变流动下, 用光学方法观测滚动不稳定性可以发现有两种不同的 RI 区. 在其中的一个区域中, 明暗线条并不因切变的交变流动而改变,这个区域被称为 Y 区. 在另一个区域中,随着切变流动方向的改变,每半个周期明线和暗线相互交换一次,这个区域被称为 Z 区. 在图 8.10 的指向矢排列情形中,在 Y 区指向矢的 x_2 轴分量 n_2 随着切变流动的改变每半个周期改变一次, 但是指向矢的 x_3 轴分量 n_3 并不改变. 在 Z 区,情形同在 Y 区刚好相反, 是 n_3 改变而 n_2 不变.

对于泊肃叶流动中的不稳定性也有人进行过观测[37,38] 和理论上的探讨[39,40]. 这里同样可以出现均匀不稳定性和滚动不稳定性.

库埃特流动中的不稳定性也有人作过理论分析[41]. 我们将只对均匀切变流动中的不稳定性作一些介绍，其余的问题读者可以参考有关的文献. 下面我们先简单地讨论一下切变流动中均匀不稳定性的机理,然后再对它进行具件的计算.

如图 8.10 所示，假设指向矢 $\mathbf{n}_0$ 是沿 x_1 轴方向排列. 设想由于涨落的原因，指向矢在 x_3 轴方向出现一个小小的分量 $\delta n_3 = \theta$ 而成为 $\mathbf{n}'$. 按照式 (5.82), 这时液晶将受到一个沿 x_3 轴方向的粘滞转矩 $\tau_3 = t_{12} - t_{21}$. 由于这时 $\mathbf{n}' = (1, 0, \theta)$, $v_{2,3} = s > 0$, 我们可以有 $N_1 = 0$, $N_2 = -s\theta$, $N_3 = 0$, $t_{12} = 0$, $t_{21} = \alpha_2 s\theta$. 于是 $\tau_3 = -\alpha_2 s\theta$. 一般丝状液晶的 $\alpha_2 < 0$, 因此粘滞转矩 $\tau_3 > 0$. 这个粘滞转矩将使指向矢 $\mathbf{n}'$ 沿 x_2 轴方向出现一个分量 $\delta n_2 = \phi$ 而成为 $\mathbf{n}'' = (1, \phi, \theta)$. 由于 ϕ 角的出现又将引起一个沿 x_2 轴方向的粘滞转矩 $\tau_2 = t_{31} - t_{13} = \alpha_3 s\phi$ (这里由于 θ 是微量而忽略了它的作用). 对于 MBBA 之类的丝状液晶 $\alpha_3 < 0$, 因而 $\tau_2 < 0$. 这个粘滞转矩 τ_2 的作用将是使指向矢在 x_3 轴方向的分量 θ 增大,于是起到了破坏稳定的作用. 对于那些 $\alpha_3 > 0$ 的材料，由于这时 $\tau_2 > 0$ 起着令 θ 减小的稳定作用，因此就会阻止均匀不稳定性的发生.

对于切变流动中的不稳定性,特别是均匀不稳定性,已经有许多人作了理论上的处理[36,42,43,44,45]，不过在许多方面都需要进行数值解. 我们现在只作一个简单的介绍. 如图 8.10 所示，设液晶盒的上下板分别位于 $x_3 = \pm\frac{d}{2}$. 我们假定液晶盒在 x_1 轴方向和在 x_2 轴方向都足够宽，因此各个物理量都只是 x_3 和时间 t 的函数. 切变流动是由液晶盒上板以 $\frac{V}{2}$ 的速率向 $+x_2$ 轴方向，下板以 $\frac{V}{2}$ 的速率向 $-x_2$ 轴方向移动而得到，所产生的液晶流速梯度是一个常量 $s = v_{2,3} > 0$. 由于涨落引起的速度分量为 $v_1 = v_1(x_3, t)$ 和 $v_3 = v_3(x_3, t)$. 我们忽略相对于流速 v_2 在 x_2 轴方向的速度涨落. 在没有涨落的情形下指向矢为 $\mathbf{n} = (1, 0, 0)$. 由于涨落指向矢

成为

$$\mathbf{n}=[\cos\theta(x_3,t)\cos\phi(x_3,t),\ \cos\theta(x_3,t)\sin\phi(x_3,t),\ \sin\theta(x_3,t)]. \tag{8.175$_1$}$$

所施加的稳定作用磁场是

$$\mathbf{H}=(H,0,0), \tag{8.175$_2$}$$

H为一常量．边界条件现在是

$$v_1\left(-\frac{d}{2},t\right)=v_1\left(\frac{d}{2},t\right)=0,$$

$$v_2\left(-\frac{d}{2},t\right)=-\frac{V}{2},\quad v_2\left(\frac{d}{2},t\right)=\frac{V}{2},$$

$$\theta\left(-\frac{d}{2},t\right)=\theta\left(\frac{d}{2},t\right)=0,$$

$$\phi\left(-\frac{d}{2},t\right)=\phi\left(\frac{d}{2},t\right)=0,$$

$$\frac{\partial}{\partial x_3}\theta(0,t)=\frac{\partial}{\partial x_3}\phi(0,t)=0, \tag{8.175$_3$}$$

当然θ和ϕ都是微量．

在保留到一阶项的条件下，动量守恒方程(6.15)在这里成为：

$$\frac{\partial}{\partial t}(\rho v_1)+\frac{\partial}{\partial x_j}(\rho v_1v_j)+\frac{\partial}{\partial x_3}t_{13}=0, \tag{8.176$_1$}$$

$$\frac{\partial}{\partial t}(\rho s x_3)+\frac{\partial}{\partial x_j}(\rho s x_3 v_j)+\frac{\partial}{\partial x_3}t_{23}=0, \tag{8.176$_2$}$$

$$\frac{\partial}{\partial t}(\rho v_3)+\frac{\partial p}{\partial x_3}+\frac{\partial}{\partial x_3}\left[(k_{11}\cos^2\theta+k_{33}\sin^2\theta)\left(\frac{\partial\theta}{\partial x_3}\right)^2+(k_{22}\cos^2\theta+k_{33}\sin^2\theta)\cos^2\theta\left(\frac{\partial\phi}{\partial x_3}\right)^2\right]+\frac{\partial}{\partial x_3}t_{33}=0. \tag{8.176$_3$}$$

指向矢运动方程(6.19)现在是

$$-I\frac{\partial}{\partial t}\left(\frac{\partial\theta}{\partial t}\sin\theta\cos\phi+\frac{\partial\phi}{\partial t}\cos\theta\sin\phi\right)$$

$$+\frac{\partial}{\partial x_3}\left[\frac{\partial\theta}{\partial x_3}k_{33}\sin\theta\cos\phi+\frac{\partial\phi}{\partial x_3}(k_{22}\cos^2\theta\right.$$

$$\left.+k_{33}\sin^2\theta)\cos\theta\sin\phi\right]+\left(\frac{\partial\theta}{\partial x_3}\right)^2 k_{33}\sin^2\theta\cos\theta\cos\phi$$

$$-\left(\frac{\partial\theta}{\partial x_3}\right)\left(\frac{\partial\phi}{\partial x_3}\right)(k_{22}-k_{33})\sin\theta\cos^2\theta\sin\phi$$

$$+\left(\frac{\partial\phi}{\partial x_3}\right)^2 k_{22}\cos^3\theta\cos\phi+\frac{1}{2}\frac{\partial v_1}{\partial x_3}(\gamma_2-\gamma_1)\sin\theta$$

$$-\frac{\partial\theta}{\partial t}\gamma_1\sin\theta\cos\phi-\frac{\partial\phi}{\partial t}\gamma_1\cos\theta\sin\phi$$

$$-\chi_a H^2\cos\theta\cos\phi=\gamma\cos\theta\cos\phi, \tag{8.177$_1$}$$

$$-I\frac{\partial}{\partial t}\left(\frac{\partial\theta}{\partial t}\sin\theta\sin\phi-\frac{\partial\phi}{\partial t}\cos\theta\cos\phi\right)$$

$$+\frac{\partial}{\partial x_3}\left[\frac{\partial\theta}{\partial x_3}k_{33}\sin\theta\sin\phi-\frac{\partial\phi}{\partial x_3}(k_{22}\cos^2\theta\right.$$

$$\left.+k_{33}\sin^2\theta)\cos\theta\cos\phi\right]+\left(\frac{\partial\theta}{\partial x_3}\right)^2 k_{33}\sin^2\theta\cos\theta\sin\phi$$

$$+\left(\frac{\partial\theta}{\partial x_3}\right)\left(\frac{\partial\phi}{\partial x_3}\right)(k_{22}-k_{33})\sin\theta\cos^2\theta\cos\phi$$

$$+\left(\frac{\partial\phi}{\partial x_3}\right)^2 k_{22}\cos^3\theta\sin\phi+\frac{1}{2}s(\gamma_2-\gamma_1)\sin\theta$$

$$-\frac{\partial\theta}{\partial t}\gamma_1\sin\theta\sin\phi+\frac{\partial\phi}{\partial t}\gamma_1\cos\theta\cos\phi$$

$$=\gamma\cos\theta\sin\phi, \tag{8.177$_2$}$$

$$I\frac{\partial}{\partial t}\left(\frac{\partial\theta}{\partial t}\cos\theta\right)-\frac{\partial}{\partial x_3}\left(\frac{\partial\theta}{\partial x_3}k_{11}\cos\theta\right)+\left(\frac{\partial\theta}{\partial x_3}\right)^2 k_{33}\sin^3\theta$$

$$+\left(\frac{\partial\phi}{\partial x_3}\right)^2 k_{33}\sin\theta\cos^2\theta+\frac{1}{2}\frac{\partial v_1}{\partial x_3}(\gamma_1-\gamma_2)\cos\theta\cos\phi$$

$$+\frac{1}{2}(\gamma_1-\gamma_2)\cos\theta\sin\phi+\frac{\partial\theta}{\partial t}\gamma_1\cos\theta$$

$$=\gamma\sin\theta. \tag{8.177$_3$}$$

承认液晶是不可压缩的，那么式 (5.75) 给出

$$v_{i,i}=\frac{\partial v_3}{\partial x_3}=0;$$

由于对称性，因此我们有

$$v_3=0. \tag{8.178}$$

这样，对时间的实质导数与对时间的偏导数就相等了。

从式 (5.76) 不难得出，动量守恒方程式中的耗散动量通量密度张量 t_{13}，t_{23} 和 t_{33} 为

$$\begin{aligned}-2t_{13}=&\frac{\partial v_1}{\partial x_3}[(2\alpha_1\sin^2\theta+\alpha_3+\alpha_6)\cos^2\theta\cos^2\phi\\&+(\alpha_5-\alpha_2)\sin^2\theta+\alpha_4]+s(2\alpha_1\sin^2\theta+\alpha_3\\&+\alpha_6)\cos^2\theta\sin\phi\cos\phi+2\frac{\partial\theta}{\partial t}(\alpha_3\cos^2\theta\\&-\alpha_2\sin^2\theta)\cos\phi-2\frac{\partial\phi}{\partial t}\alpha_2\sin\theta\cos\theta\sin\phi,\end{aligned} \tag{8.179$_1$}$$

$$\begin{aligned}-2t_{23}=&\frac{\partial v_1}{\partial x_3}(2\alpha_1\sin^2\theta+\alpha_3+\alpha_6)\cos^2\theta\sin\phi\cos\phi\\&+s[(2\alpha_1\sin^2\theta+\alpha_3+\alpha_6)\cos^2\theta\sin^2\phi\\&+(\alpha_5-\alpha_2)\sin^2\theta+\alpha_4]+2\frac{\partial\theta}{\partial t}(\alpha_3\cos^2\theta\\&-\alpha_2\sin^2\theta)\sin\phi+2\frac{\partial\phi}{\partial t}\alpha_2\sin\theta\cos\theta\cos\phi,\end{aligned} \tag{8.179$_2$}$$

$$\begin{aligned}-2t_{33}=&(2\alpha_1\sin^2\theta+\alpha_2+\alpha_3+\alpha_5+\alpha_6)\\&\times\left(\frac{\partial v_1}{\partial x_3}\cos\phi+s\sin\phi\right)\sin\theta\cos\theta\\&+2\frac{\partial\theta}{\partial t}(\alpha_2+\alpha_3)\sin\theta\cos\theta.\end{aligned} \tag{8.179$_3$}$$

在低频运动中，如果我们取 $T^{-1}<10$ 赫兹，粘滞系数 α 或 η 约为 10^{-1} 泊，密度 $\rho=1$ 克·每立方厘米，盒厚取作 10^{-2} 厘米，那么 $\frac{\rho}{T}\sim1$ 而 $\frac{\eta}{d^2}\sim10^3$. 所以，动量守恒方程中 $\frac{\partial}{\partial t}(\rho v_i)$ 项的数量

级将远小于 $t_{ij,j}$ 项而可以忽略不计。忽略惯性项，式 (8.176) 的前两式简化成为

$$
\begin{aligned}
t_{13} &= -2A, \\
t_{23} &= -2B,
\end{aligned}
\tag{8.180}
$$

A 和 B 是两个最多是时间函数的常数。式 (8.176_3) 决定了压强 p 的形式，我们可以不去考虑它。对于指向矢运动方程，在低频条件下一般可以忽略惯性项。这一点在前面已经讲到过。忽略惯性项后，如果我们把式 (8.177) 的三个式子联立而约去拉格朗日未定乘子 γ，得到的将是

$$
\begin{aligned}
&(k_{11}\cos^2\theta + k_{33}\sin^2\theta)\frac{\partial^2\theta}{\partial x_3^2} - (k_{11} - k_{33})\sin\theta\cos\theta\left(\frac{\partial\theta}{\partial x_3}\right)^2 \\
&\quad + [(k_{22}\cos^2\theta + k_{33}\sin^2\theta)\sin\theta\cos\theta + (k_{22} \\
&\quad - k_{33})\sin\theta\cos^3\theta]\left(\frac{\partial\phi}{\partial x_3}\right)^2 - \frac{1}{2}(\gamma_1 + \gamma_2\cos 2\theta) \\
&\quad \times\left(\frac{\partial v_1}{\partial x_3}\cos\phi + s\sin\phi\right) - \gamma_1\frac{\partial\theta}{\partial t} \\
&\quad - \chi_a H^2\sin\theta\cos\theta\cos^2\phi = 0.
\end{aligned}
\tag{8.181$_1$}
$$

如果我们从式 (8.177_1) 和 (8.177_2) 约去拉格朗日未定乘子 γ，所得到的将是

$$
\begin{aligned}
&\frac{\partial}{\partial x_3}\left[(k_{22}\cos^2\theta + k_{33}\sin^2\theta)\cos\theta\frac{\partial\phi}{\partial x_3}\right] \\
&\quad + \frac{1}{2}(\gamma_2 - \gamma_1)\left(\frac{\partial v_1}{\partial x_3}\sin\phi - s\cos\phi\right)\sin\theta\cos\theta \\
&\quad - \gamma_1\frac{\partial\theta}{\partial t}\cos^2\theta - \chi_a H^2\cos^2\theta\sin\phi\cos\phi = 0.
\end{aligned}
\tag{8.181$_2$}
$$

式 (8.180) 和 (8.181) 合在一起是四个关于 θ，ϕ，$\frac{\partial v_1}{\partial x_3}$（或 v_1）和 s（或 v_2）需要满足的联立方程。这些量当然需要满足式 (8.175_3) 的边界条件。

现在我们讨论 θ 和 ϕ 都是微量的情形。这时在保留到 θ 和 ϕ 的一阶项条件下，式 (8.179) 和 (8.180) 给出

$$\eta_1 \frac{\partial v_1}{\partial x_3} + (\alpha_3 + \alpha_6)\phi s + 2\alpha_3 \frac{\partial \theta}{\partial t} = A, \tag{8.182$_1$}$$

$$\alpha_4 s = B, \tag{8.182$_2$}$$

式中 $\eta_1 = \frac{1}{2}(\alpha_3 + \alpha_4 + \alpha_6)$是梅索维克兹主粘滞系数．式(8.182$_2$)直接给出了 $s = v_{2,3}$ 的解，对它进行积分并应用式(8.175$_3$)的边界条件，就可以得到

$$v_2 = \frac{B}{\alpha_4} x_3,$$

$$B = \frac{\alpha_4 V}{d}. \tag{8.183}$$

显然，常数 B 与时间无关．边界条件式(8.175$_3$)提出

$$\int_{-d/2}^{d/2} \frac{\partial v_1}{\partial x_3} dx_3 = 0.$$

这样，式(8.182$_1$)表明 θ 和 ϕ 之间应满足关系式

$$\alpha_4 d\delta = \int_{-d/2}^{d/2} (\alpha_3 + \alpha_6)\phi dx_3 + \frac{2\alpha_3 d}{V} \int_{-d/2}^{d/2} \frac{\partial \theta}{\partial t} dx_3,$$

$$\delta = \frac{A}{B} = \frac{d}{\alpha_4 V} A. \tag{8.184}$$

在保留到 θ 和 ϕ 的一阶项条件下，式(8.181$_1$)和(8.181$_2$)简化为

$$k_{11} \frac{\partial^2 \theta}{\partial x_3^2} - \frac{1}{2}(\gamma_1 + \gamma_2)\left(\frac{\partial v_1}{\partial x_3} + s\phi\right) - \gamma_1 \frac{\partial \theta}{\partial t}$$
$$- \chi_a H^2 \theta = 0,$$

$$k_{22} \frac{\partial^2 \phi}{\partial x_3^2} - \frac{1}{2}(\gamma_2 - \gamma_1)s\theta - \gamma_1 \frac{\partial \phi}{\partial t} - \chi_a H^2 \phi = 0.$$

应用式(8.182)和(8.183)后，它们分别成为

$$\frac{\partial^2 \theta}{\partial x_3^2} + M_1(\phi + \delta) - N_1 \frac{\partial \theta}{\partial t} - P_1 \theta = 0, \tag{8.185$_1$}$$

$$\frac{\partial^2 \phi}{\partial x_3^2} + M_2 \theta - N_2 \frac{\partial \phi}{\partial t} - P_2 \phi = 0, \tag{8.185$_2$}$$

$$M_1 = -\frac{\alpha_4(\gamma_1 + \gamma_2)V}{2k_{11}\eta_1 d}, \quad M_2 = -\frac{(\gamma_2 - \gamma_1)V}{2k_{22}d}$$

$$N_1=\frac{(\alpha_4+\alpha_6)\gamma_1-\alpha_3\gamma_2}{k_{11}\eta_1},\qquad N_2=\frac{\gamma_1}{k_{22}},$$

$$P_1=\frac{\chi_a H^2}{k_{11}},\ P_2=\frac{\chi_a H^2}{k_{22}}. \tag{8.185$_3$}$$

弹性常数 k_{11} 和 k_{22} 都是正值,粘滞系数 η_1 是正值. 对于一般的丝状液晶第七章指出 $\alpha_2<\alpha_3<0$, 因而 $\gamma_1=\alpha_3-\alpha_2>0$, $\gamma_2=\alpha_2+\alpha_3<0$, $|\gamma_2|>\gamma_1$。许多丝状液晶的 $(\alpha_4+\alpha_6)\gamma_1>\alpha_3\gamma_2>0$. 这样 M_1, M_2, N_1, N_2, P_1 和 P_2 都可以认为是正值。

为了解式 (8.185), 我们试令

$$\theta(x_3,t)=\theta_0(x_3)\exp(\Lambda t),$$
$$\phi(x_3,t)=\phi_0(x_3)\exp(\Lambda t). \tag{8.186$_1$}$$

常数 A 可以是时间的函数,我们令

$$A=A_0\exp(\Lambda t),$$
$$\delta=\delta_0\exp(\Lambda t). \tag{8.186$_2$}$$

如果应用稳定性交换原理,那么 $\Lambda=0$ 就是发生不稳定性的条件,也就是说相当于讨论与时间无关的稳恒态的情形. 把式 (8.186) 代入式 (8.185), 然后加以分解,就可以得出 $\theta_0(x_3)$ 和 $\phi_0(x_3)$ 分别满足的方程:

$$\begin{aligned}\frac{\partial^4\theta_0}{\partial x_3^4}&-[(N_1\Lambda+P_1)+(N_2\Lambda+P_2)]\frac{\partial^2\theta_0}{\partial x_3^2}\\&-[M_1M_2-(N_1\Lambda+P_1)(N_2\Lambda+P_2)]\theta_0\\&=M_1(N_2\Lambda+P_2)\delta_0,\end{aligned}$$

$$\begin{aligned}\frac{\partial^4\phi_0}{\partial x_3^4}&-[(N_1\Lambda+P_1)+(N_2\Lambda+P_2)]\frac{\partial^2\phi_0}{\partial x_3^2}\\&-[M_1M_2-(N_1\Lambda+P_1)(N_2\Lambda+P_2)]\phi_0\\&=M_1M_2\delta_0.\end{aligned}$$

只要取

$$\theta'(x_3)=\theta_0(x_3)+\frac{M_1(N_2\Lambda+P_2)\delta_0}{M_1M_2-(N_1\Lambda+P_1)(N_2\Lambda+P_2)},$$

$$\phi'(x_3)=\phi_0(x_3)+\frac{M_1M_2\delta_0}{M_1M_2-(N_1\Lambda+P_1)(N_2\Lambda+P_2)}, \tag{8.187}$$

那么 $\theta'(x_3)$ 和 $\phi'(x_3)$ 就满足同一方程

$$\frac{\partial^4\phi}{\partial x_3^4} - (N_1\Lambda + P_1 + N_2\Lambda + P_2)\frac{\partial^2\phi}{\partial x_3^2} - [M_1M_2 - (N_1\Lambda + P_1)(N_2\Lambda + P_2)]\phi = 0,$$
$$\phi = \theta'(x_3) \text{ 或 } \phi'(x_3). \tag{8.188}$$

关于 θ 和 ϕ 之间需要满足的式 (8.184)，现在将取

$$\frac{d\delta_0}{M_1M_2 - (N_1\Lambda + P_1)(N_2\Lambda + P_2)}\Big[\eta_1M_1M_2 + \frac{2\alpha_3\Lambda}{V}M_1(N_2\Lambda + P_2) - \alpha_4(N_1\Lambda + P_1)(N_2\Lambda + P_2)\Big] = \int_{-d/2}^{d/2}(\alpha_3 + \alpha_6)\phi' dx_3 + \frac{2\alpha_3 d\Lambda}{V}\int_{-d/2}^{d/2}\theta' dx_3 \tag{8.189}$$

的形式．应用这个关系式我们可以讨论产生均匀不稳定性的流速阈值 V_c，或速度梯度阈值 $s_c = \frac{V_c}{d}$，以及磁场对阈值的影响和接近 V_c 时流动是否不稳定的问题．由于式 (8.189) 相当复杂一般难以得出解析的结果，我们将只讨论磁场为零的情形．

在不施加磁场的条件下，$H = 0$，应用 $\Lambda = 0$ 这一发生不稳定性的条件，式 (8.188) 成为

$$\frac{\partial^4\phi}{\partial x_3^4} - \beta^4\phi = 0,$$
$$\beta^4 = M_1M_2. \tag{8.190}$$

如果我们返回来看看原始的 θ 和 ϕ 所满足的式 (8.185)，就可以发现在 $H = 0$ 条件下的稳恒态，θ 和 ϕ 的解 $\theta_0(x_3)$ 和 $\phi_0(x_3)$ 也同样是满足式 (8.190)．实验装置的对称性使得 v_1 应该是 x_3 的奇函数．于是稳恒流动下式 (8.182) 要求 ϕ 是 x_3 的偶函数，而 θ 也同样应该是 x_3 的偶函数．满足式 (8.190) 的偶函数解是 $C\cos\beta x_3 + D\cosh\beta x_3$．这样我们就有能满足边界条件式 (8.175_3) 的 $\theta_0(x_3)$ 解

$$\theta_0(x_3) = C\left[\frac{\cos\beta x_3}{\cos\left(\frac{\beta d}{2}\right)} - \frac{\cosh\beta x_3}{\cosh\left(\frac{\beta d}{2}\right)}\right]. \tag{8.191$_1$}$$

把它代入式 (8.185$_1$) 就可以得出 $\phi_0(x_3)$ 的解

$$\phi_0(x_3) = \frac{C\beta^2}{M_1}\left[\frac{\cos\beta x_3}{\cos\left(\frac{\beta d}{2}\right)} + \frac{\cosh\beta x_3}{\cosh\left(\frac{\beta d}{2}\right)}\right] - \delta_0. \qquad (8.191_2)$$

为了满足式 (8.175$_3$) 关于 $\phi_0(x_3)$ 的边界条件，积分常数 C 应该是

$$C = \frac{M_1\delta_0}{2\beta^2}. \qquad (8.191_3)$$

当然，这些解只有在 $\frac{\beta d}{2} \neq \left(n + \frac{1}{2}\right)\pi$ 的条件下才能成立. 虽然我们可以写出在 $\frac{\beta d}{2} = \left(n + \frac{1}{2}\right)\pi$ 时 $\theta_0(x_3)$ 和 $\phi_0(x_3)$ 的一般解，但是它们都不能满足边界条件式 (8.175$_3$). 把式 (8.191) 代入式 (8.184) 就得到

$$\eta_1\beta d = (\alpha_3 + \alpha_6)\left[\mathrm{tg}\left(\frac{\beta d}{2}\right) + \tanh\left(\frac{\beta d}{2}\right)\right]. \qquad (8.192)$$

这是 βd 需要满足的方程. 设

$$\zeta_0 = (\beta d)_0$$

是方程式的最小正值解，那么从 β 的定义式 (8.190) 和 M_1 与 M_2 的定义式(8.185$_3$)，就可以得出产生均匀不稳定性的切变速度阈值 V_c 或切变速度梯度阈值 s_c 应满足关系式

$$\zeta_0^4 = \frac{(\gamma_2^2 - \gamma_1^2)\alpha_4 V_c^2 d^2}{4k_{11}k_{22}\eta_1} = \frac{(\gamma_2^2 - \gamma_1^2)\alpha_4 s_c^2 d^4}{4k_{11}k_{22}\eta_1}. \qquad (8.193_1)$$

如果承认帕柔弟关系式，就可以有

$$\zeta_0^4 = \frac{\alpha_2\alpha_3\alpha_4 V_c^2 d^2}{k_{11}k_{22}\eta_1} = \frac{\alpha_2\alpha_3\alpha_4 s_c^2 d^4}{k_{11}k_{22}\eta_1}. \qquad (8.193_2)$$

以液晶 MBBA 为例，粘滞系数 α_4 与 η_1 的数值为[46]

$$\alpha_4 = 0.832\ \text{泊},\quad \eta_1 = 0.476\ \text{泊}.$$

用图解法或数字法可以解出式 (8.192) 的最小正值解是

$$\zeta_0 = 1.75.$$

这样，从式 (8.193) 便可以得到

$$\frac{\alpha_2\alpha_3 s_c^2 d^4}{k_{11}k_{22}} = 0.88\pi^4.$$

这个关系式的左方正是艾瑞克孙数 E_r 的平方。所以，在 E_r 大约为 10 的时候切变流动的液晶将会出现均匀不稳定性。但是，这时的雷诺数 R 还很小，只有 10^{-3} 的数量级（参考第七章 § 2），尚不足以引起各向同性流体中那种本纳德-瑞利不稳定性。式(8.193)指出，速度梯度阈值 s_c 与液晶厚度 d 的平方成反比，这正是实验得出的结果[35,36]。

滚动流动不稳定性是由另一种机理引起的。这里指向矢和流速的涨落在 x_1 轴方向都具有周期性. 设指向矢和流速现在是

$$\mathbf{n}=[1,\ n_2(x_1),\ n_3(x_1)],$$

$$\mathbf{v}=[v_1(x_1),\ sx_3+v_2(x_1),\ v_3(x_1)].$$

这些涨落项 n_2, n_3, v_1, v_2 和 v_3 都是 x_1 的周期性函数. 在 x_2 轴方向液晶盒足够宽的条件下，我们可以不考虑 x_2 轴方向的运动。这时

$$v_{1,1}=\frac{\partial v_1}{\partial x_1},\quad v_{1,2}=0,\quad v_{1,3}=0,$$

$$v_{2,1}=\frac{\partial v_2}{\partial x_1},\quad v_{2,2}=0,\quad v_{2,3}=s,$$

$$v_{3,1}=\frac{\partial v_3}{\partial x_1},\quad v_{3,2}=0,\quad v_{3,3}=0.$$

在稳恒流动状态下，保留到一阶项可以有

$$N_1=0,\quad N_2=-\frac{1}{2}\left(\frac{\partial v_2}{\partial x_1}+sn_3\right),$$

$$N_3=-\frac{1}{2}\left(\frac{\partial v_3}{\partial x_1}-sn_2\right).$$

于是我们得到

$$t_{1j,j}=-(\alpha_1+\alpha_4+\alpha_5+\alpha_6)\frac{\partial^2 v_1}{\partial x_1^2}$$

$$+\frac{1}{2}(\alpha_3-\alpha_4-\alpha_6)\frac{\partial^2 v_3}{\partial x_1\partial x_3}-\frac{1}{2}(\alpha_3+\alpha_6)s\frac{\partial n_2}{\partial x_3},$$

$$t_{2j,j}=-\eta_2\frac{\partial^2 v_2}{\partial x_1^2}+\frac{1}{2}(\alpha_2-\alpha_5)s\frac{\partial n_3}{\partial x_1},$$

$$t_{3j,j}=-\eta_2\frac{\partial^2 v_3}{\partial x_1^2}-\frac{1}{2}(\alpha_2+\alpha_5)s\frac{\partial n_2}{\partial x_1},$$

η_2 是梅索维克兹主粘滞系数，等于 $\frac{1}{2}(\alpha_4+\alpha_5-\alpha_2)$。忽略惯性项，动量守恒方程式的 $i=2$ 和 $i=3$ 两个方程成为（忽略压强差的影响）

$$\eta_2\frac{\partial^2 v_2}{\partial x_1^2}+\frac{1}{2}(\alpha_5-\alpha_2)s\frac{\partial n_3}{\partial x_1}=0,$$

$$\eta_2\frac{\partial^2 v_3}{\partial x_1^2}+\frac{1}{2}(\alpha_2+\alpha_5)s\frac{\partial n_2}{\partial x_1}=0.$$

这两个方程都表示粘滞力$\left(\eta_2\frac{\partial^2 v_2}{\partial x_1^2}\text{或}\ \eta_2\frac{\partial^2 v_3}{\partial x_1^2}\right)$和流体动力聚焦力(hydrodynamic focusing force) $\left[\frac{1}{2}(\alpha_5-\alpha_2)s\frac{\partial n_3}{\partial x_1}\text{或}\ \frac{1}{2}(\alpha_2+\alpha_5)s\times\frac{\partial n_2}{\partial x_1}\right]$之间的平衡关系．对它们进行一次积分就得到

$$\frac{\partial v_2}{\partial x_1}=-\left(\frac{\alpha_5-\alpha_2}{2\eta_2}\right)sn_3,$$

$$\frac{\partial v_3}{\partial x_1}=-\left(\frac{\alpha_2+\alpha_5}{2\eta_2}\right)sn_2.$$

这就是说，由于指向矢的涨落将使得沿 x_1 轴方向出现流速梯度．在讨论均匀不稳定性的机理时已经指出，指向矢涨落 n_2（或者 ϕ）的出现将引起沿 x_2 轴方向的粘滞转矩 $\tau_2'=\alpha_3 sn_2$． 在第五章讨论各个 α 的物理意义时曾经指出，$\frac{\partial v_3}{\partial x_1}$的存在将使液晶受到一个沿 x_2 轴方向的粘滞转矩 $\alpha_2\frac{\partial v_3}{\partial x_1}$． 所以，现在沿 x_2 轴方向液晶受到粘滞转矩 τ_2，

$$\tau_2=\alpha_3 sn_2-\alpha_2\left(\frac{\alpha_2+\alpha_5}{2\eta_2}\right)sn_2$$

的作用．一般讲，丝状液晶的 $\frac{\alpha_2(\alpha_2+\alpha_5)}{2\eta_2}$ 是正值，所以 τ_2 中的第二部分也是起着破坏稳定的作用．在讨论均匀不稳定性的机理

时曾经指出，指向矢的涨落 n_3（或者 θ）的出现将在 x_3 轴方向引起粘滞转矩 $-\alpha_3 s n_3$. 现在，由于在 x_1 轴方向出现有速度梯度 $\frac{\partial v_2}{\partial x_1}$，这个速度梯度 $\frac{\partial v_2}{\partial x_1}$ 也将在 x_3 轴方向引起粘滞转矩. 由于

$$d_{12} = d_{21} = \frac{1}{2}\frac{\partial v_2}{\partial x_1}, \quad \omega_{21} = -\omega_{12} = \frac{1}{2}\frac{\partial v_2}{\partial x_1},$$

同时 $\mathbf{n} = (1, 0, n_3)$，所以

$$N_1 = 0, \quad N_2 = -\frac{1}{2}\frac{\partial v_2}{\partial x_1}, \quad N_3 = 0.$$

这样，由 $\frac{\partial v_2}{\partial x_1}$ 引起的转矩 τ_3' 就成为

$$\tau_3' = f_1' n_2 - f_2' n_1 = \frac{1}{2}(\gamma_1 - \gamma_2)\frac{\partial v_2}{\partial x_1} = -\alpha_2 \frac{\partial v_2}{\partial x_1}.$$

因此，在 x_3 轴方向液晶受到的粘滞转矩将是

$$\tau_3 = -\alpha_3 s n_3 + \alpha_2\left(\frac{\alpha_5 - \alpha_2}{2\eta_2}\right) s n_3.$$

一般情况下，丝状液晶的 $\alpha_5 - \alpha_2 > 0$，因此这个转矩的第二部分将是一个使 n_2 减小的转矩，也就是一个起稳定作用的转矩. 但是，总的说来，由于

$$\tau_3 = -\frac{\alpha_2\alpha_4}{2\eta_2} s n_3$$

是正值，因此是一个破坏稳定作用的转矩. 滚动不稳定性的产生就是由于这些破坏稳定作用的转矩引起的. 由于在计算中难以求得解析解，所以我们不再进行详细的讨论了.

参 考 文 献

[1] E. F. Carr, *Adv. Chem. Ser.*, 63(1967), 76.
Mol. Cryst. Liq. Cryst., 7(1969), 253.
E. F. Carr, L. S. Chou, *J. Appl. Phys.*, 44(1973), 3356.

[2] V. N. Tsvetkov, G. M. Mikheilov, *Acta Physiochim. USSR*, 8(1938), 77.

[3] R. Williams, *J. Chem. Phys.*, 39(1963), 384.

[4] G. H. Hellmeier, L. A. Zanoni, L. A. Barton, *Proc. IEEE*, 56(1968). 1162.

[5] W. Helfrich, *J. Chem. Phys.*, **51**(1969), 4092.
[6] E. Dubois-Violette, P. G. de Gennes, O. Parodi, *J. Phys. (Paris)*, **32**(1971), 305.
[7] N. Felici, *Revue Générale d'Elect.*, **78**(1969), 717.
[8] P. G. de Gennes, *Comments Solid State Phys.*, **3**(1970), 35, 149.
[9] W. J. A. Goosens, Adv. Liq. Cryst. Vol. 3, G. H. Brown ed., Academic (1978), p. 1.
[10] S. Chandrasekhar, Hydrodynamic and Hydromagnetic Stability, Oxford University (1961).
[11] G. M. Velarde, Lecture Notes, Les Houches, Gordon & Breach (1973).
[12] D. Teany, A. Migliori, *J. Appl. Phys.*, **41**(1970), 998.
[13] P. A. Penz, G. W. Ford, *Phys. Rev.*, **A6**(1972), 414.
[14] P. A. Penz, *Phys. Rev. Lett.*, **24**(1970), 1405.
Mol. Cryst. Liq. Cryst., **15**(1971), 141.
[15] D. Meyerhoffer, *R. C. A. Rev.*, **35**(1974), 433.
[16] H. Arnould, F. Rondelez, G. Gerritsma, P. van Zanteen, *Phys. Rev. Lett.*, **28** (1972), 735.
[17] J. P. Hurault, *J. Chem. Phys.*, **59**(1973), 2063.
[18] G. W. Stewart, *J. Chem. Phys.*, **4**(1936), 231.
[19] E. Dubois-Violette, *C. R. A. S.*, **21**(1971), 923.
[20] E. Dubois-Violette, E. Guyon, P. Pieranski, *Mol. Cryst. Liq. Cryst.*, **26**(1973), 193.
[21] E. Dubois-Violette, *Solid State Commun.*, **14**(1974), 767.
[22] P. Pieranski, E. Dubois-Violette, E. Guyon, *Phys. Rev. Lett.*, **30**(1973), 736.
[23] J. Boussinesq, Théorie Analytique de la Chaleur, Gauthiér-Villars, Paris (1903), **2**, 172.
[24] P. K. Currie, *Rheol Acta*, **12**(1973), 165.
[25] P. J. Barratt, D. M. Sloan, *J. Phys.*, **A9**(1976), 1987.
[26] K. Miyakawa, *J. Phys. Soc. Japan*, **39**(1975), 628.
[27] O. Lehmann, *Ann. Physik*, **4**(1900), 649.
[28] F. M. Leslie, *Proc. Roy. Soc.*, **A307**(1968), 359.
[29] F. M. Leslie, *Symp. Faraday Soc.*, **5**(1971), 33.
[30] E. Dubois-Violette, *J. Phys. (Paris)*, **34**(1973), 107.
[31] J. D. Parsons, *J. Phys. (Paris)*, **36**(1975), 1363.
[32] P. J. Barratt, D. M. Sloan, *J. Phys.*, **D11**(1978), 2131.
[33] C. Fraser, *Mol. Cryst. Liq. Cryst.*, **94**(1983), 327.
[34] M. Shahinpoor, *Rheol Acta*, **15**(1976), 215.
[35] P. Pieranski, E. Guyon, *Solid State Commun.*, **13**(1973), 435.
[36] P. Pieranski, E. Guyon, *Phys. Rev.*, **A9**(1974), 404.
[37] E. Guyon, P. Pieranski, *J. Phys. (Paris)*, **36**(C1)(1975), 203.
[38] I. Janossy, P. Pieranski, E. Guyon, *J. Phys. (Paris)*, **37**(1976), 1105.
[39] P. Manneville, E. Dubois-Violette, *J. Phys. (Paris)*, **37**(1976), 1115.
[40] P. Manneville, *J. Phys. (Paris)*, **40**(1979), 713.
[41] E. Dubois-Violette, P. Manneville, *J. Fluid Mech.*, **89**(1978), 273.

[42] P. Manneville, E. Dubois-Violette, *J. Phys.* (*Paris*), **37**(1976), 285.
[43] F. M. Leslie, *J. Phys.*, **D9**(1976), 925.
[44] E. Dubois-Violette, E. Guyon, I. Janossy, P. Pieranski, P. Manneville, *J. Mec.*, **16**(1977), 733.
[45] P. Manneville, *J. Phys.* (*Paris*), **39**(1978), 911.
[46] C. Gähwiller, *Phys. Lett.*, **36A**(1971), 311.
[47] R. Ribotta, A. Joets, Lin Lei, *Phys. Rev. Lett.* **56**(1986), 1595.

第九章 丝状液晶分子场理论

前面各章关于丝状液晶和螺旋状液晶的讨论都是建立在宏观唯象的基础之上，对于构成液晶的分子的行为并未加以考虑. 显然，这样是有局限性的. 在开始讨论液晶自由能密度具体表示式的第二章中我们曾经提到过，自由能密度表示式也可以从分子间相互作用的观点来得到. 本章将首先介绍用这种观点推导自由能密度表示式的过程，并且将指出这样得到的结果同宏观唯象理论所得结果之间的一些微小的差别.

液晶和一般各向同性液体之间的重要区别在于，它的许多物理性质具有各向异性，例如磁化率各向异性、介电各向异性、导电率各向异性等等. 但是，在高于清亮点温度时，液晶也呈现出各向同性. 各向异性的存在与液晶分子本身的结构具有各向异性直接相关. 显然，我们很难想象由各向同性的球形分子如何能形成各向异性的液体. 目前已知的大部分丝状液晶分子都是长形的，最简单的模型是把它们看成刚性长棒. 液晶是液体，在整个液体的体积中液体分子的质量中心是无规分布的. 因此，在液晶中分子没有平移有序性. 不难想象，如果液晶的密度很低，分子之间的距离很大，那么分子之间将不会出现具有影响的相互作用，同时各个分子的排列取向也将是无规的. 这时的液晶将呈现为各向同性. 另一方面，如果液晶的温度足够高，那么热运动也将促使液晶分子的排列取向具有无规的性质，从而使液晶处于各向同性状态. 反过来，在足够高的密度条件下，如果温度不够高，那么长棒状的分子将趋向于互相平行排列，因为只有这样才可以在一定的体积当中安置更多的分子. 所以，从分子结构的角度来看，液晶的性质与构成它的分子的排列取向直接相关. 当然，热运动使得分子不可能全部都处于平行排列的最低能量状态. 另外，在实际的理论处理当中，我们又不可能对每一个分子的排列取向都逐个地进行考虑；因此，从分子观点来讨论液晶的物理性质时，就只能是用分子统计的办法来研究大量分子的平均性质。

前面各章关于液晶宏观现象的讨论中，我们引进了指向矢 **n** 这个单位矢量，并且指出指向矢 **n** 描述的是空间一点液晶分子长轴的排列取向。正如一开始就曾经指出过的那样，指向矢 **n** 是液晶中各点位置上大量分子排列取向的平均值，也就是说是各点位置液晶分子的从优取向。由于热涨落的存在，液晶中一点处的分子不可能都按 **n** 的方向排列。与指向矢 **n** 的方向有差别的分子的数量以及差别的大小，当然都会影响到液晶的各种物理特性。因此，在液晶的分子理论中一个重要的问题，就是描述与平衡状态下指向矢 **n** 取向有差别的分子分数，而把出现丝状相的现象处理为一个有序无序的现象。本章在给出从分子相互作用观点推导自由能密度表示式后，将先介绍描述液晶分子有序性的有序参数，然后再介绍一些液晶分子理论。

§1 从分子间相互作用观点讨论自由能密度

显然，液晶的平衡状态是各处的指向矢 **n** 都处于互相平行的状态，这时液晶具有最低的能量值。在外场作用下指向矢可以偏离平衡时的取向。这种偏离就形成了形变。形变过程中外力要对液晶作功，因此弹性形变将使液晶的能量增加。为了求出发生了形变时液晶的能量密度，我们在液晶中相邻两个点 P 和 P' 处各取一个体积元。P 处的体积元称为 $d\tau$，P' 处的体积元称为 $d\tau'$。在 P 处的指向矢为 **n**，那么 P' 处的指向矢将为 $\mathbf{n}+\Delta\mathbf{n}$。如图 9.1 所示，以 P 点为原点，我们选择一个右手直角坐标系 (x_1, x_2, x_3)，同时相对于这个直角坐标系我们还选择一个柱坐标系 (r, θ, x_3)。这两个坐标系具有共同的原点和共同的 x_3 轴。由于 P 点是原点，所以 P' 点的坐标在这两个坐标系中分别为 (x_1', x_2', x_3') 和 (r', θ', x_3')。图 9.1 示出了它们之间的关系。很明显，(x_1, x_2, x_3) 与 $(r,$

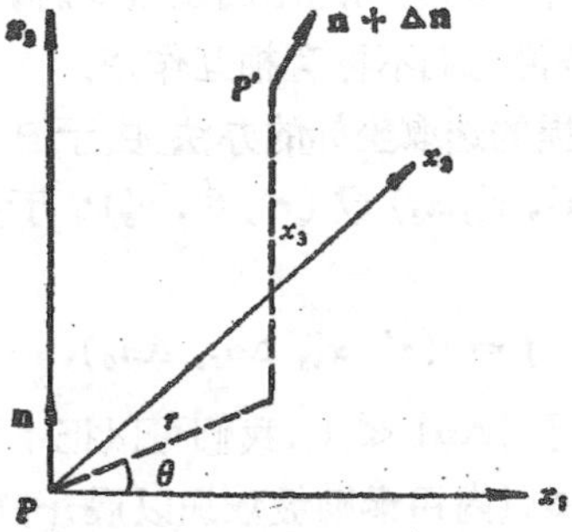

图 9.1 两个坐标系之间的关系.

θ, x_3) 之间满足下列的关系:

$$x_1 = r\cos\theta,\ x_2 = r\sin\theta,\ x_3 = x_3. \tag{9.1}$$

如果令 $\mathbf{n}$ 在柱坐标系中的三个分量为 (n_r, n_θ, n_3), 那么它们和在直角坐标系中分量 (n_1, n_2, n_3) 的关系, 按照一般的坐标变换将是

$$\begin{aligned} n_1 &= n_r\cos\theta - n_\theta\sin\theta, \\ n_2 &= n_r\sin\theta + n_\theta\cos\theta, \\ n_3 &= n_3. \end{aligned} \tag{9.2}$$

由于指向矢的大小满足式 (1.1) 的要求, 因此 Δn 满足

$$\mathbf{n}\cdot\Delta\mathbf{n} = 0$$

的关系, 也就是说 $\Delta\mathbf{n}$ 的三个分量 Δn_1, Δn_2, Δn_3 不是互相独立的. 在计算中我们可以把 Δn_3 用 Δn_1 和 Δn_2 代换, 而只余下 Δn_1 和 Δn_2.

两个小体积元 $d\tau$ 和 $d\tau'$ 中的液晶之间具有相互作用能. 假定相互作用能是可加性的, 那么对于液晶的整体, 这种小体积元之间的相互作用能的总和就是液晶的总能量. 对于体积元之间的相互作用能我们必须作出某些假设. 这里我们假设[1]:

(1) 分别在 P 和 P' 两点周围两个小体积元 $d\tau$ 和 $d\tau'$ 之间的平均相互作用能的形式为 $fd\tau d\tau'$, 而在固定温度和压强条件下 f 只是两点间相对位置和两处指向矢的相对取向的函数.

(2) 两个小体积元之间的相互作用能只存在于一定的距离 ρ

以内．当两个小体积元之间的距离超过 ρ 时，它们之间的相互作用能为零，也就是说它们不再有相互作用．

按照上面所提的选取坐标的办法，由于 P 点被选作原点，所以 P' 点的坐标是 (x_1', x_2', x_3') 或 (r', θ', x_3')；于是第一个假设的数学表达形式为

$$f = f(r', x_3', \Delta n_r, \Delta n_\theta), \tag{9.3}$$

它与 θ 无关．由于 $|\Delta \mathbf{n}| \ll 1$，我们可以把 f 函数在距离原点 P 的长度为 ρ 的范围以内用泰勒级数加以展开，成为

$$f = f_0 + \sum_{\mu=r,\theta} f_\mu \Delta n_\mu + \frac{1}{2} \sum_{\mu,\nu=r,\theta} f_{\mu\nu} \Delta n_\mu \Delta n_\nu + \cdots, \tag{9.4$_1$}$$

这里

$$f_0 = f_0(r', x_3'),$$

$$f_\mu = f_\mu(r', x_3') = \left[\frac{\partial f}{\partial(\Delta n_\mu)}\right]_{\Delta n=0},$$

$$f_{\mu\nu} = f_{\mu\nu}(r', x_3') = \left[\frac{\partial^2 f}{\partial(\Delta n_\mu)\partial(\Delta n_\nu)}\right]_{\Delta n=0}, \tag{9.4$_2$}$$

它们都只是相对位置 r' 和 x_3' 的函数，微分都是取 P 点处的数值．显然，这里有

$$f_{\mu\nu} = f_{\nu\mu} \tag{9.5}$$

的关系．在这里我们用希腊字母 μ, ν 等下标表示柱坐标的分量，而用英文字母 i, j 等下标表示直角坐标的分量．其所以要选用柱坐标，一方面是为了相互作用与相对位置和相对取向有关，另一方面也是为了使数学上的计算较简单．

现在我们把式 (9.4) 中的 Δn_r 和 Δn_θ 变换成为 Δn_1 和 Δn_2 的函数．根据式 (9.2) 可以得出

$$\Delta n_\lambda = \sum_{i=1,2} a_{\lambda i} \Delta n_i, \quad \lambda = r, \theta,$$

$$a_{r1} = a_{\theta 2} = \cos\theta', \quad a_{r2} = -a_{\theta 1} = \sin\theta'. \tag{9.6}$$

把式 (9.6) 代入式 (9.4) 后，就可以把 f 写成 Δn_i 的函数式：

$$f = f(\Delta n_i). \tag{9.7}$$

由于 P' 是 P 的邻近点，所以 x_i' 是一个微量．我们可以把 Δn_i 用 x_i' 展开成为

$$\Delta n_i = \sum_{m=1}^{3} n_{i,m}x_m' + \frac{1}{2}\sum_{m,n=1}^{3} n_{i,mn}x_m'x_n' + \cdots, \quad i=1, 2;$$

$$n_{i,m} \equiv \left(\frac{\partial n_i}{\partial x_m}\right)_P, \quad n_{i,mn} \equiv \left(\frac{\partial^2 n_i}{\partial x_m \partial x_n}\right)_P. \tag{9.8}$$

$n_{i,m}$ · $n_{i,mn}$··· 是 n_i 在 P 点的各阶导数的数值．把式 (9.8) 代入式 (9.4) 和 (9.7)，就得到用 $n_{i,m}$ 和 $n_{i,mn}$ 表示的相互作用能表示式

$$\begin{aligned} f = f_0 &+ \sum_{m=1}^{3}\sum_{\substack{\mu=r,\theta\\ i=1,2}} f_\mu a_{\mu i} n_{i,m} x_m' \\ &+ \frac{1}{2}\sum_{m,n=1}^{3}\Bigg(\sum_{\substack{\mu,\nu=r,\theta\\ i,j=1,2}} f_{\mu\nu} a_{\mu i} a_{\nu j} n_{i,m} n_{j,n} \\ &+ \sum_{\substack{\mu=r,\theta\\ i=1,2}} f_\mu a_{\mu i} n_{i,mn}\Bigg) x_m' x_n' + \cdots. \end{aligned} \tag{9.9}$$

设 $V = \frac{4}{3}\pi\rho^3$ 为在 P 点周围的半径为 ρ 的球体体积，那么 P 点处液晶的自由能密度就是

$$g(P) = \frac{1}{V}\int \frac{1}{2} f d\tau d\tau' = \frac{1}{2}\int f d\tau'. \tag{9.10}$$

因子 $\frac{1}{2}$ 的引入是由于我们把每一个小体积元对相互作用能的贡献都考虑了两次，一次是由于它作用于别的小体积元，另一次是它被别的小体积元所作用．由于 f 只是 x_m' 的函数而不是 x_m 的函数，所以式 (9.10) 中对 $d\tau$ 的积分给出了体积 V．体积元 $d\tau'$ 用柱坐标表示时是

$$d\tau' = r'dr'd\theta'dx_3'. \tag{9.11}$$

把式 (9.9) 和 (9.11) 代入式 (9.10) 就得到液晶的形变能量密度

$$g(P) = \sum_{m=1}^{3}\sum_{i=1}^{2} c_{im} n_{i,m} + \sum_{m,n=1}^{3}\Bigg(\sum_{i,j=1}^{2} c_{ijmn} n_{i,m} n_{j,n}$$

$$+\sum_{i=1}^{3} c_{imn} n_{i,mn}\Big) + \cdots,$$

$$c_{im} = \frac{1}{2}\int\Big(\sum_{\mu=r,\theta} f_\mu a_{\mu i}\Big) x'_m r' dr' d\theta' dx'_3$$

$$= \frac{1}{2}\int (f_r a_{ri} x'_m + f_\theta a_{\theta i} x'_m) r' dr' d\theta' dx'_3,$$

$$c_{ijmn} = \frac{1}{4}\int\Big(\sum_{\mu,\nu=r,\theta} f_{\mu\nu} a_{\mu i} a_{\nu j}\Big) x'_m x'_n r' dr' d\theta' dx'_3$$

$$= \frac{1}{4}\int (f_{rr} a_{ri} a_{rj} x'_m x'_n + f_{r\theta} a_{ri} a_{\theta j} x'_m x'_n + f_{\theta r} a_{\theta i} a_{rj} x'_m x'_n$$

$$+ f_{\theta\theta} a_{\theta i} a_{\theta j} x'_m x'_n) r' dr' d\theta' dx'_3,$$

$$c_{imn} = \frac{1}{4}\int\Big(\sum_{\mu=r,\theta} f_\mu a_{\mu i}\Big) x'_m x'_n r' dr' d\theta' dx'_3$$

$$= \frac{1}{4}\int (f_r a_{ri} x'_m x'_n + f_\theta a_{\theta i} x'_m x'_n) r' dr' d\theta' dx'_3. \qquad (9.12)$$

这里我们忽略了 f_0 项,因为它与形变无关，是一个常量. 我们注意到,由于式 (9.5) 的存在,在 c_{ijmn} 的表示式中出现的 $f_{r\theta}$ 和 $f_{\theta r}$ 是相等的. 另外,我们还注意到,指向矢 $\mathbf{n}$ 的二阶导数项可以与一阶导数的二次项提供同一数量级的能量. 从式 (9.9) 的 f 展开式可以看到，一般凡是指向矢的各导数阶次总和相同的各个项都提供同一数量级的能量,例如 $n_{i,l}n_{j,mn}$ 项和 $n_{i,lmn}$ 项具有同一的能量阶次.

由于式 (9.5) 的关系，式 (9.12) 表明这些系数 c 满足关系式

$$c_{imn} = c_{inm},$$

$$c_{ijmn} = c_{ijnm} = c_{jimn} = c_{jinm}. \qquad (9.13)$$

各个 c 系数都与 f_μ 或 $f_{\mu\nu}$ 有关，因此在缺乏 f 的具体函数表示式条件下是无法得出它们的数值的. 另外，积分是对一个以 P 为中心、半径为 ρ 的球体进行的. 我们这里应用的是柱坐标,所以对 x'_3 的积分将是 r' 的函数. 这一点也给积分增加了困难. 不过各个 c 系数中都包含 $a_{\mu i}$ 项，而 $a_{\mu i}$ 是 θ' 的正弦或余弦函数. 在柱坐标

中式 (9.1) 又指出

$$x_1' = r'\cos\theta', \quad x_2' = r'\sin\theta'。 \tag{9.14}$$

函数 f 本身不是 θ' 的函数，从而 f 的导数也不是 θ' 的函数。由于这些条件使我们可以对 θ' 进行一次从零到 2π 的定积分。在对 θ' 作定积分之后，我们将可以找出一些各个 c 系数之间的关系。

首先我们看看各个 c_{im} 系数。由于 i 可以取 1 和 2 而 m 可以取 1,2 和 3，因此在应用式 (9.5) 和 (9.6) 后我们有

$$c_{11} = \frac{1}{2}\int (f_r a_{r1} x_1' + f_\theta a_{\theta 1} x_1') r' dr' dx_3' d\theta'$$

$$= \frac{1}{2}\int (f_r \cos^2\theta' - f_\theta \sin\theta' \cos\theta') r'^2 dr' dx_3' d\theta',$$

$$c_{12} = \frac{1}{2}\int (f_r a_{r1} x_2' + f_\theta a_{\theta 1} x_2') r' dr' dx_3' d\theta'$$

$$= \frac{1}{2}\int (f_r \sin\theta' \cos\theta' - f_\theta \sin^2\theta') r'^2 dr' dx_3' d\theta',$$

$$c_{13} = \frac{1}{2}\int (f_r a_{r1} x_3' + f_\theta a_{\theta 1} x_3') r' dr' dx_3' d\theta'$$

$$= \frac{1}{2}\int (f_r \cos\theta' - f_\theta \sin\theta') r' dr' x_3' dx_3' d\theta',$$

$$c_{21} = \frac{1}{2}\int (f_r a_{r2} x_1' + f_\theta a_{\theta 2} x_1') r' dr' dx_3' d\theta'$$

$$= \frac{1}{2}\int (f_r \sin\theta' \cos\theta' + f_\theta \cos^2\theta') r'^2 dr' dx_3' d\theta',$$

$$c_{22} = \frac{1}{2}\int (f_r a_{r2} x_2' + f_\theta a_{\theta 2} x_2') r' dr' dx_3' d\theta'$$

$$= \frac{1}{2}\int (f_r \sin^2\theta' + f_\theta \sin\theta' \cos\theta') r'^2 dr' dx_3' d\theta',$$

$$c_{23} = \frac{1}{2}\int (f_r a_{r2} x_3' + f_\theta a_{\theta 2} x_3') r' dr' dx_3' d\theta'$$

$$= \frac{1}{2}\int (f_r \sin\theta' + f_\theta \cos\theta') r' dr' x_3' dx_3' d\theta'。$$

让我们注意下列各个三角函数定积分的数值：

$$
\begin{aligned}
\int_0^{2\pi} \sin\theta d\theta &= \int_0^{2\pi} \cos\theta d\theta \\
&= \int_0^{2\pi} \sin\theta\cos\theta d\theta \\
&= \int_0^{2\pi} \sin\theta\cos^2\theta d\theta = \int_0^{2\pi} \sin^2\theta\cos\theta d\theta \\
&= \int_0^{2\pi} \sin^3\theta d\theta = \int_0^{2\pi} \cos^3\theta d\theta \\
&= \int_0^{2\pi} \sin^5\theta\cos\theta d\theta = \int_0^{2\pi} \sin\theta\cos^3\theta d\theta = 0,
\end{aligned}
$$

$$
\begin{aligned}
&\int_0^{2\pi} \sin^2\theta d\theta = \int_0^{2\pi} \cos^2\theta d\theta = \pi, \\
&\int_0^{2\pi} \sin^2\theta\cos^2\theta d\theta = \frac{\pi}{4}, \\
&\int_0^{2\pi} \sin^4\theta d\theta = \int_0^{2\pi} \cos^4\theta d\theta = \frac{3}{4}\pi.
\end{aligned}
\tag{9.15}
$$

很明显，c_{im} 系数之间存在着

$$
\begin{aligned}
c_{11} &= c_{22}, \\
c_{12} &= -c_{21}, \\
c_{13} &= c_{23} = 0,
\end{aligned}
\tag{9.16$_1$}
$$

这样三个关系。

其次，我们看各个 c_{imn} 系数。由于式(9.13)的存在，所以 c_{imn} 只有下列 12 个独立值：c_{111}，c_{112}，c_{113}，c_{122}，c_{123}，c_{133}，c_{211}，c_{212}，c_{213}，c_{222}，c_{223} 和 c_{233}。以 c_{111} 为例，我们看到，它是

$$
\begin{aligned}
c_{111} &= \frac{1}{4}\int (f_r a_{r1} x_1' x_1' + f_\theta a_{\theta 1} x_1' x_1') r' dr' dx_3' d\theta' \\
&= \frac{1}{4}\int (f_r \cos^3\theta' - f_\theta \sin\theta' \cos^2\theta') r'^3 dr' dx_3' d\theta'.
\end{aligned}
$$

其余各个 c_{imn} 也都是由一个 f_r 项和一个 f_θ 项所组成。为了简便起见，下面我们不再详细写出 $\frac{1}{4}\int f_\mu r'^n dr' x_3'^{l} dx_3$ 形式的各个因子，而把它们表示作 (r')、(θ')、$((r'))$、$((\theta'))$、$[r']$、$[\theta']$、$[[r']]$、$[[\theta']]$ 等等的形式。应用式(9.15)就可以得到

$$c_{111} = (r')\int_0^{2\pi}\cos^3\theta' d\theta' - (\theta')\int_0^{2\pi}\sin\theta'\cos^2\theta' d\theta' = 0,$$

$$c_{112} = (r')\int_0^{2\pi}\sin\theta'\cos^2\theta' d\theta' - (\theta')\int_0^{2\pi}\sin^2\theta'\cos\theta' d\theta'$$
$$= 0,$$

$$c_{113} = ((r'))\int_0^{2\pi}\cos^2\theta' d\theta' - ((\theta'))\int_0^{2\pi}\sin\theta'\cos\theta' d\theta'$$
$$= \pi((r')),$$

$$c_{122} = (r')\int_0^{2\pi}\cos^3\theta' d\theta' - (\theta')\int_0^{2\pi}\sin\theta'\cos^2\theta' d\theta' = 0,$$

$$c_{123} = ((r'))\int_0^{2\pi}\sin\theta'\cos\theta' d\theta' - ((\theta'))\int_0^{2\pi}\sin^2\theta' d\theta'$$
$$= -\pi((\theta')),$$

$$c_{133} = [r']\int_0^{2\pi}\cos\theta' d\theta' - [\theta']\int_0^{2\pi}\sin\theta' d\theta' = 0,$$

$$c_{211} = (r')\int_0^{2\pi}\sin\theta'\cos^2\theta' d\theta' + (\theta')\int_0^{2\pi}\cos^3\theta' d\theta' = 0,$$

$$c_{212} = (r')\int_0^{2\pi}\sin^2\theta'\cos\theta' d\theta' + (\theta')\int_0^{2\pi}\sin\theta'\cos^2\theta' d\theta'$$
$$= 0,$$

$$c_{213} = ((r'))\int_0^{2\pi}\sin\theta'\cos\theta' d\theta' + ((\theta'))\int_0^{2\pi}\cos^2\theta' d\theta'$$
$$= \pi((\theta')),$$

$$c_{222} = (r')\int_0^{2\pi}\sin^3\theta' d\theta' + (\theta)\int_0^{2\pi}\sin^2\theta'\cos\theta' d\theta' = 0,$$

$$c_{223} = ((r'))\int_0^{2\pi}\sin^2\theta' d\theta' + ((\theta'))\int_0^{2\pi}\sin\theta'\cos\theta' d\theta'$$
$$= \pi((r')),$$

$$c_{233} = [[r']]\int_0^{2\pi}\sin\theta' d\theta' + [[\theta']]\int_0^{2\pi}\cos\theta' d\theta' = 0.$$

这样,我们就得出各个 c_{imn} 系数之间有下列的关系:

$$c_{113} = c_{223},$$
$$c_{123} = -c_{213},$$
$$c_{111} = c_{112} = c_{122} = c_{133} = c_{211} = c_{212} = c_{222} = c_{233} = 0. \tag{9.16$_2$}$$

最后我们看看系数 c_{ijmn}。由于有式(9.13)的对称关系，这里只余下 18 个独立系数：c_{1111}，c_{1112}，c_{1113}，c_{1122}，c_{1123}，c_{1133}，c_{1211}，c_{1212}，c_{1213}，c_{1222}，c_{1223}，c_{1233}，c_{2211}，c_{2212}，c_{2213}，c_{2222}，c_{2223} 和 c_{2233}。把相应的积分写出后可以看出，由于有式(9.15)的关系，凡是下标中 1 和 2 的总数为奇数的那些 c_{ijmn} 都等于零，同时 c_{1233} 也等于零。因此

$$c_{1113}=c_{1123}=c_{1213}=c_{1223}=c_{1233}=c_{2213}=c_{2223}=0。$$

其余各个独立 c_{ijmn} 的形式是

$$\begin{aligned}
c_{1111}&=\frac{1}{4}\int(f_{rr}a_{r1}a_{r1}x_1'x_1'+f_{r\theta}a_{r1}a_{\theta1}x_1'x_1'+f_{\theta r}a_{\theta1}a_{r1}x_1'x_1'\\
&\quad+f_{\theta\theta}a_{\theta1}a_{\theta1}x_1'x_1')r'dr'dx_3'd\theta'\\
&=\frac{1}{4}\int(f_{rr}\cos^4\theta'-f_{r\theta}\sin\theta'\cos^3\theta'-f_{\theta r}\sin\theta'\cos^3\theta'\\
&\quad+f_{\theta\theta}\sin^2\theta'\cos^2\theta')r'^3dr'dx_3'd\theta'\\
&=(r'r')\int_0^{2\pi}\cos^4\theta'd\theta'-(r'\theta')\int_0^{2\pi}2\sin\theta'\cos^3\theta'd\theta'\\
&\quad+(\theta'\theta')\int_0^{2\pi}\sin^2\theta'\cos^2\theta'd\theta'=\frac{3}{4}\pi(r'r')\\
&\quad+\frac{1}{4}\pi(\theta'\theta'),
\end{aligned}$$

$$c_{1112}=-\frac{1}{2}\pi(r'\theta'),$$

$$c_{1122}=\frac{1}{4}\pi(r'r')+\frac{3}{4}\pi(\theta'\theta'),$$

$$c_{1133}=\pi((r'r'))+\pi((\theta'\theta')),$$

$$c_{1211}=\frac{1}{2}\pi(r'\theta'),$$

$$c_{1212}=\frac{1}{4}\pi(r'r')-\frac{1}{4}\pi(\theta'\theta'),$$

$$c_{1222}=-\frac{1}{2}\pi(r'\theta'),$$

$$c_{2211}=\frac{1}{4}\pi(r'r')+\frac{3}{4}\pi(\theta'\theta'),$$

$$c_{2213}=\frac{1}{2}\pi(r'\theta'),$$

$$c_{2222}=\frac{3}{4}\pi(r'r')+\frac{1}{4}\pi(\theta'\theta'),$$

$$c_{2233}=\pi((r'r'))+\pi((\theta'\theta')).$$

于是，我们得到

$$c_{1111}=c_{2222},$$

$$c_{1112}=-c_{1211}=c_{1222}=-c_{2212},$$

$$c_{1122}=c_{2211},$$

$$c_{1133}=c_{2233},$$

$$c_{1212}=\frac{1}{2}(c_{1111}-c_{1122}),$$

$$c_{1113}=c_{1123}=c_{1213}=c_{1223}=c_{1233}=c_{2213}=c_{2223}=0. \quad (9.16_3)$$

习惯上液晶自由能密度 g 的表达式中各个弹性常数是采用夫兰克最早引用的符号。与夫兰克常数相对照，我们令各个非零的系数 c 为

$$c_{11}=c_{22}=k_1,$$

$$c_{12}=-c_{21}=k_2,$$

$$c_{1111}=c_{2222}=\frac{1}{2}k_{11},$$

$$c_{1122}=c_{2211}=\frac{1}{2}k_{22},$$

$$c_{1133}=c_{2233}=\frac{1}{2}k_{33},$$

$$c_{1112}=c_{1121}=-c_{1211}=-c_{2111}=c_{1222}=c_{2122}=-c_{2212}$$
$$=-c_{2221}=\frac{1}{2}k_{12},$$

$$c_{1212}=c_{1221}=\frac{1}{2}k_{24},$$

$$c_{113}=c_{131}=c_{223}=c_{232}=\frac{1}{2}k_{13},$$

$$c_{123}=c_{132}=-c_{213}=-c_{231}=\frac{1}{2}k_{23}. \tag{9.17}$$

当然，在这里我们应用了式(9.13)的对称关系。现在一共有九个 k 常数。由于

$$c_{1212}=\frac{1}{2}(c_{1111}-c_{1122}),$$

因此，k_{24} 与 k_{11} 和 k_{22} 之间还满足一个关系式

$$k_{24}=\frac{1}{2}(k_{11}-k_{22}),$$

$$\frac{1}{2}(k_{11}+k_{22})=k_{22}+k_{24}. \tag{9.18}$$

式(9.18)是从分子相互作用观点得出的一个特殊关系式。承认这个关系式的成立时，液晶的弹性形变能量密度在取到二阶项时，普遍将具有八个独立常数 k_1, k_2, k_{11}, k_{22}, k_{33}, k_{12}, k_{13} 和 k_{23}。引用这些弹性常数 k 之后，自由能密度 g 的普遍表示式成为

$$\begin{aligned}g=&k_1(n_{1,1}+n_{2,2})-k_2(n_{2,1}-n_{1,2})\\&+\frac{1}{2}[k_{11}(n_{1,1}+n_{2,2})^2+k_{22}(n_{2,1}-n_{1,2})^2\\&+k_{33}(n_{1,3}^2+n_{2,3}^2)]-k_{12}(n_{1,1}+n_{2,2})(n_{2,1}-n_{1,2})\\&+k_{13}(n_{1,13}+n_{2,23})+k_{23}(n_{1,23}-n_{2,13})\\&-\frac{1}{2}(k_{11}+k_{22})(n_{1,1}n_{2,2}-n_{1,2}n_{2,1}).\end{aligned} \tag{9.19}$$

如果用矢量形式来表示，那么我们可以采用相应的

$$\begin{aligned}&n_{1,1}+n_{2,2}=\nabla\cdot\mathbf{n},\\&n_{2,1}-n_{1,2}=\mathbf{n}\cdot\nabla\times\mathbf{n},\\&n_{1,3}^2+n_{2,3}^2=(\mathbf{n}\cdot\nabla\mathbf{n})^2,\\&n_{2,13}-n_{1,23}=\mathbf{n}\cdot\nabla(\mathbf{n}\cdot\nabla\times\mathbf{n}),\\&n_{1,13}+n_{2,23}=\mathbf{n}\cdot\nabla(\nabla\cdot\mathbf{n})-n_{3,33}\\&\qquad\qquad=\mathbf{n}\cdot\nabla(\nabla\cdot\mathbf{n})+(\mathbf{n}\cdot\nabla\mathbf{n})^2,\\&n_{1,1}n_{2,2}-n_{1,2}n_{2,1}=\sum_{i<j=1}^{3}(n_{i,i}n_{j,j}-n_{i,j}n_{j,i})\end{aligned}$$

$$-\frac{1}{2}\nabla\cdot(\mathbf{n}\nabla\cdot\mathbf{n}-\mathbf{n}\cdot\nabla\mathbf{n}),$$

的代换形式。这样，在矢量表示形式下有

$$g=k_1(\nabla\cdot\mathbf{n})-k_2(\mathbf{n}\cdot\nabla\times\mathbf{n})$$
$$+\frac{1}{2}[k_{11}(\nabla\cdot\mathbf{n})^2+k_{22}(\mathbf{n}\cdot\nabla\times\mathbf{n})^2+k_{33}(\mathbf{n}\cdot\nabla\mathbf{n})^2]-k_{12}(\mathbf{n}\cdot\nabla\times\mathbf{n})(\nabla\cdot\mathbf{n})+k_{13}\mathbf{n}\cdot\nabla(\nabla\cdot\mathbf{n})-k_{23}\mathbf{n}\cdot\nabla(\mathbf{n}\cdot\nabla\times\mathbf{n})$$
$$-\frac{1}{4}(k_{11}+k_{22})\nabla\cdot(\mathbf{n}\nabla\cdot\mathbf{n}-\mathbf{n}\cdot\nabla\mathbf{n}).\qquad(9.20)$$

这个结果与宏观唯象理论中得到的式(2.26)完全相同，只不过这里由于 k_{11}，k_{22} 和 k_{24} 之间要求满足关系式(9.18)，所以只有八个独立的弹性常数，而不是象唯象理论中的有九个独立弹性常数。当然，如果能从实验方面直接测出 k_{11}，k_{22} 和 k_{24} 的话，将可以直接验证分子相互作用理论的正确性。但是，正如第二章中指出的，涉及 k_{24} 的项在自由能密度表示式中只能引起液晶表面能的贡献，因此是难以测量的。

§2 有序参数

当样品处在液晶相的时候，它的物理特征具有各向异性，因此它的对称性比起它处在各向同性相的时候要低一些。用另一种说法来讲，就是液晶相比起各向同性相更为“有序”。指向矢 $\mathbf{n}$ 的存在就说明了液晶相的分子排列比起各向同性相的分子排列更为有序。为了定量地描述这种“有序”的程度，需要引用一个“有序参数”。描述不同物理系统的有序程度可以用不同的有序参数，而有序参数的选择又可以根据具体问题进行取舍。例如，对于铁磁体，我们可以简单地取磁化强度 **M** 作为有序参数，因为磁化强度 **M** 本身就说明了分子磁矩排列的规则程度。对于丝状液晶究竟选用什么物理量作为有序参数，将是我们首先要确定的问题。当然，液晶有各种各向异性的宏观物理量，每一个这样的量都可以作为选择有序参数的基础．另一方面，我们也可以直接从各个分子的排列取向来选择有序参数．前者是从宏观的角度来进行选择，而后者是从微观角度进行考虑．我们先从微观角度进行讨论．

为了简单起见，我们把丝状液晶分子看作是刚性长棒状．分子的取向用沿它的长轴方向的单位矢量 **a** 来描述．让我们在液晶中所要讨论的 P 点选取一个空间固定坐标系，坐标系的 x_3 轴方向就选在 P 点液晶指向矢 **n** 的方向，如图 9.2 所示．这样，分子的取向 **a** 就可以用它在固定坐标系中的三个欧勒角 θ, ϕ 和 ψ 来描述．θ 角是分子长轴与 x_3 轴之间的极角，ϕ 角是 **a** 在 x_1x_2 平面上投影与 x_1 轴之间的方向角，而 ψ 角是分子绕自己长轴的旋转角．**a** 的三个分量现在是

$$a_1 = \sin\theta\cos\phi, \quad a_2 = \sin\theta\sin\phi, \quad a_3 = \cos\theta.$$

显然，由于刚性长棒沿长轴方向的柱对称性，分子绕自己长轴方向的旋转并不影响它的排列取向，因之对 ψ 角不存在有序无序问题．

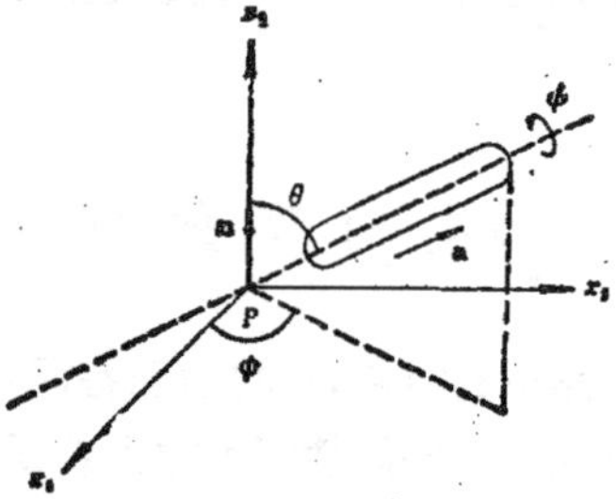

图 9.2　丝状液晶中规定分子取向的欧勒角 θ、ϕ 和 ψ.

实验表明，丝状液晶相对于指向矢 **n** 具有转动对称性，换句话说就是对于任何 ϕ 角都具有同一的出现概率．因此，分子取向的分布与 ϕ 角无关，任何 ϕ 角都具有同一的分布函数．所以，对于丝状液晶也不存在 ϕ 角的有序无序问题．于是就只剩下 θ 角是唯一存在有序无序问题的变量．实验表明，对于液晶 $+$**n** 和 $-$**n** 是相当

的．这就是说沿 θ 角排列的分子数与沿 $\pi-\theta$ 角排列的分子数相等．既然我们所取的 x_3 轴的方向与原点处 $\mathbf{n}$ 的方向相重合，同时 $\mathbf{n}$ 与 $-\mathbf{n}$ 又是相当的，所以沿 $\theta=0$ 和沿 $\theta=\pi$ 方向排列的分子具有最大的出现概率；而出现沿 $\theta=\frac{\pi}{2}$ 方向排列的分子的概率最小，因为 $\theta=\frac{\pi}{2}$ 是分子取向与从优取向相垂直的位置．如果分子取向的出现概率与 θ 角无关，或者说沿任何 θ 角方向排列都具有同一的分子出现概率，那么这时的液晶将是处于各向同性相．所以，θ 角是一个描述丝状液晶有序性的变量．

虽然 θ 角是描述分子有序程度的变量，但是究竟选择什么样的 θ 函数作为有序参数才适当呢？首先令人想到的是分子沿 $\mathbf{n}$ 方向的投影 $\cos\theta$．然而，选择 $\cos\theta$ 作为有序参数有它的缺点．由于我们不能追问每一个分子的 $\cos\theta$ 值，因而只能考虑大量分子的 $\cos\theta$ 值的平均值 $\langle\cos\theta\rangle$．但是，$\mathbf{n}$ 和 $-\mathbf{n}$ 是相当的，所以 $\cos\theta$ 和 $\cos(\pi-\theta)$ 出现的数目相同．这就使得不论在什么情形下 $\langle\cos\theta\rangle$ 都等于零．当然，我们不能把零作为有序参数．同样的原因我们也不能取 $\langle\sin\theta\rangle$ 作为有序参数．既然 $\langle\cos\theta\rangle$ 和 $\langle\sin\theta\rangle$ 都不便作为有序参数，那么进一步可不可以设想用 $\cos^2\theta$ 的平均值 $\langle\cos^2\theta\rangle$ 或者 $\sin^2\theta$ 的平均值 $\langle\sin^2\theta\rangle$ 作为有序参数呢？当然，由于二者之和等于一，所以 $\langle\sin^2\theta\rangle$ 和 $\langle\cos^2\theta\rangle$ 没有本质上的区别．如果所有液晶分子全体都是沿着指向矢 $\mathbf{n}$ 的方向排列，那么 θ 将等于 $0°$ 或 $180°$，而 $\langle\cos^2\theta\rangle$ 等于一．如果所有液晶分子都与指向矢 $\mathbf{n}$ 的方向相垂直排列，那么 θ 将等于 $\pm 90°$ 而 $\langle\cos^2\theta\rangle$ 等于零．如果液晶分子的排列取向是完全无规的，那么在空间立体角 $d\Omega=\sin\theta d\theta d\phi$ 中能找到分子沿 (θ,ϕ) 角方向排列的概率将是

$$\frac{1}{4\pi}d\Omega=\frac{1}{4\pi}\sin\theta d\theta d\phi.$$

这时 $\cos^2\theta$ 的平均值将是

$$\langle\cos^2\theta\rangle=\frac{1}{4\pi}\int_{\theta=0}^{\pi}\int_{\phi=0}^{2\pi}\cos^2\theta\sin\theta d\theta d\phi=\frac{1}{3}.$$

所以不同分子排列取向分布具有不同的 $\langle\cos^2\theta\rangle$ 值，因而 $\langle\cos^2\theta\rangle$ 可以有效地作为有序参数来使用。不过习惯上我们总喜欢让完全有序的排列情形相当于有序参数值等于一，而完全无序(也就是完全无规)排序情形相当于有序参数值等于零。为了作到这一点，于是我们选用有序参数 S，令

$$S=\frac{1}{2}(3\langle\cos^2\theta\rangle-1)=\left\langle\frac{1}{2}(3\cos^2\theta-1)\right\rangle. \tag{9.21}$$

这个有序参数 S 确实能满足在完全有序状态时其值为一而完全无序状态时其值为零的特点，同时不同的 θ 值分布又将给出不同的 S 值。所以，S 可以用来作为衡量液晶分子排列取向有序程度的一个参数。有序参数 S 在液晶中的应用是兹维特考夫首先引入的[2]。有序参数 S 的数学形式，很明显，就是人们熟悉的二阶勒让德多项式 $P_2(\cos\theta)=\frac{1}{2}(3\cos^2\theta-1)$ 对各个液晶分子的平均值。有序无序理论的主要工作就是找出有序参数 S 随温度 T 的变化关系，以及找出系统的热力学特性和其它的物理特性与有序参数 S 的关系。

对于任意形状的刚性分子，在空间固定坐标系中可以推广式(9.21)，而把有序参数取作

$$S_{\alpha\beta}^{ij}=\frac{1}{2}\langle 3i_\alpha j_\beta-\delta_{\alpha\beta}\delta_{ij}\rangle, \tag{9.22}$$

其中 $\alpha, \beta=x_1, x_2, x_3$ 是空间固定直角坐标系的三个直角坐标；$i, j=a_1, a_2, a_3$ 是沿分子三条主轴方向的单位矢量；i_α, j_β 是 i, j 在 α, β 方向的投影，也就是分子三条主轴与固定坐标轴之间各个夹角的余弦；括号〈 〉是指对空间一点周围一个微小宏观体积中所有 N 个分子的平均值。显然，$S_{\alpha\beta}^{ij}$ 对于 i, j 和对于 α, β 都是对称的：

$$S_{\alpha\beta}^{ij}=S_{\alpha\beta}^{ji}=S_{\beta\alpha}^{ij}=S_{\beta\alpha}^{ji}. \tag{9.23$_1$}$$

另外，$S_{\alpha\beta}^{ij}$ 还具有

$$S_{\alpha\alpha}^{ij}=0, \quad S_{\alpha\beta}^{ii}=0 \tag{9.23$_2$}$$

的特点。式(9.23$_2$)的结果可以这样得到：首先，

$$S_{\alpha\alpha}^{ij}=S_{x_1x_1}^{ij}+S_{x_2x_2}^{ij}+S_{x_3x_3}^{ij}.$$

由于分子的三条主轴是互相正交的，如果 $i \neq j$，那么由于 a_i 和 a_j 互相垂直，于是

$$\langle i_\alpha j_\alpha \rangle = \langle \cos \widehat{a_i x_1} \cos \widehat{a_j x_1} + \cos \widehat{a_i x_2} \cos \widehat{a_j x_2} + \cos \widehat{a_i x_3} \cos \widehat{a_j x_3} \rangle$$

$$= \langle \cos \widehat{a_i a_j} \rangle = 0。$$

如果 $i = j$，那么

$$S_{\alpha\alpha}^{a_l a_l} = \frac{1}{2}\langle 3\cos^2 \widehat{a_l x_1} - 1\rangle + \frac{1}{2}\langle 3\cos^2 \widehat{a_l x_2} - 1\rangle$$

$$+ \frac{1}{2}\langle 3\cos^2 \widehat{a_l x_3} - 1\rangle = \frac{3}{2}\langle(\cos^2 \widehat{a_l x_1}$$

$$+ \cos^2 \widehat{a_l x_2} + \cos^2 \widehat{a_l x_3}) - 1\rangle = 0。$$

（注意，这里 $S_{\alpha\alpha}^{a_l a_l}$ 中的上标 $a_l a_l$ 是指 $a_1 a_1$，$a_2 a_2$，$a_3 a_3$ 中的任意一个，并不对 l 进行求和，但是对下标 $\alpha\alpha$ 则要求进行求和。）所以有

$$S_{\alpha\alpha}^{ij} = 0。$$

同样，

$$S_{\alpha\beta}^{ij} = S_{\alpha\beta}^{a_1 a_1} + S_{\alpha\beta}^{a_2 a_2} + S_{\alpha\beta}^{a_3 a_3}。$$

如果 $\alpha \neq \beta$ 那么

$$\langle \cos \widehat{a_l x_\alpha} \cos \widehat{a_l x_\beta} \rangle = \langle \cos \widehat{a_l x_\alpha} \rangle \langle \cos \widehat{a_l x_\beta} \rangle = 0;$$

如果 $\alpha = \beta$，那么由于 $S_{\alpha\alpha}^{a_l a_l} = 0$（对 l 并不求和，但是对 α 要进行求和），所以

$$S_{\alpha\beta}^{ii} = 0。$$

对于具有单轴对称性的液晶，分子绕对称轴具有转动对称性。如果令对称轴与 x_3 轴相重合，那么转动对称性要求

$$S_{x_1 x_1}^{ij} = S_{x_2 x_2}^{ij}, \quad S_{x_1 x_2}^{ij} = 0。 \tag{9.24$_1$}$$

另外，液晶分子相对于 $x_1 x_2$ 平面具有反射对称性，也就是说宏观上首尾不分，因此又要求

$$S_{x_1 x_3}^{ij} = S_{x_2 x_3}^{ij} = 0。 \tag{9.24$_2$}$$

把式(9.24)和(9.23$_2$)的第一个关系式相结合，就得到有序参数中非零的项为

$$S_{x_3 x_3}^{ij} = -2S_{x_1 x_1}^{ij} = -2S_{x_2 x_2}^{ij}。 \tag{9.25}$$

对于刚性长棒状分子，我们只需要考虑分子长轴的取向问题。如

果令 $\boldsymbol{\nu}$ 为沿分子长轴方向的单位矢量，那么式(9.22)的有序参数可以简化为

$$S_{\alpha\beta}=\frac{1}{2}\langle 3\nu_\alpha\nu_\beta-\delta_{\alpha\beta}\rangle. \tag{9.26}$$

设 $\boldsymbol{\nu}$ 与 x_3 轴间的夹角为 θ，那么式(9.26)给出

$$S_{x_3x_3}=S^{\nu\nu}_{x_3x_3}=\frac{1}{2}\langle 3\cos^2\theta-1\rangle,$$

它正是式(9.21)的有序参数 S. 这说明式(9.22)的 $S^{ij}_{\alpha\beta}$ 和式(9.21)的 S 是一致的。

在宏观理论中我们引入了分子长轴的从优取向，即指向矢 $\mathbf{n}$. 式(9.21)的 S 只是一个描述分子排列整齐程度的标量. 于是我们可以把式(9.26)的有序参数 $S_{\alpha\beta}$ 写成

$$S_{\alpha\beta}=\frac{1}{2}S(3n_\alpha n_\beta-\delta_{\alpha\beta}),\quad \alpha,\beta=1,2,3 \tag{9.27}$$

的形式，n_1，n_2 和 n_3 是指向矢 $\mathbf{n}$ 在固定坐标系中的三个分量. 如果 $f(\theta)\sin\theta d\theta$ 表示分子长轴与指向矢成 θ 到 $\theta+d\theta$ 角之间的分子分数，那么式(9.21)指出 S 将由

$$S=\int_0^\pi \frac{1}{2}(3\cos^2\theta-1)f(\theta)\sin\theta d\theta \tag{9.28}$$

来决定. 在各向同性相，$f(\theta)$ 为一常量，因此 S 等于零. 对于丝状相和螺旋状相，$0<S<1$. 极限情形的 $S=1$ 对应于所有分子都按同一方向排列，在实际情形中显然这是不存在的. 根据式(9.25)和(9.27)的结果可以看到，在对角线化之后，描述刚性长棒状液晶分子取向状态的有序参数是一个其迹为零的对称矩阵 $\|S_{\alpha\beta}\|$：

$$\|S_{\alpha\beta}\|=\left\|\begin{matrix}-\frac{1}{2}S & 0 & 0\\ 0 & -\frac{1}{2}S & 0\\ 0 & 0 & S\end{matrix}\right\|. \tag{9.29}$$

实际的液晶分子当然并不都是刚性的，有些分子甚至有可以

活动的部分。如果用上面的办法来规定有序参数，那么对于分子的不同部位将需要引用不同的参数 $S_{\alpha\beta}^{ij}$，这将成为一个难以处理的问题。德燃纳提出，可以直接从液晶的宏观特性来描述它的有序性[3]。这种作法有助于避免涉及到分子是否刚性的问题，同时从热力学角度来看也更为有利．德燃纳指出，在外加磁场 $\mathbf{H}$ 中液晶的磁化强度 $\mathbf{M}$ 与 $\mathbf{H}$ 之间满足

$$M_\alpha = \chi_{\alpha\beta} H_\beta$$

的关系。在温度高于清亮点时，液晶是各向同性的。这时单位体积液晶磁化率是一个常量，可以写作

$$\chi_{\alpha\beta} = \chi\delta_{\alpha\beta}$$

的形式。对于单轴液晶，如果令液晶的三条主轴与空间固定坐标轴相重合，那么单位体积液晶磁化率张量 $\|\chi_{\alpha\beta}\|$ 将取对角化的形式：

$$\|\chi_{\alpha\beta}\| = \begin{Vmatrix} \chi_\perp & 0 & 0 \\ 0 & \chi_\perp & 0 \\ 0 & 0 & \chi_{/\!/} \end{Vmatrix}. \tag{9.30}$$

不同的 $\chi_{\alpha\beta}$ 值描述不同的分子磁矩排列状态，也就是不同的分子排列取向的状态。这样就可以选用一个与单位体积液晶磁化率张量直接相关联的宏观有序参数 $Q_{\alpha\beta}$：

$$Q_{\alpha\beta} = \frac{1}{2}(3\chi_{\alpha\beta} - \delta_{\alpha\beta}\chi_{\gamma\gamma}), \tag{9.31}$$

而以 $Q_{\alpha\beta}$ 描述液晶分子排列取向各向异性的有序程度。显然，$Q_{\alpha\beta}$ 是一个对称二阶张量，其迹为零，因此一般具有五个独立分量。

通过单位体积磁化率张量 $\chi_{\alpha\beta}$ 引用的有序参数 $Q_{\alpha\beta}$ 具有一个有利的条件，那就是由于分子之间的磁相互作用很小，因此单位体积液晶的磁化率可以近似地看作是单位体积中每个分子的磁化率的总和。这样，对于近乎刚性的分子就可以直接把 $Q_{\alpha\beta}$ 和 $S_{\alpha\beta}$ 相互联系起来。假设沿每个分子的单位矢量为 a_1，a_2，a_3 的三条主轴方向的分子磁化率张量 η_{ij} 为已知量，那么沿这三个方向的分子磁化强度 m_i（$i = a_1, a_2, a_3$）与沿 a_j 方向的外磁场强度分量 H_j 之

间满足关系式

$$m_i = \eta_{ij}H_j, \quad (i, j = a_1, a_2, a_3).$$

于是，沿空间固定坐标 x_α 轴方向的分子磁化强度 m_α 成为：

$$m_\alpha = m_i i_\alpha = \eta_{ij}H_j i_\alpha, \quad (\alpha = x_1, x_2, x_3),$$

i_α 是 a_i 在 x_α 方向的投影．当然，在上式中 i 和 j 都要对 a_1, a_2, a_3 三个方向求和．把沿分子主轴方向的外磁场强度 H_i 用沿空间坐标 x_α 方向的外磁场分量 H_β 来表示，则有

$$H_j = H_\beta j_\beta, \quad (i = a_1, a_2, a_3; \beta = x_1, x_2, x_3).$$

这样就得到

$$m_\alpha = \eta_{ij}H_\beta i_\alpha j_\beta,$$
$$\alpha, \beta = x_1, x_2, x_3,$$
$$i, j = a_1, a_2, a_3,$$

这里 i 和 j 都要对 a_1, a_2, a_3 三个方向求和．于是，在空间坐标系中单个分子的平均磁化强度 $\langle m_\alpha \rangle$ 成为

$$\langle m_\alpha \rangle = \eta_{ij}H_\beta \langle i_\alpha j_\beta \rangle;$$

而单位体积磁化率张量 $\chi_{\alpha\beta}$ 成为

$$\chi_{\alpha\beta} = N\eta_{ij}\langle i_\alpha j_\beta \rangle, \tag{9.32}$$

N 是单位体积中的分子数．由于

$$i_\alpha j_\alpha = \delta_{ij},$$

因此得出

$$\chi_{\gamma\gamma} = N\eta_{ij}S_{ij},$$

而式 (9.31) 给出

$$\begin{aligned} Q_{\alpha\beta} &= \frac{1}{2} N\eta_{ij} < 3i_\alpha j_\beta - \delta_{ij}\delta_{\alpha\beta} \rangle \\ &= N\eta_{ij}S^{ij}_{\alpha\beta}. \end{aligned} \tag{9.33}$$

这样就把宏观有序参数 $Q_{\alpha\beta}$ 和有序参数 $S^{ij}_{\alpha\beta}$ 联系起来了．

令液晶分子的三个主磁化率为 $\eta_1^{(0)}$，$\eta_2^{(0)}$ 和 $\eta_3^{(0)}$．如果取 a_1, a_2, a_3 为液晶分子三条主轴方向的单位矢量，同时令 a_3 与分子长轴方向相重合，那么就有

$$\eta_{a_1a_1} = \eta_1^{(0)}, \quad \eta_{a_2a_2} = \eta_2^{(0)}, \quad \eta_{a_3a_3} = \eta_3^{(0)};$$

$$\eta_{ij}=0,\ i\neq j.$$

根据式(9.33)，可以有有序参数：

$$Q_{x_1x_1}=N(\eta_1^{(0)}S_{x_1x_1}^{a_1a_1}+\eta_2^{(0)}S_{x_1x_1}^{a_2a_2}+\eta_3^{(0)}S_{x_1x_1}^{a_3a_3}),$$

$$Q_{x_2x_2}=N(\eta_1^{(0)}S_{x_2x_2}^{a_1a_1}+\eta_2^{(0)}S_{x_2x_2}^{a_2a_2}+\eta_3^{(0)}S_{x_2x_2}^{a_3a_3}),$$

$$Q_{x_3x_3}=N(\eta_1^{(0)}S_{x_3x_3}^{a_1a_1}+\eta_2^{(0)}S_{x_3x_3}^{a_2a_2}+\eta_3^{(0)}S_{x_3x_3}^{a_3a_3}).\qquad(9.34)$$

对于单轴液晶，如果取指向矢的方向与 x_3 轴相重合，那么我们可以取 $S_{x_3x_3}^{a_1a_1}$，$S_{x_3x_3}^{a_2a_2}$ 和 $S_{x_3x_3}^{a_3a_3}$ 为三个基本有序参数。从式(9.24)可以看出其余的 $S_{\alpha\beta}^{ij}$ 都等于零，从而使其余的 $Q_{\alpha\beta}\,(\alpha\neq\beta)$ 也都等于零。按照式(9.23$_2$)和(9.24$_1$)可以有

$$S_{x_1x_1}^{a_1a_1}+S_{x_2x_2}^{a_1a_1}+S_{x_3x_3}^{a_1a_1}=2S_{x_1x_1}^{a_1a_1}+S_{x_3x_3}^{a_1a_1}=0,\qquad(9.35_1)$$

$$S_{x_1x_1}^{a_2a_2}+S_{x_2x_2}^{a_2a_2}+S_{x_3x_3}^{a_2a_2}=2S_{x_1x_1}^{a_2a_2}+S_{x_3x_3}^{a_2a_2}=0,\qquad(9.35_2)$$

$$S_{x_1x_1}^{a_3a_3}+S_{x_2x_2}^{a_3a_3}+S_{x_3x_3}^{a_3a_3}=2S_{x_1x_1}^{a_3a_3}+S_{x_3x_3}^{a_3a_3}=0,\qquad(9.35_3)$$

$$S_{x_1x_1}^{a_1a_1}+S_{x_1x_1}^{a_2a_2}+S_{x_1x_1}^{a_3a_3}=0.\qquad(9.35_4)$$

把式(9.35$_2$)、(9.35$_3$)代入式(9.35$_4$)，就得到

$$S_{x_1x_1}^{a_1a_1}=S_{x_2x_2}^{a_1a_1}=\frac{1}{2}(S_{x_3x_3}^{a_2a_2}+S_{x_3x_3}^{a_3a_3}).\qquad(9.36_1)$$

类似的处理还可以得出

$$S_{x_1x_1}^{a_2a_2}=S_{x_2x_2}^{a_2a_2}=\frac{1}{2}(S_{x_3x_3}^{a_3a_3}+S_{x_3x_3}^{a_1a_1}),\qquad(9.36_2)$$

$$S_{x_1x_1}^{a_3a_3}=S_{x_2x_2}^{a_3a_3}=\frac{1}{2}(S_{x_3x_3}^{a_1a_1}+S_{x_3x_3}^{a_2a_2}).\qquad(9.36_3)$$

把式(9.36)代入式(9.34)可以看到，对于单轴液晶，宏观有序参数 $Q_{x_1x_1}$，$Q_{x_2x_2}$ 和 $Q_{x_3x_3}$ 与有序参数 $S^{a_1a_1}=S_{x_3x_3}^{a_1a_1}$，$S^{a_2a_2}=S_{x_3x_3}^{a_2a_2}$ 和 $S^{a_3a_3}=S_{x_3x_3}^{a_3a_3}$ 之间存在着下列的关系：

$$
Q_{x_1x_1} = Q_{x_2x_2} = \frac{N}{2}\left[(S^{a_2a_2} + S^{a_3a_3})\eta_1^{(0)} + (S^{a_3a_3} + S^{a_1a_1})\eta_2^{(0)} + (S^{a_1a_1} + S^{a_2a_2})\eta_3^{(0)}\right],
$$

$$
Q_{x_3x_3} = N(S^{a_1a_1}\eta_1^{(0)} + S^{a_2a_2}\eta_2^{(0)} + S^{a_3a_3}\eta_0^{(3)}). \tag{9.37}
$$

对于单轴液晶，在液晶的主轴与空间坐标轴相重合的情形下，把式 (9.30) 的 $\chi_{\alpha\beta}$ 值代入式 (9.31)，可以得到有序参数 $Q_{\alpha\beta}$ 是一个二阶对称张量：

$$
\|Q_{\alpha\beta}\| = \left\|\begin{matrix} -\frac{1}{2}\chi_a & 0 & 0 \\ 0 & -\frac{1}{2}\chi_a & 0 \\ 0 & 0 & \chi_a \end{matrix}\right\|, \tag{9.38}
$$

其中 $\chi_a = \chi_{/\!/} - \chi_{\perp}$ 是液晶的磁化率各向异性．式 (9.38) 的 $\|Q_{\alpha\beta}\|$ 与式 (9.29) 的 $\|S_{\alpha\beta}\|$ 具有相似的形式．与式 (9.27) 相对应，对于单轴液晶我们可以取

$$
Q_{\alpha\beta} = \frac{1}{2}\chi_a(3n_\alpha n_\beta - \delta_{\alpha\beta}). \tag{9.39}
$$

当然，液晶还有其它一些各向异性的宏观量，例如介电常数和折射率等．从理论上讲，也可以根据这些宏观量来选择有序参数．但是，它们都不太能令人满意，因为一个分子所受到的有效电场除去外加电场外，还要受到其它所有偶极矩的电场作用．后面这一部分电场的影响是不能忽略的，但是又难于从实验数据中把它们分别提炼出来，因为这要涉及到两个分子之间的相关函数，而这个相关函数又是两个分子之间相对位置和相对取向的函数．这就使得依靠它们来选择有序参数失去了实际的使用价值．

§3 翁萨克 (L. Onsager) 分子场理论

前面曾经谈到过，如果流体是由许多没有相互作用的细长棒状分子组成的，那么当分子密度很低时，这些长棒状分子将可以采取任意的排列取向，因为每个分子都有足够的空间进行活动而不

受其它分子的影响．这时的流体将处于各向同性相．如果分子密度很高，以致分子之间的平均距离还不及分子本身长度那样长，那么很明显，这些分子就只有大体上按同一取向排列才能容纳在流体之中，于是流体处于各向异性相．在这两种极端情形之间，不难想象将会有一个密度的中肯值作为各向同性相和各向异性相之间的分界线。翁萨克首先从理论上证明了这种相变的存在[4]。下面我们对翁萨克理论的要点作一些简单的介绍。

首先，翁萨克理论对分子作了如下的假设：

(1) 两个长棒状分子除了不能互相穿透以外，没有其它任何的相互作用力．所谓不能互相穿透，就是说在静止状态下，一个分子所占据的空间体积内不能有任何其它分子的任何部分的存在。如果分子带有电荷而存在库仑斥力，我们仍然可以引用这个假设，只要这时把长棒的有效直径加以适当地增大就可以了．用有效直径的增大代替带电长棒之间的库仑斥力这一点，在翁萨克的文章中已有所说明[4].

(2) 流体是稀薄的，也就是说在整个流体体积中分子本身所占的体积极小。如果设想分子是圆柱状的，长为 L、直径为 D、单位流体体积中的分子数为 N，那么单位体积流体中分子所占的体积 Φ 为 $\frac{1}{4}N\pi D^2L$．这条假设的数学表达式就是

$$\Phi \ll 1。$$

(3) 分子是很长的，也就是说 $L \gg D$。实际的情形是，在各向同性相到丝状相的相变点附近一般 $\frac{L}{D} \approx 4$．因此，假设(2)和假设(3)实际上是互相联系的．

统计力学中的一个重要函数是系统的配分函数 Z[5,6]。对于由 N 个不可区分的粒子组成的系统，配分函数 Z 的定义是

$$Z = \frac{1}{N!\,h^{N\lambda}}\int\cdots\cdots\int\left[\exp\left(-\frac{E}{kT}\right)\right]d\tau_1\cdots d\tau_N, \qquad (9.40)$$

式中 h 是普朗克常量，k 是玻尔兹曼常量，λ 是每个粒子的自由度，E 是系统中粒子的总能量，而

$$d\tau_i = d\mathbf{r}_i \cdot d\mathbf{n}_i \cdot d\mathbf{p}_i \cdot d\mathbf{p}_{n_i}, \tag{9.41}$$

其中 $d\mathbf{r}_i = dq_{i_1}dq_{i_2}dq_{i_3}$ 是第 i 个粒子的空间体积元，$d\mathbf{p}_i = dp_{i_1}dp_{i_2}dp_{i_3}$ 是对应于 $d\mathbf{r}_i$ 的动量体积元，$d\mathbf{n}_i$ 是描述第 i 个粒子空间取向坐标的体积元(它含有 $\lambda - 3$ 个分量)而 $d\mathbf{p}_{n_i}$ 是对应于 $d\mathbf{n}_i$ 的动量体积元．式子中的因子 $N!$ 是考虑到粒子的不可区分性而引进的．系统的自由能 F 与配分函数 Z 之间的关系是

$$F = -kT\ln Z. \tag{9.42}$$

系统中粒子的总能量 E 当然是粒子的动能和势能的总和．把液晶的长棒状分子当作刚体来处理，那么每个粒子的动能将是它的质量中心的平动动能与粒子绕自己质量中心的转动动能之和．粒子的平动动能 E_t 是

$$E_t = \frac{p^2}{2m}$$

的形式．转动动能也就是粒子的取向动能，因为它是由粒子取向的改变引起的．刚体的取向一般用欧勒角 (ϕ, θ, ψ) 来描述．为了写出用欧勒角描述的转动动能，我们先仔细讨论一下欧勒角的定义．

如图 9.3 所示，(x_1, x_2, x_3) 是一个空间固定坐标系．$(X_1, X_2,$

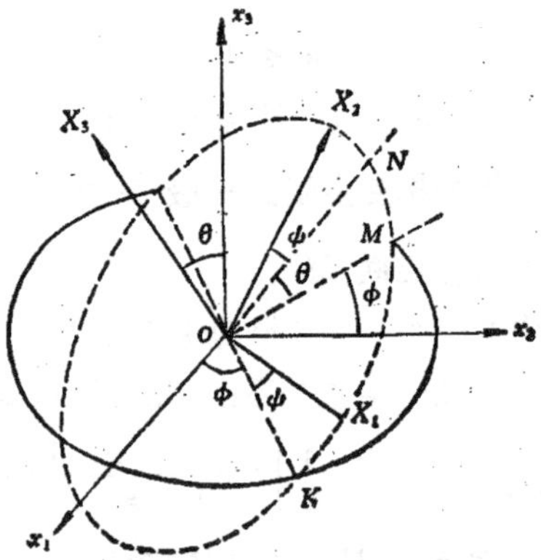

图 9.3 欧勒角 (ϕ, θ, ψ) 的确定．

X_3）是固定于刚体上的坐标系．为了方便起见，我们可以选择（X_1, X_2, X_3）与刚体的三条主轴相重合．这样刚体的惯性张量就只有沿 X_1, X_2, X_3 方向的三个非零分量 I_1, I_2, I_3．在初始时令（X_1, X_2, X_3）与（x_1, x_2, x_3）相重合．刚体的转动可以用下述步骤来完成：首先，把处于（x_1, x_2, x_3）位置的（X_1, X_2, X_3）轴绕 x_3 轴正向转动角 ϕ．在转动后，X_3 轴仍然与 x_3 轴相重合，但是 X_1 轴转到了图 9.3 中 OK 的位置，而 X_2 转到了 OM 的位置．也就是说这时（X_1, X_2, X_3）取（OK, OM, Ox_3）的位置．OK 线在天文学中称为交点线(Line of nodes)．当然，$\angle MOx_2 = \phi$．其次，再把新得到的（OK, OM, Ox_3）轴绕 OK 轴正向转 θ 角．于是，X_1 轴保留在 OK 线的位置，而 X_3 轴转到了图 9.3 中的 X_3 轴位置．相应地，X_2 轴转到了 ON 的位置而 $\angle NOM = \theta$．这时的（X_1, X_2, X_3）轴取（OK, ON, OX_3）的位置．最后，再把这时的（OK, ON, OX_3）轴绕 X_3 轴正向转 ψ 角而得出了图 9.3 中的（X_1, X_2, X_3）轴的位置．这三个角（ϕ, θ, ψ）就是欧勒角．

为了写出粒子的转动动能，首先需要写出粒子绕 X_1 轴、X_2 轴和 X_3 轴的角速度．这三个角速度可以由

$$\dot{\phi} = \frac{d\phi}{dt},\ \dot{\theta} = \frac{d\theta}{dt},\ \dot{\psi} = \frac{d\psi}{dt},$$

在（X_1, X_2, X_3）轴方向的分量迭加而得到．$\dot{\phi}$ 是沿 x_3 轴方向，它在 X_1, X_2 平面上的分量是 $\dot{\phi}\sin\theta$，在 X_3 轴方向的分量是 $\dot{\phi}\cos\theta$。把它在 X_1X_2 平面上的分量分解成为沿 X_1 轴和沿 X_2 轴的分量后，得出前者等于 $\dot{\phi}\sin\theta\sin\psi$ 而后者等于 $\dot{\phi}\sin\theta\cos\psi$．这样 $\dot{\phi}$ 在（X_1, X_2, X_3）轴方向的分量是（$\dot{\phi}\sin\theta\sin\psi$, $\dot{\phi}\sin\theta\cos\psi$, $\dot{\phi}\cos\theta$）。$\dot{\theta}$ 是沿 OK 的方向，它在（X_1, X_2, X_3）轴方向的分量是（$\dot{\theta}\cos\psi$, $-\dot{\theta}\sin\psi$, 0）。$\dot{\psi}$ 是沿 X_3 轴方向，因此它在（X_1, X_2, X_3）轴方向的分量是（0, 0, $\dot{\psi}$）．所以，粒子沿 X_1 轴、X_2 轴和 X_3 轴方向的角速度为

$$[(\dot{\phi}\sin\theta\sin\psi + \dot{\theta}\cos\psi), (\dot{\phi}\sin\theta\cos\psi - \dot{\theta}\sin\psi),$$
$$(\dot{\phi}\cos\theta + \dot{\psi})],$$

这样，用欧勒角表示的粒子转动动能 E_{rot} 成为

$$E_{rot} = \frac{1}{2} I_1(\dot{\phi}\sin\theta\sin\psi + \dot{\theta}\cos\psi)^2 + \frac{1}{2} I_2(\dot{\phi}\sin\theta\cos\psi - \dot{\theta}\sin\psi)^2 + \frac{1}{2} I_3(\dot{\phi}\cos\theta + \dot{\psi})^2. \tag{9.43}$$

粒子的势能与 $\dot{\phi}$, $\dot{\theta}$, $\dot{\psi}$ 无关。这样，与 $\dot{\phi}$, $\dot{\theta}$ 和 $\dot{\psi}$ 相对应的共轭动量是

$$\begin{aligned} p_\phi &= I_1(\dot{\phi}\sin\theta\sin\psi + \dot{\theta}\cos\psi)\sin\theta\sin\psi \\ &\quad + I_2(\dot{\phi}\sin\theta\cos\psi - \dot{\theta}\sin\psi)\sin\theta\cos\psi \\ &\quad + I_3(\dot{\phi}\cos\theta + \dot{\psi})\cos\theta, \\ p_\theta &= I_1(\dot{\phi}\sin\theta\sin\psi + \dot{\theta}\cos\psi)\cos\psi \\ &\quad - I_2(\dot{\phi}\sin\theta\cos\psi - \dot{\theta}\sin\psi)\sin\psi, \\ p_\psi &= I_3(\dot{\phi}\cos\theta + \dot{\psi}); \end{aligned}$$

或者写作

$$\begin{aligned} & I_1(\dot{\phi}\sin\theta\sin\psi + \dot{\theta}\cos\psi) \\ &\quad = \frac{\sin\psi}{\sin\theta}(p_\phi - p_\psi\cos\theta) + p_\theta\cos\psi, \\ & I_2(\dot{\phi}\sin\theta\cos\psi - \dot{\theta}\sin\psi) \\ &\quad = \frac{\cos\psi}{\sin\theta}(p_\phi - p_\psi\cos\theta) - p_\theta\sin\psi, \\ & I_3(\dot{\phi}\cos\theta + \dot{\psi}) = p_\psi. \end{aligned} \tag{9.44}$$

把式 (9.44) 代回式 (9.43) 就可以得出粒子取向动能用 p_ϕ, p_θ 和 p_ψ 表示的形式:

$$\begin{aligned} E_{rot} &= \frac{1}{2}\left(\frac{\cos^2\psi}{I_1} + \frac{\sin^2\psi}{I_2}\right)p_\theta^2 + \left(\frac{1}{I_1}\right. \\ &\quad \left. - \frac{1}{I_2}\right)\frac{\sin\psi\cos\psi}{\sin\theta}p_\theta(p_\phi - p_\psi\cos\theta) + \frac{1}{2}\left(\frac{\sin^2\psi}{I_1}\right. \\ &\quad \left. + \frac{\cos^2\psi}{I_2}\right)\frac{1}{\sin^2\theta}(p_\phi - p_\psi\cos\theta)^2 + \frac{1}{2I_3}p_\psi^2 \end{aligned}$$

$$
\begin{aligned}
&= \frac{1}{2}\left(\frac{\cos^2\phi}{I_1}+\frac{\sin^2\phi}{I_2}\right)\left[p_\theta^2+2\left(\frac{1}{I_1}-\frac{1}{I_2}\right)\right.\\
&\times\frac{\sin\phi\cos\phi}{\sin\theta\left(\frac{\cos^2\phi}{I_1}+\frac{\sin^2\phi}{I_2}\right)}p_\theta(p_\phi-p_\psi\cos\theta)\\
&+\left(\frac{1}{I_1}-\frac{1}{I_2}\right)^2\frac{\sin^2\phi\cos^2\phi}{\sin^2\theta\left(\frac{\cos^2\phi}{I_1}+\frac{\sin^2\phi}{I_2}\right)^2}\\
&\left.\times(p_\phi-p_\psi\cos\theta)^2\right]-\frac{1}{2}\left(\frac{1}{I_1}-\frac{1}{I_2}\right)^2\\
&\times\frac{\sin^2\phi\cos^2\phi}{\sin^2\theta\left(\frac{\cos^2\phi}{I_1}+\frac{\sin^2\phi}{I_2}\right)}(p_\phi-p_\psi\cos\theta)^2\\
&+\frac{1}{2}\left(\frac{\sin^2\phi}{I_1}+\frac{\cos^2\phi}{I_2}\right)\frac{1}{\sin^2\theta}(p_\phi-p_\psi\cos\theta)^2\\
&+\frac{1}{2I_3}p_\psi^2=\frac{1}{2}\left(\frac{\cos^2\phi}{I_1}+\frac{\sin^2\phi}{I_2}\right)\left[p_\theta+\left(\frac{1}{I_1}\right.\right.\\
&\left.\left.-\frac{1}{I_2}\right)\frac{\sin\phi\cos\phi}{\sin\theta\left(\frac{\cos^2\phi}{I_1}+\frac{\sin^2\phi}{I_2}\right)}(p_\phi-p_\psi\cos\theta)\right]^2\\
&+\frac{1}{2I_1I_2\sin^2\theta\left(\frac{\cos^2\phi}{I_1}+\frac{\sin^2\phi}{I_2}\right)}(p_\phi-p_\psi\cos^2\theta)^2\\
&+\frac{1}{2I_3}p_\psi^2. \qquad (9.45)
\end{aligned}
$$

我们把平动动能 E_t 和转动动能 E_{rot} 的表示式代入式(9.40)，并对各个 p_i 从$-\infty$到$+\infty$进行积分，那么平动动能部分的积分将给出 $(2\pi mkT)^{\frac{3N}{2}}$，而转动动能部分按照 p_θ，p_ϕ 和 p_ψ 的顺序的积分将给出 $(2\pi I_1^{\frac{1}{3}}I_2^{\frac{1}{3}}I_3^{\frac{1}{3}}kT)^{\frac{3N}{2}}\prod_{i=1}^{N}\sin\theta_i$，其中 θ_i 是第 i 个粒子的欧勒角 θ[7]。因此，配分函数 Z 成为

$$Z = \frac{(2\pi mkT)^{\frac{3N}{2}}(2\pi I_1^{\frac{1}{3}} I_2^{\frac{1}{3}} I_3^{\frac{1}{3}} kT)^{\frac{3N}{2}}}{N!\,h^{6N}} \cdot$$

$$\int\cdots\int\left(\prod_{i=1}^{N}\sin\theta_i\right)\left[\exp\left(-\frac{U}{kT}\right)\right]$$

$$\times\, d\mathbf{r}_1\cdots d\mathbf{r}_N d\theta_1 d\phi_1 d\psi_1\cdots d\theta_N d\varphi_N d\psi_N. \qquad (9.46_1)$$

长棒状分子对于分子长轴具有转动对称性，所以 I_1 和 I_2 相等，同时配分函数的被积函数又与 ψ 无关，因此还可以对所有的 ψ 再进行积分而得到

$$Z = \frac{(2\pi)^N(2\pi mkT)^{\frac{3N}{2}}(2\pi I_1^{\frac{2}{3}} I_3^{\frac{1}{3}} kT)^{\frac{3N}{2}}}{N!\,h^{6N}}$$

$$\cdot\int\cdots\int\left(\prod_{i=1}^{N}\sin\theta_i\right)\left[\exp\left(-\frac{U}{kT}\right)\right]$$

$$\times\, d\mathbf{r}_1\cdots d\mathbf{r}_N d\theta_1 d\phi_1\cdots d\theta_N d\phi_N. \qquad (9.46_2)$$

如果以图 9.3 的原点为球心、以单位长度为半径作一个球面，那么图 9.4 上的球面面积元 dA 将是

$$dA = \sin\theta d\phi d\theta,$$

也就是说在 (ϕ, θ, ψ) 处的立体角 $d\Omega$ 为

$$d\Omega = \sin\theta d\theta d\phi.$$

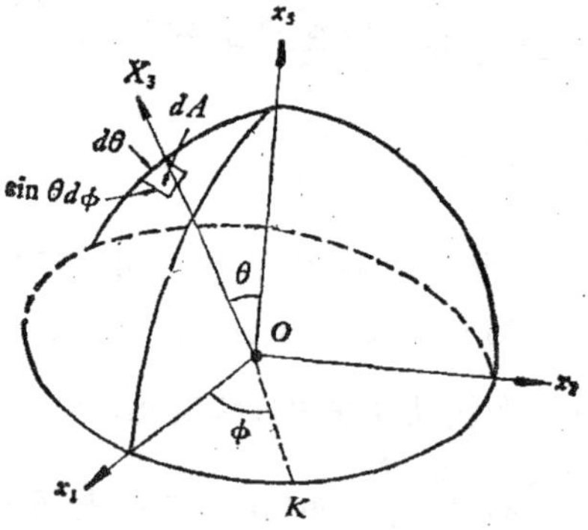

图 9.4 立体角 $d\Omega$.

所以式 (9.46_2) 的取向部分可以用各个立体角元 $d\Omega_i$ 代替，而成为

$$Z=\frac{A}{N!}\int\cdots\int\left[\exp\left(-\frac{U}{kT}\right)\right]d\mathbf{r}_1\cdots d\mathbf{r}_N d\Omega_1\cdots d\Omega_N, \tag{9.46$_3$}$$

其中符号

$$A=\frac{1}{h^{6N}}(2\pi)^N(2\pi mkT)^{3N/2}(2\pi I_1^{2/3}I_3^{1/3}kT)^{3N/2}. \tag{9.46$_4$}$$

粒子的总势能 U 是各个粒子位置和取向的函数；只有对 U 的具体形式作出一定的假设后才能对式 (9.46_3) 进行积分。一个简单而看来又合理的假设是，设想分子之间的作用力是两体力，从而使 U 可以写成两个分子 i 和 j 之间的势能函数 u_{ij} 之和。N 个分子一共可以形成 $\frac{1}{2}N(N-1)$ 对，因此共有 $\frac{1}{2}N(N-1)$ 个 u_{ij} 函数。u_{ij} 当然是分子 i 和分子 j 之间相对距离 $r_{ij}=|\mathbf{r}_i-\mathbf{r}_j|$ 的函数：

$$u_{ij}=u_{ij}(\mathbf{r}_i, \mathbf{r}_j, \mathbf{n}_i, \mathbf{n}_j)=u_{ij}(r_{ij}, \mathbf{n}_i, \mathbf{n}_j). \tag{9.47}$$

这样，总势能 U 成为

$$U=\sum_{N\geqslant j>i\geqslant 1}u_{ij}. \tag{9.48}$$

显然，当 r_{ij} 增大时，u_{ij} 将迅速趋近于零，而 $\exp\left(-\frac{u_{ij}}{kT}\right)$ 将趋近于一。另外，对于刚性的分子来讲，在一个分子所占据的空间之内是不允许有任何其它分子的任何部分侵入其中的。换句话说，两个分子质量中心之间的距离 r_{ij} 不能小于一定的数值，或者说存在一个互相排斥的体积。从势能的观点来看就是说，当 r_{ij} 小于一定数值时 u_{ij} 将趋于无限大而使 $\exp\left(-\frac{u_{ij}}{kT}\right)$ 趋近于零。

即使采取了式 (9.48) 形式的势能，我们仍然难以对式 (9.46) 进行积分。为此 J. E. 梅尔和 M. G. 梅尔提出了集团积分的办法[6]。集团积分的大意如下：令

$$f_{ij}(r_{ij}, \mathbf{n}_i, \mathbf{n}_j)=\exp\left(-\frac{u_{ij}}{kT}\right)-1, \tag{9.49}$$

由于当 r_{ij} 增大时 u_{ij} 将迅速趋近于零,从而使 f_{ij} 也趋近于零. 只有当 r_{ij} 在几个分子直径数量级以内时 f_{ij} 才不等于零, 而且当 r_{ij} 小于一定数值时 f_{ij} 又将趋近于 -1, 因此可以把式 (9.49) 看作是 $\exp\left(-\frac{u_{ij}}{kT}\right)$ 的展开式. 这样就可以得到

$$\begin{aligned}\exp\left(-\frac{U}{kT}\right) &= \exp\left(-\sum_{N\geqslant j>i\geqslant 1}\frac{u_{ij}}{kT}\right)\\ &= \prod_{N\geqslant j>i\geqslant 1}\exp\left(-\frac{u_{ij}}{kT}\right)\\ &= \prod_{N\geqslant j>i\geqslant 1}(1+f_{ij})\\ &= 1+\Sigma f_{ij}+\Sigma f_{ij}f_{kl}+\cdots.\end{aligned} \tag{9.50}$$

于是式 (9.46) 的配分函数 Z 成为

$$\begin{aligned}Z = \frac{A}{N!}\int\cdots\int[1+\Sigma f_{ij}+\Sigma f_{ij}f_{kl}+\cdots]\\ \times d\mathbf{r}_1\cdots d\mathbf{r}_N d\Omega_1\cdots d\Omega_N.\end{aligned} \tag{9.51}$$

式 (9.51) 的积分包含对空间位置坐标的积分和对空间取向坐标的积分. 首先我们看看对空间位置坐标部分的积分:

$$\begin{aligned}Q = \frac{1}{N!}\int\cdots\int[1+\Sigma f_{ij}+\Sigma f_{ij}f_{kl}+\cdots]\\ \times d\mathbf{r}_1\cdots d\mathbf{r}_N.\end{aligned} \tag{9.52}$$

在式 (9.52) 中含有式 (9.50) 的展开式. 对于这个展开式中的各个 f_{ij} 和 f_{kl} 的乘积项, 我们可以用一个几何图形来加以说明. 用小圆圈表示分子,小圆圈之间的联接线表示 f_{il}, 那么图 9.5 就给出了 $N=20$ 时的一组典型项的图形:

$$\begin{aligned}&f_{1,2}f_{1,6}f_{3,8}f_{4,5}f_{7,8}f_{8,12}f_{9,10}f_{10,14}f_{10,15}f_{14,15}f_{14,19}f_{16,17}\\ &\quad=(f_{4,5})(f_{16,17})(f_{1,2}f_{1,6})(f_{3,8}f_{7,8}f_{8,12})(f_{9,10}f_{10,14}f_{10,15}f_{14,15}f_{14,19}).\end{aligned} \tag{9.53}$$

相对于式 (9.50) 中的每一项都有类似于图 9.5 的一个图形, 同时每一个图形也都是式(9.56)中的一项. 在每一个特定的图形中, 凡是那些直接或间接用直线相联接在一起的分子称为一个集团. 例如图 9.5 中的二十个分子形成了四个只含一个分子的集团 (11,

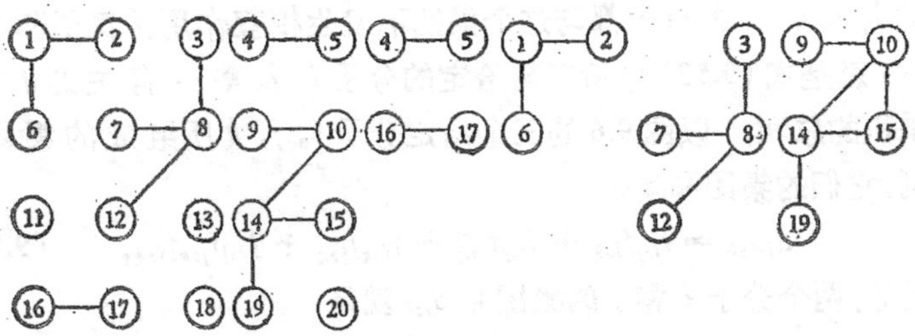

图 9.5　$N=20$ 时 $\exp\left(-\frac{U}{kT}\right)$ 展开式中的一个典型项图.

13, 18, 20)，两个含有两个分子的集团 ($f_{4,5}$, $f_{16,17}$)，一个含有三个分子的集团 ($f_{1,2}f_{1,6}$)，一个含有四个分子的集团 ($f_{3,8}f_{7,8}f_{8,12}$) 和一个含有五个分子的集团 ($f_{9,10}f_{10,14}f_{10,15}f_{14,15}f_{14,19}$)。

最简单的集团是不与任何其它分子相束缚在一起的单个分子，对于这些分子不存在 f 函数，因此这样的集团在式 (9.50) 的展开式中不出现。含有两个分子的集团也比较简单，在式 (9.50) 中表现为 Σf_{ij} 中的各项。包含三个分子的集团在式 (9.50) 中就比较复杂了，因为三个分子形成的集团可以有图 9.6 中所表示的四种不同情形。三个分子以上所组成的集团当然更为复杂。由于 f_{ij} 随着 r_{ij} 的增大而迅速趋近于零，所以在同一集团中的分子只有当它们在组态空间中相距很近的条件下才对式 (9.52) 提供不为零的项。

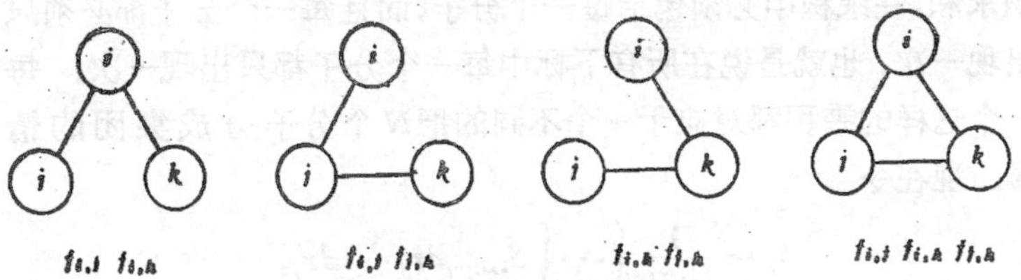

图 9.6　三个分子组成的集团.

现在引用一个称为集团和的量 $S_{i,j,k}\cdots$. 集团和中的下标 i, j, $k\cdots$ 是指属于这个集团中的各个分子 i, j, $k\cdots$; 凡不是给定

的 $i, j, k\cdots$ 的分子都与这个集团不发生相互作用. 集团和 $S_{i,j,k}$ $\cdots$ 就是式 (9.52) 中所有与给定的分子 $i, j, k\cdots$ 有关的 f 和 f 乘积的总和. 以图 9.6 的三个给定分子 i, j, k 所组成的集团为例，它们的集团和就是

$$S_{i,j,k}=f_{i,j}f_{i,k}+f_{i,j}f_{j,k}+f_{i,k}f_{j,k}+f_{i,j}f_{j,k}f_{i,k}. \qquad (9.54_1)$$

当然，两个分子 i 和 j 的集团和 $S_{i,j}$ 就是

$$S_{i,j}=f_{i,j}. \qquad (9.54_2)$$

对于单个分子的集团，我们规定它的集团和 S_i 为

$$S_i=1. \qquad (9.54_3)$$

现在看集团和 S 的乘积. 在乘积中每一个分子在下标中只出现一次而不重复出现. 相对于图 9.5 的

$$S_{11}S_{13}S_{18}S_{20}S_{4,5}S_{16,17}S_{1,2,6}S_{3,7,8,12}S_{9,10,14,15,19}$$

就是一个典型的乘积的例子. 我们把式 (9.54) 关于 S 的定义代入这个乘积然后加以展开，那么所得到的连加式就包括了满足下列条件的式 (9.50) 中的所有项目. 这些条件是：分子 11, 13, 18, 20 分别形成了单个分子集团，分子 4 和 5 组成一个集团，分子 16 和 17 组成一个集团，分子 1, 2 和 6 组成一个集团，分子 3, 7, 8 和 12 组成一个集团，同时分子 9, 10, 14, 15 和 19 组成一个集团. 这个乘积的展开连加式中必然包括了图 9.5 所描述的那个特殊状态.

要想得到式 (9.50) 中的所有项目就必须对所有不同的 S 乘积求和，在乘积中必须包括每一个分子，而且每一个分子都必须只出现一次，也就是说在所有下标中每一个分子都只出现一次. 每一个这样的乘积都对应于一个不同的把 N 个分子分成集团的情形. 现在令

$$b_j=\frac{1}{j!V}\int\cdots\int S_{1,2,\cdots,j}d\mathbf{r}_1\cdots d\mathbf{r}_j,$$

$$b_1=\frac{1}{V}\int S_1 d\mathbf{r}_1=1, \qquad (9.55)$$

V 是流体的空间体积. 只要 j 的数值不太大或者 V 不太小，那么

当我们取定一个 i 分子而对其余的 $j-1$ 个分子进行积分时，由于随着分子之间距离的增大而被积函数迅速下降为零，所以得出的积分将与所选的分子 i 的空间位置无关。另外，由于各个 f_{ij} 只与分子 i 和 j 之间的相对距离有关，因此在式(9.55)的 b_j 积分中，对分子 i 的积分所得出的流体体积 V 正好与分母中的 V 互相约去。所以，在 b_j 的积分中不论选那个分子作为 i 分子结果都是相同的。

以图 9.5 为例，现在看看与它相对应的多重积分

$$I=\int\cdots\int S_{11}S_{13}\cdots S_{9,10,14,15,19}d\mathbf{r}_1\cdots d\mathbf{r}_{20}. \tag{9.56}$$

由于 $S_{i,j,k}\cdots$ 的定义说明它只与出现在下标中的分子有关，因此式(9.56)的积分可以简单地分成几个积分的乘积。引用式(9.55)的 b_i，那么式(9.56)就可以写成

$$I=(1!Vb_1)^4(2!Vb_2)^2(3!Vb_3)(4!Vb_4)(5!Vb_5).$$

推广到普遍的情形，可以得出

$$I=(1!Vb_1)^{m_1}(2!Vb_2)^{m_2}\cdots(j!Vb_j)^{m_j}, \tag{9.57}$$

其中各个正整数 m 满足关系式

$$N=\sum_{j=1}^{N}jm_j; \tag{9.58}$$

也就是说一共有 m_1 个只含一个分子的集团，m_2 个含两个分子的集团，$\cdots m_j$ 个含 i 个分子的集团等等。但是，N 个分子可以有

$$\frac{N!}{(1!)^{m_1}(2!)^{m_2}\cdots(j!)^{m_j}}$$

个方式来分成 m_1 个一个分子的集团、m_2 个两个分子的集团 $\cdots m_j$ 个 i 个分子的集团等等。当然，这样的考虑是把分子看作可区分的而得出的结果，不过分子的不可区分性已经在式(9.46)中由 $N!$ 这个因子考虑进去了。另外，如果把含同样多分子的集团以集团作为单位而进行集团之间的对调，也不会影响我们所考虑的集团问题，而含 i 个分子的集团一共可以进行 $m_j!$ 个对调。所以，上面的分布方式还需要再除以 $m_1!m_2!\cdots m_j!$ 而得到因子

$$\frac{N!}{\prod_{j=1}^{N}(j!)^{m_j}m_j!}. \tag{9.59}$$

考虑到这些因素，于是式(9.52)成为

$$Q=\sum_{m}\left[\prod_{j=1}^{N}\frac{(Vb_j)^{m_j}}{m_j!}\right], \tag{9.60}$$

其中对m的求和是对所有能满足式(9.58)条件的$m=m_1, m_2, \cdots m_j$的求和.

式(9.42)指出，系统的自由能F与$\ln Z$直接相关，因此它与$\ln Q$有关。可以证明$\ln Q$可以用Q展开式中最大的一项的对数值来代替[6,8]。于是，问题成为找出能满足式(9.58)条件的式(9.60)的对数中具有最大值的项目。假设这个项目已经找到，那么就有

$$\ln Q=\ln\left[\prod_{j=1}^{N}\frac{(Vb_j)^{m_j}}{m_j!}\right].$$

应用斯特灵近似可以得出

$$\ln Q=\sum_{j=1}^{N}m_j[\ln(Vb_j)-\ln m_j+1]. \tag{9.61}$$

要想找出满足式(9.58)的条件而使$\ln Q$具有最大值的各个m_j值，就需要把式(9.61)对m_j微分而令它等于零，同时把式(9.58)也对m_j微分，然后引入拉格朗日未定乘子α而得到

$$\ln(Vb_j)-\ln m_j+j\alpha=0,$$

$$m_j=Vb_j\exp(j\alpha). \tag{9.62}$$

把式(9.62)代入式(9.58)就得到确定拉格朗日未定乘子α的方程式

$$\sum_{j=1}^{N}jVb_j\exp(j\alpha)=N. \tag{9.63}$$

把式(9.62)代入式(9.61)并应用式(9.63)，就得出

$$\ln Q=\sum_{j=1}^{N}Vb_j(1-j\alpha)\exp(j\alpha)$$

$$= \sum_{j=1}^{N} Vb_j \exp(j\alpha) - N\alpha. \tag{9.64}$$

从式 (9.64) 来看，如果只存在 $j=1$ 这一项，那么很简单，由于 $b_1 = 1$ 而有

$$V\exp\alpha = N$$

$$\alpha = \ln\left(\frac{N}{V}\right). \tag{9.65}$$

如果流体很稀薄，那么单位体积中的分子数 $\frac{N}{V}$ 是一个很小的数值，而式 (9.65) 也就是 $\exp\alpha$ 的一个很好的近似．换句话说就是式 (9.65) 是当 $\frac{N}{V}$ 趋近于零时 $\exp\alpha$ 的一个渐近值．当 $\frac{N}{V}$ 不为零时，我们可以把 $\exp\alpha$ 用 $\frac{N}{V}$ 的级数加以展开而成为

$$\exp\alpha = \frac{N}{V} + a_2\left(\frac{N}{V}\right)^2 + a_3\left(\frac{N}{V}\right)^3 + \cdots. \tag{9.66}$$

在继续进行计算之前，让我们回过头来讨论一下式 (9.55) 的 b_j．对于 j 等于 1 和 2 这两种情形，很简单，

$$b_1 = \frac{1}{V}\int d\mathbf{r}_1 = 1,$$

$$b_2 = \frac{1}{2V}\int f(r_{12})\, d\mathbf{r}_1 d\mathbf{r}_2 = \frac{1}{2}\int_0^\infty f(r_{12})\, d\mathbf{r}_1. \tag{9.67}$$

但是，当 $j \geqslant 3$ 时情形就比较复杂了．现在

$$b_3 = \frac{1}{6V}\iiint (f_{31}f_{21} + f_{32}f_{31} + f_{32}f_{21} + f_{32}f_{31}f_{21})\, d\mathbf{r}_1 d\mathbf{r}_2 d\mathbf{r}_3. \tag{9.68}$$

关于式 (9.68) 中的第一项

$$\iiint f_{31}f_{21}\, d\mathbf{r}_1 d\mathbf{r}_2 d\mathbf{r}_3,$$

由于被积函数中只有 f_{31} 与第三个分子的坐标有关，而且是与 r_{13} 有关，同时当 r_{13} 增大时 f_{31} 将迅速趋近于零，因此这个积分中的 $\int f_{31} d\mathbf{r}_3$ 部分将给出一个确定的积分值．由于上述理由，很明显，

任何积分 $\int f_{ij}d\mathbf{r}_i$ 或 $\int f_{ij}d\mathbf{r}_j$ 都将给出同一的积分值. 我们称这个积分值为 β_1:

$$\beta_1 = \int f_{ij}d\mathbf{r}_j = 2b_2. \qquad (9.69)$$

积分中的 $\int f_{21}d\mathbf{r}_2$ 部分因此也等于 β_1。余下来的 $\int d\mathbf{r}_1$ 部分正好给出流体的体积 V。这样,我们就得到

$$\iiint f_{31}f_{21}d\mathbf{r}_1d\mathbf{r}_2d\mathbf{r}_3 = V\beta_1^2. \qquad (9.70)$$

式 (9.68) 右方的另外两项 $f_{31}f_{32}$ 和 $f_{21}f_{32}$ 也可以用同样的方法加以处理而得到同样的结果. 但是, 式 (9.68) 中右方最后一项 $f_{32}f_{31}f_{21}$ 的积分却完全不同. 我们令

$$\beta_2 = \frac{1}{2V}\iiint f_{32}f_{31}f_{21}d\mathbf{r}_1d\mathbf{r}_2d\mathbf{r}_3, \qquad (9.71)$$

那么式 (9.68) 成为

$$b_3 = \frac{1}{2}\beta_1^2 + \frac{1}{3}\beta_2. \qquad (9.72)$$

高阶的 b_l 项可以用类似的办法进行处理, 同时引用新的集团积分 β_k:

$$\beta_k = \frac{1}{k!V}\int\cdots\int\left(\sum_{k+1\geq i>j\geq 1}\prod f_{ij}\right)d\mathbf{r}_1\cdots d\mathbf{r}_{k+1}. \qquad (9.73)$$

这里对它们不再进行具体的讨论.

现在再回过来看看式 (9.66) 关于 $\exp\alpha$ 的展开式. 如果把它代入式 (9.63), 当我们把 $\exp(2\alpha)$, $\exp(3\alpha)\cdots$ 等展开后,再应用式 (9.69) 的 β_1 和式 (9.73) 式的 β_k, 就得到

$$N = N + V(a_2+\beta_1)\left(\frac{N}{V}\right)^2 + V\left(a_3 + 2a_2\beta_1 + \frac{3}{2}\beta_1^2 + \beta_2\right)\left(\frac{N}{V}\right)^3 + \cdots.$$

令各个 $\left(\frac{N}{V}\right)^m$ 项的系数为零,就得到

$$a_2 = -\beta_1,$$

$$a_3 = -\left(\beta_2 - \frac{1}{2}\beta_1^2\right),$$

$$\cdots\cdots. \tag{9.74}$$

于是式(9.66)成为

$$\exp\alpha = \left(\frac{N}{V}\right) - \beta_1\left(\frac{N}{V}\right)^2 - \left(\beta_2 - \frac{1}{2}\beta_1^2\right)\left(\frac{N}{V}\right)^3 + \cdots$$

$$= \left(\frac{N}{V}\right)\exp\left[-\sum_{\beta\geqslant 1}\beta_k\left(\frac{N}{V}\right)^k\right]. \tag{9.75}$$

式(9.75)中最后的指数函数在直接展开下就给出了第一个展开式中的前几项. 把式(9.75)的展开式代入式(9.64)中的第一项,就可以有

$$\sum_{j=1}^{N} Vb_j\exp(j\alpha) = V\left[\left(\frac{N}{V}\right) - \frac{1}{2}\beta_1\left(\frac{N}{V}\right)^2 - \frac{2}{3}\beta_2\left(\frac{N}{V}\right)^3 + \cdots\right]. \tag{9.76}$$

从式(9.75)的指数表示式可以给出

$$N_\alpha = N\left[\ln\left(\frac{N}{V}\right) - \sum_{k\geqslant 1}\beta_k\left(\frac{N}{V}\right)^k\right]. \tag{9.77}$$

把式(9.76)和(9.77)代入式(9.64)后,就得到

$$\ln Q = N\left[1 - \ln\left(\frac{N}{V}\right) + \frac{1}{2}\beta_1\left(\frac{N}{V}\right) + \frac{1}{3}\beta_2\left(\frac{N}{V}\right)^2 + \cdots\right]$$

$$= N\left[1 - \ln\left(\frac{N}{V}\right) + \sum_{k\geqslant 1}\frac{1}{(k+1)}\beta_k\left(\frac{N}{V}\right)^k\right]. \tag{9.78}$$

式(9.78)可以推广应用到多种粒子组成的系统. 如果第α种粒子的数目是N_α,而

$$N = \sum_\alpha N_\alpha, \tag{9.79}$$

那么对于多种粒子系统就可以有

$$\ln Q = \sum_\alpha N_\alpha\left[1 - \ln\left(\frac{N_\alpha}{V}\right)\right] + \left(\frac{1}{2V}\right)\sum_{\alpha,\alpha'}\beta_1(\alpha,\alpha')N_\alpha N_{\alpha'}$$

$$+\left(\frac{1}{3V^2}\right)\sum_{\alpha,\alpha',\alpha''}\beta_2(\alpha,\alpha',\alpha'')N_\alpha N_{\alpha'}N_{\alpha''}+\cdots. \qquad (9.80)$$

集团积分中的自变量$\alpha,\alpha',\alpha''\cdots$等等表示存在有$\alpha$型粒子、$\alpha'$型粒子、$\alpha''$型粒子……之间的相互作用. 把$N\ln\left(\frac{N}{V}\right)$项用每一种粒子的$N_\alpha\ln\left(\frac{N_\alpha}{V}\right)$之和来代替，可以给出正确的混合熵值（吉布斯佯谬）[9].

式(9.52) Q的积分中只有对空间位置坐标的积分. 配分函数Z和Q的区别除去相差一个因子A之外，就在于配分函数除对空间位置坐标要进行积分外，还需要对分子的取向坐标$d\Omega_i$，或者更广泛一点说对$d\mathbf{n}_i$，要进行积分. 这就是说$\ln Z$的展开式，除去多一项$\ln A$之外，同样是式(9.78)的形式，所不同的是还需要考虑对分子取向坐标的积分. 对分子取向坐标的积分可以利用多类型粒子系统的式(9.80)来处理. 我们把整个空间围绕取向$\mathbf{n}_1$, $\mathbf{n}_2$, $\cdots$, $\mathbf{n}_s$分成s个立体角元$\Delta\Omega_1\cdots\Delta\Omega_s$，同时引用一个分布函数$f(\mathbf{n}_\nu)$. 分布函数$f(\mathbf{n}_\nu)$表示沿$\mathbf{n}_\nu$方向单位立体角内系统中分子的分数，而不问这些分子的取向如何. 这样，沿$\mathbf{n}_\nu$方向在立体角$\Delta\Omega_\nu$中所含的分子数ΔN_ν就是

$$\Delta N_\nu = Nf(\mathbf{n}_\nu)\Delta\Omega_\nu, \quad \nu=1,2,\cdots s. \qquad (9.81_1)$$

分布函数$f(\mathbf{n}_\nu)$当然要满足归一化条件

$$\sum_{\nu=1}^{s} f(\mathbf{n}_\nu)\Delta\Omega_\nu = 1. \qquad (9.81_2)$$

我们把不同立体角元中的分子看成是不同类型的分子，而应用式(9.80)的结果来得出$\ln Z$. 这里特殊的一项是$\ln\left(\frac{N_\alpha}{V}\right)$项. 从式(9.77)可以看出，这一项来自拉格朗日未定乘子α，而α的确定又来自式(9.62)，也就是说来自函数Q中的Vb_j项. 如果把取向坐标的积分也考虑进去，那么这里的体积V还应该包含有取向的部分. 因此，对于$\ln\left(\frac{N_\alpha}{V}\right)$项，现在应该用$\ln\left(\frac{\Delta N_\nu}{V\Delta\Omega_\nu}\right)$来计算. 这样，按照式(9.80)的方式，系统配分函数Z的对数值应为

$$\ln Z = \ln A + \sum_{\nu} \Delta N_{\nu}\left[1 - \ln\left(\frac{\Delta N_{\nu}}{V\Delta\Omega_{\nu}}\right)\right]$$

$$+ \frac{1}{2V}\sum_{\nu,\nu'} \beta_1(\mathbf{n}_{\nu}, \mathbf{n}_{\nu'})\Delta N_{\nu}\Delta N_{\nu'}$$

$$+ \frac{1}{3V^2}\sum_{\nu,\nu',\nu''} \beta_2(\mathbf{n}_{\nu}, \mathbf{n}_{\nu'}, \mathbf{n}_{\nu''})\Delta N_{\nu}\Delta N_{\nu'}\Delta N_{\nu''}$$

$$+ \cdots.$$

应用式(9.81)的 ΔN_{ν}, 然后把对 ν, ν', ν'', $\cdots$ 的求和过渡到对 $d\Omega_{\nu}$, $d\Omega_{\nu'}$, $d\Omega_{\nu''}$, $\cdots$的积分,或者更广泛一些,过渡到对 $d\mathbf{n}_{\nu}$, $d\mathbf{n}_{\nu'}$, $d\mathbf{n}_{\nu''}$, $\cdots$的积分,就得到

$$\int f(\mathbf{n})d\Omega(\mathbf{n}) = \int f(\mathbf{n})d(\mathbf{n}) = 1, \qquad (9.82_1)$$

$$\ln Z = \ln A + N\left[1 - \ln\left(\frac{N}{V}\right) - \int f(\mathbf{n})\ln f(\mathbf{n})d\Omega(\mathbf{n})\right.$$

$$+ \left(\frac{N}{2V}\right)\iint \beta_1(\mathbf{n}, \mathbf{n}')f(\mathbf{n})f(\mathbf{n}')d\Omega(\mathbf{n})d\Omega(\mathbf{n}')$$

$$+ \left(\frac{N^2}{3V^2}\right)\iiint \beta_2(\mathbf{n}, \mathbf{n}', \mathbf{n}'')f(\mathbf{n})f(\mathbf{n}')f(\mathbf{n}'')$$

$$\left.\times d\Omega(\mathbf{n})d\Omega(\mathbf{n}')d\Omega(\mathbf{n}'') + \cdots\right]$$

$$= \ln A + N\left[1 - \ln\left(\frac{N}{V}\right) - \int f(\mathbf{n})\ln f(\mathbf{n})d\mathbf{n}\right.$$

$$+ \left(\frac{N}{2V}\right)\iint \beta_1(\mathbf{n}, \mathbf{n}')f(\mathbf{n})f(\mathbf{n}')d\mathbf{n}d\mathbf{n}'$$

$$+ \left(\frac{N^2}{3V^2}\right)\iiint \beta_2(\mathbf{n}, \mathbf{n}', \mathbf{n}'')f(\mathbf{n})f(\mathbf{n}')f(\mathbf{n}'')$$

$$\left.\times d\mathbf{n}d\mathbf{n}'d\mathbf{n}'' + \cdots\right]. \qquad (9.82_2)$$

当然,从式(9.46₃)可以看出, $\frac{1}{N}\ln A$ 是一个与 N 无关而只与温度 T 有关的常数.

在这里值得提一下的是 β_1 的物理意义. 按照式(9.69)和(9.49)的定义有

$$\beta_1 = \int f_{ij} d\mathbf{r}_j = \int \left[\exp\left(-\frac{u_{ij}}{kT}\right) - 1\right] d\mathbf{r}_j.$$

由于刚性分子在空间占有一定的体积，因此两个分子的质量中心之间有一定的距离限制．当质量中心间的距离 r_{ij} 小于这一定距离时，u_{ij} 趋于无限大而使 $\exp\left(-\frac{u_{ij}}{kT}\right)$ 成为零，同时 f_{ij} 成为负一．假定 r_{ij} 大于这一限制时分子之间无相互作用，那么当 r_{ij} 大于这一距离时，$\exp\left(-\frac{u_{ij}}{kT}\right)$ 等于一而 f_{ij} 成为零．这样，β_1 就等于在分子质量中心周围这一距离限制之内所包含的体积的负值．这一体积为分子间的互相排斥体积，换句话说，就是一个分子所占据的不容其它分子进入的体积．对于两条长为 L、直径为 D、两端为半球形顶的圆柱体，如果轴间的夹角为 r，那么这个相互排斥体积 $|\beta_1(r)|$ 就是[4]：

$$|\beta_1(r)| = 2\pi LD^2 + \frac{4}{3}\pi D^3 + 2L^2D|\sin r|.$$

有了 $\ln Z$ 的形式，那么按照式 (9.42)，单个分子的自由能 $\frac{F}{N}$ 成为

$$\begin{aligned}\frac{F}{NkT} = &-\frac{\ln A}{N} - 1 + \ln\rho + \int f(\mathbf{n})\ln f(\mathbf{n})d\mathbf{n}\\ &- \frac{1}{2}\rho\iint \beta_1(\mathbf{n}, \mathbf{n}')f(\mathbf{n})f(\mathbf{n}')d\mathbf{n}d\mathbf{n}'\\ &- \frac{1}{3}\rho^2\iiint \beta_2(\mathbf{n}, \mathbf{n}', \mathbf{n}'')f(\mathbf{n})f(\mathbf{n}')f(\mathbf{n}'')\\ &\times d\mathbf{n}d\mathbf{n}'d\mathbf{n}'' + \cdots\Big],\end{aligned} \tag{9.83$_1$}$$

其中 ρ 为单位体积内的分子数：

$$\rho = \frac{N}{V}. \tag{9.83$_2$}$$

积分中的系数 $\beta_1(\mathbf{n}, \mathbf{n}')$ 和 $\beta_2(\mathbf{n}, \mathbf{n}', \mathbf{n}'')$ 分别称为第二维里系数和第三维里系数 (virial coefficieut)．分布函数 $f(\mathbf{n})$ 当然要满足

式 (9.82_1) 的归一化条件。系统的平衡状态是系统自由能具有最小值的状态. 现在自由能是分布函数 $f(\mathbf{n})$ 的函数,因此问题在于决定采用什么样的分布函数 $f(\mathbf{n})$ 才能使自由能具有最小值。式 (9.83) 右方的前三项与 $f(\mathbf{n})$ 无关，其余与分布函数 $f(\mathbf{n})$ 有关的各项都是积分项。因此,使自由能具有最小值的欧勒-拉格朗日方程式在保留到 β_1 项的情形下，根据式 (9.83) 和 (9.82_1) 成为

$$\alpha + 1 + \ln f(\mathbf{n}) - \rho \int \beta_1(\mathbf{n}, \mathbf{n}')f(\mathbf{n}')d\mathbf{n}' = 0,$$

α 是拉格朗日未定乘子。所以，$f(\mathbf{n})$ 满足积分方程

$$f(\mathbf{n}) = C\exp\left[\rho \int \beta_1(\mathbf{n}, \mathbf{n}')f(n')d\mathbf{n}'\right], \qquad (9.84_1)$$

积分常数 C 由归一化条件式 (9.82_1) 决定. 这个积分方程式给出了 $f(\mathbf{n})$ 作为 ρ 的函数的关系. 只有在对 β_1，或者说对 u_{ij}，作出适当的假设之后,这个非线性的积分方程式才能进行数字积分求解。有了函数 $f(\mathbf{n})$ 之后，把它代回式 (9.83) 就可以有平衡状态下系统自由能的表示式。从平衡状态下系统自由能的表示式就可以导出系统的压强与密度的关系式,从而看出产生相变的情形。

另一方面，我们也可以引用式 (9.26) 的有序参数 S 来规定分布函数 $f(\mathbf{n})$。这时对于长棒状分子可以有

$$S = \int_0^1 \frac{1}{2}(3\cos^2\theta - 1)f(\cos\theta)d(\cos\theta), \qquad (9.84_2)$$

其中 θ 是分子长轴与 x_3 轴间的夹角. 式 (9.84_2) 给出了分布函数 f 与有序参数 S 的关系. 于是式 (9.83) 成为自由能与有序参数 S 的关系式。最小值自由能的系统平衡条件也就决定了有序参数 S 的数值。

前面曾经指出,翁萨克分子场理论使用了低分子密度的假设，而把 $\exp\alpha$ 用分子密度 $\frac{N}{V}$ 的幂级数加以展开. 然后，在使自由能密度具有最小值的欧勒-拉格朗日方程式中,又只保留了第二维里系数而忽略了其余高阶的维里系数. 也就是说只使用了一阶的集团积分而忽略了所有高阶集团积分. 这样，它成功地说明了稀薄

的棒状分子流体可以形成丝状液晶相这一现现象．但是，邵普指出，在翁萨克理论中发生相变时的分子密度过高，不容易满足用集团积分展开时所要求的低密度的条件[10]．另外他还指出，如果高于某一阶的集团积分不存在的话，就不可能存在长程取向有序．因此，翁萨克计算的理论基础并不太可靠．然而，翁萨克理论在解释丝状相的出现时又是成功的．这也许说明了集团积分展开法的有效性可能超过了它的正确使用范围，因而才使翁萨克理论能获得成功。

§4 朗道-德燃纳（L. Landau-P. G. de Gennes）理论

热力学指出，处于热平衡状态的均匀系统可以由两个热力学变量的数值加以确定，譬如给出系统的温度和体积．但是，反过来，对于处在热平衡状态下的系统在确知其温度和体积的条件下，我们并不能断言系统必然是均匀的，因为它可能是由两个互相接触，但处于不同状态的均匀部分所组成．这两个具有明确边界、互相接触并处于平衡状态的均匀部分称为系统的两个不同的相．当系统的两个不同的相处在互相平衡的状态时，显然：

（1）两相的温度 T_1 和 T_2 必然相等，

$$T_1 = T_2.$$

（2）两相的接触面上受到两相所施加的力必然大小相等、方向相反；因此两相的压强 P_1 和 P_2 必然相等，

$$P_1 = P_2.$$

（3）两相之间相互交换的粒子数相等，因此两相的化学势 μ_1 和 μ_2 必然相等．如果取温度 T 和压强 P 为独立变量，那么就有

$$\mu_1(P, T) = \mu_2(P, T).$$

这个条件指出，在平衡状态下两相的压强和温度之间存在着一定的关系。因此，两相平衡只有在压强与温度满足一定关系时才能出现．在给定温度(压强)下，只有在一定的压强(温度)，两相才能

处于平衡;这就是说，在P, V; P, T或T, V平面上，两相平衡只发生在一定的曲线上，这条曲线称为相平衡曲线. 两相平衡是系统的一个平衡态,如果这时系统是处于恒温、恒压状态，那么系统的吉布斯函数 $\phi = U - Ts + PV$ 应该是具有最小值；如果这个恒温系统是一个孤立的机械系统，那么系统的自由能 $g = U - Ts$ 应该具有最小值[9].

一般常遇到的各向同性液体，在转变成为固体或气体时，伴随着相变，总要有体积的改变，同时还要吸收或发散一定的热量，即所谓相变潜热. 相变潜热 l 的存在说明，在相变温度 T，两相的熵 s_1 和 s_2 不等，因为 $l = T(s_2 - s_1)$. 以温度 T 和压强 P 为独立变量，那么系统的熵 s 和体积 v 与系统的吉布斯函数 ϕ 之间满足关系式

$$s = -\left(\frac{\partial \phi}{\partial T}\right)_P, \quad v = \left(\frac{\partial \phi}{\partial P}\right)_T.$$

如果取温度 T 和体积 v 作为独立变量，那么系统的熵 s 和压强 P 与系统的自由能 g 之间满足关系式

$$P = -\left(\frac{\partial g}{\partial v}\right)_T, \quad s = -\left(\frac{\partial g}{\partial T}\right)_v.$$

伴随着相变，系统的体积发生改变并有潜热的存在，说明系统的吉布斯函数的一阶导数是不连续的. 这类相变通常称为一级相变. 一级相变的特性可以参考图 9.7.

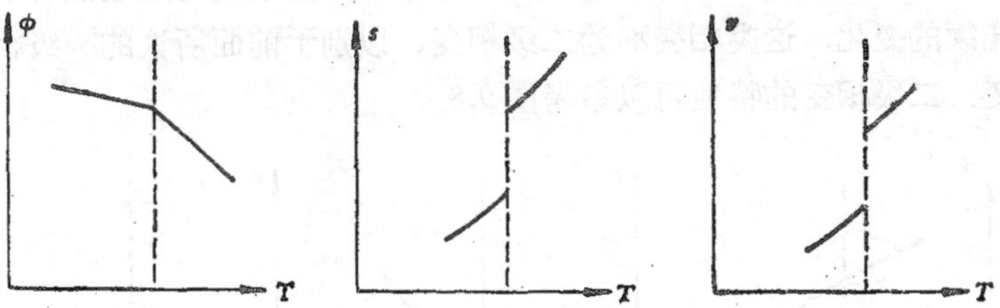

图 9.7　一级相变

各向同性液体和气体都具有平移、转动和反射对称性. 在这两者之间的相变过程中，系统的对称性不发生变化. 在一定条件

之下两相可以没有区别，譬如在高于临界点(临界温度和临界压强)的状态下就可以不存在液相和气相的区别，系统总是均匀的．所以，对于具有相同对称性的两相之间的相变过程可以是连续变化的，只要绕过临界点就可以作到这一点．但是，各向同性液体与固态晶体之间的转变情形就不完全相同．晶体的对称性低于各向同性液体的对称性．因为两种状态的对称性不同，所以只要看看系统的对称性就完全可以确定系统是处在液相还是处在固相．如果系统处在具有一种对称性的状态，它就不可能是处在另一种对称性的状态．因此，各向同性液体和晶体之间的相变只能是不连续的．一定的温度和压强只能对应于一个相，不会出现两相处于同一状态的情形．

不同晶体变态之间的转变一般是通过不连续地改变点阵结构而产生的，但是也有可能是通过改变对称性这种相变而获得．譬如说，在高温下，$BaTiO_3$ 晶体是立方点阵结构，Ba 原子位于立方的八个顶点，O原子位于面心位置而 Ti 原子位于体心位置；但是，当温度低到一定程度时，Ti 原子和O原子会沿立方的一条棱边相对于 Ba 原子产生位移，从而使晶体变成四方点阵结构．在这种相变过程中，晶体内原子的排列是连续地发生改变，而系统的状态并没有不连续的变化．但是，只要原子一有相对移动，系统的对称性立即发生改变，从而产生相变．在这种相变过程中，系统的体积没有不连续的变化，也没有潜热的产生，因而系统的熵也没有不连续的变化．这类相变称为二级相变，以别于前面所谈的一级相变．二级相变的特性可以参考图 9.8.

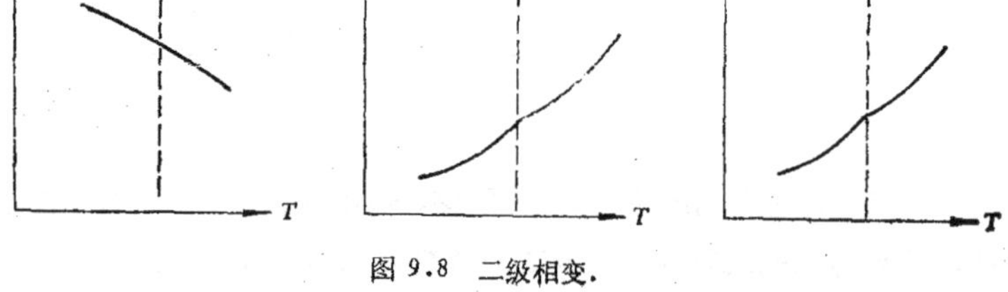

图 9.8　二级相变.

二级相变也可以是有序无序的转变．一个熟知的例子就是 β 黄铜这个 CuZn 二元合金．这种二元合金在 0K 时是两个互相穿插的简单立方点阵，Zn 原子位于 Cu 立方晶胞的中心，而 Cu 原子位于 Zn 立方晶胞的中心，这时系统是完全有序的．当温度升高时，一些 Zn 原子会占据原来 Cu 原子的位置，而一些 Cu 原子也会处在原来 Zn 原子的位置．这时系统成为不完全有序的晶体．假设在完全有序状态下 Zn 原子的点阵为点阵 1，而 Cu 原子的点阵为点阵 2，而每一种点阵都有 N_0 个点阵座．如果在某一不为零的温度时点阵 1 上的 Zn 原子数为 $N_{Zn}(1)$，而在点阵 1 上的 Cu 原子数为 $N_{Cu}(1)$，那么 $\frac{N_{Zn}(1)}{N_0}$ 和 $\frac{N_{Cu}(1)}{N_0}$ 就分别等于在某一个 1 点阵座上出现 Zn 原子和出现 Cu 原子的几率．显然

$$1 \geqslant \frac{N_{Zn}(1)}{N_0} \geqslant \frac{1}{2},\ \frac{1}{2} \geqslant \frac{N_{Cu}(1)}{N_0} \geqslant 0.$$

只要 $\frac{N_{Zn}(1)}{N_0} > \frac{1}{2}$，$\frac{1}{2} > \frac{N_{Cu}(1)}{N_0}$，那么 1 和 2 两个点阵的点阵座仍然是有区别的，这时晶体的对称性仍然保持不变．但是，一旦当温度升高到使

$$\frac{N_{Zn}(1)}{N_0} = \frac{N_{Cu}(1)}{N_0} = \frac{1}{2},$$

那时所有的点阵座将都成为相当的点阵座了，原子在点阵座上的分布变为完全无规．这时晶体的对称性增高了，从简单立方点阵改变成为体心立方点阵，晶体处于无序状态．对于每一个状态我们可以引用一个有序参数 η 来描述系统的有序程度．当系统处于无序状态时令 $\eta = 0$，而当系统处于各种不同有序程度时令 η 为一个非零的、小于一的正数或负数．显然，我们可以取

$$\eta = \frac{N_{Zn}(1) - N_{Cu}(1)}{N_0}.$$

这里需要强调一点，只有当 $\eta = 0$ 时系统的对称性才增加．在 $\eta \neq 0$ 的条件下，不论 η 的数值多小，系统将仍然保持完全有序状态下的对称性．在 CuZn 二元合金系统中我们看到，当温度升高的

时候，η 可以连续地变为零，而不是从某一个有限数值不连续地突然变为零．这种相变是二级相变．CuZn 的二级相变温度为 742 K．对于一个系统，如果有序的程度，也就是有序参数的数值，可以从某一有限数值突然变为零，那么这时的相变将是一级相变．

二级相变并不是只出现在不同晶体变态之间．铁磁体与顺磁体之间的居里点是二级相变点；金属态与超导态之间的转变，液氦 HeI 与超流态氦 HeII 之间的转变也都是二级相变．在这些相变过程中，系统的状态都是连续改变的，只是通过相变点时系统出现了新的性质，系统的对称性出现了变化．在二级相变的相变点，系统的两个相的状态完全相同．因此，在相变点系统的对称性必然包括两个相的对称性．这就使得两相之一的对称性要高于另一相的对称性．这和一级相变很不相同．在一级相变中，对于系统对称性的改变并没有任何要求，两相的对称性甚至可以没有共同之处．对于绝大部分已知的二级相变，系统在高温相的对称性总是高于低温相的对称性；特别是有序态到无序态的二级相变，它总是在温度上升的条件下发生．由于二级相变过程中系统的热力学状态是连续变化的，所以在相变过程中没有潜热的存在．

对于二级相变的数学描述，朗道提出了下述理论[11]：对系统引入一个有序参数 η，用来描述低对称相与高对称相之间的差别，正象前面对 CuZn 二元合金例子中所引用的 η 那样．对于前面所举的 $BaTiO_3$ 的例子，η 可以是描述分子位移程度的量．在铁磁顺磁相变情形中，可以取磁化强度矢量与 0K 时饱和磁化强度之比作为有序参数，当然这样的有序参数将是一个矢量参数而不是一个标量参数．对于别种的二级相变也可以选用更为复杂、适用的有序参数．对于某一 η 值，可以把系统的吉布斯函数 ϕ 写作 P, T 和 η 的函数．当然，对于给定的 P 值和 T 值，系统的实际 η 值要由平衡条件来确定，也就是说系统的 ϕ 应该是在最小值．在二级相变中系统的状态可以连续改变这一点说明，在相变点附近，η 可以取任意小的数值．这样就可以在相变点附近把系统的吉布斯函数 $\phi(P, T, \eta)$ 用 η 的幂级数展开．假定只取到 η^4 次项，那么就

有

$$\phi(P,T,\eta)=\phi_0+\alpha\eta+A\eta^2+B\eta^3+C\eta^4, \tag{9.85}$$

其中 α, A, B 和 C 都是 P 和 T 的函数.

以 CuZn 二元合金为例，由于 $\frac{N_{Zn}(1)-N_{Cu}(1)}{N_0}=\eta$ 和 $\frac{N_{Zn}(2)-N_{Cu}(2)}{N_0}=-\eta$ 所描述的完全是同一个状态，因此改变 η 的符号不会改变系统吉布斯函数 ϕ 的数值. 这就要求在 ϕ 的展开式中不出现 η 的奇次幂项，因而

$$\alpha=B=0.$$

这个结果对于二级相变具有普遍的适用性. 这样，对于二级相变吉布斯函数可以取

$$\phi=\phi_0+A\eta^2+C\eta^4 \tag{9.86}$$

的形式. 高对称相对应于 $\eta=0$，低对称相对应于 $\eta\neq0$，而稳定态对应于 ϕ 具有最小值的状态. 从高对称相来看，相变点对应于 $\eta=0$，而 $\phi(\eta)$ 具有最小值就要求 $A>0$，否则

$$\frac{d^2\phi}{d\eta^2}=2A+12C\eta^2$$

在 $\eta=0$ 处将不是正值，而 $\eta=0$ 处的吉布斯函数也就不是最小值了. 但是，从低对称相来看，由于 $\eta\neq0$，所以只有当 $A<0$ 时才能使 $\phi(\eta)$ 大于 ϕ_0，否则 $\phi(\eta)$ 将不成为最小值. 这样，在相变点一边要求 $A>0$，而在另一边又要求 $A<0$，因此对于二级相变在相变点处

$$A_c(P,T)=0,$$

下标 c 表示在相变点处的数值；在相变点附近 A 将是一个小的数值. 另外，作为 η 的函数来看，要使 ϕ 在 $\eta=0$ 处具有最小值，那么在相变点 $\frac{d^2\phi}{d\eta^2}$ 必须为正值. 由于 $A_c=0$ 所以 C 必须为正值：

$$C_c(P,T)>0,$$

因而在相变点附近也必然要求

$$C > 0.$$

系数 B 等于零的条件可以产生两种不同的情形．一种情形是：相变点由

$$A(P, T) = 0,$$
$$B(P, T) = 0,$$

这两个方程式来决定．这时在 P, T 平面上就只有一个相变点的存在．于是临界压强 P_c 和临界温度 T_c 都具有一定的数值．另一种情形可以是由于系统的对称性而使

$$B(P, T) \equiv 0.$$

这时决定相变点的条件只有

$$A(P, T) = 0$$

这一个方程式．在这种情形，相变可以发生在 P, T 平面上的一条曲线上．在确定的压强条件下，相变在一定的相变温度 T_c 处出现．对于后面这种情形，在相变点附近我们可以取

$$A(T) = a(T - T_c), \tag{9.87}$$

$a = \left.\frac{dA}{dT}\right|_{T=T_c}$ 是一个常量．同时系数 $C(T)$ 可以近似取作常量 $C(T_c)$．我们所关心的就是这种具有相变点连续曲线的情形．

各向同性相与丝状相之间的相变具有对称性的变化．对于许多丝状液晶，在丝状相与各向同性相之间的转变过程中，所涉及的相变潜热，比起同一物质的固相与液相之间的相变潜热要小一个数量级[12]，同时密度的变化也非常小．因此，可以说各向同性相与丝状相之间的相变虽然是一级的，然而只是一种相当弱的一级相变．在各向同性相，分子排列取向当然没有长程有序性，式 (9.27) 中的有序参数 $S = 0$．但是，在某个分子附近的局域地区内，分子仍然还有互相平行排列的趋势；在一个相干长度 $\xi(T)$ 内，可以有局域的短程有序的存在．对于各向同性相与丝状相之间这一弱的一级相变，德燃纳借鉴朗道的二级相变理论提出了一个处理方法[3,13]．在一定压强条件下，由于在相变点液晶的体积基本不变，因此可以直接取液晶的自由能密度 g 而不必讨论液晶的吉布斯函

数 ϕ. 假定在相变温度附近，有序参数 S 是一个微量，德燃纳提出把自由能密度 g 在相变点附近用有序参数$S_{\alpha\beta}$ 的幂级数展开. 如果取到 $S_{\alpha\beta}$ 的四阶项，那么满足 C_∞ 对称性的自由能密度表示式将是

$$g = g_0 + \frac{a}{2} S_{\alpha\beta}S_{\alpha\beta} - \frac{b}{3} S_{\alpha\beta}S_{\beta\gamma}S_{\gamma\alpha} + \frac{c_1}{4} S_{\alpha\beta}S_{\alpha\beta}S_{\gamma\delta}S_{\gamma\delta}$$

$$+ \frac{c_2}{4} S_{\alpha\beta}S_{\beta\gamma}S_{\gamma\delta}S_{\delta\alpha} - \frac{1}{2}\chi_a H_\alpha S_{\alpha\beta}H_\beta, \qquad (9.88_1)$$

式中最后一项是磁场自由能密度. 由 $S_{\alpha\beta}$ 的一阶项组成的标量 $S_{\alpha\alpha}$ 等于零，因此 g 的展开式中不存在这一项. 由 $S_{\alpha\beta}$ 四阶项组成的标量有 $S_{\alpha\beta}S_{\alpha\beta}S_{\gamma\delta}S_{\gamma\delta}$ 和 $S_{\alpha\beta}S_{\beta\gamma}S_{\gamma\delta}S_{\delta\alpha}$，因此展开式中有 c_1 和 c_2 这两项. g_0 是一个与 $S_{\alpha\beta}$ 无关的项.

对于单轴液晶，$S_{\alpha\beta}$ 取式 (9.27) 的形式，这时

$$S_{\alpha\beta}S_{\alpha\beta} = \frac{1}{4} S^2(9n_\alpha n_\beta n_\alpha n_\beta - 6n_\alpha n_\beta \delta_{\alpha\beta} + \delta_{\alpha\beta}\delta_{\alpha\beta})$$

$$= \frac{3}{2} S^2,$$

$$S_{\alpha\beta}S_{\beta\gamma}S_{\gamma\alpha} = \frac{3}{4} S^3,$$

$$S_{\alpha\beta}S_{\beta\gamma}S_{\gamma\delta}S_{\delta\alpha} = \frac{9}{8} S^4.$$

在无外场作用条件下，于是式 (9.88$_1$) 的展开式成为

$$g(S) = g_0 + \frac{1}{2} AS^2 - \frac{1}{3} BS^3 + \frac{1}{4} CS^4 \qquad (9.88_2)$$

的形式，其中

$$A = \frac{3}{2} a, \ B = \frac{3}{4} b, \ C = \frac{9}{4} c_1 + \frac{9}{8} c_2. \qquad (9.88_3)$$

类似于二级相变的式 (9.67)，我们取

$$A = A_0(T - T^*), \qquad (9.88_4)$$

T^* 将是一个略低于相变温度 T_c 的温度(这一点下面将会得到证明)，同时令

$$A_0 > 0, \quad B > 0, \quad C > 0. \qquad (9.88_5)$$

无外场作用下自由能密度 g 的式 (9.88_2)，表明 g 是有序参数 S 的四次函数．当 $S\to\pm\infty$ 时 $g\to\infty$．自由能密度 g 的最大值和最小值处在 $\frac{\partial g}{\partial S}=0$ 的位置，也就是在

$$S=S_I=0,$$

$$S=S_1=\frac{B}{2C}\left(1-\sqrt{1-\frac{4AC}{B^2}}\right),$$

$$S=S_N=\frac{B}{2C}\left(1+\sqrt{1-\frac{4AC}{B^2}}\right) \tag{9.89}$$

的位置．显然，$S_I=0$ 和 S_N 是 g 具有最小值的位置，而 S_1 是 g 具有最大值的位置．系统的稳定状态是自由能具有最小值的状态，因此也就是相当于 S_I 和 S_N 的状态．$S_I=0$ 相当于各向同性相，因此 S_N 相当于丝状相．S_N 的存在要求

$$B^2>4AC.$$

在 $T=T_c$ 时各向同性相和丝状相同时都能存在，因此 S_N 是一个实数．当温度 T 高到某一数值 T^{**} 时将使 $4AC>B^2$，而不再存在有实数的 S_N 值．这就表明，当温度达到 T^{**} 以上时，丝状相不可能是稳定的．

在不同温度下，$g-g_0$ 和 S 的关系示意图见图 9.9．一级相变自由能密度展开式 (9.88_2) 和二级相变吉布斯函数展开式 (9.86)

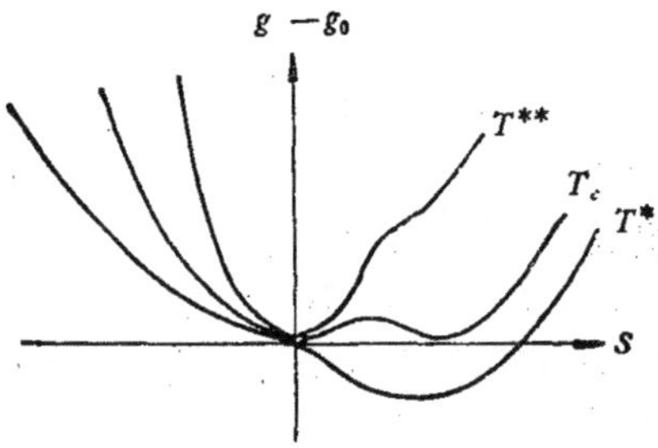

图 9.9　自由能密度 g 与有序参数 S 之间关系示意图．

的重要区别就在于，前者具有 S^3 项，而后者不存在 S^3 项．有了 S^3 项就使正值的 S 和负值的 S 要给出不同的 g 值，换句话说，它们对应于不同的状态．从式 (9.29) 可以看出，正值的 S 表示分子倾向于沿 x_3 轴方向排列，而负值的 S 则表示分子趋向于沿 x_1x_2 平面排列．显然，没有理由认为这两种不同的排列具有相同的自由能．二级相变的式 (9.86) 指出，吉布斯函数只有一个最小值，而不是象一级相变的式 (9.88_2) 那样可能出现两个最小值．所以 S^3 项的出现与否是区别一级相变与二级相变的关键．

系统的稳定状态是自由能密度具有最小值的状态，因此系统究竟是处于各向同性相还是处于丝状相，要看 $g(0)$ 和 $g(S_N)$ 的数值而定，系统将处于自由能较低的那个相．在相变温度 T_c 处两个相都可以存在，也就是说这时的 $g(0)$ 和 $g(S_N)$ 相等．因此 $g(0) = g(S_N)$ 就给出了相变温度 T_c 的数值．于是有

$$T_c = T^* + \frac{2}{9}\frac{B^2}{A_0C},$$

$$S_N(T_c) = \frac{2}{3}\frac{B}{C},$$

$$S_N(T^*):S_N(T_c) = 3:2. \tag{9.90}$$

因为 A_0 和 C 都是正值，所以 T^* 是一个低于 T_c 的温度．由于系统的熵等于系统自由能对温度的微分的负值，因此在相变点，单位体积液晶的潜热 L 为

$$L = T_c \cdot \frac{1}{2} A_0[S_N^2(T_c) - S_I^2(T_c)]$$

$$= \frac{2}{9}\left(\frac{B}{C}\right)^2 A_0T_c. \tag{9.91}$$

从图 9.9 中的 T^* 曲线可以看出，$S = 0$ 并不是自由能密度的局域最小值，这时各向同性相开始成为不稳定．所以 T^* 对应于亚稳态的各向同性相．从理论上讲，应该可以把液晶过冷到这个温度．当 $A > \frac{B^2}{4C}$ 时丝状相成为不稳定相，因此有一个丝状相亚稳态极限温度 T^{**}：

$$T^{**} = T^* + \frac{B^2}{4A_0C}. \tag{9.92}$$

T^* 和 T^{**} 可以看作是各向同性相和丝状相的表观"临界温度".

用有序参数 S 作级数展开的自由能密度 g 的式 (9.88_2)，当然只有在小的 S 值时才能适用. 在各向同性相 $S=0$，而在丝状相 $S\neq 0$. 实验表明，在略低于相变温度的时候 $S\approx 0.5$，因此朗道-德燃纳理论只适用于相变前的各向同性相. 也有人试图把这个理论应用于丝状相[14,15,16,17]，不过仔细的讨论指出，朗道-德燃纳理论最多只能定性地描述丝状相，在定量方面是不能与实验相符合的[18].

§5 梅尔 (W. Maier)-邵普 (A. Saupe) 平均场理论

在一系列的文章中，梅尔和邵普对液晶的丝状相和各向同性相之间的相变提出了一个微观模型[19]. 在这个模型中假设:

(1) 每个分子都是处在它周围所有分子的平均场中，而不考虑该分子与周围各个分子之间的单独关联.

(2) 分子是长棒状和非极性的. 分子之间的范德瓦耳斯吸引力与分子之间的相对取向有关. 一个分子所感受到的分子场就是所有其它分子给予这个分子的作用场对位置和对取向的平均值.

(3) 在进行平均的时候，对一个分子来讲，把它周围的分子取作球对称排列，也就是说分子质量中心的组态不受与取向有关的相互作用的影响.

(4) 每一个分子的取向分布可以用一个式 (9.22) 的平均有序参数张量来描述. 由于假设为长棒状的分子，因此有序参数可以取式 (9.26) 的形式.

范德瓦耳斯长程相互作用考虑的是两个分子之间的库仑相互作用. 把库仑相互作用能用分子之间距离的倒数作级数展开后，可以得到: 除点电荷库仑相互作用能外，主要的项目是偶极矩偶极矩相互作用; 其余偶极矩四极矩和四极矩四极矩等等相互作用都是高阶项而可以忽略．用微扰理论来处理相互作用能时，偶极矩偶极矩相互作用能是二阶微扰能量，同时一阶微扰能量等于零[20]．偶极矩偶极矩相互作用力与偶极矩之间距离的立方成反比．由于是二阶微扰，因此相互作用能与分子之间距离的六次方成反比．在这些假设和考虑之下，梅尔和邵普得出，一个分子所感受到的有效势能可以写作

$$u(\boldsymbol{\nu}S)=-a'\left(\left\langle\sum_{j} r_{1j}^{-6}\right\rangle\right)S_{\alpha\beta}\cdot\frac{1}{2}(3\nu_\alpha\nu_\beta-\delta_{\alpha\beta}) \tag{9.93$_1$}$$

的形式，其中 a' 是一个与压强、体积和温度无关的常量，$\boldsymbol{\nu}$ 是沿分子长轴方向的单位矢量，r_{1j} 是所讨论的分子 1 与另外的分子 j 之间的距离，在求和中的 j 是对除分子 1 以外的所有分子的求和．平均值 $\left\langle\sum_{j} r_{1j}^{-6}\right\rangle$ 是 $\sum_{j} r_{1j}^{-6}$ 的系综平均值；由于是系综平均值，所以与取那个分子作分子 1 无关．显然，这个平均值将是一个半径六次方的倒数．体积与半径的三次方成正比，所以这个平均值与体积的平方成反比．梅尔和邵普因此又把式 (9.93$_1$) 写成

$$u(\boldsymbol{\nu},S)=-\left(\frac{a}{V^2}\right)S_{\alpha\beta}\cdot\frac{1}{2}(3\nu_\alpha\nu_\beta-\delta_{\alpha\beta}) \tag{9.93$_2$}$$

的形式，V 是液晶的克分子体积，S 代表有序参数 $S_{\alpha\beta}$．

按照统计力学规律，在势场 $u(\boldsymbol{\nu},S)$ 中，分子取向的分布几率函数 $f(\boldsymbol{\nu})$ 是

$$f(\boldsymbol{\nu})=\frac{\exp\left[-\dfrac{u(\boldsymbol{\nu},S)}{kT}\right]}{\displaystyle\int\exp\left[\frac{-u(\boldsymbol{\nu},S)}{kT}\right]d\boldsymbol{\nu}}, \tag{9.94}$$

积分是对所有 $\boldsymbol{\nu}$ 的取向的积分．按照式 (9.26) 有序参数 $S_{\alpha\beta}$ 的定义，现在应该有

$$S_{\alpha\beta}=\int\frac{1}{2}(3\nu_\alpha\nu_\beta-\delta_{\alpha\beta})f(\boldsymbol{\nu})d\boldsymbol{\nu}. \tag{9.95}$$

式 (9.93) 指出 $u(\boldsymbol{\nu},S)$ 是 $S_{\alpha\beta}$ 的函数，因此式 (9.94) 的分布函数 $f(\boldsymbol{\nu})$ 也是 $S_{\alpha\beta}$ 的函数．式 (9.95) 就是要求 $S_{\alpha\beta}$ 的平均值等于 $S_{\alpha\beta}$

这样一个自洽的条件. 对于长棒状单轴液晶分子,令 $\boldsymbol{\nu}$ 与 x_3 轴间的夹角为 θ, 那么式 (9.26)、(9.93)、(9.94) 和 (9.95) 分别成为

$$S = \frac{1}{2}\langle 3\cos^2\theta - 1\rangle, \tag{9.96}$$

$$u(\theta, S) = -\left(\frac{a}{V^2}\right)S\cdot\frac{1}{2}(3\cos^2\theta - 1); \tag{9.97}$$

$$\begin{aligned} f(\theta) &= \frac{\exp\left[-\dfrac{u(\theta,S)}{kT}\right]}{\displaystyle\int_0^\pi \exp\left[-\dfrac{u(\theta,S)}{kT}\right]\sin\theta d\theta}, \quad 0\leqslant\theta\leqslant\pi, \\ &= \frac{\exp\left[-\dfrac{u(\phi,S)}{kT}\right]}{\displaystyle\int_0^{\pi/2} \exp\left[-\dfrac{u(\phi,S)}{kT}\right]\sin\phi d\phi}, \quad 0\leqslant\phi\leqslant\frac{\pi}{2}, \\ &= \frac{\exp\left[-\dfrac{u(x,S)}{kT}\right]}{\displaystyle\int_0^1 \exp\left[-\dfrac{u(x,S)}{kT}\right]dx}, \quad x=\cos\phi,\ 0\leqslant x\leqslant 1; \end{aligned} \tag{9.98}$$

$$S = \frac{\displaystyle\int_0^1 \frac{1}{2}(3x^2-1)\exp\left[-\dfrac{u(x,S)}{kT}\right]dx}{\displaystyle\int_0^1 \exp\left[-\dfrac{u(x,S)}{kT}\right]dx}. \tag{9.99}$$

式 (9.99) 是一个自洽的积分方程式. 显然,它的一个特解是 $S=0$, 对应于各向同性相. 为了讨论其余的解,让我们令

$$b^2 = \frac{3}{2}\left(\frac{a}{V}\right)\left(\frac{S}{2}\right)\left(\frac{1}{kT}\right). \tag{9.100}$$

把式 (9.97) 代入式 (9.99), 并应用式 (9.100), 在约去分子与分母中共同的因数之后,可以有

$$S = \frac{\displaystyle\int_0^1 \frac{1}{2}(3x^2-1)\exp(b^2x^2)dx}{\displaystyle\int_0^1 \exp(b^2x^2)dx}.$$

令 $z=bx$，经过分部积分，上式可以给出

$$S=\frac{3}{4}\left[\frac{\exp(b^2)}{bD(b)}-\frac{1}{b^2}\right]-\frac{1}{2}, \tag{9.101}$$

其中 $D(x)$ 为道孙积分[21]：

$$D(b)=\int_0^b \exp(z^2)dz. \tag{9.102}$$

由于 b 是 S 和 T 的函数，所以式 (9.101) 给出了有序参数 S 和温度 T 的关系式。这个关系式对所有的液晶具有相同的形式。当然，式 (9.101) 并没有解析解。在数字计算下可以得出 S 和 $\frac{kV^2}{a}T$ 的图解形式，如图 (9.10) 所示[22]。图中给出了 $S=0$ 和在温度低于 $0.22284\left(\frac{a}{kV^2}\right)$ 时的另外两个解。上层的解，当 $T\to 0\text{K}$ 时趋近于 1，也就是说那时所有分子都平行排列起来。下层的解，当 $T\to 0\text{K}$ 时趋近于 $-\frac{1}{2}$，也就是说那时所有分子都在与指向矢方向相垂直的平面内排列，而且在这个平面内是各向同性的。

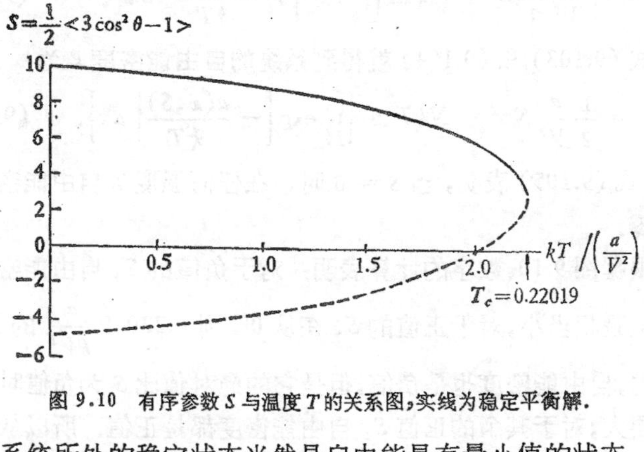

图 9.10　有序参数 S 与温度 T 的关系图，实线为稳定平衡解.

系统所处的稳定状态当然是自由能具有最小值的状态，因此需要找出自由能密度的表示式。从热力学观点来看，自由能密度 g 等于单位体积液晶的内能 U 与温度和单位体积液晶的熵的乘积 T_s 之差，$g=U-T_s$。前面我们引用了式 (9.97) 的单个分子势

能 $u(\theta, S)$. 在梅尔-邵普理论中，这个分子势能 u 是从考虑两体相互作用而得到的. 设单位体积中液晶分子数为 N，那么单位体积液晶的内能 U 将是:

$$
\begin{aligned}
U &= \frac{1}{2} N \langle u(\theta, S) \rangle \\
&= \frac{1}{2} N \left\langle -\frac{a}{V^2} S \cdot \frac{1}{2}(3\cos^2\theta - 1) \right\rangle \\
&= -\frac{1}{2} N \frac{a}{V^2} S^2. \qquad (9.103)
\end{aligned}
$$

后面这个等式是应用式 (9.96) 的结果. 这里有一个系数 $\frac{1}{2}$，它是为了消除由于两体相互作用而把每个分子考虑了两次而引进的. 单位体积液晶的熵 s 按照统计力学为

$$
\begin{aligned}
s &= -Nk\langle \ln f(\theta) \rangle \\
&= \frac{N}{T}\langle u \rangle + Nk \ln \left\{ \int_0^1 \exp\left[-\frac{u(x,S)}{kT} \right] dx \right\} \\
&= -\frac{a}{V^2}\frac{N}{T} S^2 + Nk \ln \left\{ \int_0^1 \exp\left[-\frac{u(x,S)}{kT} \right] dx \right\}. \qquad (9.104)
\end{aligned}
$$

应用式 (9.103) 和 (9.104) 就得到系统的自由能密度 g 为

$$
g = \frac{1}{2}\frac{a}{V^2} N S^2 - NkT \ln \left\{ \int_0^1 \exp\left[-\frac{u(x,S)}{kT} \right] dx \right\}. \qquad (9.105)
$$

显然，式 (9.105) 表明，当 $S = 0$ 时，在任何温度 T 自由能密度都等于零.

根据图 9.10，数字的计算表明：对于负值的 S，自由能密度是负值但是相当小；对于正值的 S，在从 0K 到 $0.22019\,\frac{a}{kV^2}$ 的温度范围内，自由能密度也是负值，但是它的绝对值比 S 为负值时的绝对值要大；对于其余的正值 S，自由能密度都是正值. 所以从温度 $T = 0\text{K}$ 到 $T = T_c = 0.22019\,\frac{a}{kV^2}$，丝状相是稳定相；在这段温度范围内有序参数从 1 单调下降到最小值 0.4289. 当温度高于 T_c 时，$S = 0$ 的各向同性相成为稳定态. 所以在温度为 T_c 处，有序

参数 S 有一个从 0.4289 到零的突变，也就是说在这里有一个一级相变的产生。表 9.1 列出了根据上面的理论所得出的在各个温度下有序参数 S 的平衡数值(见文献 [22] 39 页)。

表 9.1 在丝状相范围内有序参数 S 的平衡值与温度的关系表

$\frac{kV^2}{a}T$	S	$\frac{kV^2}{a}T$	S
0	1.0000	0.201	0.6091
0.01	0.9899	0.202	0.6032
0.02	0.9794	0.203	0.5971
0.03	0.9687	0.204	0.5908
0.04	0.9576	0.205	0.5843
0.05	0.9461	0.206	0.5776
0.06	0.9342	0.207	0.5706
0.07	0.9218	0.208	0.5634
0.08	0.9089	0.209	0.5558
0.09	0.8953	0.210	0.5479
0.10	0.8810	0.211	0.5396
0.11	0.8657	0.212	0.5309
0.12	0.8493	0.213	0.5217
0.13	0.8315	0.214	0.5120
0.14	0.8210	0.215	0.5016
0.15	0.7910	0.216	0.4904
0.16	0.7655	0.217	0.4783
0.17	0.7372	0.218	0.4649
0.18	0.7041	0.219	0.4500
0.19	0.6644	0.220	0.4327
0.20	0.6148	0.22019	0.4289

把式 (9.97) 代入式 (9.105) 的积分中，就得到

$$g=\frac{1}{2}\left(\frac{a}{V^2}\right)NS^2-NkT\ln\left\{\int_0^1\exp\left[\frac{a}{2kV^2T}(3x^2-1)S\right]dx\right\}$$

$$=\frac{1}{2}\left(\frac{a}{V^2}\right)NS(S+1)-NkT\ln\left[\int_0^1\exp\left(\frac{3a}{2kV^2T}Sx^2\right)dx\right].$$

在小的 S 值情形下，积分中的指数项可以用级数展开然后进行积分，结果成为

$$g=\frac{1}{2}\left(\frac{a}{V^2}\right)NS(S+1)-NkT\ln\left[1+BS\left(\frac{1}{3}\right.\right.$$

$$\left.\left.+\frac{1}{10}BS+\frac{1}{42}B^2S^2+\frac{1}{216}B^3S^3+\cdots\right)\right],$$

其中

$$B=\frac{3}{2}\frac{a}{kV^2T}.$$

再将对数项用级数展开到有序参数 S 的四次项，就得到

$$\begin{aligned}g=&\frac{1}{2}N\left(\frac{a}{V^2}\right)\left[1-\frac{1}{5}\left(\frac{a}{V^2}\right)\left(\frac{1}{kT}\right)\right]S^2\\&-\frac{1}{3}\left[\frac{N}{35}\left(\frac{a}{V^2}\right)^3\left(\frac{1}{kT}\right)^2\right]S^3\\&+\frac{1}{4}\left[\frac{N}{175}\left(\frac{a}{V}\right)^4\left(\frac{1}{kT}\right)^3\right]S^4+\cdots.\end{aligned}\tag{9.106}$$

把这个自由能密度表示式与朗道-德燃纳理论的自由能密度式 (9.88_2) 相比较，可以看到式 (9.88_2) 中的系数 A，B 和 C 在梅尔-邵普理论中成为

$$\begin{aligned}A&=N\left(\frac{a}{V^2}\right)\left[1-\frac{1}{5}\left(\frac{a}{V^2}\right)\left(\frac{1}{kT}\right)\right],\\B&=\frac{N}{35}\left(\frac{a}{V^2}\right)^3\left(\frac{1}{kT}\right)^2,\\C&=\frac{N}{175}\left(\frac{a}{V^2}\right)^4\left(\frac{1}{kT}\right)^3.\end{aligned}\tag{9.107}$$

这说明对于有序参数 S 数值很小的各向同性相，朗道-德燃纳理论和梅尔-邵普理论得出的结果是相同的。

参 考 文 献

[1] J. Nehring, A. Saupe, *J. Chem. Phys.*, **54**(1971), 337.

[2] V. Tsvetkov, *Acta Physicochim. USSR*, **16**(1942), 132.

[3] P. G. de Gennes, *Mol. Gryst. Liq. Cryst.*, **12**(1971), 193.

[4] L. Onsager, *Ann. N. Y. Acad. Sci.*, **51**(1949), 627.

[5] T. L. Hill, Statistical Mechanics, Principles and Selected Applications, McGraw-Hill (1956).

[6] J. E. Mayer, M. G. Mayer, Statistical Mechanics, 2nd ed., John Wiley (1977).
[7] R. H. Fowler, Statistical Mechanics, 2nd ed. Cambridge University (1936).
[8] Hardy, Ramanujan, *Proc. London Math. Soc.*, **16**(1917), 130.
[9] K. Huang, Statistical Mechanics, John Wiley (1963), p. 153.
[10] A. Saupe, *J. Phys. (Paris)*, **40**(1979), C3-207.
[11] L. Landau, E. M. Lifshitz, Statistical Physics, 3rd ed. Pt. 1, Pergamon (1980), Ch. 14.
[12] A. Saupe, *Angew. Chem. Internat. Ed.*, **7**(1968), 97.
[13] P. G. de Gennes, *Phys. Lett.*, **30A**(1969), 454.
[14] R. Y. Dong, E. Tomchuk, *Phys. Rev.*, **17A**(1978), 2062.
[15] K. V. S. Rao, J. S. Huang, J. H. Freed, *Phys. Rev. Lett.*, **37**(1976), 515.
[16] Y. Poggi, P. Atten, R. Aleonard, *Phys. Rev.* **14A**(1976), 466.
[17] J. H. Freed, *J. Chem. Phys.*, **66**(1977), 4183.
[18] 林磊、蔡俊道，*Scientia Sinica,* **12**(1979), 1258. 中国科学， (1979), p. 947.
[19] W. Maier, A. Saupe, *Z. Naturforsch.*, **13a**(1958), 566; **14a**(1959), 882; **15a**(1960), 287; **16a**(1961), 816.
[20] L. I. Schiff, Quantum Mechanics, 3rd ed., McGraw-Hill (1968), p. 259.
[21] M. Abramowitz, I. A. Stegun, Handbook of Mathematical Functions, Dover (1964), p. 319.
[22] E. B. Priestley, P. J. Wojtowicz, P. Sheng, Introduction to Liquid Crystals, Plenum (1975).

第十章　分子场理论的应用

在上一章我们分别介绍了翁萨克理论，朗道-德燃纳理论和梅尔-邵普平均场理论．在翁萨克理论中作为粒子密度函数的自由能表示式，是用各阶含有维里系数的项展开的．在相变点附近如果用圆柱形棒状分子作为模型进行数字估算，可以得出第三维里系数项与第二维里系数项之比大约为 $10\frac{D}{L}$，D是棒的截面直径、L是棒长[1]．在翁萨克理论里忽略了第三阶和高阶的维里系数项．这一点说明该理论应只适用于分子很长的系统．但是，一般的液晶分子都很少能满足 $\frac{L}{D}>10$ 的条件．象 PAA 和 MBBA 之类液晶分子的 $\frac{L}{D}$ 值大约在 4 左右．因此，应该说液晶系统很少能满足翁萨克理论的要求．

比较一下翁萨克理论中式(9.84)的分布函数 $f(\mathbf{n})$ 和梅尔-邵普理论中式(9.94)的分布函数 $f(\boldsymbol{\nu})$，就可以看到翁萨克理论也是一种平均场理论．只不过梅尔-邵普理论用的是某种组态能量平均值，而翁萨克理论用的是与取向有关的组态熵；式(9.84$_1$)的积分中含有分布函数 $f(\mathbf{n})$，而分布函数的对数就是熵．两种理论的结果在定性方面很相似．一般讲，梅尔-邵普理论适用于不易压缩的流体，而翁萨克理论更适用于系统自由能随密度的变化比较小的低密度系统。因此，翁萨克理论预期在相变过程中密度将会有较大的变化．

翁萨克理论引用了分子取向分布函数 $f(\mathbf{n})$，而把自由能用粒子密度作了展开，反过来又用自由能密度具有最小值的条件来规定分布函数 $f(\mathbf{n})$ 所应满足的方程．梅尔-邵普理论考虑分子之间的范德瓦耳斯相互作用，而把一个分子所处的势场归结为所有其余分子在该分子处所产生的平均势场，并把有序参数 $S_{\alpha\beta}$ 引进了平均势场，从而给出分子的取向分布．在温度高于相变点的各向同性相时，这两个理论都认为系统中分子是无序的．然而，一些实验现象却说明，即使在各向同性相，丝状液晶的分子仍然存在着一定的短程有序．朗道-德燃纳理论在液晶宏观各向异性的基础上引用了有序参数 $Q_{\alpha\beta}$，从而把短程有序的性质也作了考虑．这就为解释一些涉及到短程有序的实验现象提供了条件．本章将简略地用这些理论对在相变点附近出现的一些现象作些讨论．关于涉及到光散射的问题，将留待第十一章再进行讨论．

§1　丝状液晶的弹性常数

第九章曾经讨论过奈尔应和邵普从分子间相互作用观点导出夫兰克自由能密度表示式的过程．自由能密度表示式中的各个弹性常数是以涉及到分子间相互作用力性质的积分表示的．由于这个作用力本身的具体形式无法加以确定，所以不能得出具体的弹性常数值，而只能依赖于用实验对它们的数值作直接的测定．第九章讨论分子场理论时引进了有序参数这个可以由实验测量的参数．有序参数描述了分子排列取向的有序性．在无外场作用下丝状液晶处于平衡状态时，有序参数在液晶中各点应该是相同的．如果在外场作用下丝状液晶发生形变，那么由于形变的影响，液晶中各点的有序参数将有所改变，从而出现有序参数的梯度．这样，在具有形变状态时，系统的自由能密度将不但是有序参数 $S_{\alpha\beta}$ 的函数，而且还将是有序参数梯度的函数．另一方面，系统的弹性形变自由能密度可以用系统的夫兰克自由能密度来表示．这就使得各个弹性常数与有序参数直接发生了联系．本节就是讨论丝状液晶中这二者之间的关系．

式(9.88)给出了在平衡状态下丝状液晶自由能密度用有序参数表示的形式．现在由于具有形变，有序参数 $S_{\alpha\beta}$ 具有梯度，因此除去式(9.88)给出的各项外，自由能密度表示式中还需要包含由

于有序参数 $S_{\alpha\beta}$ 的梯度而引起的各个项，这些项的总体我们称之为 g_e. 由于液晶指向矢 **n** 与 $-$**n** 的等价性，在自由能密度

$$\mathscr{G} = g(S) + g_e$$

的表示式中不会出现 $S_{\beta\gamma,\alpha}$ 的一阶项（α, β, γ 中的每一个都可以取 1, 2 或 3 这些空间固定直角坐标系的三个坐标 x_1, x_2, x_3），因为梯度的一阶项在倒转指向矢方向时将改变符号. 在小形变条件下，可以只考虑到梯度的二阶项而忽略所有高阶项. 自由能密度是一个标量，同时丝状液晶具有 $C_{\infty v}$ 对称性. 能满足这些要求的自由能密度非均匀项 g_e 将是

$$g_e = \frac{1}{2} L_1 S_{\beta\gamma,\alpha} S_{\beta\gamma,\alpha} + \frac{1}{2} L_2 S_{\alpha\gamma,\alpha} S_{\beta\gamma,\beta} \tag{10.1}$$

的形式，两个常数系数 L_1 和 L_2 可以称为弹性常数[2]. 当然，在夫兰克弹性形变理论中对丝状液晶引入了三个弹性常数 k_{11}, k_{22}, k_{33}, 分别描述展曲、扭曲、弯曲三种形变；而这里仅仅引入了两个常数 L_1 和 L_2 其所以在这里只有两个参数，是由于式(10.1)的展开式中只考虑到有序参数梯度的二阶项，而忽略了所有高阶项；换句话说，式(10.1) 只适用于小的有序参数值. 因此，式 (10.1) 应该适用于相变点附近的各向同性相，而只能定性地用于丝状相. 当然，常数 L_1 和 L_2. 可以是温度和压强的函数；不过作为近似，可以把它们作为常数来处理.

要想找出常数 L_1 和 L_2 与弹性常数 k_{11}, k_{22} 和 k_{33} 的关系，需要把有序参数 $S_{\alpha\beta}$ 同液晶指向矢 **n** 相结合起来. 对于单轴液晶，有序参数可以取式 (9.27) 式的形式:

$$S_{\alpha\beta} = \frac{1}{2} S(3n_\alpha n_\beta - \delta_{\alpha\beta}). \tag{9.27}$$

用这种 $S_{\alpha\beta}$ 的形式，我们可以看到

$$S_{\beta\gamma,\alpha} S_{\beta\gamma,\alpha} = \Big[\frac{1}{2}(3n_\beta n_\gamma - \delta_{\beta\gamma}) S_{,\alpha} + \frac{3}{2} S(n_{\beta,\alpha} n_\gamma + n_\beta n_{\gamma,\alpha})\Big]$$

$$\cdot\left[\frac{1}{2}(3n_\beta n_\gamma-\delta_{\beta\gamma})S_{,\alpha}\right.$$

$$\left.+\frac{3}{2}S(n_{\beta,\alpha}n_\gamma+n_\beta n_{\gamma,\alpha})\right].$$

由于指向矢 **n** 满足

$$n_\alpha n_\alpha=1,\quad n_\alpha n_{\alpha,\beta}=0$$

的条件，所以有

$$S_{\beta\gamma,\alpha}S_{\beta\gamma,\alpha}=\frac{3}{2}S_{,\alpha}S_{,\alpha}+\frac{9}{2}S^2n_{\beta,\alpha}n_{\beta,\alpha}$$

$$=\frac{3}{2}(\nabla S)^2+\frac{9}{2}S^2n_{\beta,\alpha}n_{\beta,\alpha}.$$

另外，

$$S_{\alpha\gamma,\alpha}S_{\beta\gamma,\beta}=\left[\frac{3}{2}(\mathbf{n}\cdot\nabla S)n_\gamma-\frac{1}{2}S_{,\gamma}\right.$$

$$\left.+\frac{3}{2}(S\nabla\cdot\mathbf{n})n_\gamma+\frac{3}{2}S\mathbf{n}\cdot\nabla n_\gamma\right]$$

$$\cdot\left[\frac{3}{2}(\mathbf{n}\cdot\nabla S)n_\gamma-\frac{1}{2}S_{,\gamma}\right.$$

$$\left.+\frac{3}{2}(S\nabla\cdot\mathbf{n})n_\gamma+\frac{3}{2}S\mathbf{n}\cdot\nabla n_\gamma\right].$$

注意到

$$n_\gamma(\mathbf{n}\cdot\nabla n_\gamma)=\frac{1}{2}\mathbf{n}\cdot\nabla(n_\gamma n_\gamma)=0,$$

就可以有

$$S_{\alpha\gamma,\alpha}S_{\beta\gamma,\beta}=\frac{1}{4}(\nabla S)^2+\frac{3}{4}(\mathbf{n}\cdot\nabla S)^2$$

$$+\frac{9}{4}S^2[(\nabla\cdot\mathbf{n})^2+(\mathbf{n}\cdot\nabla\mathbf{n})^2]$$

$$+\frac{3}{4}[2(\nabla\cdot\mathbf{n})\mathbf{n}-\mathbf{n}\cdot\nabla\mathbf{n}]\cdot(\nabla S^2).$$

把这些结果代入式 (10.1)，就得到

$$g_e=\frac{3}{4}\left(L_1+\frac{1}{6}L_2\right)(\nabla S)^2+\frac{3}{8}L_2(\mathbf{n}\cdot\nabla S)^2$$

$$+\frac{9}{4}S^2\left[L_1 n_{\beta,\alpha}n_{\beta,\alpha}+\frac{1}{2}L_2(\nabla\cdot\mathbf{n})^2\right.$$

$$\left.+\frac{1}{2}L_2(\mathbf{n}\cdot\nabla\mathbf{n})^2\right]$$

$$+\frac{3}{8}L_2[2(\nabla\cdot\mathbf{n})\mathbf{n}-\mathbf{n}\cdot\nabla\mathbf{n}]\cdot(\nabla S^2). \qquad (10.2)$$

在有序参数 S 为常数的情形下，式(10.2)简化成为

$$g_e=\frac{9}{4}S^2\left[L_1 n_{\beta,\alpha}n_{\beta,\alpha}+\frac{1}{2}L_2(\nabla\cdot\mathbf{n})^2\right.$$

$$\left.+\frac{1}{2}L_2(\mathbf{n}\cdot\nabla\mathbf{n})^2\right]. \qquad (10.3_1)$$

式(2.32)告诉我们

$$(\nabla\cdot\mathbf{n})^2+(\mathbf{n}\cdot\nabla\times\mathbf{n})^2+(\mathbf{n}\times\nabla\times\mathbf{n})^2$$
$$=n_{\beta,\alpha}n_{\beta,\alpha}+\nabla\cdot(\mathbf{n}\nabla\cdot\mathbf{n}-\mathbf{n}\cdot\nabla\mathbf{n}).$$

同时，由于 $\mathbf{n}\cdot\mathbf{n}=1$，从而有

$$\mathbf{n}\cdot\nabla\mathbf{n}=-\mathbf{n}\times(\nabla\times\mathbf{n}).$$

所以，我们可以把 $n_{\beta,\alpha}n_{\beta,\alpha}$ 写成

$$n_{\beta,\alpha}n_{\beta,\alpha}=(\nabla\cdot\mathbf{n})^2+(\mathbf{n}\cdot\nabla\times\mathbf{n})^2$$
$$+(\mathbf{n}\cdot\nabla\mathbf{n})^2-\nabla\cdot(\mathbf{n}\nabla\cdot\mathbf{n}-\mathbf{n}\cdot\nabla\mathbf{n})$$

的形式. 于是式(10.3)可以改写成

$$g_e=\frac{9}{4}S^2\left[\left(L_1+\frac{1}{2}L_2\right)(\nabla\cdot\mathbf{n})^2\right.$$

$$+L_1(\mathbf{n}\cdot\nabla\times\mathbf{n})^2+\left(L_1+\frac{1}{2}L_2\right)(\mathbf{n}\cdot\nabla\mathbf{n})^2$$

$$\left.-L_1\nabla\cdot(\mathbf{n}\nabla\cdot\mathbf{n}-\mathbf{n}\cdot\nabla\mathbf{n})\right]. \qquad (10.3_2)$$

最后一项 $L_1\nabla\cdot(\mathbf{n}\nabla\cdot\mathbf{n}-\mathbf{n}\cdot\nabla\mathbf{n})$ 对系统自由能的贡献是一个表面能项，在这里可以忽略不计. 于是，可以有

$$g_e = \frac{9}{4} S^2 \left[\left(L_1 + \frac{1}{2} L_2 \right) (\nabla \cdot \mathbf{n})^2 \right.$$

$$\left. + L_1 (\mathbf{n} \cdot \nabla \times \mathbf{n})^2 + \left(L_1 + \frac{1}{2} L_2 \right) (\mathbf{n} \cdot \nabla \mathbf{n})^2 \right]. \quad (10.3_3)$$

与夫兰克自由能密度表示式(2.31)相比较，可以看到

$$k_{11} = k_{33} = \frac{9}{2} S^2 \left(L_1 + \frac{1}{2} L_2 \right),$$

$$k_{22} = \frac{9}{2} S^2 L_1. \quad (10.4)$$

这样，如果有序参数 S 不随空间变化，那么在考虑到有序参数的二阶项的情形下，展曲弹性常数和弯曲弹性常数相等. 并且三个弹性常数随温度变化的关系都和 S^2 随温度变化的关系相同. 如果我们把有序参数随空间的变化也考虑进去，那么由于 L_1 和 L_2 与弹性常数有关，式(10.2)指出，自由能密度将与弹性常数和有序参数的梯度 ∇S 的交叉项有关.

§2 丝状液晶的相干长度

弹性常数 L_1 和 L_2 需要满足一些要求. 为了讨论这些要求，让我们具体地假设有序参数 $S_{\alpha\beta}$ 仅仅是坐标 x_3 的函数而与 x_1 和 x_2 无关. 应用 $S_{\alpha\beta} = S_{\beta\alpha}$ 的对称条件，式(10.1)将取

$$g_e = \frac{1}{2} L_1 \left[\left(\frac{\partial S_{11}}{\partial x_3} \right)^2 + \left(\frac{\partial S_{22}}{\partial x_3} \right)^2 + \left(\frac{\partial S_{33}}{\partial x_3} \right)^2 \right.$$

$$\left. + 2 \left(\frac{\partial S_{12}}{\partial x_3} \right)^2 + 2 \left(\frac{\partial S_{23}}{\partial x_3} \right)^2 + 2 \left(\frac{\partial S_{31}}{\partial x_3} \right)^2 \right]$$

$$+ \frac{1}{2} L_2 \left[\left(\frac{\partial S_{13}}{\partial x_3} \right)^2 + \left(\frac{\partial S_{23}}{\partial x_3} \right)^2 + \left(\frac{\partial S_{33}}{\partial x_3} \right)^2 \right] \quad (10.5)$$

的形式. 由于具有形变的系统的弹性自由能密度要大于无外场作用时处于平衡状态的系统自由能密度，因此 g_e 是正值. 如果假设有序参数 $S_{\alpha\beta}$ 的六个独立分量中只有

$$\frac{\partial S_{12}}{\partial x_3} \neq 0,$$

而其余五个分量的梯度都等于零，那么 g_e 是正值的条件就要求

$$L_1 > 0, \tag{10.6$_1$}$$

这是弹性常数 L_1 需要满足的第一个条件．如果假设只有

$$\frac{\partial S_{23}}{\partial x_3} \neq 0$$

而其余五个分量的梯度都等于零，那就需要有

$$L_1 + \frac{1}{2} L_2 > 0 \tag{10.6$_2$}$$

的条件．这是弹性常数 L_1 和 L_2 需要满足的另一个条件．显然这里 L_2 可以是正值也可以是负值．如果假设只有

$$\frac{\partial S_{13}}{\partial x_3} \neq 0$$

而其余五个分量的梯度都等于零，所得到的将仍然是式 (10.6$_2$) 的条件．

二阶张量 $S_{\alpha\beta}$ 是一个其迹为零的张量，这就使得式 (10.5) 中包含 S_{11}，S_{22} 和 S_{33} 的各项要复杂一些．先看液晶中各处的分子都是平行于 x_3 轴方向排列的情形．在相变点，这时的分子排列对应于与丝状相和各向同性相的界面相垂直的情形．我们可以令

$$S_{33} = S,$$

$$S_{22} = S_{11} = -\frac{1}{2} S,$$

$$S_{12} = S_{23} = S_{31} = 0.$$

把它们代入式 (10.5)，就可以得到

$$g_e = \frac{1}{4}(3L_1 + 2L_2)\left(\frac{dS}{dx_3}\right)^2.$$

把这一形变自由能密度与平衡状态下自由能密度式 (9.88) 的有序参数二阶项相结合，同时忽略有序参数的高阶项，就可以得出自由能密度

$$\mathscr{G} = g(S) + g_e$$

$$= \frac{3}{4} a(T) S^2 + \frac{1}{4} (3L_1 + 2L_2) \left(\frac{dS}{dx_3} \right)^2$$
$$= \frac{3}{4} a(T) \left[S^2 + \xi_n^2 \left(\frac{dS}{dx_3} \right)^2 \right], \qquad (10.7_1)$$

其中 $\xi_n(T)$ 由

$$\xi_n^2(T) = \frac{1}{a(T)} \left(L_1 + \frac{2}{3} L_2 \right) \qquad (10.7_2)$$

决定. $\xi_n(T)$ 称为"垂直相干长度". 由于 $\xi_n^2(T)$ 必然需要是正值,而且式(9.88)式指出 $a(T)$ 也是正值,因此要求

$$L_1 + \frac{2}{3} L_2 > 0. \qquad (10.8)$$

这个要求和形变自由能密度是正值是一致的. 当然,如果式(10.8)能得到满足,式(10.6_2)的要求也就自然得到满足.

如果在相变点分子是与各向同性相和丝状相的界面相平行排列,那么我们可以设

$$S_{11} = S,$$
$$S_{22} = S_{33} = -\frac{S}{2},$$
$$S_{12} = S_{23} = S_{31} = 0.$$

这时自由能密度 $\mathscr{G}$ 在保留到有序参数 S 的二阶项时成为

$$\mathscr{G} = g(S) + g_e$$
$$= \frac{3}{4} a(T) \left[S^2 + \xi_t^2 \left(\frac{dS}{dx_3} \right)^2 \right], \qquad (10.9_1)$$

其中 $\xi_t(T)$ 由

$$\xi_t^2(T) = \frac{1}{a(T)} \left(L_1 + \frac{1}{6} L_2 \right) \qquad (10.9_2)$$

决定. $\xi_t(T)$ 称为"平行相干长度". 式(10.9_2)要求

$$L_1 + \frac{1}{6} L_2 > 0.$$

显然,如果式(10.8)能够得到满足的话,这个关系自然也就得到

满足．所以常数 L_1 和 L_2 需要满足的条件是式 (10.6_1) 和 (10.8)．

如果我们令

$$\xi_1^2(T) = \frac{1}{a(T)} L_1,$$

$$\xi_2^2(T) = \frac{1}{a(T)} L_2 \tag{10.10}$$

为另外两个相干长度，那么垂直相干长度 ξ_n 和平行相干长度 ξ_t 都是 ξ_1 和 ξ_2 的组合．可以预期，这些相干长度具有相同的数量级．从式 (10.7) 和 (10.9) 可以看出，相干长度描述的是受有序参数梯度影响的液晶厚度．按照平均场理论式 (9.84_4) 关于 $a(T)$ 的形式，可以看到这些相干长度都具有 $\xi_0\left|\frac{T}{T^*}-1\right|^{-1/2}$ 的形式，ξ_0 是一个由分子间相互作用力的作用范围决定的微观长度，大约在 20 Å 的数量级．

在相变点现在看一看丝状相和各向同性相的界面．在界面两边的有序参数 S 将从 $x_3 = -\infty$ 处的有限值改变为 $x_3 = +\infty$ 处的零值．当然，这个变化产生在界面附近一个厚度为 $\xi(T_c)$ 的液晶层内，$\xi(T_c)$ 是一个适当的相干长度．一般讲，$\xi(T_c)$ 是 $\xi_1(T_c)$ 和 $\xi_2(T_c)$ 的某种组合，视界面处指向矢的取向而定．$\xi(T_c)$ 然当要比分子的线度长很多．如果在界面附近的指向矢与界面相垂直，那么包括与有序参数有关的项在内的自由能密度将是

$$\mathscr{G} = \overline{g(S)} + \frac{1}{4}(3L_1 + 2L_2)\left(\frac{dS}{dx_3}\right)^2,$$

其中 $\overline{g(S)}$ 是平衡状态下的自由能密度式 (9.88)．现在考虑单位面积的界面，那么单位面积的柱体中液晶的自由能 γ_n 将是

$$\gamma_n = \int_{-\infty}^{\infty}\left[\overline{g(S)} + \frac{1}{4}(3L_1 + 2L_2)\left(\frac{dS}{dx_3}\right)^2\right] dx_3. \tag{10.11}$$

这个能量 γ_n 可以说就是界面上单位面积的能量，或者说就是界面的表面张力．如果在相变点 $T = T_c$，丝状相的有序参数为 $S=$

S^*，那么应该有 $\overline{g(S)}=\overline{g(S^*)}$．使表面张力具有最小值的条件，将是对应于式（10.11）的欧勒-拉格朗日方程

$$\frac{1}{2}(3L_1+2L_2)\frac{d^2S}{dx_3^2}=\frac{\partial}{\partial S}\overline{g(S)} \tag{10.12}$$

这个方程式的第一次积分结果是

$$\frac{1}{4}(3L_1+2L_2)\left(\frac{dS}{dx_3}\right)^2=\overline{g(S)}+常量。$$

由于在远离转变层处 $\frac{dS}{dx_3}$ 和 $\overline{g(S)}$ 都等于零，因此上式中的常量为零，从而得到

$$\frac{1}{4}(3L_1+2L_2)\left(\frac{dS}{dx_3}\right)^2=\overline{g(S)}。 \tag{10.13}$$

把式（10.13）的 $\overline{g(S)}$ 代入式（10.11），就得到

$$\begin{aligned}\gamma_n&=\int_{-\infty}^{\infty}\frac{1}{2}(3L_1+2L_2)\left(\frac{dS}{dx_3}\right)^2dx_3\\&=\int_0^{S^*}\frac{1}{2}(3L_1+2L_2)\left(\frac{dS}{dx_3}\right)dS\\&=\sqrt{3L_1+2L_2}\int_0^{S^*}\sqrt{\overline{g(S)}}\,dS。\end{aligned} \tag{10.14}$$

如果在界面附近指向矢与界面相平行，那么类似的处理将得到

$$\gamma_t=\sqrt{3L_1+\frac{1}{2}L_2}\int_0^{S^*}\sqrt{\overline{g(S)}}\,dS。 \tag{10.15}$$

比较一下式（10.14）和（10.15）就可以看到，在 $L_2>0$ 的情形下 $\gamma_n>\gamma_t$，因此从优的状态是指向矢与界面相平行的状态．反之，如果 $L_2<0$，那么 $\gamma_t>\gamma_n$，而指向矢与界面相垂直的状态是从优的状态．当然，实际的从优状态可能是指向矢与界面间夹角具有一定的不等于零或 $\frac{\pi}{2}$ 的状态，不过对这种情形的计算相当困难。

§3 螺旋状液晶的弹性常数

螺旋状液晶的有序参数仍然可以是式(9.22)或(9.27):

$$S_{\alpha\beta}=\frac{1}{2}S(3n_\alpha n_\beta-\delta_{\alpha\beta}).\qquad(9.27)$$

旋光性材料的静态磁化率张量是对称的，它的迹等于零. 同丝状液晶的情形一样，在因没有形变而不考虑有序参数的空间梯度的情形下，用有序参数 $S_{\alpha\beta}$ 展开的螺旋状液晶自由能密度表示式仍然是式(9.88)的形式. 不过当考虑到有序参数的梯度时，比起丝状液晶来，螺旋状液晶的自由能密度将有新的项出现，因为螺旋状相的对称性不同于丝状相. 这个新的项将是

$$g_c'=\frac{-4\pi}{p_0}L_1\varepsilon_{\alpha\beta\gamma}S_{\alpha\mu}S_{\beta\mu,\gamma},\qquad(10.16)$$

其中 p_0 是一个常数. 于是，涉及有序参数梯度的螺旋状液晶自由能密度 $g_c^{(c)}$ 成为

$$g_c^{(c)}=\frac{1}{2}L_1S_{\beta\gamma,\alpha}S_{\beta\gamma,\alpha}$$

$$+\frac{1}{2}L_2S_{\alpha\gamma,\alpha}S_{\beta\gamma,\beta}-\frac{4\pi}{p_0}L_1\varepsilon_{\alpha\beta,\gamma}S_{\alpha\mu}S_{\beta\mu,\gamma}.\qquad(10.17)$$

式(10.16)的 g_c' 在反射变换下要改变符号，因此在丝状液晶中不存在这一项，但对于螺旋状液晶此项是允许存在的.

把式(9.27)的 $S_{\alpha\beta}$ 代入式(10.16)后，可以看到

$$g_c'=-\frac{\pi}{p_0}L_1S\varepsilon_{\alpha\beta\gamma}S_{,\gamma}(3n_\alpha n_\beta+\delta_{\alpha\beta})$$

$$-\frac{3\pi}{p_0}L_1S^2\varepsilon_{\alpha\beta\gamma}(2n_\alpha n_{\beta,\gamma}-n_\beta n_{\alpha,\gamma}).$$

由于 $\varepsilon_{\alpha\beta\gamma}$ 对于 α 和 β 是反对称的，而 $(3n_\alpha n_\beta+\delta_{\alpha\beta})$ 对于 α 和 β 是对称的，所以

$$\varepsilon_{\alpha\beta\gamma}S_{,\gamma}(3n_\alpha n_\beta+\delta_{\alpha\beta})=0.$$

另外，由于

$$\varepsilon_{\alpha\beta\gamma}n_\beta n_{\alpha,\gamma} = -\varepsilon_{\beta\alpha\gamma}n_\beta n_{\alpha,\gamma} = -\varepsilon_{\alpha\beta\gamma}n_\alpha n_{\beta,\gamma},$$

所以有

$$\varepsilon_{\alpha\beta\gamma}(2n_\alpha n_{\beta,\gamma} - n_\beta n_{\alpha,\gamma}) = 3\varepsilon_{\alpha\beta\gamma}n_\alpha n_{\beta,\gamma} = -3\mathbf{n}\cdot\nabla\times\mathbf{n}.$$

这样就得到

$$g'_c = \frac{9\pi}{p_0}L_1S^2(\mathbf{n}\cdot\nabla\times\mathbf{n}).$$

式(10.17)右方的前两项正是丝状液晶情形中的式(10.1)；在式(9.27)的常数有序参数 S 情形下它成为式(10.3)。这样，在式(9.27)的常数有序参数 S 情形下，式(10.17)成为

$$\begin{aligned} g_c^{(c)} = \frac{9}{4}S^2\Big\{&\left(L_1+\frac{1}{2}L_2\right)(\nabla\cdot\mathbf{n})^2 \\ &+ L_1(\mathbf{n}\cdot\nabla\times\mathbf{n})\left[(\mathbf{n}\cdot\nabla\times\mathbf{n})+\frac{4\pi}{p_0}\right] \\ &+\left(L_1+\frac{1}{2}L_2\right)(\mathbf{n}\cdot\nabla\mathbf{n})^2\Big\}. \end{aligned} \qquad (10.18)$$

把式(10.18)和式(2.29)的夫兰克自由能密度表示式相比较 $\left[\right.$忽略常数项 $\frac{1}{2}k_{22}\left(\frac{k_2}{k_{22}}\right)^2\left.\right]$，同时由于螺旋状液晶的螺距满足式(3.69)，可以看到 p_0 正是螺旋状液晶的正常螺距。

在平衡状态下，螺旋状液晶的有序参数 $S_{\alpha\beta}$ 满足

$$S_{\alpha\beta} = \frac{1}{2}S(3n_\alpha n_\beta - \delta_{\alpha\beta}),$$

$$n_1 = \cos\left(\frac{2\pi}{p_0}x_3\right),\quad n_2 = \sin\left(\frac{2\pi}{p_0}x_3\right),\quad n_3 = 0 \qquad (10.19)$$

的关系。这时有

$$\nabla\cdot\mathbf{n} = 0,\qquad \mathbf{n}\cdot\nabla\times\mathbf{n} = -\frac{2\pi}{p_0},\qquad \mathbf{n}\cdot\nabla\mathbf{n} = 0,$$

从而使式(10.18)成为

$$g^{c(c)} = -\frac{9}{4}S^2L_1\left(\frac{2\pi}{p_0}\right)^2.$$

结合式(9.88)的自由能密度 $g(S)$，可以得到螺旋状液晶的自由能密度 $\mathscr{G}^{(c)}$ 为

$$\begin{aligned}\mathscr{G}^{(c)} &= g(S) + g_c^{(c)} \\ &= g_0 + \frac{1}{2}\left[A - \frac{9}{2}\left(\frac{2\pi}{p_0}\right)^2 L_1\right] S^2 \\ &\quad - \frac{1}{3} BS^3 + \frac{1}{4} CS^4. \end{aligned} \tag{10.20}$$

这个结果同式(9.88)的丝状液晶自由能密度具有完全相同的形式. 所以朗道-德燃纳关于丝状液晶的理论结果,基本上都可以适用于螺旋状液晶，所不同的只是丝状液晶情形中的常数 A 在螺旋状液晶情形中需要用 $A - \frac{9}{2}\left(\frac{2\pi}{p_0}\right)^2 L_1$ 来代替而已.

§4 磁致双折射

在相变点附近丝状液晶分子可以有短程有序这一点，也可以从磁致双折射现象得到证实.在无外场作用下,丝状液晶自由能密度用有序参数 $S_{\alpha\beta}$ 展开的形式已经由式(9.88)给出. 在外磁场作用下，自由能密度表示式中还需要增加磁能密度项. 能满足转动不变性的最普遍的磁能密度的形式是 $-\frac{1}{2}\chi_a H_\alpha S_{\alpha\beta} H_\beta$，$\chi_a$ 是液晶的磁化率各向异性. 由于外磁场作用所能引起的有序参数的数值只有 10^{-5} 的数量级,因此在式(9.88)中我们可以忽略二阶以上的有序参数项,从而令自由能密度成为

$$g - g_0 = \frac{1}{2} a(T) S_{\alpha\beta} S_{\alpha\beta} - \frac{1}{2} \chi_a H_\alpha S_{\alpha\beta} H_\beta \tag{10.21}$$

的形式. 有序参数的迹为零:

$$S_{\alpha\alpha} = 0. \tag{10.22}$$

平衡状态下的有序参数值是由满足式(10.22)并且能使 g 具有最小值的条件给出的. 把式(10.21)对 $S_{\alpha\beta}$ 求微分,令其为零;同时

把式(10.22)对 $S_{\alpha\beta}$ 求微分，再引入拉格朗日未定乘子 γ，就得到

$$aS_{\alpha\beta}-\frac{1}{2}\chi_a H_\alpha H_\beta+\gamma\delta_{\alpha\beta}=0.$$

应用式(10.22)的条件，于是得出拉格朗日未定乘子

$$\gamma=\frac{1}{6}\chi_a(H_1^2+H_2^2+H_3^2)$$

$$=\frac{1}{6}\chi_a H^2.$$

于是平衡状态下有序参数 $S_{\alpha\beta}$ 的形式成为

$$S_{\alpha\beta}=\frac{\chi_a}{2a(T)}\left(H_\alpha H_\beta-\frac{1}{3}H^2\delta_{\alpha\beta}\right). \tag{10.23}$$

在有序参数 $S_{\alpha\beta}$ 很小的条件下，德燃纳指出，任何一个其迹为零的对称二阶张量都可以用有序参数 $S_{\alpha\beta}$ 加以展开，而且在展开式中可以只取一阶项[2] 在第九章讨论宏观有序参数 $Q_{\alpha\beta}$ 的时候我们已经看到了这一点。类比于式(9.31)的宏观有序参数 $Q_{\alpha\beta}$，对介电常数我们也可以引用一个张量 $\Delta\varepsilon_{\alpha\beta}$:

$$\Delta\varepsilon_{\alpha\beta}=\frac{1}{2}(3\varepsilon_{\alpha\beta}-\delta_{\alpha\beta}\varepsilon_{\gamma\gamma}). \tag{10.24}$$

这个张量 $\Delta\varepsilon_{\alpha\beta}$ 实际上也就是用液晶介电各向异性来表示的一个有序参数。在只取到一阶项的条件下，用 $Q_{\alpha\beta}$ 或用 $S_{\alpha\beta}$ 展开的 $\Delta\varepsilon_{\alpha\beta}$ 的普遍形式是

$$\Delta\varepsilon_{\alpha\beta}=M'_{\alpha\beta\gamma\delta}Q_{\gamma\delta}$$

$$=M_{\alpha\beta\gamma\delta}S_{\gamma\delta}, \tag{10.25$_1$}$$

$M'_{\alpha\beta\gamma\delta}$ 和 $M_{\alpha\beta\gamma\delta}$ 是四阶张量。但是，可以把两个迹等于零的对称二阶张量(这里的 $\Delta\varepsilon_{\alpha\beta}$，$Q_{\gamma\delta}$ 或 $S_{\gamma\delta}$)线性地联系在一起，并且满足转动不变性的矩阵只能是常数倍的单位矩阵，因此

$$\Delta\varepsilon_{\alpha\beta}=MS_{\alpha\beta}, \tag{10.25$_2$}$$

M是一个常量[2]。把式(10.23)的 $S_{\alpha\beta}$ 代入上式，就得到张量 $\Delta\varepsilon_{\alpha\beta}$ 为

$$\Delta\varepsilon_{\alpha\beta} = \frac{M\chi_a}{2a(T)}\left(H_\alpha H_\beta - \frac{1}{3}H^2\delta_{\alpha\beta}\right). \qquad (10.25_3)$$

假设外磁场方向和指向矢 $\mathbf{n}$ 都是沿 x_3 轴方向,那么

$$H_1 = H_2 = 0, \quad H_3 = H;$$

$$\mathbf{n} = (0, 0, 1).$$

这样,从式(10.25₃)就可以得出

$$\Delta\varepsilon_{33} - \Delta\varepsilon_{11} = \frac{1}{2a(T)} M\chi_a H^2. \qquad (10.26)$$

式(3.5)给出

$$\varepsilon_{11} = \varepsilon_{22} = \varepsilon_\perp,$$

$$\varepsilon_{33} = \varepsilon_{/\!/},$$

$$\varepsilon_{TT} = \varepsilon_{/\!/} + 2\varepsilon_\perp.$$

把它们代入式(10.24),然后再代入式(10.26),就得到

$$\varepsilon_{/\!/} - \varepsilon_\perp = \frac{M\chi_a}{3a(T)} H^2. \qquad (10.27)$$

现在称与磁场方向相平行的偏振光的折射率为 $n_{/\!/}$,与磁场方向相垂直的偏振光的折射率为 $n_\perp$,由于液晶的磁导率基本上等于一,因此

$$\varepsilon_{/\!/} = n_{/\!/}^2, \quad \varepsilon_\perp = n_\perp^2.$$

于是,式(10.27)成为

$$n_{/\!/}^2 - n_\perp^2 = \frac{M\chi_a}{3a(T)} H^2$$

$$\equiv \alpha'(T)H^2. \qquad (10.28_1)$$

现在令

$$\bar{n} = \frac{1}{2}(n_{/\!/} + n_\perp),$$

于是有

$$n_{/\!/} - n_\perp = \frac{M\chi_a}{6\bar{n}a(T)} H^2$$

$$\equiv \alpha(T)H^2, \qquad (10.28_2)$$

$\alpha(T)$ 称为科顿-穆顿系数(Cotton-Mouton coefficient). 在清亮点

附近，M，χ_a 和 $\bar{n}$ 大约都不会有反常变化，所以 $\alpha'(T)$ 或者 $\alpha(T)$ 将与 $\frac{1}{a(T)}$ 具有相同的温度变化特征。式(9.88₄)指出，$a(T) \sim (T-T^*)$，因此 $\alpha(T)$ 和 $\alpha'(T)$ 都与 $(T-T^*)^{-1}$ 成正比。所以磁致双折射 $n_{/\!/}-n_{\perp}$ 基本上与 $(T-T^*)$ 成反比。对 MBBA 所做的磁致双折射实验测量，证实了这个 $\alpha^{-1}(T) \sim T-T^*$ 的结果[3]。

§5 丝状液晶的介电各向异性[4]

电动力学告诉我们在外电场 $\mathbf{E}$ 作用下，材料的静电极化强度 $\mathbf{P}$ 与 $\mathbf{E}$ 的关系可以写作

$$\mathbf{P}=\frac{1}{4\pi}(\tilde{\varepsilon}-\tilde{\mathbf{I}})\cdot\mathbf{E} \tag{10.29$_1$}$$

的形式，$\tilde{\varepsilon}$ 是材料的介电常数张量。对于由长棒状分子构成的丝状液晶来讲，$\tilde{\varepsilon}$ 可以用两个分量来标识，一个是沿指向矢方向的平行分量 $\varepsilon_{/\!/}$，另一个是垂直于指向矢方向的垂直分量 $\varepsilon_{\perp}$。这时极化强度 $\mathbf{P}$ 也可以分成沿指向矢方向的分量 $P_{/\!/}$ 和垂直于指向矢方向的分量 $P_{\perp}$：

$$P_{/\!/}=\frac{1}{4\pi}(\varepsilon_{/\!/}-1)E_{/\!/},$$

$$P_{\perp}=\frac{1}{4\pi}(\varepsilon_{\perp}-1)E_{\perp}. \tag{10.29$_2$}$$

对于非极性材料，如果单位体积中含有 N 个分子，分子的极化率张量为 $\tilde{\alpha}$，而 $\mathbf{E}^i$ 为分子所在位置的电场强度(或者称为内场强)，那么按照极化率的定义，分子的极化强度 $\mathbf{p}$ 将是

$$\mathbf{p}=\tilde{\alpha}\cdot\mathbf{E}^i. \tag{10.30}$$

即然 $\mathbf{E}^i$ 是分子所在位置的真正场强，因此不需要再考虑分子之间的相互作用，而可以简单地把单位体积材料的极化强度 $\mathbf{P}$ 看作是 N 个分子极化强度的总和。于是，非极性材料的极化强度 $\mathbf{P}$ 为

$$\mathbf{P} = N\langle\tilde{\alpha} \cdot \mathbf{E}^i\rangle, \tag{10.31$_1$}$$

括号〈 〉表示对所有分子取向的统计平均值．对于单轴的丝状液晶，当然可以有

$$P_{/\!/} = N\langle(\tilde{\alpha} \cdot \mathbf{E}^i)_{/\!/}\rangle,$$
$$P_{\perp} = N\langle(\tilde{\alpha} \cdot \mathbf{E}^i)_{\perp}\rangle. \tag{10.31$_2$}$$

内场强 $\mathbf{E}^i$ 和外电场 $\mathbf{E}$ 并不相等，因为材料中一点的电场除外电场之外还有其余分子对该点所引起的电场．只有在稀薄气体中，由于分子之间的距离很远，各个分子对材料中一点所引起的场强才可以忽略不计，这时内场强等于外电场．对于液晶来讲，分子之间的距离和分子本身的线度具有相近的数量级．这就使得内电场不但与分子本身的性质和取向有关，而且与材料的宏观介电各向异性也有关．所以，内场强 $\mathbf{E}^i$ 和外加场强 $\mathbf{E}$ 之间并没有一个很简单的关系，而且也不是一个简单容易计算的问题．不过，可以合理地认为，内场强 $\mathbf{E}^i$ 和外加电场 $\mathbf{E}$ 之间有一个线性关系．这个线性关系可以写作

$$\mathbf{E}^i = \mathbf{K} \cdot \mathbf{E} \tag{10.32}$$

的形式，$\mathbf{K}$ 是一个二阶张量． 把式(10.32)代入式(10.29)和(10.31)，就可以得到

$$\varepsilon_{/\!/} = 1 + 4\pi N\langle(\tilde{\alpha} \cdot \mathbf{K})_{/\!/}\rangle,$$
$$\varepsilon_{\perp} = 1 + 4\pi N\langle(\tilde{\alpha} \cdot \mathbf{K})_{\perp}\rangle. \tag{10.33}$$

于是介电各向异性 $\varepsilon_a \equiv \varepsilon_{/\!/} - \varepsilon_{\perp}$，等于

$$\varepsilon_a = 4\pi N[\langle(\tilde{\alpha} \cdot \mathbf{K})_{/\!/}\rangle - \langle(\tilde{\alpha} - \mathbf{K})_{\perp}\rangle]. \tag{10.34}$$

关于介电常数的静态实验数据和光频实验数据(折射率 $n_{/\!/}^2 = \varepsilon_{/\!/}$, $n_{\perp}^2 = \varepsilon_{\perp}$) 指出[5]，在丝状液晶与各向同性相的相变过程中，平均介电常数

$$\bar{\varepsilon} = \frac{1}{3}(\varepsilon_{/\!/} + 2\varepsilon_{\perp}) \tag{10.35}$$

和材料密度 ρ 的比值 $\frac{\bar{\varepsilon}}{\rho}$ 是连续变化的；同时介电各向异性 ε_a 与材料密度 ρ 和有序参数 S 的乘积 ρS 成正比；由于 ρ 与 N 成正比，

所以

$$\varepsilon_a \sim NS.$$

从这个实验结果来看，可以说式(10.34)的右方各项应该和有序参数S成正比，也就是说$\langle(\tilde{\boldsymbol{a}}\cdot\mathbf{K})_{/\!/}\rangle$和$\langle(\tilde{\boldsymbol{a}}\cdot\mathbf{K})_{\perp}\rangle$都和$S$成正比．目前还没有找到任何分子模型，可以得出一个足以解释ε_a与NS成正比这一实验结果的$\mathbf{K}$的表示式．不过，如果假设一个分子的$\mathbf{K}$张量与宏观材料的介电各向异性无关，也就是说假设$\mathbf{K}$与分子长轴相对于指向矢的取向无关，那么就可以得到这个ε_a与NS成正比的结果．这是因为可以证明$\langle\alpha_{/\!/}\rangle-\langle\alpha_{\perp}\rangle$与$S$成正比，$\langle\alpha_{/\!/}\rangle$是与指向矢方向相平行的平均分子极化率，$\langle\alpha_{\perp}\rangle$是与指向矢方向相垂直的平均分子极化率．

关于$\langle\alpha_{/\!/}\rangle-\langle\alpha_{\perp}\rangle$与$S$成正比的结果可以这样来看：在引用内场强$\mathbf{E}^i$的情形下，由于已经把分子之间的相互作用考虑进去了，所以单位体积液晶的极化率可以简单地看成是单位体积中N个分子的分子极化率的总和．这同第九章中处理单位体积液晶磁化率所用的步骤完全相同．类似于第九章中的作法，假定沿分子的单位矢量为$\mathbf{a}_1$，$\mathbf{a}_2$，$\mathbf{a}_3$的三条主轴方向的分子极化率张量$\alpha_{ij}^{(0)}(i, j=a_1, a_2, a_3)$为已知量．那么，在空间坐标系$x_1$，$x_2$，$x_3$中，类似于式(9.32)，单位体积液晶的极化率$\alpha_{\lambda\mu}$为

$$\alpha_{\lambda\mu}=N\alpha_{ij}^{(0)}\langle i_\lambda j_\mu\rangle,$$

$$\lambda, \mu=x_1, x_2, x_3;\quad i, j=a_1, a_2, a_3, \tag{10.36$_1$}$$

式中i_λ和j_μ分别为a_i和a_j在x_λ和x_μ方向的投影．引用式(9.22)的有序参数$S_{\lambda\mu}^{ij}$，式(10.36$_1$)就可以写作

$$\alpha_{\lambda\mu}=\frac{1}{3}N\alpha_{ij}^{(0)}(2S_{\lambda\mu}^{ij}+S_{ij}S_{\lambda\mu}) \tag{10.36$_2$}$$

的形式．

对于单轴液晶我们有

$$\alpha_{a_1a_1}^{(0)}=\alpha_t,\ \alpha_{a_2a_2}^{(0)}=\alpha_t,\ \alpha_{a_3a_3}^{(0)}=\alpha_l;$$

$$\alpha_{ij}^{(0)}=0,\ i\neq j. \tag{10.37}$$

这里α_t是垂直于分子长轴方向的分子极化率，α_l是平行于分子长

轴方向的分子极化率．取 x_3 轴与指向矢的方向相重合，而令分子长轴 a_3 与 x_3 轴间的夹角为 θ，那么就有

$$S_{x_3x_3}^{a_3a_3}=\frac{1}{2}\langle 3\cos^2\theta-1\rangle=S. \tag{10.38}$$

由于式(9.24)的关系，式(10.36_2)的 $\alpha_{\lambda\mu}$ 只有下列三个非零的分量：

$$\begin{aligned}
\alpha_{x_1x_1}&=\frac{1}{3}N\left[\alpha_t(2S_{x_1x_1}^{a_1a_1}+1)+\alpha_t(2S_{x_1x_1}^{a_2a_2}+1)\right.\\
&\qquad\left.+\alpha_l(2S_{x_1x_1}^{a_3a_3}+1)\right],\\
\alpha_{x_2x_2}&=\frac{1}{3}N\left[\alpha_t(2S_{x_2x_2}^{a_1a_1}+1)+\alpha_t(2S_{x_2x_2}^{a_2a_2}+1)\right.\\
&\qquad\left.+\alpha_l(2S_{x_2x_2}^{a_3a_3}+1)\right],\\
\alpha_{x_3x_3}&=\frac{1}{3}N\left[\alpha_t(2S_{x_3x_3}^{a_1a_1}+1)+\alpha_t(2S_{x_3x_3}^{a_2a_2}+1)\right.\\
&\qquad\left.+\alpha_l(2S_{x_3x_3}^{a_3a_3}+1)\right],
\end{aligned} \tag{10.39$_1$}$$

而且其中

$$\alpha_{x_1x_1}=\alpha_{x_2x_2}.$$

再应用式(9.23_2)就可以把式(10.39_1)写成

$$\begin{aligned}
\alpha_{x_1x_1}=\alpha_{x_2x_2}&=\frac{1}{3}N[\alpha_t(2+S)+\alpha_l(1-S)],\\
\alpha_{x_3x_3}&=\frac{1}{3}N[2\alpha_t(1-S)+\alpha_l(2S+1)],
\end{aligned} \tag{10.39$_2$}$$

的形式，这里应用了式(10.38)的有序参数 S．如果令垂直于指向矢方向的分子平均极化率为 $\langle\alpha_\perp\rangle$，平行于指向矢方向的分子平均极化率为 $\langle\alpha_{/\!/}\rangle$，那么将有

$$\alpha_{x_1x_1}=\alpha_{x_2x_2}=N\langle\alpha_\perp\rangle,$$
$$\alpha_{x_3x_3}=N\langle\alpha_{/\!/}\rangle,$$

从而得到

$$\langle\alpha_\perp\rangle=\frac{1}{3}[\alpha_t(2+S)+\alpha_l(1-S)],$$

$$\langle\alpha_{\parallel}\rangle=\frac{1}{3}[2\alpha_t(1-S)+\alpha_l(1+2S)]. \quad (10.40)$$

于是，我们有

$$\langle\alpha_{\parallel}\rangle-\langle\alpha_{\perp}\rangle=(\alpha_l-\alpha_t)S。 \quad (10.41)$$

如果象前面所假设的那样，$\tilde{\mathbf{K}}$ 与分子长轴相对于指向矢的取向无关，那么 $\mathbf{K}$ 的三条主轴将和 $\tilde{\boldsymbol{\alpha}}$ 的三条主轴相重合．这时有

$$(\tilde{\boldsymbol{\alpha}}\cdot\tilde{\mathbf{K}})_t=\alpha_tK_t,\ (\tilde{\boldsymbol{\alpha}}\cdot\tilde{\mathbf{K}})_l=\alpha_lK_l.$$

与上面 $\alpha_{\lambda\mu}$ 的变换相类似，可以从式(10.33)得到

$$\varepsilon_{\parallel}=1+\frac{4}{3}\pi N[\alpha_lK_l(2S+1)+2\alpha_tK_t(1-S)],$$

$$\varepsilon_{\perp}=1+\frac{4}{3}\pi N[\alpha_lK_l(1-S)+\alpha_tK_t(2-S)],$$

$$\varepsilon_a=\frac{4}{3}\pi NS(\alpha_lK_l-\alpha_tK_t). \quad (10.42)$$

所以，只要引用有效极化率张量

$$\tilde{\boldsymbol{\alpha}}^*\equiv\tilde{\boldsymbol{\alpha}}\cdot\mathbf{K},$$

就可以把内电场的作用考虑在内．

对于由极化分子构成的丝状液晶，极化强度 $\mathbf{P}$，除去式(10.31_1)所给出的由于极化而产生的偶极矩项外，还需要增加极性分子本身偶极矩 $\boldsymbol{\mu}$ 所引起的项目．分子本身偶极矩的影响比较复杂，因为一个偶极矩 $\boldsymbol{\mu}$ 本身要在它的周围引起电场，而这个电场反过来又要引起分子本身的极化．所以，这里不是一个简单的偶极矩 $\boldsymbol{\mu}$ 处在外电场 $\mathbf{E}$ 中的问题．在具体讨论液晶中的问题之前，让我们先看一看比较简单的各向同性介质的问题；然后再把各向同性介质中的结果引伸到丝状液晶的情形．

为了解决各向同性液体的介电问题，翁萨克提出了一个模型[6]．他提出，在讨论电介质中的一个分子时，可以把这个分子和它以外的介质分开进行处理．这个分子以外的介质仍然被看作是一个具有原来宏观介电常数 ε 的连续体，而这个分子则被看成是在连续体中的一个半径为 a 的真空球腔，在球腔中心则具有一个

点偶极矩．于是，整个介质被分成 $r>a$ 和 $r<a$ 两个部分．在 $r>a$ 的区域里充满了介电常数为 ε 的连续介质，而在 $r<a$ 的区域里除中心有一个点偶极矩外是一个真空的球腔．翁萨克假定球腔的半径 a 满足

$$\frac{4}{3}\pi a^3 N = 1 \tag{10.43}$$

的条件，也就是说假设分子布满了整个介质的体积．点偶极矩包括分子本身的偶极矩 $\boldsymbol{\mu}$，和由于在分子所在位置(球腔中心)的电场引起的感生分子偶极矩．分子所在位置的电场，则除去外加电场 $\mathbf{E}$ 之外，还有由于感生偶极矩所引起的电场．

为了计算在球腔中心的感生偶极矩和电场，让我们先从最普遍的基本问题开始讨论，也就是从一些点电荷的问题开始讨论．假设在介电常数为 ε 的介质中有一些点电荷 $e_i(i=1, 2, 3, \cdots)$，它们分别处于 $\mathbf{r}_i$ 的位置．如果这些点电荷全部都位于原点附近一个半径为 a 的球面之内，那么在球面以外一点 P 的电势 V 可以用级数展开成为

$$V=\frac{1}{\varepsilon}\left(\frac{Q}{r}+\frac{\mathbf{m}\cdot\mathbf{r}}{r^3}+\cdots\right),$$

$$Q=\sum_i e_i,$$

$$\mathbf{m}=\sum_i e_i\mathbf{r}_i, \tag{10.44}$$

的形式，$\mathbf{r}$ 是 P 点的位置矢量[7]．如果 P 点距离原点很远，那么 V 的展开式可以只取前两项．再者，如果总的电荷 Q 为零，那么 $\mathbf{m}$ 将与原点位置无关而成为这些点电荷的偶极矩．这样，当净的电荷为零时，远离电荷群所在位置的电势，主要就是由电荷群的总偶极矩所产生的电势．另外，在一个不含任何这些电荷 e_i 的球面内一点的电势 V，又可以展开成为

$$V=V_0-\mathbf{r}\cdot\mathbf{E}_0+\cdots \tag{10.45}$$

的形式，V_0 和 $\mathbf{E}_0$ 是这个球面中心位置的电势和电场强度，而 $\mathbf{r}$ 是

从球心算起的该点位置矢量. 在用球极坐标 (r, θ, ϕ) 表示的情形下，远离点电荷群所在位置的一点 (r, θ, ϕ) 处的电势可以用展开式[8]

$$V = \frac{1}{\varepsilon}\sum_{n=0}^{\infty}\frac{1}{r^{n+1}}\Big\{M_{n0}P_n(\cos\theta)$$

$$+\sum_{m=1}^{n}[M_{nm}^{(1)}\cos m\phi + M_{nm}^{(2)}\sin m\phi]P_n^m(\cos\theta)\Big\},$$

$$M_{n0} = \sum_j e_j r_j^n P_n(\cos\theta_j),$$

$$M_{nm}^{(1)} + iM_{nm}^{(2)} = \frac{2(n-m)!}{(n+m)!}$$

$$\times\sum_j e_j r_j^n P_n^m(\cos\theta_j)\exp(im\phi_j), \qquad (10.46)$$

来表示，(r_i, θ_i, ϕ_i) 是电荷 e_i 的位置坐标；而在一个不含这些点电荷的球面内一点 P 的电势，则可以用

$$V = \frac{1}{\varepsilon}\sum_{n=0}^{\infty} r^n\Big\{V_{n0}P_n(\cos\theta)$$

$$+\sum_{m=1}^{n}[V_{nm}^{(1)}\cos m\phi + V_{nm}^{(2)}\sin m\phi]P_n^m(\cos\theta)\Big\},$$

$$V_{n0} = \sum_j\left(\frac{e_j}{r_j^{n+1}}\right)P_n(\cos\theta_j),$$

$$V_{nm}^{(1)} + iV_{nm}^{(2)} = \frac{2(n-m)!}{(n+m)!}$$

$$\times\sum_j\left(\frac{e_j}{r_j^{n+1}}\right)P_n^m(\cos\theta_j)\exp(im\phi_j), \qquad (10.47)$$

来表示，(r, θ, ϕ) 是 P 点相对于球面中心的坐标. 式中的 $P_n(\cos\theta)$ 和 $P_n^m(\cos\theta)$ 分别为勒让德函数和连带勒让德函数。当然，我们所感兴趣的是 $n=1$ 的那一项. 由于

$$P_1(\cos\theta) = \cos\theta,$$

$$P_1^1(\cos\theta) = \sin\theta,$$

所以式(10.46)中的 M_{10}，$M_{11}^{(1)}$ 和 $M_{11}^{(2)}$ 分别为

$$M_{10}=\sum_j e_j r_j \cos\theta_j = m_3,$$

$$M^{(1)}=\sum_j e_j r_j \sin\theta_j \cos\phi_j = m_1,$$

$$M_{11}^{(2)}=\sum_j e_j r_j \sin\theta_j \sin\phi_j = m_2. \tag{10.48}$$

当总的电荷 Q 等于零时，m_1，m_2 和 m_3 正好是这些点电荷所形成的电偶极矩 **m** 在空间坐标轴方向的三个分量．另外，还可以看到

$$V_{10}=\sum_j \left(\frac{e_j}{r_j^2}\right)\cos\theta_j = -\varepsilon E_{03},$$

$$V_{11}^{(1)}=\sum_j \left(\frac{e_j}{r_j^2}\right)\sin\theta_j \cos\phi_j = -\varepsilon E_{01},$$

$$V_{11}^{(2)}=\sum_j \left(\frac{e_j}{r_j^2}\right)\sin\theta_j \sin\phi_j = -\varepsilon E_{02}. \tag{10.49}$$

由于在球面内部不包含这些点电荷，同时原点又是取在球面的中心，所以 E_{01}，E_{02} 和 E_{03} 正是在球心处这些点电荷所引起的电场强度的三个分量．

式(10.46)和(10.47)的展开式使我们看到下面两种简单的情形．第一种情形是，如果在半径为 a 的球面内部有一些点电荷 $e_i(i=1, 2, 3, \cdots)$，它们的总电量 $Q=\sum\limits_i e_i$ 等于零，同时整个空间被介电常数为 ε_1 的介质所充满，那么要想找出在一个包含所有这些点电荷 e_i 的半径为 $b(b<a)$ 的球面以外任意一点的电势，就可以按照式(10.46)把电势 V 用系数 M_{n0}，$M_{nm}^{(1)}$ 和 $M_{nm}^{(2)}$ 加以展开．这就是说，只要知道各个点电荷 e_i 所在的位置以及电荷的大小，就可以把问题解决．

第二种情形是，在 $r=a$ 的球面以外有点电荷存在，整个空间被介电常数为 ε_2 的介质所充满，同时在 $r=a$ 的球面以内没有电荷存在，那么要想找出在球面 $r=a$ 内一点的电势，就可以

按照式(10.47)把电势V用系数V_{n0}，$V_{nm}^{(1)}$和$V_{mn}^{(2)}$加以展开．但是，式(10.49)指出，V_{10}，$V_{11}^{(1)}$和$V_{11}^{(2)}$就是球心处由球面外部电荷所引起的电场强度的三个分量．这就是说，在只考虑到$n=1$的条件下，不需要知道球面外部的具体电荷分布，而只需要知道由外部电荷对球心位置所引起的电势和电场，就足以解决问题了．

现在如果把带有点电荷e_i、介电常数为ε_1、半径为a的介电球放在使球心处具有电场$\mathbf{E}_0$、介电常数为ε_2的无限大介质之中，如图10.1所示，那么问题的解又是怎样呢？既然现在是前面所说的两种情形的叠加，我们可以想像到问题的解也会是两种情形的

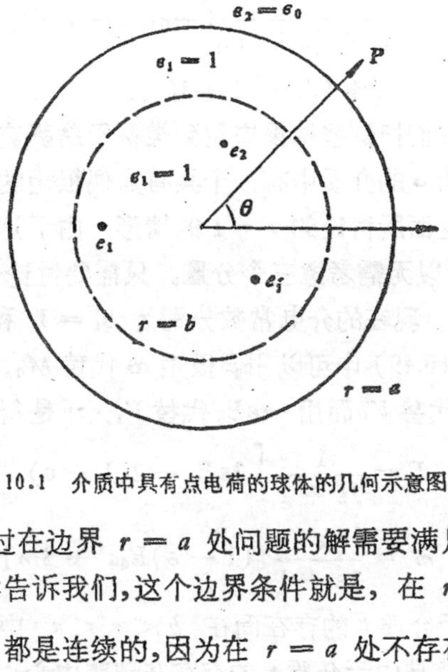

图10.1　介质中具有点电荷的球体的几何示意图．

解的叠加，只不过在边界$r=a$处问题的解需要满足一定的边界条件．电动力学告诉我们，这个边界条件就是，在$r=a$处电势V和电场$\varepsilon\dfrac{\partial V}{\partial r}$都是连续的，因为在$r=a$处不存在电荷．

在解这个边界条件问题时我们注意到，各个勒让德函数具有正交性．因此，在求电势V的解时，可以对每一对特殊的n和m值求解，然后进行叠加．现在令S_n代表$P_n(\cos\theta)$或$P_n^m(\cos\theta)\times\cos m\phi$或$P_n^m(\cos\theta)\sin m\phi$，同时令$M_n$和$V_n$代表相应的系数，那么可以假设解的形式为

$$V=\left(\frac{S_n}{\varepsilon_1}\right)\left[V'_n r^n+\frac{M_n}{r^{n+1}}\right],\quad b<r<a,$$

$$V=\left(\frac{S_n}{\varepsilon_2}\right)\left[V_n r^n+\frac{M'_n}{r^{n+1}}\right],\quad r>a,\qquad (10.50_1)$$

式中的 V'_n 和 M'_n 是两个由 $r=a$ 处的边界条件来确定的待定常数. 在应用边界条件后,很容易得出

$$V'_n=\frac{1}{n\varepsilon_1+(n+1)\varepsilon_2}\left[(2n+1)\varepsilon_1 V_n+(n+1)(\varepsilon_1-\varepsilon_2)\frac{M_n}{a^{2n+1}}\right],$$

$$M'_n=\frac{1}{n\varepsilon_1+(n+1)\varepsilon_2}\left[-n(\varepsilon_1-\varepsilon_2)V_n a^{2n+1}+(2n+1)\varepsilon_2 M_n\right].\qquad (10.50_2)$$

现在让我们把这些结果应用到类似于翁萨克模型的情形，即在介电常数为 ε 的介质中有一个具有点偶极矩的球腔. 这种情形恰好对应于上面所讨论的 $n=1$ 的情形. 由于这里讨论的是各向同性介质，所以无需考虑三个分量，只需要讨论一个沿 x_3 轴的分量就可以了. 现在的介电常数分别为 $\varepsilon_1=1$ 和 $\varepsilon_2=\varepsilon$. 在式 (10.48) 和 (10.49) 中可以用偶极矩 $\mathbf{m}$ 代替 M_1、偶极矩 $\mathbf{m}'$ 代替 M'_1，用 $-E$ 代替 V'_1 而用 $-\varepsilon E_0$ 代替 V_1. 于是得到

$$E=\frac{1}{2\varepsilon+1}\left[3\varepsilon E_0-2(1-\varepsilon)\frac{m}{a^3}\right],$$

$$m'=\frac{\varepsilon}{2\varepsilon+1}\left[(1-\varepsilon)E_0a^3+3m\right].\qquad (10.51)$$

这里 E 是由于介质 ε 的存在而在 $b<r<a$ 中引起的一点的电场强度,而 $\mathbf{m}'$ 是由于介质 ε 的存在在球腔中心引起的偶极矩. 因此,可以得出下列结果:

(1) 介电场中一个真空的球腔. 这时 $\mathbf{E}_0=\mathbf{E}_0$，$\mathbf{m}=0$，而

$$\mathbf{E}=\frac{3\varepsilon}{2\varepsilon+1}\mathbf{E}_0,$$

$$\equiv h\mathbf{E}_0,$$

$$\mathbf{m} = \frac{\varepsilon(1-\varepsilon)}{2\varepsilon+1} a^3 \mathbf{E}_0. \tag{10.52$_1$}$$

系数

$$h = \frac{3\varepsilon}{2\varepsilon+1} \tag{10.52$_2$}$$

称为空腔因数.

(2) 无电场存在的介质中的真空球腔，但是在球腔中心具有点偶极矩 m. 这时 $\mathbf{E}_0 = 0$, $\mathbf{m} = \mathbf{m}$, 而

$$\mathbf{E} = \frac{2(\varepsilon-1)}{(2\varepsilon+1)a^3}\mathbf{m},$$

$$\mathbf{m}' = \frac{3\varepsilon}{2\varepsilon+1}\mathbf{m} = h\mathbf{m}. \tag{10.53}$$

这就是说，由于球腔中心偶极矩 $\mathbf{m}$ 的存在，在介质中引起的电场使介质中的分子发生极化. 这些被极化了的分子在球腔中心引起反应电场

$$\mathbf{E} = f\mathbf{m},$$

$$f = \frac{2(\varepsilon-1)}{(2\varepsilon+1)a^3}, \tag{10.54}$$

f 称为反应场因数.

(3) 介电场中的一个真空球腔，同时在球腔中心具有点偶极矩 $\mathbf{m}$. 这时 $\mathbf{E}_0 = \mathbf{E}_0$, $\mathbf{m} = \mathbf{m}$, 而

$$\mathbf{E} = h\mathbf{E}_0 + f\mathbf{m},$$

$$\mathbf{m}' = \frac{\varepsilon(1-\varepsilon)}{2\varepsilon+1} a^3\mathbf{E}_0 + h\mathbf{m}. \tag{10.55}$$

现在把这些结果应用到前面所讨论的翁萨克模型. 分子本身具有永久偶极矩 $\boldsymbol{\mu}$, 那么在分子所在的位置，也就是球腔中心，分子的偶极矩 $\mathbf{m}$ 应该等于多少？分子是处在电场 $\mathbf{E}$ 作用之下，电场 $\mathbf{E}$ 将使分子极化而产生感生偶极矩 $\alpha\mathbf{E}$, 因此

$$\mathbf{m} = \boldsymbol{\mu} + \alpha\mathbf{E}. \tag{10.56}$$

把式 (10.55) 代入式 (10.56)，就得到

$$
\begin{aligned}
\mathbf{m} &= \boldsymbol{\mu}' + \alpha'\mathbf{E}_0, \\
\boldsymbol{\mu}' &= \frac{1}{1-\alpha f}\boldsymbol{\mu} \equiv F\boldsymbol{\mu}, \\
\alpha' &= \frac{h\alpha}{1-\alpha f} = Fh\alpha, \\
F &= \frac{1}{1-\alpha f}.
\end{aligned} \tag{10.57}
$$

可以看出，$\boldsymbol{\mu}'$ 正是在 $\mathbf{E}_0 = 0$，即无外电场作用下，但有其它分子存在的情形下分子的偶极矩；而 α' 是在有其它分子存在时，电场 $\mathbf{E}_0$ 对分子的有效极化率．由于一般 $\varepsilon > 1$，因此 f 是正值．极化率 α 是一个很小的数值，这样 F 就成为一个大于一的数值．所以，μ' 大于单个分子的偶极矩 μ．从物理角度来看，分子本身偶极矩 $\boldsymbol{\mu}$ 在自己的周围引起电场，从而使周围的介质极化，而周围介质极化后产生的电场又使分子本身增加了感生偶极矩．因此，μ' 大于 μ．式 (10.57) 中 $\boldsymbol{\mu}'$ 的表达形式也可以从另一个角度得到．按照式 (10.54)，具有偶极矩 $\boldsymbol{\mu}$ 的分子产生局域电场 $f\boldsymbol{\mu}$，局域电场引起感生偶极矩 $\alpha f\boldsymbol{\mu}$．这个感生偶极矩 $\alpha f\boldsymbol{\mu}$ 又引起局域电场 $f(\alpha f\boldsymbol{\mu})$，反过来又引起新的感生偶极矩 $\alpha f(\alpha f\boldsymbol{\mu}) = (\alpha f)^2\boldsymbol{\mu}, \cdots$．这样循环下去，于是在分子位置的总偶极矩 $\boldsymbol{\mu}'$ 成为

$$
\begin{aligned}
\boldsymbol{\mu}' &= \boldsymbol{\mu}[1 + \alpha f + (\alpha f)^2 + \cdots] \\
&= \frac{\boldsymbol{\mu}}{1-\alpha f}.
\end{aligned}
$$

对于无外电场 $\mathbf{E}_0$ 和有外电场 $\mathbf{E}_0$ 两种不同情形中 $\mathbf{m}$ 和 $\boldsymbol{\mu}'$ 以及 $\boldsymbol{\mu}$ 的矢量关系如图 10.2 所示．图 10.2(a) 是 $\mathbf{E}_0 = 0$ 的情形．这时由于 $\boldsymbol{\mu}'$ 使周围介质极化，从而在分子所在位置引起极化场 $\mathbf{E}_\mu = f\boldsymbol{\mu}'$．这个极化场 $\mathbf{E}_\mu$ 使分子感生偶极矩 $\alpha\mathbf{E}_\mu = \alpha f\boldsymbol{\mu}'$．因此，

$$
\begin{aligned}
\boldsymbol{\mu}' &= \boldsymbol{\mu} + \alpha f\boldsymbol{\mu}' \\
&= \frac{1}{1-\alpha f}\boldsymbol{\mu}.
\end{aligned}
$$

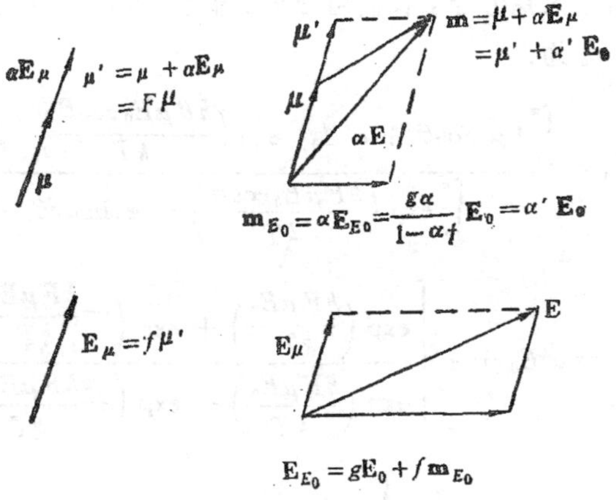

(a) $\mathbf{E}_0 = 0$ (b) $\mathbf{E}_0 \neq 0$

图 10.2 翁萨克模型中的矢量关系图.

图 10.2(b) 是 $\mathbf{E}_0 \neq 0$ 的情形。 这时外电场 $\mathbf{E}_0$ 使分子沿 $\mathbf{E}_0$ 方向产生一个偶极矩 $\mathbf{m}_{E_0} = \alpha\mathbf{E}_{E_0}$，按照式 (10.55)

$$\mathbf{E}_{E_0} = h\mathbf{E}_0 + f\mathbf{m}_{E_0}$$

$$= \frac{h}{1-\alpha f} E_0。$$

因此，在分子位置的总偶极矩成为.

$$\mathbf{m} = \boldsymbol{\mu}' + \mathbf{m}_{E_0} = \boldsymbol{\mu}' + \alpha'\mathbf{E}_0.$$

对于一个具有给定方向的分子偶极矩 $\boldsymbol{\mu}$，如果 $\mathbf{E}_0$ 与 x_3 轴方向相重合，而 $\boldsymbol{\mu}$ 与 x_3 轴间夹角为 θ，那么按照式(10.55)和(10.57)，偶极矩 $\mathbf{m}$ 在电场 $\mathbf{E}_0$ 中所受到的力矩 $\mathbf{L}$ 的大小是

$$|\mathbf{L}| = |\mathbf{m} \times \mathbf{E}| = |\boldsymbol{\mu}' \times h\mathbf{E}_0|$$

$$= hF\mu E_0 \sin\theta.$$

令 U 为偶极矩在电场中的势能，那么偶极矩所受到的力矩等于 $-\frac{\partial U}{\partial \theta}$，因此

$$U = hF\mu E_0 \cos\theta。$$

这样，对于大量分子，我们可以得到偶极矩的 x_3 轴分量 m_3 的统计平均值 $\bar{m}_3$ 为

$$\bar{m}_3 = \frac{\int_0^\pi (\mu'\cos\theta + \alpha' E_0)\exp\left(\frac{hF\mu E_0\cos\theta}{kT}\right)\cdot 2\pi\sin\theta d\theta}{\int_0^\pi \exp\left(\frac{hF\mu E_0\cos\theta}{kT}\right)\cdot 2\pi\sin\theta d\theta}$$

$$= \alpha' E_0 + \mu'\left[\frac{\exp\left(\frac{hF\mu E_0}{kT}\right) + \exp\left(-\frac{hF\mu E_0}{kT}\right)}{\exp\left(\frac{hF\mu E_0}{kT}\right) - \exp\left(-\frac{hF\mu E_0}{kT}\right)} - \frac{kT}{hF\mu E_0}\right].$$

在温度不太低的条件下

$$\frac{hF\mu E_0}{kT} \ll 1.$$

这时把指数项用级数展开时就可以有

$$\bar{m}_3 = \alpha' E_0 + \frac{1}{3}\frac{\mu' hF\mu E_0}{kT}.$$

于是，从式 (10.29) 和 (10.57) 得到

$$\begin{aligned}\frac{\varepsilon - 1}{4\pi} &= N\left(\alpha' + \frac{hF\mu\mu'}{3kT}\right)\\ &= NFh\left(\alpha + \frac{F\mu^2}{3kT}\right).\end{aligned} \tag{10.58}$$

这就是对各向同性液体按翁萨克模型所得出的结果。

对于各向异性的极性丝状液晶，在外电场 $\mathbf{E}_0$ 的作用下所产生的极化强度 $\mathbf{P}$，除去式 (10.31) 所给出的由于极化而产生的偶极矩项外，还要增加极性分子本身偶极矩 $\boldsymbol{\mu}$ 所引起的项．这时有

$$\begin{aligned}P_\lambda &= \frac{\varepsilon_\lambda - 1}{4\pi}\mathbf{E}_\lambda\\ &= N[\langle(\tilde{\boldsymbol{\alpha}}\cdot\mathbf{E}^i)_\lambda\rangle + \langle\bar{\mu}_\lambda\rangle],\end{aligned} \tag{10.59}$$

$\mathbf{E}^i$ 是分子所在位置的内电场. 由于是用了内电场，所以第一项已经包含了由于偶极矩 $\boldsymbol{\mu}$ 引起的感生偶极矩的效应. 这里括号〈 〉是对所有分子取向的平均，也就是用丝状相的势能求得的平均值；而符号 $\bar{\mu}_\lambda$ 是 μ_λ 对在电场中不同偶极矩取向的平均，也就是用偶极矩在电场中的势能求得的平均值. 当然，由于在 $\mathbf{E}^i$ 中包含有 $\boldsymbol{\mu}$ 的影响，所以第一项中也存在着对偶极矩取向的平均. 如果液晶是处在各向同性相，那么就无需再用丝状相势能求平均了. 对于各向同性相中的一个分子偶极矩 $\boldsymbol{\mu}$，按照式(10.55)和(10.57)，在分子位置的内场强是

$$\mathbf{E}^i = h\mathbf{E}_0 + f\mathbf{m} = hF\mathbf{E}_0 + Ff\boldsymbol{\mu}.$$

式(10.56)表明，单个分子的极化强度 $\mathbf{p}$ 为

$$\mathbf{p} = \alpha\mathbf{E}^i + \boldsymbol{\mu} = \alpha hF\mathbf{E}_0 + F\boldsymbol{\mu}.$$

因此，介质的极化强度 $\mathbf{P}$ 为

$$\mathbf{P} = N(\alpha hF\mathbf{E}_0 + F\bar{\boldsymbol{\mu}}),$$

$\bar{\boldsymbol{\mu}}$ 是偶极矩对势能 $U = hF\mu E_0\cos\theta$ 的平均值，θ 是 $\boldsymbol{\mu}$ 与 $\mathbf{E}_0$ 之间的夹角。取 $\mathbf{E}_0$ 与 x_3 轴方向相平行，那么沿 $\mathbf{E}_0$ 方向的 $\bar{\mu}_3$ 为

$$\bar{\mu}_3 = \frac{\int_0^\pi \mu\cos\theta\exp\left(\frac{hF\mu E_0\cos\theta}{kT}\right)\cdot 2\pi\sin\theta d\theta}{\int_0^\pi \exp\left(\frac{hF\mu E_0\cos\theta}{kT}\right)\cdot 2\pi\sin\theta d\theta}$$

$$= \frac{1}{3}\frac{hF\mu^2}{kT}E_0.$$

这样我们仍然得到了式(10.58)的结果。

在各向异性的情形下，材料的介电常数和极化率都是二阶张量。对单轴液晶来讲，它们都可以用两个独立分量来确定，也就是 $\varepsilon_{/\!/}$，$\varepsilon_\perp$ 和 $\alpha_{/\!/}$，$\alpha_\perp$. 由于平行于指向矢的分量和垂直于指向矢的分量是互相独立的，因此对应于式(10.58)就有两个方程，一个对应于 $\varepsilon_{/\!/}$，另一个对应于 $\varepsilon_\perp$. 不过式(10.58)是根据翁萨克模型得到的结果，而翁萨克模型又把分子看作是半径为 a 的球腔中的点偶极矩. 球腔是各向同性的，这对各向异性的液晶分子来讲似乎不

太合理．不过，在球腔假设下得出的结果与用椭球腔假设得出的结果并不存在过多的不同，而椭球腔又多少适合于各向异性的液晶分子．因此，式(10.58)大体上还可以适用于液晶的情形．

在式(10.58)中出现有三个因数，它们分别为

$$F=\frac{1}{1-\alpha f},$$

$$f=\frac{2(\varepsilon-1)}{2\varepsilon+1},$$

$$h=\frac{3\varepsilon}{2\varepsilon+1}.$$

如果对平行分量和垂直分量分别用 $\alpha_{\parallel}$, $\varepsilon_{\parallel}$ 和 $\alpha_{\perp}$, $\varepsilon_{\perp}$ 代入，那么将出现 $f_{\parallel}$, $f_{\perp}$, $h_{\parallel}$, $h_{\perp}$, $F_{\parallel}$ 和 $F_{\perp}$ 三对不同的因数． 这将使问题变得难以处理． 在这里梅尔和迈耶提出了一些近似[9]，那就是把反应场因数 f 和空腔因数 g 中的介电常数 ε 用式(10.35)的平均介电常数

$$\bar{\varepsilon}=\frac{1}{3}(\varepsilon_{\parallel}+2\varepsilon_{\perp}),$$

代替．一般 $\varepsilon_a \ll \bar{\varepsilon}$，因此这个近似是可以用的．另外，把因数 F 中的极化率 α 用平均极化率

$$\bar{\alpha}=\frac{1}{3}(\alpha_{\parallel}+2\alpha_{\perp})$$

代替．当然，$\alpha_{\parallel}-\alpha_{\perp}$ 有时会与 $\alpha_{\parallel}$ 或 $\alpha_{\perp}$ 在同一数量级，这时用 $\bar{\alpha}$ 代替 $\alpha_{\parallel}$ 或 $\alpha_{\perp}$ 似乎有些不合理． 但是，由于 F 只是一个修正因数，所以这种近似看来也不致引起重大的差误．于是，对于丝状液晶现在可以有

$$\frac{\varepsilon_{\parallel}-1}{4\pi}=NFh\left(\langle\alpha_{\parallel}\rangle+\frac{F}{3kT}\langle\mu_{\parallel}^2\rangle\right),$$

$$\frac{\varepsilon_{\perp}-1}{4\pi}=NFh\left(\langle\alpha_{\perp}\rangle+\frac{F}{3kT}\langle\mu_{\perp}^2\rangle\right). \qquad (10.60)$$

因此，得到

$$\frac{\varepsilon_a}{4\pi} = NFh\left[\langle\alpha_{/\!/}\rangle - \langle\alpha_\perp\rangle + \frac{F}{3kT}\left(\langle\mu_{/\!/}^2\rangle - \langle\mu_\perp^2\rangle\right)\right]$$

$$= NFh\left[(\alpha_l - \alpha_t)S + \frac{F}{3kT}\left(\langle\mu_{/\!/}^2\rangle - \langle\mu_\perp^2\rangle\right)\right]。\qquad (10.61)$$

后一个等式是应用式(10.40)的结果.

现在的问题是 $\langle\mu_{/\!/}^2\rangle$ 和 $\langle\mu_\perp^2\rangle$ 各等于多少？为了把它们用有序参数 S 来表示，让我们这样来选取空间坐标系和分子坐标系. 如图 10.3 所示，空间坐标系（x_1, x_2, x_3）的 x_3 轴与原点处液晶指向矢 **n** 的方向相重合. 分子坐标系（a_1, a_2, a_3）的 a_3 轴与原点 o 处的分子长轴方向相重合. 为了简单起见，令分子的偶极矩 $\boldsymbol{\mu}$ 就在 a_1a_3 平面当中，同时令 $\boldsymbol{\mu}$ 与 a_3 轴之间的夹角为 β，于是有

$$\mu_l = \mu\cos\beta, \quad \mu_t = \mu\sin\beta. \qquad (10.62)$$

令分子长轴 a_3 与 x_3 轴之间的夹角为 θ. 设 OP 为 a_1 轴在 a_3x_3 平面上的投影，那么由于 a_1 轴与 a_3 轴相垂直，因此 OP 与 a_3 轴也相垂直，同时 OP 与 x_3 轴之间的夹角成为 $\frac{\pi}{2} - \theta$. 如果 Ok 为 a_3x_3 平面的法线，那么由于 OP, Ok 和 a_1 轴都与 a_3 轴相垂直，所以它们

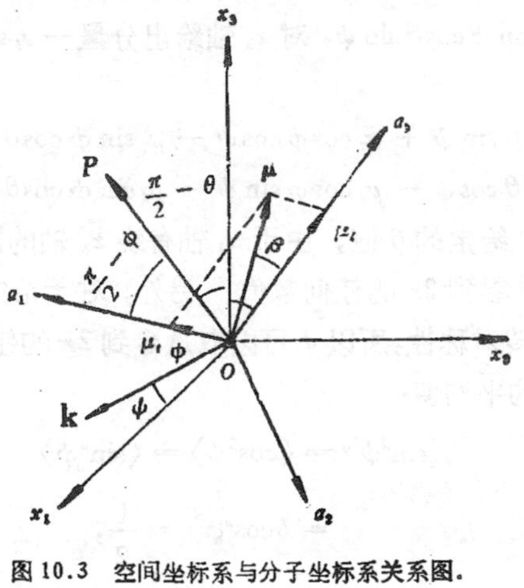

图 10.3 空间坐标系与分子坐标系关系图.

处在同一平面上，而且 Ok 与 OP 也互相垂直。令 Ok 与 a_1 轴之间的夹角为 ϕ，那么 OP 与 a_1 轴之间的夹角就是 $\frac{\pi}{2}-\phi$. 另外，由于 Ok 和 x_1 轴都与 x_3 轴相垂直，所以它们都是在 x_1x_2 平面当中. 令 Ok 与 x_1 轴之间的夹角为 ψ. 从这些几何关系就可以找出偶极矩 $\boldsymbol{\mu}$ 沿 x_3 轴方向的分量 $\mu_{/\!/}$，和沿 x_1 轴方向的分量 μ_1 以及沿 x_2 轴方向的分量 μ_2.

偶极矩 $\boldsymbol{\mu}$ 可以用它的两个分量 μ_l 和 μ_t 来代替. μ_l 沿 x_3 轴方向的分量是 $\mu_l\cos\theta$. μ_t 可以分解成为沿 Ok 方向的分量 $\mu_t\cos\phi$ 和沿 OP 方向的分量 $\mu_t\sin\phi$. 沿 Ok 方向的分量与 x_3 轴方向相垂直，所以它沿 x_3 轴方向没有贡献. 沿 OP 方向的分量 $\mu_t\sin\phi$ 可以分解成为沿 x_3 轴方向的分量 $\mu_t\sin\phi\sin\theta$ 和在 x_1x_2 平面中的分量 $\mu_t\sin\phi\cos\theta$. 这样就有

$$\mu_{/\!/}=\mu_l\cos\theta+\mu_t\sin\phi\sin\theta. \tag{10.63$_1$}$$

μ_l 在 x_1x_2 平面上的投影是 $\mu_l\sin\theta$. 它与 Ok 方向相垂直，因此它在 x_1 轴方向的分量是 $\mu_l\sin\theta\sin\psi$，而在 x_2 轴方向的分量是 $\mu_l\sin\theta\cos\psi$. μ_t 沿 Ok 方向的分量 $\mu_t\cos\phi$ 在 x_1 轴方向的投影是 $\mu_t\cos\phi\cos\psi$，而在 x_2 轴方向的投影是 $-\mu_t\cos\phi\sin\psi$. μ_t 沿 OP 方向的分量 $\mu_t\sin\phi$ 在 x_1x_2 平面上的投影 $\mu_t\sin\phi\cos\theta$ 对 x_1 轴给出分量 $-\mu_t\sin\phi\cos\theta\sin\psi$，对 x_2 轴给出分量 $-\mu_t\sin\phi\cos\theta\cos\psi$. 因此有

$$\mu_1=\mu_l\sin\theta\sin\psi+\mu_t\cos\phi\cos\psi-\mu_t\sin\phi\cos\theta\sin\psi, \tag{10.63$_2$}$$

$$\mu_2=\mu_l\sin\theta\cos\psi-\mu_t\cos\phi\sin\psi-\mu_t\sin\phi\cos\theta\cos\psi. \tag{10.63$_3$}$$

对于一个给定的 θ 值，由于 a_3 轴有绕 x_3 轴的旋转对称性，所以 ψ 可以取从零到 2π 的任何数值. 另外，对于给定的 β 值，$\boldsymbol{\mu}$ 有绕 a_3 轴的旋转对称性，所以 ϕ 可以取从零到 2π 的任何数值. 这就使得有下列的平均值：

$$\langle\sin^2\psi\rangle=\langle\cos^2\psi\rangle=\langle\sin^2\phi\rangle$$

$$=\langle\cos^2\phi\rangle=\frac{1}{2},$$

$$\langle \sin \psi \rangle = \langle \cos \psi \rangle = \langle \sin \phi \rangle = \langle \cos \phi \rangle = 0,$$
$$\langle \sin 2\psi \rangle = \langle \cos 2\psi \rangle = \langle \sin 2\phi \rangle = \langle \cos 2\phi \rangle = 0.$$

当然，对于 θ 角从式 (9.21) 可以有

$$\langle \cos^2\theta \rangle = \frac{1}{3}(2S + 1),$$
$$\langle \sin^2\theta \rangle = \frac{2}{3}(1 - S),$$

同时还有

$$\langle \sin\theta \rangle = \langle \cos\theta \rangle = \langle \sin\theta\cos\theta \rangle = 0.$$

应用这些平均值，再结合式 (10.62) 和 (10.63) 就可以得到

$$\begin{aligned}
\langle \mu_\parallel^2 \rangle &= \mu_l^2\langle \cos^2\theta \rangle + \mu_t^2\langle \sin^2\phi \rangle\langle \sin^2\theta \rangle \\
&= \frac{1}{3}\left[\mu_l^2(2S + 1) + \mu_t^2(1 - S)\right] \\
&= \frac{1}{3}\mu^2[1 - (1 - 3\cos^2\beta)S], \\
\langle \mu_\perp^2 \rangle = \langle \mu_1^2 \rangle = \langle \mu_2^2 \rangle
&= \frac{1}{2}\mu_l^2\langle \sin^2\theta \rangle + \frac{1}{4}\mu_t^2 + \frac{1}{4}\mu_t^2\langle \cos^2\theta \rangle \\
&= \frac{1}{3}\left[\mu_l^2(1 - S) + \frac{1}{2}\mu_t^2(2 + S)\right] \\
&= \frac{1}{3}\mu^2\left[1 + \frac{1}{2}(1 - 3\cos^2\beta)S\right].
\end{aligned} \tag{10.64}$$

将式 (10.64) 代入式 (10.61)，就得到

$$\frac{\varepsilon_a}{4\pi} = NFh\left[(\alpha_l - \alpha_t) - \frac{F\mu^2}{2kT}(1 - 3\cos^2\beta)\right]S. \tag{10.65}$$

当 $3\cos^2\beta = 1$ 时 $\beta = 55°$. 式 (10.65) 表明，这时分子永久偶极矩对介电常数各向异性并不起作用. 这时材料是正介电各向异性还是负介电各向异性，就由极化率各向异性的正或负来决定. 式 (10.64) 表明，当 $\beta \approx 55°$ 时 $\langle \mu_\parallel^2 \rangle$ 和 $\langle \mu_\perp^2 \rangle$ 基本上相等，都等于 $\frac{\mu^2}{3}$. 当 $\beta < 55°$ 时，由于 $3\cos^2\beta > 1$，因此分子永久偶极

矩对介电各向异性的贡献是正的．当 $\beta > 55^\circ$ 时，永久偶极矩对介电各向异性的贡献是负的，这时材料究竟是正性还是负性，要看极化率各向异性与分子永久偶极矩的贡献那个大来决定．从式(10.65)来看，介电各向异性随温度的变化基本上和有序参数 S 随温度的变化相同．对丝状液晶的实验结果证实了这一点的正确性．

德兹汉斯基和裴特罗夫把梅尔和迈耶的理论又推进了一步。[10,11] 他们考虑了分子形状的各向异性，采取了椭圆球腔，并且把分子以外的连续介质也不作为各向同性介质来处理．但是，他们所得到的结果除去一些在数值上有影响的修正因数外，与式(10.64)和(10.65)并没有重要的差别．

§6 有序参数的测定

有序参数 S 有各种测定的方法．如果能进行核磁共振分析，那么核磁共振法将是最精确的测量材料有序参数的方法．当然，一般还需要结合材料磁化率各向异性的测量才能加以确定．下面对核磁共振测量的原理和磁化率各向异性测量的原理作一些简单的介绍．另外，对用材料折射率的测量来确定有序参数的原理也将简略地作一些介绍．

6.1 核磁共振法

质量为 M、带有 q 静电单位电荷的粒子，在作半径为 r 的圆轨道运动时具有角动量 $p = M\omega r^2$，ω 是运动的角速度．这个运动的带电粒子相当于一个电流环，电流的数值等于

$$i = \left(\frac{q}{c}\right)\frac{\omega}{2\pi},$$

c 是光速．电流环和一个在环中心的磁矩 μ 等价，

$$\mu = \pi r^2 i = \left(\frac{q}{2c}\right)\omega r^2.$$

角动量 $\mathbf{p}$ 的方向与磁矩 μ 的方向一致，因此可以有

$$\mu=\left(\frac{q}{2Mc}\right)\mathbf{p}.$$

虽然这个结果是从圆轨道得出的，但是它对别种闭合轨道也同样可以适用。现在把这个结果应用到原子中的电子。从经典角度来讲，电子作轨道运动，轨道运动的动量矩 p 由量子化条件

$$p=\sqrt{l(l+1)}\,\hbar,\ l=0,1,2,\cdots l$$

决定。这也是量子力学中的必然结果。由于 l 取各个分立值，因此轨道是分立轨道。实验的测量总是在一定的方向进行，例如说在 x_3 轴方向。在 x_3 轴方向所能测到的轨道动量矩的投影满足量子化条件

$$p_3=l_3\hbar,\ l_3=0,\ \pm1,\ \pm2,\cdots\pm l.$$

换句话说，在 x_3 轴方向测量时可以得到 $2l+1$ 个不同的轨道动量矩的投影值。我们可以把 l 看成是一个矢量，它在 x_3 轴方向的投影可以有 $2l+1$ 个可能的数值：

$$0,\ \pm1,\ \pm2,\cdots\pm l.$$

电子的静质量是 m_0，电荷是 e，所以电子的轨道磁矩等于

$$\mu_3=\frac{e\hbar}{2m_0c}l_3.$$

$\frac{e\hbar}{2m_0c}=0.927\times10^{-20}$ 尔格·每高斯称为玻尔磁子。

原子中的电子除开绕核的轨道运动外，本身还有一个本征角动量、电子自旋。在给定方向所能测到的电子自旋是 $\pm\frac{1}{2}\hbar$。由于自旋运动，电子本身具有本征磁矩。在外磁场方向所能测到的电子自旋磁矩为

$$\mu_s=g_e\left(\frac{e\hbar}{4m_0c}\right).$$

g_e 称为电子的迴磁比。对电子自旋来讲 g_e 等于 2。质子具有正电荷，正电荷的数值也等于 e。质子的质量 M_p 为电子质量 m_e 的

1836 倍.质子也具有自旋 $\pm\frac{1}{2}\hbar$，也具有本征磁矩. 对应于玻尔磁子，

$$\beta=\frac{e\hbar}{2M_pc}$$

$$=5.0505\times10^{-24}\text{ 尔格·每高斯}$$

称为核磁子. 在外磁场中所能测得的质子本征磁矩 μ_p 的大小是

$$\mu_p=g_p\left(\frac{e\hbar}{4M_pc}\right),$$

质子的迴磁比，或称 g_p 因子，等于 5.587.

原子核由质子和中子组成. 中子的质量与质子的质量基本相同. 它虽然是中性不带电，可是具有自旋 $\pm\frac{1}{2}\hbar$ 和本征磁矩 μ_N，

$$\mu_N=g_N\left(\frac{e\hbar}{4M_pc}\right).$$

中子的迴磁比 g_N 等于 -3.827. 既然组成原子核的质子和中子都具有自旋和本征磁矩，那么可以想像到原子核也具有自旋和磁矩. 核磁矩与核自旋在同一方向. 质子和中子的自旋都等于 $\pm\frac{1}{2}\hbar$. 按照量子力学基本原理，核自旋矢量的长度等于 $\sqrt{I(I+1)}\hbar$，自旋量子数 I 等于整数或半整数，由原子核本身来确定. 这样，核自旋在某一给定方向的投影，也就是在某一给定方向所能观测到的核自旋等于 $m\hbar$. 原子核的磁量子数 m 可以是

$$I,\ I-1,\ I-2,\ \cdots-(I-1),\ -I$$

这 $2I+1$ 个数值中的一个. 在外场作用下，核自旋的投影可以从一个 m 值改变到 $m\pm1$. 当然，在这个跃迁过程中要有能量的吸收或发射. 自旋量子数为 I 的原子核的最大可测量到的磁矩 μ_I 可以写作

$$\mu_I=g_I\beta I, \tag{10.66$_1$}$$

β 是核磁子. 引用矢量 $\mathbf{I}$ 可以把核磁矩 $\boldsymbol{\mu}_I$ 写成

$$\boldsymbol{\mu}_I=g_I\beta\mathbf{I} \tag{10.66$_2$}$$

的形式. 不同的原子核具有不同的核迴磁比 g_I. g_I 的数值只有通过实验加以测定.

处于均匀外磁场 $\mathbf{H}_0$ 中的材料，由于热涨落的存在，不可能使全部原子核的磁矩都平行或反平行于 $\mathbf{H}_0$ 的方向排列. 只要自旋的方向在 $\mathbf{H}_0$ 方向的投影等于 $m\hbar$，那么这些方向的自旋都可以出现有一定的数量. 当然，那些满足自旋在 $\mathbf{H}_0$ 方向的投影为 $m\hbar$ 的磁矩与 $\mathbf{H}_0$ 的方向成一定的夹角. 外磁场 $\mathbf{H}_0$ 对核磁矩 $\boldsymbol{\mu}_I$ 将产生一个力矩. 力矩的作用将使磁矩绕外磁场 $\mathbf{H}_0$ 方向旋进. 我们可以简单地从经典角度来看看这个旋进的拉莫尔角速度. 如图 10.4 所示，具有角动量 $\mathbf{p}_\phi$、磁矩 $\boldsymbol{\mu}_I$（与 $\mathbf{p}_\phi$ 相平行）的物体在磁场 $\mathbf{H}_0$ 中受到的力矩为 $\boldsymbol{\mu}_I \times \mathbf{H}_0$. 这个力矩的方向与 $\mathbf{H}_0$ 和 $\mathbf{p}_\phi$ 所组成的平面相垂直. 如果 $\mathbf{p}_\phi$ 与 $\mathbf{H}_0$ 之间的夹角为 θ，那么物体的运动方程式将是

$$\frac{dp_\phi}{dt} = \mu_I H \sin\theta.$$

在时间 Δt 内，物体角动量的改变量 $\Delta \mathbf{p}_\phi$ 与 $\mathbf{p}_\phi$ 和 $\mathbf{H}_0$ 所组成的平面相垂直，同时

$$\Delta p_\phi = \mu_I H \sin\theta \cdot \Delta t.$$

由于角动量改变了 Δp_ϕ，物体将从原来的位置旋进一个角度 $\Delta\phi$ 而到达新的位置. 这个进动的角速度为

$$\omega_L = \frac{\Delta\phi}{\Delta t} = \frac{1}{\Delta t}\left(\frac{\Delta p_\phi}{p_\phi \sin\theta}\right) = \frac{\mu_I H_0}{p_\phi}.$$

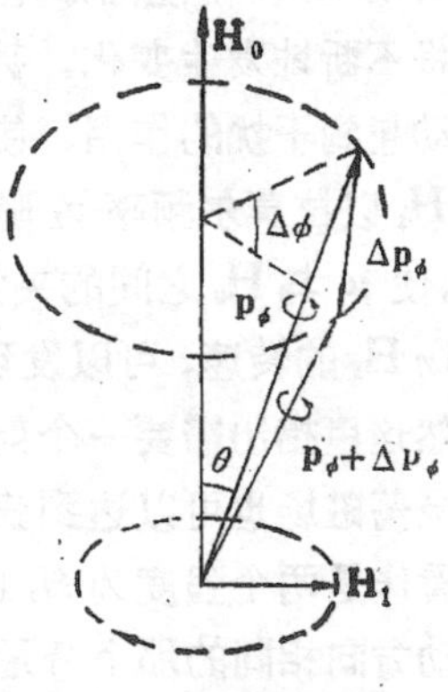

图 10.4 磁场中核磁矩的拉莫尔进动与共振.

过渡到量子理论，由于 $p_\phi = l\hbar$，所以物体的拉莫尔进动频率 ν_L 为

$$\nu_L = \frac{\omega_L}{2\pi} = g_I \frac{\beta H_0}{h}. \tag{10.67}$$

以质子为例，

$$g_I = 5.587,$$
$$h = 6.625 \times 10^{-27} \text{ 尔格·秒},$$
$$\beta = 5.05 \times 10^{-24} \text{ 尔格·每高斯}.$$

如果取外加磁场 H_0 为 5000 高斯，那么拉莫尔进动频率

$$\nu_L = 2.13 \text{ 兆周·每秒},$$

正是在一般的射频范围之内.

外磁场 $\mathbf{H}_0$ 只能使核磁矩发生进动，而不能使它跃迁到平行或反平行于外磁场 $\mathbf{H}_0$ 的方向去排列. 增加 $\mathbf{H}_0$ 的强度只不过促使磁矩旋进得更快一些，仍然不能使它发生跃迁. 要想产生跃迁，可以像图 10.4 所示那样，在 $\mathbf{H}_0$ 与 $\boldsymbol{\mu}_I$ 组成的平面内施加一个与 $\mathbf{H}_0$ 相垂直的低强度磁场 $\mathbf{H}_1$. 这个低磁场 $\mathbf{H}_1$ 将对磁矩施加一个力矩 $\boldsymbol{\mu}_I \times \mathbf{H}_1$，使 θ 角增大. 当然，只有当 $\mathbf{H}_1$ 随同磁矩 $\boldsymbol{\mu}_I$ 以拉莫尔进动频率转动时，这个力矩才能保持继续在使 θ 角增大的方向. 如果 $\mathbf{H}_1$ 不以频率 ν_L 随同磁矩 $\boldsymbol{\mu}_I$ 转动，那么力矩 $\boldsymbol{\mu}_I \times \mathbf{H}$ 的大小和方向将不断地发生变化，甚至产生相反的作用. 这时只能对磁矩的进动起到干扰的作用，使进动摇摆不定而不能影响 θ 角的改变. 当 $\mathbf{H}_1$ 以拉莫尔频率 ν_L 随磁矩转动时，磁矩可以从磁场中吸收能量，使 $\boldsymbol{\mu}_I$ 与 $\mathbf{H}_0$ 之间的夹角按照量子化条件发生改变. 所以，改变磁场 $\mathbf{H}_1$ 的转速，可以发现，在频率 ν_L 的位置能够发生共振现象. 虽然这里指出需要一个射频的旋转磁场，但是在许多情形中使用线振荡磁场也可以达到获得共振的目的. 这是因为线振荡磁场可以看作是两个强度为 H_1 但是在相反方向转动的磁场的合成. 与进动方向相同的那个分量可以引起共振，而另一个相反方向的分量并不起多大的作用.

式 (10.67) 的核磁共振频率也可以从量子力学中跃迁能量的角度来得到. 磁矩 $\boldsymbol{\mu}_I$ 在外磁场 $\mathbf{H}_0$ 中的磁能是 $g_I \beta m H_0$，m 可以是 $I, I-1, I-2, \cdots, -(I-1), -I$ 等数值中的一个. 相邻

两个能级之间的m值相差为一，跃迁又只出现在相邻能级之间，因此磁矩发生跃迁时能量的改变就是相邻两个能级之间的能量差$g_I\beta H_0$。令这个能量差为$h\nu$，那么就有

$$h\nu = g_I\beta H_0$$

这正是共振频率式(10.67)的结果.

式(10.67)的共振频率是孤立核磁矩在外磁场中的结果. 材料都是由大量原子核组成的，每个核磁矩在外磁场中都有一定的磁能. 核磁矩与核磁矩之间具有偶极矩相互作用能. 除偶极矩相互作用能外，还有非偶极性的自旋耦合作用能. 当然，原子核与原子核之间还可以有四极矩相互作用能等等. 材料中除原子核外还存在有电子. 运动的电子还可以引起磁屏蔽作用. 所有这些相互作用都要影响到系统的能量，从而引起共振频率的改变. 以抗磁材料中的质子而言，一个核磁矩在另一个核磁矩位置所产生的磁场与核磁矩β成正比，而与距离的立方成反比，它的数量级在一高斯左右，通常实验中用的磁场约在10^4高斯的数量级；由于电子运动引起的磁屏蔽（通常称为化学移动）大约在5×10^{-2}高斯的数量级；非偶极性自旋自旋耦合引起的移动约在2×10^{-3}高斯的数量级；四极矩等的相互作用能就更小了. 因此，占重要地位的是偶极矩相互作用. 核磁矩在外磁场中的磁能通常称为塞曼能量，它的存在当然也要引起能级的分裂. 不过这一项并不涉及到材料的有序参数，因此在讨论有序参数的测量问题上可以不加考虑.

对于系统的能量，或者更方便一些说系统的哈密顿函数，现在主要需要考虑的是磁能项和偶极矩偶极矩相互作用能量. 前者就是简单的

$$\boldsymbol{\mu}\cdot\mathbf{H}_0 = g_I\beta H_0 I_3,$$

这里假定外磁场$\mathbf{H}_0$是沿空间坐标的x_3轴方向. 两个磁矩$\boldsymbol{\mu}_i$和$\boldsymbol{\mu}_j$之间的相互作用能是[12]

$$E_{ij} = \frac{\boldsymbol{\mu}_i\cdot\boldsymbol{\mu}_j}{r_{ij}^3} - 3\,\frac{(\boldsymbol{\mu}_i\cdot\mathbf{r}_{ij})(\boldsymbol{\mu}_j\cdot\mathbf{r}_{ij})}{r_{ij}^5},$$

其中 $\mathbf{r}_{ij}$ 是两个磁矩之间的相对位置矢量. 引用单位矢量 $\boldsymbol{\lambda}_{ij}$,

$$\mathbf{r}_{ij}=r_{ij}\boldsymbol{\lambda}_{ij},$$

并且应用式(10.66),就可以有核磁矩 $\boldsymbol{\mu}_i$ 与 $\boldsymbol{\mu}_j$ 之间的偶极矩相互作用能为

$$E_{ij}=-\frac{g_{I_i}g_{I_j}\beta^2}{r_{ij}^3}[3(\boldsymbol{\lambda}_{ij}\cdot\mathbf{I}_i)(\boldsymbol{\lambda}_{ij}\cdot\mathbf{I}_j)-(\mathbf{I}_i\cdot\mathbf{I}_j)]. \tag{10.68}$$

这样,与核磁矩有关的系统哈密顿函数为

$$\mathscr{H}=-\sum_i g_{I_i}\beta H_0 I_{i_3}$$

$$-\frac{1}{2}\sum_{i,j}\frac{g_{I_i}g_{I_j}\beta^2}{r_{ij}^3}[3(\boldsymbol{\lambda}_{ij}\cdot\mathbf{I}_i)(\boldsymbol{\lambda}_{ij}\cdot\mathbf{I}_j)-\mathbf{I}_i\cdot\mathbf{I}_j]. \tag{10.69}$$

第一项塞曼能虽然也引起共振频率的改变,但是与有序参数无关,因此不再考虑它. 与系统有序参数有关的是第二项:

$$\mathscr{H}_d=-\frac{1}{2}\sum_{i,j}\frac{g_{I_i}g_{I_j}\beta^2}{r_{ij}^3}[3(\boldsymbol{\lambda}_{ij}\cdot\mathbf{I}_i)(\boldsymbol{\lambda}_{ij}\cdot\mathbf{I}_j)$$
$$-\mathbf{I}_i\cdot\mathbf{I}_j]. \tag{10.70}$$

式(10.70)中方括号内的项可以用空间直角坐标系(x_1, x_2, x_3)中的各个分量加以展开,成为(为简单起见这里先用 $\boldsymbol{\lambda}$ 代替 $\boldsymbol{\lambda}_{ij}$):

$$\begin{aligned}
&3(\boldsymbol{\lambda}\cdot\mathbf{I}_i)(\boldsymbol{\lambda}\cdot\mathbf{I}_j)-\mathbf{I}_i\cdot\mathbf{I}_j\\
&=(3\lambda_3^2-1)I_{i_3}I_{j_3}+(3\lambda_1^2-1)I_{i_1}I_{j_1}+(3\lambda_2^2-1)I_{i_2}I_{j_2}\\
&\quad+3\lambda_1\lambda_2(I_{i_1}I_{j_2}+I_{i_2}I_{j_1})+3\lambda_3[\lambda_2(I_{i_2}I_{j_3}+I_{i_3}I_{j_2})\\
&\quad+\lambda_1(I_{i_3}I_{j_1}+I_{i_1}I_{j_3})]\\
&=(3\lambda_3^2-1)I_{i_3}I_{j_3}+\frac{1}{2}\lambda_1^2(4I_{i_1}I_{j_1}-2I_{i_2}I_{j_2})\\
&\quad+\lambda_1^2(I_{i_1}I_{j_1}+I_{i_2}I_{j_2})-I_{i_1}I_{j_1}\\
&\quad+\frac{1}{2}\lambda_2^2(4I_{i_2}I_{j_2}-2I_{i_1}I_{j_1})+\lambda_2^2(I_{i_2}I_{j_2}+I_{i_1}I_{j_1})\\
&\quad-I_{i_2}I_{j_2}+3\lambda_1\lambda_2(I_{i_1}I_{j_2}+I_{i_2}I_{j_1})\\
&\quad+3\lambda_3[\lambda_2(I_{i_2}I_{j_3}+I_{i_3}I_{j_2})+\lambda_1(I_{i_3}I_{j_1}+I_{i_1}I_{j_3})]
\end{aligned}$$

$$
\begin{aligned}
&= (3\lambda_3^2 - 1)I_{i_3}I_{j_3} + \frac{1}{2}\lambda_1^2(3I_{i_1}I_{j_1} + I_{i_1}I_{j_1} - 3I_{i_2}I_{j_2} \\
&\quad + I_{i_2}I_{j_2}) + \frac{1}{2}\lambda_2^2(3I_{i_2}I_{j_2} + I_{i_2}I_{j_2} - 3I_{i_1}I_{j_1} + I_{i_1}I_{j_1}) \\
&\quad + (\lambda_1^2 + \lambda_2^2 - 1)(I_{i_1}I_{j_1} + I_{i_2}I_{j_2}) + 3\lambda_1\lambda_2(I_{i_1}I_{j_2} + I_{i_2}I_{j_1}) \\
&\quad + 3\lambda_3[\lambda_2(I_{i_2}I_{j_3} + I_{i_3}I_{j_2}) + \lambda_1(I_{i_3}I_{j_1} + I_{i_1}I_{j_3})] \\
&= (3\lambda_3^2 - 1)I_{i_3}I_{i_3} + \frac{3}{2}(\lambda_1^2 - \lambda_2^2)(I_{i_1}I_{j_1} - I_{i_2}I_{j_2}) \\
&\quad + \frac{1}{2}(\lambda_1^2 + \lambda_2^2)(I_{i_1}I_{j_1} + I_{i_2}I_{j_2}) - \lambda_3^2(I_{i_1}I_{j_1} + I_{i_2}I_{j_2}) \\
&\quad + 3\lambda_1\lambda_2(I_{i_1}I_{j_2} + I_{i_2}I_{j_1}) + 3\lambda_3[\lambda_2(I_{i_2}I_{j_3} + I_{i_3}I_{j_2}) \\
&\quad + \lambda_1(I_{i_3}I_{j_1} + I_{i_1}I_{j_3})] \\
&= (3\lambda_3^2 - 1)\left[I_{i_3}I_{j_3} - \frac{1}{2}(I_{i_1}I_{j_1} + I_{i_2}I_{j_2})\right] \\
&\quad + \frac{3}{2}[(\lambda_1^2 - \lambda_2^2)(I_{i_1}I_{j_1} - I_{i_2}I_{j_2}) + 2\lambda_1\lambda_2(I_{i_1}I_{j_2} + I_{i_2}I_{j_1})] \\
&\quad + 3\lambda_3[\lambda_2(I_{i_2}I_{j_3} + I_{i_3}I_{j_2}) + \lambda_1(I_{i_3}I_{j_1} + I_{i_1}I_{j_3})].
\end{aligned}
$$

现在引用符号 $\lambda_\pm$ 和 $I^\pm$：

$$
\lambda_\pm = \lambda_1 \pm i\lambda_2,
$$

$$
I^\pm = I_1 \pm iI_2,
$$

于是上式又可以写作

$$
\begin{aligned}
&3(\boldsymbol{\lambda}\cdot\mathbf{I}_i)(\boldsymbol{\lambda}\cdot\mathbf{I}_j) - \mathbf{I}_i\cdot\mathbf{I}_j \\
&\quad = (3\lambda_3^2 - 1)\left[I_{i_3}I_{j_3} - \frac{1}{4}(I_i^+I_j^- + I_i^-I_j^+)\right] \\
&\quad\quad + \frac{3}{4}(\lambda_+^2 I_i^- I_j^- + \lambda_-^2 I_i^+ I_j^+) \\
&\quad\quad + \frac{3}{2}\lambda_3[\lambda_-(I_{i_3}I_j^+ + I_i^+ I_{j_3}) + \lambda_+(I_{i_3}I_j^- + I_i^- I_{j_3})]
\end{aligned}
$$

的形式.

这样展开以后偶极矩相互作用哈密顿函数将包括三项. 第一项含有因数 $3\lambda_3^2 - 1$，它直接涉及到核磁矩所受到的磁场的大小.

这一项对核自旋系统的能级引起一阶的移动. 如果材料是各向同性的液体,那么由于分子的快速翻滚使得 $3\lambda_3^2-1$ 的平均值为零,所以不会引起能级的移动. 第二项和第三项含有 $\lambda_1^2-\lambda_2^2$, $\lambda_1\lambda_2$, $\lambda_2\lambda_3$ 和 $\lambda_3\lambda_1$ 各个因数,它们对核自旋能级只引起高阶的移动,主要是影响自旋点阵和自旋自旋的张弛时间. 这样, 在忽略高阶的能量移动的条件下可以有

$$\mathscr{H}_d^{(1)}=-\frac{1}{2}\sum_{i,j}\frac{g_{I_i}g_{I_j}\beta^2}{r_{ij}^3}(3\cos^2\theta_{ij}-1)\cdot\left[I_{i_3}I_{j_3}-\frac{1}{2}(I_{i_1}I_{j_1}+I_{i_2}I_{j_2})\right], \qquad (10.71)$$

θ_{ij} 是 $\boldsymbol{\lambda}_{ij}$ 与 x_3 轴(外磁场 $\mathbf{H}_0$ 的方向)之间的夹角. 把 $(3\cos^2\theta_{ij}-1)$ 对每一个分子的运动求平均值,并且再对所有分子求平均值而得到 $\langle 3\cos^2\theta_{ij}-1\rangle$. 于是,分子核磁共振谱线的偶极裂距就由哈密顿函数

$$\mathscr{H}_d^{(1)}=-\frac{1}{2}\sum_{i,j}\frac{g_{I_i}g_{I_j}\beta^2}{r_{ij}^3}\langle 3\cos^2\theta_{ij}-1\rangle\cdot\left[I_{i_3}I_{j_3}-\frac{1}{2}(I_{i_1}I_{j_1}+I_{i_2}I_{j_2})\right] \qquad (10.72)$$

确定.

对于丝状液晶, 假定外磁场 $\mathbf{H}_0$ 和液晶指向矢 $\mathbf{n}$ 都是沿 x_3 轴方向,那么在引进固定于分子上的坐标系 (a_1, a_2, a_3) 后, 可以有

$$\frac{1}{2}\langle 3\cos^2\theta_{ij}-1\rangle=\langle P_2(\mathbf{n}\cdot\boldsymbol{\lambda}_{ij})\rangle$$

$$=\frac{4}{5}\pi\sum_{m=-l}^{2}Y_2^{m*}(\boldsymbol{\lambda}_{ij})\langle Y_2^m(\mathbf{n})\rangle,$$

$$Y_l^m(\theta,\phi)=(-1)^m\left[\frac{(2l+1)}{4\pi}\frac{(l-m)!}{(l+m)!}\right]^{\frac{1}{2}}\cdot P_l^m(\cos\theta)\exp(im\phi),\quad m>0,$$

$$Y_l^{m*}=(-1)^mY_l^{-m}, \qquad (10.73)$$

P_l^m 是连带勒让德函数, Y_l^{m*} 和 Y_l^{-m} 是归一化的球谐函数[13]. 这里

λ_{ij} 是用固定于分子上的坐标变量表示的，所以 $Y_l^{m*}(\lambda_{ij})$ 是一个与分子的几何结构有关的因子。$\langle Y_2^m(\mathbf{n})\rangle$ 可以用式(9.22)的有序参数 $S^{ij}_{\alpha\beta}$ 来表示。令 x_3 轴在 (a_1, a_2, a_3) 坐标系中的极坐标为 (θ, ϕ, x_3)，那么 x_3 轴与 a_1, a_2, a_3 轴间夹角的余弦为

$$\cos \widehat{a_1 x_3} = \sin\theta\cos\phi,$$

$$\cos \widehat{a_2 x_3} = \sin\theta\sin\phi,$$

$$\cos \widehat{a_3 x_3} = \cos\theta.$$

式(9.2)给出

$$S^{a_1a_2} = S^{a_1a_2}_{x_3x_3} = \frac{3}{2}\langle \cos\widehat{a_1x_3}\cos\widehat{a_2x_3}\rangle$$

$$= \frac{3}{4}\langle \sin^2\theta\sin^2 2\phi\rangle,$$

$$S^{a_2a_3} = S^{a_2a_3}_{x_3x_3} = \frac{3}{2}\langle \cos\widehat{a_2x_3}\cos\widehat{a_3x_3}\rangle$$

$$= \frac{3}{2}\langle \sin\theta\cos\theta\sin\phi\rangle,$$

$$S^{a_3a_1} = S^{a_3a_1}_{x_3x_3} = \frac{3}{2}\langle \cos\widehat{a_3x_3}\cos\widehat{a_1x_3}\rangle$$

$$= \frac{3}{2}\langle \sin\theta\cos\theta\cos\phi\rangle,$$

$$S^{a_1a_1} = S^{a_1a_1}_{x_3x_3} = \frac{1}{2}\langle 3\cos^2\widehat{a_1x_3} - 1\rangle$$

$$= \frac{1}{2}\langle 3\sin^2\theta\cos^2\phi - 1\rangle,$$

$$S^{a_2a_2} = S^{a_2a_2}_{x_3x_3} = \frac{1}{2}\langle 3\cos^2\widehat{a_2x_3} - 1\rangle$$

$$= \frac{1}{2}\langle 3\sin^2\theta\sin^2\phi - 1\rangle,$$

$$S^{a_3a_3} = S^{a_3a_3}_{x_3x_3} = \frac{1}{2}\langle 3\cos^2\widehat{a_3x_3} - 1\rangle$$

$$=\frac{1}{2}\langle 3\cos^2\theta-1\rangle.$$

因此有

$$\langle Y_2^0(\mathbf{n})\rangle=\sqrt{\frac{5}{16\pi}}\langle 3\cos^2\theta-1\rangle=2\sqrt{\frac{5}{16\pi}}S^{a_3a_3}_{x_3x_3},$$

$$\langle Y_2^1(\mathbf{n})\rangle=-\sqrt{\frac{15}{8\pi}}\langle\sin\theta\cos\theta\exp(i\phi)\rangle$$

$$=-\frac{2}{3}\sqrt{\frac{15}{8\pi}}(S^{a_3a_1}_{x_3x_3}+iS^{a_2a_3}_{x_3x_3}),$$

$$\langle Y_2^2(\mathbf{n})\rangle=\sqrt{\frac{15}{32\pi}}\langle\sin^2\theta\exp(2i\phi)\rangle$$

$$=\frac{2}{3}\sqrt{\frac{15}{32\pi}}(S^{a_1a_1}_{x_3x_3}-S^{a_2a_2}_{x_3x_3}+2iS^{a_1a_2}_{x_3x_3}).\qquad(10.74)$$

这里涉及到六个有序参数 $S^{a_1a_2}_{x_3x_3}$，$S^{a_2a_3}_{x_3x_3}$，$S^{a_3a_1}_{x_3x_3}$，$S^{a_1a_1}_{x_3x_3}$，$S^{a_2a_2}_{x_3x_3}$ 和 $S^{a_3a_3}_{x_3x_3}$. 由于存在式 (9.23_2) 的关系，

$$S^{a_1a_1}_{x_3x_3}+S^{a_2a_2}_{x_3x_3}+S^{a_3a_3}_{x_3x_3}=0,\qquad(9.23_2)$$

所以实际上只涉及到五个独立参数. 这就是说在一般的情形下，偶极相互作用哈密顿函数 $\mathscr{H}_d^{(1)}$ 与五个有序参数 $S^{ij}_{x_3x_3}$ 有关.

如果知道分子有序参数张量的三个主轴，那么 $S^{ij}_{x_3x_3}$ 中 $i\neq j$ 的三个有序参数为零，因而余下两个独立的有序参数. 这两个独立有序参数可以取作

$$S=S^{a_3a_3}_{x_3x_3},\quad D=S^{a_2a_2}_{x_3x_3}-S^{a_1a_1}_{x_3x_3}.\qquad(10.75)$$

S 就是习惯上的有序参数. D 是描述分子 a_1 轴和 a_2 轴沿指向矢方向排列的有序程度的差值. 在引用有序参数 S 和 D 后，式(10.73)简化成为

$$\frac{1}{2}\langle 3\cos^2\theta_{ij}-1\rangle$$

$$=\frac{1}{2}S(3\cos^2\theta'_{ij}-1)-\frac{1}{2}D\sin^2\theta'_{ij}\cos^2\phi'_{ij}.\qquad(10.76)$$

θ'_{ij} 和 ϕ'_{ij} 是单位矢量 $\boldsymbol{\lambda}_{ij}$ 在分子球极坐标系中的球极角. 所以，核磁共振谱线的测量可以给出一个 S 和 D 之间的关系. 另外，丝状

液晶磁化率各向异性也是与 S 和 D 相关的．这样，从核磁共振谱线和磁化率各向异性的测量就可以定出有序参数 S 和 D 的数值．当然，如果分子是轴对称的，那么 $D=0$ 而核磁共振谱线的测量就足以确定有序参数 S 的数值了．

6.2 磁化率法

式 (9.37) 给出了单轴液晶宏观有序参数 $Q_{x_1x_1}$，$Q_{x_2x_2}$ 和 $Q_{x_3x_3}$ 与有序参数 $S^{a_1a_1}=S^{a_1a_1}_{x_3x_3}$，$S^{a_2a_2}=S^{a_2a_2}_{x_3x_3}$ 和 $S^{a_3a_3}=S^{a_3a_3}_{x_3x_3}$ 之间的关系．如果分子具有轴对称性，那么式 (9.30)、(9.33) 和 (9.38) 给出磁化率各向异性 χ_a 与有序参数 S 之间的关系为

$$\chi_a = N\chi_a^{(0)}S, \tag{10.77}$$

N 是单位体积中的分子数，$\chi_a^{(0)}$ 是单个独立分子的磁化率各向异性．由于分子之间的磁相互作用非常微弱，因此 $\chi_a^{(0)}$ 可以通过测量单晶材料的磁化率各向异性来获得．对于单晶材料，我们可以把所有的分子看作都是沿着同一的方向排列．兹维特考夫[14] 以及邵普和梅尔[15]都曾应用过这种方法来测定液晶 PAA 的有序参数．

如果分子不具有轴对称性，那么磁化率各向异性将与式 (10.75) 的两个有序参数 S 和 D 都有关系．从式 (9.37) 和 (9.38) 可以得到

$$\chi_a = N(S^{a_1a_1}\eta_1^{(0)} + S^{a_2a_2}\eta_2^{(0)} + S\eta_3^{(0)}),$$

$$-\frac{1}{2}\chi_a = \frac{N}{2}[(S^{a_2a_2}+S)\eta_1^{(0)} + (S+S^{a_1a_1})\eta_2^{(0)} + (S^{a_1a_1}+S^{a_2a_2})\eta_3^{(0)}].$$

$\eta_1^{(0)}$，$\eta_2^{(0)}$ 和 $\eta_3^{(0)}$ 是单个分子的三个主磁化率．把两式相减，同时注意到式 (9.23_2) 的关系，(现在 $S^{a_3a_3}=S$) 就可以得到

$$\chi_a = \frac{N}{2}[S(2\eta_3^{(0)}-\eta_1^{(0)}-\eta_2^{(0)}) + D(\eta_2^{(0)}-\eta_1^{(0)})]. \tag{10.78}$$

把这个结果同上面关于核磁共振谱线与 S 和 D 的关系相结合，那么在两种测量的结果之下就可以定出 S 和 D 的数值．阿尔本等人就是这样测定了 PAA 在 120℃ 时的 $S=0.52$，$D=0.07$[16]．

6.3 折射率法

单位体积液晶的极化率 $\alpha_{\lambda\mu}$ 由式 (10.36₂) 给出，

$$\alpha_{\lambda\mu}=\frac{1}{3}N\alpha_{ij}^{(0)}(2S_{\lambda\mu}^{ij}+\delta_{ij}\delta_{\lambda\mu}). \qquad (10.36_2)$$

对于单轴液晶，引用式(10.37)的垂直于分子长轴方向和平行于分子长轴方向的分子极化率 α_t 和 α_l，式 (10.39₁) 的 $\alpha_{\lambda\mu}$ 的各个分量可以写成

$$\begin{aligned}\alpha_{\lambda\mu}&=\frac{1}{3}N\left[(\alpha_l+2\alpha_t)\delta_{\lambda\mu}+2(\alpha_l-\alpha_t)S_{\lambda\mu}^{a_3a_3}\right]\\&=N\left[\bar{\alpha}\delta_{\lambda\mu}+\frac{2}{3}\alpha_a^{(0)}S_{\lambda\mu}^{a_3a_3}\right] \qquad (10.79)\end{aligned}$$

的形式. $\bar{\alpha}$ 是分子平均极化率 $\frac{1}{3}(\alpha_l+2\alpha_t)$，而 $\alpha_a^{(0)}$ 是分子的极化率各向异性 $\alpha_l-\alpha_t$. 这样，式 (10.40) 的垂直于指向矢方向的分子平均极化率 $\langle\alpha_\perp\rangle$，和平行于指向矢方向的分子平均极化率 $\langle\alpha_{/\!/}\rangle$ 分别成为

$$\langle\alpha_\perp\rangle=\bar{\alpha}-\frac{1}{3}\alpha_a^{(0)}S,$$

$$\langle\alpha_{/\!/}\rangle=\bar{\alpha}+\frac{2}{3}\alpha_a^{(0)}S.$$

于是，有序参数 S 成为

$$S=\frac{\langle\alpha_{/\!/}\rangle-\langle\alpha_\perp\rangle}{\alpha_a^{(0)}}. \qquad (10.80)$$

分子平均极化率 $\langle\alpha_\perp\rangle$ 和 $\langle\alpha_{/\!/}\rangle$ 与寻常光和非常光的折射率直接相关. 不过，由于分子极化对局域电场的影响比较大，因此不能简单地把折射率 n 和极化率用

$$n=\sqrt{\varepsilon}=\sqrt{1+4\pi N\alpha}$$

的关系联系起来. 邵普和梅尔指出，丝状液晶和单轴晶体非常相近[19]. 他们应用诺爱格包尔对单轴晶体所计算出的内场[17]，给出了丝状液晶的寻常光折射率 n_0 和非常光折射率 n_e 与平均极化率

$\langle\alpha_\perp\rangle$ 和 $\langle\alpha_{/\!/}\rangle$ 之间的关系：

$$\frac{n_0^2-1}{n_0^2+2}=\frac{4\pi}{3}\frac{N}{A_2+\dfrac{1}{\langle\alpha_\perp\rangle}},$$

$$\frac{n_e^2-1}{n_e^2+2}=\frac{4\pi}{3}\frac{N}{A_1+\dfrac{1}{\langle\alpha_{/\!/}\rangle}},$$

$$A_1+2A_2=0。\tag{10.81}$$

A_1 和 A_2 是两个与晶体结构有关的参量. 从式(10.80)可以看到，在各向同性相 ($S=0$)，$\langle\alpha_{/\!/}\rangle$ 和 $\langle\alpha_\perp\rangle$ 都等于 $\bar{\alpha}$。对于各向同性相，引用洛伦兹内场就可以有 n_0，n_e 和各向同性相折射率 n_i 与 A_1 的关系. 因此，测量液晶的折射率 n_0 和 n_e 以及液晶在各向同性相的折射率 n_i，就可以从式(10.81)得出 $\langle\alpha_{/\!/}\rangle$ 和 $\langle\alpha_\perp\rangle$ 的数值. 假定在晶体状态下分子是完全整齐排列的，那就可以得出 $\alpha_a^{(0)}$ 的数值. 这样，由式(10.80)就可以求得有序参数的数值.

参 考 文 献

[1] J. P. Straley, *Mol. Cryst. Liq. Cryst.*, 24(1973), 7.
[2] P. G. de Gennes, *Mol. Cryst. Liq. Cryst.*, 12(1971), 193.
[3] T. W. Stinson, J. D. Litster, *Phys. Rev. Lett.*, 25(1970), 503; *J. Appl. Phys.*, 41(1970), 996.
[4] W. H. de Jeu, Liquid Crystals, Solid State Physics Supplement 14, L. Liebert ed., Academic (1978), p. 109.
[5] W. H. de Jeu, P. Bordewijk, *J. Chem. Phys.*, 68(1978), 109.
[6] L. Onsager, *J. Amer. Chem. Soc.*, 58(1936), 1486.
[7] W. F. Brown Jr., Handbuch der Physik XVII, Springer (1956).
[8] T. M. MacRobert, Spherical Harmonics, 2nd ed., Dover (1947), p. 148.
[9] W. Maier, G. Meier, *Z. Naturforsch.*, 16a(1961), 262.
[10] A. I. Derzhanski, A. G. Petrov, *C. R. Acad. Bulg. Sci.*, 24(1971), 569.
[11] A. G. Petrov, *C. R. Acad. Bulg. Sci.*, 24(1971), 573.
[12] J. D. Jackson, Classical Electrodynamics, 2nd ed., John Wiley (1975), p. 143.
[13] A. Messiah, Quantum Mechanics Vol. 1, North-Holland (1961), p. 495.
[14] V. Zwetkoff, *Acta Physiochemie USSR*, 16(1942), 132.
[15] A. Saupe, W. Maier, *A. Naturforsch.*, 16a(1961), 816.
[16] R. Alben, J. R. McColl, C. S. Shih, *Solid State Commun.*, 11(1972), 1081.
[17] H. E. J. Neugebauer, *Can. J. Phys.*, 32(1954), 1.

第十一章　丝状液晶和螺旋状液晶的光散射

从宏观半经典的角度来看，散射光可以看作是由于入射辐射电场的作用使介质中原子的电子被加速而引起的散射辐射场．如果把入射辐射所穿过的介质分割为许多线度远小于入射光波长的相同大小的区域，那么在观测点所得到的散射辐射电场，将是每个小区域对观测点所引起的散射辐射电场的矢量总和．如果介质中各点的光频介电常数完全相同，那么介质中各处的折射率就完全相同，从而各处的光学性质也完全相同．假定介质本身的线度不很大，从而可以不考虑介质对光的吸收，那么在入射光所经过的路程上，介质各点所受到的入射电场强度可以认为是相同的．这样，被划分的等体积小区域中的每一个小区域对观测点所引起的散射电场强度的大小都相等，但是却具有不同的相位差，因为这些小区域到观测点的距离不相等．对于不在入射方向的观测点，对每一个在观测点引起散射场的小区域，总可以找到一个与之相对应的另外的小区域，这两个相对应的小区域各自在观测点所引起的散射场具有半波的相位差，从而使这一对小区域在观测点所引起的散射场互相抵消．因此，如果介质各处的介电常数都相同，那么除入射方向外，其余各处都不会出现散射光．只有在介质中各处的介电常数有差异时才会出现散射现象，因为这时各个小区域的影响才不再能全部抵消．

虽然我们认为在平衡状态下丝状液晶的分子是沿着同一方向排列的，但是在给定的温度条件下，不可避免地存在着热涨落．于是，总有一些分子的取向要偏离从优取向．液晶分子本身的几何结构是各向异性的，它的极化率也是各向异性的．如果所有分子都按同一方向排列，那么材料的极化率就等于单位体积中分子数与分子极化率的乘积．但是，如果材料中的分子取向具有涨落，那么材料的极化率也将出现涨落，从而使材料的介电常数出现涨落．介电常数出现涨落意味着材料的折射率具有涨落．于是，通过材料的光束就会发生强烈的散射．当然，在给定的温度条件下材料的密度同样也会有涨落，而密度的涨落也要引起介电常数的涨落．不过对于液晶的光散射来讲，一般密度的涨落并不是重要的因素．即使液晶是处于有序参数 S 等于零的各向同性相，热涨落仍然可以使有序参数在零值附近发生涨落，从而引起光散射．由于散射光的振动方向在各个方向都可以出现，因此散射光将是非偏振的．

如果把取向的涨落用傅里叶级数加以展开，那么波矢为 $\mathbf{K}$ 的分量的强度将与 $\exp i(\mathbf{K}\cdot\mathbf{r})$ 成正比．形变自由能密度与 $n_{i,j}$ 的平方成正比，因此产生这种取向扰动所需能量与 $k_{ii}K^2$ 成正比，k_{ii} 是液晶弹性常数之一．波矢 $\mathbf{K}$ 的大小与波长成反比，因此对长波来讲这个能量是很小的．换句话说，就是很容易产生长波的取向扰动．零值的 K 相当于材料的指向矢发生刚性转动，这对材料来讲并没有产生形变，从而也不需要形变能量．丝状液晶所显示的浑浊状态就是由于长波带的强烈光散射引起的．在高于清亮点的温度条件下，材料不再存在长波低频振动方式，因而呈现透明状态．

螺旋状液晶的螺旋结构对取向涨落有相当的影响．涨落的相位与扭曲形变直接相关．丝状液晶中所能具有的一些振动方式与螺旋状液晶中有所不同．斯蒂分等人曾对螺旋状液晶中所能具有的振动方式进行了研究[1,2]．

本章除对丝状液晶和螺旋状液晶的光散射进行一些讨论外，还将简单地介绍一下螺旋状液晶的光学性质和蓝相．

§1 相关函数，光散射截面[3]

我们测量一个具有涨落的物理量 A，实际上总是测量这个量在足够长时间中的平均值，例如测量气体的压强，由于每时每刻碰撞到容器器壁上的分子都在变化，所以测到的压强只是一个长时间内的平均数值．在两个不同的时刻 t 和 $t+\tau$，物理量 A 的数值 $A(t)$ 和 $A(t+\tau)$ 一般并不相等．函数

$$\langle A(0)A(\tau)\rangle=\lim_{T\to\infty}\int_0^T A(t)A(t+\tau)dt \qquad (11.1)$$

称为 A 的对时间的相关函数．时间相关函数 $\langle A^*(0)A(\tau)\rangle$ 的光谱密度分布 $I_A(\omega)$ 定义为

$$I_A(\omega)=\frac{1}{2\pi}\int_{-\infty}^{\infty}\langle A^*(0)A(\tau)\rangle\exp(-i\omega t)dt, \qquad (11.2)$$

ω 是角频率，A^* 是 A 的共轭复函数．对式 (11.2) 作傅里叶变换，就可以有

$$\langle A^*(0)A(\tau)\rangle=\int_{-\infty}^{\infty}I_A(\omega)\exp(i\omega t)d\omega. \qquad (11.3)$$

所以 $\langle A^*(0)A(\tau)\rangle$ 和 $I_A(\omega)$ 互为傅里叶变换式，只要由实验测定其中一个函数，另一个函数就可以通过傅里叶变换而得到．通常对光的测量一般是测量光强，也就是对应于测量 $I_A(\omega)$．从式 (11.3) 可以看出

$$\langle|A|^2\rangle=\langle|A(0)|^2\rangle=\int_{-\infty}^{\infty}I_A(\omega)d\omega, \qquad (11.4)$$

因此可以认为 $I_A(\omega)d\omega$ 是 $|A|^2$ 在频率 ω 到 $\omega+d\omega$ 之间的分量．虽然实验的测量给出的是时间的平均值，但在统计力学里我们经常用对系综的平均值来代替对时间的平均值．

在介质中传播的电磁波，在介电常数张量 ε_{ij} 满足

$$\varepsilon_{ij}=\varepsilon_{ji}$$

的条件下，单位体积的电磁能等于[4]

$$\frac{1}{8\pi}\mathbf{E}\cdot\mathbf{D}+\frac{1}{8\pi}\mathbf{H}\cdot\mathbf{B}.$$

对于透明介质，$\mathbf{H}=\mathbf{B}$．对于单频 ω 的平面波来讲，如果波矢为 $\mathbf{K}$，那末波的电矢量 $\mathbf{E}$ 和磁矢量 $\mathbf{H}$ 都含有因子 $\exp i(\mathbf{K}\cdot\mathbf{r}-\omega t)$．这样，麦克斯韦方程式给出[5]：

$$i\omega\mathbf{H}=c\nabla\times\mathbf{E},\quad i\omega\mathbf{D}=-c\nabla\times\mathbf{H},$$

从而有

$$\omega\mathbf{H} = c\mathbf{K} \times \mathbf{E},\ \omega\mathbf{D} = -c\mathbf{K} \times \mathbf{H}. \tag{11.5}$$

显然

$$\mathbf{H} \cdot \mathbf{H} = \mathbf{D} \cdot \mathbf{E}.$$

所以，对于透明介质，单位体积的电磁能等于

$$\frac{1}{8\pi}\mathbf{E} \cdot \mathbf{D} + \frac{1}{8\pi}\mathbf{H} \cdot \mathbf{B} = \frac{1}{4\pi}\mathbf{E} \cdot \mathbf{D}.$$

电磁波以光速 c 传播，因此在传播方向上单位面积、单位时间所通过的能量是$\frac{c}{4\pi}\mathbf{E} \cdot \mathbf{D}$. 由于是交变电场，所以光强 I 等于 $\frac{c}{4\pi}\overline{\mathbf{E}\cdot\mathbf{D}}$，$\overline{\mathbf{E} \cdot \mathbf{D}}$ 是 $\mathbf{E} \cdot \mathbf{D}$ 的时间平均值. $\mathbf{E} \cdot \mathbf{D}$ 是 $\mathbf{E}$ 的二项式. 与式(11.4)相比较，可以看出与光强相关的正是电场强度的相关函数.

介质对光的散射是由于介质的介电常数具有涨落引起的. 散射光的强度与散射光的电场强度的相关函数直接相关. 因此，我们首先讨论在入射光照射下引起的散射光的电矢量. 如图11.1所示，角频率为 ω_i 的平面单色光入射到非磁性、非导电而且无吸收的透明介质，介质的介电常数张量为 ε_{ij}. 令入射光的电矢量 $\mathbf{E}_i$ 为

$$\mathbf{E}_i(\mathbf{r}', t) = \mathbf{p}_i E_0 \exp i(\mathbf{K}_i \cdot \mathbf{r}' - \omega_i t), \tag{11.6}$$

$\mathbf{p}_i$ 为沿入射电矢量振动方向的单位矢量，$\mathbf{K}_i$ 为入射波的波矢. 考虑到介电常数的涨落，介电常数张量 ε_{ij} 可以写成

$$\varepsilon_{ij}(\mathbf{r}, t) = \varepsilon_{ij0}(\mathbf{r}, t) + \delta\varepsilon_{ij}(\mathbf{r}, t), \tag{11.7}$$

$\delta\varepsilon_{ij}(\mathbf{r}, t)$ 是时刻 t、在位置 $\mathbf{r}$ 处介电常数张量的涨落. 在探测位置 $\mathbf{P}$ 的电磁场 $\mathbf{E}$, $\mathbf{D}$ 和 $\mathbf{H}$ 是由入射波 i 和散射波 s 组成:

$$\mathbf{E} = \mathbf{E}_i + \mathbf{E}_s,$$
$$\mathbf{D} = \mathbf{D}_i + \mathbf{D}_s,$$
$$\mathbf{H} = \mathbf{H}_i + \mathbf{H}_s. \tag{11.8}$$

由于散射波起源于 $\delta\varepsilon_{ij}$ 项，为了简单起见假设 ε_{ij0} 为一常数 ε_0. 也就是假设介质为各向同性，而令

$$\mathbf{D}_i = \varepsilon_0\mathbf{E}_i,$$

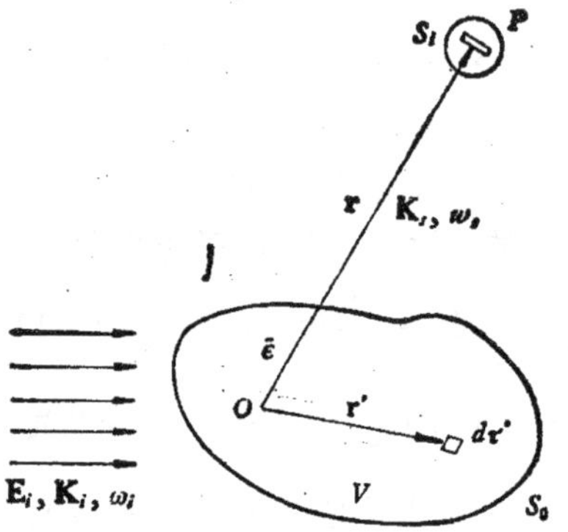

图 11.1　电矢量为 E_i、波矢为 K_i、角频率为 ω_i 的入射光射向 O 处的介质，在 P 处观测散射光.

$$\mathbf{D}=\tilde{\varepsilon}\cdot\mathbf{E}. \tag{11.9}$$

将式(11.7)和(11.8)代入式(11.9)，忽略微量 $\delta\tilde{\varepsilon}\cdot\mathbf{E}_s$ 之后就得到

$$\mathbf{D}_s(\mathbf{r},t)=\varepsilon_0\mathbf{E}_s(\mathbf{r},t)+\delta\tilde{\varepsilon}(\mathbf{r},t)\cdot\mathbf{E}_i(\mathbf{r},t). \tag{11.10}$$

散射波满足麦克斯韦方程式组

$$c\nabla\times\mathbf{E}_s=-\frac{\partial\mathbf{H}_s}{\partial t},$$

$$c\nabla\times\mathbf{H}_s=\frac{\partial\mathbf{D}_s}{\partial t},$$

$$\nabla\cdot\mathbf{H}_s=0,\ \nabla\cdot\mathbf{D}_s=0.$$

因此，我们有

$$\nabla\times\nabla\times\mathbf{E}_s=-\frac{1}{c^2}\frac{\partial^2\mathbf{D}_s}{\partial t^2}. \tag{11.11}$$

把式(11.10)的 $\mathbf{E}_s(\mathbf{r},t)$ 代入式(11.11)，就得到 $\mathbf{D}_s$ 所要满足的方程.

$$\nabla^2\mathbf{D}_s-\frac{1}{v^2}\frac{\partial^2\mathbf{D}_s}{\partial t^2}=-\nabla\times\nabla\times(\delta\tilde{\varepsilon}\cdot\mathbf{E}_i),$$

$$v = \frac{c}{n} = \frac{c}{\sqrt{\varepsilon_0}}, \tag{11.12}$$

式中 v 是介质中的光速，n 是介质的折射率．显然，$\mathbf{D}_s$ 的三个分量的方程都是标量方程

$$\nabla^2\psi(\mathbf{r},t) - \frac{1}{v^2}\frac{\partial^2}{\partial t^2}\psi(\mathbf{r},t) = -f(\mathbf{r},t) \tag{11.13}$$

的形式。

对于式(11.13)的求解，我们可以利用格临定理方程[6]

$$\begin{aligned} I &= \int_V (\phi\nabla^2\psi - \psi\nabla^2\phi)d\tau \\ &= \int_S \left(\phi\frac{\partial\psi}{\partial n} - \psi\frac{\partial\phi}{\partial n}\right)dS, \end{aligned} \tag{11.14}$$

$\mathbf{n}$ 是体积 V 的包面 S 的外向法线。令式(11.14)中的 ψ 函数满足式(11.13)，而 ϕ 函数是一个满足相当于式(11.13)的齐次方程

$$\nabla^2\phi - \frac{1}{v^2}\frac{\partial^2\phi}{\partial t^2} = 0 \tag{11.15}$$

的函数．由于所要求的 ϕ 函数相当于由 $\mathbf{r}'$ 处体积元 $d\tau'$ 散射到 $\mathbf{r}$ 处的散射波，因此我们要的 ϕ 函数是时间 t 和相对位置 $\mathbf{r}-\mathbf{r}'$ 的函数．如果我们选一个各向同性解

$$\phi = \phi(|\mathbf{r}-\mathbf{r}'|, t),$$

那么用 $|\mathbf{r}-\mathbf{r}'|$ 作为位置变量时，式(11.15)将取

$$\frac{1}{|\mathbf{r}-\mathbf{r}'|}\frac{\partial^2}{(\partial|\mathbf{r}-\mathbf{r}'|)^2}[|\mathbf{r}-\mathbf{r}'|\phi] - \frac{1}{v^2}\frac{\partial^2\phi}{\partial t^2} = 0$$

的形式。显然，ϕ 可以是任意的 $t + \dfrac{|\mathbf{r}-\mathbf{r}'|}{v}$ 或 $t - \dfrac{|\mathbf{r}-\mathbf{r}'|}{v}$ 的函数。现在我们具体选择

$$\phi = \frac{1}{|\mathbf{r}-\mathbf{r}'|}\delta\left(t + \frac{|\mathbf{r}-\mathbf{r}'|}{v}\right), \tag{11.16}$$

$\delta(x)$ 是狄喇克 δ 函数[7]．下面可以看到，这样的选择将使我们得到一个推迟解。如果选择 ϕ 为 $t - \dfrac{|\mathbf{r}-\mathbf{r}'|}{v}$ 的函数，那将得到一

个提前解．对于散射问题当然只有推迟解才有实际意义．

把式(11.13)和(11.15)代入式(11.14)的体积分，就得到

$$I=\int_V\left[-\phi f+\frac{1}{v^2}\frac{\partial}{\partial t}\left(\phi\frac{\partial\psi}{\partial t}-\psi\frac{\partial\phi}{\partial t}\right)\right]d\tau'.$$

把 I 从 $t=-\infty$ 到 $t=\infty$ 对时间 t 积分，就可以有

$$\int_{-\infty}^{\infty}I\,dt=-\int_{-\infty}^{\infty}\int_V f(\mathbf{r}',t)\frac{\delta\left(t+\frac{|\mathbf{r}-\mathbf{r}'|}{v}\right)}{|\mathbf{r}-\mathbf{r}'|}d\tau'dt$$

$$+\frac{1}{v^2}\int_V\left(\phi\frac{\partial\psi}{\partial t}-\psi\frac{\partial\phi}{\partial t}\right)_{t=-\infty}^{\infty}d\tau'.$$

$\delta(x)$ 函数的特性是在所有 $x\neq0$ 处 $\delta(x)$ 和 $\frac{\partial}{\partial x}\delta(x)$ 都等于零，因此在 $t=\pm\infty$ 处 ϕ 和 $\frac{\partial\phi}{\partial t}$ 都等于零．于是上式给出

$$\int_{-\infty}^{\infty}I\,dt=-\int_V\left(\frac{1}{|\mathbf{r}-\mathbf{r}'|}\right)f\left(\mathbf{r}',\frac{|\mathbf{r}-\mathbf{r}'|}{v}\right)d\tau'.\qquad(11.17)$$

对式(11.14)的面积分，由于 $\mathbf{r}'=\mathbf{r}$ 是 ϕ 函数式(11.16)的一个奇异点，因此需要以 $\mathbf{r}$ 点为中心作一个半径为 $|\mathbf{r}-\mathbf{r}'|=r_1$ 的小球面，将 $\mathbf{r}$ 点移到小球体积之外．这样，面积分就包括对原有外表面 S_0 的积分和对小球面 S_i 的积分．当然，在 S_i 上外法线的方向是指向 $\mathbf{r}$ 点的．因此，在 S_i 面上 $\frac{\partial}{\partial n}=-\frac{\partial}{\partial r}$．这样，式(11.14)的面积分就成为

$$I=\int_{S_i}\left(\psi\frac{\partial\phi}{\partial r}-\phi\frac{\partial\psi}{\partial r}\right)dS_i$$

$$+\int_{S_0}\left(\phi\frac{\partial\psi}{\partial n}-\psi\frac{\partial\phi}{\partial n}\right)dS_0.$$

把式(11.16)的 ϕ 函数代入后，在 S_i 上的面积分成为

$$\int_{S_i}\left(\psi\frac{\partial\phi}{\partial r}-\phi\frac{\partial\psi}{\partial r}\right)dS_i$$

$$= \int_{S_i} \left\{ \left[-\frac{\delta\left(t + \frac{r_1}{v}\right)}{r_1^2} + \frac{\frac{\partial}{\partial r}\delta\left(t + \frac{r}{v}\right)\Big|_{r=r_1}}{r_1} \right] \phi - \frac{\delta\left(t + \frac{r_1}{v}\right)}{r_1}\left(\frac{\partial \phi}{\partial r}\right)_{r=r_1} \right\} dS_i.$$

当 $r_1 \to 0$ 时，我们有

$$\int_{S_i, r_1 \to 0} \phi dS_i = \phi|_{r=r_1} \cdot 4\pi r_1^2,$$

$$\int_{S_i, r_1 \to 0} \left(\frac{\partial \phi}{\partial r}\right)_{r=r_1} dS_i = 4\pi r_1^2 \frac{\partial \phi}{\partial r}\Big|_{r=r_1}.$$

因此，可以得到

$$\int_{S_i, r_1 \to 0} \left(\phi \frac{\partial \phi}{\partial r} - \phi \frac{\partial \phi}{\partial r}\right) dS_i = -4\pi\phi(\mathbf{r}, t)\delta(t).$$

把它对时间 t 再进行积分，就得到

$$\int_{-\infty}^{\infty} \int_{S_i, r_1 \to 0} \left(\phi \frac{\partial \phi}{\partial n} - \phi \frac{\partial \phi}{\partial n}\right) dS_i dt = -4\pi\phi(\mathbf{r}, 0). \quad (11.18)$$

对于在 S_0 上的面积分，由于

$$\frac{\partial}{\partial n}\delta\left(t + \frac{|\mathbf{r} - \mathbf{r}'|}{v}\right) = \left[\frac{\partial}{\partial n}\left(t + \frac{|\mathbf{r} - \mathbf{r}'|}{v}\right)\right] \cdot \left[\frac{\partial t}{\partial\left(t + \frac{|\mathbf{r} - \mathbf{r}'|}{v}\right)}\right]\left[\frac{\partial}{\partial t}\delta\left(t + \frac{|\mathbf{r} - \mathbf{r}'|}{v}\right)\right]$$

$$= \frac{1}{v}\left[\frac{\partial}{\partial n}|\mathbf{r} - \mathbf{r}'|\right]\left[\frac{\partial}{\partial t}\delta\left(t + \frac{|\mathbf{r} - \mathbf{r}'|}{v}\right)\right],$$

所以有

$$\int_{S_0} \left(\phi \frac{\partial \phi}{\partial n} - \phi \frac{\partial \phi}{\partial n}\right) dS_0$$

$$
= \int_{S_0} \left\{ \frac{\delta\left(t + \frac{|\mathbf{r} - \mathbf{r}'|}{v}\right)}{|\mathbf{r} - \mathbf{r}'|} \frac{\partial \phi}{\partial n} \right.
$$

$$
+ \left(\frac{\phi}{|\mathbf{r} - \mathbf{r}'|^2}\right) \delta\left(t + \frac{|\mathbf{r} - \mathbf{r}'|}{v}\right)\left(\frac{\partial}{\partial n} |\mathbf{r} - \mathbf{r}'|\right)
$$

$$
- \left(\frac{\phi}{v|\mathbf{r} - \mathbf{r}'|}\right)\left(\frac{\partial}{\partial n} |\mathbf{r} - \mathbf{r}'|\right)
$$

$$
\left. \cdot \left[\frac{\partial}{\partial t} \delta\left(t + \frac{|\mathbf{r} - \mathbf{r}'|}{v}\right)\right] \right\} dS_0.
$$

将上式对时间积分，并利用 $\delta(x)$ 函数的特性就可以得到

$$
\int_{-\infty}^{\infty} \int_{S_0} \left(\phi \frac{\partial \phi}{\partial n} - \phi \frac{\partial \phi}{\partial n}\right) dS_0 dt
$$

$$
= \int_{S_0} \left\{ \left[\left(\frac{1}{|\mathbf{r} - \mathbf{r}'|}\right) \frac{\partial \phi}{\partial n} \right. \right.
$$

$$
+ \left(\frac{1}{|\mathbf{r} - \mathbf{r}'|^2}\right)\left(\frac{\partial}{\partial n} |\mathbf{r} - \mathbf{r}'|\right) \phi
$$

$$
\left. \left. + \left(\frac{1}{v|\mathbf{r} - \mathbf{r}'|}\right)\left(\frac{\partial}{\partial n} |\mathbf{r} - \mathbf{r}'|\right) \frac{\partial \phi}{\partial t} \right]_{t = -\frac{|\mathbf{r} - \mathbf{r}'|}{v}} \right\} dS_0. \tag{11.19}
$$

结合式 (11.14)、(11.17)、(11.18) 和 (11.19) 就有

$$
\phi(\mathbf{r}, 0) = \frac{1}{4\pi} \int_V \left(\frac{1}{|\mathbf{r} - \mathbf{r}'|}\right) f\left(\mathbf{r}' - \frac{|\mathbf{r} - \mathbf{r}'|}{v}\right) d\tau
$$

$$
+ \int_{S_0} \left\{ \left[\left(\frac{1}{|\mathbf{r} - \mathbf{r}'|}\right) \frac{\partial \phi}{\partial n} \right. \right.
$$

$$
+ \left(\frac{1}{|\mathbf{r} - \mathbf{r}'|^2}\right)\left(\frac{\partial}{\partial n} |\mathbf{r} - \mathbf{r}'|\right) \phi
$$

$$
\left. \left. + \left(\frac{1}{v|\mathbf{r} - \mathbf{r}'|}\right)\left(\frac{\partial}{\partial n} |\mathbf{r} - \mathbf{r}'|\right) \frac{\partial \phi}{\partial t} \right]_{t = -\frac{|\mathbf{r} - \mathbf{r}'|}{v}} \right\} dS_0.
$$

这个结果指出，在 $t = 0$ 时，$\mathbf{r}$ 点处的 ϕ 解是由

$$
t = -\frac{|\mathbf{r} - \mathbf{r}'|}{v}
$$

时刻的各个项提供的．如果把时间的起点移动一下，那么显然就有推迟解

$$\phi(\mathbf{r},t)=\frac{1}{4\pi}\int_V\left(\frac{1}{|\mathbf{r}-\mathbf{r}'|}\right)f\left(\mathbf{r}',t-\frac{|\mathbf{r}-\mathbf{r}'|}{v}\right)d\tau'$$
$$+\int_{S_0}\left[\left(\frac{1}{|\mathbf{r}-\mathbf{r}'|}\right)\frac{\partial}{\partial n}\phi\left(\mathbf{r}',t-\frac{|\mathbf{r}-\mathbf{r}'|}{v}\right)\right.$$
$$+\left(\frac{1}{|\mathbf{r}-\mathbf{r}'|^2}\right)\left(\frac{\partial}{\partial n}|\mathbf{r}-\mathbf{r}'|\right)$$
$$\cdot\phi\left(\mathbf{r}',t-\frac{|\mathbf{r}-\mathbf{r}'|}{v}\right)+\left(\frac{1}{v|\mathbf{r}-\mathbf{r}'|}\right)$$
$$\cdot\left(\frac{\partial}{\partial n}|\mathbf{r}-\mathbf{r}'|\right)\frac{\partial}{\partial t}\phi\left(\mathbf{r}',t\right.$$
$$\left.\left.-\frac{|\mathbf{r}-\mathbf{r}'|}{v}\right)\right]dS_0. \tag{11.20}$$

式(11.20)中的体积分项是式(11.13)的特解． 而面积分项是式(11.13)的齐次方程式的通解．在通解中时间是以推迟时间 $t-\frac{|\mathbf{r}-\mathbf{r}'|}{v}$ 出现的．如果散射源集中在一个小的区域，我们可以选择一个离散射源足够远的 S_0 面，使得散射源发生的振动在 $\frac{|\mathbf{r}-\mathbf{r}'|}{v}$ 时间后还不足以到达 S_0 面．这样，在 S_0 面上 ϕ，$\frac{\partial\phi}{\partial n}$ 和 $\frac{\partial\phi}{\partial t}$ 的数值都等于零，因而式(11.20)的通解就可以忽略不计．这时 ϕ 的解成为

$$\phi(\mathbf{r},t)=\frac{1}{4\pi}\int_V\left(\frac{1}{|\mathbf{r}-\mathbf{r}'|}\right)$$
$$\cdot f\left(\mathbf{r}',t-\frac{|\mathbf{r}-\mathbf{r}'|}{v}\right)d\tau'. \tag{11.21}$$

把式(11.13)的解式(11.21)的形式应用于式(11.12)，就可以得到式(11.12)的解

$$\mathbf{D}_s=\frac{1}{4\pi}\int\left\{\nabla\times\nabla\times\left[\delta\tilde{\varepsilon}\left(\mathbf{r},t-\frac{|\mathbf{r}-\mathbf{r}'|}{v}\right)\right.\right.$$

$$\mathbf{E}_i\left(\mathbf{r}',t-\frac{|\mathbf{r}-\mathbf{r}'|}{v}\right)\Big]\Big\}d\tau'\Big/\Big\{|\mathbf{r}-\mathbf{r}'|\Big\}。\qquad(11.22)$$

式 (11.12) 和 (11.22) 中的旋度都是以 $\mathbf{r}$ 为变量进行运算的，而式 (11.22) 中对 $d\tau'$ 的积分则是对 $\mathbf{r}'$ 进行的. 由于 $\delta\tilde{\boldsymbol{\varepsilon}}$ 是一个微小的涨落项，而机械涨落的传播比起光速要慢得多，所以我们可以忽略推迟时间 $\frac{|\mathbf{r}-\mathbf{r}'|}{v}$ 的影响，而以 $\delta\tilde{\boldsymbol{\varepsilon}}(\mathbf{r}',t)$ 代替 $\delta\tilde{\boldsymbol{\varepsilon}}\left(\mathbf{r}',t-\frac{|\mathbf{r}-\mathbf{r}'|}{v}\right)$.

把式 (11.6) 的 $\mathbf{E}_i$ 代入式 (11.22) 就得到

$$\mathbf{E}_s=\frac{E_0}{4\pi\varepsilon_0}\int_V\left(\frac{1}{|\mathbf{r}-\mathbf{r}'|}\right)[\exp i(\mathbf{K}_i\cdot\mathbf{r}'$$

$$-\omega_i t)]\nabla\times\nabla\times\left[(\delta\tilde{\boldsymbol{\varepsilon}}\cdot\mathbf{p}_i)\exp\left(i\frac{\omega_i}{v}|\mathbf{r}-\mathbf{r}'|\right)\right]d\tau'.$$

在 $|\mathbf{r}|$ 远远大于介质本身线度的条件下，近似地可以有

$$|\mathbf{r}-\mathbf{r}'|=r-\mathbf{r}'\cdot\hat{\mathbf{r}},\qquad(11.23)$$

$\hat{\mathbf{r}}$ 是沿 $\mathbf{r}$ 方向的单位矢量. 在忽略分母中的 $\mathbf{r}'\cdot\hat{\mathbf{r}}$ 项后有

$$\mathbf{E}_s=\frac{E_0}{4\pi\varepsilon_0 r}\int_V\nabla\times\nabla\times\Big\{(\delta\tilde{\boldsymbol{\varepsilon}}\cdot\mathbf{p}_i)$$

$$\cdot\left[\exp i\left(\mathbf{K}_i\cdot\mathbf{r}'-\omega_i t+\frac{\omega_i}{v}r-\frac{\omega_i}{v}\mathbf{r}'\cdot\hat{\mathbf{r}}\right)\right]\Big\}d\tau$$

在散射过程中，散射光的频率 ω_s 与入射光的频率 ω_i 相差不多，因此

$$\omega_s=\omega_i-\Delta\omega\approx\omega_i,$$

$$\mathbf{K}_s=\frac{\omega_s}{v}\hat{\mathbf{r}}\approx\frac{\omega_i}{v}\hat{\mathbf{r}}=\mathbf{K}_i,\qquad(11.24)$$

$\mathbf{K}_s$ 是散射波的波矢. 于是式 (11.23) 成为

$$\mathbf{E}_s=\frac{E_0}{4\pi\varepsilon_0 r}\int_V\nabla\times\nabla\times\{[\delta\tilde{\boldsymbol{\varepsilon}}(\mathbf{r}',t)\cdot\mathbf{p}_i]$$

$$\cdot[\exp i(\mathbf{K}_s\cdot\mathbf{r}-\omega_i t+\mathbf{K}_i\cdot\mathbf{r}'-\mathbf{K}_s\cdot\mathbf{r}')]d\tau'.$$

真空或空气中的 ε_0 等于 1，由于旋度是以 $\mathbf{r}$ 为变量进行运算的，所以沿 $\mathbf{p}_s$ 方向散射波的电振动为

$$E_s = \mathbf{E}_s \cdot \mathbf{p}_s = \frac{E_0}{4\pi r}[\exp i(\mathbf{K}_s \cdot \mathbf{r} - \omega_i t)]\mathbf{p}_s$$

$$\cdot \left\{\mathbf{K}_s \times \left[\mathbf{K}_s \times \int_V [\delta\tilde{\boldsymbol{\varepsilon}}(\mathbf{r}', t) \cdot \mathbf{p}_i]\exp(i\mathbf{K}\right.\right.$$

$$\left.\left. \cdot \mathbf{r}')\, d\tau'\right]\right\}$$

$$= -\frac{E_0}{4\pi r}[\exp i(\mathbf{K}_s \cdot \mathbf{r} - \omega_i t)]\mathbf{K}_s^2\mathbf{p}_s$$

$$\cdot \int_V [\delta\tilde{\boldsymbol{\varepsilon}}(\mathbf{r}', t) \cdot \mathbf{p}_i]\exp(i\mathbf{K} \cdot \mathbf{r}')d\tau'$$

$$= -\frac{E_0K_s^2}{4\pi r}[\exp i(\mathbf{K}_s \cdot \mathbf{r} - \omega_i t)]$$

$$\cdot \int_V \delta\varepsilon_{is}(\mathbf{r}', t)\exp(i\mathbf{K} \cdot \mathbf{r}')d\tau',$$

$$\mathbf{K} = \mathbf{K}_i - \mathbf{K}_s,$$

$$\delta\varepsilon_{is}(\mathbf{r}', t) = \mathbf{p}_s \cdot \delta\tilde{\boldsymbol{\varepsilon}}(\mathbf{r}', t) \cdot \mathbf{p}_i. \tag{11.25}$$

在 E_s 的表示式中我们应用了散射波振动方向 $\mathbf{p}_s$ 和散射波传播方向 $\mathbf{K}_s$ 互相垂直的条件

$$\mathbf{K}_s \cdot \mathbf{p}_s = 0.$$

引用 $\delta\tilde{\boldsymbol{\varepsilon}}(\mathbf{r}', t)$ 的傅里叶变换，令

$$\delta\tilde{\boldsymbol{\varepsilon}}(\mathbf{K}, t) = \int \delta\tilde{\boldsymbol{\varepsilon}}(\mathbf{r}', t)\exp(i\mathbf{K} \cdot \mathbf{r}')d\tau', \tag{11.26}$$

那末式 (11.25) 成为

$$E_s(\mathbf{r}, \mathbf{K}, t) = -\frac{E_0K_s^2}{4\pi r}[\exp i(\mathbf{K}_s \cdot \mathbf{r} - \omega t)]$$

$$\cdot \delta\varepsilon_{is}(\mathbf{K}, t),$$

$$\delta\varepsilon_{is}(\mathbf{K}, t) = \mathbf{p}_s \cdot \delta\tilde{\boldsymbol{\varepsilon}}(\mathbf{K}, t) \cdot \mathbf{p}_i. \tag{11.27}$$

为了计算散射光的强度，我们作

$$\mathbf{E}_s^*(\mathbf{r}, \mathbf{K}, 0)\mathbf{E}_s(\mathbf{r}, K, t)$$

$$= \frac{E_0^2K_s^4}{16\pi^2r^2}\delta\varepsilon_{is}^*(\mathbf{K}, 0)\delta\varepsilon_{is}(\mathbf{K}, t).$$

把式(11.26)的 $\delta\mathscr{E}(\mathbf{K}, t)$ 代入就得到

$$\mathbf{E}_s^*(\mathbf{r}, \mathbf{K}, 0)\mathbf{E}_s(\mathbf{r}, \mathbf{K}, t) = \frac{E_0^2K_s^4}{16\pi^2r^2}\iint \delta\varepsilon_{is}^*(\mathbf{r}', 0)\delta\varepsilon_{is}(\mathbf{r}'', t)\exp[i\mathbf{K}\cdot(\mathbf{r}''-\mathbf{r}')]d\tau' d\tau''.$$

于是相关函数

$$\langle\mathbf{E}_s^*(\mathbf{r}, \mathbf{K}, 0)\mathbf{E}_s(\mathbf{r}, \mathbf{K}, t)\rangle = \frac{E_0^2K_s^4}{16\pi^2r^2}\iint \overline{\delta\varepsilon_{is}^*(\mathbf{r}', 0)\delta\varepsilon_{is}(\mathbf{r}'', t)}\cdot\exp[i\mathbf{K}\cdot(\mathbf{r}''-\mathbf{r}')]d\tau' d\tau''.$$

这里 $\overline{\delta\varepsilon_{is}^*(\mathbf{r}', 0)\delta\varepsilon_{is}(\mathbf{r}'', 0)}$ 是函数的时间平均值. 引用变量

$$\mathbf{r}_{12} = \mathbf{r}'' - \mathbf{r}',$$

那么

$$\int\overline{\delta\varepsilon_{is}^*(\mathbf{r}', 0)\delta\varepsilon_{is}(\mathbf{r}'', t)}\,d\tau'$$

可以用函数统计平均值 $\langle\delta\varepsilon_{is}(0, 0)\delta\varepsilon_{is}^*(\mathbf{r}_{12}, t)\rangle$ 与体积 V 的乘积来代替,而对 $d\tau''$ 的积分可以用对 $\mathbf{r}_{12}$ 的体积分来代替. 于是有

$$\langle\mathbf{E}_s^*(\mathbf{r}, \mathbf{K}, 0)\mathbf{E}_s(\mathbf{r}, \mathbf{K}, t)\rangle = \frac{E_0^2K_s^4}{16\pi^2r^2}V\int_V\langle\delta\varepsilon_{is}(0, 0)\delta\varepsilon_{is}^*(\mathbf{r}_{12}, t)\rangle\cdot[\exp(i\mathbf{K}\cdot\mathbf{r}_{12})]d\tau_{12}.$$

与式(11.2)相比较可以看到,在 ω 到 $\omega+d\omega$ 之间的散射强度为

$$\frac{d\omega}{2\pi}\int_{-\infty}^{\infty}\langle E_s^*(\mathbf{r}, \mathbf{K}, 0)E_s(\mathbf{r}, \mathbf{K}, t)\rangle\exp(-i\omega t)dt = d\omega\left(\frac{E_0^2K_s^4}{32\pi^3r^2}\right)V\int_{-\infty}^{\infty}\int_V\langle\delta\varepsilon_{is}(0, 0)\delta\varepsilon_{is}^*(\mathbf{r}, t)\rangle\cdot[\exp i(\mathbf{K}\cdot\mathbf{r}-\omega t)]d\tau\,dt.$$

于是单位体积、单位时间从立体角 $d\Omega$ 到达 P 点的能量等于

$$r^2d\Omega d\omega\left(\frac{E_0^2K_s^4}{32\pi^3r^2}\right)\int_{-\infty}^{\infty}\int_V\langle\delta\varepsilon_{is}(0, 0)\delta\varepsilon_{is}^*(\mathbf{r}, t)\rangle\cdot[\exp i(\mathbf{K}\cdot\mathbf{r}-\omega t)]d\tau\,dt$$

$$= d\omega d\Omega\left(\frac{E_0^2K_s^4}{32\pi^3}\right)\int_{-\infty}^{\infty}\int_V \langle\delta\varepsilon_{is}(0, 0)\delta\varepsilon_{is}^*(\mathbf{r}, t)\rangle$$

$$\cdot[\exp i(\mathbf{K}\cdot\mathbf{r}-\omega t)]d\tau\, dt。$$

入射光的光强等于 $\frac{cE_0^2}{4\pi}$，散射光光强是 $\frac{c\langle E_s^* E_s\rangle}{4\pi}$。因此，对于给定的 $\mathbf{K}$ 值，可以定义由 $(\mathbf{K}_i, \omega_i)$ 到 $(\mathbf{K}_s, \omega_s)$ 的单位体积、单位立体角、单位角频率的微分散射截面 $\frac{d^2\sigma}{d\Omega d\omega}$ 为

$$\frac{d^2\sigma}{d\Omega d\omega}=\frac{K_s^4}{32\pi^3}I(\mathbf{K}, \omega),$$

$$I(\mathbf{K}, \omega)=\int_V d\tau\int_{-\infty}^{\infty}\langle\delta\varepsilon_{is}(0, 0)\delta\varepsilon_{is}^*(\mathbf{r}, t)\rangle$$

$$\cdot[\exp i(\mathbf{K}\cdot\mathbf{r}-\omega t)]\, dt,$$

$$\mathbf{K}=\mathbf{K}_i-\mathbf{K}_s,$$

$$\omega=\omega_i-\omega_s. \tag{11.28}$$

这里 $\mathbf{K}$ 是散射过程中光的波矢的改变量，ω 是频率的改变量.

§2　丝状液晶的取向涨落

光散射截面中的一个重要因子是式 (11.28) 中的 $I(\mathbf{K},\omega)$。它是由介电常数 $\bar{\boldsymbol{\varepsilon}}$ 的涨落 $\delta\bar{\boldsymbol{\varepsilon}}$ 决定的. 单轴液晶的介电常数 $\varepsilon_{\alpha\beta}$ 由式 (3.5) 给出：

$$\varepsilon_{\alpha\beta}=\varepsilon_{\perp}\delta_{\alpha\beta}+\varepsilon_a n_\alpha n_\beta,$$

$$\varepsilon_a=\varepsilon_{\parallel}-\varepsilon_{\perp}. \tag{3.5}$$

在光频范围内，可以引用式 (10.35) 的平均介电常数 $\bar{\varepsilon}$：

$$\bar{\varepsilon}=\frac{1}{3}(\varepsilon_{\parallel}+2\varepsilon_{\perp}), \tag{10.35}$$

从而得到：

$$\varepsilon_{\alpha\beta}=\left(\bar{\varepsilon}-\frac{1}{3}\varepsilon_a\right)\delta_{\alpha\beta}+\varepsilon_a n_\alpha n_\beta,$$

$$\boldsymbol{\varepsilon} = \left(\bar{\varepsilon} - \frac{1}{3}\varepsilon_a\right)\mathbf{I} + \varepsilon_a \mathbf{n}\mathbf{n}_0. \tag{11.29}$$

式 (11.29) 指出，介电常数 $\varepsilon_{\alpha\beta}$ 的涨落有两个来源：一个是由于局域地区材料的温度和密度等的涨落而引起的 $\varepsilon_{\parallel}$ 和 $\varepsilon_{\perp}$ 的数值涨落；另一个是指向矢 $\mathbf{n}$ 的取向涨落．分析各向异性材料的光散射时，当然应该把两项都加以考虑．显然，这是一个很复杂的问题．为了简单起见，假设 $\varepsilon_a \ll \bar{\varepsilon}$，这样就可以把 $\bar{\varepsilon}$ 和 ε_a 都看作是常量，也就是说把入射光和散射光都简化为各向同性介质中的传播来处理．虽然对于 PAA 之类的材料来讲，这种假设是不大正确的，因为在 125℃ 时 PAA 的 $\varepsilon_{\parallel} = n_{\parallel}^2 \approx 3.3$ 而 $\varepsilon_{\perp} = n_{\perp}^2 \approx 2.3$，并不能满足 $\varepsilon_a \ll \bar{\varepsilon}$ 的假设．不过利用这种假设却可以比较简单地给出问题中的主要物理特性．在这种假设之下，介电常数 $\varepsilon_{\alpha\beta}$ 的涨落 $\delta\varepsilon_{\alpha\beta}$ 成为

$$\begin{aligned} \delta\tilde{\boldsymbol{\varepsilon}} &= \varepsilon_a(\delta\mathbf{n}\mathbf{n}_0 + \mathbf{n}_0\delta\mathbf{n}), \\ \delta\varepsilon_{\alpha\beta} &= \varepsilon_a(\delta n_\alpha n_{0\beta} + n_{0\alpha}\delta_{n\beta}). \end{aligned} \tag{11.30}$$

这里 $\mathbf{n}_0$ 是平衡状态下的指向矢，也就是没有涨落时的指向矢．

为了具体起见，假定平衡状态下的指向矢 $\mathbf{n}_0$ 与 x_3 轴的方向相重合．在材料中一点 $\mathbf{r}$ 处的指向矢为 $\mathbf{n}(\mathbf{r}, t)$，其取向涨落为

$$\mathbf{n}(\mathbf{r}, t) = \mathbf{n}_0 + \delta\mathbf{n}(\mathbf{r}, t). \tag{11.31}$$

对于波矢为 $\mathbf{K}$ 的平面波可以取 $\mathbf{K}$ 与 x_3 轴所组成的平面为 x_1x_3 平面．这时波矢 $\mathbf{K}$ 将不是 x_2 的函数．由于 $\mathbf{n}$ 和 $\mathbf{n}_0$ 都是单位矢量，因此在小的取向涨落条件下，式 (11.3) 给出

$$\mathbf{n}_0 \cdot \delta\mathbf{n} = 0.$$

这说明指向矢取向的涨落 $\delta\mathbf{n}$ 与平衡状态下的指向矢 $\mathbf{n}_0$ 互相垂直．于是 $\delta\mathbf{n}$ 就只有沿 x_1 方向的分量 δn_1 和沿 x_2 方向的分量 δn_2，而且 δn_1 和 δn_2 是互相独立而互不相关的．从图 11.2 可以看出，在 δn_1 方式中可以出现 $n_{1,1}$ 和 $n_{1,3}$ 两种情形．所以 δn_1 方式的振动是在 $\mathbf{K}$ 和 $\mathbf{n}_0$ 的平面当中，可以产生展曲和弯曲两种形变．δn_2 方式的振动是在垂直于 $\mathbf{K}$ 和 $\mathbf{n}_0$ 的平面当中，由于可以出现 $n_{2,1}$ 和 $n_{2,3}$，所以产生的形变是扭曲和弯曲的迭加．

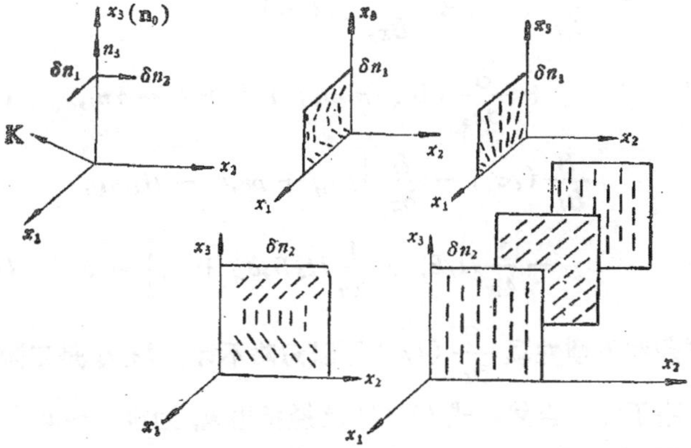

图 11.2 两种无耦合的指向矢取向涨落方向 δn_1 和 δn_2. δn_1 方式引起展曲和弯曲形变，δn_2 方式引起扭曲和弯曲形变.

§3 丝状液晶散射频谱

液晶的粘滞性比较大，指向矢取向涨落的两种振动方式实际上都是处于过阻尼状态，都不会在液晶中进行传播. 第七章曾经指出，指向矢的运动会引起液晶的流动，而液晶的流动反过来也要影响到指向矢的排列取向. 两种运动是互相耦合的. 散射光的频谱就是由指向矢取向涨落的动力学所决定的. 当然，指向矢的取向涨落以及由之而引起的液晶的流速都是微量. 这样，在动力学方程式中就可以只考虑这些项的一阶项而忽略高阶项，换句话说就是可以只讨论动力学方程式的线性部分[8]. 我们仍然采用上两节的坐标系，同时令液晶所处的外磁场仍然是沿 x_3 轴方向. 为了简单起见，我们假定液晶的温度不变，并且认为液晶是不可压缩的，这时式 (5.75) 给出

$$v_{k,k}=0,\ d_{kk}=0. \tag{5.75}$$

与运动相关的方程式是指向矢运动方程 (5.60) 和动量守恒方程 (6.15):

$$\frac{\partial}{\partial t}(I\dot{n}_i)+\frac{\partial}{\partial x_k}(I\dot{n}_i v_k)$$

$$+\frac{\partial}{\partial x_k}(\Pi_{ik}+\pi_{ik})+f_i+f'_i=\gamma n_i, \qquad (5.60)$$

$$\frac{\partial}{\partial t}(\rho v_i)+\frac{\partial}{\partial x_j}\Big[p\delta_{ij}+\rho v_i v_j-\Pi_{kj}n_{k,i}$$

$$-\frac{1}{4\pi}H_i B_j+\frac{1}{8\pi}H_k B_k\delta_{ij}+t_{ij}\Big]=0. \qquad (6.15)$$

在低频条件下惯性项 $\frac{\partial}{\partial t}(I\dot{n}_i)$ 可以忽略不计．$I\dot{n}_i v_k$ 是二阶项也可以忽略不计．当然，式 (5.73) 已经指出 π_{ij} 为零．$\rho v_i v_j$ 是速度的二阶项，在这里可以忽略不计．由于

$$\mathbf{n}\equiv(\delta n_1,\ \delta n_2,\ n_3\approx 1),$$

因此 $\Pi_{kj}n_{k,i}$ 是二阶项，同样也可以加以忽略．这样，在忽略二阶和高阶的微量后，式 (6.18) 给出

$$\frac{\partial}{\partial x_j}\Pi_{1j}+f_1=-k_{11}\left(\frac{\partial^2}{\partial x_1^2}\delta n_1+\frac{\partial^2}{\partial x_1\partial x_2}\delta n_2\right)$$

$$+k_{22}\left(\frac{\partial^2}{\partial x_1\partial x_2}\delta n_2-\frac{\partial^2}{\partial x_2^2}\delta n_1\right)-k_{33}\frac{\partial^2}{\partial x_3^2}\delta n_1,$$

$$\frac{\partial}{\partial x_j}\Pi_{2j}+f_2=-k_{11}\left(\frac{\partial^2}{\partial x_1\partial x_2}\delta n_1+\frac{\partial^2}{\partial x_2^2}\delta n_2\right)$$

$$-k_{22}\left(\frac{\partial^2}{\partial x_1^2}\delta n_2-\frac{\partial^2}{\partial x_1\partial x_2}\delta n_1\right)-k_{33}\frac{\partial^2}{\partial x_3^2}\delta n_2,$$

$$\frac{\partial}{\partial x_j}\Pi_{3j}+f_3=-k_{11}\left(\frac{\partial^2}{\partial x_1\partial x_3}\delta n_1+\frac{\partial^2}{\partial x_2\partial x_3}\delta n_2\right)$$

$$+k_{33}\left(\frac{\partial^2}{\partial x_1\partial x_3}\delta n_1+\frac{\partial^2}{\partial x_2\partial x_3}\delta n_2\right)-\chi_a H^2. \qquad (11.32)$$

另外，式 (5.42) 给出

$$N_1=\frac{\partial}{\partial t}\delta n_1-\frac{1}{2}(v_{1,3}-v_{3,1}),$$

$$N_2=\frac{\partial}{\partial t}\delta n_2-\frac{1}{2}(v_{2,3}-v_{3,2}),$$

$$N_3 = 0。\tag{11.33}$$

于是，在只保留到一阶项的条件下，式(5.76)和(5.77)分别给出

$$\begin{aligned}
\frac{\partial}{\partial x_j} t_{ij} = & -\alpha_1 \frac{\partial}{\partial x_3}(n_i v_{3,3}) - \alpha_2 \frac{\partial}{\partial x_3} N_i \\
& - \alpha_3 \frac{\partial}{\partial x_1}\left(n_i \frac{\partial \delta n_1}{\partial t}\right) + \frac{1}{2}\alpha_3 \frac{\partial}{\partial x_1}[n_i(v_{1,3} - v_{3,1})] \\
& - \alpha_3 \frac{\partial}{\partial x_2}\left(n_i \frac{\partial \delta n_2}{\partial t}\right) + \frac{1}{2}\alpha_3 \frac{\partial}{\partial x_2}[n_2(v_{2,3} - v_{3,2})] \\
& - \frac{1}{2}\alpha_4(v_{i,11} + v_{1,i1} + v_{3,22} + v_{2,i2}) \\
& - \frac{1}{2}(\alpha_4 + \alpha_5)(v_{i,33} + v_{3,i3}) \\
& - \frac{1}{2}\alpha_6 \frac{\partial}{\partial x_1}(n_i v_{3,1} + n_i v_{1,3}) \\
& - \frac{1}{2}\alpha_6 \frac{\partial}{\partial x_2}(n_i v_{3,2} + n_i v_{2,3}) \\
& - \frac{1}{2}\alpha_6 \frac{\partial}{\partial x_3}(2 n_i v_{3,3}),
\end{aligned}$$

$$\begin{aligned}
\frac{\partial}{\partial x_i}\frac{\partial}{\partial x_j} t_{ij} = & -(\alpha_2 + \alpha_3)\left(\frac{\partial}{\partial t}\frac{\partial^2 \delta n_1}{\partial x_1 \partial x_3}\right. \\
& \left. + \frac{\partial}{\partial t}\frac{\partial^2 \delta n_2}{\partial x_2 \partial x_3}\right) - \alpha_4(v_{1,111} + v_{1,122} + v_{2,112} + v_{2,222}) \\
& - (\alpha_1 + \alpha_4 + \alpha_5 + \alpha_6) v_{3,333} \\
& + \frac{1}{2}(\alpha_2 + \alpha_3 - 2\alpha_4 - \alpha_5 - \alpha_6)(v_{1,133} + v_{2,233}) \\
& - \frac{1}{2}(\alpha_2 + \alpha_3 + 2\alpha_4 + \alpha_5 + \alpha_6)(v_{3,113} + v_{3,223})。
\end{aligned}$$

$$\begin{aligned}
\frac{\partial}{\partial x_j} t_{1j} = & -\alpha_2 \frac{\partial}{\partial t}\frac{\partial \delta n_1}{\partial x_3} - \alpha_4 v_{1,11} \\
& - \frac{1}{2}\alpha_4(v_{1,22} + v_{2,12}) - \eta_2 v_{1,33}
\end{aligned}$$

$$-\frac{1}{2}(\alpha_2+\alpha_4+\alpha_5)v_{3,13},$$

$$\frac{\partial}{\partial x_j}t_{2j} = -\alpha_2\frac{\partial}{\partial t}\frac{\partial\delta n_2}{\partial x_3} - \alpha_4 v_{2,22}$$

$$-\frac{1}{2}\alpha_4(v_{2,11}+v_{1,12}) - \eta_2 v_{2,33}$$

$$-\frac{1}{2}(\alpha_2+\alpha_4+\alpha_5)v_{3,23},$$

$$\frac{\partial}{\partial x_j}t_{3j} = -\alpha_3\left(\frac{\partial}{\partial t}\frac{\partial\delta n_1}{\partial x_1} - \frac{\partial}{\partial t}\frac{\partial\delta n_2}{\partial x_2}\right)$$

$$-(\alpha_1+\alpha_4+\alpha_5+\alpha_6)v_{3,33}$$

$$+\frac{1}{2}(\alpha_3-\alpha_4-\alpha_6)(v_{1,13}+v_{2,23})$$

$$-\eta_1(v_{3,11}+v_{3,22}),$$

$$f'_1 = \gamma_1\frac{\partial\delta n_1}{\partial t} + \frac{1}{2}(\gamma_2-\gamma_1)v_{1,3} + \frac{1}{2}(\gamma_1+\gamma_2)v_{3,1},$$

$$f'_2 = \gamma_1\frac{\partial\delta n_2}{\partial t} + \frac{1}{2}(\gamma_2-\gamma_1)v_{2,3} + \frac{1}{2}(\gamma_1+\gamma_2)v_{3,2},$$

$$f'_3 = \gamma_2 v_{3,3}. \qquad (11.34)$$

式中 η_1 和 η_2 是式 (5.116) 和 (5.117) 的两个梅索维克兹主粘滞系数. 当我们把式 (11.32) 和 (11.34) 中的有关项代入 $i=3$ 的式 (5.60) 后，在忽略微量的条件下，可以得出拉格朗日未定乘子 γ 等于

$$\gamma = -\chi_a H^2. \qquad (11.35)$$

如果求式 (6.15) 的散度，利用式 (5.75) 和 (11.34) 中的对 t_{ij} 的二次微分表示式，不难得到压强 p 所满足的方程是

$$\nabla^2 p = (\alpha_2+\alpha_3)\frac{\partial}{\partial t}\left(\frac{\partial^2\delta n_1}{\partial x_1\partial x_3} + \frac{\partial^2\delta n_2}{\partial x_2\partial x_3}\right)$$

$$+\alpha_4(v_{1,111}+v_{2,222}+v_{1,122}+v_{2,112})$$

$$+(\alpha_1+\alpha_4+\alpha_5+\alpha_6)v_{3,333}$$

$$-\frac{1}{2}(\alpha_2+\alpha_3-2\alpha_4-\alpha_5-\alpha_6)(v_{1,133}+v_{2,233})$$

$$+\frac{1}{2}(\alpha_2+\alpha_3+2\alpha_4+\alpha_5+\alpha_6)$$

$$\cdot(v_{3,113}+v_{3,223}). \tag{11.36}$$

现在对 $\mathbf{n}$, $\mathbf{v}$ 和 p 作如下的傅里叶变换:

$$\mathbf{n}(\mathbf{r},t)=\frac{1}{\sqrt{V}}\sum_{\mathbf{K}}\mathbf{n}(\mathbf{K})\exp[i(\mathbf{K}\cdot\mathbf{r}-\omega t)],$$

$$\mathbf{v}(\mathbf{r},t)=\frac{1}{\sqrt{V}}\sum_{\mathbf{K}}\mathbf{v}(\mathbf{K})\exp[i(\mathbf{K}\cdot\mathbf{r}-\omega t)],$$

$$p(\mathbf{r},t)=\frac{1}{\sqrt{V}}\sum_{\mathbf{K}}p(\mathbf{K})\exp[i(\mathbf{K}\cdot\mathbf{r}-\omega t)], \tag{11.37}$$

V 是液晶的体积，连加是对所有与边界条件相适应的 $\mathbf{K}$ 值的求和. 注意到坐标系的选择是使

$$\mathbf{K}\equiv(K_1,\ 0,\ K_3),$$

$$K^2=K_1^2+K_3^2, \tag{11.38}$$

同时不同 $\mathbf{K}$ 值的 $\mathbf{n}(\mathbf{K})$, $\mathbf{v}(\mathbf{K})$ 或 $p(\mathbf{K})$ 都是互相独立的，因此我们可以单独地考虑每一个给定 $\mathbf{K}$ 值的平面波. 把式(11.37)代入不可压缩液晶的连续性方程(5.75),就得到一个 $v_1(\mathbf{K})$ 和 $v_3(\mathbf{K})$ 之间的关系式

$$K_1v_1(\mathbf{K})+K_3v_3(\mathbf{K})=0. \tag{11.39}$$

于是在下面的计算中凡是出现 $v_3(\mathbf{K})$ 的时候就用式(11.39)把它换成 $v_1(\mathbf{K})$. 在把式(11.37)代入式(11.36)后，利用式(11.38)和(11.39)就得出 $p(\mathbf{K})$ 与 $\delta n_1(\mathbf{K})$ 和 $v_1(\mathbf{K})$ 之间的关系:

$$K^2p(\mathbf{K})=-iK_1\left\{\frac{1}{2}[(\alpha_2+\alpha_3+\alpha_5+\alpha_6)K_1^2\right.$$

$$+(2\alpha_1+\alpha_2+\alpha_3+\alpha_5+\alpha_6)K_3^2]v_1(\mathbf{K})$$

$$\left.+(\alpha_2+\alpha_3)K_3\omega\delta n_1(\mathbf{K})\right\}. \tag{11.40}$$

同样，对于指向矢运动方程(5.60)的 $i=1$ 和 $i=2$ 两种情形，在利用式(11.32)、(11、34)和式(11.35)后就可以得到

$$[(k_{11}K_1^2+k_{33}K_3^2+\chi_aH^2)-i\gamma_1\omega]\delta n_1(\mathbf{K})$$

$$-\left(\frac{i}{2K_3}\right)[\gamma_1 K^2+\gamma_2(K_1^2-K_3^2)]v_1(\mathbf{K})=0,$$

$$[(k_{22}K_1^2+k_{33}K_3^2+\chi_a H^2)-i\gamma_1\omega]\delta n_2(\mathbf{K})$$
$$+\left(\frac{i}{2}\right)(\gamma_2-\gamma_1)K_3 v_2(\mathbf{K})=0. \qquad (11.41)$$

关于 $i=3$ 的式 (5.60)，我们已经在前面利用它来确定了拉格朗日未定乘子 γ 的数值，所以将是一个零阶条件下的恒等式．动量方程(6.15)的 $i=1$ 和 $i=2$ 两种情形，在利用式(11.34)、(11.37)和 (11.40) 后成为

$$\left\{\left(\frac{1}{K^2}\right)[\eta_1 K_1^4+\eta_2 K_3^4+(\alpha_1+\eta_1+\eta_2)K_1^2K_3^2]-i\rho\omega\right\}v_1(K)$$
$$-\left(\frac{K_3}{K^2}\right)(\alpha_2 K_3^2-\alpha_3 K_1^2)\omega\delta n_1(\mathbf{K})=0,$$
$$\left[\frac{1}{2}(\alpha_4 K_1^2+2\eta_2 K_3^2)-i\rho\omega\right]v_2(\mathbf{K})$$
$$-\alpha_2 K_3\omega\delta n_2(\mathbf{K})=0. \qquad (11.42)$$

对于 $i=3$ 的式 (6.15)，得到的将仍然是式 (11.42) 的第一式．

式(11.41)同式(11.42)合在一起组成了一对 $\delta n_1(\mathbf{K})$ 和 $v_1(\mathbf{K})$ 的齐次联立方程和一对 $\delta n_2(\mathbf{K})$ 和 $v_2(\mathbf{K})$ 的齐次联立方程． 涨落振动的简正模式，也就是涨落振动频谱，就由这两对方程各自的久期方程确定．它们分别为

$$\rho\gamma_1\omega^2+i\left\{\rho(k_{11}K_1^2+k_{33}K_3^2+\chi_a H^2)+\left(\frac{\gamma_1}{K^2}\right)\right.$$
$$\cdot[\eta_1 K_1^4+\eta_2 K_3^4+(\alpha_1+\eta_1+\eta_2)K_1^2K_3^2]$$
$$\left.+\left(\frac{1}{2K^2}\right)(\alpha_2 K_3^2-\alpha_3 K_1^2)[\gamma_1 K^2+\gamma_2(K_1^2-K_3^2)]\right\}\omega$$
$$-\left(\frac{1}{K^2}\right)(k_{11}K_1^2+k_{33}K_3^2+\chi_a H^2)[\eta_1 K_1^4$$
$$+\eta_2 K_3^4+(\alpha_1+\eta_1+\eta_2)K_1^2K_3^2]=0, \qquad (11.43_1)$$

$$\rho\gamma_1\omega^2+i\left[\rho(k_{22}K_1^2+k_{33}K_3^2+\chi_a H^2)+\left(\frac{\gamma_1}{2}\right)\right.$$

$$\cdot(\alpha_4K_1^2+2\eta_2K_3^2)-\left(\frac{\alpha_2}{2}\right)(\gamma_2-\gamma_1)K_3^2\Big]\,\omega$$

$$-\frac{1}{2}(\alpha_4K_1^2+2\eta_2K_3^2)(k_{22}K_1^2+k_{33}K_3^2$$

$$+\chi_aH^2)=0. \qquad (11.43_2)$$

首先我们讨论$H=0$的情形．在具体解方程之前，有必要对一些项的数量级作一个简单的估计．丝状液晶的弹性常数k（包括k_{11}，k_{22}或k_{33}）约在10^{-6}达因的数量级，粘滞系数η（包括α_1到α_6，η_1，η_2和η_3）都是在10^{-1}泊的数量级．在式(11.43)中，ω项的系数里含弹性常数项与含粘滞系数项的比值可以用一个无量纲的参量

$$\mu=\frac{\rho k}{\eta^2} \qquad (11.44)$$

来描述．取$\rho=1$克·每立方厘米，那末

$$\mu\approx10^{-4}\ll1.$$

所以，含弹性常数的项比起含粘滞系数的项要小很多，因而可以忽略不计．在第七章里我们曾提到过，在各向同性液体的流动中常用雷诺数$R=\frac{\rho vl}{\eta}$来描述流动的类型，而在液晶流动中类似地提出了一个式(7.30)的艾瑞克孙数$E_r=\frac{\eta vl}{k}$．这里引用的无量纲常数μ正好是二者的比值：

$$\mu=\frac{R}{E_r}.$$

在忽略式(11.43)中ω系数内的含弹性常数项的情形下，对于δn_1和v_1，我们有涨落振动的本征频率

$$\omega_{s1}\equiv-i\Gamma_{s1}=\Big\{-i(k_{11}K_1^2+k_{33}K_3^2)[\eta_1K_1^4+\eta_2K_3^4$$

$$+(\alpha_1+\eta_1+\eta_2)K_1^2K_3^2\Big\}\Big/\gamma_1\Big\{[\eta_1K_1^4+\eta_2K_3^4$$

$$+(\alpha_1+\eta_1+\eta_2)K_1^2K_3^2]+\frac{1}{2}(\alpha_2K_3^2-\alpha_3K_1^2)$$

$$\cdot [\gamma_1 K^2 + \gamma_2 (K_1^2 - K_3^2)]\Big\},$$

$$\omega_{F1} \equiv -i\Gamma_{F1} = -\left(\frac{i}{\rho\gamma_1 K^2}\right)\Big\{\gamma_1[\eta_1 K_1^4 + \eta_2 K_3^4 + (\alpha_1 + \eta_1 + \eta_2)K_1^2 K_3^2] + \frac{1}{2}(\alpha_2 K_3^2 - \alpha_3 K_1^2)[\gamma_1 K^2 + \gamma_2(K_1^2 - K_3^2)]\Big\}; \quad (11.45)$$

对于 δn_2 和 v_2 则是

$$\omega_{s2} \equiv -i\Gamma_{s2} = \frac{-i(\alpha_4 K_1^2 + 2\eta_2 K_3^2)(k_{22}K_1^2 + k_{33}K_3^2)}{\gamma_1(\alpha_4 K_1^2 + 2\eta_2 K_3^2) - \alpha_2(\gamma_2 - \gamma_1)K_3^2},$$

$$\omega_{F2} \equiv -i\Gamma_{F2} = -\left(\frac{i}{2\rho\gamma_1}\right)[\gamma_1(\alpha_4 K_1^2 + 2\eta_2 K_3^2) - \alpha_2(\gamma_2 - \gamma_1)K_3^2]. \quad (11.46)$$

ω_{s1} 和 ω_{s2} 是在小的 ω 值条件下忽略式 (11.43) 中 $\rho\gamma_1\omega^2$ 项得出的结果，而 ω_{F1} 和 ω_{F2} 是在大的 ω 值条件下忽略式 (11.43) 中不含 ω 的常数项所得的结果．显然，由于

$$\Gamma_{s1,2} \approx \frac{kK^2}{\eta},$$

$$\Gamma_{F1,2} \approx \frac{\eta K^2}{\rho},$$

因此它们的比值

$$\frac{\Gamma_{s1,2}}{\Gamma_{F1,2}} \approx \mu \ll 1.$$

所以，$\omega_{s1,2}$ 称为慢模而 $\omega_{F1,2}$ 称为快模．由于 ω_s 和 ω_F 都是纯虚数，因此被扰动的丝状液晶将不会发生振动运动，而是直接向平衡状态进行恢复． Γ_s 和 Γ_F 可以叫作阻尼常数或弛豫常数． 两种涨落运动模式都是处于过阻尼状态．

两种模式都是流体运动和指向矢运动的混合体．慢模式相当于被扰动的丝状结构在曲率弹性力矩和阻力力矩互相平衡的情形下，缓慢地张弛到平衡状态．对于快模式，分子并不受弹性转矩的作用，这可以从 ω_F 中不含弹性常数 k 这一点看出．当然，在快模

式情形下，由于ω比较大，所以惯性项将会起重要作用．这一点下面还将再作讨论．从式(11.41)和(11.42)还可以看出，在两种模式中，分子的转动速度 $\omega\delta n_1$ ($\omega\delta n_2$) 与速度梯度 Kv_1 (Kv_2) 处于同一数量级．另外，式(11.45)和(11.46)表明，对于给定的$\mathbf{K}$值，两种模式的阻尼常数都与K^2成正比．特殊的情形是$\mathbf{K}$沿 x_3 轴传播的情形。这时两种偏振具有同一的阻尼常数:

$$\Gamma_s = \frac{2\eta_2 k_{33} K^2}{2\eta_2\gamma_1 + \alpha_2(\gamma_1 - \gamma_2)},$$

$$\Gamma_F = \frac{K^2}{2\rho\gamma_1}[2\eta_2\gamma_1 + \alpha_2(\gamma_1 - \gamma_2)]。\quad (11.47)$$

反过来，现在看液晶处于强磁场中的情形．所谓强磁场，从式(11.43)来看，就是说要求

$$\rho\chi_a H^2\omega_F \gg \rho\gamma_1\omega_F^2,$$

也就是说要求

$$\chi_a H^2 \gg \frac{\eta^2 K^2}{\rho}。\quad (11.48)$$

如果取 $H = 10^4$ 高斯，$\chi_a = 10^{-5}$，$\rho = 1$ 克·每立方厘米，$\eta = 10^{-1}$ 泊，那末式(11.48)的条件相当于要求 $K < 10^{-2}$ 每厘米．在光散射实验中，这样小的K值相当于要求入射束和出射束之间的夹角仅仅有10^{-3}弧度左右．所以，强磁场下的实验非常难于进行． 在强磁场条件下，式(11.43)给出慢的流体动力模式的阻尼常数Γ_s分别为

$$\Gamma_{s1} = \left(\frac{1}{\rho K^2}\right)[\eta_1 K_1^4 + \eta_2 K_3^4 + (\alpha_1 + \eta_2 + \eta_3)K_1^2 K_3^2],$$

$$\Gamma_{s2} = \left(\frac{1}{2\rho}\right)(\alpha_4 K_1^2 + 2\eta_2 K_3^2); \quad (11.49)$$

而快的取向模式的阻尼常数Γ_F为

$$\Gamma_{F1,2} = \frac{\chi_a H^2}{\gamma_1}. \quad (11.50)$$

在慢模式中，如果 $K_3 = 0$，那末

$$\Gamma_{s1} = \frac{\eta_1 K^2}{\rho},$$

$$\Gamma_{s2} = \frac{\alpha_4 K^2}{2\rho};$$

如果 $K_1 = 0$，那么

$$\Gamma_{s1,2} = \frac{\eta_2 K^2}{\rho}.$$

所以，这两种条件下的阻尼常数刚好分别与梅索维克兹的三个主粘滞系数 η_1，η_2 和 $\eta_3 = \frac{1}{2}\alpha_4$ 相关。

最后还需要讨论一下惯性项.从一开始我们就忽略了式(5.60)中的 $\frac{\partial}{\partial t}(I\dot{n}_i)$ 项. 在做式(11.37)的傅里叶变换时，这一项将引进一个系数 $I\omega^2$. 式(5.60)中的 $\Pi_{ik,k}+f_i$ 项通过变换时所引进的系数是 kK^2. 单位体积液晶的转动惯量的数量级是 ρa^2，a 的数量级是分子的线度. 这两个系数的比值近似地等于

$$\frac{I\omega^2}{kK^2} \approx \frac{\rho a^2 \omega^2}{kK^2}.$$

在 $\mu \ll 1$ 的情形下，对于慢模式，这个比值的数量级是 $\mu(Ka)^2$，因此总可以忽略不计. 这就是说对于慢模式，惯性项完全可以忽略. 对于快模式，这个比值的数量级是 $\frac{(Ka)^2}{\mu}$. 因此，只有当

$$(Ka)^2 > \mu$$

时惯性项才起重要作用. 如果取 a 为 10 Å，$\mu = 10^{-4}$，那么只有在 $K > 10^5$ 每厘米的情形下惯性项才起重要作用. 不过，在光散射实验中主要是慢模式，所以忽略惯性项是可以的。

§4　丝状液晶的散射强度

早年对丝状液晶进行的光散射实验就已经指出[9]，在垂直入射条件下，只有在散射波的振动方向 $\mathbf{p}_s$ 和入射波的振动方向 $\mathbf{p}_i$ 不

相平行的条件下才能看到散射光，并且只有在小的 $\mathbf{K}=\mathbf{K}_i-\mathbf{K}_s$ 条件下才能产生强烈的散射. 典型的散射实验一般都是取图 11.3 中所给出的几种几何安排形式.

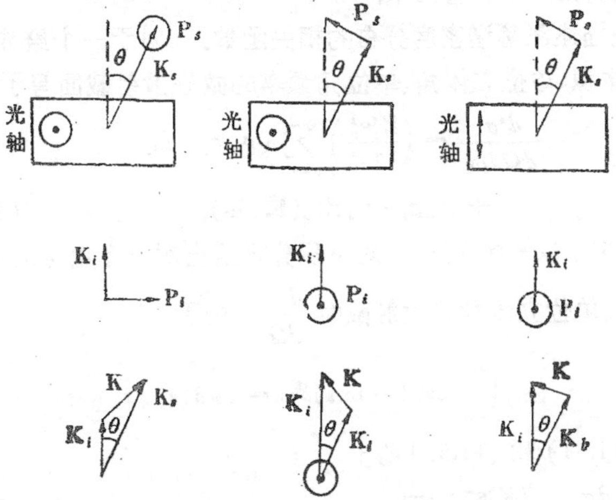

图 11.3　三种典型散射实验的几何关系图.

在图 11.2 的坐标系中，由于 δn_1 和 δn_2 是互相独立不相关的，所以 $\langle \delta n_1(0,0)\delta n_2^*(\mathbf{r}_2,t)\rangle$ 和 $\langle \delta n_2(0,0)\delta n_1^*(\mathbf{r}_1,t)\rangle$ 都等于零. 这样，式 (11.25) 和 (11.30) 给出

$$\begin{aligned}\langle \delta\varepsilon_{is}(0,0)\delta\varepsilon_{is}^*(\mathbf{r},t)\rangle = \varepsilon_a^2[(p_{s1}\mathbf{p}_i\cdot\mathbf{n}_0 \\ + p_{i1}\mathbf{p}_s\cdot\mathbf{n}_0)^2\langle \delta n_1(0,0)\delta n_1^*(\mathbf{r},t)\rangle \\ + (p_{s2}\mathbf{p}_i\cdot\mathbf{n}_0 + p_{i2}\mathbf{p}_s\cdot\mathbf{n}_0)^2\langle \delta n_2(0,0)\delta n_2^*(\mathbf{r},t)\rangle],\end{aligned}$$

$p_{i1,2}$ 和 $p_{s1,2}$ 分别为 $\mathbf{p}_i$ 和 $\mathbf{p}_s$ 在 x_1 方向和在 x_2 方向的分量. 于是，式 (11.28) 成为

$$I(\mathbf{K},\omega) = \varepsilon_a^2\sum_{\alpha=1,2}(p_{s\alpha}\mathbf{p}_i\cdot\mathbf{n}_0 + p_{i\alpha}\mathbf{p}_s\cdot\mathbf{n}_0)^2 I_\alpha(\mathbf{K},\omega),$$

$$I_\alpha(\mathbf{K},\omega) = \int_V d\tau\int_{-\infty}^{\infty}\langle \delta n_\alpha(0,0)\delta n_\alpha^*(\mathbf{r},t)\rangle \cdot \exp[i(\mathbf{K}\cdot\mathbf{r}-\omega t)]dt. \tag{11.51}$$

式 (11.51) 中的 $(p_{s\alpha}\mathbf{p}_i\cdot\mathbf{n}_0 + p_{i\alpha}\mathbf{p}_s\cdot\mathbf{n}_0)^2$ 是纯粹的几何因子. 显

然，在图 11.3 的三种垂直入射情形中，如果 $\mathbf{p}_i = \mathbf{p}_s$，那么

$$\mathbf{p}_i \cdot \mathbf{n}_0 = \mathbf{p}_s \cdot \mathbf{n}_0 = 0,$$

因而这两个几何因子都等于零，从而散射强度为零．这就解释了上面所说的第一个实验结果．

I_α 是描述涨落谱密度分布的相关函数． 对于一个给定的 $\mathbf{K}$ 值，单位体积、单位立体角、单位角频率的微分散射截面等于

$$\frac{d^2\sigma}{d\Omega d\omega} = \left(\frac{K_s^4 \varepsilon_a^2}{32\pi^3}\right) \sum_{\alpha=1,2} (p_{s\alpha}\mathbf{p}_i \cdot \mathbf{n}_0 + p_{i\alpha}\mathbf{p}_s \cdot \mathbf{n}_0)^2 I_\alpha(\mathbf{K}, \omega). \tag{11.52}$$

把式 (11.52) 从 $-\infty$ 到 $+\infty$ 对 ω 积分将给出对一个给定的 $\mathbf{K}$ 值，单位体积、单位立体角的散射截面 $\frac{d\sigma}{d\Omega}$. 由于

$$\int_{-\infty}^{\infty} \exp(-i\omega t) d\omega = 2\pi\delta(t),$$

因此式 (11.51) 和 (11.52) 给出

$$\frac{d\sigma}{d\Omega} = \left(\frac{K_i^4 \varepsilon_a^2}{16\pi^2}\right) \sum_{\alpha=1,2} (p_{s\alpha}\mathbf{p}_i \cdot \mathbf{n}_0 + p_{i\alpha}\mathbf{p}_s \cdot \mathbf{n}_0)^2 I_\alpha(\mathbf{K}),$$

$$\begin{aligned} I_\alpha(\mathbf{K}) &= \frac{1}{2\pi}\int_{-\infty}^{\infty} I_\alpha(\mathbf{K}, \omega) d\omega \\ &= \int_V d\tau \int_{-\infty}^{\infty} \langle \delta n_\alpha(0,0) \delta n_\alpha^*(\mathbf{r}, t)\rangle \\ &\quad \cdot [\exp(i\mathbf{K}\cdot\mathbf{r})]\delta(t) dt \\ &= \int_V \langle \delta n_\alpha(0) \delta n_\alpha^*(\mathbf{r})\rangle \exp(i\mathbf{K}\cdot\mathbf{r}) d\tau. \end{aligned} \tag{11.53}$$

在式 (11.53) 的 $\frac{d\sigma}{d\Omega}$ 表示式中，由于 $\omega_s \approx \omega_i$，因此我们应用式 (11.24) 用 K_i 代替了 K_s．

现在让我们讨论一个简单的情形，即假设沿 x_3 轴方向施加磁场 $\mathbf{H}$，使丝状液晶的指向矢除去可以有小小的取向涨落振动外，都沿 x_3 轴方向均匀排列．这样，指向矢 $\mathbf{n}(\mathbf{r})$ 便成为

$$\mathbf{n}(\mathbf{r}) \equiv [\delta n_1(\mathbf{r}), \delta n_2(\mathbf{r}), n_3(\mathbf{r}) \approx 1].$$

到指向矢涨落的二阶项为止，液晶的夫兰克自由能密度成为[10,11]

$$\frac{1}{2}\left\{k_{11}\left[\frac{\partial}{\partial x_1}\delta n_1(\mathbf{r})+\frac{\partial}{\partial x_2}\delta n_2(\mathbf{r})\right]^2\right.$$

$$+k_{22}\left[\frac{\partial}{\partial x_1}\delta n_2(\mathbf{r})-\frac{\partial}{\partial x_2}\delta n_1(\mathbf{r})\right]^2$$

$$\left.+k_{33}\left[\left(\frac{\partial}{\partial x_3}\delta n_1(\mathbf{r})\right)^2+\left(\frac{\partial}{\partial x_3}\delta n_2(\mathbf{r})\right)^2\right]\right\}.$$

磁能密度$-\frac{1}{2}\chi_a(\mathbf{n}\cdot\mathbf{H})^2$ 项由于 $\delta n_1^2+\delta n_2^2+n_3^2=1$ 而成为

$$-\frac{1}{2}\chi_a(\mathbf{n}\cdot\mathbf{H})^2=-\frac{1}{2}\chi_a n_3^2H^2$$

$$=-\frac{1}{2}\chi_aH^2+\frac{1}{2}\chi_a\{[\delta n_1(\mathbf{r})]^2+[\delta n_2(\mathbf{r})]^2\}H^2.$$

忽略与指向矢涨落无关的常数项$-\frac{1}{2}\chi_aH^2$，于是由于指向矢涨落而引起的液晶自由能密度的增加量

$$\delta g=\frac{1}{2}\left\{k_{11}\left[\frac{\partial}{\partial x_1}\delta n_1(\mathbf{r})+\frac{\partial}{\partial x_2}\delta n_2(\mathbf{r})\right]^2\right.$$

$$+k_{22}\left[\frac{\partial}{\partial x_1}\delta n_2(\mathbf{r})-\frac{\partial}{\partial x_2}\delta n_1(\mathbf{r})\right]^2$$

$$+k_{33}\left[\left(\frac{\partial}{\partial x_3}\delta n_1(\mathbf{r})\right)^2+\left(\frac{\partial}{\partial x_3}\delta n_2(\mathbf{r})\right)^2\right]$$

$$\left.+\chi_a[(\delta n_1(\mathbf{r}))^2+(\delta n_2(\mathbf{r}))^2]H^2\right\}. \tag{11.54}$$

引用 $\delta\mathbf{n}(\mathbf{r},t)$ 的傅里叶变换

$$\delta\mathbf{n}(\mathbf{r},t)=\frac{1}{\sqrt{V}}\sum_{\mathbf{K}}\delta\mathbf{n}(\mathbf{K})[\exp i(\mathbf{K}\cdot\mathbf{r}-\omega t)], \tag{11.55}$$

其中V是介质的体积，同时象图 11.2 那样选择坐标系，那末

$$\mathbf{K}\equiv(K_1,0,K_3),$$

而对于给定的$\mathbf{K}$值则有

$$\frac{\partial}{\partial x_1}\delta\mathbf{n}(\mathbf{r})=iK_1\delta\mathbf{n}(\mathbf{r}),$$

$$\frac{\partial}{\partial x_2}\delta\mathbf{n}(\mathbf{r})=0,$$

$$\frac{\partial}{\partial x_3}\delta\mathbf{n}(\mathbf{r})=iK_3\delta\mathbf{n}(\mathbf{r}).$$

现在一方面 $\delta n_1(\mathbf{r})$ 和 $\delta n_2(\mathbf{r})$ 是互相独立不相关的，另一方面不同 $\mathbf{K}$ 值的 $\delta\mathbf{n}(\mathbf{K})$ 也是互相独立不相关的，因此对以后的求平均值来讲可以不必考虑交叉项，因而有

$$\delta g=\frac{1}{2}\sum_{\mathbf{K}}[(k_{11}K_1^2+k_{33}K_3^2+\chi_aH^2)|\delta n_1(\mathbf{K})|^2 + (k_{22}K_1^2+k_{33}K_3^2+\chi_aH^2)|\delta n_2(\mathbf{K})|^2],$$

连加是对所有与边界条件相容的 $\mathbf{K}$ 值的连加. 取上式的平均值得

$$\langle\delta g\rangle=\frac{1}{2}\sum_{\mathbf{K}}\sum_{\alpha=1,2}(k_{\alpha\alpha}K_1^2+k_{33}K_3^2+\chi_aH^2)\langle|\delta n_\alpha(\mathbf{K})|^2\rangle.$$

根据经典统计力学的能量均分原理，每一个自由度的能量等于 $\frac{1}{2}kT$，k 是玻耳兹曼常数，于是可以有

$$\langle|\delta n_1(\mathbf{K})|^2\rangle=\frac{kT}{k_{11}K_1^2+k_{33}K_3^2+\chi_aH^2},$$

$$\langle|\delta n_2(\mathbf{K})|^2\rangle=\frac{kT}{k_{22}K_1^2+k_{33}K_3^2+\chi_aH^2}. \qquad (11.56)$$

把式(11.56)代入式(11.53)，由于不同 $\mathbf{K}$ 值的 $\delta\mathbf{n}(\mathbf{K})$ 是互相独立不相关的，所以有

$$I_1(\mathbf{K})=\langle|\delta n_1(\mathbf{K})|^2\rangle=\frac{kT}{k_{11}K_1^2+k_{33}K_3^2+\chi_aH^2},$$

$$I_2(\mathbf{K})=\langle|\delta n_2(\mathbf{K})|^2\rangle=\frac{kT}{k_{22}K_1^2+k_{33}K_3^2+\chi_aH^2}. \qquad (11.57)$$

式(11.53)指出散射截面 $\frac{d\sigma}{d\Omega}$ 不过是加了权重的 $I_\alpha(\mathbf{K})$ 的组合.

式(11.57)指出，在 $H=0$ 的情形中，对于小的 $\mathbf{K}$ 值 $I_\alpha(\mathbf{K})$ 是发散的. 这就解释了本节一开始所说的实验的第二个结论. 小的 $\mathbf{K}$ 值条件下 $I_\alpha(\mathbf{K})$ 是发散的，就是说长波涨落引起的散射强度

比较大，也就是说涨落的波长越长引起涨落所需要的能量就越小．$\mathbf{K}$ 的数值在沿入射线的方向附近都很小，因此在这些区域光的散射比较强．这就说明了在不加磁场条件下为什么丝状液晶总是呈现混浊的状态．当然，增加磁场强度可以抑制取向涨落．从式(11.57)来看，磁场也只能抑制波长比 $\frac{k_{ii}}{\sqrt{\chi_a H^2}}$ 要长的涨落，k_{ii} 是弹性常数之一．弹性常数 k_{ii} 和磁化率各向异性 χ_a 都是在 10^{-6} 的数量级，因此除去入射方向外，磁场必须很强，例如超过 10^3 高斯，才能对光的散射产生影响．式(11.53)和(11.57)指出，散射光的强度与弹性常数有关，因此对散射光强度的测量可以对弹性常数提供一些信息．在不加磁场的情形下，散射截面 $\frac{d\sigma}{d\Omega}$ 随温度变化的关系与 $\frac{kT\varepsilon_a^2}{k_{ii}}$ 随温度变化的关系一样．kT 是一个随温度变化相当缓慢的项．式(10.4)指出，k_{ii} 随温度的变化与有序参数 S 的平方 S^2 随温度的变化相同．式(10.65)又指出，介电各向异性 ε_a 随温度的变化与 S 随温度的变化相同．因此，$\frac{\varepsilon_a^2}{k_{ii}}$ 基本上与温度的关系不大．所以，丝状液晶的光散射与温度的关系不大．

式(11.51)的散射强度 $I(\mathbf{K},\omega)$ 中包含 $I_1(\mathbf{K},\omega)$ 和 $I_2(\mathbf{K},\omega)$ 两项，它们分别涉及 $\langle \delta n_1(0,0)\delta n_1^*(\mathbf{r},t)\rangle$ 和 $\langle \delta n_2(0,0)\delta n_2^*(\mathbf{r},t)\rangle$．因此，我们需要对式(5.60)和(6.15)的 $i=1$ 和 $i=2$ 两种情形求解．类似于式(11.37)，我们先作傅里叶变换

$$\mathbf{n}(\mathbf{r},t)=\frac{1}{\sqrt{V}}\sum_{\mathbf{K}}\mathbf{n}(\mathbf{K},t)\exp(i\mathbf{K}\cdot\mathbf{r}),$$

$$\mathbf{v}(\mathbf{r},t)=\frac{1}{\sqrt{V}}\sum_{\mathbf{K}}\mathbf{v}(\mathbf{K},t)\exp(i\mathbf{K}\cdot\mathbf{r}),$$

$$p(\mathbf{r},t)=\frac{1}{\sqrt{V}}\sum_{\mathbf{K}}p(\mathbf{K},t)\exp(i\mathbf{K}\cdot\mathbf{r}),\qquad(11.58)$$

从而得出类似于式(11.41)和(11.42)的两组方程：

$$\left(k_{11}K_1^2 + k_{33}K_3^2 + \chi_a H^2 + \gamma_1 \frac{\partial}{\partial t}\right) \delta n_1(\mathbf{K}, t)$$

$$- \left(\frac{i}{2K_3}\right) [\gamma_1 K^2 + \gamma_2(K_1^2 - K_3^2)] v_1(\mathbf{K}, t) = 0,$$

$$\left(k_{22}K_1^2 + k_{33}K_3^2 + \chi_a H^2 + \gamma_1 \frac{\partial}{\partial t}\right) \delta n_2(\mathbf{K}, t)$$

$$+ \left(\frac{i}{2}\right) (\gamma_2 - \gamma_1) K_3 v_2(\mathbf{K}, t) = 0; \qquad (11.59)$$

$$\left\{\left(\frac{1}{K^2}\right) [\eta_1 K_1^4 + \eta_2 K_3^4 + (\alpha_1 + \eta_1 + \eta_2) K_1^2 K_3^2]\right.$$

$$\left. + \rho \frac{\partial}{\partial t}\right\} v_1(\mathbf{K}, t) - i \left(\frac{K_3}{K^2}\right) (\alpha_2 K_3^2 - \alpha_3 K_1^2)$$

$$\cdot \frac{\partial}{\partial t} \delta n_1(\mathbf{K}, t) = 0,$$

$$\left[\frac{1}{2} (\alpha_4 K_1^2 + 2\eta_2 K_3^2) + \rho \frac{\partial}{\partial t}\right] v_2(\mathbf{K}, t)$$

$$- i\alpha_2 K_3 \frac{\partial}{\partial t} \delta n_2(\mathbf{K}, t) = 0. \qquad (11.60)$$

现在对时间 t 我们不作傅里叶变换，而进行一次拉普拉斯变换：

$$\delta n_1(s) = \int_0^\infty \delta n_1(\mathbf{K}, t) \exp(-st) dt,$$

$$\delta n_2(s) = \int_0^\infty \delta n_2(\mathbf{K}, t) \exp(-st) dt,$$

$$v_1(s) = \int_0^\infty v_1(\mathbf{K}, t) \exp(-st) dt,$$

$$v_2(s) = \int_0^\infty v_2(\mathbf{K}, t) \exp(-st) dt. \qquad (11.61)$$

把式 (11.59) 和 (11.60) 都各自乘以 $\exp(-st)$，然后从零到 ∞ 对时间积分. 注意到

$$\int \frac{\partial \delta \mathbf{n}(\mathbf{K}, t)}{\partial t} \exp(-st) dt = \delta \mathbf{n}(\mathbf{K}, t) \exp(-st)$$

$$+ s \int \delta \mathbf{n}(\mathbf{K}, t) \exp(-st) dt,$$

$$\int \frac{\partial \mathbf{v}(\mathbf{K},t)}{\partial t}\exp(-st)dt = \mathbf{v}(\mathbf{K},t)\exp(-st)$$

$$+ s\int \mathbf{v}(\mathbf{K},t)\exp(-st)dt,$$

那末在忽略惯性项和高阶项时，就可以得到

$$(k_{11}K_1^2 + k_{33}K_3^2 + \chi_a H^2 + \gamma_1 s)\delta n_1(s)$$

$$-\left(\frac{i}{2K_3}\right)[\gamma_1 K^2 + \gamma_2(K_1^2 - K_3^2)]v_1(s) = \gamma_1\delta n_1(0),$$

$$(k_{22}K_1^2 + k_{33}K_3^2 + \chi_a H^2 + \gamma_1 s)\delta n_2(s)$$

$$+\left(\frac{i}{2}\right)(\gamma_2 - \gamma_1)K_3 v_2(s) = \gamma_1\delta n_2(0),$$

$$\left\{\left(\frac{1}{K^2}\right)[\eta_1 K_1^4 + \eta_2 K_3^4 + (\alpha_1 + \eta_1 + \eta_2)K_1^2K_3^2] + \rho s\right\}v_1(s)$$

$$-i\left(\frac{K_3}{K^2}\right)(\alpha_2 K_3^2 - \alpha_1 K_1^2)s\delta n_1(s)$$

$$= \rho v_1(0) - i\left(\frac{K_3}{K^2}\right)(\alpha_2 K_3^2 - \alpha_3 K_1^2)\delta n_1(0),$$

$$\left[\frac{1}{2}(\alpha_4 K_1^2 + 2\eta_2 K_3^2) + \rho s\right]v_2(s) - i\alpha_2 K_3 s\delta n_2(s)$$

$$= \rho v_2(0) - i\alpha_2 K_3\delta n_2(0), \qquad (11.62)$$

式中

$$\delta n_1(0) = \delta n_1(\mathbf{K},0),\quad \delta n_2(0) = \delta n_2(\mathbf{K},0),$$

$$v_1(0) = v_1(\mathbf{K},0),\quad v_2(0) = v_2(\mathbf{K},0),$$

是这些量在初始时刻 $t=0$ 时的数值．解这些方程可以得出 $\delta n_1(s)$ 和 $\delta n_2(s)$ 分别等于

$$D_1(s)\delta n_1(s) = \left\{\rho\gamma_1 s + \left(\frac{\gamma_1}{K^2}\right)[\eta_1 K_1^4 + \eta_2 K_3^4\right.$$

$$+ (\alpha_1 + \eta_1 + \eta_2)K_1^2K_3^2]$$

$$\left.+\left(\frac{1}{2K^2}\right)(\alpha_2 K_3^2 - \alpha_3 K_1^2)[\gamma_1 K^2 + \gamma_2(K_1^2 - K_3^2)]\right\}\delta n_1(0)$$

$$+\left(\frac{i\rho}{2K_3}\right)[\gamma_1 K^2+\gamma_2(K_1^2-K_3^2)]v_1(0),$$

$$D_2(s)\delta n_2(s)=\Big[\rho\gamma_1 s+\frac{1}{2}\gamma_1(\alpha_4 K_1^2+2\eta_2 K_3^2)$$

$$-\left(\frac{\alpha_2}{2}\right)(\gamma_2-\gamma_1)K_3^2\Big]\delta n_2(0)$$

$$-\left(\frac{i}{2}\right)\rho(\gamma_2-\gamma_1)K_3 v_2(0),$$

$$D_1(s)=\rho\gamma_1 s^2+\Big\{\rho(k_{11}K_1^2+k_{33}K_3^2+\chi_a H^2)$$

$$+\left(\frac{\gamma_1}{K^2}\right)[\eta_1 K_1^4+\eta_2 K_3^4+(\alpha_1+\eta_1+\eta_2)K_1^2K_3^2]$$

$$+\left(\frac{1}{2K^2}\right)(\alpha_2 K_3^2-\alpha_3 K_1^2)[\gamma_1 K^4+\gamma_2(K_1^2-K_3^2)]\Big\}s$$

$$+\left(\frac{1}{K^2}\right)(k_{11}K_1^2+k_{33}K_3^2+\chi_a H^2)[\eta_1 K_1^4+\eta_2 K_3^4$$

$$+(\alpha_1+\eta_1+\eta_2)K_1^2K_3^2],$$

$$D_2(s)=\rho\gamma_1 s^2+\Big[\rho(k_{22}K^2+k_{33}K_3^2+\chi_a H^2)$$

$$+\left(\frac{\gamma_1}{2}\right)(\alpha_4 K_1^2+2\eta_2 K_3^2)-\left(\frac{\alpha_2}{2}\right)(\gamma_2-\gamma_1)K_3^2\Big]s$$

$$+\frac{1}{2}(k_{22}K_1^2+k_{33}K_3^2+\chi_a H^2)(\alpha_4 K_1^2$$

$$+2\eta_2 K_3^2). \qquad (11.63)$$

这样，对于相关函数的拉普拉斯变换可以用同时刻 $t=0$ 的相关函数来代换．所以

$$I_1(\mathbf{K},s)=\frac{1}{D_1(s)}\Big\{\rho\gamma_1 s+\left(\frac{\gamma_1}{K^2}\right)[\eta_1 K_1^4+\eta_2 K_3^4$$

$$+(\alpha_1+\eta_1+\eta_2)K_1^2K_3^2]$$

$$+\left(\frac{1}{2K^2}\right)(\alpha_2 K_3^2-\alpha_3 K_1^2)[\gamma_1 K^2+\gamma_2(K_1^2$$

$$- K_3^2)]\Big\} I_1(\mathbf{K})$$

$$= \frac{\rho\gamma_1}{D_1(s)}(s + \Gamma_{F1}) I_1(\mathbf{K}),$$

$$I_2(\mathbf{K}, s) = \frac{1}{D_2(s)}\Big[\rho\gamma_1 s + \left(\frac{\gamma_1}{2}\right)(\alpha_4 K_1^2 + 2\eta_2 K_3^2) - \left(\frac{\alpha_2}{2}\right)(\gamma_2 - \gamma_1) K_3^2\Big] I_2(\mathbf{K})$$

$$= \frac{\rho\gamma_1}{D_2(s)}(s + \Gamma_{F2}) I_2(\mathbf{K}), \tag{11.64}$$

其中 Γ_{F1} 和 Γ_{F2} 就是在 $H=0$，$\mu \ll 1$ 条件下式(11.52)和(11.53)的快模阻尼常数，而 $I_1(\mathbf{K})$ 和 $I_2(\mathbf{K})$ 满足式(11.38)。从式(11.52)和(11.53)可以看出，在 $H=0$ 和 $\mu \ll 1$ 的条件下，

$$D_1(s) = \rho\gamma_1(s + \Gamma_{s1})(s + \Gamma_{F1}),$$
$$D_2(s) = \rho\gamma_1(s + \Gamma_{s2})(s + \Gamma_{F2}). \tag{11.65}$$

因此，我们有

$$I_1(\mathbf{K}, s) = \frac{I_1(\mathbf{K})}{(s + \Gamma_{s1})},$$

$$I_2(\mathbf{K}, s) = \frac{I_2(\mathbf{K})}{(s + \Gamma_{s2})}. \tag{11.66}$$

只有慢模式对它们起作用．傅里叶变换和拉普拉斯变换之间的关系是 $s = i\omega$，同时要对时间的积分乘以一个 2 的因子．这样，我们便得到

$$I_1(\mathbf{K}, \omega) = 2\mathrm{Re}\, I_1(\mathbf{K}, s = i\omega)$$

$$= \left(\frac{2\Gamma_{s1}}{\omega^2 + \Gamma_{s1}^2}\right) I_1(\mathbf{K})$$

$$= \left(\frac{kT}{k_{11}K_1^2 + k_{33}K_3^2}\right)\left(\frac{2\Gamma_{s1}}{\omega^2 + \Gamma_{s1}^2}\right),$$

$$I_2(\mathbf{K}, \omega) = 2\mathrm{Re}\, I_2(\mathbf{K}, s = i\omega)$$

$$= \left(\frac{2\Gamma_{s2}}{\omega^2 + \Gamma_{s2}^2}\right) I_2(\mathbf{K})$$

$$= \left(\frac{kT}{k_{22}K_1^2 + k_{33}K_3^2}\right)\left(\frac{2T_{s2}}{\omega^2 + \Gamma_{s2}^2}\right). \tag{11.67}$$

散射光的强度 $I_1(\mathbf{K})$ 和 $I_2(\mathbf{K})$ 直接与弹性常数相关. 只要安排好散射光的偏振方向就可以把二者分开. 所以，积分散射强度可以给出弹性常数的信息. 谱线的半宽度由 Γ_{s1} 或 Γ_{s2} 来确定. 所以,在适当的几何安排下,分析散射谱线就可以给出粘滞系数的信息. 当然,杂散辐射要给测量带来一定的困难. 不过,法国奥塞液晶组曾经成功地用这种方法[12,13]，并借助于已知的弹性常数数值[14,15] 测出了 PAA 的粘滞系数. 他们的结果同梅索维克兹的结果[16]相符合. 从式 (11.38) 可以看出，磁场会抑制散射谱线的强度. 但是,从式 (11.52) 和 (11.53) 的推导过程中可以看出，磁场将使谱线的宽度增加. 这一点也得到了实验的证实[17].

§5 螺旋状液晶的取向涨落和光散射强度

我们取螺旋轴方向与 x_3 轴方向相重合，同时令平衡状态下指向矢 $\mathbf{n}_0$ 的分量[参考式 (3.68)] 为

$$n_{01} = \cos\phi_0, \quad n_{02} = \sin\phi_0, \quad n_{03} = 0,$$
$$\phi_0 = -\frac{k_2}{k_{22}}x_3 = \frac{2\pi}{p_0}x_3. \tag{11.68}$$

这里我们假设了在 $x_3 = 0$ 的平面上 $\mathbf{n}_0$ 与 x_1 轴相平行,同时

$$p_0 = -2\pi\frac{k_{22}}{k_2} \tag{3.69}$$

是液晶的正常螺距. 由于涨落的影响,液晶指向矢 $\mathbf{n}$ 成为

$$\mathbf{n} = \mathbf{n}_0 + \delta\mathbf{n},$$
$$\delta\mathbf{n}\cdot\delta\mathbf{n} = 0,$$
$$\delta n_1\cos\phi_0 + \delta n_2\sin\phi_0 = 0. \tag{11.69}$$

δn_1 和 δn_2 是指向矢在垂直于螺旋轴方向的涨落，描述螺旋结构的扭曲形变,因此对应于螺旋结构相位的涨落. δn_3 是指向矢沿螺旋轴方向的涨落,因此对应于展曲和弯曲涨落,也就是说对应于螺旋轴的倾斜. 式 (11.69) 中的第二个和第三个式子是指向矢为单位

矢量的结果。由于 δn_1 和 δn_2 需要满足式 (11.69) 的第三个式子，因此我们可以令

$$\delta n_1 = -\delta n \sin\phi_0,$$
$$\delta n_2 = \delta n \cos\phi_0. \tag{11.70}$$

这样，指向矢的涨落就由 δn 和 δn_3 来确定. 显然，δn 是垂直于螺旋轴方向的指向矢的涨落，所以 δn 描述的是螺旋的相位涨落. 为了简单起见，在这里假设 δn_3 只是 x_3 的函数，而对 δn 不作任何限制，也就是说 δn 可以是 x_1，x_2 和 x_3 的函数.

为了计算简单起见，让我们讨论

$$k_{11} = k_{22} = k_{33} = k_{av}$$

的特例. 由于指向矢的涨落而引起的系统的自由能 ΔG，在这一特例中为

$$\Delta G = \frac{1}{2} k_{av} \int_V \left[(\nabla\cdot\mathbf{n})^2 + \left(\mathbf{n}\cdot\nabla\times\mathbf{n} - \frac{k_2}{k_{22}}\right)^2 + (\mathbf{n}\times\nabla\times\mathbf{n})^2 \right] d\tau.$$

把式 (11.68)、(11.69) 和 (11.70) 代入上式，忽略高阶项后上式成为

$$\Delta G = \frac{1}{2} k_{av} \int_V \left[(\nabla\delta n)^2 + (\nabla\delta n_3)^2 + \left(\frac{2\pi}{p_0}\right)^2 (\delta n_3)^2 + 2\left(\frac{2\pi}{p_0}\right)\delta n_3 \cdot \left(\frac{\partial\delta_n}{\partial x_1}\cos\phi_0 + \frac{\partial\delta n}{\partial x_2}\sin\phi_0\right) - 2\sin\phi_0 \frac{\partial\delta n}{\partial x_1}\frac{\partial\delta n_3}{\partial x_3} + 2\cos\phi_0 \frac{\partial\delta_n}{\partial x_2}\frac{\partial\delta n_3}{\partial x_3} \right] d\tau$$

把积分中的最后两项用分部积分法对 dx_3 进行积分，然后忽略面积分项就得到

$$\Delta G = \frac{1}{2} k_{av} \int_V \left[(\nabla\delta n)^2 + (\nabla\delta n_3)^2 \right.$$

$$+\left(\frac{2\pi}{p_0}\right)^2(\delta n_3)^2+4\left(\frac{2\pi}{p_0}\right)\delta n_3$$

$$\times\left(\frac{\partial\delta n}{\partial x_1}\cos\phi_0+\frac{\partial\delta n}{\partial x_2}\sin\phi_0\right)\bigg]d\tau$$

$$=\frac{1}{2}k_{av}\int_V\bigg\{(\nabla\delta n)^2+(\nabla\delta n_3)^2$$

$$+\left[\frac{2\pi}{p_0}\delta n_3+2\left(\frac{\partial\delta n}{\partial x_1}\cos\phi_0+\frac{\partial\delta n}{\partial x_2}\sin\phi_0\right)\right]^2$$

$$-4\left(\frac{\partial\delta n}{\partial x_1}\cos\phi_0+\frac{\partial\delta n}{\partial x_2}\sin\phi_0\right)^2\bigg\}d\tau.$$

现在令

$$\frac{2\pi}{p_0}w=\frac{2\pi}{p_0}\delta n_3+2\left(\frac{\partial\delta n}{\partial x_1}\cos\phi_0+\frac{\partial\delta n}{\partial x_2}\sin\phi_0\right)\quad(11.71)$$

那么就有

$$\frac{\partial\delta n_3}{\partial x_1}=\frac{\partial w}{\partial x_1}-2\left(\frac{p_0}{2\pi}\right)$$

$$\times\left(\cos\phi_0\frac{\partial^2\delta n}{\partial x_1^2}+\sin\phi_0\frac{\partial^2\delta n}{\partial x_1\partial x_2}\right),$$

$$\frac{\partial\delta n_3}{\partial x_2}=\frac{\partial w}{\partial x_2}-2\left(\frac{p_0}{2\pi}\right)$$

$$\times\left(\cos\phi_0\frac{\partial^2\delta n}{\partial x_1\partial x_2}+\sin\phi_0\frac{\partial^2\delta n}{\partial x_2^2}\right),$$

$$\frac{\partial\delta n_3}{\partial x_3}=\frac{\partial w}{\partial x_3}-2\left(\frac{p_0}{2\pi}\right)$$

$$\times\left(\cos\phi_0\frac{\partial^2\delta n}{\partial x_1\partial x_3}+\sin\phi_0\frac{\partial^2\delta n}{\partial x_2\partial x_3}\right)$$

$$+2\left(\sin\phi_0\frac{\partial\delta n}{\partial x_1}-\cos\phi_0\frac{\partial\delta n}{\partial x_2}\right);$$

从而得到

$$(\nabla\delta n_3)^2=(\nabla w)^2+4\frac{\partial w_3}{\partial x_3}\left(\sin\phi_0\frac{\partial\delta n}{\partial x_1}\right.$$

$$- \cos\phi_0 \frac{\partial \delta n}{\partial x_2}\Big) + 4\left(\sin\phi_0 \frac{\partial \delta n}{\partial x_1} - \cos\phi_0 \frac{\partial \delta n}{\partial x_2}\right)^2$$

$$- 4\left(\frac{p_0}{2\pi}\right)\Big[\cos\phi_0\Big(\frac{\partial w}{\partial x_1}\frac{\partial^2 \delta n}{\partial x_1^2} + \frac{\partial w}{\partial x_2}\frac{\partial^2 \delta n}{\partial x_1 \partial x_2}$$

$$+ \frac{\partial w}{\partial x_3}\frac{\partial^2 \delta n}{\partial x_1 \partial x_3}\Big) + \sin\phi_0\Big(\frac{\partial w}{\partial x_1}\frac{\partial^2 \delta n}{\partial x_1 \partial x_2}$$

$$+ \frac{\partial w}{\partial x_2}\frac{\partial^2 \delta n}{\partial x_2^2} + \frac{\partial w}{\partial x_3}\frac{\partial^2 \delta n}{\partial x_2 \partial x_3}\Big)\Big] - 8\left(\frac{p_0}{2\pi}\right)$$

$$\times\left(\sin\phi_0 \frac{\partial \delta n}{\partial x_1} - \cos\phi_0 \frac{\partial \delta n}{\partial x_2}\right)$$

$$\times\left(\cos\phi_0 \frac{\partial^2 \delta n}{\partial x_1 \partial x_3} + \sin\phi_0 \frac{\partial^2 \delta n}{\partial x_2 \partial x_3}\right)$$

$$+ 4\left(\frac{p_0}{2\pi}\right)^2\Big[\left(\cos\phi_0 \frac{\partial^2 \delta n}{\partial x_1^2} + \sin\phi_0 \frac{\partial^2 \delta n}{\partial x_1 \partial x_2}\right)^2$$

$$+ \left(\cos\phi_0 \frac{\partial^2 \delta n}{\partial x_1 \partial x_2} + \sin\phi_0 \frac{\partial^2 \delta n}{\partial x_2^2}\right)^2$$

$$+ \left(\cos\phi_0 \frac{\partial^2 \delta n}{\partial x_1 \partial x_3} + \sin\phi_0 \frac{\partial^2 \delta n}{\partial x_2 \partial x_3}\right)^2\Big].$$

于是我们可以有

$$\Delta G = \frac{1}{2} k_{av} \int_V \Big\{(\nabla \delta n)^2 + \left(\frac{2\pi}{p_0} w\right)^2$$

$$+ (\nabla w)^2 + 4\left(\frac{p_0}{2\pi}\right)^2\Big[\Big(\cos\phi_0 \frac{\partial^2 \delta n}{\partial x_1^2}$$

$$+ \sin\phi_0 \frac{\partial^2 \delta n}{\partial x_1 \partial x_2}\Big)^2 + \left(\cos\phi_0 \frac{\partial^2 \delta n}{\partial x_1 \partial x_2} + \sin\phi_0 \frac{\partial^2 \delta n}{\partial x_2^2}\right)^2$$

$$+ \left(\cos\phi_0 \frac{\partial^2 \delta n}{\partial x_1 \partial x_3} + \sin\phi_0 \frac{\partial^2 \delta n}{\partial x_2 \partial x_3}\right)^2\Big]$$

$$- 4\left(\frac{p_0}{2\pi}\right)\Big[\cos\phi_0\Big(\frac{\partial w}{\partial x_1}\frac{\partial^2 \delta n}{\partial x_1^2} + \frac{\partial w}{\partial x_2}\frac{\partial^2 \delta n}{\partial x_1 \partial x_2}$$

$$+ \frac{\partial w}{\partial x_3}\frac{\partial^2 \delta n}{\partial x_1 \partial x_3}\Big) + \sin\phi_0\Big(\frac{\partial w}{\partial x_1}\frac{\partial^2 \delta n}{\partial x_1 \partial x_2}$$

$$+\frac{\partial w}{\partial x_2}\frac{\partial^2\delta n}{\partial x_2^2}+\frac{\partial w}{\partial x_3}\frac{\partial^2\delta n}{\partial x_2\partial x_3}\Big)\Big]$$
$$+4\frac{\partial w}{\partial x_3}\left(\sin\phi_0\frac{\partial\delta n}{\partial x_1}-\cos\phi_0\frac{\partial\delta n}{\partial x_2}\right)$$
$$-8\left(\frac{p_0}{2\pi}\right)\left(\sin\phi_0\frac{\partial\delta n}{\partial x_1}-\cos\phi_0\frac{\partial\delta n}{\partial x_2}\right)$$
$$\times\left(\cos\phi_0\frac{\partial^2\delta n}{\partial x_1\partial x_3}+\sin\phi_0\frac{\partial^2\delta n}{\partial x_2\partial x_3}\right)$$
$$+4\left(\sin\phi_0\frac{\partial\delta n}{\partial x_1}-\cos\phi_0\frac{\partial\delta n}{\partial\delta x_2}\right)^2$$
$$-4\left(\cos\phi_0\frac{\partial\delta n}{\partial xp}+\sin\phi_0\frac{\partial\delta n}{\partial x_2}\right)^2\Big\}d\tau. \qquad (11.72)$$

现在考虑长波的涨落，并且假定波长比螺距长许多，而且 w 和 δn 在一个螺距长度之内的变化相当缓慢．当我们把式(11.72)在许多螺距长度之内求平均值时，由于 $\sin\phi_0$， $\cos\phi_0$， $\sin\phi_0\cos\phi_0$ 的平均值为零，而 $\sin^2\phi_0$，$\cos^2\phi_0$ 的平均值为 $\frac{1}{2}$，于是得到

$$(\Delta G)_{av}=\frac{1}{2}k_{av}\int_V\Big\{(\nabla\delta n)^2+\left(\frac{2\pi}{p_0}w\right)^2$$
$$+(\nabla w)^2+2\left(\frac{p_0}{2\pi}\right)^2\left[\left(\frac{\partial^2\delta n}{\partial x_1^2}\right)^2+2\left(\frac{\partial^2\delta n}{\partial x_1\partial x_2}\right)^2\right.$$
$$\left.+\left(\frac{\partial^2\delta n}{\partial x_2^2}\right)^2+\left(\frac{\partial^2\delta n}{\partial x_1\partial x_3}\right)^2+\left(\frac{\partial^2\delta n}{\partial x_2\partial x_3}\right)^2\right]$$
$$-4\left(\frac{p_0}{2\pi}\right)\left(\frac{\partial\delta n}{\partial x_1}\frac{\partial^2\delta n}{\partial x_2\partial x_3}-\frac{\partial\delta n}{\partial x_2}\frac{\partial^2\delta n}{\partial x_1\partial x_3}\right)\Big\}d\tau. \qquad (11.73)$$

引用傅里叶变换就得到

$$(\Delta G)_{av}=\frac{1}{2}k_{av}\sum_{\mathbf{K}}\Big\{\left[\left(\frac{2\pi}{p_0}\right)^2+K^2\right]|w(\mathbf{K})|^2$$
$$+\left[K^2+2\left(\frac{p_0}{2\pi}\right)^2K^2K_1^2\right]|\delta n(\mathbf{K})|^2\Big\},$$
$$K_\perp^2=K_1^2+K_2^2,$$

$$K^2 = K_\perp^2 + K_3^2. \tag{11.74}$$

应用能量均分原理，于是 $w(\mathbf{K})$ 和 $\delta n(\mathbf{K})$ 的均方涨落分别等于

$$I_{/\!/}(\mathbf{K}) = \langle |w(\mathbf{K})|^2\rangle = \frac{kT}{k_{av}\left[\left(\frac{2\pi}{p_0}\right)^2 + K^2\right]},$$

$$I_\perp(\mathbf{K}) = \langle |\delta n(\mathbf{K})|^2\rangle = \frac{kT}{k_{av}\left[1 + 2\left(\frac{p_0}{2\pi}\right)^2 K_\perp^2\right]K^2}. \tag{11.75}$$

式(11.75)指出，当 $K \to 0$（无限长的长波）时，$w(\mathbf{K})$（也就是 δn_3）并不发散，但是 δn 却是发散的．在 $K_3 = 0$ 的条件下，δn 将以 $K_\perp{}^4$ 的形式发散．因此，对于无限大的螺旋状液晶，相位的均方涨落将是发散的．换句话说，螺旋状液晶中相距比较远的两点的相位是不相关联的．因此，螺旋状液晶的螺距不是一个真正的有序参数．

把式(11.68)和(11.70)代入介电常数涨落式(11.30)后，再代入式(11.25)就得到与散射截面直接相关的 $\delta\varepsilon_{is}$ 的表示式：

$$\begin{aligned}
\delta\varepsilon_{is} = \varepsilon_a\{[&(p_{s2}\cos\phi_0 - p_{s1}\sin\phi_0)(p_{i1}\cos\phi_0 + p_{i2}\sin\phi_0) \\
&+ (p_{s1}\cos\phi_0 + p_{s2}\sin\phi_0)(p_{i2}\cos\phi_0 - p_{i1}\sin\phi_0)]\delta n \\
&+ [(p_{s1}\cos\phi_0 + p_{s2}\sin\phi_0)p_{i3} + p_{s3}(p_{i1}\cos\phi_0 \\
&+ p_{i2}\sin\phi_0)]\delta n_3\} \\
= \varepsilon_a\{[&(p_{s2}p_{i1} + p_{s1}p_{i2})(\cos^2\phi_0 - \sin^2\phi_0) \\
&+ (p_{s2}p_{i2} - p_{s1}p_{i1})\sin 2\phi_0]\delta n \\
&+ [(p_{s1}p_{i3} + p_{s3}p_{i1})\cos\phi_0 + (p_{s2}p_{i3} \\
&+ p_{s3}p_{i2})\sin\phi_0]\delta n_3\} \\
= \varepsilon_a\Big\{&\frac{1}{2}[(p_{s2}p_{i1} + p_{s1}p_{i2}) - i(p_{s2}p_{i2} \\
&- p_{s1}p_{i1})]\exp(2i\phi_0) \\
&+ \frac{1}{2}[(p_{s2}p_{i1} + p_{s1}p_{i2}) + i(p_{s2}p_{i2} \\
&- p_{s1}p_{i1})]\exp(-2i\phi_0)\Big\}\delta n
\end{aligned}$$

$$+\varepsilon_a\left\{\frac{1}{2}[(p_{s1}p_{i3}+p_{s3}p_{i1})-i(p_{s2}p_{i3}-p_{s3}p_{i2})]\exp(i\phi_0)+\frac{1}{2}[(p_{s1}p_{i3}+p_{s3}p_{i1})+i(p_{s2}p_{i3}+p_{s3}p_{i2})]\exp(-i\phi_0)\right\}\delta n_3. \tag{11.76}$$

令 $\mathbf{t}_0$ 为沿螺旋轴方向(x_3 轴方向)长度为 $\frac{2\pi}{|p_0|}$ 的矢量,那么

$$\phi_0 = \pm\mathbf{t}_0\cdot\mathbf{r}.$$

这样,式(11.76)的最后表达式中 δn 项系数中有 $\exp(\pm 2i\mathbf{t}_0\cdot\mathbf{r})$ 的因子,而 δn_3 项系数中有 $\exp(\pm i\mathbf{t}_0\cdot\mathbf{r})$ 的因子.光散射截面式(11.28)中的 $I(\mathbf{K},\omega)$ 现在可以由两个分别与 $\langle\delta n(0,0)\delta n^*(\mathbf{r},t)\rangle$ 和 $\langle\delta n_3(0,0)\delta n_3^*(\mathbf{r},t)\rangle$ 相关的积分 $I_\perp(\mathbf{K},\omega)$ 和 $I_{/\!/}(\mathbf{K},\omega)$ 代替,⊥表示与 x_3 轴相垂直的方向,// 表示与 x_3 轴相平行的方向.在 $I(\mathbf{K},\omega)$ 的积分中原有一个因子 $\exp(i\mathbf{K}\cdot\mathbf{r})$,现在又引进了因子 $\exp(\pm 2i\mathbf{t}_0\cdot\mathbf{r})$,因此 $I_\perp(\mathbf{K},\omega)$ 将是由两项 $I_\perp(\mathbf{K}+2\mathbf{t}_0)+I_\perp(\mathbf{K}-2\mathbf{t}_0)$ 形成.同样,$I_{/\!/}(\mathbf{K},\omega)$ 将是由两项 $I_{/\!/}(\mathbf{K}+\mathbf{t}_0)+I_{/\!/}(\mathbf{K}-\mathbf{t}_0)$ 形成.这样我们就得到

$$I(\mathbf{K},\omega)=A[I_\perp(\mathbf{K}+2\mathbf{t}_0,\omega)+I_\perp(\mathbf{K}-2\mathbf{t}_0,\omega)]+B[I_{/\!/}(\mathbf{K}+\mathbf{t}_0,\omega)+I_{/\!/}(\mathbf{K}-t_0,\omega)]. \tag{11.77}$$

当然,在式(11.77)中我们假定了散射区的线度要比螺距大许多而作了平均.把式(11.76)代入式(11.28)就可以得出 A 和 B 分别为

$$A=\frac{1}{4}\varepsilon_a^2[(p_{s2}p_{i1}+p_{s1}p_{i2})^2+(p_{s2}p_{i2}-p_{s1}p_{i1})^2]=\frac{1}{4}\varepsilon_a^2(p_{i1}^2+p_{i2}^2)(p_{s1}^2+p_{s2}^2),$$

$$B=\frac{1}{4}\varepsilon_a^2[(p_{s1}p_{i3}+p_{s3}p_{i1})^2+(p_{s2}p_{i3}+p_{s3}p_{i2})^2]. \tag{11.78}$$

对所有频率积分后,类似于式(11.53),散射截面将与 $I(\mathbf{K})$ 成比例:

$$I(\mathbf{K}) = A[I_\perp(\mathbf{K} + 2\mathbf{t}_0) + I_\perp(K - 2\mathbf{t}_0)] + B[I_{/\!/}(\mathbf{K} + \mathbf{t}_0) + I_{/\!/}(\mathbf{K} - \mathbf{t}_0)]. \quad (11.79)$$

相关函数 $I_\perp$ 和 $I_{/\!/}$ 可以分别由式(11.75)表示. 因此,由于相位涨落(δn 涨落)引起的光散射在 $\mathbf{K} = \pm 2\mathbf{t}_0$ 处是发散的,也就是说在引起一级布喇格散射的波矢改变条件下是发散的. 由于展曲弯曲模式引起的光散射在 $\mathbf{K} = \pm \mathbf{t}_0$ 处具有最大值,但是并不是发散的. 当然,这些结果都是在假设波矢改变量在沿螺旋轴方向的分量 K_3 小于 $\frac{2\pi}{|p_0|}$ 的条件下得出的. 如果 $K_3 \gg \frac{2\pi}{|p_0|}$, 那就相当于具有很长螺距的螺旋状液晶. 在这种情形中光散射基本上将同丝状液晶的光散射一样.

§6 螺旋状液晶中取向涨落的运动

为了简化问题起见,让我们讨论

$$\delta n = \delta n(x_3, t), \ \delta n_3 = \delta n_3(x_3, t)$$

的特例. 假定液晶是不可压缩的、它的温度保持不变、同时假定波的传播方向是沿螺旋轴 x_3 的方向. 在这些假定条件之下,连续性方程(5.75)成为

$$v_{k,k} = 0,$$
$$d_{k,k} = 0, \quad (5.75)$$

有一个简单的解

$$v_3 = 0. \quad (11.80)$$

这是因为,当我们作傅里叶变换

$$\mathbf{v}(\mathbf{r}, t) = \frac{1}{\sqrt{V}} \sum_{\mathbf{K}} \mathbf{v}(\mathbf{K}) \exp[i(\mathbf{K} \cdot \mathbf{r} - \omega t)]$$

时,由于

$$\mathbf{K} \equiv (0, 0, K), \quad (11.81)$$

于是式(5.75)给出

$$v_3(\mathbf{K}) = 0,$$

因而有式(11.80)的解．既然假定了涨落只是 x_3 的函数，那么由于指向矢的涨落运动而引起的微小液晶的流动速度 $\mathbf{v}$ 也可以假定只是 x_3 的函数，

$$\mathbf{v} = \mathbf{v}(x_3).$$

像讨论丝状液晶那样，我们把动量守恒方程(6.15)和指向矢运动方程(5.60)都加以线性化，也就是说忽略二阶以上微量而只保留一阶微量．在长波条件下，像丝状液晶的情形那样，我们忽略掉指向矢运动方程中的惯性项．这样，我们所需要的方程就是

$$\frac{\partial}{\partial t}(\rho v_i) + \frac{\partial}{\partial x_j}(p\delta_{ij} - \Pi_{kj}n_{k,i} + t_{ij}) = 0, \qquad (6.15)$$

$$\frac{\partial}{\partial x_k}\Pi_{ik} + f_i + f'_i = \gamma n_i. \qquad (5.60)$$

现在

$$n_1 = \cos\phi_0 - \delta n(x_3, t)\sin\phi_0,$$

$$n_2 = \sin\phi_0 + \delta n(x_3, t)\cos\phi_0,$$

$$n_3 = \delta n_3(x_3, t),$$

$$\phi_0 = -\frac{k_2}{k_{22}}x_3.$$

因此，在线性化之后各个有关的项目如下：

$$d_{13} = d_{31} = \frac{1}{2}\frac{\partial v_1}{\partial x_3},$$

$$d_{23} = d_{32} = \frac{1}{2}\frac{\partial v_2}{\partial x_3},$$

$$d_{11} = d_{12} = d_{21} = d_{22} = d_{33} = 0,$$

$$N_1 = -\frac{\partial\delta n}{\partial t}\sin\phi_0,$$

$$N_2 = \frac{\partial\delta n}{\partial t}\cos\phi_0,$$

$$N_3 = \frac{\partial\delta n_3}{\partial t} + \frac{1}{2}\frac{\partial v_1}{\partial x_3}\cos\phi_0 + \frac{1}{2}\frac{\partial v_2}{\partial x_3}\sin\phi_0,$$

$$\frac{\partial}{\partial x_j}\Pi_{1j}+f_1=k_{22}\left(\frac{\partial^2\delta n}{\partial x_3^2}\sin\phi_0-2\frac{k_2}{k_{22}}\frac{\partial\delta n}{\partial x_3}\cos\phi_0\right),$$

$$\frac{\partial}{\partial x_j}\Pi_{2j}+f_2=-k_{22}\left(\frac{\partial^2\delta n}{\partial x_3^2}\cos\phi_0+2\frac{k_2}{k_{22}}\frac{\partial\delta n}{\partial x_3}\sin\phi_0\right),$$

$$\frac{\partial}{\partial x_j}\Pi_{3j}+f_3=-k_{11}\frac{\partial^2\delta n_3}{\partial x_3^2}+k_{33}\left(\frac{k_2}{k_{22}}\right)^2\delta n_3,$$

$$f_1'=-\gamma_1\frac{\partial\delta n}{\partial t}\sin\phi_0,$$

$$f_2'=\gamma_1\frac{\partial\delta n}{\partial t}\cos\phi_0,$$

$$f_3'=\gamma_1\frac{\partial\delta n_3}{\partial t}+\alpha_3\left(\frac{\partial v_1}{\partial x_3}\cos\phi_0+\frac{\partial v_2}{\partial x_3}\sin\phi_0\right),$$

$$\frac{\partial}{\partial x_j}(\Pi_{kj}n_{k,1})=\frac{\partial}{\partial x_j}(\Pi_{kj}n_{k,2})=0,$$

$$\frac{\partial}{\partial x_j}(\Pi_{kj}n_{k,3})=k_{22}\left(\frac{k_2}{k_{22}}\right)\frac{\partial^2\delta n}{\partial x_3^2},$$

$$t_{13}=-\alpha_3\frac{\partial\delta n_3}{\partial t}\cos\phi_0-\frac{1}{2}\frac{\partial v_1}{\partial x_3}[\alpha_4+(\alpha_3+\alpha_6)\cos^2\phi_0]$$

$$-\frac{1}{2}\frac{\partial v_2}{\partial x_3}(\alpha_3+\alpha_6)\sin\phi_0\cos\phi_0,$$

$$t_{23}=-\alpha_3\frac{\partial\delta n_3}{\partial t}\sin\phi_0-\frac{1}{2}\frac{\partial v_1}{\partial x_3}(\alpha_3+\alpha_6)\sin\phi_0\cos\phi_0$$

$$-\frac{1}{2}\frac{\partial v_2}{\partial x_3}[\alpha_4+(\alpha_3+\alpha_6)\sin^2\phi_0],$$

$$t_{33}=0.$$

在 f_3' 的式子中我们使用了帕柔弟关系式(5.93). 把这些有关项的形式代入式(5.60), 我们得到三个式子:

$$k_{22}\left(\frac{\partial^2\delta n}{\partial x_3^2}\sin\phi_0-2\frac{k_2}{k_{22}}\frac{\partial\delta n}{\partial x_3}\cos\phi_0\right)$$

$$-\gamma_1\frac{\partial\delta n}{\partial t}\sin\phi_0=\gamma(\cos\phi_0-\delta n\sin\phi_0),$$

$$-k_{22}\left(\frac{\partial^2\delta n}{\partial x_3^2}\cos\phi_0+2\frac{k_2}{k_{22}}\frac{\partial\delta n}{\partial x_3}\sin\phi_0\right)$$

$$+\gamma_1\frac{\partial\delta n}{\partial t}\cos\phi_0=\gamma(\sin\phi_0+\delta n\cos\phi_0),$$

$$-k_{11}\frac{\partial^2\delta n_3}{\partial x_3^2}+k_{33}\left(\frac{k_2}{k_{22}}\right)^2\delta n_3+\gamma_1\frac{\partial\delta n_3}{\partial t}$$

$$+\alpha_3\left(\frac{\partial v_1}{\partial x_3}\cos\phi_0+\frac{\partial v_2}{\partial x_3}\sin\phi_0\right)=\gamma\delta n_3. \tag{11.82}$$

只要把这三个式子分别乘以 n_1，n_2 和 n_3 然后相加，就可以得出拉格朗日未定乘子 γ：

$$\gamma=-2k_{22}\left(\frac{k_2}{k_{22}}\right)\frac{\partial\delta n}{\partial x_3}.$$

把 γ 的数值代回式 (11.82)，同时忽略二阶项 $\delta n\dfrac{\partial\delta n}{\partial x_3}$，那么在约去 $\dfrac{\partial\delta n}{\partial x_3}$ 项后，第一和第二两个式子可以合并成为

$$k_{22}\frac{\partial^2\delta n}{\partial x_3^2}-\gamma_1\frac{\partial\delta n}{\partial t}=0. \tag{11.83}$$

这就是涨落 δn 需要满足的方程.

式 (11.83) 的特点是它不存在与流速的耦合项，换句话说，相位涨落与流速无关. 由于式 (11.83) 中只出现扭曲弹性常数 k_{22}，所以这个方程描述的是扭曲模式. 应用式 (11.81)，对 $\delta n(\mathbf{r},t)$ 作傅里叶变换

$$\delta n(\mathbf{r},t)=\frac{1}{\sqrt{V}}\sum_K\delta n(K,t)\exp(iKx_3),$$

那末式 (11.82) 给出

$$\gamma_1\frac{\partial}{\partial t}\delta n(K,t)+k_{22}K^2\delta n(K,t)=0.$$

因此，在扭曲模式中，波矢为K的相位涨落的阻尼常数 $\Gamma_{\delta n(K)}$ 为

$$\Gamma_{\delta n(K)}=\frac{k_{22}K^2}{\gamma_1}. \tag{11.84}$$

如果取 $k=10^{-6}$ 达因，$\gamma_1=10^{-1}$ 泊，那么 $\Gamma_{\delta n(K)}\approx10^{-5}K^2$ 每

秒．在光散射实验中，K 的典型数值一般为 10^4 每厘米，因此

$$\Gamma_{\delta n(K)} \approx 10^3 \text{ 每秒},$$

也就说可以出现一条锐线．

把拉格朗日未定乘子 γ 的数值代入式(11.82)的第三式后，线性化的结果给出

$$-k_{11}\frac{\partial^2 \delta n_3}{\partial x_3^2} + k_{33}\left(\frac{k_2}{k_{22}}\right)^2 \delta n_3 + \gamma_1 \frac{\partial \delta n_3}{\partial t}$$
$$+ \alpha_3\left(\frac{\partial v_1}{\partial x_3}\cos\phi_0 + \frac{\partial v_2}{\partial x_3}\sin\phi_0\right) = 0. \tag{11.85}$$

这是螺旋轴的倾斜涨落 δn_3 所满足的方程． 这个式子含有 k_{11} 和 k_{33} 这两个弹性常数，所以可以说 δn_3 表现的是展曲弯曲模式． 由于式(11.85) 中含有流速梯度项，因此展曲弯曲模式是与流速相耦合的．流速 v_1 和 v_2 所满足的方程是式(6.15)．把相应的量代入式(6.15) 后可以得到

$$\frac{\partial}{\partial t}(\rho v_1) + \frac{\partial}{\partial x_3} t_{13} = 0,$$

$$\frac{\partial}{\partial t}(\rho v_2) + \frac{\partial}{\partial x_3} t_{23} = 0,$$

$$\frac{\partial p}{\partial x_3} - \frac{\partial}{\partial x_3}\left[k_{22}\left(\frac{k_2}{k_{22}}\right)\frac{\partial^2 \delta n}{\partial x_3^2}\right] = 0. \tag{11.86}$$

当我们把式(11.83)的解 $\delta n(\mathbf{r}, t)$ 代入式(11.86)的第三式后，这个式子就决定了液晶中各处的压强 p． 这个问题对我们来说并不重要，因此不再去讨论它． t_{13} 和 t_{23} 的表示式比较复杂．为了计算方便起见，让我们引用新的复数变量 v_+ 和 v_-：

$$v_+ = v_1 + iv_2, \quad v_- = v_1 - iv_2. \tag{11.87}$$

把式(11.86)的第二式乘以 i，然后与第一式相加或相减，就得出 v_+ 和 v_- 所满足的方程为

$$\frac{\partial}{\partial t}(\rho v_+) + \frac{\partial}{\partial x_3}(t_{13} + it_{23}) = 0,$$

$$\frac{\partial}{\partial t}(\rho v_-) + \frac{\partial}{\partial x_3}(t_{13} - it_{23}) = 0.$$

把相应的 t_{13} 和 t_{23} 表示式代入后，注意到

$$\frac{\partial v_1}{\partial x_3}\cos\phi_0+\frac{\partial v_2}{\partial x_3}\sin\phi_0$$

$$=\frac{1}{2}\left[\frac{\partial v_-}{\partial x_3}\exp(i\phi_0)+\frac{\partial v_+}{\partial x_3}\exp(-i\phi_0)\right],$$

就可以得出

$$\frac{\partial}{\partial t}(\rho v_\pm)-\frac{\partial}{\partial x_3}\left[\alpha_3\frac{\partial\delta n_3}{\partial t}\exp(\pm i\phi_0)\right.$$

$$+\frac{1}{4}(2\eta_1+\alpha_4)\frac{\partial v_\pm}{\partial x_3}+\frac{1}{4}(2\eta_1-\alpha_4)$$

$$\left.\cdot\frac{\partial v_\mp}{\partial x_3}\exp(\pm 2i\phi_0)\right]=0,$$

或者写作

$$\frac{\partial}{\partial t}(\rho v_\pm)-\frac{1}{4}(2\eta_1+\alpha_4)\frac{\partial^2 v_\pm}{\partial x_3^2}$$

$$-\frac{1}{4}(2\eta_1-\alpha_4)[\exp(\pm 2i\phi_0)]$$

$$\cdot\frac{\partial}{\partial x_3}\left(\frac{\partial}{\partial x_3}\mp 2i\frac{k_2}{k_{22}}\right)v_\mp$$

$$-\alpha_3[\exp(\pm i\phi_0)]\left(\frac{\partial}{\partial x}\mp i\frac{k_2}{k_{22}}\right)\frac{\partial\delta n_3}{\partial t}=0. \quad (11.88)$$

式中 η_1 是梅索维克兹主粘滞系数，

$$\eta_1=\frac{1}{2}(\alpha_3+\alpha_4+\alpha_6). \quad (5.116)$$

当然，这里的 δn_3 和 $v_\pm$ 都是 x_3 和 t 的函数。式(11.88)和(11.85)组成了 δn_3, v_+ 和 v_- 的三个联立方程。它们决定了展曲弯曲模式的运动。

现在引用傅里叶变换

$$\delta n_3(\mathbf{r},t)=\frac{1}{\sqrt{V}}\sum_K\delta n_3(K,t)\exp(iKx_3),$$

$$v_\pm(\mathbf{r}, t) = \frac{1}{\sqrt{V}} \sum_K v_\pm(K, t)[\exp i(K \pm \phi_0)].$$

在这一组傅里叶变换下，对于给定的K值，式(11.88)和(11.85)给出

$$\rho \frac{\partial}{\partial t} v_\pm(K, t) + \frac{1}{4}(2\eta_1 + \alpha_4)\left(K \mp \frac{k_2}{k_{22}}\right)^2 v_\pm(K, t)$$

$$+ \frac{1}{4}(2\eta_1 - \alpha_4)\left[K^2 - \left(\frac{k_2}{k_{22}}\right)^2\right] v_\mp(K, t)$$

$$- i\alpha_3\left(K \mp \frac{k_2}{k_{22}}\right)\frac{\partial}{\partial t}\delta n_3(K, t) = 0,$$

$$\left[k_{11}K^2 + k_{33}\left(\frac{k_2}{k_{22}}\right)^2\right]\delta n_3(K, t) + \gamma_1 \frac{\partial}{\partial t}\delta n_3(K, t)$$

$$+ \left(\frac{i}{2}\right)\alpha_3\left[\left(K + \frac{k_2}{k_{22}}\right) v_-(K, t)\right.$$

$$\left. + \left(K - \frac{k_2}{k_{22}}\right) v_+(K, t)\right] = 0. \tag{11.89}$$

如果令展曲弯曲振动模式的频率为ω，那么可以令

$$\delta n_3(K, t) = \delta n_3(K)\exp(-i\omega t),$$
$$v_\pm(K, t) = v_\pm(K)\exp(-i\omega t).$$

这时式(11.89)成为

$$\left[-i\rho\omega + \frac{1}{4}(2\eta_1 + \alpha_4)\left(K \mp \frac{k_2}{k_{22}}\right)^2\right] v_\pm(K)$$

$$+ \frac{1}{4}(2\eta_1 - \alpha_4)\left[K^2 - \left(\frac{k_2}{k_{22}}\right)^2\right] v_\mp(K)$$

$$- \alpha_3\left(K \mp \frac{k_2}{k_{22}}\right)\omega\delta n_3(K) = 0,$$

$$\left[-i\gamma_1\omega + k_{11}K^2 + k_{33}\left(\frac{k_2}{k_{22}}\right)^2\right]\delta n_3(K)$$

$$+ \left(\frac{i}{2}\right)\alpha_3\left(K - \frac{k_2}{k_{22}}\right) v_+(K)$$

$$+\left(\frac{i}{2}\right)\alpha_3\left(K+\frac{k_2}{k_{22}}\right)v_-(K)=0. \tag{11.90}$$

这一组 $\delta n_3(K)$，$v_+(K)$ 和 $v_-(K)$ 的联立方程决定了螺旋轴偏转涨落的频率 ω. 这一组齐次联立方程能够有非平凡解的条件是系数所组成的行列式等于零，也就是要求

$$\begin{aligned}&\left[-i\gamma_1\omega+k_{11}K^2+k_{33}\left(\frac{k_2}{k_{22}}\right)^2\right]\\&\cdot\left\{-\rho^2\omega^2-\left(\frac{i}{2}\right)(2\eta_1+\alpha_4)\left[K^2+\left(\frac{k_2}{k_{22}}\right)^2\right]\rho\omega\right.\\&\left.+\frac{1}{2}\eta_1\alpha_4\left[K^2-\left(\frac{k_2}{k_{22}}\right)^2\right]\right\}+\alpha_3^2\left[K^2+\left(\frac{k_2}{k_{22}}\right)^2\right]\rho\omega^2\\&+\frac{i}{2}\alpha_4\alpha_3^2\left[K^2-\left(\frac{k_2}{k_{22}}\right)^2\right]\omega=0.\end{aligned}$$

把它展开成为 ω 的多项式，就成为

$$\begin{aligned}&i\gamma_1\rho^2\omega^3+\left\{\left[\frac{1}{2}\gamma_1(2\eta_1+\alpha_4)-\alpha_3^2\right]\left[K^2+\left(\frac{k_2}{k_{22}}\right)^2\right]\right.\\&\left.+\left[k_{11}K^2+k_{33}\left(\frac{k_2}{k_{22}}\right)^2\right]\rho\right\}\rho\omega^2\\&+\frac{i}{2}\left\{\alpha_4(\eta_1\gamma_1-\alpha_3^2)\left[K^2-\left(\frac{k_2}{k_{22}}\right)^2\right]^2\right.\\&+(2\eta_1+\alpha_4)\left[K^2+\left(\frac{k_2}{k_{22}}\right)^2\right]\\&\left.\cdot\left[k_{11}K^2+k_{33}\left(\frac{k_2}{k_{22}}\right)^2\right]\rho\right\}\omega\\&-\frac{1}{2}\eta_1\alpha_4\left[K^2-\left(\frac{k_2}{k_{22}}\right)^2\right]\left[k_{11}K^2+k_{33}\left(\frac{k_2}{k_{22}}\right)^2\right]=0.\end{aligned} \tag{11.91}$$

对于丝状液晶，式(11.44)指出，弹性常数与密度 ρ 的乘积要比粘滞系数的平方小很多. 对于螺旋状液晶，一般也同样是这样. 因此，在式(11.91)中 ω^2 项和 ω 项系数中的 $k_{11}K^2+k_{33}\left(\frac{k_2}{k_{22}}\right)^2$ 项可以忽略. 这样，式(11.91)就简化成为

$$i\gamma_1\rho^2\omega + \left[\frac{1}{2}\gamma_1(2\eta_1+\alpha_4)-\alpha_3^2\right]\left[K^2+\left(\frac{k_2}{k_{22}}\right)^2\right]\rho\omega^2$$

$$+\frac{i}{2}\alpha_4(\eta_1\gamma_1-\alpha_3^2)\left[K^2-\left(\frac{k_2}{k_{22}}\right)^2\right]^2\omega$$

$$-\frac{1}{2}\eta_1\alpha_4\left[K^2-\left(\frac{k_2}{k_{22}}\right)^2\right]^2$$

$$\cdot\left[k_{11}K^2+k_{33}\left(\frac{k_2}{k_{22}}\right)^2\right]=0。\qquad(11.92)$$

如果 ω 很小，那么在忽略 ω^3 项和 ω^2 项时，就可以得出一个解

$$\omega_{\delta n_3}^{(1)}\equiv -i\Gamma_{\delta n_3}^{(1)}=-i\left(\frac{\eta_1\alpha_4}{\eta_1\gamma_1-\alpha_3^2}\right)$$

$$\cdot\left[k_{11}K^2+k_{33}\left(\frac{k_2}{k_{22}}\right)^2\right].\qquad(11.93_1)$$

如果 ω 不是很小，那么可以忽略最后含有弹性常数的常数项，而得到

$$i\gamma_1\rho^2\omega^2+\left[\frac{1}{2}\gamma_1(2\eta_1+\alpha_4)-\alpha_3^2\right]\left[K^2+\left(\frac{k_2}{k_{22}}\right)^2\right]\rho\omega$$

$$+\frac{i}{2}\alpha_4(\eta_1\gamma_1-\alpha_3^2)\left[K^2-\left(\frac{k_2}{k_{22}}\right)^2\right]^2=0。$$

这个 $\rho\omega$ 的二次方程的解是

$$\omega_{\delta n_3}^{(2)(3)}\equiv -i\Gamma_{\delta n_3}^{(2)(3)}=\frac{i}{\rho}\left[\frac{1}{4}(2\eta_1+\alpha_4)\right.$$

$$\left.-\frac{\alpha_3^2}{2\gamma_1}\right]\left[K^2+\left(\frac{k_2}{k_{22}}\right)^2\right]\pm\frac{i}{\rho}$$

$$\cdot\left\{\left[\frac{1}{4}(2\eta_1+\alpha_4)-\frac{\alpha_3^2}{2\gamma_1}\right]^2\left[K^2+\left(\frac{k_2}{k_{22}}\right)^2\right]^2\right.$$

$$\left.+\frac{\alpha_4}{2\gamma_1}(\eta_1\gamma_1-\alpha_3^2)\left[K^2-\left(\frac{k_2}{k_{22}}\right)^2\right]^2\right\}^{\frac{1}{2}}.\qquad(11.93_2)$$

$\omega_{\delta n_3}^{(1)}$, $\omega_{\delta n_3}^{(2)}$ 和 $\omega_{\delta n_3}^{(3)}$ 都是虚数，所以这三种模式的振动都是过阻尼的．显然，如果 K 不是接近于 $\frac{k_2}{k_{22}}$ 时，三个阻尼常数 $\Gamma_{\delta n_3}$ 中 $\Gamma_{\delta n_3}^{(1)}$ 最小，也就是说第一种模式的减幅最慢。

§7 各向同性相丝状液晶的光散射

在各向同性相液晶的介电各向异性应该等于零，因为这时指向矢是无规排列的，系统的有序参数等于零．但是，即使是在有序参数等于零的各向同性相，由于热涨落，有序参数 S 仍然会在零值附近波动，而引起介电各向异性在零值附近发生涨落，从而可以产生光的散射．式(10.25)表明，在小的有序参数条件下，液晶的介电各向异性与有序参数 S 成正比．液晶在各向同性相的介电各向异性就是它的介电各向异性的涨落，因此我们在各向同性相可以有

$$\delta\varepsilon_{\alpha\beta} = MS_{\alpha\beta}, \tag{11.94}$$

M 是比例常数．由于介电常数的涨落而引起的波矢改变量为 $\mathbf{K}$，频率改变量为 ω 的散射光强度 $I(\mathbf{K}, \omega)$ 由式(11.28)给出．把式(11.28)对所有的频率 ω 积分，可以得到散射光的强度 $I(\mathbf{K})$ 将与介电常数的涨落相关函数 $\langle\delta\varepsilon_{is}^*(0)\delta\varepsilon_{is}(\mathbf{r})\rangle$ 成正比的结果．把式(11.94)代入后就可以有

$$I(\mathbf{K}) = M^2\int\langle S_{\alpha\beta}(\mathbf{r})S_{\gamma\delta}(0)\rangle[\exp(i\mathbf{K}\cdot\mathbf{r})]d\tau. \tag{11.95}$$

在式(11.95)中具体地要用有序参数的哪个 $\alpha\beta$ 分量和 $\gamma\delta$ 分量，要由入射光和散射光的偏振方向 $\mathbf{p}_i$ 和 $\mathbf{p}_s$ 来决定．

散射光强度式(11.95)现在是用有序参数的相关函数来决定的．说得更确切一些，是用有序参数涨落的相关函数来决定的．因此，问题在于确定有序参数 $S_{\alpha\beta}$．我们将从液晶自由能密度用有序参数表示的表示式来寻求有序参数的相关函数．按照德燃纳理论，在平衡状态下丝状液晶的自由能密度 g 可以写成式(9.88_1)的形式：

$$g = g_0 + \frac{a}{2}S_{\alpha\beta}S_{\alpha\beta} - \frac{b}{3}S_{\alpha\beta}S_{\beta\gamma}S_{\gamma\alpha}$$

$$+\frac{c_1}{4}S_{\alpha\beta}S_{\alpha\beta}S_{\gamma\delta}S_{\gamma\delta}+\frac{c_2}{4}S_{\alpha\beta}S_{\beta\gamma}S_{\gamma\delta}S_{\delta\alpha}. \tag{9.88$_1$}$$

由于形变的存在，丝状液晶还具有弹性自由能密度 g_e. 式(10.1)给出：

$$g_e=\frac{1}{2}L_1S_{\beta\gamma,\alpha}S_{\beta\gamma,\alpha}+\frac{1}{2}L_2S_{\alpha\gamma,\alpha}S_{\beta\gamma,\beta}, \tag{10.1}$$

式中 L_1 和 L_2 是弹性常数．我们现在是讨论各向同性相丝状液晶的光散射，因此 $S_{\alpha\beta}$ 是一个微量．这样，在只保留到有序参数的二阶项，同时忽略与有序参数无关的常数项后，包括涨落效应在内的丝状液晶自由能密度 $\mathscr{G}$ 成为

$$\mathscr{G}(\mathbf{r})=\frac{a}{2}S_{\alpha\beta}S_{\alpha\beta}+\frac{1}{2}L_1S_{\beta\gamma,\alpha}S_{\beta\gamma,\alpha}$$
$$+\frac{1}{2}L_2S_{\alpha\gamma,\alpha}S_{\beta\gamma,\beta}. \tag{11.96}$$

当然，在式(11.96)中有序参数 $S_{\alpha\beta}$ 是位置 $\mathbf{r}$ 的函数.

现在对有序参数 $S_{\alpha\beta}(\mathbf{r})$ 作傅里叶变换：

$$S_{\alpha\beta}(\mathbf{r})=(2\pi)^{-\frac{3}{2}}\sum_{\mathbf{K}}S_{\alpha\beta}(\mathbf{K})\exp(i\mathbf{K}\cdot\mathbf{r}),$$

$$S_{\alpha\beta}(-\mathbf{K})=S^*_{\alpha\beta}(\mathbf{K}). \tag{11.97}$$

由于这里用的是复数傅里叶变换，所以 $S_{\alpha\beta}(\mathbf{K})$ 也是复数。另外，$S_{\alpha\beta}(\mathbf{K})$ 对 $\mathbf{K}=0$ 具有对称性，因此存在式(11.97)的第二个关系式。这里还要注意到，式(9.23)表明有序参数 $S_{\alpha\beta}$ 满足

$$S_{\alpha\beta}=S_{\beta\alpha},\quad S_{\alpha\alpha}=0 \tag{9.23}$$

的条件．现在把式(11.97)代入式(11.96)，然后对整个液晶体积进行积分．由于 $\mathscr{G}(\mathbf{r})$ 是实数，所以在两个有序参数的乘积中我们需要用 $\frac{1}{2}(S_{\alpha\beta}S^*_{\gamma\delta}+S^*_{\alpha\beta}S_{\gamma\delta})$ 来代替 $S_{\alpha\beta}S_{\gamma\delta}$. 这样，我们得到

$$\int_V\mathscr{G}(\mathbf{r})d\tau=\frac{1}{(2\pi)^3}$$
$$\cdot\sum_{\mathbf{K},\mathbf{K}'}\int_V\left\{\frac{a}{2}S^*_{\alpha\beta}(\mathbf{K})S_{\alpha\beta}(\mathbf{K}')\exp[i(\mathbf{K}'-\mathbf{K})\cdot\mathbf{r}]\right.$$

$$+\frac{1}{2}L_1K_\alpha K'_\alpha S^*_{\beta\gamma}(\mathbf{K})S_{\beta\gamma}(\mathbf{K}')\exp[i(\mathbf{K}'-\mathbf{K})\cdot\mathbf{r}]$$

$$+\frac{1}{4}L_2K_\alpha K'_\beta S^*_{\alpha\gamma}(\mathbf{K})S_{\beta\gamma}(\mathbf{K}')\exp[i(\mathbf{K}'-\mathbf{K})\cdot\mathbf{r}]$$

$$+\frac{1}{4}L_2K'_\alpha K_\beta S_{\alpha\gamma}(\mathbf{K})S^*_{\beta\gamma}(\mathbf{K}')\exp[i(\mathbf{K}-\mathbf{K}')\cdot\mathbf{r}]\Big\}d\tau.$$

如果液晶体积足够大，那么对体积的积分可以用对 x_1，x_2 和 x_3 从 $-\infty$ 到 $+\infty$ 的积分来代替. 由于

$$\int_{-\infty}^{\infty}\int_{-\infty}^{\infty}\int_{-\infty}^{\infty}\exp[\pm i(\mathbf{K}'-\mathbf{K})\cdot\mathbf{r}]dx_1dx_2dx_3$$

$$=(2\pi)^3\delta(\mathbf{K}'-\mathbf{K})$$

因此得到

$$\int_V\mathscr{G}(\mathbf{r})d\tau=\frac{1}{2}\sum_{\mathbf{K}}\Big\{(a+L\mathbf{K}^2)S_{\alpha\beta}(\mathbf{K})S^*_{\alpha\beta}(\mathbf{K})$$

$$+\frac{1}{2}L_2K_\alpha K_\beta[S_{\alpha\gamma}(\mathbf{K})S^*_{\beta\gamma}(\mathbf{K})+S^*_{\alpha\gamma}(\mathbf{K})S_{\beta\gamma}(\mathbf{K})]\Big\}.$$

现在选择坐标系使 $\mathbf{K}$ 正好是沿 x_3 轴的方向，那么将有

$$\mathbf{K}\equiv(0,0,K).\tag{11.98}$$

这时如果把 $S_{\alpha\beta}(\mathbf{K})S^*_{\alpha\beta}(\mathbf{K})$ 展开，应用 $S_{\alpha\alpha}=0$ 的条件把 S_{33} 用 S_{11} 和 S_{22} 代替，同时引用

$$S^+=S_{11}+S_{22},\quad S^-=S_{11}-S_{22},\tag{11.99}$$

再注意到 $S_{\alpha\beta}=S_{\beta\alpha}$，就可以得到

$$S_{\alpha\beta}S^*_{\alpha\beta}=\frac{3}{2}|S^+|^2+\frac{1}{2}|S^-|^2+2|S_{12}|^2$$

$$+2|S_{13}|^2+2|S_{23}|^2.$$

当然，这里每一个 S 都是 K 的函数. 类似地还可以得到

$$\frac{1}{2}K_\alpha K_\beta[S_{\alpha\gamma}(K)S^*_{\beta\gamma}(K)+S^*_{\alpha\gamma}(K)S_{\beta\gamma}(K)]$$

$$=K^2(|S^+|^2+|S_{13}|^2+|S_{23}|^2).$$

所以

$$\sum_K \mathscr{G}(K) - \int_V \mathscr{G}(\mathbf{r})d\tau$$

$$= \frac{1}{2}\sum_K \left[\frac{3}{2}\left(a + L_1K^2 + \frac{2}{3}L_2K^2\right)|S^+|^2 + \frac{1}{2}(a + L_1K^2)|S^-|^2 + 2(a + L_1K^2)|S_{12}|^2 + (2a + 2L_1K^2 + L_2K^2)(|S_{13}|^2 + |S_{23}|^2)\right]。\quad (11.100)$$

引用能量均分原理和与式(10.10)相当的相干长度 ξ_1 和 ξ_2，就得到

$$\langle|S^+|^2\rangle = \frac{2kT}{3\left(a + L_1K^2 + \frac{2}{3}L_2K^2\right)} = \frac{2kT}{3a\left(1 + \xi_1^2K^2 + \frac{2}{3}\xi_2^2K^2\right)},$$

$$\langle|S^-|^2\rangle = \frac{2kT}{a + L_1K^2} = \frac{2kT}{a(1 + \xi_1^2K^2)},$$

$$\langle|S_{12}|^2\rangle = \frac{kT}{2(a + L_1K^2)} = \frac{kT}{2a(1 + \xi_1^2K^2)},$$

$$\langle|S_{13}|^2\rangle = \langle|S_{23}|^2\rangle = \frac{kT}{2a + 2L_1K^2 + L_2K^2} = \frac{kT}{2a\left(1 + \xi_1^2K^2 + \frac{1}{2}\xi_2^2K^2\right)}.\quad (11.101)$$

式(11.101)中每一个式子的分母都具有一个因子 $1 + \xi^2K^2$，其中

ξ^2 是 ξ_1^2 和 ξ_2^2 的某种组合. 一般 ξ 在 10^2 Å 的数量级, 如果取 $K=10^5$ 每厘米, 那么 ξK 在 10^{-1} 的数量级. 所以 ξ^2K^2 是一个小的数值. 这就是说散射与角度的关系不大, 因为它对 K 的依赖关系不大. 式 (9.88) 指出, a 与 $T-T^*$ 成正比, 所以在各向同性相液晶中, 由于涨落引起的光散射强度随温度变化的关系是与 $(T-T^*)^{-1}$ 成正比, T^* 是比 T_c 略低一些的温度. 因此, 在接近清亮点时散射强度变大. 对 MBBA 进行的实验证实了这个与温度的依赖关系[18,19]. 对各向同性相 MBBA 所进行的散射强度随散射角的依赖关系实验, 得出[20]

$$\xi=(6.8\pm1.0)\left(\frac{T}{T^*}-1\right)^{-\frac{1}{2}}\ \text{Å}.$$

这同用分子平均场理论所得的结果式 (10.10) 和 (9.88) 是一致的.

§8 各向同性相螺旋状液晶的光散射

螺旋状液晶与丝状液晶之间, 由于涨落引起的自由能密度表示式的差别只在于多了式 (10.16) 的项. 它现在成为

$$\mathscr{G}=\frac{a}{2}S_{\alpha\beta}S_{\alpha\beta}+\frac{1}{2}L_1S_{\beta\gamma,\alpha}S_{\beta\gamma,\alpha}$$

$$+\frac{1}{2}L_2S_{\alpha\gamma,\alpha}S_{\beta\gamma,\beta}-\frac{4\pi}{p_0}L_1\varepsilon_{\alpha\beta\gamma}S_{\alpha\mu}S_{\beta\mu,\gamma}. \qquad (11.102)$$

引用式 (11.97) 的傅里叶变换和式 (11.99) 的 S^+ 和 S^-, 同时注意到式 (9.23) 和 (11.98) 就可以得到

$$\int\mathscr{G}\,d\tau=\frac{1}{2}\sum_{K}\left\{\frac{3}{2}\left(a+L_1K^2+\frac{2}{3}L_2K^2\right)|S^+|^2\right.$$

$$+\frac{1}{2}(a+L_1K^2)|S^-|^2+2(a+L_1K^2)|S_{12}|^2$$

$$+(2a+2L_1K^2+L_2K^2)(|S_{13}|^2+|S_{23}|^2)$$

$$-i\frac{8\pi}{p_0}L_1K[(S_{12}S^{-*}-S^-S_{12}^*)$$

$$+(S_{13}^*S_{23}-S_{13}S_{23}^*)]\Big\}. \tag{11.103}$$

当然，这里的每一个 S 都是 K 的函数. 由于现在出现了 S^-, S_{12}, S_{13} 和 S_{23} 之间的交叉项，因此我们不能对一个给定的 K 值简单地求平均值.

式(11.103)可以看作是由三部分组成. 第一部分 $f_1(K)$ 与 S^+ 相关，第二部分 $f_2(K)$ 与 S^- 和 S_{12} 相关，而第三部分 $f_3(K)$ 与 S_{13} 和 S_{23} 相关. $f_1(K)$ 只含单项 S^+，所以不成问题. 现在

$$f_2(K)=\frac{1}{4}(a+L_1K^2)(S^-S^{-*})$$

$$-i\frac{4\pi}{p_0}L_1K(S_{12}S^{-*}-S^-S_{12}^*)+(a+L_1K^2)S_{12}S_{12}^*,$$

$$f_3(K)=\left(a+L_1K^2+\frac{1}{2}L_2K^2\right)(S_{13}S_{13}^*+S_{23}S_{23}^*)$$

$$-i\frac{4\pi}{p_0}L_1K(S_{13}^*S_{23}-S_{13}S_{23}^*)$$

都存在交叉项，不便于直接求平均. 但是，可以把它们改写成

$$f_2(K)=\frac{1}{4}(a+L_1K^2)\Bigg\{S(-)S^*(-)$$

$$+4\left[1-\left(\frac{\frac{8\pi}{p_0}L_1K}{a+L_1K^2}\right)^2\right]S_{12}S_{12}^*\Bigg\},$$

$$S(-)=S^--i\left(\frac{\frac{16\pi}{p_0}L_1K}{a+L_1K^2}\right)S_{12},$$

$$f_3(K)=\left(a+L_1K^2+\frac{1}{2}L_2K^2\right)$$

$$\cdot\left\{S(3)S^*(3)+\left[1-\left(\frac{\frac{4\pi}{p_0}L_1K}{a+L_1K^2+\frac{1}{2}L_2K^2}\right)^2\right]S_{23}S_{23}^*\right\},$$

$$S(3)=S_{13}-i\left(\frac{\frac{4\pi}{p_0}L_1K}{a+L_1K^2+\frac{1}{2}L_2K^2}\right)S_{23}.$$

现在如果取 S^+, $S(-)$, S_{12}, $S(3)$ 和 S_{23} 为独立变量来代替 S^+, S^-, S_{12}, S_{13} 和 S_{23}，那末在求平均值后应用能量均分原理就可以得到

$$\langle|S^+|^2\rangle=\frac{2kT}{3\left(a+L_1K^2+\frac{2}{3}L_2K^2\right)}$$

$$=\frac{2kT}{3a\left(1+\xi_1^2K^2+\frac{2}{3}\xi_2^2K^2\right)},$$

$$\langle|S(-)|^2\rangle=\frac{2kT}{a+L_1K^2}$$

$$=\frac{2kT}{a(1+\xi_1^2K^2)},$$

$$\langle|S_{12}|^2\rangle=\frac{kT}{2(a+L_1K^2)\left[1-\left(\frac{\frac{8\pi}{p_0}L_1K}{a+L_1K^2}\right)^2\right]}$$

$$=\frac{kT}{2a\left[1+\xi_1^2K^2-\left(\frac{\frac{64\pi^2}{p_0^2}\xi_1^4K^2}{1+\xi_1^2K^2}\right)\right]},$$

$$\langle|S(3)|^2\rangle=\frac{kT}{2\left(a+L_1K^2+\frac{1}{2}L_2K^2\right)}$$

$$=\frac{kT}{2a\left(1+\xi_1^2K^2+\frac{1}{2}\xi_2^2K^2\right)},$$

$$\langle|S_{23}|^2\rangle = kT\Bigg/\left\{2\left(a + L_1K^2 + \frac{1}{2}L_2K^2\right)\right.$$

$$\left.\cdot\left[1-\left(\frac{\frac{4\pi}{p_0}L_1K}{a + L_1K^2 + \frac{1}{2}L_2K^2}\right)^2\right]\right\}$$

$$= kT\Bigg/\left\{2a\left(1 + \xi_1^2K^2 + \frac{1}{2}\xi_2^2K^2\right)\right.$$

$$\left.\cdot\left[1-\left(\frac{\frac{4\pi}{p_0}\xi_1^2K}{1 + \xi_1^2K^2 + \frac{1}{2}\xi_2^2K^2}\right)^2\right]\right\}。$$

但是,从 $S(-)$ 和 $S(3)$ 的定义我们有

$$S^- = S(-) + i\left(\frac{\frac{16\pi}{p_0}L_1K}{a + L_1K^2}\right)S_{12},$$

$$S_{13} = S(3) + i\left(\frac{\frac{4\pi}{p_0}L_1K}{a + L_1K^2 + \frac{1}{2}L_2K^2}\right)S_{23}。$$

所以,可以得到

$$\langle|S^-|^2\rangle = \langle|S(-)|^2\rangle + \left(\frac{\frac{16\pi}{p_0}L_1K}{a + L_1K^2}\right)^2\langle|S_{12}|^2\rangle$$

$$= \frac{2kT}{a\left[(1 + \xi_1^2K^2) - \left(\dfrac{\frac{64\pi^2}{p_0^2}\xi_1^4K^2}{1 + \xi_1^2K^2}\right)\right]},$$

$$\langle|S_{13}|^2\rangle = kT\Bigg/\left\{2a\left[\left(1 + \xi_1^2K^2 + \frac{1}{2}\xi_2^2K^2\right)\right.\right.$$

$$-\left(\frac{\frac{16\pi^2}{p_0^2}\xi_1^4K^2}{1+\xi_1^2K^2+\frac{1}{2}\xi_2^2K^2}\right)\Bigg]\Bigg\}.$$

这样，总起来便有

$$\langle|S^+|^2\rangle=\frac{2kT}{3a\left(1+\xi_1^2K^2+\frac{2}{3}\xi_2^2K^2\right)},$$

$$\langle|S^-|^2\rangle=4\langle|S_{12}|^2\rangle$$

$$=\frac{2kT}{a\left[(1+\xi_1^2K^2)-\left(\frac{\frac{64\pi^2}{p_0^2}\xi_1^4K^2}{1+\xi_1^2K^2}\right)\right]},$$

$$\langle|S_{13}|^2\rangle=\langle|S_{23}|^2\rangle=kT\Bigg/\Bigg\{2a\Bigg[\left(1+\xi_1^2K^2+\frac{1}{2}\xi_2^2K^2\right)$$

$$-\left(\frac{\frac{16\pi^2}{p_0^2}\xi_1^4K^2}{1+\xi_1^2K^2+\frac{1}{2}\xi_2^2K^2}\right)\Bigg]\Bigg\}. \tag{11.104}$$

与各向同性相丝状液晶情形中的式(11.101)相比较，可以看到 $\langle|S^+|^2\rangle$ 对两种液晶是相同的．但是，其它的平均值就不一样了．如果看一下螺旋状液晶的 $\langle|S_{12}|^2\rangle$，当波矢 K 满足下列条件时，它具有最大值

$$\frac{d}{dK^2}\left[\frac{1+\xi_1^2K^2}{(1+\xi_1^2K^2)^2-\frac{64\pi^2}{p_0^2}\xi_1^4K^2}\right]=0.$$

也就是说 $\langle|S^-|^2\rangle$ 具有最大值的条件是

$$\xi_1^2\left(\frac{8\pi}{p_0}\xi_1-1-\xi_1^2K^2\right)\left(\frac{8\pi}{p_0}\xi_1+1+\xi_1^2K^2\right)=0. \tag{11.105}$$

对于右旋液晶 $p_0>0$，因而上式左方第三项为正值．所以，当

$$\frac{2\pi}{p_0}\xi_1>\frac{1}{4}$$

时，如果波矢K满足

$$\xi_1^2K^2 = \frac{8\pi}{p_0}\xi_1 - 1$$

的条件，就给出了最大的散射条件，也就是说在这个方向有一个相当于布拉格散射的宽的散射峰．对于左旋液晶 $p_0 < 0$，因而式(11.105)左方第二项为负值．这时，当 $\frac{2\pi}{p_0}\xi_1 < -\frac{1}{4}$ 时，

$$\xi_1^2K^2 = -\frac{8\pi}{p_0}\xi_1 - 1$$

给出最大散射条件．因此，可以说不论是左旋还是右旋螺旋状液晶，当 $\frac{2\pi}{|p_0|}\xi_1 > \frac{1}{4}$ 时，

$$\xi_1^2K^2 = \frac{8\pi}{|p_0|}\xi_1 - 1$$

都给出了出现最大散射的条件．当 $\frac{2\pi}{|p_0|}\xi_1 < \frac{1}{4}$ 时，当然就不存在一个能满足式(11.105)的K值．由于

$$\frac{1+\xi_1^2K^2}{(1+\xi_1^2K^2)^2 - \frac{64\pi^2}{p_0^2}\xi_1^4K^2} \leqslant \frac{1}{1+\xi_1^2K^2} \leqslant 1,$$

所以这时最大值是在 $K = 0$ 的位置，这同丝状液晶的情形相同．不过 $\frac{2\pi}{|p_0|}\xi_1$ 不会比 $\frac{1}{4}$ 大多少．事实上如果 $\frac{2\pi}{|p_0|}\xi_1$ 达到了 $\frac{1}{2}$ 的数值，那时我们将有

$$(1+\xi_1^2K^2)^2 - \frac{64\pi^2}{p_0^2}\xi_1^4K^2 = (1-\xi_1^2K^2)^2.$$

于是在 $\xi_1K = 1$，也就是在 $K = \frac{4\pi}{|p_0|}$ 的位置，$\langle|S_{12}|^2\rangle$ 成为发散的．换句话说，这时螺旋状结构成为不稳定状态．我们可以定义一个温度 T^{**}，

$$\frac{2\pi}{|p_0|}\xi_1(T^{**}) = \frac{1}{2};$$

低于 T^{**} 的温度时各向同性相的螺旋状液晶是不稳定的. 由于自由能密度表示式中含有有序参数的三阶项的关系，从各向同性相到螺旋状相的一级相变必然发生在高于 T^{**} 的温度 T_c，这时

$$\frac{2\pi}{|p_0|}\xi_1(T_c) < \frac{1}{2}.$$

对于许多材料，大约 $\frac{2\pi}{|p_0|}\xi_1(T_c) < \frac{1}{4}$. 所以，在 T_c 温度以上，在各向同性相能形成螺旋结构的可能性不大.

对于各向同性相的二乙氧基碳酸乙酸（CEEEC）的瑞利散射的测量，证实了散射强度随温度的变化和随波矢的变化满足式(11.104)的关系[21].

§9 螺旋状液晶的光学性质[22]

螺旋状液晶由于它的螺旋结构而具有一些特殊的光学特性. 这些特性有：

(1) 可以产生布喇格反射. 如果入射光是沿螺旋轴方向入射，那就只能产生最低级的反射. 在斜入射条件下有可能产生高级的反射.

(2) 如果入射光是沿螺旋轴方向，那么布喇格反射光是圆偏振的；在斜入射条件下，反射光将是椭圆偏振光.

(3) 只有瞬时空间电矢量与指向矢相匹配的偏振光才可以发生强反射. 那些不能与指向矢相匹配的偏振光都将透射，而不反射.

(4) 可以观测到很强的旋光本领. 螺旋状液晶的旋光本领可以达到典型的每毫米旋转十多转的数量级. 比各向同性的旋光液体所具有的每毫米一般不到一转的旋光本领要大得多.

许多螺旋状液晶的螺距长短是在可见光波长的数量级，而且对温度相当敏感. 这种敏感的温度效应使得螺旋状液晶能够在诸

如表面温度的光学显示、红外照片的可见光显示、微波图象、无损探伤等等方面得到实际的应用. 不过在理论上目前还未能很好地解决螺距随温度的变化关系问题,系统的实验研究也还不够充分. 从已有的一些数据来看, 螺距 p 随绝对温度的变化似乎可以用经验公式

$$p = p_0 - \frac{b}{T - T_0} \tag{11.106}$$

来描述[23], 式中 p_0, b 和 T_0 是与材料直接相关的常数. 这里 $p < 0$ 是左旋材料, 而 $p > 0$ 是右旋材料. 这个关系式对一些单体材料和混合材料,以至一些具有旋向翻转的补偿性混合材料(左旋材料和右旋材料的混合物)都能适用. 当然,它不适用于接近相变点或旋向翻转点附近的温度范围. 对于那些可以存在层状A相的螺旋状液晶, 在层状A相与螺旋状相间相变点附近有人提出可以用关系式

$$p = p_0 - \frac{b}{(T - T_0)^{\gamma}}, \quad \gamma \approx 0.65, \tag{11.107}$$

来描述[24].

在这一节里我们将只讨论入射光是沿螺旋轴方向的情形。斜入射的问题比较复杂只能通过数字计算的方法来进行研究[25,26,27].

假设螺旋轴是沿 x_3 轴方向, 那么沿螺旋轴方向入射光的电矢量 $\mathbf{E}$ 只能有沿 x_1 轴方向和沿 x_2 轴方向的分量 E_1 和 E_2。 在液晶中电矢量 $\mathbf{E}$ 满足麦克斯韦方程 (6.2_3) 和 (6.2_4):

$$\nabla \times \mathbf{E} = -\frac{1}{c}\frac{\partial \mathbf{B}}{\partial t}, \tag{6.2$_3$}$$

$$\nabla \times \mathbf{H} = \frac{1}{c}\frac{\partial \mathbf{D}}{\partial t}; \tag{6.2$_4$}$$

因而对于角频率 ω 有

$$\frac{\partial^2 \mathbf{E}}{\partial x_3^2} + \left(\frac{\omega}{c}\right)^2 \mathbf{D} = 0. \tag{11.108}$$

由于指向矢在空间坐标系中是随着 x_3 的改变而周期性地改变, 因

而液晶的介电常数也随着 x_3 的改变而周期性地改变。这样，在式(11.108)中就不容易写出电位移 **D** 与电矢量 **E** 之间的具体关系．为了计算方便起见，让我们选择另一个随指向矢转动的局域坐标系 $(x_1', x_2', x_3'=x_3)$．在这个局域坐标系中，令 x_1' 与原点位置的指向矢方向相重合．那么在局域坐标系中对所有 x_3 值来讲，我们只需要考虑液晶介电常数张量中沿 x_1' 方向的分量 $\varepsilon_{/\!/}$ 和沿 x_2' 方向的分量 $\varepsilon_\perp$．这时

$$\mathbf{D}' = (\varepsilon_{/\!/}E_1', \varepsilon_\perp E_2', 0), \tag{11.109}$$

所有上标带撇号的量都是指该量在局域坐标系中的量．

局域坐标系 (x_1', x_2', x_3') 与空间坐标系 (x_1, x_2, x_3) 之间满足关系式

$$\begin{aligned} x_1 &= x_1'\cos\theta - x_2'\sin\theta, \\ x_2 &= x_1'\sin\theta + x_2'\cos\theta, \\ x_3 &= x_3', \\ \theta &= \frac{2\pi}{p_0}x_3. \end{aligned} \tag{11.110}$$

p_0 是液晶的螺距，对于右旋螺旋 $p_0>0$，对于左旋螺旋 $p_0<0$．于是，我们有

$$\begin{aligned} E_1 &= E_1'\cos\theta - E_2'\sin\theta, \\ E_2 &= E_1'\sin\theta + E_2'\cos\theta, \\ E_3 &= 0, \\ D_1 &= D_1'\cos\theta - D_2'\sin\theta, \\ D_2 &= D_1'\sin\theta + D_2'\cos\theta, \\ D_3 &= 0. \end{aligned} \tag{11.111}$$

把式(11.111)代入式(11.108)，同时应用式(11.109)和(11.110)，就可以得出

$$\cos\theta\frac{\partial^2 E_1'}{\partial x_3^2} - \sin\theta\frac{\partial^2 E_2'}{\partial x_3^2} - \left(\frac{4\pi}{p_0}\right)\sin\theta\frac{\partial E_1'}{\partial x_3}$$
$$-\left(\frac{4\pi}{p_0}\right)\cos\theta\frac{\partial E_2'}{\partial x_3} - \left(\frac{2\pi}{p_0}\right)^2(E_1'\cos\theta - E_2'\sin\theta)$$

$$+\left(\frac{\omega}{c}\right)^2(\varepsilon_{/\!/}E_1'\cos\theta-\varepsilon_\perp E_2'\sin\theta)=0,$$

$$\sin\theta\frac{\partial^2E_1'}{\partial x_3^2}+\cos\theta\frac{\partial^2E_2'}{\partial x_3^2}+\left(\frac{4\pi}{p_0}\right)\cos\theta\frac{\partial E_1'}{\partial x_3}$$

$$-\left(\frac{4\pi}{p_0}\right)\sin\theta\frac{\partial E_2'}{\partial x_3}-\left(\frac{2\pi}{p_0}\right)^2(E_1'\sin\theta+E_2'\cos\theta)$$

$$+\left(\frac{\omega}{c}\right)^2(\varepsilon_{/\!/}E_1'\sin\theta+\varepsilon_\perp E_2'\cos\theta)=0.$$

把两个式子分别乘以 $\sin\theta$ 和 $\cos\theta$，然后相加或相减就得到

$$\frac{\partial^2E_1'}{\partial x_3^2}-\left(\frac{4\pi}{p_0}\right)\frac{\partial^2E_2'}{\partial x_3^2}-\left(\frac{2\pi}{p_0}\right)^2E_1'+\left(\frac{\omega}{c}\right)^2\varepsilon_{/\!/}E_1'=0,$$

$$\frac{\partial^2E_2'}{\partial x_3^2}+\left(\frac{4\pi}{p_0}\right)\frac{\partial^2E_1'}{\partial x_3^2}-\left(\frac{2\pi}{p_0}\right)^2E_2'+\left(\frac{\omega}{c}\right)^2\varepsilon_\perp E_2'=0. \quad (11.112)$$

现在假设式(11.112)具有下列形式的解：

$$E_1'=E_{10}\exp\left[-i\left(\omega t-2\pi m\sqrt{\varepsilon_0}\,\frac{x_3}{\lambda}\right)\right],$$

$$E_2'=E_{20}\exp\left[-i\left(\omega t-2\pi m\sqrt{\varepsilon_0}\,\frac{x_3}{\lambda}\right)\right], \quad (11.113)$$

其中 E_{10} 和 E_{20} 分别为 E_1' 和 E_2' 的包含相位在内的复数振幅，$\varepsilon_0=\frac{1}{2}(\varepsilon_{/\!/}+\varepsilon_\perp)$ 是液晶的平均介电常数，$\lambda=\frac{2\pi c}{\omega}$ 是光在真空中的波长，m 是一个待定的数量．从形式上来看，式(11.113)中的 $m\sqrt{\varepsilon_0}$ 相当于一个折射率，不过下面将看到它实际上是一个复杂的函数．把式(11.113)代入式(11.112)后就得出一个决定 m 的 E_{10} 和 E_{20} 的齐次联立方程

$$\left[m^2+\left(\frac{\lambda}{p_0}\right)^2\frac{1}{\varepsilon_0}-\frac{\varepsilon_{/\!/}}{\varepsilon_0}\right]E_{10}=-2i\left(\frac{\lambda}{p_0}\right)\frac{1}{\sqrt{\varepsilon_0}}mE_{20},$$

$$\left[m^2+\left(\frac{\lambda}{p_0}\right)^2\frac{1}{\varepsilon_0}-\frac{\varepsilon_\perp}{\varepsilon_0}\right]E_{20}=2i\left(\frac{\lambda}{p_0}\right)\frac{1}{\sqrt{\varepsilon_0}}mE_{10}. \quad (11.114)$$

引用参量

$$\alpha=\frac{\varepsilon_{\parallel}-\varepsilon_{\perp}}{\varepsilon_{\parallel}+\varepsilon_{\perp}}=\frac{\varepsilon_a}{2\varepsilon_0}, \tag{11.115$_1$}$$

显然，对于正性液晶 $\alpha>0$，而对于负性液晶 $\alpha<0$，同时

$$|\alpha|<1. \tag{11.115$_2$}$$

现在式 (11.114) 具有非平凡解的条件成为

$$m^4-2\left[1+\left(\frac{\lambda}{p_0}\right)^2\frac{1}{\varepsilon_0}\right]m^2$$
$$+\left[1-\left(\frac{\lambda}{p_0}\right)^2\frac{1}{\varepsilon_0}\right]^2-\alpha^2=0.$$

它的四个解分别为

$$\pm m_+=\pm\left\{\left[1+\left(\frac{\lambda}{p_0}\right)^2\frac{1}{\varepsilon_0}\right]+\left[4\left(\frac{\lambda}{p_0}\right)^2\frac{1}{\varepsilon_0}+\alpha^2\right]^{\frac{1}{2}}\right\}^{\frac{1}{2}},$$

$$\pm m_-=\pm\left\{\left[1+\left(\frac{\lambda}{p_0}\right)^2\frac{1}{\varepsilon_0}\right]\right.$$
$$\left.-\left[4\left(\frac{\lambda}{p_0}\right)^2\frac{1}{\varepsilon_0}+\alpha^2\right]^{\frac{1}{2}}\right\}^{\frac{1}{2}}. \tag{11.116}$$

显然 m_+ 永远是实数，但是 m_- 在

$$1-|\alpha|<\left(\frac{\lambda}{p_0}\right)^2\frac{1}{\varepsilon_0}<1+|\alpha| \tag{11.117}$$

的范围内将成为虚数．所以，在式 (11.117) 的条件范围内，m 的振动模式将发生衰减而不再向前传播，也就是说这时的入射波将被反射．

式 (11.114) 表明，不同的 m 值将给出不同的 $\frac{E_{10}}{E_{20}}$ 值．为了弄清楚在液晶中光的偏振状态，让我们取式 (11.114) 的共轭复方程与它们自己相乘．于是得到

$$\frac{E_{10}E_{10}^*}{E_{20}E_{20}^*}=\frac{m^2+\left(\frac{\lambda}{p_0}\right)^2\frac{1}{\varepsilon_0}-\frac{\varepsilon_{\perp}}{\varepsilon_0}}{m^2+\left(\frac{\lambda}{p_0}\right)^2\frac{1}{\varepsilon_0}-\frac{\varepsilon_{\parallel}}{\varepsilon_0}}$$

$$=\frac{m^2+\left(\frac{\lambda}{p_0}\right)^2\frac{1}{\varepsilon_0}-1+\alpha}{m^2+\left(\frac{\lambda}{p_0}\right)^2\frac{1}{\varepsilon_0}-1-\alpha}.$$

结合归一化条件

$$E_{10}E_{10}^*+E_{20}E_{20}^*=1, \tag{11.118}$$

我们可以得到 E_{10} 和 E_{20} 的数值分别由

$$E_{10}E_{10}^*=\frac{m^2+\left(\frac{\lambda}{p_0}\right)^2\frac{1}{\varepsilon_0}-1+\alpha}{2\left[m^2+\left(\frac{\lambda}{p_0}\right)^2\frac{1}{\varepsilon_0}-1\right]},$$

$$E_{20}E_{20}^*=\frac{m^2+\left(\frac{\lambda}{p_0}\right)^2\frac{1}{\varepsilon_0}-1-\alpha}{2\left[m^2+\left(\frac{\lambda}{p_0}\right)^2\frac{1}{\varepsilon_0}-1\right]}, \tag{11.119$_1$}$$

给出。另外,式(11.114)还给出 E_1' 和 E_2' 之间的相对相位差由

$$\frac{E_{10}}{E_{20}}=\frac{m^2+\left(\frac{\lambda}{p_0}\right)^2\frac{1}{\varepsilon_0}-1+\alpha}{2i\left(\frac{\lambda}{p_0}\right)\frac{1}{\sqrt{\varepsilon_0}}m}$$

$$=\frac{-2i\left(\frac{\lambda}{p_0}\right)\frac{1}{\sqrt{\varepsilon_0}}m}{m^2+\left(\frac{\lambda}{p_0}\right)^2\frac{1}{\varepsilon_0}-1-\alpha} \tag{11.119$_2$}$$

决定。下面分别就短波和长波两种不同情形进行讨论。

(1) 短波,$p_0^2\gg\lambda^2$, $4\left(\frac{\lambda}{p_0}\right)^2\frac{1}{\varepsilon_0}\ll\alpha^2$.

这时我们把式(11.116)用 $\dfrac{\left(\frac{\lambda}{p_0}\right)^2\frac{1}{\varepsilon_0}}{\alpha^2}$ 的级数加以展开,于是有

$m_-=m_1=-m_5$

$$
=(1-|\alpha|)^{\frac{1}{2}}+\frac{1}{2}\frac{1-\dfrac{2}{|\alpha|}}{(1-|\alpha|)^{\frac{3}{2}}}\left(\frac{\lambda}{p_0}\right)^2\frac{1}{\varepsilon_0}+\cdots,
$$

$$
m_+=m_2=-m_6
$$

$$
=(1+|\alpha|)^{\frac{1}{2}}+\frac{1}{2}\frac{1+\dfrac{2}{|\alpha|}}{(1+|\alpha|)^{\frac{3}{2}}}\left(\frac{\lambda}{p_0}\right)^2\frac{1}{\varepsilon_0}+\cdots. \tag{11.120$_1$}
$$

m_1 和 m_2 对应于光束沿正 x_3 轴方向通过液晶，m_5 和 m_6 则对应于光束沿负 x_3 轴方向通过液晶。在 $\left(\frac{\lambda}{p_0}\right)^2$ 趋于零的条件下，我们有

$$
\lim_{\left(\frac{\lambda}{p_0}\right)^2\to 0} m_1=(1-|\alpha|)^{\frac{1}{2}},
$$

$$
\lim_{\left(\frac{\lambda}{p_0}\right)^2\to 0} m_2=(1+|\alpha|)^{\frac{1}{2}}. \tag{11.120$_2$}
$$

把式 (11.120) 代入式 (11.119$_2$) 可以看到，在 $\lambda^2 \ll p_0^2$ 和式 (11.118) 的条件下，对于正性液晶

$$
\begin{pmatrix} E_{10}(m_1) \\ E_{20}(m_1) \end{pmatrix}=\begin{pmatrix} E_{10}(m_5) \\ E_{20}(m_5) \end{pmatrix}=\begin{pmatrix} 0 \\ 1 \end{pmatrix},
$$

$$
\begin{pmatrix} E_{10}(m_2) \\ E_{20}(m_2) \end{pmatrix}=\begin{pmatrix} E_{10}(m_6) \\ E_{20}(m_6) \end{pmatrix}=\begin{pmatrix} 1 \\ 0 \end{pmatrix}. \tag{11.121}
$$

式 (11.121) 告诉我们，$m_1(m_5)$ 和 $m_2(m_6)$ 这两种振动模式在局域坐标系中都是线偏振的。随着局域坐标系的转动，偏振矢量也跟着一起转动。波长小于螺距的区域称为“波导区”[28]。应用场效应扭曲丝状液晶盒制成的显示器件正是在这个区域里工作的[29]。器件所用的典型数据是 $|p_0|$ 约为 50 微米，

$$
\sqrt{\varepsilon_0}\approx 1.65,
$$

$\lambda \approx 0.5$ 微米，从而 $\dfrac{\lambda}{|p_0|\sqrt{\varepsilon_0}}\approx 0.006$.

(2) 长波，$p_0^2 \ll \lambda^2$，$4\left(\frac{\lambda}{p_0}\right)^2\frac{1}{\varepsilon_0}\gg \alpha^2$，

在长波情形下，式(11.116)近似成为

$$m_{\pm}^2=\left(1\pm\frac{\lambda}{|p_0|}\frac{1}{\sqrt{\varepsilon_0}}\right)^2$$

$$\pm\frac{\alpha^2\left(\frac{\lambda}{|p_0|}\right)\left(\frac{1}{\sqrt{\varepsilon_0}}\right)}{4\left(\frac{\lambda}{p_0}\right)^2\frac{1}{\varepsilon_0}}.\tag{11.122$_1$}$$

把它用 $\dfrac{\alpha^2}{4\left(\frac{\lambda}{p_0}\right)^2\frac{1}{\varepsilon_0}}$ 的级数加以展开，就得到

$$m_+=1+\left(\frac{\lambda}{|p_0|}\right)\left(\frac{1}{\sqrt{\varepsilon_0}}\right)$$

$$+\frac{\left(\frac{\lambda}{|p_0|}\right)\left(\frac{1}{\sqrt{\varepsilon_0}}\right)}{2\left[1+\left(\frac{\lambda}{|p_0|}\right)\left(\frac{1}{\sqrt{\varepsilon_0}}\right)\right]}\left[\frac{\alpha^2}{4\left(\frac{\lambda}{p_0}\right)^2\frac{1}{\varepsilon_0}}\right]+\cdots,$$

$$m_-=1-\left(\frac{\lambda}{|p_0|}\right)\left(\frac{1}{\sqrt{\varepsilon_0}}\right)$$

$$-\frac{\left(\frac{\lambda}{|p_0|}\right)\left(\frac{1}{\sqrt{\varepsilon_0}}\right)}{2\left[1-\left(\frac{\lambda}{|p_0|}\right)\left(\frac{1}{\sqrt{\varepsilon_0}}\right)\right]}$$

$$\times\left[\frac{\alpha^2}{4\left(\frac{\lambda}{p_0}\right)^2\frac{1}{\varepsilon_0}}\right]+\cdots.\tag{11.122$_2$}$$

把式(11.122)代入式(11.119$_1$)，我们看到在 $p_0^2\ll\lambda^2$ 的条件下将有

$$E_{10}E_{10}^*=E_{20}E_{20}^*=\frac{1}{2}.$$

另外，在式(11.118)和 $p_0^2\ll\lambda^2$ 的条件下，还可以有

$$\frac{E_{10}(m_+)}{E_{20}(m_+)}=\frac{\left(\frac{\lambda}{p_0}\right)^2\frac{1}{\varepsilon_0}+\left(\frac{\lambda}{|p_0|}\right)\frac{1}{\sqrt{\varepsilon_0}}}{i\left(\frac{\lambda}{p_0}\right)\frac{1}{\sqrt{\varepsilon_0}}\left[1+\left(\frac{\lambda}{|p_0|}\right)\frac{1}{\sqrt{\varepsilon_0}}\right]}$$

$$=-\frac{i\left(\frac{\lambda}{p_0}\right)\frac{1}{\sqrt{\varepsilon_0}}\left[1+\left(\frac{\lambda}{|p_0|}\right)\frac{1}{\sqrt{\varepsilon_0}}\right]}{\left(\frac{\lambda}{p_0}\right)^2\frac{1}{\varepsilon_0}+\left(\frac{\lambda}{|p_0|}\right)\frac{1}{\sqrt{\varepsilon_0}}},$$

$$\frac{E_{10}(-m_+)}{E_{20}(-m_+)}=-\frac{\left(\frac{\lambda}{p_0}\right)^2\frac{1}{\varepsilon_0}+\left(\frac{\lambda}{|p_0|}\right)\frac{1}{\sqrt{\varepsilon_0}}}{i\left(\frac{\lambda}{p_0}\right)\frac{1}{\sqrt{\varepsilon}}\left[1+\left(\frac{\lambda}{|p_0|}\right)\frac{1}{\sqrt{\varepsilon_0}}\right]}$$

$$=\frac{i\left(\frac{\lambda}{p_0}\right)\frac{1}{\sqrt{\varepsilon_0}}\left[1+\left(\frac{\lambda}{|p_0|}\right)\frac{1}{\sqrt{\varepsilon_0}}\right]}{\left(\frac{\lambda}{p_0}\right)^2\frac{1}{\varepsilon_0}+\left(\frac{\lambda}{|p_0|}\right)\frac{1}{\sqrt{\varepsilon_0}}},$$

$$\frac{E_{10}(m_-)}{E_{20}(m_-)}=\frac{\left(\frac{\lambda}{p_0}\right)^2\frac{1}{\varepsilon_0}-\left(\frac{\lambda}{|p_0|}\right)\frac{1}{\sqrt{\varepsilon_0}}}{i\left(\frac{\lambda}{p_0}\right)\frac{1}{\sqrt{\varepsilon_0}}\left[1-\left(\frac{\lambda}{|p_0|}\right)\frac{1}{\sqrt{\varepsilon_0}}\right]}$$

$$=-\frac{i\left(\frac{\lambda}{p_0}\right)\frac{1}{\sqrt{\varepsilon_0}}\left[1-\left(\frac{\lambda}{|p_0|}\right)\frac{1}{\sqrt{\varepsilon_0}}\right]}{\left(\frac{\lambda}{p_0}\right)^2\frac{1}{\varepsilon_0}-\left(\frac{\lambda}{|p_0|}\right)\frac{1}{\sqrt{\varepsilon_0}}},$$

$$\frac{E_{10}(-m_-)}{E_{20}(-m_-)}=-\frac{\left(\frac{\lambda}{p_0}\right)^2\frac{1}{\varepsilon_0}-\left(\frac{\lambda}{|p_0|}\right)\frac{1}{\sqrt{\varepsilon_0}}}{i\left(\frac{\lambda}{p_0}\right)\frac{1}{\sqrt{\varepsilon_0}}\left[1-\left(\frac{\lambda}{|p_0|}\right)\frac{1}{\sqrt{\varepsilon_0}}\right]}$$

$$=\frac{i\left(\frac{\lambda}{p_0}\right)\frac{1}{\sqrt{\varepsilon_0}}\left[1-\left(\frac{\lambda}{|p_0|}\right)\frac{1}{\sqrt{\varepsilon_0}}\right]}{\left(\frac{\lambda}{p_0}\right)^2\frac{1}{\varepsilon_0}-\left(\frac{\lambda}{|p_0|}\right)\frac{1}{\sqrt{\varepsilon_0}}}.$$

所以，对于正螺旋（$p_0>0$）我们有

$$\begin{pmatrix} E_{10}(m_+) \\ E_{20}(m_+) \end{pmatrix} = \begin{pmatrix} E_{10}(-m_-) \\ E_{20}(-m_-) \end{pmatrix}$$

$$= \frac{1}{\sqrt{2}} \begin{pmatrix} 1 \\ i \end{pmatrix},$$

$$\begin{pmatrix} E_{10}(m_-) \\ E_{20}(m_-) \end{pmatrix} = \begin{pmatrix} E_{10}(-m_+) \\ E_{20}(-m_+) \end{pmatrix}$$

$$= \frac{1}{\sqrt{2}} \begin{pmatrix} 1 \\ -i \end{pmatrix};$$

对于负螺旋（$p_0<0$）我们有

$$\begin{pmatrix} E_{10}(m_+) \\ E_{20}(m_+) \end{pmatrix} = \begin{pmatrix} E_{10}(-m_-) \\ E_{20}(-m_-) \end{pmatrix}$$

$$= \frac{1}{\sqrt{2}} \begin{pmatrix} 1 \\ -i \end{pmatrix},$$

$$\begin{pmatrix} E_{10}(m_-) \\ E_{20}(m_-) \end{pmatrix} = \begin{pmatrix} E_{10}(-m_+) \\ E_{20}(-m_+) \end{pmatrix}$$

$$= \frac{1}{\sqrt{2}} \begin{pmatrix} 1 \\ i \end{pmatrix}.$$

让我们具体考虑正螺旋（$p_0>0$）的情形．我们令

$$m_- = m_3 = -m_7 = 1 - \left(\frac{\lambda}{|p_0|}\right)\frac{1}{\sqrt{\varepsilon_0}}$$

$$- \frac{\alpha^2\left(\frac{\lambda}{|p_0|}\right)\frac{1}{\sqrt{\varepsilon_0}}}{8\left(\frac{\lambda}{p_0}\right)^2\frac{1}{\varepsilon_0}\left[1-\left(\frac{\lambda}{|p_0|}\right)\frac{1}{\sqrt{\varepsilon}}\right]} + \cdots,$$

$$m_+ = m_4 = -m_8 = 1 + \left(\frac{\lambda}{|p_0|}\right)\frac{1}{\sqrt{\varepsilon_0}}$$

$$+\frac{\alpha^2\left(\frac{\lambda}{|p_0|}\right)\frac{1}{\sqrt{\varepsilon_0}}}{8\left(\frac{\lambda}{p_0}\right)^2\frac{1}{\varepsilon_0}\left[1+\left(\frac{\lambda}{|p_0|}\right)\frac{1}{\sqrt{\varepsilon_0}}\right]}+\cdots. \qquad (11.122_3)$$

这样我们有

$$\begin{pmatrix}E_{10}(m_3)\\E_{20}(m_3)\end{pmatrix}=\begin{pmatrix}E_{10}(m_8)\\E_{20}(m_8)\end{pmatrix}=\frac{1}{\sqrt{2}}\begin{pmatrix}1\\-i\end{pmatrix},$$

$$\begin{pmatrix}E_{10}(m_4)\\E_{20}(m_4)\end{pmatrix}=\begin{pmatrix}E_{10}(m_7)\\E_{20}(m_7)\end{pmatrix}=\frac{1}{\sqrt{2}}\begin{pmatrix}1\\i\end{pmatrix}. \qquad (11.123)$$

显然，$m_3(m_8)$ 和 $m_4(m_7)$ 这两种振动方式都是圆偏振的. 对于 m_3 的振动来讲，在正 x_3 轴方向传播的平面波的电矢量振幅分量可以写作

$$\mathrm{Re}\left\{\frac{E_0}{\sqrt{2}}\exp\left[-i\left(\omega t-\frac{x_3}{c}\right)\right]\right\},$$

$$\mathrm{Re}\left\{\left(-\frac{iE_0}{\sqrt{2}}\right)\exp\left[-i\left(\omega t-\frac{x_3}{c}\right)\right]\right\}.$$

在固定的 x_3 位置上，如果我们迎着(逆着)正 x_3 轴方向来看，随着时间的前进电矢量是顺时钟方向在转动(图 11.4)，习惯上我们称之为右旋偏振光. 如果在固定时刻 t 来看 x_3 轴上各点电矢量的位置，那么电矢量沿着正 x_3 轴的方向将作右旋的转动，所以是右螺旋. 式 (11.117) 告诉我们，当 $\left(\frac{\lambda}{p_0}\right)^2\frac{1}{\varepsilon_0}\approx 1$ 时，m_- 的振动将被反射，所以这时正螺旋的液晶对右旋圆偏振光加以反射，而令左旋圆偏振光透射. 反之左旋液晶将反射左旋圆偏振光而令右旋圆偏振光透射.

对于 m_3 的偏振模式，在转动坐标系中我们有

$$E_1'=\frac{E_0}{\sqrt{2}}\cos\left(\omega t-\frac{2\pi m_3\sqrt{\varepsilon_0}}{\lambda}x_3\right),$$

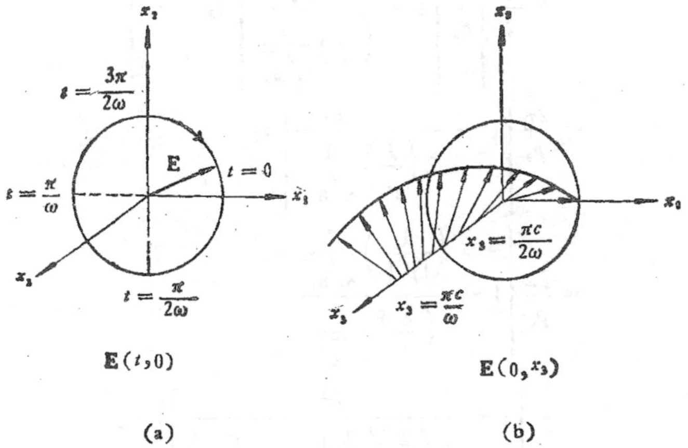

图 11.4　右旋偏振光的电矢量.
(a) 在固定 x_3 位置电矢量随时间的转动.
(b) 在固定 t 时刻电矢量随空间的转动.

$$E_2' = -\frac{E_0}{\sqrt{2}} \sin\left(\omega t - \frac{2\pi m_3 \sqrt{\varepsilon_0}}{\lambda} x_3\right).$$

应用式(11.119),在变换到空间坐标系后有

$$E_1 = \frac{E_0}{\sqrt{2}} \cos\left\{\frac{2\pi}{p_0}\left[1 + \frac{m_3}{\left(\frac{\lambda}{p_0}\right)\frac{1}{\sqrt{\varepsilon_0}}}\right] x_3 - \omega t\right\}.$$

与此类似,对于 m_4 的振动模式我们有

$$E_1 = \frac{E_0}{\sqrt{2}} \cos\left\{\frac{2\pi}{p_0}\left[1 - \frac{m_4}{\left(\frac{\lambda}{p_0}\right)\frac{1}{\sqrt{\varepsilon_0}}}\right] x_3 + \omega t\right\}.$$

这两种振动模式一个是左旋圆偏振,另一个是右旋圆偏振,所以它们的合成模式是线偏振光. 线偏振电矢量的角位置 ψ 由两个转动电矢量的瞬时角位置的平分角线决定:

$$\psi = \frac{1}{2}\left\{\frac{2\pi}{p_0}\left[1 + \frac{m_3}{\left(\frac{\lambda}{p_0}\right)\frac{1}{\sqrt{\varepsilon_0}}}\right] x_3 - \omega t\right\}$$

$$
+\frac{1}{2}\left\{\frac{2\pi}{p_0}\left[1-\frac{m_4}{\left(\frac{\lambda}{p_0}\right)\frac{1}{\sqrt{\varepsilon_0}}}\right]x_3+\omega t\right\}
$$

$$
-\frac{2\pi}{p_0}\left[1-\frac{m_4-m_3}{2\left(\frac{\lambda}{p_0}\right)\frac{1}{\sqrt{\varepsilon_0}}}\right]x_3
$$

$$
-\frac{2\pi}{p_0}\left\{1-\frac{\left(\frac{\lambda}{|p_0|}\right)\frac{1}{\sqrt{\varepsilon_0}}}{\left(\frac{\lambda}{p_0}\right)\frac{1}{\sqrt{\varepsilon_0}}}\right.
$$

$$
\left.\cdot\left[1+\frac{\alpha^2}{8\left(\frac{\lambda}{p_0}\right)^2\frac{1}{\varepsilon_0}\left(1-\frac{\lambda^2}{p_0^2\varepsilon_0}\right)}\right]\right\}x_3.
$$

由于现在我们讨论的是 $p_0>0$ 的正螺旋液晶，所以线偏振矢量的角位置ϕ等于

$$
\phi=-\frac{2\pi}{p_0}\left[\frac{\alpha^2}{8\left(\frac{\lambda^2}{p_0^2\varepsilon_0}\right)\left(1-\frac{\lambda^2}{p_0^2\varepsilon_0}\right)}\right]x_3.
$$

于是,单位长度的转角,也就是旋转本领,等于

$$
\frac{d\phi}{dx_3}=-\frac{2\pi}{p_0}\frac{\alpha^2}{8\left(\frac{\lambda^2}{p_0^2\varepsilon_0}\right)\left(1-\frac{\lambda^2}{p_0^2\varepsilon_0}\right)}. \tag{11.124}
$$

取 $\alpha=10^{-1}$，$p_0=0.5$ 微米，$\sqrt{\varepsilon_0}=1.65$，$\lambda=1$ 微米，那末

$$
\frac{\lambda^2}{p_0^2\varepsilon_0}=1.47,
$$

而 $\frac{d\phi}{dx_3}$ 大约在每厘米转 36 圈的数量级。这是相当大的旋转本领。

§ 10 蓝相 (Blue Phase) 液晶

本书一开始就提到，液晶最早是 1888 年埃尼采儿在观测胆甾

醇苯酸酯(CB)随温度的变化状态时发现的。埃尼采儿曾这样描述他的发现："在冷却熔化了的化合物的过程中出现了明亮的蓝紫色现象．这种明亮蓝紫色很快消失，随之而来的是混浊现象．继续降温时，同样的彩色效应又再一次出现．不过与此同时，样品开始结晶而色彩消失．"所以我们可以说在液晶学科的发展历史上，蓝相是最早就被观察到了的．我们知道，大多数由胆甾醇酯形成的螺旋状中介相在接近清亮点以下的温度时，在紫外区对圆偏振光都具有选择反射性．在与层状相分野的相变点附近，这种选择反射的色彩可以出现在可见光的区域[30]．一些补偿性的混合物(左旋材料和右旋材料形成的混合物)也可以出现这种可见光范围内的反射色彩[30]．把胆甾醇酯的温度降低到清亮点以下不到一摄氏度的温度时，可以出现明亮的蓝色；再冷下去，这种蓝色的色彩就不见了．早在1906年雷曼就注意到，这种色彩是一种光学上各向同性的变态[31]．他认为这种变态表示材料存在一个与普通螺旋状相不同的另一个稳定相．直到1956年这个相才被称为蓝相[32]．蓝相的一个特点是，很容易使材料再过冷几摄氏度而逐渐变成经典的螺旋状相织构．

差分扫描量热术对从焦点二次曲线织构(详见第十二章)到蓝相的转变过程中相变焓的测定[33]，以及密度变化的测定[34]，都证实在各相同性相和螺旋状相之间存在着稳定的蓝相．同时还指出，稳定的蓝相只能在一个不到一度摄氏的温度范围内出现．实验还指出，在螺旋状相和与它共存的蓝相温度范围内，二者之间有一个不连续的一级相变．这个变化相当小，所以两相的结构之间只能有不大的差别．蓝相在光学上是各向同性的．定量的测量也证实在蓝相液晶不存在双折射现象[35,36,37]．用波长为$\lambda=5890$ Å 的光束测得的胆甾醇壬酸酯(CN)的折射率随温度变化的关系如图11.5所示[38]．图中的n_0和n_e分别为螺旋状相液晶的寻常光折射率和非常光折射率，n_i是蓝相的各向同性折射率．图中在清亮点附近出现的小的不连续的折射率数值是由于密度变化引起的[34]．蓝相可能不止是一个相．对CN和CM(胆甾醇十四酸酯)的焓的测量[39]及

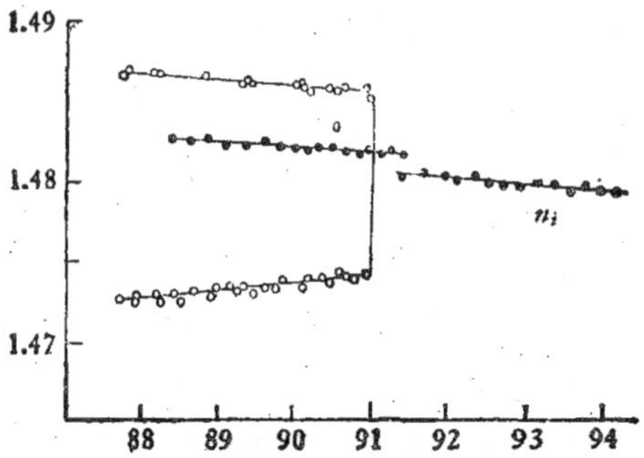

图 11.5 CN 的折射率与温度关系图.
○为升温数据，●为降温数据. $\lambda=5890$ Å.

选择反射的测量[40]，表现出它们各自都有两个蓝相 BP I 和 BP II. 用布拉格散射测定它们在可见区和近紫外区的特征透射谱[41]时，还可以发现有第三种所谓"雾"状织构的 BP III 相[42]. 这些数据分别列于表 11.1 和 11.2[39]. 这种存在有几个蓝相的情形并不像是某些特殊化合物的特性，看来这是许多螺旋状材料的内在特性[43]. 埃尼采儿所观测到的第一次蓝紫色实质上是 CB 的蓝相的选择反射. 在比 CB 熔点稍微高一些的温度，经典 CB 螺旋状相的反射向紫色区方向移动，这就是埃尼采儿所描述的第二个彩色效应.

在显微镜的观测下，蓝相具有特殊的"薄层"(platelets)织构. 在某一个温度区内，只要材料出现有薄层织构，它就有蓝相的存在[44]. 实验指出，转动观测显微镜的转台，薄层的色彩是不变的；但是，当转动检偏器的时候，薄层的色彩强度会发生变化[45]. 因此，可以说薄层具有螺旋结构，但各个薄层的螺旋轴的取向不同.

表 11.1 CM 和 CN 的相变温度 t 和焓差 ΔH

		Ch	BP I	BP II	I
CM	t(℃)	84.0	84.4		84.55
	ΔH（焦耳·每克分子）	34	≈34		1100
CN	t(℃)	91.0	91.3		91.45
	ΔH（焦耳每克分子）	17	≈17		530

表 11.2 CM 和 CN 的相变温度[41]

CM: Ch $\xrightarrow{84.30℃}$ BP I $\xrightarrow{84.78℃}$ BP II $\xrightarrow{84.85℃}$ BP III $\xrightarrow{84.96℃}$ I
CN: Ch $\xrightarrow{91.35℃}$ BP I $\xrightarrow{91.76℃}$ BP II $\xrightarrow{91.84℃}$ BP III $\xrightarrow{91.95℃}$ I

胆甾醇的衍生物不是唯一具有蓝相的液晶，手征性丝状液晶也可以存在蓝相[46,47]. 手征性的西佛碱类 (Schiff base) 丝状液晶 MBBC 也有薄层织构的蓝相[48]. MBBC 的化学式是

MBBC

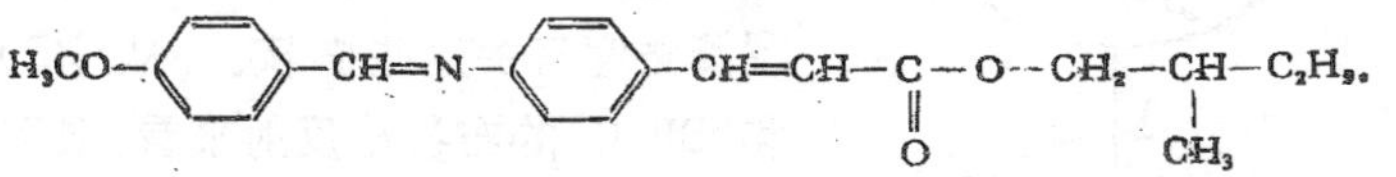

目前已经观测到的具有蓝相的液晶，当它们处在螺旋状相的时候螺距都很短. 在丝状液晶中添加旋光性分子，所形成的具有长螺距的混合液晶都还不曾发现过存在有蓝相. 这个事实使人猜想到可能存在一个临界螺距 p_c，凡是螺距超过 p_c 的螺旋状系统都不会出现蓝相. 对在 CM 中添加 PCPB 分子的混合系统所作的实验证似乎实了这一点[48]. 丝状液晶 PCPB 的化学式是

PCPB

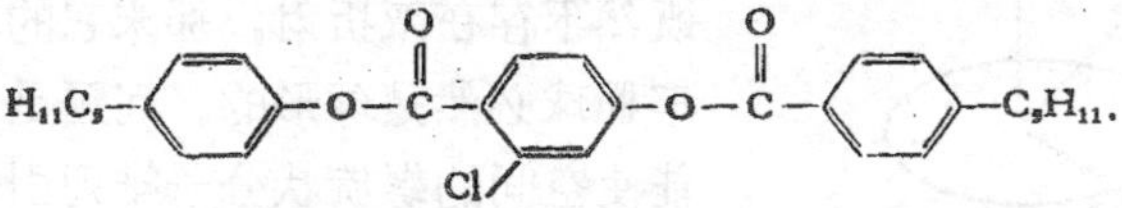

一个问题是蓝相的结构究竟如何? 当然，蓝相的结构必须能说明下列一些实验事实:

(1) 存在有不止一个蓝相.

(2) 从螺旋状相起通过各个蓝相到各向同性相之间存在有几个不连续的相变.

(3) 在蓝相材料不存在双折射.

(4) 螺距大于临界螺距 p_c 的螺旋状液晶不存在蓝相.

(5) 在劈形样品中可以出现伽诺条纹[49] (伽诺条纹可参考本书第四章 § 6).

(6) 圆偏振光的选择反射与温度和压强都有关系[50,51]。

(7) 反射带的半宽度相当窄.

(8) 蓝相的反射颜色(最大反射的波长)与观测角度有关。

(9) 旋光本领具有反常色散.

后面这几项实验事实在螺旋状相中也同样出现，因此可以说蓝相的结构和螺旋状相很相似，也具有螺旋状的分子排列. 邵普首先提出了蓝相具有面心立方结构的意见[35]，不过这种结构难以解释反射带的宽度很窄以及反射颜色与观测角度有关这些事实. 从 BPI 和 BP II 的布拉格反射来看，很可能它们都是立方结构，BPI 也可能是体心立方结构[41]. 一方面蓝相具有螺旋结构，另一方面它又不存在双折射，那末又如何来统一这两点呢? 我们知道，丝状液晶的折射率椭球一般是长椭球，而螺旋状液晶的折射率椭球一般是扁椭球. 蓝相既然不存在双折射，那末它的折射率椭球必然是球形的. 问题是怎样能使空间的螺旋状分子排列引起球形的折射率椭球. 如果设想局域指向矢和螺旋轴之间的倾斜角 θ 能够从 90° 减小到 0°，那么在 54.74° 的临界角位置，折射率椭球将变为球体(图 11.6)[43,52]. 这种倾斜模型虽然能够说明螺旋式排列的分子可以不存在双折射，但是从物理上还说不出为什么在清亮点温度一定要有 54.74° 的倾斜角. 一般讲，螺旋状液晶的指向矢是沿一条螺旋轴作均匀的旋转. 从拓扑上来看，指向矢不可能同时绕几条轴均匀地旋转相当长的距离，但是不排除绕两条轴在短距离内

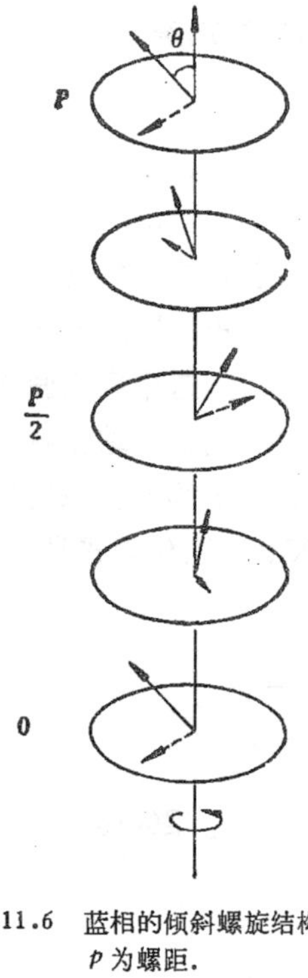

图 11.6 蓝相的倾斜螺旋结构. p 为螺距.

发生扭转．在短距离内绕两条轴同时扭转的结果将能出现具有立方对称性的三维取向扭曲点阵。蓝相可能就是这种结构，所显示的蓝色就是从取向扭曲点阵得到的布喇格反射。目前，关于蓝相的理论虽然已经有一些论文发表[53,54,55,56]，但是问题仍然还不曾真正解决。

参 考 文 献

[1] C. P. Fan, L. Kramer, M. J. Stephen, *Phys. Rev.*, **A2**(1970), 2482.

[2] C. P. Fan, M. J. Stephen, *Phys. Rev. Lett.*, **25**(1970), 500.

[3] B. J. Berne, R. Pecora, Dynamic Light Scattering, John Wiley (1976), Ch. 2, 3.

[4] M. Born, E. Wolf, Principles of Optics, 6th ed., Pergamon (1980), p. 665.

[5] L. D. Landau, E. M. Lifshitz, Electrodynamics of Continuum Media, Pergamon (1960), p. 315.

[6] J. A. Stratton, Electromagnetic Theory, McGraw-Hill (1941), pp. 424—428.

[7] L. I. Schiff, Quantum Mechanics, 3rd ed., McGraw-Hill (1968), pp. 55—57.

[8] Orsay Liquid Crystal Group, *J. Chem. Phys.*, **51**(1969), 816.

[9] P. Chatelain, *Acta Crystallogr.*, **1**(1948), 315.

[10] P. G. de Gennes, *C. R. Acad. Sci.*, **B266**(1968), 15.

[11] P. G. de Gennes, *Mol. Cryst. Liq. Cryst.*, **7**(1969), 325.

[12] Orsay Liquid Crystal Group, *Phys. Rev. Lett.*, **22**(1969), 1361.

[13] Orsay Liquid Crystal Group, *Mol. Cryst. Liq. Cryst.*, **13**(1971), 187.

[14] V. N. Zwetkoff, *Acta Physiochim. URSS*, **6**(1937), 865.

[15] V. N. Zwetkoff, *Acta Physiochim. URSS*, **18**(1943), 358.

[16] M. Miesowicz, *Nature* (*London*), **158**(1946), 27.

[17] J. L. Martinand, G. Durand, *Solid State Commun.*, **10**(1972), 815.

[18] T. W. Stinson, J. D. Litster, *Phys. Rev. Lett.*, **25**(1970), 503.

[19] T. W. Stinson, J. D. Litster, *J. Appl. Phys.*, **41**(1970), 906.

[20] T. W. Stinson, J. D. Litster, *Phys. Rev. Lett.*, **30**(1973), 688.

[21] C. C. Yang, *Phys. Rev. Lett.*, **28**(1972), 955.

[22] E. B. Priestley, P. J. Wojtowicz, P. Sheng ed., Introduction to Liquid Crystals, Plenum (1975), pp. 203—218.

[23] 谢毓章、阮丽真，物理学报，**33**(1984)，1031.

[24] S. H. Chen, J. J. Wu, *Mol. Cryst. Liq. Cryst.*, **87**(1982), 197.

[25] D. W. Berreman, T. J. Scheffer, *Mol. Cryst. Liq. Cryst.*, **11**(1970), 395.

[26] R. Dreher, G. Meier, *Phys. Rev.*, **A8**(1973), 1616.

[27] A. de Vries, *Acta Cryst.*, **4**(1951), 219.

[28] P. G. de Gennes, Physics of Liquid Crystals, Oxford University (1974), p. 228.

[29] E. B. Priestley, P. J. Wojtowicz, P. Sheng ed., Introduction to Liquid Crystals, Plenum (1975), p. 241.

[30] H. Stegemeyer, *VDI-Berichte*, **198**(1973), 29.

[31] O. Lehmann, *Z. Phys. Chem.*, **56**(1906), 750.

[32] G. W. Gray, *J. Chem. Soc.* (1956), 3733.
[33] D. Armitage, F. P. Price, *J. Phys. (Paris)*, **36**(1975), C1—133.
[34] D. Armitage, F. P. Price, *J. Appl. Phys.*, **47**(1976), 2735.
[35] A. Saupe, *Mol. Cryst. Liq. Cryst.*, 7(1969), 59.
[36] G. Pelzl, H. Sackmann, *Z. Phys. Chem.*, 254(1973), 354.
[37] D. Demus, H. G. Hahn, F. Kuschel, *Mol. Cryst. Liq. Cryst.*, **44**(1978), 61.
[38] W. Helfrich, G. Heppke ed., Liquid Crystals of One-and Two-Dimensional Order, Springer (1980), p. 162, Fig. 1.
[39] W. Helfrich, G. Heppke ed., Liquid Crystals of One- and Two-Dimensional Order, Springer (1980), p. 161.
[40] K. Bergmann, P. Pollmann, G. Scherer, H. Stegemeyer, *Z. Naturforsch.*, **34**a (1979), 253.
[41] S. Meiboom, S. Sammon, *Phys. Rev.*, 24A(1981), 468.
[42] M. Marcus, *J. Phys. (Paris)*, 42(1981), 61.
[43] K. Bergmann, H. Stegemeyer, *Z. Naturforsch.*, **34**a(1979), 1031.
[44] D. Coates, G. W. Gray, *Phys. Lett.*, 45A(1973), 115.
[45] I. G. Chistiakov, L. A. Gusakova, *Kristallogr.*, **14**(1969), 153.
[46] D. Demus, L. Richter, Texture of Liquid Crystals, Verlag Chemie Weinheim. New York (1978) p. 60, p. 184.
[47] D. Coates, G. W. Gray, *Phys. Lett.*, 51A(1975), 335.
[48] K. Bergmann, Thesis, Paderborn University (1980).
[49] W. Kuczynski, H. Stegemeyer, *Naturwiss.* **67**(1980), 310.
[50] P. Pollman, G. Scherer, *High Temp. High Pressure*, 12(1980), 103.
[51] G. Scherer, Thesis, Paderborn University (1979).
[52] W. Kuczynski, K. Bergmann, H. Stegemeyer, *Mol. Cryst. Liq. Cryst. Lett.*, **56** (1980), 283.
[53] S. A. Brazovskii, S. G. Dmitriev, *Sov. Phys. JETP*, **42**(1976), 497.
[54] W. Helfrich, G. Heppke ed., Liquid Crystals of One- and Two-Dimensional Order, Springer (1980), p. 196.
[55] R. M. Hornreich, S. Shtrikman, *J. Phys. (Paris)*, **41**(1980), 335.
[56] W. Helfrich, G. Heppke ed., Liquid Crystals of One- and Two-Dimensional Order, Springer (1980), p. 185.

第十二章 层状液晶和盘形分子液晶

层状液晶比丝状液晶具有较高的有序性. X射线衍射实验证实所有层状液晶都具有明确界层间隔的层状结构. 层的厚度与单个分子的长度在同一数量级. 因此, 除去分子之间具有长程取向有序外,分子的质心位置也具有某种程度的有序性,虽然在同一层内分子一般并不具有长程位置有序性. 至今对于层状液晶的研究仍不如丝状液晶那样地深刻. 近来, 由于有可能把层状液晶应用于显示器件, 因此人们对它才比较加以注目. 本章将对层状液晶作一个大体的介绍, 此外还将简单地介绍一下近年来出现的盘形分子液晶. 1985 年才合成成功的碗形分子液晶就不介绍了[85].

§1 层状液晶的分类

通常对层状液晶是用它在偏光显微镜下所呈现的织构, 以及它与其它已知层状相液晶的可混性来分类的. 所谓"可混定则"是说,"如果两种液晶变态在等压的温度与浓度关系图上可以连续地溶混(不与转变线相交),那末它们就具有相同的对称性,因而可以用同一的符号来表示"[1][2]. 当然, 这样一个不问分子的形状差别和大小差别的定则是否一定可靠,还可以进行研究;不过在实际中还不曾发现过一种符号的层状相能与另一种符号的层状相连续混合的例子. 当然,除去用织构和可混定则外,还要辅以X射线衍射图和在不同温度下所出现的不同的相来进行分类. 到目前为止,用这种分类法已经提出了最少九种层状相. 它们分别被称为层状A相、层状B相……层状I相等等.由于这些不同的相是依照发现它们的顺序命名的, 因此这种分类也许可以说是一种编年式的分类.

在所有这些层状相中，层状A相是有序性最低的相。如果一种液晶除去能存在于层状A相之外还可以存在于别种的层状相，那么A相总是存在于层状相温度范围的高温区. 所有已知的层状A相液晶在光学上都是单轴的. 在层状A相的分子层中，分子长轴方向平均说来是与层的平面相垂直的. 在一层当中，分子具有一定的平移自由度以及绕分子自己的长轴旋转的转动自由度. 这种松散的组织形式使得分子层本身变得相当容易发生弯曲形变. 另外，平滑的分子层之间很容易产生相对的滑动. 但是，在垂直于分子层的方向，要保持分子层自己的完整性，因而粘滞性要大得多，换句话说，分子不能很自由地从一个分子层跳到另一个分子层中去. 虽然通常说A相分子层的厚度接近于分子本身的长度，因而认为分子长轴平均说来是垂直于层面的方向；但是，实验测量的结果指出，许多层状A相液晶的分子层厚度要比分子本身的长度略微短一些[3,4]，这是由于对所有的层状相来讲，分子的长轴总有一定程度的取向无序性(这种取向无序性可以用有序参数 S 的数值来量度)，这就使得分子的长轴方向与分子层的法线方向之间的夹角的平均值可以不等于零[5,6]，从而使层的厚度小于分子长度；但是，液晶的指向矢仍然有可能与分子层平面相垂直. 因此，也许说层状A相液晶的指向矢与分子层的法线方向一致，比说分子长轴方向与分子层法线方向一致要更为正确一些.

层状B相与层状A相之间的差别在于，层状B相每一层中的分子是按规则的六角形排列，而不是象在 A 相中那样无规排列. 由于分子的这种有序排列，使得B相分子层的刚性要比A相分子层的刚性大得多. 层状B相的指向矢可以是与分子层相垂直也可以是倾斜不垂直的. 现在一般所说的层状B相，是指指向矢与分子层相垂直的B相.

层状C相和层状A相非常相似，只不过C相的指向矢与分子层法线方向不一致，二者之间有一个非零的夹角. 我们可以简单地说C相的指向矢是倾斜的. 由于这种倾斜的排列，所以C相的分子层厚度要比分子的长度短. 像丝状液晶那样，如果在层状C

相液晶中添加具有旋光性的分子，就可以得到扭曲层状C相液晶.[7]有一些单一成分的化合物也存在着扭曲层状C相[8]. 从可混性方面来分类，扭曲层状C相液晶属于层状C相. 但是，从结构上来说扭曲层状C相液晶又具有螺旋状液晶的特征，而且当光束沿螺旋轴方向通过时，扭曲层状C相液晶的光学性质也是单轴的.

层状D相液晶的光学性质属于各向同性. 从它们的X射线衍射图案来分析，可以认为D相的结构是一些由分子组成的球形单元所形成的面心立方结构(立方密堆积结构)[9,10]. 出现D相的材料只有几种，人们对D相也了解得不多，而且有一些问题也还难以解答. 其中一个问题是，为什么从冷却层状A相来得到层状D相时，首先出现的是一个嵌镶的织构，然后又自发地变成各向同性织构[1]. 最少有一种材料的D相温度范围正好是在这种材料的A相和C相温度范围之间[9,11]. 这就又引起了一个问题，为什么当温度升高时，会从层状结构的C相经过立方密堆积结构的D相而又重新返回到层状结构的A相？再有一种材料，从它的折射率测量结果得出，它的各向同性D相的温度范围和它的各向异性A相的温度范围几乎完全重合[12]. 这又似乎说明D相有可能是过冷的A相. 由于各向同性的立方密堆积结构不能形成层状的结构，因而D相是否真正属于层状相似乎是一个可以怀疑的问题.

层状E相的指向矢可以是正常的(也就是说与分子层相垂直)[3]也可以是倾斜的[13]. 具有正常指向矢的层状E相的X射线衍射图案指出，在一个分子层内的分子具有明显的非六角形排列的高度有序性[13]. 正常E相的分子排列成三维点阵[3,13,14,15,16]. 由于分子在分子层中的排列有序性使得分子层具有相当的刚性.

按照有序性增加顺序的出现，材料的层状F相是在材料从各向同性相I→层状A相→层状C相→层状F相→层状G相→结晶相X这一变化序列中出现的. 主要一种被进行过测量的具有层状F相的材料是2-(4-正-戊基苯)-5-(4-正戊氧基苯)-嘧啶，它的化学式是

$$C_5H_{11}—C_6H_{11}—C_4N_2H_2—C_6H_4—O—C_5H_{11},$$

简称 PPPOPP[17,18]. 测量的数据表明，它的结构和层状C相非常接近，甚至可以说没有什么重要的差别. 只不过F相的倾斜角也许比相应的C相的倾斜角要大一些[17,19].

层状G相除去在上述的序列中可以出现外，还可以在材料的从各向同性相 I →层状A相→层状C相→层状G相→结晶相X这一序列中出现[1]. 在G相的分子层中，分子象倾斜的E相那样具有相当高的有序性[1,13,19]. 有人提出G相、倾斜E相和倾斜B相可能具有类似的结构. 倾斜的B相又称为层状H相，它与层状C相相类似，只是具有几乎象三维点阵那样的分子位置有序性[19]. 层状I相是1980年提出来的[4,20]. 它也是一种倾斜的B相. 它的织构与E相略有不同. 有一些材料的层状G相的结构与一般G相的结构不同,因而被称为层状G′相，也叫作层状J相. 同样也存在有层状H′相. 层状H′相又称为层状K相. 这些B相、E相、G相、H相和I相等等具有高度有序性的相,究竟应该把它们归为液晶好呢,还是应该把它们归为软固体,似乎是一个可以加以讨论的问题.

由于除层状A相和层状C相外，其余各种层状相或是实验数据不多,或者是更接近于晶体,因此在本章中我们将只限于讨论层状A相和层状C相液晶.

§2 焦点二次曲线织构(焦锥织构 *Focal conic texture*)

在第二章讨论自由能密度 g 的时候已经指出，层状A相和层状C相液晶的指向矢 $\mathbf{n}$ 的旋度 $\nabla\times\mathbf{n}$ 等于零，因此它们不会出现扭曲形变和弯曲形变. 当层状A相液晶的分子层发生弯曲时，液晶内部可以产生展曲形变而不影响分子层的厚度. 另外，分子层与分子层之间容易产生相对滑动，因此层状A相液晶可以很方便地使自己适应表面的边界条件. 假如液晶盒表面存在有能使液晶分子附着的某一点时,该点附近的分子就可以形成扇形排列,组成一族与分子长轴方向(指向矢方向)相垂直的等距离的分子层.

在偏光显微镜的观测下，这些分子层形成一系列的窦班四次圆纹曲面 (Dupin cyclides). 这种织构称为焦点二次曲线织构，或者简称为焦锥织构. 下面我们对四次圆纹曲面的几何性质作一些简单的介绍，以说明为什么层状A相液晶可以出现这种形式的织构. 螺旋状液晶近似地也有类似于分子层的结构，因此在螺旋状液晶中也可以出现这种焦点二次曲线织构.

如图 12.1 所示，在 xy 平面上，半长轴为 a、焦点在 $(\pm c, 0, 0)$、$c^2 < a^2$ 的椭圆的方程是

$$\frac{x^2}{a^2} + \frac{y^2}{a^2 - c^2} = 1,$$

$$z = 0. \tag{12.1}$$

在 xz 平面上半贯轴为 c、焦点在 $(a, 0, 0)$、$c^2 < a^2$ 的双曲线的方程是

$$\frac{x^2}{c^2} - \frac{z^2}{a^2 - c^2} = 1,$$

$$y = 0. \tag{12.2}$$

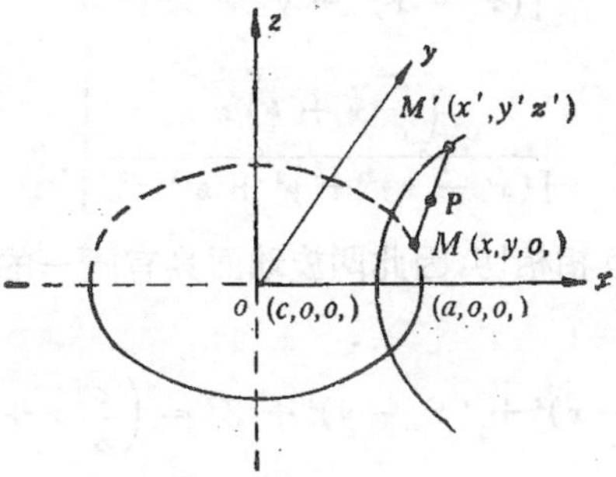

图 12.1 焦点二次曲线.

这样一对曲线称为焦点二次曲线. 如果 $M(x, y, 0)$ 是式 (12.1) 椭圆上的任意一点，而 $M'(x', 0, z')$ 是式 (12.2) 双曲线上的任意一点，那么两点之间的距离 $\overline{MM'}$ 将满足关系式

$$\overline{MM'}^2 = (x - x')^2 + y^2 + z'^2$$

$$=\left(\frac{c}{a}x-\frac{a}{c}x'\right)^2. \qquad (12.3)$$

如果以椭圆上的各点 $M(x, y, 0)$ 为球心，同时以 $\frac{c}{a}x+k$ 为半径，k 为任意常数，作一族球面，同时以双曲线上各点 $M'(x', 0, z')$ 为球心而以 $\frac{a}{c}x'+k$ 为半径作另一族球面，那么这两族球面的半径之差等于

$$\left(\frac{c}{a}x+k\right)-\left(\frac{a}{c}x'+k\right)=\frac{c}{a}x-\frac{a}{c}x',$$

正好是 $\overline{MM'}$ 的长度，于是这两族球面是互相相切的。在 $\overline{MM'}$ 线上的切点 P 的坐标是

$$P:\left\{x+\frac{\left(\frac{c}{a}x+k\right)(x'-x)}{[(x'-x)^2+y^2+z'^2]^{1/2}},\right.$$

$$y-\frac{\left(\frac{c}{a}x+k\right)y}{[(x'-x)^2+y^2+y'^2]^{1/2}},$$

$$\left.\frac{\left(\frac{c}{a}x+k\right)z'}{[(x'-x)^2+y^2+z'^2]^{1/2}}\right\}.$$

由于两族球面互相相切，因此两族球面具有同一的包络面。M 族球面的方程是

$$(X-x)^2+(Y-y)^2+Z^2=\left(\frac{c}{a}x+k\right). \qquad (12.4_1)$$

由于 $(x, y, 0)$ 满足式 (12.1)，所以上式也可以写作

$$F(X, Y, Z, x)=X^2+Y^2+Z^2-2x\left(X+\frac{ck}{a}\right)$$

$$-2\sqrt{a^2-c^2}\sqrt{1-\frac{x^2}{a^2}}\,Y+a^2-c^2-k^2$$

$$=0 \qquad (12.4_2)$$

的形式．对于不同的 x 值式 (12.4) 给出了不同的球面，也就是说式 (12.4_2) 给出了以 x 为参量的一族M球面，当然 x 是在式 (12.1) 的椭圆上．M 族球面的包络面由

$$F(X, Y, Z, x) = 0,$$

$$\frac{\partial}{\partial x} F(X, Y, Z, x) = 0, \qquad (12.5)$$

这一对方程给出．式 (12.5) 的第一个方程就是式 (12.4)，它的第二个方程式给出

$$(X - x) + (Y - y)\frac{\partial y}{\partial x} = -\frac{c}{a}\left(\frac{c}{a}x + k\right). \qquad (12.6_1)$$

应用式 (12.1) 也可以将其写作

$$\frac{x^2}{a^2} = \frac{\left(X - \frac{ck}{a}\right)^2}{\left(X + \frac{ck}{a}\right)^2 + \left(\frac{a^2 - c^2}{a^2}\right)Y^2}. \qquad (12.6_2)$$

把式 (12.6) 代入式 (12.4)，就得到包络面方程

$$(X^2 + Y^2 + Z^2 + a^2 - c^2 - k^2)^2$$
$$- 4a^2\left(X + \frac{ck}{a}\right)^2 - 4(a^2 - c^2)Y^2 = 0. \qquad (12.7_1)$$

如果从 M' 族球面方程来求包络面方程，就可以得到另一个与之完全等价的形式

$$(X^2 + Y^2 + Z^2 + c^2 - a^2 - k^2)^2$$
$$- 4c^2\left(X + \frac{ak}{c}\right)^2 - 4(c^2 - a^2)Z^2 = 0. \qquad (12.7_2)$$

式 (12.7) 就是所谓的窦班四次圆纹曲面方程．

M 球面和 M' 球面的切点 P 当然满足球面方程 (12.4)，也就是包络面方程 (12.5) 的第一式．另外，注意到 $(x, y, 0)$ 和 $(x', 0, z')$ 分别满足式 (12.1) 和 (12.2)，那么式 (12.6_1) 在把 (X, Y, Z) 用 P 点的坐标代入时也是可以得到满足的．所以，P 点的坐标满足式 (12.5)，也就是说 P 点是包络面上的一点．这样 MM' 直线与包络面相垂直．两个不同值的 k 和 k' 所决定的包络面之间的

距离等于

$$\left(\frac{c}{a}x+k'\right)-\left(\frac{c}{a}x+k\right)=k'-k,$$

或者等于

$$\left(\frac{a}{c}x'-k'\right)-\left(\frac{a}{c}x'+k\right)=k'-k.$$

这个距离是一个与 x 和 x' 无关的常数. 所以两个包络面之间的距离各处相同，这正好符合层状A相液晶分子层之间的距离是一个常数的条件. 所以，层状A相液晶的分子层可以形成一系列的窦班四次圆纹曲面.

为了更好地看清四次圆纹曲面的具体图象，可以先看椭圆退化成为圆的特例. 这时双曲线退化成为通过圆心并与圆面相垂直的轴线，如图 12.2 所示. 四次圆纹曲面这时成为与从轴线上任意一点到圆上各点联线(圆锥母线)相垂直的锚环面. 层状A相液晶中如果能出现这种简单的情形，那么分子层就是这些等距离的锚环面. 各条与轴线 AA_0 和圆 PP 同时相交的直线（各条圆锥母线）AP 就是各处指向矢的方向. 最大的圆纹曲面只能是图中的 MA_0M'，因为各点必须有明确唯一的指向矢方向.

设想把圆换成椭圆，那么各个圆锥面将被推向图的一侧，例如

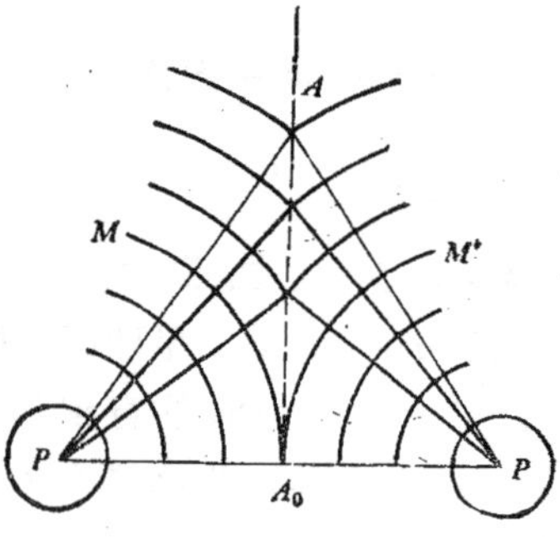

图 12.2 锚环截面图. 与纸面相垂直的圆的直径为 PP，AA_0 为 P 圆的轴线. 各圆及圆弧为四次圆纹曲面与 APA_0P 平面相交的截线，各条斜的线段为各圆锥的母线.

图 12.3 的情形．这时锚环面将不再是均匀大小的，而是一头变大另一头变小．当然，在层状 A 相液晶中所能出现的最大圆纹曲面只能是 $M'A'M$．再大的圆纹曲面表示分子层将发生重迭，在实际中当然不会出现这种情形，因为在一些位置（在 $AB'A'$ 线上）上液晶的指向矢取向将会出现多值，而不再是单值．

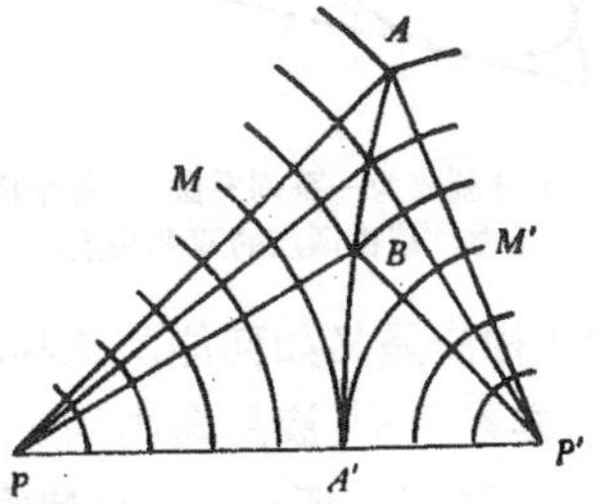

图 12.3　锚环截面图．PP' 为椭圆、AA' 为双曲线．椭圆在与纸面相垂直的平面内．双曲线在纸面内．各圆弧为四次圆纹曲面与 $APA'P'$ 平面相交的截线．AP，AP'，BP，BP' 分别为各圆锥的母线．

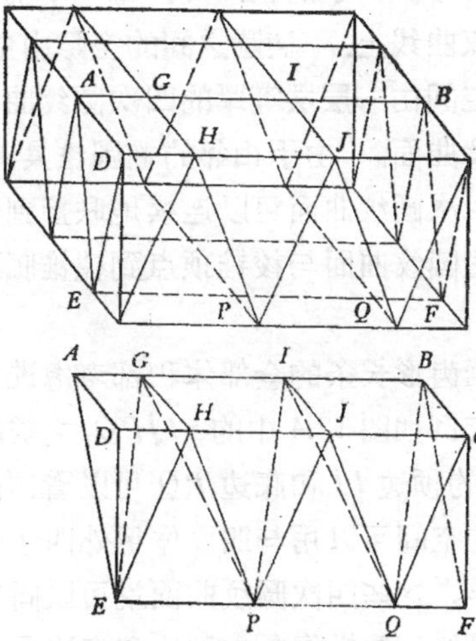

图 12.4　长方体被分割成为锯齿形长条的劈形体．劈形体又被分割成为棱锥和四面体．

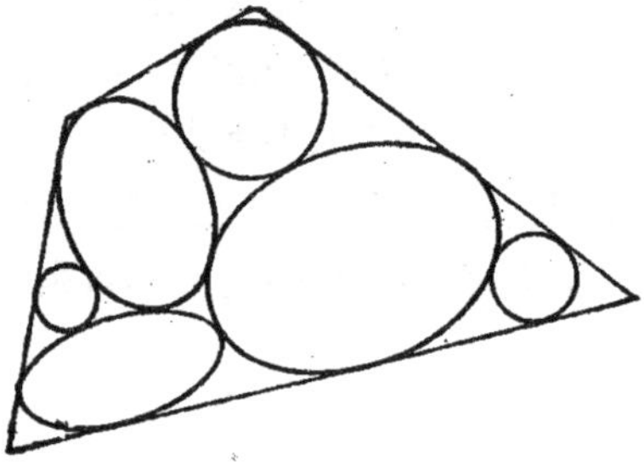

图 12.5　棱锥底面被分割成为一系列椭圆. 每个椭圆的一个焦点在一条通过棱锥顶点的双曲线上.

液晶盒中的层状A相液晶又如何能由这种圆纹曲面的分子层来占据呢?我们可以这样来看[21].液晶盒中的长方体空间可以用一系列的棱锥加以分割,如图 12.4 所示. 一半棱锥的底面在上基片,而另一半棱锥的底面在下基片. 棱锥底可以是任意的多边形. 为了简单起见,在图 12.4 中画成了四边形. 每一个棱锥又可以用一些大小不等的具有椭圆底面或圆底面的锥体加以分割,如图 12.5 所示. 大的椭圆在中央,小的在四周. 每一个椭圆的一个焦点在一条通过锥顶的双曲线上. 椭圆之间的空隙由更小的锥体来填充. 棱锥的全部空间由一层层等厚的四次圆纹曲面分开. 每一个椭圆锥有一组圆纹曲面. 由于相邻的椭圆锥具有共同的母线,因此一个椭圆锥的四次圆纹曲面可以连续地联接到邻近椭圆锥的四次圆纹曲面. 这些圆纹曲面与棱锥顶点到棱锥底面多边形各顶点的联线相垂直.

由于需要把锯齿形长条的全部体积都考虑进去,因此除去这些棱锥外还需要有例如图 12.4 中的 $IJPQ$ 之类的一些四面体体积. 这些四面体的顶边 IJ 和底边 PQ 可以看作是一对焦点二次曲线. 四面体内的空间可以用与四面体另外四边相垂直的圆纹曲面加以分割. 这样,这些四次圆纹曲面就可以同邻近棱锥的圆纹曲面相联接了. 显然,这样作要求顶边和底边最少要有一些很小的曲率. 这样,整个液晶盒内的层状A相液晶,就分成了等厚度的由窦班四次圆纹曲面形成的分子层了.

§3 层状A相液晶连续体理论——德燃纳模型

由于层状A相液晶不会产生扭曲形变和弯曲形变，因此在外磁场和外电场作用下液晶的自由能密度 g' 的表达式简化为

$$g' = \frac{1}{2}\Big[k_{11}(\nabla\cdot\mathbf{n})^2 - \chi_a(\mathbf{n}\cdot\mathbf{H})^2 - \frac{1}{4\pi}\varepsilon_a(\mathbf{n}\cdot\mathbf{E})^2\Big]. \tag{12.8}$$

在没有任何外界干扰时，层状A相液晶形成厚度约为一个分子长度的平行平面层. 但是，外界的影响一般将使分子层不能保持平面状态而形成曲面，特别是形成象上节所讨论的那种四次圆纹曲面. 当然,即使是形成曲面,分子层仍然保持着均匀的厚度. 曲面的形成表示原来的平面分子层的各个部分有了畸变，因而产生了位移. 畸变的产生当然要影响到系统的自由能密度. 因此，除式(12.8)右方给出的各项之外，层状A相液晶的自由能密度表示式中还要添加由于畸变,也就是由于分子层的位移,而引起的自由能密度项. 这些项是德燃纳首先提出来的[22].

假设在没有畸变情形下的分子层平面是沿 x_1x_2 平面方向,同时指向矢 $\mathbf{n}$ 是沿 x_3 轴方向. 当然,四次圆纹曲面式的畸变不是小的畸变. 不过为了数学上易于处理起见，我们仍然考虑小畸变的情形. 让我们设想,从平衡状态出发液晶发生了一个小小的畸变,于是分子层在 x_3 轴方向产生了位移 u_3. 由于分子层的厚度是保持均匀的,所以在 (x_1, x_2, x_3) 的位置位移 u_3 与 x_3 无关，也就是说

$$u_3 = u_3(x_1, x_2).$$

从图 12.6 可以看出,在一阶近似下,分子层上相邻两点 $P_1(x_1, x_2, x_3+u_3)$ 和 $P_2(x_1+\delta x_1, x_2+\delta x_2, x_3+u_3+\delta u_3)$ 的指向矢 $\mathbf{n}$ 和 $\mathbf{n}+\delta\mathbf{n} = (\delta n_1, \delta n_2, n_3+\delta n_3 \approx 1)$ 满足关系式

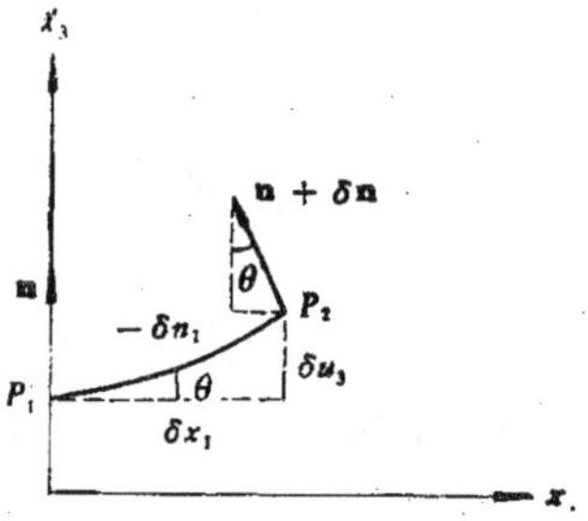

图 12.6 位移与指向矢改变的关系.

$$-\frac{\delta n_1}{|\mathbf{n}|}=\frac{\delta u_3}{\delta x_1},$$

$$-\frac{\delta n_2}{|\mathbf{n}|}=\frac{\delta u_3}{\delta x_2};$$

也就是说

$$\delta n_1=-\frac{\partial u_3}{\partial x_1}\ll 1,$$

$$\delta n_2=-\frac{\partial u_3}{\partial x_2}\ll 1. \tag{12.9}$$

由于层状A相液晶的指向矢满足其旋度为零的条件，所以指向矢的畸变 $\delta\mathbf{n}(\mathbf{r})$ 受到一定的限制. 当我们把指向矢的畸变 $\delta\mathbf{n}(\mathbf{r})$ 用波矢为 $\mathbf{K}$ 的畸变 $\delta\mathbf{n}(\mathbf{K})$ 展开时,

$$\delta\mathbf{n}(\mathbf{r})=\frac{1}{\sqrt{V}}\sum_K\delta\mathbf{n}(\mathbf{K})\exp(i\mathbf{K}\cdot\mathbf{r}),$$

$\nabla\times\mathbf{n}(\mathbf{r})=0$ 的条件给出

$$K_3\delta n_2(\mathbf{K})=0,\ K_3\delta n_1(\mathbf{K})=0,$$

$$K_1\delta n_2(\mathbf{K})-K_2\delta n_1(\mathbf{K})=0.$$

因此,除在 $K_3=0$ 的特殊情形下外,有

$$\delta\mathbf{n}(\mathbf{K})=0.$$

对于 $\mathbf{K}=0$ 的情形就只存在有沿分子平面方向的涨落 $\delta n_1(\mathbf{K})$ 和 $\delta n_2(\mathbf{K})$.

如果我们把分子层的畸变能量考虑进去的话，层状A相液晶的自由能密度 g，在式(12.8)各项之外还需要增加由畸变引起的自由能密度项. 分子层的畸变要引起液晶密度 ρ 的改变. 如果 $u_3(\mathbf{r})$ 是分子层沿 x_3 轴方向所发生的位移，$\delta\mathbf{n}(\mathbf{r})$ 是指向矢发生的改变，$\Delta\rho$ 是密度的改变量，那么在承认胡克定律的基础上保留到二阶项为止时，自由能密度 g 的表示式成为

$$g=\frac{1}{2}\mu\left[\left(\delta n_1+\frac{\partial u_3}{\partial x_1}\right)^2+\left(\delta n_2+\frac{\partial u_3}{\partial x_2}\right)^2\right]$$

$$+\frac{1}{2}A\left(\frac{\partial u_3}{\partial x_3}\right)^2+\frac{1}{2}B(\Delta\rho)^2+C\Delta\rho\left(\frac{\partial u_3}{\partial x_3}\right)$$

$$+\frac{1}{2}k_{11}(\nabla\cdot\mathbf{n})^2-\frac{1}{2}\chi_a(\mathbf{n}\cdot\mathbf{H})^2,$$

式中 μ 是使分子相对于分子层法线方向转动的力常数，A和B是垂直于分子层方向和平行于分子层方向液晶的体积弹性模量，C 是一个平行和垂直于分子层方向的交叉体积弹性模量. 当然，这个自由能密度表达式是在无外电场的情形下建立的. 通常 μ 相当大，因而使我们可以应用式(12.9). 这样，在外磁场中 g 成为

$$g=\frac{1}{2}A\left(\frac{\partial u_3}{\partial x_3}\right)^2+\frac{1}{2}B(\Delta\rho)^2+C\Delta\rho\left(\frac{\partial u_3}{\partial x_3}\right)$$

$$+\frac{1}{2}k_{11}\left(\frac{\partial^2 u_3}{\partial x_1^2}+\frac{\partial^2 u_3}{\partial x_2^2}\right)^2$$

$$+\frac{1}{2}\chi_a H^2\left[\left(\frac{\partial u_3}{\partial x_1}\right)^2+\left(\frac{\partial u_3}{\partial x_2}\right)^2\right]. \tag{12.10$_1$}$$

这里我们应用了

$$\frac{1}{2}\chi_a H^2\left[\left(\frac{\partial u_3}{\partial x_1}\right)^2+\left(\frac{\partial u_3}{\partial x_2}\right)^2\right]=\frac{1}{2}\chi_a H^2(1-n_3^2)$$

$$=\frac{1}{2}\chi_a H^2-\frac{1}{2}\chi_a(\mathbf{n}\cdot\mathbf{H})^2$$

的关系，忽略了常数项 $\frac{1}{2}\chi_a H^2$，同时注意到

$$\mathbf{n} \equiv \left(-\frac{\partial u_3}{\partial x_1},\ -\frac{\partial u_3}{\partial x_2},\ n_3 + \delta n_3 \approx 1\right)$$

的关系．在$H=0$和忽略位移二次导数项时

$$g = \frac{1}{2} A \left(\frac{\partial u_3}{\partial x_3} + \frac{C}{A}\Delta\rho\right)^2 + (AB - C^2)\frac{(\Delta\rho)^2}{2A}.$$

由于不论 $\Delta\rho$ 是正值还是负值自由能密度永远是正值，所以系统处于稳定状态的条件要求

$$AB - C^2 \geqslant 0.$$

密度涨落 $\Delta\rho$ 可以取作

$$\Delta\rho = -\rho\left(\frac{\partial u_1}{\partial x_1} + \frac{\partial u_2}{\partial x_2} + \frac{\partial u_3}{\partial x_3}\right),$$

从而使 g 成为

$$\begin{aligned} g = & \frac{1}{2} A \left(\frac{\partial u_3}{\partial x_3}\right)^2 + \frac{1}{2} B\rho^2 \left(\frac{\partial u_1}{\partial x_1} + \frac{\partial u_2}{\partial x_3} + \frac{\partial u_3}{\partial x_3}\right)^2 \\ & - \rho\left(\frac{\partial u_3}{\partial x_3}\right)\left(\frac{\partial u_1}{\partial x_1} + \frac{\partial u_2}{\partial x_2} + \frac{\partial u_3}{\partial x_3}\right) \\ & + \frac{1}{2} k_{11}\left(\frac{\partial^2 u_3}{\partial x_1^2} + \frac{\partial^2 u_3}{\partial x_2^2}\right)^2 \\ & + \frac{1}{2} \chi_a H^2 \left[\left(\frac{\partial u_3}{\partial x_1}\right)^2 + \left(\frac{\partial u_3}{\partial x_2}\right)^2\right]. \end{aligned} \tag{12.10$_2$}$$

如果忽略密度的改变，那么式(12.10)简化成为

$$\begin{aligned} g = & \frac{1}{2} A \left(\frac{\partial u_3}{\partial x_3}\right)^2 + \frac{1}{2} \chi_a H^2 \left[\left(\frac{\partial u_3}{\partial x_1}\right)^2 + \left(\frac{\partial u_3}{\partial x_2}\right)^2\right] \\ & + \frac{1}{2} k_{11}\left(\frac{\partial^2 u_3}{\partial x_1^2} + \frac{\partial^2 u_3}{\partial x_2^2}\right)^2. \end{aligned} \tag{12.11}$$

在平衡状态下，分子层沿指向矢方向（x_3 轴方向）发生了小小的涨落 u_3，而 u_3 又与 x_3 无关；这种情形同具有二维密度的晶体问题是非常类似的[23]．如果我们把层状A相液晶绕 x_1 轴或 x_2 轴作刚性转动，那末 $\frac{\partial u_3}{\partial x_1}$，$\frac{\partial u_3}{\partial x_2}$，$\left(\frac{\partial u_3}{\partial x_1}\right)^2$ 和 $\left(\frac{\partial u_3}{\partial x_2}\right)^2$ 都要发生改变．但是，

在这种刚性转动下，如果不存在外磁场和外电场，那末液晶的自由能密度应该保持不变．所以，在没有外磁场和外电场条件下，液晶自由能密度表示式中不会包含上列各项．另外，系统在 x_1x_2 平面上是完全对称的，所以自由能密度表示式对 x_1 和 x_2 也必然是对称的．由于热涨落，分子层的位移 u_3 可以是 x_3 的函数，而液晶的指向矢 $\mathbf{n}$ 和 $-\mathbf{n}$ 又是等价的，所以自由能密度表示式中也不会出现 $\frac{\partial u_3}{\partial x_3}$ 的奇次幂项．这样，在没有外磁场和外电场作用下，如果把自由能密度用级数展开并保留到位移的二阶项时，自由能密度 g'' 将取

$$g''=\frac{1}{2}A\left(\frac{\partial u_3}{\partial x_3}\right)^2+\frac{1}{2}k_{11}\left(\frac{\partial^2 u_3}{\partial x_1^2}+\frac{\partial^2 u_3}{\partial x_2^2}\right)^2$$
$$+\frac{1}{2}K'\left(\frac{\partial^2 u_3}{\partial x_3^2}\right)^2+\frac{1}{2}K''$$
$$\cdot\left(\frac{\partial^2 u_3}{\partial x_3^2}\right)\left(\frac{\partial^2 u_3}{\partial x_1^2}+\frac{\partial^2 u_3}{\partial x_2^2}\right)$$

的形式，其中 A，k_{11}，K' 和 K'' 都是级数展开项的系数．显然，这个表示式满足绕 x_1 轴或 x_2 轴作刚性转动时保持不变的要求．按照式（12.9），指向矢的三个分量是

$$\left(-\frac{\partial u_3}{\partial x_1},\ -\frac{\partial u_3}{\partial x_2},\ n_3\approx 1\right),$$

所以

$$\left(\frac{\partial^2 u_3}{\partial x_1^2}+\frac{\partial^2 u_3}{\partial x_2^2}\right)^2=(\nabla\cdot\mathbf{n})^2.$$

这样系数 k_{11} 正是层状A相液晶的展曲弹性常数． K' 项和 K'' 项都含有 $\frac{\partial^2 u_3}{\partial x_3^2}$ 这个因子，它是位移 u_3 的二次微分项，比一次微分项 $\frac{\partial u_3}{\partial x_3}$ 要小很多．所以，相对于 A 项和 k_{11} 项我们可以忽略 K' 项和 K'' 项．如果有外场的存在，我们可以增加一项，以满足对 x_1 和 x_2 对称的展开项 $K'''\left[\left(\frac{\partial u_3}{\partial x_1}\right)^2+\left(\frac{\partial u_3}{\partial x_2}\right)^2\right]$．$K'''$ 是另一个级数展开系

数，在外场等于零时它等于零. 在外磁场情形中我们可以令

$$K''' = \frac{1}{2}\chi_a H^2.$$

这样，我们又同样地得出了式(12.11)的自由能密度 g 的表达式.

式(12.10)或(12.11)中的体积弹性模量 A 的量纲是

$$[M][L]^{-1}[T]^{-2} \text{（尔格·每立方厘米）},$$

k_{11} 的量纲是 $[M][L][T]^{-2}$（达因），因此

$$\lambda = \sqrt{\frac{k_{11}}{A}} \tag{12.12}$$

具有长度的量纲. λ 称为透入长度[24]. 如果取 $A \approx 10^8$ 尔格·每立方厘米，$k_{11} \approx 10^{-6}$ 达因，那末 $\lambda \approx 10^{-7}$ 厘米，正好是分子层厚度的数量级. 当然，如果是在层状A相与丝状相相交的二级相变点附近，那么 A 的数值将要小得多；那时 λ 将会比分子层厚度大很多.

有了自由能密度 g 的表达式，我们就可以求系统自由能具有最小值的条件，也就是说求系统处于稳定状态时分子层畸变 u_3 应该满足的条件. 在 $\Delta\rho = 0$ 的情形中，系统的自由能现在是

$$G = \iiint_A^B \frac{1}{2}\left\{A\left(\frac{\partial u_3}{\partial x_3}\right)^2 + k_{11}\left(\frac{\partial^2 u_3}{\partial x_1^2} + \frac{\partial^2 u_3}{\partial x_2^2}\right)^2 + \chi_a H^2\left[\left(\frac{\partial u_3}{\partial x_1}\right)^2 + \left(\frac{\partial u_3}{\partial x_2}\right)^2\right]\right\} dx_1 dx_2 dx_3, \tag{12.13}$$

积分上下限 A 和 B 是 (x_1, x_2, x_3) 的积分上下限. 求积分 G 具有最小值的条件和求积分式(3.12)具有最小值的条件相类似，只是这时被积函数中多了 u_3 的二次微分项 $\frac{\partial^2 u_3}{\partial x_1^2}$ 和 $\frac{\partial^2 u_3}{\partial x_2^2}$. 我们仍然可以设想已经找到了具有最小值的 u_3 函数，而考虑一个与之相邻的函数 $u_3 + \delta u_3$，只不过现在除了要求在积分上下限 A 和 B 处 $\delta u_3 = 0$ 之外，还要额外要求 $\delta\left(\frac{\partial u_3}{\partial x_1}\right)$ 和 $\delta\left(\frac{\partial u_3}{\partial x_2}\right)$ 也都等于零. 这样用推导式(3.13)相同的方法我们可以得出自由能 G 具有最小值的条件为

$$\frac{\partial g}{\partial u_3}-\sum_{i=1,2,3}\frac{\partial}{\partial x_i}\left[\frac{\partial g}{\partial\left(\frac{\partial g}{\partial x_i}\right)}\right]$$

$$+\sum_{j=1,2}\frac{\partial^2}{\partial x_j^2}\left[\frac{\partial g}{\partial\left(\frac{\partial^2 u_3}{\partial x_j^2}\right)}\right]=0, \qquad (12.14)$$

也就是说

$$A\frac{\partial^2 u_3}{\partial x_3^2}+\chi_a H^2\left(\frac{\partial^2 u_3}{\partial x_1^2}+\frac{\partial^2 u_3}{\partial x_2^2}\right)$$

$$-k_{11}\left(\frac{\partial^2}{\partial x_1^2}+\frac{\partial^2}{\partial x_2^2}\right)^2 u_3=0. \qquad (12.15)$$

式(12.15)加上给定的边界条件就决定了层状A相液晶分子层的畸变 u_3。

当层状A相液晶的表面分子层发生了畸变时，那末这畸变又可以延伸到液晶内部多深呢？我们可以设液晶内部分子层的位移 u_3 具有

$$u_3=u_0(x_1,x_2)\exp\left(-\frac{x_3}{l_0}\right)$$

的形式。在无外场作用的条件下式(12.15)给出

$$\frac{A}{l_0^2}u_0(x_1,x_2)-k_{11}\left(\frac{\partial^2}{\partial x_1^2}+\frac{\partial^2}{\partial x_2^2}\right)^2 u_0(x_1,x_2)=0.$$

让我们进行傅里叶变换

$$u_0(x_1,x_2)=\frac{1}{\sqrt{V}}\sum_{\mathbf{K}}u_0(\mathbf{K})\exp(i\mathbf{K}\cdot\mathbf{r}),$$

于是得到

$$\frac{A}{l_0^2}u_0(\mathbf{K})-k_{11}K_\perp^4 u_0(\mathbf{K})=0,$$

式中

$$K_\perp^2=K_1^2+K_2^2.$$

所以

$$l_0=\frac{1}{\lambda K_\perp^2}.$$

显然，

$$K_{\perp}\lambda \ll 1, \qquad l_0 \gg \frac{1}{K_{\perp}},$$

所以表面分子层的畸变一般可以深入影响到内部许多分子层而不发生多大的改变.

§4 层状 A 相液晶的弗雷德里克兹转变

设想有一基片经过沿面校列处理的液晶盒，盒内盛有层状 A 相液晶. 如果没有外磁场的作用，那么指向矢的取向将是平行于基片的 x_1x_2 平面，而分子层将与基片相垂直. 现在沿垂直于基片的 x_3 轴方向施加磁场 $\mathbf{H}$. 对于 $\chi_a > 0$ 的液晶，指向矢将发生倾斜而使分子层产生畸变. 设在无外磁场作用下指向矢 $\mathbf{n}_0$ 的方向是沿 x_1 轴方向，那末在外磁场

$$\mathbf{H} = (0, 0, H)$$

作用下的指向矢将成为

$$\mathbf{n} = \mathbf{n}(x_3).$$

令 $\mathbf{n}$ 与 $\mathbf{n}_0$ 之间的夹角为 $\theta(x_3)$. 由于指向矢的倾斜将使分子层的厚度发生改变. 从图 12.7 可以看出，厚度的胁变等于

$$1 - \cos\theta = (\mathbf{n}_0 - \mathbf{n}) \cdot \mathbf{n}.$$

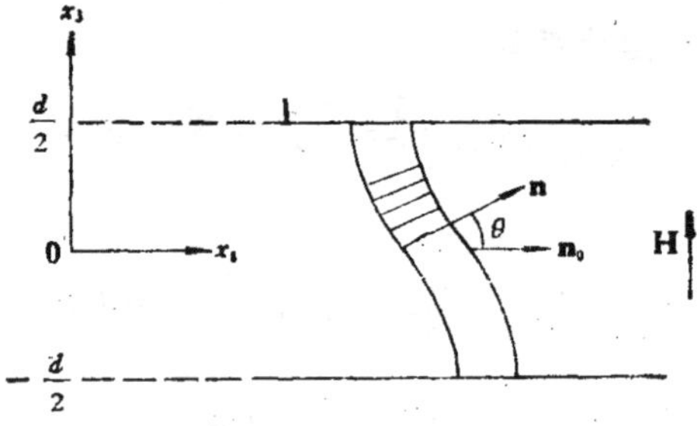

图 12.7 层状 A 相液晶中的弗雷德里克兹转变.

忽略密度的变化，如果对应于这一胁变的液晶弹性模量为 A，那么自由能密度 g 成为

$$
\begin{aligned}
g &= \frac{1}{2} k_{11}(\nabla \cdot \mathbf{n})^2 + \frac{1}{2} A(1 - \cos\theta)^2 \\
&\quad - \frac{1}{2} \chi_a(\mathbf{n} \cdot \mathbf{H})^2 \\
&= \frac{1}{2} k_{11} \left(\frac{d}{dx_3} \sin\theta\right)^2 + \frac{1}{2} A (1 - \cos\theta)^2 \\
&\quad - \frac{1}{2} \chi_a(\mathbf{n} \cdot \mathbf{H})^2.
\end{aligned} \tag{12.16}
$$

对应于式(12.16)的欧勒-拉格朗日方程是

$$
\begin{aligned}
&k_{11} \cos\theta \frac{d}{dx_3}\left(\cos\theta \frac{d\theta}{dx_3}\right) - A \sin\theta(1 - \cos\theta) \\
&\quad + \chi_a H^2 \sin\theta \cos\theta = 0.
\end{aligned} \tag{12.17}
$$

把式(12.17)乘以 $2\frac{d\theta}{dx_3}$ 就可以求出它的第一次积分,

$$
\begin{aligned}
&k_{11}\cos^2\theta \left(\frac{d\theta}{dx_3}\right)^2 + 2A(\cos\theta - \cos\theta_M) \\
&\quad - (A + \chi_a H^2)(\cos^2\theta - \cos^2\theta_M) = 0,
\end{aligned} \tag{12.18}
$$

θ_M 是在 $x_3 = 0$ 处的最大偏转角. 由于式(12.18)的第一项是正值,所以要求

$$
(A + \chi_a H^2)(\cos\theta + \cos\theta_M) - 2A > 0.
$$

这就是说,要求

$$
\cos\theta + \cos\theta_M > \frac{2A}{A + \chi_a H^2}.
$$

由于 θ_M 是一个小的角度,所以这个条件也就近似地相当于要求

$$
\cos\theta_M > \frac{1}{1 + \frac{\chi_a H^2}{A}}, \tag{12.19$_1$}
$$

或者相当于要求

$$
\theta_M^2 < 2\frac{\chi_a H^2}{A}. \tag{12.19$_2$}
$$

在上一节里我们已经指出, $\lambda = \sqrt{\frac{k_{11}}{A}}$ 大约是在分子层厚度的数

量级. 现在引用磁相干长度

$$\xi_1 = \sqrt{\frac{k_{11}}{\chi_a H^2}},$$

于是式 (12.19_2) 成为

$$\theta_M^2 < 2\left(\frac{\lambda}{\xi_1}\right)^2.$$

在发生转变的情形下，$\xi_1 \approx \frac{d}{2}$, d 是液晶盒的厚度. 这样我们就有

$$\theta_M^2 < 8\left(\frac{\lambda}{d}\right)^2.$$

但是,分子层的厚度比起液晶盒的厚度要小得多. 所以，θ_M 是一个很小的数值,实际上很难观测到,因此这个转变被称为"鬼转变"(ghost transition)[25]. θ_M 之所以只能是一个很小的数值,原因在于要想使分子从垂直于分子层的方向转开需要的能量很大.

另外,如果把式(12.16)用 θ 的级数加以展开而只取到 θ 的一次项,式 (12.17) 将简化成为

$$\frac{d^2\theta}{dx_3^2} + \frac{\chi_a H^2}{k_{11}}\theta = 0. \tag{12.20}$$

它的解是

$$\theta = \theta_M \cos\left(\sqrt{\frac{\chi_a H^2}{k_{11}}}\, x_3 + \phi\right).$$

所以,满足边界条件

$$\theta\left(x_3 = \pm\frac{d}{2}\right) = 0$$

的非平凡解要求

$$\frac{d}{2}\sqrt{\frac{\chi_a H^2}{k_{11}}} + \phi = \frac{\pi}{2},$$

$$-\frac{d}{2}\sqrt{\frac{\chi_a H^2}{k_{11}}} + \phi = -\frac{\pi}{2}.$$

也就是说要求最少

$$d\sqrt{\frac{\chi_a H^2}{k_{11}}}=\pi.$$

这就给出了与丝状液晶相同的磁场阈值 H_c:

$$H_c=\frac{\pi}{d}\sqrt{\frac{k_{11}}{\chi_a}}. \tag{12.21}$$

只有当磁场达到或超过这个阈值时才可能有解. 从式(12.18)我们看到,在 $A=0$ 的情形, θ_M 可以成为 $\frac{\pi}{2}$.

§5 亥尔福利奚形变

如果液晶盒中的层状A相液晶是处于垂面校列状态，那么液晶的指向矢将是沿垂直于基片的 x_3 轴方向，而分子层则是平行于 x_1x_2 的基片平面. 假设液晶的磁化率各向异性 $\chi_a>0$，而在沿 x_1 轴方向我们施加磁场 $\mathbf{H}$，那末液晶的指向矢受到磁场的作用将向 x_1 轴方向倾斜. 如果液晶是丝状液晶，那末这种装置办法正是用来测量液晶弯曲弹性常数 k_{33} 的弗雷德里克兹转变的方法. 对于层状A相液晶，如果它的指向矢也是象丝状液晶那样简单地向 x_1 轴方向偏转，那末分子层的畸变将造成基片附近的分子层发生厚度上的变化. 式(12.10)中的 A 项指出，这时将需要相当大的能量，因此是难以发生的. 要想既能使指向矢发生偏转而又不需要过多的能量，一种可能性就是使分子层沿 x_1 轴方向产生周期性的畸变，即类似于螺旋状液晶在磁场或电场作用下产生方格栅图案的那种亥尔福利奚-休奥尔特畸变. 这时分子层的位移 $u(x_1, x_3)$ 取

$$u(x_1, x_3)=u_0(x_3)\cos K_1x_1$$

的形式, K_1 是某一波矢. 由于在 $x_3=\pm\frac{d}{2}$ 处的上下基片是固定的,所以

$$x_3=\pm\frac{d}{2}, \quad u=0.$$

因此，我们可以取

$$u_0(x_3)=u_0\cos K_3x_3,\quad K_3=\frac{\pi}{d}.$$

这样，分子层的位移就成为

$$u(x_1,\ x_3)=u_0\cos K_1x_1\cos K_3x_3,\quad K_3=\frac{\pi}{d},\tag{12.22}$$

u_0 是一个常量.

忽略密度的变化，液晶的自由能密度由式(12.11)给出. 应用指向矢分量与位移 u 之间的关系式(12.9)，同时注意到现在的磁场 $\mathbf{H}$ 是沿 x_1 轴方向，我们便可以得到自由能密度

$$g=\frac{1}{2}u_0^2(AK_3^2\cos^2K_1x_1\sin^2K_3x_3+k_{11}K_1^4\cos^2K_1x_1\cos^2K_3x_3$$

$$-\chi_aH^2K_1^2\sin^2K_1x_1\cos^2K_3x_3).$$

现在对整个液晶盒的体积求自由能密度 g 的平均值 $\langle g\rangle$，那末由于平均值 $\langle\sin^2\theta\rangle$ 和 $\langle\cos^2\theta\rangle$ 都等于 $\frac{1}{2}$，所以有

$$\langle g\rangle=\frac{1}{8}u_0^2K_1^2\left[A\left(\frac{K_3}{K_1}\right)^2+k_{11}K_1^2-\chi_aH^2\right].\tag{12.23}$$

系统的自由能当然等于 $\langle g\rangle$ 乘以液晶盒的体积. 系统的稳定状态是系统自由能具有最小值的状态. 如果对所有 K_1 值来讲

$$A\left(\frac{K_3}{K_1}\right)^2+k_{11}K_1^2-\chi_aH^2$$

都保持为正值，也就是说在弱磁场的情形，那末稳定态就对应于 $K_1=0$ 的状态；也就是说没有产生扰动的排列状态是稳定的状态. 增强磁场使系统产生不稳定性所需要的最低磁场阈值 H_c，相当于 $A\left(\frac{K_3}{K_1}\right)^2+k_{11}K_1^2$ 具有最小值的情形. 把 $A\left(\frac{K_3}{K_1}\right)^2+k_{11}K_1^2$ 对 K_1^2 求导数，然后令导数为零，就得到 $A\left(\frac{K_3}{K_1}\right)^2+k_{11}K_1^2$ 具有最小值的状态相当于

$$K_1^2=\sqrt{\frac{AK_3^2}{k_{11}}}=\frac{K_3}{\lambda}=\frac{\pi}{\lambda d},\tag{12.24}$$

λ 是式(12.12)的透入长度。这就是说形变的空间周期 $\frac{2\pi}{K_1}$ 和分子层厚度与液晶盒厚度的几何平均值 $\sqrt{\lambda d}$ 成正比。磁场阈值 H_c 现在等于

$$\chi_a H_c^2 = \frac{2\pi A\lambda}{d} = \frac{2\pi k_{11}}{\lambda d}. \tag{12.25}$$

取 $\chi_a = 10^{-7}$, $k_{11} = 10^{-6}$ 达因, $\lambda = 20$ 埃, $d = 1$ 毫米,那末 H_c 大约为6万高斯。这是很强的磁场,因此目前还没有实验验证过这个结果。

如果用机械方式来改变垂面校列层状A相液晶盒的厚度,这种类型的畸变却相当容易产生[26,27,28]。不过,只有在施加负的压强使盒厚增大的情形下才会发生这类畸变,在施加正压强来压缩盒厚时则波荡消失。在样品发生膨胀时,我们可以通过光的散射来观测到这种波荡式的畸变。

象前面那样来选择坐标系,令 x_3 轴垂直于液晶盒平面。在平衡状态时液晶的指向矢 $\mathbf{n}$ 是沿着 x_3 轴方向。我们假定波荡产生在 x_1 轴方向。这样,分子层的位移 u 将是 x_1 和 x_3 的函数,

$$u = u(x_1, x_3).$$

自由能密度 g 的表达式(12.10)中第一项 $\frac{1}{2}A\left(\frac{\partial u}{\partial x_3}\right)^2$,给出了分子层厚度发生胁变 $\frac{\partial u}{\partial x_3}$ 时引起的自由能密度项。波荡式的畸变使指向矢发生局域偏转,而指向矢的偏转又要影响到分子层的厚度。所以,在现在所讨论的情形下,对胁变 $\frac{\partial u}{\partial x_3}$ 需要作一些修正[29]。如果分子层仅仅发生均匀的偏转,那么正象式(12.9)那样我们将有

$$\frac{\partial u}{\partial x_3} = 0,$$

$$\frac{\partial u}{\partial x_1} = -\delta n_1 (\ll 1).$$

由于液晶盒中分子层的层数固定不变，因此沿 x_3 轴方向，分子层的厚度保持为无扰动状态下的 a 值．但是，由于指向矢的偏转，分子层沿 x_3 轴方向的实际厚度将成为

$$a\cos\left(\frac{\delta n_1}{|\mathbf{n}|}\right)=a\cos\delta n_1$$

$$\approx a\left(1-\frac{1}{2}\delta n_1^2\right).$$

这就是说，分子层有一个二阶的协变

$$-\frac{1}{2}\delta n_1^2=-\frac{1}{2}\left(\frac{\partial u}{\partial x_1}\right)^2.$$

因此，在普遍的情形中，分子层厚度的局域胁变应该是 $\frac{\partial u}{\partial x_3}-\frac{1}{2}\left(\frac{\partial u}{\partial x_1}\right)^2$，而不是简单的 $\frac{\partial u}{\partial x_3}$．现在没有施加外磁场（$\mathbf{H}=0$），同时 u 又不是 x_2 的函数，所以式（12.11）给出的液晶自由能密度 g 现在成为

$$g=\frac{1}{2}A\left[\frac{\partial u}{\partial x_3}-\frac{1}{2}\left(\frac{\partial u}{\partial x_1}\right)^2\right]^2+\frac{1}{2}k_{11}\left(\frac{\partial^2 u}{\partial x_1^2}\right)^2. \tag{12.26$_1$}$$

由于 $\frac{1}{2}\left(\frac{\partial u}{\partial x_1}\right)^2$ 是一个二阶微量，所以我们可以忽略它的平方项而得到

$$g=\frac{1}{2}A\left(\frac{\partial u}{\partial x_3}\right)^2+\frac{1}{2}k_{11}\left(\frac{\partial^2 u}{\partial x_1^2}\right)^2-\frac{1}{2}A\frac{\partial u}{\partial x_3}\left(\frac{\partial u}{\partial x_1}\right)^2. \tag{12.26$_2$}$$

液晶盒原来的厚度是 d，现在相当于把它变为 $d+\delta$．我们取

$$u(x_1,x_3)=\frac{\delta}{d}x_3+u_0\cos K_1x_1\cos K_3x_3,$$

$$K_3=\frac{\pi}{d}. \tag{12.27}$$

把式(12.27)代入式(12.26$_2$)后得到

$$g = \frac{1}{2}A\left(\frac{\delta}{d}\right)^2 + \frac{1}{2}u_0^2\Big(AK_3^2\cos^2K_1x_1\sin^2K_3x_3$$
$$+ k_{11}K_1^4\cos^2K_1x_1\cos^2K_3x_3 - A\frac{\delta}{d}K_1^2\sin^2K_1x_1\cos^2K_3x_3\Big)$$
$$+ \frac{1}{2}Au_0K_3\cos K_1x_1\sin K_3x_3$$
$$\times\left(u_0^2K_1^2\sin^2K_1x_1\cos^2K_3x_3 - 2\frac{\delta}{d}\right).$$

对整个液晶盒的体积求自由能密度 g 的平均值 $\langle g\rangle$,那么由于平均值

$$\langle\sin\theta\rangle = \langle\cos\theta\rangle = \langle\sin^3\theta\rangle = \langle\cos^3\theta\rangle = 0,$$
$$\langle\sin^2\theta\rangle = \langle\cos^2\theta\rangle = \frac{1}{2},$$

所以有

$$\langle g\rangle = \frac{1}{2}A\left(\frac{\delta}{d}\right)^2 + \frac{1}{8}u_0^2K_1^2$$
$$\times\left[A\left(\frac{K_3}{K_1}\right)^2 + k_{11}K_1^2 - A\frac{\delta}{d}\right]. \qquad (12.28)$$

把式(12.28)与式(12.23)相比较,可以看到只要把式(12.23)中的 χ_aH^2 用 $A\frac{\delta}{d}$ 代换,两个式子就完全一样了. 从式(12.25)可以看到,产生波荡的胁变阈值是

$$\frac{\delta_c}{d} = 2\pi\frac{\lambda}{d},$$

也就是说盒厚增大的阈值 δ_c 是

$$\delta_c = 2\pi\lambda. \qquad (12.29)$$

δ_c 的数量级约为 150 埃,所以很容易实现. 式(12.24)表明,K_1^2 与盒厚 d 成反比. 对氰基苄叉-对-正-辛氧基苯胺(CB00A)在 78℃ 所作的实验结果如图 12.8 所示[30]. CB00A 的分子式是

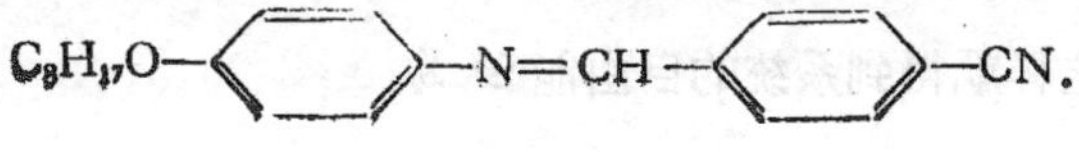

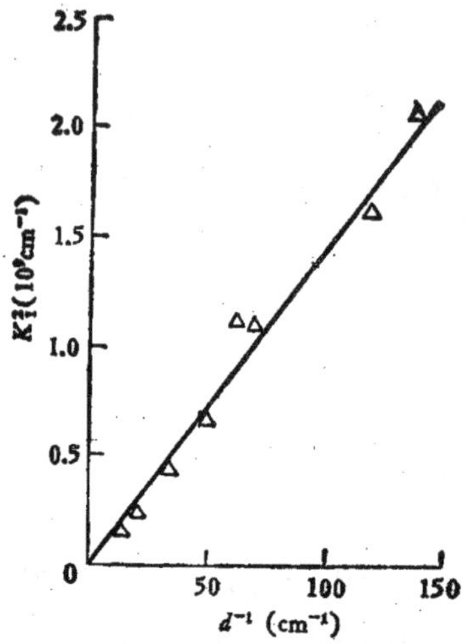

图 12.8 CB00A 的亥尔福利奚形变

液晶盒的厚度是用压电陶瓷控制的. 当盒厚膨胀到一定程度时，激光衍射束中出现两个瞬变亮斑，它证实了在达到胁变阈值时出现周期性畸变的事实. 实验还证实了 K_1^2 与 d 成反比的结果. 从实验所得曲线可以计算出 $\lambda=(22\pm3)$ 埃. 假定 $k_{11}=10^{-6}$，就可以估算出 A 约为 2×10^7 cgs 单位.

§6 层状 A 相液晶的涨落与光散射

让我们讨论一个未受扰动的层状 A 相液晶单畴，并忽略液晶密度的变化. 同以前一样，假定平衡状态下的分子层是沿 x_1x_2 平面方向，指向矢平行于 x_3 轴方向. 液晶分子层位置的自发涨落决定着液晶对光的散射. 对于式(12.10)的自由能密度表示式，我们把分子层的位移 u 用傅里叶级数

$$u(\mathbf{r})=\frac{1}{\sqrt{V}}\sum_{\mathbf{K}}u(\mathbf{K})\exp(i\mathbf{K}\cdot\mathbf{r})$$

展开. 这样就得到系统的自由能 $\mathscr{G}$ 为

$$\mathscr{G}=\frac{1}{2}\sum_{\mathbf{K}}(AK_3^2+\chi_aH^2K_\perp^2+k_{11}K_\perp^4)|u(\mathbf{K})|^2, \tag{12.30$_1$}$$

式中

$$K_\perp^2=K_1^2+K_2^2. \tag{12.30$_2$}$$

应用能量均分原理，我们得到

$$\langle|u(\mathbf{K})|^2\rangle=\frac{kT}{AK_3^2+k_{11}(K_\perp^2+\xi_1^{-2})K_\perp^2}, \tag{12.31}$$

ξ_1 是磁相干长度 $\sqrt{\dfrac{k_{11}}{\chi_aH^2}}$. 假定在短波处有一个截止波矢 K_m，当波矢超过 K_m 时式(12.31)不再适用. 这时分子层的均方涨落 $\langle u^2\rangle$ 就等于

$$\langle u^2\rangle=\frac{1}{(2\pi)^3}\iiint\limits_{|\mathbf{K}|\leqslant K_m}\langle|u(\mathbf{K})|^2\rangle dK_1dK_2dK_3. \tag{12.32}$$

把式(12.31)代入式(12.32)，并注意到 K_1 和 K_2 是以 $K_\perp^2$ 的形式出现，就可以有

$$\langle u^2\rangle=\frac{1}{(2\pi)^3}\iint\limits_{|\mathbf{K}|\leqslant K_m}\frac{2\pi kT\,dK_3K_\perp dK_\perp}{AK_3^2+k_{11}K_\perp+k_{11}\dfrac{K_\perp^2}{\xi^2}}$$

$$=\frac{kT}{8\pi^2A}\iint\limits_{|\mathbf{K}|\leqslant K_m}\frac{dK_3d(K_\perp^2)}{K_3^2+\dfrac{k_{11}}{A}(K_\perp^2)^2+\dfrac{k_{11}}{A\xi_1^2}K_\perp^2}.$$

对 K_3 的积分给出

$$\int_{K_3=-K_m}^{K_m}\frac{dK_3}{K_3^2+\dfrac{k_{11}}{A}(K_\perp^2)^2+\dfrac{k_{11}}{A\xi_1^2}K_\perp^2}$$

$$=\frac{1}{\sqrt{\dfrac{k_{11}}{A}(K_\perp^2)^2+\dfrac{k_{11}}{A\xi_1^2}K_\perp^2}}$$

$$\times\left[\sin^{-1}\left(\frac{K_3}{\sqrt{K_3^2+\dfrac{k_{11}}{A}(K_\perp^2)^2+\dfrac{k_{11}}{A\xi_1^2}K_\perp^2}}\right)\right]_{K_3=-K_m}^{K_m}$$

但是，这里当 $K_3=\pm K_m$ 的时候 $K_\perp^2=0$. 因此，

$$\int_{K_3=-K_m}^{K_m}\frac{dK_3}{K_3^2+\frac{k_{11}}{A}(K_\perp^2)^2+\frac{k_{11}}{A\xi_1^2}K_\perp^2}$$

$$=\sqrt{\frac{A}{k_{11}}}\frac{\xi_1^2\pi}{\sqrt{(\xi_1^2K_\perp^2)^2+(\xi_1^2K_\perp^2)}}.$$

于是，我们得到

$$\langle u^2\rangle=\frac{kT}{8\pi\sqrt{Ak_{11}}}\int_{K_\perp^2=0}^{K_m^2}\frac{d(\xi_1^2K_\perp^2)}{\sqrt{(\xi_1^2K_\perp^2)^2+\xi_1^2K_\perp^2}}$$

$$=\frac{kT}{8\pi\sqrt{Ak_{11}}}\ln[2\sqrt{(\xi_1^2K_\perp^2)^2+\xi_1^2K_\perp^2}$$

$$+2\xi_1^2K_m^2+1].$$

取 $K_m\approx10^7$ 每厘米，$\chi_a\approx10^{-7}$，$k_{11}\approx10^{-6}$ 达因，则 $\xi_1\approx\frac{3}{H}$.

于是，在弱磁场条件下

$$(\xi_1^2K_m^2)^2\gg\xi_1^2K_m^2\gg1.$$

因此，近似地可以有

$$\langle u^2\rangle=\left(\frac{kT}{4\pi}\right)\frac{\ln(2K_m\xi_1)}{\sqrt{Ak_{11}}}. \tag{12.33}$$

这样，对于无限大的材料，当磁场趋近于零时，分子层的涨落是发散的. 如果取 1 高斯的磁场、取 A 为 10^{11} 尔格·每立方厘米，则 $\sqrt{\langle u^2\rangle}$ 在 1 埃的数量级. 这样大的涨落使得"有序"的层状 A 相同"无序"的丝状相之间的界限变得模糊不清了. 对于有限大小的材料，或者是处在外磁场作用下的材料，"有序"的层状 A 相是可以存在的. 在这里我们可以顺便提一句，由于不存在对称性的破缺，所以丝状相与层状 A 相之间的转变不一定要出现相变.

光的散射是由于材料的介电常数的涨落引起的. 对于丝状液晶，介电常数的涨落主要来源于指向矢的取向涨落. 但是，对于层状 A 相液晶，介电常数的涨落除去由于指向矢的取向涨落外，材料

密度的涨落也要起到相当的作用，因为指向矢的取向涨落直接影响到密度的涨落．按照前面一直沿用的坐标系，我们有

$$\varepsilon_{11}=\varepsilon_{22}=\varepsilon_{\perp},\quad \varepsilon_{33}=\varepsilon_{\parallel}.$$

作为一阶近似，我们可以把层状A相液晶的介电常数的涨落 $\delta\varepsilon_{\alpha\beta}$ 写作

$$\delta\varepsilon_{11}=\delta\varepsilon_{22}=a_{\perp}\Delta\rho+b_{\perp}\frac{\partial u}{\partial x_3},$$

$$\delta\varepsilon_{33}=a_{\parallel}\Delta\rho+b_{\parallel}\frac{\partial u}{\partial x_3},$$

$$\delta\varepsilon_{12}=\delta\varepsilon_{21}=0,$$

$$\delta\varepsilon_{13}=\delta\varepsilon_{31}=-\varepsilon_a\frac{\partial u}{\partial x_1},$$

$$\delta\varepsilon_{23}=\delta\varepsilon_{32}=-\varepsilon_a\frac{\partial u}{\partial x_2}. \tag{12.34}$$

$a_{\perp}$，$a_{\parallel}$，$b_{\perp}$ 和 $b_{\parallel}$ 是四个数量级为1的无量纲的系数．$\delta\varepsilon_{13}$ 和 $\delta\varepsilon_{23}$ 就是应用式(12.9)得到的式(11.30)的 $\delta\varepsilon_{\alpha\beta}$．

光的散射截面与介电常数涨落的相关函数成正比．在傅里叶变换下可以看出，与波矢改变量 $\mathbf{K}$ 相对应的散射截面将与 $\langle|\delta\tilde{\varepsilon}(\mathbf{K})|^2\rangle$ 成正比．式(11.34)告诉我们，当入(散)射光的偏振方向 $\mathbf{p}_i(\mathbf{p}_s)$ 是沿 x_3 轴方向，而散(入)射光的偏振方向 $\mathbf{p}_s(\mathbf{p}_i)$ 是沿 x_1x_2 平面时，可以有比较强的散射出现．这种散射称为退偏振光散射 (depolarized light scattering)．我们把 $\delta\varepsilon_{\alpha\beta}$ 和 u 都进行傅里叶变换后，可以看出

$$\langle|\delta\varepsilon_{13}(\mathbf{K})|^2\rangle=\varepsilon_a^2K_1^2\langle|u(\mathbf{K})|^2\rangle,$$

$$\langle|\delta\varepsilon_{23}(\mathbf{K})|^2\rangle=\varepsilon_a^2K_2^2\langle|u(\mathbf{K})|^2\rangle. \tag{12.35}$$

如果我们用 $\langle|\delta\varepsilon_{\perp 3}(\mathbf{K})|^2\rangle$ 中的"⊥"表示在 x_1x_2 平面上的任意方向，那么在应用式(12.31)后就可以有

$$\langle|\delta\varepsilon_{\perp 3}(\mathbf{K})|^2\rangle=\frac{\varepsilon_a^2kTK_{\perp}^2}{AK_3^2+k_{11}\left(K_{\perp}^2+\dfrac{1}{\xi_1^2}\right)K_{\perp}^2}. \tag{12.36}$$

在弱磁场条件下，忽略分母中的 $\chi_aH^2K_{\perp}^2$ 就得到

$$\langle|\delta\varepsilon_{\perp 3}(\mathbf{K})|^2\rangle = \left(\frac{\varepsilon_a^2 kT}{A}\right)\left(\frac{K_\perp^2}{K_3^2 + \lambda^2 K_\perp^4}\right), \qquad (12.37_1)$$

λ 是透入长度 $\sqrt{\frac{k_{11}}{A}}$. 如果 $K_3 \approx K_\perp \neq 0$，也就是说如果 $\mathbf{K}$ 是在斜的方向，那么由于对于可见光来讲一般 $\lambda K \ll 1$，因此近似地可以有

$$\langle|\delta\varepsilon_{\perp 3}(\mathbf{K})|^2\rangle = \frac{\varepsilon_a^2 kT}{A}\frac{K_\perp^2}{K_3^2}. \qquad (13.37_2)$$

这同体积弹性模量为 A 的各向同性液体的散射情形差不多．通常在透射实验中所出现的散射主要就是这种斜的散射．这说明单畴的层状A相液晶在扩展光源下并不显示出丝状液晶那种混浊状态．

如果 $\mathbf{K}$ 是在 x_1x_2 平面当中，那么

$$K_3 = 0, \quad K^2 = K_\perp^2,$$

而式(12.36)给出

$$\langle|\delta\varepsilon_{\perp 3}(\mathbf{K})|^2\rangle = \frac{\varepsilon_a^2 kT}{k_{11}K^2 + \chi_a H^2}. \qquad (12.37_3)$$

从式(12.36)来看，如果 $K_3 = 0$，显然 $\langle|\delta\varepsilon_{\perp 3}(\mathbf{K})|^2\rangle$ 会变得相当大，也就是说会出现相当强的散射．这个结果同丝状液晶情形中的式(11.56)是相类似的．从物理上看，$K_3 = 0$ 的涨落模式是纯波荡模式(图 12.9)，分子层产生了形变，但是分子层的厚度保持不变．产生这种涨落所需要的能量很小，因而可以得到比较大的振幅．从式(12.37$_1$)可以得到，对于给定的 K^2 值，在

$$K_3^2 + K_\perp^2 - \lambda^2 K_\perp = 0$$

的情形下 $\langle|\delta\varepsilon_{\perp 3}(\mathbf{K})|^2\rangle$ 具有最大值． 在 K_3 接近于零的条件下 $K_\perp^2 \approx K^2$．因此，强散射出现在 $K_3^2 < \lambda^2 K^4$ 的位置，也就是说出现在 $\frac{K_3}{K} < \lambda K$ 的位置．对于可见光，λK 大约在 10^{-2} 到 10^{-3} 附近．这是一个相当小的数值．$\frac{K_3}{K}$ 正是 $\mathbf{K}$ 和分子层之间的夹角．所以，强散射只出现在很小的锥面之内． K_3 接近于零的条件可以利用

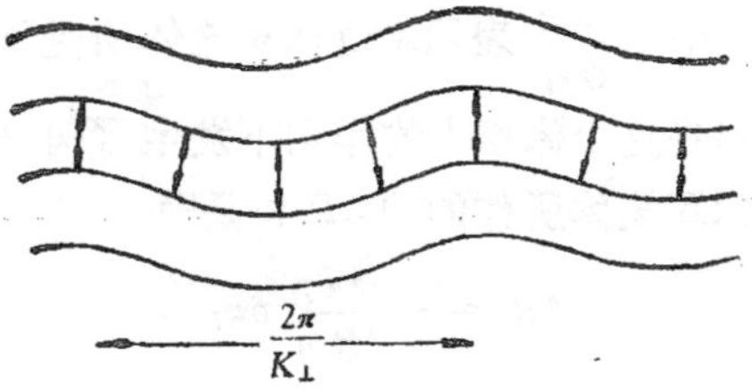

图 12.9 层状 A 相液晶的纯波荡式涨落模式.

表面波的散射来得到. 另外,由于 $\frac{K_3}{K}$ 很小，所以只有用非常良好的单畴样品才能进行这样的散射实验. 同时，样品的厚度还需要足够厚才能保证波荡模式不被样品的表面所钳住. 当然，良好的单畴样品很难得到，因而由于热波荡而引起的光散射是不易被观测到的. 这主要是由于液晶盒基片上的不规则性可以引起分子层的静态畸变，而静态畸变所引起的散射[31,32] 掩盖了热涨落引起的散射. 在选用优质光学玻璃片的情况下，确实曾经被测到过热涨落引起的散射[33].

§7 层状 A 相液晶的涨落动力学

像所有液体的运动那样，层状 A 相液晶的流动速度 v_i 需要满足式 (5.59) 的动量守恒方程式:

$$\frac{\partial}{\partial t}(\rho v_i) + \frac{\partial}{\partial x_j}(T_{ij} + t_{ij}) = 0, \tag{5.59}$$

T_{ij} 是动量通量密度张量，t_{ij} 是耗散动量通量密度张量. 我们现在要讨论的是涨落的动力学，因此式 (5.59) 中的流动速度 v_i 就是分子层位置 u_i 的时间改变率:

$$v_i = \frac{\partial u_i}{\partial t}. \tag{12.38}$$

由于现在不再是直接讨论指向矢的运动，所以 T_{ij} 不再能用式 (5.51) 的形式，同时 t_{ij} 也不再是式 (5.76) 的形式.

式(5.6)说明$-\frac{\partial T_{ij}}{\partial x_j}$表示单位体积流体所受到的体积力. 如果分子层的位移在这个体积力的作用下发生了小小的涨落δu_i, 那么这时单位体积流体所作的功δR将是[34]

$$\delta R = -\frac{\partial T_{ij}}{\partial x_j}\delta u_i.$$

把它对整个液晶体积积分,那末在分部积分后,应用高斯定理就得到

$$\int_V \delta R d\tau = \int_V T_{ij}\frac{\partial \delta u_i}{\partial x_j}d\tau - \oint_S T_{ij}\delta u_i dS_j.$$

最后一项的面积分是在液晶体积的外表面S上的积分. 如果液晶体积很大,在外表面S上$T_{ij}=0$, 则面积分等于零, 因而有

$$\int_V \delta R d\tau = \int_V T_{ij}\delta u_{ij}d\tau,$$

$$u_{ij} = \frac{\partial u_i}{\partial x_j}.$$

因此,可以有

$$\delta R = T_{ij}\delta u_{ij}.$$

液晶的体积力作了功δR, 于是液晶的自由能密度减少了δg. 这样,我们就有

$$\delta g = -\delta R = -T_{ij}\delta u_{ij}.$$

所以, T_{ij}与g之间满足关系式

$$T_{ij} = -\left(\frac{\partial g}{\partial u_{ij}}\right)_T, \tag{12.39}$$

右方的下标T是指在固定温度T条件下的微分.

耗散动量通量密度张量t_{ij}的表示式就是液晶的本构方程. 在没有足够的实验数据以给出具体形式的条件下, 我们只能对它作一些假设. 与丝状液晶相类似, 层状A相液晶也是单轴液晶. 所以,我们不妨以莱斯利理论作为出发点. 在恒温条件下,我们同样假设t_{ij}是流体速度梯度d_{ij}的一阶函数. 另外, 我们假设t_{ij}对i和j是对称的. 我们关心的是分子层位移的涨落δu_i, 因此可以认

为指向矢相对于液晶的流动不发生转动运动，从而有

$$\mathbf{N}=0。$$

这样，莱斯利理论中的 $N_i n_j$，$n_i N_j$，$\varepsilon_{ikl}n_k n_j T_{,l}$，$n_i \varepsilon_{jkl} n_k T_{,l}$ 等项都不会出现. $d_{ik}n_k n_j$ 和 $n_i n_k d_{kj}$ 不满足对称性的要求，所以也不会出现. 于是，对于层状A相液晶，满足单轴对称性的 t_{ij} 的普遍形式是

$$\begin{aligned} t_{ij}= & -(\eta_1 d_{kk}+\eta_2 d_{kl}n_k n_l)\delta_{ij} \\ & -(\eta_3 d_{kk}+\eta_4 d_{kl}n_k n_l)n_i n_j-\eta_5 d_{ij}。 \end{aligned} \tag{12.40}$$

这五个 η_i 也是一些粘滞系数.

有了 T_{ij} 和 t_{ij} 的表示式，我们可以进而讨论动量守恒方程(5.59). 为了计算简便而又不失普遍性起见，我们选择坐标系使涨落发生在 x_1x_3 平面当中，于是所有对 x_2 的微分都等于零. 这时波矢 $\mathbf{K}$ 成为

$$\mathbf{K}\equiv(K_1,0,K_3),\quad K^2=K_1^2+K_3^2。 \tag{12.41}$$

自由能密度 g 的表示式 (12.10_2) 这时简化成为

$$\begin{aligned} g= & \frac{1}{2}A\left(\frac{\partial u_3}{\partial x_3}\right)^2+\frac{1}{2}B\rho^2\left(\frac{\partial u_1}{\partial x_1}+\frac{\partial u_3}{\partial x_3}\right)^2 \\ & -C\rho\frac{\partial u_3}{\partial x_3}\left(\frac{\partial u_1}{\partial x_1}+\frac{\partial u_3}{\partial x_3}\right) \\ & +\frac{1}{2}k_{11}\left(\frac{\partial^2 u_3}{\partial x_1^2}\right)^2+\frac{1}{2}\chi_a H^2\left(\frac{\partial u_3}{\partial x_1}\right)^2. \end{aligned} \tag{12.42$_1$}$$

当然指向矢 $(\delta n_1, \delta n_2, n_3\approx 1)$ 满足式(12.9). 当我们应用式(12.39)来求 T_{ij} 的时候，由于式(12.42_1)中的

$$g_{el}=\frac{1}{2}k_{11}\left(\frac{\partial^2 u_3}{\partial x_1^2}\right)^2$$

项不是 u_{ij} 的函数形式，因而有一些困难. 不过，如果把 g_{el} 项对整个液晶体积积分，在用分部积分法后可以得到

$$\int_V g_{el}d\tau=\iiint_A^B \frac{1}{2}k_{11}\left(\frac{\partial^2 u_3}{\partial x_1^2}\right)^2 dx_1dx_2dx_3$$

$$= \frac{1}{2}\iint \left[\left(\frac{\partial u_3}{\partial x_1}\right)\left(\frac{\partial^2 u_3}{\partial x_1^2}\right)\right]_A^B dx_2 dx_3$$

$$- \frac{1}{2}\iiint_A^B k_{11}\frac{\partial u_3}{\partial x_1}\frac{\partial^3 u_3}{\partial x_1^3}dx_1dx_2dx_3.$$

在液晶盒的两端 $\frac{\partial u_3}{\partial x_1} = 0$，因此第一个积分为零，从而可以有

$$g_{el} = -\frac{1}{2}k_{11}\frac{\partial u_3}{\partial x_1}\frac{\partial^3 u_3}{\partial x_1^3}.$$

于是，式 (12.42_1) 可以改写成为

$$g = \frac{1}{2}Au_{33}^2 + \frac{1}{2}B\rho^2(u_{11} + u_{33})^2 - C\rho u_{33}(u_{11} + u_{33})$$

$$- \frac{1}{2}k_{11}u_{3111}u_{31} + \frac{1}{2}\chi_a H^2 u_{31}^2. \qquad (12.42_2)$$

现在从式 (12.39) 和 (12.42_2) 可以得到

$$T_{11} = -B\rho^2(u_{11} + u_{33}) + C\rho u_{33},$$

$$T_{31} = \frac{1}{2}k_{11}u_{3111} - \chi_a H^2 u_{31},$$

$$T_{33} = -Au_{33} - B\rho^2(u_{11} + u_{33}) + C\rho(u_{11} + 2u_{33}),$$

其余的 T_{ij} 都等于零．于是，我们有

$$\frac{\partial T_{1j}}{\partial x_j} = -B\rho^2 u_{111} - (B\rho^2 - C\rho)u_{313},$$

$$\frac{\partial T_{2j}}{\partial x_j} = 0,$$

$$\frac{\partial T_{3j}}{\partial x_j} = -(B\rho^2 - C\rho)u_{113}$$

$$+ \frac{1}{2}k_{11}u_{31111} - \chi_a H^2 u_{311} - (A + B\rho^2 - 2C\rho)u_{333}. \quad (12.43)$$

在式 (12.40) 中我们注意到，$n_1 = \delta n_1$，$n_2 = \delta n_2$ 和 $v_{i,j}$ 都是微量，所以在忽略二阶以上项的情形下

$$t_{ij} = -[\eta_1(v_{1,1} + v_{3,3}) + \eta_2 v_{3,3}]\delta_{ij} - [\eta_3(v_{1,1} + v_{3,3})$$

$$+ \eta_4 v_{3,3}]n_i n_j - \frac{1}{2}\eta_5(v_{i,j} + v_{j,i}),$$

因而得到在忽略二阶以上各项的条件下

$$\frac{\partial t_{1j}}{\partial x_j}=-(\eta_1+\eta_5)v_{1,11}$$

$$-\frac{1}{2}\eta_5 v_{1,33}-\left(\eta_1+\eta_2+\frac{1}{2}\eta_5\right)v_{3,13},$$

$$\frac{\partial t_{2j}}{\partial x_j}=-\frac{1}{2}\eta_5 v_{2,11}-\frac{1}{2}\eta_5 v_{2,33},$$

$$\frac{\partial t_{3j}}{\partial x_j}=-\left(\eta_1+\eta_3+\frac{1}{2}\eta_5\right)v_{1,13}$$

$$-\frac{1}{2}\eta_5 v_{3,11}-(\eta_1+\eta_2+\eta_3+\eta_4+\eta_5)v_{3,33}.$$

引用 v_i 和 u_i 之间的关系式(12.38),就有

$$\frac{\partial t_{1j}}{\partial x_j}=-(\eta_1+\eta_5)\frac{\partial u_{111}}{\partial t}$$

$$-\frac{1}{2}\eta_5\frac{\partial u_{133}}{\partial t}-\left(\eta_1+\eta_2+\frac{1}{2}\eta_5\right)\frac{\partial u_{313}}{\partial t},$$

$$\frac{\partial t_{2j}}{\partial x_j}=-\frac{1}{2}\eta_5\frac{\partial u_{211}}{\partial t}-\frac{1}{2}\eta_5\frac{\partial u_{233}}{\partial t},$$

$$\frac{\partial t_{3j}}{\partial x_j}=-\left(\eta_1+\eta_3+\frac{1}{2}\eta_5\right)\frac{\partial u_{113}}{\partial t}$$

$$-\frac{1}{2}\eta_5\frac{\partial u_{311}}{\partial t}-(\eta_1+\eta_2+\eta_3+\eta_4+\eta_5)\frac{\partial u_{333}}{\partial t}. \tag{12.44}$$

把式(12.34)、(12.38)和(12.44)代入式(5.59)的动量守恒方程,我们就可以得到

$$\rho\frac{\partial^2 u_1}{\partial t^2}-B\rho^2 u_{111}-(B\rho^2-C\rho)u_{313}$$

$$-(\eta_1+\eta_5)\frac{\partial u_{111}}{\partial t}-\frac{1}{2}\eta_5\frac{\partial u_{133}}{\partial t}$$

$$-\left(\eta_1+\eta_2+\frac{1}{2}\eta_5\right)\frac{\partial u_{313}}{\partial t}=0,$$

$$\rho\frac{\partial^2 u_2}{\partial t^2}-\frac{1}{2}\eta_5\frac{\partial u_{211}}{\partial t}-\frac{1}{2}\eta_5\frac{\partial u_{233}}{\partial t}=0,$$

$$\rho\frac{\partial^2 u_3}{\partial t^2}-(B\rho^2-C\rho)u_{113}+\frac{1}{2}k_{11}u_{31111}$$
$$-\chi_a H^2 u_{311}-(A+B\rho^2-2C\rho)u_{333}$$
$$-\left(\eta_1+\eta_3+\frac{1}{2}\eta_5\right)\frac{\partial u_{113}}{\partial t}$$
$$-\frac{1}{2}\eta_5\frac{\partial u_{311}}{\partial t}-(\eta_1+\eta_2+\eta_3+\eta_4+\eta_5)$$
$$\cdot\frac{\partial u_{333}}{\partial t}=0. \tag{12.45}$$

当然,在式(12.45)中 u_i 是位置 $\mathbf{r}$ 和时间 t 的函数,

$$u_i=u_i(\mathbf{r},t).$$

假定涨落随时间 t 的变化满足指数 $\exp(-i\omega t)$ 的规律,那么在应用傅里叶变换

$$u_i(\mathbf{r},t)=\frac{1}{\sqrt{V}}\sum_{\mathbf{K}}u_i(\mathbf{K})\exp[i(\mathbf{K}\cdot\mathbf{r}-\omega t)]$$

时,式(12.45)给出

$$\left\{\rho\omega^2-B\rho^2K_1^2+i\omega\left[(\eta_1+\eta_5)K_1^2+\frac{1}{2}\eta_5K_3^2\right]\right\}u_1(\mathbf{K})$$
$$-\left[B\rho^2-C\rho-i\omega\left(\eta_1+\eta_2+\frac{1}{2}\eta_5\right)\right]$$
$$\cdot K_1K_3u_3(\mathbf{K})=0, \tag{12.46}$$

$$\left(\rho\omega-\frac{i}{2}\eta_5K^2\right)u_2(\mathbf{K})=0, \tag{12.47}$$

$$\left[(B\rho^2-C\rho)-i\omega\left(\eta_1+\eta_3+\frac{1}{2}\eta_5\right)\right]K_1K_3u_1(\mathbf{K})$$
$$-\left\{\rho\omega^2-\left(\frac{1}{2}k_{11}K_1^2+\chi_aH^2\right)K_1^2\right.$$
$$-(B\rho^2-2C\rho+A)K_3^2+i\omega$$

$$\cdot \left[\frac{1}{2}\eta_5K_1^2 + (\eta_1 + \eta_2 + \eta_3 + \eta_4 + \eta_5)K_3^2\right]\Big\}$$

$$\cdot u_3(\mathbf{K}) = 0。 \tag{12.48}$$

式(12.47)是描述在 x_2 轴方向振动的运动方程，它给出的是横向运动模式。由于式(12.47)给出的 ω 是纯虚数，因此这是一个过阻尼的横向运动模式。

式(12.46)和(12.48)是一对联系 u_1 和 u_3 的齐次联立方程。如果 K_1 和 K_3 都不等于零，那么这一对联立方程具有非平凡解的条件成为

$$\omega^4 - \left[B\rho K_1^2 + \left(B\rho - 2C + \frac{A}{\rho}\right)K_3^2\right]\omega^2$$

$$+ (AB - C^2)K_1^2K_3^2 = 0, \tag{12.49}$$

这里我们忽略了含有弹性系数、磁化率各向异性以及各个粘滞系数的微量项。式(12.49)的两个解 ω_1^2 和 ω_3^2 决定了在 x_1 轴方向和在 x_3 轴方向振动方式的频率。如果 θ 是层状A相液晶分子平面法线与振动传播方向之间的夹角，那么

$$\omega_1^2 + \omega_3^2 = K^2\left[B\rho\sin^2\theta + \left(B\rho - 2C + \frac{A}{\rho}\right)\cos^2\theta\right],$$

$$\omega_1^2\omega_3^2 = K^4(AB - C^2)\sin^2\theta\cos^2\theta。$$

传播速度 α 与频 ω 之间满足

$$\alpha = \frac{\omega}{K}$$

的关系，这是因为 $K = \frac{2\pi}{\lambda}$。因此，两种振动方式的传播速度 α_1 和 α_3 满足关系式

$$\alpha_1^2 + \alpha_3^2 = B\rho\sin^2\theta + \left(B\rho - 2C + \frac{A}{\rho}\right)\cos^2\theta,$$

$$\alpha_1^2\alpha_3^2 = (AB - C^2)\sin^2\theta\cos^2\theta。 \tag{12.50}$$

对层状A相液晶4，4′氧化偶氮苯二甲酸乙酯（diethyl 4，4'-azoxydibenzoate）所进行的超声波速度的测量指出[35,36]

$$B\rho^2 \gg A \text{ 或 } C\rho。$$

这就是说液晶密度的涨落和分子层的振动之间没有多少耦合. 在这种情形之下式(12.50)给出一支振动方式是速度为 $a_1 \approx \sqrt{B\rho}$ 的纵波;另一支振动方式的速度为 $a_3 \approx \sqrt{\dfrac{A}{\rho}}\sin\theta\cos\theta$, 它对应于分子间距发生变化而密度基本不变的运动模式. 前一支振动方式基本上与传播方向无关, 而后一支振动方式与传播方向却有密切的关系. 对于具有丝状相、层状A相和层状B相的单畴对甲氧基苄叉对氨基肉桂酸 β-甲基丁酸酯 {β-methyl butyl p[(p-methoxybenzylidene) amino] cinnamate} 样品所作的布里渊散射实验直接证实了这两支振动方式的存在, 并且证实了与方向之间的上述理论关系[37].

如果 $K_1=0$, 那么式(12.46)将给出一个与式(12.47)完全相同的频率. 这时我们得到的将是一个在 x_1 轴方向振动的过阻尼横向运动模式. 从对称的角度来看, 显然这是必然的结果. 在这种情形中式(12.48)给出了在 x_3 轴方向传播的纵波频率所满足的色散关系式

$$\omega^2 + i\left(\frac{K^2}{\rho}\right)(\eta_1+\eta_2+\eta_3+\eta_4+\eta_5)\omega - \left(B\rho - 2C + \frac{A}{\rho}\right)K^2 = 0. \qquad (12.51)$$

这个关系式给出两种具有阻尼的振动方式.

如果 $K_3=0$, 那么式(12.46)指出,在 x_1 轴方向传播的纵波频率满足色散关系式

$$\omega^2 + i\left(\frac{K^2}{\rho}\right)(\eta_1+\eta_5)\omega - B\rho K^2 = 0, \qquad (12.52)$$

它仍然是两个具有阻尼的振动方式. 另外, 这时式(12.48)成为

$$\omega^2 + i\eta_5\left(\frac{K^2}{2\rho}\right)\omega - \left(\frac{1}{2}k_{11}K^2 + \chi_a H^2\right)\frac{K^2}{\rho} = 0. \qquad (12.53)$$

式(12.53)的两个近似解是

$$\omega_F = -i\eta_5\left(\frac{K^2}{2\rho}\right),$$

$$\omega_S = -2i\left(\frac{1}{\eta_5}\right)\left(\frac{1}{2}k_{11}K^2 + \chi_a H^2\right). \qquad (12.54)$$

它们同丝状液晶中的过阻尼快模式和慢模式相类似. 过阻尼的慢模式描述的是分子层的波荡运动.

§8 层状 A 相液晶的分子场理论

在第九章里我们对长棒状分子组成的系统引用了有序参数 $S_{\alpha\beta}$ 来描述分子的取向有序性. 梅尔-邵普的丝状液晶平均场理论中所考虑的, 也正是这个取向有序参数 $S_{\alpha\beta}$. 层状A相液晶除去具有丝状液晶的分子取向有序性外, 由于要形成分子层而增添了在垂直于分子层方向的平移周期性, 也就是说还要有形成周期性分子层的有序性. 现在的问题是究竟用什么形式的有序参数来描述这种分子层的排列有序性?

在讨论描述分子层的有序排列程度的有序参数之前, 让我们先返回到描述分子取向有序性的问题. 象第九章里所作的那样, 假设 $f(\cos\theta)\sin\theta d\theta$ 表示分子长轴与指向矢 $\mathbf{n}$ 相交在 θ 到 $\theta+d\theta$ 角之间的分子分数. 现在我们把取向分布函数 $f(\cos\theta)$ 用勒让德多项式加以展开:

$$f(\cos\theta) = \sum_l A_l P_l(\cos\theta).$$

对液晶来讲, 指向矢 $\mathbf{n}$ 和 $-\mathbf{n}$ 是等价的. 因此, 沿 θ 角方向排列的分子数与沿 $\pi-\theta$ 角方向排列的分子数相同. 这就要求

$$\begin{aligned} f(\cos\theta) &= f[\cos(\pi-\theta)] \\ &= f(-\cos\theta). \end{aligned}$$

勒让德多项式的一个特性是

$$P_l(-x) = -P_l(x), \quad l = \text{奇数};$$

$$P_l(-x) = P_l(x), \quad l = \text{偶数}.$$

现在要求 $f(\cos\theta)$ 是 $\cos\theta$ 的偶函数, 因此在它的勒让德多项式展开式中不可能出现奇数阶的项. 于是

$$f(\cos\theta)=\sum_{l=\text{偶数}}A_lP_l(\cos\theta).$$

应用勒让德多项式的正交性[38]就得到

$$A_l=\left(\frac{2l+1}{2}\right)\int_{-1}^{1}P_l(\cos\theta)f(\cos\theta)d(\cos\theta).$$

但是，右方的积分项正是 $P_l(\cos\theta)$ 的平均值 $\langle P_l(\cos\theta)\rangle$. 所以，取向分布函数的展开式成为

$$f(\cos\theta)=\sum_{l=\text{偶数}}\left(\frac{2l+1}{2}\right)\langle P_l(\cos\theta)\rangle P_l(\cos\theta).$$

在这个展开式中除 $l=0$ 的常数项外，最低项的系数是

$$\frac{5}{2}\langle P_2(\cos\theta)\rangle,$$

但是

$$\langle P_2(\cos\theta)\rangle=\frac{1}{2}\langle(3\cos^2\theta-1)\rangle=S,$$

正是式 (9.21) 里所引用的取向有序参数[39,40]. 由于[41]

$$P_l(1)=1$$

可以满足完全有序时有序参数的数值为 1 的条件，同时[38]

$$\int_{-1}^{1}P_l(x)dx=0$$

又可以满足在 $f(\cos\theta)$ 与 θ 无关的无规分布情形下有序参数的数值为零的条件，所以我们可以把 $\langle P_l(\cos\theta)\rangle$ 看作是不同阶次的有序参数. 这就是说 S 不过是最低阶的有序参数而已. 要想仔细地描述取向有序问题，需要引用许多阶的有序参数.

现在让我们把上面这种处理方式推广应用到层状 A 相液晶的分子层有序问题，并设法从那里找出描述分子形成分子层的有序参数. 分子层的形成说明分子在 x_3 轴方向所占的位置，或者说分子在 x_3 轴方向的平移分布，有一定的周期性. 这就同晶体的密度分布有周期性相类似. 在处理晶体熔融问题时，可以把密度分布函数用三维傅里叶级数加以展开，而把级数中各项的系数取作结

晶相的有序参数[42,43]. 对于层状A相液晶，如果我们先忽略分子取向有序的问题，那么分子平移分布函数将是一个一维的函数 $\phi(x_3)$，$\phi(x_3)$ 表示分子的质量中心处于 x_1x_2 平面上的分布函数. 现在我们把 $\phi(x_3)$ 用傅里叶级数加以展开:

$$\phi(x_3)=\sum_{n=0} B_n \cos\left(\frac{2\pi n x_3}{a}\right),$$

$$\int_0^a \phi(x_3)dx_3=1,$$

a 是分子层的厚度. 由于分布函数的周期是 a，所以归一化条件中的积分可以只在一个周期之中进行. 显然，现在有

$$B_0=\frac{1}{a},$$

$$B_n=\frac{2}{a}\int_0^a \phi(x_3)\cos\left(\frac{2\pi n x_3}{a}\right)dx_3$$

$$=\frac{2}{a}\left\langle\cos\left(\frac{2\pi n x_3}{a}\right)\right\rangle,\ n>0.$$

如果分子分布是完全有序的，那么

$$\phi(x_3)=\delta\left(x_3-\frac{a}{2}\right),$$

从而有

$$\left\langle\cos\left(\frac{2\pi n x_3}{a}\right)\right\rangle=\int_0^a \delta\left(x_3-\frac{a}{2}\right)\cos\left(\frac{2\pi n x_3}{a}\right)dx_3$$

$$=\pm 1.$$

如果分子分布是完全无规的，那么归一化条件给出

$$\phi(x_3)=\frac{1}{a},$$

这时

$$\left\langle\cos\left(\frac{2\pi n x_3}{a}\right)\right\rangle=\int_0^a \frac{1}{a}\cos\left(\frac{2\pi n x_3}{a}\right)dx_3$$

$$=0.$$

所以 $\cos\left(\frac{2\pi n x_3}{a}\right)$ 的平均值 $\left\langle\cos\left(\frac{2\pi n x_3}{a}\right)\right\rangle$ 具备作为有序参数的条件. 这样，与分子取向分布的情形相类比，我们可以取

$$\left\langle\cos\left(\frac{2\pi n x_3}{a}\right)\right\rangle$$

作为各阶的分子在 x_3 轴方向的平移有序参数. 当然，这里的讨论表明，要想仔细地描述平移有序性，同样需要引用许多阶的有序参数. 像梅尔-部普理论那样，现在我们只取第一阶的平均值

$$\sigma \equiv \left\langle\cos\frac{2\pi x_3}{a}\right\rangle \tag{12.55}$$

作为层状A相液晶的纯平移有序参数.

层状A相液晶既有取向有序性又有平移有序性，所以用来描述它的分子分布函数，需要既能描述分子沿指向矢 $\mathbf{n}$ 方向排列的倾向，又要能描述形成垂直于 $\mathbf{n}$ 方向的分子层的倾向. 因此，分布函数 ψ 不但是 $\cos\theta$ 的函数，而且也是 x_3 的函数，

$$\psi = \psi(\cos\theta,\ x_3).$$

把分布函数 ψ 用二重级数展开时，有

$$\psi(\cos\theta, x_3) = \sum_{l=\text{偶数}}\sum_{n=0} A_{ln}P_l(\cos\theta)\cos\left(\frac{2\pi n x_3}{a}\right),$$

$$\int_{-1}^{1}\int_{x_3=0}^{a}\psi(\cos\theta,\ x_3)d(\cos\theta)dx_3 = 1. \tag{12.56$_1$}$$

各个系数 A_{ln} 现在等于

$$A_{00} = \frac{1}{2a},$$

$$A_{0n} = \frac{1}{a}\left\langle\cos\left(\frac{2\pi n x_3}{a}\right)\right\rangle,\quad n \neq 0,$$

$$A_{l0} = \left(\frac{2l+1}{2a}\right)\langle P_l(\cos\theta)\rangle,\ l \neq 0,$$

$$A_{ln} = \left(\frac{2l+1}{2a}\right)\left\langle P_l(\cos\theta)\cos\left(\frac{2\pi n x_3}{a}\right)\right\rangle,$$

$$l \neq 0, \quad n \neq 0, \qquad (12.56_2)$$

这里

$$\langle X \rangle = \int_{-1}^{1} \int_{x_3=0}^{a} X\psi(\cos\theta, x_3) d(\cos\theta) dx_3$$

是 X 的平均值．在这个展开式中我们看到，不但有纯取向有序参数 $\langle P_l(\cos\theta)\rangle$ 和纯平移有序参数 $\left\langle \cos\left(\frac{2\pi n x_3}{a}\right)\right\rangle$，而且还有一组交叉有序参数 $\left\langle P_l(\cos\theta)\cos\left(\frac{2\pi n x_3}{a}\right)\right\rangle$．这些交叉有序参数描述各阶取向有序和平移有序之间的偶合程度或相关程度．我们现在取最低价的交叉有序参数 τ 为

$$\tau \equiv \left\langle P_2(\cos\theta)\cos\left(\frac{2\pi x_3}{a}\right)\right\rangle. \qquad (12.57)$$

从三个有序参数 S, σ 和 τ 来看，我们有

在各向同性相，$S = \sigma = \tau = 0$；

在丝状相，$S \neq 0$, $\sigma = \tau = 0$；

在层状A相，$S \neq 0$, $\sigma \neq 0$, $\tau \neq 0$.

对于完全有序的情形，这三个有序参数都趋向于等于1。

建立了有序参数，就有了建立层状A相液晶统计理论的基础．在讨论丝状液晶的梅尔-邵普平均场理论的时候我们曾经指出，平均场理论假设了每一个分子都是处在它周围所有分子的平均分子场的作用之下，而不考虑该分子与它周围各个分子之间的单独作用．平均分子场的具体形式还要从每一对分子之间的相互作用着手来进行计算（当然这里是假设只有两体作用的存在）．对于层状A相液晶的平均场理论也可以用同样的方法来进行考虑，只不过需要引进分子具有形成分子层的特点而已，也就是说层状A相液晶的两体相互作用势能 V_{AB} 与丝状液晶的两体相互作用势能要有不同的假设．一种假设是令[44,45]

$$V_{AB} = U(r_{AB}) + W(r_{AB})P_2(\cos\theta_{AB}), \qquad (12.58)$$

r_{AB} 是两个分子 A 和 B 的质量中心之间的距离，θ_{AB} 是 A 和 B 两个分子长轴之间的夹角，$P_2(\cos\theta_{AB})$ 仍然是二阶勒让德多项式，

U 和 W 都是相对距离 r_{AB} 的函数. 在这样的两体相互作用势能作用下，与两个分子的方位角 ϕ_A 和 ϕ_B 的关系是通过[46]

$$P_2(\cos\theta_{AB}) = P_2(\cos\theta_A)P_2(\cos\theta_B) + 2\sum_{m=1}^{n}\frac{(n-m)!}{(n+m)!}P_n^m(\cos\theta_A)P_n^m(\cos\theta_B) \cdot \cos m(\phi_A - \phi_B)$$

表现出来的，θ_A 和 θ_B 分别为分子 A 和分子 B 的长轴与 x_3 轴之间的夹角(也就是它们的极角). 函数 $U(r_{AB})$ 描述分子之间的短程有心力，函数 $W(r_{AB})$ 描述由于各向异性弥散力、四极矩相互作用力等等与取向有关的力的总影响.

$U(r)$ 和 $W(r)$ 的具体形式目前还只能进行假设，还没有理论能够把它们具体计算出来. 目前已有的一种假设是

$$U(r) = -\frac{A}{\pi^{3/2}r_0^3}\exp\left[-\left(\frac{r}{r_0}\right)^2\right],$$

$$W(r) = -\frac{B}{\pi^{3/2}r_0^3}\exp\left[-\left(\frac{r}{r_0}\right)^2\right],$$

其中 A 和 B 是描述相互作用势能强度的两个常数，r_0 是一个描述相互作用的量程并具有分子长度数量级的常数[47,48]. 在这种假设之下，分子 A 和分子 B 之间的相互作用势能 $V_{AB}(\mathbf{r}_{AB}, \boldsymbol{\nu}_A\cdot\boldsymbol{\nu}_B)$ 成为

$$V_{AB}(\mathbf{r}_{AB}, \boldsymbol{\nu}_A\cdot\boldsymbol{\nu}_B) = -\frac{A}{\pi^{3/2}r_0^3}\exp\left[-\left(\frac{r_{AB}}{r_0}\right)^2\right] - \frac{B}{\pi^{3/2}r_0^3}\exp\left[-\left(\frac{r_{AB}}{r_0}\right)^2\right]P_2(\cos\theta_{AB}), \qquad (12.59)$$

式中 $\boldsymbol{\nu}_A$ 和 $\boldsymbol{\nu}_B$ 是分子 A 和分子 B 的取向单位矢量，且

$$\boldsymbol{\nu}_A\cdot\boldsymbol{\nu}_B = \cos\theta_{AB}.$$

考虑到层状A相液晶的单轴性和沿 x_3 轴（指向矢）方向的平移有序性，在 $\mathbf{r}$ 点找到取向为 $\boldsymbol{\nu}$ 的分子的几率 $f(\mathbf{r}, \boldsymbol{\nu})$ 将只是坐标 x_3 和分子取向 $\boldsymbol{\nu}$ 与 x_3 轴间夹角 θ 的函数. 于是，在傅里叶级数展开下可以有

$$f(\mathbf{r},\boldsymbol{\nu})=\frac{1}{2\pi V}\left[f^{(0)}(\theta)+f^{(1)}(\theta)\cos\left(\frac{2\pi x_3}{a}\right)+\cdots\right],$$

(12.60)

V 是液晶的体积，a 是分子层厚度，2π 因子的引入是为了消除对方位角 ϕ 积分时得到的因子 2π. 如果 N 是分子数，那么在 A 点的取向为 $\boldsymbol{\nu}_A$ 的分子所具有的平均势能为

$$V(\mathbf{r}_A,\boldsymbol{\nu}_A)=N\int f(\mathbf{r}_B,\boldsymbol{\nu}_B)V_{AB}(\mathbf{r}_{AB},\boldsymbol{\nu}_A\cdot\boldsymbol{\nu}_B)d\mathbf{r}_{AB}d\boldsymbol{\nu}_B.$$

引用式(12.60)的展开，忽略高阶项时就有

$$\begin{aligned}V(\mathbf{r}_A,\boldsymbol{\nu}_A)&=\frac{n}{2\pi}\int f^{(0)}(\theta_B)V_{AB}d\mathbf{r}_Bd\boldsymbol{\nu}_B\\&\quad+\frac{n}{2\pi}\int f^{(1)}(\theta_B)V_{AB}\cos\left(\frac{2\pi x_{B3}}{a}\right)d\mathbf{r}_Bd\boldsymbol{\nu}_B\\&=V^{(0)}(\theta_A)+V^{(1)}(\theta_A)\cos\left(\frac{2\pi x_{A3}}{a}\right),\end{aligned}\qquad(12.61_1)$$

n 是单位体积分子数，而

$$V^{(0)}(\theta_A)=\frac{n}{2\pi}\int f^{(0)}(\theta_B)V_{AB}(\mathbf{r}_{AB},\boldsymbol{\nu}_A\cdot\boldsymbol{\nu}_B)d\mathbf{r}_Bd\boldsymbol{\nu}_B,$$

$$\begin{aligned}&V^{(1)}(\theta_A)\cos\left(\frac{2\pi x_{A3}}{a}\right)\\&\quad=\frac{n}{2\pi}\int f^{(1)}(\theta_B)V_{AB}(\mathbf{r}_{AB},\boldsymbol{\nu}_A\cdot\boldsymbol{\nu}_B)\cos\left(\frac{2\pi x_{B3}}{a}\right)d\mathbf{r}_Bd\boldsymbol{\nu}_B.\end{aligned}$$

注意，$V^{(1)}(\theta_A)\cos\left(\frac{2\pi x_{A3}}{a}\right)$ 的积分表示式正是

$$\begin{aligned}&\int f^{(1)}(\theta_B)V_{AB}\exp\left(i\frac{2\pi x_{B3}}{a}\right)d\mathbf{r}_Bd\boldsymbol{\nu}_B\\&\quad=\exp\left(\frac{i2\pi x_{A3}}{a}\right)\int f^{(1)}(\theta_B)V_{AB}\exp\left[i\frac{2\pi(x_{B3}-x_{A3})}{a}\right]\\&\quad\cdot d\mathbf{r}_Bd\boldsymbol{\nu}_B\end{aligned}$$

的实数部分. 由于 V_{AB} 是 $x_{B3}-x_{A3}$ 的偶函数，而

$$\sin\left[\frac{2\pi(x_{B3}-x_{A3})}{a}\right]$$

是 $x_{B3}-x_{A3}$ 的奇函数，所以上式右方成为

$$\exp\left(i\frac{2\pi x_{A3}}{a}\right)\int f^{(1)}(\theta_B)V_{AB}(\mathbf{r}_{AB},\boldsymbol{\nu}_A\cdot\boldsymbol{\nu}_B)\cos\left[\frac{2\pi(x_{B3}-x_{A3})}{a}\right]\cdot d\mathbf{r}_B d\boldsymbol{\nu}_B.$$

这样就有

$$V^{(0)}(\theta_A)=\frac{n}{2\pi}\int f^{(0)}(\theta_B)V_{AB}(\mathbf{r}_{AB},\boldsymbol{\nu}_A\cdot\boldsymbol{\nu}_B)d\mathbf{r}_B d\boldsymbol{\nu}_B,$$

$$V^{(1)}(\theta_A)=\frac{n}{2\pi}\int f^{(1)}(\theta_B)V_{AB}(\mathbf{r}_{AB},\boldsymbol{\nu}_A\cdot\boldsymbol{\nu}_B)\cdot\cos\left[\frac{2\pi(x_{B3}-x_{A3})}{a}\right]d\mathbf{r}_B d\boldsymbol{\nu}_B. \tag{12.61$_2$}$$

现在把式(12.59)的 V_{AB} 代入式(12.61$_2$)，注意到[49]

$$\int_{-\infty}^{\infty}\exp\left(-\frac{x^2}{r_0^2}\right)=\sqrt{\pi}\ r_0,$$

$$\int_{-\infty}^{\infty}\exp\left(-\frac{x^2}{r_0^2}\right)\cos\left(\frac{2\pi x}{a}\right)dx=\sqrt{\pi}\ r_0\exp\left(-\frac{\pi^2 r_0^2}{a^2}\right),$$

同时我们注意到 $P_2(\cos\theta_{AB})$ 的展开式中含 $\cos m(\phi_A-\phi_B)$ 的项在对 ϕ_B 从零到 2π 积分时等于零，就可以得到分子所处的平均场势能 $V(\mathbf{r},\boldsymbol{\nu})$ 的表达式为

$$V(\mathbf{r},\boldsymbol{\nu})=-n\int_{-1}^{1}f^{(0)}(\theta_2)[A+BP_2(\cos\theta)P_2(\cos\theta_2)]d(\cos\theta_2)-n\exp\left(-\frac{\pi^2 r_0^2}{a^2}\right)\cos\left(\frac{2\pi x_3}{a}\right)\cdot\int_{-1}^{1}f^{(1)}(\theta_2)[A+BP_2(\cos\theta)P_2(\cos\theta_2)]d(\cos\theta_2), \tag{12.62}$$

这里我们忽略了高阶傅里叶展开项．现在比较一下式(12.56)的 ψ 和式(12.60)的 f 这两个分布函数．如果令 $\mathscr{A}$ 为液晶的截面积、L 为液晶的厚度(当然 $\lim\mathscr{A}\to\infty$，$\lim L\to\infty$)，那末 $f(\mathbf{r},\boldsymbol{\nu})$ 的归一化条件是

$$\iiint f(\mathbf{r},\boldsymbol{\nu})d\mathbf{r}d(\cos\theta)d\phi$$

$$=2\pi\mathscr{A}\int_{-1}^{1}\int_{-\infty}^{\infty}f(\mathbf{r},\boldsymbol{\nu})dx_3d(\cos\theta)=1.$$

由于 $\psi(\boldsymbol{\nu},\mathbf{r})=\psi(\cos\theta,x_3)$ 对 x_3 具有周期性，各分子层的 $f(\cos\theta,x_3)$ 又都相同，而液晶的分子层的层数等于 $\frac{L}{a}$，因此 $\psi(\boldsymbol{\nu},\mathbf{r})$ 的归一化条件是

$$\int_{-1}^{1}\int_{0}^{a}\psi(\cos\theta,x_3)d(\cos\theta)dx_3$$

$$=\frac{a}{L}\int_{-1}^{1}\int_{-\infty}^{\infty}\psi(\cos\theta,x_3)d(\cos\theta)dx_3$$

$$=1.$$

比较一下这两个归一化条件，可以看出

$$f(\mathbf{r},\boldsymbol{\nu})=\left(\frac{a}{2\pi V}\right)\psi(\cos\theta,x_3), \tag{12.63}$$

$V=\mathscr{A}L$ 是液晶的体积. 把式(12.56)和(12.60)代入式(12.63)，就可以有

$$f^{(0)}(\theta)=\frac{1}{2}+\frac{5}{2}\langle P_2(\cos\theta)\rangle P_2(\cos\theta)$$

$$=\frac{1}{2}+\frac{5}{2}SP_2(\cos\theta),$$

$$f^{(1)}(\theta)=\left\langle\cos\left(\frac{2\pi x_3}{a}\right)\right\rangle+\frac{5}{2}\left\langle P_2(\cos\theta)\right.$$

$$\left.\cdot\cos\left(\frac{2\pi x_3}{a}\right)\right\rangle P_2(\cos\theta)$$

$$=\sigma+\frac{5}{2}\tau P_2(\cos\theta). \tag{12.64}$$

式中 S，σ 和 τ 是式(9.21)、(12.55)和(12.57)所定义的三个有序参数. 把式(12.64)代入式(12.62)，同时考虑到如果在 $\cos\left(\frac{2\pi x_3}{a}\right)$ 项中只取正的 x_3 值，那末式(12.62)的第二项将再乘以一个因子 2，从而得到

$$V(\mathbf{r}, \boldsymbol{\nu}) = -nA - 2nA\alpha\sigma\cos\left(\frac{2\pi x_3}{a}\right)$$

$$-nB\left[S + \alpha\tau\cos\left(\frac{2\pi x_3}{a}\right)\right]P_2(\cos\theta).$$

忽略 nA 常数项，就可以有平均场势能 $V_M(\cos\theta, x_3)$ 为

$$V_M(\cos\theta, x_3) = -nB\left[S + \alpha\tau\cos\left(\frac{2\pi x_3}{a}\right)\right]P_2(\cos\theta)$$

$$-2nA\alpha\sigma\cos\left(\frac{2\pi x_3}{a}\right),$$

$$\alpha = 2\exp\left(-\frac{\pi^2 r_0^2}{a^2}\right). \qquad (12.65)$$

有了平均势能 V_M，按照经典统计力学，分布函数 $f(\mathbf{r}, \boldsymbol{\nu})$ 为

$$f(\mathbf{r}, \boldsymbol{\nu}) = \frac{1}{Z}\exp\left[-\frac{V_M(\cos\theta, x_3)}{kT}\right]$$

$$Z = \int \exp\left[-\frac{V_M(\cos\theta, x_3)}{kT}\right] d\mathbf{r}\, d(\cos\theta)\, d\phi$$

$$= 2\pi\frac{V}{L}\int_{-L/2}^{L/2}\int_{-1}^{1}\exp\left[-\frac{V_M(\cos\theta, x_3)}{kT}\right] dx_3\, d(\cos\theta)$$

$$\equiv 2\pi\frac{V}{L} I. \qquad (12.66)$$

于是我们有

$$S = \int_{-1}^{1}\int_{-L/2}^{L/2}\left(\frac{1}{I}\right)$$

$$\cdot \exp\left[-\frac{V_M(\cos\theta, x_3)}{kT}\right] P_2(\cos\theta)\, dx_3\, d(\cos\theta),$$

$$\sigma = \int_{-1}^{1}\int_{-L/2}^{L/2}\left(\frac{1}{I}\right)\exp\left[-\frac{V_M(\cos\theta, x_3)}{kT}\right]$$

$$\cdot \cos\left(\frac{2\pi x_3}{a}\right) dx_3\, d(\cos\theta),$$

$$\tau = \int_{-1}^{1}\int_{-L/2}^{L/2}\left(\frac{1}{I}\right)\exp\left[-\frac{V_M(\cos\theta, x_3)}{kT}\right]$$

$$\cos\left(\frac{2\pi x_3}{a}\right)P_2(\cos\theta)dx_3d(\cos\theta)。\qquad(12.67)$$

这是三个关于有序参数 S，σ 和 τ 的自洽方程．它们的解给出了有序参数与温度的关系．不过这三个方程一般除去有各向同性相解、丝状相解和层状 A 相解之外还有其余的解． 要想确定物理上可观测的解，还需要计算分子的自由能 F，从而决定究竟那个解能给出不同温度下自由能具有最小值． 引用三个有序参数的定义，单个分子的能量是

$$\begin{aligned}E &= \frac{1}{2}\langle V_M\rangle\\ &= -\frac{1}{2}[nB(S^2+\alpha\tau^2)+2nA\alpha\sigma^2],\end{aligned}\qquad(12.68_1)$$

因子 $\frac{1}{2}$ 是由于在计算 V_M 中使用的是两体势能，因而对每个分子都计算了两次而引入的．分子的熵 s 由 $k\ln Z$ 给出：

$$\begin{aligned}s &= k\ln Z\\ &= k\ln\left(\frac{2\pi V}{L}\right)+k\ln I。\end{aligned}\qquad(12.68_2)$$

于是，分子的自由能 F 为

$$\begin{aligned}F &= E-Ts\\ &= -\frac{1}{2}[nB(S^2+\alpha\tau^2)+2nA\alpha\sigma^2]\\ &\quad -kT\ln I-kT\ln\left(\frac{2\pi V}{L}\right).\end{aligned}\qquad(12.68_3)$$

在 $A=0$ 的情形下对不同 α 值所作的式(12.67)和(12.68)的数字解如图 12.10 所示[47]． 这时只涉及到有序参数 S 和 τ．层状 A 相的平移有序性在这种情形是由交叉有序参数 τ 来表现的．长链分子的 a 值较大，它的 α 值也较大．

从图 12.10 可以看出，在 $\alpha=1.1$ 的情况下，随着温度的上升，在同一温度 T_{AI}，S 和 τ 同时降为零． 这就是说 T_{AI} 是一个从层状 A 相直接转变到各向同性相，当中不经过丝状相的一级相

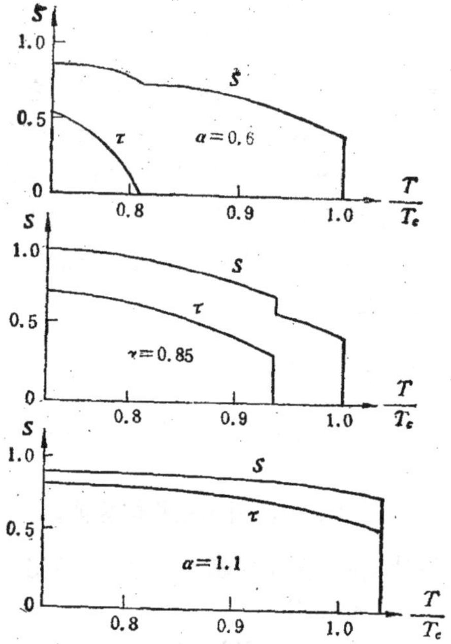

图 12.10　有序参数与温度关系图 ($A=0$).

变. 在 $\alpha=0.85$ 的情况下,有一个 τ 突然变为零的温度 T_{AN}. 在 T_{AN}, S 并不为零,而是有一个突变的下降. 随着温度的继续升高, S 继续下降,直到温度达到 T_{NI} 时 S 才突然降为零. 这就是说在 $\alpha=0.85$ 的情况下,有一个层状A相到丝状相的一级相变,和一个从丝状相到各向同性相的一级相变. 在 $\alpha=0.6$ 的短链分子的情形中,温度上升时 τ 连续地下降,到 T_{AN} 时 τ 下降为零. S 虽然随着温度上升而连续地下降,但是到达 τ 降为零的温度 T_{AN} 时, S 的下降有一个不连续的梯度出现. 继续升高温度到 T_{NI} 时, S 才突变为零. 因此,对于 $\alpha=0.6$ 的短链分子,在 T_{AN} 温度处有一个从层状A相到丝状相的二级相变,而在 T_{NI} 温度处有一个从丝状相到各向同性相的一级相变.

对于 $A=0$ 的情形,相变温度与 α 的关系见图 12.11(a)[47],一些实验的结果如图 12.11(b) 所示. 从图上可以看到,理论只能得到定性的成功，还不能作出正确的定量结论．对于 $A\neq 0$ 的计算结果，大体情形也同 $A=0$ 的情形相类似．关于平移有序的情形，也就是 σ^2 与温度的关系，可以从分子层的X射线布喇格散射强度来获得．对胆甾醇肉豆蔻酸酯进行的测量结果与用 $\frac{A}{B}=0.65$ 得

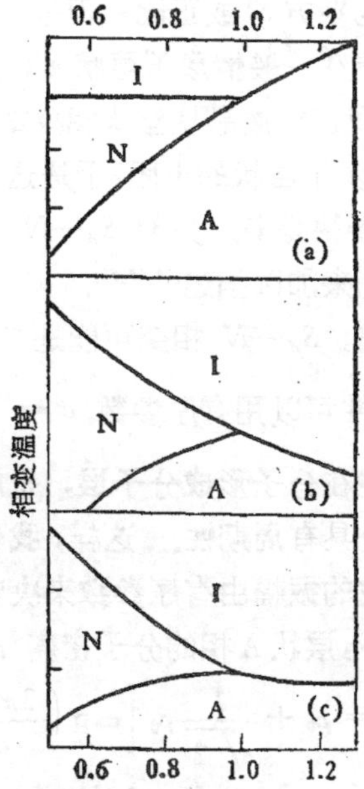

图 12.11 相变温度与 α 关系图.
(a) 理论; (b) 实验; (c) 改进理论.

到的理论结果符合得很好[48]．但是，对胆甾醇壬酸酯所作的测量却与 $\frac{A}{B}=0.65$ 的理论结果相差很多，反而与 $A=0$ 的理论结果比较接近一些，不过仍然不很理想．采用式(12.59)的相互作用势能形式，但仍然应用变分原理作了改进的平均场理论，可以得出一个和实验相接近的结果，这可以参考图 12.11(c)[50]．

§9 层状A相与丝状相间的相变

上节已经指出，X射线散射强度实验显示出，丝状（包括螺旋状）相在接近 $S_A—N$ 相变点附近时逐渐增加了类似层状A相的有序性．这种相变前效应在丝状相的弹性常数随温度变化的关系中也有所表现[51]．平均场理论指出，丝状液晶的扭曲和弯曲弹性常数都是同有序参数的平方 S^2 成正比．但是，层状A相液晶的两个弹性常数很大，使得在一般情形下层状A相液晶不会产生扭曲形变和弯曲形变．当我们把液晶从丝状相冷却到 $S_A—N$ 相变温度附近时，由于逐渐增多了层状的小团，于是这两个弹性常数的增加比起 S^2 定律的增加要快得多．关于 $S_A—N$ 相变我们可以引用一个朗道型的唯象理论来加以描述[24,48,52]．

上一节已经指出，$S_A—N$ 相变可能是二级相变，同时还指出了 S_A 相的平移有序性可以用有序参数 $\sigma=\left\langle\cos\left(\frac{2\pi x_3}{a}\right)\right\rangle$ 来描述．平移有序性表现在分子形成分子层，也就是说分子密度沿垂直于分子层的方向上具有周期性．这样，我们就可以引用一个密度波的概念，密度波的振幅由有序参数来决定．在保留到最低阶的傅里叶分量条件下，层状A相的分子密度 $\rho(\mathbf{r})$ 可以写成

$$\rho(\mathbf{r})=\rho_0+\frac{1}{\sqrt{2}}\rho_0\left[\exp\left(\frac{2\pi i x_3}{a}\right)\psi(\mathbf{r})+\exp\left(-\frac{2\pi i x_3}{a}\right)\psi^*(\mathbf{r})\right] \tag{12.69}$$

的形式，ρ_0 是平均密度，a 是分子层厚度，有序参数 $\psi(\mathbf{r})$ 是一个随 $\mathbf{r}$ 缓慢变化的复函数，$\psi^*(\mathbf{r})$ 是 $\psi(\mathbf{r})$ 的共轭复函数．层状A相的平移有序性就由

$$\psi(\mathbf{r})=\psi\exp\left(i\frac{2\pi}{a}\phi\right) \tag{12.70}$$

来决定．分子层的位置由 $\psi(\mathbf{r})$ 函数的相位 ϕ 决定．假定 $S_A—N$

相变是二级相变，那末我们可以假设在 S_A—N 相变点附近 $\psi(\mathbf{r})$ 是一个小量，从而可以把系统的自由能密度用 $\psi(\mathbf{r})$ 和它的梯度加以展开. 根据对称性，展开式中将只有 $\psi(\mathbf{r})$ 的偶次幂出现. 在指向矢取向固定的情况下，我们可以有 S_A 相的自由能密度 g_A 的展开式

$$g_A = g_0 + \mathscr{A}(T)|\psi|^2 + \frac{1}{2}\mathscr{B}|\psi|^4 + \frac{1}{2M_l}\left|\frac{\partial\psi(\mathbf{r})}{\partial x_3}\right|^2 + \frac{1}{2M_t}\left[\left|\frac{\partial\psi(\mathbf{r})}{\partial x_1}\right|^2 + \left|\frac{\partial\psi(\mathbf{r})}{\partial x_2}\right|^2\right]. \qquad (12.71)$$

g_0 是丝状相的自由能密度，$\mathscr{B}>0$，M_l 和 M_t 都是常数系数。可以假设系数 $\mathscr{A}(T)$ 为

$$\mathscr{A}(T) = \alpha(T - T^*_{SN}), \qquad (12.72)$$

α 是一个常数，而 T^*_{SN} 是一个接近于相变温度 T_{SN} 的温度. 对于温度 T 低于 T^*_{SN} 的层状 A 相，我们可以把密度波的振幅 ψ 取作常数。这时我们有

$$\nabla\psi(\mathbf{r}) = i\frac{2\pi}{a}\psi(r)\nabla\phi, \qquad (12.73)$$

而自由能密度的梯度部分 g_g 成为

$$g_g = \frac{1}{2M_l}\left(\frac{2\pi}{a}\right)^2|\psi|^2\left|\frac{\partial\phi}{\partial x_3}\right|^2 + \frac{1}{2M_t}\left(\frac{2\pi}{a}\right)^2|\psi|^2\left[\left|\frac{\partial\phi}{\partial x_1}\right|^2 + \left|\frac{\partial\phi}{\partial x_2}\right|^2\right].$$

把这个式子的第一项同式(12.11)的第一项相比较就可以看到，如果把式(12.11)中的系数 A 取作

$$A = \left(\frac{2\pi}{a}\right)^2\left(\frac{1}{M_l}\right)|\psi|^2$$

的形式，那末就可以有

$$|\phi|^2 = |u_3|^2,$$

也就是说 ϕ 正好与分子层的位移 u_3 相对应。 这时分子层相对于

指向矢的偏转 $\frac{\partial \phi}{\partial x_1}$ 和 $\frac{\partial \phi}{\partial x_2}$ 和式(12.11)中的 $\frac{\partial u_3}{\partial x_1}$ 和 $\frac{\partial u_3}{\partial x_2}$ 相对应，也就是说和指向矢的涨落 δn_1 和 δn_2 相对应[参考式(12.9)].

当指向矢的取向不固定时，我们还需要考虑分子层与指向矢之间的相对偏转. 假定分子层与 x_1x_2 平面相平行，指向矢 $\mathbf{n}$ 是

$$\mathbf{n} \equiv (n_1, n_2, n_3) \equiv (\delta n_1, \delta n_2, n_3 \approx 1).$$

那末，使自由能密度在分子层发生小的偏转时具有不变性，就可以把式(12.71)推广成为

$$g_A = g_0 + \mathscr{A}(T)|\psi|^2 + \frac{1}{2}\mathscr{B}|\psi|^4 + \frac{1}{2M_l}\left|\frac{\partial\psi(\mathbf{r})}{\partial x_3}\right|^2 + \frac{1}{2M_t}\left[\left|\left(\frac{\partial}{\partial x_1} - \frac{2\pi i}{a}n_1\right)\psi(\mathbf{r})\right|^2 + \left|\left(\frac{\partial}{\partial x_2} - \frac{2\pi i}{a}n_2\right)\psi(\mathbf{r})\right|^2\right]. \tag{12.74$_1$}$$

这个自由能密度表示式与超导理论中的自由能密度形式极为相似. 为了进行对比，我们先忽略 M_l 与 M_t 之间的差别，而令它们都是 M，当然也可以把 M 看作是具有两个不同数量 M_l 和 M_t 的量. 我们把式(12.74$_1$)写成

$$g_A = g_0 + \mathscr{A}(T)|\psi|^2 + \frac{1}{2}\mathscr{B}|\psi|^4 + \frac{1}{2M}\left|\left(\nabla - i\frac{2\pi}{a}\mathbf{n}\right)\psi(\mathbf{r})\right|^2 \tag{12.74$_2$}$$

的形式. 如果把液晶的弹性自由能密度也考虑进去(为简单起见令 $k_{11} = k_{22} = k_{33} = k$)，同时假定液晶没有发生展曲形变，因而

$$\nabla \cdot \mathbf{n} = 0, \tag{12.75}$$

那末液晶的自由能 G 就成为

$$G = G_0 + \int\left[\mathscr{A}(T)|\psi|^2 + \frac{1}{2}\mathscr{B}|\psi|^4 + \frac{1}{2M}\left|\left(\nabla - \frac{2\pi i}{a}\mathbf{n}\right)\psi(\mathbf{r})\right|^2\right.$$

$$+\frac{1}{2}k(\nabla\times\mathbf{n})^2\Big]d\tau. \tag{12.76}$$

这个方程同超导理论中的京茨堡-朗道方程相类似. 超导体自由能 F 的京茨堡-朗道方程是[53]

$$F=F_{n0}+\int\left[\frac{1}{8\pi}\mathbf{B}^2+\frac{\hbar^2}{4m}\left|\left(\nabla-\frac{2ie}{\hbar c}\mathbf{A}\right)\psi\right|^2\right.$$

$$\left.+a|\psi|^2+\frac{1}{2}b|\psi|^4\right]d\tau,$$

F_{n0} 是无磁场情形下超导体在正常状态下的自由能, $\mathbf{B}=\nabla\times\mathbf{A}$ 是局域磁感应, e 是电子电荷, m 是电子质量. 把式(12.76)与它相比较就可以看到,指向矢 $\mathbf{n}$ 正好对应于超导理论中的矢势 $\mathbf{A}$.

现在把式(12.76)的自由能对 $\mathbf{n}$ 作变分 $\delta\mathbf{n}$, 那末 G 的变分 δG 为

$$\delta G=\int\Big\{k(\nabla\times\mathbf{n})\cdot(\nabla\times\delta\mathbf{n})+\frac{i\pi}{M_a}\Big[\psi^*(\mathbf{r})\nabla\psi(\mathbf{r})$$

$$-\psi(\mathbf{r})\nabla\psi^*(\mathbf{r})-\frac{4\pi i}{a}|\psi|^2\mathbf{n}\Big]\cdot\delta\mathbf{n}\Big\}d\tau.$$

把右方积分的第一项进行分部积分后,它的体积分部分成为

$$\int k(\nabla\times\nabla\times\mathbf{n})\cdot\delta\mathbf{n}d\tau.$$

在平衡状态下 $\delta G=0$, 于是有

$$\nabla\times\nabla\times\mathbf{n}=\frac{\pi}{Mka}\mathbf{J},$$

$$\mathbf{J}=-i[\psi^*(\mathbf{r})\nabla\psi(\mathbf{r})-\psi(\mathbf{r})\nabla\psi^*(\mathbf{r})]-\frac{4\pi}{a}|\psi|^2\mathbf{n}. \tag{12.77}$$

引用矢量

$$\mathbf{h}=\nabla\times\mathbf{n},\quad \nabla\cdot\mathbf{h}=0, \tag{12.78}$$

那末式(12.77)就成为

$$\nabla\times\mathbf{h}=\left(\frac{\pi}{Mka}\right)\mathbf{J}. \tag{12.79}$$

应用式(12.73),并注意到

$$\phi^*(\mathbf{r})\nabla\phi(\mathbf{r}) - \phi(\mathbf{r})\nabla\phi^*(\mathbf{r}) = i\left(\frac{4\pi}{a}\right)|\phi|^2\nabla\phi,$$

就有

$$\nabla \times \mathbf{J} = -\left(\frac{4\pi}{a}\right)|\phi|^2\nabla \times \mathbf{n}$$

$$= -\left(\frac{4\pi}{a}\right)|\phi|^2\mathbf{h}. \tag{12.80}$$

从式(12.78)、(12.79)和(12.80)可以得到

$$-\nabla^2\mathbf{h} = \nabla \times (\nabla \times \mathbf{h})$$

$$= -\left(\frac{4\pi^2}{Mka^2}\right)|\phi|^2 h. \tag{12.81}$$

系统的平衡状态是 $\frac{\partial g_A}{\partial \phi} = 0$ 的状态. 从式(12.71)我们得到

$$|\phi|^2 = -\frac{\mathscr{A}(T)}{\mathscr{B}}$$

$$= \left(\frac{\alpha}{\mathscr{B}}\right)(T^*_{SN} - T),$$

把它代入式(12.81), 就得到 $\mathbf{h}$ 所满足的方程

$$\nabla^2\mathbf{h} = \left(\frac{4\pi^2|\mathscr{A}(T)|}{Mka^2\mathscr{B}}\right)\mathbf{h}. \tag{12.82}$$

对于一维的情形,这个方程具有

$$\mathbf{h}(x_3) = \mathbf{h}_0 \exp\left(-\frac{x_3}{\lambda}\right)$$

形式的解,式中穿透长度 $\lambda(T)$ 为

$$\lambda(T) = \left(\frac{a}{2\pi}\right)\sqrt{\frac{Mk\mathscr{B}}{|\mathscr{A}(T)|}}. \tag{12.83}$$

这就是说,在层状A相液晶表面发生微小的扭曲或弯曲畸变时,畸变将伸入到液晶内部一个大小为 λ 的深度(对扭曲畸变 $k = k_{22}$, 对弯曲畸变 $k = k_{33}$).

把式(12.74)和式(10.7)相比较, 可以看到式(12.74)中的有序参数 $\phi(\mathbf{r})$ 相当于式(10.7)的有序参数 S, 于是我们可以定

义两个相干长度 $\xi_l(T)$ 和 $\xi_t(T)$:

$$\xi_l^2=\frac{1}{2M_l|\mathscr{A}(T)|},$$
$$\xi_t^2=\frac{1}{2M_t|\mathscr{A}(T)|}. \qquad (12.84)$$

这两个相干长度决定着局域微扰能够影响有序参数 $\psi(\mathbf{r})$ 的深度.

在温度高于 T_{SN}^* 的丝状相，我们可以忽略自由能密度中的 $|\psi|^4$ 项. 把有序参数 $\psi(\mathbf{r})$ 作傅里叶变换，忽略 $\langle|\delta\mathbf{n}|^2\rangle$ 项(当然 $\langle\delta\mathbf{n}\rangle=0$)，应用能量均分原理，从式 (12.74$_1$) 可以得到

$$\langle|\psi(\mathbf{K})|^2\rangle=kT\Big/\left\{2\left[\mathscr{A}(T)+\left(\frac{1}{2M_l}\right)K_3^2+\left(\frac{1}{2M_t}\right)(K_1^2+K_2^2)\right]\right\}$$
$$=\frac{kT}{2\mathscr{A}(T)[1+\xi_l^2K_3^2+\xi_t^2(K_1^2+K_2^2)]}. \qquad (12.85)$$

当 $T\to T_{SN}^*$ 时 $\mathscr{A}(T)\to 0$，因此在接近相变点时 ξ_l，ξ_t 和 $\langle|\psi(\mathbf{K})|^2\rangle$ 都是发散的. X射线的布拉格散射强度可以显示出 $\langle|\psi(\mathbf{K})|^2\rangle$ 的变化情形.

§10 层状C相液晶连续体理论

层状C相液晶与层状A相液晶相类似的地方是二者都形成分子层结构；所不同的是，层状C相的分子取向(或者说指向矢的取向)不象层状A相分子那样与分子层的法线方向相平行，而是两者之间有一个不等于零或 90° 的倾斜角. 初看也许会认为沿分子从优取向方向层状C相液晶是单轴的. 但是，如图 12.2 所示，由于倾斜角 θ_0 与分子层的厚度相关，而分子取向(指向矢)的方位角 ϕ 却与分子层的厚度无关，因此在固定温度条件下 ϕ 角的涨落远远大于 θ_0 角的涨落，因而使层状C相液晶失去了沿分子平均取向方向 $\mathbf{n}$ 的单轴性. 因此，S_C 不像 S_A 那样，S_C 不是一个单轴性的材

料，而是可以具有双轴性的材料．一般如果层状C相液晶在较高温度下可以出现层状A相，那末液晶分子的倾斜角将随温度的升高而变小，当温度到达 $S_C—S_A$ 相变点时倾斜角变为零[54,55]．如果层状C相液晶在较高温度时不会出现层状A相，那末它的倾斜角就与温度无关，一般保持约为 45°[55]．邵普曾经指出，在某些方面层状C相和丝状相有许多相似之处[7,56]．譬如说，我们在分子层平面上沿分子从优取向的投影方向定义一个单位矢量 $\hat{\mathbf{n}}$，那末 $\hat{\mathbf{n}}$ 显然同均匀排列的丝状液晶的指向矢相似．这样，如果 $\hat{\mathbf{n}}$ 的取向涨落变大，则层状C相液晶可以变为混浊状态．另外，层状C相

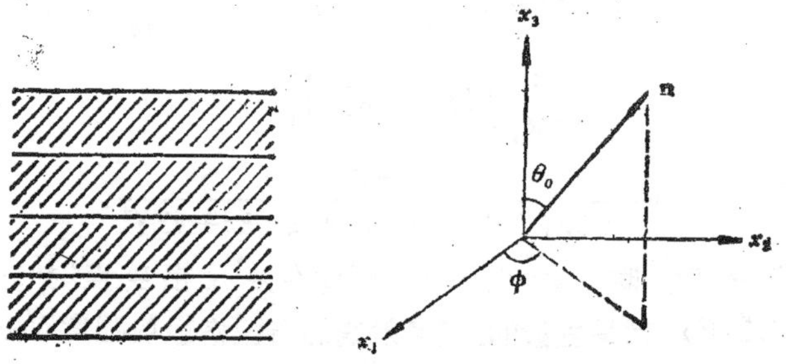

图 12.12 层状C相结构．

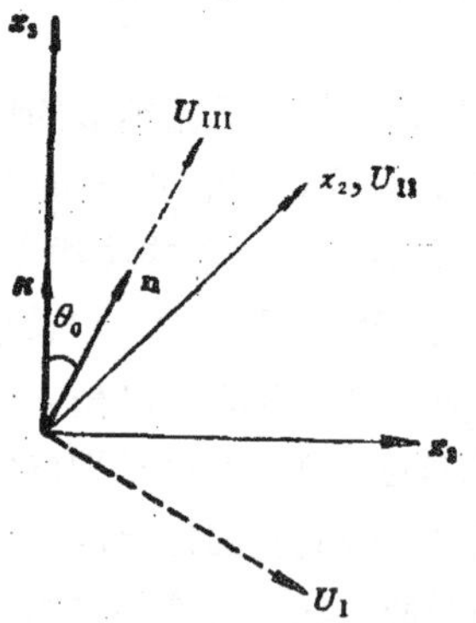

图 12.13 描述层状C相液晶的坐标系．

液晶也可以出现纹影织构[2]. 不过，由于现在 $\hat{\mathbf{n}}$ 和 $-\hat{\mathbf{n}}$ 并不是等价的，它们对应于处于相反方向的倾斜角，因此只能有整数强度的向错而没有半整数强度的向错（参考第四章§2). 在层状C相中添加少量旋光性分子也可以得到扭曲层状C相. 扭曲层状C相液晶很像螺旋状液晶，不同之处在于螺旋状液晶在垂直于螺旋轴方向具有介电各向同性(介电椭球是一个回转椭球)，而扭曲层状C相液晶的介电椭球的三条轴不等长，其中一条主轴与螺旋轴之间的夹角就是倾斜角. 如果光是沿螺旋轴方向传播，那末扭曲层状C相和螺旋状相并没有区别. 但是，如果光是沿斜的方向入射，那么两者就不相同了[57,58].

为了建立层状C相液晶的弹性理论，让我们像图12.13那样选取坐标系. 令 x_1x_2 平面与分子层平面相平行，x_3 轴是沿分子层法线的方向. 在没有扰动的情形下，令分子的从优取向(指向矢) $\mathbf{n}$ 处于 x_1x_3 平面当中. 另外，我们选取坐标系 $(U_{\rm I}, U_{\rm II}, U_{\rm III})$，令 $U_{\rm III}$ 轴与 $\mathbf{n}$ 的方向相重合，在无扰动情形下 $U_{\rm II}$ 轴与 x_2 轴相重合，而 $U_{\rm I}$ 轴就在 x_1x_3 平面当中并与 $U_{\rm II}$ 轴和 $U_{\rm III}$ 轴都相垂直. 我们令 $\boldsymbol{\kappa}$ 为沿分子层法线方向的单位矢量，$\mathbf{n}$ 与 $\boldsymbol{\kappa}$ 之间的夹角(也就是分子的倾斜角，同时也是 x_3 轴与 $U_{\rm III}$ 轴之间的夹角)为 θ_0. 在 (x_1, x_2, x_3) 坐标系中，当没有扰动存在时我们有

$$\mathbf{n} = \mathbf{n}_0 \equiv (\sin\theta_0, 0, \cos\theta_0),$$
$$\boldsymbol{\kappa} = \boldsymbol{\kappa}_0 \equiv (0, 0, 1). \tag{12.86}$$

在液晶发生了小的畸变时，$\mathbf{n}$ 和 $\boldsymbol{\kappa}$ 分别成为

$$\mathbf{n} = \mathbf{n}_0 + \delta\mathbf{n} = (\sin\theta_0 + \delta n_1, \delta n_2, \cos\theta_0 + \delta n_3),$$
$$\boldsymbol{\kappa} = \boldsymbol{\kappa}_0 + \delta\boldsymbol{\kappa} = (\delta\kappa_1, \delta\kappa_2, 1 + \delta\kappa_3 \approx 1). \tag{12.87}$$

由于 $\mathbf{n}$ 是单位矢量，所以 $\mathbf{n}_0 \cdot \delta\mathbf{n} = 0$，从而有

$$\delta n_1 \sin\theta_0 + \delta n_3 \cos\theta_0 = 0. \tag{12.88}$$

由于分子的倾斜角 θ_0 不变，因此

$$\mathbf{n} \cdot \boldsymbol{\kappa} = \cos\theta_0,$$

注意到 $\delta\boldsymbol{\kappa}$ 和 $\delta\mathbf{n}$ 都是微量，所以有

$$\delta n_3 = -\delta\kappa_1 \sin\theta_0,$$

$$\delta n_1 = \delta\kappa_1 \cos\theta_0. \tag{12.89}$$

式(12.89)中的第二个式子是应用第一个式子和式(12.88)得到的. 式(12.89)指出 δn_1 和 δn_3 都可以用 $\delta\kappa_1$ 来代替. 由于分子层的厚度不变,因此要求沿液晶中任何一条闭合曲线 C 都要有

$$\oint_C \boldsymbol{\kappa}\cdot d\mathbf{l} = \int_S (\nabla\times\boldsymbol{\kappa})\cdot d\mathbf{S} = 0,$$

式中 $d\mathbf{S}$ 是以 C 为周线的任意曲面的外法向面积元. 因此, 我们有

$$\nabla\times\boldsymbol{\kappa} = 0, \tag{12.90$_1$}$$

也就是说

$$\begin{aligned} \frac{\partial}{\partial x_3}\delta\kappa_1 &= \frac{\partial}{\partial x_3}\delta\kappa_2 = 0, \\ \frac{\partial}{\partial x_1}\delta\kappa_2 &= \frac{\partial}{\partial x_2}\delta\kappa_1. \end{aligned} \tag{12.90$_2$}$$

这样我们就只余下六个独立的形变项:

$$n_{21} \equiv \frac{\partial}{\partial x_1}\delta n_2, \quad n_{22} \equiv \frac{\partial}{\partial x_2}\delta n_2,$$

$$n_{23} \equiv \frac{\partial}{\partial x_3}\delta n_2, \quad \kappa_{11} \equiv \frac{\partial}{\partial x_1}\delta\kappa_1, \quad \kappa_{22} \equiv \frac{\partial}{\partial x_2}\delta\kappa_2,$$

$$\begin{aligned} \kappa_{12} &\equiv \frac{\partial}{\partial x_2}\delta\kappa_1 = \frac{\partial}{\partial x_1}\delta\kappa_2 \\ &\equiv \kappa_{21} = \frac{1}{2}(\kappa_{12}+\kappa_{21}). \end{aligned} \tag{12.91}$$

上式中最后一个式子是应用了式(12.90$_2$)的结果.

层状C相液晶的自由能密度 g 可以用式(12.91)所定义的六个形变量加以展开. 我们忽略常数项. 一阶项是这六个形变量 n_{ij} 和 κ_{ij} 的线性组合. 如果构成层状C相液晶的分子是无极性、不旋光的, 那么把 $\mathbf{n}$ 用 $-\mathbf{n}$ 代替将不会影响自由能密度的数值. 因此, 在自由能密度表示式中不会出现 n_{ij} 的一次项. $\boldsymbol{\kappa}$ 的定义是分子层法线的方向, $\boldsymbol{\kappa}$ 和 $-\boldsymbol{\kappa}$ 也不会使自由能密度的形式产生什么变化, 所以 κ_{ij} 的一次项也不会在自由能密度表示式中出现,

这样，到二阶项为止，自由能密度 g 的表示式将是 n_{ij} 和 κ_{ij} 所能形成的二阶项的线性组合．这些二阶项共有 21 个，它们分别为：

$$
\begin{array}{lllll}
n_{21}^2, & n_{22}^2, & n_{23}^2, & n_{21}n_{22}, & n_{21}n_{23}, \\
n_{22}n_{23}, & \kappa_{11}^2, & \kappa_{22}^2, & \kappa_{12}^2, & \kappa_{11}\kappa_{22}, \\
\kappa_{11}\kappa_{12}, & \kappa_{22}\kappa_{12}, & \kappa_{21}\kappa_{11}, & n_{21}\kappa_{22}, & n_{21}\kappa_{12}, \\
n_{22}\kappa_{11}, & n_{22}\kappa_{22}, & n_{22}\kappa_{12}, & n_{23}\kappa_{11}, & n_{23}\kappa_{22}, \\
n_{23}\kappa_{12}. & & & &
\end{array}
$$

我们所选择的坐标系是令无扰动状态下液晶指向矢 $\mathbf{n}$ 与 x_1x_3 平面相平行，因此系统对 x_1x_3 平面有反射对称性．这样便要求在把 x_2 用 $-x_2$ 代换时自由能密度具有不变性．但是，如果把 x_2 换成 $-x_2$，那末 δn_2 和 $\delta\kappa_2$ 将换成 $-\delta n_2$ 和 $-\delta\kappa_2$，同时对 x_2 的微分也将改变符号．这就要求上列 21 项中凡是含有奇数个下标 2 的项都不出现在自由能密度的表示式中．这样上列 21 项中就只余下下列 12 项可以在自由能密度表示式中出现：

$$
\begin{array}{lllll}
n_{21}^2, & n_{22}^2, & n_{23}^2, & n_{21}n_{23}, & \kappa_{11}^2, \\
\kappa_{22}^2, & \kappa_{12}^2, & \kappa_{11}\kappa_{22}, & n_{21}\kappa_{12}, & n_{22}\kappa_{11}, \\
n_{22}\kappa_{22}, & n_{23}\kappa_{12}. & & &
\end{array}
$$

另外，如果我们把 x_1 轴和 x_3 轴同时倒转而保持 x_2 轴不变，我们将变换到一个新的右手坐标系．这时 δn_2 保持不变而 $\delta\kappa_1$ 变为 $-\delta\kappa_1$，同时对 x_2 的微分保持不变而对 x_3 的微分变为负值．所以，在新的右手坐标系中 $n_{23}\kappa_{12}$ 不变．但是，由于 $\mathbf{n}$ 和 $-\mathbf{n}$ 的等价性，当我们用 $-\mathbf{n}$ 来代换 $\mathbf{n}$ 时将改变 $n_{23}\kappa_{12}$ 的符号．这就使得 $n_{23}\kappa_{12}$ 项也不会出现在自由能密度表示式中．

由于 $\delta\kappa_3\approx 0$ 可以忽略不计，因此我们有

$$\kappa_{31}\equiv\frac{\partial}{\partial x_1}\delta\kappa_3=0,$$

$$\kappa_{32}\equiv\frac{\partial}{\partial x_2}\delta\kappa_3=0,$$

$$\kappa_{33}\equiv\frac{\partial}{\partial x_3}\delta\kappa_3=0;$$

$$\begin{aligned}\kappa_{11}\kappa_{22} - \kappa_{12}\kappa_{21} &= \kappa_{11}\kappa_{22} + \kappa_{11}\kappa_{33} + \kappa_{22}\kappa_{33} \\ &\quad - \kappa_{12}\kappa_{21} - \kappa_{13}\kappa_{31} - \kappa_{23}\kappa_{32} \\ &= \frac{1}{2}\nabla\cdot[\delta\boldsymbol{\kappa}(\nabla\cdot\delta\boldsymbol{\kappa}) - (\delta\boldsymbol{\kappa}\cdot\nabla)\delta\boldsymbol{\kappa}].\end{aligned}$$

这就是说 $\kappa_{11}\kappa_{22} - \kappa_{12}\kappa_{21}$ 项对应于表面自由能，因此我们可以不考虑这一项。于是，我们可以把 $\kappa_{12}\kappa_{21} = \kappa_{12}^2$ 项归纳为 $\kappa_{11}\kappa_{22}$ 项而不必单独加以考虑。从式(12.89)和(12.90$_2$)可以看到，

$$n_{11} \equiv \frac{\partial}{\partial x_1}\delta n_1 = \frac{\partial}{\partial x_1}\delta\kappa_1\cos\theta_0 = \kappa_{11}\cos\theta,$$

$$n_{12} \equiv \frac{\partial}{\partial x_2}\delta n_1 = \kappa_{12}\cos\theta_0,$$

$$n_{31} \equiv \frac{\partial}{\partial x_1}\delta n_3 = -\frac{\partial}{\partial x_1}\delta\kappa_1\sin\theta_0 = -\kappa_{11}\sin\theta_0,$$

$$n_{33} \equiv \frac{\partial}{\partial x_3}\delta n_3 = -\kappa_{13}\sin\theta_0 = 0;$$

$$\begin{aligned}&n_{11}\kappa_{22} + n_{22}\kappa_{11} - n_{12}\kappa_{21} - n_{21}\kappa_{12} \\ &\quad = n_{11}\kappa_{22} + n_{11}\kappa_{33} + n_{22}\kappa_{11} + n_{22}\kappa_{33} + n_{33}\kappa_{11} \\ &\qquad + n_{33}\kappa_{22} - n_{21}\kappa_{12} - n_{31}\kappa_{13} - n_{12}\kappa_{21} \\ &\qquad - n_{32}\kappa_{23} - n_{13}\kappa_{31} - n_{23}\kappa_{32} \\ &\quad = \nabla\cdot[\delta\mathbf{n}(\nabla\cdot\delta\boldsymbol{\kappa}) - (\delta\mathbf{n}\cdot\nabla)\delta\boldsymbol{\kappa}] \\ &\quad = \nabla\cdot[\delta\boldsymbol{\kappa}(\nabla\cdot\delta\mathbf{n}) - (\delta\boldsymbol{\kappa}\cdot\nabla)\delta\mathbf{n}],\end{aligned}$$

这就是说 $n_{11}\kappa_{22} + n_{22}\kappa_{11} - n_{12}\kappa_{21} - n_{21}\kappa_{12}$ 也是对应于表面自由能而可以不作考虑。于是,我们可以把 $n_{21}\kappa_{12}$ 项归纳为 $n_{11}\kappa_{22}$，$n_{22}\kappa_{11}$ 和 $n_{12}\kappa_{21}$ 各项。但是，$n_{11}\kappa_{22}$ 相当于 $\kappa_{11}\kappa_{22}\cos\theta_0$，而 $n_{12}\kappa_{21}$ 相当于 $\kappa_{12}\kappa_{21}\cos\theta_0 = \kappa_{12}^2\cos\theta_0$，所以 $n_{21}\kappa_{12}$ 项可以归纳为 $\kappa_{11}\kappa_{22}$，$n_{22}\kappa_{11}$ 和 κ_{12}^2 项。上面已经指出，在自由能密度表示式中不会出现 κ_{12}^2 项。这样，到二阶项为止,自由能密度 g 中就只含有 9 个独立的项目，我们把它写成[59]

$$g = \frac{1}{2}\alpha_{11}n_{22}^2 + \frac{1}{2}\alpha_{22}n_{23}^2 + \frac{1}{2}\alpha_{33}n_{21}^2 + \alpha_{23}n_{21}n_{23}$$

$$+\frac{1}{2}\alpha_{44}\kappa_{11}^2+\frac{1}{2}\alpha_{55}\kappa_{22}^2+\alpha_{45}\kappa_{11}\kappa_{22}$$

$$+\alpha_{14}n_{22}\kappa_{11}+\alpha_{15}n_{22}\kappa_{22}. \qquad (12.92)$$

式(12.92)又可以写成如下的形式:

$$\begin{aligned} g=&\frac{1}{2}\alpha_{11}\left(n_{22}+\frac{\alpha_{14}}{\alpha_{11}}\kappa_{11}+\frac{\alpha_{15}}{\alpha_{11}}\kappa_{22}\right)^2 \\ &+\frac{1}{2}\alpha_{22}\left(n_{23}+\frac{\alpha_{23}}{\alpha_{22}}n_{21}\right)^2+\frac{1}{2\alpha_{22}}(\alpha_{22}\alpha_{33}-\alpha_{23}^2)n_{21}^2 \\ &+\frac{1}{2\alpha_{11}}(\alpha_{11}\alpha_{44}-\alpha_{14}^2)\left[\kappa_{11}+\left(\frac{\alpha_{11}\alpha_{45}-\alpha_{14}\alpha_{15}}{\alpha_{11}\alpha_{44}-\alpha_{14}^2}\right)\kappa_{22}\right]^2 \\ &+\frac{1}{2\alpha_{11}}\left[(\alpha_{11}\alpha_{55}-\alpha_{15}^2)-\frac{(\alpha_{11}\alpha_{45}-\alpha_{44}\alpha_{15})^2}{(\alpha_{11}\alpha_{44}-\alpha_{14}^2)}\right]\kappa_{22}^2. \end{aligned}$$

由于 g 是正定的,同时形变量 n_{ij} 和 κ_{ij} 又可以取任意的数值,因此这些 α_{ij} 系数必须满足下列的一些条件:

$$\begin{aligned} &\alpha_{11}\geqslant 0, \\ &\alpha_{22}\geqslant 0, \\ &\alpha_{22}\alpha_{33}>\alpha_{23}^2, \\ &\alpha_{11}\alpha_{44}>\alpha_{14}^2, \\ (\alpha_{11}\alpha_{44}-\alpha_{14}^2)&(\alpha_{11}\alpha_{55}-\alpha_{15}^2)>(\alpha_{11}\alpha_{45}-\alpha_{44}\alpha_{15})^2. \end{aligned} \qquad (12.93)$$

式(12.92)的前四项只与指向矢的形变 n_{ij} 有关,它们描述与分子层厚度发生变化相关的能量项。α_{44},α_{55} 和 α_{45} 项只与分子层法线的变化有关.如果与层状A相相比较,这里分子层法线单位矢量 $\boldsymbol{\kappa}$ 正好相当于层状A相的指向矢 $\mathbf{n}$. 与式(12.9)相比较,我们看到 κ_{11} 相当于 $-\frac{\partial^2 u_3}{\partial x_1^2}$,$\kappa_{22}$ 相当于 $-\frac{\partial^2 u_3}{\partial x_2^2}$. 在层状A相液晶自由能密度表示式中 $\left(\frac{\partial^2 u_3}{\partial x_1^2}+\frac{\partial^2 u_3}{\partial x_2^2}\right)^2$ 项相当于展曲弹性能量,所以在层状C相自由能密度表示式中的 α_{44},α_{55} 和 α_{45} 项对应于分子层的展曲弹性能量密度。式(12.92)中的最后两项指出,层状C相液晶指向矢的形变会影响到分子层的曲率。

在讨论层状A相的弗雷德里克兹转变时已经指出,很难观察到分子层的畸变．对于层状C相，情形大约也是如此．因此，我们在自由能密度中可以不考虑分子层的畸变．在分子层保持为平面的条件下，$\kappa=\kappa_0$ 而 $\delta\kappa=0$． 这时自由能密度 g 简单地成为

$$g=\frac{1}{2}\alpha_{11}n_{22}^2+\frac{1}{2}\alpha_{22}n_{23}^2+\frac{1}{2}\alpha_{33}n_{21}^2+\alpha_{23}n_{21}n_{23}.$$

类似于奈尔应和邵普所提出的那样[56]，我们引用一个新的矢量 $\mathbf{n}_\perp$：

$$\begin{aligned}\mathbf{n}_\perp&=\mathbf{n}-(\kappa_0\cdot\mathbf{n})\kappa_0\equiv(n_1,n_2,0)\\&=(\sin\theta_0,\delta n_2,0).\end{aligned}\qquad(12.94_1)$$

显然，

$$\begin{aligned}\kappa_0\cdot\mathbf{n}_\perp&=0,\\ \mathbf{n}_\perp\cdot\mathbf{n}_\perp&=n_1^2+n_2^2=1-n_3^2.\end{aligned}\qquad(12.94_2)$$

所以，$\mathbf{n}_\perp$ 是一个平行于 x_1x_2 平面的矢量，但不是一个单位矢量．从式(12.94)可以看到，

$$\begin{aligned}\nabla\cdot\mathbf{n}_\perp&=n_{22},\\ \nabla\times\mathbf{n}_\perp&=(-n_{23},0,n_{21}),\\ \mathbf{n}_\perp\cdot\nabla\times\mathbf{n}_\perp&=-n_{23}\sin\theta_0,\\ \kappa_0\cdot\nabla\times\mathbf{n}_\perp&=n_{21}.\end{aligned}$$

所以，可以把自由能密度写作

$$\begin{aligned}g=&\frac{1}{2}\alpha_{11}(\nabla\cdot\mathbf{n}_\perp)^2+\frac{1}{2}\alpha_{22}'(\mathbf{n}_\perp\cdot\nabla\times\mathbf{n}_\perp)^2\\&+\frac{1}{2}\alpha_{33}(\kappa_0\cdot\nabla\times\mathbf{n}_\perp)^2\\&-\alpha_{23}'(\mathbf{n}_\perp\cdot\nabla\times\mathbf{n}_\perp)(\kappa_0\cdot\nabla\times\mathbf{n}_\perp)\end{aligned}\qquad(12.95_1)$$

的形式，其中

$$\begin{aligned}\alpha_{22}'\sin^2\theta_0&=\alpha_{22},\\ \alpha_{23}'\sin\theta_0&=\alpha_{23}.\end{aligned}\qquad(12.95_2)$$

式(12.95_1)中的前三项类似于丝状液晶中的展曲、扭曲和弯曲弹性自由能密度．对于扭曲层状C相，我们可以把式(12.95_1)推广成为

$$g=\frac{1}{2}\alpha_{11}(\nabla\cdot\mathbf{n}_\perp)^2+\frac{1}{2}\alpha_{22}'\Big(\mathbf{n}_\perp\cdot\nabla\times\mathbf{n}_\perp$$

$$+\frac{2\pi}{p_0}\mathbf{n}_\perp\cdot\mathbf{n}_\perp\Big)^2+\frac{1}{2}\alpha_{33}(\boldsymbol{\kappa}_0\cdot\nabla\times\mathbf{n}_\perp)^2$$

$$-\alpha'_{23}\left(\mathbf{n}_\perp\cdot\nabla\times\mathbf{n}_\perp+\frac{2\pi}{p_0}\mathbf{n}_\perp^2\right)(\boldsymbol{\kappa}_0\cdot\nabla\times\mathbf{n}_\perp). \qquad (12.95_3)$$

这样，倾斜角 θ_0 将沿着 x_3 轴周期性地改变着，螺距的长度等于 p_0，并且 $p_0>0$ 时为正螺旋(右旋)而 $p_0<0$ 时为负螺旋(左旋)。

奥赛液晶组提出了另一种描述层状C相液晶自由能密度的方式[60]。对于小的形变，在局域地区可以把指向矢 $\mathbf{n}$ 和分子层法向单位矢量 $\boldsymbol{\kappa}$ 用一个转动角矢量 $\boldsymbol{\Omega}\equiv(\Omega_1,\Omega_2,\Omega_3)$ 来描述：

$$\begin{aligned}\mathbf{n}&=\mathbf{n}_0+\boldsymbol{\Omega}\times\mathbf{n}_0,\\ \boldsymbol{\kappa}&=\boldsymbol{\kappa}_0+\boldsymbol{\Omega}\times\boldsymbol{\kappa}_0,\end{aligned} \qquad (12.96)$$

而形变就以 $\boldsymbol{\Omega}$ 的各个导数 $\Omega_{ij}\equiv\dfrac{\partial\Omega_i}{\partial x_j}$ 来描述。从式 (12.90$_1$) 可以得出

$$\begin{aligned}&\Omega_{13}=\Omega_{23}=0,\\ &\Omega_{11}+\Omega_{22}=0.\end{aligned} \qquad (12.97)$$

把式 (12.96) 和 (12.87) 作下对比，可以看到

$$\begin{aligned}\delta n_2&=\Omega_3\sin\theta_0-\Omega_1\cos\theta_0,\\ \delta\kappa_1&=\Omega_2,\\ \delta\kappa_2&=-\Omega_1.\end{aligned} \qquad (12.98)$$

把式 (12.98) 代入式 (12.91) 和 (12.92)，就可以得到

$$\begin{aligned}g=&\frac{1}{2}\alpha_{33}\Omega_{11}^2\cos^2\theta_0+\frac{1}{2}(\alpha_{11}\cos^2\theta_0+2\alpha_{15}\cos\theta_0\\ &+\alpha_{55})\Omega_{12}^2+\frac{1}{2}\alpha_{44}\Omega_{21}^2+\frac{1}{2}\alpha_{33}\Omega_{31}^2\sin^2\theta_0\\ &+\frac{1}{2}\alpha_{11}\Omega_{32}^2\sin^2\theta_0+\frac{1}{2}\alpha_{22}\Omega_{33}^2\sin^2\theta_0\\ &+\alpha_{23}\Omega_{31}\Omega_{33}\sin^2\theta_0-\alpha_{33}\Omega_{11}\Omega_{31}\sin\theta_0\cos\theta_0\\ &-(\alpha_{11}\sin\theta_0\cos\theta_0+\alpha_{15}\sin\theta_0)\Omega_{12}\Omega_{32}\\ &-\alpha_{23}\Omega_{11}\Omega_{33}\sin\theta_0\cos\theta_0-(\alpha_{14}\cos\theta_0+\alpha_{45})\Omega_{12}\Omega_{21}\\ &+\alpha_{14}\Omega_{21}\Omega_{32}\sin\theta_0.\end{aligned} \qquad (12.99)$$

由于 $\boldsymbol{\kappa}\cdot\boldsymbol{\kappa}=1$，故从式(12.96)可以得到

$$\Omega_1^2+\Omega_2^2=0.$$

因此，我们有

$$\Omega_1\Omega_{11}+\Omega_2\Omega_{21}=0,$$
$$\Omega_1\Omega_{12}+\Omega_2\Omega_{22}=0,$$

从而得到

$$\Omega_{11}\Omega_{22}=\Omega_{12}\Omega_{21}.$$

应用式(12.97)，于是有

$$\Omega_{12}\Omega_{21}=-\Omega_{11}^2. \qquad (12.100_1)$$

另外，由于 $\mathbf{n}\cdot\mathbf{n}=1$，式(12.96)又给出

$$\Omega_2^2+(\Omega_1\cos\theta_0-\Omega_3\sin\theta_0)^2=0.$$

于是得到

$$\Omega_2\Omega_{21}+(\Omega_1\cos\theta_0-\Omega_3\sin\theta_0)(\Omega_{11}\cos\theta_0-\Omega_{31}\sin\theta_0)=0,$$
$$\Omega_2\Omega_{22}+(\Omega_1\cos\theta_0-\Omega_3\sin\theta_0)(\Omega_{12}\cos\theta_0-\Omega_{32}\sin\theta_0)=0.$$

从这两个式子就可以得出

$$\frac{\Omega_{11}\cos\theta_0-\Omega_{31}\sin\theta_0}{\Omega_{12}\cos\theta_0-\Omega_{32}\sin\theta_0}=\frac{\Omega_{21}}{\Omega_{22}}$$
$$=-\frac{\Omega_{21}}{\Omega_{11}},$$

后面的等式是应用式(12.97)的结果. 结合式(12.100_1)，上式给出

$$\Omega_{11}\Omega_{31}+\Omega_{21}\Omega_{32}=0. \qquad (12.100_2)$$

再者，在 x_1x_3 平面上，如果我们定义一个二维矢量算符 ∇' 和一个二维矢量 $\boldsymbol{\Omega}'$：

$$\nabla'\equiv\left(\frac{\partial}{\partial x_1},\ \frac{\partial}{\partial x_3}\right),$$
$$\boldsymbol{\Omega}'\equiv(\Omega_1,\ \Omega_3),$$

那么显然

$$\Omega_{11}\Omega_{33}-\Omega_{31}\Omega_{13}=\frac{1}{2}\nabla'\cdot[(\nabla'\cdot\boldsymbol{\Omega}')\boldsymbol{\Omega}'-(\boldsymbol{\Omega}'\cdot\nabla')\boldsymbol{\Omega}'],$$

从而使 $\Omega_{11}\Omega_{33}-\Omega_{31}\Omega_{13}$ 对体积的积分成为一个面积分，因而可以

不必加以考虑. 这就是说，在自由能密度表示式中 $\Omega_{11}\Omega_{33}$ 可以用 $\Omega_{31}\Omega_{13}$ 来代替. 但是,由于式(12.97)指出 Ω_{13} 等于零，所以在自由能密度 g 的表示式中我们可以忽略 $\Omega_{11}\Omega_{33}$ 项. 这样,在考虑了式(12.100)之后,式(12.99)就可以写成

$$\begin{aligned} g = & \frac{1}{2} A_{11}\Omega_{11}^2 + \frac{1}{2} A_{21}\Omega_{12}^2 + \frac{1}{2} A_{12}\Omega_{21}^2 \\ & + \frac{1}{2} B_1\Omega_{31}^2 + \frac{1}{2} B_2\Omega_{32}^2 \\ & + \frac{1}{2} B_3\Omega_{33}^2 + B_{13}\Omega_{31}\Omega_{33} + C_1\Omega_{11}\Omega_{31} \\ & + C_2\Omega_{12}\Omega_{32} \end{aligned} \qquad (12.101_1)$$

的形式,其中各个弹性常数与 α_{ij} 的关系是

$$\begin{aligned} A_{11} &= \alpha_{33}\cos^2\theta_0 + 2\alpha_{14}\cos\theta_0 + 2\alpha_{45}, \\ A_{21} &= \alpha_{11}\cos^2\theta_0 + 2\alpha_{15}\cos\theta_0 + \alpha_{55}, \\ A_{12} &= \alpha_{44}, \\ B_1 &= \alpha_{33}\sin^2\theta_0, \\ B_2 &= \alpha_{11}\sin^2\theta_0, \\ B_3 &= \alpha_{22}\sin^2\theta_0, \\ B_{13} &= \alpha_{23}\sin^2\theta_0, \\ C_1 &= -(\alpha_{33}\cos\theta_0 + \alpha_{14})\sin\theta_0, \\ C_2 &= -(\alpha_{11}\cos\theta_0 + \alpha_{15})\sin\vartheta_0. \end{aligned} \qquad (12.101_2)$$

§11 层状C相液晶的弗雷德里克兹转变

层状C相液晶在光学上是双轴性的材料，因此它的磁化率椭球有三条不相等的主轴. 这三条主轴可以取作图 12.13 中的 $U_{\rm I}$，$U_{\rm II}$ 和 $U_{\rm III}$ 轴. 在这三条主轴方向的主磁化率分别称为 $\chi_{\rm I}$，$\chi_{\rm II}$ 和 $\chi_{\rm III}$. 当然,使用适当的表面处理我们可以得到不同校列状态的液晶盒. 对于不同表面处理的层状C相液晶盒，已经有人详细地计算过不同方向的磁场作用下的弗雷德里克兹转变[25]. 在这里我

们只讨论简单的分子层平面与液晶盒表面相平行的情形。对于这样的液晶盒，我们还可以用施加不同方向的外磁场来获得不同情形的弗雷德里克兹转变.

我们首先讨论外磁场 **H** 与无扰动状态下的指向矢 $\mathbf{n}_0$ 方向相平行的情形. 如图 12.14 所示，在未加磁场的时候 $\mathbf{n}_0$ 是在 x_1x_3 平面当中，磁化率椭球的三条主轴是 U_{I_0}，U_{II_0} 和 U_{III_0}，其中 U_{II_0} 与 x_2 轴相平行，而 U_{I_0} 轴是在 x_1x_3 平面当中. 由于 χ_{I}，χ_{II} 和 χ_{III} 不相等，如果 $\chi_{\mathrm{II}}>\chi_{\mathrm{III}}$，那么外磁场 **H** 将引起指向矢绕 x_3 轴扭转. 在液晶盒表面上指向矢是强锚泊在其上的，因此指向矢绕 x_3 轴扭转的角度 ϕ 将是 x_3 的函数，

$$\phi=\phi(x_3).$$

由于指向矢是绕 x_3 轴发生扭转，所以扭转后的指向矢 **n** 与 x_3 轴之间的夹角，和未加磁场前的指向矢 $\mathbf{n}_0$ 与 x_3 轴之间的夹角相同，都等于 θ_0。于是，在 (x_1, x_2, x_3) 坐标系中 $\mathbf{n}_0$ 和 **n** 分别为

$$\mathbf{n}_0\equiv(\sin\theta_0,\ 0,\ \cos\theta_0),$$

$$\mathbf{n}\equiv(\sin\theta_0\cos\phi,\ \sin\theta_0\sin\phi,\ \cos\theta_0). \qquad (12.102)$$

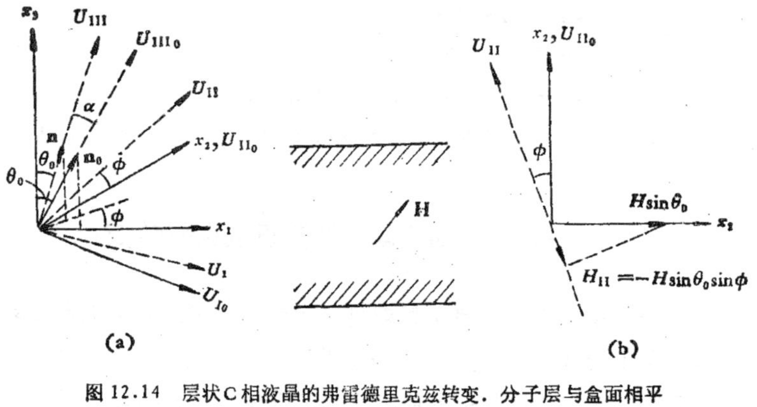

图 12.14　层状C相液晶的弗雷德里克兹转变. 分子层与盒面相平行. **H** 与 $\mathbf{n}_0$ 相平行.

这样 **n** 和 $\mathbf{n}_0$ 之间的夹角 α 便满足

$$\cos\alpha=\mathbf{n}\cdot\mathbf{n}_0=\sin^2\theta_0\cos\phi+\cos^2\theta_0 \qquad (12.103)$$

的关系。当指向矢从 $\mathbf{n}_0$ 位置扭转到 $\mathbf{n}$ 位置时，磁化率椭球的三条主轴也从 U_{I_0}，U_{II_0}，U_{III_0} 分别扭转到 U_{I}，U_{II}，U_{III} 的位置。显然，U_{III_0} 和 U_{III} 之间的夹角正是 α。由于是绕 x_3 轴进行了扭转，因此 U_{II} 轴仍然是处在 x_1x_2 平面当中，而 U_{II} 和 U_{II_0}（也就是 x_2）之间的夹角正是 $\phi(x_3)$。于是我们看到，外磁场 $\mathbf{H}$ 在 U_{I}，U_{II} 和 U_{III} 三个方向的分量 H_{I}，H_{II} 和 H_{III} 满足下列的关系式[参考图 12.14(b)]：

$$H_{\mathrm{III}} = H\cos\alpha = H(\sin^2\theta_0\cos\phi + \cos^2\theta_0),$$
$$H_{\mathrm{II}} = -H\sin\theta_0\sin\phi. \qquad (12.104_1)$$

由于

$$H^2 = H_{\mathrm{I}}^2 + H_{\mathrm{II}}^2 + H_{\mathrm{III}}^2,$$

因此

$$H_{\mathrm{I}}^2 = H^2\sin^2\theta_0\cos^2\theta_0(1-\cos\phi)^2. \qquad (12.104_2)$$

磁场自由能密度 g_m 是

$$\begin{aligned} g_m &= -\int_0^H M_i dH_i \\ &= -\int_0^H \chi_{ij}H_j dH_i \\ &= -\frac{1}{2}(\chi_{\mathrm{I}}H_{\mathrm{I}}^2 + \chi_{\mathrm{II}}H_{\mathrm{II}}^2 + \chi_{\mathrm{III}}H_{\mathrm{III}}^2) \\ &= -\frac{1}{2}H^2[\chi_{\mathrm{I}}\sin^2\theta_0\cos^2\theta_0(1-\cos\phi)^2 \\ &\quad + \chi_{\mathrm{II}}\sin^2\theta_0\sin^2\phi + \chi_{\mathrm{III}}(\sin^2\theta_0\cos\phi \\ &\quad + \cos^2\theta_0)^2]. \end{aligned} \qquad (12.105)$$

忽略分子层畸变，我们可以引用式(12.94)的矢量 $\mathbf{n}_\perp$，而把弹性自由能密度写成式(12.95_1)的形式。式(12.94_2)指出，$\mathbf{n}_\perp$ 的长度等于 $\sin\theta_0$；因此，在 (x_1, x_2, x_3) 坐标系中我们有

$$n_{\perp 1} = \sin\theta_0\cos\phi(x_3),\ n_{\perp 2} = \sin\theta_0\sin\phi(x_3),$$
$$n_{\perp 3} = 0. \qquad (12.106)$$

这样，包括磁场能量在内的自由能密度 g 便成为

$$
\begin{aligned}
g &= \frac{1}{2}\alpha_{22}\sin^4\theta_0\left(\frac{d\phi}{dx_3}\right)^2 + g_m \\
&= \frac{1}{2}\alpha_{22}\sin^2\theta_0\left(\frac{d\phi}{dx_3}\right)^2 \\
&\quad - \frac{1}{2}H^2[\chi_{\mathrm{I}}\sin^2\theta_0\cos^2\theta_0(1-\cos\phi)^2 \\
&\quad + \chi_{\mathrm{II}}\sin^2\theta_0\sin^2\phi + \chi_{\mathrm{III}}(\sin^2\theta_0\cos\phi \\
&\quad + \cos^2\theta_0)^2]. \qquad (12.107)
\end{aligned}
$$

后面这个等式是应用了式 (12.95$_2$) 和 (12.105) 的结果.

液晶处于平衡条件的欧勒-拉格朗日方程式现在成为

$$
\begin{aligned}
&\alpha_{22}\sin^2\theta_0\frac{d^2\phi}{dx_3^2} + H^2[\chi_{\mathrm{I}}\sin^2\theta_0\cos^2\theta_0\sin\phi(1-\cos\phi) \\
&\quad + \chi_{\mathrm{II}}\sin^2\theta_0\sin\phi\cos\phi \\
&\quad - \chi_{\mathrm{III}}\sin^2\theta_0\sin\phi(\sin^2\theta_0\cos\phi + \cos^2\theta_0)] = 0. \qquad (12.108)
\end{aligned}
$$

在小的 ϕ 角条件下,上式简化成为

$$
\alpha_{22}\frac{d^2\phi}{dx_3^2} + (\chi_{\mathrm{II}} - \chi_{\mathrm{III}})H^2\phi = 0.
$$

它的解是

$$
\phi(x_3) = A\sin\left[\sqrt{\left(\frac{\chi_{\mathrm{II}} - \chi_{\mathrm{III}}}{\alpha_{22}}\right)H^2}\,x_3 + \beta\right],
$$

其中 A 和 β 是积分常数. 应用边界条件

$$
\phi\left(\pm\frac{d}{2}\right) = 0,
$$

我们有

$$
-\left[\frac{(\chi_{\mathrm{II}} - \chi_{\mathrm{III}})H^2}{\alpha_{22}}\right]^{\frac{1}{2}}\left(\frac{d}{2}\right) + \beta = 0,
$$

$$
\left[\frac{(\chi_{\mathrm{II}} - \chi_{\mathrm{III}})H^2}{\alpha_{22}}\right]^{\frac{1}{2}}\left(\frac{d}{2}\right) + \beta = \pi.
$$

因此,不发生畸变条件下所能施加的最大磁场 H_c (磁场阈值)为

$$
H_c = \left(\frac{\pi}{d}\right)\left(\frac{\alpha_{22}}{\chi_{\mathrm{II}} - \chi_{\mathrm{III}}}\right)^{\frac{1}{2}}
$$

$$= \left(\frac{\pi}{d}\right) \sin\theta_0 \left(\frac{\alpha'_{22}}{\chi_{II} - \chi_{III}}\right)^{\frac{1}{2}}. \qquad (12.109)$$

但是,在一般的情形中

$$\chi_{III} > \chi_{II} \approx \chi_I,$$

因此在这种安排下一般不存在磁场阈值.

第二种情形是外磁场 **H** 是在沿 x_1x_3 平面的方向,但与 $\mathbf{n}_0$ 的方向相垂直. 在这种安排下,如果

$$\chi_{II} > \chi_I,$$

那末外磁场 **H** 将引起指向矢 **n** 绕 x_3 轴扭转,而扭转角 ϕ 是 x_3 的函数

$$\phi = \phi(x_3).$$

从图 12.15 可以看出,在 (U_I, U_{II}, U_{III}) 坐标系中

$$H_{II} = -H\cos\theta_0 \sin\phi,$$

$$H_{III} = -H\sin\theta_0\cos\theta_0(1 - \cos\phi).$$

于是,H_I 成为

$$H_I^2 = H^2[1 - \cos^2\theta_0\sin^2\phi - \sin^2\theta_0\cos^2\theta_0(1 - \cos\phi)^2].$$

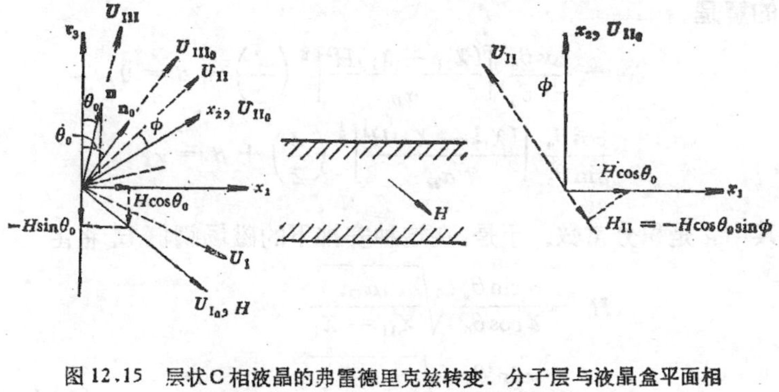

图 12.15 层状C相液晶的弗雷德里克兹转变. 分子层与液晶盒平面相平行. **H** 与 x_1x_3 平面相平行, $\mathbf{H} \perp \mathbf{n}_0$.

这样,结合第一种情形的弹性自由能密度表示式,自由能密度 g 成为

$$g = \frac{1}{2}\alpha_{22}\sin^2\theta_0\left(\frac{d\phi}{dx_3}\right)^2$$
$$-\frac{1}{2}H^2\{\chi_{\rm I}[1-\cos^2\theta_0\sin^2\phi$$
$$-\sin^2\theta_0\cos^2\theta_0(1-\cos\phi)^2]+\chi_{\rm II}\cos^2\theta_0\sin^2\phi$$
$$+\chi_{\rm III}\sin^2\theta_0\cos^2\theta_0(1-\cos\phi)^2\}.$$

系统处于平衡条件所要满足的欧勒-拉格朗日方程式这时成为

$$\alpha_{22}\sin^2\theta_0\frac{d^2\phi}{dx_3^2}+H^2\{\chi_{\rm I}[-\cos^2\theta_0\sin\phi\cos\phi$$
$$-\sin^2\theta_0\cos^2\theta_0(1-\cos\phi)\sin\phi]$$
$$+\chi_{\rm II}\cos^2\theta_0\sin\phi\cos\phi+\chi_{\rm III}\sin^2\theta_0\cos^2\theta_0(1-\cos\phi)$$
$$\cdot\sin\phi\}=0.$$

在小的 ϕ 角条件下，上式简化成为

$$\alpha_{22}\sin^2\theta_0\frac{d^2\phi}{dx_3^2}+H^2[(\chi_{\rm II}-\chi_{\rm I})\cos^2\theta_0]\phi=0.$$

它的满足边界条件

$$\phi\left(\pm\frac{d}{2}\right)=0$$

的解是

$$-\frac{\cos\theta_0}{\sin\theta_0}\left[\frac{(\chi_{\rm II}-\chi_{\rm I})H^2}{\alpha_{22}}\right]^{\frac{1}{2}}\left(\frac{d}{2}\right)+\beta=0,$$
$$\frac{\cos\theta_0}{\sin\theta_0}\left[\frac{(\chi_{\rm II}-\chi_{\rm I})H^2}{\alpha_{22}}\right]^{\frac{1}{2}}\left(\frac{d}{2}\right)+\beta=\pi,$$

其中 β 是积分常数．于是，在这种安排下的磁场阈值 H_c 将由

$$H_c=\frac{\pi\sin\theta_0}{d\cos\theta_0}\sqrt{\frac{\alpha_{22}}{\chi_{\rm II}-\chi_{\rm I}}}$$
$$=\frac{\pi\sin^2\theta_0}{d\cos\theta_0}\sqrt{\frac{\alpha'_{22}}{\chi_{\rm II}-\chi_{\rm I}}} \qquad (12.110)$$

来决定．当然，只有在 $\chi_{\rm II}>\chi_{\rm I}$ 的条件下才能有这个阈值 H_c．由于一般的层状C相液晶的 $\chi_{\rm II}$ 和 $\chi_{\rm I}$ 相差很小，所以只有在很强

的磁场条件下才能发生这种弗雷德里克兹转变。

第三种情形是外磁场 **H** 的方向与 x_2 轴相平行. 这时也有可能使指向矢绕 x_3 轴扭转。如果仍然采用以上两种情形中所用的坐标系,那末

$$H_{II} = H\cos\phi,$$
$$H_{III} = H\sin\theta_0\sin\phi,$$

从而使

$$H_I^2 = H^2(1 - \cos^2\phi - \sin^2\theta_0\sin^2\phi).$$

自由能密度 g 这时成为

$$g = \frac{1}{2}\alpha_{22}\sin^2\theta_0\left(\frac{d\phi}{dx_3}\right)^2 - \frac{1}{2}H^2[\chi_I(1 - \cos^2\phi - \sin^2\theta_0\sin^2\phi) + \chi_{II}\cos^2\phi + \chi_{III}\sin^2\theta_0\sin^2\phi].$$

平衡条件的欧勒-拉格朗日方程成为

$$\alpha_{22}\sin^2\theta_0\frac{d^2\phi}{dx_3^2} + H^2(\chi_I\cos^2\theta_0 - \chi_{II} + \chi_{III}\sin^2\theta_0)\sin\phi\cos\phi = 0.$$

在小的 ϕ 角条件下有

$$\alpha_{22}\sin^2\theta_0\frac{d^2\phi}{dx_3^2} + H^2(\chi_I\cos^2\theta_0 - \chi_{II} + \chi_{III}\sin^2\theta_0)\phi = 0.$$

我们得到磁场阈值 H_c 为

$$H_c = \frac{\pi\sin\theta_0}{d}\sqrt{\frac{\alpha_{22}}{\chi_I\cos^2\theta_0 - \chi_{II} + \chi_{III}\sin^2\theta_0}} = \frac{\pi\sin^2\theta_0}{d}\sqrt{\frac{\alpha_{22}'}{\chi_I\cos^2\theta_0 - \chi_{II} + \chi_{III}\sin^2\theta_0}}. \quad (12.111)$$

§12 层状C相液晶的涨落与光散射

让我们对 $\delta\mathbf{n}(\mathbf{r})$ 和 $\delta\boldsymbol{\kappa}(\mathbf{r})$ 作下列的傅里叶展开:

$$\delta\mathbf{n}(\mathbf{r})=\frac{1}{\sqrt{V}}\sum_{\mathbf{K}}\delta\mathbf{n}(\mathbf{K})\exp(i\mathbf{K}\cdot\mathbf{r}),$$

$$\delta\boldsymbol{\kappa}(\mathbf{r})=\frac{1}{\sqrt{V}}\sum_{\mathbf{K}}\delta\boldsymbol{\kappa}(\mathbf{K})\exp(i\mathbf{K}\cdot\mathbf{r}).\qquad(12.112)$$

从式(12.92)我们可以有系统的自由能密度

$$\begin{aligned}\mathscr{G}=\frac{1}{2}\sum_{\mathbf{K}}[(&\alpha_{11}K_2^2+\alpha_{22}K_3^2+\alpha_{33}K_1^2\\&+2\alpha_{23}K_1K_3)|\delta n_2(\mathbf{K})|^2+\alpha_{44}K_1^2|\delta\kappa_1(\mathbf{K})|^2\\&+\alpha_{55}K_2^2|\delta\kappa_2(\mathbf{K})|^2+2\alpha_{45}K_1K_2\delta\kappa_1(\mathbf{K})\delta\kappa_2(-\mathbf{K})\\&+2\alpha_{14}K_1K_2\delta\kappa_1(\mathbf{K})\delta n_2(-\mathbf{K})\\&+2\alpha_{15}K_2^2\delta\kappa_2(\mathbf{K})\delta n_2(-\mathbf{K}),\end{aligned}\qquad(12.113)$$

这里我们应用了对 $\mathbf{K}=0$ 的对称条件

$$\mathbf{n}(\mathbf{K})=\mathbf{n}^*(-\mathbf{K}),$$

$$\boldsymbol{\kappa}(\mathbf{K})=\boldsymbol{\kappa}^*(-\mathbf{K}).$$

约束条件式(12.90)现在成为

$$K_3\delta\kappa_1(\mathbf{K})=K_3\delta\kappa_2(\mathbf{K})=0,$$

$$K_1\delta\kappa_2(\mathbf{K})=K_2\delta\kappa_1(\mathbf{K}).\qquad(12.114)$$

光散射强度与介电常数的涨落相关函数成正比．层状C相液晶的介电常数，由于 $\varepsilon_{\rm I}$ 和 $\varepsilon_{\rm II}$ 相差很小而可以象单轴液晶那样引用一个介电各向异性 σ_a

$$\varepsilon_a\approx\varepsilon_{\rm III}-\varepsilon_{\rm I}\approx\varepsilon_{\rm III}-\varepsilon_{\rm II}\approx\varepsilon_{\rm III}-\frac{1}{2}(\varepsilon_{\rm I}+\varepsilon_{\rm II}).$$

(12.115)

按照式(12.87)和(12.89)，应用式(11.30)的 $\delta\varepsilon_{\alpha\beta}$ 表达式

$$\delta\varepsilon_{\alpha\beta}=\varepsilon_a(\varepsilon n_\alpha n_{0\beta}+n_{0\alpha}\delta n_\beta),\qquad(11.30)$$

我们可以得出各个介电常数的涨落分别为

$$\delta\varepsilon_{11}=\varepsilon_a\delta\kappa_1\sin 2\theta_0,$$

$$\delta\varepsilon_{12}=\varepsilon_a\delta n_2\sin\theta_0,$$

$$\delta\varepsilon_{13}=\varepsilon_a\delta\kappa_1\cos 2\theta_0,$$

$$\delta\varepsilon_{22}=0,$$

$$\delta\varepsilon_{23} = \varepsilon_a \delta n_2 \cos\theta_0,$$

$$\delta\varepsilon_{33} = -\varepsilon_a \delta\kappa_1 \sin 2\theta_0. \qquad (12.116_1)$$

我们也可以用引用转动角矢量 $\boldsymbol{\Omega}$ 的办法来计算介电常数的涨落．按照图 12.11 所采用的坐标系，由于 $U_{\rm I}$，$U_{\rm II}$ 和 $U_{\rm III}$ 是液晶的三条主轴的方向，所以在（$U_{\rm I}, U_{\rm II}, U_{\rm III}$）坐标系中液晶的介电常数椭球具有

$$\varepsilon_{\rm I}U_{\rm I}^2 + \varepsilon_{\rm II}U_{\rm II}^2 + \varepsilon_{\rm III}U_{\rm III}^2 = 1$$

的形式．现在 $U_{\rm II}$ 垂直于 x_1x_3 平面，因此把这个介电常数椭球变换到（x_1, x_2, x_3）坐标系中时具有

$$\varepsilon_{11}^{(0)}x_1^2 + \varepsilon_{22}^{(0)}x_2^2 + \varepsilon_{33}^{(0)}x_3^2 + 2\varepsilon_{13}^{(0)}x_1x_3 = 1$$

的形式，其中

$$\varepsilon_{11}^{(0)} = \varepsilon_{\rm I}\cos^2\theta_0 + \varepsilon_{\rm III}\sin^2\theta_0,$$

$$\varepsilon_{22}^{(0)} = \varepsilon_{\rm II},$$

$$\varepsilon_{33}^{(0)} = \varepsilon_{\rm I}\sin^2\theta_0 + \varepsilon_{\rm III}\cos^2\theta_0,$$

$$\varepsilon_{13}^{(0)} = 2(\varepsilon_{\rm III} - \varepsilon_{\rm I})\sin\theta_0\cos\theta_0,$$

$$\varepsilon_{12}^{(0)} = \varepsilon_{23}^{(0)} = 0.$$

当我们把液晶绕 $\boldsymbol{\Omega}$ 轴转动一个小的角度 Ω 时，三个沿 x_1, x_2, x_3 轴的单位矢量（$\mathbf{i}, \mathbf{j}, \mathbf{k}$）分别改变［参考式 $(5.2.7_1)$］

$$\boldsymbol{\Omega} \times \mathbf{i} = \Omega_3\mathbf{j} - \Omega_2\mathbf{k},$$

$$\boldsymbol{\Omega} \times \mathbf{j} = -\Omega_3\mathbf{i} + \Omega_1\mathbf{k}$$

$$\boldsymbol{\Omega} \times \mathbf{k} = \Omega_2\mathbf{i} - \Omega_1\mathbf{j}.$$

因此，介电常数分量 $\varepsilon_{11}\mathbf{ii}$，$\varepsilon_{22}\mathbf{jj}$，$\varepsilon_{33}\mathbf{kk}$ 和 $\varepsilon_{13}(\mathbf{ik} + \mathbf{ki})$ 分别改变

$$\varepsilon_{11}^{(0)}[\Omega_3(\mathbf{ij} + \mathbf{ji}) - \Omega_2(\mathbf{ik} + \mathbf{ki})],$$

$$\varepsilon_{22}^{(0)}[\Omega_1(\mathbf{jk} + \mathbf{kj}) - \Omega_3(\mathbf{ij} + \mathbf{ji})],$$

$$\varepsilon_{33}^{(0)}[\Omega_2(\mathbf{ik} + \mathbf{ki}) - \Omega_1(\mathbf{jk} + \mathbf{kj})],$$

$$\varepsilon_{13}^{(0)}[2\Omega_2\mathbf{ii} - 2\Omega_2\mathbf{kk} - \Omega_1(\mathbf{ij} + \mathbf{ji}) + \Omega_3(\mathbf{jk} + \mathbf{kj})].$$

这样我们便得到

$$\delta\varepsilon_{11} = 2\Omega_2\varepsilon_{13}^{(0)},$$

$$\delta\varepsilon_{22} = 0,$$

$$
\begin{aligned}
\delta\varepsilon_{33} &= -2\Omega_2\varepsilon_{13}^{(0)}, \\
\delta\varepsilon_{12} &= \Omega_3(\varepsilon_{11}^{(0)} - \varepsilon_{22}^{(0)}) - \Omega_1\varepsilon_{13}^{(0)}, \\
\delta\varepsilon_{23} &= \Omega_1(\varepsilon_{22}^{(0)} - \varepsilon_{33}^{(0)}) + \Omega_3\varepsilon_{13}^{(0)}, \\
\delta\varepsilon_{13} &= \Omega_2(\varepsilon_{33}^{(0)} - \varepsilon_{11}^{(0)}).
\end{aligned}
\tag{12.116$_2$}
$$

从式(12.114)我们可以看出，如果 $K_3 \neq 0$，那末就要求

$$\delta\kappa_1(\mathbf{K}) = \delta\kappa_2(\mathbf{K}) = 0.$$

这就是说这时只能存在分子层不发生畸变的涨落. 在这种条件下，$\delta n_2(\mathbf{K})$ 的均方涨落为

$$|\delta n_2(\mathbf{K})|^2 = \frac{kT}{\alpha_{11}K_2^2 + \alpha_{22}K_3^2 + \alpha_{33}K_1^2 + 2\alpha_{23}K_1K_3}. \tag{12.117}$$

由于 $n_2(\mathbf{K})$ 的涨落，这时仍然可以产生相当强的光散射. 所以，层状C相液晶也呈现混浊状态. 当 $K_3 = 0$ 时，象层状A相那样，分子层内可以出现 $\delta\kappa_1(\mathbf{K})$ 和 $\delta\kappa_2(\mathbf{K})$ 不等于零的涨落. 不过，要想获得 $K_3 = 0$ 的条件将要求有完美的单晶，而这是很难达到要求的. 象在丝状液晶里一样，这些涨落都不是振荡模式的，它们都是纯粹的衰减模式.

§13 层状C相与层状A相间的相变

层状C相与层状A相的差别在于，前者的指向矢与分子层的法线间有一个非零的倾斜角 θ，而后者 θ 等于零. 因此，二者之间具有不同的对称性. 从层状C相到层状A相间的相变可以看作是二级相变. 为了描述这种相变，首先我们需要选择适当的有序参数. 对于一定的分子层结构，在分子层内分子是位置无序的，但是具有同一的倾斜角. 这就需要引用一个与分子层厚度直接相关的指向矢倾斜角 θ（参考图 12.12）. 另外，在分子层内指向矢方向的方位角可以任意改变而不影响分子层的厚度，所以方位角 ϕ 的涨落可以比较大. 这也就是为什么层状C相会呈现混浊状态的原因. 如果层状液晶既能存在于C相又能存在于A相，那末在升温过程中，倾斜角 θ 将会逐渐减小. 当温度升高到CA相变温度 T_{CA}

时，θ 将趋近于零。显然，我们可以用 θ 和 ϕ 这两个量作为有序参数来描述层状C相与层状A相之间的相变。当然，θ 和 ϕ 都是实数参数。但是，为了方便起见，我们可以引用一个复数有序参数 ψ：[52,61]

$$\psi = \theta \exp(i\phi). \tag{12.118}$$

德燃纳指出，用这样一个具有两个分量的复数有序参数来描述CA相变，正好同描述 He^4 的 λ 相变(正常 He I 与超流 He II 之间的相变)所用的有序参数相类似[61] 因此，许多在超流理论中已经有的结果都可以移植到层状C相与层状A相间的相变理论中来。

由于层状A相的 θ 等于零，因此可以认为在层状C相与层状A相之间的二级相变点附近 ψ 是一个微量，因而可以把液晶的自由能密度用 ψ 的级数加以展开。在第九章讨论朗道-德燃纳理论时我们已经指出，描述二级相变的自由能密度展开式中只能有有序参数 η 的偶次幂项。这里类似于层状A相与丝状相间的相变，我们可以把层状C相液晶的自由能密度 g 在保留到四阶项的条件下写成

$$g = g_A + a(\Delta T)|\psi|^2 + \frac{1}{2}b(\Delta T)|\psi|^4 + \text{梯度项},$$
$$\Delta T = T_{CA} - T \tag{12.119}$$

的形式，其中 g_A 是液晶在层状A相的自由能密度。这里我们看到，自由能密度 g 是用有序参数 ψ 的绝对值 $|\psi|$ 表示的。这就保证了 g 是一个实数标量。由于 g 是 $|\psi|$ 的函数，因此 ϕ 的改变并不影响 g 的数值。这就是说具有相同 ϕ 角的分子层排列是等价的。如果液晶是处在外场 h 的作用下，同时假定外场引起的能量密度 g_h 与 h 和 $|\psi|$ 的一阶乘积 $h|\psi|$ 成正比，即

$$g_h = -Kh|\psi|,$$

K 是一个比例常数，那么系统的自由能密度将是

$$g = g_A + a(\Delta T)|\psi|^2 + \frac{1}{2}b(\Delta T)|\psi|^4 - Kh|\psi| \tag{12.120}$$

的形式(忽略梯度项)[62]。系统处于平衡状态的条件是

$$\left[\frac{\partial g}{\partial|\phi|}\right]_{T,h}=2a(\Delta T)|\phi|+2b(\Delta T)|\phi|^3-Kh$$
$$=0,$$

或者写作

$$2a(\Delta T)|\phi|+2b(\Delta T)|\phi|^3=Kh. \qquad (12.121)$$

把式(12.121)对 h 微分，就得到

$$\frac{\partial|\phi|}{\partial h}=\frac{K}{2a(\Delta T)+6b(\Delta T)|\phi|^2}. \qquad (12.122_1)$$

通常我们称

$$\chi=\left[\frac{\partial|\phi|}{\partial h}\right]_{T,h\to 0} \qquad (12.122_2)$$

为敏感率（susceptibility)。

在相变点附近，系统的一些物理量会出现发散性质．在相变理论中一般引用一些与相变点间温度差 ΔT 相关的临界指数来描述这种发散特征[63,64,65]。习惯上把有序参数的临界指数写作 $\beta(\beta>0)$，也就是说

$$\theta=|\phi|\sim(\Delta T)^{\beta}. \qquad (12.123_1)$$

这也就是在 $T<T_{CA}$ 时分子倾斜角与温度的关系．敏感率 χ 的临界指数一般写作 $\gamma(\gamma>0)$，也就是说

$$\chi\sim(\Delta T)^{-\gamma}。$$

那末，从式(12.122₁)可以看到

$$a(\Delta T)\sim(\Delta T)^{\gamma}, \qquad (12.123_2)$$
$$b(\Delta T)\sim(\Delta T)^{\gamma-2\beta}。 \qquad (12.123_3)$$

在任何由于对称性的改变而引起二级相变的系统中，这种随

$$\Delta T\to 0$$

而一些物理量趋近于零或趋向于发散的规律都是普遍存在的．因此，我们可以期望，对各种系统这些临界指数都具有相同的数值．对于气体和液体之间的相变，从对氙的数据的分析得出

$$\beta\approx 0.35^{[66]}.$$

对许多简单气体，β 基本上也等于这个数值．关于 γ 的数值，大约

是 $\gamma=1.3$. 从双-(正丁基苯氨)对苯二甲叉（TBBA）的核磁共振实验得出[55,67]

$$\beta=0.40\pm0.04,$$

而从 TBBA 中试探分子 CH_2Cl_2 的核磁共振双重线裂距得出的结果是[68]

$$\beta=0.5\pm0.1.$$

TBBA 的分子式是

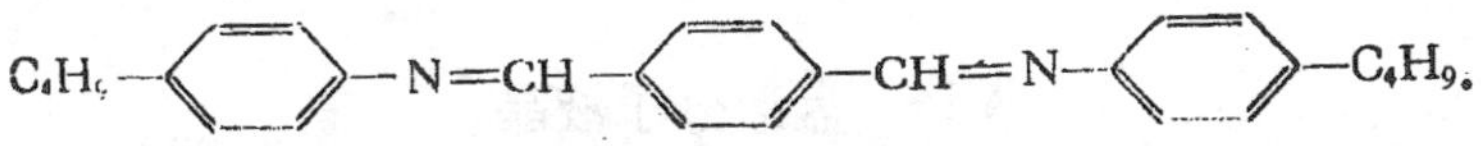

在温度略高于 T_{CA} 的层状A相，如果在图 12.10 所用的坐标系中我们在 x_1x_3 平面内斜向施加磁场

$$\mathbf{H}=(H_1,\ O,\ H_3),$$

那末由于磁场引起的液晶自由能密度 g_m 等于 $-\frac{1}{2}\chi_a(\mathbf{n}\cdot\mathbf{H})^2$. 所以，系统的自由能密度现在是

$$g=g_A+a(-\Delta T)|\psi|^2+\frac{1}{2}b(-\Delta T)|\psi|^4$$

$$-\frac{1}{2}\chi_a(H_1\sin\theta\cos\phi+H_3\cos\theta)^2.$$

在小的 θ 条件下，把 g_m 用 θ 展开，在保留到 θ 的一阶项时就有

$$g_m=-\frac{1}{2}\chi_aH_3^2-\chi_aH_1H_3\theta\cos\phi$$

$$=-\frac{1}{2}\chi_aH_3^2-\frac{1}{2}\chi_aH_1H_3(\psi+\psi^*).$$

这时求 g 的最小值就可以给出由于磁场而使分子轴发生转动的角度 $\bar{\theta}$ 为

$$\bar{\theta}=\frac{\chi_aH_1H_3}{2a(-\Delta T)}\sim(\Delta T)^{-\gamma}. \tag{12.124}$$

在 $T>T_{CA}$ 的层状A相中，如果对式 (12.119) 作一个傅里叶变换(忽略 g_A 项)，在保留到有序参数 ψ 的二阶项的条件下，可以有

$$g(\mathbf{K}) = 2a(\Delta T)|\phi(\mathbf{K})|^2.$$

应用能量均分原理，就可以有

$$\langle|\phi(\mathbf{K})|^2\rangle = \frac{kT_{CA}}{4a(\Delta T)} \sim (\Delta T)^{-\gamma}. \qquad (12.125)$$

在层状A相，由于θ的涨落而引起的散射光强度同$\langle|\phi(\mathbf{K})|^2\rangle$成正比，因此与$(\Delta T)^{-\gamma}$成正比. 以上所讨论的两种情形可以为测定临界指数$\gamma$提供一些线索.

§14 盘形分子液晶

我们知道液晶是具有各向异性的液体. 构成液晶的分子必然是各向异性的. 直到现在我们一直把液晶分子看作是长棒状的. 当然，目前一般我们所使用的液晶差不多都是由长棒状分子构成的. 但是，我们可以问一问，如果分子是扁平的，像盘子那样，是不是也可以形成液晶相呢？盘形本身是各向异性的. 1977年印度喇曼研究所首先发现了盘形分子苯六取代羧酸酯（hexa-n-alkanoate of benzene, HAB）也可以形成液晶相[69]. 这种分子是由一个刚性的核心和六条可弯曲的脂肪侧链组成的. 它的分子结构象图12.16所表示的那样. 垂直于分子平面有一条六重对称轴，也就是说绕对称轴旋转$\frac{2\pi}{6}$角分子不变. 后来又发现了其它一些由盘形分子构成的液晶，这些盘形分子有的具有二重对称轴，有的具有三重对称轴.

这些盘形分子构成的液晶大多数都是柱状的，也就是说盘形分子一个个重叠形成很长的(无限长)柱，柱轴与盘平面相垂直，人们称之为D相，D指盘形. 无限长长柱的二维点阵指出，长柱可以堆积成六边形(h)点阵或长方形(r)点阵. 在每一条柱中，分子的堆垛可以是有序的（order, o）也可以是无序的(disorder,d). 前者每条柱中相邻分子间间隔相同，也就是说相邻柱中分子在柱中的位置有比较强的相关性，后者柱中的分子之间并无强的分子相关性.

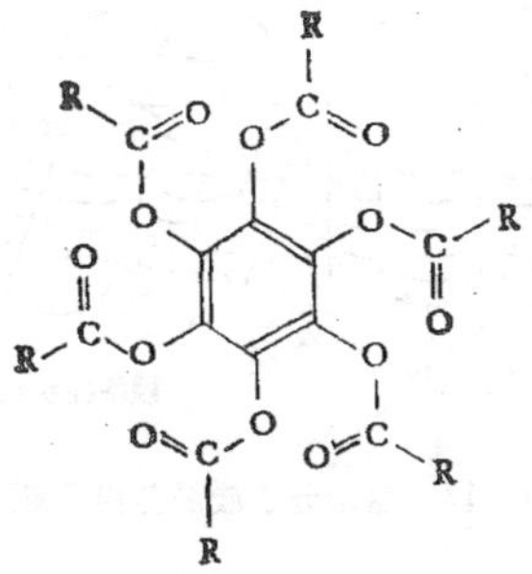

$R = C_nH_{2n+1}$, $n = 4, 5, \cdots, 9$

图 12.16 苯六取代羧酸酯分子.

经过对D相液晶织构的观测、对它们的二元相图的研究、量热的测量、以及X射线的测量等等，人们提出盘形分子液晶具有D_{ho}, D_{hd} 和 D_{rd} 三种不同的柱状中介相[70]. 对这三种柱状相，我们可以说柱轴的方向是指向矢的方向.因此，指向矢与分子平面(盘平面)相垂直. 对一些三亚苯六取代羧酸酯 (alkanoate of triphenylene, HAT) 的研究，还观测到 D_{rd} 和 D_{hd} 之间的相变。[70,71] 这种相变同长棒状分子液晶中的层状B相和层状E相之间的相变很相似. 除去上述三类柱状相外，对三亚苯六取代烷氧基苯甲酸酯 (hexa-n-alkyl benzoates of triphenylene, HBT) 所进行的实验指出，它们可以形成倾斜的柱状相 D_t，和盘形分子丝状相 N_D[72]. D_t 相的分子堆垛成长柱，而长柱堆积成六边形，但是分子平面并不与柱轴相垂直而是倾斜的. N_D 相可以说是一种片状的丝状相，这里指向矢同扁平分子排列的平均方向相垂直. 和长棒状分子形成的丝状相不同，N_D 相在光学上是负性的. 人们还找到了有扭曲丝状或螺旋状的 N_D^* 相[73,74]. 按温度的顺序来排列的话，盘形分子液晶相的顺序大致是:

$$X, D_t, D_{rd}, D_{hd}, D_{ho}, N_D, I.$$

X指晶体固相，I 指各向同性液相. 有序柱状相、无序柱状相、倾斜柱状相和盘形分子丝状相的示意图见图 12.17. 六角形堆积和

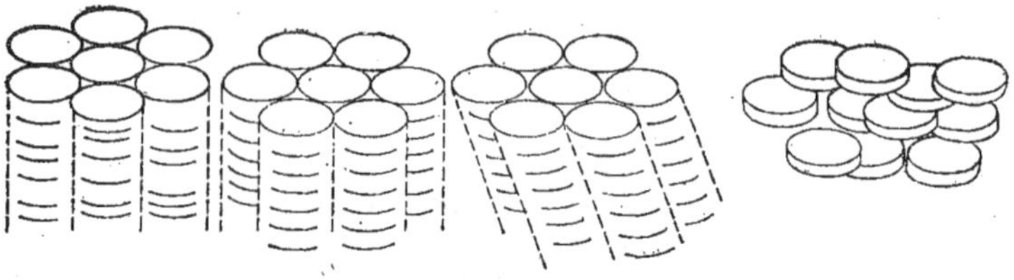

图 12.17 盘形分子液晶各相示意图.

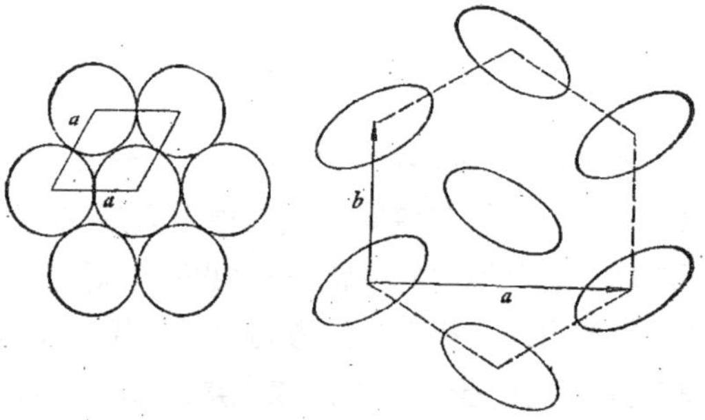

图 12.18 六角形堆积和长方形堆积示意图.

长方形堆积示意图见图 12.18.

盘形分子液晶的研究只是近年来才开展起来的，所以还没有建立起完整的理论．下面只把一些初步的工作作一些简单的介绍．这些工作主要是针对六角形柱状相进行的．对于六角形柱状相的自由能密度表示式，克莱芒[75]、卡特斯[76]等人作了如下的考虑：盘形分子需要用两个单位矢量来加以标识，一个是垂直于盘面的单位矢量 **n**，另一个是沿盘面的分子长轴方向的单位矢量 **m**．**n** 与长棒状分子液晶的指向矢相对应，对于六角形柱状相（不讨论倾斜柱状相）**n** 也就是沿柱长方向的单位矢量．对六角形柱状相来讲，自由能密度可以看作由三个部分组成：(1)六角柱结构相当于一个二维的六角形点阵，在分子发生位移 **u** 时，将产生一个弹性自由能密度；(2) 作为液晶，在发生畸变时有一个夫兰克自由能密度；(3) 分子的位移将引起柱的曲率的改变，从而有一个位移与柱的曲率之间的相互耦合自由能密度．克莱芒指出，作为二阶近似，耦合自由能密度只不过是对夫兰克自由能密度的弹性常数产生一小小的修正，因此可以不必单独加以考虑[75]．

令 $\mathbf{n}$ 与 x_3 轴（也就是柱长方向）方向相重合． 在发生畸变时我们用各点位移

$$\mathbf{u}(x_1, x_2, x_3) \equiv (u_1, u_2, u_3)$$

来描述畸变．另外，畸变也可以用发生了畸变的 $\mathbf{n}(x_1, x_2, x_3)$ 来描述．在一条柱内，相距 dx_3 的两点间的位移相差

$$\left(\frac{\partial u_1}{\partial x_3}dx_3,\ \frac{\partial u_2}{\partial x_3}dx_3,\ \frac{\partial u_3}{\partial x_3}dx_3\right),$$

这就是说在 x_1 轴方向盘面偏转了 $\frac{\partial u_1}{\partial x_3}$ 角，在 x_2 轴方向偏离了 $\frac{\partial u_2}{\partial x_3}$ 角。所以，在一阶近似下，单位矢量 $\mathbf{n}(x_1, x_2, x_3)$ 可以写作

$$\mathbf{n} \equiv \left(\frac{\partial u_1}{\partial x_3},\ \frac{\partial u_2}{\partial x_3},\ 1\right). \tag{12.126}$$

按照固体弹性理论，单轴六角形晶体的自由能密度等于[77]

$$g_e = \frac{1}{2}\lambda_1 u_{33}^2 + \lambda_2(u_{11}+u_{22})^2 + \lambda_3[(u_{11}-u_{22})^2 + 4u_{12}^2] + \lambda_4 u_{33}(u_{11}+u_{22}) + \lambda_5(u_{13}^2+u_{23}^2),$$

$$u_{ij} = \frac{1}{2}\left(\frac{\partial u_i}{\partial x_j} + \frac{\partial u_j}{\partial x_i}\right), \tag{12.127}$$

其中各个 λ 是弹性常数。对于柱状相液晶，沿柱长方向的切胁变 $\frac{\partial u_1}{\partial x_3}$ 或 $\frac{\partial u_2}{\partial x_3}$ 在很短的弛豫时间内就可以消失，同时 $\frac{\partial u_3}{\partial x_1}$ 和 $\frac{\partial u_3}{\partial x_2}$ 可以忽略不计，因此 λ_5 项可以不必考虑．近一步的简化可以假定分子柱是无限长的，那末在与 $\mathbf{n}$ 相垂直的平面上形成六角形点阵，就意味着通过任意面积 $\mathbf{n}$ 的通量不变．因此，可以有

$$\nabla\cdot(\rho_\perp \mathbf{n}) = 0 \tag{12.128$_1$}$$

的条件存在，$\rho_\perp$ 是与柱长相垂直方向的二维柱密度．这个要求比卡特斯所采用的条件

$$\nabla \cdot \mathbf{n} = 0 \tag{12.128$_2$}$$

要松一些[76]．式(12.128$_2$)的条件将要求液晶的展曲弹性常数趋于无限大，因为液晶的展曲弹性自由能密度是 $\frac{1}{2}k_{11}(\nabla\cdot\mathbf{n})^2$。

如果在有限的弛豫时间内分子柱里的分子密度可以达到常量，那么这时将有

$$\frac{\partial u_3}{\partial x_3} = u_{33} = 0,$$

而弹性自由能密度将简化成为

$$g_e = (\lambda_2 + \lambda_3)(u_{11} + u_{22})^2 + 4\lambda_3(u_{12}^2 - u_{11}u_{22}). \tag{12.129$_1$}$$

在液晶具有一个自由表面而分子柱与自由表面相垂直排列的另一种情形下，沿 x_3 轴的胁强

$$\sigma_{33} = \frac{\partial g_e}{\partial u_{33}}$$

将等于零．这时式(12.127)给出

$$\sigma_{33} = \lambda_1 u_{33} + \lambda_4(u_{11} + u_{22}) = 0.$$

把这个关系代入式(12.127)，就得到在这种情形下的弹性自由能密度

$$g_e = \frac{1}{2}B_1(u_{11} + u_{22})^2 + (B_2 - B_1)(u_{11}u_{22} - u_{12}^2)$$

$$B_1 = 2(\lambda_2 + \lambda_3) - \frac{\lambda_4^2}{\lambda_1},$$

$$B_2 = 2(\lambda_2 - \lambda_3) - \frac{\lambda_4^2}{\lambda_1}. \tag{12.129$_2$}$$

在保留到二阶项的条件下，并应用(12.126)式的 $\mathbf{n}$，液晶的自由能密度

$$g_F = \frac{1}{2}k_{11}\left[\frac{\partial}{\partial x_3}(u_{11} + u_{22})\right]^2$$

$$+ \frac{1}{2}k_{22}\left[\frac{\partial}{\partial x_3}\left(\frac{\partial u_2}{\partial x_1} - \frac{\partial u_1}{\partial x_2}\right)\right]^2$$

$$+\frac{1}{2}k_{33}\left[\left(\frac{\partial^2 u_1}{\partial x_3^2}\right)^2+\left(\frac{\partial^2 u_2}{\partial x_3^2}\right)^2\right], \qquad (12.130)$$

其中 k_{11}，k_{22} 和 k_{33} 是液晶的展曲、扭曲和弯曲弹性常数。这样，对于一个无限大的六角形柱状相液晶，我们可以把它的自由能密度 g 写成下列的形式：

$$g=\frac{1}{2}B_1(u_{11}+u_{22})^2+(B_{22}-B_{11})(u_{11}u_{22}-u_{12}^2)$$

$$+\frac{1}{2}k_{11}\left[\frac{\partial}{\partial x_3}(u_{11}+u_{22})\right]^2$$

$$+\frac{1}{2}k_{22}\left[\frac{\partial}{\partial x_3}\left(\frac{\partial u_1}{\partial x_2}-\frac{\partial u_2}{\partial x_1}\right)\right]^2$$

$$+\frac{1}{2}k_{33}\left[\left(\frac{\partial^2 u_1}{\partial x_3^2}\right)^2+\left(\frac{\partial^2 u_2}{\partial x_3^2}\right)^2\right],$$

$$u_{ij}=\frac{1}{2}\left(\frac{\partial u_i}{\partial x_j}+\frac{\partial u_j}{\partial x_i}\right). \qquad (12.131)$$

克莱芒等人对盘形分子六角形柱状相液晶的缺陷、织构和向错等等问题已经进行了一些研究[75,78,79,80,81,82]。关于盘形分子液晶的动力学方程，虽然目前还缺乏实验方面的结果，但是已经有人在这方面作了理论上的探讨，读者可以在有关的文献中找到[83,84]。

参 考 文 献

[1] H. Sackmann, D. Demus, *Mol. Cryst. Liq. Cryst.*, 21(1973), 239.

[2] F. D. Saeva ed. Liquid Crystals, Marcel Dekker Inc., New York (1979), p. 1.

[3] S. Diele, P. Brand, H. Sackmann, *Mol. Cryst. Liq. Cryst.*, 16(1972), 105.

[4] A. Ekachai, Ph. D. thesis, Kent State University (1980).

[5] A. de Vries, Advances in Liquid Crystal Research and Applications, Pergamon (1980), p. 71.

[6] A. de Vries, A. Ekachai, N. Spielberg, *Mol. Cryst. Liq. Cryst.*, 49(1979), 143.

[7] A. Saupe, *Mol. Cryst. Liq. Cryst.*, 7(1969), 59.

[8] W. Helfrich, C. S. Ho, *Mol. Cryst. Liq. Cryst.*, 14(1971), 289.

[9] S. Diele, P. Brand, H. Sackmann, *Mol. Cryst. Liq. Cryst.*, 17(1972), 163.

[10] G. W. Gray, P. A. Winson ed., Liquid Crystals and Plastic Crystals, Vol. 1, Ellis Horwood (1974), p. 57.

[11] G. W. Gray, *Symmp. Faraday Soc.*, 5(1971), 1.
[12] G. Pelzl, H. Sackmann, *Symp. Faraday Soc.*, 5(1971).
[13] A. de Vries, *Mol. Cryst. Liq. Cryst.*, 24(1973), 337.
[14] D. B. Chung, Ph. D. thesis, Kent State University (1974).
[15] S. Diele, *Phys. Status Solidi*, A25(1974), K183.
[16] J. Doucet, A. M. Levelut, M. Lambert, L. Liebert, L. Strzelechi, *J. Phys. (Paris)*, 36(1975), C1-13.
[17] D. Demus, S. Diele, M. Klapperstück, V. Link, H. Zaschke, *Mol. Cryst. Liq. Cryst.*, 15(1971), 161.
[18] G. H. Brown, M. M. Labes ed., Liquid Crystals 3, pt. 1, Gordon and Breach (1972), p. 493.
[19] A. de Vries, Pramana Suppl. No.1(1975), 93.
[20] S. Diele, D. Demus, H. Sackmann, *Mol. Cryst. Liq. Cryst.*, 56(1980), 217.
[21] W. Bragg, *Nature*, 133(1934), 445.
[22] P. G. de Gennes, *J. Phys. (Paris)*, 30(1969), C4-65.
[23] E. M. Lifshitz, L. P. Pitaevskii, Statistical Physics Part 1, 3rd ed., Pergamon (1980), p. 432.
[24] P. G. de Gennes, *Solid State Commun.*, 10(1972), 753.
[25] A. Rapini, *J. Phys. (Paris)*, 33(1972), 237.
[26] G. Durand, *C. R. Acad. Sci. Paris*, 275B(1972), 629.
[27] M. Delaye, R. Ribotta, G. Durand, *Phys. Lett.*, 44A(1973), 139.
[28] N. A. Clark, R. B. Meyer, *Appl. Phys. Lett.*, 22(1973), 493.
[29] P. G. de Gennes, The Physics of Liquid Crystals, Oxford University (1974), p. 292.
[30] G. Durand, Proc. International Liquid Crystal Conference, Bangalore (1973), Pramana Suppl. 1, p. 23.
[31] N. Clark, P. Pershan, *Phys. Rev. Lett.*, 30(1973), 3.
[32] R. Ribotta, G. Durand, J. D. Litster, *Solid State Commun.*, 12(1973), 27.
[33] R. Ribotta, D. Salin, G. Durand, *Phys. Rev. Lett.*, 32(1974), 6.
[34] L. D. Landau, E. M. Lifshitz, Theory of Elasticity, Pergamon (1959), p 8
[35] A. E. Lord, *Phys. Rev. Lett.*, 29(1972), 1366.
[36] K. Miyano, J. B. Ketterson, *Phys. Rev. Lett.*, 31(1973), 1047.
[37] Y. Liao, N. A. Clark, P. S. Pershan, *Phys. Rev. Lett.*, 30(1973), 639.
[38] Jahnke-Emde-Lösch, Tables of Higher Functions, 6th ed., McGraw-Hill (1960), p. 121.
[39] E. B. Priestley, P. S. Pershan, R. B. Meyer, D. H. Dolphin, *Vijnana Parishad Ausaudhan Patrike*, Vol. 14(1971), p. 93.
[40] E. B. Pristley, P. J. Wojtowicz, P. Sheng ed., Introduction to Liquid Crystals, Plenum (1975), Ch. 7.
[41] Jahnke-Emde-Lösch, Tables of Higher Functions, 6th ed., McGraw-Hill (1960), p. 118.
[42] J. G. Kirkwood, E. Monroe, *J. Chem. Phys.* 9(1941), 514.
[43] R. Smoluchowski, Phase Transition in Solids, John-Wiley (1951), p. 67.
[44] K. K. Kobayashi, *J. Phys. Soc. (Japan)*, 29(1970), 101.

[45] K. K. Kobayashi, *Mol. Cryst. Liq. Cryst.* 13(1971), 137.
[46] J. D. Jackson, Classical Electrodynamics, 2nd ed., John-Wiley (1975), p. 102.
[47] W. L. McMillan, *Phys. Rev.*, A4(1971), 1238.
[48] W. L. McMillan, *Phys. Rev.*, A6(1972), 936.
[49] D. Bierens de Haan, Nouvelles Tables D'integrales Définies, Hafner (1957), p. 385, Table 263.
[50] F. T. Lee, H. T. Tan, Y. M. Shih, C. W. Woo, *Phys. Rev. Lett.*, 31(1973), 1117.
[51] H. Gruler, *Z. Naturforsch.*, 28a(1973), 474.
[52] P. G. de Gennes, *Mol. Cryst. Liq. Cryst.*, 21(1973), 49.
[53] E. M. Lifshitz, L. P. Pitaevskii, Statistical Physics, Part 2, Pergamon (1980), p. 180.
[54] T. R. Taylor, S. L. Arora, J. L. Fergason, *Phys. Rev. Lett.*, 25(1970), 722.
[55] R. A. Wise, D. H. Smith, J. W. Doane, *Phys. Rev.*, A7(1973), 1366.
[56] J. Nehring, A. Saupe, *J. Chem. Soc. Faraday Trans.*, II, 68(1972), 1.
[57] D. W. Berreman, *Mol. Cryst. Liq. Cryst.*, 22(1973), 175.
[58] R. Nityananda, *Pramana*, 2(1974), 35.
[59] M. J. Stephen, J. P. Straley, *Rev. Mod. Phys.*, 46(1974), 617.
[60] Orsay Group on Liquid Crystals, *Solid State Commun.*, 9(1971), 653.
[61] P. G. de Gennes, *C. R. Acad. Sci.*, B274(1972), 758.
[62] E. M. Lifshitz, L. P. Pitaevskii, Statistical Physics, Part 1, 3rd ed., Pergamon (1980), p. 456.
[63] R. K. Pathria, Statistical Mechanics, Pergamon (1972), p. 431.
[64] R. Balescu, Equilibrium and Nonequilibrium Statistical Mechanics, John-Wiley (1975), p. 316.
[65] E. M. Lifshitz, L. P. Pitaevskii, Statistical Physics, Part 1, 3rd. ed., Pergamon, (1980), p. 483.
[66] M. E. Fisher, *Rep. Prog. Phys.*, 30(1967), 615.
[67] T. R. Taylor, J. L. Fergason, S. L. Arora, *Phys. Rev. Lett.*, 24(1970), 359.
[68] Z. Luz, S. Meiboom, *J. Chem. Phys.*, 59(1973), 275.
[69] S. Chandrasekhar, B. K. Sadashiva, K. A. Suresh, *Pramana*, 9(1977), 471.
[70] C. Destrade, N. H. Tinh, H. Gasparoux, J. Malthete, A. M. Levelut, 3rd Congress of liquid crystals of Socialist Countries, Budapest (1979).
[71] C. Destrade, M. C. Mondon-Bernand, N. H. Tinh, *Mol. Cryst. Liq. Cryst. Lett.*, 49(1979), 169.
[72] N. H. Tinh, C. Destrade, H. Gasparoux, *Phys. lett.*, 72A(1979), 251.
[73] C. Destrade, N. H. Tinh, J. Malthete, J. Jacques, *Phys. Lett.*, A79(1980), 189.
[74] J. Malthete, C. Destrade, N. H. Tinh, J. Jacques, *Mol. Cryst. Liq. Cryst. Lett.*, 64(1981), 233.
[75] M. Kléman, P. Oswald, *J. Phys. (Paris)*, 43(1982), 655.
[76] E. T. Kats, *Zh. Eksp. Teor. Fiz.*, 75(1978), 1819, *Sov. Phys. JETP*, 48(1978), 916.
[77] L. D. Landau, E. M. Lifshitz, Theory of Elastisity, Pergamon (1959), p. 39.
[78] M. Kléman, *J. Phys. (Paris)*, 41(1980), 737.
[79] Y. Bouligand, *J. Phys. (Paris)*, 41(1980), 1297.

[80] Y. Bouligand, *J. Phys. (Paris)*, **41**(1980), 1307.
[81] P. Oswald, *J. Phys. Lett. (Paris)*, **42**(1891), 171.
[82] P. Oswald, M. Kléman, *J. Phys. (Paris)*, **42**(1981), 1461.
[83] J. Prost, N. A. Clark, Liquid Crystals, S. Chandrasekhar ed., Heyden (1980), p. 53.
[84] H. Brand, H. Pleiner, *Phys. Rev.*, **A24**(1981), 2777.
[85] 林磊，物理，**16**(1987)，195.